Springer-Lehrbuch

Für weitere Bände:
http://www.springer.com/series/1183

Dr. Manfred Böhm
Universität Gießen
1. Physikalisches Institut
H.-Buff-Ring 16
35392 Gießen
Deutschland
manfred.boehm@physik.uni-giessen.de

ISSN 0937-7433
ISBN 978-3-642-20378-7 e-ISBN 978-3-642-20379-4
DOI 10.1007/978-3-642-20379-4
Springer Heidelberg Dordrecht London New York

Die Deutsche Nationalbibliothek verzeichnet diese Publikation in der Deutschen Nationalbibliografie; detaillierte bibliografische Daten sind im Internet über http://dnb.d-nb.de abrufbar.

Einbandentwurf: WMXDesign GmbH, Heidelberg

Gedruckt auf säurefreiem Papier

Springer ist Teil der Fachverlagsgruppe Springer Science+Business Media (www.springer.com)

Für Maximilian

Kapitel 1
Einführung

Die Auseinandersetzung mit mathematischen Gruppen im Rahmen der Physik ist darin begründet, dass deren algebraische Struktur zusammen mit deren Darstellungen die wesentliche Grundlage bilden, um die Eigenschaften von Symmetrien zu beschreiben. Dabei gelingt die Festlegung des Begriffs *Symmetrie* eines betrachteten Systems – mathematisches Objekt oder Gesetz – durch die Forderung nach Invarianz dessen Struktur unter der Wirkung von Transformationen. Diese Invarianz impliziert mitunter umgekehrt eine Regelmäßigkeit bezüglich der Struktur, so dass dann die Symmetrie als Ordnungsprinzip aufgefasst werden kann.

Die Menge der Transformationen bildet eine *Gruppe* im mathematischen Sinne. Eine solche Gruppe gilt als *diskret*, wenn sie endlich viele oder abzählbar unendlich viele Elemente besitzt. In dem Fall, wo die unendlich vielen Elemente eine höhere Mächtigkeit besitzen, also überabzählbar sind bzw. durch endlich viele Parameter charakterisiert werden, hat man eine *kontinuierliche* oder LIE-*Gruppe*. In Anlehnung an diese Unterscheidung gelingt eine Klassifizierung der Symmetrien in solche von *diskreter* (*uneigentlicher, diskontinuierlicher*) und *kontinuierlicher* (*eigentlicher*) Art.

Betrachtet man etwa jene Symmetrien, die auf Invarianz gegen Raumbewegungen, nämlich Rotationen und Translationen basieren, dann können diese diskret oder kontinuierlich sein. Hinzu kommen noch die diskreten Transformationen der räumlichen Spiegelungen (Paritätstransformationen). Charakteristisch für diese Transformationen ist die Änderung der Lage eines Systems, die unter Beibehaltung deren Größe und Form erfolgt. Das bedeutet, dass die Raumbewegung eine abstandstreue Abbildung eines Bereichs des Raumes auf einen anderen Bereich leistet.

Die zugehörigen diskreten Symmetrien, mitunter als *geometrische Symmetrien* bezeichnet, werden unter Einbeziehung der Spiegelungen durch die *Punktgruppen*, die *Translationsgruppen* und die *Raumgruppen* erfasst. Die Punktgruppen zeichnen sich dadurch aus, dass mindestens ein Punkt eines räumlichen Bereichs durch die Transformation auf sich selbst abgebildet wird. Sie sind endliche Untergruppen der orthogonalen bzw. der speziellen orthogonalen LIE-Gruppe $O(3)$ bzw. $SO(3)$.

Die Translationsgruppen umfassen alle diskreten Verschiebungen. Sie sind unendliche Untergruppen der Raumgruppen. Die Raumgruppen selbst sind eine

M. Böhm, *Lie-Gruppen und Lie-Algebren in der Physik*, Springer-Lehrbuch,
DOI 10.1007/978-3-642-20379-4_1, © Springer-Verlag Berlin Heidelberg 2011

Kombination von Punktgruppen und Translationsgruppen. Sie vermögen die Symmetrie von periodischen räumlichen Bereichen zu beschreiben und sind Untergruppen der euklidischen LIE-Gruppe $E(3)$ (Bewegungsgruppe des $\mathbb{R}^3$ bzw. reelle affine Gruppe).

Berücksichtigt man neben den räumlichen Freiheitsgraden auch diskrete innere Freiheitsgrade, die mit einer inneren Struktur verknüpft sind, dann müssen weitere Transformationen zur Änderung dieser Struktur diskutiert werden. Nach Kennzeichnung der Struktur etwa durch einen Farbanstrich, wird man Farbänderungen erwarten. Zusammen mit den bisher bekannten Symmetrien gelingt dann eine Erweiterung der diskreten Gruppen zu den sogenannten *Farbgruppen*.

Im Falle etwa nur eines Freiheitsgrades mit den Werten bzw. Farben schwarz und weiß, kann eine Antisymmetrie definiert werden. Nach Korrelation der beiden Farben etwa mit einem magnetischen Moment – bzw. einem Spin –, das parallel oder antiparallel bezüglich einer vorgegebenen Richtung zeigt, erhält man die *magnetischen Punktgruppen* (*schwarz-weiß Punktgruppen*). Dort gibt es Symmetrien, die mit der diskreten, antilinearen *Zeitumkehrsymmetrie* übereinstimmen.

Sowohl die zeitlichen Spiegelungen (Zeitumkehrsymmetrie) wie die räumlichen Spiegelungen (Inversionssymmetrie) lassen das relativistische Abstandsquadrat zweier Weltpunkte im MINKOWSKI-Raum invariant und gehören zu den *diskreten äußeren Symmetrien*. Bei der Inversionssymmetrie findet man einen multiplikativen Erhaltungssatz, nämlich die Paritätserhaltung, bei der das Produkt der Eigenwerte erhalten bleibt. Dagegen gibt es bei der Zeitumkehrsymmetrie keinen der Inversion entsprechenden Eigenwert, da ein betrachteter quantenmechanischer Zustand wegen der Transformation ins konjugiert Komplexe kein Eigenzustand des Zeitumkehroperators ist.

Zu den *diskreten inneren Symmetrien* gehört etwa die Transformation eines Teilchens in das entsprechende Antiteilchen, die als *Ladungs-Konjugation* (C) bekannt ist. Sie impliziert eine Vorzeichenänderung aller ladungsartigen (inneren) Quantenzahlen – elektrische Ladung, Baryonenzahl, Leptonenzahl, Strangeness – unter Beibehaltung der äußeren Eigenschaften – Masse, Impuls, Spin. Setzt man voraus, dass alle ladungsartigen Quantenzahlen in der Summe verschwinden, so dass Teilchen und Antiteilchen identisch sind, dann kann eine dem Eigenwert des Konjugationsoperators entsprechende C-Parität definiert weren. Diese ist wie die Quantenzahl der räumlichen *Parität* (P) eine multiplikative Quantenzahl, die bei elektromagnetischer und starker Wechselwirkung erhalten bleibt. Die Einbeziehung der schwachen Wechselwirkung, die die Leptonenzahl bestimmt, verletzt die C-Invarianz und fordert deshalb zusätzlich die Paritätstransformation zur CP-Invarianz. Unter Berücksichtigung der *Zeitumkehr* (T) bekommt man nach Ausführung aller drei Symmetrien die CPT-Konjugation. Die Invarianz einer großen Klasse von Theorien gegen diese kombinierten Symmetrien ist die Aussage des sogenannten CPT-Theorems. Dabei gilt nicht notwendig die Invarianz gegen einer einzelnen Transformation C, P oder T. Die Invarianz gegen einer der drei Transformationen impliziert die Invarianz gegen das Produkt der beiden anderen.

Bei den *kontinuierlichen Symmetrien* kann man ebenfalls zwischen äußeren und inneren unterscheiden. Im Fall der äußeren raum-zeitlichen Symmetrien impliziert die Invarianz eines Systems gewisse Erhaltungsgrößen, die zur Festlegung von Observablen befähigt. Der Grund hierfür liegt letztlich in der Unfähigkeit, bestimmte Größen bzw. Eigenschaften eines abgeschlossenen Systems absolut zu bestimmen.

So ist es im dreidimensionalen Raum wegen der Invarianz gegen eine kontinuierliche *Translation* nicht möglich, einen absoluten Ort zu bestimmen. Damit wird etwa die Wechselwirkungsenergie zweier Teilchen von deren relativen Abstand abhängig. Als Konsequenz daraus ergibt sich die Erhaltung des Gesamtimpulses des durch die beiden Teilchen begründeten Systems. Während bei den Translationen die Homogenität des Raumes eine absolute Ortsbestimmung verhindert, ist es im Fall von kontinuierlichen *Rotationen* die Isotropie des Raumes, die einer absoluten Richtungsbestimmung im Wege steht. Die Folge ist hier die Erhaltung des Drehimpulses als Observable. Die Homogenität der Zeit, die sich in der Invarianz gegen *kontinuierliche Translationen in der Zeit* äußert, führt zu der Erhaltung der Energie. In allen drei Fällen sind die Erhaltungsgrößen die erzeugenden Operatoren (Generatoren) der raum-zeitlichen Symmetrien.

Ergänzt werden muss diese Diskussion durch die Betrachtung der LORENTZ-*Symmetrie* im vierdimensionalen MINKOWSKI-Raum. Die zugehörigen Transformationen lassen das Abstandsquadrat zweier Weltpunkte invariant und bilden die Basis für die spezielle Relativitätstheorie. Im relativistischen Fall, wo Raum- und Zeittransformationen zusammengefasst werden, erhält man aus der Homogenität des MINKOWSKI-Raumes die Erhaltung des Vierer-Impulses, der sich aus der Energie und dem Dreier-Impuls zusammensetzt.

Die *kontinuierlichen inneren Symmetrien* zeichnen sich dadurch aus, dass die Transformationen in einem mathematisch fiktiven Raum ausgeführt werden. Die einfachste Symmetrie dieser Art ist die *globale Eichsymmetrie* (*Eichsymmetrie 1. Art*). Im Fall von globalen Phasentransformationen eines Materiefeldes, kann diese Eichsymmetrie durch die (unitäre) abelsche LIE-Gruppe $U(1)$ in einer Dimension beschrieben werden. Dabei ist der Ladungsoperator der Generator der Gruppe. Die Forderung nach Invarianz der LAGRANGE-Dichte impliziert dann die Erhaltung der Ladung und umgekehrt. Im Fall der elektrischen Ladung spricht man von der Strukturgruppe der Elektrodynamik. Andere Ladungen können die Baryonenzahl oder Leptonenzahl sein.

Bei einer Erweiterung der Eichsymmetrie zu mehr als einer Dimension bzw. einem Freiheitsgrad, was mit der Betrachtung von mehreren Generatoren verbunden ist, erwartet man wegen der Nichtvertauschbarkeit der Generatoren auch nichtabelsche Eichgruppen. Dies geschieht etwa bei der Einführung des Isospins. Dort liegt die Absicht zugrunde, die unterschiedlichen Ladungen von stark wechselwirkenden Teilchen einer Klasse bei annähernd gleichen Massen – etwa im Fall des Protons und Neutrons – zu erklären. Als Konsequenz der dann gültigen (speziellen, unitären) LIE-Gruppe $SU_f(2)$ (f= flavour), die die Invarianz des Isospins als die entsprechende Ladung garantiert, nehmen solche Teilchen die Zustände eines nahezu entarteten Multipletts – etwa des np-Dubletts – ein. Letztere sind Eigenzustände der dritten Komponente eines Isospinvektors als ein diagonal wählbarer Generator von drei Generatoren der Gruppe, die für die Rotation im fiktiven Isospinraum verantwortlich sind. Eine Erklärung findet man durch die Annahme einer charakteristischen Flavourbeteiligung auf der Grundlage des Quarkmodells. Wenn dennoch die Vertauschbarkeit mit dem HAMILTON-Operator nicht erfüllt ist und deshalb eine Verletzung der Isospininvarianz bzw. eine Brechung der Isospinsymmetrie beobachtet wird, die die geringe Massendifferenz durch Aufhebung der Entartung zu erklären vermag, so ist dafür die zusätzlich zu berücksichtigende elektromagnetische Wechselwirkung verantwortlich.

Falls neben der dritten Komponente des Isospins noch weitere additive Quantenzahlen bei starker Wechselwirkung erhalten bleiben, muss man weitere Freiheitsgrade und mithin höherdimensionale (unitäre) LIE-Gruppen berücksichtigen. So wird man etwa unter Einbeziehung der Strangeness bzw. der Hyperladung (= Baryonenzahl + Strangeness) einen zweiten diagonal wählbaren Generator erhalten, der zur LIE-Gruppe $SU_f(3)$ in drei Dimensionen führt. Nach Hinzunahme von Charm und Bottom gelingt schließlich eine Erweiterung zu den LIE-Gruppen $SU_f(4)$ und $SU_f(5)$ in vier und fünf Dimensionen.

Die weitergehende Forderung nach Invarianz einer Feldtheorie bzw. der Beziehungen zwischen fundamentalen Feldgrößen gegen lokale Transformationen geschieht in der *lokalen Eichsymmetrie* (*Eichsymmetrie 2. Art*). Diese kann nur durch die Einführung von neuen Feldern, den sogenannten *Eichfeldern* erfüllt werden. Letztere sind dann für die Wechselwirkung mit den Materiefeldern verantwortlich. Im einfachsten Fall der lokalen $U(1)$-Symmetrie eines freien Teilchens verlangt die Forderung nach Invarianz unter lokaler Phasentransformation ein Eichfeld, das ebenfalls einer lokalen Eichtransformation unterworfen wird und so die lokale Phasenkonvention weiterreicht bzw. das Teilchen mitführt. Gemeint ist eine Transformation, die mit einem ortsabhängigen Eichparameter ausgestattet ist. Das dadurch erzwungene vektorielle Eichfeld ist dann identisch mit dem bekannten elektromagnetischen Feld, dessen Quantisierung die massefreien, neutralen Photonen als Eichbosonen liefert.

Die Ankopplung des Eichfeldes an das Materiefeld kennzeichnet die lokale Eichsymmetrie als eine dynamische Symmetrie, die allgemein die Wechselwirkungen zu erklären vermag. Dabei ist zu beachten, dass im Falle von nicht-abelschen Gruppen eine Selbstwechselwirkung zwischen den Eichfeldern bzw. deren Eichbosonen zu erwarten ist. So kann die Vereinigung von schwacher und elektomagnetischer Wechselwirkung auf der Grundlage eines direkten Produkts der LIE-Gruppen $SU(2)$ und $U(1)$ im Sinne einer Eichtheorie erreicht werden. Die Vervollständigung des Modells verlangt noch endliche Massen sowohl für die Fermionen wie für die Eichbosonen. Diese Forderung kann nur durch eine spontane Symmetriebrechung erfüllt werden. Das Verständnis darüber wird erleichtert, wenn man an die spontane Symmetriebrechung (1. Art) bei anderen Gruppen erinnert, wie sie etwa beim Festkörper durch Verletzung der Translations- oder Rotationssymmetrie bekannt ist. Dort beobachtet man als Konsequenz das Auftreten von elementaren Anregungen, deren Feldquanten – etwa beim Quasiteilchen Phonon – jedoch keine Masse besitzen. Erst eine lokale Symmetriebrechung durch Einführung zusätzlicher Eichfelder, nämlich der sogenannen (skalaren) HIGGS- Felder mit einem im Vakuumzustand von Null verschiedenen Energiewert, wird die Erzeugung endlicher Massen insbesondere für die Eichbosonen ermöglichen.

Die Grundlage zur Beschreibung der starken Wechselwirkung bildet die Quantenchromodynamik als eine Eichtheorie der Wechselwirkung zwischen den Quarks. Sie kann als konsequente Weiterentwicklung der Quantenelektrodynamik betrachtet werden, wenn man das Prinzip der lokalen Eichinvarianz im Rahmen von Symmetrieüberlegungen in den Mittelpunkt rückt. Beide Theorien erheben die Forderung nach Erhaltung der Ladung, wenngleich im einen Fall die elektrische Ladung im anderen Fall die Farbladung gemeint ist. Letztere lässt sich in drei verschiedene Beiträge (rot, grün, blau) aufteilen. Ausgehend von der Voraussetzung, daß die Farbladungen für die starke Wechselwirkung verantwortlich sind und als Quelle der die Wechselwirkung vermittelnden Eichfelder wirken, wird man die nicht-abelsche LIE-Gruppe $SU_c(3)$ (c: colour) als Eichgruppe wählen. Während im einen Fall das elektromagnetische Feld bzw. die Photonen das Eichfeld bzw. die Eichquanten darstellen, erwartet man hier gemäß den acht Generatoren der LIE-Gruppe auch acht verschiedene Eichfelder. Die entsprechenden Eichquanten, die als Gluonen bekannt sind, tragen dabei eine Farbladung, jedoch keine elektrische Ladung. Im Gegensatz zur abelschen LIE-Gruppe $U(1)$ der Quantenelektrodynamik wird hier die Farbladung bei der Wechselwirkung geändert, woraus eine Selbstwechselwirkung der Gluonen resultiert.

In Ergänzung der bisher betrachteten inneren Symmetrien seien noch jene erwähnt, die sich auf die Dynamik eines Systems gründen und nur in wechselwirkenden Systemen anzutreffen sind. Man findet bei diesen *dynamischen Symmetrien* neben geometrischen Transformationen noch solche, die gleichzeitig in äußeren und inneren Räumen wirken. Die daraus resultierende Invarianzgruppe des gesamten Systems umfasst dann die Menge der geometrischen Symmetrien als eine Untergruppe.

Schließlich kann auch die Gravitationswechselwirkung mithilfe einer Eichtheorie begründet werden, wenn man die Invarianz gegen lineare Koordinatentransformationen der speziellen Relativitätstheorie durch eine lokale Invarianz erweitert. Dabei spielen allgemeine Koordinatentransfomationen die Rolle von Eichtransformationen. Die damit verknüpfte Verschiebung eines beliebigen Weltpunktes im MINKOWSKI-Raum bedeutet dann eine Verzerrung des sonst regelmäßigen Gitters. Zur Kompensation kann man das Gravitationsfeld einführen, in Analogie zum elektromagnetischen Feld bei der Eichtheorie der elektromagnetischen Wechselwirkung. Die damit verknüpfte eichinvariante Feldstärke wird durch einen Krümmungstensor repräsentiert, der als Maß für die Krümmung eines infinitesimalen Flächenelements auf einer affinen Mannigfaltigkeit gilt. Bei dieser Eichtheorie werden keine inneren sondern raum-zeitliche Symmetrien betrachtet.

Abschließend sei darauf hingewiesen, daß eine Verallgemeinerung des Symmetriebegriffs mithilfe der sogenannten *Supersymmetrie* erreicht werden kann. Das Prädikat Super zielt auf die Vorstellung einer graduierten algebraischen Struktur, wie sie etwa aus der Unterscheidung in gerade und ungerade Elemente resultiert. Ziel der Überlegungen dort ist die Vereinigung von völlig unterschiedlichen Systemen wie Bosonen und Fermionen. Neuere Untersuchungen lassen vermuten, dass eine lokale supersymmetrische Eichtheorie bzw. eine Supergravitation ein Grenzfall einer einheitlichen Theorie, der sogenanten *Stringtheorie* ist. Letztere basiert nicht auf punktförmigen Teilchen sondern vielmehr auf fadenförmigen Objekten, den sogenannten Strings, die sich in zusätzlichen Dimensionen bewegen. In diesen Theorien spielen insbesondere die *exzeptionellen* LIE-*Gruppen* eine wesentliche Rolle. Daneben gibt es weitere konkurrierende Überlegungen, etwa jene, die auf einer nicht-kommutativen Geometrie der Raumzeit basiert. Auch diese Theorie hat ihre Wurzeln in der Theorie der LIE-Gruppen.

Die Diskussion der LIE-Gruppen, die die Grundlage der Symmetrien bilden, kann wesentlich erleichtert werden, wenn man die Struktur der Gruppen zu linearisieren versucht. Dabei wir die Linearisierung am Einselement (Identität) vorgenommen. Das bedeutet, dass die einer LIE-Gruppe zugrunde liegende Mannigfaltigkeit durch einen flachen euklidischen Raum ersetzt wird. Letztere ist der Tangentialraum als die Menge aller Tangentialvektoren an die Mannigfaltigkeit im Einselement.

Man erhält so auf dem Tangentialraum eine algebraische Struktur, die als infinitesimale Ausgabe der Gruppenstruktur aufgefasst werden kann. Sie besitzt das Verhalten von Transformationen in der Umgebung des Einselements. Der Tangentialraum zusammen mit der zugehörigen Algebra ist als die LIE-Algebra $\mathcal{L}$ der LIE-Gruppe $\mathcal{G}$ bekannt. Beide Strukturen haben die gleiche Dimension. Die Betrachtung der LIE-Algebra kann wegen des gleichen linearen Vektorraumes mit den Methoden der linearen Algebra erfolgen, was eine Vereinfachung der Diskussion von Symmetrien erlaubt. Diese Vorgehensweise ist darin begründet, dass die lokalen Eigenschaften einer LIE-Gruppe am Einselement die wesentlichen Informationen über die Struktur der Gruppe offenbart. Demnach vermitteln die LIE-Algebren die Antworten auf grundsätzliche Fragen über die zugehörigen LIE-Gruppen. Das Produkt $\cdot \circ \cdot$ von Elementen einer LIE-Gruppe ist mit dem LIE-Produkt (LIE-Klammer) $[\cdot, \cdot]$, nämlich dem Kommutator von Elementen der zugehörigen LIE-Algebra verknüpft.

Der Übergang von einer LIE-Algebra $\mathcal{L}$ zur zugehörigen LIE-Gruppe $\mathcal{G}$ bedeutet eine Verallgemeinerung des Übergangs vom linearen Raum der additiven Gruppe reeller Zahlen zur multiplikativen Gruppe reeller Zahlen. Dieser Übergang wird durch die Exponentialfunktion vermittelt

$$\exp(r + s) = \exp r \circ \exp s \qquad \forall r, s \in \mathbb{R},$$

so dass mit

$$\exp r \in \mathcal{G} \qquad \forall r \in \mathcal{L}$$

die Theorie der LIE-Gruppen und LIE-Algebren als eine Verallgemeinerung der Theorie der klassischen Exponentialfunktion aufgefasst werden kann.

Kapitel 2
Gruppen

Symmetrieeigenschaften können als Elemente einer mathematischen Gruppe aufgefasst werden. Dabei gehören Gruppen zu den algebraischen Strukturen, die mit einer inneren Verknüpfung ausgestattet sind. Die Aufeinanderfolge von Symmetrieoperationen wird dann durch die Verknüpfung festgelegt. Eine Beschäftigung mit den Eigenschaften einer Gruppe gilt deshalb als notwendige Voraussetzung für den Umgang mit den Gruppenelementen bzw. mit den Symmetrien sowie für das Verständnis der sich daraus ergebenden Folgen.

2.1 Elemente und Verknüpfungen

Eine Menge von Elementen bildet eine *abstrakte Gruppe* $\mathcal{G}$, falls die folgenden Bedingungen erfüllt sind:

(a) Es gilt das Multiplikationsgesetz, wonach es für jedes geordnete Paar von Elementen a, b genau ein Element $c \in \mathcal{G}$ gibt mit

$$c = a \circ b \qquad a, b, c \in \mathcal{G}. \tag{2.1a}$$

(b) Es gilt das Assoziativgesetz

$$(a \circ b) \circ c = a \circ (b \circ c) \qquad \forall a, b, c \in \mathcal{G}.. \tag{2.1b}$$

(c) Es gibt genau ein (neutrales) Einselement (Identität) e mit

$$a \circ e = e \circ a = a \qquad \forall a \in \mathcal{G}. \tag{2.1c}$$

(d) Es gibt zu jedem Element $a \in \mathcal{G}$ ein inverses Element a^{-1} mit

$$a \circ a^{-1} = a^{-1} \circ a = e. \tag{2.1d}$$

Demnach ist eine Gruppe eine nicht leere Menge $\mathcal{G}$ zusammen mit einer binären, assoziativen Verknüpfung f, die die Abbildung des kartesischen Produkts

M. Böhm, *Lie-Gruppen und Lie-Algebren in der Physik*, Springer-Lehrbuch,
DOI 10.1007/978-3-642-20379-4_2,

$$\psi : \mathcal{G} \times \mathcal{G} \longrightarrow \mathcal{G}$$

erlaubt. Zudem existieren die inversen Elemente und ein Einselement. Falls außer den Bedingungen (2.1a–c) noch das Kommutativgesetz erfüllt ist

$$a \circ b = b \circ a \quad \forall a,\, b \in \mathcal{G}, \tag{2.1e}$$

liegt eine *abelsche Gruppe* vor.

Bei Verletzung der Forderungen (2.1c) und (2.1d) spricht man von einer *Halbgruppe* (*Semigruppe*). Eine Halbgruppe mit einem Einselement bildet ein *Monoid*. Eine Menge von Elemente, die nur die Forderung (2.1a) erfüllt ist, als *Gruppoid* (*Magma*) bekannt. Falls darüberhinaus mit allen Elementen a, b aus dem Gruppoid die Gleichungen $a \circ x = b$ und $y \circ a = b$ genau eine Lösung haben (unter Verzicht auf die Assoziativität), dann bildet diese Menge eine *Quasigruppe*. Eine solche Gruppe mit einem Einselement gemäß Forderung (2.1c) bildet ein *Loop*.

Beispiel 1 Gruppen sind:

Die triviale Gruppe mit der Identität e als einziges Element $\mathcal{G} = \{e\}$.
Die Menge von zwei Elementen $\mathcal{G} = \{e,\ a = \text{bel.}\}$.
Die Menge von Vektoren im n-dimensionalen Vektorraum mit der Addition als Verknüpfung.
Die Menge $\mathcal{G} = \{t | t \in \mathbb{R}\backslash\{0\},\ e \equiv 1\}$ mit der Multiplikation als Verknüpfung; $\mathcal{G} = (\mathbb{R}\backslash\{0\},\ \cdot)$.
Die Menge $\mathcal{G} = \{t | t \in \mathbb{R},\ e \equiv 0\}$ mit der Addition als Verknüpfung; $\mathcal{G} = (\mathbb{R},\ +)$.
Die Menge $\mathcal{H} = \{l | \, l \in \mathbb{Z}, e \equiv 0\}$ mit der Addition als Verknüpfung; $\mathcal{G} = (\mathbb{Z},\ +)$.

Eine Halbgruppe ist:

Die Menge $\mathcal{H} = \{n \,|\, n \in \mathbb{N}\backslash\{0\}\}$ mit der Addition als Verknüpfung; $\mathcal{G} = (\mathbb{N}\backslash\{0\},\ +)$.

Ein Monoid ist:

Die Menge $\mathcal{H} = \{n \,|\, n \in \mathbb{N}\}$ mit der Multiplikation als Verknüpfung; $\mathcal{G} = (\mathbb{N},\ \cdot)$.

Beispiel 2 Ein weiteres Beispiel benutzt die Symmetrie eines Systems im euklidischen Raum $\mathbb{R}^2$. Dabei werden jene isometrischen Symmetrietransformationen betrachtet, die das System in identische Lagen versetzt unter Garantie der Invarianz des Abstands zwischen zwei Punkten sowie des Winkels zwischen zwei Richtungen. Bei einem Quadrat findet man als Symmetrieelemente neben dem Einselement e

$(= c_4{}^0)$ drei Rotationen c_4, c_4^2, c_4^3 um eine 4-zählige Drehachse c_4 mit den Winkeln $2\pi/4$, $2\pi/4 \cdot 2$, $2\pi/4 \cdot 3$ sowie vier Spiegelungen σ_v, σ_v', σ_d, σ_d' an Ebenen, die die Drehachse enthalten (Abb. 2.1). Die Verknüpfung von Symmetrieelementen geschieht durch eine aufeinanderfolgende Ausführung der Transformationen.

Eine dazu isomorphe Gruppe (s. Abschn. 2.3) ist jene endliche Matrix-Gruppe, die aus acht zweireihigen Matrizen besteht

$$\boldsymbol{e} = \begin{pmatrix} 1 & 0 \\ 0 & 1 \end{pmatrix}, \; \boldsymbol{c}_4 = \begin{pmatrix} 0 & 1 \\ -1 & 0 \end{pmatrix}, \; \boldsymbol{c}_4^2 = \boldsymbol{c}_2 = \begin{pmatrix} -1 & 0 \\ 0 & -1 \end{pmatrix}, \; \boldsymbol{c}_4^3 = \begin{pmatrix} 0 & -1 \\ 1 & 0 \end{pmatrix},$$

$$\boldsymbol{\sigma}_v = \begin{pmatrix} -1 & 0 \\ 0 & 1 \end{pmatrix}, \; \boldsymbol{\sigma}_v' = \begin{pmatrix} 1 & 0 \\ 0 & -1 \end{pmatrix}, \; \boldsymbol{\sigma}_d = \begin{pmatrix} 0 & 1 \\ 1 & 0 \end{pmatrix}, \; \boldsymbol{\sigma}_d' = \begin{pmatrix} 0 & -1 \\ -1 & 0 \end{pmatrix}. \tag{2.2}$$

Die Verknüpfung ist die übliche Matrizenmultiplikation. Wegen der Nichtvertauschbarkeit der Matrizen gilt diese Gruppe ebenso wie die dazu isomorphe Punktgruppe C_{4v} als nicht-abelsch.

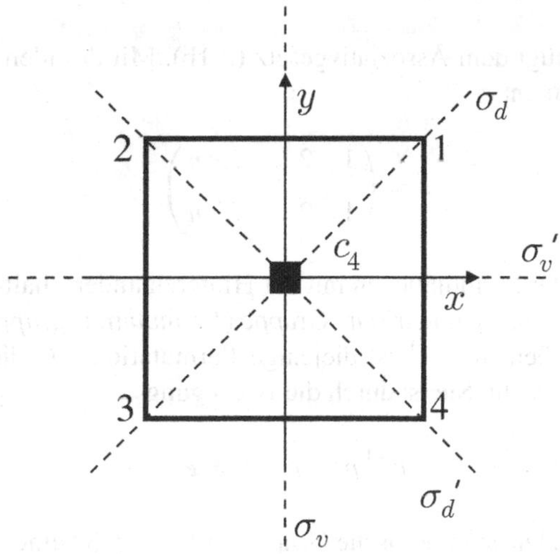

Abb. 2.1 Quadrat mit C_{4v}-Punktsymmetrie; c_4: vierzählige Rotation um die z-Achse; σ_v, σ_d: Spiegelungen an vertikalen und diagonalen Ebenen, die die Drehachse einschließen

Beispiel 3 Betrachtet man eine endliche Anzahl n verschiedener Objekte, etwa die Menge der natürlichen Zahlen $\mathcal{M} = \{1, 2, \ldots, n\}$, die in einer bestimmten Reihenfolge gegeben sind, dann kann eine *Permutation* (*Umordnung*) p im Sinne einer bijektiven Abbildung

$$p : \begin{cases} \mathcal{M} \longrightarrow \mathcal{M} \\ \{1, 2, \ldots, n\} \longmapsto \{p(1), p(2), \ldots, p(n)\} \end{cases} \tag{2.3a}$$

ausgedrückt werden durch das Schema

$$p = \begin{pmatrix} 1 & 2 & \dots & n \\ p(1) & p(2) & \dots & p(n) \end{pmatrix}. \tag{2.3b}$$

In diesem Matrixschema stehen unter den Objekten in der 1. Zeile die Bildobjekte in der 2. Zeile, die nach der Permutation die ursprünglichen Plätze der Objekte einnehmen. Daher treten die Objekte nach der Permutation in der 2. Zeile genau einmal auf.

Mit zwei Permutationen p' und p'' kann man durch Hintereinanderschaltung der Abbildungen ein Produkt $p'p''$ definieren, das erneut eine Permutation liefert

$$\begin{aligned} p = p'p'' &= \begin{pmatrix} 1 & 2 & \dots & n \\ p'(1) & p'(2) & \dots & p'(n) \end{pmatrix} \begin{pmatrix} 1 & 2 & \dots & n \\ p''(1) & p''(2) & \dots & p''(n) \end{pmatrix} \\ &= \begin{pmatrix} 1 & 2 & \dots & n \\ p'(p''(1)) & p'(p''((2)) & \dots & p'(p''((n)) \end{pmatrix}. \end{aligned}$$

Dieses Produkt genügt dem Assoziativgesetz (2.1b). Mit der identischen Permutation als das Einselement e

$$e = \begin{pmatrix} 1 & 2 & \dots & n \\ 1 & 2 & \dots & n \end{pmatrix}$$

bildet die Menge aller Permutationen mit der Hintereinanderschaltung als Verknüpfung ein Gruppe, die als *symmetrische Gruppe* (*Permutationsgruppe*) S_n bezeichnet wird. Das inverse Element p^{-1} ist diejenige Permutation, die die Permutation p wieder rückgängig macht. Sie ist durch die Bedingung

$$p^{-1}p = pp^{-1} = e$$

eindeutig bestimmt. Die symmetrische Gruppe ist für $n \geq 3$ keine abelsche Gruppe.

Beispiel 4 Beispiele für abelsche Gruppen sind die Punktgruppen $C_4 = \{e, c_4, c_2, c_4^3\}$, $C_2 = \{e, \sigma_v\}$ oder $C_2 = \{e, \sigma_d\}$.

■

Als *Ordnung* (ord $\mathcal{G}$) *einer Gruppe* $\mathcal{G}$ versteht man die Anzahl g der Elemente in der Gruppe. Diese kann endlich, abzählbar unendlich oder überabzählbar unendlich sein. Daneben versteht man unter der *Ordnung* (ord a) eines Symmetrieelements a die kleinste natürliche Zahl n, mit der es mit sich selbst verknüpft die Identität ergibt. Elemente a mit der Ordnung ord $a = 2$ heißen *Involutionen*.

Tabelle 2.1 Multiplikationstafel A einer endlichen Gruppe $\mathcal{G} = \{a_1, \ldots, a_g\}$

A	a_1	a_2	$\cdots$	a_g
a_1	$a_1 \circ a_1$	$a_1 \circ a_2$	$\cdots$	$a_1 \circ a_g$
a_2	$a_2 \circ a_1$	$a_2 \circ a_2$	$\cdots$	$a_2 \circ a_g$
$\vdots$	$\vdots$	$\vdots$	$\ddots$	$\vdots$
a_g	$a_g \circ a_1$	$a_g \circ a_2$	$\cdots$	$a_g \circ a_g$

Beispiel 5 Im Beispiel 2 der Punktgruppe C_{4v} des Quadrats findet man für die Ordnung der Gruppe $\operatorname{ord} C_{4v} = 8$ und für die Ordnung der Elemente $\operatorname{ord} c_4 = 4$ bzw. $\operatorname{ord} \sigma_v = 2$.

Im Beispiel 3 der symmetrischen Gruppe S_n ist die Ordnung der Gruppe durch die Anzahl der möglichen Permutationen gegeben

$\operatorname{ord} S_n = n!$.

■

Gruppen mit endlicher Ordnung, also einer endlichen Anzahl von Elementen heißen *endliche Gruppen*. Für solche Gruppen kann man eine sogenannte *Multiplikationstafel* (*Gruppentafel*, CALEY-*Tafel*) angeben (Tab. 2.1). In dieser Matrix A ist das Matrixelement A_{ij} der i-ten Zeile und j-ten Spalte das Produkt $a_i \circ a_j$ der Elemente a_i und a_j. Nach dem *Umordnungstheorem* kommt in jeder Zeile und jeder Spalte jedes Gruppenelement genau einmal vor. Die Multiplikationstafel einer abelschen Gruppe ist wegen Gl. (2.1e) symmetrisch zur Hauptdiaonale. Jede endliche Gruppe $\mathcal{G}$ mit der Ordnung $\operatorname{ord} \mathcal{G} = n$ ist isomorph zu einer Untergruppe der symmetrischen Gruppe S_n.

Beispiel 6 Im Beispiel der Punktgruppe C_{4v}, wo die Verknüpfung der Gruppenelemente eine Hintereinanderschaltung von Transformationen bedeutet, hat die Multiplikationstafel die Form von Tabelle 2.2.

Tabelle 2.2 Multiplikationstafel $A_{ij} = a_i \circ a_j$ mit der aufeinanderfolgenden Ausführung von Symmetrietransformationen als Verknüpfung für die Punktgruppe $\mathcal{G} = C_{4v}$ des Quadrats

A	e	c_4	c_2	c_4^3	σ_v	σ_v'	σ_d	σ_d'
e	e	c_4	c_2	c_4^3	σ_v	σ_v'	σ_d	σ_d'
c_4	c_4	c_4^2	c_4^3	e	σ_d'	σ_d	σ_v	σ_v'
c_2	c_2	c_4^3	e	c_4	σ_v'	σ_v	σ_d'	σ_d
c_4^3	c_4^3	e	c_4	c_2	σ_d	σ_d'	σ_v'	σ_v
σ_v	σ_v	σ_d	σ_v'	σ_d'	e	c_2	c_4	c_4^3
σ_v'	σ_v'	σ_d'	σ_v	σ_d	c_2	e	c_4^3	c_4
σ_d	σ_d	σ_v'	σ_d'	σ_v	c_4^3	c_4	e	c_2
σ_d'	σ_d'	σ_v	σ_d	σ_v'	c_4	c_4^3	c_2	e

■

Eine Gruppe heißt *diskret*, falls die Menge ihrer Elemente abzählbar ist. Ein Beispiel ist die abelsche Gruppe $(\mathbb{Z}, +)$ mit unendlich vielen Elementen. Demnach ist auch jede endliche Gruppe eine diskrete Gruppe. Eine Gruppe heißt *kontinuierlich*, falls sie von überabzählbar unendlicher Ordnung ist. Dort spielt der topologische Begriff der Nachbarschaft zwischen zwei Elementen bzw. zwei Punkten einer Mannigfaltigkeit eine wesentliche Rolle (Abschn. 4.1).

Beispiel 7 Ein Beispiel für eine kontinuierliche Gruppe ist die Menge der linearen, bijektiven Transformationen (Abbildungen) A eines Vektors $\boldsymbol{x} = (x_1, \ldots, x_N)$ im N-dimensionalen Raum $\mathbb{R}^N$ mit der Hintereinanderschaltung (Verkettung) als Verknüpfung

$$A : \begin{cases} \mathbb{R}^N \longrightarrow \mathbb{R}^N \\ \boldsymbol{x} \longmapsto A(\boldsymbol{x}) = \boldsymbol{x}'. \end{cases} \tag{2.4a}$$

Diese Gruppe umfasst demnach alle bijektiven Selbstabbildungen des Vektorraumes $\mathcal{V} = \mathbb{R}^N$. Sie ist isomorph zur Gruppe $\mathcal{G}$ der regulären, reellen $N \times N$-Matrizen $\boldsymbol{A}$ ($\det \boldsymbol{A} \neq 0$) mit

$$\boldsymbol{x}' = \boldsymbol{A}\boldsymbol{x} \qquad \text{bzw.} \quad x_i' = \sum_j^N A_{ij} x_j \quad i = 1, \ldots, N, \tag{2.4b}$$

die als *allgemeine lineare Gruppe* $GL(N, \mathbb{R})$ bezeichnet wird (s. a. Tab. 4.1). Die Hintereinanderschaltung der Abbildungen entspricht der Matrixmultiplikation. Mit dem Einselement

$$\boldsymbol{E} = \boldsymbol{1}_N,$$

dem reziproken Element $\boldsymbol{A}^{-1}$

$$\boldsymbol{A}\boldsymbol{A}^{-1} = \boldsymbol{A}^{-1}\boldsymbol{A} = \boldsymbol{1}_N$$

und dem Produktelement

$$\boldsymbol{C} = \boldsymbol{A}\boldsymbol{B} \qquad \boldsymbol{A}, \boldsymbol{B} \in GL(N, \mathbb{R})$$

werden alle vier Gruppenaxiome (2.1a) bis (2.1d) erfüllt. Die Nichtvertauschbarkeit der Matrixmultiplikation ist dafür verantwortlich, dass die Gruppe für $N \geq 2$ nicht abelsch ist.

An dieser Stelle sei darauf hingewiesen, dass Vektoren rechts (Gl. 2.3b) bzw. links von einer Matrix als Spaltenvektoren bzw. als Zeilenvektoren aufgefasst werden sollen. Alleine aufgeführt gelten sie stets als Zeilenvektoren.

Betrachtet man allgemein einen linearen Vektorraum $\mathcal{V}$ über dem Körper $\mathbb{K}$, dann bildet die Menge aller linearen, bijektiven Selbstabbildungen

$$A : \mathcal{V} \longrightarrow \mathcal{V}$$

eine Gruppe $GL(\mathcal{V})$, die als *Automorphismusgruppe* Aut $(\mathcal{V})$ von $\mathcal{V}$ bekannt ist. Für $\dim\mathcal{V} = N$ ist diese Gruppe isomorph zur *allgemeinen linearen Gruppe* $GL(N, \mathbb{C})$.

Beispiel 8 Weitere Beispiele für kontinuierliche Gruppen $\mathcal{G}$ sind die unitären und orthogonalen Gruppen. Die *unitäre Gruppe* $U(N)$ in N Dimensionen ($N \geq 1$) umfasst die Menge aller komplexen, unitären $N \times N$-Matrizen $\boldsymbol{A}$

$$\boldsymbol{A}\boldsymbol{A}^\dagger = \boldsymbol{A}^\dagger\boldsymbol{A} = \mathbf{1}_N \qquad \text{bzw.} \qquad \boldsymbol{A}^\dagger = \boldsymbol{A}^{-1} \tag{2.5}$$

mit der Matrizenmultiplikation als Verknüpfung. Wegen

$$(\boldsymbol{A}\boldsymbol{B})^\dagger = \boldsymbol{B}^\dagger\boldsymbol{A}^\dagger = \boldsymbol{B}^{-1}\boldsymbol{A}^{-1} = (\boldsymbol{A}\boldsymbol{B})^{-1} \qquad \boldsymbol{A}, \boldsymbol{B} \in \mathcal{G}$$

ist das Produkt zweier unitärer Matrizen $\boldsymbol{A}$, $\boldsymbol{B}$ wieder eine unitäre Matrix und somit ein Element der Gruppe $U(N)$.Demnach ist das Multiplikationsgesetz (2.1a) erfüllt. Auch das Assoziativgesetz (2.1b) wird eingehalten. Das Einselement ist die Einheitsmatrix $\mathbf{1}_N$, mit der die Bedingung (2.1e) erfüllt wird. Schließlich ist wegen

$$(\boldsymbol{A}^{-1})^\dagger = \boldsymbol{A} = (\boldsymbol{A}^{-1})^{-1}$$

die zur Matrix $\boldsymbol{A}$ inverse Matrix $\boldsymbol{A}^{-1}$ ebenfalls unitär, was von (2.1d) verlangt wird. Das Kommutativgesetz (2.1e) wird nur für $N = 1$ erfüllt, so dass die Gruppe $U(N)$ außer für $N = 1$ als nicht-abelsch gilt.

Beispiel 9 Eine weitere unitäre Gruppe ist die *spezielle unitäre Gruppe* $SU(N)$ in N Dimensionen ($N \geq 1$). Sie umfasst alle unitären $N \times N$-Matrizen $\boldsymbol{A}$ mit der zusätzlichen Bedingung

$$\det \boldsymbol{A} = 1. \tag{2.6}$$

Nachdem die Determinante einer unitären Matrix wegen

$$\det(\boldsymbol{A}\boldsymbol{A}^\dagger) = \det \boldsymbol{A} \det \boldsymbol{A}^\dagger = \det \boldsymbol{A} \det \boldsymbol{A}^* = |\det \boldsymbol{A}|^2 = \det \mathbf{1}_N = 1$$

stets eine reine Phase ist

$$\det \boldsymbol{A} = e^{i\varphi},$$

mit einem beliebigen Phasenwinkel φ, bedeutet obige Bedingung ($\varphi = 0$) eine besondere Einschränkung. Alle speziellen unitären Gruppen sind nicht abelsch (s. a. Tab. 4.1).

Beispiel 10 Die *orthogonale Gruppe* $O(N)$ in N Dimensionen ($N \geq 2$) umfasst die Menge aller reellen, orthogonalen $N \times N$-Matrizen $\boldsymbol{A}$

$$\boldsymbol{A}\boldsymbol{A}^\top = \boldsymbol{A}^\top\boldsymbol{A} = \mathbf{1}_N \qquad \text{bzw.} \qquad \boldsymbol{A}^\top = \boldsymbol{A}^{-1} \tag{2.7}$$

mit der Matrizenmultiplikation als Verknüpfung. Auch hier werden die vier Gruppenaxiome (2.1a) bis (2.1d) erfüllt, wobei die Argumentation wie bei der Gruppe $U(N)$ geschieht. Die Gruppen $O(N)$ sind nicht abelsch.

Beispiel 11 Schließlich gibt es die *spezielle orthogonale Gruppe* $SO(N)$ in N Dimensionen ($N \geq 2$). Sie umfasst die Menge aller Matrizen der Gruppe $O(N)$ mit

$$\det \boldsymbol{A} = +1.$$

Diese einschränkende Bedingung resultiert aus der Tatsache, dass wegen

$$\det(\boldsymbol{A}\boldsymbol{A}^\top) = \det \boldsymbol{A} \det \boldsymbol{A}^\top = (\det \boldsymbol{A})^2 = \det \mathbf{1}_N = 1$$

die Determinante einer orthogonalen Matrix nur die Werte

$$\det \boldsymbol{A} = \pm 1 \tag{2.8}$$

annehmen kann. Das Kommutativgesetz (2.1e) wird nur für $N = 2$ erfüllt, so dass die Gruppe $SO(N)$ außer für $N = 2$ als nicht-abelsch gilt. Allgemein können die orthogonalen Gruppen als Spezialfall der unitären Gruppen aufgefasst werden unter Berücksichtigung der Bedingung (s. a. Tab. 4.1)

$$\boldsymbol{A} = \boldsymbol{A}^*.$$

Beispiel 12 Die *orthogonale Gruppe* $O(N)$ basiert auf der linearen Transformation (2.3) unter Berücksichtigung der Invarianz des Skalarprodukts $\boldsymbol{x}_1 \cdot \boldsymbol{x}_2$ zweier beliebiger Vektoren $\boldsymbol{x}_1, \boldsymbol{x}_2 \in \mathbb{R}^N$. Dies impliziert die Forderung nach Orthogonalität (2.7) der Matrizen $\boldsymbol{A}$. Die Determinante kann dann nur die beiden Werte (2.8) annehmen, wodurch die *eigentlichen* (*speziellen*, $\det \boldsymbol{A} = +1$) und *uneigentlichen Transformationen* ($\det \boldsymbol{A} = -1$) unterschieden werden. Im euklidischen Raum $\mathbb{R}^3$ sind die Transformationen eines Ortsvektors $\boldsymbol{x}$ als *eigentliche d* und *uneigentliche Rotationen* (Drehinversionen) bekannt. Letztere, nämlich die *Inversionen i*, die *Spiegelungen* σ sowie die *Drehspiegelungen s* resultieren aus dem Produkt einer eigentlichen Rotation mit einer Inversion. Die Menge aller eigentlicher Rotationen bildet die *spezielle orthogonale* LIE-*Gruppe* $SO(3)$ in drei Dimensionen. Zusammen mit der Menge der uneigentlichen Rotationen erhält man die *orthogonale* LIE-*Gruppe* $O(3)$ in drei Dimensionen (*volle Rotationsgruppe* oder *Rotations-Inversionsgruppe*).

Beispiel 13 Betrachtet man etwa eine (aktive) Rotation $d_z(\varphi)$ eines Systems bzw. eines Vektors $\boldsymbol{x}$ aus dem euklidischen Raum $\mathbb{R}^3$ im Rechtsschraubensinn um die z-Achse mit dem Winkel φ gemäß

$$\boldsymbol{x}' = \boldsymbol{d}_z(\varphi)\boldsymbol{x}, \tag{2.9a}$$

dann errechnet sich die Rotationsmatrix $\boldsymbol{d}_z(\varphi)$ bzgl. der Standardbasis $\{\boldsymbol{e}_x = (1,0,0),\ \boldsymbol{e}_y = (0,1,0),\ \boldsymbol{e}_z = (0,0,1)\}$ zu

$$\boldsymbol{d}_z(\varphi) = \begin{pmatrix} \cos\varphi & -\sin\varphi & 0 \\ \sin\varphi & \cos\varphi & 0 \\ 0 & 0 & 1 \end{pmatrix} \qquad 0 \leq \varphi < 2\pi. \tag{2.9b}$$

Die Matrix ist orthogonal ($\det \boldsymbol{d}_z(\varphi) = +1$) und beschreibt eine aktive Rotation, bei der ein Vektor $\boldsymbol{x}$ im ruhenden Koordinatensystem gedreht wird. Vertritt man den passiven Standpunkt, bei dem das System bzw. der Vektor fest bleibt und das Koordinatensystem im Rechtsschraubensinn gedreht wird, muss der Drehwinkel φ durch den negativen Wert $-\varphi$ ersetzt werden.

Die Inversion i – Spiegelung am Koordinatenursprung – als die einfachste uneigentliche Rotation kann nach

$$\boldsymbol{x}' = \boldsymbol{i}\boldsymbol{x} = -\boldsymbol{x} \tag{2.10a}$$

durch die Matrix

$$\boldsymbol{i} = \begin{pmatrix} -1 & 0 & 0 \\ 0 & -1 & 0 \\ 0 & 0 & -1 \end{pmatrix} \tag{2.10b}$$

beschrieben werden.

Beispiel 14 Betrachtet man neben den Rotationen auch noch *Translationen* (Verschiebungen) eines Vektors $\boldsymbol{x}$ im euklidischen Raum $\mathbb{R}^3$ um einen endlichen Vektor $\boldsymbol{t}$, dann wird die gesamte räumliche Transformation eines Vektors $\boldsymbol{x}$ beschrieben durch

$$\boldsymbol{x}' = \boldsymbol{d}\boldsymbol{x} + \boldsymbol{t} \qquad \boldsymbol{x}, \boldsymbol{t} \in \mathbb{R}^3. \tag{2.11a}$$

Abbildungen eines Vektorraumes in dieser Form sind nicht mehr linear und werden als *affine Abbildungen* bezeichnet. Dabei ist es üblich, die beiden hintereinander auszuführenden Transformationen der orthogonalen Rotation und der Translation symbolisch durch einen Operator in der Form

$$\boldsymbol{x}' = \{\boldsymbol{d}|\boldsymbol{t}\}\boldsymbol{x} \tag{2.11b}$$

auszudrücken. Für das Produkt zweier Operatoren $\{\boldsymbol{d}_1|\boldsymbol{t}_1\}$ und $\{\boldsymbol{d}_2|\boldsymbol{t}_2\}$ erhält man mit Gl. (2.11a) nach sukzessiver Ausführung beider Transformationen einen weiteren Operator

$$\{\boldsymbol{d}_1|\boldsymbol{t}_1\}\{\boldsymbol{d}_2|\boldsymbol{t}_2\} = \{\boldsymbol{d}_1\boldsymbol{d}_2|\boldsymbol{d}_1\boldsymbol{t}_2 + \boldsymbol{t}_1\}. \tag{2.12}$$

Mit dem identischen Operator $\{\mathbf{1}|\mathbf{0}\}$ errechnet sich nach (2.13) der inverse Operator zu

$$\{\boldsymbol{d}|\boldsymbol{t}\}^{-1} = \{\boldsymbol{d}^{-1}| - \boldsymbol{d}^{-1}\boldsymbol{t}\}. \tag{2.13}$$

Die Menge aller Operatoren $\{\boldsymbol{d}|\boldsymbol{t}\}$ bilden demnach eine Gruppe, nämlich die 6-dimensionale *euklidische Gruppe* $E(3)$ (*Bewegungsgruppe des* $\mathbb{R}^3$ bzw. *reelle affine Gruppe*). Die reinen orthogonalen Rotationen bzw. die reinen Translationen werden durch die Operatoren $\{\boldsymbol{d}|\boldsymbol{0}\}$ bzw. $\{\boldsymbol{1}|\boldsymbol{t}\}$ beschrieben. Betrachtet man nur die eigentlichen Rotationen ($\det \boldsymbol{d} = +1,\ \boldsymbol{d} \in SO(3)$), dann bilden diese die *eigentliche euklidische Gruppe* $E^+(3)$. Falls man dem Operator $\{\boldsymbol{d}|\boldsymbol{t}\}$ eine 4×4-Matrix zuordnet

$$\{\boldsymbol{d}|\boldsymbol{t}\} := \boldsymbol{B} = \begin{pmatrix} \boldsymbol{d} & \boldsymbol{t} \\ 0 & 1 \end{pmatrix} \tag{2.14a}$$

mit dem Spaltenvektor

$$\boldsymbol{t} = (t_1, t_2, t_3)^\top, \tag{2.14b}$$

dann kann die Transformation (2.11) durch eine Matrixgleichung in der Form

$$\begin{pmatrix} \boldsymbol{x}' \\ 1 \end{pmatrix} = \boldsymbol{B} \begin{pmatrix} \boldsymbol{x} \\ 1 \end{pmatrix} \tag{2.15}$$

ausgedrückt und die euklidische Gruppe $E(3)$ als eine Untergruppe der allgemeinen linearen Gruppe $GL(4, \mathbb{R})$ aufgefasst werden.

■

2.2 Strukturen

Eine bedeutende Rolle spielt die *Untergruppe*. Sie ist jede nicht leere Teilmenge $\mathcal{H}$ der Gruppe $\mathcal{G}$, deren Elemente die Bedingungen (2.1a) bis (2.1d) für eine Gruppe mit der gleichen Verknüpfung erfüllen

$$\mathcal{H} \subseteq \mathcal{G}. \tag{2.16}$$

Danach hat jede Gruppe wenigstens zwei Untergruppen, nämlich das Einselement $\{e\}$ und die Gruppe $\mathcal{G}$ selbst, die als *uneigentliche Untergruppen* zur Unterscheidung von den *eigentlichen (echten) Untergruppen* bezeichnet werden. Da die Untergruppe erneut eine Gruppe bildet, muss die Menge ihrer Elemente eine abgeschlossene algebraische Struktur sein und kann direkt von der Multiplikationstafel abgelesen werden (s. z. B. Tab. 2.2). Es ist leicht nachzuweisen, dass der Durchschnitt von Untergruppen eine Gruppe $\mathcal{G}$ wieder eine Untergruppe von $\mathcal{G}$ ist.

Beispiel 1 Untergruppen der Punktgruppe C_{4v} sind die Punktgruppen $C_4 = \{e, c_4, c_4^2, c_4^3\}$, $C_{2v} = \{e, c_4^2 = c_2, \sigma_v, \sigma_v'\}$ sowie $C_s = \{e, \sigma_v\}$ (Abb. 2.2).

■

Eine besondere Gruppe ist die *zyklische Gruppe* $\mathcal{Z}$. Sie besteht aus Elementen, die eine Potenz eines Elements z sind

$$\mathcal{Z} := \{z^n \mid n \in \mathbb{Z}\}. \tag{2.17}$$

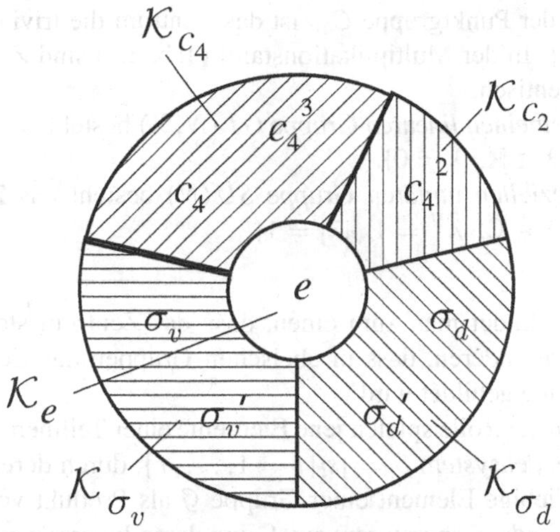

Abb. 2.2 Schematische Darstellung der Punktgruppe C_{4v} mit der Aufteilung in Klassen $\mathcal{K}_a$

Danach gilt für eine zyklische Gruppe

$$\text{ord}\,\mathcal{Z} = \text{ord}\,z = n. \tag{2.18}$$

Jedes Element einer endlichen Gruppe $\mathcal{G}$ zusammen mit seiner Potenz eine zyklische Untergruppe $\mathcal{H}_z \subset \mathcal{Z}$

$$\mathcal{H}_z = \{z^n \mid z \in \mathcal{Z}, n \in \mathbb{Z}\}. \tag{2.19}$$

Zudem findet man jedes Element einer endlichen Gruppe in mindestens einer Untergruppe enthalten.

Beispiel 2 Die Punktgruppe $C_4 = \{e, c_4, c_4^2 = c_2, c_4^3\}$ ist eine zyklische Gruppe und zugleich eine Untergruppe $\mathcal{H}_{c_4} \subseteq \mathcal{G} = C_{4v}$. Das gleiche gilt für die Punktgruppe $C_s = \{e, \sigma_v\}$ oder $\{e, \sigma_d\}$.

■

Mit den Elementen $p = z^r$ und $q = z^s$ einer zyklischen Gruppe findet man nach

$$p \circ q = z^r \circ z^s = z^{r+s} = z^s \circ z^r = q \circ p \tag{2.20}$$

die Kommutativität, so dass jede zyklische Gruppe auch abelsch ist.

Eine besondere Untergruppe ist das *Zentrum* $\mathcal{C}$

$$\mathcal{C} := \{c \in \mathcal{G} \mid c \circ \mathcal{G} = \mathcal{G} \circ c\}. \tag{2.21}$$

Ihre Elemente c sind mit allen Gruppenelementen vertauschbar und gelten deshalb als *invariante Elemente*.

Beispiel 3 Im Fall der Punktgruppe C_{4v} ist das Zentrum die triviale, uneigentliche Untergruppe $\mathcal{C}=\{e\}$. In der Multiplikationstafel (Tab. 2.2) sind Zeilen und Spalten für das Zentrum identisch.

Im Fall der *allgemeinen linearen Gruppe* $GL(N, \mathbb{R})$ besteht das Zentrum aus der Menge $\mathcal{C} = \{\lambda \mathbf{1}_N \,|\, \lambda \in \mathbb{R},\ \lambda \neq 0\}$.

Im Fall der *speziellen unitären Gruppe* $SU(N)$ besteht das Zentrum aus der Menge $\mathcal{C} = \{\lambda \mathbf{1}_N \,|\, \lambda \in \mathbb{C},\ \lambda^N = 1,\ |\lambda| = 1\}$.

■

Als Konsequenz findet man zum einen, dass das Zentrum stets eine abelsche Gruppe ist und zum anderen, dass in abelschen Gruppen das Zentrum durch die Menge aller Elemente gebildet wird.

Eine ausgezeichnete Rolle spielen jene Elemente einer Teilmenge, das sogenannte (*freien*) *Erzeugendensystem* $\mathcal{S} = \{s_i \,|\, i = 1, \ldots, r\}$, durch deren faktorielle Anwendung jedes beliebige Element einer Gruppe $\mathcal{G}$ als Produkt von endlich vielen Elementen (*Erzeugende, Generatoren*) aus $\mathcal{S}$ und deren Inverse eindeutig dargestellt werden kann. Die Gruppe gilt dann als *freie Gruppe über* $\mathcal{S}$. Das Produkt von endlich vielen Elementen $a = \left\{s_1^{z_1}, s_2^{z_2} \ldots s_r^{z_r}\right\} \in \mathcal{G}$ mit $s_1, \ldots, s_r \in \mathcal{S}$ $(s_i \neq s_{i+1}\ \forall i)$ und $z_1, \ldots, z_r \in \mathbb{Z}$ $(z_i \neq 0\ \forall i)$ wird als *reduziertes Wort* über $\mathcal{S}$ bezeichnet. Falls die Teilmenge $\mathcal{S}$ als endliche Menge gewählt werden kann, nennt man die Gruppe $\mathcal{G}$ eine *endlich erzeugte Gruppe*. Die Wahl der unahängigen *Erzeugenden* $\{s_i \,|\, i = 1, \ldots, r\}$ ist nicht eindeutig. Die minimale Menge von Erzeugende, deren Anzahl als der *Rang* r einer (endlichen) Gruppe bezeichnet wird, gilt als eine *Basis*.

Beispiel 4 Die Gruppe der ganzen, additiven Zahlen $\mathcal{G} = (\mathbb{Z}, +)$ ist eine freie Gruppe über dem Erzeugendensystem $\mathcal{S} = \{1\}$.

Bei einer zyklischen Gruppe $\mathcal{Z} = \{e, z, \ldots, z^{n-1}\ n \geq 2\}$ besteht die minimale Menge von Generatoren aus einem Element $(s_1 = z^1)$, so dass der Rang $r = 1$ beträgt. Jedes Element kann dargestellt werden durch z^k $(k \in \mathbb{Z})$. Diese Darstellung ist wegen $z^n = e$ nicht eindeutig, so dass die Gruppe keine freie Gruppe ist.

Beispiel 5 Bei der Punktgruppe C_{4v} gibt es die Erzeugenden $\mathcal{S} = \{s_1 = c_4, s_2 = \sigma_{\mathrm{v}}\}$ mit den definierenden Beziehungen

$$s_1^4 = e \qquad s_2^2 = e \qquad (s_1 \circ s_2)^2 = e \qquad \text{bzw.} \qquad s_1 \circ s_2 = (s_1 \circ s_2)^{-1}.$$

Der Rang ist dann $r = 2$. Die Beschreibung der Gruppe durch reduzierte Worte zusammen mit den Relationen geschieht dann in der Form

$$C_{4v} = \left\{e,\ s_1,\ s_1^2,\ s_1^3,\ s_2,\ s_1 \circ s_2,\ s_1^2 \circ s_2,\ s_1^3 \circ s_2\right\},$$

was allgemein als *Gruppenpräsentierung* bezeichnet wird. Die Gruppe ist jedoch keine freie Gruppe, da etwa das Element $c_4 = s_1^1 = s_1^{4n}$ $(n \in \mathbb{N})$ nicht eindeutig dargestellt werden kann.

■

Die Suche nach Elementen mit äquivalenten Eigenschaften führt zu dem Begriff der *Konjugiertheit*, der eine vereinfachende Aufteilung der Gruppe ermöglicht. Ein Element a' ist konjugiert zum Element a, falls es ein Element $b \in \mathcal{G}$ gibt, mit dem a in a' transformiert werden kann

$$a' = b \circ a \circ b^{-1}. \tag{2.22}$$

Daraus erwächst eine Äquivalenzrelation mit den folgenden Eigenschaften:

(a) a ist zu sich selbst konjugiert (Reflexivität).
(b) Falls a' konjugiert ist zu a, ist auch a konjugiert zu a' (Symmetrie).
(c) Falls a konjugiert ist zu a' und a' konjugiert zu a'', ist auch a konjugiert zu a'' (Transitivität).

Mithilfe aller zueinander konjugierter Elemente lässt sich eine Menge definieren, die als die *Klasse der konjugierten Elemente* oder *Konjugiertenklasse* bezeichnet wird (Abb. 2.2)

$$\mathcal{K}_a := \{a, b \in \mathcal{G} |\, b \circ a \circ b^{-1}\}.$$

Diese Festlegung erlaubt eine Einteilung der Gruppe $\mathcal{G}$ in Klassen $\mathcal{K}_i$ konjugierter Elemente

$$\mathcal{G} = \bigcup_{i=1}^{r} \mathcal{K}_i \qquad r: \text{Anzahl der Klassen.} \tag{2.23}$$

Dabei ist zu beachten, dass Konjugiertenklassen keine Gruppen sind, da ihnen das Einselement fehlt. Nachdem jedes Element der Gruppe nur einer Klasse angehört, gilt die Beziehung

$$\sum_{i=1}^{r} r_i = g \qquad r_i: \text{Anzahl der Elemente einer Klasse.} \tag{2.24}$$

Falls ein Element zu sich selbst konjugiert ist und deshalb nach Gln. (2.21) und (2.22) mit allen Elementen der Gruppe vertauscht, bildet es eine Klasse für sich. Gemäß Gln. (2.1d) und (2.22) bildet in abelschen Gruppen jedes Element eine Klasse für sich. Dort ist die Klassenzahl r nach Gl. (2.24) mit der Gruppenordnung g identisch. Jedes Zentrum $\mathcal{C}$ als die Menge von Elementen, die nach (2.21) mit allen Gruppenelementen vertauscht, ist eine Klasse für sich. Das Einselement e ist demnach als Zentrum ebenfalls immer eine Klasse für sich.

Betrachtet man ein Element a mit der Ordnung n ($a^n = e$), dann findet man für die Elemente a' derselben Klasse mit Gl. (2.22)

$$a^n = (b \circ a' \circ b^{-1})^n = b \circ (a')^n \circ b^{-1} \quad \text{bzw.} \quad e = (a')^n,$$

wonach diese dieselbe Ordnung besitzen. Die Umkehrung dieser Aussage ist nicht gültig. Bleibt darauf hinzuweisen, dass bei einer Gruppe, die aus der Menge von

Rotationen alleine besteht, es keine Klasse gibt, die sowohl eigentliche wie uneigentliche Rotationen umfasst.

Beispiel 6 Bei der Gruppe C_{4v} werden die zueinander konjugierten Elemente in fünf Klassen eingeteilt (Abb. 2.2): $\mathcal{K}_e = \{e\}$, $\mathcal{K}_{c_4} = \left\{c_4, c_4^3\right\}$, $\mathcal{K}_{c_2} = \left\{c_4^2 = c_2\right\}$, $\mathcal{K}_{\sigma_v} = \left\{\sigma_v, \sigma_v'\right\}$, $\mathcal{K}_{\sigma_d} = \left\{\sigma_d, \sigma_d'\right\}$. Die Beziehung (2.24) lautet

$$\sum_{i=1}^{5} r_i = 1 + 2 + 1 + 2 + 2 = 8.$$

■

Eine Zerlegung der Gruppe $\mathcal{G}$ ganz anderer Art verwendet die sogenannte *Nebenklasse*. Mit der Untergruppe $\mathcal{H} = \{h_1, h_2, \ldots, h_h\}$ und dem Element $a \in \mathcal{G}$, das nicht zur Untergruppe gehört ($a \notin \mathcal{H}$), wird die Menge der Elemente

$$\mathcal{L}_a = a \circ \mathcal{H} = \{a \circ h_1,\ a \circ h_2, \ldots,\ a \circ h_h\}$$

als *Linksnebenklasse* $\mathcal{L}_a$ bzgl. des Elements a bezeichnet. Entsprechendes gilt für die *Rechtsnebenklasse* $\mathcal{R}_a$ (Abb. 2.3). Dabei gilt das Element a als *Vertreter der Nebenklasse* $\mathcal{L}_a$ bzw. $\mathcal{R}_a$. Die Anzahl der verschiedenen Elemente einer Nebenklasse ist nach dem *Umordnungstheorem* mit der Anzahl der Elemente in der Untergruppe identisch

$$g_l = g_r \equiv g_h \equiv \operatorname{ord} \mathcal{H}. \tag{2.25}$$

Für den Fall, dass der Vertreter a zur Untergruppe $\mathcal{H}$ gehört, ist die Nebenklasse $\mathcal{L}_a$ bzw. $\mathcal{R}_a$ mit der Untergruppe $\mathcal{H}$ identisch. Andernfalls ($a \notin \mathcal{H}$) ist die Nebenklasse $\mathcal{L}_a$ bzw. $\mathcal{R}_a$ bzgl. a keine Untergruppe von $\mathcal{G}$. Nachdem das Einselement e in der Untergruppe $\mathcal{H}$ liegt, ist der Vertreter a auch ein Element der Nebenklasse ($a \in a \circ \mathcal{H}$), so dass jedes Element der Gruppe $\mathcal{G}$ mindestens in einer Nebenklasse liegt.

Die Untersuchung zweier Nebenklassen $\mathcal{K}_{a_1}$ und $\mathcal{K}_{a_2}$ verhilft zu der Aussage, dass diese entweder kein Element gemeinsam haben

$$\mathcal{K}_{a_1} \cap \mathcal{K}_{a_2} = \emptyset$$

oder beide identisch sind

$$\mathcal{K}_{a_1} \equiv \mathcal{K}_{a_2}.$$

Sei das Element b ein Mitglied der Linksnebenklasse $a \circ \mathcal{H}$ bzgl. des Vertreters a, dann ist die Linksnebenklasse $b \circ \mathcal{H}$ bzgl. des Vertreters b mit der Linksnebenklasse $a \circ \mathcal{H}$ identisch ($a \circ \mathcal{H} \equiv b \circ \mathcal{H}$). Demnach kann ein und dieselbe Nebenklasse aus jedem ihrer Mitglieder als Vertreter gebildet werden, so dass jedes beliebige Mitglied einer Nebenklasse ein gleichberechtigter Vertreter dieser Nebenklasse ist. Eine bedeutende Folgerung mündet in der Aufteilung einer Gruppe $\mathcal{G}$ nach Nebenklassen (Abb. 2.3a, b)

$$\mathcal{G} = \bigcup_{i=1}^{l} a_i \circ \mathcal{H} = \bigcup_{i=1}^{l} \mathcal{L}_i \tag{2.26a}$$

und

$$\mathcal{G} = \bigcup_{i=1}^{l} \mathcal{H} \circ a_i = \bigcup_{i=1}^{l} \mathcal{R}_i . \tag{2.26b}$$

Dabei ist die Anzahl l der Links- und Rechtsnebenklassen gleich. Die Wahl der Vertreter a_i ist nicht eindeutig. Es können mit verschiedenen Vertretern identische Nebenklassen gewonnen werden. Als *Index l der Untergruppe $\mathcal{H}$* bzgl. der Gruppe $\mathcal{G}$ versteht man die Anzahl l der Nebenklassen

$$\operatorname{ind} \mathcal{H} = l. \tag{2.27}$$

Beispiel 7 Bei der Gruppe C_{4v} erhält man etwa mit der Untergruppe $\mathcal{H} = C_4$ die Zerlegungen in Linksnebenklassen (Abb. 2.3)

$$C_{4v} = \{e \circ C_4,\ \sigma_v \circ C_4\} = \{\mathcal{L}_e, \mathcal{L}_{\sigma_v}\} \quad \text{mit den Vertretern} \quad \{e, \sigma_v\},$$
$$C_{4v} = \{e \circ C_4,\ \sigma_v' \circ C_4\} = \{\mathcal{L}_e, \mathcal{L}_{\sigma_v'}\} \quad \text{mit den Vertretern} \quad \{e, \sigma_v'\},$$
$$C_{4v} = \{c_4 \circ C_4,\ \sigma_v \circ C_4\} = \{\mathcal{L}_{c_4}, \mathcal{L}_{\sigma_v}\} \quad \text{mit den Vertretern} \quad \{c_4, \sigma_v\},$$
$$C_{4v} = \{c_4 \circ C_4,\ \sigma_d \circ C_4\} = \{\mathcal{L}_{c_4}, \mathcal{L}_{\sigma_d}\} \quad \text{mit den Vertretern} \quad \{c_4, \sigma_d\}.$$

■

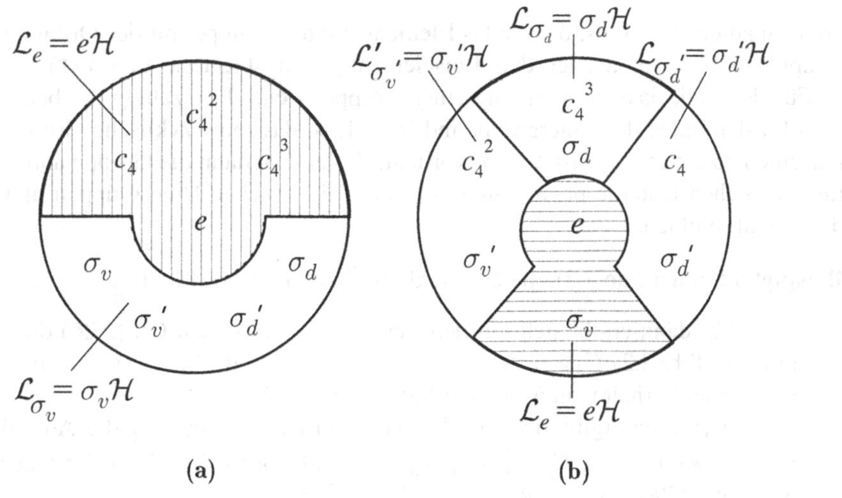

Abb. 2.3 Schematische Darstellung der Punktgruppe C_{4v} mit einer Aufteilung in Linksnebenklassen $\mathcal{L}$ der Untergruppe $\mathcal{H} = C_4 = \{e,\ c_4,\ c_4^2,\ c_4^3\}$ **(a)** und der Untergruppe $\mathcal{H} = C_s = \{e,\ \sigma_v\}$ **(b)**

Auch die Vertreter bilden nicht notwendig eine Gruppe. Häufig ergibt das Produkt zweier Vertreter ein Element der Untergruppe, so dass die Menge der Vertreter bezüglich der Multiplikation keine abgeschlossene algebraische Struktur bildet. Nachdem in der Zerlegung der Gruppe nach Gl. (2.26) stets einmal die Untergruppe selbst erscheint, kann man die Menge der Vertreter in einer Form wählen, die das Einselement enthält ($a_1 = e$) so dass die Zerlegung einer Gruppe $\mathcal{G}$ die Form

$$\mathcal{G} = \mathcal{H} \cup \bigcup_{i=2}^{l} a_i \circ \mathcal{H} = \mathcal{H} \cup \bigcup_{i=2}^{l} \mathcal{H} \circ a_i$$

annimmmt.

Mit der vollständigen Aufteilung einer Gruppe nach Gl. (2.26) gewinnt man die Aussage, dass die Ordnung g einer Gruppe $\mathcal{G}$ ein ganzes Vielfaches l ($= \operatorname{ind} \mathcal{H}$) der Ordnung h einer Untergruppe $\mathcal{H}$ ist (Satz v. EULER-LAGRANGE)

$$\operatorname{ord} \mathcal{G} = \operatorname{ind} \mathcal{H} \operatorname{ord} \mathcal{H} \qquad \text{bzw.} \qquad g = l\,h \qquad l,\, h \in \mathbb{N}. \tag{2.28}$$

Wählt man als Untergruppe die zyklische Untergruppe $\mathcal{H}_a = \{e = a^n, a, \ldots, a^{n-1}\}$ eines Elements a mit der Ordnung $\operatorname{ord} a = n$, dann findet man mit Gl. (2.28), dass die Ordnung g der Gruppe ein Vielfaches l der Ordnung n des Elements a ist

$$g = l \operatorname{ord} a = l\,n. \tag{2.29}$$

Mit der Umformung

$$a^g = a^{ln} = (a^n)^l = e^l = e \tag{2.30}$$

erhält man das Ergebnis, dass jedes Element a einer Gruppe mit der Ordnung der Gruppe $\operatorname{ord} \mathcal{G} = g$ potenziert dem Einselement gleich ist (Satz v. FERMAT).

Für den Fall, dass die Ordnung einer Gruppe $\mathcal{G}$ eine Primzahl p ist, bekommt man für den Index der Untergruppe $\operatorname{ind} \mathcal{H} = 1$, so dass eine zyklische Gruppe mit nur einem Generator a ($\operatorname{ord} a = p$) vorliegt. Zudem hat dann die Gruppe außer den uneigentlichen Untergruppen $\mathcal{G}$ und $\{e\}$ keine eigentlichen Untergruppen und gilt deshalb als einfach.

Beispiel 8 Bei der Punktgruppe C_{4v} wird als Untergruppe gewählt:

(a) $\mathcal{H} = C_4$; dann ergibt sich mit den Vertretern $\{e, \sigma_v\}$ nach Gl. (2.26) die Aufteilung (Tab. 2.2) $C_{4v} = \{e \circ C_4, \sigma_v \circ C_4\}$. Mit $\operatorname{ord} C_{4v} = g = 8$ und $\operatorname{ord} C_4 = h = 4$ erhält man nach Gl. (2.28) $\operatorname{ind} C_4 = 2$.
(b) $\mathcal{H} = C_s$; dann ergibt sich mit den Vertretern $\{e, c_4, c_4^2, c_4^3\}$ die Aufteilung $C_{4v} = \{e \circ C_s, c_4 \circ C_s, c_4^2 \circ C_s, c_4^3 \circ C_s\}$. Mit $\operatorname{ord} C_s = h = 2$ erhält man nach Gl. (2.28) $\operatorname{ind} C_s = 4$.

■

Eine weitere charakteristische Menge von Elementen sind jene, die ein festes Element $a \in \mathcal{G}$ unter Konjugation in sich transformieren bzw. die mit a vertauschbar sind. Sie bilden eine Gruppe, nämlich den *Normalisator* von a in $\mathcal{G}$

$$\mathcal{N}_{\mathcal{G}}(a) := \{g | \, g \circ a = a \circ g, \; g \in \mathcal{G}\}. \tag{2.31a}$$

Nach Potenzieren eines Elements $a = g \circ a \circ g^{-1}$ erhält man

$$a^n = (g \circ a \circ g^{-1})^n = g \circ a^n \circ g^{-1},$$

wonach mit dem Element a auch alle Potenzen von a den gleichen Normalisator besitzen. Der Normalisator einer Teilmenge $\mathcal{A}$ in $\mathcal{G}$ – insbesondere einer Untergruppe – ist die Menge der Gruppenelemente, die mit der Teilmenge vertauschbar sind

$$\mathcal{N}_{\mathcal{G}}(\mathcal{A}) := \{g | \, g \circ \mathcal{A} = \mathcal{A} \circ g, \; g \in \mathcal{G}\}. \tag{2.31b}$$

Dabei kann durchaus für einzelne Elemente $a \in \mathcal{A}$ die Vertauschbarkeit nicht erfüllt sein ($g \circ a \neq a \circ g$). Mit der strengeren Forderung, dass die Teilmenge $\mathcal{B}$ elementweise invariant ist unter der Konjugation mit Gruppenelementen $g \in \mathcal{G}$ erhält man den *Zentralisator*

$$\mathcal{C}_{\mathcal{G}}(\mathcal{A}) := \{g | \, g \circ a = a \circ g, \; \forall a \in \mathcal{A}, \; g \in \mathcal{G}\}. \tag{2.31c}$$

Er bildet eine Untergruppe und ist bezüglich des Einselements die Gruppe selbst ($\mathcal{C}_{\mathcal{G}}(e) = \mathcal{G}$).

Beispiel 9 Bei der Punktgruppe C_{4v} wird als festes Element a gewählt

(a) $a = e$: dann gilt $\mathcal{N}_{C_{4v}}(e) = C_{4v}$.
(b) $a = c_4$: dann gilt $\mathcal{N}_{C_{4v}}(c_4) = \{e, \, c_4, \, c_4^2, \, c_4^3\}$.
(c) $a = \sigma_v$: dann gilt $\mathcal{N}_{C_{4v}}(\sigma_v) = \{e, \, c_4^2 = c_2, \, \sigma_v, \, \sigma_v'\}$.

■

Falls das Element a des Normalisators selbstkonjugiert ist, dann gilt $\mathcal{N}_{\mathcal{G}} = \mathcal{G}$. Andernfalls kann die Gruppe in Linksnebenklassen zerlegt werden

$$\mathcal{G} = \bigcup_{i=1}^{r} x_i \circ \mathcal{N}_{\mathcal{G}} \qquad x_1 = e.$$

Die Menge der zu a konjugierten verschiedenen Elemente $\{x_i \circ a \circ x_1^{-1} = a_i | \, i = 1, \ldots, r\}$ gehören zu einer Klasse $\mathcal{K}_a$ mit r_a Elementen. Mit der Anzahl v_a von Elementen im Normalisator $\mathcal{N}_{\mathcal{G}}$ findet man dann die Beziehung

$$\operatorname{ord} \mathcal{G} = g = v_a \operatorname{ind} \mathcal{N}_{\mathcal{G}} = v_a r_a. \tag{2.32}$$

Danach ist die Anzahl r_a von Elementen einer Klasse $\mathcal{K}_a$ ein Teiler der Gruppenordnung. Die Anzahl r der Klassen ist jedoch im Allgemeinen kein Teiler von g. Die Summation über die Klassen liefert mit Gl. (2.24)

$$\sum_{a=1}^{r} v_a^{-1} = 1, \tag{2.33}$$

so dass mit $v_a \leq g$ die Zahl der Klassen einer endlichen Gruppe beschränkt ist.

Beispiel 10 Bei der Punktgruppe C_{4v} erhält man für die Klassen $\mathcal{K}_e = \{e\}$, $\mathcal{K}_{c_4} = \{c_4, c_4^3\}$, $\mathcal{K}_{c_2} = \{c_4^2\}$, $\mathcal{K}_{\sigma_v} = \{\sigma_v, \sigma_v'\}$ und $\mathcal{K}_{\sigma_d} = \{\sigma_d, \sigma_d'\}$ die Vielfachen $v_e = 8$, $v_{c_4} = 4$, $v_{c_2} = 8$, $v_{\sigma_v} = 4$ und $v_{\sigma_d} = 4$. Insgesamt errechnet sich Gl. (2.33) zu $\sum_a v_a^{-1} = 1/8 + 1/4 + 1/8 + 1/4 + 1/4 = 1$.

■

Bedeutender als der Normalisator ist jene Untergruppe $\mathcal{N}$, deren Elemente b mit allen Gruppenelementen vertauschen und die deshalb zu sich selbst konjugiert ist

$$\mathcal{N} := a \circ \mathcal{N} \circ a^{-1} \quad \forall a \in \mathcal{G} \qquad \text{bzw.} \qquad \mathcal{N} := \{b | \mathcal{G} \circ b = b \circ \mathcal{G},\, b \in \mathcal{G}\}. \tag{2.34a}$$

Sie wird als *invariante Untergruppe* bzw. als *Normalteiler* $\mathcal{N}$ bezeichnet. Gleichbedeutend damit ist die Forderung nach Übereinstimmung von Links- und Rechtsnebenklasse

$$\mathcal{L}_a = \mathcal{R}_a \qquad \forall a \in \mathcal{G}. \tag{2.34b}$$

Betrachtet man etwa abelsche Gruppen, dann ist wegen Gl. (2.1d) jede Untergruppe ein Normalteiler. Demnach ist auch das Zentrum $\mathcal{C}$ (2.21) ein Normalteiler. Einfach einzusehen ist die Aussage, dass Untergruppen vom Index zwei stets Normalteiler sind. Eine Untergruppe ist genau dann ein Normalteiler, wenn sie aus ganzen Klassen der Gruppe besteht. Jede Gruppe $\mathcal{G}$ besitzt deshalb zwei triviale Normalteiler, nämlich die uneigentliche Gruppen $\{e\}$ und $\mathcal{G}$.

Durch Bildung der sogenannten *Kommutatorgruppe* (1. *Ableitung von* $\mathcal{G}$)

$$\mathcal{G}' := \{a, b \in \mathcal{G} | \, a^{-1} \circ b^{-1} \circ a \circ b\}$$

erhält man eine Untergruppe von $\mathcal{G}$, die stets ein Normalteiler ist. Sie kann als Gegenstück zum Zentrum der Gruppe (2.21) aufgefasst werden. Während die Größe von letzterer ein „Maß" für die Kommutativität darstellt, ist die Kommutatorgruppe umso größer, je weniger kommutativ die Gruppe ist. Eine Gruppe $\mathcal{G}$ ist genau dann abelsch, wenn die Kommutatorgruppe nur aus dem Einselement besteht ($\mathcal{G}' = \{e\}$).

Im Hinblick auf den Normalteiler kann man zwischen zwei Arten von Gruppen unterscheiden. Die *einfache Gruppe* besitzt keinen nicht-trivialen Normalteiler. Die *halbeinfache Gruppe* besitzt keinen abelschen Normalteiler. Folglich ist jede einfache Gruppe auch eine halbeinfache Gruppe und jede abelsche Gruppe ist weder einfach noch halbeinfach. Der Durchschnitt von Normalteiler einer Gruppe $\mathcal{G}$ ist ebenfalls ein Normalteiler von $\mathcal{G}$. Es ist leicht einzusehen, dass das Zentrum $\mathcal{C}$ einer

Gruppe $\mathcal{G}$ sowie deren Untergruppen auch Normalteiler von $\mathcal{G}$ sind. Sie werden als *zentrale Normalteiler* der Gruppe $\mathcal{G}$ bezeichnet.

Die Bedeutung von einfachen Gruppen liegt darin, dass sie die elementaren Bausteine von Gruppen darstellen. Zudem ist es gelungen, diese einfachen Gruppen vollständig zu klassifizieren, was mit allgemeinen endlichen Gruppen nicht möglich ist.

Man kann ausgehend von einer endlichen Gruppe $\mathcal{G}$ rekursiv eine abnehmende Folge von Untergruppen $\{\mathcal{G}_{(k)}\}$ definieren durch

$$\mathcal{G}_0 := \mathcal{G} \qquad \mathcal{G}_{(k)} := [\mathcal{G}, \mathcal{G}_{(k-1)}] \qquad k \geq 1$$

mit

$$\mathcal{G}_{(k)} \supseteq \mathcal{G}_{(k+1)} \quad k \geq 0,$$

so dass bei jedem Schritt die Kommutatorgruppe zwischen allen Elementen der Gruppe $\mathcal{G}$ und den der Untergruppen $\{\mathcal{G}_{(k-1)} | k \geq 1\}$ gebildet wird. Man erhält so eine Folge von Untergruppen $\{\mathcal{G}_{(k)}\}$, die sogenannte *untere Zentralreihe* (*absteigende Reihe*). Ein Gruppe $\mathcal{G}$ heißt *nilpotent* genau dann, wenn es ein k gibt, für das die Untergruppe $\mathcal{G}_{(k)}$ der unteren Zentralreihe trivial ist ($\mathcal{G}_{(k)} = \{e\}$). Diese Eigenschaft der *Nilpotenz* eignet sich als Kriterium zur Charakterisierung von endlichen Gruppen. Daneben kann man rekursiv abgeleitete Gruppen definieren durch

$$\mathcal{G}^0 := \mathcal{G} \qquad \mathcal{G}^{(k)} := [\mathcal{G}^{(k-1)}, \mathcal{G}^{(k-1)}] \qquad k \geq 1$$

mit

$$\mathcal{G}^{(k)} \supseteq \mathcal{G}^{(k+1)} \quad k \geq 0,$$

wodurch eine abnehmende Folge von Untergruppen, die sogenannte *Kommutatorreihe* (*abgeleitete Reihe*) erzeugt wird. Ein Gruppe $\mathcal{G}$ heißt *auflösbar*, wenn es ein k gibt, für das die Untergruppe $\mathcal{G}^{(k)}$ der unteren Zentralreihe trivial ist ($\mathcal{G}^{(k)} = \{e\}$).

Im Folgenden werden die Nebenklassen $\mathcal{L}_{a_i} = \{a_i \circ \mathcal{N} = \mathcal{N} \circ a_i | i = 1, \ldots, \text{ind}\mathcal{N}\}$ bzgl. des Normalteilers $\mathcal{N}$ als Elemente einer Gruppe betrachtet, um damit die Gruppenaxiome (2.1) zu überprüfen.

(a) Mit

$$\mathcal{L}_{a_i} \circ \mathcal{L}_{a_j} = a_i \circ \mathcal{N} \circ a_j \circ \mathcal{N} = a_i \circ a_j \circ \mathcal{N} \circ \mathcal{N} = \mathcal{L}_{a_i \circ a_j}$$

findet man für das Produkt zweier Nebenklassen erneut eine Nebenklasse.

(b) Das Assoziativgesetz ist erfüllt.

(c) Mit dem Element

$$\mathcal{L}_e = e \circ \mathcal{N} = \mathcal{N}$$

erhält man für beliebige Nebenklassen

$$\mathcal{L}_{a_i} \circ \mathcal{N} = a_i \circ \mathcal{N} \circ \mathcal{N} = \mathcal{L}_{a_i},$$

so dass dieses das Einselement ist.

(d) Mit dem Element

$$\mathcal{L}_{a_i}^{-1} = (a_i \circ \mathcal{N})^{-1} = a_i^{-1} \circ \mathcal{N}$$

erhält man für beliebige Nebenklassen mit Gl. (2.34a)

$$\mathcal{L}_{a_i} \circ \mathcal{L}_{a_i}^{-1} = a_i \circ \mathcal{N} \circ a_i^{-1} \circ \mathcal{N} = a_i \circ a_i^{-1} \circ \mathcal{N} \circ \mathcal{N} = e \circ \mathcal{N} = \mathcal{L}_e,$$

so dass dieses das inverse Element ist.

Damit erfüllen die Nebenklassen bzgl. eines Normalteilers die Axiome einer Gruppe und gelten als Elemente der sogenannten *Faktorgruppe* (*Quotientengruppe*)

$$\mathcal{G}/\mathcal{N} := \{a_i \circ \mathcal{N}\} = \{\mathcal{N} \circ a_i\} \qquad a_i \in \mathcal{G}. \tag{2.35}$$

Nach dem Satz von EULER-LAGRANGE (Gl. 2.28) gilt für die Ordnung der Faktorgruppe

$$\mathrm{ord}(\mathcal{G}/\mathcal{N}) = g/\mathrm{ord}\,\mathcal{N} = \mathrm{ind}\,\mathcal{N}. \tag{2.36}$$

Die Zahl der Elemente ist so im Vergleich zur Gruppe $\mathcal{G}$ vermindert. Die Diskussion der Faktorgruppe erlaubt deshalb durch die Verdichtung auf eine kleinere Gruppe mitunter eine wesentliche Vereinfachung. Die Gruppe $\mathcal{G}$ lässt sich so durch den Normalteiler $\mathcal{N}$ in elementfremde Nebenklassen äquivalenter Elemente (Äquivalenzklassen) zerlegen.

Nachdem jede Gruppe mit Primzahlordnung p $(= \mathrm{ord}\,\mathcal{G})$ eine zyklische Gruppe und deshalb auch eine abelsche Gruppe mit der Ordnung des Generators p $(= \mathrm{ord}\,a)$ ist, findet man eine solche Gruppe isomorph zur additiven Faktorgruppe $\mathbb{Z}_p = (\{0, 1, \ldots, p-1\} \bmod p, +)$ $(\cong \mathbb{Z}/p\mathbb{Z})$. Dabei bedeutet $\mathbb{Z}$ bzw. $p\mathbb{Z}$ die Gruppe der additiven ganzen Zahlen $(\mathbb{Z}, +)$ bzw. $(p\mathbb{Z} = \{pz | z \in \mathbb{Z}\}, +)$.

Beispiel 11 Bei der Punktgruppe C_{4v} werden die folgenden Untergruppen betrachtet:

(a) $C_s = \{e, \sigma_v\}$ besteht nicht aus ganzen Klassen und ist kein Normalteiler.

(b) $C_{2v} = \{e, c_4^2, \sigma_v, \sigma_v'\}$ besteht aus den ganzen Klassen $\{e\}$, $\{c_4^2\}$, $\{\sigma_v, \sigma_v'\}$ und ist ein Normalteiler.

(c) $C_4 = \{e, c_4, c_4^2, c_4^3\}$ besteht aus den ganzen Klassen $\{e\}$, $\{c_4, c_4^3\}$, $\{c_4^2\}$ und ist ein Normalteiler; die Faktorgruppe ist $C_{4v}/C_4 = \{\{e, c_4, c_4^2, c_4^3\}, \{\sigma_v, \sigma_v', \sigma_d, \sigma_d'\}\} = \{e \circ C_4, \sigma_v \circ C_4\} = \{\mathcal{L}_e, \mathcal{L}_{\sigma_v}\}$ mit der Ordnung (Gl. 2.36) $\mathrm{ord}(C_{4v}/C_4) = \mathrm{ind}\,C_4 = 2$.

C_{4v} hat einen nicht-trivialen Normalteiler und ist deshalb nicht einfach. Der Normalteiler ist eine abelsche Gruppe, so dass die Punktgruppe C_{4v} auch nicht als halbeinfach gilt.

Beispiel 12 Die *spezielle orthogonale Gruppe* $SO(3)$ besitzt nur triviale Normalteiler und gilt deshalb als einfach.

Beispiel 13 Die *eigentliche euklidische Gruppe* $E^+(3)$, die neben den eigentlichen Rotationen $\boldsymbol{d} \in SO(3)$ auch die Translationen $\boldsymbol{t}$ im euklidischen Raum $\mathbb{R}^3$ umfasst, hat wegen

$$\boldsymbol{d}\boldsymbol{t}\boldsymbol{d}^{-1} = \boldsymbol{t}' \qquad \boldsymbol{d} \in SO(3) \qquad \boldsymbol{t},\ \boldsymbol{t}' \in \mathbb{R}$$

die Menge der Translationen als Normalteiler. Sie ist deshalb keine einfache Gruppe. Darüberhinaus ist wegen der Vertauschbarkeit der Translationen dieses Normalteilers eine abelsche Untergruppe, so dass die Gruppe $E^+(3)$ auch nicht halbeinfach ist.

Beispiel 14 Vergleicht man die Transformation (2.15) der Operatoren $\boldsymbol{B}$ (2.14a) mit der Transformation (2.3) der Operatoren $\boldsymbol{A}$, dann kann die *euklidische Gruppe* $E(3)$ in drei Dimensionen als eine Untergruppe der *allgemeinen linearen Gruppe* $GL(4, \mathbb{R})$ in vier Dimensionen aufgefasst werden

$$E(3) = \{\{\boldsymbol{d}|\boldsymbol{t}\} \in GL(4, \mathbb{R}) | \boldsymbol{d} \in O(3), \boldsymbol{t} \in \mathbb{R}^3\}.$$

■

2.3 Abbildungen

Bei den Abbildungen einer Gruppe $\mathcal{G}$ in eine andere Gruppe $\mathcal{G}'$ können unterschiedliche Forderungen gestellt werden. Setzt man den Erhalt der algebraischen Struktur $\{\mathcal{G}, \circ\}$ voraus, so spricht man von Morphismen.

Ein *Gruppen-Homomorphismus* ist die Abbildung ψ einer Gruppe $\mathcal{G}$ mit der Verknüpfung „$\circ$" in eine Gruppe $\mathcal{G}'$ mit der Verknüpfung „$*$"

$$\psi : \mathcal{G} \longrightarrow \mathcal{G}', \tag{2.37a}$$

so dass die Forderung nach Strukturerhaltung

$$\psi(a \circ b) = \psi(a) * \psi(b) \qquad \forall a, b \in \mathcal{G}, \tag{2.37b}$$

erfüllt ist (Abb. 2.4). Demnach ist das Bild der Verknüpfung der Elemente a und b gleich der Verknüpfung der Bilder von a und b. Falls die Abbildung injektiv ist, nennt man sie einen *Monomorphismus*, im surjektiven Fall wird die Bezeichnung *Epimorphismus* benutzt.

Die *Selbstabbildung* bzw. der *Endomorphismus* bezeichnet die homomorphe Abbildung ψ einer Gruppe $\mathcal{G}$ in die Gruppe $\mathcal{G}'$ mit derselben Verknüpfung

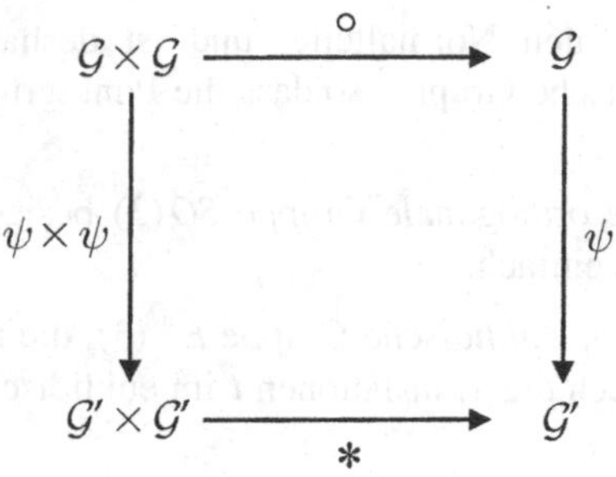

Abb. 2.4 Schematische Darstellung des Homomorphismus ψ zwischen den Gruppen $\{\mathcal{G}, \circ\}$ und $\{\mathcal{G}, *\}$ durch ein kommutatives Diagramm ($\psi \circ = * (\psi \times \psi)$)

$$\psi : \mathcal{G} \longrightarrow \mathcal{G}' \quad \text{mit} \quad \mathcal{G}' \subseteq \mathcal{G}. \tag{2.38}$$

Der *Isomorphismus* bezeichnet die umkehrbar eindeutige (injektive und surjektive = bijektive) homomorphe Abbildung ψ (2.37) einer Gruppe $\mathcal{G}$ auf eine Gruppe $\mathcal{G}'$, wodurch die algebraischen Strukturen beider Gruppen isomorph sind, was als Äquivalenzbeziehung

$$\mathcal{G} \cong \mathcal{G}'. \tag{2.39}$$

ausgedrückt wird. Für den Fall, dass die Strukturen $\{\mathcal{G}, \circ\}$ und $\{\mathcal{G}', *\}$ identisch sind, ist die isomorphe Abbildung ψ der Gruppe $\mathcal{G}$ auf sich selbst ein *Automorphismus.*

Betrachtet man etwa eine Abbildung ψ_b in der Form einer Konjugation mit einem festen Element b

$$\psi_b : \begin{cases} \mathcal{G} \longrightarrow \mathcal{G} \\ a \longmapsto b \circ a \circ b^{-1}, \end{cases} \tag{2.40}$$

dann ist diese nach (2.37)

$$(b \circ a' \circ b^{-1}) \circ (b \circ a'' \circ b^{-1}) = b \circ a' \circ a'' \circ b^{-1} \qquad a', a'' \in \mathcal{G}$$

ein Homomorphismus. Mit

$$b \circ a' \circ b^{-1} = b \circ a'' \circ b^{-1} \qquad \text{folgt} \qquad a' = a'',$$

so dass die Abbildung eindeutig (injektiv) ist. Zudem gibt es zu jedem Element $(b \circ a \circ b^{-1})$ genau ein Urbild a, so dass die Abbildung auch umkehrbar eindeutig (surjektiv) ist. Demnach ist die Abbildung (2.40) insgesamt ein Automorphismus von $\mathcal{G}$ mit Umkehrabbildung

$$(\psi_b)^{-1} = \psi_{b^{-1}},$$

der als *innerer Automorphismus* bezeichnet wird. Jeder andere Automorphismus, der nicht diese Form (2.40) annimmt heißt *äußerer Automorphismus*. Die Automorphismen der Gruppe $\mathcal{G}$ bilden mit der Hintereinanderausführung eine Gruppe Aut($\mathcal{G}$). Dabei sind alle inneren Automorphismen eine Untergruppe Int($\mathcal{G}$), die sogar ein Normalteiler ist.

Beispiel 1 Ein Beispiel zum Homomorphismus ist die Abbildung ψ der Menge aller reellen Zahlen mit der Verknüpfung „Addition" $(\mathbb{R}, +)$ in die Menge aller reellen Zahlen mit der Verknüpfung „Multiplikation" $(\mathbb{R}, \cdot)$

$$\psi : \mathbb{R} \longrightarrow \mathbb{R}$$

gemäß der Definition

$$\psi := a \longmapsto \exp a \qquad a \in (\mathbb{R}, +) \qquad \exp a \in (\mathbb{R}, \cdot).$$

Wegen

$$\exp(a_1 + a_2) = \exp a_1 \exp a_2 \qquad a_1, a_2 \in (\mathbb{R}, +)$$

wird die Forderung (2.37) erfüllt.

Beispiel 2 Ein Beispiel zum Endomorphismus ist die Abbildung der Punktgruppe $\mathcal{G} = C_{4v}$ in die Untergruppe $\mathcal{G}' = C_s = \{e, \sigma_v\}$ gemäß

$$\left\{e, c_4, c_4^2, c_4^3\right\} \xrightarrow{\psi} e, \quad \left\{\sigma_v, \sigma_v', \sigma_d, \sigma_d'\right\} \xrightarrow{\psi} \sigma_v$$

bzw.

$$L_e = e \circ \mathcal{N} \xrightarrow{\psi} e, \quad L_{\sigma_v} = \sigma_v \circ \mathcal{N} \xrightarrow{\psi} \sigma_v.$$

Beispiel 3 Ein Beispiel zum Isomorphismus ist die Abbildung ψ der Menge aller positiven, reellen Zahlen mit der Verknüpfung „Multiplikation" $(\mathbb{R}^+, \cdot)$ auf die Menge der reellen Zahlen mit der Verknüpfung „Addition" $(\mathbb{R}, +)$

$$\psi : \mathbb{R}^+ \longrightarrow \mathbb{R}$$

gemäß der Definition

$$\psi := a \longmapsto \ln a \qquad a \in (\mathbb{R}^+, \cdot) \qquad \ln a \in (\mathbb{R}, +).$$

Wegen

$$\ln(a_1 a_2) = \ln a_1 + \ln a_2$$

wird die Forderung (2.37) erfüllt.

Beispiel 4 Ein weiteres Beispiel zum Isomorphismus ist die Abbildung ψ der Punktgruppe $\mathcal{G} = C_{4v}$ auf die Punktgruppe $\mathcal{G}' = D_4 = \{e, c_4, c_4^2, c_4^3, c_2, c_2', c_2'', c_2'''\}$ gemäß

$$e \xrightarrow{\psi} e, \quad c_4 \xrightarrow{\psi} c_4, \quad c_4^2 \xrightarrow{\psi} c_4^2, \quad c_4^3 \xrightarrow{\psi} c_4^3$$

$$\sigma_v \xrightarrow{\psi} c_2, \quad \sigma_v' \xrightarrow{\psi} c_2', \quad \sigma_d \xrightarrow{\psi} c_2'', \quad \sigma_d' \xrightarrow{\psi} c_2'''.$$

Dabei sind die Elemente c_2, c_2', c_2'' und c_2''' zweizählige Rotationen, deren Achsen senkrecht zur Hauptrotationsachse gerichtet sind und in den Spiegelebenen σ liegen (Abb. 2.1)

Beispiel 5 Als Beispiel zum Automorphismus wird die Menge der positiven reellen Zahlen mit der Multiplikation als Verknüpfung betrachtet. Diese Gruppe $(\mathbb{R}^+, \cdot)$ ist isomorph zur Komponente der Einheit $GL^+(1, \mathbb{R})$ der *allgemeinen linearen Gruppe* $GL(1, \mathbb{R})$ in einer Dimension (Beispiel 12 v. Abschn. 6.3). Die Abbildung ψ definiert durch

$$\psi := t \longmapsto t^2 \qquad t \in (\mathbb{R}^+, \cdot)$$

erfüllt die Forderung (2.37) und bedeutet ein isomorphe Abbildung von $\mathbb{R}^+$ auf sich selbst

$$\psi : \mathbb{R}^+ \longrightarrow \mathbb{R}^+.$$

Die Elemente t und t^2 sind zueinander konjugiert, so dass ein innerer Automorphismus vorliegt.

■

Bei einer homomorphen Abbildung ψ einer Gruppe $\mathcal{G}$ in eine Gruppe $\mathcal{G}'$ wird die Menge jener Elemente, die auf das Einselement e' abgebildet werden, als *Kern der Abbildung* $\mathrm{Ker}(\psi)$ bezeichnet

$$\mathrm{Ker}(\psi) := \{a \in \mathcal{G} \mid \psi(a) = e' \in \mathcal{G}'\}. \tag{2.41}$$

In solchen Fällen lässt sich zeigen, dass der Kern ein Normalteiler $\mathcal{N}$ der Gruppe $\mathcal{G}$ ist. Zudem ist die Abbildung $\psi(\mathcal{G})$ der Gruppe $\mathcal{G}$ auf die Faktorgruppe $\mathcal{G}/\mathrm{Ker}(\psi)$ isomorph (*Homomorphiesatz*)

$$\psi(\mathcal{G}) \cong \mathcal{G}/\mathcal{N} \qquad \mathcal{N} = \mathrm{Ker}(\psi). \tag{2.42}$$

Die Abbildung ψ ist im Besonderen isomorph genau dann, wenn der Kern der Abbildung ψ nur das Einselement e enthält ($\mathrm{Ker}(\psi) = \{e\}$) Diese bedeutenden Aussagen erlauben häufig an Stelle der Gruppe $\mathcal{G}$ die einfachere, zur Faktorgruppe isomorphe Gruppe $\psi(\mathcal{G})$ zu diskutieren.

Beispiel 6 Ein wichtiges Beispiel für eine homomorphe Abbildung – insbesondere in der nicht-relativistischen Quantenmechanik bei der Berücksichtigung des Elektronenspins – ist die Abbildung der *speziellen unitären Gruppe* $SU(2)$ auf die *spezielle orthogonale Gruppe* $SO(3)$. Während die erste die Transformationen eines zweikomponentigen Spinors $|\chi^{\mu} >$ mit der Spinvariablen $\mu = 1/2$ im zweidimensionalen HILBERT-Raum der Spinzustände erfasst, ermöglichen die Elemente der anderen Gruppe die eigentlichen Rotationen d ($\det \boldsymbol{d} = +1$) im euklidischen Raum $\mathbb{R}^3$.

Die Korrelation eines Elements $\boldsymbol{U} \in SU(2)$ mit einem Element $\boldsymbol{d} \in SO(3)$ gelingt mithilfe einer hermiteschen, spurlosen 2×2-Matrix $\boldsymbol{C}$, die sich als Linearkombination der drei Generatoren (4.43) bzw. der PAULI'schen Spinmatrizen

$$\boldsymbol{\sigma}_1 = \begin{pmatrix} 0 & 1 \\ 1 & 0 \end{pmatrix}, \quad \boldsymbol{\sigma}_2 = \begin{pmatrix} 0 & -i \\ i & 0 \end{pmatrix}, \quad \boldsymbol{\sigma}_3 = \begin{pmatrix} 1 & 0 \\ 0 & -1 \end{pmatrix} \tag{2.43}$$

in der Form

$$\boldsymbol{C} = \sum_{k-1}^{3} x_k \boldsymbol{\sigma}_k = \begin{pmatrix} x_3 & x_1 - i x_2 \\ x_1 + i x_2 & -x_3 \end{pmatrix} \tag{2.44}$$

ausdrücken lässt. Dabei verhalten sich die Spinmatrizen wie die drei Komponenten eines Basisvektors $\boldsymbol{\sigma}$ und die Entwicklungskoeffizienten $\{x_k | k = 1, 2, 3\}$ sind als Koordinaten eines Vektors $\boldsymbol{x} = (x_1, x_2, x_3)$ im euklidischen Raum $\mathbb{R}^3$ aufzufassen. Im Ergebnis wird der Vektor $\boldsymbol{x}$ als Matrix $\boldsymbol{C}$ ausgedrückt. Betrachtet man die unitäre Transformation

$$\boldsymbol{C}' = \boldsymbol{U}\boldsymbol{C}\boldsymbol{U}^{-1} \tag{2.45}$$

mittels eines Elements $\boldsymbol{U} \in SU(2)$, so erhält man erneut eine hermitesche, spurlose Matrix $\boldsymbol{C}'$ verbunden mit den neuen Entwicklungskoeffizienten $\{x'_k | k = 1, 2, 3\}$ gemäß

$$\boldsymbol{C}' = \sum_{k=1}^{3} x'_k \boldsymbol{\sigma}_k . \tag{2.46}$$

Nach Berechnung der rechten Seite von Gl. (2.45) und Gleichsetzen der Matrixelemente kann die lineare Transformation des Vektors $\boldsymbol{x}$ im euklidischen Raum $\mathbb{R}^3$ ausgedrückt werden durch

$$\boldsymbol{x}' = \boldsymbol{d}(\boldsymbol{U})\boldsymbol{x}. \tag{2.47}$$

Dabei ist die 3×3-Matrix $\boldsymbol{d}$ nur vom Element $\boldsymbol{U}$ abhängig. Die Länge des Vektors $\boldsymbol{x}$ bleibt bei dieser Transformation invariant, was mit der Invarianz der Determinante bei einer Äquivalenztransformation begründet werden kann (s. Gln. 2.44 und 2.45)

$$-\det \boldsymbol{C}' = -\det \boldsymbol{U} \det \boldsymbol{C} \det \boldsymbol{U}^{-1} = -\det \boldsymbol{C} = \sum_{k=1}^{3} x_k^2 = \sum_{k=1}^{3} (x_k')^2. \qquad (2.48)$$

Demnach ist die Transformation $\boldsymbol{d}$ eine Rotation im euklidischen Raum $\mathbb{R}^3$, die durch eine unitäre Transformation $\boldsymbol{U} \in SU(2)$ im zweidimensionalen Spinraum induziert wird. Mit dem Einselement $\boldsymbol{U} = \mathbf{1}_2$ bleibt nach Gln. (2.45) und (2.46) der Vektor $\boldsymbol{r}$ invariant, so dass die zugehörige Rotation nach (2.47) das Einselement impliziert ($\boldsymbol{d}(\boldsymbol{U} = \mathbf{1}_2) = \mathbf{1}_3$). Die Determinante nimmt dann den Wert Eins an ($\det \boldsymbol{d}(\boldsymbol{U} = \mathbf{1}_2) = 1$). Dieser Wert muss für alle Elemente $\boldsymbol{U}$ der kontinuierlich zusammenhängenden LIE-Gruppe $SU(2)$ gelten, da bei der kontinuierlichen Variation der Werte $\boldsymbol{d}(\boldsymbol{U})$ keine Diskontinuität der Determinante $\det \boldsymbol{d}$ erlaubt ist. Demzufolge ist die Transformation $\boldsymbol{d}$ eine eigentliche Rotation, so dass jedem Element $\boldsymbol{U}$ der Gruppe $SU(2)$ ein Element $\boldsymbol{d}$ der Gruppe $SO(3)$ zugeordnet werden kann. Daneben erhält man dasselbe Element $\boldsymbol{d}$ auch durch die gleiche Abbildung ψ des Elements $-\boldsymbol{U}$, was durch die Form der Transformation (2.45) offensichtlich wird. Während nach Gln. (2.46) und (2.47) die Transformation der Matrix $\boldsymbol{C}$ linear mit der Rotation $\boldsymbol{d}$ verläuft, erkennt man in Gl. (2.45) eine Bilinearität der Transformation mit dem Element $\boldsymbol{U}$, die die Unabhängigkeit des Ergebnisses vom Vorzeichen garantiert. Damit kann die homomorphe Abbildung der Gruppe $SU(2)$ auf die Gruppe $SO(3)$ (*Epimorphismus*) mit der „zweideutigen" Zuordnung

$$\psi(\pm \boldsymbol{U}) = \boldsymbol{d} \qquad (2.49)$$

begründet werden.

Den funktionalen Zusammenhang der Abbildung ψ erhält man nach Zusammenfassung der Gln. (2.44), (2.45) und (2.46) zu

$$\sum_{k=1}^{3} x_k' \boldsymbol{\sigma}_k = \sum_{l=1}^{3} x_l \boldsymbol{U} \boldsymbol{\sigma}_l \boldsymbol{U}^{-1}, \qquad (2.50a)$$

bzw. nach Substitution von $\boldsymbol{x}$ durch Gl. (2.47) und Koeffizientenvergleich zu

$$\sum_{l=1}^{3} \boldsymbol{d}_{lk} \boldsymbol{\sigma}_l = \boldsymbol{U} \boldsymbol{\sigma}_k \boldsymbol{U}^{-1} = \boldsymbol{\sigma}_k'. \qquad (2.50b)$$

Danach transformieren sich die Spinmatrizen bei einer Rotation im $\mathbb{R}^3$ wie die Komponenten eines Basisvektors. Die nachfolgende sukzessive Multiplikation mit den Generatoren (2.43) und die Spurbildung unter Beachtung der Beziehung

$$\mathrm{sp}(\boldsymbol{\sigma}_k \boldsymbol{\sigma}_l) = \mathrm{sp}(\mathbf{1}_2 \delta_{kl} + i\epsilon_{klm} \boldsymbol{\sigma}_m) = \delta_{kl}\, \mathrm{sp}\, \mathbf{1}_2 + i\epsilon_{klm}\, \mathrm{sp}\, \boldsymbol{\sigma}_m = 2\delta_{kl} \qquad (2.51)$$

(ϵ_{klm}: LEVI-CIVITA-Symbol s. Gl. 5.41) liefert

$$2x_l' = \sum_{k=1}^{3} x_k \,\mathrm{sp}(\boldsymbol{U}\boldsymbol{\sigma}_k\boldsymbol{U}^{-1}\boldsymbol{\sigma}_l), \tag{2.52}$$

woraus mit den Komponenten $\{x_k | k = 1, 2, 3\}$ als Basis die Elemente d_{kl} der Rotationsmatrix $\boldsymbol{d}$ resultieren

$$d_{kl}(\boldsymbol{U}) = \psi_{kl}(\boldsymbol{U}) = \frac{1}{2}\,\mathrm{sp}(\boldsymbol{U}\boldsymbol{\sigma}_k\boldsymbol{U}^{-1}\boldsymbol{\sigma}_l) \qquad k, l = 1, 2, 3 \quad \forall\, \boldsymbol{U} \in SU(2). \tag{2.53}$$

Bei der homomorphen Abbildung (2.49) bzw. (2.53) besteht der Kern aus den beiden Elementen

$$\mathcal{N}_K = \{\mathbf{1}_2\,, -\mathbf{1}_2\}.$$

Er ist ein (diskreter) Normalteiler, da er mit allen Elementen $\boldsymbol{U} \in SU(2)$ vertauscht. Demzufolge ist die Abbildung (2.49) – nämlich die Gruppe $SO(3)$ – isomorph zur Faktorgruppe

$$SO(3) \cong SU(2)/\mathcal{N}_K. \tag{2.54}$$

Umgekehrt gilt die Aussage, dass die surjektive Abbildung (2.49) homomorph ist und die Faktorgruppe isomorph ist zur Gruppe $SO(3)$ abgebildet wird (Gl. 2.54). Bleibt anzumerken, dass die kontinuierliche LIE-Gruppe $SU(2)$ trotz des Normalteilers $\mathcal{N}_K$ als einfach gilt, da sie keine kontinuierliche invariante Untergruppe (LIE'schen Normalteiler bzw. Ideal) besitzt (s. a. Beispiel 2 v. Abschn. 6.6). ■

2.4 Produkte

Eine Vereinfachung der Diskussion einer Gruppe gelingt häufig durch die Faktorisierung in Gruppen mit geringerer Ordnung. Dabei spielt der Begriff des direkten Produkts eine wesentliche Rolle.

Das *äußere direkte Produkt* ist die Menge aller Elemente $a \in \mathcal{G}$ mit

$$\mathcal{G} := \mathcal{H}_1 \times \mathcal{H}_2, \tag{2.55}$$

wobei die Untergruppen $\mathcal{H}_1 \subseteq \mathcal{G}$ und $\mathcal{H}_2 \subseteq \mathcal{G}$ den folgenden Bedingungen genügen:

(a) Vertauschbarkeit jedes Elements $h_1 \in \mathcal{H}_1$ mit jedem Element $h_2 \in \mathcal{H}_2$

$$h_1 \circ h_2 = h_2 \circ h_1 \qquad \forall\, h_1 \in \mathcal{H}_1, h_2 \in \mathcal{H}_2. \tag{2.56a}$$

(b) Die Untergruppen $\mathcal{H}_1$ und $\mathcal{H}_2$ haben nur das Einselement e gemeinsam

$$\mathcal{H}_1 \cap \mathcal{H}_2 = e. \tag{2.56b}$$

(c) Jedes Element $a \in \mathcal{G}$ kann dargestellt werden durch

$$a = h_1 \circ h_2 = h_2 \circ h_1 \qquad h_1 \in \mathcal{H}_1 \quad h_2 \in \mathcal{H}_2. \tag{2.56c}$$

Die Ordnung der Produktgruppe $\mathcal{G}$ ist dann

$$\operatorname{ord} \mathcal{G} = \operatorname{ord} \mathcal{H}_1 \operatorname{ord} \mathcal{H}_2.$$

Wegen der Vertauschbarkeit (2.56a) sind die Untergruppen $\mathcal{H}_1$ und $\mathcal{H}_2$ Normalteiler. Demnach kann die Produktgruppe nicht eine einfache Gruppe sein. Betrachtet man die Faktorgruppe $\mathcal{G}/\mathcal{H}_1$ bzw. $\mathcal{G}/\mathcal{H}_2$, so findet man einen Isomorphismus zu den Untergruppen $\mathcal{H}_2$ bzw. $\mathcal{H}_1$

$$\mathcal{G}/\mathcal{H}_1 \cong \mathcal{H}_2 \quad \text{bzw.} \quad \mathcal{G}/\mathcal{H}_2 \cong \mathcal{H}_1. \tag{2.57}$$

Hier ist zu beachten, dass die Umkehrung nicht gültig ist. Das bedeutet, dass mit dem Normalteiler $\mathcal{H}$ einer Gruppe $\mathcal{G}$ und der Faktorgruppe $\mathcal{G}/\mathcal{H} \cong \mathcal{H}'$ die Bildung der Produktgruppe

$$\mathcal{G}' = \mathcal{H} \times \mathcal{H}'$$

nicht die Gruppe liefert ($\mathcal{G} \neq \mathcal{G}'$).

Ausgehend von zwei Gruppen $\mathcal{G}_a = \{a_1, a_2, \ldots\}$ und $\mathcal{G}_b = \{b_1, b_2, \ldots\}$ kann eine Produktgruppe

$$\mathcal{G} := \mathcal{G}_a \times \mathcal{G}_b$$

festgelegt werden. Dabei ist das Produkt seiner Elemente gegeben durch

$$(a_i \circ b_j) \circ (a_k \circ b_l) = (a_i \circ a_k) \circ (b_j \circ b_l),$$

so dass die Bedingungen (2.56) erfüllt sind. Für den Fall $\mathcal{G}_a = \mathcal{G}_b = \mathcal{G}$ erhält man das Produkt

$$\mathcal{G}' = \mathcal{G} \otimes \mathcal{G}, \tag{2.58}$$

das durch die Elemente $(a_i \circ a_j \in \mathcal{G}')$ erklärt wird. Es ist isomorph zur Gruppe $\mathcal{G}$

$$\mathcal{G}' \cong \mathcal{G}$$

und wird als *inneres direktes Produkt* bezeichnet. Ausgehend von zwei einfachen Gruppen $\mathcal{G}_a$ und $\mathcal{G}_b$, die keinen Normalteiler besitzen, erhält man in der Produktgruppe $\mathcal{G}' = \mathcal{G}_a \times \mathcal{G}_b$ einen Normalteiler, der nicht abelsch ist. Demnach ist jede Gruppe, die als direktes Produkt von einfachen Gruppe ausgedrückt werden kann, eine halbeinfache Gruppe. Umgekehrt kann jede halbeinfache Gruppe als direktes Produkt von einfachen Gruppen dargestellt werden.

Ersetzt man die Bedingung (2.56a) durch die schwächere Forderung nach nur einem Normalteiler, etwa $\mathcal{H}_1$ mit

$$h_2 \circ h_1 \circ h_2^{-1} = h_1 \quad \forall\ h_2 \in \mathcal{H}_2, \tag{2.59}$$

so kann man das sogenannte *halbdirekte Produkt* durch

$$G := H_1 \rtimes H_2 \tag{2.60}$$

definieren.

Beispiel 1 Die *orthogonale Gruppe* $O(3)$ in drei Dimensionen (*volle Rotationsgruppe*), die sowohl die eigentlichen wie die uneigentlichen Rotationen umfasst, besitzt zwei Untergruppen, die zudem Normalteiler sind. Es sind dies die *spezielle orthogonale Gruppe* $SO(3)$ als die Menge der eigentlichen Rotationen sowie die *Inversionsgruppe* C_i mit nur zwei diskreten Elementen nämlich dem Einselement e und der Inversion i ($C_i = \{e, i\}$). Damit kann die Gruppe als direktes Produkt

$$O(3) = SO(3) \times C_i. \tag{2.61}$$

formuliert werden. Als Produkt zweier einfacher Gruppen gilt die Produktgruppe $O(3)$ als halbeinfach. Nach Gl. (2.42) wird die Faktorgruppe isomorph auf die Gruppe $SO(3)$ abgebildet (s. a. Beispiel 1 v. Abschn. 6.5).

Beispiel 2 Die Rotationen zweier verschiedener Systeme im Raum $\mathbb{R}^3$ – etwa der Vektoren $\boldsymbol{x}_1$ und $\boldsymbol{x}_2$ – werden im Ganzen betrachtet durch die Produktgruppe $\mathcal{G}$ der beiden einfachen speziellen orthogonalen Gruppe $SO(3)$ beschrieben

$$\mathcal{G} = SO(3) \times SO(3).$$

Dabei sind die Elemente $\boldsymbol{d}_1 \in SO(3)$ und $\boldsymbol{d}_2 \in SO(3)$, die die Rotationen der beiden Systeme darstellen, untereinander vertauschbar

$$\{\boldsymbol{x}'_1 \boldsymbol{x}'_2\} = \boldsymbol{d}_1\boldsymbol{d}_2 \{\boldsymbol{x}'_1 \boldsymbol{x}'_2\} = \boldsymbol{d}_2\boldsymbol{d}_1 \{\boldsymbol{x}'_1 \boldsymbol{x}'_2\}$$

und erfüllen so die Bedingung (2.56). Für die Produktgruppe $\mathcal{G}$ existiert mit der Gruppe $SO(3)$ ein nicht-abelscher Normalteiler, so dass sie als halbeinfach gilt.

Beispiel 3 Bei der Punktgruppe C_{4v} kann mit dem Normalteiler $C_4 = \left\{e,\ c_4,\ c_4^2,\ c_4^3\right\}$ und der Untergruppe $C_s = \{e,\ \sigma_v\}$ das halbdirekte Produkt

$$C_{4v} = C_4 \rtimes C_s$$

gebildet werden.

Beispiel 4 Betrachtet man etwa die 6-dimensionale *euklidische Gruppe* $E(3)$, so findet man dort zwei Untergruppen. Einmal die Menge der Rotationen $\boldsymbol{d}$ und Rotations-Inversionen $-\boldsymbol{d}$, die isomorph ist zur 3-dimensionalen *orthogonalen Gruppe* ($\{\boldsymbol{d}|\boldsymbol{0}\} \in O(3)$). Zum anderen die Menge der Translationen, die isomorph ist zur 3-dimensionalen *Translationsgruppe* $\mathcal{T}$ als die Menge der Translationsvektoren

($\{\mathbf{1}|\boldsymbol{t}\} \in \mathcal{T}$) im euklidischen Raum $\mathbb{R}^3$. Betrachtet man nur den euklidischen Raum $\mathbb{R}^1$ in einer Dimension, so ist die Translationsgruppe isomorph zur Menge der reellen Zahlen mit der Addition als Verknüpfung. Mit den Gln. (2.12) und (2.13) ergibt sich für die Transformation einer Translation $\{\mathbf{1}|\boldsymbol{t}\}$

$$\{\boldsymbol{d}|\boldsymbol{t}\}\{\mathbf{1}|\boldsymbol{t}\}\{\boldsymbol{d}|\boldsymbol{t}\}^{-1} = \{\boldsymbol{d}|\boldsymbol{t}+\boldsymbol{dt}\}\{\boldsymbol{d}|\boldsymbol{t}\}^{-1} = \{\mathbf{1}|\boldsymbol{dt}\} \qquad \forall\,\{\boldsymbol{d}|\boldsymbol{t}\} \in E(3)$$

erneut eine Translation. Diese ist zu sich selbst konjugiert, so dass nach Gl. (2.22) die Translationsgruppe $\mathcal{T}$ ein Normalteiler ist, der zudem eine abelsche Gruppe bildet. Die euklidische Gruppe ist demnach nicht einfach und erst recht nicht halbeinfach. Damit wird neben der Bedingung (2.56b) und (2.56c) die abgeschwächte Bedingung (2.59) erfüllt, wonach die gesamte euklidische Gruppe isomorph ist zu dem halbdirekten Produkt

$$E(3) \cong O(3) \ltimes \mathcal{T}. \tag{2.62a}$$

Beschränkt man die obigen Diskussionen auf die *eigentliche euklidische Gruppe* $E^+(3)$ mit nur eigentlichen Rotationen ($\boldsymbol{d} \in SO(3)$), dann gilt analog

$$E^+(3) \cong SO(3) \ltimes \mathcal{T}. \tag{2.62b}$$

■

Auch für zwei Klassen $\mathcal{K}_1$ und $\mathcal{K}_2$ einer Gruppe $\mathcal{G}$ kann eine *Produktklasse* $\mathcal{K}_1 \times \mathcal{K}_2$ festgelegt werden als die Menge aller Elemente $k_1 \circ k_2$ mit $k_1 \in \mathcal{K}_1$ und $k_2 \in \mathcal{K}_2$. Die Zahl der insgesamt erreichbaren Produktelemente $k_1 \circ k_2$ ist das Produkt aus den Ordnungen der Klassen. Die Produktgruppe selbst lässt sich dann in ganze Klassen zerlegen

$$\mathcal{K}_1 \times \mathcal{K}_2 = \sum_{l=1}^{r} c_{12l}\, \mathcal{K}_l. \tag{2.63}$$

Beispiel 5 Bei der Punktgruppe C_{4v} wird die Multiplikationstafel der Klassen $\mathcal{K}_e, \mathcal{K}_{c_2}, \mathcal{K}_{c_4}, \mathcal{K}_{\sigma_v}, \mathcal{K}_{\sigma_d}$ unter Verwendung der Multiplikationstafel für die Elemente (Tab. 2.2) berechnet. Das Ergebnis ist in Tabelle 2.3 aufgelistet.

Tabelle 2.3 Multiplikationstafel für die Klassen $\mathcal{K}_e = \{e\}$, $\mathcal{K}_{c_4} = \{c_4, c_4^3\}$, $\mathcal{K}_{c_4^2=c_2} = \{c_4^2 = c_2\}$, $\mathcal{K}_{\sigma_v} = \{\sigma_v, \sigma_v'\}$, $\mathcal{K}_{\sigma_d'} = \{\sigma_d, \sigma_d'\}$ der Punktgruppe C_{4v}

$\mathcal{G} = C_{4v}$	$\mathcal{K}_e$	$\mathcal{K}_{c_4}$	$\mathcal{K}_{c_2}$	$\mathcal{K}_{\sigma_v}$	$\mathcal{K}_{\sigma_d}$
$\mathcal{K}_e$	$\mathcal{K}_e$	$\mathcal{K}_{c_4}$	$\mathcal{K}_{c_2}$	$\mathcal{K}_{\sigma_v}$	$\mathcal{K}_{\sigma_d}$
$\mathcal{K}_{c_4}$	$\mathcal{K}_{c_4}$	$\{2\mathcal{K}_e, 2\mathcal{K}_{c_2}\}$	$\mathcal{K}_{c_4}$	$2\mathcal{K}_{\sigma_d}$	$2\mathcal{K}_{\sigma_v}$
$\mathcal{K}_{c_2}$	$\mathcal{K}_{c_2}$	$\mathcal{K}_{c_4}$	$\mathcal{K}_e$	$\mathcal{K}_{\sigma_v}$	$\mathcal{K}_{\sigma_d}$
$\mathcal{K}_{\sigma_v}$	$\mathcal{K}_{\sigma_v}$	$2\mathcal{K}_{\sigma_d}$	$\mathcal{K}_{\sigma_v}$	$\{2\mathcal{K}_e, 2\mathcal{K}_{c_2}\}$	$2\mathcal{K}_{c_4}$
$\mathcal{K}_{\sigma_d}$	$\mathcal{K}_{\sigma_d}$	$2\mathcal{K}_{\sigma_v}$	$\mathcal{K}_{\sigma_d}$	$2\mathcal{K}_{c_4}$	$\{2\mathcal{K}_e, 2\mathcal{K}_{c_2}\}$

■

2.5 Operationen

Beim Zusammenspiel von Gruppen mit anderen Strukturen wird man den sogenannten *Transformationsgruppen* begegnen, mit deren Hilfe die Symmetrie von Räumen bzw. Mannigfaltigkeiten beschrieben werden kann. Dabei spielt der Begriff der *Gruppenoperation* (*Gruppenaktion*) eine wesentliche Rolle.

Eine Gruppe $\mathcal{G}$ mit der Verknüpfung $\circ$ wirkt als Transformationsgruppe auf einer nicht leeren Menge $\mathcal{M}$, falls jedes Element a der Gruppe eine bijektive (invertierbare) Selbstabbildung ist

$$a : \begin{cases} \mathcal{M} \longrightarrow \mathcal{M} \\ x \longmapsto a(x) \qquad \forall a \in \mathcal{G}, \end{cases} \tag{2.64a}$$

wobei die Verknüpfung $\circ$ die Hintereinanderschaltung zweier Operationen definiert

$$a \circ b(x) := a(b(x)) \qquad \forall a, b \in \mathcal{G} \qquad x \in \mathcal{M}. \tag{2.64b}$$

Mit diesen Voraussetzungen gilt für jede abstrakte Gruppe die Isomorphie zu einer Transformationsgruppe, die nach (2.64) eine Linksoperation erlaubt.

Betrachtet man einen Punkt x der Menge $\mathcal{M}$, dann erzeugt die Transformationsgruppe $\mathcal{G}$ eine Untermenge

$$\mathcal{O}(x) := \{y = a(x) | \, a \in \mathcal{G}\}, \tag{2.65}$$

die als das von $\mathcal{G}$ auf $\mathcal{M}$ erzeugte *Orbit* (*Bahn*) $\mathcal{O}(x)$ durch den Punkt x bezeichnet wird. Daneben definiert jeder Punkt x der Menge $\mathcal{M}$ eine Teilmenge $\mathcal{S}(x)$ der Gruppe $\mathcal{G}$, die den Punkt x invariant lässt

$$\mathcal{S}(x) := \{b \in \mathcal{G} | \, b(x) = x\}. \tag{2.66}$$

Sie bildet eine Untergruppe und wird als *Stabilisator* (*Isotropiegruppe*, *kleine Gruppe*) von x bezeichnet. Falls der Stabilisator nicht die triviale Gruppe ist, heißt der Punkt x ein *Fixpunkt* der Transformationsgruppe. Das Orbit eines Fixpunktes besteht nur aus einem Element. Nachdem jede Gruppe auf sich selbst durch Konjugation operiert, ist der Zentralisator eines Elements x gerade der Stabilisator bezüglich der Gruppenoperation.

Die Zerlegung der Transformationsgruppe $\mathcal{G}$ in Nebenklassen bezüglich des Stabilisators $\mathcal{S}(x)$

$$\mathcal{G} = \sum_{i=1}^{s} a_i \circ \mathcal{S}(x) \tag{2.67}$$

liefert die Vertreter $\{a_i | \, i = 1, \ldots, s(x)\}$, die das Orbit $\mathcal{O}(x)$ mit der Ordnung $s(x)$ gemäß

$$x_i = a_i(x) \qquad i = 1, \ldots, s(x) \tag{2.68}$$

erzeugen. Die Stabilisatoren $\mathcal{S}(x_i)$ von Punkten x_i desselben Orbits $\mathcal{O}(x)$ sind zueinander konjugierte Gruppen und gehen durch einen inneren Automorphismus auseinander hervor

$$\mathcal{S}(x_i) = a_i \circ \mathcal{S}(x) \circ a_i^{-1} = \mathcal{S}_{a_i}(x) \qquad i = 1, \ldots, s. \tag{2.69}$$

Ihre Elemente b_{a_i} sind zu $b \in \mathcal{S}(x)$ konjugiert

$$b_{a_i}(x_i) = a_i \circ b \circ a_i^{-1}(x_i) = a_i \circ b(x) = a_i(x) = x_i \tag{2.70}$$

und lassen die Punkte des Orbits (2.68) invariant. Für den Fall, dass die Vertreter $\{a_i \,|\, i = 1, \ldots, s(x)\}$ der Nebenklassen selbst einen Normalteiler $\mathcal{P}$ bilden, kann die gesamte Transformationsgruppe $\mathcal{G}$ als halbdirektes Produkt ausgedrückt werden

$$\mathcal{G} = \mathcal{S}(x) \ltimes \mathcal{P}. \tag{2.71}$$

Dabei wird die Gruppe $\mathcal{P}$ als symmetrische Gruppe des Orbits zum Stabilisator $\mathcal{S}(x)$ bezeichnet.

Die Wirkung einer Gruppe $\mathcal{G}$ auf die Menge $\mathcal{M}$ gilt genau dann als *treu* (*effektiv*), falls mit

$$a(x) = x \qquad a \in \mathcal{G} \quad \forall x \in \mathcal{M} \qquad \text{folgt} \qquad a = e. \tag{2.72}$$

Danach lässt nur das Einselement e alle Punkte der Menge fest, so dass der Kern der Abbildung (2.64) trivial ist. Als Konsequenz daraus findet man für zwei beliebige verschiedene Elemente a und b der treuen Gruppe $\mathcal{G}$ eine unterschiedliche Wirkung $a(x)$ und $b(x)$ auf einen beliebigen Punkt x der Menge.

Die Wirkung einer Gruppe $\mathcal{G}$ auf die Menge $\mathcal{M}$ wird genau dann als *frei* bezeichnet, falls mit

$$a \neq e \qquad a \in \mathcal{G} \qquad \text{folgt} \qquad a(x) \neq x \qquad \forall x \in \mathcal{M}. \tag{2.73}$$

Demnach hat bei einer freien Gruppe nur das Einselement e Fixpunkte, so dass es trivial wirkt.

Schließlich wirkt eine Gruppe $\mathcal{G}$ auf die Menge $\mathcal{M}$ *transitiv* genau dann, falls sich zwei beliebige Punkte x und x' von $\mathcal{M}$ stets durch ein Orbit verbinden lassen, wonach die Menge nur aus einem Orbit besteht. Demnach existiert zu zwei beliebigen Punkten von $\mathcal{M}$ wenigstens ein Gruppenelement $a \in \mathcal{G}$, so dass gilt

$$x' = a(x). \tag{2.74}$$

Für den Fall, dass es genau ein Gruppenelement a gibt, wirkt die Gruppe *einfach transitiv*.

Beispiel 1 Betrachtet man etwa ein Quadrat, dann wird dessen Symmetrie durch die endliche Punktgruppe $\mathcal{G} = C_{4v}$ beschrieben (Abb. 2.1). Die Punktmenge ist die Menge der Eckpunkte $\mathcal{M} = \{1, 2, 3, 4\}$.

Nach Wahl des Punktes 1 findet man als Stabilisator nach Gl. (2.66) die Untergruppe $\mathcal{S}(1) = C_s$, deren Elemente e und σ_d die Invarianz des Punktes 1 garantieren. Die Zerlegung der gesamten Gruppe nach Nebenklassen bzgl. dieser Untergruppe C_s nach Gl. (2.67) ergibt (s. a. Beispiel 8 v. Abschn. 2.2)

$$C_{4v} = e \circ C_s + c_4 \circ C_s + c_4^2 \circ C_s + c_e^3 \circ C_s .$$

Mit den Vertretern $\{e, c_4, c_4^2, c_4^3\}$ der Nebenklassen erhält man nach Gl. (2.68) die Punktmenge $\{1, 2, 3, 4\}$, die das Orbit $\mathcal{O}(1)$ des Punktes 1 zur Untergruppe C_s mit der Ordnung $s(1) = 4$ bildet. Die zur Untergruppe C_s konjugierten Gruppen sind nach Gl. (2.69)

$$C_{s,e} = \{e, \sigma_v\}, \quad C_{s,c_4} = \{e, \sigma_v'\}, \quad C_{s,c_4^2} = \{e, \sigma_d\}, \quad C_{s,c_4^3} = \{e, \sigma_d'\},$$

deren Elemente jeweils den Punkt 1, 2, 3 und 4 invariant lassen. Nachdem die Vertreter der Nebenklassen selbst eine invariante Untergruppe bilden, nämlich die (zyklische) Punktgruppe C_4, die zu einer Untergruppe der symmetrischen Gruppe S_4 isomorph ist, gelingt eine Faktorisierung der gesamten Gruppe durch ein halbdirektes Produkt (Beispiel 3 v. Abschn. 2.4).

Die Wirkung der Gruppe C_{4v} auf die Punktmenge $\mathcal{M}$ ist treu, da nur das Einselement e alle Punkte $\mathcal{M}$ invariant lässt. Betrachtet man etwa die Punkte 1 und 3 – bzw. 2 und 4 – dann findet man außer dem Einselement e auch das Element σ_d – bzw. σ_d' –, das trivial auf diese Punkte wirkt und sie invariant lässt. Demzufolge wirkt die Gruppe C_{4v} nicht frei auf $\mathcal{M}$.

Schließlich wirkt die Gruppe C_{4v} transitiv auf $\mathcal{M}$, da es zu zwei Punkten x und x' wenigstens ein Gruppenelement gibt, das den Punkt x in x' überführt. Für das Punktepaar 1 und 2 etwa ist es das Gruppenelement c_4, nämlich eine Rotation mit dem Winkel $\pi/2$ nach links. Daneben ermöglicht auch die Spiegelung σ_v diese Transformation. Demnach gibt es für jedes Punktepaar x und x' mehr als ein Gruppenelement, das die Transformation (2.74) erfüllt, so dass die Gruppe C_{4v} nicht einfach transitiv auf $\mathcal{M}$ wirkt.

■

Kapitel 3
Darstellungen

Die konkrete Erfassung von Symmetrieeigenschaften verlangt eine Korrelation zwischen Symmetrieelementen und Vektorräumen. Dies gelingt durch lineare Selbstabbildungen bzw. Operationen auf den Vektorräumen. Die Darstellungen ermöglichen dann eine Verbindung zwischen den Gruppen und Vektorräumen und erleichtern so die Diskussion der Symmetrieeigenschaften. Dabei bleibt die Betrachtung zunächst auf endliche Gruppen beschränkt.

3.1 Lineare Darstellungen

Die homomorphe Abbildung der Elemente a einer Gruppe $\mathcal{G}$ in *bijektive lineare Selbstabbildungen* (*Automorphismen*) bzw. *reguläre lineare Operatoren* $D(a)$ eines d-dimensionalen *linearen Vektorraumes* $\mathcal{V}$ über dem Körper $\mathbb{K}$ ($\mathbb{K} = \mathbb{R}$ bzw. $\mathbb{C}$) wird als d-dimensionale *lineare Darstellung* $D(\mathcal{G})$ einer Gruppe $\mathcal{G}$ auf dem linearen Vektorraum $\mathcal{V}$ erklärt. Nachdem die Menge aller linearen bijektiven Selbstabbildungen eines d-dimensionalen Vektorraumes $\mathcal{V}$ die *allgemeine lineare Gruppe* $GL(\mathcal{V})$ mit der Hintereinanderschaltung als Verknüpfung bildet, ist die Darstellung D ein Gruppen-Homomorphismus

$$D : \begin{cases} \mathcal{G} \longrightarrow GL(\mathcal{V}) & \\ a \longmapsto D(a) & a \in \mathcal{G}. \end{cases} \tag{3.1a}$$

Dabei ist das Produkt der Gruppenelemente gleich dem Produkt der Abbildungen

$$a_1 \circ a_2 = D(a_1)D(a_2) \qquad \forall a_1, a_2 \in \mathcal{G}, \tag{3.1b}$$

so dass die Verknüpfung bei dem Gruppen-Homomorphismus erhalten bleibt. Der reelle bzw. komplexe Vektorraum $\mathcal{V}$ – der gewöhnlich ein Vektorraum im Sinne von Verschiebungen oder ein Funktionenraum ist – wird als *Darstellungsraum* (*Trägerraum*) bezeichnet. Eine *triviale* (*identische*) *Darstellung* gewinnt man stets durch die Zuordnung jedes Gruppenelements a zur identischen (Eins-) Abbildung bzw. trivialen Abbildung $D(e)$.

M. Böhm, *Lie-Gruppen und Lie-Algebren in der Physik*, Springer-Lehrbuch,
DOI 10.1007/978-3-642-20379-4_3, © Springer-Verlag Berlin Heidelberg 2011

An Stelle des Begriffs der Darstellung kann man auch den Begriff des *$\mathcal{G}$-Moduls* einführen. Darunter versteht man einen Vektorraum $\mathcal{V}$ über $\mathbb{K}$ zusammen mit einer bilinearen Abbildung

$$D : \begin{cases} \mathcal{G} \times \mathcal{V} \longrightarrow \mathcal{V} \\ (a, x) \longmapsto ax \qquad a \in \mathcal{G} \qquad x \in \mathcal{V}, \end{cases} \tag{3.2}$$

womit man eine Operation der Gruppe $\mathcal{G}$ auf dem Vektorraum $\mathcal{V}$ bzw. ein *Modul über* $\mathcal{G}$ erhält. Demnach ist ein $\mathcal{G}$-Modul eine äquivalente Beschreibung für eine Darstellung und seine Dimension mit der der Darstellung identisch.

Wenn die Zuordnung (3.1) umkehrbar eindeutig ist im Sinne einer isomorphen Abbildung, so spricht man von einer *treuen Darstellung*. Andernfalls ist die Darstellung *entartet*. Im diesem Fall hat die Gruppe $\mathcal{G}$ wenigstens einen nicht-trivialen Normalteiler, so dass die Darstellung eine treue Darstellung der Faktorgruppe $\mathcal{G}/\mathcal{N}$ ist. Umgekehrt gilt für eine Gruppe mit nicht-trivialem Normalteiler die Aussage, dass jede Darstellung $D(\mathcal{G}/\mathcal{N})$ der Faktorgruppe eine entartete Darstellung $D(\mathcal{G})$ der Gruppe ist. Daraus ergibt sich die Behauptung, dass jede einfache Gruppe keine entarteten Darstellungen außer der trivialen Darstellung erlaubt.

Beispiel 1 Im Beispiel der Punktgruppe $\mathcal{G} = C_{4v}$ gibt es die nicht-triviale, eindimensionale Darstellung A_2 (Tab. 3.1)

$$\begin{aligned} &e \longrightarrow 1,\ c_4 \longrightarrow 1,\ c_4^2 \longrightarrow 1,\ c_4^3 \longrightarrow 1, \sigma_v \longrightarrow -1,\ \sigma_v' \longrightarrow -1,\ \sigma_d \longrightarrow -1 \\ &\sigma_d' \longrightarrow -1, \end{aligned} \tag{3.3}$$

die entartet ist. Demnach hat die Gruppe $\mathcal{G}$ einen Normalteiler $\mathcal{N} : C_4 = \{e, c_4, c_4^2, c_4^3\}$.

Die gleiche Darstellung der Faktorgruppe

$$\mathcal{G}/\mathcal{N} = C_{4v}/C_4 = \{eC_4, \sigma_v C_4\} = \{L_e, L_{\sigma_v}\} \tag{3.4}$$

ergibt sich dann zu

$$L_e \longrightarrow 1,\ L_{\sigma_v} = -1 \tag{3.5}$$

und gilt als treue Darstellung. Umgekehrt kann man von einer nicht-trivialen Darstellung (3.5) der Faktorgruppe ausgehen, um damit eine entartete Darstellung (3.3) der Gruppe zu erhalten.

■

Nach Wahl einer Basis $\{v_i \,|\, i = 1, \ldots, d\}$ im d-dimensionalen Vektorraum $\mathcal{V}$ können die Selbstabbildungen $D(a)$ durch reguläre $d \times d$-Matrizen $\boldsymbol{D}(a)$ beschrieben werden. Die homomorphe Abbildung zwischen den Gruppenelementen a und den Matrizen $\boldsymbol{D}(a)$ geschieht dann durch eine d-dimensionale *Matrixdarstellung* $\boldsymbol{D}(\mathcal{G})$ der Gruppe $\mathcal{G}$. Nachdem die Operatoren $D(a)$ den Vektorraum als invarianten

Raum auszeichnen, lässt sich jedes Bildelement v_i' durch eine Linearkombination der Basiselemente darstellen

$$D(a)v_i = v_i' = \sum_j^d D_{ji}(a)v_j \quad i = 1, \ldots, d = \dim \boldsymbol{D} \qquad \forall a \in \mathcal{G}. \tag{3.6}$$

Die Matrixelemente der Matrixdarstellung $\boldsymbol{D}(a)$ sind demnach die Entwicklungskoeffizienten der transformierten Basiselemente $\{v_i' \,|\, i = 1, \ldots, d\}$. Die so gewonnene, nicht notwendigerweise treue Matrixdarstellung bildet eine Matrixgruppe, die nach Gln. (3.1c) und (3.6)

$$\begin{aligned} D(a)D(b)v_i &= D(a)\sum_j D_{ji}(b)v_j = \sum_j D_{ji}(b)D(a)v_j = \sum_l \sum_j D_{ji}(b)D_{lj}(a)v_l \\ &= \sum_l \sum_j D_{lj}(a)D_{ji}(b)v_l = \sum_l D_{li}(a \circ b)v_l = D(a \circ b)v_i \end{aligned} \tag{3.7}$$

die Matrixmultiplikation als Verknüpfung fordert

$$\boldsymbol{D}(a)\boldsymbol{D}(b) = \boldsymbol{D}(a \circ b). \tag{3.8}$$

Wegen der Nichtvertauschbarkeit der Matrizenmultiplikation können irreduzible Matrixdarstellungen von abelschen Gruppen nur eindimensional sein (s. a. Abschn. 3.2 und 3.5). Mit einem weiteren Satz von Basisfunktionen $\{v_i' \,|\, i = 1, \ldots, d\}$ zum selben Vektorraum, gehört auf Grund der Linearität auch der Satz $\{\alpha v_i + \beta v_i' \,|\, i = 1, \ldots, d,\ \alpha, \beta \in \mathbb{K}\}$ zu einer Darstellung. Die Aussage ist jedoch nicht gültig für eine antilineare Abbildung $\bar{A}$ mit

$$\bar{A}(\alpha v) = \alpha^* \bar{A}(v),$$

wie man sie bei der Zeitumkehrsymmetrie antrifft.

Ausgehend von einer d-dimensionalen Darstellung $D(\mathcal{G})$ der Gruppe $\mathcal{G}$ kann man den Vektorraum $\mathcal{V}$ zu einem $\mathcal{G}$-Modul machen durch die Festlegung

$$ax := D(a)x \qquad a \in \mathcal{G} \quad x \in \mathcal{V}. \tag{3.9}$$

Andererseits wird man durch die umgekehrte Festlegung eine Darstellung $D(\mathcal{G})$ gewinnen, der nach Wahl einer Basis im $\mathcal{G}$-Modul durch Gl. (3.6) eine Matrixdarstellung $\boldsymbol{D}(\mathcal{G})$ zugeordnet wird. Dabei ist diese Zuordnung nicht eindeutig, sondern von der Wahl der Basis abhängig. Insgesamt findet man zwei mögliche Zugänge, um die Symmetrieeigenschaften zu studieren. Einmal über die linearen Abbildungen, die den Vorteil bieten, unabhängig von einer Basis zu sein. Zum anderen über die Darstellungsmatrizen, die ein quantitatives Ergebnis versprechen.

Die am häufigsten benutzten Vektorräume können in zwei Arten eingeteilt werden. Zum einen sind es n-dimensionale Vektorräume, deren Elemente x sich als Spalten $\{x_i \,|\, i = 1, \ldots, n\}^\top$ realisieren lassen. In vielen Fällen trifft man auf euklidische Räume $\mathbb{R}^n$ mit gerichteten Strecken x als Elemente. Ausgehend von einer kartesischen Standardbasis $\{\boldsymbol{e}_i \,|\, i = 1, \ldots, n\}$ kann nach Gl. (3.6) eine Matrixdarstellung $\boldsymbol{a}$ gewonnen werden

$$D(a)\boldsymbol{e}_i = \sum_{j=1}^{n} a_{ji}\boldsymbol{e}_j \qquad a \in \mathcal{G}, \tag{3.10a}$$

die die Transformation eines Vektors $\boldsymbol{x}$ eines Systems im $\mathbb{R}^n$ gemäß

$$D(a)\boldsymbol{x} = \boldsymbol{x}' = \boldsymbol{a}\boldsymbol{x} \qquad \text{bzw.} \qquad x_i' = \sum_{j=1}^{n} a_{ij}x_j \tag{3.10b}$$

vermittelt. Bei einer *aktiven Transformation*, die am Vektor $\boldsymbol{x}$ bzw. am System wirkt und das Koordinatensystem festhält, transformieren sich die Komponenten $\{x_i \,|\, i = 1, \ldots, n\}$ *kontragredient* zur Basis $\{\boldsymbol{e}_i \,|\, i = 1, \ldots, n\}$. Bei einer *passiven Transformation* dagegen, die am Koordinatensystem wirkt und den Vektor $\boldsymbol{x}$ bzw. das System festhält, transformieren sich die Komponenten und die Basis in gleicher Weise, was als *kongredient* bezeichnet wird (s. a. Abschn. 3.3).

Zum anderen werden die Vektorräume meist unendlicher Dimension aus der Menge der komplexwertigen Abbildungen $f(x)$, nämlich den quadratintegrierbaren Funktionen aufgebaut. Diese sind in der klassischen Physik oft Lösungen von Integral- oder Differenzialgleichungen. Die quantenmechanische Diskussion geschieht in einem besonderen unendlich-dimensionalen Vektorraum (Funktionenraum) mit den Zustandsvektoren als Elemente. Letzterer ist ein vollständiger, unitärer bzw. euklidischer Raum mit einem abzählbar unendlichen und vollständigen Orthonormalsystem. Bei der Suche nach der Wirkung von linearen Operatoren $D(a)$ muss die Invarianz der transformierten Funktion berücksichtigt werden.

$$f'(x') = f(x), \tag{3.11}$$

wonach die transformierte Funktion f' für jedes transformierte Argument x' den gleichen Wert hat wie die ursprüngliche Funktion f am ursprünglichen Argument x. Daraus resultiert das Ergebnis

$$D(a)f(x) = f'(x) = f(a^{-1}x) \qquad a \in \mathcal{G}. \tag{3.12}$$

Demnach wird nach der Transformation die ursprüngliche Funktion an der Stelle des transformierten Arguments $a^{-1}x$ betrachtet.

Bleibt darauf hinzuweisen, dass neben den linearen Abbildungen auch die *affinen Abbildungen* Φ diskutiert werden

$$\Phi : \begin{cases} \mathcal{V} \longrightarrow \mathcal{V} \\ x \longmapsto ax + y \qquad x, y \in \mathcal{V}. \end{cases}$$

Dabei bedeuten a eine lineare Abbildung und y ein beliebiges festes Element des Vektorraumes $\mathcal{V}$. Beispiele sind etwa die Elemente der *euklidischen Gruppe* (*reelle affine Gruppe*), wo neben den linearen Transformationen (Rotationen) von Elementen des euklidischen Raumes $\mathbb{R}^3$ auch Translationen erfasst werden. (Beispiel 14 v. Abschn. 2.1). Auch die Elemente (2.11) von Raumgruppen als Untergruppen der euklidischen Gruppe gehören zu den affinen Abbildungen.

Beispiel 2 Betrachtet man etwa eine Matrixdarstellung mit regulären Matrizen $\boldsymbol{D}(a)$, so erhält man mit der Zuordnung

$$D(a) = \det \boldsymbol{D}(a) \qquad a \in \mathcal{G} \tag{3.13}$$

stets eine nicht-triviale eindimensionale Darstellung, was durch

$$D(a \circ b) = \det[\boldsymbol{D}(a)\boldsymbol{D}(b)] = \det \boldsymbol{D}(a) \det \boldsymbol{D}(b) = D(a)D(b) \qquad a, b \in \mathcal{G} \tag{3.14}$$

begründet wird.

Beispiel 3 Ein einfaches Beispiel zum Studium von Vektorräumen mit Vektoren als Elemente liefern die Transformationen des Quadrats (Abb. 2.1), die die Punktgruppe C_{4v} begründen. Mithilfe der kartesischen Standardbasis $\{\boldsymbol{e}_i \,|\, i = 1,\ 2,\ 3\}$ im euklidischen Ortsraum $\mathbb{R}^3$ kann gemäß Gl. (3.6) eine Matrixdarstellung gewonnen werden. Für die Identität bzw. das Einselement e erhält man erwartungsgemäß die Einheitsmatrix

$$\boldsymbol{e} = \begin{pmatrix} 1 & 0 & 0 \\ 0 & 1 & 0 \\ 0 & 0 & 1 \end{pmatrix} = \mathbf{1}_3. \tag{3.15a}$$

Die (aktiven) Rotationen c_n mit dem Winkel $2\pi/n$ um die z-Achse im Rechtsschraubensinn können nach Gl. (2.9) allgemein durch

$$\boldsymbol{c}_n = \begin{pmatrix} \cos(2\pi/n) & -\sin(2\pi/n) & 0 \\ \sin(2\pi/n) & \cos(2\pi/n) & 0 \\ 0 & 0 & 1 \end{pmatrix} \tag{3.15b}$$

dargestellt werden. Schließlich werden die Spiegelungen σ_v, σ_v' bzw. σ_d, σ_d' durch

$$\boldsymbol{\sigma}_v, \boldsymbol{\sigma}_v' = \begin{pmatrix} \mp 1 & 0 & 0 \\ 0 & \pm 1 & 0 \\ 0 & 0 & 1 \end{pmatrix} \quad \boldsymbol{\sigma}_d, \boldsymbol{\sigma}_d' = \begin{pmatrix} 0 & \pm 1 & 0 \\ \pm 1 & 0 & 0 \\ 0 & 0 & 1 \end{pmatrix} \tag{3.15c}$$

vermittelt. Die Zuordnung der Gruppenelemente $a \in C_{4v}$ zu den entsprechenden Darstellungsmatrizen erfolgt homomorph, was mithilfe der Multiplikationstafel (Tab. 2.1) nachgeprüft werden kann. Demnach bilden die Matrizen $\{\boldsymbol{D}(a) |\, a \in C_{4v}\}$ eine Matrixdarstellung $\boldsymbol{D}(\mathcal{G})$ der Gruppe $\mathcal{G} = C_{4v}$.

Beispiel 4 Als Beispiel eines Funktionenraumes sei jener eindimensionale Vektorraum $\mathcal{V}^{(1)}$ betrachtet, der durch die Basisfunktion

$$v^{(1)}(\boldsymbol{r}) = v(x^2 + y^2) \tag{3.16}$$

begründet wird. Dabei wird das Argument im Ortsraum $\mathbb{R}^2$ vom Quadrat des Radiusvektors $\boldsymbol{r}$ geprägt. Die Anwendung aller Symmetrieoperatoren $\{D(a)|\, a \in \mathcal{G} = C_{4v}\}$ nach Gln. (3.10), (3.12) und (3.15) ergibt

$$D(a)v^{(1)} = v^{(1)} \qquad \forall a \in C_{4v}. \tag{3.17}$$

Die Orthogonalität der Abbildung garantiert die Invarianz der Länge eines Vektors in der Drehebene, so dass der durch die Funktion $v^{(1)}$ begründete Vektorraum $\mathcal{V}^{(1)}$ invariant ist. Der Vergleich mit Gl. (3.6) liefert die triviale (totalsymmetrische) Darstellung (Tab. 3.1)

$$\boldsymbol{D}^{(1)}(a) = 1 \quad \forall a \in C_{4v}. \tag{3.18}$$

Beispiel 5 Ein weiterer eindimensionaler Vektorraum $\mathcal{V}^{(2)}$ wird durch die Basisfunktion

$$v^{(2)}(\boldsymbol{r}) = x\,\dot{y} - y\,\dot{x} \tag{3.19}$$

begründet, die die axiale Vektorkomponente einer Winkelgeschwindigkeit in vertikaler Richtung zur Drehebene vertritt. Betrachtet man nur die Elemente $e,\ c_4,\ c_4^2,\ c_4^3$, so liefern die damit verbundenen Operatoren nach Gln. (3.10), (3.12) und (3.15a, b) keine Änderung

$$D(a)v^{(2)}(\boldsymbol{r}) = +v^{(2)}(\boldsymbol{r}) \qquad a \in \left\{e,\ c_4,\ c_4^2,\ c_4^3\right\}. \tag{3.20a}$$

Ganz anders jedoch verhalten sich die Spiegelungen, die eine Änderung des Drehsinns induzieren, wodurch eine Vorzeichenumkehr der Basisfunktionen erwartet wird

$$D(a)v^{(2)}(\boldsymbol{r}) = -v^{(2)}(\boldsymbol{r}) \qquad a \in \left\{\sigma_v,\ \sigma_v',\ \sigma_d,\ \sigma_d'\right\}. \tag{3.20b}$$

Der durch die Basisfunktionen $v^{(2)}$ begründete Vektorraum ist demnach invariant, so dass die Matrixdarstellung $\boldsymbol{D}^{(2)}(\mathcal{G})$ sich mit Gl. (3.6) zu

$$\boldsymbol{D}^{(2)}(a) = +1 \qquad a \in \left\{e,\ c_4,\ c_4^2,\ c_4^3\right\} \tag{3.21a}$$

$$\boldsymbol{D}^{(2)}(a) = -1 \qquad a \in \left\{\sigma_v,\ \sigma_v',\ \sigma_d,\ \sigma_d'\right\} \tag{3.21b}$$

berechnet (Tab. 3.1).

Tabelle 3.1 Matrixdarstellungen $D(\mathcal{G})$ und zugehörige Basisfunktionen $v(r)$ der endlichen Symmetriegruppe C_{4v} des Quadrats (A_1, A_2, B_1, B_2, E : Bezeichnung nach MULLIKAN)

C_{4v}	e	c_4	c_4^3	$c_4^2=c_2$	σ_v	σ_v'	σ_d	σ_d'	$v(r)$
$D^{(1)}$, A_1	1	1	1	1	1	1	1	1	x^2+y^2; z^2, z
$D^{(2)}$, A_2	1	1	1	1	−1	−1	−1	−1	$x\dot{y}-y\dot{x}$
$D^{(3)}$, B_1	1	−1	−1	1	1	1	−1	−1	x^2-y^2
$D^{(4)}$, B_2	1	−1	−1	1	−1	−1	1	1	xy
$D^{(5)}$, E	D_1^E	D_2^E	D_3^E	D_4^E	D_5^E	D_6^E	D_7^E	D_8^E	(x,y); $(y\dot{z}-z\dot{y}$, $z\dot{x}-x\dot{z})$
$D^{(6)}$	$D_1^{(6)}$	$D_2^{(6)}$	$D_3^{(6)}$	$D_4^{(6)}$	$D_5^{(6)}$	$D_6^{(6)}$	$D_7^{(6)}$	$D_8^{(6)}$	$v[(r-r_i)^2]$

$$D_1^E=\begin{pmatrix}1&0\\0&1\end{pmatrix},\ D_2^E=\begin{pmatrix}0&1\\-1&0\end{pmatrix},\ D_3^E=\begin{pmatrix}0&-1\\1&0\end{pmatrix},\ D_4^E=\begin{pmatrix}-1&0\\0&-1\end{pmatrix},$$

$$D_5^E=\begin{pmatrix}-1&0\\0&1\end{pmatrix},\ D_6^E=\begin{pmatrix}1&0\\0&-1\end{pmatrix},\ D_7^E=\begin{pmatrix}0&1\\1&0\end{pmatrix},\ D_8^E=\begin{pmatrix}0&-1\\-1&0\end{pmatrix};$$

$$D_1^{(6)}=\begin{pmatrix}1&0&0&0\\0&1&0&0\\0&0&1&0\\0&0&0&1\end{pmatrix},\ D_2^{(6)}=\begin{pmatrix}0&1&0&0\\0&0&1&0\\0&0&0&1\\1&0&0&0\end{pmatrix},\ D_3^{(6)}=\begin{pmatrix}0&0&0&1\\1&0&0&0\\0&1&0&0\\0&0&1&0\end{pmatrix},$$

$$D_4^{(6)}=\begin{pmatrix}0&0&1&0\\0&0&0&1\\1&0&0&0\\0&1&0&0\end{pmatrix},\ D_5^{(6)}=\begin{pmatrix}0&1&0&0\\1&0&0&0\\0&0&0&1\\0&0&1&0\end{pmatrix},\ D_6^{(6)}=\begin{pmatrix}0&0&0&1\\0&0&1&0\\0&1&0&0\\1&0&0&0\end{pmatrix},$$

$$D_7^{(6)}=\begin{pmatrix}1&0&0&0\\0&0&0&1\\0&0&1&0\\0&1&0&0\end{pmatrix},\ D_8^{(6)}=\begin{pmatrix}0&0&1&0\\0&1&0&0\\1&0&0&0\\0&0&0&1\end{pmatrix}.$$

Beispiel 6 Zwei weitere invariante Vektorräume findet man mit den Basen

$$v^{(3)}(r)=x^2-y^2 \tag{3.22a}$$

und

$$v^{(4)}(r)=xy. \tag{3.22b}$$

Beide geben Anlass zu eindimensionalen Matrixdarstellungen $D^{(3)}(\mathcal{G})$ und $D^{(4)}(\mathcal{G})$ (Tab. 3.1).

Beispiel 7 Einen zweidimensionalen Darstellungsraum $\mathcal{V}^{(5)}$ gewinnt man nach Wahl einer Basis aus zwei linear unabhängigen Funktionen, etwa der Form

$$v_1^{(5)}(\boldsymbol{r}) = xz \tag{3.23a}$$

$$v_2^{(5)}(\boldsymbol{r}) = yz. \tag{3.23b}$$

Die Anwendung der Operatoren $D(a)$ nach Gln. (3.10), (3.12) und (3.15) demonstriert die Invarianz des Vektorraumes $\mathcal{V}^{(5)}$ und ermöglicht so nach Gl. (3.6) eine zweidimensionale Darstellung $\boldsymbol{D}^{(5)}(\mathcal{G})$, wie sie in Tabelle 3.1 aufgelistet ist.

Beispiel 8 Schließlich wird ein Vektorraum $\mathcal{V}^{(6)}$ aus vier linear unabhängigen Basisfunktionen aufgebaut, deren Argument nur vom Abstandsquadrat $(\boldsymbol{r} - \boldsymbol{r}_i)^2$ zum i-ten Punkt abhängt (Abb. 2.1)

$$v_i^{(6)} = v[(\boldsymbol{r} - \boldsymbol{r}_i)^2] \qquad i = 1,\, 2,\, 3,\, 4. \tag{3.24}$$

Die orthogonalen Symmetrieoperatoren garantieren die Invarianz des Skalarprodukts und mithin des Abstandsquadrats, so dass lediglich ein Austausch der Punkte erwartet wird. Ohne auf die Darstellungsmatrizen (3.15) einzugehen, verhelfen geometrisch anschauliche Überlegungen zu den Transformationen. Mit der Abkürzung $\left\{v_1^{(6)}, v_2^{(6)}, v_3^{(6)}, v_4^{(6)}\right\} = \{1\,2\,3\,4\}$ erhält man die Permutationen

$$\begin{aligned}
D(e)\{1\,2\,3\,4\} &= \{1\,2\,3\,4\}, & D(c_4)\{1\,2\,3\,4\} &= \{4\,1\,2\,3\},\\
D\left(c_4^2\right)\{1\,2\,3\,4\} &= \{3\,4\,1\,2\}, & D\left(c_4^3\right)\{1\,2\,3\,4\} &= \{2\,3\,4\,1\},\\
D(\sigma_v)\{1\,2\,3\,4\} &= \{2\,1\,4\,3\}, & D\left(\sigma_v'\right)\{1\,2\,3\,4\} &= \{4\,3\,2\,1\},\\
D(\sigma_d)\{1\,2\,3\,4\} &= \{1\,4\,3\,2\}, & D\left(\sigma_d'\right)\{1\,2\,3\,4\} &= \{3\,2\,1\,4\}.
\end{aligned}$$

Damit wird die Invarianz des 4-dimensionalen Vektorraumes $\mathcal{V}^{(6)}$ demonstriert, so dass nach Gl. (3.6) eine Matrixdarstellung $\boldsymbol{D}^{(6)}(\mathcal{G})$ mit Permutationsmatrizen resultiert (Tab. 3.1).

■

3.2 Reduzible und irreduzible Darstellungen

Bei der Suche nach möglichen Darstellungen wird man auch solche antreffen, deren Informationsgehalt nicht notwendig charakteristisch für diese ist, sondern möglicherweise in weiteren Darstellungen wenigstens teilweise erneut offenkundig wird. Um eine Redundanz auszuschließen und nur die wesentlichen Merkmale der einzelnen Darstellungen zu erfassen, muss man sich mit den Eigenschaften der *Reduzierbarkeit* beschäftigen. Dabei gilt eine Matrixdarstellung $\boldsymbol{D}(\mathcal{G})$ einer Gruppe $\mathcal{G}$ genau dann als *reduzibel,* falls der Darstellungsraum $\mathcal{V}$ wenigstens einen nichttrivialen invarianten Unterraum $\mathcal{V}'$ enthält. Andernfalls ist die Darstellung *irreduzibel* – bzw. der $\mathcal{G}$-Modul *einfach.*

Beispiel 1 Als Beispiel seien die Rotationen $d(\varphi)$ der *speziellen orthogonalen Gruppe* $SO(2)$ in zwei Dimensionen – mit dem euklidischen Ortsraum $\mathbb{R}^2$ als Darstellungsraum – betrachtet. Jedes Basiselement $\boldsymbol{e}_x$ und $\boldsymbol{e}_y$ begründet einen Unterraum sowie das zugehörige orthogonale Komplement. Beide sind jedoch nicht invariant gegenüber den Rotationen und liefern deshalb auch nicht einzeln betrachtet die Basis von eindimensionalen irreduziblen Darstellungen. Anders dagegen verhält es sich nach einer Basistransformation

$$e'_j = \sum_{i=1}^{2} S_{ij} e_i$$

durch die unitäre Matrix

$$S = \frac{1}{\sqrt{2}} \begin{pmatrix} 1 & 1 \\ i & -i \end{pmatrix}$$

mit dem Ergebnis

$$e_+ = \frac{1}{\sqrt{2}}(e_x + ie_y) \qquad \text{und} \qquad e_- = \frac{1}{\sqrt{2}}(e_x - ie_y). \tag{3.25}$$

Die Anwendung einer (aktiven) Rotation $d(\varphi)$ im Rechtsschraubensinn mit dem beliebigen Winkel φ $(0 \leq \varphi < 2\pi)$ nach Gl. (2.9b)

$$d(\varphi) = \begin{pmatrix} \cos\varphi & -\sin\varphi \\ \sin\varphi & \cos\varphi \end{pmatrix}$$

auf die neuen Basiselemente ergibt nach Gl. (3.6)

$$d(\varphi)e_+ = e'_+ = \frac{1}{\sqrt{2}}\left(e'_x + ie'_y\right) = \exp(-i\varphi)e_+, \tag{3.26a}$$

$$d(\varphi)e_- = e'_- = \frac{1}{\sqrt{2}}\left(e'_x - ie'_y\right) = \exp(+i\varphi)e_-. \tag{3.26b}$$

Demnach beobachtet man jetzt lediglich eine Phasenänderung, so dass jedes der Elemente (3.25) die Basis eines invarianten Unterraumes sowie dessen orthogonales Komplement liefert. Der Vergleich mit Gl. (3.6) ermöglicht die Aufstellung einer diagonalen Darstellungsmatrix d^D in der Form

$$d^D = \begin{pmatrix} \exp(-i\varphi) & 0 \\ 0 & \exp(i\varphi) \end{pmatrix}.$$

Sie ist das Ergebnis einer Ähnlichkeitstransformation mittels der Transformationsmatrix S.

■

Die Reduzierbarkeit eines Darstellungsraumes $\mathcal{V}$ ist eine notwendige und hinreichende Bedingung für die Reduzierbarkeit der Matrixdarstellung $D(\mathcal{G})$, so dass diese Eigenschaft dort quantitativ studiert werden kann. Mit der Erklärung eines invarianten Unterraumes $\mathcal{V}'$ im Hinblick auf eine Abbildung $D(a)$ als jene Menge von Elementen

$$\mathcal{V}' = \{x|\, D(a)x \in \mathcal{V}' \subseteq \mathcal{V},\ \forall a \in \mathcal{V}\} \tag{3.27a}$$

kann man den Begriff der Reduzierbarkeit eines Vektorraumes einführen. Ein Vektorraum $\mathcal{V}$ bzgl. der Abbildung $D(a)$ gilt als reduzibel, falls er invariante Unterräume enthält, wobei die trivialen Unterräume wie der Nullraum $\{0\}$ und der Vektorraum $\mathcal{V}$ selbst ausgeschlossen sind. Die vollständige Reduzierbarkeit eines endlichdimensionalen Vektorraumes fordert die Möglichkeit der Zerlegung in eine direkte Summe von endlichen invarianten Unterräumen $\mathcal{V}^{(i)}$

$$\mathcal{V} = \bigoplus_i \mathcal{V}^{(i)}. \tag{3.27b}$$

Ausgehend von einem invarianten Unterraum $\mathcal{V}^{(1)} \subseteq \mathcal{V}$ mit der Dimension $\dim \mathcal{V}^{(1)} = d_1$ sowie der Basis $\{v_i|\, i = 1, \ldots, d\}$ des d-dimensionalen Darstellungsraumes $\mathcal{V}$ ($d_1 \leq d$), gilt für jene Elemente aus dem invarianten Unterraum $\{v_i \in \mathcal{V}^{(1)}|\, i = 1, \ldots, d_1\}$ allgemein nach Gl. (3.6)

$$D(a)v_i = \sum_j^d D_{ji}(a)v_j \qquad i = 1, \ldots, d_1 \quad \forall a \in \mathcal{G}, \tag{3.28a}$$

wobei die Invarianz das Verschwinden der Matrixelemente

$$D_{ji}(a) = 0 \qquad j = d_1 + 1, \ldots, d \tag{3.28b}$$

fordert. Demnach gewinnt man bzgl. dieser Basis eine Matrixdarstellung in der Form

$$\boldsymbol{D}(\mathcal{G}) = \begin{pmatrix} \boldsymbol{D}^{(1)}(\mathcal{G}) & \boldsymbol{M}(\mathcal{G}) \\ 0 & \boldsymbol{D}^{(2)}(\mathcal{G}) \end{pmatrix} \tag{3.29}$$

mit den quadratischen Matrizen $\boldsymbol{D}^{(1)}$ und $\boldsymbol{D}^{(2)}$ ($\dim \boldsymbol{D}^{(1)} = d_1$, $\dim \boldsymbol{D}^{(2)} = d - d_1$) sowie der rechteckigen $d_1 \times (d - d_1)$-Matrix $\boldsymbol{M}$. Die damit vermittelte Abbildung eines beliebigen Elements x in der Zerlegung

$$x = \begin{pmatrix} x^{(1)} \\ x^{(2)} \end{pmatrix} \qquad x^{(1)} \in \mathcal{V}^{(1)} \qquad x^{(2)} \in \mathcal{V}^{(2)} \tag{3.30a}$$

ergibt in Matrixschreibweise mit den Spaltenvektoren

$$x^{(1)} = \begin{pmatrix} x_1^{(1)} \\ \vdots \\ x_{d_1}^{(1)} \end{pmatrix} \quad \text{und} \quad x^{(2)} = \begin{pmatrix} x_{d_1+1}^{(2)} \\ \vdots \\ x_d^{(2)} \end{pmatrix} \tag{3.30b}$$

die Transformation

$$x' = \boldsymbol{D}(\mathcal{G}) \begin{pmatrix} x^{(1)} \\ x^{(2)} \end{pmatrix} = \begin{pmatrix} \boldsymbol{D}^{(1)}(\mathcal{G})x^{(1)} + \boldsymbol{M}(\mathcal{G})x^{(2)} \\ \boldsymbol{D}^{(2)}(\mathcal{G})x^{(2)} \end{pmatrix}. \tag{3.31}$$

Daraus ist zu erkennen, dass einerseits der Unterraum $\mathcal{V}^{(1)}$ auf sich abgebildet wird und deshalb invariant bleibt, andererseits der Unterraum $\mathcal{V}^{(2)}$ sowohl auf sich wie auf den Unterraum $\mathcal{V}^{(1)}$ abgebildet wird (Abb. 3.1). Die Wahl dieser Basis ermöglicht so eine Entkopplung der Abbildung von Elementen aus $\mathcal{V}^{(1)}$, womit das Verbot der Abbildung $D(a) : \mathcal{V}^{(1)} \not\longrightarrow \mathcal{V}^{(2)}$ gemeint ist. Das Produkt zweier Darstellungsmatrizen hat die Form

$$\boldsymbol{D}(a)\boldsymbol{D}(b) = \begin{pmatrix} \boldsymbol{D}^{(1)}(a)\boldsymbol{D}^{(1)}(b) & \boldsymbol{M}' \\ 0 & \boldsymbol{D}^{(2)}(a)\boldsymbol{D}^{(2)}(b) \end{pmatrix} \tag{3.32a}$$

mit

$$\boldsymbol{M}' = \boldsymbol{D}^{(1)}(a)\boldsymbol{M}(b) + \boldsymbol{M}(a)\boldsymbol{D}^{(2)}(b) \qquad a, b \in \mathcal{G}, \tag{3.32b}$$

so dass die homomorphe Darstellung der Gruppenelemente a und b die Bedingung (3.8) für die beiden Darstellungen $\boldsymbol{D}^{(1)}(\mathcal{G})$ und $\boldsymbol{D}^{(2)}(\mathcal{G})$ erfüllt. Demnach gelingt es, diese geringer dimensionalen Darstellungen getrennt zu betrachten.

Für den Fall, dass der Darstellungsraum $\mathcal{V}^{(2)}$ ebenfalls ein invarianter Unterraum bzgl. $\mathcal{V}$ ist und mithin das orthogonale Komplement bildet

$$\mathcal{V} = \mathcal{V}^{(1)} \oplus \mathcal{V}^{(2)}, \tag{3.33}$$

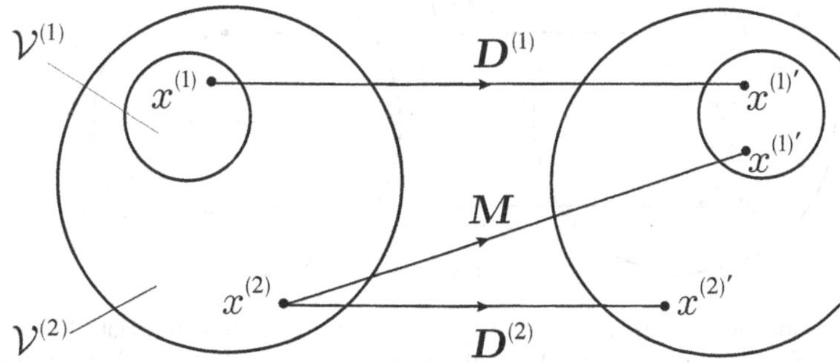

Abb. 3.1 Selbstabbildung $D(a) : \mathcal{V} \longrightarrow \mathcal{V}$ $(a \in \mathcal{G})$ eines Darstellungsraumes $\mathcal{V}$ mit einem Unterraum $\mathcal{V}^{(2)}$ und einem invarianten Unterraum $\mathcal{V}^{(1)}$ in der Matrixdarstellung $\boldsymbol{D}(a)$ von Gl. (3.29)

gilt mit Gl. (3.28) die zusätzliche Bedingung

$$D_{ji}(a) = 0 \qquad i = d_1 + 1, \ldots, d \qquad j = 1, \ldots, d_1. \tag{3.34}$$

Als Konsequenz daraus verschwindet die Matrix $\boldsymbol{M}(\mathcal{G})$ $(= 0)$, so dass eine Diagonalisierung der Matrixdarstellung $\boldsymbol{D}(\mathcal{G})$ in Blockform erreicht werden kann

$$\boldsymbol{D}(\mathcal{G}) = \begin{pmatrix} \boldsymbol{D}^{(1)}(\mathcal{G}) & 0 \\ 0 & \boldsymbol{D}^{(2)}(\mathcal{G}) \end{pmatrix}. \tag{3.35}$$

Andernfalls wird eine weitere Zerlegung in invariante Unterräume die Reduktion ermöglichen (Abb. 3.2).

Mit der Eigenschaft der Reduzierbarkeit kann jeder Darstellungsraum endlicher Dimension gemäß Gl. (3.27) vollständig in invariante irreduzible Unterräume zerlegt werden. Dabei gilt der Eindeutigkeitssatz, der die Zerlegung bis auf die Reihenfolge und auf Äquivalenz eindeutig garantiert (MASCHKE-Theorem). Für die Matrixdarstellung $\boldsymbol{D}(\mathcal{G})$ bedeutet dies die Existenz einer regulären Matrix $\boldsymbol{S}$, mit deren Hilfe eine Basistransformation so vorgenommen werden kann, dass die Matrixdarstellung $\boldsymbol{D}'(\mathcal{G})$ in der neuen Basis die diagonale Blockform

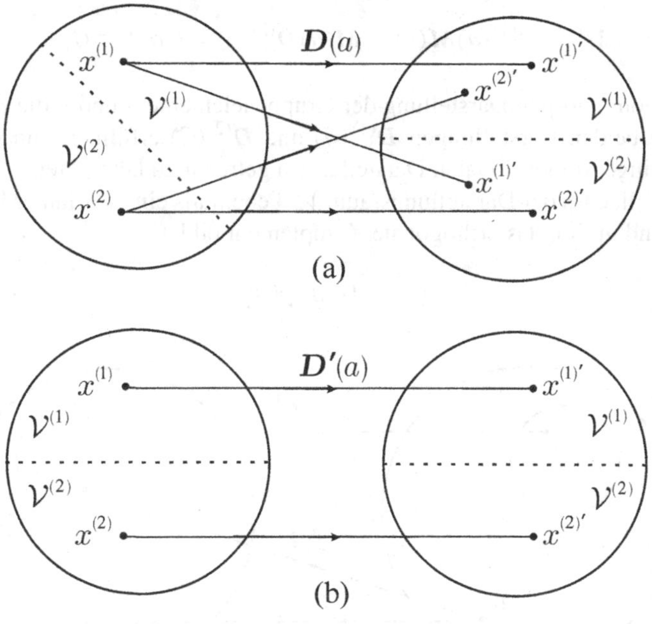

Abb. 3.2 Selbstabbildung $D(a) : \mathcal{V} \longrightarrow \mathcal{V}$ $(a \in \mathcal{G})$ eines in zwei invariante Unterräume $\mathcal{V}^{(1)}$ und $\mathcal{V}^{(2)}$ vollständig reduzierbaren Darstellungraumes bei (**a**) beliebiger Wahl der Basis in der Matrixdarstellung $\boldsymbol{D}(a)$ und (**b**) nach einer geeigneten Basistransformation in der diagonalen Matrixdarstellung $\boldsymbol{D}'(a)$

$$D'(\mathcal{G}) = \begin{pmatrix} D^{(1)}(\mathcal{G}) & & & \\ & D^{(2)}(\mathcal{G}) & & \\ & & \ddots & \\ & & & D^{(r)}(\mathcal{G}) \end{pmatrix} \tag{3.36}$$

annimmt. Damit ist jede Abbildung $D(a)$, die durch $D^{(\alpha)}(\mathcal{G})$ vermittelt wird, entkoppelt und auf den durch die Basis $\left\{v_i^{(\alpha)} \mid i = 1, \ldots, d_\alpha\right\}$ begründeten invarianten Unterraum $\mathcal{V}^{(\alpha)}$ mit der Dimension

$$\dim \mathcal{V}^{(\alpha)} = d_\alpha \tag{3.37}$$

beschränkt (Abb. 3.2). Unter Verwendung der direkten Summe kann man auch die Form

$$D'(a) = \bigoplus_\alpha m_\alpha D^{(\alpha)}(a) \qquad \forall a \in \mathcal{G} \qquad m_\alpha \in \mathbb{Z}^+ \tag{3.38}$$

wählen, wobei die *Multiplizität* (*Häufigkeit*) m_α die Anzahl gleicher irreduzibler Darstellungen $D^{(\alpha)}$ bzw. gleicher invarianter Unterräume $\mathcal{V}^{(\alpha)}$ angibt, die bei der Zerlegung auftreten.

Beispiel 2 Als Beispiel wird die C_{4v}-Symmetrie des Quadrats diskutiert. Dort begründen die vier linear unabhängigen Basisfunktionen $\left\{v_i^{(6)} \mid i = 1, 2, 3, 4\right\}$ (3.25) den Darstellungsraum $\mathcal{V}^{(6)}$ mit der Matrixdarstellung $D^{(6)}$ (Tab. 3.1). Die Basistransformation nach $\left\{v_i^{(6)'} \mid i = 1,\ 2,\ 3,\ 4\right\}$ mittels der regulären orthogonalen Transformationsmatrix

$$S = \frac{1}{2}\begin{pmatrix} 1 & 1 & 1 & 1 \\ 1 & -1 & -1 & 1 \\ 1 & 1 & -1 & -1 \\ 1 & -1 & 1 & -1 \end{pmatrix} \tag{3.39}$$

ergibt eine neue Darstellung

$$D' = S^{-1} D S, \tag{3.40}$$

die nach Vergleich mit Tabelle (3.1) die Zerlegung

$$D'(\mathcal{G}) = \begin{pmatrix} D^{(1)}(\mathcal{G}) & 0 & 0 \\ 0 & D^{(4)}(\mathcal{G}) & 0 \\ 0 & 0 & D^{(5)}(\mathcal{G}) \end{pmatrix} \tag{3.41a}$$

bzw.

$$D'(\mathcal{G}) = D^{(1)}(\mathcal{G}) \oplus D^{(4)}(\mathcal{G}) \oplus D^{(5)}(\mathcal{G}) \tag{3.41b}$$

liefert. Demnach ist die reduzible Darstellung $D^{(6)}(\mathcal{G})$ vollständig in die irreduziblen Darstellungen $D^{(1)}(\mathcal{G})$, $D^{(4)}(\mathcal{G})$ und $D^{(5)}(\mathcal{G})$ zerlegbar.

■

3.3 Äquivalente Darstellungen

Ausgehend von einem Element x des Vektorraumes $\mathcal{V}$, das bzgl. der Basis $\{v_j |\, j = 1, \ldots, d\}$ die Komponenten $\{x_j |\, j = 1, \ldots, d\}$ besitzt

$$x = \sum_{j=1}^{d} x_j v_j \tag{3.42}$$

findet man nach einer *Basistransformation* mit der neuen Basis $\left\{v'_j |\, j = 1, \ldots, d\right\}$ die Darstellung

$$x = \sum_{j=1}^{d} x'_j v'_j . \tag{3.43}$$

Wegen der linearen Unabhängigkeit der alten Basis kann die neue Basis als Linearkombination in der Form

$$v'_j = \sum_{i=1}^{d} S_{ij} v_i \qquad \text{bzw.} \qquad v' = vS \tag{3.44a}$$

dargestellt werden, so dass die Matrix S mit den Richtungskosinussen als Elemente

$$S_{ij} = \langle v_i , v'_j \rangle \tag{3.44b}$$

die Basistransformation ermöglicht. Nach Gln. (3.43) und (3.44) erhält man durch Vergleich mit Gl. (3.42) eine Beziehung zwischen den alten und neuen Komponenten des Elements x

$$x_i = \sum_{j=1}^{d} S_{ij} x'_j \qquad \text{bzw.} \qquad x = Sx'. \tag{3.45}$$

Dabei bleibt anzumerken, dass anders als im Fall einer linearen Abbildung des Elements $x \in \mathcal{V}$ in ein Element $y \in \mathcal{V}$ gemäß

$$y_i = \sum_{j=1}^{d} D_{ij}(a) x_j \qquad \text{bzw.} \qquad y = D(a)x \qquad \forall a \in \mathcal{G} \tag{3.46}$$

das Element x hier nicht transformiert wird. Entgegen der Transformation (3.44) von Basiselementen wird die Transformation (3.45) auf die neuen Komponenten $\left\{x'_j \mid j = 1, \ldots, d\right\}$ ausgeübt. Beide Transformationen werden als *kontragredient* zueinander bezeichnet. Nachdem die Basistransformation umkehrbar ist, muss eine zur Transformationsmatrix $\boldsymbol{S}$ inverse Matrix $\boldsymbol{S}^{-1}$ existieren, so dass die Matrix $\boldsymbol{S}$ als regulär ($\det\boldsymbol{S} \neq 0$) erwartet wird.

Für ein Bildelement y (3.46) gilt bei einer Basistransformation entsprechend zu Gl. (3.45) die dazu *kongrediente* Transformation

$$y_i = \sum_{j=1}^{d} S_{ij} y'_j \qquad \text{bzw.} \qquad y = \boldsymbol{S} y', \tag{3.47}$$

so dass man in Matrixschreibweise mit Gln. (3.46) und (3.45) die Beziehung

$$\boldsymbol{S} y' = \boldsymbol{D}(a) x = \boldsymbol{D}(a) \boldsymbol{S} x' \qquad \forall a \in \mathcal{G} \tag{3.48a}$$

oder nach Linksmultiplikation mit $\boldsymbol{S}^{-1}$

$$y' = \boldsymbol{S}^{-1} \boldsymbol{D}(a) \boldsymbol{S} x' \qquad \forall a \in \mathcal{G} \tag{3.48b}$$

erhält. Demnach wird die Transformation (3.46) bzgl. der neuen Basis $\left\{v'_j \mid j = 1, \ldots, d\right\}$ durch die Darstellung

$$\boldsymbol{D}'(a) = \boldsymbol{S}^{-1} \boldsymbol{D}(a) \boldsymbol{S} \qquad \forall a \in \mathcal{G} \tag{3.49}$$

vermittelt. Diese Beziehung ist die Erklärung für *äquivalente* (*isomorphe*) *Darstellungen* $\boldsymbol{D}$ und $\boldsymbol{D}'$, die aus einer Äquivalenztransformation mittels einer regulären Matrix $\boldsymbol{S}$ hervorgehen. Somit gilt die Aussage, dass zwei Darstellungen genau dann zueinander äquivalent sind, wenn sie die gleiche lineare Transformation bzgl. verschiedener Basissysteme beschreiben. In diesem Fall ist die lineare Abbildung S zwischen den Darstellungsräumen $\mathcal{V}$ und $\mathcal{V}'$

$$S : \mathcal{V} \longrightarrow \mathcal{V}', \tag{3.50}$$

die durch die Matrix $\boldsymbol{S}$ nach Gl. (3.44) vermittelt wird, ein Isomorphismus. Für den Fall einer homomorphen, surjektiven Abbildung (3.50) erhält man an Stelle von Gl. (3.49) den Kommutator

$$\boldsymbol{S} \boldsymbol{D}'(a) = \boldsymbol{D}(a) \boldsymbol{S} \qquad \forall a \in \mathcal{G}, \tag{3.51}$$

wodurch sich *homomorphe Darstellungen* $\boldsymbol{D}(a)$ und $\boldsymbol{D}'(a)$ auszeichnen. Die lineare Abbildung S (3.50), die als *$\mathcal{G}$-Morphismus* (*Intertwiner*) bezeichnet wird, bedeutet eine Verknüpfung mit den Transformationen der Gruppe $\mathcal{G}$, was durch ein kommutatives Diagramm verdeutlicht werden kann (Abb. 3.3).

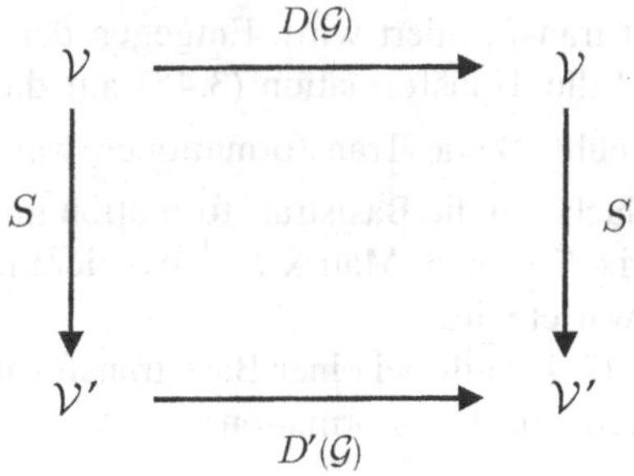

Abb. 3.3 Schematische Darstellung des Kommutators (3.51) zwischen der linearen Abbildung S zweier Darstellungsräume $\mathcal{V}$, $\mathcal{V}'$ und den Darstellungen $D(\mathcal{G})$, $D'(\mathcal{G})$ einer Gruppe $\mathcal{G}$

Betrachtet man etwa eindimensionale Darstellungen $\boldsymbol{D}$ und $\boldsymbol{D}'$, dann erwartet man mit jeder regulären eindimensionalen Matrix $\boldsymbol{S}$ wegen der Vertauschbarkeit der Matrizen nach Gl. (3.49)

$$\boldsymbol{D}'(a) = \boldsymbol{D}(a) \qquad \forall\, a \in \mathcal{G}.$$

Folglich sind zwei eindimensionale Darstellungen entweder identisch oder sie sind nicht äquivalent zueinander.

Eine Verminderung der damit geschaffenen zusätzlichen Redundanz geschieht dadurch, dass nur solche Darstellungsmatrizen betrachtet werden, die nicht zueinander äquivalent sind. Man gewinnt dabei eine Einteilung in *Klassen* äquivalenter Darstellungen, die durch Invarianten von Äquivalenztransformationen charakterisiert werden. Eine der Invarianten ist die Spur sp $\boldsymbol{D}(a)$ der die Abbildung $D(a)$ vermittelnde Darstellungsmatrix $\boldsymbol{D}(a)$, die als *Charakter* $\chi(a)$ *der Darstellung* bezeichnet wird

$$\chi(a) = \mathrm{sp}\, \boldsymbol{D}(a) = \sum_i D_{ii}(a). \qquad (3.52)$$

Der Charakter χ einer endlich-dimensionalen Darstellung $\boldsymbol{D}$ ist somit die Abbildung der Gruppe $\mathcal{G}$ in die komplexen Zahlen $\mathbb{C}$.

Betrachtet man jene Elemente a und a' der Gruppe $\mathcal{G}$, die zueinander konjugiert sind (Gl. 2.8) und demnach zu einer Klasse gehören, dann findet man bzgl. einer festen Darstellung wegen der zyklischen Invarianz

$$\mathrm{sp}\, \boldsymbol{D}(a') = \mathrm{sp}(\boldsymbol{D}(b)\boldsymbol{D}(a)\boldsymbol{D}(b^{-1})) = \mathrm{sp}\,(\boldsymbol{D}^{-1}(b)\boldsymbol{D}(b)\boldsymbol{D}(a)) = \mathrm{sp}\, \boldsymbol{D}(a), \quad (3.53)$$

dass alle Transformationen bzw. Darstellungen, die zur gleichen Klasse gehören den gleichen Charakter besitzen. Der Charakter der Darstellung $\boldsymbol{D}(e)$ des Einselements e ist nach Gl. (3.51) mit der Dimension des Darstellungsraumes identisch

Tabelle 3.2 Charaktere χ von Matrixdarstellungen $\boldsymbol{D}$ der endlichen Punktgruppe C_{4v}; $\boldsymbol{D}^{(1)} \ldots \boldsymbol{D}^{(5)}$: irreduzible Darstellungen (A_1, A_2, B_1, B_2, E : Bezeichnung nach MULLIKAN), $\boldsymbol{D}^{(6)}$: reduzible Darstellung, R_x, R_y, R_z : Komponenten eines axialen Vektors (s. a. Abb. 2.1)

C_{4v}		e	$\{c_4, c_4^3\}$	c_4^2	$\{\sigma_v, \sigma_v'\}$	$\{\sigma_d', \sigma_d\}$	Basis
$\boldsymbol{D}^{(1)}$, A_1	$\chi^{(1)}$	1	1	1	1	1	z; z^2
$\boldsymbol{D}^{(2)}$, A_2	$\chi^{(2)}$	1	1	1	−1	−1	R_z
$\boldsymbol{D}^{(3)}$, B_1	$\chi^{(3)}$	1	−1	1	1	−1	$x^2 - y^2$
$\boldsymbol{D}^{(4)}$, B_2	$\chi^{(4)}$	1	−1	1	−1	1	xy
$\boldsymbol{D}^{(5)}$, E	$\chi^{(5)}$	2	0	−2	0	0	x, y; R_x, R_y
$\boldsymbol{D}^{(6)}$	$\chi^{(6)}$	4	0	0	0	2	

$$\chi(e) = \sum_i D_{ii}(e) = \dim \mathcal{V}. \tag{3.54}$$

Die Auflistung der Charaktere einzelner Klassen einer Gruppe ergibt für die verschiedenen Darstellungen eine Tabelle, die als *Charaktertafel* bekannt ist (Tab. 3.2).

3.4 Normale Darstellungen

Bildet man etwa das Produkt aus einer $d \times d$-Darstellungsmatrix $\boldsymbol{D}(a)$ mit der zu ihr adjungierten Matrix $\boldsymbol{D}^\dagger(a)$ und summiert über alle Elemente a der Gruppe

$$\boldsymbol{D} = \sum_{a \in \mathcal{G}} \boldsymbol{D}(a)\boldsymbol{D}^\dagger(a), \tag{3.55}$$

dann erhält man eine hermitesche, positiv definite Matrix ($\det \boldsymbol{D} \neq 0$). Als Konsequenz daraus findet man stets eine unitäre Matrix $\boldsymbol{U}$, die die Matrix $\boldsymbol{D}$ zu diagonalisieren vermag

$$\boldsymbol{D}^D = \boldsymbol{U}^{-1}\boldsymbol{D}\boldsymbol{U}. \tag{3.56}$$

Mit Gl. (3.55) und

$$\boldsymbol{D}'(a) = \boldsymbol{U}^{-1}\boldsymbol{D}(a)\boldsymbol{U} \tag{3.57}$$

erhält man

$$D_{ij}^D = \sum_{a \in \mathcal{G}} \sum_k D_{ik}'(a) D_{jk}'^*(a) \tag{3.58a}$$

bzw. wegen der Diagonalform

$$D_{ij}^D = \sum_{a \in \mathcal{G}} \sum_k \left|D'_{ik}(a)\right|^2 \qquad a \in \mathcal{G}. \tag{3.58b}$$

Nachdem die Determinante bei der Äquivalenztransformation (3.56) eine Invariante darstellt und deshalb nicht verschwindet ($\det \boldsymbol{D}^D = \det \boldsymbol{D} \neq 0$) müssen alle Eigenwerte endlich sein $\left(D_{ii}^D \neq 0\right)$ oder nach Gl. (3.58b) der Bedingung

$$D_{ii}^D > 0 \qquad i = 1, \ldots, d \tag{3.59}$$

genügen. Diese Eigenschaft erlaubt die Konstruktion einer weiteren Transformationsmatrix

$$\boldsymbol{S} = \boldsymbol{U}(\boldsymbol{D}^D)^{1/2}, \tag{3.60}$$

mit deren Hilfe die Darstellungsmatrix $\boldsymbol{D}(a)$ umgeformt werden kann in eine unitäre Form

$$\boldsymbol{D}^u(a) = \boldsymbol{S}^{-1}\boldsymbol{D}(a)\boldsymbol{S} \qquad a \in \mathcal{G}. \tag{3.61}$$

Die Unitarität ergibt sich mit (Gl. 3.56)

$$\boldsymbol{S}\boldsymbol{S}^\dagger = \boldsymbol{U}\boldsymbol{D}^D\boldsymbol{U}^\dagger = \boldsymbol{D}$$

aus

$$\begin{aligned}\boldsymbol{D}^u(a)\boldsymbol{D}^{u\dagger}(a) &= \boldsymbol{S}^{-1}\boldsymbol{D}(a)\boldsymbol{S}(\boldsymbol{S}^{-1}\boldsymbol{D}(a)\boldsymbol{S})^\dagger = \boldsymbol{S}^{-1}\boldsymbol{D}(a)\boldsymbol{D}\boldsymbol{D}^\dagger(a)(\boldsymbol{S}^{-1})^\dagger \\ &= \boldsymbol{S}^{-1}\sum_b \boldsymbol{D}(a)\boldsymbol{D}(b)\boldsymbol{D}^\dagger(b)\boldsymbol{D}^\dagger(a)(\boldsymbol{S}^{-1})^\dagger = \boldsymbol{S}^{-1}\boldsymbol{D}(\boldsymbol{S}^{-1})^\dagger = \boldsymbol{1},\end{aligned} \tag{3.62}$$

wobei im vorletzten Schritt die Identität

$$\sum_b \boldsymbol{D}(a)\boldsymbol{D}(b) \equiv \sum_a \boldsymbol{D}(a) \tag{3.63}$$

als Folge der Gruppeneigenschaft nach dem Umordnungstheorem (Abschn. 2.1) verwendet wird.

Demnach gilt die Aussage, dass jede endliche Darstellung einer *unitären Darstellung* äquivalent ist. Man bezeichnet sie als *normale Darstellung*. Die analoge Aussage im Reellen geht dahin, dass jede endliche Darstellung einer *orthogonalen Darstellung* äquivalent ist. Die Bedeutung der unitären bzw. orthogonalen Darstellungen erwächst aus der Invarianz des Skalarprodukts und mithin der Invarianz von Längen und Winkel bei unitären bzw. orthogonalen Abbildungen.

Setzt man zwei äquivalente Darstellungen $\boldsymbol{D}(\mathcal{G})$ und $\boldsymbol{D}'(\mathcal{G})$ voraus, die durch eine Äquivalenztransformation (3.49) auseinander hervorgehen, wobei sowohl die

Darstellung $\boldsymbol{D}(\mathcal{G})$ wie die Transformationsmatrix $\boldsymbol{S}$ unitär ist, dann findet man die äquivalente Darstellung $\boldsymbol{D}'(\mathcal{G})$ ebenfalls unitär. Für den Fall, dass beide Darstellungen $\boldsymbol{D}(\mathcal{G})$ und $\boldsymbol{D}'(\mathcal{G})$ unitär sind, kann auch eine unitäre Transformationsmatrix $\boldsymbol{S}$ gefunden werden.

Zu erwähnen ist noch die unitäre Eigenschaft aller eindimensionalen Darstellungen. Mit der Ordnung n des Gruppenelements a gilt für die k-te Darstellung der Abbildung $D(a^n)$ $(= D(e))$

$$[\boldsymbol{D}^{(k)}(a)]^n = 1, \tag{3.64}$$

woraus die k-te Darstellung der Abbildung $D(a)$

$$\boldsymbol{D}^{(k)}(a) = \exp\left(\pm i\frac{2\pi k}{n}\right) \qquad k \in \mathbb{N} \tag{3.65}$$

resultiert.

3.5 Die SCHUR'schen Lemmata

Die folgenden beiden Hilfssätze haben bedeutende Konsequenzen im Hinblick auf den Umgang mit den Darstellungen. Sie erlauben insbesondere die Eigenschaft der Orthogonalität sowie der Vollständigkeit quantitativ zu erfassen.

Ausgangspunkt ist eine lineare Abbildung S eines irreduziblen Vektorraumes $\mathcal{V}^{(\alpha)}$ mit der Dimension d_α auf einen irreduziblen Vektorraum $\mathcal{V}^{(\beta)}$ mit der Dimension d_β

$$S : \mathcal{V}^{(\alpha)} \longrightarrow \mathcal{V}^{(\beta)}$$

Betrachtet man alle nicht-äquivalenten Selbstabbildungen $D^{(\alpha)}(a)$ und $D^{(\beta)}(a)(a \in \mathcal{G})$ der beiden Vektorräume $\mathcal{V}^{(\alpha)}$, $\mathcal{V}^{(\beta)}$ und setzt eine homomorphe Abbildung S nach Gln. (3.50) und (3.51) voraus

$$SD^{(\alpha)}(a) = D^{(\beta)}(a)S \qquad \forall a \in \mathcal{G}, \tag{3.66}$$

so ist S cntweder die Nullabbildung oder beide Vektorräume sind isomorph zueinander. Im letzteren Fall ist die Abbildung S regulär, so dass beide Selbstabbildungen nach Gl. (3.65) zueinander äquivalent sind. Demnach ist ein $\mathcal{G}$-Morphismus S zwischen zwei irreduziblen Vektorräumen entweder die Nullabbildung oder ein Isomorphismus (*1. SCHUR'sches Lemma*). Die Bedeutung dieser Aussage macht eine Begründung notwendig, die im Folgenden kurz skizziert wird.

Setzt man den Rang der Abbildung S als die Dimension des Bildraumes mit d_γ voraus

$$\text{rang}\, S = d_\gamma, \tag{3.67}$$

so bilden die Bildelemente $x^{(\beta)}$

$$Sx^{(\alpha)} = x^{(\beta)} \tag{3.68}$$

der Elemente $x^{(\alpha)}$ einen nicht-trivialen invarianten Unterraum $\mathcal{V}^{(\gamma)} \subset \mathcal{V}^{(\beta)}$ bzgl. der Abbildung $D^{(\beta)}(a)$, dessen Dimension dem Rang der Abbildung S gleich ist

$$\dim \mathcal{V}^{(\gamma)} = d_\gamma. \tag{3.69}$$

Zum Nachweis untersucht man die Abbildung $D^{(\beta)}(a)$ eines beliebigen Elements $x^{(\beta)} \in \mathcal{V}^{(\gamma)}$ unter der Verwendung von (3.68) und der Voraussetzung (3.66)

$$D^{(\beta)}(a)x^{(\beta)} = D^{(\beta)}(a)Sx^{(\alpha)} = SD^{(\alpha)}(a)x^{(\alpha)} = Sx^{(\alpha)'} = x^{(\beta)'} \qquad \forall a \in \mathcal{G}. \tag{3.70}$$

Als Ergebnis erhält man ein Bildelement $x^{(\beta)'}$, das ebenfalls dem Unterraum $\mathcal{V}^{(\gamma)}$ angehört, womit die Invarianz dieses Unterraumes demonstriert wird. Wegen der Voraussetzung der Irreduzierbarkeit des Vektorraumes $\mathcal{V}^{(\beta)}$ bzgl. der Abbildung $D^{(\beta)}(a)$ gibt es keine weiteren invarianten Unterräume außer den trivialen, so dass alternativ gilt

$$\mathcal{V}^{(\gamma)} = 0 \qquad \text{oder} \qquad \mathcal{V}^{(\gamma)} = \mathcal{V}^{(\beta)}. \tag{3.71a}$$

Als Konsequenz daraus ergibt sich

$$\operatorname{rang} S = 0 \qquad \text{oder} \qquad \operatorname{rang} S = d_\beta \qquad \text{bzw.} \qquad d_\alpha \geq d_\beta. \tag{3.71b}$$

Betrachtet man ferner den Kern $\mathcal{K} = \{x^{(\alpha)} \in \mathcal{V}^{(\alpha)} | \, Sx^{(\alpha)} = 0\}$ der Abbildung S, so ist dieser ein invarianter Unterraum bzgl. der Abbildung $D^{(\alpha)}(a)$ mit der Dimension

$$\dim \mathcal{K} = d_\alpha - d_\gamma. \tag{3.72}$$

Zum Nachweis untersucht man die Abbildung $SD^{(\alpha)}(a)$ eines beliebigen Elements $x^{(\alpha)} \in \mathcal{K}^{(\alpha-\gamma)} \subset \mathcal{V}^{(\alpha)}$ unter der Verwendung der Voraussetzung (3.66)

$$SD^{(\alpha)}(a)x^{(\alpha)} = D^{(\beta)}(a)Sx^{(\alpha)} = D^{(\beta)}(a)0 = 0 \qquad \forall a \in \mathcal{G}, \tag{3.73}$$

wonach das Bildelement $D^{(\alpha)}(a)x^{(\alpha)}$ zum Kern $\mathcal{K}^{(\alpha-\gamma)}$ gehört. Auch hier erlaubt die Voraussetzung der Irreduzierbarkeit des Vektorraumes $\mathcal{V}^{(\alpha)}$ bzgl. der Abbildung $D^{(\alpha)}(a)$ keine weiteren invarianten Unterräume außer den trivialen, so dass alternativ gilt

$$\mathcal{K}^{(\alpha-\gamma)} = 0 \qquad \text{oder} \qquad \mathcal{K}^{(\alpha-\gamma)} = \mathcal{V}^{(\alpha)}. \tag{3.74a}$$

Als Konsequenz daraus ergibt sich

$$\operatorname{rang} S = 0 \qquad \text{oder} \qquad \operatorname{rang} S = d_\alpha \quad \text{bzw.} \quad d_\alpha \leq d_\beta . \tag{3.74b}$$

Zusammengefasst ergeben Gln. (3.71) und (3.74) die alternative Aussage

$$(S = 0) \quad S \text{ ist singulär} \qquad \text{oder} \qquad (d_\gamma = d_\alpha = d_\beta) \quad S \text{ ist regulär.} \tag{3.75}$$

Die Vertiefung der zweiten Alternative bei Betrachtung nur eines irreduziblen Vektorraumes liefert eine Aussage über den $\mathcal{G}$-Morphismus S. Setzt man die Vertauschbarkeit mit den Selbstabbildungen $D(a)$ eines irreduziblen Vektorraumes $\mathcal{V}$ voraus

$$D(a)S = SD(a) \qquad \forall a \in \mathcal{G}, \tag{3.76}$$

was einer Äquivalenztransformation von $D(a)$ auf sich selbst bedeutet, dann ist die Abbildung S ein Vielfaches λ der identischen Abbildung E (*2. SCHUR'sches Lemma*)

$$S = \lambda E. \tag{3.77}$$

Umgekehrt gilt der Vektorraum $\mathcal{V}$ als reduzibel bzgl. der Abbildung $D(a)$, falls diese nur mit einem Vielfachen λ der identischen Abbildung E kommutiert.

Zum Beweis betrachtet man die Eigenwertgleichung der Abbildung S

$$Sx = \lambda x \qquad x \in \mathcal{V}, \tag{3.78}$$

die genau dann eine nicht-triviale Lösung ($x \neq 0$) besitzt, falls die Abbildung $\tilde{S} = (S - \lambda E)$ singulär ist. Mit der Vertauschbarkeit von $D(a)$ mit λE sowie mit S gemäß der Voraussetzung (3.76) ergibt sich die Vertauschbarkeit mit $\tilde{S}$, woraus für eine singuläre Abbildung nach dem 1. SCHUR'schen Lemma nur die Nullabbildung ($\tilde{S} = 0$) und mithin die Behauptung (3.78) resultiert.

Analoge Aussagen der beiden Hilfssätze sind nach Wahl einer Basis in den irreduziblen Vektorräumen auch für irreduzible Darstellungen gültig. Betrachtet man etwa zwei irreduzible Darstellungen $\boldsymbol{D}^{(\alpha)}(a)$ und $\boldsymbol{D}^{(\beta)}(a)$, so folgt aus deren Vertauschbarkeit mit einer Matrix $\boldsymbol{S}$

$$\boldsymbol{S}\boldsymbol{D}^{(\alpha)}(a) = \boldsymbol{D}^{(\beta)}(a)\boldsymbol{S} \qquad \forall a \in \mathcal{G} \tag{3.79}$$

die Alternativen einer verschwindenden Matrix ($\boldsymbol{S} = 0$) oder einer regulären Matrix ($\det \boldsymbol{S} \neq 0$), die die Äquivalenz beider Darstellungen garantiert (*1. SCHUR'sches Lemma*). Zudem fordert die Vertauschbarkeit der Matrix $\boldsymbol{S}$ mit allen Darstellungsmatrizen $\boldsymbol{D}^{(\alpha)}(a)$

$$\boldsymbol{D}^{(\alpha)}(a)\boldsymbol{S} = \boldsymbol{S}\boldsymbol{D}^{(\alpha)}(a) \qquad \forall a \in \mathcal{G} \tag{3.80}$$

die zu Gl. (3.77) analoge Beziehung (*2. SCHUR'sches Lemma*)

$$\boldsymbol{S} = \lambda \boldsymbol{1}. \tag{3.81}$$

Eine einfache Folgerung des 2. SCHUR'schen Lemmas ist die Behauptung, dass alle Abbildungen $D(a)$ abelscher Gruppen den Rang Eins besitzen, so dass die entsprechenden irreduziblen Darstellungen eindimensional sind (s. a. Abschn. 3.1). Zur Begründung verhilft die Vertauschbarkeit der Abbildungen untereinander

$$D(a)D(b) = D(b)D(a) \qquad \forall a, b \in \mathcal{G} \tag{3.82}$$

sowie die damit verknüpfte Aussage des 2. SCHUR'schen Lemmas, dass alle Abbildungen $D(b)$ ein vielfaches der identischen Abbildung sind

$$D(b) = \lambda E \qquad \forall b \in \mathcal{G}. \tag{3.83}$$

Mit der Voraussetzung der Irreduzierbarkeit des Vektorraumes bzgl. den Abbildungen muss man für die Darstellungsmatrix der identischen Abbildung die Zahl Eins fordern

$$\boldsymbol{D}(e) = 1, \tag{3.84}$$

wonach die Behauptung folgt. Eine Umkehrung der Aussage ist jedoch nicht erlaubt. In Erinnerung an die unitäre Eigenschaft aller eindimensionalen Darstellungen (Abschn. 3.4) kann man jetzt feststellen, dass alle irreduziblen Darstellungen abelscher Gruppen unitär sind.

Eine weitere Folgerung findet man in der Behauptung, dass für zwei äquivalente und unitäre Darstellungen $\boldsymbol{D}(a)$ und $\boldsymbol{D}'(a)$ die Transformationsmatrix $\boldsymbol{S}$, die durch Gl. (3.49) bis auf einen Faktor festgelegt wird, unitär wählbar ist. Betrachtet man nämlich das Produkt aus Darstellungen $\boldsymbol{D}'(a)$ und der dazu adjungierten Darstellung $\boldsymbol{D}'^{\dagger}(a)$, das wegen der Unitarität die Einheitsdarstellung fordert

$$\boldsymbol{D}'(a)\boldsymbol{D}'^{\dagger}(a) = \boldsymbol{S}^{-1}\boldsymbol{D}(a)\boldsymbol{S}(\boldsymbol{S}^{-1}\boldsymbol{D}(a)\boldsymbol{S})^{\dagger} = \mathbf{1} \tag{3.85a}$$

oder

$$\boldsymbol{D}(a)\boldsymbol{S}\boldsymbol{S}^{\dagger} = \boldsymbol{S}\boldsymbol{S}^{\dagger}\boldsymbol{D}(a), \tag{3.85b}$$

so gilt nach dem 2. SCHUR'schen Lemma (3.81)

$$\boldsymbol{S}\boldsymbol{S}^{\dagger} = \lambda\mathbf{1}. \tag{3.86}$$

Nach Bildung des adjungierten Wertes beider Seiten findet man für den Parameter λ einen reellen Wert ($\lambda = \pm 1$). Mit $\lambda = -1$ erhält man nach Gl. (3.86) durch Determinantenbildung auf beiden Seiten

$$|\det \boldsymbol{S}|^2 = (-1)^{\dim \mathbf{1}}, \tag{3.87}$$

was ausgeschlossen werden muss. Demnach bleibt der Wert $\lambda = +1$ übrig, womit gemäß Gl. (3.86) die Unitarität der Transformationsmatrix $\boldsymbol{S}$ offensichtlich wird.

3.6 Orthogonalitäten

In der Absicht, die Orthogonalität von Darstellungen endlicher Gruppen herzuleiten, wird man zunächst mit zwei beliebigen irreduziblen Darstellungen $\boldsymbol{D}^{(\alpha)}$ und $\boldsymbol{D}^{(\beta)}$ sowie mit einer beliebigen $d_\alpha \times d_\beta$-Matrix $\boldsymbol{X}$ eine Matrix $\boldsymbol{P}$ bilden

$$\boldsymbol{P} = \sum_{a \in \mathcal{G}} \boldsymbol{D}^{(\alpha)}(a) \boldsymbol{X} \boldsymbol{D}^{(\beta)-1}(a), \tag{3.88}$$

um diese auf das 1. SCHUR'sche Lemma hin zu untersuchen

$$\begin{aligned} \boldsymbol{D}^{(\alpha)}(a)\boldsymbol{P} &= \sum_{b \in \mathcal{G}} \boldsymbol{D}^{(\alpha)}(a)\boldsymbol{D}^{(\alpha)}(b)\boldsymbol{X}\boldsymbol{D}^{(\beta)-1}(b) \\ &= \sum_{b \in \mathcal{G}} \boldsymbol{D}^{(\alpha)}(a \circ b)\boldsymbol{X}\boldsymbol{D}^{(\beta)-1}(b)\boldsymbol{D}^{(\beta)-1}(a)\boldsymbol{D}^{(\beta)}(a) \\ &= \sum_{b \in \mathcal{G}} \boldsymbol{D}^{(\alpha)}(a \circ b)\boldsymbol{X}\boldsymbol{D}^{(\beta)-1}(a \circ b)\boldsymbol{D}^{(\beta)}(a) \\ &= \sum_{c \in \mathcal{G}} \boldsymbol{D}^{(\alpha)}(c)\boldsymbol{X}\boldsymbol{D}^{(\beta)-1}(c)\boldsymbol{D}^{(\beta)}(a) = \boldsymbol{P}\boldsymbol{D}^{(\beta)}(a) \qquad \forall a \in \mathcal{G}. \end{aligned} \tag{3.89}$$

Nachdem die Voraussetzung (3.66) bzw.(3.79) erfüllt ist, muss nach dem SCHUR'schen Lemma entweder die Matrix $\boldsymbol{P}$ verschwinden oder die irreduziblen Darstellungen $\boldsymbol{D}^{(\alpha)}(a)$ und $\boldsymbol{D}^{(\beta)}(a)$ sind äquivalent zueinander, so dass insgesamt die Forderung

$$\boldsymbol{P} = \lambda \mathbf{1} \delta_{\alpha\beta} \tag{3.90}$$

erhoben wird. Mit der besonderen Wahl der Matrix $\boldsymbol{X}$

$$X_{mn} = \delta_{mk}\delta_{nl}, \tag{3.91}$$

die nur in der k-ten Zeile und l-ten Spalte einen von Null verschiedenen Wert hat, nämlich die Zahl Eins, errechnet sich das Matrixelement P_{ij} zu

$$P_{ij} = \sum_a^g \sum_m^{d_\alpha} \sum_n^{d_\beta} D_{im}^{(\alpha)}(a) X_{mn} D_{nj}^{(\beta)-1}(a) = \sum_a^g D_{ik}^{(\alpha)}(a) D_{lj}^{(\beta)-1}(a), \tag{3.92}$$

woraus sich mit Gl. (3.90)

$$\sum_a^g D_{ik}^{(\alpha)}(a) D_{lj}^{(\beta)-1}(a) = \lambda \delta_{\alpha\beta}\delta_{ij} \tag{3.93}$$

ergibt. Schließlich führt im Falle gleicher irreduzibler Darstellungen ($\alpha = \beta$) die Spurbildung von Gl. (3.90) zu

$$\sum_{a\in\mathcal{G}} \mathrm{sp}(\boldsymbol{D}^{(\alpha)}(a)\boldsymbol{X}\boldsymbol{D}^{(\alpha)-1}(a)) = \lambda d_\alpha \tag{3.94}$$

bzw. mit

$$\mathrm{sp}(\boldsymbol{D}\boldsymbol{X}\boldsymbol{D}^{-1}) = \mathrm{sp}(\boldsymbol{D}^{-1}\boldsymbol{D}\boldsymbol{X}) = \mathrm{sp}(\boldsymbol{1}\boldsymbol{X}) \tag{3.95}$$

zu

$$g\,\mathrm{sp}\,\boldsymbol{X} = \lambda d_\alpha, \tag{3.96}$$

so dass mit der besonderen Wahl von X nach Gl. (3.91) die Konstante λ zu

$$\lambda = \frac{g}{d_\alpha}\delta_{kl} \tag{3.97}$$

bestimmt wird. Insgesamt erhält man mit Gln. (3.93) und (3.97) die *Orthogonalitätsrelation*

$$\sum_{a\in\mathcal{G}} D_{ik}^{(\alpha)}(a) D_{lj}^{(\beta)-1}(a) = \frac{g}{d_\alpha}\delta_{\alpha\beta}\delta_{ij}\delta_{kl}, \tag{3.98a}$$

die bei unitären Darstellungen mit

$$D_{lj}^{(\beta)-1}(a) = D_{lj}^{(\beta)\dagger}(a) = D_{jl}^{(\beta)*}(a)$$

die Form

$$\sum_{a\in\mathcal{G}} D_{ik}^{(\alpha)}(a) D_{jl}^{(\beta)*}(a) = \frac{g}{d_\alpha}\delta_{\alpha\beta}\delta_{ij}\delta_{kl} \tag{3.98b}$$

annimmt.

Eine anschauliche Interpretation benutzt jenen g-dimensionalen Vektorraum, der von den Gruppenelementen begründet wird. Dort bilden die Matrixkoeffizienten

$$\boldsymbol{D}_{ij}^{(\alpha)}(\mathcal{G}) = \sqrt{d_\alpha/g}\,\left(D_{ij}^{(\alpha)}(a),\ D_{ij}^{(\alpha)}(b), \ldots\right) \tag{3.99}$$

als Elemente des Vektorraums bei festen Indizes α, i und j nach Gl. (3.98) ein Orthonormalsystem. Da die Dimension g des Vektorraumes die maximale Zahl der orthogonalen Elemente bestimmt, erhält man für deren gesamte Anzahl N die Bedingung

$$N = \sum_{\alpha=1}^{r} d_\alpha^2 \leq g \qquad \text{r : Anzahl der Klassen.} \tag{3.100}$$

Die Multiplikation von Gl. (3.98a) mit $D_{ki}^{(\alpha)-1}(b)$ und die nachfolgende Summation über die Indizes α, i und k liefert die Beziehung

$$\sum_{a\in\mathcal{G}} \sum_{\alpha} \sum_{i,k} d_\alpha D_{ik}^{(\alpha)}(a) D_{lj}^{(\beta)-1}(a) D_{ki}^{(\alpha)-1}(b) = g D_{lj}^{(\beta)-1}(b), \tag{3.101}$$

die nur mit Gültigkeit einer weiteren *Orthogonalitätsrelation*, der sogenannten *Vollständigkeitsrelation*

$$\sum_{\alpha} \sum_{i,k} d_\alpha D_{ik}^{(\alpha)}(a) D_{ki}^{(\alpha)-1}(b) = g\delta_{ab} \tag{3.102}$$

erfüllt wird. Der Versuch, eine Interpretation im Bild eines Vektorraumes zu geben, führt zu g Elementen

$$\boldsymbol{D}(a) = \sqrt{d_\alpha/g}\left\{D_{ij}^{(\alpha)}(a) | \, \alpha = 1, \ldots, r;\; i,\, j = 1, \ldots, d_\alpha\right\}, \tag{3.103}$$

deren Orthonormalität durch Gl. (3.102) garantiert wird. Gemäß der allgemeinen Bedingung, dass die Anzahl der orthonormalen Elemente höchstens gleich der Dimension N des Vektorraumes sein kann

$$g \leq \sum_{\alpha=1}^{r} d_\alpha^2 = N \tag{3.104}$$

findet man zusammen mit Gl. (3.100) die wichtige Aussage, dass die Quadrate der Dimensionen aller irreduzibler Darstellungen aufsummiert die Gruppenordnung ergibt (Satz v. BURNSIDE).

$$\sum_{\alpha=1}^{r} d_\alpha^2 = g. \tag{3.105}$$

Eine größere Bedeutung erlangen die Orthogonalitätsrelationen für Charaktere. Der Grund dafür liegt ungeachtet des verminderten Informationsgehaltes in der Invarianz der Charaktere gegenüber Basistransformationen sowie in der einfacheren Handhabung. Nach Summation von Gl. (3.98a) bzgl. der Spur der Darstellungsmatrizen

$$\sum_{a\in\mathcal{G}} \sum_{i} \sum_{j} D_{ii}^{(\alpha)}(a) D_{jj}^{(\beta)-1}(a) = \frac{g}{d_\alpha} \delta_{\alpha\beta} \sum_{i} \sum_{j} \delta_{ij} \tag{3.106}$$

erhält man mit Gl. (3.52) die *Charakter-Orthogonalitätsrelation*

$$\sum_{a\in\mathcal{G}} \chi^{(\alpha)}(a)\chi^{(\beta)-1}(a) = g\delta_{\alpha\beta}, \tag{3.107a}$$

bzw. für unitäre Darstellungen

$$\sum_{a\in\mathcal{G}} \chi^{(\alpha)}(a)\chi^{(\beta)*}(a) = g\delta_{\alpha\beta}. \tag{3.107b}$$

Berücksichtigt man eine die Konjugiertenklassen $\mathcal{K}_p$ auszeichnende Eigenschaft, dass die Darstellungen von c_p konjugierten Elementen gleiche Charaktere besitzen, dann lässt sich die Summation auf die insgesamt c Klassen reduzieren

$$\sum_{p=1}^{c} c_p\chi_p^{(\alpha)}\chi_p^{(\beta)*} = g\delta_{\alpha\beta}. \tag{3.107c}$$

Auch hier kann man die Größe $\boldsymbol{\chi}_p^{(\alpha)}$ als Vektorelement

$$\boldsymbol{\chi}_p^{(\alpha)} = \sqrt{c_p/g}\left(\chi_p^{(\alpha)}|p = 1,\ldots,c\right) \tag{3.108}$$

in einem c-dimensionalen Vektorraum auffassen. Nach Gl. (3.107c) bilden diese Elemente ein Orthonormalsystem, deren Anzahl r durch die Dimension c des Vektorraumes begrenzt ist.

$$r \leq c. \tag{3.109}$$

Nach Multiplikation von (3.107c) mit $\chi_q^{(\alpha)*}$ und Summation über alle irreduziblen Darstellungen α erhält man

$$\sum_{\alpha=1}^{r}\sum_{p=1}^{c} c_p\chi_p^{(\alpha)}\chi_p^{(\beta)*}\chi_q^{(\alpha)*} = \sum_{\alpha}^{r} g\delta_{\alpha\beta}\chi_q^{(\alpha)*} = g\chi_q^{(\beta)*}, \tag{3.110}$$

was nur erfüllt wird mit der Bedingung einer weiteren *Charakter-Orthogonalitätsrelation* bzw. *Charakter-Vollständigkeitsrelation*

$$\sum_{\alpha=1}^{r} \chi_p^{(\alpha)}\chi_q^{(\alpha)*} = \frac{g}{c_p}\delta_{pq}. \tag{3.111}$$

Die Interpretation im Vektorraum verlangt hier die Elemente

$$\boldsymbol{\chi}_q^{(\alpha)} = \sqrt{c_p/g}\left(\chi_q^{(\alpha)}|\alpha = 1,\ldots,r\right), \tag{3.112}$$

deren Anzahl c infolge der Orthonormalität (3.111) durch die Dimension r des Vektorraumes beschränkt ist

$$c \leq r. \tag{3.113}$$

Zusammen mit Gl. (3.109) ergibt sich die Forderung nach

$$c = r, \tag{3.114}$$

so dass die Anzahl c der verschiedenen nicht-äquivalenten irreduziblen Darstellungen mit der Anzahl r der Konjugiertenklassen übereinstimmt.

Die Orthogonalitätsrelationen ermöglichen eine Entscheidung darüber, inwieweit eine Darstellung reduzibel ist. In Erinnerung an die Reduzierbarkeit von Darstellungsräumen bzw. Darstellungen (Gl. 3.38), kann man eine Reduktion des Charakters $\chi(a)$ einer reduziblen Darstellung $\boldsymbol{D}(a)$ in der Form

$$\chi(a) = \sum_{\alpha=1}^{r} m_\alpha \chi^{(\alpha)}(a) \qquad \forall a \in \mathcal{G} \tag{3.115}$$

ausdrücken. Mit der Orthogonalität (3.107) erhält man für $\alpha = \beta$

$$\sum_{a \in \mathcal{G}} |\chi(a)|^2 = \sum_{p=1}^{c} c_p |\chi_p|^2 = g \sum_{\alpha=1}^{r} m_\alpha^2, \tag{3.116}$$

wonach zwei Fälle unterschieden werden können:

(a) Der erste Fall mit der Bedingung

$$\sum_{p=1}^{c} c_p |\chi_p|^2 > g. \tag{3.117}$$

Dann muss gelten $\sum_\alpha m_\alpha^2 > 1$, was nur erfüllt ist mit mehreren, nicht negativen ganzen Zahlen m_α ($\neq 0$) oder einer Zahl $m_\alpha > 1$. In diesem Fall ist die Darstellung nach Gl. (3.115) reduzibel.

(b) Der zweite Fall mit der Bedingung

$$\sum_{p=1}^{c} c_p |\chi_p|^2 = g. \tag{3.118}$$

Dann folgt notwendigerweise $\sum_\alpha m_\alpha^2 = 1$, was nur für ein $\alpha = \mu$ erfüllt sein kann ($m_\alpha = \delta_{\mu\alpha}$). In diesem Fall hat man nach Gl. (3.115) eine notwendige Bedingung für die Irreduzierbarkeit gefunden. Setzt man umgekehrt die

Irreduzierbarkeit voraus, dann erhält man aus Gl. (3.116) das hinreichende Kriterium (3.118).

Zur Ermittlung der irreduziblen Darstellungen $\boldsymbol{D}^{(\alpha)}(a)$ sowie deren Multiplizitäten m_α wird Gl. (3.115) mit $\chi^{(\beta)*}(a)$ multipliziert und über alle Elemente a der Gruppe unter Beachtung der Orthogonalität (3.107) summiert. Man erhält allgemein $(\beta = \alpha)$

$$m_\alpha = \frac{1}{g} \sum_{a \in \mathcal{G}} \chi(a) \chi^{(\alpha)*}(a), \tag{3.119a}$$

oder wegen der Realität der Multiplizität $\left(m_\alpha^* = m_\alpha\right)$

$$m_\alpha = \frac{1}{g} \sum_{a \in \mathcal{G}} \chi^*(a) \chi^{(\alpha)}(a). \tag{3.119b}$$

Die Zusammenfassung von c_p konjugierten Elementen zu Konjugiertenklassen $\mathcal{K}_p$ erlaubt mit Gl. (3.107c) die Form

$$m_\alpha = \frac{1}{g} \sum_{p=1}^{c} c_p \chi_p \chi_p^{(\alpha)*}, \tag{3.119c}$$

wonach mit Kenntnis der Charaktere $\chi^{(\alpha)}$ der irreduziblen Darstellungen die *Reduktion* explizit durchgeführt werden kann. Setzt man voraus, dass die Multiplizitäten $m_{\alpha,1}$ und $m_{\alpha,2}$ zweier reduzibler Darstellungen $\boldsymbol{D}_{\text{red},1}$ und $\boldsymbol{D}_{\text{red},2}$ für alle Komponenten α gleich sind

$$m_{\alpha,1} = m_{\alpha,2} \qquad \forall \alpha, \tag{3.120}$$

dann erhält man nach Gl. (3.119)

$$\chi_{\text{red},1}(a) = \chi_{\text{red},2}(a) \qquad \forall a \in \mathcal{G}, \tag{3.121}$$

so dass die beiden reduziblen Darstellungen äquivalent sind.

Die Ermittlung einiger irreduzibler Darstellungen $\boldsymbol{D}^{(\alpha)}(\mathcal{G})$ gelingt bereits mit Kenntnis von irreduziblen Darstellungen $\boldsymbol{D}^{(\alpha)}(\mathcal{G}/\mathcal{N})$ der Faktorgruppe $\mathcal{G}/\mathcal{N} = \{\mathcal{L}_{a_1}, \ldots, \mathcal{L}_{a_{g/n}}\}$ bezüglich eines Normalteilers $\mathcal{N}$, die zur Gruppe $\mathcal{G}' = \{a_1, \ldots, a_{g/n}\}$ isomorph ist. Dabei erfolgt eine Zuordnung der Darstellungsmatrix $\boldsymbol{D}^{(\alpha)}(\mathcal{L}_{a_i})$ einer irreduziblen Darstellung $\boldsymbol{D}^{(\alpha)}(\mathcal{G}')$ zu allen Elementen a der Nebenklasse $\mathcal{L}_{a_i}$

$$\boldsymbol{D}^{(\alpha)}(\mathcal{L}_{a_i}) \longmapsto a \in \mathcal{L}_{a_i} = a_i \circ \mathcal{N}, \tag{3.122}$$

woraus die sogenannte *erzeugte Darstellung* $\boldsymbol{D}_\mathrm{e}^{(\alpha)}(\mathcal{G})$ der ursprünglichen Gruppe $\mathcal{G}$ resultiert. Die Eigenschaft einer Darstellung für zwei Elemente $\mathcal{L}_{a_i}$ und $\mathcal{L}_{a_j}$ aus verschiedenen Nebenklassen ($i \neq j$) wird durch die Voraussetzung garantiert, dass mit dem Produkt zweier Nebenklassen ($\mathcal{L}_{a_i} \circ \mathcal{L}_{a_j} = \mathcal{L}_{a_k}$) die irreduziblen Darstellungen $\boldsymbol{D}^{(\alpha)}(\mathcal{G}/\mathcal{N})$ der Faktorgruppe die Bedingung

$$\boldsymbol{D}^{(\alpha)}(\mathcal{L}_{a_i})\boldsymbol{D}^{(\alpha)}(\mathcal{L}_{a_j}) = \boldsymbol{D}^{(\alpha)}(\mathcal{L}_{a_k}) \tag{3.123}$$

erfüllt. Für zwei Elemente innerhalb einer Nebenklasse ist die Eigenschaft (3.8) der Matrixdarstellung bei nur einer Matrix für alle Elemente ohnehin trivial. Ausgehend von der Irreduzierbarkeit einer Darstellung $\boldsymbol{D}^{(\alpha)}(\mathcal{G}/\mathcal{N})$ der Faktorgruppe, die durch das hinreichende Kriterium (3.118)

$$\sum_p \left|\chi_p^{(\alpha)}\right|^2 = g/\mathrm{ord}\,\mathcal{N} = g/n \tag{3.124}$$

ausgedrückt wird, gewinnt man die umkehrbare Beziehung

$$\sum_{a\in\mathcal{G}} |\chi^{(\alpha)}(a)|^2 = \sum_{p=1}^{g/n} \sum_{a\in\mathcal{L}_{a_p}} \left|\chi^{(\alpha)}(a)\right|^2 = n \sum_{p=1}^{g/n} \left|\chi_p^{(\alpha)}\right|^2 = g, \tag{3.125}$$

die als notwendiges Kriterium (3.118) die Irreduzierbarkeit der erzeugten Darstellung garantiert. Demnach findet man die erzeugte Darstellung $\boldsymbol{D}_e^{(\alpha)}(\mathcal{G})$ genau dann irreduzibel, wenn die Darstellung $\boldsymbol{D}^{(\alpha)}(\mathcal{G}/\mathcal{N})$ der Faktorgruppe irreduzibel ist.

Die irreduziblen Darstellungen mit ihren Basisfunktionen gelten als notwendige und hinreichende Bedingung für die Vermittlung der vollständigen Information über Eigenschaften einer Symmetriegruppe. Im praktischen Umgang jedoch genügt allein die notwendige Bedingung, die von den Charakteren geliefert wird, so dass meist die Charaktertafeln von Interesse sind (Abschn. 3.3). Das Aufstellen einer Charaktertafel gelingt außer durch Spurbildung noch mittels einer indirekten Methode, die auf die Kenntnis der irreduziblen Darstellungen verzichtet. Die Grundlagen dazu bilden die Orthogonalitätsrelationen (3.107) und (3.111) sowie die Beziehungen zwischen den Dimensionen und der Gruppenordnung (3.105) oder zwischen den Klassen und der Zahl der irreduziblen Darstellungen (3.114)

Beispiel 1 Als Beispiel sei die Symmetriegruppe C_{4v} betrachtet (Tab. 3.1 und 3.2). Für die Darstellung $\boldsymbol{D}^{(5)}$ erhält man

$$\sum_{p=1}^{5} c_p \left|\chi_p^{(5)}\right|^2 = 8 \quad (= g), \tag{3.126}$$

so dass nach Gl. (3.118) die hinreichende Bedingung für die Irreduzierbarkeit erfüllt ist. Anders dagegen verhält es sich mit der Darstellung $\boldsymbol{D}^{(6)}$. Dort erhält man die

Beziehung

$$\sum_{p=1}^{5} c_p \left|\chi_p^{(6)}\right|^2 = 10 \quad (> g), \tag{3.127}$$

die das Kriterium der Irreduzierbarkeit nicht erfüllt, so dass die Darstellung reduzibel ist. Eine Entscheidung darüber, in welcher Form die Zerlegung erfolgt, wird durch Gl. (3.119) gefällt. Für die Darstellung $\boldsymbol{D}^{(1)}$ etwa erhält man die Multiplizität

$$m_1 = \frac{1}{8} \sum_{p=1}^{5} c_p \chi_p^{(6)} \chi_p^{(1)*} = 1, \tag{3.128}$$

wonach die irreduzible Darstellung $\boldsymbol{D}^{(1)}$ einmal in der Darstellung $\boldsymbol{D}^{(6)}$ enthalten ist. Entsprechende Rechnungen ergeben $m_2 = m_3 = 0$ und $m_4 = m_5 = 1$, so dass die Zerlegung in der Form

$$\boldsymbol{D}^{(6)} = 1\boldsymbol{D}^{(1)} \oplus 1\boldsymbol{D}^{(4)} \oplus 1\boldsymbol{D}^{(5)} \tag{3.129}$$

ausgedrückt werden kann (Gl. 3.41).

Beispiel 2 Mit dem Normalteiler $\mathcal{N} = C_4$ erhält man die zur Faktorgruppe $\mathcal{G}/\mathcal{N} = C_{4v}/C_4 = \{\mathcal{L}_e, \mathcal{L}_{\sigma_v}\}$ isomorphe Gruppe $\mathcal{G}' = C_s = \{e, \sigma_v\}$. Sie besitzt außer der trivialen noch eine weitere eindimensionale Darstellung $\boldsymbol{D}(e) = 1, \boldsymbol{D}(\sigma_v) = -1$. Die Zuordnung dieser Darstellung zu den Elementen der beiden Nebenklassen in der Form

$$\boldsymbol{D}(\mathcal{L}_e) = \boldsymbol{D}\left(\left\{e, c_4, c_4^2, c_4^3\right\}\right) = 1 \quad \text{und} \quad \boldsymbol{D}(\mathcal{L}_{\sigma_v}) = \boldsymbol{D}\left(\{\sigma_v, \sigma_v', \sigma_d, \sigma_d'\}\right) = -1$$

ergibt die erzeugte Darstellung $\boldsymbol{D}^{(2)}(C_{4v})$, die ebenfalls irreduzibel ist (Tab. 3.1). ■

3.7 Reguläre Darstellungen

Die Verknüpfung eines beliebigen Gruppenelements a mit allen Elementen $\{a_i | i = 1, \ldots, g\}$ der Gruppe $\mathcal{G}$ gemäß

$$a \circ a_i = a_j \qquad a \text{ bel.} \qquad a_i \in \mathcal{G} \tag{3.130}$$

ermöglicht alle Elemente $\{a_j | j = 1, \ldots, \}$ der Gruppe anzunehmen. Demnach kann diese Verknüpfung als lineare Abbildung der Form

$$a : \begin{cases} \mathcal{G} \longrightarrow \mathcal{G} \\ b \longmapsto a \circ b \qquad b \in \mathcal{G} \end{cases} \tag{3.131}$$

aufgefasst werden, wonach die gesamte Gruppe $\mathcal{G}$ als Transformationsgruppe auf sich selbst wirkt und in sich abgebildet wird. Mit den Gruppenelementen $\{a_i \mid i = 1, \ldots, g\}$ als Basis eines g-dimensionalen Vektorraumes $\mathcal{V}^{\text{reg}}$, lässt sich die Abbildung (3.131) nach Gl. (3.6) als Linearkombination

$$a \circ a_i = \sum_j D_{ji}^{\text{reg}}(a) a_j \qquad a \in \mathcal{G} \tag{3.132}$$

ausdrücken, wodurch die sogenannte *reguläre Darstellung* $\boldsymbol{D}^{\text{reg}}(a)$ erklärt wird, die für jede Gruppe existiert. Die Gruppenelemente spielen dabei eine zweifache Rolle. Einmal als lineare Abbildungen und zum Anderen als Elemente eines linearen Vektorraumes. Demnach muss die bisher angenommene mathematische Struktur eines Ringes erweitert werden durch die zusätzliche Definition der Multiplikation mit einem Element α aus dem Zahlenkörper $\mathbb{K}$ und der Addition. Als Ergebnis erhält man zusätzlich die Struktur eines linearen Vektorraumes über $\mathbb{K}$, was insgesamt eine Algebra über $\mathbb{K}$, die sogenannte *Gruppenalgebra* (FROBENIUS-*Algebra*) $\mathcal{A}(\mathcal{G})$ bedeutet. Die Darstellungsmatrizen

$$D_{ij}^{\text{reg}}(a) = \delta\left(a_i^{-1} \circ a \circ a_j\right) \qquad \text{mit} \qquad \delta(a) = \begin{cases} 1 & \text{für} \quad a = e \\ 0 & \text{sonst} \end{cases} \tag{3.133}$$

sind Permutationsmatrizen, die die Struktur der Algebra festlegen. Da durch die Abbildung (3.131) jedes Element der Gruppe genau einmal angenommen wird, gilt die reguläre Darstellung als eine treue Darstellung. Ihr Charakter ist nach Gln. (3.132) und (3.133) gleich der Anzahl jener Elemente, die auf sich selbst abgebildet werden. Deshalb erwartet man nur bei der identischen Abbildung einen endlichen Charakter

$$\chi^{\text{reg}}(a) = \begin{cases} \operatorname{ord} \mathcal{G} = g & \text{für} \quad a = e \\ 0 & \text{sonst.} \end{cases} \tag{3.134}$$

Das Kriterium (3.118) für die Irreduzierbarkeit wird nach

$$\sum_{a \in \mathcal{G}} |\chi(a)|^2 = |\chi(e)|^2 = g^2 \qquad (> g) \tag{3.135}$$

nicht erfüllt, so dass die reguläre Darstellung reduzibel ist. Die Multiplizitäten m_α der irreduziblen Darstellungen $\boldsymbol{D}^{(\alpha)}$ erhält man nach Gln. (3.119) und (3.134) zu

$$m_\alpha = \frac{1}{g} \chi^{\text{reg}}(e) \chi^{(\alpha)}(e) = \frac{1}{g} g d_\alpha = d_\alpha. \tag{3.136}$$

Das bedeutet die wichtige Aussage, dass bei der Zerlegung der regulären Darstellung jede irreduzible Darstellung $\boldsymbol{D}^{(\alpha)}$ mit einer Vielfachheit m_α erscheint, die ihrer Dimension d_α gleich ist. Bei Kenntnis der regulären Darstellung $\boldsymbol{D}^{\text{reg}}$

gelingt es deshalb, nach einer geeigneten Basistransformation in eine diagonale Blockform

$$
\boldsymbol{D}^{\mathrm{reg}} = \begin{pmatrix} 1 & & & & & & & \\ & \boldsymbol{D}^{(2)} & & & & & & \\ & & \ddots & & & & & \\ & & & \boldsymbol{D}^{(2)} & & & & \\ & & & & \ddots & & & \\ & & & & & \boldsymbol{D}^{(r)} & & \\ & & & & & & \ddots & \\ & & & & & & & \boldsymbol{D}^{(r)} \end{pmatrix} \tag{3.137}
$$

$$
\text{Anzahl:} \qquad \underbrace{\qquad\qquad}_{d_2} \qquad \underbrace{\qquad\qquad}_{d_r}
$$

alle irreduziblen Darstellungen $\{\boldsymbol{D}^{(\alpha)} | \alpha = 1, \ldots, r\}$ zu finden. Betrachtet man die diagonale Darstellungsmatrix des Einselements $\boldsymbol{D}^{\mathrm{reg}}(e)$, so bekommt man aus Gl. (3.115) unter Verwendung von Gln. (3.134) und (3.136)

$$
g = \sum_{\alpha=1}^{r} m_\alpha d_\alpha = \sum_{\alpha=1}^{r} d_\alpha^2, \tag{3.138}
$$

womit erneut der Satz v. BURNSIDE (Gl. 3.105) bestätigt wird.

Die Tatsache, dass die reguläre Darstellung die Struktur einer Algebra besitzt, verhilft zu einer einfachen Interpretation der bisher gewonnenen Ergebnisse. Innerhalb der Algebra besitzt das System der Darstellungsmatrizen einen linearen Vektorraum $\mathcal{V}$ über $\mathbb{K}$, dessen Dimension offensichtlich durch die Anzahl der Matrixelemente gegeben ist

$$
\dim \mathcal{V} = g^2. \tag{3.139}
$$

Nach Wahl der Gruppenelemente $\{a_i \,|\, i = 1, \ldots, g\}$ als Basis für den linearen Raum $\mathcal{V}^{\mathrm{reg}}$ der Algebra über $\mathbb{K}$, was die Beziehung (3.132) impliziert, erhält man für die Dimension dieses invarianten Vektorraumes

$$
\dim \mathcal{V}^{\mathrm{reg}} = g. \tag{3.140}
$$

Der Vergleich mit (3.139) zwingt demnach zu der Forderung nach Reduzierbarkeit der regulären Darstellung. Betrachtet man die irreduziblen Darstellungen $\boldsymbol{D}^{(\alpha)}$ unter Zugrundelegung der Struktur einer Algebra, so findet man, dass die Dimension dieser Vektorräume gleich ist der Zahl der Matrixelemente

$$
\dim \mathcal{V}^{(\alpha)} = d_\alpha^2. \tag{3.141}
$$

Der Satz v. BURNSIDE bedeutet deshalb, dass bei der Zerlegung der regulären Darstellung D^{reg} die Summe der Dimensionen aller Unteralgebren gleichzusetzen ist mit der Dimension des invarianten Darstellungsraumes $\mathcal{V}^{\text{reg}}$, der durch die Basis $\{a_i \mid i = 1, \ldots, g\}$ aufgespannt wird.

Abschließend sei darauf hingewiesen, dass die Basiselemente $\{a_i \mid i = 1, \ldots, g\}$ der regulären Darstellung als Vertreter von Nebenklassen in der Zerlegung der Gruppe $\mathcal{G}$ nach der trivialen Untergruppe $\mathcal{H} = \{e\}$ betrachtet werden können. Für den allgemeinen Fall einer Zerlegung bzgl. einer nicht-trivialen Untergruppe $\mathcal{H}$ ($\neq \{e\}, \mathcal{G}$) können die l ($= \text{ind}\,\mathcal{H} = g/h$) Nebenklassen ebenfalls als Basis für eine l-dimensionale Darstellung benutzt werden, die unter dem Namen *Grunddarstellung* bekannt ist.

3.8 Reelle, pseudoreelle und komplexe Darstellungen

Der Vorteil einer besonderen Einteilung von Darstellungen wird bei der Berücksichtigung von antilinearen Transformationen als erlaubte Symmetrieelemente – wie die der Zeitumkehr – offensichtlich. Dabei unterscheidet man zwischen zwei Fällen:

1. Die irreduzible Darstellung $\boldsymbol{D}^{(\alpha)}$ ist äquivalent zu ihrem konjugiert komplexen Anteil $\boldsymbol{D}^{(\alpha)*}$, so dass es eine unitäre Matrix $\boldsymbol{S}$ gibt, mit deren Hilfe gemäß der Äquivalenztransformation
$$\boldsymbol{D}^{(\alpha)*} = \boldsymbol{S}^{-1}\boldsymbol{D}^{(\alpha)}\boldsymbol{S} \tag{3.142}$$
die Verknüpfung hergestellt werden kann.
2. Die irreduzible Darstellung $\boldsymbol{D}^{(\alpha)}$ ist nicht äquivalent zu ihrem konjugiert komplexen Anteil $\boldsymbol{D}^{\alpha)*}$, so dass durch die Transformation
$$\boldsymbol{D}^{(\beta)} = \boldsymbol{S}^{-1}\boldsymbol{D}^{(\alpha)}\boldsymbol{S} \qquad \beta \neq \alpha \tag{3.143}$$
eine weitere irreduzible Darstellung der Gruppe gleicher Dimension erhalten wird und die Darstellung selbst als *komplexe Darstellung* gilt.

Den ersten Fall kann man weiter unterteilen in:

1.a Eine *reelle Darstellung* und
1.b Eine komplexe Darstellung, die wegen des aus (3.142) resultierenden reellen Charakters $\chi^{(\alpha)}$ auch als *pseudoreelle Darstellung* bekannt ist.

Die Zugehörigkeit zu einem der beiden Fälle wird durch die Beziehung

$$\boldsymbol{S}\boldsymbol{S}^{*} = \pm\boldsymbol{1} \tag{3.144}$$

entschieden. Zur Begründung verwendet man zunächst die konjugierte Gl. (3.142), um dann beide Gleichungen durch Substitution in der Form

$$D^{(\alpha)} = \left(S^{-1}\right)^* S^{-1} D^{(\alpha)} S S^* \tag{3.145}$$

zu verknüpfen. Nach dem 2. SCHUR'schen Lemma (3.76) und (3.80) ergibt sich daraus

$$SS^* = \lambda \mathbf{1}. \tag{3.146}$$

Darüber hinaus gewinnt man aus der Eigenschaft der Unitarität von S bzw. SS^* die Aussage über den Betrag des Eigenwertes λ

$$|\lambda| \equiv 1. \tag{3.147}$$

Um auch die Phase festzulegen zu können, bildet man die zu (3.146) konjugierte Gleichung

$$S^* S = \lambda^* \mathbf{1} = \lambda^* S^{-1} S \tag{3.148}$$

und substituiert durch Gl. (3.146) zu

$$S^* S = \lambda^* S^{-1} \frac{1}{\lambda} S S^* S = \frac{\lambda^*}{\lambda} S^* S, \tag{3.149}$$

was nur erfüllt sein kann mit

$$\lambda = \lambda^*. \tag{3.150}$$

Daraus resultiert die Phase $\varphi = \pm\pi$ sowie der Eigenwert $\lambda = \pm 1$.

Im Fall (1.a), der sich durch die Transformation

$$D^{(\alpha)}_{\text{reell}} = U^{-1} D^{(\alpha)} U \tag{3.151}$$

auszeichnet, erhält man durch das Konjugieren dieser Gleichung und Substituieren

$$D^{(\alpha)}_{\text{reell}} = U^* U^{-1} D^{(\alpha)} U \left(U^{-1}\right)^*. \tag{3.152}$$

Mit Gl. (3.142) findet man weiter

$$D^{(\alpha)}_{\text{reell}} = S U^* U^{-1} D^{(\alpha)} U \left(U^{-1}\right)^* S^{-1}, \tag{3.153}$$

so dass unter Beachtung des 2. SCHUR'schen Lemmas die Konsequenz

$$S U^* U^{-1} = \lambda \mathbf{1} \qquad |\lambda| = 1 \tag{3.154}$$

gewonnen wird. Danach errechnet sich SS^* zu

$$SS^* = |\lambda|^2 U \left(U^{-1}\right)^* U^* U^{-1} = +1 \tag{3.155}$$

und der Fall (1.a) zeichnet sich durch das positive Vorzeichen in Gl. (3.144) aus.

Eine einfache Entscheidung darüber, welcher der drei Fälle vorliegt, ermöglicht das Kriterium v. FROBENIUS und SCHUR. Dieses benutzt den Charakter $\chi^{(\alpha)}(a \circ a)$ der irreduzible Darstellung $D^{(\alpha)}(a \circ a)$ mit dem Quadrat der Elemente a als Argument

$$\begin{aligned}\sum_{a\in\mathcal{G}} \chi^{(\alpha)}(a \circ a) &= \sum_{a\in\mathcal{G}} \sum_{i} D_{ii}^{(\alpha)}(a \circ a) = \sum_{a\in\mathcal{G}} \sum_{i,j} D_{ij}^{(\alpha)}(a) D_{ji}^{(\alpha)}(a) \\ &= \sum_{a\in\mathcal{G}} \sum_{i,j} D_{ij}^{(\alpha)}(a) D_{ij}^{(\alpha)*}(a^{-1}),\end{aligned} \tag{3.156}$$

wobei die Unitarität der Darstellung gefordert wird. Betrachtet man den ersten Fall, so ermöglicht die Substitution mittels Gl. (3.142) sowie die Verwendung der Orthogonalität (3.98) eine Umformung zu

$$\begin{aligned}\sum_{a\in\mathcal{G}} \chi^{(\alpha)}(a \circ a) &= \sum_{a\in\mathcal{G}} \sum_{i,j} \sum_{k,l} D_{ij}^{(\alpha)}(a) S_{ik}^{-1} D_{kl}^{(\alpha)}(a^{-1}) S_{lj} = \frac{g}{d_\alpha} \sum_{i,j} S_{ij}^{-1} S_{ij} \\ &= \frac{g}{d_\alpha} \sum_{i,j} S_{ji}^* S_{ij} = \frac{g}{d_\alpha} \mathrm{sp}(S^* S).\end{aligned} \tag{3.157}$$

Zusammen mit der Beziehung (3.146) erhält man dann die Kriterien

$$\sum_{a\in\mathcal{G}} \chi^{(\alpha)}(a \circ a) = \begin{cases} +g & \text{für } SS^* = +1 \quad \text{Fall 1. a} \\ -g & \text{für } SS^* = -1 \quad \text{Fall 1. b.} \end{cases} \tag{3.158a}$$

Im zweiten Fall, der nach (3.143) keine Äquivalenz erlaubt, findet man deshalb

$$\sum_{a\in\mathcal{G}} \chi^{(\alpha)}(a \circ a) = 0, \quad \text{Fall 2.} \tag{3.158b}$$

Bildet man die Determinante von Gl. (3.144)

$$\det S \det S^* = (-1)^{\dim S}, \tag{3.159}$$

so erhält man wegen

$$\det S \det S^* = \det S (\det S)^* = (\det S)^2 = 1$$

die Forderung nach einer geraden Dimension von pseudoreellen Darstellungen.

Beispiel 1 Im Beispiel der einfachen Punktgruppe $\mathcal{G} = C_{4v}$ erhält man für die zweidimensionale irreduzible Darstellung E (Tab. 3.1) gemäß dem Kriterium (3.158)

$$\sum_{a \in C_{4v}} \chi^E(a \circ a) = \sum_{a \in C_{4v}} \mathrm{sp}\,[\boldsymbol{D}^E(a)]^2 = 2 - 2 - 2 + 2 + 2 + 2 + 2 + 2 = 8,$$

wonach der Fall (1.a) verwirklicht ist. Die Darstellung E ist wie auch alle übrigen irreduziblen Darstellungen A_1, A_2, B_1, B_2 eine reelle Darstellung mit der Transformationsmatrix $\boldsymbol{S} = \mathbf{1}_2$ ($\boldsymbol{S}\boldsymbol{S}^* = +\mathbf{1}_2$).

Beispiel 2 Die Einbeziehung eines Spins etwa mit der Quantenzahl $S = 1/2$ bei einer kontinuierlichen Rotation mit dem Winkel φ im euklidischen Raum $\mathbb{R}^3$ zwingt zu zwei entgegengerichteten Transformationen im zweidimensionalen Spinorraum (Beispiel 11 v. Abschn. 4.3). Demnach besitzen die als Spinordarstellungen $\boldsymbol{D}^{1/2}$ bekannten Darstellungen der Rotationsgruppe $SO(3)$ ein zweideutiges Verhalten (Gl. 4.69). Da die endlichen Punktgruppen $\mathcal{G}$ als Untergruppen der Rotationsgruppe $O(3)$ gelten, wird man auch dort diese Zweideutigkeit erwarten. Die Eindeutigkeit der Spinordarstellungen kann dadurch wieder hergestellt werden, indem man ein fiktives Symmetrieelement $\bar{e}$ für eine Rotation mit dem Winkel $\varphi = 2\pi$ um eine beliebige Achse einführt, so dass das Einselement e erst durch eine Drehung mit $\varphi = 4\pi$ verwirklicht wird. Man erhält so die doppelte Anzahl von Elementen einer neuen Gruppe $\bar{\mathcal{G}}$, die als Doppelpunktgruppe bezeichnet wird. Ein Folge davon ist das Auftreten von pseudoreellen irreduziblen Darstellungen, wie man etwa am Beispiel der Doppelgruppe $\bar{\mathcal{G}} = \bar{D}_2$ erkennen kann. Die zweidimensionale Spinordarstellung $\boldsymbol{D}^{\bar{E}} = \boldsymbol{D}^{1/2}(\bar{\mathcal{G}} = \bar{D}_2)$ mit den Darstellungsmatrizen

$$\begin{aligned}
&\boldsymbol{D}^{\bar{E}}(e) = \begin{pmatrix} 1 & 0 \\ 0 & 1 \end{pmatrix} \quad \boldsymbol{D}^{\bar{E}}(c_{2z}) = \begin{pmatrix} -i & 0 \\ 0 & i \end{pmatrix} \quad \boldsymbol{D}^{\bar{E}}(\bar{c}_{2z}) = \begin{pmatrix} i & 0 \\ 0 & -i \end{pmatrix} \\
&\boldsymbol{D}^{\bar{E}}\left(c'_{2y}\right) = \begin{pmatrix} 0 & -1 \\ 1 & 0 \end{pmatrix} \quad \boldsymbol{D}^{\bar{E}}\left(\bar{c}'_{2y}\right) = \begin{pmatrix} 0 & 1 \\ -1 & 0 \end{pmatrix} \quad \boldsymbol{D}^{\bar{E}}\left(c''_{2x}\right) = \begin{pmatrix} 0 & i \\ i & 0 \end{pmatrix} \\
&\boldsymbol{D}^{\bar{E}}\left(\bar{c}''_{2x}\right) = \begin{pmatrix} 0 & -i \\ -i & 0 \end{pmatrix} \quad \boldsymbol{D}^{\bar{E}}(\bar{e}) = \begin{pmatrix} -1 & 0 \\ 0 & -1 \end{pmatrix},
\end{aligned} \tag{3.160}$$

deren Charakter reell ist, liefern gemäß dem Kriterium (3.158)

$$\sum_{a \in \bar{D}_2} \chi^{\bar{E}}(a \circ a) = 2 - 2 - 2 - 2 - 2 - 2 - 2 + 2 = -8, \tag{3.161}$$

wonach der Fall (1.b) verwirklicht ist. Die Transformation (3.142) gelingt mithilfe der unitären Matrix

$$\boldsymbol{S} = \begin{pmatrix} 0 & 1 \\ -1 & 0 \end{pmatrix}, \tag{3.162}$$

die erwartungsgemäß die Beziehung (3.144) erfüllt.

■

3.9 Projektionen

Die Suche nach geeigneten Basiselementen von irreduziblen Darstellungen wird erheblich erleichtert durch die Anwendung des Entwicklungssatzes. Dort gilt die Aussage, dass jedes beliebige Element v aus dem Darstellungsraum $\mathcal{V}$ nach Basiselementen $\left\{v_i^{(\alpha,\,p_\alpha)} \,|\, i = 1, \ldots, d_\alpha;\ p_\alpha = 1, \ldots, m_\alpha;\ \alpha = 1, \ldots, r\right\}$ der irreduziblen Darstellungen $\boldsymbol{D}^{(\alpha)}(a)$ mit der Multiplizität m_α entwickelt werden kann

$$v = \sum_{p_\alpha}^{m_\alpha} \sum_{\alpha}^{r} \sum_{i}^{d_\alpha} c_i^{(\alpha,\,p_\alpha)} \, v_i^{(\alpha,\,p_\alpha)} . \tag{3.163}$$

Zur Begründung wählt man aus einer Menge von g Elementen des Vektorraumes $\mathcal{V}$, die mithilfe der g Operatoren $\{D(a_l) \,|\, a_l \in \mathcal{G},\ l = 1, \ldots, g\}$ gewonnen wird

$$v_l = D(a_l)\, v \qquad a_l \in \mathcal{G} \qquad l = 1, \ldots, g \tag{3.164}$$

einen weiteren Satz linear unabhängiger Elemente $\{v_l \,|\, l = 1, \ldots, h \leq g\}$ aus, um daraus ein Orthonormalsystem $\{e_l \,|\, l = 1, \ldots, h \leq g\}$ mithilfe des SCHMIDT'schen Verfahrens zu konstruieren ($e_1 \equiv v_1 \equiv v$). Dieses kann dann als Basis für eine h-dimensionale Darstellung $\boldsymbol{D}(a)$ der Transformation $D(a)$ gemäß Gl. (3.6) benutzt werden. Im allgemeinen Fall, bei dem die Darstellung reduzibel ist, verhilft eine Basistransformation mit der unitären Matrix $\boldsymbol{S}$ zu einer *symmetrieangepassten Basis*

$$v_i^{(\alpha,\,p_\alpha)} = \sum_{j}^{h} S_{ji}^{(\alpha,\,p_\alpha)} e_j \qquad i = 1, \ldots, d_\alpha \qquad \alpha = 1, \ldots, r \qquad p_\alpha = 1, \ldots, m_\alpha, \tag{3.165}$$

so dass die Darstellung die diagonale Blockform (3.36) annimmt. Die invertierte Gleichung ergibt eine Entwicklung der ursprünglichen Basis nach symmetrieangepassten Basiselementen

$$e_j = \sum_{\alpha}^{r} \sum_{p_\alpha}^{m_\alpha} \sum_{i}^{d_\alpha} S_{ji}^{(\alpha,\,p_\alpha)*} \, v_i^{(\alpha,\,p_\alpha)} \qquad j = 1, \ldots, h. \tag{3.166}$$

Mit dem Basiselement e_1 ($\equiv v_1 \equiv v$) erhält man dann eine Entwicklung der Form (3.163).

Als wichtige Konsequenz des Entwicklungssatzes gilt die Möglichkeit, nach Wahl eines beliebigen Elements des betrachteten Vektorraumes die einzelnen Komponenten der Basis eines irreduziblen Darstellungsraumes $\mathcal{V}^{(\alpha)}$ zu projizieren. Ausgehend von einer irreduziblen Darstellung $\boldsymbol{D}^{(\alpha)}$ gemäß

$$D(a)\, v_k^{(\alpha)} = \sum_{j} D_{jk}^{(\alpha)}(a)\, v_j^{(\alpha)} \qquad k = 1, \ldots, d_\alpha \tag{3.167}$$

erhält man nach Multiplikation mit dem Matrixelement $D_{li}^{(\beta)*}(a)$ der β-ten irreduziblen, unitären Darstellung und nach Summierung über die Gruppenelemente a

$$\sum_{a\in\mathcal{G}} D_{li}^{(\beta)*}(a)\, D(a)\, v_k^{(\alpha)} = \frac{g}{d_\alpha}\, \delta_{\alpha\beta}\, \delta_{ki}\, v_l^{(\alpha)}. \tag{3.168}$$

Dabei wird die Orthogonalität (3.98) benutzt. Man kann demnach einen Operator

$$P_{lk}^{(\alpha)} = \frac{d_\alpha}{g} \sum_{a\in\mathcal{G}} D_{lk}^{(\alpha)*}(a)\, D(a) \qquad k, l = 1, \ldots, d_\alpha \tag{3.169a}$$

bzw. bei nicht-unitären Darstellungen

$$P_{lk}^{(\alpha)} = \frac{d_\alpha}{g} \sum_{a\in\mathcal{G}} D_{kl}^{(\alpha)}(a^{-1})\, D(a) \qquad k, l = 1, \ldots, d_\alpha \tag{3.169b}$$

erklären, dessen Wirkung auf Basiselemente durch die Beziehungen

$$P_{lk}^{(\alpha)}\, v_k^{(\alpha)} = v_l^{(\alpha)} \qquad k, l = 1, \ldots, d_\alpha \tag{3.170}$$

$$P_{lk}^{(\alpha)}\, v_{l\neq k}^{(\alpha)} = 0 \tag{3.171}$$

als eine *Projektion* demonstriert wird. Insbesondere für $l = k$ erhält man eine Projektion „in sich", so dass nach der Eigenwertgleichung

$$P_{kk}^{(\alpha)}\, v_k^{(\alpha)} = v_k^{(\alpha)} \tag{3.172}$$

das Basiselement $v_k^{(\alpha)}$ einen Eigenvektor zum linearen Operator $P_{kk}^{(\alpha)}$ mit dem Eigenwert Eins bedeutet. Wegen

$$P_{lk}^{(\alpha)} = \left(P_{kl}^{(\alpha)}\right)^\dagger \tag{3.173a}$$

und

$$P_{lk}^{(\alpha)}\, P_{mn}^{(\beta)} = \delta_{\alpha\beta}\, \delta_{km}\, P_{ln}^{(\alpha)} \tag{3.173b}$$

ist der Operator $P_{kk}^{(\alpha)}$ *hermitesch* $\left(P_{kk}^{(\alpha)} = P_{kk}^{(\alpha)\dagger}\right)$ und *idempotent* $\left(P_{kk}^{(\alpha)2} = P_{kk}^{(\alpha)}\right)$. Damit ist er ein *Projektionsoperator* mit der Fähigkeit, ein Basiselement $v_k^{(\alpha)}$ zur k-ten Zeile der α-ten irreduziblen Darstellung $\boldsymbol{D}^{(\alpha)}$ aus einem beliebigen Element des Vektorraumes gemäß Gln. (3.172) und (3.163) herauszuprojizieren

$$P_{kk}^{(\alpha)}\, v = c_k^{(\alpha)}\, v_k^{(\alpha)} \qquad k = 1, \ldots, d_\alpha. \tag{3.174}$$

Die weiteren Basiselemente werden durch Anwendung des Operators $P_{lk}^{(\alpha)}$ $(l \neq k)$ nach Gl. (3.170) erzeugt. Dadurch hat man eine Technik entwickelt, mit deren Hilfe nach Kenntnis der Darstellung $\boldsymbol{D}^{(\alpha)}(\mathcal{G})$ die zugehörige Basis aus einem gegebenen Element ermittelt werden kann. Mit den Projektionen

$$P_{lk}^{(\alpha)}\, v = c_k^{(\alpha)}\, v_l^{(\alpha)} \qquad k, l = 1, \ldots, d_\alpha \tag{3.175}$$

erhält man maximal insgesamt d_α^2 Elemente, von denen höchstens d_α Sätze $\left\{v_i^{(\alpha)} | \, i = 1, \ldots, d_\alpha\right\}$ als Basis benutzt werden können. Diese sind entweder linear abhängig oder verschwinden bei der Projektion, was durch die jeweilige Symmetrie der gewählten Ausgangselemente v entschieden wird. Bleibt anzumerken, dass die Operatoren $P_{lk}^{(\alpha)}$ wegen (3.173) die Basiselemente einer Gruppenalgebra $\mathcal{A}(\mathcal{G})$ sind.

Ausgehend vom Operator (3.169) erhält man nach Multiplikation mit dem Matrixelement $D_{lk}^{(\alpha)}(b)$ und nachfolgender Summierung über die Indizes l, k und α

$$D(a) = \sum_\alpha \sum_k \sum_l D_{lk}^{(\alpha)}(a)\, P_{lk}^{(\alpha)}, \tag{3.176}$$

wobei die Orthogonalität (3.102) benutzt wird. Man erhält so eine Entwicklung der Operatoren $\{D(a) | \, a \in \mathcal{G}\}$ nach der Basis $P_{lk}^{(\alpha)}$ der Gruppenalgebra. Demnach kann die identische Transformation in der Form

$$D(e) = \sum_\alpha \sum_k P_{kk}^{(\alpha)} \tag{3.177}$$

ausgedrückt werden. Nach Wahl eines beliebigen Elements v aus dem Vektorraum findet man gemäß $D(e)\, v = v$ sowie mit den Beziehungen (3.176) und (3.174) den Entwicklungssatz (3.163) bei einfacher Multiplizität ($m_\alpha = 1$).

Die Orthogonalitätseigenschaften von Basiselementen ergeben sich aus der Betrachtung zweier verschiedener unitärer irreduzibler Darstellungen $\boldsymbol{D}^{(\alpha)}$ und $\boldsymbol{D}^{(\beta)}$. Unter Verwendung der Orthogonalität (3.98) bekommt man mit Gl. (3.167) für das (innere) Produkt

$$\begin{aligned}\left\langle v_i^{(\alpha)}, v_j^{(\beta)}\right\rangle &= \frac{1}{g} \sum_{a \in \mathcal{G}} D^*(a) D(a) \left\langle v_i^{(\alpha)}, v_j^{(\beta)}\right\rangle = \frac{1}{g} \sum_{a \in \mathcal{G}} \left\langle D(a) v_i^{(\alpha)}, D(a)\, v_j^{(\beta)}\right\rangle \\ &= \frac{1}{g} \sum_a \sum_k \sum_l D_{ki}^{(\alpha)*}(a) D_{lj}^{(\beta)}(a) \left\langle v_k^{(\alpha)}, v_l^{(\beta)}\right\rangle = \delta_{\alpha\beta}\delta_{ij} \frac{1}{d_\alpha} \sum_k \left\langle v_k^{(\alpha)}, v_k^{(\alpha)}\right\rangle,\end{aligned} \tag{3.178}$$

so dass die Basiselemente unterschiedlicher irreduzibler Darstellungen sowie solche, die zu unterschiedlichen Zeilen gehören, orthogonal sind. Darüber hinaus zeigt das Ergebnis, dass das Produkt zweier Basiselemente gleicher Zeilen ($i = j$) einer irreduziblen Darstellung ($\alpha = \beta$) nicht vom Index der Zeile abhängig ist.

Schließlich kann auch ohne Kenntnis der vollständigen Matrixdarstellungen ein Projektionsoperator erklärt werden, der eine der Invarianten der Matrizen, nämlich den Charakter benutzt. Nach Gl. (3.169) erhält man für $l = k$ den *Charakter-Projektionsoperator*

$$P^{(\alpha)} = \sum_k P_{kk}^{(\alpha)} = \frac{d_\alpha}{g} \sum_{a \in \mathcal{G}} \chi^{(\alpha)}(a)\, D(a), \tag{3.179}$$

der ebenso aus einem beliebigen Element des Vektorraumes ein Basiselement der α-ten irreduziblen Darstellung zu projizieren vermag und dessen Struktur gegenüber einer Äquivalenztransformation invariant bleibt.

Beispiel 1 Zur Demonstration der Methode des Projektionsoperators wird die Punktgruppe $\mathcal{G} = C_{4v}$ gewählt, die die Symmetrie eines Quadrats im Raum $\mathbb{R}^2$ beschreibt. Nach Wahl einer Funktion

$$v_i = v[(\boldsymbol{r} - \boldsymbol{r}_i)^2] \tag{3.180}$$

($(\boldsymbol{r} - \boldsymbol{r}_i)^2$: Abstandsquadrat zur i-ten Ecke (Abb. 2.1)) aus dem Funktionenraum $\mathcal{V}$ wird versucht, die Basissysteme von irreduziblen Darstellungen zu konstruieren. Betrachtet man die triviale Darstellung $\boldsymbol{D}^{(1)}$ (Tab. 3.1), so erhält man etwa nach Gl. (3.169) bzw. (3.179) den trivialen Projektionsoperator

$$\begin{aligned} P_{11}^{(1)} = P^{(1)} = \frac{1}{8} \Big(& D(e) + D(c_4) + D\left(c_4^3\right) + D(c_2) \\ & + D(\sigma_v) + D\left(\sigma_v'\right) + D(\sigma_d) + D\left(\sigma_d'\right)\Big), \end{aligned} \tag{3.181}$$

dessen Anwendung auf die Funktion v unter Beachtung von (3.12) und (3.15) die Linearkombination

$$P^{(1)}\, v_1 = \frac{1}{4}(v_1 + v_2 + v_3 + v_4) = v_1^{(1)} \tag{3.182}$$

als Basis liefert. Eine analoge Überlegung bzgl. der 3. irreduziblen Darstellung $\boldsymbol{D}^{(3)}$ (Tab. 3.1) mit dem Projektionsoperator

$$\begin{aligned} P_{11}^{(3)} = P^{(3)} = \frac{1}{8} \Big(& D(e) - D(c_4) - D\left(c_4^3\right) + D(c_2) \\ & + D(\sigma_v) + D\left(\sigma_v'\right) - D(\sigma_d) - D\left(\sigma_d'\right)\Big) \end{aligned} \tag{3.183}$$

liefert das Ergebnis

$$P^{(3)}\, v_1 = 0. \tag{3.184}$$

Demnach enthält die gewählte Funktion v_1 keine Basisfunktionen der irreduziblen Darstellung $\boldsymbol{D}^{(3)}$ und kann deshalb mit deren Transformationsverhalten nicht in Einklang gebracht werden.

Bei der 4. irreduziblen Darstellung $\boldsymbol{D}^{(4)}$ (Tab. 3.1) hingegen mit dem Projektionsoperator

$$\begin{aligned} P_{11}^{(\alpha)} = P^{(4)} = \frac{1}{8}\Big(&D(e) - D(c_4) - D\left(c_4^3\right) + D(c_2) \\ &- D(\sigma_v) - D\left(\sigma_v'\right) + D(\sigma_d) + D\left(\sigma_d'\right)\Big), \end{aligned} \tag{3.185}$$

wird eine endliche Basisfunktion $v_1^{(4)}$ projiziert, die nach Gl. (3.175) die Linearkombination

$$v_1^{(4)} = \frac{1}{4}(v_1 - v_2 + v_3 - v_4) \tag{3.186}$$

ergibt.

Schließlich sei die zweidimensionale irreduzible Darstellung $\boldsymbol{D}^{(5)}$ (Tab. 3.1) betrachtet mit den vier möglichen Projektionsoperatoren

$$P_{11}^{(5)} = \frac{1}{4}\left(D(e) - D(c_2) - D(\sigma_v) + D\left(\sigma_v'\right)\right) \tag{3.187a}$$

$$P_{22}^{(5)} = \frac{1}{4}\left(D(e) - D(c_2) + D(\sigma_v) - D\left(\sigma_v'\right)\right) \tag{3.187b}$$

$$P_{21}^{(5)} = \frac{1}{4}\left(-D(c_4) + D\left(c_4^3\right) + D(\sigma_d) - D\left(\sigma_d'\right)\right) \tag{3.187c}$$

$$P_{12}^{(5)} = \frac{1}{4}\left(D(c_4) - D\left(c_4^3\right) + D(\sigma_d) - D\left(\sigma_d'\right)\right). \tag{3.187d}$$

Die Anwendung nach Gl. (3.175) liefert die insgesamt 4 (=(dim $\boldsymbol{D}^{(5)})^2$) Projektionen

$$v_1^{(5)} = \frac{1}{4}(v_1 - v_2 - v_3 + v_4) \tag{3.188a}$$

$$v_2^{(5)} = \frac{1}{4}(v_1 + v_2 - v_3 - v_4) \tag{3.188b}$$

$$v_3^{(5)} = \frac{1}{4}(v_1 + v_2 - v_3 - v_4) \tag{3.188c}$$

$$v_4^{(5)} = \frac{1}{4}(v_1 - v_2 - v_3 + v_4). \tag{3.188d}$$

Diese lassen sich einteilen in zwei Sätze von je zwei Basisfunktionen $\left\{v_1^{(5)}, v_2^{(5)}\right\}$ und $\left\{v_4^{(5)}, v_3^{(5)}\right\}$, die hier über ihre Eigenschaft der linearen Abhängigkeit hinaus sogar identisch sind. Eine weitere Methode benutzt die anfangs projizierte

Basisfunktion $v_1^{(5)}$, um daraus nach Gl. (3.170) die zweite Basisfunktion $v_2^{(5)}$ zu projizieren

$$P_{21}^{(5)}\, v_1^{(5)} = v_2^{(5)} \qquad \left(P_{12}^{(5)}\, v_1^{(5)} = 0\right). \tag{3.189}$$

Beispiel 2 Bei der Anwendung des Charakter-Projektionsoperators (3.179) (Tab. 3.2)

$$P^{(5)} = \frac{2}{8}(2\,D(e) - 2\,D(c_2)), \tag{3.190}$$

der den Vorteil bietet, auf die vollständige Kenntnis der Matrixdarstellung verzichten zu können liefert die Projektion zunächst eine der beiden Basisfunktionen

$$P^{(5)}\, v_1 = \frac{1}{2}(v_1 - v_3) = v_1^{(5)'}. \tag{3.191}$$

Weitere Linearkombinationen der gesuchten Basisfunktionen erhält man durch Anwendung von Symmetrietransformationen

$$D(a_i)v_1^{(5)'} = \overline{v}_i^{(5)} \qquad a_i \in C_{4v} \qquad i = 1, \ldots, 8. \tag{3.192}$$

Von den insgesamt acht Funktionen sind dann zwei linear unabhängige auszuwählen, etwa

$$D(e)v_1^{(5)'} = \frac{1}{2}(v_1 - v_3) = \overline{v}_1^{(5)} \tag{3.193a}$$

$$D(c_4)v_1^{(5)'} = \frac{1}{2}(v_2 - v_4) = \overline{v}_2^{(5)}. \tag{3.193b}$$

Diese bilden eine Basis der irreduziblen Darstellung $\boldsymbol{D}^{(5)}$, die durch eine geeignete Transformation in die Form $\left\{v_1^{(5)}, v_2^{(5)}\right\}$ von Gl. (3.188a) gebracht werden kann.

Beispiel 3 Schließlich sei an jene 4-dimensionale reduzible Darstellung $\boldsymbol{D}^{(6)}$ erinnert, die mithilfe der Basis $\{v_i \,|\, i = 1, 2, 3, 4\}$ des zugehörigen invarianten Vektorraumes konstruiert wird (Tab. 3.1). Beim Vergleich der oben projizierten Basen für die irreduziblen Darstellungen $\boldsymbol{D}^{(1)}$, $\boldsymbol{D}^{(4)}$ und $\boldsymbol{D}^{(5)}$ mit der durch eine geeignete Basistransformation gewonnenen Quasidiagonalisierung (3.41) der Darstellung $\boldsymbol{D}^{(6)}$ wird man jetzt zwanglos eine Erklärung für die Zerlegung in irreduzible Komponenten finden.

Nach Wahl der Funktion

$$v = x^2 \tag{3.194}$$

bekommt man mithilfe des Projektionsoperators $P^{(3)}$ (3.183) nach Gl. (3.175)

$$P^{(3)}\, v = \frac{1}{2}(x^2 - y^2) \tag{3.195}$$

eine Basisfunktion für die 3. irreduzible Darstellung $\boldsymbol{D}^{(3)}$ (Tab. 3.1).

Eine weitere Funktion

$$v = x\, z, \tag{3.196}$$

die als eine der beiden Basisfunktionen $v_1^{(5)}$ der zweidimensionalen irreduziblen Darstellung $\boldsymbol{D}^{(5)}$ dient (Tab. 3.1), liefert nach Projektion mit den Operatoren dieser Darstellung

$$P_{11}^{(5)}\, v = x\, z = v_1^{(5)} \tag{3.197a}$$

$$P_{22}^{(5)}\, v = 0 \tag{3.197b}$$

$$P_{21}^{(5)}\, v = y\, z = v_2^{(5)} \tag{3.197c}$$

$$P_{12}^{(5)}\, v = 0. \tag{3.197d}$$

Dabei wird die Eigenwertgleichung (3.197a) mit dem Eigenwert Eins durch Gl. (3.172) bestätigt. Die übrigen Ergebnisse sind nach Gln. (3.170) und (3.171) zu erwarten und liefern die zweite Basisfunktion $v_2^{(5)} = yz$.

■

3.10 Produktdarstellungen

Die Behandlung physikalischer Probleme kann oft erleichtert werden, wenn es gelingt, die gesamte Symmetrie des betrachteten Systems in reduzierte Strukturen zu faktorisieren. Voraussetzung dabei ist, dass die Gruppenelemente in den getrennten Symmetriestrukturen untereinander vertauschbar sind (Abschn. 2.5). Die Idee der Faktorisierung wird dann durch die Einführung eines direkten Produkts verwirklicht.

In Anlehnung an die Diskussion des direkten Produkts bei Gruppen (Abschn. 2.5) wird zunächst die Frage nach der Festlegung des *direkten Produkts* (KRONECKER-*Produkt* bzw. *Tensorprodukt*) von zwei Matrizen $\boldsymbol{A}$ und $\boldsymbol{B}$ gemäß

$$\boldsymbol{C} = \boldsymbol{A} \otimes \boldsymbol{B} \tag{3.198}$$

betrachtet. Dabei entstehen die Elemente der Produktmatrix $\boldsymbol{C}$ aus allen Produkten der Elemente A_{ik} der Matrix $\boldsymbol{A}$ mit den Elementen B_{jl} der Matrix $\boldsymbol{B}$

$$A_{ik}\, B_{jl} = C_{ij,kl} = (\boldsymbol{A} \otimes \boldsymbol{B})_{ij,kl} \qquad i,k = 1,\ldots,\dim \boldsymbol{A} \qquad j,l = 1,\ldots,\dim \boldsymbol{B}. \tag{3.199}$$

Demnach trägt jedes Element der neuen Matrix C einen doppelten Satz von Indizes, von denen der erste Satz (ij) als neuer Zeilenindex und der zweite Satz (kl) als neuer

Spaltenindex aufgefasst werden kann. Die Reihenfolge der Zeilen und Spalten ist nicht eindeutig festgelegt und kann durch eine Äquivalenztransformation geändert werden. Für die Dimension gilt nach Gl. (3.199)

$$\dim \boldsymbol{C} = \dim \boldsymbol{A} \dim \boldsymbol{B}. \tag{3.200}$$

Die Spur der Produktmatrix errechnet sich mit Gl. (3.199) zu

$$\mathrm{sp}\, \boldsymbol{C} = \mathrm{sp}\,(\boldsymbol{A} \otimes \boldsymbol{B}) = \sum_i \sum_j (\boldsymbol{A} \otimes \boldsymbol{B})_{ij,ij} = \sum_i A_{ii} \sum_j B_{jj} = \mathrm{sp}\, \boldsymbol{A}\, \mathrm{sp}\, \boldsymbol{B}. \tag{3.201}$$

Mit vier Matrizen $\boldsymbol{A}^{(1)}$, $\boldsymbol{A}^{(2)}$, $\boldsymbol{B}^{(1)}$ und $\boldsymbol{B}^{(2)}$ gleicher Dimension bekommt man für das Matrixprodukt aus zwei direkten Produkten

$$\begin{aligned}(\boldsymbol{A}^{(1)} \otimes \boldsymbol{B}^{(1)})\,(\boldsymbol{A}^{(2)} \otimes \boldsymbol{B}^{(2)})_{ij,mn} &= \sum_{k,l} (\boldsymbol{A}^{(1)} \otimes \boldsymbol{B}^{(1)})_{ij,kl}\,(\boldsymbol{A}^{(2)} \otimes \boldsymbol{B}^{(2)})_{kl,mn} \\ &= \sum_{k,l} \left(A^{(1)}_{ik}\, B^{(1)}_{jl}\right) \left(A^{(2)}_{km}\, B^{(2)}_{ln}\right) = \sum_{k,l} \left(A^{(1)}_{ik}\, A^{(2)}_{km}\right) \left(B^{(1)}_{jl}\, B^{(2)}_{ln}\right) \\ &= \left(\boldsymbol{A}^{(1)}\, \boldsymbol{A}^{(2)}\right)_{im} \left(\boldsymbol{B}^{(1)}\, \boldsymbol{B}^{(2)}\right)_{jn} = [(\boldsymbol{A}^{(1)}\, \boldsymbol{A}^{(2)}) \otimes (\boldsymbol{B}^{(1)}\, \boldsymbol{B}^{(2)})]_{ij,mn},\end{aligned} \tag{3.202}$$

wonach das direkte Produkt mit der Matrixmultiplikation vertauschbar ist. Schließlich findet man das direkte Produkt zweier Diagonalmatrizen $\boldsymbol{A}^D$ und $\boldsymbol{B}^D$ nach

$$A^D_{ii}\, B^D_{jj} = (\boldsymbol{A}^D \otimes \boldsymbol{B}^D)_{ij,ij} \tag{3.203}$$

erneut diagonal.

Betrachtet man zwei irreduzible Darstellungen $\boldsymbol{D}^{(\alpha_1)}(\mathcal{G}_1)$ und $\boldsymbol{D}^{(\alpha_2)}(\mathcal{G}_2)$, die zu verschiedenen Gruppen $\mathcal{G}_1 = \{a_i \,|\, i = 1, \ldots, g_1\}$ und $\mathcal{G}_2 = \{b_i \,|\, i = 1, \ldots, g_2\}$ gehören, dann kann man ein *äußeres direktes (kartesisches) Produkt* gemäß

$$\begin{aligned}\boldsymbol{D}^{(\alpha_1 \times \alpha_2)}(\mathcal{G}) &= \boldsymbol{D}^{(\alpha_1)}(\mathcal{G}_1) \times \boldsymbol{D}^{(\alpha_2)}(\mathcal{G}_2) \\ &= \{\boldsymbol{D}^{(\alpha_1)}(a_i) \otimes \boldsymbol{D}^{(\alpha_2)}(b_j) \,|\, i = 1, \ldots, g_1;\; j = 1, \ldots, g_2\}\end{aligned} \tag{3.204}$$

definieren. Es hat die Gruppenordnung $g_1\, g_2$ und die Dimension $d_{\alpha_1}\, d_{\alpha_2}$. Mit dem Produkt zweier Elemente $a = a_1 \circ a_2$ und $b = b_1 \circ b_2$ erhält man für die Produktdarstellung $\boldsymbol{D}(\mathcal{G})$ (Abschn. 2.4) mit Gl. (3.202)

$$
\begin{aligned}
\boldsymbol{D}^{(\alpha_1\times\alpha_2)}(a\circ b) &= \boldsymbol{D}^{(\alpha_1\times\alpha_2)}[(a_1\circ a_2)\circ(b_1\circ b_2)] = \boldsymbol{D}^{(\alpha_1\times\alpha_2)}[(a_1\circ b_1)\circ(a_2\circ b_2)]\\
&= \boldsymbol{D}^{(\alpha_1)}(a_1\circ b_1)\otimes \boldsymbol{D}^{(\alpha_2)}(a_2\circ b_2)\\
&= [\boldsymbol{D}^{(\alpha_1)}(a_1)\,\boldsymbol{D}^{(\alpha_1)}(b_1)]\otimes[\boldsymbol{D}^{(\alpha_2)}(a_2)\,\boldsymbol{D}^{(\alpha_2)}(b_2)]\\
&= [\boldsymbol{D}^{(\alpha_1)}(a_1)\otimes \boldsymbol{D}^{(\alpha_2)}(a_2)][\boldsymbol{D}^{(\alpha_1)}(b_1)\otimes \boldsymbol{D}^{(\alpha_2)}(b_2)]\\
&= \boldsymbol{D}^{(\alpha_1\times\alpha_2)}(a_1\circ a_2)\boldsymbol{D}^{(\alpha_1\times\alpha_2)}(b_1\circ b_2) = \boldsymbol{D}^{(\alpha_1\times\alpha_2)}(a)\boldsymbol{D}^{(\alpha_1\times\alpha_2)}(b).
\end{aligned}
\tag{3.205}
$$

Damit ist die Produktdarstellung $\boldsymbol{D}^{(\alpha_1\times\alpha_2)}(\mathcal{G})$ eine Darstellung des direkten äußeren Produkts $\mathcal{G}=\mathcal{G}_1\times\mathcal{G}_2$ der beiden Gruppen $\mathcal{G}_1$ und $\mathcal{G}_2$. Sie ist eine unitäre bzw. treue Darstellung, falls die irreduziblen Darstellungen $\boldsymbol{D}^{(\alpha_1)}(\mathcal{G}_1)$ und $\boldsymbol{D}^{(\alpha_2)}(\mathcal{G}_2)$ unitär und treu sind. Der Charakter der Produktdarstellung ergibt sich nach Gl. (3.201) zu

$$
\chi^{(\alpha_1\times\alpha_2)}(a_i\circ b_j) = \chi^{(\alpha_1)}(a_i)\,\chi^{(\alpha_2)}(b_j). \tag{3.206}
$$

Unter Verwendung von Gl. (3.116) gilt hier die Beziehung

$$
\begin{aligned}
&\sum_{a\in\mathcal{G}_1}\sum_{b\in\mathcal{G}_2} c_{ab}\,|\chi^{(\alpha_1\times\alpha_2)}(K_{ab})|^2\\
&\quad= \sum_{a\in\mathcal{G}_1} c_a\,|\chi^{(\alpha_1)}(K_a)|^2 \sum_{b\in\mathcal{G}_2} c_b|\chi^{(\alpha_2)}(K_b)|^2 \geq g_a\,g_b = g,
\end{aligned}
\tag{3.207}
$$

wobei mit c_{ab} die Zahl der Elemente in den Klassen K_{ab} der Produktgruppen $\mathcal{G}=\mathcal{G}_1\times\mathcal{G}_2$ bezeichnet wird. Daraus gewinnt man die umkehrbare Aussage, dass im Fall der Irreduzierbarkeit beider Darstellungen $\boldsymbol{D}^{(\alpha_1)}(\mathcal{G}_1)$ und $\boldsymbol{D}^{(\alpha_2)}(\mathcal{G}_2)$ (Gl. 3.118) das Gleichheitszeichen gültig ist und deshalb die Darstellung des äußeren direkten Produkts (3.204) ebenfalls irreduzibel ist.

Bei der Suche nach den irreduziblen Darstellungen einer Symmetriegruppe, die aus dem äußeren direkten Produkt von einzelnen Gruppen hervorgeht, genügt es demnach, die irreduziblen Darstellungen der separaten Gruppen zu kennen. Die Anzahl der gesamten irreduziblen Darstellungen ergibt sich aus der Zahl der Klassen der direkten Produktgruppe. Zudem findet man den gesamten Projektionsoperator $P^{(\alpha_1\times\alpha_2)}(\mathcal{G})$ als Produkt der separaten Projektionsoperatoren

$$
P^{(\alpha_1\times\alpha_2)}(\mathcal{G}) = P^{(\alpha_1)}(\mathcal{G}_1)P^{(\alpha_2)}(\mathcal{G}_2). \tag{3.208}
$$

Beispiel 1 Eine endliche Gruppe $\mathcal{G}$ kann unter Einbeziehung der Inversionsgruppe C_i erweitert werden, falls die Vertauschbarkeit von Elementen aus den beiden Gruppen garantiert ist. Die Elemente der Inversionsgruppe C_i sind die Identität e und die Inversion i, die jeweils eine Klasse bilden und deshalb zu zwei irreduziblen Darstellungen $\boldsymbol{D}^{(+)}$ und $\boldsymbol{D}^{(-)}$ Anlass geben. Das äußere direkte (kartesische) Produkt der beiden Gruppen ergibt eine Gruppe $\mathcal{G}'$

$$
\mathcal{G}'=\mathcal{G}\times C_i \qquad C_i=\{e,i\}, \tag{3.209}
$$

wodurch neben den eigentlichen auch die uneigentlichen Transformationen erfasst werden. Entsprechend dem äußeren direkten Produkt (3.204) zwischen den irreduziblen Darstellungen $\boldsymbol{D}^{(\alpha)}$ der Gruppe $\mathcal{G}$ und den beiden irreduziblen Darstellungen $\boldsymbol{D}^{(\pm)}$ der Gruppe C_i erhält man wegen der Verdopplung der Klassen nach Gl. (3.209) auch doppelt soviele irreduzible Darstellungen, die in gerade $\boldsymbol{D}^{(\alpha,+)}$ und ungerade $\boldsymbol{D}^{(\alpha,-)}$ eingeteilt werden (Tab. 3.3). Nachdem die irreduziblen Darstellungen. $\boldsymbol{D}^{(\pm)}$ nur eindimensional sind, bleibt die Dimension der Produktdarstellungen erhalten.

Tabelle 3.3 Charaktertafel einer endlichen Gruppe $\mathcal{G}$ (a) mit dem Element a und den irreduziblen Darstellungen $\boldsymbol{D}^{(\alpha)}$, der Gruppe C_i (b) und der Produktgruppe $\mathcal{G}' = \mathcal{G} \times C_i$ (c) mit den äußeren Produktdarstellungen $\boldsymbol{D}^{(\alpha,+)}$, $\boldsymbol{D}^{(\alpha,-)}$

$\mathcal{G}$	a
$\boldsymbol{D}^{(\alpha)}$	$\chi^{(\alpha)}(a)$

(a)

C_i	e	i
$\boldsymbol{D}^{(+)}$	1	1
$\boldsymbol{D}^{(-)}$	1	-1

(b)

$\mathcal{G}' = \mathcal{G} \times C_i$	$e \circ a$	$i \circ a$
$\boldsymbol{D}^{(\alpha)} \otimes \boldsymbol{D}^{(+)} = \boldsymbol{D}^{(\alpha,+)}$	$\chi^{(\alpha)}(a)$	$\chi^{(\alpha)}(a)$
$\boldsymbol{D}^{(\alpha)} \otimes \boldsymbol{D}^{(-)} = \boldsymbol{D}^{(\alpha,-)}$	$\chi^{(\alpha)}(a)$	$-\chi^{(\alpha)}(a)$

(c)

Ein wichtiges Beispiel ist die *spezielle orthogonale Gruppe* $SO(3)$ in drei Dimensionen mit nur eigentlichen Rotationen d um beliebige Achsen $\boldsymbol{\varphi}$ im Raum $\mathbb{R}^3$. Die Erweiterung nach Gl. (3.209) liefert die *orthogonale Gruppe* $O(3)$, die auch die uneigentlichen Rotationen $-d$ erfasst (s. a. Beispiel 12 v. Abschn. 2.1). Dabei unterscheidet sich die ungerade Darstellung $\boldsymbol{D}^{(\alpha,-)}(\pm d) = \pm\boldsymbol{D}^{(\alpha,-)}(d)$ von der geraden Darstellung $\boldsymbol{D}^{(\alpha,+)}(\pm d) = +\boldsymbol{D}^{(\alpha,+)}(d)$ durch das negative Vorzeichen bei uneigentlichen Rotationen $-d$.

■

Betrachtet man zwei Darstellungen $\boldsymbol{D}^{(\alpha_1)}(\mathcal{G})$ und $\boldsymbol{D}^{(\alpha_2)}(\mathcal{G})$ derselben Gruppe $\mathcal{G}$, so kann man ein *inneres direktes Produkt* gemäß

$$\begin{aligned} \boldsymbol{D}^{(\alpha_1\otimes\alpha_2)}(\mathcal{G}) &= \boldsymbol{D}^{(\alpha_1)}(\mathcal{G}) \otimes \boldsymbol{D}^{(\alpha_2)}(\mathcal{G}) \\ &= \{\boldsymbol{D}^{(\alpha_1)}(a_i) \otimes \boldsymbol{D}^{(\alpha_2)}(a_i) \,|\, i = 1, \ldots, g\} \end{aligned} \tag{3.210}$$

definieren. Es hat die Gruppenordnung g und die Dimension $(d_{\alpha_1} d_{\alpha_2})$. Ausgehend von den Basissystemen $\left\{v_i^{(\alpha_1)} \,|\, i = 1, \ldots, d_{\alpha_1}\right\}$ und $\left\{v_i^{(\alpha_2)} \,|\, i = 1, \ldots, d_{\alpha_2}\right\}$ der Vektorräume $\mathcal{V}^{\alpha_1}$ und $\mathcal{V}^{\alpha_2}$ für die beiden Darstellungen $\boldsymbol{D}^{\alpha_1}$ und $\boldsymbol{D}^{\alpha_2}$, wird durch das innere direkte Produkt im Sinne aller Paarungen von der Form $\left\{v_{ij}^{(\alpha_1\otimes\alpha_2)} = v_i^{(\alpha_1)} \otimes v_j^{(\alpha_2)} \,|\, i = 1, \ldots, d_{\alpha_1};\; j = 1, \ldots, d_{\alpha_2}\right\}$ ein *direkter Produktraum* bzw. *Tensor(produkt)raum* $\mathcal{V}^{(\alpha_1\otimes\alpha_2)}$ aufgespannt. Dabei muss betont werden, dass das innere direkte Produkt $\otimes$ zwischen den Elementen aus den Vektorräumen $\mathcal{V}^{(\alpha_1)}$ und $\mathcal{V}^{(\alpha_2)}$ keine gewöhnliche Multiplikation bedeutet. Mit den Selbstabbildungen $D^{(\alpha_1)}(a)$ und $D^{(\alpha_2)}(a)$ der Teilräume $\mathcal{V}^{(\alpha_1)}$ und $\mathcal{V}^{(\alpha_2)}$ gemäß

$$D^{(\alpha_1)}(a)\, v_i^{(\alpha_1)} = \sum_j^{d_{\alpha_1}} D_{ji}^{(\alpha_1)}(a)\, v_j^{(\alpha_1)} \qquad i = 1, \ldots, d_{\alpha_1}$$

und

$$D^{(\alpha_2)}(a)\, v_k^{(\alpha_2)} = \sum_l^{d_{\alpha_2}} D_{lk}^{(\alpha_2)}(a)\, v_l^{(\alpha_2)} \qquad k = 1, \ldots, d_{\alpha_2}$$

existiert eindeutig ein linearer Operator $D^{(\alpha_1 \otimes \alpha_2)}(a) = U^{(\alpha_1)}(a) \otimes D^{(\alpha_2)}(a)$, der für die Selbstabbildungen des Produktraumes sorgt

$$\begin{aligned}
D^{(\alpha_1 \otimes \alpha_2)}(a)\left(v_i^{(\alpha_1)} \otimes v_k^{(\alpha_2)}\right) &= \left(D^{\alpha_1}(a) \otimes D^{\alpha_2}(a)\right)\left(v_i^{\alpha_1} \otimes v_k^{\alpha_2}\right) \\
&= D^{(\alpha_1)}(a) v_i^{(\alpha_1)} \otimes D^{(\alpha_2)}(a) v_k^{(\alpha_2)} \\
&= \sum_j^{d_{\alpha_1}} \sum_l^{d_{\alpha_2}} D_{ji}^{(\alpha_1)}(a) D_{lk}^{(\alpha_2)}(a)\left(v_j^{(\alpha_1)} \otimes v_l^{(\alpha_2)}\right) \\
&= \sum_j^{d_{\alpha_1}} \sum_l^{d_{\alpha_2}} [\boldsymbol{D}^{(\alpha_1)}(a) \otimes \boldsymbol{D}^{(\alpha_2)}(a)]_{jl,ik}\left(v_j^{(\alpha_1)} \otimes v_l^{(\alpha_2)}\right) \\
&= \sum_j^{d_{\alpha_1}} \sum_l^{d_{\alpha_2}} D_{jl,ik}^{(\alpha_1 \otimes \alpha_2)}(a)\left(v_j^{(\alpha_1)} \otimes v_l^{(\alpha_2)}\right) \qquad \forall a \in \mathcal{G}.
\end{aligned} \tag{3.211a}$$

Damit wird gezeigt, dass die $(d_{\alpha_1} d_{\alpha_2})$-dimensionale *Produktdarstellung* bzw. *Tensordarstellung* $\boldsymbol{D}^{(\alpha_1 \otimes \alpha_2)}(\mathcal{G})$ aus dem direkten Produkt der einzelnen Darstellungen $\boldsymbol{D}^{(\alpha_1)}$ und $\boldsymbol{D}^{(\alpha_1)}$ hervorgeht

$$\boldsymbol{D}^{(\alpha_1 \otimes \alpha_2)} = \boldsymbol{D}^{(\alpha_1)} \otimes \boldsymbol{D}^{(\alpha_2)}. \tag{3.211b}$$

Zudem ist sie wegen Gl. (3.205) eine Darstellung der Gruppe $\mathcal{G}$ bzw. des inneren direkten Produkts der Gruppe $\mathcal{G}$. Entsprechend erhält man für den Charakter der Produktdarstellung

$$\chi^{(\alpha_1 \otimes \alpha_2)}(a) = \chi^{(\alpha_1)}(a)\, \chi^{(\alpha_2)}(a) \qquad \forall a \in \mathcal{G}. \tag{3.212}$$

Analoge Überlegungen im Hinblick auf eine direkte Summe der Vektorräume $\mathcal{V}^{\alpha_1}$ und $\mathcal{V}^{\alpha_2}$, deren Durchschnitt nur das Nullelement enthält, ergeben mit der direkten Summe der einzelnen Darstellungen $\boldsymbol{D}^{(\alpha_1)}$ und $\boldsymbol{D}^{(\alpha_2)}$

$$\boldsymbol{D}^{(\alpha_1 \oplus \alpha_2)}(\mathcal{G}) = \boldsymbol{D}^{(\alpha_1)}(\mathcal{G}) \oplus \boldsymbol{D}^{(\alpha_2)}(\mathcal{G}) = \{\boldsymbol{D}^{(\alpha_1)}(a_i) \oplus \boldsymbol{D}^{(\alpha_2)}(a_i) \,|\, i = 1, \ldots, g\} \tag{3.213a}$$

eine direkte *Summendarstellung*, die ebenfalls eine Darstellung der Gruppe $\mathcal{G}$ ist. Der Charakter der Summendarstellung ist dann gegeben durch die Summe der Charaktere jeder einzelnen Darstellung

$$\chi^{(\alpha_1 \oplus \alpha_2)}(a) = \chi^{(\alpha_1)}(a) + \chi^{(\alpha_2)}(a) \qquad \forall a \in \mathcal{G}. \tag{3.213b}$$

Beispiel 2 Als Beispiel wird der direkte Produktraum $\mathcal{V}^{(1\otimes 2)} = \mathcal{V}^{(1)} \otimes \mathcal{V}^{(2)}$ der beiden Vektorräume $\mathcal{V}^{(1)} = \mathbb{R}^3$ und $\mathcal{V}^{(2)} = \mathbb{R}^2$ betrachtet. Mit den orthonormalen Basisystemen, den sogenannten Basistensoren der Stufe 1 ((1,0)-Tensoren) der einzelnen Vektorräume $\left\{v_1^{(1)} = (100),\, v_2^{(1)} = (010),\, v_3^{(1)} = (001)\right\}$ und $\left\{v_1^{(2)} = (10),\, v_2^{(2)} = (01)\right\}$, erhält man als Basis für den Produktraum die sechs Paarungen $\left\{v_{ij}^{(1\otimes 2)} = v_i^{(1)} \otimes v_j^{(2)} \,|\, i = 1, 2, 3;\; j = 1, 2\right\}$ in der Form

$$v_{11}^{(1\otimes 2)} = \begin{pmatrix} 1 & 0 & 0 \\ 0 & 0 & 0 \end{pmatrix} \qquad v_{21}^{(1\otimes 2)} = \begin{pmatrix} 0 & 1 & 0 \\ 0 & 0 & 0 \end{pmatrix} \qquad v_{31}^{(1\otimes 2)} = \begin{pmatrix} 0 & 0 & 1 \\ 0 & 0 & 0 \end{pmatrix}$$
$$v_{12}^{(1\otimes 2)} = \begin{pmatrix} 0 & 0 & 0 \\ 1 & 0 & 0 \end{pmatrix} \qquad v_{22}^{(1\otimes 2)} = \begin{pmatrix} 0 & 0 & 0 \\ 0 & 1 & 0 \end{pmatrix} \qquad v_{32}^{(1\otimes 2)} = \begin{pmatrix} 0 & 0 & 0 \\ 0 & 0 & 1 \end{pmatrix}.$$

Diese sind dann die Basistensoren der Stufe 2 ((1+1=2,0)-Tensoren) des 6-dimensionalen Tensorraumes $\mathcal{V}^{(1\otimes 2)} = \mathbb{R}^3 \otimes \mathbb{R}^2 = \mathbb{R}^6$, die auch als 6-komponentige Vektoren

$$v_{11}^{(1\otimes 2)} := (100\,000) \qquad v_{21}^{(1\otimes 2)} := (010\,000) \qquad v_{31}^{(1\otimes 2)} := (001\,000)$$
$$v_{12}^{(1\otimes 2)} := (000\,100) \qquad v_{22}^{(1\otimes 2)} := (000\,010) \qquad v_{32}^{(1\otimes 2)} := (000\,001).$$

definiert werden können. ■

Auch wenn die einzelnen Darstellungen $\boldsymbol{D}^{(\alpha)}$ irreduzibel sind, wird man die Produktdarstellung im Allgemeinen reduzibel vorfinden. Eine Zerlegung in irreduzible Darstellungen im Sinne einer direkten Summe deren Vektorräume

$$\boldsymbol{D}^{(\alpha_1 \otimes \alpha_2)}(a) \cong \bigoplus_{\alpha} (\alpha_1\, \alpha_2 |\, \alpha)\, \boldsymbol{D}^{(\alpha)}(a) \qquad a \in \mathcal{G} \tag{3.214}$$

wird als CLEBSCH-GORDAN-*Entwicklung* bezeichnet und bedeutet die Zerlegung des Produktraumes in irreduzible Unterräume $\mathcal{V}^{(\alpha)}$. Dabei gilt diese Aussage nur bis auf Isomorphie der irreduziblen Darstellungen. Der Reduktionskoeffizient $(\alpha_1\alpha_2|\,\alpha)$, der die Multiplizität m_α der irreduziblen Darstellung $\boldsymbol{D}^{(\alpha)}(a)$ in der Entwicklung bedeutet, errechnet sich mithilfe der Charaktere nach Gln. (3.119) und (3.213) zu

$$\begin{aligned} m_\alpha = (\alpha_1\alpha_2|\,\alpha) &= \frac{1}{g} \sum_{a\in\mathcal{G}} \chi^{(\alpha_1\otimes\alpha_2)}(a)\chi^{(\alpha)*}(a) \\ &= \frac{1}{g} \sum_{a\in\mathcal{G}} \chi^{(\alpha_1)}(a)\chi^{(\alpha_2)}(a)\chi^{(\alpha)*}(a) = \frac{1}{g} \sum_{p=1}^{r} c_p \chi_p^{(\alpha_1)} \chi_p^{(\alpha_2)} \chi_p^{(\alpha)*}. \end{aligned} \tag{3.215a}$$

Daraus resultieren die Symmetriebeziehungen

$$(\alpha_1\alpha_2|\alpha) = (\alpha_2\alpha_1|\alpha) \qquad \text{und} \qquad (\alpha_1\alpha_2|\alpha) = \left(\alpha_1^*\alpha|\alpha_2\right). \tag{3.215b}$$

Eine besondere Beachtung verdient das innere direkte Produkt von zwei äquivalenten irreduziblen Darstellungen

$$\boldsymbol{D}^{(\alpha)}(a) \otimes \boldsymbol{D}^{(\alpha)}(a) = (\alpha\alpha|\,\alpha_0)\boldsymbol{D}^{(\alpha_0)}(a) \oplus \bigoplus_{\gamma\neq\alpha_0}(\alpha\alpha|\,\gamma)\boldsymbol{D}^{(\gamma)}(a). \tag{3.216}$$

Bei der Ermittlung des Reduktionkoeffizienten der trivialen Darstellung $\boldsymbol{D}^{(\alpha_0)}(\mathcal{G})$ nach Gl. (3.215)

$$(\alpha\alpha|\,\alpha_0) = \frac{1}{g}\sum_{a\in\mathcal{G}}|\chi^{(\alpha)}(a)|^2\chi^{(\alpha_0)*}(a) = \frac{1}{g}\sum_{a\in\mathcal{G}}|\chi^{(\alpha)}(a)|^2\,1 > 0 \tag{3.217}$$

findet man unabhängig von der irreduziblen Darstellung $\boldsymbol{D}^{(\alpha)}(\mathcal{G})$ einen endlichen Wert, so dass in diesem speziellen Fall stets die triviale Darstellung als irreduzible Komponente in der Reduktion erwartet wird.

Beispiel 3 Beispiele der CLEBSCH-GORDAN-Entwicklung von inneren direkten Produktdarstellungen für den Fall der Punktsymmetrie $\mathcal{G} = C_{4v}$ des Quadrats werden in Tabelle 3.4 demonstriert. Dabei haben alle Reduktionskoeffizienten $(\alpha_1\alpha_2|\,\alpha)$ den Wert Eins.

Tabelle 3.4 CLEBSCH-GORDAN-Entwicklung von inneren direkten Produktdarstellungen (Tensordarstellungen) $\boldsymbol{D}^{(\alpha_1)}(\mathcal{G}) \otimes \boldsymbol{D}^{(\alpha_2)}(\mathcal{G})$ der Symmetriegruppe des Quadrats $\mathcal{G} = C_{4v}$ (Symbolik s. Tab. 3.2)

$\boldsymbol{D}^{(\alpha_1)} \otimes \boldsymbol{D}^{(\alpha_2)}$	A_1	A_2	B_1	B_2	E
A_1	A_1	A_2	B_1	B_2	E
A_2	A_2	A_1	B_2	B_1	E
B_1	B_1	B_2	A_1	A_2	E
B_2	B_2	B_1	A_2	A_1	E
E	E	E	E	E	$A_1 \oplus A_2 \oplus B_1 \oplus B_2$

■

Die Reduktion einer inneren Produktdarstellung $\boldsymbol{D}^{(\alpha_1\otimes\alpha_2)}(\mathcal{G})$ bedeutet deren Diagonalisierung in Blockform, so dass die irreduziblen Darstellungen $\boldsymbol{D}^{(\alpha)}(\mathcal{G})$ mit der Multiplizität $m_\alpha = (\alpha_1\,\alpha_2|\,\alpha)$ auf der Diagonale erscheinen. Dies gelingt durch eine Basistransformation des direkten Produkts $\left\{v_i^{(\alpha_1)} \otimes v_j^{(\alpha_2)}|\, i = 1,\ldots,d_{\alpha_1};\; j = 1,\ldots,d_{\alpha_2}\right\}$ nach $\left\{u_k^{(\alpha,p_\alpha)}|\, k = 1,\ldots,d_\alpha;\; p_\alpha = 1,\ldots,m_\alpha = (\alpha_1\,\alpha_2|\,\alpha)\right\}$ mittels einer regulären Matrix $\boldsymbol{C}^{(\alpha_1\alpha_2)}$

$$u_k^{(\alpha,p_\alpha)} = \sum_i^{d_{\alpha_1}} \sum_j^{d_{\alpha_2}} \begin{pmatrix} \alpha_1 & \alpha_2 & \alpha & p_\alpha \\ i & j & k & \end{pmatrix} v_i^{(\alpha_1)} \otimes v_j^{(\alpha_2)} \qquad k = 1, \dots, d_\alpha \qquad p_\alpha = 1, \dots, m_\alpha, \tag{3.218}$$

deren Elemente

$$C_{ij,\,kp_\alpha}^{(\alpha_1\,\alpha_2|\alpha)} = \begin{pmatrix} \alpha_1 & \alpha_2 & \alpha & p_\alpha \\ i & j & k & \end{pmatrix} \tag{3.219}$$

als *Kopplungskoeffizienten* bekannt sind. Bei der *speziellen orthogonalen Gruppe* $SO(3)$ in drei Dimensionen (*Rotationsgruppe*), als die Menge der eigentlichen Rotationen im euklidischen Raum $\mathbb{R}^3$, heißen sie CLEBSCH-GORDAN- bzw. WIGNER-*Koeffizienten*. Die Zeilen bzw. Spalten der Matrix $\boldsymbol{C}^{(\alpha_1\alpha_2)}$ (CLEBSCH-GORDAN-*Matrix*) werden durch die Indizes i, j bzw. α, p_α, k bezeichnet. Als Ergebnis der Transformation

$$\boldsymbol{C}^{(\alpha_1\,\alpha_2)-1}\,\boldsymbol{D}^{(\alpha_1\otimes\alpha_2)}(a)\,\boldsymbol{C}^{(\alpha_1\,\alpha_2)} = \boldsymbol{D}^{(\alpha_1\otimes\alpha_2)'}(a) = \bigoplus_\alpha (\alpha_1\alpha_2|\alpha)\,\boldsymbol{D}^{(\alpha)}(a) \tag{3.220}$$

erhält man in der neuen Basis die diagonale Blockform

$$\boldsymbol{D}^{(\alpha_1\otimes\alpha_2)'}(a) = \begin{pmatrix} \ddots & & & \\ & \boldsymbol{D}^{(\alpha,1)}(a) & & \\ & & \ddots & \\ & & & \boldsymbol{D}^{(\alpha,m_\alpha)}(a) & \\ & & & & \ddots \end{pmatrix} \qquad a \in \mathcal{G} \tag{3.221}$$

mit einer der Multiplizität m_α entsprechenden Anzahl von Blockmatrizen $\boldsymbol{D}^{(\alpha)}(a)$, deren Gesamtheit eine Dimension besitzt, die gleich der Dimension des Produktraumes ist

$$\dim \mathcal{V}^{(\alpha_1\otimes\alpha_2)} = \sum_\alpha m_\alpha\, d_\alpha = d_{\alpha_1}\, d_{\alpha_2}. \tag{3.222}$$

Setzt man orthonormale Basissysteme voraus, dann ist die Transformationsmatrix $\boldsymbol{C}^{(\alpha_1\,\alpha_2)}$ unitär. Demzufolge wird die Spaltenorthonormalität

$$\sum_i \sum_j \begin{pmatrix} \alpha_1 & \alpha_2 & \alpha & p_\alpha \\ i & j & k & \end{pmatrix}^* \begin{pmatrix} \alpha_1 & \alpha_2 & \alpha' & p'_\alpha \\ i & j & k' & \end{pmatrix} = \delta_{\alpha\alpha'}\delta_{p_\alpha p'_\alpha}\delta_{kk'} \tag{3.223a}$$

und Zeilenorthonormalität

$$\sum_\alpha \sum_{p_\alpha} \sum_k \begin{pmatrix} \alpha_1 & \alpha_2 & \alpha & p_\alpha \\ i & j & k & \end{pmatrix}^* \begin{pmatrix} \alpha_1 & \alpha_2 & \alpha & p_\alpha \\ i' & j' & k & \end{pmatrix} = \delta_{ii'}\delta_{jj'} \tag{3.223b}$$

erfüllt. Die Basiselemente des Produktraumes können dann durch die invertierte Gl. (3.218) als Linearkombinationen der Basis von irreduziblen Darstellungen ausgedrückt werden

$$v_i^{(\alpha_1)} \otimes v_j^{(\alpha_2)} = \sum_{\alpha} \sum_{p_\alpha} \sum_{k} \begin{pmatrix} \alpha_1 & \alpha_2 & \alpha & p_\alpha \\ i & j & k & \end{pmatrix}^* u_k^{(\alpha,p_\alpha)}. \tag{3.224}$$

Dieses Ergebnis resultiert auch aus der Anwendung des Projektionsoperators $P_{kk}^{(\alpha)}$ (3.160) auf ein Element des Produktraumes nach Gl. (3.165)

$$P_{kk}^{(\alpha)} \left(v_i^{(\alpha_1)} \otimes v_j^{(\alpha_2)} \right) = \sum_{p_\alpha=1}^{m_\alpha} c_k^{(\alpha,p_\alpha)} u_k^{(\alpha,p_\alpha)}, \tag{3.225}$$

um damit Basiselemente für die α-te irreduzible Darstellung herauszuprojizieren.

Zur Ermittlung der Kopplungskoeffizienten (3.219) verwendet man Gl. (3.220)

$$\boldsymbol{D}^{(\alpha_1 \otimes \alpha_2)}(a) = \boldsymbol{C}^{(\alpha_1\alpha_2)} \bigoplus_{\alpha} (\alpha_1\alpha_2|\,\alpha) \boldsymbol{D}^{(\alpha)}(a) \boldsymbol{C}^{(\alpha_1\alpha_2)-1}, \tag{3.226}$$

die in Komponentenschreibweise die Form

$$\begin{aligned} D_{ik,jl}^{(\alpha_1 \otimes \alpha_2)}(a) &= D_{ij}^{(\alpha_1)}(a) \otimes D_{kl}^{(\alpha_2)}(a) \\ &= \sum_{\alpha} \sum_{p_\alpha} \sum_{m,n} \begin{pmatrix} \alpha_1 & \alpha_2 & \alpha & p_\alpha \\ i & k & m & \end{pmatrix} D_{mn}^{(\alpha,p_\alpha)}(a) \begin{pmatrix} \alpha_1 & \alpha_2 & \alpha & p_\alpha \\ j & l & n & \end{pmatrix}^* \end{aligned} \tag{3.227}$$

annimmt. Nach Multiplikation mit $\boldsymbol{D}^{(\alpha',\, p_{\alpha'})*}(a)$ und Summation über die Gruppenelemente $a \in \mathcal{G}$ erhält man unter Beachtung der Orthogonalität (3.98)

$$\begin{aligned} &\sum_{p_\alpha}^{m_\alpha} \begin{pmatrix} \alpha_1 & \alpha_2 & \alpha & p_\alpha \\ i & k & m & \end{pmatrix} \begin{pmatrix} \alpha_1 & \alpha_2 & \alpha & p_\alpha \\ j & l & n & \end{pmatrix}^* \\ &= \frac{d_\alpha}{g} \sum_{a \in \mathcal{G}} D_{ij}^{(\alpha_1)}(a) D_{kl}^{(\alpha_2)}(a) D_{mn}^{(\alpha)*}(a) \qquad a \in \mathcal{G}. \end{aligned} \tag{3.228}$$

Diese Beziehung, die auch auf dem Weg über die Methode der Projektion gewonnen werden kann, eröffnet eine Möglichkeit, die Koeffizienten der Transformationsmatrix $\boldsymbol{C}^{(\alpha_1\alpha_2)}$ aus den irreduziblen Darstellungen $\boldsymbol{D}^{(\alpha_1)}$ und $\boldsymbol{D}^{(\alpha_2)}$ zu ermitteln. Für den Fall, dass die Zerlegung der Produktdarstellung höchstens einmal auftretende irreduzible Darstellungen $\boldsymbol{D}^{(\alpha)}$ liefert ($m_\alpha = (\alpha_1\,\alpha_2|\,\alpha) \leq 1$) – nämlich bei den *einfach reduzierbaren Gruppen* –, beschränkt sich die Summe in (3.228) auf nur einen Term, wodurch die Berechnung besonders einfach wird. Dabei ist zu beachten, dass dann die Bedingung (3.128) (für $i = j, k = l, m = n$) durch alle Koeffizienten der Form

$$\begin{pmatrix} \alpha_1 & \alpha_2 & \alpha & p_\alpha \\ i & k & m & \end{pmatrix}' = \exp(it) \begin{pmatrix} \alpha_1 & \alpha_2 & \alpha & p_\alpha \\ i & k & m & \end{pmatrix} \qquad t \in \mathbb{R} \tag{3.229a}$$

erfüllt wird. Demnach können die Koeffizienten nur bis auf einen willkürlichen Phasenfaktor festgelegt werden. Für den Fall, dass eine irreduzible Darstellung $\boldsymbol{D}^{(\alpha)}$ mehrfach in der Zerlegung der Produktdarstellung auftritt ($m_\alpha \geq 2$), liefert Gl. (3.228) (für $i = j, k = l, m = n$) Koeffizienten der Form

$$\begin{pmatrix} \alpha_1 & \alpha_2 & \alpha & p_\alpha \\ i & k & m & \end{pmatrix}' = \sum_{p'_\alpha}^{m_\alpha} S_{p_\alpha p'_\alpha} \begin{pmatrix} \alpha_1 & \alpha_2 & \alpha & p'_\alpha \\ i & k & m & \end{pmatrix} \tag{3.229b}$$

mit einer willkürlich wählbaren, unitären $m_\alpha \times m_\alpha$-Matrix $\boldsymbol{S}$.

Beispiel 4 Betrachtet man etwa das innere direkte Produkt der irreduziblen Darstellung E (bzw. $\boldsymbol{D}^{(5)}$) der Punktsymmetrie C_{4v} (Tab. 3.1 und 3.2) mit sich selbst, so findet man nach Gl. (3.119) eine Reduktion der Produktdarstellung in irreduzible Komponenten (Tab. 3.4)

$$E \otimes E = A_1 \oplus A_2 \oplus B_1 \oplus B_2. \tag{3.230}$$

Zur Ermittlung der Transformationsmatrix $\boldsymbol{C}^{EE,B_1}$ für die einmal auftretende ($m_{B_1} = 1$), eindimensionale Darstellung B_1 beginnt man mit dem Koeffizient C_{11}^{EE,B_1}, dessen Wert sich mit Gl. (3.228) aus

$$\begin{pmatrix} E & E & B_1 \\ 1 & 1 & 1 \end{pmatrix}^2 = +\frac{1}{2} \tag{3.231a}$$

zu

$$\begin{pmatrix} E & E & B_1 \\ 1 & 1 & 1 \end{pmatrix} = \exp(it)\frac{1}{\sqrt{2}} \qquad t \in \mathbb{R} \tag{3.231b}$$

ergibt. Die Berechnung eines weiteren Koeffizienten C_{22}^{EE,B_1} geschieht mithilfe von

$$\begin{pmatrix} E & E & B_1 \\ 1 & 1 & 1 \end{pmatrix} \begin{pmatrix} E & E & B_1 \\ 2 & 2 & 1 \end{pmatrix} = -\frac{1}{2}, \tag{3.232}$$

woraus mit Gl. (3.231) sowie nach Wahl einer reellen Phase ($t = 0$) und mithin eines reellen Koeffizienten C_{11}^{EE,B_1} das Ergebnis

$$\begin{pmatrix} E & E & B_1 \\ 2 & 2 & 1 \end{pmatrix} = -\frac{1}{\sqrt{2}}$$

resultiert. Analoge Überlegungen im Hinblick auf die übrigen zwei Koeffizienten führen schließlich zu der Matrix

$$\boldsymbol{C}^{EE,B_1} = \frac{1}{\sqrt{2}} \begin{pmatrix} 1 & 0 \\ 0 & -1 \end{pmatrix}.$$

Mit den Transformationsmatrizen $\boldsymbol{C}^{EE,A_1}$, $\boldsymbol{C}^{EE,A_2}$, $\boldsymbol{C}^{EE,B_1}$ und $\boldsymbol{C}^{EE,B_2}$ gelingt dann die Aufstellung der gesamten Transformationsmatrix $\boldsymbol{C}^{EE}$ (3.219)

$$\boldsymbol{C}^{EE} = \frac{1}{\sqrt{2}} \begin{pmatrix} 1 & 0 & 1 & 0 \\ 0 & 1 & 0 & 1 \\ 0 & -1 & 0 & 1 \\ 1 & 0 & -1 & 0 \end{pmatrix}, \tag{3.233}$$

deren Spalten durch die Indizes $\alpha\,(= A_1,\ A_2,\ B_1,\ B_2),\ p_\alpha\,(=\ 1),\ k\,(=\ 1)$ und deren Zeilen durch die Indizes $i\,(= 1,\ 2),\ j\,(= 1,\ 2)$ charakterisiert werden.

Die Transformation der Produktbasis nach einer Basis etwa jener der irreduziblen Darstellung B_1 lautet mit (3.233) nach Gl. (3.218)

$$u_1^{B_1} = \frac{1}{\sqrt{2}} \left(v_1^E \otimes v_1^E - v_2^E \otimes v_2^E \right). \tag{3.234}$$

Nach Wahl einer Basis für die irreduzible Darstellung E im Funktionenraum (Tab. 3.1) von der Form

$$v_1^E = x \qquad v_2^E = y \tag{3.235}$$

erhält man demnach die transformierte Basis

$$u_1^{B_1} = \frac{1}{\sqrt{2}} (x^2 - y^2), \tag{3.236}$$

wie man sie für die irreduzible Darstellung B_1 erwartet (Tab. 3.1).

■

Ein besonderer Fall des inneren direkten Produkts erwächst aus der Voraussetzung, dass die einzelnen faktoriellen irreduziblen Darstellungen gleich sind $(\boldsymbol{D}^{(\alpha_1)} = \boldsymbol{D}^{(\alpha_2)} = \boldsymbol{D}^{(\alpha)})$, aber verschiedene Basissysteme $\{v_i \,|\, i = 1, \ldots, d_\alpha\}$ und $\left\{v_i' \,|\, i = 1, \ldots, d_\alpha\right\}$ benutzen. Die Wirkung einer Selbstabbildung $D^{(\alpha\otimes\alpha)}(a)$ des Produktraumes auf eines der Basiselemente, das die Form einer Linearkombination besitzt, ergibt nach Gl. (3.211)

$$\begin{aligned} &D^{(\alpha\otimes\alpha)}(a) \left(v_k \otimes v_l' \pm v_l \otimes v_k'\right) \\ &\quad = \sum_{m,n} \left[D_{mk}^{(\alpha)}(a)\, D_{nl}^{(\alpha)}(a) \pm D_{ml}^{(\alpha)}(a)\, D_{nk}^{(\alpha)}(a) \right] v_m \otimes v_n' \end{aligned} \tag{3.237a}$$

bzw. nach Symmetrisierung

$$D^{(\alpha\otimes\alpha)}(a)\left(v_k \otimes v_l' \pm v_l \otimes v_k'\right)$$
$$= \sum_{m,n} \frac{1}{2}\left[D_{mk}^{(\alpha)}(a) D_{nl}^{(\alpha)}(a) \pm D_{ml}^{(\alpha)}(a) D_{nk}^{(\alpha)}(a)\right]\left(v_m \otimes v_n' \pm v_n \otimes v_m'\right). \tag{3.237b}$$

Damit wird eine *symmetrische Produktdarstellung*

$$\left(D_{+}^{(\alpha\otimes\alpha)}(a)\right)_{mn,kl} = \frac{1}{2}\left[D_{mk}^{(\alpha)}(a) D_{nl}^{(\alpha)}(a) + D_{ml}^{(\alpha)}(a) D_{nk}^{(\alpha)}(a)\right] \tag{3.238}$$

sowie eine *antisymmetrische Produktdarstellung*

$$\left(D_{-}^{(\alpha\otimes\alpha)}(a)\right)_{mn,kl} = \frac{1}{2}\left[D_{mk}^{(\alpha)}(a)\, D_{nl}^{(\alpha)}(a) - D_{ml}^{(\alpha)}(a)\, D_{nk}^{(\alpha)}(a)\right] \tag{3.239}$$

begründet. Die zugehörigen Basissysteme $\left\{\left(v_k \otimes v_l' + v_l \otimes v_k'\right)_+ \mid k \leq l;\ k,l = 1,\ldots,d_\alpha\right\}$ bzw. $\left\{\left(v_k \otimes v_l' - v_l \otimes v_k'\right)_- \mid k < l;\ k,l = 1,\ldots,d_\alpha\right\}$ sind symmetrisch bzw. antisymmetrisch bezüglich der Vertauschung der Indizes k und l. Bei identischen Basissystemen der irreduziblen Darstellung $\boldsymbol{D}^{(\alpha)}$ $\left(\{v_i\} \equiv \{v_i'\}\right)$ verschwindet die antisymmetrische Basis, so dass nur die symmetrische Darstellung erwartet wird. Für die Dimension erhält man entsprechend der Anzahl linear unabhängiger Basiselemente

$$\dim \boldsymbol{D}_{+}^{(\alpha\otimes\alpha)} = \frac{1}{2}\, d_\alpha\,(d_\alpha + 1) \tag{3.240}$$
$$\dim \boldsymbol{D}_{-}^{(\alpha\otimes\alpha)} = \frac{1}{2}\, d_\alpha\,(d_\alpha - 1), \tag{3.241}$$

wobei deren Summe die Dimension d_α^2 des gesamten Produktraumes $\mathcal{V}^{(\alpha\otimes\alpha)}$ ergibt. Der Charakter der beiden Darstellungen errechnet sich nach (3.238) und (3.239) zu

$$\chi_{\pm}^{(\alpha\otimes\alpha)}(a) = \sum_{mn}\left(D_{\pm}^{(\alpha\otimes\alpha)}(a)\right)_{mn,mn} = \frac{1}{2}\sum_{mn}\left[D_{mm}^{(\alpha)}(a) D_{nn}^{(\alpha)}(a) \pm D_{mn}^{(\alpha)}(a) D_{nm}^{(\alpha)}(a)\right]$$
$$= \frac{1}{2}\sum_{m} D_{mm}^{(\alpha)}(a) \sum_{n} D_{nn}^{(\alpha)}(a) \pm \frac{1}{2}\sum_{m} D_{mm}^{(\alpha)}(a \circ a)$$
$$= \frac{1}{2}\left[\left(\chi^{(\alpha)}(a)\right)^2 \pm \chi(a \circ a)\right] \qquad a \in \mathcal{G}. \tag{3.242}$$

Die Aufteilung des Produktraumes in einen symmetrischen und einen antisymmetrischen Unterraum impliziert die Zerlegung der Produktdarstellung gemäß

$$D^{(\alpha\otimes\alpha)}(\mathcal{G}) = D_+^{(\alpha\otimes\alpha)}(\mathcal{G}) \oplus D_-^{(\alpha\otimes\alpha)}(\mathcal{G}). \tag{3.243}$$

Beide Produktdarstellungen $D_+^{(\alpha\otimes\alpha)}$ und $D_-^{(\alpha\otimes\alpha)}$ sind möglicherweise noch weiter zerlegbar in irreduzible Komponenten.

Beispiel 5 Im Fall der Punktsymmetrie C_{4v} des Quadrats erhält man für das innere direkte Produkt der irreduzible Darstellung E mit sich selbst nach Gl. (3.242) jene Charaktere der symmetrischen bzw. antisymmetrischen Darstellung $(E \otimes E)_\pm$, die in Tabelle 3.5 aufgelistet sind. Die nachfolgende Bestimmung der Reduktionskoeffizienten $(EE|\,\alpha)$ nach Gl. (3.215) liefert dann für die beiden Produktdarstellungen die CLEBSCH-GORDAN-Entwicklungen (3.214)

$$(E \otimes E)_+ = A_1 \oplus B_1 \oplus B_2 \tag{3.244a}$$
$$(E \otimes E)_- = A_2, \tag{3.244b}$$

was mit dem Ergebnis (3.229) übereinstimmt.

■

Tabelle 3.5 Charaktere der symmetrischen $(E \otimes E)_+$ und antisymmetrischen $(E \otimes E)_-$ Produktdarstellung für die Punktsymmetrie C_{4v}

C_{4v}	e	$2c_4$	c_2	$2\sigma_v$	$2\sigma_d$
$(E \otimes E)_+$	3	−1	3	1	1
$(E \otimes E)_-$	1	1	1	−1	−1

3.11 Induzierte und subduzierte Darstellungen

Die Suche nach irreduziblen Darstellungen $D^{(\alpha)}(\mathcal{G})$ einer Gruppe $\mathcal{G}$ wird wesentlich erleichtert durch die Kenntnis der irreduziblen Darstellungen von zugehörigen einfacheren Untergruppen $\mathcal{H} \subset \mathcal{G}$. Ausgehend von der Basis $\left\{v_i^{(\beta)}\,|\, i = 1, \ldots, d_\beta\right\}$ einer irreduziblen Darstellung $D^{(\beta)}(\mathcal{H})$ der Untergruppe $\mathcal{H}$, ermittelt man jene Abbildungen

$$D(a_n)v_i^{(\beta)} =: w_{ni} \qquad n = 1, \ldots, \operatorname{ind}\mathcal{H} = l \qquad i = 1, \ldots, d_\beta, \tag{3.245}$$

die den Vertretern $\{a_n|\, n = 1, \ldots, l\}$ in der Zerlegung der Gruppe $\mathcal{G}$ nach Nebenklassen bzgl. der Untergruppe $\mathcal{H}$

$$\mathcal{G} = \sum_n^{\operatorname{ind}\mathcal{H}} a_n \circ \mathcal{H} \tag{3.246}$$

zugeordnet sind. Man erhält so eine $(l\, d_\beta)$-dimensionale Basis $\{w_{ni} | n = 1, \cdots, l;\ i = 1, \cdots, d_\beta\}$ der von der irreduziblen Darstellung $\boldsymbol{D}^{(\beta)}(\mathcal{H})$ *induzierten Darstellung* $\boldsymbol{D}_{\text{ind}}^{(\beta)}(\mathcal{G})$ (bzw. $\boldsymbol{D}^{(\beta)}(\mathcal{H} \uparrow \mathcal{G})$) auf die Gruppe $\mathcal{G}$.

Eine Erweiterung der irreduziblen Darstellung $\boldsymbol{D}^{(\beta)}(\mathcal{H})$ auf die gesamte Gruppe $\mathcal{G}$ muss der Bedingung

$$\boldsymbol{D}^{(\beta)}(a) = \begin{cases} \boldsymbol{D}^{(\beta)}(b) & \text{für } a = b \in \mathcal{H} \\ \mathbf{0} & \text{sonst.} \end{cases} \tag{3.247}$$

genügen. Die induzierte Darstellung $\boldsymbol{D}_{\text{ind}}^{(\beta)}(a)$ als eine Darstellung der gesamten Gruppe ($a \in \mathcal{G}$) ergibt sich aus der Konstruktion einer Matrix mit einer Anzahl l^2 von d_β-dimensionalen Blockmatrizen

$$\boldsymbol{D}_{mn}^{(\beta)}(a) = \boldsymbol{D}^{(\beta)}\left(a_m^{-1} \circ a \circ a_n\right) \qquad m, n = 1, \ldots, l, \tag{3.248}$$

die die Forderung (3.247) erfüllen. Für die Abbildungen $D(a)$ des $(l\, d_\beta)$-dimensionalen Vektorraumes gilt dann

$$D(a)\, w_{mi} = \sum_n^l \sum_j^{d_\beta} D_{\text{ind}\, nj,mi}^{(\beta)}(a)\, w_{nj} \qquad a \in \mathcal{G} \tag{3.249a}$$

mit der induzierten Darstellung

$$D_{\text{ind}\, nj,mi}^{(\beta)}(a) = \Delta_{nm}(a)\, D_{ji}^{(\beta)}\left(a_n^{-1} \circ a \circ a_m\right). \tag{3.249b}$$

Dabei wird die Bedingung (3.247) durch

$$\Delta_{nm}(a) = \begin{cases} 1 & \text{für } a_n^{-1} \circ a \circ a_m = b \in \mathcal{H} \\ 0 & \text{sonst} \end{cases} \tag{3.249c}$$

erfüllt. Der Charakter der induzierten Darstellung ergibt sich nach dann zu

$$\chi_{\text{ind}}^{(\beta)}(a) = \sum_m^l \Delta_{mm}(a)\, \chi^{(\beta)}\left(a_m^{-1} \circ a \circ a_m\right). \tag{3.250}$$

Im Allgemeinen kann diese Darstellung in irreduzible Darstellungen $\boldsymbol{D}^{(\alpha)}(\mathcal{G})$ bzgl. der Gruppe $\mathcal{G}$ zerlegt werden, was in der Form

$$\chi_{\text{ind}}^{(\beta)}(a) = \sum_\alpha m_{\alpha,\beta}\, \chi^{(\alpha)}(a) \qquad a \in \mathcal{G} \tag{3.251}$$

zum Ausdruck gebracht wird.

Beispiel 1 Eine einfache Demonstration der Induktion gelingt mit der Wahl der bei jeder Gruppe auftretenden trivialen Untergruppe $\mathcal{H} = \{e\}$, die nur die Identität umfasst. Die Zerlegung der Gruppe $\mathcal{G}$ in Nebenklassen bzgl. dieser Untergruppe nach Gl. (3.246) liefert als Vertreter die g Elemente $\{a_i \in \mathcal{G} | \, i = 1, \ldots, g\}$ der Gruppe, mit deren Hilfe eine Darstellung induziert werden kann. Ausgehend von der einzigen trivialen Darstellung der Untergruppe

$$\boldsymbol{D}^{(\beta)}(a) = 1, \tag{3.252}$$

erhält man nach Gl. (3.249) eine ($l\, d_\beta =$) g-dimensionale Darstellung $\boldsymbol{D}_{\text{ind}}^{(\beta)}(\mathcal{G})$ mit verschwindeten Elementen außer in der m-ten Zeile und der n-ten Spalte bei Erfüllung der Bedingung (3.249c)

$$a_m^{-1} \circ a \circ a_n = e \equiv \mathcal{H}. \tag{3.253}$$

Die so induzierte Darstellung ist mit der regulären Darstellung identisch (Abschn. 3.7), was der Vergleich von (3.253) mit der Festlegung der Strukturkonstanten nach Gl. (3.133) offenbart. In beiden Fällen erhält man deshalb nur dann ausschließlich Diagonalelemente ($m = n$), falls das Element a mit der Identität e übereinstimmt. Demzufolge errechnet sich der Charakter eines beliebigen Elements nach Gl. (3.134).

■

Die umgekehrte Verfahrensweise mit dem Ziel, die irreduziblen Darstellungen einer Untergruppe $\mathcal{H}$ aus der Kenntnis jener der zugehörigen Gruppe $\mathcal{G}$ zu ermitteln, ist ebenfalls denkbar und wird bei einer Symmetrieerniedrigung etwa infolge von Störungen zur Anwendung kommen. Während man im vorangegangenen Fall mit einer geeigneten Erweiterung der vorgegebenen irreduziblen Darstellungen erfolgreich ist, wird man hier eine Einschränkung versuchen, indem nur die Elemente b der Untergruppe $\mathcal{H}$ unter Weglassen der übrigen Elemente ausgewählt werden. Die durch die Abbildung $D(b)$ ($b \in \mathcal{H}$) mit der ursprünglichen Basis gewonnene Darstellung wird als die von der irreduziblen Darstellung $\boldsymbol{D}^{(\alpha)}(\mathcal{G})$ auf die Untergruppe $\mathcal{H}$ *subduzierte Darstellung* $\boldsymbol{D}_{\text{sub}}^{(\alpha)}(\mathcal{H})$ (bzw. $\boldsymbol{D}^{(\alpha)}(\mathcal{G} \downarrow \mathcal{H})$) bezeichnet

$$\boldsymbol{D}_{\text{sub}}^{(\alpha)}(\mathcal{H}) := \{\boldsymbol{D}^{(\alpha)}(b) | \, b \in \mathcal{H} \subset \mathcal{G}\}. \tag{3.254}$$

Wie die induzierten Darstellungen sind auch die subduzierten Darstellungen im Allgemeinen reduzibel bezüglich der irreduziblen Komponenten $\boldsymbol{D}^{\beta}(\mathcal{H})$ der Untergruppe, was in der Form

$$\chi_{\text{sub}}^{(\alpha)}(b) = \sum_{\beta} m_{\beta,\alpha}\, \chi^{(\beta)}(b) \qquad b \in \mathcal{H} \tag{3.255}$$

zum Ausdruck gebracht wird.

Der Vergleich der Multiplizitäten in Gln. (3.251) und (3.255) erlaubt eine Verknüpfung zwischen der induzierten und subduzierten Darstellung. Ausgehend von Gl. (3.250) und deren Substitution durch Gl. (3.251)

$$\sum_{\alpha} m_{\alpha,\beta} \chi^{(\alpha)}(a) = \sum_{m}^{l} \Delta_{mm} \chi^{(\beta)} \left(a_m^{-1} \circ a \circ a_m \right) \qquad a \in \mathcal{G} \tag{3.256}$$

erhält man nach Multiplikation mit $\chi^{(\alpha)*}(a)$ und Summation über alle Gruppenelemente a

$$g m_{\alpha,\beta} = \sum_{a \in \mathcal{G}} \sum_{m}^{l} \Delta_{mm}(a) \chi^{(\beta)} \left(a_m^{-1} \circ a \circ a_m \right) \chi^{(\alpha)*}(a), \tag{3.257}$$

wobei die Orthogonalität (3.107) verwendet wird. Die Summe bezüglich der Gruppenelemente a liefert wegen (3.249c) nur den Beitrag

$$\Delta_{mm}(a) \chi^{(\beta)} \left(a_m^{-1} \circ a \circ a_m \right) = \chi^{(\beta)}(b) 1 \qquad \text{für } a_m^{-1} \circ a \circ a_m = b \in \mathcal{H}, \tag{3.258}$$

so dass es genügt über die Elemente b der Untergruppe $\mathcal{H}$ zu summieren

$$g m_{\alpha,\beta} = \sum_{b \in \mathcal{H}} \chi^{(\beta)}(b) \chi^{(\alpha)*}(b) = \sum_{b \in \mathcal{H}} \chi^{(\beta)}(b) \chi_{\text{sub}}^{(\alpha)*}(b). \tag{3.259}$$

Die Substitution von $\chi_{\text{sub}}^{(\alpha)*}(b)$ nach Gl. (3.255) liefert das *Reziprozitätstheorem* (v. FROBENIUS)

$$m_{\alpha,\beta} = m_{\beta,\alpha} \tag{3.260}$$

mit der Aussage, dass die Multiplizität $m_{\alpha,\beta}$ von irreduziblen Darstellungen $\boldsymbol{D}^{(\alpha)}(\mathcal{G})$ als Komponenten der induzierten Darstellung $\boldsymbol{D}_{\text{ind}}^{(\beta)}(\mathcal{G})$ gleich ist der Multiplizität $m_{\beta,\alpha}$ von irreduziblen Darstellungen $\boldsymbol{D}^{(\beta)}(\mathcal{H})$ als Komponenten der subduzierten Darstellung $\boldsymbol{D}_{\text{sub}}^{(\alpha)}(\mathcal{H})$.

Beispiel 2 Zur Demonstration wird die C_{4v}-Punktsymmetrie des Quadrats betrachtet. Ausgehend von der Untergruppe $\mathcal{H} : C_s = \{e, \sigma_d\}$ mit dem Index $l = 4$ sowie deren eindimensionalen trivialen Darstellung $\boldsymbol{D}^{A'}(\mathcal{H})$ (Tab. 3.6), wird man mittels der Vertreter der Nebenklassen $\{a_1 = e,\ a_2 = c_4,\ a_3 = c_4^2,\ a_4 = c_4^3\}$ nach Gl. (3.249b) die induzierte Darstellung mit $D_{11}^{A'}(e) = D_{11}^{A'}(\sigma_d) = 1$ berechnen. Wählt man etwa das Gruppenelement $a = c_4 \in C_{4v}$, so ergibt sich nach Gl. (3.249c) die Matrix $\boldsymbol{\Delta}(c_4)$ zu

$$\boldsymbol{\Delta}(c_4) = \begin{pmatrix} 0 & 0 & 0 & 1 \\ 1 & 0 & 0 & 0 \\ 0 & 1 & 0 & 0 \\ 0 & 0 & 1 & 0 \end{pmatrix}, \tag{3.261a}$$

die wegen der Trivialität der Darstellung A' ($\boldsymbol{D}^{A'}(a) = 1, \ \forall a \in C_{4v}$) nach Gl. (3.249b) auch gleich der induzierten Darstellungsmatrix ist

$$\boldsymbol{D}^{A'}_{\text{ind}}(c_4) = \boldsymbol{\Delta}(c_4). \tag{3.261b}$$

Tabelle 3.6 Charaktere (Charaktertafel) von irreduziblen Darstellungen A' und A'' der endlichen Punktgruppe C_s (Bezeichnung nach MULLIKAN); R_x, R_y, R_z: Komponenten eines axialen Vektors

C_s	e	σ	Basis
A'	1	1	x; y; R_z
A''	1	-1	z; R_x; R_y

Insgesamt findet man eine induzierte Darstellung, die zur 4-dimensionalen Darstellung $\boldsymbol{D}^{(6)}(C_{4v})$ äquivalent ist (Tab. 3.1). Der Grund dafür liegt in der gemeinsamen Basis. Wählt man etwa die Funktion $v^{A'} = v_1 = v[(\boldsymbol{r} - \boldsymbol{r}_1)^2]$ als Basis für die symmetrische irreduzible Darstellung A', so wird man mittels der Vertreter $\{a_i \,|\, i = 1, 2, 3, 4\}$ der Nebenklassen und den dazu korrelierten Abbildungen $D(a)$ nach Gl. (3.245) eine Basis für die induzierte Darstellung $\boldsymbol{D}^{A'}_{\text{ind}}(C_{4v})$ gewinnen

$$D(e)\, v_1 = v_1^{(6)} = w_{11} \quad D(c_4)\, v_1 = v_2^{(6)} = w_{41} \tag{3.262a}$$

$$D\left(c_4^2\right)\, v_1 = v_3^{(6)} = w_{31} \quad D\left(c_4^3\right)\, v_1 = v_4^{(6)} = w_{21}, \tag{3.262b}$$

die durch eine Transformation aus der Basis $\left\{v_i^{(6)} \,|\, i = 1, 2, 3, 4\right\}$ der Darstellung $\boldsymbol{D}^{(6)}(C_{4v})$ (Gl. 3.24) hervorgeht. Eine nachfolgende Reduktion ergibt die irreduziblen Komponenten

$$\boldsymbol{D}^{A'}_{\text{ind}}(C_{4v}) = A_1 \oplus B_2 \oplus E \tag{3.263}$$

mit den Multiplizitäten

$$m_{A_1,A'} = m_{B_2,A'} = m_{E,A'} = 1. \tag{3.264}$$

Umgekehrt kann man ausgehend etwa von der zweidimensionalen irreduziblen Darstellung E der Gruppe $\mathcal{G} = C_{4v}$ eine Darstellung $D^E_{\text{sub}}(\mathcal{H})$ der Untergruppe $\mathcal{H} = C_s$ subduzieren, die nach Reduktion in die irreduziblen Komponenten

$$\boldsymbol{D}^E_{\text{sub}}(C_s) = A' \oplus A'' \tag{3.265}$$

mit den Multiplizitäten

$$m_{A',E} = m_{A'',E} = 1 \tag{3.266}$$

zerfällt (Tab. 3.7). Der Vergleich mit Gl. (3.264) ($m_{A',E} = m_{E,A'} = 1$) liefert eine Bestätigung des Reziprozitätstheorems (3.260).

Eine weitere induzierte Darstellung wird durch die antisymmetrische irreduzible Darstellung A'' der Untergruppe C_s nach dem obigen Verfahren gewonnen. Ausgehend etwa von der z-Komponente eines (axialen) Drehimpulsvektors der Form

$$v_1 = [(\boldsymbol{r} - \boldsymbol{r}_1) \times (\dot{\boldsymbol{r}} - \dot{\boldsymbol{r}}_1)]_z \tag{3.267}$$

Tabelle 3.7 Korrelationstabelle für die C_{4v}-Punktsymmetrie; Zerlegung der subduzierten Darstellungen $\boldsymbol{D}^{(\alpha)}_{\text{sub}}(\mathcal{H})$ in irreduzible Darstellungen $\boldsymbol{D}^{(\beta)}(\mathcal{H})$ der Untergruppen $\mathcal{H}: \ C_4, \ C_{2v}, \ C_s$

$\boldsymbol{D}^\alpha$	$\boldsymbol{D}^\alpha_{\text{sub}}$		
C_{4v}	C_4	C_{2v}	C_s
A_1	A	A_1	A'
A_2	A	A_2	A''
B_1	B	A_1	A'
B_2	B	A_2	A''
E	${}^1E \oplus {}^1E$	$B_1 \oplus B_2$	$A' \oplus A''$

als Basisfunktionen der irreduziblen Darstellung A'', bekommt man gemäß (3.245) einen Satz von vier Funktionen

$$w_{i1} = [(\boldsymbol{r} - \boldsymbol{r}_i) \times (\dot{\boldsymbol{r}} - \dot{\boldsymbol{r}}_i)]_z \quad i = 1, \ 2, \ 3, \ 4, \tag{3.268}$$

die eine Basis für die induzierte Darstellung

$$\boldsymbol{D}^{A''}_{\text{ind}}(C_{4v}) = \begin{cases} \boldsymbol{D}^{A'}_{\text{ind}}(a) & \text{für } a \in \{e, c_4, c_4^2, c_4^3, \sigma_v, \sigma_v'\} \\ -\boldsymbol{D}^{A'}_{\text{ind}}(a) & \text{für } a \in \{\sigma_d, \sigma_d'\} \end{cases} \tag{3.269}$$

bilden. Die nachfolgende Reduktion liefert die Zerlegung

$$\boldsymbol{D}^{A''}_{\text{ind}}(C_{4v}) = A_2 \oplus B_1 \oplus E \tag{3.270}$$

mit den Multiplizitäten

$$m_{A_2,A''} = m_{B_1,A''} = m_{E,A''} = 1. \tag{3.271}$$

Der Vergleich mit Gl. (3.266) ($m_{E,A''} = m_{A'',E} = 1$) bestätigt auch hier das Reziprozitätstheorem (3.260).

■

3.12 Konjugierte und erlaubte Darstellungen

Die Methode der Induktion zur Erfassung von Darstellungen einer Gruppe $\mathcal{G}$ ist besonders in jenen Fällen von Interesse, bei denen die Untergruppe ein Normalteiler $\mathcal{N}$ ($\text{ord}\,\mathcal{N} = n$) ist, der nur aus zueinander konjugierten Elementen besteht (Abschn. 2.2)

$$a_i^{-1} \circ \mathcal{N} \circ a_i = \mathcal{N} \qquad \forall a_i \in \mathcal{G}. \tag{3.272}$$

Diese Eigenschaft erlaubt bei einem vorgegebenen Element a_i der Gruppe $\mathcal{G}$ eine Permutation der Ordnung eines Elements b aus dem Normalteiler $\mathcal{N}$, so dass eine weitere Darstellung des Normalteilers

$$\boldsymbol{D}_{a_i}^{(\beta)}(\mathcal{N}) = \boldsymbol{D}^{(\beta)}\left(a_i^{-1} \circ \mathcal{N} \circ a_i\right) \qquad a_i \in \mathcal{G} \tag{3.273}$$

gewonnen werden kann, die als die bezüglich der Gruppe $\mathcal{G}$ *konjugierte Darstellung* bekannt ist. Der Nachweis der Darstellungseigenschaft gelingt durch das Produkt der Darstellungsmatrizen zweier Elemente b_1 und b_2 des Normalteilers

$$\begin{aligned} \boldsymbol{D}_{a_i}^{(\beta)}(b_1)\boldsymbol{D}_{a_i}^{(\beta)}(b_2) &= \boldsymbol{D}^{(\beta)}\left(a_i^{-1} \circ b_1 \circ a_i\right) \boldsymbol{D}^{(\beta)}\left(a_i^{-1} \circ b_2 \circ a_i\right) \\ &= \boldsymbol{D}^{(\beta)}\left(a_i^{-1} \circ b_1 \circ b_2 \circ a_i\right) = \boldsymbol{D}_{a_i}^{(\beta)}(b_1 \circ b_2) \;\; b_1, b_2 \in \mathcal{N} \;\; a_i \in \mathcal{G}, \end{aligned} \tag{3.274}$$

das sich als Darstellung des Produkts der Elemente ausdrücken lässt. Die konjugierte Darstellung $\boldsymbol{D}_{a_i}^{(\beta)}(\mathcal{N})$ unterscheidet sich von der ursprünglichen Darstellung $\boldsymbol{D}^{(\beta)}(\mathcal{N})$ durch die Permutation ihrer Matrizen. Demnach bleibt die Dimension erhalten und die Irreduzierbarkeit ist genau dann zu erwarten, wenn die ursprüngliche Darstellung $\boldsymbol{D}^{(\beta)}(\mathcal{N})$ irreduzierbar ist.

Bemerkenswert ist die Tatsache, dass außer für Elemente a_i, die dem Normalteiler $\mathcal{N}$ angehören, die konjugierten Darstellungen nicht notwendig äquivalent zur ursprünglichen Darstellung sind. Für den besonderen Fall, dass alle konjugierten Darstellungen $\boldsymbol{D}_{a_i}^{(\beta)}(\mathcal{N})$ äquivalente Darstellungen sind, wird die ursprüngliche Darstellung $\boldsymbol{D}^{(\beta)}(\mathcal{N})$ als *selbstkonjugiert* bzgl. der Gruppe $\mathcal{G}$ bezeichnet. Andernfalls fasst man alle nicht-äquivalenten Darstellungen zu einem *Orbit* $\mathcal{O}$ der irreduziblen Darstellung $\boldsymbol{D}^{(\beta)}(\mathcal{N})$ des Normalteilers $\mathcal{N}$ bzgl. der Gruppe $\mathcal{G}$ zusammen und betrachtet deren Anzahl s als *Ordnung des Orbits*. Daraus kann man die Aussage ableiten, dass jede selbstkonjugierte Darstellung für sich eine nicht-äquivalente Darstellung abgibt und mithin ein Orbit $\mathcal{O}$ mit der Ordnung $s = 1$ darstellt. Eine weitere Eigenschaft liefert die von der irreduziblen Darstellung $\boldsymbol{D}^{(\alpha)}(\mathcal{G})$ der Gruppe $\mathcal{G}$ auf den Normalteiler $\mathcal{N}$ subduzierten Darstellung $\boldsymbol{D}_{\text{sub}}^{(\alpha)}(\mathcal{N})$. Ihre Reduktion ergibt irreduzible Darstellungen $\boldsymbol{D}^{(\beta)}(\mathcal{N})$, die alle zum gleichen Orbit $\mathcal{O}$ gehören

$$\boldsymbol{D}_{\text{sub}}^{(\alpha)}(\mathcal{N}) = \begin{pmatrix} \ddots & & & \\ & \boldsymbol{D}^{(\beta)}(\mathcal{N}) & & \\ & & \ddots & \\ & & & \boldsymbol{D}^{(\beta)}(\mathcal{N}) & \\ & & & & \ddots \end{pmatrix} = \mathbf{1}_{m_{\beta,\gamma}} \otimes \bigoplus_{\beta} D^{(\beta)}(\mathcal{N}). \tag{3.275}$$

$$\text{Anzahl:} \qquad \underbrace{\qquad\qquad\qquad}_{m_{\beta,\gamma}}$$

Die Multiplizität $m_{\beta,\gamma}$ dieser irreduziblen Darstellungen $\boldsymbol{D}^{(\beta)}(\mathcal{N})$, die für alle gleich ist, wird als *Multiplizität des Orbits* in der Darstellung $\boldsymbol{D}^{(\alpha)}(\mathcal{G})$ bezeichnet (der Index γ bezieht sich auf die irreduziblen Darstellungen $\boldsymbol{D}^{(\gamma)}(\mathcal{L})$ der kleinen Gruppe $\mathcal{L}$ – s. unten). Diese Aussage verhilft zu einer wertvollen Methode mit dem Ziel, die irreduziblen Darstellungen $\boldsymbol{D}^{(\alpha)}(\mathcal{G})$ der gesamten Gruppe aus der Kenntnis aller irreduziblen Darstellungen des Normalteilers zu gewinnen.

Schließlich sei auf die Bedeutung jenes Falles hingewiesen, der aus der Äquivalenz von konjugierten Darstellung zur ursprünglichen Darstellung resultiert

$$\boldsymbol{D}_{a_l}^{(\beta)}(\mathcal{N}) = \boldsymbol{D}^{(\beta)}\left(a_l^{-1} \circ \mathcal{N} \circ a_l\right) = \boldsymbol{S}_l^{-1}\boldsymbol{D}^{(\beta)}(\mathcal{N})\boldsymbol{S}_l \qquad a_l \in \mathcal{G}, \tag{3.276}$$

wobei die Matrix $\boldsymbol{S}_l$ die Äquivalenztransformation ermöglicht. Die Gesamtheit der Elemente $a_l \in \mathcal{G}$ bildet eine Gruppe, die den Normalteiler $\mathcal{N}$ als Untergruppe umfasst und als *kleine Gruppe* $\mathcal{L}$ (2. Art $\mathcal{L}^{II}$) oder *Trägheitsgruppe* bezeichnet wird. Demnach gehört die Menge aller Elemente $\{b_i \mid i = 1, \ldots, \operatorname{ord}\mathcal{N} = n\}$ des Normalteilers $\mathcal{N}$ zur kleinen Gruppe einer selbstkonjugierten Darstellung, da sie zu allen konjugierten Darstellungen $\left\{\boldsymbol{D}_{a_j}^{(\beta)}(\mathcal{N}) \mid a_j \in \mathcal{L}\right\}$ äquivalent ist.

Ausgehend von einer Zerlegung $\mathcal{G}$ in Nebenklassen bzgl. des Normalteilers $\mathcal{N}$ mit dem Index $k = \operatorname{ind}\mathcal{N} = g/n$

$$\mathcal{G} = \sum_{i=1}^{g/n} a_i \circ \mathcal{N} \tag{3.277}$$

erhält man die konjugierte Darstellung $\boldsymbol{D}_{a_i}^{(\beta)}(\mathcal{N})$ mit der d_β-dimensionalen Basis

$$v_{ij}^{(\beta)} = D(a_i)v_j^{(\beta)} \qquad j = 1, \ldots, d_\beta \qquad i = 1, \ldots, g/n, \tag{3.278}$$

wobei $\left\{v_j^{(\beta)} \mid j = 1, \ldots, d_\beta\right\}$ die Basis zur irreduziblen Darstellung $\boldsymbol{D}^{(\beta)}(\mathcal{N})$ bedeutet. Die s-malige Auswahl von jeweils m zueinander äquivalenten konjugierten Darstellungen $\left\{\boldsymbol{D}_{a_1^{(j)}}^{(\beta)}, \ldots, \boldsymbol{D}_{a_m^{(j)}}^{(\beta)} \mid j = 1, \ldots, s\right\}$ impliziert eine Anzahl von s nicht-äquivalenten konjugierten Darstellungen $\left\{\boldsymbol{D}_{a_i^{(1)}}^{(\beta)}, \ldots, \boldsymbol{D}_{a_i^{(s)}}^{(\beta)} \mid i = 1, \ldots, m\right\}$, so dass die Beziehung

$$\operatorname{ind}\mathcal{N} = k = s\,m \tag{3.279}$$

erfüllt wird. Eine schematische Auflistung der Gruppenelemente gemäß ihrer Abbildungseigenschaft geschieht durch die Matrix

$$A = \begin{pmatrix} a_1^{(1)} & \cdots & a_m^{(1)} \\ \vdots & \ddots & \vdots \\ a_1^{(s)} & \cdots & a_m^{(s)} \end{pmatrix} \tag{3.280}$$

mit den Zeilenvektoren $\boldsymbol{a}^{(j)}$ und den Spaltenvektoren $\boldsymbol{a}^{(i)}$, deren Elemente bzw. zugehörige Abbildungen durch äquivalente und nicht-äquivalente Darstellungen vermittelt werden.

Eine Zerlegung der kleinen Gruppe $\mathcal{L}$ in Nebenklassen bezüglich des Normalteilers $\mathcal{N}$ geschieht dann in der Form

$$\mathcal{L} = \sum_{i=1}^{m} a_i^{(1)} \circ \mathcal{N} \qquad \text{mit} \qquad m = l/n, \tag{3.281}$$

wobei die Vertreter $\left\{a_i^{(1)} | \, i = 1, \ldots, m\right\}$ zu äquivalenten Darstellungen Anlass geben. Daneben gelingt eine Zerlegung der Gruppe $\mathcal{G}$ in Nebenklassen bezüglich der kleinen Gruppe $\mathcal{L}$

$$\mathcal{G} = \sum_{j=1}^{s} a_1^{(j)} \circ \mathcal{L} \qquad \text{mit} \qquad s = g/l, \tag{3.282}$$

wobei die Vertreter $\left\{a_1^{(j)} | \, j = 1, \ldots, s\right\}$ zu nicht-äquivalenten Darstellungen Anlass geben.

Ausgehend von einer irreduziblen Darstellung $\boldsymbol{D}^{(\beta)}(\mathcal{N})$ des Normalteilers $\mathcal{N}$, kann nach Gl. (3.281) eine Darstellung $\boldsymbol{D}(\mathcal{L})$ der kleinen Gruppe $\mathcal{L}$ mit der Dimension $(m \, d_\beta)$ induziert werden. Weitaus wichtiger jedoch sind die irreduziblen Darstellungen $\boldsymbol{D}^{(\gamma)}(\mathcal{L})$ der kleinen Gruppe, deren Subduktion auf den Normalteiler ein Vielfaches $m_{\beta,\gamma}$ der irreduziblen Darstellung $\boldsymbol{D}^{(\beta)}(\mathcal{N})$ liefern

$$\boldsymbol{D}_{\text{sub}}^{(\gamma)}(\mathcal{N}) = \underbrace{\begin{pmatrix} \boldsymbol{D}^{(\beta)}(\mathcal{N}) & & \\ & \ddots & \\ & & \boldsymbol{D}^{(\beta)}(\mathcal{N}) \end{pmatrix}}_{\text{Anzahl: } m_{\beta,\gamma}} = \boldsymbol{1}_{m_{\beta,\gamma}} \otimes \boldsymbol{D}^{(\beta)}(\mathcal{N}) \,. \tag{3.283}$$

Solche irreduziblen Darstellungen $\boldsymbol{D}^{(\gamma)}(\mathcal{L})$ der kleinen Gruppe $\mathcal{L}$ werden als *erlaubte Darstellungen* (*kleine Darstellungen*) bezeichnet. Sie erscheinen als $m_{\beta,\gamma}$-dimensionale Kastenmatrizen in der von der irreduziblen Darstellung $\boldsymbol{D}^{(\alpha)}(\mathcal{G})$ auf den Normalteiler $\mathcal{N}$ subduzierten Struktur (3.275)

$$\boldsymbol{D}_{\text{sub}}^{(\alpha)}(\mathcal{N}) = \bigoplus_{\gamma} \boldsymbol{D}_{\text{sub}}^{(\gamma)}(\mathcal{N}). \tag{3.284}$$

In der Absicht, die irreduziblen Darstellungen $\boldsymbol{D}^{(\alpha)}(\mathcal{G})$ einer Gruppe $\mathcal{G}$ aus der Kenntnis der irreduziblen Darstellungen $\boldsymbol{D}^{(\beta)}(\mathcal{N})$ ihres Normalteiler $\mathcal{N}$ abzuleiten, wird man zunächst eine Einteilung dieser Darstellungen $\boldsymbol{D}^{(\beta)}(\mathcal{N})$ in zusammengehörige Systeme nicht-äquivalenter Darstellungen, nämlich der Orbits $\mathcal{O}$ vornehmen. Die Auswahl einer irreduziblen Darstellung $\boldsymbol{D}^{(\beta)}(\mathcal{N})$ aus jedem dieser Orbits und die Aufstellung der kleinen Gruppe $\mathcal{L}$ sind in einem zweiten Schritt vorgesehen. Schließlich kann man nach Wahl einer erlaubten Darstellung $\boldsymbol{D}^{(\gamma)}(\mathcal{L})$ der kleinen Gruppe $\mathcal{L}$ mit der Dimension $(m_{\beta,\gamma}\, d_\beta)$ gemäß der Zerlegung der Gruppe $\mathcal{G}$ nach Nebeklassen (3.282) damit eine Darstellung $\boldsymbol{D}_{\text{ind}}^{(\gamma)}(\mathcal{G})$ auf die Gruppe $\mathcal{G}$ induzieren. Diese Darstellung mit der Dimension $(s\, m_{\beta,\gamma}\, d_\beta)$ ist genau dann irreduzibel, falls die Darstellung der kleinen Gruppe eine irreduzible Darstellung und mithin eine erlaubte Darstellung ist. Mit der Auswahl jeweils einer irreduziblen Darstellung aus jedem Orbit $\mathcal{O}$ des Normalteilers $\mathcal{N}$ bezüglich der Gruppe $\mathcal{G}$ erhält man am Ende durch Induktion alle gesuchten irreduziblen Darstellungen der Gruppe $\mathcal{G}$ genau einmal.

Besonders übersichtlich sind die Verhältnisse bei einem Normalteiler, dessen Index $k\ (= \operatorname{ind}\mathcal{N} = s\, m)$ eine Primzahl ist. Diese Voraussetzung wird von allen auflösbaren endlichen Gruppen erfüllt (s. u.). Dort sind zwei Fälle denkbar. Zum einen können alle konjugierten Darstellung $\left\{\boldsymbol{D}_{a_i}^{(\beta)}(\mathcal{N}) |\, i = 1, \ldots, k\right\}$ nicht zueinander äquivalent sein, woraus die Ordnung des Orbits $s = k$ resultiert und der Index des Normalteilers $\mathcal{N}$ bezüglich der kleinen Gruppe $\mathcal{L}$ den Wert $m = 1$ annimmt. Die kleine Gruppe $\mathcal{L}$ ist dann mit dem Normalteiler $\mathcal{N}$ identisch $(\mathcal{L} \equiv \mathcal{N})$, so dass eine irreduzible Darstellung des Orbits als erlaubte Darstellung der kleinen Gruppe $(\boldsymbol{D}^{(\beta)}(\mathcal{N}) = \boldsymbol{D}^{(\gamma)}(\mathcal{L}))$ eine Darstellung $\boldsymbol{D}_{\text{ind}}^{(\beta)}(\mathcal{G})$ auf die Gruppe $\mathcal{G}$ zu induzieren vermag.

Im zweiten Fall liefern alle Vertreter a_i der Nebenklassen äquivalente Darstellungen $\left\{\boldsymbol{D}_{a_i}^{(\beta)}(\mathcal{N}) |\, i = 1, \ldots, k\right\}$, woraus die Ordnung des Orbits $s = 1$ und ein Index des Normalteilers $\mathcal{N}$ bezüglich der kleinen Gruppe $\mathcal{L}$ von $m = k$ resultiert. Die kleine Gruppe $\mathcal{L}$ ist dann mit der Gruppe $\mathcal{G}$ identisch $(\mathcal{L} \equiv \mathcal{G})$.

Das Bemühen, eine irreduzible Darstellung $\boldsymbol{D}^{(\alpha)}(\mathcal{G})$ der Gruppe $\mathcal{G}$ zu gewinnen, beschränkt sich im zweiten Fall auf die Suche nach erlaubten irreduziblen Darstellungen $\boldsymbol{D}^{(\gamma)}(\mathcal{L})$ der kleinen Gruppe $\mathcal{L}$. Dabei benutzt man die Eigenschaft, dass die Faktorgruppe $\mathcal{G}/\mathcal{N} = \mathcal{L}/\mathcal{N}$ eine zyklische Gruppe der Ordnung $k\ (= \operatorname{ind}\mathcal{N})$ ist, was durch die Eigenschaft der Auflösbarkeit der Gruppe begründet wird (s. u.). Die Gruppe $\mathcal{G}$ kann dann zerlegt werden nach Linksnebenklassen in der Gestalt

$$\mathcal{G} = \sum_{j=0}^{k-1} a_0^j \circ \mathcal{N} \qquad a_0 \in \mathcal{G}. \tag{3.285}$$

Mit der Voraussetzung, dass alle konjugierten Darstellungen zueinander äquivalent sind, erhält man nach Gl. (3.276)

$$\boldsymbol{D}_{a_0^k}^{(\beta)}(\mathcal{N}) = \boldsymbol{D}^{(\beta)}\left(a_0^{-k} \circ \mathcal{N} \circ a_0^k\right) = \boldsymbol{S}'^{-k} \boldsymbol{D}^{(\beta)}(\mathcal{N}) \boldsymbol{S}'^{k} \tag{3.286}$$

und der bekannten Darstellungseigenschaft

$$\boldsymbol{D}^{(\beta)}\left(a_0^{-k} \circ \mathcal{N} \circ a_0^k\right) = \left(\boldsymbol{D}^{(\beta)}\left(a_0^k\right)\right)^{-1} \boldsymbol{D}^{(\beta)}(\mathcal{N})\boldsymbol{D}^{(\beta)}\left(a_0^k\right) \tag{3.287}$$

die Vertauschungsrelation bzgl. der irreduziblen Darstellung $\boldsymbol{D}^{(\beta)}(\mathcal{N})$

$$\boldsymbol{D}^{(\beta)}\left(a_0^k\right) \boldsymbol{S}'^{-k} \boldsymbol{D}^{(\beta)}(\mathcal{N}) = \boldsymbol{D}^{(\beta)}(\mathcal{N})\boldsymbol{D}^{(\beta)}\left(a_0^k\right) \boldsymbol{S}'^{-k}. \tag{3.288}$$

Die Anwendung des 2. SCHUR'schen Lemmas verhilft dann zu dem Ergebnis

$$\boldsymbol{D}^{(\beta)}\left(a_0^k\right) \boldsymbol{S}'^{-k} = \lambda \mathbf{1}, \tag{3.289}$$

was nach Einführung einer neuen Transformationsmatrix

$$\boldsymbol{S} = \lambda^{1/k} \boldsymbol{S}' \tag{3.290}$$

die Form

$$\boldsymbol{D}^{(\beta)}\left(a_0^k\right) = \boldsymbol{S}^k \tag{3.291}$$

annimmt. Nach Ermittlung der Transformationsmatrix $\boldsymbol{S}$ aus Gln. (3.286) und (3.290) kann man die irreduziblen Darstellungen der kleinen Gruppe $\mathcal{L}$ bzw. der Gruppe $\mathcal{G}$ dann aus

$$\boldsymbol{D}^{(\gamma=\alpha)}(a) = \boldsymbol{D}^{(\beta)}(a) \qquad \text{für } a \in \mathcal{N} \tag{3.292a}$$

$$\boldsymbol{D}^{(\gamma=\alpha)}(a_0) = \boldsymbol{S} \tag{3.292b}$$

gewinnen. Die Berücksichtigung aller Elemente a der Gruppe $\mathcal{G}$ gelingt dann durch die Beziehung

$$\boldsymbol{D}^{(\gamma=\alpha)}(a) = \begin{cases} \boldsymbol{D}^{(\beta)}(a) & \text{für } a \in \mathcal{N} \\ \boldsymbol{S}\boldsymbol{D}^{(\beta)}\left(a_0^{-1} \circ a\right) & \text{für } a \notin \mathcal{N}. \end{cases} \tag{3.293}$$

Wegen der k-fachen Wurzel nach Gl. (3.291) sind insgesamt k irreduzible Darstellungen zu erwarten.

Beispiel 1 Zur Demonstration werden die einfachen Verhältnisse der Symmetrie des Quadrats mit der Punktgruppe $\mathcal{G} = C_{4v}$ diskutiert. Die Zerlegung in Linksnebenklassen bzgl. des abelschen Normalteilers $\mathcal{N} = C_4$ mit dem Index $k = 2$, der eine Primzahl ist, geschieht etwa gemäß

$$C_{4v} = e\{C_4\} + \sigma_v\{C_4\}. \tag{3.294}$$

Die Vertreter $a_1 = e$ und $a_2 = \sigma_v$ ermöglichen die Berechnung konjugierter Darstellungen aus den irreduziblen Darstellungen $\boldsymbol{D}^{(\beta)}(C_4) = \{A, B, {}^2E, {}^1E\}$ des Normalteilers C_4 (Tab. 3.8), deren Unterscheidung in äquivalente und nicht-äquivalente Darstellungen die Erfassung der kleinen Gruppen erlaubt.

Tabelle 3.8 Charaktere (Charaktertafel) von irreduziblen Darstellungen der endlichen Punktgruppe C_4 (Bezeichnung n. MULLIKAN); R_x, R_y, R_z: Komponenten eines axialen Vektors

C_4	e	c_4	c_2	c_4^3	Basis
A	1	1	1	1	$z; R_z$
B	1	-1	1	-1	xy
${}^2E$	1	i	-1	$-i$	$x+iy; R_x+iR_y$
${}^1E$	1	$-i$	-1	i	$x-iy; R_x-iR_y$

Beginnend mit der trivialen Darstellung $\boldsymbol{D}^A(C_4)$, findet man – wie bei jeder trivialen Darstellung – nur äquivalente konjugierte Darstellungen (s. a. Tab. 2.2)

$$\boldsymbol{D}_e^A(C_4) = \boldsymbol{D}_{\sigma_v}^A(C_4) = \boldsymbol{D}^A\left(\sigma_v^{-1} \circ C_4 \circ \sigma_v\right), \tag{3.295}$$

deren Anzahl $m = 2$ beträgt. Demnach liefert die triviale Darstellung des Normalteilers insgesamt nur eine nicht-äquivalente, selbstkonjugierte Darstellung bzgl. der Gruppe C_{4v}, so dass das erste Orbit aus der irreduziblen Darstellung $\mathcal{O}_1 = \{\boldsymbol{D}^A(C_4)\}$ besteht und die Ordnung $s = 1$ besitzt. Dieser Fall gibt Anlass zu einer Koeffizientenmatrix (3.280)

$$\boldsymbol{A} = (e, \sigma_v) \tag{3.296}$$

mit nur einem Zeilenvektor $\boldsymbol{a}^{(1)}$, so dass nach Gl. (3.281) eine Zerlegung der kleinen Gruppe $\mathcal{L}$ resultiert, die mit der Gruppe $\mathcal{G}$ identisch ist ($\mathcal{L} \equiv \mathcal{G}$).

Analoge Überlegungen gelten für die zweite irreduzible Darstellung $\boldsymbol{D}^B(C_4)$ des Normalteilers. Auch diese liefert $m = 2$ äquivalente konjugierte Darstellungen und ist deshalb selbstkonjugiert bezüglich der Gruppe C_{4v}. Nach Gl. (3.279) hat auch das zweite Orbit $\mathcal{O}_2 = \{\boldsymbol{D}^B(C_4)\}$ die Ordnung $s = 1$, so dass gilt $\mathcal{L} \equiv \mathcal{G}$.

Anders jedoch sind die Ergebnisse, wenn man etwa die irreduzible Darstellung $\boldsymbol{D}^{^2E}(C_4)$ des Normalteilers wählt und damit die konjugierten Darstellungen (Tab. 3.8)

$$\boldsymbol{D}_e^{^2E}(C_4) = \boldsymbol{D}^{^2E}(C_4) \tag{3.297a}$$

$$\boldsymbol{D}_{\sigma_v}^{^2E}(C_4) = \boldsymbol{D}^{^1E}(C_4) \tag{3.297b}$$

bildet. Hier ergeben sich nur nicht-äquivalente Darstellungen $\boldsymbol{D}^{^2E}(C_4)$ und $\boldsymbol{D}^{^1E}(C_4)$, die das dritte Orbit $\mathcal{O}_3$ mit der Ordnung $s = 2$ bilden. Die Anzahl der äquivalenten konjugierten Darstellungen beschränkt sich auf $m = 1$, so dass die Koeffizientenmatrix (3.280) nur einen Spaltenvektor $\boldsymbol{a}_1$ liefert

$$A = \begin{pmatrix} e \\ \sigma_v \end{pmatrix}. \tag{3.298}$$

Mit Gl. (3.282) resultiert daraus eine Zerlegung der Gruppe $\mathcal{G}$ bezüglich der kleinen Gruppe $\mathcal{L}$, deren Vergleich mit der Zerlegung (3.282) bzgl. des Normalteilers die Identität von kleiner Gruppe und Normalteiler offenbart ($\mathcal{L} \equiv \mathcal{N}$). Dies impliziert die Tatsache, dass die erlaubten Darstellungen mit den irreduziblen Darstellungen $\boldsymbol{D}^{{}^2E}(C_4)$ und $\boldsymbol{D}^{{}^1E}(C_4)$ des Normalteilers zusammenfallen.

Die Multiplizität $m_{\beta,\gamma}$ der einzelnen Orbits erhält man aus der Reduktion der von den irreduziblen Darstellungen $\{\boldsymbol{D}^{(\alpha)}(C_{4v}) | \alpha = A_1, A_2, B_1, B_2, E\}$ (Tab. 3.1 und 3.2) auf den Normalteiler C_4 subduzierten Darstellungen

$$\begin{aligned} &\boldsymbol{D}_{\mathrm{sub}}^{A_1}(C_4) = \boldsymbol{D}^A(C_4) \quad &&\boldsymbol{D}_{\mathrm{sub}}^{A_2}(C_4) = \boldsymbol{D}^A(C_4) \quad &&\boldsymbol{D}_{\mathrm{sub}}^{A_2}(C_4) = \boldsymbol{D}^B(C_4) \\ &\boldsymbol{D}_{\mathrm{sub}}^{B_2}(C_4) = \boldsymbol{D}^B(C_4) \quad &&\boldsymbol{D}_{\mathrm{sub}}^{E}(C_4) = \boldsymbol{D}^{{}^2E}(C_4) \oplus \boldsymbol{D}^{{}^1E}(C_4). \end{aligned}$$

Nach Gl. (3.275) bekommt man für alle fünf irreduziblen Darstellungen $\boldsymbol{D}^{(\alpha)}(C_{4v})$ die Multiplizitäten $m_{\alpha,\gamma} = 1$. Im letzten Fall erkennt man eine Zerlegung in zwei irreduzible Darstellungen $\boldsymbol{D}^{{}^2E}(C_4)$ und $\boldsymbol{D}^{{}^1E}(C_4)$, die beide zum gleichen Orbit $\mathcal{O}_3$ gehören mit jeweils der gleichen Multiplizität.

Setzt man die Kenntnis der irreduziblen Darstellungen A, B, ${}^2E$, ${}^1E$ des Normalteilers voraus, dann wird man nach Wahl einer irreduziblen Darstellung aus den drei Orbits und Bildung der zugehörigen kleinen Gruppe von der erlaubten Darstellung $\boldsymbol{D}^{(\gamma)}(\mathcal{L})$ eine Darstellung $\boldsymbol{D}_{\mathrm{ind}}^{(\gamma)}(\mathcal{G})$ auf die Gruppe $\mathcal{G}$ induzieren können. Weitaus einfacher ist es, die Eigenschaft der Faktorgruppe C_{4v}/C_4 bzw. des Normalteilers auszunutzen, deren Ordnung bzw. dessen Index die Primzahl Zwei beträgt.

Betrachtet man zunächst das erste Orbit $\mathcal{O}_1$ mit der einzigen nicht-äquivalenten und deshalb selbstkonjugierten Darstellung $\boldsymbol{D}^A(C_4)$ (s. o.), so findet man mit der Ordnung $s = 1$ des Orbits, dass nach Gl. (3.279) die Anzahl m der Nebenklassen in der Zerlegung (3.281) mit dem Index $k = 2$ des Normalteilers $\mathcal{N} = C_4$ übereinstimmt. Demnach ist die Faktorgruppe C_{4v}/C_4 eine zyklische Gruppe mit der Primzahlordnung 2 und den Elementen $\left\{a_0^0 = \sigma_v^0 = e = \sigma_v^2,\ a_0^1 = \sigma_v\right\}$. Die erlaubten Darstellung der kleinen Gruppe C_{4v} kann dann nach Gl. (3.293) zu

$$\boldsymbol{D}^{(\gamma=\alpha)}(a) = \begin{cases} \boldsymbol{D}^A(a) & \text{für } a \in C_4 \\ \boldsymbol{S}\boldsymbol{D}^A\left(\sigma_v^{-1} \circ a\right) & \text{für } a \in \left\{\sigma_v, \sigma_v', \sigma_d, \sigma_d'\right\} \end{cases} \tag{3.299}$$

berechnet werden. Als Transformationsmatrix $\boldsymbol{S}$ findet man nach Gl. (3.291)

$$\boldsymbol{D}^A\left(\sigma_v^2\right) = \boldsymbol{S}^2 = 1 \tag{3.300}$$

die Werte

$$S = \pm 1. \tag{3.301}$$

Diese Zweideutigkeit der Quadratwurzel liefert insgesamt zwei erlaubte, irreduzible Darstellungen $\boldsymbol{D}^{(\gamma_1)}$ und $\boldsymbol{D}^{(\gamma_2)}$, die mit den irreduziblen Darstellungen $\gamma_1 = A_1$ und $\gamma_2 = A_2$ der Gruppe C_{4v} identifiziert werden können (Tab. 3.1 und 3.2). Eine analoge Diskussion verlangt die Betrachtung der irreduziblen selbstkonjugierten Darstellung $\boldsymbol{D}^B(C_4)$ des zweiten Orbits $\mathcal{O}_2$. Man erhält auch hier nach Gln. (3.293) und (3.301) zwei erlaubte Darstellung $\boldsymbol{D}^{(\gamma_3)}$ und $\boldsymbol{D}^{(\gamma_4)}$ die mit den irreduziblen Darstellungen $\gamma_3 = B_1$ und $\gamma_4 = B_2$ der Gruppe C_{4v} identifiziert werden können (Tab. 3.1 und 3.2).

Beim dritten Orbit $\mathcal{O}_3$ findet man zwei nicht-äquivalente Darstellungen $\boldsymbol{D}^{{}^2E}(C_4)$ und $\boldsymbol{D}^{{}^1E}(C_4)$), womit die zweifache Ordnung $s = 2$ des Orbits begründet wird. Gemäß Gl. (3.279) gibt es nur eine ($m = 1$) äquivalente konjugierte Darstellung, so dass mit Gl. (3.281) der Normalteiler mit der kleinen Gruppe identisch ist ($\mathcal{N} \equiv \mathcal{L} = C_4$). Nach Wahl einer dieser beiden Darstellungen, die deshalb auch erlaubte Darstellung sind, kann dann nach Gl. (3.249) eine Darstellung auf die gesamte Gruppe $\mathcal{G} = C_{4v}$ induziert werden. Mit den zwei ($= k$) Vertretern e und σ_v der Nebenklassen in Gl. (3.286) errechnet sich die Dimension der auf $\mathcal{G} = C_{4v}$ induzierten Darstellung zu $\dim \boldsymbol{D}_{\text{ind}}^{(\gamma)}(\mathcal{G}) = (kd_\beta = sd_\beta = 2 \cdot 1 =) \, 2$. Betrachtet man etwa das Gruppenelement c_4, so findet man nach Gl. (3.249c) die Matrix

$$\boldsymbol{\Delta}(c_4) = \begin{pmatrix} 1 & 0 \\ 0 & 1 \end{pmatrix}, \tag{3.302}$$

die zusammen mit den Elementen $D_{11}^{{}^2E}(c_4) = i$ und $D_{22}^{{}^2E}\left(\sigma_v^{-1} \circ c_4 \circ \sigma_v\right) = D_{22}^{{}^2E}\left(c_4^3\right) = -i$ der irreduziblen Darstellungsmatrix $\boldsymbol{D}^{{}^2E}(c_4)$ (Tab. 3.8) die induzierte Darstellungsmatrix

$$\boldsymbol{D}_{\text{ind}}^{{}^2E}(c_4) = \begin{pmatrix} i & 0 \\ 0 & -i \end{pmatrix} \tag{3.303}$$

liefert. Die Berücksichtigung aller Gruppenelemente $a \in C_{4v}$ ergibt dann zusammen mit einer Basistransformation von $1/\sqrt{2}\{x + i\,y, x - i\,y\}$ nach $\{x, y\}$ vermittels der unitären Transformationsmatrix

$$\boldsymbol{S} = \frac{1}{\sqrt{2}} \begin{pmatrix} 1 & 1 \\ i & -i \end{pmatrix} \tag{3.304}$$

eine induzierte Darstellung $\boldsymbol{D}_{\text{ind}}^{(\gamma_3=\beta)}(C_{4v})$, die mit der irreduziblen Darstellung $\boldsymbol{D}^E(C_{4v})$ identifiziert werden kann (Tab. 3.1).

■

Bei der Charakterisierung von Gruppen spielt die Eigenschaft der Auflösbarkeit eine wesentliche Rolle (Abschn. 2.2). Betrachtet wird eine abnehmende Folge von Untergruppen, nämlich die sogenannte *Normalreihe* $\{\mathcal{G}_{(0)}, \ldots, \mathcal{G}_{(n)}\}$ einer Gruppe $\mathcal{G}$

$$\mathcal{G}_{(k)} \subset \mathcal{G} \qquad k = 0, 1, \ldots, n,$$

die mit der Gruppe $\mathcal{G}$ beginnt und mit dem Einselement e endet

$$\mathcal{G}_{(0)} := \mathcal{G} \qquad \mathcal{G}_{(n)} := \{e\}$$

und bei der jede Untergruppe $\mathcal{G}_{(k)}$ ein Normalteiler in der vorangegangenen Gruppe $\mathcal{G}_{(k-1)}$ ist. Eine Gruppe $\mathcal{G}$ gilt dann als eine *auflösbare Gruppe*, falls sie eine Normalreihe besitzt, deren Faktorgruppen $\{\mathcal{G}_{(k)}/\mathcal{G}_{(k-1)} | \, k = 1, \ldots, n\}$ alle abelsche Gruppen sind. Ein spezielles Beispiel einer auflösbaren Gruppe ist jede abelsche Gruppe $\mathcal{G}$. Dies kann damit begründet werden, dass mit dem Einselement $\{e\}$ als (trivialen) Normalteiler $\mathcal{N}$ die Faktorgruppe $\mathcal{G}/\{e\}$ eine abelsche Gruppe ist.

Die Eigenschaft der Auflösbarkeit einer Gruppe findet man auch für deren Untergruppen. Zudem ist jede homomorphe Abbildung einer auflösbaren Gruppe stets wieder eine auflösbare Gruppe. Insbesondere ist die Faktorgruppe $\mathcal{G}/\mathcal{N}$ auflösbar für jeden Normalteiler $\mathcal{N}$ der Gruppe $\mathcal{G}$.

Für den Fall, dass $\mathcal{G}$ eine endliche auflösbare Gruppe ist, kann jede Normalreihe in der Gruppe erweitert werden zu einer Normalreihe, deren Faktorgruppen $\{\mathcal{G}_{(k)}/\mathcal{G}_{(k-1)} | \, k = 1, \ldots, n\}$ alle Primzahlordnung besitzen. Nachdem jede endliche Gruppe mit Primzahlordnung zyklisch ist (Abschn. 2.2), findet man, dass alle Faktorgruppen der Normalreihe zyklische Gruppen mit Primzahlordnung p sind. Demnach ist jede dieser Faktorgruppen isomorph zur additiven Faktorgruppe $\mathbb{Z}_p = \{0, 1, \ldots, p-1\} \bmod p$ ($\cong \mathbb{Z}/p\mathbb{Z}$). Dabei bedeutet $\mathbb{Z}$ bzw. $p\mathbb{Z}$ die Gruppe der additiven ganzen Zahlen $(\mathbb{Z}, +)$ bzw. $p\mathbb{Z} = (pa | \, a \in \mathbb{Z}, +)$.

Die Diskussion einer endlichen Gruppe $\mathcal{G}$, etwa im Hinblick auf ihre irreduziblen Darstellungen, kann mit der Voraussetzung der Auflösbarkeit reduziert werden auf die Untersuchung von Gruppen einfacherer Struktur, nämlich den zyklischen Gruppen mit Primzahlordnung. Dabei beginnt man mit der kleinsten zyklischen Faktorgruppe $\mathcal{G}_{(k)}/\mathcal{G}_{(k-1)}$, um mithilfe der oben diskutierten Methode sukzessiv die irreduziblen Darstellungen der Gruppe $\mathcal{G}$ zu gewinnen. Dieser Weg wird etwa bei den Punktgruppen sowie den Raumgruppen beschritten, die alle zu den auflösbaren Gruppen gehören.

Der allgemeine Fall, bei dem der Index des Normalteilers keine Primzahl ist, verlangt die Induktion einer Darstellung $\boldsymbol{D}_{\text{ind}}^{(\gamma)}(\mathcal{G})$ der Gruppe $\mathcal{G}$ mithilfe einer $(m_{\beta,\gamma}\, d_\beta)$-dimensionalen erlaubten Darstellung $\boldsymbol{D}^{(\gamma)}(\mathcal{L})$ der kleinen Gruppe $\mathcal{L}$. Dabei nimmt die Suche nach der erlaubten Darstellung ihren Ausgang in der Zerlegung (3.281) der kleinen Gruppe $\mathcal{L}$ bzgl. des Normalteilers. Dort wird eine Möglichkeit eröffnet, durch eine irreduzible Darstellung $\boldsymbol{D}^{(\beta)}(\mathcal{N})$ des Normalteilers $\mathcal{N}$ eine Darstellung $\boldsymbol{D}_{\text{ind}}^{(\beta)}(\mathcal{L})$ der kleinen Gruppe $\mathcal{L}$ zu induzieren. Allerdings wird durch diese bekannte Methode (Abschn. 3.11) nicht notwendigerweise eine erlaubte Darstellung $\boldsymbol{D}^{(\gamma)}(\mathcal{L})$ gewonnen, die sich dadurch auszeichnet, dass die auf den

Normalteiler subduzierten Darstellung $\boldsymbol{D}^{(\gamma)}(\mathcal{N})$ in ein Vielfaches $m_{\beta,\gamma}$ der irreduziblen Darstellung $\boldsymbol{D}^{(\beta)}(\mathcal{N})$ des Normalteiler nach Gl. (3.283) zerlegbar ist. Diese Festlegung der erlaubten Darstellung zwingt zu der Behauptung, dass für alle Elemente des Normalteilers $\mathcal{N}$ die erlaubte Darstellung $\boldsymbol{D}^{(\gamma)}(\mathcal{N})$ eine diagonale $(m_{\beta,\gamma}\, d_\beta)$-dimensionale Form annimmt (s. Gl. 3.283) mit einer Anzahl $m_{\beta,\gamma}$ von irreduziblen Darstellungen $\boldsymbol{D}^{(\beta)}(\mathcal{N})$ auf der Diagonale

$$\boldsymbol{D}^{(\gamma)}_{pp'}(\mathcal{N}) = \delta_{pp'}\boldsymbol{D}^{(\beta)}(\mathcal{N}) \qquad p,\ p' = 1, \ldots, m_{\beta,\gamma}. \tag{3.305}$$

Unter der Voraussetzung, dass die Menge der Elemente $\{a_j \,|\, j = 1, \ldots, m\}$ zu äquivalenten konjugierten Darstellungen Anlass geben, erhält man daraus mit Gl. (3.276)

$$\boldsymbol{D}^{(\gamma)-1}_{pp}(a_j)\boldsymbol{D}^{(\beta)}(\mathcal{N})\boldsymbol{D}^{(\gamma)}_{pp}(a_j) = \boldsymbol{S}_j^{-1}\boldsymbol{D}^{(\beta)}(\mathcal{N})\boldsymbol{S}_j \qquad j = 1, \ldots, m. \tag{3.306}$$

Die weitere Umformung durch Multiplikation mit $\boldsymbol{D}^{(\gamma)}_{pp}$ von links und $\boldsymbol{S}_j^{-1}$ von rechts liefert eine Vertauschungsrelation bzgl. der irreduziblen Darstellung $\boldsymbol{D}^{(\beta)}(\mathcal{N})$ des Normalteilers

$$\boldsymbol{D}^{(\beta)}(\mathcal{N})\boldsymbol{D}^{(\gamma)}_{pp}(a_j)\boldsymbol{S}_j^{-1} = \boldsymbol{D}^{(\gamma)}_{pp}(a_j)\boldsymbol{S}_j^{-1}\boldsymbol{D}^{(\beta)}(\mathcal{N}), \tag{3.307}$$

so dass nach dem 2. SCHUR'schen Lemma die Aussage

$$\boldsymbol{D}^{(\gamma)}_{pp}(a_j) = \Gamma_{pp}(a_j)\boldsymbol{S}_j \qquad p = 1, \ldots, m_{\beta,\gamma} \qquad j = 1, \ldots, m \tag{3.308}$$

getroffen werden kann. Dabei bilden die Faktoren $\Gamma_{pp}(a_j)$ eine $m_{\beta,\gamma}$-dimensionale Diagonalmatrix $\boldsymbol{\Gamma}(a_j)$.

Im Ergebnis hat man mit Gln. (3.305) und (3.308) die erlaubte Darstellung $\boldsymbol{D}^{(\gamma)}(\mathcal{L})$ der kleinen Gruppe $\mathcal{L}$ gewonnen. Bleibt noch zu fragen nach den charakteristischen Matrizen $\boldsymbol{\Gamma}(a_j)$. Die Erörterung darüber nimmt erneut ihren Ausgang in der Zerlegung (3.281) der kleinen Gruppe $\mathcal{L}$ bzgl. des Normalteilers $\mathcal{N}$. Dort sind die Linksnebenklassen $\{a_i \circ \mathcal{N} \,|\, i = 1, \ldots, m\}$ isomorph zu Elementen der Faktorgruppe $\mathcal{L}/\mathcal{N}$, die als die *kleine Gruppe 1. Art* $\mathcal{L}^I$ bezeichnet wird

$$\mathcal{L}^I \cong \mathcal{L}/\mathcal{N}. \tag{3.309}$$

Für den Fall, dass der Normalteiler $\mathcal{N}$ das Zentrum der kleinen Gruppe $\mathcal{L}$ ist, gilt letztere als die *Überlagerungsgruppe* der Gruppe $\mathcal{L}^I$. Mit der Verknüpfung der Elemente der Faktorgruppe

$$(a_i \circ \mathcal{N}) \circ (a_j \circ \mathcal{N}) = (a_k \circ \mathcal{N}),$$

und der Invarianzeigenschaft (2.34) des Normalteilers findet man die Aussage

$$a_i \circ a_j = a_k \circ b_0 \qquad b_0 \in \mathcal{N} \qquad i,j,k = 1,\ldots,m. \tag{3.310}$$

Unter Verwendung der entsprechenden konjugierten Darstellung des Normalteilers resultiert daraus die Beziehung

$$\boldsymbol{D}^{(\beta)}_{a_i \circ a_j}(\mathcal{N}) = \boldsymbol{D}^{(\beta)}_{a_k \circ b_0}(\mathcal{N}), \tag{3.311}$$

die sich nach Gl. (3.273) in der Gestalt

$$\boldsymbol{D}^{(\beta)}\left(a_j^{-1} \circ a_i^{-1} \circ \mathcal{N} \circ a_i \circ a_j\right) = \boldsymbol{D}^{(\beta)-1}(b_0)\boldsymbol{D}^{(\beta)}\left(a_k^{-1} \circ \mathcal{N} \circ a_k\right)\boldsymbol{D}^{(\beta)}(b_0) \tag{3.312}$$

schreiben lässt. Setzt man die Äquivalenz der konjugierten Darstellung zur ursprünglichen Darstellung $\boldsymbol{D}^{(\beta)}(\mathcal{N})$ voraus, so erhält man mit Gl. (3.276)

$$\boldsymbol{S}_j^{-1}\boldsymbol{S}_i^{-1}\boldsymbol{D}^{(\beta)}(\mathcal{N})\boldsymbol{S}_i\boldsymbol{S}_j = \boldsymbol{D}^{(\beta)-1}(b_0)\boldsymbol{S}_k^{-1}\boldsymbol{D}^{(\beta)}(\mathcal{N})\boldsymbol{S}_k\boldsymbol{D}^{(\beta)}(b_0), \tag{3.313}$$

was nach geeigneter Umformung eine Vertauschung mit der irreduziblen Darstellung $\boldsymbol{D}^{(\beta)}(\mathcal{N})$ liefert

$$\boldsymbol{S}_k\boldsymbol{D}^{(\beta)}(b_0)\boldsymbol{S}_j^{-1}\boldsymbol{S}_i^{-1}\boldsymbol{D}^{(\beta)}(\mathcal{N}) = \boldsymbol{D}^{(\beta)}(\mathcal{N})\boldsymbol{S}_k\boldsymbol{D}^{(\beta)}(b_0)\boldsymbol{S}_j^{-1}\boldsymbol{S}_i^{-1}. \tag{3.314}$$

Die Anwendung des 2. SCHUR'schen Lemmas verhilft schließlich zu der Beziehung

$$\boldsymbol{S}_k\boldsymbol{D}^{(\beta)}(b_0) = \lambda_{ij}^k\boldsymbol{S}_i\boldsymbol{S}_j \qquad b_0 \in \mathcal{N} \qquad i,j,k = 1,\ldots,m, \tag{3.315}$$

wobei im unitären Fall der Faktor λ_{ij}^k eine komplexe Zahl vom Betrag Eins ist. Für das Produkt zweier Vertreter a_i und a_j $(i,\ j = 1,\ldots,m)$ in der Zerlegung (3.281), das sich mit Gl. (3.310) durch die erlaubte Darstellung $\boldsymbol{D}^{(\gamma)}(\mathcal{L})$ gemäß

$$\boldsymbol{D}^{(\gamma)}_{pp}(a_i)\boldsymbol{D}^{(\gamma)}_{pp}(a_j) = \boldsymbol{D}^{(\gamma)}_{pp}(a_k)\boldsymbol{D}^{(\gamma)}_{pp}(b_0) \qquad b_0 \in \mathcal{N} \qquad p = 1,\ldots,m_{\beta,\gamma} \tag{3.316}$$

ausdrücken lässt, bekommt man nach Substitution von $\boldsymbol{D}^{(\gamma)}_{pp}(\mathcal{L})$ aus Gl. (3.308)

$$\Gamma_{pp}(a_i)\boldsymbol{S}_i\,\Gamma_{pp}(a_j)\boldsymbol{S}_j = \Gamma_{pp}(a_k)\boldsymbol{S}_k\boldsymbol{D}^{(\beta)}(b_0) \tag{3.317a}$$

oder

$$\Gamma_{pp}(a_i)\,\Gamma_{pp}(a_j)\boldsymbol{S}_i\boldsymbol{S}_j = \Gamma_{pp}(a_k)\boldsymbol{S}_k\boldsymbol{D}^{(\beta)}(b_0). \tag{3.317b}$$

Einsetzen von Gl. (3.315) führt schließlich zu dem Ergebnis

$$\Gamma_{pp}(a_i)\,\Gamma_{pp}(a_j) = \lambda_{ij}^k\,\Gamma_{pp}(a_k), \tag{3.318a}$$

was wegen der beliebigen Wahl des Wertes $p\,(=1,\ldots,m_{\beta,\gamma})$ auch allgemein in Matrixform durch

$$\boldsymbol{\Gamma}(a_i)\boldsymbol{\Gamma}(a_j) = \lambda_{ij}^k\,\boldsymbol{\Gamma}(a_k) \qquad i,j=1,\ldots,m \tag{3.318b}$$

ausgedrückt werden kann. Damit wird eine Beziehung gewonnen, die die Matrizen $\{\boldsymbol{\Gamma}(a_i)\,|\,i=1,\ldots,m\}$ festzulegen erlaubt, so dass die erlaubten Darstellungen $\boldsymbol{D}^{(\gamma)}(\mathcal{L})$ der kleinen Gruppe $\mathcal{L}$ nach Gln. (3.305) und (3.308) ermittelt werden können.

3.13 Strahldarstellungen

Vornehmlich die Diskussion von Raumgruppen als Untergruppen der euklidischen Gruppe $E(3)$ (s. Beispiel 14 v. Abschn. 2.1) gibt Anlass sich mit jenen Darstellungen $\boldsymbol{D}^{(\sigma)}(\mathcal{G})$ zu beschäftigen, die entsprechend Gl. (3.318) allgemein durch die Bedingung

$$\boldsymbol{D}^{(\sigma)}(a_i)\boldsymbol{D}^{(\sigma)}(a_j) = \lambda^k(a_i,a_j)\quad \boldsymbol{D}^{(\sigma)}(a_k) \quad |\lambda^k(a_i,a_j)|=1 \tag{3.319a}$$

$$a_i \circ a_j = a_k \qquad a_i,a_j,a_k \in \mathcal{G} \tag{3.319b}$$

festgelegt werden. Der Vergleich mit den gewöhnlichen Darstellungen offenbart eine Abschwächung der Forderung (5.8), was die sogenannten *Strahldarstellungen* (*projektiven Darstellungen*) auszeichnet. Sie sind eineAbbildung D der endlichen Gruppe $calG$ in die Gruppe $GL(\mathcal{V})$ der linearen Selbstabbildungen eines endlichdimensionalen Vektorraumes $\mathcal{V}$ über $\mathbb{K}$, die folgende Bedingungen erfüllt:

(a) $D(e) = \text{Identität}(\mathcal{V})$,
(b) zu $a_i,\, a_j \in \mathcal{G}$ existiert ein geeigneter Skalar $\lambda^k(a_i,a_j) \in \mathbb{C}$, so dass (3.319a) erfüllt ist.

Daneben können Strahldarstellungen unabhängig von der Forderung (III.319) auch als ein Homomorphismus der Gruppe $\mathcal{G}$ in die Gruppe $PGL(\mathcal{V})$ der *projektiven Abbildungen* eines Vektorraumes $\mathcal{V}$ verstanden werden. Die zugehörigen Darstellungsmatrizen $\boldsymbol{D}(\mathcal{G})$ der projektiven Abbildung sind nur bis auf einen nichtverschwindenden Phasenfaktor λ festgelegt. Demnach sind die sogenannten n projektiven Koordinaten eines Elements aus einem $(n+1)$-dimensionalen projektiven Vektorraum nur bis auf den gemeinsamen Faktor λ eindeutig. Betrachtet man diese Koordinaten als Komponenten eines Vektors im $\mathbb{R}^n$, dann findet man wegen des Phasenfaktors λ eine eindimensionale Vektorschar, den sogenannten *Strahl*. Der Vergleich mit den gewöhnlichen Darstellungen zeigt, dass dort die Faktoren λ alle den Wert Eins besitzen. Dadurch ist die Darstellung eindeutig bestimmt und die Vektorschar reduziert sich eindeutig auf nur einen Vektor. Deshalb wird häufig, insbesondere zur Abgrenzung von den Strahldarstellungen, der Name *Vektordarstellung* gebraucht.

Die g^2 (= (ord $\mathcal{G})^2$) Faktoren $\left\{\lambda^k(a_i, a_j) = \lambda^k_{ij} \,|\, i, j = 1, \ldots, g\right\}$ bilden das sogenannte *Faktorsystem*. Aus dem Assoziativgesetz bezüglich der Darstellungen

$$[\boldsymbol{D}^{(\sigma)}(a_i)\boldsymbol{D}^{(\sigma)}(a_j)]\boldsymbol{D}^{(\sigma)}(a_l) = \boldsymbol{D}^{(\sigma)}(a_i)[\boldsymbol{D}^{(\sigma)}(a_j)\boldsymbol{D}^{(\sigma)}(a_l)] \tag{3.320}$$

folgt die assoziative Bedingung für die einzelnen Faktoren

$$\lambda^k_{ij}\,\lambda^m_{kl} = \lambda^m_{in}\,\lambda^n_{jl}, \tag{3.321}$$

wonach eine Abhängigkeit der Faktoren untereinander abgeleitet werden kann. Die Erfassung aller Gruppenelemente in einer einzigen assoziativen Bedingung gelingt durch die Einführung von $g \times g$-Matrizen $\boldsymbol{\Lambda}$ mit den Elementen

$$\Lambda_{mn}(i) = \lambda^m(a_i, a_n) = \lambda^m_{in} \qquad m, n = 1, \ldots, g, \tag{3.322}$$

so dass Gl. (3.321) die Form

$$\boldsymbol{\Lambda}(i)\boldsymbol{\Lambda}(j) = \lambda^k_{ij}\boldsymbol{\Lambda}(k) \qquad i, j = 1, \ldots, g \tag{3.323}$$

annimmt. Unter Beachtung dieser Bedingung kann jedes beliebige System aus g^2 Zahlen ein Faktorsystem zur Strahldarstellung $\boldsymbol{D}^{(\sigma)}(\mathcal{G})$ bilden.

Betrachtet man etwa eine gewöhnliche Vektordarstellung als eine Strahldarstellung $\boldsymbol{D}^{(\sigma)}(\mathcal{G})$ mit dem Faktorsystem $\lambda \equiv 1$, so erhält man nach Multiplikation jeder Darstellungsmatrix mit dem Faktor s

$$\boldsymbol{D}^{(\sigma)\prime}(a) = s(a)\boldsymbol{D}^{(\sigma)}(a) \qquad |s(a)| = 1 \qquad a \in \mathcal{G} \tag{3.324}$$

erneut eine Strahldarstellung $\boldsymbol{D}^{(\sigma)\prime}(\mathcal{G})$, die so aus einer Eichtransformation hervorgeht. Das neue Faktorsystem, das sich aus

$$\boldsymbol{D}^{(\sigma)\prime}(a_i)\boldsymbol{D}^{(\sigma)\prime}(a_j) = \frac{s(a_i)\,s(a_j)}{s(a_k)}\boldsymbol{D}^{(\sigma)\prime}(a_k) \tag{3.325}$$

zu

$$\lambda^{k\prime}_{ij} = \frac{s(a_i)\,s(a_j)}{s(a_k)} \tag{3.326}$$

berechnet, wird als äquivalent zum ursprünglichen Faktorsystem λ^k_{ij} ($\equiv 1$) festgelegt. Die Äquivalenz von Strahldarstellungen induziert so eine Äquivalenz der zugehörigen Faktorsysteme und umgekehrt. Eine Verallgemeinerung liefert die Aussage, dass ein *äquivalentes Faktorsystem* λ' von einem anderen Faktorsystem λ durch die Beziehung

$$\lambda_{ij}^{k\prime} = \frac{s(a_i)\, s(a_j)}{s(a_k)}\, \lambda_{ij}^{k} \tag{3.327}$$

assoziiert werden kann. Durch die Einführung von äquivalenten Faktorsystemen wird vermieden, dass jedes beliebige System von g^2 Zahlen unter Einhaltung der Bedingungen (3.319) ein Faktorsystem abgibt.

Bildet man das Produkt zweier äquivalenter Faktorsysteme λ und λ', dann erhält man erneut ein Faktorsystem λ''

$$\lambda_{ij}^{k\prime\prime} = \lambda_{ij}^{k}\, \lambda_{ij}^{k\prime}, \tag{3.328}$$

wobei die Vertauschbarkeit

$$\lambda_{ij}^{k}\, \lambda_{ij}^{k\prime} = \lambda_{ij}^{k\prime}\, \lambda_{ij}^{k} \tag{3.329}$$

erlaubt ist. Demnach bildet die Menge der Äquivalenzklassen $\mathcal{K}_l$ von Faktorsystemen mit der Multiplikation als Verknüpfung eine abelsche endliche Gruppe, nämlich die sogenannte *Multiplikatorgruppe* (SCHUR'sche *Multiplikator*)

$$\mathcal{M}(\mathcal{G}) = \{\mathcal{K}_l \,|\, l = 0, \ldots, m-1\}.$$

Das Einselement $\mathcal{K}_0$ hat das Faktorsystem $\lambda_0 = 1$ und gehört zu der gewöhnlichen Vektordarstellung der Gruppe $\mathcal{G}$. Die Elemente $\mathcal{K}_l$ dieser Gruppe $\mathcal{M}(\mathcal{G})$ sind die sogenannten *Multiplikatorklassen*. Für den besonderen Fall, dass Gl. (3.326) den Wert Eins annimmt, sind alle äquivalenten Faktorsysteme identisch und die Zahlen $\{s(a) \,|\, a \in \mathcal{G}\}$ definieren eine gewöhnliche eindimensionale Vektordarstellung der Gruppe $\mathcal{G}$.

Ausgehend von der assoziativen Bedingung (3.323) erhält man durch die Berechnung der Determinante auf beiden Seiten

$$\left(\lambda_{ij}^{k}\right)^{g} = \frac{\det \boldsymbol{\Lambda}(i)\, \det \boldsymbol{\Lambda}(j)}{\det \boldsymbol{\Lambda}(k)}, \tag{3.330}$$

wonach mit Gl. (3.326) das zum Faktorsystem $\lambda_{ij}^{k} = 1$ äquivalente System $\left(\lambda_{ij}^{k}\right)^{g}$ assoziiert wird. Beim Übergang zu einem anderen äquivalenten System, etwa durch Umeichung nach Gl. (3.324) mit

$$s(a_i) = [\det \boldsymbol{\Lambda}(i)]^{-1/g}, \tag{3.331}$$

erhält man unter Verwendung von Gl. (3.326)

$$\left(\lambda_{ij}^{k\prime}\right)^{g} = \left[\frac{s(a_i)\, s(a_j)}{s(a_k)}\right]^{g} \left(\lambda_{ij}^{k}\right)^{g} = 1, \tag{3.332}$$

so dass die Faktoren λ des Systems nur eine Anzahl g von Lösungen

$$\lambda_{ij}^{k\prime} = 1^{1/g} \tag{3.333}$$

annehmen. Aus dieser Einschränkung erwächst dann auch die Forderung nach einer endlichen Anzahl von Multiplikatorklassen $\mathcal{K}_l$.

Beispiel 1 Als einfaches Beispiel wird die Symmetrie der Punktgruppe C_s betrachtet. Sie enthält zwei Elemente, nämlich das Einselement e sowie die Spiegelung σ. Aus der Verknüpfungstafel der Strahldarstellungen $\boldsymbol{D}_k^{(\sigma)}(a)$ (Tab. 3.9) kann man ein Faktorsystem λ_{ij}^k ablesen, das die 4 ($= g^2$) Zahlen

$$\lambda_{11}^1 = +1 \qquad \lambda_{12}^2 = +1 \qquad \lambda_{21}^2 = +1 \qquad \lambda_{22}^1 = -1 \tag{3.334}$$

Tabelle 3.9 Verknüpfungstafel der Strahldarstellungen $\boldsymbol{D}^{(\sigma)}(a)$ für die Symmetrie der Punktgruppe $\mathcal{G} = C_s = \{e, \sigma\}$ mit einem speziellen Faktorsystem λ_{ij}^k

C_s	$\boldsymbol{D}^{(\sigma)}(e)$	$\boldsymbol{D}^{(\sigma)}(\sigma)$
$\boldsymbol{D}^{(\sigma)}(e)$	$+1\,\boldsymbol{D}^{(\sigma)}(e)$	$+1\,\boldsymbol{D}^{(\sigma)}(\sigma)$
$\boldsymbol{D}^{(\sigma)}(\sigma)$	$+1\,\boldsymbol{D}^{(\sigma)}(c_2)$	$-1\,\boldsymbol{D}^{(\sigma)}(e)$

umfasst. Die Zusammenfassung in Matrixschreibweise nach (3.322) ergibt

$$\boldsymbol{\Lambda}(e) = \begin{pmatrix} 1 & 0 \\ 0 & 1 \end{pmatrix}, \quad \boldsymbol{\Lambda}(\sigma) = \begin{pmatrix} 0 & -1 \\ 1 & 0 \end{pmatrix}, \tag{3.335}$$

womit die assoziative Bedingung (3.323)

$$\boldsymbol{\Lambda}(e)\,\boldsymbol{\Lambda}(\sigma) = \begin{pmatrix} 0 & -1 \\ 1 & 0 \end{pmatrix} = \lambda_{12}^2\,\boldsymbol{\Lambda}(\sigma) \tag{3.336a}$$

$$\boldsymbol{\Lambda}(\sigma)\,\boldsymbol{\Lambda}(\sigma) = \begin{pmatrix} -1 & 0 \\ 0 & -1 \end{pmatrix} = \lambda_{22}^1\,\boldsymbol{\Lambda}(e) \tag{3.336b}$$

bestätigt werden kann. Ein dazu äquivalentes Faktorsystem $\boldsymbol{\Lambda}_{ij}^{k\prime}$ resultiert aus einer Eichtransformation mit

$$s(e) = 1 \qquad s(\sigma) = -i \tag{3.337}$$

nach Gl. (3.327) zu

$$\lambda_{11}^{1\prime} = +1 \qquad \lambda_{12}^{2\prime} = +1 \qquad \lambda_{21}^{2\prime} = +1 \qquad \lambda_{22}^{1\prime} = +1, \tag{3.338}$$

womit erneut die assoziative Bedingung erfüllt wird. Dieses besondere Faktorsystem $\lambda_{ij}^{k\prime}$ ($= \lambda_0 = 1$) gehört zu den gewöhnlichen Vektordarstellungen, so dass die Strahldarstellungen $\boldsymbol{D}^{(\sigma)}(a)$ zu den Vektordarstellungen $\boldsymbol{D}^{(\alpha)}(a)$ äquivalent sind.

Die Multiplikatorgruppe $\mathcal{M}$ besteht deshalb nur aus einer Klasse $\mathcal{K}_0$ äquivalenter Faktorsysteme, was allgemein für zyklische Gruppen zutrifft. Die Faktoren λ_{ij}^k selbst sind auf die beiden Lösungen

$$\lambda_{ij}^k = \pm 1 \tag{3.339}$$

der Gl. (3.334) mit $g = 2$ beschränkt, was man am ursprünglichen Faktorsystem (3.335) ablesen kann. Der besondere Fall, dass Gl. (3.326) den Wert Eins annimmt, resultiert aus der Eichtransformation

$$s(e) = 1 \qquad s(\sigma) = 1, \tag{3.340}$$

wodurch mit den Zahlen $\{s(a) = \boldsymbol{D}^A(a) | \, a = e, \sigma\}$ die triviale Vektordarstellung A gewonnen wird.

■

Wie im Fall der gewöhnlichen Vektordarstellungen können auch hier die Eigenschaften der Äquivalenz sowie der Reduzierbarkeit beobachtet werden. Die Zerlegung in irreduzible Darstellungen geschieht nach Gln. (3.36) und (3.115), falls das Faktorsystem erhalten bleibt. Bei äquivalenten Strahldarstellungen $\boldsymbol{D}^{(\sigma)}(\mathcal{G})$ und $\boldsymbol{D}^{(\sigma)\prime}(\mathcal{G})$ ergibt sich aus dem Produkt

$$\begin{aligned} \boldsymbol{D}^{(\sigma)\prime}(a_i)\boldsymbol{D}^{(\sigma)\prime)}(a_j) &= \boldsymbol{S}^{-1}\,\boldsymbol{D}^{(\sigma)}(a_i)\boldsymbol{S}\boldsymbol{S}^{-1}\boldsymbol{D}^{(\sigma)}(a_j)\boldsymbol{S} \\ &= \boldsymbol{S}^{-1}\lambda_{ij}^k\boldsymbol{D}^{(\sigma)}(a_k)\boldsymbol{S} = \lambda_{ij}^k\boldsymbol{D}^{(\sigma)\prime}(a_k) \end{aligned} \tag{3.341}$$

erneut die Forderung nach demselben Faktorsystem λ_{ij}^k. Ebenfalls gültig unter Beibehaltung des Faktorsystems sind die wichtigen Aussagen des 1. und 2. SCHUR'schen Lemmas.

Auf der Suche nach den irreduziblen Strahldarstellungen $\boldsymbol{D}^{(\sigma)}(\mathcal{G})$ wird man zunächst die Gruppe $\mathcal{G}$ mithilfe der Multiplikatorgruppe $\mathcal{M}(\mathcal{G})$ erweitern (SCHUR'*sche Überlagerung*), um die neue Gruppe

$$\hat{\mathcal{G}} = \sum_{l=0}^{g-1} a_l \circ \mathcal{M} \tag{3.342}$$

mit der Anzahl $m\,g$ $(= \operatorname{ord}\mathcal{G}')$ von Elementen zu erhalten. Dabei wird die Faktorgruppe bzgl. des Normalteilers $\mathcal{M}$ isomorph auf die ursprüngliche Gruppe abgebildet

$$\hat{\mathcal{G}}/\mathcal{M}(\mathcal{G}) \cong \mathcal{G}. \tag{3.343}$$

Anschließend ermittelt man die gewöhnlichen irreduziblen Vektordarstellungen $\boldsymbol{D}^{(\alpha)}$ der erweiterten Gruppe $\hat{\mathcal{G}}$. Beschränkt man sich weiter nur auf jene Elemente, die zur ursprünglichen Gruppe $\mathcal{G}$ gehören, dann liefern die irreduziblen Vektordarstellungen auch die gesuchten irreduziblen Strahldarstellungen $\boldsymbol{D}^{(\sigma)}(\mathcal{G})$.

Beispiel 2 Im oben betrachteten Beispiel der Symmetriegruppe $\mathcal{G} = C_s$ ist das Faktorsystem (3.339) $\lambda_{ij}^{k\prime}$ ($= \lambda_0 \equiv 1$) zu dem vorgegebenen Faktorsystem (3.335) λ_{ij}^{k} äquivalent, woraus die Äquivalenz zwischen den irreduziblen Vektordarstellungen und den gesuchten irreduziblen Strahldarstellungen resultiert. Demnach besteht die Mutiplikatorgruppe nur aus der Identität und man bekommt als irreduzible Strahldarstellungen die beiden irreduziblen Vektordarstellungen A' und B'' (Tab. 3.6)

$$\boldsymbol{D}^{A'}(e) = 1 \qquad \boldsymbol{D}^{A'}(\sigma) = 1 \tag{3.344a}$$
$$\boldsymbol{D}^{A''}(e) = 1 \qquad \boldsymbol{D}^{A''}(\sigma) = -1. \tag{3.344b}$$

Der Übergang zu einem äquivalenten Faktorsystem (3.335) λ_{ij}^{k} durch eine reziproke Eichtransformation von (3.338)

$$s'(e) = s^{-1}(e) = 1 \qquad s'(\sigma) = s^{-1}(\sigma) = i$$

liefert die zu (3.345) äquivalenten irreduziblen Strahldarstellungen

$$\boldsymbol{D}^{A'\prime}(e) = 1 \qquad \boldsymbol{D}^{A'\prime}(\sigma) = i \tag{3.345a}$$
$$\boldsymbol{D}^{A''\prime}(e) = 1 \qquad \boldsymbol{D}^{A''\prime}(\sigma) = -i, \tag{3.345b}$$

die mit den beiden Spinordarstellungen ${}^1\bar{E}$ und ${}^2\bar{E}$ identisch sind.

■

Kapitel 4
LIE-Gruppen

LIE-Gruppen gehören zu den kontinuierlichen Gruppen und besitzen eine überabzählbar unendliche Anzahl von Elementen (s. Abschn. 2.1). Der Begriff der Kontinuierlichkeit soll dabei an die infinitesimale Abweichung der Gruppenelemente erinnern.

Beim Versuch, eine allgemeine LIE-Gruppe zu erklären, wird man mit drei verschiedenen Arten von mathematischen Strukturen konfrontiert. Zum einen findet man die Gruppenstruktur, wonach die Elemente der LIE-Gruppe die Axiome (2.1) erfüllen. Daneben bilden die Gruppenelemente einen topologischen Raum und werden deshalb von der Struktur einer topologischen Gruppe geprägt. Schließlich gehören die Elemente zu einer analytischen Mannigfaltigkeit mit Abbildungen dieser Mannigfaltigkeit auf sich selbst als Gruppenoperationen. Die Einbeziehung dieser drei mathematischen Strukturen erlaubt eine allgemeine Definition einer LIE-Gruppe, die unabhängig von Matrixdarstellungen ist und deshalb die Bezeichnung *abstrakte* LIE*-Gruppe* rechtfertigt.

Von besonderem physikalischem Interesse sind die sogenannten *linearen* LIE-*Gruppen*, die eine endlich-dimensionale Matrixdarstellung besitzen. Der Isomorphismus zwischen der abstrakten und linearen LIE-Gruppe ermöglicht eine Charakterisierung von LIE-Gruppen mithilfe von Matrixdarstellungen, so dass auf die Diskussionen im Rahmen der Differenzialgeometrie verzichtet werden kann.

4.1 Topologische Räume

Die Beschreibung von topologischen Räumen hat das Ziel, deren Eigenschaften zu untersuchen, unabhängig von geometrischen Eigenschaften, die etwa durch Strecken oder Winkel ausgedrückt werden. Dies impliziert eine allgemeine Behandlung des Raumbegriffs, so dass neben dem bekannten Anschauungsraum oder dem euklidischen Raum $\mathbb{R}^n$ noch weitere Räume – etwa unendlich-dimensionale HILBERT-Räume, Phasenräume der Physik, BANACH-Räume, Mannigfaltigkeiten – erfasst werden. Der topologische Raum gilt als der allgemeinste Typ eines Raumes, der die grundlegendsten Begriffe der Analysis zu formulieren erlaubt.

M. Böhm, *Lie-Gruppen und Lie-Algebren in der Physik*, Springer-Lehrbuch,
DOI 10.1007/978-3-642-20379-4_4, © Springer-Verlag Berlin Heidelberg 2011

Betrachtet man eine Menge $\mathcal{R}$ von Elementen bzw. Punkten $\{x_i\}$, dann bekommt man mit der Menge aller Teilmengen $\mathcal{S}$ dieser Menge $\mathcal{R}$ die *Potenzmenge*

$$\mathcal{P}(\mathcal{R}) := \{\mathcal{S} |\ \mathcal{S} \subseteq \mathcal{R}\}. \tag{4.1}$$

Beispiel 1 Falls die Menge etwa aus drei Punkten besteht

$$\mathcal{R} = \{x_1, x_2, x_3\}$$

dann kann die Potenzmenge mit den möglichen Teilmengen in der Form

$$\mathcal{P}(\mathcal{R}) = \{\emptyset, \{x_1\}, \{x_2\}, \{x_3\}, \{x_1, x_2\}, \{x_1, x_3\}, \{x_2, x_3\}, \{x_1, x_2, x_3\}\}$$

ausgedrückt werden. Bei einer Menge mit einer endlichen Anzahl n von Punkten hat die Potenzmenge $\mathcal{P}(\mathcal{R})$ genau 2^n Teilmengen.

■

Zur Erklärung der mengentheoretischen Topologie führen zwei Wege, die von unterschiedlichen Grundbegriffen ausgehen. Der eine benutzt den Begriff der *offenen Menge* $\mathcal{O}$. Eine *Topologie* $\mathcal{T}$ *über einer Menge* $\mathcal{R}$ ist dann die Zusammenfassung von offenen Mengen $\mathcal{O}$, die als Teilmengen den folgenden Bedingungen genügen:

(a) Sowohl die leere Menge $\emptyset$ als auch die Menge $\mathcal{R}$ selbst sind Elemente von $\mathcal{T}$

$$\emptyset \subset \mathcal{T} \qquad \mathcal{R} \subset \mathcal{T}, \tag{4.2a}$$

d. h. $\mathcal{R}$ und $\emptyset$ sind offen.

(b) Der Durchschnitt jeder beliebigen endlichen Anzahl n von offenen Mengen $\mathcal{O}_i$ $(i = 1, \ldots, n)$ aus $\mathcal{T}$ ist ebenfalls ein Element von $\mathcal{T}$

$$\mathcal{O}_i \subset \mathcal{T} \qquad \text{dann} \qquad \bigcap_{i=1}^{n} \mathcal{O}_i \subset \mathcal{T}, \tag{4.2b}$$

d. h. der Durchschnitt beliebig endlich vieler offener Mengen ist wieder offen.

(c) Die Vereinigung jeder beliebigen Anzahl von offenen Mengen $\mathcal{O}_i$ aus $\mathcal{T}$ ist ebenfalls ein Element von $\mathcal{T}$

$$\mathcal{O}_i \subset \mathcal{T} \qquad \text{dann} \qquad \bigcup_{i=1}^{n} \mathcal{O}_i \subset \mathcal{T}, \tag{4.2c}$$

d. h. die Vereinigung beliebig endlich vieler offener Mengen ist wieder offen.

Demnach ist eine Topologie $\mathcal{T}$ über einer Menge $\mathcal{R}$ vollständig durch die Gesamtheit der zugehörigen offenen Mengen erklärt. Dabei kann man zwei Extremfälle unterscheiden. Einmal die *triviale* (*indiskrete*) *Topologie* (*Klumpen-Topologie*), die nur aus der leeren Menge $\emptyset$ und der Menge $\mathcal{R}$ selbst besteht

($\mathcal{T} = \{\emptyset, \mathcal{R}\}$). Zum anderen die *diskrete Topologie*, die aus der Potenzmenge besteht ($\mathcal{T} = \mathcal{P}(\mathcal{R})$). Ein *topologischer Raum* $(\mathcal{R}, \mathcal{T})$ ist dann eine menge $\mathcal{R}$, auf der eine Topologie $\mathcal{T}$ definiert ist.

Beispiel 2 Als Beispiel sei der Raum $\mathcal{R}$ mit den Punkten x_1, x_2, x_3, x_4 und x_5

$$\mathcal{R} = \{x_1, x_2, x_3, x_4, x_5\}$$

betrachtet. Unter den zwei Systemen von Teilmengen

$$\mathcal{T}_1 = \{\emptyset, \mathcal{R}, \{x_1\}, \{x_3, x_4\}, \{x_1, x_3, x_4\}, \{x_2, x_3, x_4, x_5\}\}$$

und

$$\mathcal{T}_2 = \{\emptyset, \mathcal{R}, \{x_1\}, \{x_3, x_4\}, \{x_1, x_3, x_4\}, \{x_2, x_3, x_4\}\}$$

erfüllt das erste $\mathcal{T}_1$ die drei Bedingungen (a)–(c) und gilt demnach als eine Topologie über $\mathcal{R}$. Das zweite System von Teilmengen $\mathcal{T}_2$ ist keine Topologie über $\mathcal{R}$, da die Vereinigungsmenge

$$\{x_1, x_3, x_4\} \cup \{x_2, x_3, x_4\} = \{x_1, x_2, x_3, x_4\}$$

nicht zu $\mathcal{T}_2$ gehört und deshalb die Bedingung (3.2c) nicht erfüllt.

Beispiel 3 Als weiteres Beispiel seien die reellen Zahlen bzw. der Raum $\mathbb{R}$ erwähnt. Die offenen Teilmengen $\mathcal{O}_i \subset \mathbb{R}$ sind entweder mit der leeren Menge $\emptyset$ identisch oder es gibt zu jedem in ihnen enthaltenen Punkt $x_0 \in \mathcal{O}_i$ auch ein offenes Intervall (a, b), das den Punkt x_0 enthält und seinerseits ganz in $\mathcal{O}_i$ enthalten ist

$$x_0 \in (a, b) \subseteq \mathcal{O}_i .$$

Jedes so erklärte offene Intervall ist dann eine offene Menge, mit der der topologische Raum konstruiert werden kann. Man bezeichnet dies als die *natürliche Topologie* über $\mathbb{R}$. Analoge Überlegungen gelten auch für den allgemeinen *euklidischen Raum* $\mathbb{R}^n$.

■

Ein anderer Weg zur Erklärung einer Topologie benutzt die *Umgebung* $\mathcal{U}(x)$ eines Punktes $x \in \mathcal{R}$ als Fundamentalbegriff. Gemeint ist eine Teilmenge von $\mathcal{R}$, die eine offene Menge aus $\mathcal{R}$ enthält, die ihrerseits den Punkt x enthält

$$x \in \mathcal{O} \subseteq \mathcal{U}(x) \subseteq \mathcal{R},$$

bzw. deren Komplement $\mathcal{U} \backslash \mathcal{O}$ eine den Punkt x nicht enthaltende abgeschlossene Menge bildet. Der Umgebungsbegriff erlaubt die lokalen Eigenschaften – im Unterschied zu den globalen Eigenschaften – eines Raumes zu untersuchen.

Für diese Umgebung $\mathcal{U}(x)$ gelten die Umgebungsaxiome:

(a) x liegt in jeder Umgebung $\mathcal{U}(x)$.
(b) Falls $\mathcal{U}(x)$ eine Umgebung von x ist, dann ist auch jede Obermenge $\mathcal{V}$ von $\mathcal{U}$ eine Umgebung von x.
(c) Sind $\mathcal{U}_1(x)$ und $\mathcal{U}_2(x)$ Umgebungen von x, dann ist auch der Durchschnitt $\mathcal{U}_1 \cap \mathcal{U}_2$ eine Umgebung von x.
(d) Zu jeder Umgebung $\mathcal{U}(x)$ gibt es eine Umgebung $\mathcal{W}(x)$ mit $\mathcal{W} \subset \mathcal{U}$, so dass $\mathcal{U}$ auch eine Umgebung eines jeden Punktes $x \in \mathcal{W}$ ist.

Als Konsequenz findet man, dass eine Umgebung $\mathcal{U}$ nicht notwendigerweise eine offene Menge sein muss. Dagegen ist jede offene Menge $\mathcal{O}$, die den Punkt x enthält, auch eine (offene) Umgebung $\mathcal{U}(x)$, da sie sich selbst enthält.

Mit der Umgebung als Fundamentalbegriff kann dann – an Stelle des Begriffs der offenen Menge – ebenfalls eine *Topologie $\mathcal{T}$ über einen Raum $\mathcal{R}$* erklärt werden. Jedem Element $x \in \mathcal{R}$ ist ein System von Umgebungen $\{\mathcal{U}(x)\}$ als Teilmengen des Raumes $\mathcal{R}$ zugeordnet. Dabei gilt:

(a) $x \in \mathcal{U}$ für jede Teilmenge $\mathcal{U} \subset \{\mathcal{U}(x)\}$.
(b) Falls $\mathcal{U} \subset \{\mathcal{U}(x)\}$ dann gilt für jedes $\mathcal{V}$ mit $\mathcal{V} \supset \mathcal{U}$: $\mathcal{V} \subset \{\mathcal{U}(x)\}$.
(c) Sei $\mathcal{U}_1, \mathcal{U}_2 \subset \{\mathcal{U}(x)\}$, dann gilt für den Durchschnitt: $\mathcal{U}_1 \cap \mathcal{U}_2 \subset \{\mathcal{U}(x)\}$.
(d) Zu jedem $\mathcal{U} \subset \{\mathcal{U}(x)\}$ existiert ein $\mathcal{W} \subset \{\mathcal{U}(x)\}$, so dass $\mathcal{U} \subset \{\mathcal{U}(x)\}\ \forall x \in \mathcal{W}$.

Eine *diskrete Topologie* $\mathcal{T}$ (s. o.) findet man dort, wo man alle einen Punkt $x \in \mathcal{R}$ enthaltenden Teilmengen von $\mathcal{R}$ als Umgebungen erklären kann. Bei der *trivialen Topologie* (s. o.) besteht das System der Umgebungen $\{\mathcal{U}(x)\}$ für jedes $x \in \mathcal{R}$ nur aus dem Raum selbst. Bleibt anzumerken, dass der Begriff des topologischen Raumes bezüglich seiner logischen Struktur einfacher ist als der wohlbekannte Begriff des metrischen Raumes, da bei der Erklärung einer Topologie auf die Theorie der rellen Zahlen verzichtet werden kann.

Die weitere Betrachtung wird beschränkt durch die Forderung nach *Trennbarkeit*. Dabei gilt ein topologischer Raum $\mathcal{R}$ genau dann als separiert, wenn zwei verschiedene Punkte x_1, x_2 $(x_1 \neq x_2)$ aus dem Raum $\mathcal{R}$ stets disjunkte Umgebungen $\mathcal{U}(x_1)$, $\mathcal{U}(x_2)$ und damit auch disjunkte offene Mengen $\mathcal{O}(x_1)$, $\mathcal{O}(x_2)$ besitzen

$$x_1 \in \mathcal{U}(x_1),\ x_2 \in \mathcal{U}(x_2) \qquad \text{mit} \qquad \mathcal{U}(x_1) \cap \mathcal{U}(x_2) = \emptyset. \tag{4.3}$$

Ein solcher topologischer Raum wird als HAUSDORFF-*Raum* bezeichnet. Dieses HAUSDORFF´sche Trennungsaxiom erlaubt die Trennung disjunkter Punkte durch Umgebungen und macht sie topologisch unterscheidbar. Es ist jetzt nicht mehr möglich – wie etwa bei der trivialen Topologie – dass sämtliche Umgebungen eines Punktes $x \in \mathcal{R}$ auch noch andere Punkte außer x gemeinsam haben. Dabei ist anzumerken, dass ein topologischer Raum mit diskreter Topologie $(\mathcal{T} = \mathcal{P}(\mathcal{R}))$ immer auch ein HAUSDORFF-Raum ist. Im Gegensatz dazu kann ein topologischer Raum mit trivialer Topologie $(\mathcal{T} = \{\emptyset, \mathcal{R}\})$ wegen des Scheiterns der Trennbarkeit kein HAUSDORFF-Raum sein, außer die Menge $\mathcal{R}$ hat nur ein Element.

Beispiel 4 Ein Beispiel eines HAUSDORFF-Raumes ist der eindimensionale euklidische Raum $\mathbb{R}$ der reellen Zahlen (*natürliche Topologie*). Ausgehend von zwei beliebigen Punkten $x_1, x_2 \in \mathbb{R}$, findet man zwei disjunkte offene Intervalle

$$(x_1 - |x_1 - x_2|/2 + \varepsilon,\ x_1 + |x_1 - x_2|/2 - \varepsilon)$$

um x_1 und

$$(x_2 - |x_1 - x_2|/2 * \varepsilon\ x_2 + |x_1 - x_2|/2 - \varepsilon)$$

um x_2 mit

$$0 < \varepsilon < |x_1 - x_2|/2.$$

Die Erweiterung auf n Dimensionen ergibt den euklidischen Raum $\mathbb{R}^n$.

■

Allgemein gilt jeder Raum, auf dem eine Metrik bzw. Abstandsfunktion erklärt ist (s. Abschn. 4.3), als ein spezieller topologischer Raum. Darüberhinaus ist er ein HAUSDORFF-Raum.

Beispiel 5 Ein häufig auftretendes Beispiel ist die Menge der $n \times n$-Matrizen mit komplexen Elementen. Dieser Raum ist metrisierbar (s. Abschn. 4.3) und gilt deshalb als HAUSDORFF-Raum.

■

Überdeckungseigenschaften fordern weitaus schärfere Einschränkungen als die Trennungsaxiome. Ein System von Teilmengen $\{\mathcal{S}_i\}$ ($\mathcal{S}_i \in \mathcal{R}$) heißt eine *Überdeckung* des Raumes $\mathcal{R}$, falls jeder Punkt von $\mathcal{R}$ in wenigstens einer Teilmenge $\mathcal{S}_i$ liegt

$$\mathcal{R} = \bigcup_i \mathcal{S}_i . \tag{4.4}$$

Das System der Teilmengen $\{\mathcal{S}_i\}$ bildet eine Teilmenge der Potenzmenge $\mathcal{P}(\mathcal{R})$. Falls das System von Teilmengen $\{\mathcal{S}_i\}$ aus einer endlichen Anzahl von Teilmengen $\mathcal{S}_i$ besteht, dann spricht man von einer *endlichen Überdeckung* des Raumes $\mathcal{R}$.

Ein topologischer Raum $(\mathcal{R}, \mathcal{T})$ und seine Topologie $\mathcal{T}$ heißen *kompakt*, wenn der Raum ein HAUSDORFF-Raum ist und jede Überdeckung von $\mathcal{R}$ mit offenen Mengen $\mathcal{O}_i$ eine endliche Überdeckung von $\mathcal{R}$ umfasst. Dabei gilt:

(a) Jede kompakte Teilmenge von $\mathcal{R}$ eines HAUSDORFF-Raumes $(\mathcal{R}, \mathcal{T})$ ist abgeschlossen.
(b) Jede abgeschlossene Teilmenge einer kompakten Menge ist wieder kompakt.

Beispiel 6 Als Beispiel sei ein nicht endlicher topologischer Raum $(\mathcal{R}, \mathcal{T})$ mit diskreter Topologie $\mathcal{T} = \mathcal{P}(\mathcal{R})$ betrachtet. Um zu zeigen, dass dieser nicht kompakt ist, muss eine offene Überdeckung von $\mathcal{R}$ gefunden werden, die keine endliche Teilüberdeckung von $\mathcal{R}$ enthält. Wählt man das System der Teilmengen $\{\mathcal{X}\}$ mit nur einem Punkt $x \in \mathcal{R}$, dann hat man wegen Gl. (3.4) eine Überdeckung von $\mathcal{R}$. Sie ist zudem offen, da jede Teilmenge eines diskreten Raumes offen ist. Es gibt jedoch kein echtes Teilsystem von $\{\mathcal{X}\}$, das $\mathcal{R}$ überdeckt. Schließlich ist das System der Teilmengen nicht endlich, weil $\mathcal{R}$ nicht endlich ist. Demnach enthält die offene Überdeckung $\{\mathcal{X}\}$ keine endliche Teilüberdeckung, so dass $\mathcal{R}$ nicht kompakt ist. Als Konsequenz stellt man fest, dass ein topologischer Raum $(\mathcal{R}, \mathcal{T})$ mit diskreter Topologie $\mathcal{T} = \mathcal{P}(\mathcal{R})$ genau nur dann kompakt sein kann, wenn er aus einer endlichen Anzahl von Punkten besteht.

Beispiel 7 Der euklidische Raum $\mathbb{R}^n$ besteht aus einer unendlichen Anzahl von Punkten, so dass keine endliche Überdeckung gefunden werden kann. Er gilt deshalb als nicht kompakt.

Beispiel 8 Betrachtet man etwa die reellen Zahlen mit ihrer natürlichen Topologie sowie das offene Intervall $(-1, 1)$ als Teilmenge, so besitzt dieses die offene Überdeckung

$$(-1, 1) = \bigcup_{n=2}^{\infty} S_n$$

durch die offenen Intervalle

$$S_n = (-1 + 1/n, 1 - 1/n).$$

Das offene Intervall ist jedoch nicht kompakt, da sich aus der Überdeckung keine endliche Überdeckung auswählen lässt.

Beispiel 9 Betrachtet man dagegen das abgeschlossene Intervall $[-1, 1]$ als Teilmenge, dann findet man in jeder offenen Überdeckung

$$[-1, 1] \subseteq \bigcup_{n=2} \mathcal{S}_n$$

durch die offenen Intervalle

$$\mathcal{S}_n = (-1 - \varepsilon + 1/n, 1 + \varepsilon - 1/n),$$

eine endliche Überdeckung $(n = 1, \ldots, N)$, deren Anzahl N bei einem vorgegebenen $\varepsilon (> 0)$ sich ergibt nach

$$\varepsilon - 1/N > 0 \qquad \text{bzw.} \qquad N > 1/\varepsilon.$$

Wegen dieser endlichen Überdeckung gilt das abgeschlossene Intervall als kompakt.

Beispiel 10 Dieses Ergebnis kann verallgemeinert auf den euklidischen Raum $\mathbb{R}^n$ übertragen werden. Eine Teilmenge $\mathcal{M}$ des $\mathbb{R}^n$ ist genau dann kompakt, wenn $\mathcal{M}$ beschränkt und abgeschlossen ist.

■

Eine Teilmenge $\mathcal{M}$ eines topologischen Raumes heißt genau dann *zusammenhängend*, falls $\mathcal{M}$ nicht eine Zerlegung der Form

$$\mathcal{M} = \mathcal{U} \cup \mathcal{V} \tag{4.5a}$$

gestattet, wobei $\mathcal{U}$ und $\mathcal{V}$ nichtleere, offene Mengen sind mit

$$\mathcal{U} \cap \mathcal{V} = \emptyset. \tag{4.5b}$$

Das bedeutet, dass $\mathcal{M}$ und die leere Menge $\emptyset$ die einzigen Teilmengen von $\mathcal{M}$ sind, die sowohl offen als auch abgeschlossen sind. Die Eigenschaften kompakt und zusammenhängend können als innere Eigenschaften einer Menge bezeichnet werden.

Beispiel 11 Der euklidische Raum $\mathbb{R}^n$ ist demnach zusammenhängend. Im Gegensatz dazu findet man, dass die Potenzmenge $\mathcal{P}(\mathcal{R})$ – wie jeder diskreter topologischer Raum – nicht zusammenhängend ist.

■

Mit der Eigenschaft des Zusammenhangs kann man ein *Gebiet* $\mathcal{G}$ definieren. Es ist eine nichtleere zusammenhängende offene Teilmenge eines topologischen Raumes. Eine Teilmenge $\mathcal{M}$ eines topologischen Raumes $\mathcal{R}$ heißt genau dann *einfach zusammenhängend*, wenn $\mathcal{M}$ zusammenhängend ist und sich jede in $\mathcal{M}$ verlaufende, geschlossene stetige Kurve auf einen Punkt zusammenziehen lässt.

Schließlich kann man die *(zusammenhängende) Komponente* $\mathcal{K}$ eines topologischen Raumes $\mathcal{R}$ definieren. Es ist eine maximale zusammenhängende Teilmenge von $\mathcal{R}$, die nicht echt in einer umfassenderen zusammenhägenden Menge enthalten ist.

Beispiel 12 Betrachtet man etwa einen zusammenhängenden Raum $\mathcal{R}$, dann hat dieser nur eine Komponente, nämlich sich selbst.

Ein anderer Raum $\mathcal{R}$ bestehe aus den fünf Punkten

$$\mathcal{R} = \{x_1, x_2, x_3, x_4, x_5\}$$

und der Topologie

$$\mathcal{T} = \{\emptyset, \mathcal{R}, \{x_1\}, \{x_3, x_4\}, \{x_1, x_3, x_4\}, \{x_2, x_3, x_4, x_5\}\}.$$

Dann findet man als Komponenten von $\mathcal{R}$ die Teilmengen $\{x_1\}$ und $\{x_2, x_3, x_4, x_5\}$. Jede andere zusammenhängende Teilmenge von $\mathcal{R}$ – z. B. $\{x_2, x_3, x_5\}$ – ist eine Teilmenge eine dieser beiden zusammenhängenden Komponenten.

■

Unter dem Begriff der *Abbildung* f einer Menge $\mathcal{R}$ in eine Menge $\mathcal{R}'$

$$f : \mathcal{R} \longrightarrow \mathcal{R}' \tag{4.6}$$

versteht man ganz allgemein, dass jedem Element $x \in \mathcal{R}$ ein wohlbestimmtes Element $f(x) \in \mathcal{R}'$ zugeordnet wird. Wenn als Bild $f(\mathcal{R})$ der Menge $\mathcal{R}$ die gesamte Menge $\mathcal{R}'$ auftritt, dann liegt eine Abbildung f von $\mathcal{R}$ *auf* $\mathcal{R}'$ vor. Für den Fall, dass $\mathcal{R}$ und $\mathcal{R}'$ topologische Räume sind, interessieren insbesondere solche Abbildungen, die die Topologien von $\mathcal{R}$ und $\mathcal{R}'$ invariant lassen und als stetig gelten.

Eine Abbildung $f : \mathcal{R} \longrightarrow \mathcal{R}'$ eines topologischen Raumes $\mathcal{R}$ in einen topologischen Raum $\mathcal{R}'$ heißt *stetig*, falls eine der drei gleichwertgen Bedingungen erfüllt ist:

(a) Die Urbildmenge $f^{-1}(\mathcal{O}')$ einer jeden in $\mathcal{R}'$ offenen Menge $\mathcal{O}' \subset \mathcal{R}'$ ist offen in $\mathcal{R}$.
(b) Die Urbildmenge $f^{-1}(\mathcal{O}')$ einer jeden in $\mathcal{R}'$ abgeschlossenen Menge $\mathcal{O}' \subset \mathcal{R}'$ ist abgeschlossen in $\mathcal{R}$.
(c) Zu jedem Punkt $x \in \mathcal{R}$ und jeder Umgebung $\mathcal{V}$ des Bildpunktes $f(x) \in \mathcal{R}'$ gibt es eine Umgebung $\mathcal{U}$ mit $f(\mathcal{U}) \subset \mathcal{V}$.

Dabei ist anzumerken, dass die Umkehrabbildung f^{-1} nicht unbedingt existieren muss, da keine eineindeutige Abbildung gefordert wird. Die Bedingung (c) bedeutet in der Analysis die (ε, δ)-Bedingung. Sie beschreibt eine lokale Eigenschaft und ist deshalb möglicherweise nur für gewisse Punkte erfüllt. Die Abbildung ist dann nur in diesen Punkten stetig.

Beispiel 13 Als Beispiel betrachte man den Raum

$$\begin{aligned} \mathcal{R} &= \{x_1, x_2, x_3, x_4\} \quad \text{mit der Topologie} \\ \mathcal{T} &= \{\emptyset, \mathcal{R}, \{x_1\}, \{x_1, x_2\}, \{x_1, x_2, x_3\}\} \end{aligned}$$

und den Raum

$$\begin{aligned} \mathcal{R}' &= \{y_1, y_2, y_3, y_4\} \quad \text{mit der Topologie} \\ \mathcal{T}' &= \{\emptyset, \mathcal{R}', \{y_1\}, \{y_2, y_3\}, \{y_2, y_3, y_4\}\}. \end{aligned}$$

Für die beiden Abbildungen

$$f : \mathcal{R} \longrightarrow \mathcal{R}' \quad \text{und} \quad g : \mathcal{R} \longrightarrow \mathcal{R}'$$

wähle man (Abb. 4.1)

$$f(x_1) = y_2, \quad f(x_2) = y_3, \quad f(x_3) = y_4, \quad f(x_4) = y_3$$

sowie

$$g(x_1) = y_1, \quad g(x_2) = y_1, \quad g(x_3) = y_3, \quad g(x_4) = y_4.$$

Dabei stellt man fest, dass die Abbildung f stetig ist, da das Urbild jeder Menge der Topologie $\mathcal{T}'$ über $\mathcal{R}'$ eine Menge der Topologie $\mathcal{T}$ über $\mathcal{R}$ ist. Dagegen ist die

Abbildung g nicht stetig. Denn das Urbild der in $\mathcal{R}'$ offenen Mengen $\{y_2, y_3, y_4\}$ ist die Menge

$$g^{-1}[\{y_2, y_3, y_4\}] = \{x_3, x_4\},$$

die keine offene Menge ist und demnach nicht zur Topologie $\mathcal{T}$ gehört.

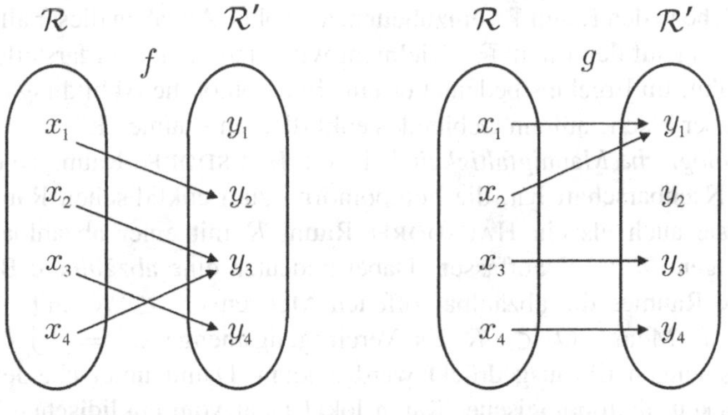

Abb. 4.1 Schematische Darstellung der Abbildungen f und g eines topologischen Raumes $\mathcal{R}$ in einen topologischen Raum $\mathcal{R}'$

Beispiel 14 Betrachtet man etwa einen topologische Raum $\mathcal{R}$ mit diskreter Topologie $\mathcal{T} = \mathcal{P}(\mathcal{R})$, dann ist jede Abbbildung $f : \mathcal{R} \longrightarrow \mathcal{R}'$ eine stetige Abbildung. Denn ausgehend von einer beliebigen offenen Teilmenge $\mathcal{H}$ von $\mathcal{R}'$ findet man als Urbild $f^{-1}(\mathcal{H})$ stets eine offene Teilmenge von $\mathcal{R}$, da dessen Topologie jede Teilmenge als offen erklärt. Eine ähnliche Überlegung führt zu dem Ergebnis, dass auch bei einem topologischen Raum mit trivialer Topologie jede Abbildung stetig ist.

■

Schließlich kann man zwischen zwei topologischen Räumen $\mathcal{R}$ und $\mathcal{R}'$ die Eigenschaft der Äquivalenz beschreiben. Die beiden Räume heißen *homöomorph* bzw. *topologisch äquivalent*, falls eine bijektive Abbildung $f : \mathcal{R} \longrightarrow \mathcal{R}'$ existiert, so dass f und f^{-1} stetig sind. Bei dieser *homöomorphen Abbildung (topologische Abbildung)* besitzt jede offene Menge $\mathcal{O} \subset \mathcal{R}$ eine offene Menge $\mathcal{O}' = f(\mathcal{O}) \subset \mathcal{R}'$ als Bild und es ist jede offene Menge $\mathcal{O}' \subset \mathcal{R}'$ das Bild $f(\mathcal{O})$ einer offenen Menge $\mathcal{O} \subset \mathcal{R}$. Homöomorphe topologische Räume sind in ihrer topologische Struktur nicht zu unterscheiden. Das Interesse der Topologie gilt der Untersuchung jener Eigenschaften, die unter Homöomorphismus erhalten bleiben.

Beispiel 15 Als Beispiel für einen topologischen Raum $\mathcal{R}$ sei das offene Intervall $(-1, 1)$ der rellen Zahlen $\mathbb{R}$ betrachtet. Dieses wird durch die Funktion $f(x) = \tan(\pi/2 \cdot x)$ in den Raum $\mathbb{R}$ abgebildet ($f : \mathcal{R} \longrightarrow \mathbb{R}$). Die Abbildung ist bijektiv und stetig. Die inverse Funktion f^{-1} existiert und ist ebenfalls stetig. Demnach sind die topologischen Räume $(-1, 1)$ und $\mathbb{R}$ homöomorph zueinander.

■

4.2 Mannigfaltigkeiten

Mannigfaltigkeiten spielen in der modernen Physik eine bedeutende Rolle, etwa bei der Frage nach der Gestalt des Universums oder im Rahmen der allgemeinen Relativitätstheorie. Einfachste Beispiele sind glatte Flächen bzw. Kurven, die in jedem Punkt eine Tangentialebene bzw. eine Tangente besitzen. Im Vordergrund steht die Verallgemeinerung der Idee einer Fläche (oder einer Kurve), ohne jedoch diese allgemeine Fläche in den Raum $\mathbb{R}^n$ einzubetten, also ohne Angaben dieser allgemeinen Fläche in Bezug auf den Raum $\mathbb{R}^n$. Vielmehr wird eine Parameterdarstellung dieser Fläche gewählt. Im Ergebnis bedeutet es eine homöomorphe Abbildung eines offenen Teils dieser Fläche auf ein Gebiet des euklidischen Raumes $\mathbb{R}^n$.

Eine *topologische Mannigfaltigkeit* $\mathcal{R}$ ist ein HAUSDORFF-Raum, so dass jeder Punkt eine Nachbarschaft hat, die homöomorph zum euklidischen Raum $\mathbb{R}^n$ ist. Man kann sie auch als ein HAUSDORFF-Raum $\mathcal{R}$ mit einer abzählbaren Basis offener Mengen $\mathcal{O}_i \subset \mathcal{R}$ auffassen. Dabei bedeuten eine *abzählbare Basis* eines topologische Raumes die abzählbar offenen Mengen $\mathcal{O}_i \subset \mathcal{R}$, mit denen jede weitere offene Menge $\mathcal{O} \subset \mathcal{R}$ als Vereinigungsmenge $\mathcal{O} = \bigcup_i \mathcal{O}_i$ einiger dieser Basismengen $\mathcal{O}_i$ ausgedrückt werden kann. Damit unterscheidet sich die Mannigfaltigkeit als topologischer Raum lokal nicht vom euklidischen Raum $\mathbb{R}^n$ und wird deshalb dort als *lokaler euklidischer Raum* bezeichnet. Es gilt also die lokalen Eigenschaften von den globalen Eigenschaften zu trennen. Während jede n-dimensionale reelle Mannigfaltigkeit $\mathcal{R}$ lokal wie eine offene Menge im $\mathbb{R}^n$ aussieht, kann das globale Verhalten völlig unterschiedlich sein. Die Punkte können demnach lokal durch reelle Koordinaten charakterisiert werden. Bei einem Wechsel des Bezugssystems erwartet man dann eine Änderung der Koordinaten. Deshalb gilt es solche Eigenschaften – etwa von Tangentialvektoren oder von Tensorfeldern – hervorzuheben, die unabhängig von der Wahl der Koordinaten sind oder deren Transformationsverhalten bekannt ist.

Beispiel 1 Als Beispiel seien zwei unterschiedliche eindimensionale reelle Mannigfaltigkeiten betrachtet (Abb. 4.2). Dort sind die Umgebungen etwa der Punkte x und y homöomorph zu einem offenem Intervall im euklidischen Raum $\mathbb{R}$ und verhalten sich demnach gleich. Global betrachtet haben die beiden Mannigfaltigkeiten jedoch eine unterschiedliche Struktur.

■

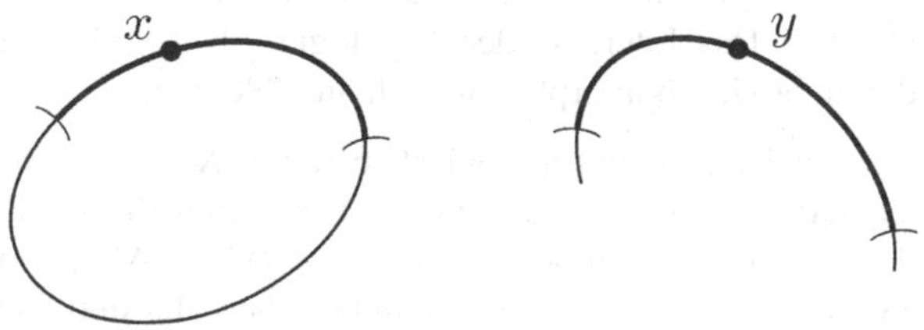

Abb. 4.2 Zwei global unterschiedliche eindimensionale Mannigfaltigkeiten mit einer gleichen lokalen Umgebung der Punkte x und y

Eine Mannigfaltigkeit ist *n-dimensional*, falls jeder Punkt der Mannigfaltigkeit eine Umgebung besitzt, die zum euklidischen Raum $\mathbb{R}^n$ homöomorph ist. Anschaulich ausgedrückt sieht jede n-dimensionale Mannigfaltigkeit aus wie der euklidische Raum $\mathbb{R}^n$ und kann durch das „Zusammenkleben" von nichtleeren offenen Mengen des $\mathbb{R}^n$ erhalten werden (*Klebeabbildung*).

Beispiel 2 Betrachtet man etwa den euklidischen Raum $\mathbb{R}^n$, so ist dieser selbst eine topologische Mannigfaltigkeit. Jede nichtleere offene Menge aus diesem Raum stellt deshalb eine n-dimensionale Mannigfaltigkeit dar.

Ein bedeutendes Beispiel für eine n-dimensionale Mannigfaltigkeit ist die n-(dimensionale)-*Sphäre* S^n. Sie ist homöomorph zur Oberfläche einer $(n+1)$-dimensionalen Kugel, der sogenannten *n-Kugel* D^{n+1}.

Die 1-Kugel D^1 bedeutet ein abgeschlossenes Intervall im Raum $\mathbb{R}^1$. Entsprechend besteht die 0-Sphäre S^0 aus den beiden Randpunkten. Sie ist die einzige nicht zusammenhängende Sphäre, die als Gruppe betrachtet isomorph zur zyklischen Faktorgruppe $\mathbb{Z}_2 = \mathbb{Z}/2\mathbb{Z}$ der Ordnung Zwei ist (Abschn. 2.2).

Die 2-Kugel D^2 bedeutet eine Kreisscheibe mit Rand im Raum $\mathbb{R}^2$. Entsprechend ist die 1-Sphäre S^1 dann der Rand, nämlich die Kreislinie, die durch die komplexen Zahlen beschrieben werden kann. Sie ist zusammenhängend, aber nicht einfach zusammenhängend, und als Gruppe betrachtet isomorph zur LIE-Gruppe $U(1)$ (Beispiel 10 und 12).

Die 3-Kugel D^3 bedeutet eine Vollkugel mit Randfläche im Raum $\mathbb{R}^3$. Entsprechend ist die 2-Sphäre S^2 dann die Oberfläche, die durch Kugelkoordinaten beschrieben werden kann. Sie ist einfach zusammenhängend – wie alle höherdimensionale Sphären ($n \geq 2$) – und besitzt keine Gruppenstruktur.

Die 3-Sphäre S^3 ist als 3-dimensionale Mannigfaltigkeit im 4-dimensionalen Raum $\mathbb{R}^4$ nicht mehr anschaulich vorstellbar und kann durch Quaternionen beschrieben werden. Topologisch wird sie durch zwei 3-Kugeln D^3 dargestellt, bei denen die Punkte der Oberfläche miteinander identifiziert bzw. „zusammengeklebt" werden. Als Gruppe betrachtet ist sie isomorph zur LIE-Gruppe $SU(2)$ (Beispiel 8).

Bleibt anzumerken, dass die 2-Sphäre S^2 die einzige (orientierte, unberandete) 2-dimensionale Mannigfaltigkeit ist, in der man eine beliebige, geschlossene stetige Kurve auf eine Punkt zusammenziehen kann. Bereits beim *Torus* T^2, der die Form der Oberfläche eines Rettungsringes (*donut*) hat, ist dies wegen des Lochs in der Mitte nicht möglich. Demnach ist jede kompakte unberandete, einfach zusammenhängende (orientierte) 2-dimensionale Mannigfaltigkeit homöomorph zur 2-Sphäre S^2. Diese Aussage gilt auch für eine 3-dimensionale Mannigfaltigkeit mit Bezug auf die 3-Sphäre S^3 (POINCARÉ-*Vermutung*). ■

Die Idee eines Tangentenvektors an eine Fläche im euklidischen Raum $\mathbb{R}^3$, die den Bezug auf ein Koordinatensystem entbehrlich macht, wird verallgemeinert auf eine Mannigfaltigkeit übertragen. Dabei findet man neben der topologischen Struktur auch eine differenzierbare Struktur. Letztere gewährt eine kontinuierliche Struktur der Räume, so dass diese anschaulich den reellen euklidischen Räumen gleichen. Dabei sind jedoch noch keine Längen und Winkel definiert, was erst durch die

Einführung einer Metrik gelingt. Um die lokale Eigenschaft der Differenzierbarkeit erfassen zu können, müssen zwei weitere Begriffe eingeführt werden.

Ausgehend von einer n-dimensionalen Mannigfaltigkeit $\mathcal{R}$ kann man eine *Karte* (*lokales Koordinatensystem*) $(\mathcal{O}, \psi)$ auf $\mathcal{R}$ der Dimension n definieren. Sie setzt sich zusammen aus einer offenen Menge $\mathcal{O} \in \mathcal{R}$, dem sogenannten *Gebiet* von $\mathcal{R}$, und einer homöomorphen (bijektiv stetigen) Abbildung ψ von dieser Menge $\mathcal{O}$ auf eine offene Teilmenge $\psi(\mathcal{O})$ des n-dimensionalen euklidischen (relleen) Raumes $\mathbb{R}^n$

$$\psi : \begin{cases} \mathcal{O} \longrightarrow \mathbb{R}^n \\ x \longmapsto \boldsymbol{x}. \end{cases} \tag{4.7a}$$

Die Abbildung ψ ist die *Kartenabbildung* und $\psi(\mathcal{O})$ das *Kartenbild* von $\mathcal{O}$. Die *Koordinaten* $(x_1, \ldots, x_n)$ eines Bildes $\psi(x) \in \mathbb{R}^n$ des Punktes $x \in \mathcal{O} \subset \mathcal{R}$ werden als *lokale Koordinaten* von x in der Karte $(\mathcal{O}, \psi)$ bezeichnet

$$\psi(x) = \boldsymbol{x} = (x_1, \ldots, x_n). \tag{4.7b}$$

Nach Wahl einer zweiten Karte $(\mathcal{O}_l, \psi_l)$ neben der Karte $(\mathcal{O}_k, \psi_k)$ erhält man für den Punkt $x \in \mathcal{R}$ die neuen lokalen Koordinaten $\psi_l(x)$. Daraus gewinnt man die Transformationsgleichungen für die beiden lokalen Koordinaten

$$\psi_l(x) = \psi_l\left[\psi_k^{-1}(\psi_k(x))\right] \quad \text{bzw.} \quad \psi_k(x) = \psi_k\left[\psi_l^{-1}(\psi_l(x))\right]. \tag{4.8}$$

Dabei gilt die Forderung, dass die beiden Karten differenzierbar verträglich sind. Zwei Karten $(\mathcal{O}_k, \psi_k)$ und $(\mathcal{O}_l, \psi_l)$ heißen *differenzierbar verträglich* (*glatt überlappend*), falls $\mathcal{O}_k \cap \mathcal{O}_l = \emptyset$ oder falls die Abbildung

$$\psi_l \circ \psi_k^{-1} : \begin{cases} \psi_k(\mathcal{O}_k \cap \mathcal{O}_l) \longrightarrow \psi_l(\mathcal{O}_k \cap \mathcal{O}_l) \\ \boldsymbol{x}^{(k)} \longmapsto \boldsymbol{x}^{(l)} \end{cases} \tag{4.9}$$

eine umkehrbar, stetig differenzierbare Abbildung von einer offenen Menge $\psi_k(\mathcal{O}_k \cap \mathcal{O}_l)$ des $\mathbb{R}^n$ auf eine andere offene Menge $\psi_l(\mathcal{O}_k \cap \mathcal{O}_l)$ des $\mathbb{R}^n$ ist. Beim Übergang von einer Karte $(\mathcal{O}_k, \psi_k)$ zur Karte $(\mathcal{O}_l, \psi_l)$ werden im Überlappungsbereich durch (4.9) die Koordinaten umgerechnet, so dass eine differenzierbare Kurve auf der Mannigfaltigkeit $\mathcal{R}$ in beiden Koordinatensystemen ohne Knicke erscheint.

Man erhält so für eine Mannigfaltigkeit $\mathcal{R}$ ein System von Karten $\{(\mathcal{O}_i, \psi_i)\}$, das als *Atlas* bezeichnet wird. Der Atlas ist *maximal* (*vollständig*), falls er zu jeder Karte auch alle zu dieser Karte differenzierbar verträglichen Karten enthält. Ein *differenzierbarer* Atlas auf einer topologischen Mannigfaltigkeit $\mathcal{R}$ ist ein System von paarweise miteinander differenzierbaren verträglichen Karten $\{(\mathcal{O}_i, \psi_i)\}$ mit Homöomorphismen ψ_i derart, dass eine offene Überdeckung von $\mathcal{R}$ durch die Gesamtheit der offenen Mengen $\mathcal{O}_i$ erreicht wird

$$\mathcal{R} = \bigcup_i \mathcal{O}_i. \tag{4.10}$$

Eine n-dimensionale topologische Mannigfaltigkeit, die mit einem differenzierbaren Atlas versehen ist, heißt eine *differenzierbare Mannigfaltigkeit.* Dort ist also für jedes beliebige Paar von Karten $(\mathcal{O}_k, \psi_l)$ und $(\mathcal{O}_l, \psi_l)$ aus dem Atlas von $\mathcal{R}$ mit einem nichtleeren Durchschnitt der offenen Mengen $\mathcal{O}_k$ und $\mathcal{O}_l$ $(\mathcal{O}_k \cap \mathcal{O}_l \neq \emptyset)$ der Homöomorphismus $\psi_l \circ \psi_k^{-1}$ zwischen der offenen Teilmenge $\psi_k(\mathcal{O}_k \cap \mathcal{O}_l)$ des $\mathbb{R}^n$ und der offenen Teilmenge $\psi_l(\mathcal{O}_l \cap \mathcal{O}_k)$ des $\mathbb{R}^n$ eine differenzierbare Abbildung (s. a. Abb. 4.3). Eine C^m-Mannigfaltigkeit liegt genau dann vor, falls alle Abbildungen (4.9) die *Glattheit* C^m besitzen und deshalb bis zur Ordnung m stetig differenzierbar sind. Der Atlas wird dann C^m-Atlas genannt. Die Abbildungen (4.9) liefern gewissermaßen eine Vorschrift, wie die einzelnen Karten aus dem Atlas „zusammengeklebt“ werden müssen, um die Mannigfaltigkeit zu erhalten, ohne letztere in einen Raum höherer Dimension einzubetten. Mithilfe eines Atlas kann man die auf einer Mannigfaltigkeit definierten geometrischen Objekte auf die Karten abbilden und dann dort auf der Grundlage der Analysis diskutieren. Damit gelingt eine Beschreibung von physikalischen Gesetzen bzw. Eigenschaften in nicht-euklidischen Räumen. Falls auf einer n-dimensionalen Mannigfaltigkeit auch eine Metrik definiert ist, wird sie zum RIEMANN'*schen Raum.*

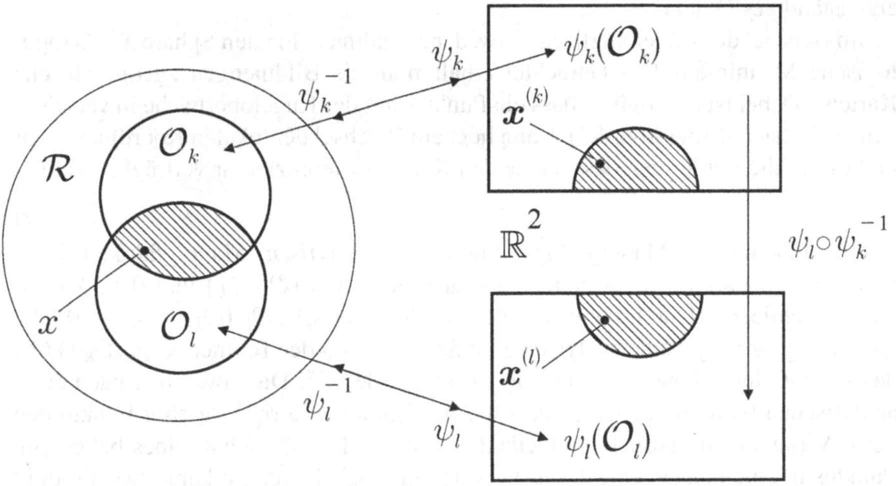

Abb. 4.3 Oberfläche einer Kugel als Mannigfaltigkeit $\mathcal{R}$. Die Karten $(\mathcal{O}_k, \psi_k)$ und $(\mathcal{O}_l, \psi_l)$ sind offene Teilmengen des euklidischen Raumes $\mathbb{R}^2$; der Punkt $x \in \mathcal{R}$ erscheint in beiden differenzierbar verträglichen Karten als Punkt $\boldsymbol{x}^{(k)} = \left(x_1^{(k)}, x_2^{(k)}\right)$ bzw. $\boldsymbol{x}^{(l)} = \left(x_1^{(l)}, x_2^{(l)}\right)$

Beispiel 3 Der einfachste Fall einer n-dimensionalen Mannigfaltigkeit ist der Raum $\mathbb{R}^n$ selbst. Er besitzt nur eine Karte $\psi_{k=0}(\mathcal{O}_{k=0}) = \mathbb{R}^n$ mit der identischen Abbildung $\psi_{k=0} = e$. Die Menge aller Abbildungen, die mit der identischen Abbildung verträglich sind, bilden den maximalen Atlas (kanonisch glatte Struktur).

Gewöhnlich braucht man mehr als eine Karte, um eine Mannigfaltigkeit $\mathcal{R}$ zu überdecken. Dabei erhält man mitunter zwei sich überlappende Karten $(\mathcal{O}_k, \psi_k)$ und $(\mathcal{O}_l, \psi_l)$, was durch die Abbildung des Durchschnitts $\mathcal{O}_k \cap \mathcal{O}_l$ verursacht wird.

Die Abbildung $\psi_k \circ \psi_l^{-1}$ erlaubt dann die Menge $\psi_k(\mathcal{O}_k \cap \mathcal{O}_l)$ des $\mathbb{R}^n$ auf die Menge $\psi_l(\mathcal{O}_k \cap \mathcal{O}_l)$ des $\mathbb{R}^n$ abzubilden (Abb. 4.3).

Im Beispiel der Kreislinie bzw. der eindimensionalen Sphäre S^1 – als topologische Mannigfaltigkeit betrachtet – braucht man mindestens zwei offene Karten. Diese bekommt man etwa durch die stereographische Projektion der Mengen $\mathcal{O}_1 = \{z \in S^1 | z \neq -i\}$ und $\mathcal{O}_2 = \{z \in S^1 | z \neq i\}$, bei denen jeweils ein Punkt ausgenommen wird, auf den euklidischen Raum $\mathbb{R}$ bzw. die reelle Achse. Die Übergangsfunktionen $\psi_1 \circ \psi_2^{-1} : x \longmapsto -1/x$ und $\psi_2 \circ \psi_1^{-1} : x \longmapsto -1/x$ $(x \in \mathbb{R})$ haben den Definitionsbereich $\mathbb{R}\backslash\{0\}$, der das Bild der nichtleeren Schnittmenge $\mathcal{O}_1 \cap \mathcal{O}_2$ bedeutet. Versucht man die 1-Sphäre S^1 als topologische Mannigfaltigkeit zu beschreiben, dann wird man aufgefordert die zwei Karten, nämlich zwei Kopien der reellen Achse so „zusammenzukleben", dass der Punkt x auf der eine Karte mit dem Punkt $1/x$ auf der anderen Karte zusammenfällt. Der Punkt $x = 0$ auf der einen Karte wird dann mit dem unendlich fernen Punkt auf der anderen Karte zusammengeklebt und umgekehrt, so das die beiden Linien zu einem geschlossen Kreis werden. Diese etwas umständlich anmutende Definition eines geschlossenen Kreises hat den Vorteil, nicht auf die Einbettung der 1-Sphäre in einen Raum höherer Dimension, etwa $\mathbb{C}$ oder $\mathbb{R}^2$, zurückgreifen zu müssen. Damit ist die 1-Sphäre ein eigenständiges Objekt.

Im Beispiel der Kugeloberfläche bzw. der zweidimensionalen Sphäre S^2 als topologische Mannigfaltigkeit betrachtet erhält man als Bildmengen „geographische Karten". Dabei ist es möglich, dass ein Punkt x auf der Kugeloberfläche in verschiedenen Karten auftritt (Abb. 4.3). Dann liegt ein Wechsel der lokalen Koordinaten vor und es gilt die Forderung, dass die beiden Karten differenzierbar verträglich sind.

■

Eine topologische Mannigfaltigkeit heißt eine *analytische Mannigfaltikeit* $\mathcal{R}$ der Dimension n falls für jedes beliebige Paar von Karten $(\mathcal{O}_k, \psi_k)$ und $(\mathcal{O}_l, \psi_l)$ mit einem nichtleeren Durchschnitt der offenen Mengen $\mathcal{O}_k, \mathcal{O}_l$ $(\mathcal{O}_k \cap \mathcal{O}_l \neq \emptyset)$ die Abbildung $\psi_l \circ \psi_k^{-1}$ eine analytische Funktion ist von der Teilmenge $\psi_k(\mathcal{O}_k \cap \mathcal{O}_l)$ des $\mathbb{R}^n$ auf eine offene Teilmenge $\psi_l(\mathcal{O}_k \cap \mathcal{O}_l)$ des $\mathbb{R}^n$. Die Forderung nach einer analytischen Funktion bedeutet, dass die Abbildung $\psi_l \circ \psi_k^{-1}$ durch n Funktionen der n Variablen ausgedrückt und jede davon in der Nachbarschaft eines beliebigen Punktes in eine konvergente TAYLOR-Reihe entwickelt werden kann. Das Produkt $\mathcal{R} \times \mathcal{R}'$ zweier analytischer Mannigfaltigkeiten $\mathcal{R}$ und $\mathcal{R}'$ mit den Dimensionen n und n' ist wieder eine analytische Mannigfaltigkeit mit der Summe der Dimensionen $(n + n')$ als gesamte Dimension.

Beispiel 4 Beispiel einer analytischen Manngfaltigkeit der Dimension n ist der n-dimensionale Raum $\mathbb{R}^n$ selbst. Dort gibt es eine einzige Karte $(\mathcal{O}, \psi)$ auf $\mathbb{R}^n$. Sie besteht aus $\mathbb{R}^n$ als offene Menge $\mathcal{O}$ und dem Homöomorphismus ψ, der jedem Punkt $x \in \mathbb{R}^n$ genau dessen kartesischen Koordinaten $\psi(x) = \boldsymbol{x}$ (Gl. 4.7) zuordnet.

■

Schließlich seien zwei analytische Mannigfaltigkeiten $\mathcal{R}$ und $\mathcal{R}'$ mit den Dimensionen n und n' sowie eine stetige Abbildung ϕ von $\mathcal{R}$ auf $\mathcal{R}'$ betrachtet (Abb. 4.4).

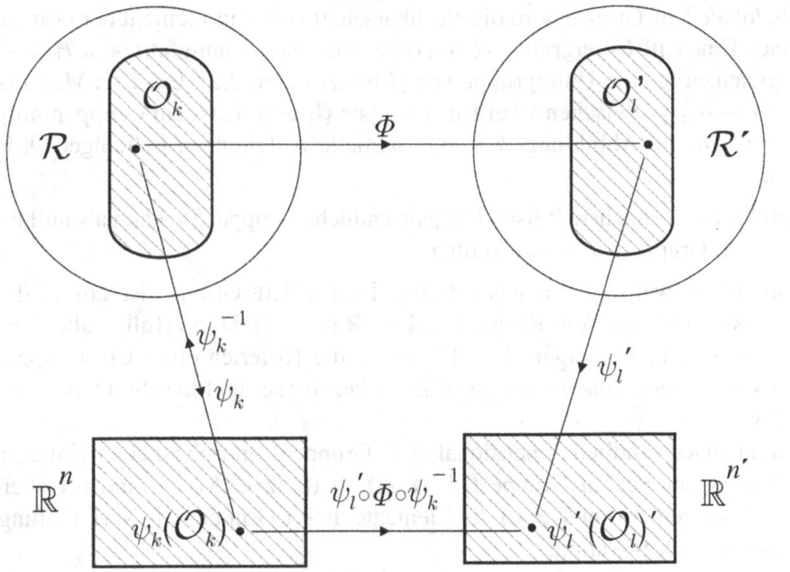

Abb. 4.4 Schematische Darstellung einer analytischen Abbildung ϕ von einer offenen Teilmenge $\mathcal{O}_k \subset \mathcal{R}$ auf eine offene Teilmenge $\mathcal{O}'_l \subset \mathcal{R}'$

Falls für jede Karte $(\mathcal{O}_k, \psi_k)$ aus dem Atlas von $\mathcal{R}$ und für jede Karte $\left(\mathcal{O}'_l, \psi'_l\right)$ aus dem Atlas von $\mathcal{R}'$ die zusammengesetzte Abbildung $\psi'_l \circ \phi \circ \psi_k^{-1}$ von einer offenen Teilmenge $\psi_k(\mathcal{O}_k)$ des $\mathbb{R}^n$ auf eine offene Teilmenge $\psi'_l\left(\mathcal{O}'_l\right)$ des $\mathbb{R}^{n'}$ eine analytische Funktion ist, dann nennt man die Abbildung ϕ eine *analytische Abbildung*. Eine Abbildung ϕ ist ein *Diffeomorphismus*, falls sie invertierbar ist und sowohl ϕ als auch ϕ^{-1} differenzierbar sind.

Mit Kenntnis der bisherigen grundlegenden Ausführungen ist man nun in der Lage, eine *allgemeine* LIE-*Gruppe* mit der Dimension n zu definieren. Es ist eine Menge $\mathcal{G}$ von Elementen $\{a, b, \ldots\}$, die die folgendenEigenschaften besitzt:

(a) $\mathcal{G}$ ist eine Gruppe.
(b) $\mathcal{G}$ ist eine analytische Mannigfaltigkeit der Dimension n.
(c) Die für je zwei beliebige Elemente $a, b \in \mathcal{G}$ durch

$$\phi : \begin{cases} \mathcal{G} \times \mathcal{G} \longrightarrow \mathcal{G} & \text{(Multiplikation)} \\ (a, b) \longmapsto ab \end{cases}$$

definierte Abbildung ϕ vom kartesischen Produkt $\mathcal{G} \times \mathcal{G}$ auf $\mathcal{G}$ – die den Elementen $a, b \in \mathcal{G}$ ihr Produkt $ab \in \mathcal{G}$ zuordnet – ist eine analytische Abbildung.
(d) Die für jedes beliebige Element $a \in \mathcal{G}$ durch

$$\phi : \begin{cases} \mathcal{G} \longrightarrow \mathcal{G} & \text{(Inversion)} \\ a \longmapsto a^{-1} \end{cases}$$

definierte Abbildung ϕ von $\mathcal{G}$ auf $\mathcal{G}$ – die dem Element $a \in \mathcal{G}$ sein inverses Element $a^{-1} \in \mathcal{G}$ zuordnet – ist eine analytische Abbildung.

Als *lokale* LIE-*Gruppe* wird die Nachbarschaft vom Einselement der Gruppe bezeichnet. Eine LIE-*Untergruppe* $\mathcal{H}$ von $\mathcal{G}$ ist eine Untermannigfaltigkeit $\mathcal{H} \subseteq \mathcal{G}$, die auch gleichzeitig eine Untergruppe von $\mathcal{G}$ ist (Abschn. 2.2). Ein LIE-*Morphismus* ($\psi : \mathcal{G}_1 \longrightarrow \mathcal{G}_2$) zwischen zwei LIE-Gruppen $\mathcal{G}_1$ und $\mathcal{G}_2$ ist ein Gruppenmorphismus, bei dem die Abbildung ψ stetige partielle Ableitungen beliebiger Ordnung besitzt.

Beispiel 5 Das einfachste Beispiel ist jede endliche Gruppe. Sie kann als nulldimensionale LIE-Gruppe aufgefasst werden.

Beispiel 6 Ein weiteres einfaches Beispiel einer LIE-Gruppe ist ein N-dimensionaler Raum $\mathcal{V}$ über dem Körper $\mathbb{K}$ ($\mathbb{K} = \mathbb{R}$ bzw. $\mathbb{C}$). Dort erfüllen alle linearen, bijektiven Selbstabbildungen $A : \mathcal{V} \longrightarrow \mathcal{V}$ die Kriterien einer LIE-Gruppe. Sie wird als *allgemeine lineare Gruppe* $GL(\mathcal{V})$ bezeichnet und hat die Dimension N^2 bzw. $2N^2$.

Nachdem jede endlich dimensionale LIE-Gruppe isomorph zu einer Untergruppe der allgemeinenlinearen Gruppe $GL(N, \mathbb{K})$ ist (Satz v. ADO), sind invertierbare $N \times N$-Matrizen $\boldsymbol{A}$ ($\det \boldsymbol{A} \neq 0$) die Elemente dieser Gruppe. Als Verknüpfung gilt die Matrizenmultiplikation.

Beispiel 7 Betrachtet man etwa die LIE-Gruppe der linearen Selbstabbildungen A des Raumes $\mathbb{R}^N$ zusammen mit der Hintereinanderschaltung als Verknüpfung (s. a. Beispiel 7 v. Abschn. 2.1)

$$\boldsymbol{x}' = \boldsymbol{A}\boldsymbol{x} \qquad \boldsymbol{x}, \boldsymbol{x}' \in \mathbb{R}^N, \tag{4.11}$$

dann findet man einen Isomorphismus zur Gruppe der regulären reellen $N \times N$-Matrizen $\boldsymbol{A}$. Sie bilden die *allgemeine lineare Gruppe* $GL(N, \mathbb{R})$ in N Dimensionen. Die Nichtvertauschbarkeit der Matrizenmultiplikation ist dafür verantwortlich, dass die Gruppe nicht abelsch ist ($N > 1$). Mit der zusätzlichen Forderung an die Determinante der Matrizen ($\det \boldsymbol{A} = +1$) erhält man die *spezielle (unimodulare) lineare Gruppe* $SL(N, \mathbb{R})$ in N Dimensionen.

Beispiel 8 Falls man die linearen Abbildungen A verknüpft mit der Forderung nach Invarianz des Skalarprodukts $\boldsymbol{x}_1 \cdot \boldsymbol{x}_2$ zweier beliebiger Vektoren $\boldsymbol{x}_1, \boldsymbol{x}_2 \in \mathbb{R}^N$ – was gleichbedeutend ist mit der Invarianz des Abstands der Vektoren sowie Ihres Winkels zueinander –, dann bekommt man den Isomorphismus zur *orthogonalen Gruppe* $O(N)$ der orthogonalen $N \times N$-Matrizen $\boldsymbol{A}$ (s. a. Beispiel 12 v. Abschn. 2.1). Im euklidischen Raum $\mathbb{R}^3$ etwa gibt es die eigentlichen Rotationen ($\det \boldsymbol{A} = +1$) und uneigentlichen Rotationen ($\det \boldsymbol{A} = -1$). Letztere sind mit einer Inversion verbunden. Die *spezielle (unimodulare) orthogonale Gruppe* $SO(N)$ in N Dimensionen erhebt die einschränkende Forderung $\det \boldsymbol{A} = +1$, wodurch nur eigentliche Transformationen erlaubt sind (Abb. 4.5).

Betrachtet man den komplexen Raum $\mathbb{C}$, dann kann man die analogen LIE-Gruppen mit komplexen $N \times N$-Matrizen definieren. Es sind dies die *allgemeine lineare Gruppe* $GL(N, \mathbb{C})$ und die *spezielle lineare Gruppe* $SL(N, \mathbb{C})$. Hinzu kommt die *unitäre Gruppe* $U(N)$ sowie die *spezielle unitäre Gruppe* $SU(N)$ mit der zusätzlichen Forderung (2.4) (Abb. 4.5).

■

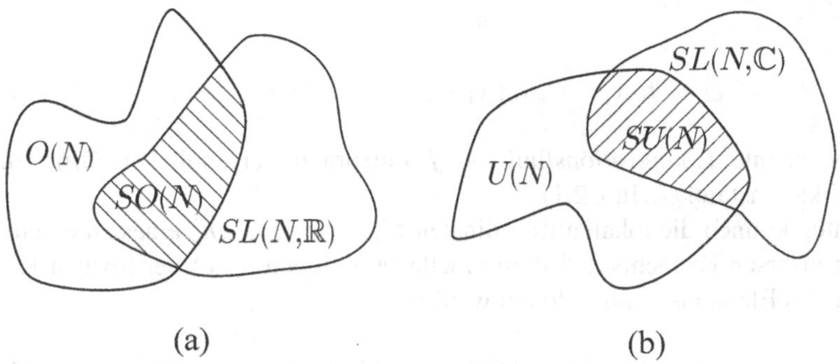

Abb. 4.5 Schematische Darstellung der Mengen von reellen LIE-Gruppen ($SO(N) = SL(N,\mathbb{R}) \cap O(N)$) (**a**) und komplexen LIE-Gruppen ($SU(N) = SL(N,\mathbb{C}) \cap U(N)$) (**b**)

Im Ergebnis wird jedem Element a aus der Umgebung $\mathcal{U}(g)$ eines Gruppenelements $g \in \mathcal{G}$ durch den Homöomorphismus ψ aus der Karte $(\mathcal{U}(g), \psi)$ umkehrbar eindeutig ein Punkt $\boldsymbol{x} \in \mathbb{R}^n$ mit den lokalen Koordinaten $\psi(a) = (x_1, \ldots, x_n)$ zugeordnet. Die zur homöomorphen Abbildung ψ inverse Abbildung $\psi^{-1}(\boldsymbol{x})$ liefert dieses Element a als Funktion $g(x_1, \ldots, x_n)$ seiner Koordinaten. Demnach können die Elemente $a \in \mathcal{U}(g)$ als Punkte $\boldsymbol{x}$ in einem n-dimensionalen Raum $\mathbb{R}^n$ aufgefasst werden. Das bedeutet, dass jedes Element a durch einen Satz von n Parametern $(x_1, \ldots, x_n)$ charakterisiert wird. Der Raum $\mathbb{R}^n$ gilt deshalb als Parameterraum und bestimmt so die *Dimension n einer Gruppe* $\mathcal{G}$. Die Erfüllung der Axiome einer Gruppe erlaubt von einer *endlich kontinuierlichen Gruppe* mit n Parametern zu sprechen.

Betrachtet man das Produkt $c = ab$ zweier Elemente $a, b \in \mathcal{G}$, dann erhält man die lokalen Koordinaten $\{z_i \mid i = 1, \ldots, n\}$ von z aus dem funktionalen Zusammenhang zwischen diesen und den Koordinaten bzw. den Parametern $\{x_i \mid i = 1, \ldots, n\}$ und $\{y_i \mid i = 1, \ldots, n\}$ (Abb. 4.6)

$$\boldsymbol{z} = \psi(c) = \psi[\phi(a, b)] = \psi[\phi(g(\boldsymbol{x})), \phi(g(\boldsymbol{y}))] \equiv \boldsymbol{f}(\boldsymbol{x}, \boldsymbol{y}) \tag{4.12a}$$

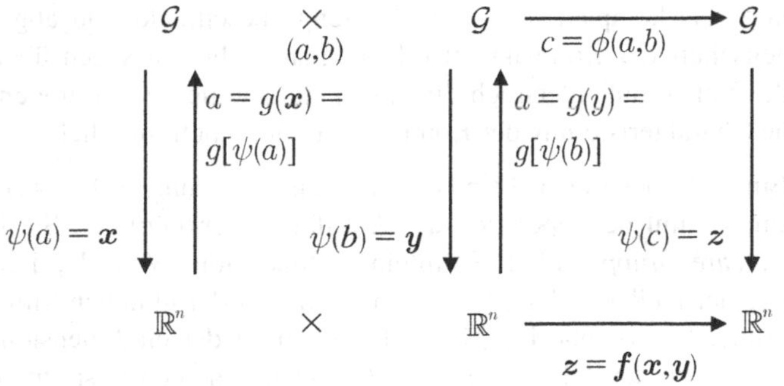

Abb. 4.6 Schematische Darstellung der homöomorphen Abbildungen sowie der Kompositionsfunktion f

bzw.

$$z_i = f_i(x_1, \ldots, x_n; y_1, \ldots, y_n) \qquad i = 1, \ldots, n. \tag{4.12b}$$

Die sogenannte *Kompositionsfunktion* $\boldsymbol{f}$ entspricht bei endlichen Gruppen der Multiplikationstafel (s. Tab. 2.1).

Analog können die lokalen Koordinaten $\{\bar{x}_i \mid i = 1, \ldots, n\}$ eines zu einem Element a inversen Elements a^{-1} durch reelle Funktionen $h_i(\boldsymbol{x})$ der lokalen Koordinaten $\boldsymbol{x}$ des Elements a ausgedrückt werden

$$\bar{\boldsymbol{x}} = \psi(a^{-1}) = \psi[\phi(a)] = \psi[\phi(g(\boldsymbol{x}))] \equiv \boldsymbol{h}(\boldsymbol{x}) \tag{4.13a}$$

bzw.

$$x_i = h_i(x_1, \ldots, x_n) \qquad i = 1, \ldots, n. \tag{4.13b}$$

Wegen der Forderungen (c) und (d) an eine LIE-Gruppe sind die Kompositionsfunktionen f_i und h_i analytische Funktionen vom Raum $\mathbb{R}^n$ auf den Raum $\mathbb{R}^n$.

Im Ergebnis erhält man aus den vier Gruppenaxiomen für die Kompositionsfunktionen die folgenden Funktionalgleichungen

$$\boldsymbol{f}(\boldsymbol{x}, \boldsymbol{y}) = \boldsymbol{z} \in \mathbb{R}^n \qquad \text{Multiplikationsgesetz} \tag{4.14a}$$
$$\boldsymbol{f}[\boldsymbol{f}(\boldsymbol{x}, \boldsymbol{y}), \boldsymbol{z}] = \boldsymbol{f}[\boldsymbol{x}, \boldsymbol{f}(\boldsymbol{y}, \boldsymbol{z})] \qquad \text{Assoziativgesetz} \tag{4.14b}$$
$$\boldsymbol{f}(\boldsymbol{x}, \boldsymbol{e}) = \boldsymbol{f}(\boldsymbol{e}, \boldsymbol{x}) = \boldsymbol{x} \qquad \boldsymbol{e}: \text{ Einselement} \tag{4.14c}$$
$$\boldsymbol{f}(\boldsymbol{x}, \bar{\boldsymbol{x}}) = \boldsymbol{f}(\bar{\boldsymbol{x}}, \boldsymbol{x}) = \boldsymbol{e} \qquad \bar{\boldsymbol{x}}: \text{ inverses Element.} \tag{4.14d}$$

Nachdem jede LIE-Gruppe auch ein topologischer Raum ist, gelten für sie auch alle topologischen Begriffe. Besonders wichtig – insbesondere für die Darstellungstheorie – sind die Eigenschaften *kompakt* und *zusammenhängend*.

Eine topologische Gruppe $\mathcal{G}$ ist eine *kompakte* LIE-*Gruppe*, wenn sie als topologischer Raum betrachtet einen kompakten Raum bildet. Bei einer Teilmenge des reellen oder komplexen Raumes endlicher Dimension gilt die darauf basiernde Gruppe als kompakt, falls die Teilmenge beschränkt und abgeschlossen ist. Die Eigenschaft der Kompaktheit erlaubt häufig die Aussagen über endlichdimensionale Räume auf unendlich-dimensionale Räume zu übertragen. Dort ist eine einfache Charakterisierung der Kompaktheit nicht mehr möglich.

Beispiel 9 Ein einfaches Beispiel sind die linearen Abbildungen A (2.4a) des $\mathbb{R}$ auf den $\mathbb{R}$ zusammen mit der Operation der Abbildungsverknüpfung. Sie bilden die *allgemeine lineare Gruppe* $GL(1, \mathbb{R})$ in einer Dimension ($N = 1$), die isomorph ist zur Gruppe der reellen Zahlen $\{x \in \mathbb{R} \mid x \neq 0\}$ mit der üblichen Multiplikation als Verknüpfung. Die zugehörige Mannigfaltigkeit ist der eindimensionale euklidische Raum $\mathbb{R}$ ohne die Zahl 0, was einer Geraden ohne den Ursprung entspricht (Abb. 4.7). Die Menge der Elemente ist unbeschränkt, so dass die Gruppe als nichtkompakt gilt.

Beispiel 10 Ein anderes einfaches Beispiel ist die *unitäre Gruppe* $U(1)$ in einer Dimension ($N = 1$). Sie umfasst die Menge aller komplexen Zahlen vom Betrag Eins ($\{z \in \mathbb{C}| \, |z| = 1\}$) und hat als Verknüpfung die übliche Multiplikation. Die zugehörige Mannigfaltigkeit ist die eindimensionale Sphäre S^1 bzw. der Einheitskreis (Abb. 4.7). Der einzige Parameter ($n = N^2 = 1$), nämlich der Drehwinkel, variiert in dem beschränkten und abgeschlossenen Intervall $[0, 2\pi]$, wonach die Gruppe als kompakt gilt.

■

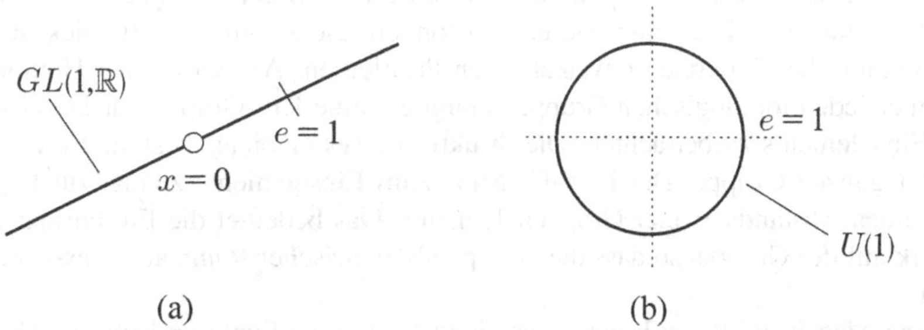

Abb. 4.7 Mannigfaltigkeiten der nicht-kompakten einparametrigen LIE-Gruppe $GL(1, \mathbb{R})$ (**a**) und der kompakten einparametrigen LIE Gruppe $U(1)$ (**b**)

Die Definition einer *zusammenhängenden Gruppe*, einer *einfach zusammenhängenden* Gruppe sowie einer *(zusammenhängenden) Komponente* einer Gruppe ist auch hier – wie beim Begriff der Kompaktheit – äquivalent zur entsprechenden Definition bzgl. des topologischen Raumes. Darüberhinaus kann die *Komponente des Einselements* einer topologischen Gruppe definiert werden. Es ist jene zusammenhängende Komponente $\mathcal{G}_0 \in \mathcal{G}$, die das Einselement e enthält ($e \in \mathcal{G}_0$). Damit lassen sich zwei Aussagen behaupten. Zum einen bildet die Komponente des Einselements $\mathcal{G}_0$ einen Normalteiler (Abschn. 2.2) der betrachteten Gruppe $\mathcal{G}$. Zum anderen bildet jede Komponente einer topologischen Gruppe eine Rechts- bzw. Linksnebenklasse der Komponente des Einselements $\mathcal{G}_0$.

Beispiel 11 Im Beispiel der Menge der reellen Zahlen $\{x \in \mathbb{R}| \; x \neq 0\}$, die zur *allgemeinen linearen Gruppe* $GL(1, \mathbb{R})$ isomorph ist, wird die zugehörige Mannigfaltigkeit vom eindimensionalen Raum $\mathbb{R}$ ohne den Ursprung ($x \neq 0$) gebildet (Abb. 4.7). Als topologischer Raum betrachtet besteht dieser aus zwei zusammenhängenden Komponenten, nämlich aus der Menge der positiven, reellen Zahlen ($x > 0$) und der negativen reellen Zahlen ($x < 0$). Dabei ist die Menge $\{x \in \mathbb{R}| \; x > 0\}$ eine Komponente des Einselements $GL^+(1, \mathbb{R})$, da sie das Einselement ($e = 1$) enthält. Nachdem die Zahl $x = 0$ ausgeschlossen ist, wird die Bedingung (4.5) erfüllt, so dass die gesamte Gruppe nicht zusammenhängend ist.

Beispiel 12 Im Beispiel der *unitären Gruppe* $U(1)$ in einer Dimension mit den komplexen Zahlen als Elemente ($\{z \in \mathbb{C}| \; |z| = 1\}$) ist die zugehörige Mannigfaltigkeit der Einheitskreis (Abb. 4.7). Als topologischer Raum ist dieser Einheitskreis zusammenhängend. Allerdings ist es nicht möglich, jede in dem Kreis verlaufende doppelpunktfreie, geschlossene Kurve auf einen Punkt zusammenzuziehen. Demnach ist der topologische Raum und mithin die LIE-Gruppe nicht einfach zusammenhängend. ■

4.3 Lineare LIE-Gruppen

Die Definition einer *linearen* LIE-*Gruppe* basiert auf konkreten Elementen, nämlich den Matrizen, so dass auf topologische Räume und Mannigfaltigkeiten verzichtet werden kann. Damit gewinnt sie eine besondere Bedeutung im Hinblick auf die Anwendung bei konkreten physikalischen Problemen. Auf Grund der Homogenität einer jeden topologischen Gruppe genügt es, eine LIE-Gruppe nur in der Nähe des Einselements zu betrachten. Die Struktur dieses Gebietes bestimmt die Struktur der ganzen Gruppe. Der Begriff „Nähe zum Einselement" zwingt zur Diskussion eines Abstands zweier Gruppenelemente. Das bedeutet die Einführung einer Metrik auf der Gruppe, so dass die Gruppe als *metrischer Raum* aufgefasst werden kann.

Eine *Metrik* auf einem Raum $\mathcal{R}$ ist eine (Abstands-) Funktion bzw. ein Abstand $d(x, x')$ von zwei Elementen $x, x' \in \mathcal{R}$ auf dem Produkt $\mathcal{R} \times \mathcal{R}$ mit Werten in der Menge der nicht-negativen reellen Zahlen, für die folgende Bedingungen erfüllt sind:

$$d(x, x') = d(x', x) \quad \forall\, x, x' \in \mathcal{R} \qquad \text{(Symmetrie)} \tag{4.15a}$$

$$d(x, x') = 0 \quad \text{genau dann, wenn} \quad x = x' \tag{4.15b}$$

$$d(x, x') > 0 \quad \text{falls} \quad x \neq x' \tag{4.15c}$$

$$d(x, x') \leq d(x, x'') + d(x'', x') \;\forall\, x, x', x'' \in \mathcal{R} \;\text{(Dreiecksungl.)}. \tag{4.15d}$$

Ein *metrischer Raum* ist dann eine Menge $\mathcal{R}$ zusammen mit einer Metrik auf $\mathcal{R}$. In einem solchen metrischen Raum kann man eine *offene Kugelumgebung* $\mathcal{U}_\varepsilon(x)$ mit dem Radius ϵ (> 0, bel., reell) definieren als die Menge aller Punkte $x' \in \mathcal{R}$, deren Abstand $d(x, x')$ kleiner als eine positive reelle Zahl ε ist

$$\mathcal{U}_\varepsilon(x) := \{x' \in \mathcal{R} \mid d(x, x') < \varepsilon,\ \varepsilon > 0\}. \tag{4.16}$$

Eine offene Menge $\mathcal{O}_m$ eines metrischen Raumes $\mathcal{R}$ zeichnet sich dann dadurch aus, dass eine offene Kugelumgebung $\mathcal{U}_\varepsilon(x)$ existiert ($\varepsilon > 0$, reell), die ganz in dieser Menge $\mathcal{O}_m$ enthalten ist

$$x \in \mathcal{U}_\varepsilon(x) \subseteq \mathcal{O}_m.$$

Damit ist jede offene Kugelumgebung $\mathcal{U}_\varepsilon(x)$ auch eine offene Teilmenge $\mathcal{O}_m$ des Raumes $\mathcal{R}$. Die offenen Mengen $\mathcal{O}_m$ erzeugen so eine *metrische Topologie* $\mathcal{T}_m$ über einem metrischen Raum $\mathcal{R}$. Jeder metrische Raum kann dann als topologischer Raum aufgefasst werden, wenn man eine Umgebung im obigen Sinne erklärt. Betrachtet man etwa zwei disjunkte Punkte x, x' aus einem metrischen Raum $\mathcal{R}$, dann lassen sich stets zwei verschiedene Umgebungen dieser Punkte angeben, etwa die offenen Kugelumgebungen $\mathcal{U}_\varepsilon(x)$ und $\mathcal{U}_\varepsilon(x')$ mit dem Radius $\varepsilon = d(x, x')/2 - \alpha$ $(\alpha \geq 0)$.

Beispiel 1 Ein einfaches Beispiel ist die *diskrete Metrik*

$$d(x, x') := \begin{cases} 0 & \text{f.} \quad x = x' \\ 1 & \text{f.} \quad x \neq x'. \end{cases} \tag{4.17}$$

Sie induziert auf dem metrischen Raum $\mathcal{R}$ die diskrete Topologie $\mathcal{T} = \mathcal{P}(\mathcal{R})$ (s. Abschn. 4.1). Dort wird jeder Punkt $x \in \mathcal{R}$ durch die Wahl des Radius ε mit $0 < \varepsilon < 1$ zur offenen Kugelumgebung $\mathcal{U}_\varepsilon(x)$ und mithin zur offenen Menge erklärt. Im Gegensatz dazu sind die Verhältnisse bei der trivialen Topologie $(\mathcal{T} = \{\emptyset, \mathcal{R}\})$. Dort ist der topologische Raum nicht metrisierbar.

Beispiel 2 Ein anderes, wichtiges Beispiel ist die *euklidische Metrik* d_E im euklidischen Raum $\mathbb{R}^N$. Sie ist definiert durch die Abstandsfunktion zweier Punkte $\boldsymbol{x} = \{x_1, \ldots, x_N\}$ und $\boldsymbol{y} = \{y_1, \ldots, x_N\}$

$$d_E(\boldsymbol{x}, \boldsymbol{y}) := \left[\sum_{i=1}^{N} (x_i - y_i)^2\right]^{1/2} \qquad \boldsymbol{x}, \boldsymbol{y} \in \mathbb{R}^N. \tag{4.18}$$

Die Kugelumgebungen $\mathcal{U}_\varepsilon(x)$ sind im Fall $N = 3$ gewöhnliche Vollkugeln mit dem Radius ε abzüglich der Kugeloberfläche.

Eine weitere Metrik im euklidischen Raum $\mathbb{R}^N$ kann definiert werden durch

$$\tilde{d}(\boldsymbol{x}, \boldsymbol{y}) := \max_{1 \leq i \leq N} |x_i - y_i| \qquad \boldsymbol{x}, \boldsymbol{y} \in \mathbb{R}^N. \tag{4.19}$$

Die Kugelumgebungen $\mathcal{U}_\varepsilon(x)$ sind dann im Fall $N = 3$ achsenparallele Würfel mit der Kantenlänge 2ε um x als Mittelpunkt. Beide Metriken induzieren dieselbe Topologie über $\mathbb{R}^N$.

Beispiel 3 Schließlich sei die Metrik einer Gruppe $\mathcal{G}$ mit der N-dimensionalen, treuen Matrixdarstellung $\boldsymbol{D}(\mathcal{G})$ definiert durch

$$\begin{aligned} d(a, b) :&= \sqrt{\mathrm{sp}\{[\boldsymbol{D}(a) - \boldsymbol{D}(b)]^\dagger [\boldsymbol{D}(a) - \boldsymbol{D}(b)]\}} \\ &= \sqrt{\sum_{i=1}^{N} \sum_{j=1}^{N} |D_{ij}(a) - D_{ij}(b)|^2} \qquad a, b \in \mathcal{G}. \end{aligned} \tag{4.20}$$

Als Konsequenz dieser Metrik findet man eine Topologie über den N^2-dimensionalen euklidischen Raum $\mathbb{R}^{N^2}$ (bzw. $\mathbb{C}^{N^2} = \mathbb{R}^{2N^2}$).

■

Eine *lineare* LIE-*Gruppe* $\mathcal{G}$ kann dadurch definiert werden, dass sie den folgenden Bedingungen genügt:

(a) Die Gruppe $\mathcal{G}$ besitzt wenigstens eine endliche, N-dimensionale treue Matrixdarstellung $\boldsymbol{D}(\mathcal{G})$.

(b) Es gibt eine positive reelle Zahl δ, so dass jedes Element $a \in \mathcal{G}$ mit

$$d(a, e) < \delta \qquad \delta > 0, \tag{4.21}$$

– also aus der offenen Kugelumgebug $\mathcal{U}_\delta(e)$ mit Radius δ um das Einselement e – eineindeutig einem Punkt $\boldsymbol{x} = (x_1, \ldots, x_n)$ aus einem reellen, n-dimensionalen euklidischen Raum $\mathbb{R}^n$ zugeordnet wird und somit durch n reelle Parameter eindeutig parametrisiert wird

$$a = a(\boldsymbol{x}). \tag{4.22}$$

Das Einselement e wird durch den Ursprung im $\mathbb{R}^n$ parametrisiert ($x_1 = x_2 = \cdots = x_n = 0$)

$$e = e(\boldsymbol{0}). \tag{4.23}$$

(c) Es gibt eine positive reelle Zahl η, so dass jeder Punkt $\boldsymbol{x} \in \mathbb{R}^n$ mit

$$d_E(\boldsymbol{x}, \boldsymbol{0}) < \eta \qquad \eta > 0, \tag{4.24}$$

– also aus der offenen Kugelumgebung $\mathcal{U}_\eta(\boldsymbol{0})$ mit Radius η um den Ursprung $\boldsymbol{0}$ – eineindeutig einem Element $a \in \mathcal{G}$ aus der offenen Kugelumgebung $\mathcal{U}_\delta(e)$ mit Radius δ um das Einselement e zugeordnet wird.

(d) Jedes Matrixelement der Matrixdarstellung $\boldsymbol{D}(a) \equiv \boldsymbol{D}[a(\boldsymbol{x})]$ mit $\boldsymbol{x} \in \mathcal{U}_\eta(\boldsymbol{0})$ ist eine analytische Funktion der Parameter $\boldsymbol{x} = (x_1, \ldots, x_n)$. Das bedeutet, dass jedes Matrixelement D_{ij} um alle Punkte $\boldsymbol{x}_0 \in \mathcal{U}_\eta(0)$ in eine Potenzreihe nach $(\boldsymbol{x} - \boldsymbol{x}_0)$ entwickelt werden kann. Demnach müssen die Ableitungen

$$\frac{\partial D_{ij}}{\partial x_k}, \ \frac{\partial^2 D_{ij}}{\partial x_k \partial x_l}, \cdots \qquad i, j = 1, \ldots, N \tag{4.25}$$

an allen Punkten in $\mathcal{U}_\eta(\boldsymbol{0})$ einschließlich des Ursprungs $\boldsymbol{x} = (0, \ldots, 0)$ existieren.

Bildet man die n Ableitungen $\boldsymbol{a}_k$ der $N \times N$-Darstellungsmatrizen am Ursprung $\boldsymbol{x} = \boldsymbol{0}$ des $\mathbb{R}^n$

$$a_{k,ij} = \left. \frac{\partial D_{ij}(\boldsymbol{x})}{\partial x_k} \right|_{\boldsymbol{x}=\boldsymbol{0}} \qquad i, j = 1, \ldots, N \qquad k = 1, \ldots, n, \tag{4.26}$$

dann erhält man die n *Generatoren* (*Erzeugenden*) $\{\boldsymbol{a}_k | k = 1, \ldots, n\}$ einer linearen LIE-Gruppe $\mathcal{G}$ in der Darstellung $\boldsymbol{D}(\mathcal{G})$. Mitunter wird dafür auch die Form

$$\hat{a}_{k,ij} = \frac{1}{i} a_{k,ij} \tag{4.27}$$

gewählt, die aus einer Komplexifizierung resultiert. Diese n Generatoren $\{\boldsymbol{a}_k | k = 1, \ldots, n\}$ bilden die Basis eines reellen, n-dimensionalen Vektorraumes bzw. einer reellen, n-dimensionalen LIE-Algebra (s. Abschn. 6.2).

Die Operation der Gruppenmultiplikation sowie die der Invertierung sind analytisch. Als Konsequenz daraus findet man einen funktionalen Zusammenhang eines Produkts. Das bedeutet, dass mit den Parametern $(x_1, \ldots, x_n)$ und $\left(x_1', \ldots, x_n'\right)$ der Elemente a und a' die Parameter $\left(x_1'', \ldots, x_n''\right)$ des Produkts $a'' = a \circ a'$ gegeben sind durch den funktionalen Zusammenhang

$$x_i'' = x_i''\left(x_1, \ldots, x_n;\ x_1', \ldots, x_n'\right) \qquad i = 1, \ldots, n. \tag{4.28}$$

Dabei sind die Funktionen x_i'' analytisch für alle $\boldsymbol{x}, \boldsymbol{x}' \in \mathbb{R}^n$.

Entsprechend gilt für die Invertierung, dass die Parameter $\left(\overline{x}_1'', \ldots, \overline{x}_n''\right)$ von a^{-1} ausgedrückt werden können durch

$$\overline{x}_i'' = \overline{x}_i''(x_1, \ldots, x_n) \qquad i = 1, \ldots, n \tag{4.29}$$

mit den analytischen Funktionen $\overline{x}_i''$.

Beispiel 4 Ein einfaches Beispiel ist die Menge der reellen Zahlen $\{t \in \mathbb{R} |\ t \neq 0\}$ mit der gewöhnlichen Multiplikation als Verknüpfung. Diese abelsche Gruppe $\mathcal{G} = (\mathbb{R} \backslash \{0\}, \cdot)$ ist isomorph zur *allgemeinen linearen Gruppe* $GL(1, \mathbb{R})$ in einer Dimension (s. Gl. 4.11). Das Einselement ist die Zahl Eins. Es gibt eine treue eindimensionale Matrixdarstellung, nämlich für jedes Element a der Gruppe die Zahl selbst ($\boldsymbol{D}(t) = t$).

Die Metrik ist gegeben durch die Abstandsfunktion

$$d(t, t') = |t - t'|.$$

Nach Wahl von $\delta = 1/2$ findet man alle Elemente $t \in \mathcal{G}$ mit $1 - 1/2 < t < 1 + 1/2$ in der offenen Kugelumgebung $\mathcal{U}_\delta$ um das Einselement e $(= 1)$. Eine Parametrisierung dieser Elemente $t \in \mathcal{U}_\delta$ gelingt dann durch

$$t = \exp x \qquad -\infty < x < \infty \tag{4.30}$$

mit nur einem Parameter x. Das Einselement ist darstellbar durch den Wert $x = 0$

$$e = 1 \equiv \exp(x = 0).$$

Nach Wahl einer positiven reellen Zahl $\eta = \ln 3/2$ (> 0) ist jeder Punkt $x \in \mathbb{R}^1$ aus der offenen Kugelumgebung mit Radius η um den Ursprung

$$x^2 < \eta^2 = \eta = (\ln 3/2)^2$$

wegen

$$2/3 < t = \exp x \ < 3/2$$

eineindeutig einem Element $t \in \mathcal{G}$ aus der offenen Kugelumgebung $\mathcal{U}_\delta(e)$ mit Radius $\delta = 1/2$ um das Einheitselement e zuzuordnen. Das Matrixelement $D_{11}(x) = \exp x$ ist eine analytische Funktion des Parameters x. Insgesamt kommt man zu dem Ergebnis, dass alle vier Forderungen (a) bis (d) erfüllt sind und die Gruppe deshalb eine lineare LIE-Gruppe ist, die mit ihrer einparametrigen Untergruppe übereinstimmt. Der einzige Generator ist nach Gl. (4.29)

$$\boldsymbol{a}_1 = 1.$$

Bleibt anzumerken, dass sich die Parametrisierung (4.30) auf alle Elemente $t > 0$ bezieht, die eine Untergruppe von $\mathcal{G}$ bilden. Jene Elemente t' mit $t' < 0$ können ausgedrückt werden durch

$$t' = (-1)\exp x \qquad -\infty < x < +\infty. \tag{4.31}$$

Beispiel 5 Ein weiteres wichtiges Beispiel ist die *orthogonale Gruppe* $O(2)$ in zwei Dimensionen. Sie umfasst die Menge aller reellen, orthogonalen 2×2-Matrizen $\boldsymbol{A}$ (s. Gl. 2.7). Die zusätzliche Forderung bzgl. der Determinante ($\det \boldsymbol{A} = +1$) wird von der Menge jener Matrizen erfüllt, die die *spezielle orthogonale Gruppe* $SO(2)$ bilden und eine Untergruppe darstellen ($SO(2) \subset O(2)$).

Eine treue zweidimensionale Darstellung ist durch die Matrizen selbst gegeben ($\boldsymbol{D}(\boldsymbol{A}) = \boldsymbol{A}$), so dass Bedingung (a) erfüllt ist. Die Forderung nach Orthogonalität (Gl. 2.7) bedeutet

$$A_{11}^2 + A_{21}^2 = A_{11}^2 + A_{12}^2 = A_{21}^2 + A_{22}^2 = A_{12}^2 + A_{22}^2 = 1 \tag{4.32a}$$

und

$$A_{11}A_{21} + A_{22}A_{12} = A_{11}A_{12} + A_{22}A_{21} = 1. \tag{4.32b}$$

Dies impliziert

$$A_{11}^2 = A_{22}^2 \qquad \text{und} \qquad A_{12}^2 = A_{21}^2,$$

wonach vier Fälle als Lösungen diskutiert werden.

1. Fall: $A_{11} = +A_{22}$ und $A_{21} = -A_{12}$, womit die Matrizen die Form

$$\boldsymbol{A} = \begin{pmatrix} A_{11} & -A_{12} \\ A_{12} & A_{11} \end{pmatrix}$$

annehmen. Als Konsequenz aus Gl. (4.32a) erhält man

$$\det \boldsymbol{A} = A_{11}A_{22} - A_{12}A_{21} = A_{11}^2 + A_{12}^2 = 1,$$

so dass die Matrizen $\boldsymbol{A}$ der Untergruppe $SO(2)$ angehören ($\boldsymbol{A} \in SO(2)$). Die Abstandsfunktion ergibt sich mit Gln. (4.20) und (4.32a) zu

$$d(\boldsymbol{A}, \mathbf{1}_2) = 2(1 - A_{11})^{1/2}.$$

2. Fall: $A_{11} = -A_{22}$ und $A_{12} = A_{21}$, womit die Matrizen die Form

$$\boldsymbol{A} = \begin{pmatrix} A_{11} & A_{12} \\ A_{12} & -A_{11} \end{pmatrix}$$

annehmen. Als Konsequenz aus Gl. (4.32a) erhält man für die Determinante

$$\det \boldsymbol{A} = A_{11}A_{22} - A_{12}A_{21} = -A11^2 - A_{12}^2 = -1$$

und für die Abstandsfunktion

$$d(\boldsymbol{A}, \mathbf{1}_2) = 2.$$

Die weiteren Möglichkeiten sind in Fall 1 und Fall 2 enthalten.

3. Fall: $A_{11} = A_{22}$ und $A_{12} = A_{21}$. Nach Gl. (4.32b) erhält man $A_{11}A_{12} = 0$ mit den beiden Konsequenzen:

   (a) $A_{11} = A_{22} = 0$, so dass mit $A_{12} = A_{21} = \pm 1$ (n. Gl. 4.32a) die Matrizen die Form

   $$\boldsymbol{A} = \pm \begin{pmatrix} 0 & 1 \\ 1 & 0 \end{pmatrix} \quad \text{mit} \quad \det \boldsymbol{A} = -1$$

   annehmen; dies ist ein Spezialfall von Fall 2 (s. o.).

   (b) $A_{12} = A_{21} = 0$, so dass mit $A_{11} = A_{22} = \pm 1$ (n. Gl. 4.32a) die Matrizen die Form

   $$\boldsymbol{A} = \pm \begin{pmatrix} 1 & 0 \\ 0 & 1 \end{pmatrix} \quad \text{mit} \quad \det \boldsymbol{A} = 1$$

   annehmen; dies ist ein Spezialfall von Fall 1 (s. o.).

4. Fall: $A_{11} = -A_{22}$ und $A_{12} = -A_{21}$. Nach Gl. (4.32b) erhält man $A_{11}A_{12} = 0$ mit den beiden Konsequenzen:

   (a) $A_{11} = A_{22} = 0$, so dass mit $A_{12} = \pm 1$ bzw. $A_{21} = \pm 1$ (n. Gl. 4.32a) die Matrizen die Form

   $$\boldsymbol{A} = \pm \begin{pmatrix} 0 & 1 \\ -1 & 0 \end{pmatrix} \quad \text{mit} \quad \det \boldsymbol{A} = 1$$

annehmen; dies ist ein Spezialfall von Fall 1 (s. o.).

(b) $A_{12} = A_{21} = 0$, so dass mit $A_{11} = \pm 1$ bzw. $A_{22} = \mp 1$ (n. Gl. 4.32a) die Matrizen die Form

$$A = \pm \begin{pmatrix} 1 & 0 \\ 0 & -1 \end{pmatrix} \quad \text{mit} \quad \det A = -1$$

annehmen; dies ist ein Spezialfall von Fall 2 (s. o.).

Insgesamt gibt es für die Darstellungsmatrizen nur zwei Typen von Lösungen:

$$\text{Typ 1}: \quad A_1 = \begin{pmatrix} A_{11} & -A_{12} \\ A_{12} & A_{11} \end{pmatrix} \quad \det A_1 = 1;$$

$$\text{Typ 2}: \quad A_2 = \begin{pmatrix} A_{11} & A_{12} \\ A_{12} & -A_{11} \end{pmatrix} \quad \det A_2 = -1.$$

In beiden Fällen müssen die Matrixelemente der Bedingung

$$A_{11}^2 + A_{12}^2 = 1$$

genügen. Daraus leitet sich die Möglichkeit einer Parametrisierung durch einen Winkel x ab mit

$$-\pi \leq x \leq \pi.$$

Die Matrizen haben dann die Form

$$\text{Typ 1}: \quad A_1 = \begin{pmatrix} \cos x & -\sin x \\ \sin x & \cos x \end{pmatrix} \quad \det A_1 = 1; \tag{4.33a}$$

$$\text{Typ 2}: \quad A_2 = \begin{pmatrix} \cos x & \sin x \\ \sin x & -\cos x \end{pmatrix} \quad \det A_2 = -1. \tag{4.33b}$$

Die Menge der Matrizen A_1 bildet die LIE-Gruppe $SO(2)$, die eine Untergruppe der LIE-Gruppe $O(2)$ ist. Nach Gl. (4.20) erhält man für den Abstand zum Einselement

$$d(A, \mathbf{1}_2) = 2(1 - \cos x)^{1/2} \quad \text{für} \quad A \in SO(2) \tag{4.34a}$$

$$d(A, \mathbf{1}_2) = 2 \quad \text{für} \quad A \in O(2). \tag{4.34b}$$

Nach Wahl von $\delta \leq 2$ findet man eine offene Kugelumgebung $\mathcal{U}_\delta(\mathbf{1}_2)$ mit dem Radius δ um das Einselement $\mathbf{1}_2$, die einen Teil der Matrizen $A(\in SO(2))$ vom Typ 1 – nicht jedoch vom Typ 2 – umfasst. Jedes Gruppenelement $A \in \mathcal{U}_\delta(\mathbf{1}_2)$ wird durch die Parametrisierung (4.33a) eineindeutig einer reellen Zahl, nämlich dem

Winkel x zugeordnet. Das Einselement $\mathbf{1}_2$ wird für $x = 0$, also dem Ursprung im Raum $\mathbb{R}$ parametrisiert. Damit ist die Bedingung (b) erfüllt.

Für ein vorgegebenes $\delta(> 0)$ findet man nach (4.34a) ein η mit

$$\eta \leq \arccos(1 - \delta^2/4),$$

so dass jeder Punkt $x \in \mathbb{R}$ aus der offenen Kugelumgebung $\mathcal{U}_\eta(0)$ mit Radius $\eta(> d_E(x, 0))$ um den Ursprung eineindeutig einem Element $\boldsymbol{A}$ aus der offenen Kugelumgebung $\mathcal{U}_\delta(\mathbf{1}_2)$ mit Radius δ um das Einselement $\mathbf{1}_2$ zugeordnet werden kann. Damit ist die Bedingung (c) erfüllt.

Da die trigonometrischen Funktionen in (4.33a) und (4.33b) analytische Funktionen des Parameters x sind, ist auch Bedingung (d) erfüllt. Die LIE-Gruppe $SO(2)$ – ebenso wie die LIE-Gruppe $O(2)$ – ist also eine lineare LIE-Gruppe mit der Dimension $N = 2$. Der einzige Generator der Gruppe ergibt sich mit Gl. (4.33a) zu

$$\boldsymbol{a} = \begin{pmatrix} 0 & -1 \\ 1 & 0 \end{pmatrix}. \tag{4.35a}$$

Bleibt anzumerken, dass jede Matrix $\boldsymbol{A}_2$ (vom Typ 2) durch das Produkt einer Matrix $\boldsymbol{A}_1$ (vom Typ 1) und einer weiteren Matrix ausgedrückt werden kann

$$\boldsymbol{A}_2 = \begin{pmatrix} 0 & 1 \\ 1 & 0 \end{pmatrix} \boldsymbol{A}_1 \qquad -\pi \leq x \leq \pi. \tag{4.35b}$$

Beispiel 6 Das nächste Beispiel ist die *spezielle unitäre Gruppe* $SU(2)$ in zwei Dimensionen ($N = 2$). Sie umfasst die Menge aller komplexen unitären 2×2-Matrizen $\boldsymbol{A}$, deren Determinante den Wert Eins annimmt (Gln. 2.5 und 2.6). Eine treue zweidimensionale Matrixdarstellung ist durch die Matrizen selbst gegeben ($\boldsymbol{D}(\boldsymbol{A}) = \boldsymbol{A}$), so dass Bedingung (a) erfüllt ist.

Mit der allgemeinen Form der Matrix $\boldsymbol{A}$

$$\boldsymbol{A} = \begin{pmatrix} a & b \\ c & d \end{pmatrix} \tag{4.36}$$

sowie den Forderungen (2.5) und (2.6) erhält man die Bestimmungsgleichungen

$$|a|^2 + |b|^2 = 1, \qquad |a|^2 + |c|^2 = 1, \tag{4.37a}$$

$$|b|^2 + |d|^2 = 1, \qquad |c|^2 + |d|^2 = 1, \tag{4.37b}$$

$$a^*c + b^*d = 0, \qquad ab^* + cd^* = 0, \tag{4.37c}$$

$$ad - bc = 1. \tag{4.37d}$$

Die Gln. (4.37a) und (4.37b) liefern

$$|a|^2 = |d|^2 \quad \text{und} \quad |b|^2 = |c|^2.$$

Nach Multiplikation von Gl. (4.37c) mit b und unter Berücksichtigung von Gl. (4.37d) bekommt man

$$ba^*c + bb^*d = d(|a|^2 + |b|^2) - a^* = d - a^* = 0 \quad \text{bzw.} \quad d = a^*.$$

Entsprechend bekommt man nach Multiplikation von Gl. (4.37c) mit d

$$c = -b^*.$$

Im Ergebnis erwartet man für die Matrix $\boldsymbol{A} \in SU(2)$ (Gl. 4.36) die Form

$$\boldsymbol{A} = \begin{pmatrix} a & b \\ -b^* & a^* \end{pmatrix} \quad \text{mit} \quad |a|^2 + |b|^2 = 1. \tag{4.38}$$

In komplexer Schreibweise

$$a = a_1 + ia_2, \quad b = b_1 + ib_2 \qquad a_1, a_2, b_1, b_2 \text{ reell}$$

erhält die Bedingung (4.38) die Form

$$a_1^2 + a_2^2 + b_1^2 + b_2^2 = 1. \tag{4.39}$$

Als Konsequenz daraus sind nur drei der vier reellen Parameter linear unabhängig. Eine geeignete Parametrisierung gelingt dann mit den drei Parametern $\{x_i | i = 1, 2, 3\}$ durch

$$a_2 = x_3/2, \quad b_1 = x_2/2, \quad b_2 = x_1/2 \tag{4.40a}$$

und wegen Gl. (4.39) durch

$$a_1 = \sqrt{1 - \left(x_1^2 + x_2^2 + x_3^2\right)/4}. \tag{4.40b}$$

Der Abstand eines Gruppenelements $\boldsymbol{A}$ zum Einselement $\mathbf{1}_2$ ist nach Gl. (4.20)

$$d(\boldsymbol{A}, \mathbf{1}_2) = 2\sqrt{1 - \sqrt{1 - \left(x_1^2 + x_2^2 + x_3^2\right)/4}}. \tag{4.41}$$

Er soll reell sein

$$1 - \sqrt{1 - \left(x_1^2 + x_2^2 + x_3^2\right)/4} \geq 0 \qquad \text{und} \qquad 1 - \left(x_1^2 + x_2^2 + x_3^2\right)/4 \geq 0,$$

wonach sich die möglichen Werte der Parameter $\{x_i | \ i = 1, 2, 3\}$ beschränken auf den Bereich

$$0 \leq x_1^2 + x_2^2 + x_3^2 \leq 4.$$

Als Konsequenz daraus erhält man für die Abstandsfunktion die Bedingung

$$0 \leq d(\boldsymbol{A}, \mathbf{1}_2) \leq 2,$$

so dass diese maximal den Wert Zwei annehmen kann. Mit der Forderung (4.21) aus Bedingung (b) findet man mit Gl. (4.41)

$$x_1^2 + x_2^2 + x_3^2 < 2\delta - \delta^2/4. \tag{4.42}$$

Da die rechte Seite dieser Beziehung positiv sein muss, gilt die Forderung

$$0 < \delta < 2\sqrt{2}.$$

Also wird man nach Wahl von $\delta < 2\sqrt{2}$ eine offene Kugelumgebung $\mathcal{U}_\delta(\mathbf{1}_2)$ mit dem Radius δ um das Einselement $\mathbf{1}_2$ bekommen, die einen Teil der Matrizen $\boldsymbol{A} \in SU(2)$ umfasst. Am Ursprung ($\boldsymbol{x} = \mathbf{0}$) ergibt sich nach (4.40) und (4.38) die Einheitsmatrix ($\boldsymbol{A}(\boldsymbol{x} = \mathbf{0}) = \mathbf{1}_2$), womit Bedingung (b) erfüllt ist.

Für dieses vorgegebene $\delta (> 0)$ findet man nach (4.42) einen Radius η mit

$$\eta \leq \sqrt{2\delta - \delta^4/4},$$

so dass jeder Punkt $\boldsymbol{x} \in \mathbb{R}^3$ aus der offenen Kugelumgebung $\mathcal{U}_\eta(\mathbf{0})$ mit diesem Radius η um den Ursprung $\mathbf{0}$ eineindeutig einem Element $\boldsymbol{A}$ aus der offenen Kugelumgebung $\mathcal{U}_\delta(\mathbf{1}_2)$ mit Radius δ um das Einselement $\mathbf{1}_2$ zugeordnet werden kann. Damit ist die Bedingung (c) erfüllt.

Bei der gewählten Parametrisierung (4.40a) und (4.40b) ist jedes Matrixelement eine analytische Funktion der Parameter $\{x_i \mid i = 1, 2, 3\}$, so dass auch Bedingung (d) erfüllt ist. Die Gruppe $SU(2)$ ist deshalb eine lineare LIE-Gruppe mit der Dimension $n = 3$. Die drei Generatoren ergeben sich nach (4.40a) zu

$$\boldsymbol{a}_1 = \frac{1}{2}\begin{pmatrix} 0 & i \\ i & 0 \end{pmatrix}, \quad \boldsymbol{a}_2 = \frac{1}{2}\begin{pmatrix} 0 & 1 \\ -1 & 0 \end{pmatrix}, \quad \boldsymbol{a}_3 = \frac{1}{2}\begin{pmatrix} i & 0 \\ 0 & -i \end{pmatrix}. \tag{4.43}$$

Bleibt darauf hinzuweisen, dass mitunter auch die Schreibweise (4.27) bzw. (2.43) gewählt wird, wonach die Generatoren mit den PAULI´schen Spinmatrizen übereinstimmen.

Im Sinne einer Verallgemeinerung kann man die Anzahl der Argumente bzw. die Dimension der Darstellung zu einer Zahl N erweitern. Die Anzahl n der Parameter bzw. die Dimension der LIE-Gruppe ergibt sich dann in der folgenden Weise (Tab. 4.1).

Beispiel 7 *Orthogonale Gruppe* $O(N)$: Zunächst erwartet man bei einer Matrixdarstellung mit reellen, $N \times N$-Matrizen insgesamt N^2 reelle Parameter. Mit der Forderung nach Orthogonalität (Gl. 2.7) werden unabhängige Bedingungen an diese Parameter gestellt. Ihre Anzahl ist N von den Diagonalelementen sowie $(N-1)N/2$ von den Nichtdiagonalelementen. Insgesamt erhält man $(N+1)N/2$ unabhängige

Tabelle 4.1 Lineare LIE-Gruppen in N Dimensionen als Teilmengen von $GL(N,\mathbb{K})$ bzw. als Untermannigfaltigkeiten von $\mathbb{R}^{N^2}$ ($\mathbb{K}=\mathbb{R}$) und $\mathbb{R}^{2N^2}$ ($\mathbb{K}=\mathbb{C}$); dabei bedeuten:

$$\boldsymbol{g} = \begin{pmatrix} \mathbf{1}_p & \mathbf{0} \\ \mathbf{0} & -\mathbf{1}_q \end{pmatrix}, \qquad \boldsymbol{J} = \begin{pmatrix} \mathbf{0} & \mathbf{1}_{N/2} \\ -\mathbf{1}_{N/2} & \mathbf{0} \end{pmatrix}, \qquad \boldsymbol{G} = \begin{pmatrix} -\mathbf{1}_r & 0 & 0 & 0 \\ 0 & \mathbf{1}_s & 0 & 0 \\ 0 & 0 & -\mathbf{1}_r & 0 \\ 0 & 0 & 0 & \mathbf{1}_s \end{pmatrix}$$

mit $\quad p+q=N,\ p \geq q \geq 1; \qquad 2s+2r=N,\ 1 \leq r \leq N/2$

Gruppe $\mathcal{G}$	Matrix $A \in \mathcal{G}$	$\dim \mathcal{G}$ n
allgemeine lineare		
$GL(N,\mathbb{C})$	$A_{ij} \in \mathbb{C}$, $\det \boldsymbol{A} \neq 0$	$2N^2$
$GL(N,\mathbb{R})$	$A_{ij} \in \mathbb{R}$, $\det \boldsymbol{A} \neq 0$	N^2
spezielle lineare		
$SL(N,\mathbb{C})$	$\boldsymbol{A} \in GL(N,\mathbb{C})$, $\det \boldsymbol{A} = 1$	$2(N^2-1)$
$SL(N,\mathbb{R})$	$\boldsymbol{A} \in GL(N,\mathbb{R})$, $\det \boldsymbol{A} = 1$	N^2-1
orthogonale		
$O(N,\mathbb{C})$	$\boldsymbol{A} \in GL(N,\mathbb{C})$, $\boldsymbol{A}\boldsymbol{A}^\top = \mathbf{1}_N$, $\det \boldsymbol{A} = \pm 1$	$N(N-1)$
$O(N)$ $(N>1)$	$\boldsymbol{A} \in GL(N,\mathbb{R})$, $\boldsymbol{A}\boldsymbol{A}^\top = \mathbf{1}_N$, $\det \boldsymbol{A} = \pm 1$	$N(N-1)/2$
spezielle orthogonale		
$SO(N,\mathbb{C})$	$\boldsymbol{A} \in O(N,\mathbb{C})$, $\det \boldsymbol{A} = 1$	$N(N-1)$
$SO(N)$	$\boldsymbol{A} \in O(N)$, $\det \boldsymbol{A} = 1$	$N(N-1)/2$
unitäre		
$U(N)$	$\boldsymbol{A} \in GL(N,\mathbb{C})$, $\boldsymbol{A}\boldsymbol{A}^\dagger = \mathbf{1}_N$, $\lvert\det \boldsymbol{A}\rvert = 1$	N^2
spezielle unitäre		
$SU(N)$	$\boldsymbol{A} \in U(N)$, $\det \boldsymbol{A} = 1$	N^2-1
pseudounitäre		
$U(p,q)$	$\boldsymbol{A} \in GL(N,\mathbb{C})$, $\boldsymbol{A}^\dagger \boldsymbol{g} \boldsymbol{A} = \boldsymbol{g}$	N^2
$SU(p,q)$	$\boldsymbol{A} \in U(p,q) \cap SL(N,\mathbb{C})$	N^2-1
pseudorthogonale		
$O(p,q)$	$\boldsymbol{A} \in GL(N,\mathbb{R})$, $\boldsymbol{A}^\top \boldsymbol{g} \boldsymbol{A} = \boldsymbol{g}$	$N(N-1)/2$
$SO(p,q)$	$\boldsymbol{A} \in O(p,q) \cap SL(N,\mathbb{R})$	$N(N-1)/2$
$SO^*(N)$	$\boldsymbol{A} \in GL(N,\mathbb{C})$, $\boldsymbol{A}\boldsymbol{A}^\top = \mathbf{1}$, $\boldsymbol{A}^\dagger \boldsymbol{J} \boldsymbol{A} = \boldsymbol{J}$	$N(N-1)/2$
$SU^*(N)$	$\boldsymbol{A} \in GL(N,\mathbb{C})$, $\boldsymbol{J}\boldsymbol{A}^* = \boldsymbol{A}\boldsymbol{J}$, $\det \boldsymbol{A} = 1$	N^2-1
symplektische		
$Sp(1/2\,N,\mathbb{C})$	$\boldsymbol{A} \in GL(N,\mathbb{C})$, $\boldsymbol{A}^\top \boldsymbol{J} \boldsymbol{A} = \boldsymbol{J}$	$N(N+1)$
$Sp(1/2\,N,\mathbb{R})$	$\boldsymbol{A} \in GL(N,\mathbb{R})$, $\boldsymbol{A}^\top \boldsymbol{J} \boldsymbol{A} = \boldsymbol{J}$	$N(N+1)/2$
unitäre symplektische		
$Sp(1/2\,N)$	$\boldsymbol{A} \in Sp(1/2\,N,\mathbb{C}) \cap U(1/2\,N,\mathbb{C})$	$N(N+1)/2$
pseudosymplektische		
$Sp(r,s)$	$\boldsymbol{A} \in GL(N,\mathbb{C})$, $\boldsymbol{A}^\top \boldsymbol{J} \boldsymbol{A} = \boldsymbol{J}$, $\boldsymbol{A}^\dagger \boldsymbol{G} \boldsymbol{A} = \boldsymbol{G}$	$N(N+1)/2$

Bedingungen. Die Anzahl der Parameter bzw. die Dimension der Gruppe errechnet sich dann zu

$$\dim O(N) = N^2 - N(N+1)/2 = N(N-1)/2. \tag{4.44}$$

Beispiel 8 *Spezielle orthogonale Gruppe* $SO(N)$: Hier gibt es die zusätzliche Forderung (2.6) an die Determinante der Matrizen, die jedoch wegen der Orthogonalität (2.7) mit Gl. (2.8) bereits erfüllt ist. Es gibt deshalb keine weitere unabhängige Bedingung an die Parameter, so dass die Dimension der Gruppe die gleiche ist wie die Dimension der orthogonalen Gruppe

$$\dim SO(N) = N(N-1)/2. \tag{4.45}$$

Beispiel 9 *Unitäre Gruppe* $U(N)$: Zunächst erwartet man bei einer Matrixdarstellung mit komplexen $N \times N$-Matrizen insgesamt $2N^2$ reelle Parameter. Mit der Forderung nach Unitarität (Gl. 2.5) werden unabhängige Bedingungen an diese Parameter gestellt. Ihre Anzahl ist N von den rellen Diagonalelementen und $2(N-1)N/2$ von den komplexen Nichtdiagonalelementen. Insgesamt erhält man N^2 unabhängige Bedingungen. Die Anzahl der Parameter bzw. die Dimension der Gruppe errechnet sich dann zu

$$\dim U(N) = 2N^2 - N^2 = N^2. \tag{4.46}$$

Beispiel 10 *Spezielle unitäre Gruppe* $SU(N)$: Hier gibt es die zusätzliche Forderung (2.4) an die Determinante der Matrizen, so dass im Vergleich zur unitären Gruppe eine weitere unabhängige Bedingung an die Parameter gestellt wird. Die Dimension der Gruppe errechnet sich dann zu

$$\dim SU(N) = N^2 - 1. \tag{4.47}$$

Beispiel 11 Die außergewöhnliche Bedeutung der eigentlichen Rotationen d im euklidischen Raum $\mathbb{R}^3$ – insbesondere im Hinblick auf die Quantenmechanik des Drehimpulses – veranlasst die *spezielle orthogonale Gruppe* $SO(3)$ in drei Dimensionen als Beispiel zu diskutieren. Ihre Elemente d sind isomorph zur Menge der orthogonalen 3×3-Matrizen $\boldsymbol{A}$, deren Determinate den Wert Eins annimmt (Gl. 2.8). Eine treue dreidimensionale Darstellung ist durch die Rotationsmatrix $\boldsymbol{d}$ gegeben, die die lineare, aktive Transformation eines Vektors $\boldsymbol{x}$ des euklidischen Raumes $\mathbb{R}^3$ nach $\boldsymbol{x}'$ gemäß

$$\boldsymbol{x}' = \boldsymbol{d}\boldsymbol{x} \qquad \text{bzw.} \qquad x_i' = \sum_{j=1}^{3} d_{ij} x_j \tag{4.48}$$

ermöglicht. Aus der Orthogonalität ($\boldsymbol{d}^\top = \boldsymbol{d}^{-1}$) erhält man sechs Bedingungsgleichungen für die insgesamt neun reellen Matrixelemente, so dass drei Matrixelemente als unabhängige Parameter die Rotation zu charakterisieren vermögen. Diese

Parameter können als Komponenten φ_1, φ_2 und φ_3 eines Rotationsvektors $\boldsymbol{\varphi}$ aufgefasst werden, der in Richtung der Rotationsachse zeigt und dessen Länge φ den positiven Drehwinkel angibt (s. a. Beispiel 18). Ein Vorzeichenwechsel des Drehwinkels $(-\varphi)$ ist gleichbedeutend mit einer Richtungsumkehr des Rotationsvektors $(-\boldsymbol{\varphi})$. Die Variation des Drehwinkels φ im abgeschlossenen Intervall $[-\pi, \pi]$ verlangt deshalb das Verbot eines negativen Drehvektors. Andernfalls geschieht die Variation des Drehwinkels im Intervall $[0, \pi]$.

Die Charakterisierung der dreiparametrigen Rotationsmatrix $\boldsymbol{d}(\varphi_1, \varphi_2, \varphi_3)$ mit einem Rotationsvektor $\boldsymbol{\varphi}$ ist durch den Isomorphismus zwischen der Gruppe $SO(3)$ und der Gruppe der Rotationsvektoren gerechtfertigt. Im Unterschied zur *speziellen orthogonalen Gruppe* $SO(2)$ in zwei Dimensionen verliert hier bei zwei verschiedenen Rotationen $\boldsymbol{\varphi}_1$ und $\boldsymbol{\varphi}_2$ um verschiedene Rotationsachsen die Vektoraddition zu einer gesamten Rotation $\boldsymbol{\varphi}$ ihre Gültigkeit. Damit wird die nicht-abelsche Eigenschaft der Gruppe $SO(3)$ berücksichtigt, die mit dem Verbot der Vertauschbarkeit von Matrizen bei der Matrixmultiplikation korreliert ist.

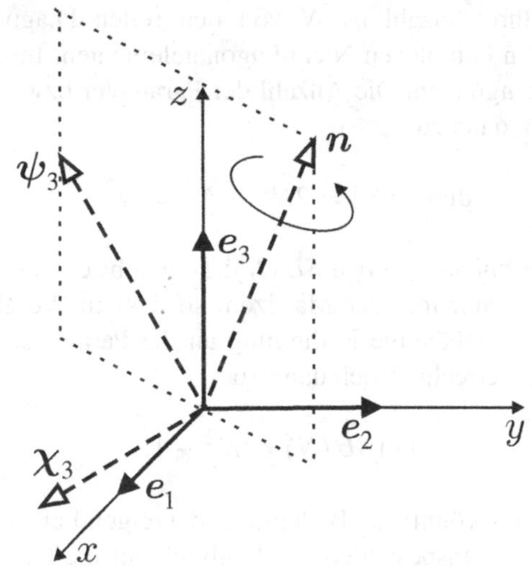

Abb. 4.8 Demonstration des Orthonormalsystems $\{\boldsymbol{n},\ \boldsymbol{\chi}_i,\ \boldsymbol{\psi}_i\}$ für den Fall $i = 3$

Mit der orthonormalen Standardbasis $\boldsymbol{e} = \{\boldsymbol{e}_1 = (1, 0, 0),\ \boldsymbol{e}_2 = (0, 1, 0),\ \boldsymbol{e}_3 = (0, 0, 1)\}$ des euklidischen Raumes $\mathbb{R}^3$ erhält man nach Gl. (3.6)

$$\boldsymbol{e}' = \boldsymbol{e}\,\boldsymbol{d}(\varphi_1, \varphi_2, \varphi_3) \qquad \text{bzw.} \qquad \boldsymbol{e}'_i = \sum_{j=1}^{3} d_{ji}(\varphi_1, \varphi_2, \varphi_3)\boldsymbol{e}_j \tag{4.49}$$

die Rotationsmatrix zu

$$d_{ji}(\varphi_1, \varphi_2, \varphi_3) = \langle \boldsymbol{e}'_i, \boldsymbol{e}_j \rangle . \tag{4.50}$$

Um den transformierten Vektor $\boldsymbol{e}_i'$ zu ermitteln, empfiehlt es sich, einen Satz von drei Vektoren einzuführen

$$\boldsymbol{n} = \frac{\boldsymbol{\varphi}}{|\boldsymbol{\varphi}|}, \qquad \boldsymbol{\chi}_i = \frac{\boldsymbol{\varphi} \times \boldsymbol{e}_i}{|\boldsymbol{\varphi} \times \boldsymbol{e}_i|}, \qquad \boldsymbol{\psi}_i = \frac{(\boldsymbol{\varphi} \times \boldsymbol{e}_i) \times \boldsymbol{\varphi}}{|\boldsymbol{\varphi} \times \boldsymbol{e}_i|} \qquad i = 1, 2, 3, \tag{4.51}$$

die ein Orthonormalsystem bilden. Durch diese Konstruktion liegt der Einheitsvektor $\boldsymbol{e}_i$ in einer Ebene mit den Vektoren $\boldsymbol{n}$ und $\boldsymbol{\psi}_i$ (Abb. 4.8)

$$\boldsymbol{e}_i = \boldsymbol{\psi}_i \left\langle \boldsymbol{e}_i, \boldsymbol{\psi}_i \right\rangle + \boldsymbol{n} \left\langle \boldsymbol{e}_i, \boldsymbol{n} \right\rangle \qquad i = 1, 2, 3, \tag{4.52}$$

wobei die Symbolik $\langle \cdot\,, \cdot \rangle$ das Skalarprodukt im Raum $\mathbb{R}^3$ bedeutet. Nach der Rotation um den Vektor $\boldsymbol{n}$ als Rotationsachse und mit dem Drehwinkel φ bleibt die Projektion von $\boldsymbol{e}_i$ auf die Achse $\boldsymbol{n}$ unverändert, während die Projektion von $\boldsymbol{e}_i$ auf den Vektor $\boldsymbol{\psi}_i$ mit $\cos\varphi$ abnimmt. Zudem wird der Vektor $\boldsymbol{e}_i$ aus der Ebene $\{\boldsymbol{\psi}_i,\ \boldsymbol{e}_i,\ \boldsymbol{n}\}$ herausgedreht, wodurch eine Komponente des neuen Vektors $\boldsymbol{e}_i'$ in Richtung $\boldsymbol{\chi}_i$ erwächst, die mit $\sin\varphi$ zunimmt. Der transformierte Einheitsvektor $\boldsymbol{e}_i'$ errechnet sich dann zu

$$\boldsymbol{e}_i' = \boldsymbol{\psi}_i \left\langle \boldsymbol{e}_i, \boldsymbol{\psi}_i \right\rangle \cos\varphi + \boldsymbol{\psi}_i \left\langle \boldsymbol{e}_i, \boldsymbol{\psi}_i \right\rangle \sin\varphi + \boldsymbol{n} \left\langle \boldsymbol{e}_i, \boldsymbol{n} \right\rangle \qquad i = 1, 2, 3. \tag{4.53}$$

Unter Verwendung der Umformungen

$$\boldsymbol{\psi}_i = \frac{\boldsymbol{e}_i - \boldsymbol{n} \left\langle \boldsymbol{e}_i, \boldsymbol{n} \right\rangle}{|\boldsymbol{e}_i \times \boldsymbol{n}|} \tag{4.54a}$$

$$|\boldsymbol{e}_i \times \boldsymbol{n}|^2 = 1 - \left\langle \boldsymbol{e}_i, \boldsymbol{n} \right\rangle^2 \tag{4.54b}$$

$$\boldsymbol{\psi}_i \left\langle \boldsymbol{e}_i, \boldsymbol{\psi}_i \right\rangle = \boldsymbol{e}_i - \boldsymbol{n} \left\langle \boldsymbol{e}_i, \boldsymbol{n} \right\rangle \tag{4.54c}$$

$$\boldsymbol{\chi}_i \left\langle \boldsymbol{e}_i, \boldsymbol{\psi}_i \right\rangle = \boldsymbol{n} \times \boldsymbol{e}_i \tag{4.54d}$$

wird Gl. (4.53) zu

$$\boldsymbol{e}_i' = \boldsymbol{n} \left\langle \boldsymbol{e}_i, \boldsymbol{n} \right\rangle (1 - \cos\varphi) + \boldsymbol{e}_i \cos\varphi + (\boldsymbol{n} \times \boldsymbol{e}_i) \sin\varphi \qquad i = 1, 2, 3. \tag{4.55}$$

Die skalare Multiplikation mit dem Einheitsvektor $\boldsymbol{e}_j$ führt dann mit Berücksichtigung von

$$\left\langle \boldsymbol{e}_i, \boldsymbol{n} \right\rangle = \frac{\varphi_i}{\varphi} = n_i, \tag{4.56a}$$

$$\left\langle (\boldsymbol{n} \times \boldsymbol{e}_i), \boldsymbol{e}_j \right\rangle = \left\langle (\boldsymbol{e}_i \times \boldsymbol{e}_j), \boldsymbol{n} \right\rangle = \sum_{k=1}^{3} \varepsilon_{ijk} \left\langle \boldsymbol{e}_k, \boldsymbol{n} \right\rangle = -\sum_{k=1}^{3} \varepsilon_{jik} n_k \tag{4.56b}$$

und Gl. (4.50) zu dem Ergebnis

$$d_{ij}(\boldsymbol{\varphi}) = \langle \boldsymbol{e}'_i, \boldsymbol{e}_j \rangle = \delta_{ji} \cos\varphi + n_j n_i (1 - \cos\varphi) - \sin\varphi \sum_{k=1}^{3} \varepsilon_{jik} n_k. \tag{4.57a}$$

Dabei bedeuten die Koeffizienten ε_{ijk} die Elemente eines vollständig antisymmetrischen Tensors 3. Stufe $\boldsymbol{\varepsilon}$ (s. Gl. 5.41). Die orthogonale Rotationsmatrix mit den Parametern n_1, n_2 und n_3 hat dann die Form

$$\boldsymbol{d}(\boldsymbol{\varphi}) = \begin{pmatrix} \cos\varphi + n_1^2(1-\cos\varphi) & n_1 n_2(1-\cos\varphi) + n_3 \sin\varphi & n_1 n_3(1-\cos\varphi) - n_2 \sin\varphi \\ n_1 n_2(1-\cos\varphi) - n_3 \sin\varphi & \cos\varphi + n_2^2(1-\cos\varphi) & n_2 n_3(1-\cos\varphi) + n_1 \sin\varphi \\ n_1 n_3(1-\cos\varphi) - n_2 \sin\varphi & n_2 n_3(1-\cos\varphi) - n_1 \sin\varphi & \cos\varphi + n_3^2(1-\cos\varphi) \end{pmatrix}. \tag{4.57b}$$

Das Einselement wird durch den Ursprung ($\boldsymbol{\varphi} = \boldsymbol{0}$) im Raum $\mathbb{R}^3$ parametrisiert ($\boldsymbol{d}(\boldsymbol{\varphi} = \boldsymbol{0}) = \boldsymbol{1}_3$). Jedes Matrixelement der Darstellung $\boldsymbol{d}(\boldsymbol{\varphi})$ ist eine analytische Funktion der Parameter $\{n_i | i = 1, 2, 3\}$. Die Gruppe $SO(3)$ ist demnach eine lineare LIE-Gruppe mit der Dimension $n = 3$. Die drei Generatoren ergeben sich nach Gln. (4.26) und (4.57) zu

$$\boldsymbol{a}_1 = \begin{pmatrix} 0 & 0 & 0 \\ 0 & 0 & -1 \\ 0 & 1 & 0 \end{pmatrix} \quad \boldsymbol{a}_2 = \begin{pmatrix} 0 & 0 & 1 \\ 0 & 0 & 0 \\ -1 & 0 & 0 \end{pmatrix} \quad \boldsymbol{a}_3 = \begin{pmatrix} 0 & -1 & 0 \\ 1 & 0 & 0 \\ 0 & 0 & 0 \end{pmatrix}. \tag{4.58}$$

Sie bilden eine Basis $\{\boldsymbol{a}_k | \, k = 1, 2, 3\}$ bzw. eine *definierende Darstellung* der zugehörigen LIE-Algebra $so(3)$ (s. Beispiel 2 v. Abschn. 5.5) und erfüllen die Kommutatorbeziehungen

$$[\boldsymbol{a}_1, \boldsymbol{a}_2] = -\boldsymbol{a}_3 \qquad [\boldsymbol{a}_2, \boldsymbol{a}_3] = -\boldsymbol{a}_1 \qquad [\boldsymbol{a}_3, \boldsymbol{a}_1] = -\boldsymbol{a}_2. \tag{4.59}$$

Bleibt darauf hinzuweisen, dass bei einer passiven Rotation, wo der Vektor $\boldsymbol{x}$ fest bleibt und das Koordinatensystem transformiert wird, der Rotationswinkel φ durch den negativen Wert $-\varphi$ ersetzt wird.

Die Ermittlung des Charakters der Parameterdarstellung (4.57) durch die Spurbildung ergibt

$$\chi(\boldsymbol{\varphi}) = \mathrm{sp}\, \boldsymbol{d}(\boldsymbol{\varphi}) = 1 + 2\cos\varphi. \tag{4.60}$$

Dieses Ergebnis erlaubt zusammen mit Gl. (4.52) die Aussage, dass alle eigentlichen Rotationen mit dem gleichen Betrag des Drehwinkels $|\varphi|$ aber um beliebige Achsen im Raum zueinander konjugiert sind und deshalb zu einer gemeinsamen Klasse gehören.

Die homomorphe Abbildung (2.49) der *speziellen unitären Gruppe* $SU(2)$ auf die Gruppe $SO(3)$ (s. Beispiel 4 v. Abschn. 2.3) erlaubt auch die Charakterisierung eines Elements $\boldsymbol{U} \in SU(2)$ mithilfe der drei Parameter $\{n_i | \, i = 1, 2, 3\}$ durch die Beziehung

$$\boldsymbol{U}(\boldsymbol{\varphi}) = \mathbf{1}_2 \cos\frac{\varphi}{2} + i(n_1\boldsymbol{\sigma}_1 + n_2\boldsymbol{\sigma}_2 + n_3\boldsymbol{\sigma}_3)\sin\frac{\varphi}{2} = \exp\left(-i\frac{\varphi}{2}\,\langle \boldsymbol{n}, \boldsymbol{\sigma}\rangle\right), \tag{4.61a}$$

($\boldsymbol{\sigma}_k$ = PAULI'sche Spinmatrizen (2.43)), die auch in der Form

$$\boldsymbol{U}(\boldsymbol{\varphi}) = \begin{pmatrix} \cos\varphi/2 + in_3\sin\varphi/2 & i(n_1 + in_2)\sin\varphi/2 \\ i(n_1 - in_2)\sin\varphi/2 & \cos\varphi/2 - in_3\sin\varphi/2 \end{pmatrix} \tag{4.61b}$$

ausgedrückt werden kann. Der Nachweis benutzt die Abbildung (2.53) sowie die Umformungen

$$\mathrm{sp}\,(\boldsymbol{\sigma}_j\boldsymbol{\sigma}_k\boldsymbol{\sigma}_l) = 2i\varepsilon_{jkl} \tag{4.62a}$$

und

$$\mathrm{sp}\,(\boldsymbol{\sigma}_j\boldsymbol{\sigma}_k\boldsymbol{\sigma}_l\boldsymbol{\sigma}_m) = 2\delta_{jk}\delta_{lm} + 2\delta_{jm}\delta_{kl} - 2\delta_{jl}\delta_{km}. \tag{4.62b}$$

Man erhält so eine treue, zweidimensionale Darstellung, deren Einselement durch den Ursprung ($\boldsymbol{\varphi} = \mathbf{0}$) im Raum $\mathbb{R}^3$ parametrisiert wird ($\boldsymbol{U}(\boldsymbol{\varphi} = \mathbf{0}) = \mathbf{1}_2$). Jedem Element $\boldsymbol{d} \in SO(3)$ mit dem Drehwinkel φ entsprechen nach Gl. (2.49) zwei Elemente $\pm\boldsymbol{U} \in SU(2)$ mit den Drehwinkeln φ und $\varphi + 2\pi$. Die Variation des Drehwinkels φ geschieht deshalb im abgeschlossenen Intervall $[-2\pi, +2\pi]$. Nach Gl. (4.26) erhält man mit der Darstellung (4.61) die drei Generatoren $\{\boldsymbol{a}_k|\ k = 1, 2, 3\}$ von Gl. (4.43). Der Charakter errechnet sich zu

$$\chi(\boldsymbol{\varphi}) = \mathrm{sp}\,\boldsymbol{U}(\boldsymbol{\varphi}) = 2\cos\frac{\varphi}{2}, \tag{4.63}$$

wonach alle Elemente $\boldsymbol{U}(\boldsymbol{\varphi})$ mit dem gleichen Betrag des Drehwinkels $|\varphi|$ zu einer gemeinsamen Klasse gehören.

An dieser Stelle sei darauf hingewiesen, dass die Darstellung (4.61) jene irreduzible Darstellung $\boldsymbol{D}^J$ im $(2J + 1)$-dimensionalen Vektorraum bedeutet, die mithilfe der Standardbasis $\left\{v_m^J|\ -J \le m \le +J\right\}$ bei einer Drehimpulsquantenzahl $J = 1/2$ gewonnen wird (s. Beispiel 1 v. Abschn. 5.5)

$$\boldsymbol{U}(\boldsymbol{\varphi}) = \boldsymbol{D}^{J=1/2}(\boldsymbol{\varphi}). \tag{4.64}$$

Die Elemente des komplexen Darstellungsraumes (*Spinorraum*) mit der Dimension Zwei ($= 2J + 1$) sind *Spinoren* $\boldsymbol{v}^{J=1/2}$ der Stufe Eins ($= n = 2J$) mit zwei ($= 2J + 1 = n + 1$) Komponenten

$$\boldsymbol{v}^{J=1/2} = \begin{pmatrix} v_{+1/2}^{1/2} \\ v_{-1/2}^{1/2} \end{pmatrix}, \tag{4.65}$$

die in der nicht-relativistischen Quantenmechanik ein FERMI-Teilchen mit der Spinquantenzahl $J = s = 1/2$ beschreiben.

Eine Rotation mit dem Winkel $\varphi = 2\pi$ im Raum $\mathbb{R}^3$ bedeutet unabhängig von der Richtung der Drehachse die identische Transformation, so dass nach Gl. (4.57) die Darstellung des Einselements e erhalten wird

$$\boldsymbol{d}(\varphi = 2\pi) = \boldsymbol{d}(e) = \mathbf{1}_3. \tag{4.66}$$

Anders dagegen im Spinorraum, wo die dazu korrelierte Transformation den Wert

$$\boldsymbol{U}(\varphi = 2\pi) = -\boldsymbol{U}(e) = -\mathbf{1}_2 \tag{4.67}$$

annimmt, und ein zweikomponentiger Spinor (4.65) entgegengerichtet wird. Erst eine Rotation mit dem Winkel $\varphi = 4\pi$ im Raum $\mathbb{R}^3$ liefert auch im Spinorraum die Darstellung des Einselements

$$\boldsymbol{U}(\varphi = 4\pi) = \boldsymbol{U}(e) = \mathbf{1}_2, \tag{4.68}$$

so dass allgemein jede Rotation im euklidischen Raum mit dem Winkel φ zu zwei entgegengerichteten Transformationen im Spinorraum mit den Darstellungen

$$\boldsymbol{D}^{1/2}(\boldsymbol{\varphi}) = \boldsymbol{U}(\boldsymbol{\varphi}) \qquad \text{und} \qquad \boldsymbol{D}^{1/2}(\boldsymbol{\varphi} + 2\pi) = -\boldsymbol{U}(\boldsymbol{\varphi}) \tag{4.69}$$

korreliert ist. Die Ursache für diese Zweideutigkeit ist die homomorphe Abbildung (2.49) der Gruppe $SU(2)$ auf die Gruppe $SO(3)$, bei der der Kern aus den Elementen (4.66) und (4.67) besteht (Beispiel 4 v. Abschn. 2.3).

Eine Erweiterung der Betrachtung auf einen Spinorraum mit höherer Dimension, wie sie die Diskussion eines Systems von n FERMI-Teilchen mit der gesamten Spinquantenzahl $S = n/2$ notwendig macht, zwingt zur Einführung von Spinoren n-ter Stufe. Ein ähnlicher Weg wird beim Übergang von Vektoren zu Tensoren beschrieben. Dabei können in Erinnerung an die Tensoralgebra die dort gewonnenen Ergebnisse übernommen werden. So erwartet man etwa von einem Spinor 2-ter Sufe ein Transformationsverhalten seiner vier Komponenten, das dem der Produkte $\left\{v_k^{1/2} \otimes v_l^{1/2} \,|\, k = \pm 1/2,\ l = \pm 1/2\right\}$ mit den Komponenten zweier Spinoren 1-ter Stufe als Faktoren gleichzusetzen ist. Die Beschreibung des gesamten Spinzustands zweier FERMI-Teilchen setzt jedoch die Symmetrieeigenschaft eines Spinors 2-ter Stufe voraus, so dass sich die Zahl der unabhängigen Komponenten auf drei reduziert. Bei einem System von n FERMI-Teilchen erwartet man dann einen symmetrischen Spinor der Stufe n $(= 2S)$ mit allgemein $(n + 1)$ $(= 2S + 1)$ unabhängigen Komponenten. Während im Fall eines symmetrischen Spinors 1-ter Stufe die beiden unabhängigen Komponenten $v_{+1/2}^{1/2}$ und $v_{-1/2}^{1/2}$ sich bei Rotationen im euklidischen Raum mittels der Transformationsmatrix (4.64) linear ineinander transformieren, sind es im allgemeinen Fall eines symmetrischen Spinors n-ter Stufe die $(n + 1 = N)$ unabhängigen Spinorkomponenten. Sie bilden die Basis für eine

$(n+1)$-dimensionale Darstellung $\boldsymbol{D}^{n/2}(\varphi)$ der *speziellen unitären Gruppe* $SU(N)$. Dabei ist die Zweideutigkeit der Darstellung mit der Forderung nach halbzahliger Spinquantenzahl S verbunden. Als Konsequenz daraus können nur Spinoren ungerader Stufe n $(= 2k+1;\ k = 0, 1, \ldots)$ als Basis der *zweideutigen Darstellungen* bzw. *Spinordarstellungen* verwendet werden.

Beispiel 12 Die Eigenschaften der Matrixdarstellungen einer linearen LIE-Gruppe werden durch den positiven *metrischen Tensor* $\boldsymbol{\kappa}$ bestimmt. Darunter versteht man jenen Tensor 2-ter Stufe, der in der kovarianten Form κ_{ij} ((0,2)-Tensor) als lineare Abbildung des N-dimensionalen Vektorraumes $\mathcal{V}$ in den dualen Vektorraum $\mathcal{V}^*$ aufgefasst werden kann und so den Übergang von einem Vektorraum zu dem ihm dualen Vektorraum ermöglicht. Dabei werden die Komponenten eines Vektors aus dem Vektorraum $\mathcal{V}$, nämlich der *kontravariante* Spaltenvektor $\{x^i\} = (x^1, \ldots, x^N)^\top$ in die Komponenten des Vektors aus dem Dualraum $\mathcal{V}^*$, nämlich in den *kovarianten* Zeilenvektor $\{x_j\} = (x_1, \ldots, x_N)$ durch das Herabziehen der Indizes transformiert und umgekehrt mithilfe der kontravarianten Form κ^{ij} ((2,0)-Tensor)

$$x_i = \sum_{j=1}^{N} \kappa_{ij} x^j \qquad \text{und} \qquad x^i = \sum_{j=1}^{N} \kappa^{ij} x_j . \tag{4.70}$$

Die kontravariante Form κ^{ij} des metrischen Tensors ist wegen der Positivität von $\boldsymbol{\kappa}$ invers zur kovarianten Form κ_{ij}

$$\sum_k \kappa_{jk} \kappa^{ki} = \delta^i_j . \tag{4.71}$$

Von Bedeutung sind dann nur jene Darstellungen $\boldsymbol{D}(\mathcal{G})$ einer LIE-Gruppe $\mathcal{G}$

$$D(A)x^i = x'^i = \sum_{j=1}^{N} D^i{}_j(A) x^j \qquad A \in \mathcal{G}, \tag{4.72}$$

die ein Skalarprodukt (inneres Produkt), definiert durch

$$\langle x, y \rangle := \sum_{i=1}^{N} x_i y^i = \sum_{i=1}^{N} \sum_{k=1}^{N} \kappa_{ik} x^k y^i , \tag{4.73}$$

bezüglich der transformierten Zeilenvektoren x'_i und Spaltenvektoren x'^j invariant lassen

$$\sum_{i=1}^{N} x'_i x'^i = \sum_{i=1}^{N} x_i x^i . \tag{4.74}$$

Daraus errechnet sich mit Gln. (4.70) und (4.72) die linke Seite der Gl. (4.74) zu

$$\sum_{k=1}^{N} x'_k x'^k = \sum_{k=1}^{N}\sum_{l=1}^{N} \kappa_{kl} x'^l x'^k = \sum_k \sum_l \sum_m \sum_i \kappa_{kl} D^l{}_m x^m D^k{}_i x^i . \tag{4.75a}$$

Der Vergleich mit der rechten Seite von Gl. (4.74)

$$\sum_{i=1}^{N} x_i x^i = \sum_{i=1}^{N}\sum_{m=1}^{N} \kappa_{im} x^m x^i \tag{4.75b}$$

ergibt für den metrischen Tensor

$$\kappa_{im} = \sum_{k=1}^{N}\sum_{l=1}^{N} \kappa_{kl} D^l{}_m D^k{}_i \qquad \text{oder} \qquad \boldsymbol{\kappa} = \boldsymbol{D}^\top \boldsymbol{\kappa} \boldsymbol{D}. \tag{4.76}$$

Die Invarianz des Skalarprodukts (4.74) impliziert so mit Gl. (6.171) die Invarianz des metrischen Tensors. Der metrische Tensor $\boldsymbol{\kappa}$ kann dann in eine symmetrische Form ($\boldsymbol{\kappa} = \boldsymbol{\kappa}^\top$) und eine antisymmetrische Form ($\boldsymbol{\kappa} = -\boldsymbol{\kappa}^\top$) eingeteilt werden.

Für einen zweidimensionalen Vektorraum ($N = 2$) erhält man im symmetrischen Fall und bei einer orthonormalen Basis als metrischen Tensor

$$\boldsymbol{\kappa} = \mathbf{1}_2 = \boldsymbol{\kappa}^{-1}, \tag{4.77}$$

so dass mit Gl. (4.70) jede Komponente x^μ eines Vektors in die entsprechende Komponente x_ν des dazu dualen Vektors transformiert wird. Demnach ist der Vektorraum isomorph zu seinem Dualraum und die orthonormale Basis ist identisch mit der dualen Basis (*kanonischer Isomorphismus*). Das Skalarprodukt (4.73) hat dann die Form

$$\langle x, y\rangle = x_1 y^1 + x_2 y^2 = x^1 y^1 + x^2 y^2 = x_1 y_1 + x_2 y_2, \tag{4.78}$$

wonach die Unterscheidung zwischen oberen und unteren Indizes hinfällig wird. Die Norm $\sqrt{\langle x, x\rangle}$ ist immer positiv definit, was eine *euklidische Metrik* auszeichnet. Die Darstellungsmatrizen, die die Invarianzbedingung (4.76) erfüllen, sind alle orthogonalen Matrizen der LIE-Gruppen $O(2)$ und $SO(2)$. In N Dimensionen sind es die Matrixdarstellungen der *orthogonalen Gruppen* $O(N)$ und $SO(N)$ (Tab. 4.1 und 4.2).

Ein anderer symmetrischer Tensor

$$\boldsymbol{\kappa} = \begin{pmatrix} 1 & 0 \\ 0 & -1 \end{pmatrix} \tag{4.79}$$

erlaubt nach Gl. (4.70) die Transformation

$$x_1 = x^1 \qquad \text{und} \qquad x_2 = -x^2, \tag{4.80}$$

wonach der Vektorraum von seinem Dualraum unterscheidbar wird. Das Skalarprodukt (4.73) hat die Form

$$\langle x, y \rangle = x^1 y^1 - x^2 y^2, \tag{4.81}$$

so dass die Norm als die Länge eines Vektors ihren Sinn verliert. Man bekommt so eine *pseudoeuklidische Metrik* (MINKOWSKI-*Metrik*) des zweidimensionalen MINKOWSKI-Raumes, dessen Koordinatensystem durch die x-Achse und die ct-Achse gebildet wird. Im vierdimensionalen MINKOWSKI-Raum hat die Metrik die diagonale Form

$$\boldsymbol{\kappa} = \operatorname{diag}(1, -1, -1, -1,), \tag{4.82}$$

dessen Invarianz nach Gl. (4.76) durch die Darstellungsmatrizen der LORENTZ-*Gruppe* $O(1, 3)$ garantiert wird. In N Dimensionen sind es die Matrixdarstellungen der *pseudoorthogonalen Gruppen* $O(p, q)$ und $SO(p, q)$ (Tab. 4.1 und 4.2).

Tabelle 4.2 Lineare LIE-Gruppen mit symmetrischer und antisymmetrischer Metrik

symmetrische Metrik	
euklidische Metrik	pseudoeuklidische Metrik
$O(N)$	$O(p,q)$
$SO(N)$	$SO(p,q)$
	$p+q=N,\ p \geq q \geq 1$
antisymmetrische Metrik	
$SU(2)$	
$Sp(1/2\,N, \mathbb{C})$	
$Sp(1/2\,N, \mathbb{R})$	
$Sp(1/2\,N)$	

Im antisymmetrischen Fall hat der metrische Tensor für einen zweidimensionalen Vektorraum die Form

$$\boldsymbol{\kappa} = \begin{pmatrix} 0 & 1 \\ -1 & 0 \end{pmatrix} = -\boldsymbol{\kappa}^\top, \tag{4.83}$$

so dass nach Gl. (4.70) die Transformation

$$x_1 = x^2 \qquad \text{und} \qquad x_2 = -x^1 \tag{4.84}$$

möglich sein wird. Die Komponenten von Vektorraum und Dualraum werden so antisymmetrisch ausgetauscht. Das Skalarprodukt (4.73) ergibt

$$\langle x, y \rangle = x^1 y^2 - x^2 y^1, \tag{4.85}$$

wonach die Norm verschwindet ($\langle x, x\rangle = 0$), so dass jeder Vektor zu sich selbst orthogonal ist. Man bekommt so eine *Spinormetrik* des zweidimensionalen Raumes, die durch die speziellen unitären Matrizen der LIE-Gruppe $SU(2)$ invariant bleibt. In N Dimensionen hat die antisymmetrische Metrik die Form

$$\kappa = \begin{pmatrix} 0 & \mathbf{1}_{N/2} \\ -\mathbf{1}_{N/2} & 0 \end{pmatrix}, \tag{4.86}$$

dessen Invarianz (4.76) durch die Darstellungsmatrizen der *symplektischen* LIE-*Gruppe* $Sp(1/2\,N, \mathbb{K})$ ($\mathbb{K} = \mathbb{R}$ bzw. $\mathbb{C}$) garantiert wird (Tab. 4.1 und 4.2). Letztere beschreiben die linearen kanonischen Transformationen des Phasenraumes in der klassischen Mechanik.

■

Besonders hervorzuheben ist die *einparametrige* LIE-*Untergruppe* $\mathcal{H}$ einer linearen LIE-Gruppe $\mathcal{G}$ (s. a. Abschn. 6.3). Ihre Elemente $a(x)$ sind abhängig von nur einem reellen Parameter x mit Werten im Bereich $-\infty < x < +\infty$ und sie genügen der Beziehung

$$a(x_1)a(x_2) = a(x_1 + x_2) \qquad \forall x_1, x_2 \text{ mit } -\infty < x_1, x_2 < +\infty. \tag{4.87a}$$

Diese Untergruppe hat die Dimension $n = 1$. Wegen der Kommutativität bzgl. der Addition von reellen Zahlen ist auch jede einparametrige Untergruppe kommutativ

$$a(x_1)a(x_2) = a(x_2)a(x_1) \qquad \forall\, x_1, x_2 \tag{4.87b}$$

und mithin eine abelsche Gruppe. Für $x = 0$ erhält man nach Gl. (4.87a) das Einselement $e \in \mathcal{G}$

$$a(x = 0) = e. \tag{4.88}$$

Zu einer linearen LIE-Gruppe von $N \times N$-Matrizen $\boldsymbol{A}$ erhält man alle einparametrigen Untergruppen durch Exponentiation des Produkts aus dem Parameter x und einer Matrix $\boldsymbol{a}$

$$\boldsymbol{A}(x) = \exp(x\boldsymbol{a}) \qquad -\infty < x < +\infty. \tag{4.89a}$$

Dabei ist die Matrix $\boldsymbol{a}$ der einzige Generator der einparametrigen Untergruppe

$$\boldsymbol{a} = \left.\frac{d\boldsymbol{A}}{dx}\right|_{x=0}, \tag{4.89b}$$

der auch als *Tangentialvektor* $\boldsymbol{a}$ im Einselement $\mathbf{1}_N$ bezeichnet wird (s. Abschn. 6.2).

An dieser Stelle sei erwähnt, dass jede lokale einparametrige LIE-Gruppe, deren Elemente aus einer hinreichend kleinen Umgebung $\mathcal{U}(\mathbf{1}_N)$ des Einselements $\mathbf{1}_N$

sind, isomorph ist zu einem Intervall des euklidischen Raumes $\mathbb{R}$, das den Ursprung enthält.

Beispiel 13 Als Beispiel wird die *spezielle orthogonale Gruppe* $SO(3)$ in drei Dimensionen betrachtet. Sie umfasst die eigentlichen Rotationen eines Systems im euklidischen Raum $\mathbb{R}^3$, die etwa um die z-Achse als Rotationsachse mit dem Winkel φ als Parameter durch die Matrix $\boldsymbol{d}_z(\varphi)$ von Gl. (2.9) beschrieben werden. Diese Elemente erfüllen Gl. (4.87a) und bilden eine einparametrige Untergruppe, die gemäß Gl. (4.33a) isomorph zur LIE-Gruppe $SO(2)$ ist. Die Reihenentwicklung liefert

$$\begin{aligned} \boldsymbol{A}(\varphi) \equiv \boldsymbol{d}_z(\varphi) &= \mathbf{1}_3 + \begin{pmatrix} 1 & 0 & 0 \\ 0 & 1 & 0 \\ 0 & 0 & 0 \end{pmatrix} \sum_{k=1}^{\infty} (-1)^k \frac{\varphi^{2k}}{(2k)!} \\ &+ \begin{pmatrix} 0 & -1 & 0 \\ 1 & 0 & 0 \\ 0 & 0 & 0 \end{pmatrix} \sum_{k=0}^{\infty} (-1)^k \frac{\varphi^{2k+1}}{(2k+1)!} \\ &= \exp(\varphi \boldsymbol{a}) \qquad 0 \le \varphi < 2\pi, \end{aligned} \tag{4.90}$$

so dass mit Gl. (4.89) der Generator der einparametrigen Untergruppe die Form

$$\boldsymbol{a} = \begin{pmatrix} 0 & -1 & 0 \\ 1 & 0 & 0 \\ 0 & 0 & 0 \end{pmatrix} \tag{4.91}$$

annimmt. ■

Die Eigenschaften *zusammenhängend* und *kompakt* spielen ein herausragende Rolle im Hinblick auf die Darstellungen einer linearen LIE-Gruppe $\mathcal{G}$. Ausgehend vom Parameterraum $\mathbb{R}^n$, der die Dimension n der Gruppe bestimmt, findet man eine Erklärung dieser inneren Eigenschaften, die äquivalent ist zu jener bei topologischen Gruppen (Abschn. 4.2). So wird man eine lineare LIE-Gruppe $\mathcal{G}$ mit der Dimension n als (*weg-*) *zusammenhängend* bezeichnen, falls alle n Parameter $\{x_i \mid i = 1, \ldots, n\}$ im euklidischen Raum $\mathbb{R}^n$ eine zusammenhängende Teilmenge bilden. Dabei sind alle Matrixelemente D_{ij} der treuen, endlich-dimensionalen Matrixdarstellung $\boldsymbol{D}(\mathcal{G})$ kontinuierliche Funktionen dieser Parameter, so dass durch kontinuierliche Variation der Parameter alle Elemente der Gruppe erhalten werden. Für zwei beliebige Elemente $a_1, a_2 \in \mathcal{G}$ gibt es demnach einen kontinuierlichen Weg zwischen entsprechenden Punkten $\boldsymbol{x}_1(a_1)$ und $\boldsymbol{x}_2(a_2)$ im Parameterraum $\mathbb{R}^n$. Der Weg bedeutet dabei ein Kurvenstück im $\mathbb{R}^n$, das ein Abbild des abgeschlossenen Intervalls $[0, 1]$ im Raum $\mathbb{R}$ ist (Abb. 4.9).

Falls es n nicht-äquivalente Wege gibt, dann heißt die lineare LIE-Gruppe *n-fach zusammenhängend* (Abb. 4.9). Dabei bedeuten äquivalente Wege solche, die durch eine kontinuierliche Transformation ohne den Parameterraum zu verlassen ineinander überführt werden können. Eine LIE-Gruppe ist demnach *einfach zusammenhängend*, falls der Parameterraum zusammenhängend ist und sich

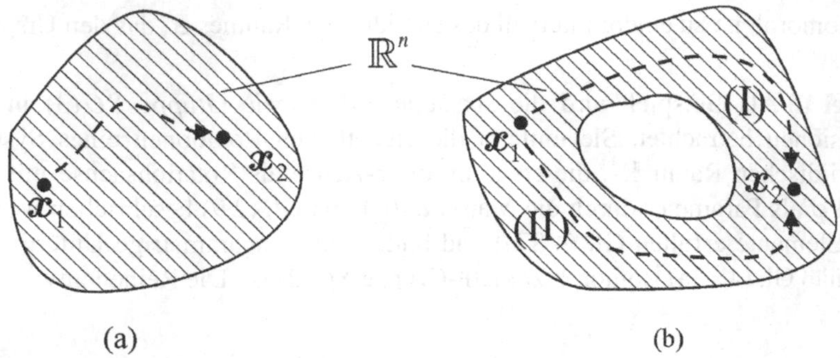

Abb. 4.9 Demonstration einer einfach (**a**) und zweifach (**b**) zusammenhängenden linearen LIE-Gruppe am Bild ihres Parameterraumes $\mathbb{R}^n$; die beiden kontinuierlichen Wege (*I*) und (*II*) zwischen zwei beliebigen Punkten $\boldsymbol{x}_1, \boldsymbol{x}_2 \in \mathbb{R}^n$ sind nicht äquivalent

dort jede geschlossene, stetige Kurve auf einen Punkt zusammenziehen lässt (s. a. Tab. 4.3).

Als *(zusammenhängende) Komponente* $\mathcal{G}_0$ der Gruppe $\mathcal{G}$ wird man jene maximal zusammenhängende Teilmenge von Elementen verstehen, die durch Variation der Parameter erhalten wird (s. Abschn. 4.1 und 4.2). Falls die Komponente $\mathcal{G}_0 \subseteq \mathcal{G}$ das Einselement ($e \in \mathcal{G}_0$) enthält, dann ist sie ein Normalteiler (invariante Untergruppe, s. Abschn. 2.2). Diese *zusammenhängende Untergruppe* wird auch als *Komponente des Einselements* einer linearen LIE-Gruppe bezeichnet. Daneben findet man, dass jede Komponente eine Rechts- bzw. Linksnebenklasse der Komponente des Einselements $\mathcal{G}_0$ bildet. Eine lineare LIE-Gruppe kann prinzipiell abzählbar unendlich viele Komponenten besitzen. Von Bedeutung sind allerdings nur jene Gruppen mit einer endlichen Anzahl. Falls nur eine Komponente vorhanden ist, kann die gesamte Gruppe gemäß obiger Definition selbst als zusammenhängend bezeichnet werden.

Beispiel 14 Im Beispiel der Menge der reellen Zahlen $\{t \in \mathbb{R}| \; t \neq 0\}$ mit der gewöhnlichen Multiplikation als Verknüpfung $\mathcal{G} = (\mathbb{R}\backslash\{0\}, \cdot)$, die zur *allgemeinen linearen Gruppe* $GL(1, \mathbb{R})$ isomorph ist, kann die Teilmenge $\{t \in \mathbb{R}| \; t > 0\}$ durch kontinuierliche Variation des Parameters x ($-\infty < x < +\infty$) nach Gl. (4.30) erhalten werden. Diese Teilmenge ist deshalb eine Komponente. Sie ist darüber hinaus eine einfach zusammenhängende Untergruppe, da sie das Einselement ($e = 1$) enthält, und gilt als Komponente des Einselements $GL^+(1, \mathbb{R})$. Eine andere Teilmenge $\{t' \in \mathbb{R}| \; t' < 0\}$ mit der Parametrisierung nach Gl. (4.31) bildet eine weitere Komponente, die nicht aus der ersten erhalten werden kann. Die gesamte Gruppe besitzt so mehr als eine Komponente und ist deshalb nicht zusammenhängend. Mit dem Normalteiler $\mathcal{N} = \{t \in \mathbb{R}| \; t > 0\}$ als Komponente des Einselements erhält man die andere Komponente durch Multiplikation von rechts bzw. von links mit dem Element $t_0 = -1 (\notin \mathcal{N})$. Diese Komponente ist deshalb eine Rechts- bzw. Linksnebenklass bzgl. des Vertreters $t_0 = -1$ (s. a. Beispiel 11 v. Abschn. 4.2).

Beispiel 15 Im Beispiel der *unitären Gruppe* $U(1)$ mit den komplexen Zahlen vom Betrag Eins als Elemente ($\{z \in \mathbb{C} | \, |z| = 1\}$) und dem einzigen reellen Parameter φ besteht der Parameterraum aus dem abgeschlossenen Intervall $[0, 2\pi]$ des euklidischen Raumes $\mathbb{R}$ (s. a. Beispiel 10 und 12 v. Abschn. 4.2). Neben dem direkten Weg zwischen zwei Elementen z_1 und z_2 mit den Parametern $0 < \varphi_1 < \varphi_2 < 2\pi$ gibt es unendlich viele weitere Wege über die äquivalenten Punkte $0, 2\pi, 4\pi, \ldots$ im Parameterraum (Abb. 4.10). Die Wege verlaufen etwa von φ_1 nach 0 und von $2\pi, 4\pi, \ldots$ nach φ_2. Alle diese Wege gelten als nicht-äquivalent, da sie nur unter Verlassen des Parameterraumes $[0, 2\pi]$ durch eine kontinuierliche Transformation ineinander überführt werden können. Demnach ist die Gruppe zwar zusammenhängend, jedoch nicht einfach zusammenhängend, sondern vielmehr unendlich-fach zusammenhängend.

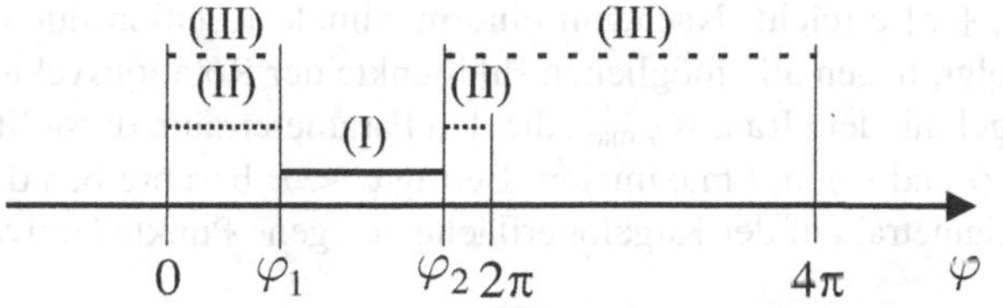

Abb. 4.10 Nicht-äquivalente Wege *(I)*, *(II)* und *(III)* zwischen zwei Punkten φ_1 und φ_2 im Parameterraum $[0, 2\pi]$ der *unitären Gruppe* $U(1)$

Die Isomorphie zur *speziellen orthogonalen Gruppe* $SO(2)$ impliziert eine analoge Diskussion, so dass auch diese Gruppe als nicht einfach zusammenhängend gilt (s. a. Beispiel 12 v. Abschn. 4.2 und Beispiel 1 v. Abschn. 6.4).

Beispiel 16 Ein anderes Beispiel ist die *orthogonale Gruppe* $O(2)$ in zwei Dimensionen. Die zweidimensionale Darstellung umfasst nach Parametrisierung durch den Winkel x (s. Gl. 4.33) zwei Typen von Matrizen. Die Menge vom ersten Typ $\boldsymbol{A}_1$ (Gl. 4.33a) bildet eine Komponente. Da das Einselement $\mathbf{1}_2$ dazugehört, ist sie eine zusammenhängende Untergruppe und gilt als Komponente des Einselements. Dieser Normalteiler repräsentiert die *spezielle orthogonale Gruppe* $SO(2)$ in zwei Dimensionen. Die Menge der Matrizen vom zweiten Typ $\boldsymbol{A}_2$ (Gl. 4.33b) bilden ebenfalls eine Komponente. Nachdem die Determinante nicht kontinuierlich zwischen den beiden Werten -1 und $+1$ (Gl. 4.33) variiert, können beide Komponenten nicht zusammenhängen, so dass die Gruppe $O(2)$ insgesamt als nicht-zusammenhängend gilt. Die Multiplikation des Normalteilers $SO(2)$ mit $\boldsymbol{A}_2(x = \pi/2)(\notin SO(2))$ (s. Gl. 4.35) von rechts bzw. von links ergibt eine Rechts- bzw. Linksnebenklasse bzgl. des Vetreters $\boldsymbol{A}_2(x = \pi/2)$. Sie ist die zweite Komponente der Gruppe $O(2)$.

Beispiel 17 Im Beispiel der *speziellen unitären Gruppe* $SU(2)$ können die Elemente (4.38) wegen der Forderung (4.39) als Punkte mit den Koordinaten (a_1, a_2, b_1, b_2) auf einer Kugel im vierdimensionalen euklidischen Raum $\mathbb{R}^4$ aufgefasst werden. Alle Wege zwischen zwei beliebigen Punkten verlaufen auf der Kugeloberfläche als Parameterraum und können durch eine kontinuierliche Transformation ineinander überführt werden. Damit gleichbedeutend ist die Tatsache, dass jede dort verlaufende doppelpunktfreie, geschlossene Kurve sich auf einen Punkt zusammenziehen lässt. Demzufolge gilt die zusammenhängende Gruppe mit einer Komponente als einfach zusammenhängend.

Diese Überlegungen können verallgemeinert werden auf N Dimensionen, so dass alle LIE-Gruppen $SU(N)$ ($N \geq 2$) als einfach zusammenhängend gelten (s. Tab. 4.3).

Beispiel 18 Schließlich wird die *spezielle orthogonale Gruppe* $SO(3)$ als Beispiel gewählt, deren Elemente die eigentlichen Rotationen d im euklidischen Raum $\mathbb{R}^3$ sind (Beispiel 10 und 11 v. Abschn. 2.1). Eine mögliche Parametrisierung gelingt durch die drei Komponenten $(\varphi_1, \varphi_2, \varphi_3)$ eines Rotationsvektors $\boldsymbol{\varphi}$, der in Richtung der Rotationsachse zeigt (s. a. Beispiel 11). Dabei werden alle möglichen Rotationen durch die Variation des Betrages φ des Rotationsvektors im abgeschlossenen Intervall $[-\pi, +\pi]$ erreicht. Nachdem eine maximale Rotation durch den Betrag $\varphi_{\max} = \pi$ erfolgt, liegen alle möglichen Endpunkte der Rotationsvektoren $\boldsymbol{\varphi}$ innerhalb einer Kugel mit dem Radius $\varphi_{\max}$, die den Parameterraum darstellt. Zwei Rotationsvektoren $\boldsymbol{\varphi}$ und $-\boldsymbol{\varphi}$ mit maximalem Betrag $\varphi < \pi$ beschreiben dieselbe Rotation, so dass diametral auf der Kugeloberfläche gelegene Punkte äquivalent sind.

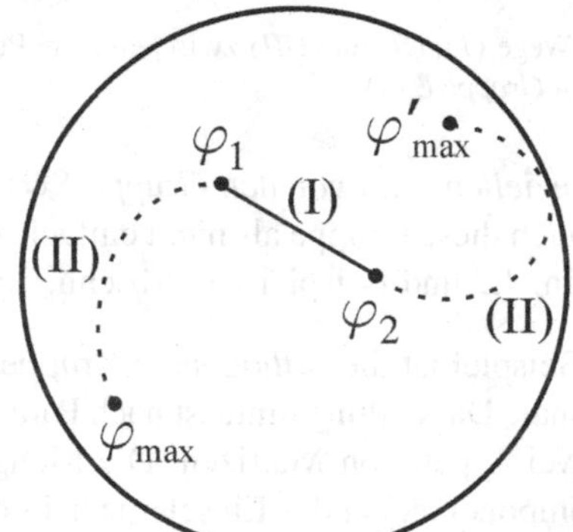

Abb. 4.11 Nicht-äquivalente Wege (*I*)und (*II*) zwischen zwei Punkten $\boldsymbol{\varphi}_1$ und $\boldsymbol{\varphi}_2$ im Parameterraum $\varphi \leq \pi$ der *speziellen orthogonalen Gruppe* $SO(3)$; $\boldsymbol{\varphi}_{\max}$ und $\boldsymbol{\varphi}'_{\max}$ sind äquivalente Punkte auf der Oberfläche einer Kugel mit dem Radius $\varphi_{\max} = \pi$

Die Verbindung zweier beliebiger Punkte innerhalb der Kugel mit den Rotationsvektoren $\boldsymbol{\varphi}_1$ und $\boldsymbol{\varphi}_2$ kann auf zwei verschiedenen Wegen erfolgen (Abb. 4.11). Einmal über einen Weg (I) innerhalb der Kugel bzw. des Parameterraumes. Zum anderen über einen Weg (II), der ausgehend von dem Endpunkt von $\boldsymbol{\varphi}_1$ auf einen Punkt $\boldsymbol{\varphi}_{\max}$ auf der Oberfläche verläuft, um weiter von einem dazu diametral gelegenen äquivalenten Punkt $\boldsymbol{\varphi}'_{\max}$ am Endpunkt von $\boldsymbol{\varphi}_2$ zu enden. Beide Wege können nicht durch eine kontinuierliche Transformation ohne den Parameterraum zu verlassen ineinander überführt werden, so dass sie als inäquivalent gelten. Die Gruppe $SO(3)$ ist deshalb nicht einfach zusammenhängend sondern vielmehr zweifach zusammenhängend.

Diese Überlegungen lassen sich verallgemeinern auf N Dimensionen mit dem Ergebnis, dass die LIE-Gruppen $SO(N)$ ($N \geq 3$) keine einfach zusammenhängenden Gruppen sind.

■

Bleibt nachzutragen, dass bei der Definition des Zusammenhangs die Funktionen der Matrixelemente von den n Parametern nicht notwendig analytisch und eindeutig sein müssen. Vielmehr kann neben dem System $\{x_i \mid i = 1, \dots, n\}$ durchaus ein weiteres System von Parametern $\{y_i \mid i = 1, \dots, n\}$ gefunden werden, das nicht alle Forderungen einer linearen LIE-Gruppe erfüllt. Beide Parametersysteme müssen also nicht umwandelbar sein. Jenes System $\{x_i\}$, das die Forderungen erfüllt, eignet sich vorwiegend zum Studium der lokalen Eigenschaften der LIE-Gruppen – also in der Nähe des Einselements – sowie zum Studium der LIE-Algebren (s. Kap. 5). Das andere System $\{y_i\}$ ist insbesondere beim Studium der globalen Eigenschaften von Interesse.

Beispiel 19 Zur Demonstration wird die *spezielle unitäre Gruppe* $SU(2)$ in zwei Dimensionen betrachtet. Dort kann man abweichend von Gl. (4.40a) mit

$$a = \cos y_1 \exp(iy_2), \qquad b = \sin y_1 \exp(iy_3) \tag{4.92a}$$

und den drei Parametern

$$0 \leq y_1 \leq \pi/2, \quad 0 \leq y_2 \leq 2\pi, \quad 0 \leq y_3 \leq 2\pi \tag{4.92b}$$

eine weitere Parametrisierung finden, mit der Gl. (4.38) erfüllt wird. Die Elemente der Matrix

$$\boldsymbol{A} = \begin{pmatrix} \cos y_1 \exp(iy_2) & \sin y_1 \exp(iy_3) \\ -\sin y_1 \exp(-iy_3) & \cos y_1 \exp(-iy_2) \end{pmatrix} \tag{4.93}$$

sind kontinuierliche Funktionen von den drei Parametern, so dass alle Elemente der Gruppe erhalten werden. Allerdings entspricht dem Einselement $\mathbf{1}_2$ eine Menge von Punkten im Parameterraum $\mathbb{R}^3$

$$y_1 = 0, \quad y_2 = 0, \quad 0 \leq y_3 \leq 2\pi.$$

Demnach verschwindet der dritte Generator am Ursprung

$$\boldsymbol{a}_3 = \left.\frac{\partial \boldsymbol{A}(\boldsymbol{y})}{\partial y_3}\right|_{\boldsymbol{y}=\boldsymbol{0}} = 0.$$

Das bedeutet, dass die Forderungen an eine lineare LIE-Gruppe verletzt sind und deshalb keine umkehrbar eindeutige Abbildung im Bereich des Einselements vorliegt.

Beispiel 20 Ein weiteres Beispiel ist die Menge der eigentlichen Rotationen d im euklidischen Raum $\mathbb{R}^3$. Sie ist isomorph zur Menge der orthogonalen 3×3-Matrizen A, deren Determinante den Wert Eins annimmt und so die *spezielle orthogonale Gruppe* $SO(3)$ in drei Dimensionen begründet. Diese Elemente bilden eine Komponente der *orthogonalen Gruppe* $O(3)$, die darüberhinaus noch die Menge der uneigentlichen Rotationen umfasst. Letztere ist ebenfalls eine Komponente innerhalb der Gruppe $O(3)$. Nachdem das Einselement $\mathbf{1}_3$ zur Gruppe $SO(3)$ gehört, ist sie eine zusammenhängende Untergruppe und gilt deshalb als Komponente des Einselements.

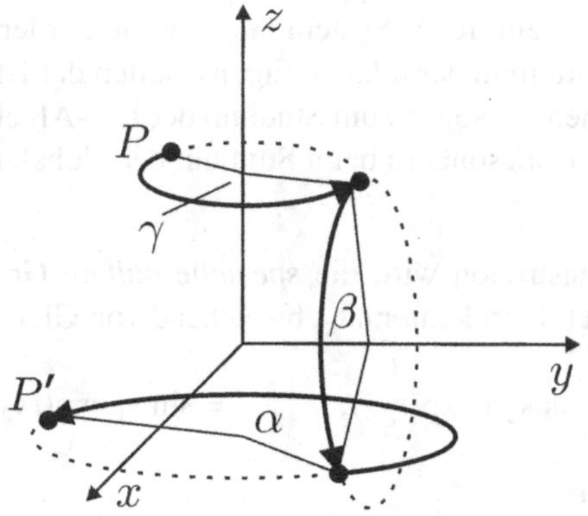

Abb. 4.12 Demonstration der EULER'schen Winkel α, β und γ bei einer aktiven eigentlichen Rotation eines Systempunktes P nach P'; drei aufeinanderfolgende Rotationen mit den Winkeln γ, β und α um die Koordinatenachsen z, y und z

Jede beliebige eigentliche Rotation d kann aufgefasst werden als drei nacheinander ausgeführte Rotationen. Vertritt man den aktiven Standpunkt, der die Rotation eines Systems bei festgehaltenen Koordinatenachsen vorschreibt, so erfolgen die drei Rotationen vermittels der Operatoren $d_z(\gamma)$, $d_y(\beta)$ und $d_z(\alpha)$ mit den Winkeln γ, β und α um die Achsen z, y und nochmals z (Abb. 4.12)

$$d(\alpha, \beta, \gamma) = d_z(\alpha) d_y(\beta) d_z(\gamma) \qquad 0 \leq \alpha, \gamma < 2\pi \qquad 0 \leq \beta < \pi . \tag{4.94}$$

Diese drei sogenannten EULER'schen Winkel α, β und γ eignen sich als die drei Parameter $\{y_i \,|\, i = 1, 2, 3\}$, insbesondere bei einer globalen Betrachtung der gesamten zusammenhängenden Gruppe $SO(3)$. Die aktive Transformation eines Systems erzielt das gleiche Ergebnis wie die passive Methode. Dort werden drei aufeinanderfolgende Rotationen vermittels der Operatoren $d_z(\alpha)$, $d_{y'}(\beta)$ und $d_{z''}(\gamma)$ vorgeschrieben. Eine erste Rotation mit dem Winkel α um die z-Achse, eine nachfolgende Rotation mit dem Winkel β um die neue y'-Achse und schließlich eine dritte Rotation mit dem Winkel γ um die neue z''-Achse. Die Identität von aktiver und passiver Rotation kann durch die faktorielle Anordnung der einzelnen Operatoren nach der Beziehung

$$d_z(\alpha)d_y(\beta)d_z(\gamma) = d_{z''}(\gamma)d_{y'}(\beta)d_z(\alpha) \tag{4.95}$$

zum Ausdruck gebracht werden.

Mit der orthonormalen Standardbasis $\{\boldsymbol{e}_1 = (1, 0, 0), \boldsymbol{e}_2 = (0, 1, 0), \boldsymbol{e}_3 = (0, 0, 1)\}$ des euklidischen Raumes $\mathbb{R}^3$ erhält man für die einzelnen aktiven Transformationen (4.94) die orthogonalen Rotationsmatrizen

$$\boldsymbol{d}_z(\gamma) = \begin{pmatrix} \cos\gamma & -\sin\gamma & 0 \\ \sin\gamma & \cos\gamma & 0 \\ 0 & 0 & 1 \end{pmatrix}, \tag{4.96a}$$

$$\boldsymbol{d}_y(\beta) = \begin{pmatrix} \cos\beta & 0 & \sin\beta \\ 0 & 1 & 0 \\ -\sin\beta & 0 & \cos\beta \end{pmatrix}, \tag{4.96b}$$

$$\boldsymbol{d}_z(\alpha) = \begin{pmatrix} \cos\alpha & -\sin\alpha & 0 \\ \sin\alpha & \cos\alpha & 0 \\ 0 & 0 & 1 \end{pmatrix}. \tag{4.96c}$$

Die Rotation eines Vektors $\boldsymbol{x}$ des euklidischen Raumes $\mathbb{R}^3$ nach $\boldsymbol{x}'$ um eine beliebige Achse wird dann durch Gl. (4.48) ausgedrückt, wobei die Rotationsmatrix nach Gl. (4.94) das Produkt der einzelnen Rotationsmatrizen (4.96) ist

$$\boldsymbol{d}(\alpha, \beta, \gamma) = \boldsymbol{d}_z(\alpha)\boldsymbol{d}_y(\beta)\boldsymbol{d}_z(\gamma). \tag{4.97}$$

Sie ist eine treue, dreidimensionale Darstellung und hat mit Gl. (4.96) die Form

$$\boldsymbol{d}(\alpha, \beta, \gamma) = \begin{pmatrix} \cos\alpha\cos\beta\cos\gamma - \sin\alpha\sin\gamma & -\cos\alpha\cos\beta\sin\gamma - \sin\alpha\cos\gamma & \cos\alpha\sin\beta \\ \sin\alpha\cos\beta\cos\gamma + \cos\alpha\sin\gamma & -\sin\alpha\cos\beta\sin\gamma + \cos\alpha\cos\gamma & \sin\alpha\sin\beta \\ -\sin\beta\cos\gamma & \sin\beta\sin\gamma & \cos\beta \end{pmatrix}. \tag{4.98}$$

Bei der gewählten Parametrisierung durch die EULER'schen Winkel erhält man nach Gl. (4.26) drei Generatoren, von denen zwei übereinstimmen, so dass sie keine Basis für einen dreidimensionalen Vektorraum einer LIE-Algebra bilden.

Die homomorphe Abbildung (2.49) der *speziellen unitären Gruppe* $SU(2)$ auf die Gruppe $SO(3)$ (Beispiel 4 v. Abschn. 2.3) erlaubt auch die Charakterisierung eines Elements $\boldsymbol{U} \in SU(2)$ mithilfe der EULER'schen Winkel als Parameter. Betrachtet man etwa die Rotation eines Vektors $\boldsymbol{x}$ im Raum $\mathbb{R}^3$ um die z-Achse mit dem Winkel γ, so erhält man mit der Standardbasis die Darstellung $\boldsymbol{d}_z(\gamma)$ von Gl. (4.96a)

$$\boldsymbol{x}' = \boldsymbol{d}_z(\gamma)\boldsymbol{x}. \tag{4.99}$$

Die damit korrelierte Darstellung $\boldsymbol{U}_z(\gamma)$ der Gruppe $SU(2)$, die eine Transformation im Spinorraum vermittelt, errechnet sich nach Gl. (2.50) zu

$$\boldsymbol{U}_z(\gamma) = \begin{pmatrix} \exp(+i\gamma/2) & 0 \\ 0 & \exp(-i\gamma/2) \end{pmatrix}. \tag{4.100}$$

Umgekehrt kann man daraus mithilfe der Abbildungsvorschrift (2.53) die Darstellung $\boldsymbol{d}_z(\gamma)$ berechnen. Die Darstellung (4.100) kann auch mithilfe des Basiselements $\boldsymbol{a}_3 \in SU(2)$ (4.43) bzw. der PAULI'schen Spinmatrix $\boldsymbol{\sigma}_3$ (2.43) in der Form

$$\boldsymbol{U}_z(\gamma) = \exp(\gamma \boldsymbol{a}_3) = \exp\left(i\frac{\gamma}{2}\boldsymbol{\sigma}_3\right) \tag{4.101a}$$

ausgedrückt werden, was durch die Reihenentwicklung

$$\begin{aligned} \exp(\gamma \boldsymbol{a}_3) &= \mathbf{1}_2 + \begin{pmatrix} 1 & 0 \\ 0 & 1 \end{pmatrix} \sum_{k=1}^{\infty} \frac{(i\gamma/2)^k}{k!} + \begin{pmatrix} 0 & 0 \\ 0 & 1 \end{pmatrix} \sum_{k=1}^{\infty} \frac{(-i\gamma/2)^k}{k!} \\ &= \begin{pmatrix} \exp(+i\gamma/2) & 0 \\ 0 & \exp(-i\gamma/2) \end{pmatrix} = \mathbf{1}_2 \cos(\gamma/2) + 2\boldsymbol{a}_3 \sin(\gamma/2). \end{aligned}$$

und Vergleich mit (4.100) bestätigt wird. Analoge Überlegungen zu zwei weiteren Rotationen mit den Darstellungen $\boldsymbol{d}_y(\beta)$ (4.96b) und $\boldsymbol{d}_z(\alpha)$ (4.96c), nämlich um die y-Achse und die z-Achse, ergeben zwei Transformationen im Spinorraum, die durch die Matrizen

$$\boldsymbol{U}_y(\beta) = \exp(\beta \boldsymbol{a}_2) = \begin{pmatrix} \cos(\beta/2) & \sin(\beta/2) \\ -\sin(\beta/2) & \cos(\beta/2) \end{pmatrix} \tag{4.101b}$$

und

$$\boldsymbol{U}_z(\alpha) = \exp(\alpha \boldsymbol{a}_3) = \begin{pmatrix} \exp(+i\alpha/2) & 0 \\ 0 & \exp(-i\alpha/2) \end{pmatrix} \tag{4.101c}$$

dargestellt werden. Eine beliebige Rotation im Raum $\mathbb{R}^3$ mit der Darstellungsmatrix (4.98) induziert dann im Spinorraum eine unitäre Transformation, deren Darstellungsmatrix durch das Produkt der einzelnen Matrizen (4.100) und (4.101) gegeben ist

$$\begin{aligned} \boldsymbol{U}(\alpha, \beta, \gamma) &= \boldsymbol{U}_z(\alpha)\boldsymbol{U}_y(\beta)\boldsymbol{U}_z(\gamma) = \exp(\alpha \boldsymbol{a}_3 + \beta \boldsymbol{a}_2 + \gamma \boldsymbol{a}_3) \\ &= \begin{pmatrix} \exp[i(\alpha+\gamma)/2]\cos(\beta/2) & \exp[-i(\alpha-\gamma)/2]\sin(\beta/2) \\ -\exp[i(\alpha-\gamma)/2]\sin(\beta/2) & \exp[-i(\alpha+\gamma)/2]\cos(\beta/2) \end{pmatrix}. \end{aligned} \tag{4.102}$$

Der Vergleich mit einem entsprechenden Element $\boldsymbol{U} \in SU(2)$, das nach Gl. (4.61b) durch die drei Komponenten n_1, n_2 und n_3 eines normierten Rotationsvektors $\boldsymbol{\varphi}/\varphi$ parametrisiert wird, ergibt eine Beziehung zwischen den unterschiedlichen Parametersystemen in der Form

$$n_1 \sin(\varphi/2) = -\sin(\beta/2)\sin[(\alpha - \gamma/2)] \tag{4.103a}$$

$$n_2 \sin(\varphi/2) = -\sin(\beta/2)\cos[(\alpha - \gamma/2)] \tag{4.103b}$$

$$n_3 \sin(\varphi/2) = \cos(\beta/2)\sin[(\alpha + \gamma/2)] \tag{4.103c}$$

$$\cos(\varphi/2) = \cos(\beta/2)\cos[(\alpha + \gamma/2)]. \tag{4.103d}$$

■

Die Eigenschaft der Kompaktheit einer linearen LIE-Gruppe basiert auf einer Aussage über Mengen eines endlich-dimensionalen reellen oder komplexen Raumes (Satz v. HEINE-BOREL). Dort gilt jede Teilmenge von Punkten als *kompakt* genau dann, wenn diese Menge abgeschlossen und beschränkt ist.

Betrachtet man etwa eine treue N-dimensionale Darstellung $\boldsymbol{D}(\mathcal{G})$ der linearen LIE-Gruppe $\mathcal{G}$, dann findet man ganz allgemein die Topologie des Parameterraumes $\mathbb{R}^{N^2}$ bzw. $\mathbb{C}^{N^2}$ mit N^2 bzw. $2N^2$ Parametern. Es genügt jedoch eine zusammenhängende Untergruppe zu diskutieren, die etwa durch ein System von n Parametern $\{y_i \mid i = 1, \dots, n\}$ charakterisiert wird. Die obige Aussage über den reellen bzw. komplexen Raum kann dann übertragen werden auf eine n-dimensionale lineare LIE-Gruppe. Eine solche Gruppe mit einer endlichen Anzahl von zusammenhängenden Komponenten ist *kompakt*, falls die Parameter in beschränkten und abgeschlossenen Intervallen $[a_i, b_i]$ variieren $(a_i \leq y_i \leq b_i \mid i = 1, \dots, n)$ (Tab. 4.3).

Diejenigen LIE-Gruppen, die nicht kompakt sind, erkennt man daran, dass sie eine unbeschränkte Menge an Matrixelementen im Parameterraum $\mathbb{R}^{N^2}$ bzw. $\mathbb{C}^{N^2}$ aufweisen. Die Menge von Matrixelementen einer linearen LIE-Gruppe $\mathcal{G}$ ist genau dann beschränkt, falls eine endliche reelle Zahl M existiert, so dass gilt

$$d(g, e) < M \qquad \forall\, g \in \mathcal{G}.$$

Falls eine LIE-Gruppe $\mathcal{G}$ kompakt ist, dann ist jede LIE-Untergruppe $\mathcal{H} \subseteq \mathcal{G}$ auch kompakt. Eine nicht kompakte LIE-Gruppe kann jedoch durchaus eine kompakte LIE-Untergruppe besitzen.

Beispiel 21 Im Beispiel der Gruppe $\mathcal{G} = (\mathbb{R}\backslash\{0\}, \cdot)$ – bzw. der *allgemeinen linearen Gruppe* $GL(1, \mathbb{R})$ – ist die treue eindimensionale Darstellung $D(t) = t$ unbeschränkt im euklidischen Raum $\mathbb{R}$ – bzw. der einzige Parameter x in der Parametrisierung nach Gl. (4.30) variiert in einem unbeschränkten Intervall $(-\infty < x < \infty)$ –, so dass die Gruppe als nicht-kompakt gilt. Zudem besitzt sie keinen nicht-trivialen Normalteiler und ist deshalb nicht einfach. Analoge Überlegungen sind für die *allgemeine lineare Gruppe* $GL(N, \mathbb{K})$ ($\mathbb{K} = \mathbb{R}$, bzw. $\mathbb{C}$) in N Dimensionen erlaubt (Tab. 4.3).

Tabelle 4.3 Innere Eigenschaften von linearen LIE-Gruppen

Eigenschaft	Gruppe
kompakt	$O(N)$, $SO(N)$, $U(N)$, $SU(N)$, $Sp(1/2\,N)$
nicht kompakt	$GL(N,\mathbb{R})$, $GL(N,\mathbb{C})$, $SL(N,\mathbb{R})$, $SL(N,\mathbb{C})$, $O(N,\mathbb{C})$, $SO(N,\mathbb{C})$, $Sp(1/2\,N,\mathbb{C})$, $Sp(1/2\,N,\mathbb{R})$, $O(p,q)$, $SO(p,q)$, $U(p,q)$, $SU(p,q)$
zusammenhängend	$GL(N,\mathbb{C})$, $SL(N,\mathbb{C})$, $SL(N,\mathbb{R})$, $SO(N,\mathbb{C})$, $SO(N)$, $U(N)$, $SU(N)$, $Sp(1/2\,N,\mathbb{C})$, $Sp(1/2\,N,\mathbb{R})$, $Sp(1/2\,N)$
einfach zusammenhängend	$SL(N,\mathbb{C})$, $SU(N)$, $SO(1)$ $(= SL(1,\mathbb{R}))$, $Sp(1/2\,N)$
nicht zusammenhängend	
2 Komponenten	$GL(N,\mathbb{R})$, $O(N)$, $O(N,\mathbb{C})$
4 Komponenten	$O(p,q)$, $SO(p,q)$

Beispiel 22 Bei der *orthogonalen Gruppe* $O(2)$ und der *speziellen orthogonalen Gruppe* $SO(2)$ variiert der einzige Parameter x nach Gl. (4.33) in einem beschränkten und abgeschlossenen Intervall $(-\pi \leq x \leq \pi)$. Ähnliche Überlegungen gelten allgemein für die $N(N-1)/2$ Parameter der Gruppen $O(N)$ und $SO(N)$, so dass diese als kompakt gelten (Tab. 4.3).

■

4.4 Darstellungen

Die Darstellungstheorie über endliche Gruppen (Kap. 3) kann durch die Einbeziehung von kompakten LIE-Gruppen erweitert und verallgemeinert werden (Tab. 4.3). Dabei spielt das sogenannte HAAR-*Integral* aus der Maßtheorie eine wichtige Rolle. Es ist ein Maß auf der Gruppe, das eine Mittelung von Funktionen über die gesamte Gruppe erlaubt.

Ausgehend von einer endlichen Gruppe $\mathcal{G}$ kann man eine Funktion f auf $\mathcal{G}$ definieren, indem jedem Element $a \in \mathcal{G}$ ein komplexer Wert zugeordnet wird. Dies geschieht etwa in einer Matrixdarstellung $\boldsymbol{D}(\mathcal{G})$ mit den Matrixelementen $D_{ij}(\mathcal{G})$ als Funktionswerte. Nach dem *Umordnungstheorem* (Abschn. 2.1), das in der Menge $\{a' \circ a |\, a \in \mathcal{G}\}$ genau dieselben Elemente wie in der Gruppe $\{a |\, a \in \mathcal{G}\}$ voraussagt, erhält man für die Summe der Funktionswerte

$$\sum_{a\in\mathcal{G}} f(a) = \sum_{a\in\mathcal{G}} f(a' \circ a) \qquad \forall\, a' \in \mathcal{G}, \tag{4.104}$$

was als *Linksinvarianz* bezeichnet wird. Eine entsprechende Aussage gilt für die Menge $\{a \circ a' |\, a \in \mathcal{G}\}$, was die *Rechtsinvarianz* erklärt. Setzt man den speziellen Fall $f(a) \equiv 1$ für alle $a \in \mathcal{G}$ voraus, dann erhält man beim Aufsummieren über die Gruppe $\mathcal{G}$ einen endlichen Wert

$$\sum_{a\in\mathcal{G}} f(a) = \operatorname{ord}\mathcal{G} = g = V(\mathcal{G}) \qquad \text{für} \quad f(a) = 1, \tag{4.105}$$

nämlich die *Ordnung* g der Gruppe bzw. das sogenannte *Gruppenvolumen* $V(\mathcal{G})$, das die Rolle einer Normierung spielt.

Die Erweiterung dieser Überlegungen auf topologische Gruppen führt zu einer Integration über die ganze Mannigfaltigkeit. Die Auswahl der Gruppenelemente wird durch einen Normierungsfaktor ersetzt. Dabei spielt das HAAR-*Integral* über eine topologische Gruppe $\mathcal{G}$ die Rolle der Summe von Gl. (4.104). Mit jedem beliebigen Element $a \in \mathcal{G}$ und jeder beliebigen stetigen Funktion f, für die das Integral definiert ist, erhält man das *linksinvariante* HAAR-*Integral*

$$\int_{\mathcal{G}} f(a)d_l a = \int_{\mathcal{G}} f(a' \circ a)d_l a \qquad \forall a' \in \mathcal{G}. \tag{4.106}$$

Entsprechend dazu kann man ein *rechtsinvariantes* HAAR-*Integral* definieren. Im Falle einer zusammenhängenden, n-dimensionalen linearen LIE-Gruppe $\mathcal{G}$ mit den n Parametern $\{x_i|\ i = 1, \ldots, n\}$ der Elemente $a \in \mathcal{G}$ findet man für das linksinvariante (bzw. rechtsinvariantc) HAAR-Integral

$$\begin{aligned}\int_{\mathcal{G}} f(a)d_l a &= \int_{\mathcal{G}} f(a)\sigma_l(a)da \\ &= \int dx_1 \ldots \int dx_n f[a(x_1, \ldots, x_n)]\sigma_l(x_1, \ldots, x_n)\end{aligned} \tag{4.107}$$

mit der linksinvarinten (bzw. rechtsinvarianten) Gewichtsfunktion $\sigma_l(a) = \sigma_l(x_1, \ldots, x_n)$ (bzw. $\sigma_r(a) = \sigma_r(x_1, \ldots, x_n)$). Dabei erfolgt die Integration über den n-dimensionalen Parameterraum $d^n x = dx_1 \ldots dx_n$. Diese Integrale sind endlich, falls (für $f(a) \equiv 1$) die Integrale

$$\int_{\mathcal{G}} d_l a = \int_{\mathcal{G}} \sigma_l(a)da < \infty \qquad \text{bzw.} \qquad \int_{\mathcal{G}} d_r a = \int_{\mathcal{G}} \sigma_r(a)da < \infty$$

endlich sind. Können die linksinvarianten und rechtsinvarianten Gewichtsfunktionen gleich gewählt werden ($\sigma_l(a) = \sigma_r(a) = \sigma(a)$), dann sind die Integrale (4.106) sowohl links- wie rechtsinvariant und die Gruppe $\mathcal{G}$ gilt als *unimodular* ($d_l a = d_r a = \sigma(a)da$).

Eine besondere Rolle nehmen kompakte LIE-Gruppen $\mathcal{G}$ ein. Sie sind stets unimodular und das invariante Integral

$$\int_{\mathcal{G}} f(a)\sigma(a)d(a) = \int dx_1 \ldots \int dx_n f[a(x_1, \ldots, x_n)]\sigma(x_1, \ldots, x_n) < \infty \tag{4.108}$$

ist endlich für jede beliebige stetige Funktion $f(a)$. Ausgehend von der Invarianzbedingung (4.106)

$$\int_{\mathcal{G}} f(a)\sigma(a)da = \int_{\mathcal{G}} f(a'')\sigma(a)da \qquad \text{mit } a'' = a' \circ a \qquad \forall\, a' \in \mathcal{G} \quad (4.109a)$$

erhält man

$$\int_{\mathcal{G}} f(a)\sigma(a)da = \int_{\mathcal{G}} f(a'')\sigma(a'')da'', \tag{4.109b}$$

was damit begründet wird, dass die den Elementen a und a'' entsprechende Volumenelemente dV gleich sein müssen

$$dV(a) = dV(a'') \qquad \text{bzw.} \qquad \sigma(a)da = \sigma(a'')da''. \tag{4.110}$$

Nach dem Wechsel der Integrationsvariablen von a'' nach a ergibt sich

$$\sigma(a) = \sigma(a'')\frac{\partial a''}{\partial a}da \tag{4.111a}$$

mit der Funktionaldeterminante (JACOBI-Determinante)

$$\frac{\partial a''}{\partial a} = \det \frac{\partial x''_j\left(x_1, \ldots, x_n; x'_1, \ldots, x'_n\right)}{\partial x_i}. \tag{4.111b}$$

Diese Beziehung erlaubt die Bestimmung der Gewichtsfunktion $\sigma(a'')$. Mit der Auswahl eines beliebigen Elementes a etwa dem Einslelement $a = e$ $(x_1 = x_2 = \ldots x_n = 0)$ errechnet sich die Gewichtsfunktion zu

$$\sigma(a'') = \sigma[a(\boldsymbol{x} = \boldsymbol{0})]\left[\left.\frac{\partial a''}{\partial a}\right|_{\boldsymbol{x}=\boldsymbol{0}}\right]^{-1}. \tag{4.112}$$

Dabei kann der konstante Faktor $\sigma[a(\boldsymbol{a} = \boldsymbol{0})]$ willkürlich dem Wert Eins gleichgesetzt werden. In Analogie zu Gl. (4.105) erhält man für das Gruppenvolumen

$$V(\mathcal{G}) = \int_{\mathcal{G}} \sigma(a)da. \tag{4.113}$$

Kompakte LIE-Gruppen haben so endliche Gruppenvolumina und sind deshalb bzgl. ihrer Eigenschaften vergleichbar mit endlichen Gruppen (s. Gl. 4.105).

Für den Fall, dass eine LIE-Gruppe nicht kompakt ist, findet man sowohl das linksinvariante Integral (4.106) wie das rechtsinvariante Integral nicht endlich. Außerdem gilt für eine abelsche LIE-Gruppe sowie für eine halbeinfache LIE-Gruppe – die keinen abelschen Normalteiler besitzt –, dass sie unimodular ist.

Beispiel 1 Die Menge der reellen Zahlen $\{t \in \mathbb{R} |\; t \neq 0\}$ mit der gewöhnlichen Multiplikation als Verknüpfung ist eine nicht-kompakte lineare LIE-Gruppe $\mathcal{G} = (\mathbb{R}\backslash\{0\}, \cdot)$, die isomorph ist zur *allgemeinen linearen Gruppe* $GL(1, \mathbb{R})$ in einer

Dimension (s. Beispiel 9 und Abb. 4.7 v. Abschn. 4.2). Sie ist zudem eine abelsche Gruppe und deshalb unimodular. Die Parametrisierung geschieht nach Gl. (4.30) und die Gewichtsfunktion wird dem Wert Eins zugeordnet ($\sigma(x) \equiv 1$). Mit dem Element $t' = \exp x'$ $(-\infty < x' < +\infty)$ erhält man die Beziehung

$$\int_{-\infty}^{+\infty} f(tt')dx = \int_{-\infty}^{+\infty} f(\exp x \exp x')dx$$
$$= \int_{-\infty}^{+\infty} f[\exp(x+x')]dx = \int_{-\infty}^{+\infty} f(\exp x)dx = \int_{-\infty}^{+\infty} f(t)dx,$$

womit die Rechtsinvarianz nachgewiesen ist. Entsprechendes gilt für die Linksinvarianz. Wegen der Divergenz des Integrals

$$\int_{\mathcal{G}} dt = \int_{-\infty}^{+\infty} dx$$

ist das Gruppenvolumen nicht endlich, was auch von einer nicht-kompakten Gruppe erwartet wird.

Beispiel 2 Die *spezielle orthogonale Gruppe* $SO(2)$ in zwei Dimensionen ist eine abelsche, zusammenhängende und kompakte LIE-Gruppe (Tab. 4.3). Demnach ist sie auch unimodular. Die Parametrisierung erfolgt nach Gl. (4.33a). Mit $x'' = x + x'$ errechnet sich die Gewichtsfunktion nach Gl. (4.112) zu $\sigma(x) = 1$. Betrachtet man etwa die Elemente $\boldsymbol{A}$ und $\boldsymbol{A}'$ mit

$$\boldsymbol{A}'' = \boldsymbol{A}\boldsymbol{A}' = \boldsymbol{A}'\boldsymbol{A} = \begin{pmatrix} \cos(x+x') & -\sin(x+x') \\ \sin(x+x') & \cos(x+x') \end{pmatrix},$$

dann werden diese durch x, x' bzw. x'' parametrisiert, wobei gilt

$$x'' = \begin{cases} x + x' & \text{für} \quad -\pi \leq x + x' \leq \pi \\ x + x' - 2\pi & \text{für} \quad \pi < x + x' \\ x + x' + 2\pi & \text{für} \quad x + x' < -\pi. \end{cases}$$

Die Invarianzbedingung (4.106) hat dann die Form

$$\int_{-\pi}^{+\pi} f[\boldsymbol{A}(x)\boldsymbol{A}'(x)]dx = \int_{-\pi}^{+\pi} f[\boldsymbol{A}'(x)\boldsymbol{A}(x)]dx = \int_{-\pi}^{+\pi} f[\boldsymbol{A}(x)]dx,$$

wonach sie bestätigt wird. Zudem ist das Gruppenvolumen $V(\mathcal{G})$ endlich

$$V(\mathcal{G}) = \int_{\mathcal{G}} dx \equiv \int_{-\pi}^{+\pi} \sigma(x)dx = 1 = \int_{-\pi}^{+\pi} dx = 2\pi,$$

was auch von einer kompakten LIE-Gruppe erwartet wird.

Beispiel 3 Als weiteres Beispiel einer zusammenhängenden zweidimensionalen LIE-Gruppe $\mathcal{G}$ wird die Menge der Matrizen

$$\boldsymbol{A} = \begin{pmatrix} x_1 & x_2 \\ 0 & 1 \end{pmatrix} \qquad 0 < x_1 < \infty \qquad -\infty < x_2 < \infty$$

betrachtet. Die Gruppe ist offensichtlich nicht abelsch und nicht kompakt. Die Menge der Matrizen

$$\boldsymbol{B} = \begin{pmatrix} 1 & x_2 \\ 0 & 1 \end{pmatrix} \qquad -\infty < x_2 < \infty$$

bildet einen abelschen Normalteiler, so dass die LIE-Gruppe auch nicht-halbeinfach ist.

Die Linksmultiplikation $\boldsymbol{A}'\boldsymbol{A}$ führt zu dem Element

$$\boldsymbol{A}'' = \begin{pmatrix} x_1'x_1 & x_1'x_2 + x_2' \\ 0 & 1 \end{pmatrix},$$

womit die Funktionaldeterminante (4.111) den Wert

$$\det \left.\frac{\partial x_j''}{\partial x_i}\right|_{\substack{x_1=1\\x_2=0}} = x_1'^2$$

annimmt. Mit Gl. (4.112) findet man dann für die linksinvariante Gewichtsfunktion

$$\sigma_l(x_1, x_2) = \frac{1}{x_1^2}.$$

Die Rechtsmultiplikation $\boldsymbol{A}\boldsymbol{A}'$ führt zu dem Element

$$\boldsymbol{A}'' = \begin{pmatrix} x_1x_1' & x_1x_2' + x_2 \\ 0 & 1 \end{pmatrix},$$

womit die Funktionaldeterminante (4.111) den Wert

$$\det = \left.\frac{\partial x_j''}{\partial x_i}\right|_{\substack{x_1=1\\x_2=0}} = x_1'$$

annimmt. Mit Gl. (4.112) findet man dann für die rechtsinvariante Gewichtsfunktion

$$\sigma_r(x_1, x_2) = \frac{1}{x_1}.$$

Demnach sind die linksinvariante und rechtsinvariante Gewichtsfunktion verschieden, so dass die LIE-Gruppe $\mathcal{G}$ nicht als unimodular gilt. ■

Die Diskussion der Darstellungen $\boldsymbol{D}(\mathcal{G})$ von LIE-Gruppen $\mathcal{G}$ geschieht in analoger Weise zu jener bei endlichen Gruppen. Dabei setzt man voraus, dass die homomorphe Abbildung (3.1) kontinuierlich verläuft, was zu der Bezeichnung *kontinuierliche Darstellung* Anlass gibt. Das bedeutet, dass die Matrixelemente der Darstellung $\boldsymbol{D}(\mathcal{G})$ einer zusammenhängenden linearen LIE-Gruppe $\mathcal{G}$ kontinuierliche Funktionen der Parameter $\{x_i \,|\, i = 1, \ldots, n\}$ sein müssen.

Wie für endlich Gruppen gilt auch für kompakte LIE-Gruppen $\mathcal{G}$ die Aussage, dass mit der Voraussetzung der Reduzierbarkeit jeder Darstellungsraum endlicher Dimension vollständig in invariante Unterräume zerlegt werden kann. Dabei gilt auch der Eindeutigkeitssatz, der die Zerlegung bis auf die Reihenfolge und auf Äquivalenz eindeutig garantiert. Es existiert also eine reguläre Matrix $\boldsymbol{S}$ mit deren Hilfe eine Basistransformation so vorgenommen werden kann, dass die reduzible Matrixdarstellung $\boldsymbol{D}(\mathcal{G})$ in der neuen Basis die diagonale Form (3.36) annnimmt. Eine andere Schreibweise ist die der direkten Summe (3.38) von irreduziblen Darstellungen $\boldsymbol{D}^{(\alpha)}$. Die gleiche Aussage gilt auch für reduzible Darstellungen von zusammenhängenden, nicht-kompakten und halbeinfachen LIE-Gruppen sowie für jede unitäre reduzible Darstellung einer beliebigen anderen Gruppe.

Beispiel 4 Betrachtet man etwa ein beliebiges Element (4.30) der *allgemeinen linearen Gruppe* $GL(1, \mathbb{R})$ (s. Beispiel 1), dann findet man dafür eine treue zweidimensionale Darstellung

$$\boldsymbol{D}(t) = \begin{pmatrix} 1 & t \\ 0 & 1 \end{pmatrix} \qquad -\infty < t < +\infty,$$

die reduzibel ist. Setzt man die vollständige Reduzierbarkeit voraus, dann gibt es eine reguläre Matrix $\boldsymbol{S}$, mit deren Hilfe die Transformation der Darstellung $\boldsymbol{D}(t)$ in eine diagonale Form $\boldsymbol{D}'(t)$ möglich ist

$$\boldsymbol{D}'(t) = \boldsymbol{S}^{-1}\boldsymbol{D}(t)\boldsymbol{S} = \begin{pmatrix} \alpha(t) & 0 \\ 0 & \beta(t) \end{pmatrix}.$$

Nachdem die Determinante sowie die Spur einer Matrix bei einer Ähnlichkeitstransformation invariant ist ($\alpha\beta = 1\ ,\ \alpha + \beta = 2$), erhält man für die Diagonalelemente den Wert Eins ($\alpha = \beta = 1$) und für die Darstellung $\boldsymbol{D}'(t)$ die Einheitsmatrix

$$\boldsymbol{D}'(t) = \begin{pmatrix} 1 & 0 \\ 0 & 1 \end{pmatrix}.$$

Wegen

$$\boldsymbol{S}\boldsymbol{D}'(t)\boldsymbol{S}^{-1} = \boldsymbol{S}\boldsymbol{S}^{-1} = \boldsymbol{1}_2 = \boldsymbol{D}(t)$$

findet man auch für die ursprüngliche Darstellung $\boldsymbol{D}(t)$ die Einheitsmatrix, was ein Widerspruch ist. Demnach ist die reduzible Darstellung $\boldsymbol{D}(t)$ nicht vollständig reduzibel, was von einer nicht-kompakten LIE-Gruppe auch erwartet wird.

■

Die Vergleichbarkeit von kompakten LIE-Gruppen mit endlichen Gruppen zeigt sich auch in der Existenz von *normalen Darstellungen* (s. Abschn. 3.4). Es sind dies *unitäre Darstellungen*, die als äquivalente Darstellungen für jede endliche Darstellung einer kompakten LIE-Gruppe erhalten werden. Für nicht-kompakte, einfache LIE-Gruppen gilt die Aussage, dass außer der trivialen Darstellung keine endlich-dimensionale unitäre Darstellung existiert.

Gleichwohl kann man in diesen Fällen auch endlich-dimensionale Darstellungen erhalten, wenn man – wie etwa bei der homogenen LORENTZ-*Gruppe* $L_+^\uparrow$, die nicht kompakt oder einfach ist – auf die Unitarität verzichtet und die Wahl einer nicht-unitären Darstellung akzeptiert. Andernfalls wird man mit einer unitären Darstellung – wie etwa bei der POINCARÉ-*Gruppe* $P_+^\uparrow$ – eine unendlich-dimensionale Darstellung antreffen.

Ein anderes Ergebnis dagegen erwartet man von nicht-kompakten LIE-Gruppen, die nicht einfach sind, also einen nicht-trivialen Normalteiler besitzen. Dort findet man sowohl unitäre Darstellungen wie solche, die nicht äquivalent zu unitären Darstellungen sind.

Beispiel 5 Die Menge der reellen Zahlen $\{t \in \mathbb{R} | t \neq 0\}$ – die zur *allgemeinen linearen* LIE-*Gruppe* $GL(1, \mathbb{R})$ isomorph ist – bildet eine nicht-kompakte LIE-Gruppe, die auch nicht einfach ist (Beispiel 14 v. Abschn. 4.3). Eine eindimensionale unitäre Darstellung erhält man mit Gl. (4.30) etwa durch die Festlegung

$$\boldsymbol{D}_1(t) = \exp(i\alpha t) \qquad \alpha \in \mathbb{R}.$$

Eine weitere eindimensionale, allerdings nicht unitäre Darstellung wird definiert durch

$$\boldsymbol{D}_2(t) = \exp(\beta t) \qquad \beta \in \mathbb{R}.$$

Beide Darstellungen könne jedoch nicht mittels einer regulären Matrix in einer Äquivalenztransformation ineinander überführt werden und gelten deshalb als nicht-äquivalente Darstellungen.

Beispiel 6 Die *euklidische Gruppe* $E(3)$ ist weder kompakt noch einfach (Beispiel 4 v. Abschn. 2.4). Mit Gl. (2.14) findet man eine 4-dimensionale treue Darstellung $\boldsymbol{D}(\{\boldsymbol{d}|\boldsymbol{t}\})$ $(:= \boldsymbol{B})$, die jedoch nicht äquivalent zu einer unitären Darstellung ist.

■

Analog zur Orthogonalität (3.98) erhält man für zwei unitäre irreduzible und nicht-äquivalente Darstellungen $\boldsymbol{D}^{(\alpha)}$ und $\boldsymbol{D}^{(\beta)}$ einer kompakten LIE-Gruppe $\mathcal{G}$ die *Orthogonalitätsrelation*

$$\int_{\mathcal{G}} D_{ik}^{(\alpha)}(a) D_{jl}^{(\beta)*}(a) da = \frac{1}{d_\alpha} \delta_{\alpha\beta} \delta_{ij} \delta_{kl}, \tag{4.114}$$

wobei die Summation über die Gruppenelemente durch eine invariante Integration ersetzt wird. Die *Charakter-Orthogonalitätsrelation* für eine kompakte LIE-Gruppe hat dann analog zu Gl. (3.107) die Form

$$\int_{\mathcal{G}} \chi^{(\alpha)}(a) \chi^{(\beta)*}(a) da = \delta_{\alpha\beta}. \tag{4.115}$$

Damit kann man zeigen, dass eine hinreichende Bedingung für die Äquivalenz zweier Darstellungen durch die Gleichheit der entsprechenden Charaktere erfüllt wird.

Zur Ermittlung der Multiplizität m_α, die die Anzahl gleicher irreduzibler Darstellungen $\boldsymbol{D}^{(\alpha)}$ bei der Zerlegung einer reduziblen Darstellung $\boldsymbol{D}(\mathcal{G})$ ausdrückt, wird bei einer kompakten LIE-Gruppe $\mathcal{G}$ die Beziehung (3.119) verallgemeinert zu einem invarianten Integral

$$m_\alpha = \int_{\mathcal{G}} \chi^*(a) \chi^{(\beta)}(a) da. \tag{4.116}$$

Eine notwendige und hinreichende Bedingung dafür, dass eine Darstellung $\boldsymbol{D}^{(\alpha)}$ einer kompakten LIE-Gruppe irreduzibel ist, kann nach Gl. (3.118) in der Form

$$\int_{\mathcal{G}} |\chi^{(\alpha)}(a)|^2 da = 1 \tag{4.117}$$

ausgedrückt werden.

Schließlich kann auch der Satz v. BURNSIDE (Gl. 3.105) sowie die Aussage über die Anzahl unterschiedlicher, nicht-äquivalenter irreduzibler Darstellungen (Gl. 3.114) auf kompakte LIE-Gruppen übertragen werden. Bei dieser Verallgemeinerung muss allerdings berücksichtigt werden, dass die Charakterisierung solcher Gruppen durch kontinuierliche Parameter keine diskreten Werte erlaubt. Deshalb werden abzählbar unendlich viele unterschiedliche, nicht-äquivalente irreduzible Darstellungen erwartet.

Beispiel 7 Im Beispiel der *unitären Gruppe* $U(1)$ mit den komplexen Zahlen als Elemente $\{z \in \mathbb{C} | \, |z| = 1\}$ ist wegen der abelschen Eigenschaft jede irreduzible Darstellung eindimensional. Zudem muss diese unitär gewählt werden können, da die Gruppe kompakt ist (Tab. 4.3). Als irreduzible Darstellung gewinnt man so die Form

$$\boldsymbol{D}^{(\alpha)}(z) = \exp(i\alpha x) \qquad -\pi \leq x \leq +\pi \qquad \alpha \in \mathbb{R}. \tag{4.118}$$

Wegen $\exp(+i\pi) = \exp(-i\pi)$ muss der Wert α ganzzahlig sein. Man erhält dann insgesamt eine unendliche, jedoch abzählbare Anzahl irreduzibler Darstellungen

$\{\boldsymbol{D}^{(\alpha)} | \, \alpha = 0, \pm 1, \ldots\}$, von denen genau dann je zwei $\boldsymbol{D}^{(\alpha_1)}$ und $\boldsymbol{D}^{(\alpha_2)}$ äquivalent sind, falls gilt $\alpha_1 = \alpha_2$.

Beispiel 8 Im Beispiel der Menge der reellen Zahlen $\{t \in \mathbb{R} | \; t \neq 0\}$ mit der Multiplikation als Verknüpfung – die zur *allgemeinen linearen Gruppe* $GL(1, \mathbb{R})$ isomorph ist – erwartet man ebenfalls wegen der abelschen Eigenschaft jede irreduzible Darstellung als eindimensional. Sie muss jedoch nicht unitär sein, da die Gruppe nicht kompakt ist (Tab. 4.3). Demnach kann die Form (4.30)

$$\boldsymbol{D}^{(\alpha)}(t) = \exp(\alpha t) \qquad -\infty < t < +\infty \quad \alpha \in \mathbb{C} \tag{4.119}$$

gewählt werden. Die Darstellung ist genau dann unitär, falls α rein imaginär ist ($\Re(\alpha) = 0$).

■

Kapitel 5
LIE-Algebren

Eine sehr erfolgreiche Methode zur Untersuchung einer LIE-Gruppe basiert auf der Linearisierung einer solchen Gruppe am Einselement, worauf sich die zur LIE-Gruppe zugehörige LIE-Algebra offenbart. Demnach werden die lokalen Eigenschaften der LIE-Gruppe durch die entsprechende LIE-Algebra beherrscht. Letztere liefert dann alle Informationen über die lokale Struktur einer LIE-Gruppe in der Umgebung des Einselements. Das bedeutet eine wesentliche Erleichterung bei der Suche nach den Darstellungen einer LIE-Gruppe. Dabei basiert der Zusammenhang zur entsprechenden LIE-Algebra auf der Matrixexponentialfunktion (Abschn. 6.1).

Die Charakterisierung der LIE-Algebren verläuft in gleicher Weise wie die der Gruppen (Kap. 2). Dabei gibt es Eigenschaften und Definitionen, die einander entsprechen.

5.1 Elemente und Verknüpfungen

Eine Menge von Elementen $a, b, c, \ldots$ aus einem (reellen bzw. komplexen) Vektorraum über $\mathbb{K}$ ($= \mathbb{R}$ bzw. $\mathbb{C}$) mit der Dimension n, für die eine als LIE-*Produkt* bzw. als LIE-*Klammer* $[a, b]$ bezeichnete binäre Verknüpfung $[\,,\,]$ definiert ist, bildet eine (reelle bzw. komplexe) LIE-*Algebra* $\mathcal{L}$ über dem Körper $\mathbb{K}$ mit der Dimension n, falls die folgenden Bedingungen vom LIE-Produkt erfüllt werden:

(a) Für jedes beliebige Paar von Elementen $a, b \in \mathcal{L}$ gilt

$$[a, b] \in \mathcal{L} \qquad \forall a, b \in \mathcal{L}. \tag{5.1a}$$

(b) Es ist für beliebige (reelle bzw. komplexe) Zahlen α, β linear im ersten Faktor

$$[\alpha a + \beta b, c] = \alpha[a, c] + \beta[b, c] \quad \forall\, a, b, c \in \mathcal{L} \quad \text{(Linearität)}. \tag{5.1b}$$

(c) Es ist antisymmetrisch bzgl. der Vertauschung der Elemente a, b

$$[a, b] = -[b, a] \quad \forall\, a, b \in \mathcal{L} \quad \text{(Antikommutativität)}. \tag{5.1c}$$

M. Böhm, *Lie-Gruppen und Lie-Algebren in der Physik*, Springer-Lehrbuch,
DOI 10.1007/978-3-642-20379-4_5, © Springer-Verlag Berlin Heidelberg 2011

(d) Es genügt der Bedingung (JACOBI-Identität)

$$[a, [b, c]] + [b, [c, a]] + [c, [a, b]] = 0 \quad \forall\, a, b, c \in \mathcal{L}. \tag{5.1d}$$

Eine LIE-Algebra $\mathcal{L}$ über dem Körper $\mathbb{K}$ ist also anders ausgedrückt ein $\mathbb{K}$-Vektorraum $\mathcal{L}$ zusammen mit einer bilinearen Abbildung [,]

$$[\ ,\ ]: \begin{cases} \mathcal{L} \times \mathcal{L} \longrightarrow \mathcal{L} \\ (a, b) \longmapsto [a, x] \qquad a, b \in \mathcal{L}, \end{cases} \tag{5.2}$$

die die Bedingungen (5.1a) bis (5.1d) erfüllt. Die JACOBI-Identität bedeutet eine Modifikation des Assoziativgesetzes von assoziativen Algebren.

Eine Konsequenz aus den Forderungen (5.1b) und (5.1c) ist die Linearität des LIE-Produkts auch im zweiten Faktor für beliebige (reelle bzw. komplexe) Zahlen β, γ

$$[a, (\beta b + \gamma c)] = \beta[a, b] + \gamma[a, c] \qquad \forall\, a, b, c \in \mathcal{L},$$

so dass das LIE-Produkt bilinear ist. Eine weitere Konsequenz aus der Forderung (5.1c) ist das Verschwinden des LIE-Produkts aus gleichen Elementen

$$[a, a] = 0 \qquad \forall\, a \in \mathcal{L} \tag{5.3}$$

womit man das Nullelement – bzw. das neutrale Element bzgl. der Addition – erhält. Falls man hier das Element a durch die Summe $(a + b)$ ersetzt, erhält man mit der Bilinearität des LIE-Produkts

$$[(a + b), (a + b)] = [a, a] + [a, b] + [b, a] + [b, b] = [a, b] + [b, a] = 0, \tag{5.4}$$

so dass die Forderungen von (5.1c) und (5.3) äquivalent sind.

An dieser Stelle sei ausdrücklich darauf hingewiesen, dass die Matrizen einer *reellen* LIE-*Algebra* $\mathcal{L}$ nicht notwendigerweise reell sein müssen. Hingegen gilt als notwendige Bedingung, dass die Elemente $a \in \mathcal{L}$ aus einer reellen linearen Kombination der Basis $\{e_k | k = 1, \ldots, n\}$ hervorgehen. Erst die Erweiterung durch eine komplexe lineare Kombination der Basiselemente begründet eine *komplexe* LIE-*Algebra*, was als *Komplexifizierung* verstanden wird. Demnach kann jede komplexe LIE-Algebra auch als reelle LIE-Algebra aufgefasst werden, was durch den Koeffizientenkörper entschieden wird. Die Bedeutung der Komplexifizierung liegt darin, dass komplexe LIE-Algebren wesentlich einfacher zu untersuchen sind, insbesondere im Hinblick auf die Darstellungen (Abschn. 5.5).

Beispiel 1 Ein einfaches Beispiel einer dreidimensionalen LIE-Algebra ist der euklidische Raum $\mathbb{R}^3$ mit dem Vektorprodukt seiner Elemente x als LIE-Produkt

$$[x_1, x_2] := x_1 \times x_2 = -x_2 \times x_1 \qquad x_1, x_2 \in \mathbb{R}^3.$$

Als weiteres Beispiel wird die Menge aller linearen Selbstabbildungen bzw. Operatoren $a : \mathcal{V} \to \mathcal{V}$ eines linearen Vektorraumes $\mathcal{V}$ über dem Körper $\mathbb{K}$ ($\mathbb{K} = \mathbb{R}$ bzw. $\mathbb{C}$) betrachtet. Sie bildet eine reelle LIE-Algebra $\mathcal{L}$, die sogenannte *allgemeine lineare* LIE-*Algebra* $gl(\mathcal{V})$, falls für zwei beliebige Operatoren a, b und einem Element x des Vektorraumes das LIE-Produkt als Kommutator definiert wird

$$[a, b]x := a(b\,x) - b(a\,x) \qquad x \in \mathcal{V} \quad \forall\, a, b \in \mathcal{L}. \tag{5.5}$$

Beispiel 2 In einem anderen Beispiel wird die Menge aller $N \times N$-Matrizen mit Elementen im Körper $\mathbb{K}$ ($\mathbb{K} = \mathbb{R}$ bzw. $\mathbb{C}$) betrachtet. Sie bildet eine reelle LIE-Algebra $\mathcal{L}$, die *allgemeine lineare* LIE-*Algebra* $gl(N, \mathbb{K})$, falls das LIE-Produkt zweier beliebiger Matrizen $\boldsymbol{a}, \boldsymbol{b}$ durch den Kommutator definiert wird

$$[\boldsymbol{a}, \boldsymbol{b}] := \boldsymbol{ab} - \boldsymbol{ba} \qquad \forall\, \boldsymbol{a}, \boldsymbol{b} \in \mathcal{L}. \tag{5.6}$$

Damit werden alle vier Forderungen einer LIE-Algebra erfüllt. Die Verbindung zwischen diesem speziellen Fall und der abstrakten LIE-Algebra geschieht durch den *Satz von* ADO, wonach jede abstrakte endlich-dimensionale LIE-Algebra isomorph ist zur LIE-Algebra von Matrizen mit dem Kommutator (5.6) als LIE-Produkt, so dass sie als eine Unteralgebra von $gl(N, \mathbb{K})$ gilt.

■

Eine *abelsche* (bzw. *kommutative*) LIE-*Algebra* liegt immer dann vor, wenn für jedes beliebige Paar von Elementen $a, b \in \mathcal{L}$ das LIE-Produkt verschwindet

$$[a, b] = 0 \qquad \forall\, a, b \in \mathcal{L} \qquad \text{bzw.} \qquad [\mathcal{L}, \mathcal{L}] = 0. \tag{5.7}$$

Jede abelsche LIE-Algebra der Dimension n ist isomorph zur LIE-Algebra $D(n, \mathbb{K})$, die die Menge aller diagonalen $n \times n$-Matrizen umfasst.

Für eine *eindimensionale* LIE-*Algebra* $\mathcal{L}$, deren Elemente ein Vielfaches αa eines einzigen Elementes a sind, erhält man wegen der Bilinearität und wegen Gl. (5.3)

$$[\alpha a, \beta a] = \alpha\beta[a, a] = 0 \qquad \forall\, \alpha, \beta \in \mathbb{K}.$$

Demnach gilt jede eindimensionale LIE-Algebra als abelsch. Jede abelsche LIE-Algebra der Dimension n ist isomorph zur n-fachen direkten Summe von eindimensionalen LIE-Algebren. Letztere sind isomorph zur LIE-Algebra $u(1)$, die der unitären Gruppe $U(1)$ zugeordnet ist.

Ausgehend von einer *Basis* $\{e_k \,|\, k = 1, \ldots, n\}$ des endlich-dimensionalen (reellen bzw. komplexen) Vektorraumes einer LIE-Algebra $\mathcal{L}$, kann das LIE-Produkt zweier beliebiger Basiselemente $e_i, e_j \in \mathcal{L}$ als Element der LIE-Algebra nach den n Basiselementen entwickelt werden

$$[e_i, e_j] = \sum_k^n f_{ij}^k e_k \qquad \forall\, i, j = 1, \ldots, n. \tag{5.8}$$

Die n^3 (reellen bzw. komplexen) Entwicklungskoeffizienten f_{ij}^k sind die *Strukturkonstanten* der (reellen bzw. komplexen) LIE-Algebra bzgl. der Basis $\{e_k | k = 1, \ldots, n\}$, die die LIE-Algebra definieren. Sie enthalten die gesamte lokale Information über die einer LIE-Algebra zugehörigen LIE-Gruppe. Bei einer abelschen LIE-Algebra verschwinden alle Strukturkonstanten $\left(f_{ij}^k = 0,\ \forall\, i, j, k = 1 \ldots, n\right)$ wegen der Kommutativität (5.7) beliebiger Paare von Elementen. Die Anzahl der miteinander kommutierenden Basiselemente (bzw. Generatoren) bestimmt den *Rang* einer LIE-Algebra.

Aus den Forderungen (5.1) an das LIE-Produkt kann man entsprechende Forderungen an die Strukturkonstanten ableiten. So erhält man mit der Antikommutativität (5.1c) und mit Gl. (5.8)

$$\sum_k^n f_{ij}^k e_k = -\sum_k^n f_{ji}^k e_k. \tag{5.9}$$

Wegen der linearen Unabhängigkeit der Basis sind notwendigerweise die Strukturkonstanten f_{ij}^k bzgl. der beiden unteren Indizes antisymmetrisch

$$f_{ij}^k = -f_{ji}^k \qquad i, j, k = 1, \ldots, n. \tag{5.10}$$

Demnach verschwinden jene Strukturkonstanten, deren untere Indizes übereinstimmen

$$f_{ii}^k = 0 \qquad i, k = 1, \ldots, n.$$

Mit der JACOBI-Identität (5.1d) erhält man

$$\begin{aligned}[] [e_i, [e_j, e_k]] + [e_j, [e_k, e_i]] + [e_k, [e_i, e_j]] &= \sum_l^n \left(f_{ik}^l [e_i, e_l] + f_{ki}^l [e_j, e_l] + f_{ij}^l [e_k, e_l] \right) \\ &= \sum_l^n \sum_m^n \left(f_{ik}^l f_{il}^m + f_{ki}^l f_{jl}^m + f_{ij}^l f_{kl}^m \right) e_m = 0. \end{aligned} \tag{5.11}$$

Daraus ergibt sich wegen der linearen Unabhängigkeit der Basis

$$\sum_l^n \left(f_{ij}^l f_{il}^m + f_{ki}^l f_{jl}^m + f_{ij}^l f_{kl}^m \right) = 0. \tag{5.12}$$

Als Konsequenz aus der Bilinearität (5.1b) und (5.2) gewinnt man die Aussage, dass das LIE-Produkt $[a, b]$ zweier beliebiger Elemente a, b einer (reellen bzw. komplexen) LIE-Algebra

$$a = \sum_i^n \alpha_i e_i \qquad b = \sum_i^n \beta_i e_i$$

mit den (reellen bzw. komplexen) Koordinaten $\{\alpha_i \mid i = 1, \ldots, n\}$ und $\{\beta_i \mid i = 1, \ldots, n\}$ bzgl. der Basis $\{e_i \mid i = 1, \ldots, n\}$ durch die Strukturkonstanten ausgedrückt werden kann

$$[a, b] = \sum_i^n \sum_j^n \alpha_i \beta_j [e_i, e_j] = \sum_i^n \sum_j^n \sum_k^n \alpha_i \beta_j f_{ij}^k e_k. \tag{5.13}$$

Demnach erlaubt die Kenntnis der LIE-Produkte (5.8) aller Basiselemente und mithin aller n^3 Strukturkonstanten f_{ij}^k die Kenntnis aller LIE-Produkte von beliebigen Elementen der LIE-Algebra. Zudem gilt die Behauptung, dass zu jedem Satz von n^3 Konstanten f_{ij}^k, die die Forderung der Antikommutativität (5.1c) sowie der JACOBI-Identität (5.1d) erfüllen, eine LIE-Algebra mit genau diesen Konstanten als Strukturkonstanten existiert.

Beispiel 3 Als Beispiel für eine reelle LIE-Algebra wird die der unitären LIE-Gruppe $U(N)$ entsprechende („unitären") LIE-Algebra $u(N)$ $(N \geq 1)$ betrachtet. Die Forderung nach Unitarität (2.5) der Gruppenelemente impliziert die Forderung nach Antihermitezität der Elemente aus der LIE-Algebra (s. Abschn. 6.2). Letztere umfasst deshalb die Menge aller komplexen, antihermiteschen (schiefhermiteschen) $N \times N$-Matrizen $\boldsymbol{a}$ mit

$$\boldsymbol{a}^\dagger = -\boldsymbol{a} \qquad \forall\, \boldsymbol{a} \in u(N). \tag{5.14}$$

Wegen

$$[\boldsymbol{a}, \boldsymbol{b}]^\dagger = (\boldsymbol{ab} - \boldsymbol{ba})^\dagger = \boldsymbol{b}^\dagger \boldsymbol{a}^\dagger - \boldsymbol{a}^\dagger \boldsymbol{b}^\dagger = \boldsymbol{ba} - \boldsymbol{ab} = -[\boldsymbol{a}, \boldsymbol{b}] \qquad \forall\, \boldsymbol{a}, \boldsymbol{b} \in u(N)$$

ist der Kommutator zweier beliebiger Elemente erneut antihermitesch und mithin ein Element der LIE-Algebra $u(N)$, was der Forderung (5.1a) genügt.

Ausgehend von einer beliebigen, komplexen $N \times N$-Matrix $\boldsymbol{a}$ der *allgemeinen linearen* LIE*-Algebra* $gl(N, \mathbb{C})$ wird man insgesamt $2N^2$ reelle Parameter zur Beschreibung der N^2 Matrixelemente erwarten (Tab. 5.1). Die einschränkende Forderung nach Antihermitezität (5.14) ergibt für die N komplexen Diagonalelemente a_{ii} die N Bedingungen

$$a_{ii}^* = -a_{ii},$$

wonach diese Elemente rein imaginär sind. Für die übrigen ($2N(N-1)/2 =$) $N(N-1)$ komplexen Nichtdiagonalelemente a_{ij} gelten wegen (5.14) die $N(N-1)$ Bedingungen

$$a_{ij}^* = -a_{ji},$$

so dass insgesamt ($N + N(N-1) =$) N^2 unabhängige Bedingungen an die $2N^2$ reellen Parameter gestellt werden. Die Zahl der unabhängigen Parameter bzw. die Dimension n der LIE-Algebra $u(N)$ beträgt demnach (Tab. 5.1)

$$n = 2N^2 - N^2 = N^2.$$

Beispiel 4 Für die („spezielle unitäre") LIE-Algebra $su(N)$ gilt neben den bisher betrachteten Bedingungen noch die weiter einschränkende Forderung nach dem Verschwinden der Spur der Matrizen $\boldsymbol{a}$

$$\mathrm{sp}\,\boldsymbol{a} = 0. \tag{5.15}$$

Diese Forderung resultiert aus der Forderung (2.6) an die Determinante der Elemente aus der entsprechenden LIE-Gruppe $SU(N)$ und liefert noch eine zusätzliche Bedingung an die rein imaginären Diagonalelemente a_{ii}. Insgesamt ergibt sich die Zahl der unabhängigen Parameter bzw. die Dimension der LIE-Algebra $su(N)$ zu (Tab. 5.1)

$$n = N^2 - 1.$$

Beispiel 5 Ein weiteres Beispiel ist die („orthogonale") LIE-Algebra $o(N)$ $(N > 1)$. Die Forderung (2.7) nach Orthogonalität der Elemente aus der entsprechenden LIE-Gruppe $O(N)$ impliziert hier die Forderung nach Antisymmetrie der Elemente aus der LIE-Algebra. Demnach umfasst letztere die Menge aller reellen, antisymmetrischen (schiefsymmetrischen) $N \times N$-Matrizen $\boldsymbol{a}$ mit

$$\boldsymbol{a}^\top = -\boldsymbol{a} \qquad \forall\, \boldsymbol{a} \in o(N). \tag{5.16}$$

Wegen der Umformung

$$[\boldsymbol{a}, \boldsymbol{b}]^\top = (\boldsymbol{ab} - \boldsymbol{ba})^\top = \boldsymbol{b}^\top \boldsymbol{a}^\top - \boldsymbol{a}^\top \boldsymbol{b}^\top = \boldsymbol{ba} - \boldsymbol{ab} = -[\boldsymbol{a}, \boldsymbol{b}] \quad \forall\, \boldsymbol{a}, \boldsymbol{b} \in o(N)$$

ist der Kommutator zweier beliebiger Elemente erneut antisymmetrisch und mithin ein Element der LIE-Algebra $o(N)$, was der Forderung (5.1a) genügt.

Ausgehend von einer beliebigen reellen $N \times N$-Matrix $\boldsymbol{a}$ der *allgemeinen LIE-Algebra* $gl(N, \mathbb{R})$ wird man insgesamt N^2 Parameter zur Beschreibung der N^2 Matrixelemente erwarten (Tab. 5.1). Die einschränkende Forderung (5.16) nach Antisymmetrie ergibt für die N reellen Diagonalelemente a_{ii} die N Bedingungen

$$a_{ii} = -a_{ii},$$

Tabelle 5.1 Reelle LIE-Algebren $\mathcal{L}$ der zughörigen LIE-Gruppen $\mathcal{G}$ von $N \times N$-Matrizen $\boldsymbol{A}$ mit dem Kommutator als LIE-Produkt für die Matrizen $\boldsymbol{a} \in \mathcal{L}$ (s. Tab. 4.1); dabei bedeuten:

$$\boldsymbol{g} = \begin{pmatrix} \mathbf{1}_p & \mathbf{0} \\ \mathbf{0} & \mathbf{1}_q \end{pmatrix}, \quad \boldsymbol{J} = \begin{pmatrix} \mathbf{0} & \mathbf{1}_{N/2} \\ -\mathbf{1}_{N/2} & \mathbf{0} \end{pmatrix}, \quad \boldsymbol{G} = \begin{pmatrix} -\mathbf{1}_r & 0 & 0 & 0 \\ 0 & \mathbf{1}_s & 0 & 0 \\ 0 & 0 & -\mathbf{1}_r & 0 \\ 0 & 0 & 0 & \mathbf{1}_s \end{pmatrix}$$

mit $\quad p + q = N \quad p \geq q \geq 1 \quad 2s + 2r = N \quad 1 \leq r \leq N/2$

Algebra $\mathcal{L}$	Matrix $\boldsymbol{a} \in \mathcal{L}$	$\dim \mathcal{L}$ n
$gl(N, \mathbb{C})$	$a_{ij} \in \mathbb{C}$	$2N^2$
$gl(N, \mathbb{R})$	$a_{ij} \in \mathbb{R}$	N^2
$sl(N, \mathbb{C})$	$\boldsymbol{a} \in gl(N, \mathbb{C})$, $\mathrm{sp}\,\boldsymbol{a} = 0$	$2(N^2 - 1)$
$sl(N, \mathbb{R})$	$\boldsymbol{a} \in gl(N, \mathbb{R})$, $\mathrm{sp}\,\boldsymbol{a} = 0$	$N^2 - 1$
$o(N, \mathbb{C}) = so(N, \mathbb{C})$	$\boldsymbol{a} \in gl(N, \mathbb{C})$, $\boldsymbol{a}^\top = -\boldsymbol{a}$	$N(N-1)$
$o(N) = so(N)$	$\boldsymbol{a} \in gl(N, \mathbb{R})$, $\boldsymbol{a}^\top = -\boldsymbol{a}$	$N(N-1)/2$
$u(N)$	$\boldsymbol{a} \in gl(N, \mathbb{C})$, $\boldsymbol{a}^\dagger = -\boldsymbol{a}$	N^2
$su(N)$	$\boldsymbol{a} \in u(N)$, $\mathrm{sp}\,\boldsymbol{a} = 0$	$N^2 - 1$
$u(p, q)$	$\boldsymbol{a} \in gl(N, \mathbb{C})$, $\boldsymbol{a}^\dagger \boldsymbol{g} = -\boldsymbol{g}\boldsymbol{a}$	N^2
$su(p, q)$	$\boldsymbol{a} \in u(p, q) \cap sl(N, \mathbb{C})$	$N^2 - 1$
$o(p, q) = so(p, q)$	$\boldsymbol{a} \in gl(N, \mathbb{R})$, $\boldsymbol{a}^\top \boldsymbol{g} = -\boldsymbol{g}\boldsymbol{a}$	$N(N-1)/2$
$so^*(N)$	$\boldsymbol{a} \in gl(N, \mathbb{C})$, $\boldsymbol{a}^\top = -\boldsymbol{a}$, $\boldsymbol{a}^\dagger \boldsymbol{J} = -\boldsymbol{J}\boldsymbol{a}$	$N(N-1)/2$
$su^*(N)$	$\boldsymbol{a} \in gl(N, \mathbb{C})$, $\boldsymbol{J}\boldsymbol{a}^* = \boldsymbol{a}\boldsymbol{J}$, $\mathrm{sp}\,\boldsymbol{a} = 0$	$N^2 - 1$
$sp(1/2\,N, \mathbb{C})$	$\boldsymbol{a} \in gl(N, \mathbb{C})$, $\boldsymbol{a}^\top \boldsymbol{J} = -\boldsymbol{J}\boldsymbol{a}$	$N(N+1)$
$sp(1/2\,N, \mathbb{R})$	$\boldsymbol{a} \in gl(N, \mathbb{R})$, $\boldsymbol{a}^\top \boldsymbol{J} = -\boldsymbol{J}\boldsymbol{a}$	$N(N+1)/2$
$sp(1/2\,N)$	$\boldsymbol{a} \in sp(1/2\,N, \mathbb{C}) \cap u(1/2\,N)$	$N(N+1)/2$
$sp(r, s, \mathbb{C})$	$\boldsymbol{a} \in gl(N, \mathbb{C})$, $\boldsymbol{a}^\top \boldsymbol{J} = -\boldsymbol{J}\boldsymbol{a}$, $\boldsymbol{a}^\dagger \boldsymbol{G} = -\boldsymbol{G}\boldsymbol{a}$	$N(N+1)/2$

wonach diese Elemente verschwinden. Für die übrigen $(2N(N-1)/2 =)\ N(N-1)$ reellen Nichtdiagonalelemente a_{ij} gelten wegen Gl. (5.16) die $N(N-1)/2$ Bedingungen

$$a_{ij} = -a_{ji},$$

so dass insgesamt $(N + N(N-1)/2 =)\ N(N+1)/2$ unabhängige Bedingungen an die N^2 reellen Parameter gestellt werden. Die Zahl der unabhängigen Parameter bzw. die Dimension n der LIE-Algebra $o(N)$ beträgt demnach (Tab. 5.1)

$$n = N^2 - N(N+1)/2 = N(N-1).$$

Beispiel 6 Die weiter einschränkende Forderung (2.8) bzgl. der Determinante ($\det \boldsymbol{A} = 1$) der Elemente aus der LIE-Gruppe $SO(N)$ impliziert bei der entsprechenden („speziellen orthogonalen") LIE-Algebra $so(N)$ ($N > 1$) mit reellen, antisymmetrischen $N \times N$-Matrizen $\boldsymbol{a}$ das Verschwinden der Spur

$$\mathrm{sp}\,\boldsymbol{a} = 0 \qquad \forall\, \boldsymbol{a} \in so(N). \tag{5.17}$$

Diese Forderung wird jedoch wegen

$$\mathrm{sp}\,\boldsymbol{a}^{\top} = \mathrm{sp}\,\boldsymbol{a} = -\mathrm{sp}\,\boldsymbol{a}$$

bereits durch die Voraussetzung (5.16) erfüllt. Während die entsprechende LIE-Gruppe $SO(N)$ eine Untergruppe der Gruppe $O(N)$ ist (Tab. 4.1) findet man die Identität der entsprechenden LIE-Algebren

$$so(N) \equiv o(N). \tag{5.18}$$

■

5.2 Strukturen

Wie bei den Gruppen (Abschn. 2.2) kann man auch bei einer (reellen bzw. komplexen) LIE-Algebra $\mathcal{L}$ eine Teilmenge bzw. einen Unterraum $\mathcal{H}$ unterscheiden, deren Elemente bzgl. desselben LIE-Produkts [,] über demselben Körper $\mathbb{K}$ wie für $\mathcal{L}$ die Bedingungen (5.1a) bis (5.1d) erfüllen und somit selbst wieder eine (reelle bzw. komplexe) LIE-Algebra bilden

$$[a, b] \in \mathcal{H} \qquad \forall\, a, b \in \mathcal{H}. \tag{5.19a}$$

Definiert man allgemein für zwei Unterräume $\mathcal{U}$ und $\mathcal{V}$ einer LIE-Algebra $\mathcal{L}$das LIE-Produkt $[\mathcal{U}, \mathcal{V}]$ als den Unterraum, der von allen Kommutatoren $u \in \mathcal{U}$ und $v \in \mathcal{V}$ aufgespannt wird

$$[\mathcal{U}, \mathcal{V}] := \mathrm{span}_{\mathbb{K}}\{[u, v] |\, u \in \mathcal{U},\; v \in \mathcal{V}\},$$

dann kann die Teilmenge $\mathcal{H}$ ausgedrückt werden durch

$$[\mathcal{H}, \mathcal{H}] \subseteq \mathcal{H} \subset \mathcal{L}. \tag{5.19b}$$

Sie wird dann als (reelle bzw. komplexe) LIE-*Unteralgebra* bezeichnet. Eine *eigentliche* bzw. *echte* LIE-*Unteralgebra* $\mathcal{H}$ liegt immer dann vor, wenn $\mathcal{H}$ nicht mit einer trivialen LIE-Unteralgebra, nämlich dem Nullelement {0} oder der LIE-Algebra $\mathcal{L}$ selbst zusammenfällt. Die Dimension der LIE-Unteralgebra $\mathcal{H}$ ist dann kleiner als die Dimension der LIE-Algebra $\mathcal{L}$.

Beispiel 1 Als Beispiel sei die LIE-Algebra $u(N)$ ($N \geqq 1$) mit komplexen, antihermiteschen $N \times N$-Matrizen $\boldsymbol{a}$ betrachtet (Gl. 5.14). Eine weiter einschränkende Forderung nach dem Verschwinden der Spur der Matrizen (Gl. 5.15) wird von einer Teilmenge erfüllt. Diese Forderung resultiert etwa aus der Forderung (2.6) an die Determinante der Elemente aus der LIE-Gruppe $SU(N)$. Nachdem allgemein die Spur eines Kommutators zweier beliebiger Matrizen $\boldsymbol{A}$, $\boldsymbol{B}$ verschwindet

$$\text{sp}([\boldsymbol{A}, \boldsymbol{B}]) = \text{sp}(\boldsymbol{AB} - \boldsymbol{BA}) = \text{sp}(\boldsymbol{AB}) - \text{sp}(\boldsymbol{BA}) = \text{sp}(\boldsymbol{AB}) - \text{sp}(\boldsymbol{AB}) = 0,$$

findet man für jedes beliebige Paar von Matrizen $\boldsymbol{a}, \boldsymbol{b}$ aus der zur LIE-Gruppe $SU(N)$ gehörenden LIE-Algebra $su(N)$ einen spurlosen Kommutator und somit ein Element $[\boldsymbol{a}, \boldsymbol{b}]$ der LIE-Algebra $su(N)$. Demnach bildet die Teilmenge der spurlosen Matrizen eine Unteralgebra $su(N)$ der LIE-Algebra $u(N)$.

■

Falls für jedes Element b einer LIE-Unteralgebra $\mathcal{I}$ und für jedes Element a der zugehörigen LIE-Algebra $\mathcal{L}$ das LIE-Produkt ein Element der LIE-Unteralgebra $\mathcal{I}$ ist, dann liegt eine *invariante* LIE-*Unteralgebra* bzw. ein *Ideal* $\mathcal{I}$ von $\mathcal{L}$ vor

$$[\mathcal{I}, \mathcal{L}] \subseteq \mathcal{I}. \tag{5.20}$$

Demnach ist ein Ideal $\mathcal{I}$ unter der Wirkung der LIE-Algebra $\mathcal{L}$ invariant. Ein *eigentliches Ideal* $\mathcal{I}$ liegt immer dann vor, wenn es weder mit dem Nullelement $\{0\}$ noch mit der LIE-Algebra $\mathcal{L}$ selbst zusammenfällt. Setzt man voraus, dass eine LIE-Algebra $\mathcal{L}$ zwei Ideale $\mathcal{I}_1$ und $\mathcal{I}_2$ besitzt, dann findet man mit $[\mathcal{I}_1, \mathcal{I}_2]$, mit $\mathcal{I}_1 \cap \mathcal{I}_2$ sowie mit der Menge $\mathcal{I}_1 + \mathcal{I}_2 := \{x \in \mathcal{L} | x = x_1 + x_2, x_1 \in \mathcal{I}_1, x_2 \in \mathcal{I}_2\}$ ebenfalls ein Ideal von $\mathcal{L}$. Alternativ ist es die triviale Menge, nämlich das Nullelement $\{0\}$.

Analog zum Normalteiler bei den Gruppen kann man auch hier zwischen zwei Arten von LIE-Algebren unterscheiden. Einmal die *einfache* LIE-*Algebra*, die – außer $\mathcal{L}$ und dem Nullelement $\{0\}$ – kein nicht-triviales Ideal besitzt. Zum anderen die *halbeinfache* LIE-*Algebra*, die kein abelsches Ideal besitzt. Folglich ist jede einfache LIE-Algebra auch eine halbeinfache LIE-Algebra und jede abelsche LIE-Algebra weder einfach noch halbeinfach. Halbeinfach sind alle jene LIE-Algebren, die zu kompakten LIE-Gruppen gehören und deshalb auch als *kompakte* LIE-*Algebren* bezeichnet werden können. Nachdem die Dimension n einer jeden abelschen LIE-Algebra den Wert Eins annimmt ($n = 1$) wird man für die Dimension einer einfachen bzw. einer halbeinfachen LIE-Algebra einen Wert größer als Eins ($n > 1$) fordern müssen.

Beispiel 2 Als Beispiel wird die zur *speziellen orthogonalen Gruppe* $SO(3)$ gehörige LIE-Algebra $so(3)$ betrachtet. Die Generatoren der Gruppe bzw. die Basis der Algebra $\{\boldsymbol{a}_k | k = 1, 2, 3\}$ (4.58) gehorchen den Kommutatorbeziehungen (4.59), so dass Gl. (5.20) nicht erfüllt ist und deshalb keine invariante LIE-Unteralgebra existiert. Demnach gilt die LIE-Algebra $so(3)$ als einfach. Sie gilt erst recht als halbeinfach, was wegen der Kompaktheit der zugehörigen LIE-Gruppe $SO(3)$ auch zu erwarten ist.

Für die Beschreibung der Rotationen zweier verschiedener Systeme im Raum $\mathbb{R}^3$ – etwa der Vektoren $\boldsymbol{x}_1$ und $\boldsymbol{x}_2$ – wird die Produktgruppe $\mathcal{G}$ der beiden einfachen Gruppen $SO(3)$ verwendet (s. Beispiel 2 v. Abschn. 2.4)

$$\mathcal{G} = SO(3) \times SO(3).$$

Die Basen $\{\boldsymbol{a}_{1,k} | k = 1, 2, 3\}$ und $\{\boldsymbol{a}_{2,k} | k = 1, 2, 3\}$ der zugehörigen LIE-Algebren erfüllen jede für sich die Kommutatoren (4.59) und sind untereinander vertauschbar

$$[\boldsymbol{a}_{1,k}, \boldsymbol{a}_{2,l}] = \boldsymbol{0} \qquad k,\ l = 1, 2, 3.$$

Damit erhält man für jede der Basen nach Gl. (5.20) ein Ideal, das nicht abelsch ist, so dass die der Produktgruppe $\mathcal{G}$ entsprechende LIE-Algebra als halbeinfach gilt. ■

Das *Zentrum* $\mathcal{C}$ einer LIE-Algebra $\mathcal{L}$ ist die Menge jener Elemente c, die mit allen Elementen der LIE-Algebra $\mathcal{L}$ vertauscht

$$\mathcal{C} := \{c | [c, \mathcal{L}] = 0,\ a \in \mathcal{L}\}. \tag{5.21}$$

Es erfüllt damit Gl. (5.20) und gilt als Ideal (s. a. Gl. 2.21).

Ähnlich dem Zentrum gibt es eine weitere Art von Unteralgebra, die als *Zentralisator* einer Teilmenge $\mathcal{K}$ von $\mathcal{L}$ bezeichnet wird. Darunter versteht man die Menge jener Elemente a der LIE-Algebra $\mathcal{L}$, deren LIE-Produkt mit allen Elemente aus der Teilmenge $\mathcal{K}$ das Nullelement ergibt (s. a. 2.31c)

$$\mathcal{C}_{\mathcal{L}}(\mathcal{K}) := \{a | [a, \mathcal{K}] = 0,\ a \in \mathcal{L}\}. \tag{5.22}$$

Bezüglich des Nullelements $\mathcal{K} = \{0\}$ ist der Zentralisator die LIE-Algebra selbst ($\mathcal{C}_{\mathcal{L}}(0) = \mathcal{L}$). Nach Gl. (5.21) ist der Zentralisator $\mathcal{C}_{\mathcal{L}}(\mathcal{L})$ der LIE-Algebra $\mathcal{L}$ gleich dem Zentrum $\mathcal{C}(\mathcal{L})$ der LIE-Algebra ($\mathcal{C}_{\mathcal{L}}(\mathcal{L}) = \mathcal{C}(\mathcal{L})$).

Eine Menge von Elementen a der LIE-Algebra $\mathcal{L}$, deren LIE-Produkt mit einer Unteralgebra $\mathcal{H}$ in dieser enthalten ist und so als abgeschwächte Forderung gilt

$$\mathcal{N}_{\mathcal{L}}(\mathcal{H}) := \{a | [a, \mathcal{H}] \subseteq \mathcal{H},\ a \in \mathcal{L}\}, \tag{5.23}$$

wird als *Normalisator* bezeichnet (s. a. 2.31a). Es ist die größte Unteralgebra der LIE-Algebra $\mathcal{L}$, die die Unteralgebra $\mathcal{H}$ als Ideal enthält. Für den Fall, dass die Unteralgebra $\mathcal{H}$ ein Ideal $\mathcal{I}$ ist, ist der Normalisator gleich der LIE-Algebra ($\mathcal{N}_{\mathcal{L}}(\mathcal{I}) = \mathcal{L}$).

Wie bei den Gruppen kann man auch für LIE-Algebren $\mathcal{L}$ mithilfe eines Ideals $\mathcal{I}$ eine sogenannte *Quotientenalgebra* betrachten (Abschn. 2.2). Diese ist der Quotientenvektorraum

$$\mathcal{L}/\mathcal{I} = \{a + \mathcal{I} | a \in \mathcal{L}\} \tag{5.24a}$$

zusammen mit dem LIE-Produkt

$$[a + \mathcal{I}, b + \mathcal{I}] = [a, b] + \mathcal{I} \qquad \forall a, b \in \mathcal{L}. \tag{5.24b}$$

Schließlich gibt es für jede LIE-Algebra $\mathcal{L}$ eine *abgeleitete Algebra* $\mathcal{L}'$. Sie ist definiert als die Menge aller Linearkombinationen von LIE-Produkten

$$\mathcal{L}' := [\mathcal{L}, \mathcal{L}]. \tag{5.25}$$

Betrachtet man die Beziehung

$$[\mathcal{L}', \mathcal{L}] = [[\mathcal{L}, \mathcal{L}], \mathcal{L}] \subseteq [\mathcal{L}, \mathcal{L}] = \mathcal{L}'$$

so gewinnt man mit Gl. (5.20) die Aussage, dass die abgeleitete Algebra $\mathcal{L}'$ sicher ein Ideal ist.

5.3 Abbildungen

In Analogie zu den Überlegungen bei Gruppen (Abschn. 2.3) kann man auch hier verschiedene Abbildungen ψ einer (reellen bzw. komplexen) LIE-Algebra $\mathcal{L}$ in eine (reelle bzw. komplexe) LIE-Algebra $\mathcal{L}'$ erklären.

Der *Homomorphismus* bezeichnet die Abbildung ψ einer LIE-Algebra $\mathcal{L}$ in eine LIE-Algebra $\mathcal{L}'$ über demselben Körper $\mathbb{K}$

$$\psi : \mathcal{L} \longrightarrow \mathcal{L}', \tag{5.26a}$$

falls für alle Elemente $a, b \in \mathcal{L}$ und alle $\alpha, \beta \in \mathbb{K}$ gilt

$$\psi(\alpha a + \beta b) = \alpha\psi(a) + \beta\psi(b) = \alpha a' + \beta b' \qquad \forall a', b' \in \mathcal{L}' \tag{5.26b}$$

und

$$\psi([a, b]) = [\psi(a), \psi(b)] = [a', b'] \qquad \forall a', b' \in \mathcal{L}', \tag{5.26c}$$

womit die algebraische Struktur erhalten bleibt. Setzt man einen Homomorphismus ψ einer LIE-Algebra $\mathcal{L}$ in eine LIE-Algebra $\mathcal{L}'$ über demselben Körper $\mathbb{K}$ voraus, so besitzen die beiden LIE-Algebren genau dann dieselbe Dimension n, wenn sie auch isomorph zueinander sind. Für den Fall, dass die LIE-Algebra $\mathcal{L}'$ mit der LIE-Algebra $\mathcal{L}$ übereinstimmt, ist die Abbildung ψ eine *Selbstabbildung* bzw. ein *Endomorphismus*.

Der *Isomorphismus* bezeichnet die umkehrbar eindeutige (injektive und surjektive = bijektive) homomorphe Abbildung ψ (5.26) einer LIE-Algebra $\mathcal{L}$ auf eine LIE-Algebra $\mathcal{L}'$ über demselben Körper $\mathbb{K}$ (s. a. Abschn. 2.3). Die Isomorphie der Strukturen beider LIE-Algebren kann dann durch eine eine Äquivalenzbeziehung ausgedrückt werden

$$\mathcal{L} \cong \mathcal{L}'. \tag{5.27}$$

Falls die LIE-Algebra $\mathcal{L}$ mit der LIE-Algebra $\mathcal{L}'$ übereinstimmt, ist die isomorphe Selbstabbildung ψ ein *Automorphismus*. Die Menge der automorphen Abbildungen bilden eine Gruppe Aut($\mathcal{L}$) mit der Hintereinanderschaltung als Verknüpfung

$$\psi \circ \phi(a) = \psi(\phi(a)) \qquad \psi, \phi \in \mathrm{Aut}(\mathcal{L}) \qquad \forall\, a \in \mathcal{L}. \tag{5.28}$$

Diese Gruppe ist im Allgemeinen nicht kommutativ. Ein Automorphismus ψ der LIE-Algebra $\mathcal{L}$, der die Forderung

$$\psi^m = e \qquad \text{(Einselement)} \qquad m \in \mathbb{N} \tag{5.29}$$

erfüllt, wird als *Automorphismus der Ordnung m* bezeichnet.

Die der Gruppe Aut($\mathcal{L}$) zugehörige LIE-Algebra wird durch die Menge der *Derivationen* Der($\mathcal{L}$) auf $\mathcal{L}$ gebildet. Dabei ist eine Derivation δ eine lineare Abbildung der LIE-Algebra $\mathcal{L}$ in sich gemäß der Festlegung

$$\delta : \begin{cases} \mathcal{L} \longrightarrow \mathcal{L} \\ [a, b] \longmapsto [\delta(a), b] + [a, \delta(b)] \qquad \forall a, b \in \mathcal{L}, \end{cases} \tag{5.30}$$

wodurch die sogenannte LEIBNIZ-Regel erfüllt wird. Ein Beispiel für eine Derivation ist die *adjungierte Abbildung* $D^{\text{ad}}(a)$ für ein beliebig gewähltes Element $a \in \mathcal{L}$

$$D^{\text{ad}}(a) : \begin{cases} \mathcal{L} \longrightarrow \mathcal{L} \\ b \longmapsto D^{\text{ad}}(a)(b) = [a, b] \qquad \forall b \in \mathcal{L}. \end{cases} \tag{5.31}$$

Derivationen dieser Form gehören zu den *inneren Derivationen*. Mit der JACOBI-Identität (5.1d) erhält man

$$D^{\text{ad}}(a)([b, c]) = [D^{\text{ad}}(a)(b), c] + [b, D^{\text{ad}}(a)(c)],$$

so dass die Forderung (5.30) erfüllt ist.

Beispiel 1 Als Beispiel wird die Abbildung der reellen LIE-Algebra $u(1)$ auf die reelle LIE-Algebra $so(2)$ betrachtet. Die Basiselemente der LIE-Algebren sind die Generatoren der entsprechenden linearen LIE-Gruppen $U(1)$ $(= \{z \in \mathbb{C} |\, |z| = 1\})$ und $SO(2)$. Nach Gln. (4.26) und (4.33a) findet man dafür jeweils nur ein Basiselement, nämlich

$$\boldsymbol{a} = i \quad \text{für} \quad u(1) \qquad \text{und} \qquad \boldsymbol{a}' = \begin{pmatrix} 0 & 1 \\ -1 & 0 \end{pmatrix} \quad \text{für} \quad so(2).$$

Beide LIE-Algebren sind eindimensional, so dass sie auch als abelsch gelten mit denselben verschwindenden Strukturkonstanten. Demanch gilt die Abbildung $\psi(\boldsymbol{a}) = \boldsymbol{a}'$ als isomorph.

■

Bei einer homomorphen Abbildung ψ einer LIE-Algebra $\mathcal{L}$ in eine LIE-Algebra $\mathcal{L}'$ ist der *Kern der Abbildung* Ker(ψ), nämlich jene Menge, die auf das neutrale Element 0 abgebildet wird

$$\text{Ker}(\psi) = \{a \in \mathcal{L} |\, \psi(a) = 0 \in \mathcal{L}'\} \qquad \text{bzw.} \qquad \text{Ker}(\psi) = \{\psi^{-1}(0) |\, 0 \in \mathcal{L}'\} \tag{5.32}$$

ein Ideal $\mathcal{I}$. Zudem ist der Faktorraum $\mathcal{L}/\mathrm{Ker}(\psi)$ eine zum Bildraum $\mathcal{L}'$ isomorphe LIE-Algebra. Umgekehrt findet man, dass bei einem Ideal $\mathrm{Ker}(\psi) = \mathcal{I}$ einer LIE-Algebra $\mathcal{L}$ über $\mathbb{K}$ der Faktorraum $\mathcal{L}/\mathrm{Ker}(\psi)$ eine LIE-Algebra bzgl. des LIE-Produkts darstellt. Zudem ist die LIE-Algebra des Faktorraumes $\mathcal{L}/\mathrm{Ker}(\psi)$ isomorph zur LIE-Algebra $\mathcal{L}'$ (s. a. Abschn. 2.3).

Ein besonderer Isomorphismus mit weitreichenden Folgen ist jener zwischen den linearen endlich-dimensionalen (reellen bzw. komplexen) LIE-Algebren und den (reellen bzw. komplexen) LIE-Algebren von $N \times N$-Matrizen mit dem Kommutator zweier Matrizen als LIE-Produkt (Satz v. ADO). Die Bedeutung dieser Aussage liegt darin, dass die Gesamtheit der LIE-Algebren von Matrizen ausreicht, um alle Strukturen von abstrakten LIE-Algebren zu erfassen.

5.4 Summen und Produkte

Analog zu den Vektorräumen lässt sich etwa zwischen zwei reellen bzw. komplexen LIE-Algebren $\mathcal{L}_1$ und $\mathcal{L}_2$ über demselben Körper $\mathbb{K}$ eine *direkte Summe* erklären

$$\mathcal{L} = \mathcal{L}_1 \oplus \mathcal{L}_2. \tag{5.33}$$

Dabei müssen die folgenden Bedingungen erfüllt sein:

(a) Der zur LIE-Algebra $\mathcal{L}$ gehörige lineare Vektorraum $\mathcal{L}$ ist eine direkte Summe der beiden zu den LIE-Algebren $\mathcal{L}_1$ und $\mathcal{L}_2$ gehörigen linearen, orthogonalen Vektorräumen

$$\mathcal{L} = \mathcal{L}_1 \oplus \mathcal{L}_2 \qquad \text{bzw.} \qquad \mathcal{L}_1 \cap \mathcal{L}_2 = \emptyset. \tag{5.34a}$$

(b) Das LIE-Produkt aller Elemente $a_1 \in \mathcal{L}_1$ mit allen Elementen $a_2 \in \mathcal{L}_2$ verschwindet

$$[a_1, a_2] = 0 \qquad \forall\, a_1 \in \mathcal{L}_1 \quad \text{und} \quad a_2 \in \mathcal{L}_2. \tag{5.34b}$$

Die Dimension der LIE-Algebra $\mathcal{L}$ ist dann die Summe der Dimensionen der einzelnen LIE-Unteralgebren $\mathcal{L}_1$ und $\mathcal{L}_2$.

Wegen Gl. (5.34a) besitzen die beiden LIE-Unteralgebren $\mathcal{L}_1$ und $\mathcal{L}_2$ nur das Nullelement gemeinsam und sind deshalb orthogonal. Zudem sind sie wegen Gl. (5.34b) Ideale der LIE-Algebra $\mathcal{L}$. Falls eine LIE-Algebra $\mathcal{L}$ als direkte Summe von einfachen LIE-Algebren ausgedrückt werden kann, dann ist sie halbeinfach. Auch die Umkehrung ist gültig, wonach jede halbeinfache LIE-Algebra $\mathcal{L}$ als direkte Summe von einfachen LIE-Algebren ausgedrückt werden kann. Es ist das Analogon zur Aussage über halbeinfache LIE-Gruppen, die umkehrbar eindeutig durch das direktes Produkt von einfachen LIE-Gruppen ersetzt werden können (Abschn. 2.4).

Ersetzt man die Forderung (5.34b) durch die schwächere Forderung, dass etwa nur $\mathcal{L}_1$ als Ideal in der Summe $\mathcal{L}$ eingebunden ist

$$[\mathcal{L}_1, \mathcal{L}_2] \subseteq \mathcal{L}_1,$$

dann kann man durch

$$\mathcal{L} = \mathcal{L}_1 \uplus \mathcal{L}_2 \tag{5.35}$$

eine *halbdirekte Summe* definieren. Beispiele dazu sind die LIE-Algebren der euklidischen Gruppen, wo eine der Unteralgebren eine abelsche LIE-Algebra ist (s. a. Beispiel 4 v. Abschn. 2.4).

Ausgehend von zwei reellen bzw. komplexen LIE-Algebren $\mathcal{L}_a = \{a_1, a_2, \ldots\}$ und $\mathcal{L}_b = \{b_1, b_2, \ldots\}$ über demselben Körper $\mathbb{K}$ kann man ein *direktes (kartesisches) Produkt* erklären

$$\mathcal{L} = \mathcal{L}_a \times \mathcal{L}_b := \{(a, b) | \, a \in \mathcal{L}_a, \; b \in \mathcal{L}_b\}. \tag{5.36a}$$

Diese Produktmenge ist erneut ein linearer Vektorraum über $\mathbb{K}$, der zusammen mit dem LIE-Produkt

$$[(a_i, b_j), \; (a_k, b_l)] := ([a_i, a_k], \; [b_j, b_l]) \tag{5.36b}$$

eine LIE-Algebra $\mathcal{L}$ über dem Körper $\mathbb{K}$ wird.

5.5 Darstellungen

Wie im Fall der Gruppen kann man auch bei den LIE-Algebren eine d-dimensionale *lineare Darstellung* $D(\mathcal{L})$ auf einem Vektorraum $\mathcal{V}$ definieren. Es ist die homomorphe Abbildung der Elemente a der (reellen bzw. komplexen) Algebra $\mathcal{L}$ über $\mathbb{K}$ in *lineare Selbstabbildungen* (*Endomorphismen*) bzw. *lineare Operatoren* $D(a)$ eines d-dimensionalen *linearen Vektorraumes* $\mathcal{V}$ über dem Körper $\mathbb{K}$ ($\mathbb{K} = \mathbb{R}$ bzw. $\mathbb{C}$). Nachdem die Menge aller Selbstabbildungen $\mathrm{End}_{\mathbb{K}}(\mathcal{V})$ eines d-dimensionalen Vektorraumes $\mathcal{V}$ die der *allgemeinen linearen* LIE-*Gruppe* $GL(\mathcal{V})$ zugeordnete LIE-Algebra $gl(\mathcal{V})$ bildet, ist die Darstellung D ein Homomorphismus von LIE-Algebren

$$D : \begin{cases} \mathcal{L} \longrightarrow gl(\mathcal{V}) \\ a \longmapsto D(a) \qquad a \in \mathcal{L}. \end{cases} \tag{5.37a}$$

Dabei ist das Produkt der Elemente a gleich dem Produkt der Abbildungen

$$[a_1, a_2] = [D(a_1), D(a_2)] = D(a_1)D(a_2) - D(a_2)D(a_1) \qquad \forall a_1, a_2 \in \mathcal{L}, \tag{5.37b}$$

so dass das LIE-Produkt erhalten bleibt. Der Vektorraum $\mathcal{V}$ wird als *Darstellungsraum* (*Trägerraum*) bezeichnet. Wenn die Abbildung (5.37) umkehrbar eindeutig ist im Sinne einer isomorphen Abbildung, so spricht man von einer *treuen Darstellung*.

Eine *triviale Darstellung* gewinnt man stets durch Zuordnung jedes Elements der LIE-Algebra zur Nullabbildung, die jedes beliebige Element des Vektorraumes in den Nullvektor abbildet. Diese Darstellung ist sicher keine treue Darstellung.

Analog zur Darstellung von Gruppen (Abschn. 3.1) kann man auch einen Vektorraum $\mathcal{V}$ über $\mathbb{K}$ zusammen mit einer bilinearen Abbildung definieren

$$D : \begin{cases} \mathcal{L} \times \mathcal{V} \longrightarrow \mathcal{V} \\ (a, x) \longmapsto ax \qquad a \in \mathcal{L} \qquad x \in \mathcal{V}, \end{cases} \tag{5.38a}$$

mit der Forderung

$$a(bx) - b(ax) = [a, b]x \qquad x \in \mathcal{V} \qquad \forall a, b \in \mathcal{L}. \tag{5.38b}$$

Danach erhält der Vektorraum $\mathcal{V}$ die Struktur eines $\mathcal{L}$-Moduls.

Nach Wahl einer Basis $\{v_i | \, i = 1, \ldots, d\}$ im Vektorraum $\mathcal{V}$, dessen Dimension d als die Dimension der Darstellung gilt, können die Selbstabbildungen $D(a)$ durch $d \times d$-Matrizen $\boldsymbol{D}(a)$ beschrieben werden. Die homomorphe Abbildung zwischen den Elementen a der LIE-Algebra $\mathcal{L}$ und den Matrizen $\boldsymbol{D}(a)$ geschieht dann durch eine d-dimensionale *Matrixdarstellung* $\boldsymbol{D}(\mathcal{L})$ der LIE-Algebra $\mathcal{L}$. Nachdem die Operatoren den Vektorraum als invarianten Raum auszeichnen, lässt sich jedes Bildelement v_i' durch eine Linearkombination der Basiselemente darstellen

$$D(a)\, v_i = v_i' = \sum_j^d D_{ji}(a)\, v_j \qquad i = 1, \ldots, \dim \boldsymbol{D} = d \qquad \forall\, a \in \mathcal{L}. \tag{5.39}$$

Die so gewonnene, nicht notwendigerweise treue Matrixdarstellung $\boldsymbol{D}(\mathcal{L})$ bildet eine LIE-Algebra, die nach Gln. (5.37), (5.39) und (3.8) die Matrixmultiplikation als Verknüpfung fordert. Wegen der Nichtvertauschbarkeit der Matrixmultiplikation können Matrixdarstellungen von abelschen LIE-Algebren nur eindimensional sein.

Viele der Konzepte, die für die Darstellungen von diskreten, endlichen Gruppen diskutiert werden, sind auch im Fall von LIE-Algebren gültig. So gibt es die *reduziblen* bzw. *irreduziblen Darstellungen* (Abschn. 3.2) und die *äquivalenten Darstellungen* (Abschn. 3.3). Zudem gelten die SCHUR'schen Lemmata (Abschn. 3.5).

Beispiel 1 Die Ermittlung von irreduziblen Darstellungen wird am Beispiel der reellen LIE-Algebra $\mathcal{L} = su(2)$ demonstriert. Die Isomorphie zur LIE-Algebra $so(3)$ (Beispiel 3 v. Abschn. 6.4) liefert für beide LIE-Algebren die gleichen Darstellungen. Wegen der linearen Unabhängigkeit der Basiselemente $\{\boldsymbol{a}_k | \, k = 1, 2, 3\}$ (4.43) bzw. der Generatoren der entsprechenden LIE-Gruppe $SU(2)$ über dem Körper $\mathbb{C}$ der komplexen Zahlen (s. Gl. 5.89), gelingt durch eine komplexe Linearkombination der Basis eine Komplexifizierung der LIE-Algebra $\mathcal{L}$ nach $\mathcal{L}_{\mathbb{C}}$, die isomorph ist zur komplexen LIE-Algebra $sl(2, \mathbb{C})$. Die Grundlage der Diskussion bilden die Vertauschungsrelationen

$$[\boldsymbol{a}_1, \boldsymbol{a}_2] = -\boldsymbol{a}_3 \qquad [\boldsymbol{a}_2, \boldsymbol{a}_3] = -\boldsymbol{a}_1 \qquad [\boldsymbol{a}_3, \boldsymbol{a}_1] = -\boldsymbol{a}_2 \tag{5.40a}$$

bzw.

$$[\boldsymbol{a}_l, \boldsymbol{a}_m] = -\sum_{n=1}^{3} \varepsilon_{lmn} \boldsymbol{a}_n = -\sum_{n=1}^{3} \varepsilon_{lm}^{n} \boldsymbol{a}_n \qquad l, m = 1, 2, 3, \tag{5.40b}$$

die die LIE-Algebra festlegen. Dabei sind die Koeffizienten ε_{lmn} bzw. ε_{lm}^{n} (LEVI-CIVITA-Symbol) die Elemente eines vollständig antisymmetrischen Tensors $\boldsymbol{\varepsilon}$ 3-ter Stufe bzw. von drei vollständig antisymmetrischen Tensoren $\boldsymbol{\varepsilon}^1$, $\boldsymbol{\varepsilon}^2$ und $\boldsymbol{\varepsilon}^3$ mit

$$\varepsilon_{lmn} = \varepsilon_{lm}^{n} = \begin{cases} 1 & \text{falls } lmn \text{ eine gerade Permutation} \\ 0 & \text{falls gleiche Indizes} \\ -1 & \text{falls } lmn \text{ eine ungerade Permutation.} \end{cases} \tag{5.41}$$

Die Tensoren $\{-\boldsymbol{\varepsilon}^k | k = 1, 2, 3\}$ sind identisch mit den Generatoren $\{\boldsymbol{a}_k | k = 1, 2, 3\}$ (4.58) der Rotationsgruppe $SO(3)$.

Nachdem die zugehörige LIE-Gruppe $SU(2)$ kompakt ist, erwartet man für deren Elemente eine endliche Darstellung und mithin eine normale (unitäre) Darstellung (Abschn. 4.4). Entsprechend den Ergebnissen von Abschn. 6.2 wird mit diesen Voraussetzungen eine antihermitesche Darstellung $\boldsymbol{D}(\boldsymbol{a})$ der LIE-Algebra $su(2)$ erwartet

$$\boldsymbol{D}^{\dagger}(\boldsymbol{a}) = -\boldsymbol{D}(\boldsymbol{a}) \qquad \forall \boldsymbol{a} \in su(2). \tag{5.42}$$

Ausgehend von einer Darstellung $\boldsymbol{D}(\boldsymbol{a})$ in einem d-dimensionalen, unitären Darstellungsraum $\mathcal{V}$ mit der orthonormalen Basis $\{v_i \,|\, i = 1, \ldots, d\}$ gemäß Gl. (3.6)

$$D(\boldsymbol{a}) v_i = \sum_{j=1}^{d} D_{ji}(\boldsymbol{a}) v_j \qquad i = 1, \ldots, d, \tag{5.43}$$

erhält man mit Gl. (5.42) auch antihermitesche lineare Operatoren

$$D^{\dagger}(\boldsymbol{a}) = -D(\boldsymbol{a}) \qquad \forall \boldsymbol{a} \in su(2). \tag{5.44}$$

Mit der Basis $\{\boldsymbol{a}_k \,|\, k = 1, 2, 3\}$ kann man drei weitere Operatoren einführen

$$J_k = -i D(\boldsymbol{a}_k) \qquad k = 1, 2, 3, \tag{5.45}$$

die dann hermitesch sind $\left(J_k = J_k^{\dagger}\right)$ und somit reelle Eigenwerte erwarten lassen. Sie entsprechen abgesehen von einem Faktor $\hbar$ den Komponenten des vektoriellen Drehimpulsoperators $\boldsymbol{J}$ in der Quantenmechanik. Die Kommutatoren der Operatoren J_k errechnen sich mit der Beziehung

$$[D(\boldsymbol{a}_l), D(\boldsymbol{a}_m)] = D([\boldsymbol{a}_l, \boldsymbol{a}_m]) \tag{5.46}$$

und den Kommutatoren (5.40) zu

$$[J_l, J_m] = i \sum_{n=1}^{3} \varepsilon_{lmn} J_n, \tag{5.47}$$

und begründen so eine LIE-Algebra mit rein imaginären Strukturkonstanten.

An dieser Stelle sei darauf hingewiesen, dass der Vektoroperator $\boldsymbol{J}$ des Drehimpulses auch als Erhaltungsgröße eines rotationsinvarianten Systems gilt. Mit dieser Voraussetzung kommt man in einer quantenmechanischen Betrachtung ebenfalls zu den Kommutatorbeziehungen (5.47) der Drehimpulskomponenten (s. Beispiel 7 v. Abschn. 6.3). Diese bilden die Grundlage zur Bestimmung des Spektrums der Operatoren. Das bedeutet, dass alleine mithilfe der linearen Algebra die Eigenwerte und Eigenvektoren gewonnen werden können. Dabei versucht man eine maximale Anzahl der Operatoren $\{J_k \mid k = 1, 2, 3\}$, die nach Gl. (5.45) der Basis der LIE-Algebra bzw. den Generatoren der LIE-Gruppe entsprechen, zu diagonalisieren. Nachdem es nur einen Operator gibt, der gleichzeitig mit allen Operatoren vertauscht, und die LIE-Algebra $sl(2, \mathbb{C})$ deshalb den Rang Eins hat, kann man nur einen von den dreien wählen – etwa J_3 –, um ihn mithilfe der Eigenvektoren v durch die Eigenwertgleichung

$$J_3\, v = \lambda v \tag{5.48}$$

mit dem reellen Eigenwert λ – dem sogenannten *Gewicht* – zu diagonalisieren. Daneben gibt es den Operator des Quadrates

$$\boldsymbol{J}^2 = J_1^2 + J_2^2 + J_3^2, \tag{5.49}$$

der wegen Gl. (5.47) mit allen Komponenten $\{J_k \mid k = 1, 2, 3\}$ vertauscht

$$[\boldsymbol{J}^2, J_k] = 0 \qquad k = 1, 2, 3. \tag{5.50}$$

Ein solcher Operator, der eine bilineare Funktion aller drei Generatoren ist, wird als CASIMIR-*Operator* bezeichnet und kann wegen Gl. (5.50) mit den gleichen Eigenvektoren v und dem Eigenwert a durch die Eigenwertgleichung

$$\boldsymbol{J}^2\, v = a v \tag{5.51}$$

diagonalisiert werden (Abschn. 9.4). Er ist jedoch kein Element der LIE-Algebra $sl(2, \mathbb{C})$. Dies impliziert in der Quantenmechanik die Aussage, dass nur eine Komponente des Drehimpulsoperators $\boldsymbol{J}$ – etwa J_3 – gleichzeitig mit dem Betrag des Vektoroperators $|\boldsymbol{J}^2|$ beobachtet werden kann.

Die Diagonalisierung (5.48) und (5.51) wird vereinfacht durch die Einführung zweier nicht hermitescher Operatoren J_+ und J_- mit

$$J_\pm = J_1 \pm i J_2, \tag{5.52}$$

die zueinander adjungiert sind $\left(J_\pm^\dagger = J_\mp\right)$. Wegen des Kommutators (5.50) sind auch diese beiden Operatoren mit dem CASIMIR-Operator vertauschbar

$$[\boldsymbol{J}^2, J_\pm] = 0. \tag{5.53}$$

Mit dieser neuen Basis $\{J_3, J_\pm\}$ der LIE-Algebra $sl(2, \mathbb{C})$ erhält man nach Gl. (5.47) die Kommutatoren

$$[J_3, J_\pm] = \pm J_\pm \qquad \text{und} \qquad [J_+, J_-] = 2J_3. \tag{5.54a}$$

Daraus lässt sich allgemein die Beziehung

$$\left[J_3, J_\pm^n\right] = \pm n J_\pm^n \qquad n = 0, 1, \ldots \tag{5.54b}$$

ableiten. Daneben liefern die Kommutatoren (5.47) zusammen mit Gl. (5.52) das Ergebnis

$$J_\pm J_\mp = J_1^2 + J_2^2 \pm J_3 = \boldsymbol{J}^2 - J_3^2 \pm J_3. \tag{5.55}$$

Nach Anwendung von Gl. (5.54a) auf einen Eigenvektor v bekommt man

$$J_3 J_\pm v = (J_\pm J_3 \pm J_\pm)v = (\lambda \pm 1)J_\pm v, \tag{5.56}$$

wonach $J_\pm v$ ein Eigenvektor zum Operator J_3 mit dem Eigenwert $(\lambda + 1)$ ist. Das bedeutet, dass die Operatoren $J_\pm$ das Spektrum um eine Einheit erhöhen bzw. erniedrigen, so dass sie als *Stufenoperatoren* (*Schiebe-*, *Leiteroperator*) bezeichnet werden. Daneben ist wegen des Kommutators (5.50) der Vektor $J_\pm v$ auch ein Eigenvektor des Operators $\boldsymbol{J}^2$ zum Eigenwert a. Mit einem beliebigen Vektor u des Darstellungsraumes erhält man aus dem Skalarprodukt

$$\left\langle u, \boldsymbol{J}^2 u\right\rangle = \left\langle u, J_1^2 u\right\rangle + \left\langle u, J_2^2 u\right\rangle + \left\langle u, J_3^2 u\right\rangle \tag{5.57}$$

drei Summanden, von denen jeder wegen der Hermitezität der Basisoperatoren $\{J_k |\, k = 1, 2, 3\}$ und dem positiven Skalarprodukt – bzw. der positiven Länge eines Vektors – größer als Null ausfällt

$$\left\langle u, J_k^2 u\right\rangle = \langle u, J_k J_k u\rangle = \langle J_k u, J_k u\rangle \geq 0 \qquad k = 1, 2, 3, \tag{5.58}$$

so dass allgemein die Ungleichung

$$\left\langle u, \boldsymbol{J}^2 u\right\rangle \geq \left\langle u, J_3^2 u\right\rangle \geq 0 \tag{5.59}$$

resultiert. Für den Fall, dass der Vektor u ein Eigenvektor v ist, findet man damit die Abschätzung

$$a \geq \lambda^2 \geq 0 \qquad \text{bzw.} \qquad -\sqrt{a} \leq \lambda \leq +\sqrt{a}, \tag{5.60}$$

wonach der Eigenwert λ des Operators J_3 nach oben und nach unten durch einen maximalen und einen minimalen Wert $\lambda_{\max}$ bzw. $\lambda_{\min}$ beschränkt ist. Diese Aussage ist auch als Konsequenz der Voraussetzung einer endlich-dimensionalen Darstellung aufzufassen. Die Anwendung von Gl. (5.54a) auf einen Eigenvektor $v_{\max}$, der zum maximalen Eigenwert $\lambda_{\max}$ gehört, ergibt

$$J_3 J_+ v_{\max} = (J_+ J_3 + J_+) v_{\max} = (\lambda_{\max} + 1) J_+ v_{\max}, \tag{5.61}$$

was wegen Gl. (5.60) nur erfüllt werden kann, wenn der Vektor $J_+ v_{\max}$ verschwindet ($J_+ v_{\max} = 0$). Damit erhält man unter Berücksichtigung von Gl. (5.55)

$$J_- J_+ v_{\max} = \left(\boldsymbol{J}^2 - J_3^2 - J_3\right) V_{\max} = \left(a - \lambda_{\max}^2 - \lambda_{\max}\right) v_{\max} = 0 \tag{5.62}$$

bzw.

$$a = \lambda_{\max}(\lambda_{\max} + 1). \tag{5.63}$$

Analoge Überlegungen bezüglich der Anwendung von $J_3 J_-$ auf einen Eigenvektor $v_{\min}$, der zum minimalen Eigenwert $\lambda_{\min}$ gehört, mit dem Verschwinden des Vektors $J_- v_{\min}$ ($J_- v_{\min} = 0$) als Konsequenz, ergeben nach

$$J_+ J_- v_{\min} = \left(\boldsymbol{J}^2 - J_3^2 + J_3\right) v_{\min} = \left(a - \lambda_{\min}^2 + \lambda_{\min}\right) v_{\min} = 0 \tag{5.64}$$

die zu (5.63) analoge Beziehung

$$a = \lambda_{\min}(\lambda_{\min} - 1). \tag{5.65}$$

Schließlich kann man nach Anwendung von Gl. (5.54b) auf den Eigenvektor $v_{\max}$

$$J_3 J_-^n v_{\max} = (\lambda_{\max} - n) J_-^n v_{\max} \tag{5.66}$$

eine größtmögliche Zahl n finden, mit der die Beziehung

$$\lambda_{\max} - n = \lambda_{\min} \tag{5.67}$$

erfüllt ist. Die Substitution von n und $\lambda_{\min}$ durch die Gln. (5.63) und (5.65) führt zu

$$\lambda_{\max} = \frac{n}{2} \qquad n = 0, 1, \ldots, \tag{5.68}$$

wonach der maximale Eigenwert, der im Folgenden mit J ($\equiv \lambda_{\max}$) bezeichnet wird, nur ganz- oder halbzahlig sein kann

$$J = 0,\ \frac{1}{2},\ 1,\ \frac{3}{2}, \ldots . \tag{5.69}$$

Nach Gl. (5.67) ist $-J$ ($\equiv \lambda_{\min}$) der minimale Eigenwert und der Eigenwert a vom CASIMIR-Operator $\boldsymbol{J}^2$ errechnet sich nach Gl. (5.63) bzw. Gl. (5.65) zu

$$a = J(J+1). \tag{5.70}$$

Nach Umbenennung des Eigenwerts in $\lambda = m$ – in der Quantenmechanik die *magnetische Quantenzahl* – haben mit dem orthonormalen System von Eigenvektoren $\left\{ v_m^{(J)} | -J \leq m \leq +J \right\}$ – in der Quantenmechanik die Zustandsvektoren des HILBERT-Raumes – die Eigenwertgleichungen (5.48) und (5.51) die Gestalt

$$\boldsymbol{J}^2 v_m^{(J)} = J(J+1) v_m^{(J)} \tag{5.71a}$$

$$J_3 v_m^{(J)} = m v_m^{(J)} \qquad -J \leq m \leq +J. \tag{5.71b}$$

Dabei gilt der maximale Eigenwert J – nämlich der die irreduzible Darstellung charakterisierende Drehimpuls – als das *höchste Gewicht*. Für eine vorgegebene Zahl J gilt der irreduzible Darstellungsraum der LIE-Algebra $sl(2, \mathbb{C})$ wegen dem äquidistanten Spektrum des Operators J_3 nach Gl. (5.71b) als $(2J+1)$-fach entartet (*Richtungsentartung* in der Quantenmechanik). Die Wirkung der Generatoren erlaubt eine Änderung des Eigenwertes m, jedoch keine Änderung der Dimension der Darstellung ($\dim \boldsymbol{D}^{(J)} = (2J+1)$). Die Forderung nach Ganzzahligkeit einer Dimension wird durch Gl. (5.69) erfüllt.

An dieser Stelle sei darauf hingewiesen, dass mitunter durch eine neue Skalierung der Operator $\bar{J}_3 = 2J_3$ an Stelle des Operators J_3 als Generator gewählt wird, was die Kommutatoren

$$[\bar{J}_3, J_\pm] = \pm 2\bar{J}_3 \qquad \text{und} \qquad [J_+, J_-] = \bar{J}_3$$

zur Folge hat. Als Ergebnis erhält man an Stelle von Gl. (5.68) einen maximalen Eigenwert bzw. das höchste Gewicht

$$\lambda_{\max} \equiv J = n,$$

der stets eine nicht-negative ganze Zahl ist. Zudem sind alle die übrigen Eigenwerte λ ganzzahlig, was die allgemeine Diskussion von Darstellungen einfacher LIE-Algebren erleichtert (Abschn. 9.1 und 9.2).

Nach Kenntnis des Spektrums der Operatoren $\boldsymbol{J}^2$ und J_3 kann die Wirkung der Operatoren $J_\pm$ bzw. J_1 und J_2 (s. Gl. 5.52) auf die Eigenvektoren $v_m^{(J)}$ untersucht werden. Wegen Gl. (5.48) ist der Vektor $J_\pm v_m^{(J)}$ sowohl ein Eigenvektor von J_3 zum Eigenwert $(m \pm 1)$ als auch wegen des Kommutators (5.50) ein Eigenvektor von $\boldsymbol{J}^2$ zum Eigenwert $J(J+1)$, so dass die Vektoren $J_\pm v_m^{(J)}$ und $v_{m\pm1}^{(J)}$ „parallel" gerichtet sind

$$J_\pm v_m^{(J)} = c_\pm v_{m\pm 1}^{(J)}. \tag{5.72}$$

Die komplexen Koeffizienten $c_\pm$ errechnen sich mit der Orthonormalität der Eigenvektoren

$$|c_\pm|^2 = \left\langle c_\pm v_m^{(J)}, c_\pm v_m^{(J)} \right\rangle = \left\langle J_\pm v_m^{(J)}, J_\pm v_m^{(J)} \right\rangle = \left\langle v_m^{(J)}, J_\mp J_\pm v_m^{(J)}) \right\rangle$$

und mit Gl. (5.55) zu

$$\begin{aligned} |c_\pm|^2 &= \left\langle v_m^{(J)}, (\boldsymbol{J}^2 - J_3 \mp J_3) v_m^{(J)} \right\rangle = [J(J+1) - m^2 + m] \left\langle v_m^{(J)}, v_m^{(J)} \right\rangle \\ &= (J \mp m)(J \pm m + 1). \end{aligned} \tag{5.73}$$

Die Wahl von reellen und positiven Phasenfaktoren $c_\pm$ (CONDON-SHORTLEY-*Konvention*) ergibt mit Gl. (5.72)

$$J_\pm v_m^{(J)} = \sqrt{(J \mp m)(J \pm m + 1)}\, v_{m\pm 1}^{(J)}. \tag{5.74}$$

Mit dem System von Eigenvektoren $\left\{ v_m^{(J)} \mid -J \le m \le +J \right\}$ erhält man nach Gl. (5.43) eine irreduzible Darstellung $\boldsymbol{D}^J(\boldsymbol{a})$, deren Matrixelemente sich ergeben zu

$$D_{m'm}^{(J)}(\boldsymbol{a}) = \left\langle v_{m'}^{(J)}, D(\boldsymbol{a}) v_m^{(J)} \right\rangle \qquad \forall \boldsymbol{a} \in su(2). \tag{5.75}$$

Die Substitution des Operators $D(\boldsymbol{a})$ nach Gl. (5.45) liefert für die irreduziblen Darstellungen der Basis $\{\boldsymbol{a}_k \mid k = 1, 2, 3\}$

$$D_{m'm}^{(J)}(\boldsymbol{a}_1) = \left\langle v_{m'}^{(J)}, D(\boldsymbol{a}_1) v_m^{(J)} \right\rangle = \left\langle V_{m'}^{(J)}, i J_1 v_m^{(J)} \right\rangle = \left\langle v_{m'}^{(J)}, \frac{1}{2} i (J_+ + J_-) v_m^{(J)} \right\rangle \tag{5.76a}$$

$$D_{m'm}^{(J)}(\boldsymbol{a}_2) = \left\langle v_{m'}^{(J)}, D(\boldsymbol{a}_2) v_m^{(J)} \right\rangle = \left\langle V_{m'}^{(J)}, i J_2 v_m^{(J)} \right\rangle = \left\langle v_{m'}^{(J)}, \frac{1}{2} i (J_+ - J_-) v_m^{(J)} \right\rangle \tag{5.76b}$$

$$D_{m'm}^{(J)}(\boldsymbol{a}_3) = \left\langle v_{m'}^{(J)}, D(\boldsymbol{a}_3) v_m^{(J)} \right\rangle = \left\langle v_{m'}^{(J)}, i J_3 v_m^{(J)} \right\rangle. \tag{5.76c}$$

Mit den Gln. (5.71b) und (5.74) sowie mit der Orthonormalität der Eigenvektoren erhält man schließlich das Ergebnis

$$D^{(J)}_{m'm}(\boldsymbol{a}_1) = \frac{1}{2}i\big[\sqrt{(J-m)(J+m+1)}\,\delta_{m'\,m+1} + \sqrt{(J+m)(J-m+1)}\,\delta_{m'\,m+1}\big] \tag{5.77a}$$

$$D^{(J)}_{m'm}(\boldsymbol{a}_2) = \frac{1}{2}i\big[\sqrt{(J-m)(J+m+1)}\,\delta_{m'\,m+1} - \sqrt{(J+m)(J-m+1)}\,\delta_{m'\,m+1}\big] \tag{5.77b}$$

$$D^{(J)}_{m'm}(\boldsymbol{a}_3) = im\delta_{m'\,m}. \tag{5.77c}$$

Für den Fall $J = 0$ ist die Darstellung $\boldsymbol{D}^{(J=0)}(\boldsymbol{a}_k) = 0$ ($k = 1, 2, 3$) eindimensional ($2J + 1 = 1$) und kann als *triviale Darstellung* (*Singulett*) aufgefasst werden.

Für den Fall $J = 1/2$ ($-1/2 \leq m \leq +1/2$) errechnet sich die irreduzible Darstellung gemäß Gl. (5.77) zu

$$\boldsymbol{D}^{(J=1/2)}(\boldsymbol{a}_k) = \boldsymbol{a}_k \qquad k = 1, 2, 3 \qquad \boldsymbol{a}_k \in su(2). \tag{5.78}$$

Diese 2-dimensionale ($2J + 1 = 2$) Darstellung ist demnach identisch mit der Basis $\{\boldsymbol{a}_k|\ k = 1, 2, 3\}$ (4.43) der LIE-Algebra $su(2)$, die auch als *fundamentale (definierende) Darstellung* (*Dublett*) bezeichnet wird.

Für den Fall $J = 1$ ($-1 \leq m \leq +1$) errechnet sich die irreduzible Darstellung gemäß Gl. (5.77) zu

$$\boldsymbol{D}^{(J=1)}(\boldsymbol{a}_1) = \frac{i}{\sqrt{2}}\begin{pmatrix} 0 & 1 & 0 \\ 1 & 0 & 1 \\ 0 & 1 & 0 \end{pmatrix} \tag{5.79a}$$

$$\boldsymbol{D}^{(J=1)}(\boldsymbol{a}_2) = \frac{i}{\sqrt{2}}\begin{pmatrix} 0 & i & 0 \\ -i & 0 & i \\ 0 & -i & 0 \end{pmatrix} \tag{5.79b}$$

$$\boldsymbol{D}^{(J=1)}(\boldsymbol{a}_3) = i\begin{pmatrix} 1 & 0 & 0 \\ 0 & 0 & 0 \\ 0 & 0 & -1 \end{pmatrix}. \tag{5.79c}$$

Diese 3-dimensionale ($2J + 1 = 3$) Darstellung ist äquivalent zur definierenden Darstellung der LIE-Algebra $so(3)$, nämlich deren Basis $\{\bar{\boldsymbol{a}}_k|\ k = 1, 2, 3\}$ nach Gl. (4.58). Die Äquivalenztransformation

$$\bar{\boldsymbol{a}}_k = \boldsymbol{S}^{-1}\boldsymbol{D}^{(J=1)}(\boldsymbol{a}_k)\boldsymbol{S} \qquad k = 1, 2, 3 \qquad \bar{\boldsymbol{a}}_k \in so(3) \qquad \boldsymbol{a}_k \in su(2) \tag{5.80a}$$

erfolgt durch die unitäre Transformationsmatrix

$$\boldsymbol{S} = \frac{1}{\sqrt{2}}\begin{pmatrix} 1 & i & 0 \\ 0 & 0 & \sqrt{2} \\ -1 & i & 0 \end{pmatrix}. \tag{5.80b}$$

■

Nachdem jede LIE-Algebra selbst ein Vektorraum $\mathcal{L}$ ist, kann diese auch als Operator-Algebra aufgefasst werden, die auf sich selbst wirkt. Man erhält so eine Darstellung von $\mathcal{L}$ auf sich selbst, was – wie im Fall der regulären Darstellung von endlichen Gruppen – immer möglich ist. Betrachtet man deshalb die Elemente a einer LIE-Algebra $\mathcal{L}$ sowohl als Abbildungen bzw. als Operatoren $[a,\ ]$ als auch als Elemente eines linearen Vektorraumes $\mathcal{L}$ über $\mathbb{K}$, dann kann man eine *adjungierte (reguläre) Darstellung* definieren (s. a. Abschn. 3.7)

$$D^{\mathrm{ad}} : \begin{cases} \mathcal{L} \longrightarrow gl(\mathcal{L}) \\ a \longmapsto D^{\mathrm{ad}}(a) = [a,\ ] \qquad a \in \mathcal{L}, \end{cases} \tag{5.81}$$

mit der adjungierten Abbildung $D^{\mathrm{ad}}(a)$ von Gl. (5.31), die eine (innere) Derivation der LIE-Algebra bedeutet. Demnach ist der Darstellungsraum, in dem der Operator $D^{\mathrm{ad}}(a)$ wirkt, mit dem Vektorraum $\mathcal{L}$ identisch.

Der Kern der Abbildung (5.81) besteht aus allen Elementen x, die auf das Nullelement abgebildet werden ($D^{\mathrm{ad}}(x) = [a, x] = 0$) und deshalb mit allen Elementen der LIE-Algebra $\mathcal{L}$ vertauschen. Nach Gl. (5.21) stimmt dann der Kern mit dem Zentrum $\mathcal{C}$ überein, das als ein Ideal gilt. Setzt man voraus, dass die LIE-Algebra $\mathcal{L}$ einfach ist und deshalb kein nicht-triviales Ideal besitzt, dann muss der Kern entweder mit dem Nullelement $\{0\}$ oder mit der LIE-Algebra $\mathcal{L}$ selbst zusammenfallen. Im letzten Fall verschwinden alle LIE-Produkte, so dass die LIE-Algebra abelsch ist, was der Voraussetzung widerspricht. Demnach muss der Kern $\mathcal{C}$ die leere Menge sein, so dass die adjungierte Abbildung (5.81) eine umkehrbar eindeutige Zuordnung garantiert und als treue Darstellung gilt. Im Gegensatz dazu ist die adjungierte Darstellung jeder abelschen LIE-Algebra nicht treu.

Nach Wahl einer Basis $\{e_i | \; i = 1, \ldots, n\}$ im Darstellungsraum $\mathcal{L}$ können die Operatoren $D^{\mathrm{ad}}(a)$ durch reguläre $n \times n$-Matrizen $\boldsymbol{D}^{\mathrm{ad}}(a)$ beschrieben werden. Dabei sind die Matrixelemente die Entwicklungskoeffizienten der Bildelemente e_i' nach dieser Basis (Gl. 5.39)

$$D^{\mathrm{ad}}(a)e_i = e_i' = \sum_{j=1}^{n} D_{ji}^{\mathrm{ad}}(a)e_j \qquad i = 1, \ldots, \dim \boldsymbol{D}^{\mathrm{ad}}(a) = n \qquad \forall\, a \in \mathcal{L}, \tag{5.82}$$

wodurch die adjungierte Matrixdarstellung $\boldsymbol{D}^{\mathrm{ad}}(a)$ der LIE-Algebra $\mathcal{L}$ erklärt wird, deren Dimension mit der Dimension der LIE-Algebra $\mathcal{L}$ übereinstimmt. Mit der Beziehung

$$[[a, b], e_i] = \sum_{k=1}^{n} D^{\mathrm{ad}}([a, b])e_j \qquad j = 1, \ldots, n$$

sowie der JACOBI-Identität (5.1d)

$$\begin{aligned} [[a, b], e_i] &= -[[b, e_i], a] - [[e_i, a], b] \\ &= \sum_k \sum_j \left[-D_{ji}^{\mathrm{ad}}(b) D_{kj}^{\mathrm{ad}}(a) + D_{ji}^{\mathrm{ad}}(a) D_{kj}^{\mathrm{ad}}(b) \right] e_k \end{aligned}$$

erhält man

$$\boldsymbol{D}^{\mathrm{ad}}([a,b]) = [\boldsymbol{D}^{\mathrm{ad}}(a), \boldsymbol{D}^{\mathrm{ad}}(b)], \tag{5.83}$$

was die Darstellungseigenschaft der adjungierten Darstellung demonstriert. Im Ergebnis erhält man mit der adjungierten Darstellung $\boldsymbol{D}^{\mathrm{ad}}(\mathcal{L})$ für jede LIE-Algebra $\mathcal{L}$ eine nicht-triviale Darstellung.

Der Vergleich von (5.82) mit Gl. (5.8) liefert das Ergebnis

$$D^{\mathrm{ad}}_{kj}(e_i) = f^k_{ij}, \tag{5.84}$$

wonach wegen der linearen Unabhängigkeit der Basiselemente die Matrixelemente der adjungierten Darstellung $\boldsymbol{D}^{\mathrm{ad}}(\mathcal{L})$ mit den Strukturkonstanten der LIE-Algebra identisch sind. Mit der JACOBI-Identität (5.1d) erhält man für das LIE-Produkt zweier adjungierter Darstellungsmatrizen

$$\begin{aligned}
[\boldsymbol{D}^{\mathrm{ad}}(e_i), \boldsymbol{D}^{\mathrm{ad}}(e_j)]_{mn} &= \sum_k \left[D^{\mathrm{ad}}_{mk}(e_i)D^{\mathrm{ad}}_{kn}(e_j) - D^{\mathrm{ad}}_{mk}(e_j)D^{\mathrm{ad}}_{kn}(e_i)\right] \\
&= \sum_k \left(f^m_{ik} f^k_{jn} - f^m_{jk} f^k_{in}\right) = \sum_k \left(f^m_{ik} f^k_{jn} + f^m_{jk} f^k_{ni}\right) \\
&= -\sum_k f^k_{ij} f^m_{nk} \\
&= \sum_k f^k_{ij} f^m_{kn} = \sum_k f^k_{ij} D^{\mathrm{ad}}_{mn}(e_k) \qquad i,j = 1,\ldots,n.
\end{aligned} \tag{5.85}$$

Demnach bilden die Darstellungsmatrizen $\boldsymbol{D}^{\mathrm{ad}}(e_k)$ eine durch die Strukturkonstanten festgelegte LIE-Algebra, die der LIE-Algebra $\mathcal{L}$ entspricht.

Betrachtet man einen endlich-dimensionalen Vektorraum $\mathcal{V}$ über einem (algebraisch geschlossenen) Körper $\mathbb{K}$, dann kann jeder Endomorphismus ψ eindeutig zerlegt werden in der Form

$$\psi = \psi_s + \psi_n \qquad \psi \in \mathrm{End}_{\mathbb{K}}(\mathcal{V}) \tag{5.86a}$$

mit der Vertauschung

$$[\psi_s, \psi_n] = 0. \tag{5.86b}$$

Bei dieser sogenannten JORDAN-*Zerlegung* bedeutet ψ_s bzw. ψ_n ein halbeinfacher bzw. nilpotenter Teil des Endomorphismus. Ein *halbeinfacher Endomorphismus* ψ_s zeichnet sich dadurch aus, dass es eine geeignete Basis des Vektorraumes $\mathcal{V}$ gibt, die die Abbildung zu diagonalisieren vermag und so die Eigenvektoren liefert. Ein *nilpotenter Endomorphismus* verschwindet nach einer endlichen p-ten Potenz

$(\psi_n^p = 0,\ p > 0)$, was in einer Matrixdarstellung durch eine echte obere Dreiecksmatrix garantiert wird. Als Konsequenz daraus findet man als einzigen Eigenwert von ψ_n den einfach entarteten Wert 0, so dass der Endomorphismus ψ denselben Eigenwert besitzt wie der halbeinfache Teil ψ_s. Entsprechend der Zerlegung (5.86) des Endomorphismus gelingt eine JORDAN-Zerlegung einer halbeinfachen LIE-Algebra $\mathcal{L}$

$$a = a_s + a_n \qquad \forall a \in \mathcal{L} \tag{5.87a}$$

mit der Vertauschung

$$[a_s, a_n] = 0. \tag{5.87b}$$

Nachdem die adjungierte Abbildung $D^{\mathrm{ad}}(a)$ eine treue Abbildung ist, findet man auch für deren Bilder eine analoge Zerlegung. Dabei ist die adjungierte Abbildung des halbeinfachen Teils D_s^{ad} bzw. nilpotenten Teils D_n^{ad} diagonalisierbar bzw. nilpotent $\left((D_n^{\mathrm{ad}})^p = 0,\ p > 0\right)$.

Diese Zerlegung kann auf jede endlich-dimensionale Darstellung D einer halbeinfachen LIE-Algebra $\mathcal{L}$ übertragen werden, wobei die JORDAN-Zerlegung (5.87) erhalten bleibt

$$D(a) = D(a_s) + D(a_n) = D_s(a) + D_n(a) \qquad \forall a \in \mathcal{L}. \tag{5.88}$$

Man erhält so einen halbeinfachen Anteil $D_s(a)$ und einen nilpotenten Anteil $D_n(a)$. Bleibt darauf hinzuweisen, dass in nicht halbeinfachen LIE-Algebren die halbeinfachen und nilpotenten Anteile in verschiedenen Darstellungen völlig unabhängig voneinander sind. Daneben gilt für jede endlich-dimensionale Darstellung D einer halbeinfachen LIE-Algebra die vollständige Reduzierbarkeit.

Beispiel 2 Als Beispiel wird die der *speziellen unitären* LIE-*Gruppe* $SU(2)$ entsprechende LIE-Algebra $su(2)$ betrachtet. Dort sind die Elemente alle antihermiteschen 2×2-Matrizen $\boldsymbol{a}$ (5.14), deren Spur verschwindet (5.15). Die Dimension dieser LIE-Algebra bzw. des zugehörigen Vektorraumes $\mathcal{L}$ errechnet sich zu $n = N^2 - 1 = 3$ (Tab. 5.1).

Als Basiselemente $\{\boldsymbol{a}_k |\ k = 1, 2, 3\}$ kann man die Generatoren (4.43) der entsprechenden linearen LIE-Gruppe $SU(2)$ wählen, die die Gleichung

$$\sum_{k=1}^{3} \alpha_k \boldsymbol{a}_k = \frac{1}{2}\begin{pmatrix} i\alpha_3 & i\alpha_1 + \alpha_2 \\ i\alpha_1 - \alpha_2 & -i\alpha_3 \end{pmatrix} = \mathbf{0} \tag{5.89}$$

nur mit der Lösung $\alpha_1 = \alpha_2 = \alpha_3 = 0$ erfüllen und mithin linear unbabhängig sind. Die Kommutatoren errechnen sich nach Gl. (5.40). Wegen

$$D^{\mathrm{ad}}(\boldsymbol{a}_l)\boldsymbol{a}_m = \sum_{n=1}^{3} D^{\mathrm{ad}}_{nm}(\boldsymbol{a}_l)\boldsymbol{a}_n = \sum_{n=1}^{3} f^n_{lm}\boldsymbol{a}_n$$

erhält man aus dem Vergleich mit Gl. (5.40b) für die Strukturkonstanten

$$f^n_{lm} = D^{\mathrm{ad}}_{nm}(\boldsymbol{a}_l) = -\varepsilon_{lmn} = -\varepsilon^l_{mn}. \tag{5.90}$$

Die adjungierte dreidimensionale Darstellung der LIE-Algebra $su(2)$ hat dann für die drei Basiselemente die Form

$$\boldsymbol{D}^{\mathrm{ad}}(\boldsymbol{a}_1) = -\boldsymbol{\varepsilon}^1 = \begin{pmatrix} 0 & 0 & 0 \\ 0 & 0 & -1 \\ 0 & 1 & 0 \end{pmatrix}, \tag{5.91a}$$

$$\boldsymbol{D}^{\mathrm{ad}}(\boldsymbol{a}_2) = -\boldsymbol{\varepsilon}^2 = \begin{pmatrix} 0 & 0 & 1 \\ 0 & 0 & 0 \\ -1 & 0 & 0 \end{pmatrix}, \tag{5.91b}$$

$$\boldsymbol{D}^{\mathrm{ad}}(\boldsymbol{a}_3) = -\boldsymbol{\varepsilon}^3 = \begin{pmatrix} 0 & -1 & 0 \\ 1 & 0 & 0 \\ 0 & 0 & 0 \end{pmatrix}. \tag{5.91c}$$

Sie ist identisch mit der definierenden Darstellung der LIE-Algebra $so(3)$, die durch die Generatoren $\{\bar{\boldsymbol{a}}_k |\, k = 1, 2, 3\}$ der zugehörigen LIE-Gruppe $SO(3)$ nach Gl. (4.58) gegeben ist.

■

Der Übergang von einer reellen LIE-Algebra $\mathcal{L}$ – über dem Körper $\mathbb{R}$ – zu einer komplexen LIE-Algebra $\mathcal{L}_{\mathbb{C}}$ – über dem Körper $\mathbb{C}$ – wird als *Komplexifizierung* bezeichnet und verläuft analog zur Komplexifizierung eines reellen Vektorraumes. Diese komplexe LIE-Algebra $\mathcal{L}_{\mathbb{C}}$ ist dann die Menge aller Elementpaare $(a, b) \in \mathcal{L} \times \mathcal{L}$, für die eine punktweise Addition

$$(a_1, b_1) + (a_2, b_2) := (a_1 + a_2, b_1 + b_2) \tag{5.92a}$$

sowie eine Multiplikation mit komplexen Zahlen $z = x + iy$ in der Form

$$(x + iy)(a, b) := (xa - yb, xb + ya) \qquad a, b \in \mathcal{L} \times \mathcal{L} \qquad x, y \in \mathbb{R} \tag{5.92b}$$

definiert ist. Das LIE-Produkt für zwei beliebige Elementpaare (a_1, b_1) und (a_2, b_2) ist dann gegeben durch

$$[(a_1, b_1), (a_2, b_2)] = ([a_1, a_2] - [b_1, b_2], [a_1, b_2] + [b_1, a_2]). \tag{5.93}$$

An Stelle der Elementpaare (a, b) kann man auch die Schreibweise eines komplexen Elementes $(a + ib)$ wählen, womit die Forderungen (5.92) erfüllt werden. Die

Komplexifizierung kann dann ausgedrückt werden durch das direkte Produkt mit dem Koeffizientenkörper $\mathbb{C}$, der als zweidimensionaler reeller Vektorraum mit der Basis $\{1, i\}$ betrachtet wird

$$\mathcal{L}_{\mathbb{C}} := \mathcal{L} \otimes_{\mathbb{R}} \mathbb{C} \equiv \mathcal{L} \oplus i\mathcal{L}. \tag{5.94}$$

Mit der Basis $\{a_k | k = 1, \ldots, \dim_{\mathbb{R}} \mathcal{L}\}$ der reellen LIE-Algebra $\mathcal{L}$ findet man für die komplexe LIE-Algebra $\mathcal{L}_{\mathbb{C}}$ etwa die Basis $\{(a_k, 0) = a_k | k = 1, \ldots, \dim_{\mathbb{R}} \mathcal{L}\}$ oder $\{(0, a_k) = i a_k | k = 1, \ldots, \dim_{\mathbb{R}} \mathcal{L}\}$. Demnach haben beide LIE-Algebren $\mathcal{L}$ und $\mathcal{L}_{\mathbb{C}}$ bezogen auf ihren Koeffizientenkörper $\mathbb{R}$ bzw. $\mathbb{C}$ die gleiche Dimension

$$\dim_{\mathbb{R}} \mathcal{L} = \dim_{\mathbb{C}} \mathcal{L}_{\mathbb{C}} \tag{5.95a}$$

und die gleichen Strukturkonstanten. Die reelle Dimension $\dim_{\mathbb{R}} \mathcal{L}_{\mathbb{C}}$ ist dann das Zweifache der reellen Dimension $\dim_{\mathbb{R}} \mathcal{L}$

$$\dim_{\mathbb{R}} \mathcal{L}_{\mathbb{C}} = 2\dim_{\mathbb{R}} \mathcal{L}. \tag{5.95b}$$

Jede reelle LIE-Algebra $\mathcal{L}$, deren Komplexifizierung $\mathcal{L}_{\mathbb{C}}$ isomorph zu einer komplexen LIE-Algebra $\widetilde{\mathcal{L}}$ ist, wird als *reelle Form* der LIE-Algebra $\widetilde{\mathcal{L}}$ bezeichnet, von denen es mehrere verschiedene geben kann. Das bedeutet, dass aus der Komplexifizierung nicht isomorpher reeller LIE-Algebren eine für alle gleiche komplexe LIE-Algebra resultieren kann. Nach Tabelle 5.2 sind die LIE-Algebren der linken Spalte die reellen Formen $\mathcal{L}$ der komplexen LIE-Algebren $\widetilde{\mathcal{L}}$ in der rechten Spalte.

Zu jeder d-dimensionalen Darstellung $\boldsymbol{D}_{\mathcal{L}}$ einer reellen LIE-Algebra $\mathcal{L}$ mit der Basis $\{a_k | k = 1, \ldots, \dim_{\mathbb{R}} \mathcal{L}\}$ gibt es eine d-dimensionale Darstellung $\boldsymbol{D}_{\mathcal{L}_{\mathbb{C}}}$ der Komplexifizierung $\mathcal{L}_{\mathbb{C}}$ mit der Basis $\{(a_k, 0) | k = 1, \ldots, \dim_{\mathbb{R}} \mathcal{L}\}$, so dass für jedes Element a_k von $\mathcal{L}$ gilt

$$\boldsymbol{D}_{\mathcal{L}_{\mathbb{C}}}(a_k) = \boldsymbol{D}_{\mathcal{L}}(a_k) \qquad k = 1, \ldots, \dim_{\mathbb{R}} \mathcal{L}. \tag{5.96a}$$

Umgekehrt kann man von einer d-dimensionalen Darstellung $\boldsymbol{D}_{\widetilde{\mathcal{L}}}$ einer komplexen LIE-Algebra $\widetilde{\mathcal{L}}$ mit der Basis $\{b_k | k = 1, \ldots, \dim_{\mathbb{C}} \widetilde{\mathcal{L}}\}$ ausgehen, um eine reelle Form $\mathcal{L}$ zu bilden, deren Komplexifizierung $\mathcal{L}_{\mathbb{C}}$ isomorph zu $\widetilde{\mathcal{L}}$ ist. Dann gibt es eine d-dimensionale Darstellung $\boldsymbol{D}_{\mathcal{L}}$ mit

$$\boldsymbol{D}_{\mathcal{L}}(b_k) = \boldsymbol{D}_{\mathcal{L}_{\mathbb{C}}}(b_k) \qquad k = 1, \ldots, \dim_{\mathbb{C}} \widetilde{\mathcal{L}}. \tag{5.96b}$$

Demnach findet man eine umkehrbar eindeutige Zuordnung zwischen den Darstellungen von $\widetilde{\mathcal{L}}$ und jeder ihrer reellen Formen $\mathcal{L}$. Als Konsequenz daraus gilt die Aussage, dass eine Darstellung $\boldsymbol{D}_{\widetilde{\mathcal{L}}}$ einer komplexen LIE-Algebra $\widetilde{\mathcal{L}}$ genau dann vollständig reduzibel ist, falls die entsprechende Darstellung $\boldsymbol{D}_{\mathcal{L}}$ der reellen Form $\mathcal{L}$ vollständig reduzibel ist. Wegen der Abgeschlossenheit des Koeffizientenkörpers $\mathbb{C}$ wird die Diskussion von komplexen LIE-Algebren bevorzugt, insbesondere im Hinblick auf Darstellungen.

Tabelle 5.2 Komplexifizierung von reellen LIE-Algebren $\mathcal{L}$ nach komplexen LIE-Algebren $\mathcal{L}_{\mathbb{C}}$ mit $\mathcal{L}_{\mathbb{C}} \cong \widetilde{\mathcal{L}}$ $(p, q, r, s$: s. Tab. 5.1)

reelle Algebra $\mathcal{L}$	komplexe Algebra $\widetilde{\mathcal{L}}$
$gl(N, \mathbb{R})$ $u(N)$ $u(p, q, \mathbb{C})$	$gl(N, \mathbb{C})$
$sl(N, \mathbb{R})$ $su(N)$ $su(p, q)$	$sl(N, \mathbb{C})$
$o(N)$ $o(p, q)$	$o(N, \mathbb{C})$
$so^*(N)$ $so(p, q)$	$so(N, \mathbb{C})$
$sp(1/2\,N, \mathbb{R})$ $sp(r, s, \mathbb{C})$ $sp(1/2\,N)$	$sp(1/2\,N, \mathbb{C})$

Beispiel 3 Im Fall der reellen dreidimensionalen LIE-Algebra $\mathcal{L}_1 = su(2)$ gelingt die Komplexifizierung abweichend von der oben diskutierten Methode auf einem einfachen direkten Weg. Ausgehend von der Basis $\{\boldsymbol{a}_k | k = 1, 2, 3\}$ (4.43) bildet man die Menge aller Linearkombinationen der Form

$$\boldsymbol{a} = \sum_{k=1}^{3} \alpha_k \boldsymbol{a}_k \qquad \alpha_k \in \mathbb{C}. \tag{5.97}$$

Wegen der linearen Unabhängigkeit der Basis $\{\boldsymbol{a}_k | k = 1, 2, 3\}$ über dem komplexen Körper $\mathbb{C}$ liefert diese Menge eine Erweiterung der LIE-Algebra $su(2)$, die als deren Komplexifizierung $\mathcal{L}_{\mathbb{C}}$ gilt. Den gleichen Weg der Komplexifizierung kann man auch bei der reellen dreidimensionalen LIE-Algebra $\mathcal{L}_2 = sl(2, \mathbb{R})$ wählen. Dort hat die Menge aller reellen spurlosen 2×2-Matrizen die Basis

$$\boldsymbol{b}_1 = i\boldsymbol{a}_1 \qquad \boldsymbol{b}_2 = \boldsymbol{a}_2 \qquad \boldsymbol{b}_3 = i\boldsymbol{a}_3, \tag{5.98}$$

die ebenfalls linear unabhängig ist über dem komplexen Körper $\mathbb{C}$. Die linearen Kombinationen mit komplexen Koeffizienten liefern erneut die Menge (5.97), so dass die gleiche Komplexifizierung $\mathcal{L}_{\mathbb{C}}$ erhalten wird. Letztere ist isomorph zur komplexen Matrix LIE-Algebra $sl(2, \mathbb{C})$. Beide Basissysteme (4.43) und (5.98) gehören sowohl zu den reellen LIE-Algebren $\mathcal{L}_1$ und $\mathcal{L}_2$ wie zur komplexen LIE-Algebra $\mathcal{L}_{\mathbb{C}}$, womit Gl. (5.95) bestätigt wird. Dennoch muss betont werden, dass die reellen Vektorräume, die von den beiden Basissystemen über dem reellen Körper $\mathbb{R}$ aufgespannt werden, verschieden sind, so dass die reellen LIE-Algebren $\mathcal{L}_1 = su(2)$ und $\mathcal{L}_2 = sl(2, \mathbb{R})$ nicht isomorph sind.

In jenen Fällen, bei denen die reelle LIE-Algebra $\mathcal{L}$ keine Basis besitzt, die über dem komplexen Körper $\mathbb{C}$ linear unabhängig ist, muss dieses einfache Verfahren scheitern, da es keine Erweiterung der reellen LIE-Algebra erlaubt. Dort wird man den oben diskutierten allgemeinen Weg wählen. Ein Beispiel ist die reelle 6-dimensionale LIE-Algebra $sl(2, \mathbb{C})$, die die Menge der spurlosen komplexen 2×2-Matrizen umfasst. Eine mögliche Basis sind die sechs Matrizen

$$\begin{aligned} \boldsymbol{a}_1 &= \begin{pmatrix} 1 & 0 \\ 0 & -1 \end{pmatrix} & \boldsymbol{a}_2 &= \begin{pmatrix} 0 & 1 \\ 0 & 0 \end{pmatrix} & \boldsymbol{a}_3 &= \begin{pmatrix} 0 & 0 \\ 1 & 0 \end{pmatrix} \\ \boldsymbol{a}_4 &= \begin{pmatrix} i & 0 \\ 0 & -i \end{pmatrix} & \boldsymbol{a}_5 &= \begin{pmatrix} 0 & i \\ 0 & 0 \end{pmatrix} & \boldsymbol{a}_6 &= \begin{pmatrix} 0 & 0 \\ i & 0 \end{pmatrix}, \end{aligned} \tag{5.99}$$

die über $\mathbb{R}$ linear unabhängig sind, jedoch wegen der Beziehungen

$$\boldsymbol{a}_4 = i\boldsymbol{a}_1 \qquad \boldsymbol{a}_5 = i\boldsymbol{a}_2 \qquad \boldsymbol{a}_6 = i\boldsymbol{a}_3$$

nicht über dem komplexen Körper $\mathbb{C}$. Als Ergebnis der Komplexifizierung $\mathcal{L}_{\mathbb{C}}$ nach der allgemeinen Methode erhält man

$$\mathcal{L}_{\mathbb{C}} \cong sl(2, \mathbb{C}) \oplus sl(2, \mathbb{C}). \tag{5.100}$$

Danach ist die Komplexifizierung der einfachen reellen LIE-Algebra $sl(2, \mathbb{C})$ keine einfache sondern eine halbeinfache komplexe LIE-Algebra, nämlich die direkte Summe aus zwei einfachen isomorphen LIE-Algebren $sl(2, \mathbb{C})$ über dem Körper $\mathbb{C}$.

■

Kapitel 6
Lineare LIE-Gruppen und reelle LIE-Algebren

Die lokalen Eigenschaften einer LIE-Gruppe, die aus der Umgebung des Einselements gewonnen werden, liefern die wesentlichen Informationen über die Strukturen und sind deshalb von besonderem Interesse. Nachdem diese Eigenschaften von der entsprechenden LIE-Algebra geprägt werden, gilt es als vorrangige Aufgabe, den Zusammenhang zwischen einer linearen LIE-Gruppe und der zugehörigen LIE-Algebra näher zu untersuchen.

6.1 Matrixexponentialfunktionen

Eine direkte Verknüpfung zwischen einer linearen LIE-Gruppe $\mathcal{G}$ und einer reellen LIE-Algebra $\mathcal{L}$ geschieht durch die Matrixexponentialfunktion. Sie ist definiert durch die Potenzreihe

$$\exp \boldsymbol{a} := \mathbf{1}_m + \sum_{m=1}^{\infty} \frac{\boldsymbol{a}^m}{m!}, \tag{6.1}$$

mit der $m \times m$-Matrix $\boldsymbol{a}$. Dabei gilt die Konvergenz für jede beliebige Matrix $\boldsymbol{a}$.

Die Matrixexponentialfunktion hat die folgenden Eigenschaften:

(a) Komplexe Konjugation

$$(\exp \boldsymbol{a})^* = \exp \boldsymbol{a}^*. \tag{6.2a}$$

(b) Transposition

$$(\exp \boldsymbol{a})^\top = \exp \boldsymbol{a}^\top. \tag{6.2b}$$

(c) Hermitesche Konjugation

$$(\exp \boldsymbol{a})^\dagger = \exp \boldsymbol{a}^\dagger. \tag{6.2c}$$

(d) Für jede beliebige, reguläre $m \times m$-Matrix $\boldsymbol{S}$ ($\det \boldsymbol{S} \neq 0$) gilt

M. Böhm, *Lie-Gruppen und Lie-Algebren in der Physik*, Springer-Lehrbuch,
DOI 10.1007/978-3-642-20379-4_6, © Springer-Verlag Berlin Heidelberg 2011

$$\exp(\boldsymbol{S}\boldsymbol{a}\boldsymbol{S}^{-1}) = \boldsymbol{S}(\exp \boldsymbol{a})\boldsymbol{S}^{-1}. \tag{6.2d}$$

(e) Für die Determinante gilt

$$\det(\exp \boldsymbol{a}) = \exp(\operatorname{sp} \boldsymbol{a}). \tag{6.2e}$$

(f) Die Abbildung

$$\psi(\boldsymbol{a}) = \exp \boldsymbol{a} \qquad \text{(Exponentialabbildung)} \tag{6.2f}$$

ist eine umkehrbar eindeutige Abbildung einer kleinen Umgebung der $m \times m$-Nullmatrix $\mathbf{0}_m$ auf eine kleine Umgebung der $m \times m$-Einheitsmatrix $\mathbf{1}_m$.

(g) Falls die Matrix $\boldsymbol{a}$ die Eigenwerte $\{\lambda_i \mid i = 1, \ldots, m\}$ besitzt, dann hat die Matrixexponentialfunktion (6.1) die Eigenwerte $\{\exp \lambda_i \mid i = 1, \ldots, m\}$.

Setzt man voraus, dass zwei beliebige $m \times m$-Matrizen $\boldsymbol{a}$ und $\boldsymbol{b}$ miteinander kommutieren, dann gilt für das Produkt der Exponentialfunktionen

$$\exp \boldsymbol{a} \exp \boldsymbol{b} = \exp(\boldsymbol{a} + \boldsymbol{b}) = \exp \boldsymbol{b} \exp \boldsymbol{a}. \tag{6.3}$$

Betrachtet man zwei beliebige $m \times m$-Matrizen $\boldsymbol{a}$ und $\boldsymbol{b}$, deren sämtliche Matrixelemente beliebig klein sind, dass Terme höherer Ordnung vernachlässigt werden können, dann gilt für das Produkt der Exponentialfunktionen

$$\exp \boldsymbol{a} \exp \boldsymbol{b} = \exp \boldsymbol{c} \tag{6.4a}$$

mit

$$\boldsymbol{c} = \boldsymbol{a} + \boldsymbol{b} + \frac{1}{2}[\boldsymbol{a}, \boldsymbol{b}] + \frac{1}{12}\{[\boldsymbol{a}, [\boldsymbol{a}, \boldsymbol{b}]] + [\boldsymbol{b}, [\boldsymbol{b}, \boldsymbol{a}]]\} + \ldots. \tag{6.4b}$$

Letztere Gleichung ist als BAKER-CAMPBELL-HAUSDORFF-*Formel* bekannt.

Schließlich findet man wegen Gl. (6.2e), dass die Matrixexponentialfunktion für jede beliebige $m \times m$-Matrix $\boldsymbol{a}$ regulär ist

$$\det(\exp \boldsymbol{a}) \neq 0 \tag{6.5a}$$

und es gilt

$$(\exp \boldsymbol{a})^{-1} = \exp(-\boldsymbol{a}). \tag{6.5b}$$

Beispiel 1 Als Beispiel werden die eigentlichen Rotationen eines Systems im euklidischen Raum $\mathbb{R}^3$ betrachtet. Die dazu isomorphe Matrixgruppe ist die *spezielle orthogonale Gruppe* $SO(3)$ in drei Dimensionen. Eine Rotation um die z-Achse als Drehachse mit dem Winkel φ wird durch die Rotationsmatrix $\boldsymbol{d}_z(\varphi)$ von Gl. (2.9) bzw. durch die Reihenentwicklung von Gl. (4.90) beschrieben. Im Ergebnis kann sie durch die Beziehung

$$d_z(\varphi) = \exp(\varphi \boldsymbol{a}) \qquad -\pi \leq \varphi < +\pi$$

ausgedrückt werden. Dabei bedeutet die Matrix $\boldsymbol{a}$ (4.91) den Generator $\boldsymbol{a}_3$ bzw. den Tangentialvektor (4.89b) am Einselement einer einparametrigen Untergruppe mit dem Parameter φ.

■

6.2 Tangentialräume

Ziel dieses Abschnitts ist es zu zeigen, dass die LIE-Algebra $\mathcal{L}$ einer LIE-Gruppe $\mathcal{G}$ der sogenannte *Tangentialraum* von $\mathcal{G}$ an der Stelle des Einheitselements ist. Dabei wird der Umweg über die Erklärung einer analytischen Kurve in einer Mannigfaltigkeit abgekürzt und vielmehr bereits von einer linearen LIE-Gruppe $\mathcal{G}$ ausgegangen.

Dort findet man die Vorhersage einer N-dimensionalen, treuen Matrixdarstellung $\boldsymbol{D}(\mathcal{G})$ (Abschn. 4.3). Nach Gln. (4.21) und (4.22) entspricht jede Matrix $\boldsymbol{A} \in \boldsymbol{D}(\mathcal{G})$ in der Nähe des Einselements umkehrbar eindeutig einem Punkt $\boldsymbol{x} \in \mathbb{R}^n$ in der Nähe des Ursprungs $\boldsymbol{0}$. Vorausgesetzt werden n Parameter $\{x_i |\ i = 1, \ldots, n\}$, von denen jeder eine auf einem offenen Intervall I definierte relle analytische Funktion der Variablen ist

$$\boldsymbol{x}(t) = ((x_1(t), \ldots, x_n(t)) \qquad t \in I = \{t \in \mathbb{R}|\ t_1 < t < t_2;\ t_1 < 0,\ t_2 > 0\}.$$

Diese mögen für $t = 0$ gerade die Parameterwerte $\boldsymbol{x}(0) = \boldsymbol{0}$ annehmen, die dem Einselement der Gruppe $\mathcal{G}$ entsprechen ($e(\boldsymbol{0}) = \boldsymbol{1}_N \in \mathcal{G}$). Zudem möge der Punkt $\boldsymbol{x}(t) \in \mathbb{R}^n$ der Bedingung (4.24) genügen für alle $t \in I$. Dann kann man eine *analytische Kurve $\boldsymbol{A}(t)$ in einer linearen* LIE-*Gruppe* definieren als die von dem Satz von Parametern $\boldsymbol{x}(t)$ abhängigen $N \times N$-Matrizen $\boldsymbol{A}[\boldsymbol{x}(t)] \in \boldsymbol{D}(\mathcal{G})$. Der Punkt $t = 0$ im Intervall I entspricht so dem Einslement e und deshalb der Einheitsmatrix ($\boldsymbol{A}(t = 0) = \boldsymbol{1}_N$).

Als *Tangentialvektor* $\boldsymbol{a}$ einer analytischen Kurve in einer linearen LIE-Gruppe $\mathcal{G}$ am Einselement $e \in \mathcal{G}$ definiert man die $N \times N$-Matrix

$$\boldsymbol{a} := \left.\frac{d\boldsymbol{A}(t)}{dt}\right|_{t=0}. \tag{6.6}$$

Sie ist die Ableitung der analytischen Kurve $\boldsymbol{A}(t)$ in einer N-dimensionalen, treuen Matrixdarstellung $\boldsymbol{D}(\mathcal{G})$ der LIE-Gruppe $\mathcal{G}$ nach der Variablen t am Punkt $t = 0$. Demnach ist der Tangentialvektor $\boldsymbol{a}$ ein lokales Objekt, da er am Einselement liegt.

Betrachtet man alle analytischen Kurven $\boldsymbol{A}(t)$ in der LIE-Gruppe $\mathcal{G}$, die durch das Einselement e verlaufen, dann bildet die Menge der zugehörigen Tangentialvektoren $\boldsymbol{a}$ im Punkt e den *Tangentialraum* einer linearen LIE-Gruppe. Dieser Tangentialraum ist ein reeller n-dimensionaler Vektorraum, dessen Basis durch die n Generatoren $\{\boldsymbol{a}_k |\ k = 1, \ldots, n\}$ (4.26) der linearen LIE-Gruppe gebildet werden. Das bedeutet, dass jeder Tangentialvektor $\boldsymbol{a}$ einer beliebigen analytischen Kurve durch das Einselement ein Element dieses Tangentialraumes ist und nach den n Generatoren der

Gruppe $\mathcal{G}$ in der Matrixdarstellung $\boldsymbol{D}(\mathcal{G})$ entwickelt werden kann

$$\boldsymbol{a} = \sum_{k=1}^{n} \alpha_k \boldsymbol{a}_k \qquad \alpha_k \in \mathbb{R}. \tag{6.7}$$

Umgekehrt gilt auch, dass jedes Element $\boldsymbol{a}$ des n-dimensionalen reellen Vektorraumes – der aus allen reellen Linearkombinationen (6.7) besteht – der Tangentialvektor im Punkt e an eine beliebige analytische Kurve $\boldsymbol{A}(t)$ durch das Einselement e ist.

Ausgehend von zwei beliebigen Tangentialvektoren $\boldsymbol{a}$ und $\boldsymbol{b}$ der analytischen Kurven $\boldsymbol{A}(t)$ und $\boldsymbol{B}(t)$ aus dem Tangentiaraum einer linearen LIE-Gruppe $\mathcal{G}$ findet man mit dem Kommutator $[\boldsymbol{a}, \boldsymbol{b}]$ ebenfalls ein Element $\boldsymbol{c}$ des Tangentialraumes. Das bedeutet, dass der Kommutator gleich dem Tangentialvektor $\boldsymbol{c}$ einer analytischen Kurve $\boldsymbol{C}(t)$ durch das Einselement ist, wobei gilt

$$\boldsymbol{C}(t) = \boldsymbol{A}\left(\sqrt{t}\right)\boldsymbol{B}\left(\sqrt{t}\right)\boldsymbol{A}\left(\sqrt{t}\right)^{-1}\boldsymbol{B}\left(\sqrt{t}\right)^{-1}. \tag{6.8}$$

Der Nachweis gelingt durch die Linearisierung der analytischen Kurven in der Umgebung des Einselements mit $\sqrt{t} = s$

$$\boldsymbol{A}(s) = \mathbf{1} + s\boldsymbol{a} + \frac{1}{2}s^2 \left.\frac{d^2\boldsymbol{A}}{ds^2}\right|_{s=0} + \ldots \tag{6.9a}$$

und

$$\boldsymbol{B}(s) = \mathbf{1} + s\boldsymbol{b} + \frac{1}{2}s^2 \left.\frac{d^2\boldsymbol{B}}{ds^2}\right|_{s=0} + \ldots \tag{6.9b}$$

bzw.

$$\boldsymbol{A}^{-1}(s) = \mathbf{1} - s\boldsymbol{a} + O(s^2) \tag{6.9c}$$

und

$$\boldsymbol{B}^{-1}(s) = \mathbf{1} - s\boldsymbol{b} + O(s^2). \tag{6.9d}$$

Die Substitution in Gl. (6.8) liefert

$$\boldsymbol{C}(s) = \mathbf{1} + s^2[\boldsymbol{a}, \boldsymbol{b}] + O(s^2), \tag{6.10}$$

wodurch die Multiplikation von Elementen einer LIE-Gruppe mit dem LIE-Produkt von Elementen der zugehörigen LIE-Algebra verknüpft wird. Der Tangentialvektor an die Kurve $\boldsymbol{C}(t)$ im Einselement errechnet sich daraus zu

$$\left.\frac{d\boldsymbol{C}(t)}{dt}\right|_{t=0} = [\boldsymbol{a}, \boldsymbol{b}] = \boldsymbol{c}, \tag{6.11}$$

was erneut ein Element des Tangentialraumes ist. Für abelsche LIE-Gruppen erhält man nach Gl. (6.9) wegen der Vertauschbarkeit der Elemente $\boldsymbol{C}(t) = \boldsymbol{1}$, so dass mit Gl. (6.11) der Kommutator erwartungsgemäß verschwindet ($[\boldsymbol{a}, \boldsymbol{b}] = \boldsymbol{0}$; s. a. Abschn. 5.1). Demnach kann das LIE-Produkt (6.11) als Maß für die Nichtvertauschbarkeit der Gruppenelemente verstanden werden.

Zusammenfassend stellt man fest, dass der Tangentialraum einer linearen LIE-Gruppe $\mathcal{G}$ mit der Dimension n ein reeller linearer n-dimensionaler Vektorraum über $\mathbb{R}$ ist, der auch den Kommutator $[\boldsymbol{a}, \boldsymbol{b}]$ zweier beliebiger Elemente $\boldsymbol{a}$ und $\boldsymbol{b}$ als Element enthält. Nachdem der Kommutator die in der Definition (5.1) und (5.2) einer LIE-Algebra erhobenen Forderungen an ein LIE-Produkt erfüllt, ist der Tangentialraum einer linearen LIE-Gruppe $\mathcal{G}$ auch eine reelle LIE-Algebra $\mathcal{L}$ mit der Dimension n. Diese Charakterisierung mündet in der Formulierung: Zu jeder linearen LIE-Gruppe $\mathcal{G}$ mit der Dimension n existiert eine entsprechende reelle LIE-Algebra $\mathcal{L}$ mit derselben Dimension. Das bedeutet, dass die $N \times N$-Matrizen $\{\boldsymbol{a}_k | \, k = 1, \ldots, n\}$ (4.26) die Basis für die LIE-Algebra bilden.

In Umkehrung des Fundamentalsatzes gilt die Behauptung, dass jede reelle LIE-Algebra isomorph ist zu einer reellen LIE-Algebra $\mathcal{L}$, die zu irgendeiner linearen LIE-Gruppe $\mathcal{G}$ gehört. Dabei sei darauf hingewiesen, dass die Konstruktion der LIE-Algebra von der Wahl der Parametrisierung abhängt. Unterschiedliche Parametrisierungen haben LIE-Algebren zur Folge, die isomorph zueinander sind.

Beispiel 1 Ein einfaches Beispiel ist die *unitäre Gruppe* $U(1)$ in einer Dimension mit den komplexen Zahlen ($z = \exp(ix)$) vom Betrag eins als Elemente. Der einzige reelle Parameter x kann als reelle analytische Funktion in der Form

$$x(t) = xt \qquad t \in \mathbb{R} \tag{6.12}$$

ausgedrückt werden, so dass für $t = 0$ der Parameterwert verschwindet ($x = 0$) und mithin das Einselement der Gruppe angenommen wird. Mit der analytischen Kurve

$$z(t) = \exp(ixt) \qquad t \in \mathbb{R}, \tag{6.13}$$

die hier mit der Mannigfaltigkeit, nämlich dem Einheitskreis zusammenfällt, erhält man nach Gl. (6.6) den Tangentialvektor

$$a = ix. \tag{6.14}$$

Die Variation des Parameterwertes x liefert die Menge der zu den analytischen Kurven $z(t)$ gehörigen Tangentialvektoren, die den Tangentialraum bilden. Dieser eindimensionale Vektorraum hat etwa den hermiteschen Tangentialvektor (6.14) als Basis, der zugleich der Generator der Gruppe $U(1)$ ist. Das LIE-Produkt zweier beliebiger Elemente $a = ix_1$ und $b = ix_2$ aus dem Tangentialraum verschwindet

$$[a, b] = 0 \qquad \forall\, a, b \in \{ix\}, \tag{6.15}$$

so dass der Tangentialraum zu einer abelschen LIE-Algebra $u(1) = \{ix|\ x \in \mathbb{R}\}$ wird (s. a. Gl. 5.7). Diese LIE-Algebra ist wie auch die zugehörige LIE-Gruppe erwartungsgemäß eindimensional. Die Linearisierung der Gruppe in der Umgebung des Einselements ergibt

$$\exp(ixt) = 1 + ixt + O(t^2) \qquad t \in \mathbb{R} \qquad x \in \mathbb{R}, \tag{6.16}$$

wonach die Elemente $\{ix|\ x \in \mathbb{R}\}$ der LIE-Algebra erkennbar werden und die Parametrisierung für beliebig kleine Werte des Parameters x als lokal gilt.

Beispiel 2 Betrachtet wird die *unitäre Gruppe* $U(N)$. Wegen der Forderung nach Unitarität (2.5) der Elemente $\boldsymbol{A}$ gilt für jede analytische Kurve $\boldsymbol{A}(t)$ durch das Einselement

$$\boldsymbol{A}(t)\boldsymbol{A}^{\dagger}(t) = \boldsymbol{A}^{\dagger}(t)\boldsymbol{A}(t) = \mathbf{1}_N. \tag{6.17}$$

Damit ergibt sich für alle Tangentialvektoren (6.6) am Einselement

$$\left.\frac{d\boldsymbol{A}(t)}{dt}\right|_{t=0} \boldsymbol{A}^{\dagger}(0) + \boldsymbol{A}(0) \left.\frac{d\boldsymbol{A}^{\dagger}(t)}{dt}\right|_{t=0} = \boldsymbol{a}\mathbf{1}_N + \mathbf{1}_N\boldsymbol{a}^{\dagger} = \boldsymbol{a} + \boldsymbol{a}^{\dagger} = \mathbf{0}_N, \tag{6.18}$$

woraus die Forderung nach Antihermitezität (s. Gl. 5.14) resultiert. Die Tangentialvektoren bilden in ihrer Gesamtheit die reelle LIE-Algebra $u(N)$.

Beispiel 3 Betrachtet wird die *orthogonale Gruppe* $O(N, \mathbb{K})$ ($\mathbb{K} = \mathbb{R}$ bzw. $\mathbb{C}$). Wegen der Forderung nach Orthogonalität (2.7) der Elemente $\boldsymbol{A}$ gilt für jede analytische Kurve $\boldsymbol{A}(t)$ durch das Einselement

$$\boldsymbol{A}(t)\boldsymbol{A}^{\top}(t) = \boldsymbol{A}^{\top}(t)\boldsymbol{A}(t) = \mathbf{1}_N. \tag{6.19}$$

Damit ergibt sich für alle Tangentialvektoren (6.6) am Einselement

$$\left.\frac{d\boldsymbol{A}(t)}{dt}\right|_{t=0} \boldsymbol{A}^{\top}(0) + \boldsymbol{A}(0) \left.\frac{d\boldsymbol{A}^{\top}(t)}{dt}\right|_{t=0} = \boldsymbol{a}\mathbf{1}_N + \mathbf{1}_N\boldsymbol{a}^{\top} = \boldsymbol{a} + \boldsymbol{a}^{\top} = \mathbf{0}_N, \tag{6.20}$$

woraus die Forderung nach Antisymmetrie (s. Gl. 5.16) resultiert. Die Tangentialvektoren bilden in ihrer Gesamtheit die reelle LIE-Algebra $o(N, \mathbb{K})$.

Beispiel 4 Betrachtet man etwa die *spezielle unitäre Gruppe* $SU(2)$, dann erhält man dort die Generatoren (4.43) (s. Beispiel 6 v. Abschn. 4.3). Sie bilden die Basis der reellen LIE-Algebra $su(2)$ und erfüllen die Kommutatorbeziehungen

$$[\boldsymbol{a}_1, \boldsymbol{a}_2] = -\boldsymbol{a}_3 \qquad [\boldsymbol{a}_2, \boldsymbol{a}_3] = -\boldsymbol{a}_1 \qquad [\boldsymbol{a}_3, \boldsymbol{a}_1] = -\boldsymbol{a}_2 \tag{6.21a}$$

bzw.

$$[\boldsymbol{a}_k, \boldsymbol{a}_l] = -\sum_m \varepsilon_{kl}^m \boldsymbol{a}_m. \tag{6.21b}$$

Zudem besteht diese Basis aus antihermiteschen (Gl. 5.14) und spurlosen (Gl. 5.15) Matrizen, so dass diese Eigenschaften für die Menge aller Elemente der LIE-Algebra $su(2)$ erwartet wird.

■

6.3 Exponentialabbildungen

Eine einparametrige LIE-Untergruppe $\mathcal{H}$ einer linearen LIE-Gruppe $\mathcal{G}$ mit dem reellen Parameter t (Abschn. 4.3) ist eng korreliert zu der reellen LIE-Algebra $\mathcal{L}$, die zur Gruppe $\mathcal{G}$ gehört. Dies offenbart sich darin, dass jedes Element $\boldsymbol{a}$ der LIE-Algebra verknüpft ist mit einer einparametrigen LIE-Untergruppe $\mathcal{H} = \{\boldsymbol{A}(t)\}$ durch (s. a. Gl. 4.89)

$$\boldsymbol{A}(t) = \exp(t\boldsymbol{a}) \qquad \boldsymbol{a} \in \mathcal{L} \qquad -\infty < t < +\infty. \tag{6.22}$$

Die Menge der Elemente $\{\alpha\boldsymbol{a} | \alpha \in \mathbb{R}\}$. Einparametrige Untergruppen sind analytische Kurven in einer linearen LIE-Gruppe und mithin globale Objekte. Bei Kenntnis der Tangentialvektoren bzw. der Generatoren, die lokale Objekte darstellen, kann man allc cinparametrigen Untergruppen bestimmen. Die lokale Information impliziert so eine globale Information.

Beispiel 1 Innerhalb der *speziellen orthogonalen Gruppe* $SO(3)$ bildet die Menge der Rotationen d eines Systems im Raum $\mathbb{R}^3$ um eine beliebige feste Achse $\boldsymbol{n}$ mit dem Winkel φ $(-\pi \leq \varphi \leq +\pi)$ eine einparametrige Untergruppe $\mathcal{H} = \{\boldsymbol{d}(\varphi)\}$. Wählt man als Rotationsachse etwa die z-Achse, dann werden die Elemente der einparametrigen Untergruppe durch die Rotationsmatrix $\boldsymbol{d}_z(\varphi)$ von Gl. (2.9) dargestellt (s. a. Beispiel 13 v. Abschn. 4.3)

$$\boldsymbol{A}(\varphi) := \boldsymbol{d}_z(\varphi) = \exp(\varphi\boldsymbol{a}) \qquad -\pi \leq \varphi \leq +\pi. \tag{6.23}$$

Die Untergruppe wird durch den Tangentialvektor $\boldsymbol{a}$ erzeugt, der nach Gl. (4.89) bzw. gemäß

$$\boldsymbol{a} = \lim_{\varphi\to 0} \frac{\boldsymbol{d}_z(\varphi) - \boldsymbol{d}_z(0)}{\varphi} \tag{6.24}$$

die Form (4.91) annimmt.

Bei einer beliebigen Richtung der Rotationsachse, die durch den normierten Rotationsvektor $\boldsymbol{n} = \boldsymbol{\varphi}/|\boldsymbol{\varphi}| = (n_1, n_2, n_3)$ charakterisiert wird, kann die Rotation mit dem Winkel φ durch die Transformationsmatrix (4.57) dargestellt werden. Die

Menge aller Rotationen $\{\boldsymbol{d_n}(\varphi)\}$ um beliebige Winkel φ bildet dann eine einparametrige Untergruppe mit dem Parameter φ und kann nach Gl. (6.22) ausgedrückt werden durch

$$\boldsymbol{d_n}(\varphi) = \exp(\varphi \boldsymbol{a}) \qquad 0 \leq \varphi \leq 2\pi. \tag{6.25}$$

Der Generator dieser Untergruppe $\{\boldsymbol{d_n}(\varphi)|0 \leq \varphi \leq 2\pi\}$ wird durch die lokale Betrachtung einer infinitesimalen Umgebung des Einselements bestimmt und errechnet sich nach Gl. (4.89) bzw. (6.24) zu einem Element $\boldsymbol{a}$ der zur Rotationsgruppe zugehörigen LIE-Algebra $so(3)$

$$\boldsymbol{a} = \begin{pmatrix} 0 & -n_3 & n_2 \\ n_3 & 0 & -n_1 \\ -n_2 & n_1 & 0 \end{pmatrix} = \sum_{k=1}^{3} n_k \boldsymbol{a}_k. \tag{6.26}$$

Dabei bedeuten die Matrizen $\{\boldsymbol{a}_k|\ k = 1, 2, 3\}$ die Basis (4.58) der LIE-Algebra $so(3)$.

Beispiel 2 Betrachtet man etwa die reelle LIE-Algebra $su(N)$ der zugehörigen *speziellen unitären Gruppe* $SU(N)$, dann kann jedes Element $\boldsymbol{a} \in su(N)$ verknüpft werden mit irgendeiner einparametrigen Untergruppe $\boldsymbol{A}(t) \in SU(N)$ gemäß Gl. (6.22). Da die Gruppenelemente $\boldsymbol{A}(t)$ als unitär vorausgesetzt werden, ergibt sich mit Gln. (6.2c) und (6.5b) die Forderung nach Antihermitezität der $N \times N$-Matrizen $\boldsymbol{a}$

$$\boldsymbol{a}^{\dagger} = -\boldsymbol{a} \qquad \boldsymbol{a} \in su(N). \tag{6.27a}$$

Mit der weiteren Voraussetzung (2.6) bezüglich der Determinante für alle reellen Werte des Parameters t findet man mit Gl. (6.2e)

$$\mathrm{sp}\,\boldsymbol{a} = 0 \qquad \boldsymbol{a} \in su(N), \tag{6.27b}$$

so dass die LIE-Algebra $su(N)$ aus der Menge aller spurlosen und antihermiteschen $N \times N$-Matrizen $\boldsymbol{a}$ besteht.

■

Betrachtet man die Elemente $\boldsymbol{A}$ einer treuen N-dimensionalen Matrixdarstellung $\boldsymbol{D}(\mathcal{G})$ der linearen LIE-Gruppe $\mathcal{G}$ aus einer beliebig kleinen offenen Umgebung $\mathcal{U}(\mathbf{1}_N)$ des Einselements $\mathbf{1}_N$, dann gehört jedes dieser Elemente einer einparametrigen Untergruppe $\mathcal{H} = \{\boldsymbol{A}(t)\}$ von $\mathcal{G}$ an. Diese Elemente $\boldsymbol{A}$ können deshalb durch Exponentiation irgendeines Elementes $\boldsymbol{a}$ der reellen LIE-Algebra $\mathcal{L}$ erhalten werden

$$\boldsymbol{A} = \exp \boldsymbol{a} \qquad \boldsymbol{a} \in \mathcal{L} \quad \text{für} \quad \boldsymbol{A} \in \mathcal{U}(\mathbf{1}_N). \tag{6.28}$$

Demzufolge besitzen zwei LIE-Gruppen die gleichen LIE-Algebren, falls sie in einer gewissen Umgebung des Einselements übereinstimmen.

Beispiel 3 Die *orthogonale Gruppe* $O(3)$ in drei Dimensionen umfasst sowohl die eigentlichen Rotationen $\boldsymbol{d}$, nämlich Elemente der *speziellen orthogonalen Gruppe* $SO(3)$ als auch die uneigentlichen Rotationen $-\boldsymbol{d}$, so dass sie als die Menge

$$O(3) = \{\pm\boldsymbol{d} \mid \boldsymbol{d} \in SO(3)\} \tag{6.29}$$

ausgedrückt werden kann. Mit der Metrik (4.20) erhält man für den Abstand d des Elements $-\mathbf{1}_3$ vom Einselement

$$d(\mathbf{1}_3, -\mathbf{1}_3) = 2\sqrt{3}.$$

Damit kann eine offene Umgebung $\mathcal{U}(\mathbf{1}_3)$ des Einselements $\mathbf{1}_3$ bestimmt werden

$$\mathcal{U}(\mathbf{1}_3) = \left\{\boldsymbol{d} \in O(3) \mid d(\mathbf{1}_3, \boldsymbol{d}) < 2\sqrt{3}\right\},$$

innerhalb derer die Gruppen $O(3)$ und $SO(3)$ übereinstimmen und deshalb die gleiche LIE-Algebra besitzen

$$o(3) = so(3).$$

Beide Gruppen besitzen die gleiche Komponente des Einselements, die mit der Gruppe $SO(3)$ zusammenfällt. Dennoch sind die Gruppen $O(3)$ und $SO(3)$ global verschieden voneinander.

■

Die Aussage (6.28) kann über die Umgebung $\mathcal{U}(\mathbf{1}_N)$ hinaus verallgemeinert werden auf die Komponente des Einselements $\mathcal{G}_0$ einer linearen LIE-Gruppe $\mathcal{G}$. Voraussetzung dafür ist die Kompaktheit der Gruppe. Dann ist es möglich, jedes Element $\boldsymbol{A}$ einer treuen Matrixdarstellung $\boldsymbol{D}(\mathcal{G}_0)$ mit der zusammenhängenden Untergruppe $\mathcal{G}_0$ auszudrücken durch

$$\boldsymbol{A} = \exp \boldsymbol{a} \qquad \boldsymbol{a} \in \mathcal{L} \quad \text{für} \quad \boldsymbol{A} \in \boldsymbol{D}(\mathcal{G}_0) \quad \mathcal{G}_0 \subseteq \mathcal{G} \quad \mathcal{G}: \text{kompakt}. \tag{6.30}$$

Im speziellen Fall, dass die Gruppe $\mathcal{G}$ zusammenhängend und kompakt ist, hat jedes Element $\boldsymbol{A}$ einer treuen Matrixdarstellung $\boldsymbol{D}(\mathcal{G})$ die Form (6.30). Die Matrixexponentialfunktion ermöglicht so eine Abbildung der reellen LIE-Algebra $\mathcal{L}$, die zu einer linearen LIE-Gruppe $\mathcal{G}$ gehört, in diese LIE-Gruppe. Nachdem auch mit verschiedenen Argumenten $\boldsymbol{a}_1$ und $\boldsymbol{a}_2$ ($\boldsymbol{a}_1 \neq \boldsymbol{a}_2$) der Exponentialfunktion dasselbe Element $\boldsymbol{A}$ erhalten werden kann, ist die Exponentialabbildung nicht notwendigerweise umkehrbar eindeutig. Die Abbildung ist surjektiv für die Komponente des Einselements $\mathcal{G}_0$, falls die LIE-Gruppe $\mathcal{G}$ kompakt ist. Die Bedeutung der Exponentialabbildung liegt darin, dass sie bei einer vorgegebenen linearen LIE-Gruppe die Bestimmung der zugehörigen reellen LIE-Algebra erlaubt, ohne den Umweg über eine explizite Parametrisierung.

Beispiel 4 Betrachtet man wieder die *spezielle orthogonale Gruppe* $SO(3)$, die als kompakt gilt, und wählt die drei Komponenten n_1, n_2 und n_3 des normierten

Rotationsvektors $\boldsymbol{n} = \boldsymbol{\varphi}/|\boldsymbol{\varphi}|$ als Parameter, dann kann jedes beliebige Element $\boldsymbol{a}$ der zugehörigen LIE-Algebra $so(3)$ durch deren Basis $\{\boldsymbol{a}_k|\ k = 1, 2, 3\}$ (4.58) ausgedrückt werden

$$\boldsymbol{a} = \sum_{k=1}^{3} n_k \boldsymbol{a}_k \qquad n_k \in \mathbb{R}. \tag{6.31}$$

Die Exponentiation nach Gl. (6.30) liefert dann ein Element $\boldsymbol{d}(n_1, n_2, n_3)$ der LIE-Gruppe $SO(3)$ in der Darstellung von Gl. (4.57)

$$\boldsymbol{d}(n_1, n_2, n_3) = \boldsymbol{d}(\boldsymbol{\varphi}) = \exp\left(\sum_{k=1}^{3} n_k \boldsymbol{a}_k\right). \tag{6.32}$$

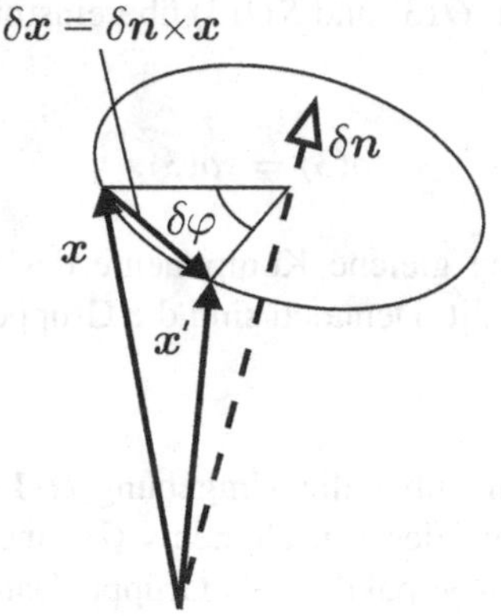

Abb. 6.1 Infinitesimale Rotation eines Vektors $\boldsymbol{x}$ nach $\boldsymbol{x}'$ im Raum $\mathbb{R}^3$ um die Achse $\delta\boldsymbol{n}$ mit dem Winkel $\delta\varphi$

Umgekehrt kann man ausgehend von einem Element $\boldsymbol{d}(n_1, n_2, n_3)$ der Gruppe $SO(3)$ mit der obigen Parametrisierung eine lokale Betrachtung der Umgebung des Einselements durchführen. Dies impliziert eine infinitesimale Rotation $\delta\boldsymbol{n} = \delta\boldsymbol{\varphi}/|\delta\boldsymbol{\varphi}|$ mit dem Winkel $\delta\varphi$ und mithin eine Linearisierung von Gl. (6.32) am Einselement

$$\boldsymbol{d}(\delta\boldsymbol{n}) = \mathbf{1}_3 + \sum_{k=1}^{3} \delta n_k \boldsymbol{a}_k = \begin{pmatrix} 1 & -\delta n_3 & \delta n_2 \\ \delta n_3 & 1 & -\delta n_1 \\ -\delta n_2 & \delta n_1 & 1 \end{pmatrix}. \tag{6.33}$$

Die (aktive) Transformation eines Vektors $\boldsymbol{x}$ des euklidischen Raumes $\mathbb{R}^3$ nach $\boldsymbol{x}'$ geschieht dann durch (Abb. 6.1)

$$\boldsymbol{x}' = \boldsymbol{d}(\delta\boldsymbol{n})\boldsymbol{x} = \boldsymbol{x} + \delta\boldsymbol{n} \times \boldsymbol{x}, \tag{6.34}$$

wobei die Symbolik $\cdot \times \cdot$ das Vektorprodukt (äußeres Produkt) im $\mathbb{R}^3$ bedeutet. Demnach kann ein Element $\boldsymbol{d}(\delta\boldsymbol{n})$ in der Nähe des Einselements dargestellt werden durch Gl. (6.33). Die Generatoren $\{\boldsymbol{a}_k | \, k = 1, 2, 3\}$ (4.58) gehorchen den Kommutatorbeziehungen (4.59) und bilden eine Basis der zugehörigen LIE-Algebra $so(3)$.

Beispiel 5 Für den Fall, dass eine zu einem System gehörige skalare Funktion $\psi(\boldsymbol{x})$ mit dem linearen Rotationsoperator d transformiert wird, erhält man bei einer infinitesimalen Rotation um die Achse $\delta\boldsymbol{n}$ mit Gl. (3.12) und nach einer Entwicklung bis zum linearen Term

$$\begin{aligned} d(\delta\boldsymbol{n})\psi(\boldsymbol{x}) &= \psi[\boldsymbol{d}^{-1}(\delta\boldsymbol{n})\boldsymbol{x}] = \psi(\boldsymbol{x} - \delta\boldsymbol{n} \times \boldsymbol{x}) = \psi(\boldsymbol{x}) - \langle(\delta\boldsymbol{n} \times \boldsymbol{x}), \nabla_{\boldsymbol{x}}\psi(\boldsymbol{x})\rangle \\ &= \psi(\boldsymbol{x}) - \langle\delta\boldsymbol{n}, (\boldsymbol{x} \times \nabla_{\boldsymbol{x}})\rangle\, \psi(\boldsymbol{x}). \end{aligned} \tag{6.35}$$

Mit der Einführung eines hermiteschen Vektoroperators $\boldsymbol{L} = (L_1, L_2, L_3)$ gemäß

$$\boldsymbol{L} = -i\boldsymbol{x} \times \nabla_{\boldsymbol{x}}, \tag{6.36}$$

der in der Quantenmechanik – abgesehen von einem Faktor $\hbar$ – den Drehimpulsoperator in der Ortsdarstellung bedeutet, führt die Substitution zu dem Rotationsoperator

$$d(\delta\boldsymbol{n}) = 1 - i\,\langle\delta\boldsymbol{n}, \boldsymbol{L}\rangle. \tag{6.37}$$

Der Übergang zu einer Rotation mit einem beliebigen, endlichen Winkel φ um die Achse $\boldsymbol{n}$ geschieht durch die Betrachtung von l infinitesimalen Rotationen $l\delta\boldsymbol{n} = \boldsymbol{n}$, die hintereinander ausgeführt im Grenzfall den Rotationsoperator $d(\boldsymbol{n})$ als Element der Gruppe $SO(3)$ ergeben

$$d(\boldsymbol{n}) = \lim_{l\to\infty}\left(1 - \frac{i}{l}\,\langle\delta\boldsymbol{n}, \boldsymbol{L}\rangle\right)^l = \exp(-i\,\langle\boldsymbol{n}, \boldsymbol{L}\rangle). \tag{6.38}$$

Wegen der Hermitezität des Vektoroperators $\boldsymbol{L}$ (6.36) erhält man eine unitäre Form des Rotationsoperators

$$d^\dagger(\boldsymbol{n}) = d^{-1}(\boldsymbol{n}), \tag{6.39}$$

so dass auch die adjungierte Darstellung bzw. die definierende Darstellung der Gruppe $SO(3)$ als unitär erwartet wird. Die Generatoren der Gruppe sind die hermiteschen Komponenten des Vektoroperators $\boldsymbol{L}$ (6.36) und können mit der Basis $\{\boldsymbol{a}_k | \, k = 1, 2, 3\}$ (4.58) ausgedrückt werden durch

$$L_k = -i\sum_{l=1}^{3}\sum_{m=1}^{3}\varepsilon_{klm}x_l\frac{\partial}{\partial x_m} = -i\left\langle\boldsymbol{x}, \boldsymbol{a}_k^\top\nabla_{\boldsymbol{x}}\right\rangle \qquad k = 1, 2, 3. \tag{6.40}$$

Sie erfüllen die Kommutatorbeziehungen

$$[L_k, L_l] = i \sum_{m=1}^{3} \varepsilon_{klm} L_m \tag{6.41}$$

und begründen so als Basis die zugehörige LIE-Algebra $so(3)$, die als *Drehimpulsalgebra* bekannt ist.

Betrachtet man die Menge der Translationen $\boldsymbol{t} = (t_1, t_2, t_3)$ im euklidischen Raum $\mathbb{R}^3$, die als dreiparametrige Untergruppe der euklidischen Gruppe $E(3, \mathbb{R})$ die abelsche *Translationsgruppe* bilden, so erhält man den Translationsoperator $D(\boldsymbol{t})$ im HILBERT-Raum als Lösung der Funktionalgleichung

$$D(\boldsymbol{t}_1)D(\boldsymbol{t}_2) = D(\boldsymbol{t}_2)D(\boldsymbol{t}_1) = D(\boldsymbol{t}_1 + \boldsymbol{t}_2) \tag{6.42}$$

in der Form

$$D(\boldsymbol{t}) = \exp\langle \boldsymbol{t}, \boldsymbol{a}\rangle. \tag{6.43}$$

Eine infinitesimale Translation um den Vektor $\delta\boldsymbol{t}$ ermöglicht die Transformation einer skalaren Funktion $\psi(\boldsymbol{x})$

$$D(\delta\boldsymbol{t})\psi(\boldsymbol{x}) = \psi(\boldsymbol{x} - \delta\boldsymbol{t}) = \psi(\boldsymbol{x}) - \langle \delta\boldsymbol{t}, \nabla_{\boldsymbol{x}}\psi(\boldsymbol{x})\rangle. \tag{6.44}$$

Nach Einführung eines hermiteschen Vektoroperators $\boldsymbol{p} = (p_1, p_2, p_3)$ gemäß

$$\boldsymbol{p} = i\nabla_{\boldsymbol{x}}, \tag{6.45}$$

der in der Quantenmechanik – abgesehen von einem Faktor $\hbar$ – den Impulsoperator in der Ortsdarstellung bedeutet, führt die Substitution zu dem Translationsoperator

$$D(\delta\boldsymbol{t}) = 1 - i\,\langle \delta\boldsymbol{t}, \boldsymbol{p}\rangle. \tag{6.46}$$

Der Übergang zu einer Translation um einen beliebigen, endlichen Vektor $\boldsymbol{t}$ geschieht wie oben durch die Betrachtung von l infinitesimalen Translationen $l\delta\boldsymbol{t} = \boldsymbol{t}$ mit beliebiger Reihenfolge, die im Grenzfall den Translationsoperator (6.43) ergeben

$$D(\boldsymbol{t}) = \exp(-i\,\langle \boldsymbol{t}, \boldsymbol{p}\rangle). \tag{6.47}$$

Die Generatoren der Gruppe sind die hermiteschen Komponenten des Vektoroperators $\boldsymbol{p}$ (6.45)

$$p_k = -i\frac{\partial}{\partial x_k} \qquad k = 1, 2, 3. \tag{6.48}$$

Sie erfüllen die Kommutatorbeziehungen

$$[p_k, p_l] = 0 \qquad k, l = 1, 2, 3 \tag{6.49}$$

und begründen so als Basis eine abelsche LIE-Algebra mit dem Rang Drei. Sie ist eine Unteralgebra der zur euklidischen Gruppe $E(3, \mathbb{R})$ zugehörigen LIE-Algebra, so dass letztere weder einfach noch halbeinfach ist.

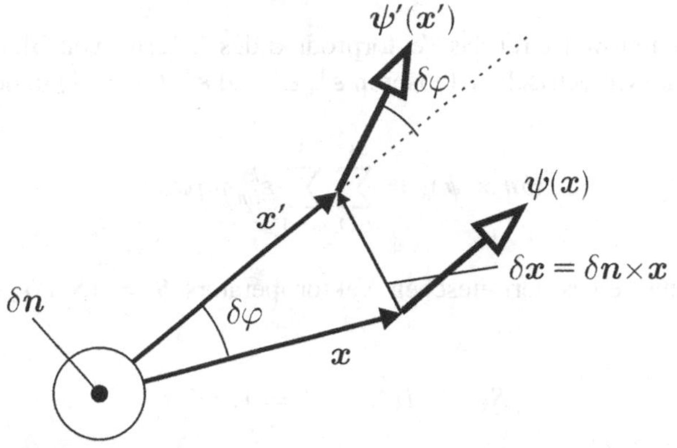

Abb. 6.2 Infinitesimale Rotation einer Vektorfunktion $\boldsymbol{\psi}(\boldsymbol{x})$ nach $\boldsymbol{\psi}'(\boldsymbol{x}')$ im Raum $\mathbb{R}^3$ um die Achse $\delta\boldsymbol{n}$ mit dem Winkel $\delta\varphi$

Beispiel 6 Für den Fall, dass eine zum System gehörige Vektorfunktion (Vektorfeld) $\boldsymbol{\psi}(\boldsymbol{x})$ mit dem linearen Rotationsoperator d transformiert wird, muss bei der Invarianzbedingung (3.11) zusätzlich berücksichtigt werden, dass auch die Vektorfunktion $\boldsymbol{\psi}$ der Transformation unterliegt (Abb. 6.2)

$$\boldsymbol{\psi}'(\boldsymbol{x}') = \boldsymbol{d}\boldsymbol{\psi}(\boldsymbol{x}). \tag{6.50}$$

Daraus resultiert dann mit Gl. (3.12) die Wirkung des Rotationsoperators d gemäß

$$d\boldsymbol{\psi}(\boldsymbol{x}) = \boldsymbol{d}\boldsymbol{\psi}(\boldsymbol{d}^{-1}\boldsymbol{x}). \tag{6.51}$$

Bei einer infinitesimalen Rotation um die Achse $\delta\boldsymbol{n}$ transformiert sich die Vektorfunktion zu

$$d(\delta\boldsymbol{n})\boldsymbol{\psi}(\boldsymbol{x}) = \boldsymbol{d}(\delta\boldsymbol{n})\boldsymbol{\psi}[\boldsymbol{d}^{-1}(\delta\boldsymbol{n})\boldsymbol{x}]. \tag{6.52}$$

Die Verwendung von Gl. (6.35) erlaubt die Umformung

$$\begin{aligned} d(\delta\boldsymbol{n})\boldsymbol{\psi}(\boldsymbol{x}) &= \boldsymbol{\psi}[\boldsymbol{d}^{-1}(\delta\boldsymbol{n})\boldsymbol{x}] + \delta\boldsymbol{n} \times \boldsymbol{\psi}[\boldsymbol{d}^{-1}(\delta\boldsymbol{n})\boldsymbol{x}] \\ &= \boldsymbol{\psi}(\boldsymbol{x} - \delta\boldsymbol{n} \times \boldsymbol{x}) + \delta\boldsymbol{n} \times \boldsymbol{\psi}(\boldsymbol{x} - \delta\boldsymbol{n} \times \boldsymbol{x}). \end{aligned} \tag{6.53}$$

Nach einer Entwicklung, die nur lineare Terme von $\delta\boldsymbol{n}$ berücksichtigt, erhält man

$$d(\delta\boldsymbol{n})\boldsymbol{\psi}(\boldsymbol{x}) = \boldsymbol{\psi}(\boldsymbol{x}) - \langle(\delta\boldsymbol{n} \times \boldsymbol{x}), \boldsymbol{\nabla}_{\boldsymbol{x}}\boldsymbol{\psi}(\boldsymbol{x})\rangle + \delta\boldsymbol{n} \times \boldsymbol{\psi}(\boldsymbol{x}). \tag{6.54}$$

Der zweite Term kann mithilfe des hermiteschen Vektoroperators $\boldsymbol{L}$ (6.36) umgeformt werden zu

$$\langle(\delta\boldsymbol{n} \times \boldsymbol{x}), \boldsymbol{\nabla}_{\boldsymbol{x}}(\boldsymbol{x})\rangle = i\,\langle\delta\boldsymbol{n}, \boldsymbol{L}\boldsymbol{\psi}(\boldsymbol{x})\rangle. \tag{6.55}$$

Eine andere Schreibweise für das Vektorprodukt des 3. Terms von Gl. (6.54) gelingt mithilfe der antisymmetrischen Tensoren $\boldsymbol{\varepsilon}^1$, $\boldsymbol{\varepsilon}^2$ und $\boldsymbol{\varepsilon}^3$ (Gl. 5.41) in der Form

$$(\delta\boldsymbol{n} \times \boldsymbol{\psi})_k = \sum_{l=1}^{3}\sum_{m=1}^{3} \varepsilon^k_{lm}\delta n_l \psi_m. \tag{6.56}$$

Nach Einführung eines hermiteschen Vektoroperators $\boldsymbol{S} = (\boldsymbol{S}_1, \boldsymbol{S}_2, \boldsymbol{S}_3)$ mit den Komponenten

$$\boldsymbol{S}_k = -i\boldsymbol{\varepsilon}^k \qquad k = 1, 2, 3 \tag{6.57}$$

führt die Substitution von (6.55) und (6.56) in Gl. (6.54) zu dem Rotationsoperator

$$d(\delta\boldsymbol{n}) = 1 - i\,\langle\delta\boldsymbol{n}, (\boldsymbol{L} + \boldsymbol{S})\rangle. \tag{6.58}$$

Der Übergang zu einer Rotation mit einem beliebigen, endlichen Winkel φ geschieht durch die Betrachtung von l infinitesimalen Rotationen $l\delta\boldsymbol{n} = \boldsymbol{n}$, die hintereinander ausgeführt im Grenzfall den Rotationsoperator $d(\boldsymbol{n})$ als Element der Gruppe $SO(3)$ ergeben

$$d(\boldsymbol{n}) = \lim_{l\to\infty}\left[1 - \frac{i}{l}\,\langle\delta\boldsymbol{n}, (\boldsymbol{L} + \boldsymbol{S})\rangle\right]^l = \exp[-i\,\langle\boldsymbol{n}, (\boldsymbol{L} + \boldsymbol{S})\rangle]. \tag{6.59}$$

Der Matrixoperator $\boldsymbol{S}$ kann dabei in der Quantenmechanik – abgesehen von einem Faktor $\hbar$ – als Operator für den *inneren Drehimpuls* oder *Eigendrehimpuls* (*Spin*) des Vektorfeldes aufgefasst werden. Für diesen gelten mit Gl. (6.57) wie im Fall des Vektoroperators $\boldsymbol{L}$ nach Gl. (6.41) die Kommutatorbeziehungen

$$[\boldsymbol{S}_k, \boldsymbol{S}_l] = i\sum_{m=1}^{3} \varepsilon_{klm}\boldsymbol{S}_m. \tag{6.60}$$

Damit kann ein gesamter Vektoroperator bzw. ein Gesamtdrehimpulsoperator

$$\boldsymbol{J} = \boldsymbol{L} + \boldsymbol{S} \tag{6.61}$$

festgelegt werden, dessen hermitesche Komponenten $\{J_k |\, k = 1, 2, 3\}$ die Generatoren der Rotationsgruppe $SO(3)$ bzw. die Basis der zugehörigen LIE-Algebra $so(3)$ bedeuten.

An dieser Stelle sei angemerkt, dass die Berechnung des Operatorquadrats $\boldsymbol{S}^2$ mithilfe seiner Komponenten (6.57) zu dem Ergebnis führt

$$\boldsymbol{S}^2 = \boldsymbol{S}_1^2 + \boldsymbol{S}_2^2 + \boldsymbol{S}_3^2 = 2\mathbf{1}_3. \tag{6.62}$$

Der Vergleich mit dem Eigenwert $S(S+1)$ der quantenmechanischen Eigenwertgleichung in der Form (5.71a) liefert als Betrag bzw. als Quantenzahl des Eigendrehimpulses $S = 1$. Die Untersuchung eines Vektorfeldes im Hinblick auf das Transformationsverhalten unter einer Rotation im $\mathbb{R}^3$ erlaubt demnach eine Entscheidung über die Frage nach dem Drehimpulsoperator, insbesondere nach dem Eigendrehimpulsoperator. Während im Fall von skalaren Feldern letzterer verschwindet, so dass nur ein Bahndrehimpuls zu erwarten ist, werden im Fall von Vektorfeldern solche Teilchen beschrieben, die einen Eigendrehimpuls mit der Quantenzahl $S = 1$ besitzen. Ein bekanntes Beispiel ist das Vektorpotential der elektromagnetischen Wechselwirkung, dessen Quantisierung das Quasiteilchen Photon ergibt.

Bleibt zu ergänzen, dass die Drehimpulsoperatoren $\boldsymbol{L}$ und $\boldsymbol{S}$ untereinander vertauschen und so die gleichen Eigenvektoren besitzen. Die Erklärung dafür ist ihre unterschiedliche Wirkungsweise. Während der Bahndrehimpuls $\boldsymbol{L}$ differentiell im Ortsraum wirkt (Gl. 6.40), ermöglicht der Eigendrehimpulsoperator $\boldsymbol{S}$ als Matrixoperator (Gl. 6.57) eine lineare Kombination der Komponenten $\{\psi_k(\boldsymbol{x}) |\, k = 1, 2, 3\}$ des Vektorfeldes.

Beispiel 7 Die Transformation eines Operators A nach A' bei der unitären Transformation eines Systems im euklidischen Raum $\mathbb{R}^3$ durch den Operator $D(a)$ ($a \in \mathcal{G}$) ergibt sich aus der Forderung nach Invarianz des Skalarprodukts

$$\langle \psi', A'\psi' \rangle = \langle D(a)\psi, A'D(a)\psi \rangle = \left\langle \psi, D(a)^\dagger A' D(a)\psi \right\rangle = \langle \psi, A\psi \rangle \tag{6.63a}$$

zu

$$A' = D(a) A D(a)^\dagger. \tag{6.63b}$$

Betrachtet man etwa einen Operator A, von dem die Invarianz ($A = A'$) bei Rotation d eines Systems gefordert wird, so erhält man mit dem Rotationsoperator d den Kommutator

$$[d, A] = 0. \tag{6.64}$$

Demnach transformiert sich ein solcher *pseudoskalarer Operator* nach der trivialen Darstellung für beliebige Rotationsvektoren $\boldsymbol{n}$. Falls man neben den eigentlichen noch die uneigentlichen Rotationen $-d$ zulässt, dann werden solche invarianten Operatoren als *skalare Operatoren* bezeichnet. Ein Beispiel ist der gewöhnliche (sphärische) HAMILTON-*Operator* mit einem abstandsabhängigen Anteil der potenziellen Energie. Wählt man etwa den Operator $\boldsymbol{d}(\boldsymbol{n})$ von Gl. (6.32) als Rotationsoperator, dann folgen aus der Invarianzbedingung (6.64) die Kommutatorbeziehungen des Matrixoperators $\boldsymbol{A}$ mit den Generatoren (4.58) der Gruppe $SO(3)$

$$[\boldsymbol{a}_k, \boldsymbol{A}] = 0 \qquad k = 1, 2, 3, \tag{6.65}$$

was eine notwendige und hinreichende Bedingung erhebt. Im Falle des HAMILTON-Operators als rotationsinvarianten Operator ($H = A$) resultiert daraus eine Erhaltungsgröße für eine dem Generator $\boldsymbol{a} = (\boldsymbol{a}_1, \boldsymbol{a}_2, \boldsymbol{a}_3)$ zugeordnete Observable.

Betrachtet man einen *Vektoroperator* $\boldsymbol{V}$, so müssen dessen drei Komponenten $\{V_k | k = 1, 2, 3\}$ durchaus nicht mit dem Rotationsoperator d vertauschbar sein. Bei der Suche nach dem Transformationsverhalten der einzelnen Operatoren $\{V_k | k = 1, 2, 3\}$ wird man berücksichtigen müssen, dass der Vektoroperator als eine Erhaltungsgröße des rotationsinvarianten Systems gilt. Dies impliziert die Aussage, dass der transformierte Operator $\boldsymbol{V}'$ im transformierten System $\{\boldsymbol{e}'_k | k = 1, 2, 3\}$

$$\boldsymbol{e}'_i = \boldsymbol{d}\boldsymbol{e}_i = \sum_{j=1}^{3} d_{ji}\boldsymbol{e}_j \qquad i = 1, 2, 3 \qquad \boldsymbol{d} \in SO(3) \tag{6.66}$$

mit dem Operator $\boldsymbol{V}$ im ursprünglichen System $\{\boldsymbol{e}_k | k = 1, 2, 3\}$ übereinstimmt

$$\sum_{i=1}^{3} V_i \boldsymbol{e}_i = \sum_{i=1}^{3} V'_i \boldsymbol{e}'_i = \sum_{i=1}^{3}\sum_{j=1}^{3} V'_i d_{ji} \boldsymbol{e}_j. \tag{6.67}$$

Daraus gewinnt man wegen der linearen Unabhängigkeit der Basis $\{\boldsymbol{e}_k | k = 1, 2, 3\}$ die notwendige und hinreichende Bedingung

$$V_i = \sum_{j=1}^{3} d_{ij} V'_j \qquad \text{bzw.} \qquad V'_j = \sum_{i=1}^{3} \tilde{d}_{ji} V_i = \sum_{i=1}^{3} d_{ij} V_i, \tag{6.68}$$

die das Transformationsverhalten des Vektoroperators demonstriert. Dabei ist zu beachten, dass entgegen dem Verhalten von Vektoren (Gl. 3.10) bei einer (aktiven) Rotation eines Systems im Raum $\mathbb{R}^3$ die Transformation von Vektoroperatoren in kontragredienter Weise durch die transponierte Rotationsmatrix $\tilde{\boldsymbol{d}}$ beschrieben wird.

Vollzieht man wieder eine infinitesimale Rotation im Sinne einer lokalen Diskussion, dann erhält man unter Verwendung der Rotationsmatrix $\boldsymbol{d}(\delta\boldsymbol{n})$ und den Gln. (6.63) und (6.64)

$$V'_i = d(\delta\boldsymbol{n}) V_i d^{\dagger}(\delta\boldsymbol{n}) = \sum_{j=1}^{3} \tilde{d}_{ij}(\delta\boldsymbol{n}) V_j \qquad i = 1, 2, 3, \tag{6.69a}$$

was sich umformen lässt zu

$$V_j = \sum_{i=1}^{3} d_{ij}(\delta\boldsymbol{n}) d(\delta\boldsymbol{n}) V_i d^\dagger(\delta\boldsymbol{n}) \qquad j = 1, 2, 3. \tag{6.69b}$$

Nach Substitution von $\boldsymbol{d}(\delta\boldsymbol{n})$ durch die Matrixdarstellung (6.33) sowie von $d(\delta\boldsymbol{n})$ durch den unitären Rotationsoperator von Gl. (6.37) bekommt man

$$V_j = \sum_{i=1}^{3} \left[\left(\delta_{ij} + \sum_{m=1}^{3} \varepsilon_{ijm} \delta n_m \right) \left(1 - i \sum_{k=1}^{3} \delta n_k L_k \right) V_i \left(1 + i \sum_{l=1}^{3} \delta n_l L_l \right) \right]. \tag{6.70}$$

Die Berücksichtigung nur linearer Terme von δn_k erlaubt die weitere Umformung

$$\begin{aligned} V_j &= \sum_{i=1}^{3} \left\{ \left(\delta_{ij} + \sum_{m=1}^{3} \varepsilon_{ijm} \delta n_m \right) \left(V_i - i \sum_{k=1}^{3} \delta n_k [L_k, V_i] \right) \right\} \\ &= V_j + \sum_{i=1}^{3} \sum_{m=1}^{3} \varepsilon_{ijm} \delta n_m V_i - i \sum_{k=1}^{3} \delta n_k [L_k, V_j]. \end{aligned} \tag{6.71}$$

Wegen der linearen Unabhängigkeit der Komponenten $\{\delta n_k \,|\, k = 1, 2, 3\}$ erhält man daraus eine notwendige und hinreichende Bedingung für Gl. (6.69) und mithin für die Rotationsinvarianz des Vektoroperators $\boldsymbol{V}$

$$[\boldsymbol{L}_k, \boldsymbol{V}_j] = -i \sum_{i=1}^{3} \varepsilon_{ijk} V_i = i \sum_{i=1}^{3} \varepsilon_{kji} V_i. \tag{6.72}$$

Für den Fall, dass der Vektoroperator $\boldsymbol{V}$ mit dem Drehimpulsoperator $\boldsymbol{L}$ von Gl. (6.36) übereinstimmt, findet man auf diesem Wege erneut die Kommutatorbeziehungen der Drehimpulskomponenten (6.41), womit die LIE-Algebra $so(3)$ begründet wird.

Schließlich wird die Transformation eines koordinatenunbhängigen Operators U im zweidimensionalen Spinorraum der zweikomponentigen Spinoren erörtert. Dabei verwendet man die homomorphe Abbildung (2.49) der Gruppe $SU(2)$ auf die Gruppe $SO(3)$, wonach jede unitäre Transformation im Spinorraum mit einer (eigentlichen) Rotation im euklidischen Raum $\mathbb{R}^3$ korreliert ist (Beispiel 4 v. Abschn. 2.3). Als Ansatz für den Transformationsoperator U wählt man die unitäre Form

$$U = \exp(-i \langle \boldsymbol{n}, \boldsymbol{a} \rangle) \qquad -i\boldsymbol{a} \in su(2), \tag{6.73}$$

mit dem hermiteschen Operator $\boldsymbol{a}$, dessen Komponenten $\{\boldsymbol{a}_k | \; k = 1, 2, 3\}$ die Basis der zugehörigen komplexen LIE-Algebra $su(2)$ bilden. Nachdem der PAULI-Operator $\boldsymbol{\sigma} = \{\boldsymbol{\sigma}_k | \, k = 1, 2, 3\}$ sich bei einer Transformation mit dem Operator U

bzw. bei einer Rotation im Raum $\mathbb{R}^3$ wie ein Vektoroperator verhält, was durch Gl. (2.50b) demonstriert wird, gilt bei einer infinitesimalen Rotation

$$\boldsymbol{\sigma}_i' = U(\delta \boldsymbol{n})\boldsymbol{\sigma}_i U^\dagger(\delta \boldsymbol{n}) = \sum_{j=1}^{3} \tilde{d}_{ij}(\delta \boldsymbol{n})\boldsymbol{\sigma}_j \qquad i = 1, 2, 3. \tag{6.74}$$

Analog zu obigen Überlegungen erhält man mit den Umformungen (6.70) und (6.71) die Kommutatorbeziehungen

$$[\boldsymbol{a}_k, \boldsymbol{\sigma}_j] = i \sum_{i=1}^{3} \varepsilon_{kji}\boldsymbol{\sigma}_i. \tag{6.75}$$

Die Operatoren $\{\boldsymbol{a}_k |\ k = 1, 2, 3\}$ wirken im Spinorraum auf zweikomponentige Spinoren und können deshalb durch eine vollständige Basis für 2×2-Matrizen, etwa durch die PAULI'schen Spinmatrizen $\boldsymbol{\sigma}_1$, $\boldsymbol{\sigma}_2$ und $\boldsymbol{\sigma}_3$ sowie durch die Einheitsmatrix $\mathbf{1}_2$ dargestellt werden

$$\boldsymbol{a}_k = \sum_{l=1}^{3} \alpha_{kl}\boldsymbol{\sigma}_l + \beta_k \mathbf{1}_2 \qquad k = 1, 2, 3. \tag{6.76}$$

Dabei bewirkt die Einheitsmatrix nur eine identische Transformation, so dass sie überflüssig bleibt ($\beta_k = 0,\ k = 1, 2, 3$). Die Substitution in den Kommutatorbeziehungen (6.75) liefert eine Bestimmungsgleichung für die Koeffizienten α_{kl}

$$\sum_{l=1}^{3} \alpha_{kl}[\boldsymbol{\sigma}_l, \boldsymbol{\sigma}_j] = i \sum_{i=1}^{3} \varepsilon_{kji}\boldsymbol{\sigma}_i.$$

Mit den Kommutatorbeziehungen der PAULI'schen Spinmatrizen (2.43)

$$[\boldsymbol{\sigma}_l, \boldsymbol{\sigma}_j] = 2i \sum_{i=1}^{3} \varepsilon_{lji}\boldsymbol{\sigma}_i \qquad l, j = 1, 2, 3 \tag{6.77}$$

kommt man zu der Bedingung

$$2 \sum_{l=1}^{3} \sum_{i=1}^{3} \alpha_{kl}\varepsilon_{lji}\boldsymbol{\sigma}_i = \sum_{i=1}^{3} \varepsilon_{kji}\boldsymbol{\sigma}_i,$$

die nur erfüllt werden kann durch

$$\alpha_{kl} = \frac{1}{2}\delta_{kl} \qquad k, l = 1, 2, 3.$$

Damit erhält man nach Gl. (6.76) die Operatoren

$$\boldsymbol{a}_k = \frac{1}{2}\boldsymbol{\sigma}_k \qquad k = 1, 2, 3, \tag{6.78}$$

so dass der Transformationsoperator (6.73) die Form

$$U = \exp\left(-\frac{i}{2}\langle \boldsymbol{n}, \boldsymbol{\sigma}\rangle\right) \tag{6.79}$$

annimmt. Ein Vergleich mit dem Operator (6.59) zeigt, dass der Matrixoperator $\boldsymbol{S}$ den Wert

$$\boldsymbol{S} = \frac{\boldsymbol{\sigma}}{2} \tag{6.80}$$

annimmt und wegen seiner Wirkung im zweidimensionalen Spinorraum der Operator für den Eigendrehimpuls $\boldsymbol{s}$ eines FERMI-Teilchens darstellt. Die Berechnung des Operatorquadrates $\boldsymbol{s}^2$ mit den Komponenten (2.43)

$$\boldsymbol{s}^2 = \frac{1}{4}\sum_{k=1}^{3}\boldsymbol{\sigma}_k^2 = \frac{3}{4}\mathbf{1}_2 \tag{6.81}$$

liefert durch Vergleich mit dem Eigenwert $s(s+1)$ der quantenmechanischen Eigenwertgleichung in der Form von (5.71a) als Betrag bzw. als Quantenzahl $s = 1/2$.

■

Schließlich gelingt auch für beliebige lineare LIE-Gruppen $\mathcal{G}$ die Exponentialabbildung der zugehörigen reellen LIE-Algebra $\mathcal{L}$. Voraussetzung ist eine zusammenhängende LIE-Gruppe $\mathcal{G}$. In diesem Fall können deren Elemente $\boldsymbol{A}$ der treuen Matrixdarstellung $\boldsymbol{D}(\mathcal{G})$ durch ein Produkt einer endlichen Anzahl k von Exponentialfunktionen beliebiger Elemente $\{\boldsymbol{a}_i \mid i = 1, \ldots, k\}$ der reellen LIE-Algebra $\mathcal{L}$ ausgedrückt werden.

$$\boldsymbol{A} = \prod_{i=1}^{k} \exp \boldsymbol{a}_i \qquad \boldsymbol{a}_i \in \mathcal{L} \quad \text{für} \quad \boldsymbol{A} \in \boldsymbol{D}(\mathcal{G}). \tag{6.82}$$

Falls die Gruppe $\mathcal{G}$ nicht zusammenhängend ist, dann liefert Gl. (6.82) die Menge jener Elemente, die die Komponente des Einselements $\mathcal{G}_0$ bilden. Die Gleichheit von LIE-Algebren impliziert so die Gleichheit von Komponenten des Einselements $\mathcal{G}_0$ zugehöriger LIE-Gruppen.

Beispiel 8 Die *spezielle lineare Gruppe* $SL(2, \mathbb{R})$ in zwei Dimensionen, die nicht kompakt ist (Tab. 4.2), besteht aus der Menge der reellen 2×2-Matrizen $\boldsymbol{A}$, die die Voraussetzung (2.6) für die Determinante erfüllen. Die Verknüpfung eines Elements $\boldsymbol{a}$ der zugehörigen LIE-Algebra $sl(2, \mathbb{R})$ mit einer einparametrigen Untergruppe geschieht durch Gl. (6.22), so dass wegen der Voraussetzung (2.6) die Spur der

Matrizen $\boldsymbol{a}$ verschwindet ($\mathrm{sp}\,\boldsymbol{a} = 0$). Die beiden Eigenwerte λ_1 und λ_2 einer solchen spurlosen Matrix sind entweder beide reell oder beide ausschließlich imaginär, wobei in beiden Fällen gilt $\lambda_1 = -\lambda_2$. Als Konsequenz daraus erhält man im ersten Fall für $\exp(\lambda_1)$ und $\exp(\lambda_2)$ reelle und positive Werte und im zweiten Fall für $|\exp(\lambda_1)| = |\exp(\lambda_2)| = 1$.

Betrachtet wird jetzt ein Element $\boldsymbol{A}$ aus der Gruppe $SL(2, \mathbb{R})$ mit der Form

$$\boldsymbol{A} = \begin{pmatrix} r & 0 \\ 0 & r^{-1} \end{pmatrix} \qquad r < -1, \tag{6.83}$$

das mit dem Element $-\mathbf{1}_2$ zusammenhängend ist. Letzteres Element ist mit dem Einselement $\mathbf{1}_2$ zusammenhängend durch die einparametrige Untergruppe $\boldsymbol{A}(x)$ nach Gl. (4.33a), so dass insgesamt auch das Element (6.83) mit dem Einselement zusammenhängend ist. Setzt man Gl. (6.28) als gültig voraus, dann erwartet man als Eigenwert der Matrix $\boldsymbol{A}$ die Werte $\exp(+\lambda_1) = r$ und $\exp(-\lambda_1) = r^{-1}$ (Abschn. 6.1), was wegen der Voraussetzung (6.83) ($r < -1$) zu einem Widerspruch führt. Demnach können die Elemente $\boldsymbol{A} \in SL(2, \mathbb{R})$ der Form (6.83) nicht durch Exponentiation gemäß $\exp \boldsymbol{a}$ ausgedrückt werden.

Nachdem die Elemente $\boldsymbol{A}$ eine Komponente des Einselements $\mathcal{G}_0$ der Gruppe $SL(2, \mathbb{R})$ bilden, ist die Voraussetzung für die Anwendung von Gl. (6.82) erfüllt. Ausgehend von den Elementen (6.83) mit $r = -\exp(-\lambda)$

$$\boldsymbol{A} = \begin{pmatrix} -\exp(-\lambda) & 0 \\ 0 & -\exp(+\lambda) \end{pmatrix} \tag{6.84}$$

findet man nach Gl. (6.82) das Produkt zweier Exponentialfunktionen

$$\boldsymbol{A} = \boldsymbol{A}_1 \boldsymbol{A}_2 = \exp(\lambda \boldsymbol{a}_1) \exp(\pi \boldsymbol{a}_2) \tag{6.85a}$$

mit den spurlosen Matrizen

$$\boldsymbol{a}_1 = \begin{pmatrix} -1 & 0 \\ 0 & 1 \end{pmatrix} \qquad \text{und} \qquad \boldsymbol{a}_2 = \begin{pmatrix} 0 & -1 \\ 1 & 0 \end{pmatrix}. \tag{6.85b}$$

Die Begründung hierfür liefert die Reihenentwicklung nach Gl. (6.1) für das Element $\boldsymbol{A}_1$

$$\begin{aligned} \boldsymbol{A}_1 = \exp(\lambda \boldsymbol{a}_1) &= \mathbf{1}_2 + \begin{pmatrix} -1 & 0 \\ 0 & 1 \end{pmatrix} \frac{\lambda}{1!} + \begin{pmatrix} -1 & 0 \\ 0 & 1 \end{pmatrix} \frac{\lambda^2}{2!} + \ldots \\ &= \mathbf{1}_2 + \sum_{k=1}^{\infty} \begin{pmatrix} (-1)^k & 0 \\ 0 & 1 \end{pmatrix} \frac{\lambda^k}{k!} = \begin{pmatrix} \exp(-\lambda) & 0 \\ 0 & \exp(+\lambda) \end{pmatrix} \end{aligned} \tag{6.86a}$$

sowie für das Element $\boldsymbol{A}_2$

$$\begin{aligned}
A_2 &= \exp(\pi a_2) \\
&= \mathbf{1}_2 + \begin{pmatrix} 1 & 0 \\ 0 & 1 \end{pmatrix} \sum_{k=1}^{\infty} (-1)^k \frac{\pi^{2k}}{(2k)!} + \begin{pmatrix} 0 & -1 \\ 1 & 0 \end{pmatrix} \sum_{k=0}^{\infty} (-1)^k \frac{\pi^{2k+1}}{(2k+1)!} \qquad (6.86\text{b}) \\
&= \begin{pmatrix} \cos\pi & -\sin\pi \\ \sin\pi & \cos\pi \end{pmatrix} = \begin{pmatrix} -1 & 0 \\ 0 & -1 \end{pmatrix}.
\end{aligned}$$

6.4 Strukturen und Abbildungen

Vergleicht man die Strukturen einer linearen LIE-Gruppe mit denen der dazugehörigen LIE-Algebra, dann erkennt man einen engen Zusammenhang, der in den folgenden Aussagen erkennbar wird.

Ausgehend von einer linearen LIE-Gruppe $\mathcal{G}$ und einer Untergruppe $\mathcal{G}' \subset \mathcal{G}$ ist bei den zugehörigen reellen LIE-Algebren $\mathcal{L}$ und $\mathcal{L}'$ findet man die LIE-Algebra $\mathcal{L}'$ als eine Unteralgebra der LIE-Algebra $\mathcal{L}$ ($\mathcal{L}' \subset \mathcal{L}$). Für den Fall, dass die Untergruppe $\mathcal{G}'$ ein Normalteiler ist ($\mathcal{G}' = \mathcal{N}$), wird die Unteralgebra $\mathcal{L}'$ als ein Ideal erwartet ($\mathcal{L}' = \mathcal{I}$).

Betrachtet man die reelle LIE-Algebra $\mathcal{L}$ einer entsprechenden LIE-Gruppe $\mathcal{G}$, dann ist jede Unteralgebra $\mathcal{L}' \subset \mathcal{L}$ die LIE-Algebra von genau einer zusammenhängenden Untergruppe, also einer Komponente des Einselements ($\mathcal{G}_0 \subset \mathcal{G}$). Eine lineare LIE-Gruppe ist genau dann einfach bzw. halbeinfach, falls die zugehörige LIE-Algebra einfach bzw. halbeinfach ist.

Für die weitere vergleichende Diskussion von LIE-Gruppen und LIE-Algebren muss der Begriff der homomorphen Abbildung ϕ einer Gruppe $\mathcal{G}$ auf eine Gruppe $\mathcal{G}'$ durch eine lokale Betrachtung ergänzt werden (s. Abschn. 2.3). Setzt man voraus, dass mit dem Element $A(x_1, \ldots, x_n)$ einer linearen LIE-Gruppe $\mathcal{G}$ in der Nähe des Einselements $\mathbf{1}_N$ die Abbildung $\phi(A)$ eine analytische Funktion der Parameter $\{x_i |\, i = 1, \ldots, n\}$ ist, dann gilt die Abbildung als *analytischer Homomorphismus* von $\mathcal{G}$ auf $\mathcal{G}'$. Für den Fall, dass ein analytischer Homomorphismus darüber hinaus eine umkehrbar eindeutige Abbildung ist, spricht man von einem *analytischen Isomorphismus* von $\mathcal{G}$ auf $\mathcal{G}'$.

Mit diesen beiden Begriffen lassen sich zwei Aussagen formulieren, die einen weiteren Einblick in die Verknüpfung zwischen einer linearen LIE-Gruppe und deren zugehörige reelle LIE-Algebra gewähren. Dabei wird von zwei linearen LIE-Gruppen $\mathcal{G}$ und $\mathcal{G}'$ sowie von deren entsprechenden LIE-Algebren $\mathcal{L}$ und $\mathcal{L}'$ ausgegangen. Setzt man voraus, dass eine analytische homomorphe Abbildung ϕ von $\mathcal{G}$ auf $\mathcal{G}'$ existiert, dann kann eine homomorphe Abbildung ψ von $\mathcal{L}$ auf $\mathcal{L}'$ definiert werden durch

$$\psi(a) = \frac{d}{dt}\phi[\exp(ta)]\Big|_{t=0} \qquad -\infty < t < +\infty \qquad \forall a \in \mathcal{L}. \qquad (6.87)$$

Darüber hinaus gilt

$$\exp[t\psi(\boldsymbol{a})] = \phi[\exp(t\boldsymbol{a})] \qquad -\infty < t < +\infty \qquad \forall \boldsymbol{a} \in \mathcal{L}. \tag{6.88}$$

Betrachtet man etwa zwei Elemente $\boldsymbol{a}$ und $\boldsymbol{b}$ aus der reellen LIE-Algebra $\mathcal{L}$ und setzt die Abbildungen auf die reelle LIE-Algebra $\mathcal{L}'$ als gleich voraus

$$\psi(\boldsymbol{a}) = \psi(\boldsymbol{b}) \qquad \boldsymbol{a}, \boldsymbol{b} \in \mathcal{L}, \tag{6.89}$$

dann bekommt man mit Gl. (6.88)

$$\phi[\exp(t\boldsymbol{a})] = \phi[\exp(t\boldsymbol{b})].$$

Setzt man weiter einen analytischen Isomorphismus ϕ zwischen den linearen LIE-Gruppen $\mathcal{G}$ und $\mathcal{G}'$ voraus, so gilt wegen der umkehrbaren Eindeutigkeit

$$\exp(t\boldsymbol{a}) = \exp(t\boldsymbol{b}).$$

Dies kann jedoch nur erfüllt sein mit

$$\boldsymbol{a} = \boldsymbol{b},$$

so dass wegen Gl. (6.89) auch die Abbildung ψ von $\mathcal{L}$ auf $\mathcal{L}'$ ein analytischer Isomorphismus ist.

Beispiel 1 Als Beispiel für die Gruppe $\mathcal{G}$ bzw. $\mathcal{G}'$ wird die *unitäre Gruppe* $U(1)$ ($= \{z \mid |z| < 1\}$) bzw. die *spezielle orthogonale Gruppe* $SO(2)$ betrachtet (s. Beispiel 5 v. Abschn. 4.3). Die Abbildung zwischen den beiden Gruppen (s. Gl. 4.33a)

$$\phi(z) = \phi(\exp it) = \begin{pmatrix} \cos t & -\sin t \\ \sin t & \cos t \end{pmatrix} = \boldsymbol{A}_1 \tag{6.90}$$
$$\text{mit} \quad z \in U(1) \quad \text{und} \quad \boldsymbol{A}_1 \in SO(2)$$

ist ein analytischer Isomorphismus. Mit dem Basiselement $\boldsymbol{a} = i$ der der Gruppe $U(1)$ zugehörigen reellen LIE-Algebra $u(1)$ (Beispiel v. Abschn. 5.3) ergibt sich nach Gl. (6.87)

$$\psi(\boldsymbol{a}) = \frac{d}{dt}\phi(\exp ti)\bigg|_{t=0} = \frac{d}{dt}\begin{pmatrix} \cos t & -\sin t \\ \sin t & \cos t \end{pmatrix}\bigg|_{t=0} = \begin{pmatrix} 0 & -1 \\ 1 & 0 \end{pmatrix} = \boldsymbol{a}' \tag{6.91}$$
$$\text{mit} \quad \boldsymbol{a} \in u(1) \quad \text{und} \quad \boldsymbol{a}' \in so(2),$$

wobei $\boldsymbol{a}'$ das Basiselement der reellen LIE-Algebra $so(2)$ bedeutet. Wie im Beispiel von Abschn. 5.3 demonstriert wird, ist auch die Abbildung zwischen den zugehörigen LIE-Algebren $u(1)$ und $so(2)$ isomorph.

■

Setzt man voraus, dass der Kern $\mathcal{K}$ einer analytischen homomorphen Abbildung ϕ von einer linearen LIE-Gruppe $\mathcal{G}$ auf eine lineare LIE-Gruppe $\mathcal{G}'$ eine diskrete Untergruppe ist, dann gibt es eine endliche, offene Umgebung $\mathcal{U}$ des Einselements

$e \in \mathcal{G}$ derart, dass nur das Einselement auf das Einselement e' der Gruppe $\mathcal{G}'$ abgebildet wird. Demzufolge leistet die Abbildung ϕ eine isomorphe Abbildung der Umgebung $\mathcal{U}$ auf eine Umgebung $\mathcal{U}'$ des Einselements $e' \in \mathcal{G}$. Beide Gruppen haben dann die gleiche Dimension. Als Konsequenz daraus besitzen auch die zugehörigen LIE-Algebren $\mathcal{L}$ und $\mathcal{L}'$ die gleiche Dimension. Damit ist die notwendige und hinreichende Bedingung für die Aussage erfüllt, dass die Abbildung ψ von Gl. (6.87) der LIE-Algebra $\mathcal{L}$ auf die LIE-Algebra $\mathcal{L}'$ isomorph ist (s. Abschn. 5.3). Diese Aussage gilt als Hauptsatz über die lokale Struktur von LIE-Gruppen.

Als Konsequenz daraus erwächst die wichtige Erkenntnis, dass zu verschiedenen (nicht-isomorphen) linearen LIE-Gruppen durchaus die gleichen (isomorphen) LIE-Algebren gehören können. Es bedeutet umgekehrt, dass die reelle LIE-Algebra nicht die globale Struktur der entsprechenden LIE-Gruppe bestimmt, sondern vielmehr nur die lokale Struktur (s. a. Abschn. 6.6).

Beispiel 2 Als Beispiel wird die multiplikative Gruppe der positiven, reellen Zahlen $\mathcal{G} = \mathbb{R}^+ = \{x | x \in \mathbb{R}, x > 0\}$ betrachtet. Sie ist isomorph zur Komponente des Einselements $GL^+(1, \mathbb{R})$ der *algemeinen linearen Gruppe* in einer Dimension. Jedes Element kann in der Form (4.30) mit dem Parameter x dargestellt werden (Beispiel 5 v. Abschn. 4.3). Daneben wird die *spezielle orthogonale Gruppe* $\mathcal{G}' = SO(2)$ in zwei Dimensionen betrachtet, deren Elemente in der Form (4.33a) mit dem Parameter x dargestellt werden (s. Beispiel 5 v. Abschn. 4.3). Die Abbildung ϕ der Gruppe $\mathcal{G}$ auf dic Gruppe $\mathcal{G}'$ durch die Festlegung

$$\phi(\exp x) = \begin{pmatrix} \cos x & -\sin x \\ \sin x & \cos x \end{pmatrix} \tag{6.92}$$

ist ein analytischer Homomorphismus, dessen Kern die Menge der Elemente $\mathcal{K} = \{\exp x | x = 2\pi n;\ n = 0, \pm 1, \ldots\}$ umfasst. Diese Menge ist abzählbar unendlich, so dass es eine beliebig kleine, offene Umgebung des Einselements $\{|x| < \varepsilon |\, 0 < \varepsilon < 2\pi\}$ gibt, die außer dem Einselement des Kerns kein weiteres Element der Gruppe enthält. Demnach ist der Kern eine diskrete Untergruppe. Wegen der Eindimensionalität der homomorphen Gruppen $\mathcal{G}$ und $\mathcal{G}'$ findet man auch die zugehörigen LIE-Algebren $\mathcal{L}$ und $\mathcal{L}'$ eindimensional. Schließlich erwartet man einen Isomorphismus zwischen den LIE-Algebren $\mathcal{L} = gl^+(1, \mathbb{R})$ und $\mathcal{L}' = so(2)$.

Mit der Basis $\boldsymbol{a} = 1$ der zur LIE-Gruppe $\mathcal{G}$ entsprechenden LIE-Algebra $gl^+(1, \mathbb{R})$ (s. Gl. 4.89) erhält man mit Gl. (6.92) und unter Berücksichtigung von Gl. (6.87) das Bildelement

$$\psi(\boldsymbol{a}) = \frac{d}{dt} \begin{pmatrix} \cos t & -\sin t \\ \sin t & \cos t \end{pmatrix}\Bigg|_{t=0} = \begin{pmatrix} 0 & -1 \\ 1 & 0 \end{pmatrix} = \boldsymbol{a}', \tag{6.93}$$

nämlich die Basis $\boldsymbol{a}'$ (Gl. 6.91) der LIE-Algebra $so(2)$ (s. Beispiel v. Abschn. 5.3). Dieses Ergebnis begründet die isomorphe Abbildung ψ zwischen den LIE-Algebren $\mathcal{L}$ und $\mathcal{L}'$. Dabei wird offensichtlich, dass ungeachtet der zueinander isomorphen LIE-Algebren die LIE-Gruppen global voneinander verschieden sind. Während die

LIE-Gruppe $GL^+(1, \mathbb{R})$ nicht kompakt ist, gilt die LIE-Gruppe $SO(2)$ als kompakt (Tab. 4.2, Beispiel 14 und Beispiel 16 v. Abschn. 4.3).

Beispiel 3 In einem weiteren Beispiel wird die *spezielle unitäre Gruppe* $\mathcal{G} = SU(2)$ auf die *spezielle orthogonale Gruppe* $\mathcal{G}' = SO(3)$ abgebildet (Beispiel 6 v. Abschn. 2.3). Diese Abbildung ψ von Gl. (2.49) ist homomorph und wird erklärt durch (Gl. 2.53)

$$\psi_{kl}(\boldsymbol{U}) = \frac{1}{2}\mathrm{sp}\,(\boldsymbol{U}\boldsymbol{\sigma}_k\boldsymbol{U}^{-1}\boldsymbol{\sigma}_l) \qquad k, l = 1, 2, 3 \qquad \forall \boldsymbol{U} \in SU(2), \tag{6.94}$$

wonach sie auch als analytisch erkennbar ist. Nachdem der Kern der Abbildung aus den beiden Elementen $\mathbf{1}_2$ und $-\mathbf{1}_2$ besteht und somit eine endliche und diskrete Untergruppe ist, müssen die den LIE-Gruppen entsprechenden LIE-Algebren $\mathcal{L}$ und $\mathcal{L}'$ dreidimensional sein. Insgesamt erwartet man einen Isomorphismus zwischen den LIE-Algebren $\mathcal{L} = su(2)$ und $\mathcal{L}' = so(3)$.

Mit einem beliebigen Element $\boldsymbol{a}$ aus der LIE-Algebra $\mathcal{L} = su(2)$ erhält man nach Gln. (6.87) und (6.94) die Abbildung

$$\begin{aligned}\psi_{kl}(\boldsymbol{a}) &= \frac{d}{dt}\left\{\frac{1}{2}\mathrm{sp}\,[\exp(t\boldsymbol{a})\boldsymbol{\sigma}_k\exp(-t\boldsymbol{a})\boldsymbol{\sigma}_l]\right\}\Bigg|_{t=0} \\ &= \frac{1}{2}\mathrm{sp}\,(\boldsymbol{\sigma}_k[\boldsymbol{a}, \boldsymbol{\sigma}_l]) \qquad k, l = 1, 2, 3 \qquad \forall \boldsymbol{a} \in su(2).\end{aligned} \tag{6.95}$$

Die Substitution des Elements $\boldsymbol{a}$ durch die Basis $\{\boldsymbol{a}_k |\, k = 1, 2, 3\} \in su(2)$ (4.43) mit

$$\boldsymbol{a}_k = \frac{1}{2}i\boldsymbol{\sigma}_k \qquad k = 1, 2, 3 \tag{6.96}$$

($\boldsymbol{\sigma}_k$: PAULI'sche Spinmatrizen (2.43)) und die Berücksichtigung der Kommutatorbeziehungen (s. a. Gl. 5.40)

$$[\boldsymbol{\sigma}_p, \boldsymbol{\sigma}_q] = 2i\sum_{r=1}^{3}\varepsilon_{pqr}\boldsymbol{\sigma}_r \tag{6.97}$$

sowie von Gl. (2.51) liefert das Ergebnis

$$\begin{aligned}\psi_{kl}(\boldsymbol{a}_p) &= \frac{1}{2}\mathrm{sp}\left(\boldsymbol{\sigma}_k\left[\frac{1}{2}i\boldsymbol{\sigma}_p, \boldsymbol{\sigma}_l\right]\right) = -\frac{1}{2}\mathrm{sp}\left(\boldsymbol{\sigma}_k\sum_{r=1}^{3}\varepsilon_{plr}\boldsymbol{\sigma}_r\right) \\ &= -\sum_{r=1}^{3}\varepsilon_{plr}\delta_{kr} = -\varepsilon_{plk} = -\varepsilon_{lk}^{p} \qquad p, l, k = 1, 2, 3.\end{aligned} \tag{6.98}$$

Die Bildelemente $\{\boldsymbol{\psi}(\boldsymbol{a}_p)|\ p = 1, 2, 3\}$ sind demnach die drei antisymmetrischen Tensoren $\{-\boldsymbol{\varepsilon}^p|\ p = 1, 2, 3\}$ (5.91) bzw. die Generatoren $\{\boldsymbol{a}_k|\ k = 1, 2, 3\}$ von Gl. (4.58). Sie bilden eine Basis für die LIE-Algebra $\mathcal{L}' = so(3)$ und genügen den gleichen Kommutatorbeziehungen wie die Basis der LIE-Algebra $\mathcal{L} = su(2)$ (Gl. 5.40)

$$[\boldsymbol{\psi}(\boldsymbol{a}_l), \boldsymbol{\psi}(\boldsymbol{a}_m)] = -\sum_{n=1}^{3} \varepsilon_{lmn} \boldsymbol{\psi}(\boldsymbol{a}_n), \tag{6.99}$$

womit der Isomorphismus zwischen den beiden LIE-Algebren $\mathcal{L}$ und $\mathcal{L}'$ bestätigt wird. Bleibt darauf hinzuweisen, dass in diesem Beispiel beide zugehörigen LIE-Gruppen $\mathcal{G}$ und $\mathcal{G}'$ kompakt (Tab. 4.3) und nur epimorph sind.

■

Schließlich kann man die Voraussetzung der letzten Aussage dahingehend abändern, dass der Kern einer analytischen homomorphen Abbildung ϕ von einer LIE-Gruppe $\mathcal{G}$ mit der Dimension n auf eine LIE-Gruppe $\mathcal{G}'$ mit der Dimension n' eine LIE-Gruppe $\mathcal{N}_K$ ist. In diesem Fall hat der Kern $\mathcal{N}_K$ die Dimension $(n - n')$ und die zugehörige LIE-Algebra ist ein Ideal $\mathcal{I}_K$ der zur Gruppe $\mathcal{G}$ zugehörigen reellen LIE-Algebra $\mathcal{L}$.

Eine lineare LIE-*Untergruppe* $\mathcal{G}'$ ($\subseteq \mathcal{G}$) einer linearen LIE-Gruppe $\mathcal{G}$ bedeutete bislang eine Teilmenge der Gruppe $\mathcal{G}$. Setzt man einen analytischen Isomorphismus zwischen der LIE-Untergruppe $\mathcal{G}'$ und einer weiteren linearen LIE-Gruppe $\mathcal{G}''$ voraus, dann kann man die Gruppe $\mathcal{G}''$ ebenfalls als eine lineare LIE-Untergruppe von $\mathcal{G}$ erklären. Man gewinnt so eine Erweiterung des Begriffs Untergruppe.

Beispiel 4 Betrachtet werden etwa die Matrizen $\boldsymbol{B}$ der Form

$$\boldsymbol{B} = \begin{pmatrix} \boldsymbol{A} & 0 \\ 0 & 1 \end{pmatrix} \qquad \boldsymbol{A} \in SU(2), \tag{6.100}$$

wobei die Matrix $\boldsymbol{A}$ ein Element der *speziellen unitären Gruppe* $SU(2)$ ist (s. Beispiel 3 v. Abschn. 4.3). Sie umfassen eine Teilmenge der *speziellen unitären Gruppe* $SU(3)$ in drei Dimensionen und bilden zudem eine Untergruppe $\mathcal{G}' \subset SU(3)$. Wegen des analytischen Isomorphismus zwischen der Gruppe $\mathcal{G}'' = SU(2)$ und der Gruppe $\mathcal{G}'$

$$\phi(\boldsymbol{A}) = \boldsymbol{B} \qquad \boldsymbol{A} \in \mathcal{G}'' \qquad \boldsymbol{B} \in \mathcal{G}'$$

kann auch die LIE-Gruppe $SU(2)$ als lineare LIE-Untergruppe der speziellen unitären Gruppe $SU(3)$ aufgefasst werden, obwohl sie keine Teilmenge bildet.

■

6.5 Darstellungen

LIE-Algebren können mithilfe der linearen Algebra untersucht werden und sind deshalb wesentlich einfachere Objekte als LIE-Gruppen. Diese Erkenntnis sowie die enge Beziehung zwischen beiden Objekten legt es nahe, bei der Suche nach den Darstellungen einer LIE-Gruppe zunächst die einfachere Aufgabe der Bestimmung von Darstellungen der zugehörigen LIE-Algebra zu lösen.

Um den Zusammenhang zwischen den Darstellungen einer linearen LIE-Gruppe $\mathcal{G}$ und einer reellen LIE-Algebra $\mathcal{L}$ untersuchen zu können, ist eine lokale Betrachtung notwendig, wo der Begriff der *analytischen Darstellung* $\boldsymbol{D}_{\mathcal{G}}$ eine wesentliche Rolle spielt. Eine solche Darstellung der linearen LIE-Gruppe $\mathcal{G}$ wird stets dann so bezeichnet, wenn es für jedes Element $\boldsymbol{A}(\boldsymbol{x}) = \boldsymbol{A}(x_1, \ldots, x_n)$ der LIE-Gruppe $\mathcal{G}$ eine beliebig kleine Umgebung des Einselements ($\boldsymbol{x} = \boldsymbol{0}$) gibt, wo die Darstellungen $\boldsymbol{D}[\boldsymbol{A}(x_1, \ldots, x_n)]$ analytische Funktionen der Parameter $\{x_i \,|\, i = 1, \ldots, n\}$ sind. Jede kontinuierliche Darstellung (Abschn. 4.4) ist genau dann eine analytische Darstellung, falls die LIE-Gruppe kompakt ist.

Unter der Voraussetzung einer d-dimensionalen analytischen Darstellung $\boldsymbol{D}_{\mathcal{G}}$ einer linearen LIE-Gruppe $\mathcal{G}$, deren zugehörige LIE-Algebra $\mathcal{L}$ ist, lassen sich die folgenden bedeutenden Aussagen formulieren:

(a) Es existiert eine d-dimensionale Darstellung $\boldsymbol{D}_{\mathcal{L}}$ der reellen LIE-Algebra $\mathcal{L}$ mit

$$\boldsymbol{D}_{\mathcal{L}}(\boldsymbol{a}) = \frac{d}{dt}\boldsymbol{D}_{\mathcal{G}}[\exp(t\boldsymbol{a})]\bigg|_{t=0} \qquad \forall \boldsymbol{a} \in \mathcal{L} \quad t \in \mathbb{R}. \tag{6.101}$$

(b) Es gilt

$$\exp[t\boldsymbol{D}_{\mathcal{L}}(\boldsymbol{a})] = \boldsymbol{D}_{\mathcal{G}}[\exp(t\boldsymbol{a})] \qquad \forall \boldsymbol{a} \in \mathcal{L} \quad t \in \mathbb{R}. \tag{6.102}$$

(c) Falls die d-dimensionalen analytischen Darstellungen $\boldsymbol{D}_{\mathcal{G}}$ und $\boldsymbol{D}'_{\mathcal{G}}$ der linearen LIE-Gruppe $\mathcal{G}$ zueinander äquivalent sind, dann sind auch die nach Gln. (6.101) und (6.102) verknüpften Darstellungen $\boldsymbol{D}_{\mathcal{L}}$ und $\boldsymbol{D}'_{\mathcal{L}}$ der reellen LIE-Algebra $\mathcal{L}$ zueinander äquivalent. Die Umkehrung dieser Aussage gilt auch für zusammenhängende LIE-Gruppen.

(d) Falls die analytische Darstellung $\boldsymbol{D}_{\mathcal{G}}$ reduzibel ist, dann ist auch die zugehörige Darstellung $\boldsymbol{D}_{\mathcal{L}}$ reduzibel. Setzt man die vollständige Reduzierbarkeit von $\boldsymbol{D}_{\mathcal{G}}$ voraus, dann erwartet man auch die vollständige Reduzierbarkeit von $\boldsymbol{D}_{\mathcal{L}}$. Die Umkehrung dieser Aussage gilt auch für zusammenhängende LIE-Gruppen.

(e) Für zusammenhängende LIE-Gruppen ist die analytische Darstellung $\boldsymbol{D}_{\mathcal{L}}$ genau dann irreduzibel, falls $\boldsymbol{D}_{\mathcal{G}}$ irreduzibel ist – eine Konsequenz der Aussage (d).

(f) Falls die analytische Darstellung $\boldsymbol{D}_{\mathcal{G}}$ eine unitäre Darstellung ist, dann ist die zugehörige Darstellung $\boldsymbol{D}_{\mathcal{L}}(\boldsymbol{a})$ antihermitesch für alle Elemente $\boldsymbol{a}$ der LIE-Algebra $\mathcal{L}$. Die Umkehrung dieser Aussage gilt auch für zusammenhängende LIE-Gruppen.

Im Hinblick auf Gl. (6.102) ist zu betonen, dass nicht notwendigerweise jede Darstellung $\boldsymbol{D}_{\mathcal{L}}(\boldsymbol{a})$ der rellen LIE-Algebra $\mathcal{L}$ eine Darstellung $\boldsymbol{D}_{\mathcal{G}}$ der linearen Gruppe $\mathcal{G}$ liefert. Die Aussage bedeutet vielmehr, dass $\boldsymbol{D}_{\mathcal{G}}$ durch die Exponentiation

(6.102) erhalten werden kann, vorausgesetzt sie ist eine analytische Darstellung. Obwohl die Matrizen auf der linken Seite von Gl. (6.102) für alle $\boldsymbol{a} \in \mathcal{L}$ und für alle rellen Werte t wohl definiert sind, müssen sie nicht unbedingt eine Darstellung der LIE-Gruppe $\mathcal{G}$ bilden.

Die Verknüpfung zwischen der Darstellung $\boldsymbol{D}_{\mathcal{G}}[\exp(t\boldsymbol{a})]$ einer linearen LIE-Gruppe $\mathcal{G}$ und dem linearen Operator $D_{\mathcal{G}}(\exp(t\boldsymbol{a})$ erfolgt nach Gl. (3.6) mit dem Gruppenelement $\exp(t\boldsymbol{a})$ $(\boldsymbol{a} \in \mathcal{L})$. Die Darstellung $\boldsymbol{D}_{\mathcal{L}}(\boldsymbol{a})$ der zugehörigen LIE-Algebra $\mathcal{L}$ erhält man nach Gl. (5.39) mit dem linearen Operator $D_{\mathcal{L}}(\boldsymbol{a})$. An Stelle der Gln. (6.101) und (6.102) hat man dann das analoge Ergebnis

$$D_{\mathcal{L}}(\boldsymbol{a}) = \frac{d}{dt} D_{\mathcal{G}}[\exp(t\boldsymbol{a})]\bigg|_{t=0} \qquad \forall \boldsymbol{a} \in \mathcal{L} \quad t \in \mathbb{R} \tag{6.103}$$

und

$$\exp[t D_{\mathcal{L}}(\boldsymbol{a})] = D_{\mathcal{G}}[\exp(t\boldsymbol{a})] \qquad \forall \boldsymbol{a} \in \mathcal{L} \quad t \in \mathbb{R}. \tag{6.104}$$

Beide Operatoren $D_{\mathcal{L}}(\boldsymbol{a})$ und $D_{\mathcal{G}}[\exp(t\boldsymbol{a})]$ wirken in demselben Vektorraum mit dem Basissystem $\{v_i | \, i = 1, \ldots, \dim \boldsymbol{D}_{\mathcal{G}} = \dim \boldsymbol{D}_{\mathcal{L}}\}$.

Beispiel 1 Ein einfaches Beispiel ist die *spezielle unitäre Gruppe* $SU(2)$. Dort können die irreduziblen Darstellungen der zugehörigen LIE-Algebra $su(2)$ nach Gl. (6.102) gewonnen werden. Betrachtet man etwa alle jene Elemente $\boldsymbol{U} \in SU(2)$, die zu einer gemeinsamen Klasse gehören und deshalb nur durch den Betrag eines Drehwinkels $|\varphi|$ unabhängig von der Rotationsachse $\boldsymbol{n}$ charakterisiert werden, so findet man mit Gl. (4.61) und nach Wahl der z-Achse als Rotationsachse $(\boldsymbol{n} = (0, 0, 1))$

$$\boldsymbol{U}(\boldsymbol{\varphi}) = \begin{pmatrix} \exp(i\varphi/2) & 0 \\ 0 & \exp(-i\varphi/2 \end{pmatrix} = \exp(\varphi \boldsymbol{a}_3) \qquad -\pi \leq \varphi \leq +\pi, \tag{6.105}$$

wobei $\boldsymbol{a}_3$ einer der Generatoren der Gruppe ist (s. Gl. 4.43). Eine irreduzible Darstellung dieser Elemente $\boldsymbol{U}$ errechnet sich nach Gl. (6.102)

$$\boldsymbol{D}^{(J)}(\boldsymbol{U}) = \boldsymbol{D}^{(J)}[\exp(\varphi \boldsymbol{a}_3)] = \exp\left[\varphi \boldsymbol{D}^{(J)}(\boldsymbol{a}_3)\right] \tag{6.106}$$

und mit der diagonalen irreduziblen Darstellung $\boldsymbol{D}^{(J)}(\boldsymbol{a}_3)$ (5.77c) des Basiselements $\boldsymbol{a}_3$ der zugehörigen LIE-Algebra $su(2)$ zu

$$\boldsymbol{D}^{(J)}(\boldsymbol{U}) = \begin{pmatrix} \exp(iJ\varphi) & & & \\ & \exp(i(J-1)\varphi) & & \\ & & \ddots & \\ & & & \exp(-iJ\varphi) \end{pmatrix} \tag{6.107a}$$

bzw.

$$D^{(J)}_{m'm}(\boldsymbol{U}) = \exp(im\varphi)\delta_{m'm} \qquad -J \leq m \leq +J. \tag{6.107b}$$

Der Charakter ergibt sich daraus zu

$$\chi^{(J)}(\boldsymbol{U}) = \mathrm{sp}\, \boldsymbol{D}^{(J)}(\boldsymbol{U}) = \sum_{m=-J}^{+J} \exp(im\varphi) = \frac{\sin[(J+1/2)\varphi]}{\sin\varphi/2}. \qquad (6.108)$$

Für den Fall $J = 1/2$ ($m = \pm 1/2$) erhält man (s. a. Gl. 4.63)

$$\chi^{(J=1/2)}(\boldsymbol{U}) = 2\cos\frac{\varphi}{2}, \qquad (6.109a)$$

wonach die zweidimensionale Darstellung $\boldsymbol{D}^{(J=1/2)}$ mit dem Element $\boldsymbol{U}$ von Gl. (6.105) identisch ist. Für den Fall $J = 1$ ($-1 \leq m \leq +1$) erhält man

$$\chi^{(J=1)}(\boldsymbol{U}) = 1 + 2\cos\varphi, \qquad (6.109b)$$

wonach die dreidimensionale Darstellung $\boldsymbol{D}^{(J=1)}(\boldsymbol{U})$ äquivalent ist zur dreiparametrigen Rotationsmatrix $\boldsymbol{d}(\varphi)$ (Gl. 4.57), die nach Gl. (4.60) den gleichen Charakter besitzt.

Im zweidimensionalen unitären Raum $\mathbb{C}^2$ mit den Punkten $z = (z_1, z_2)$ ($z_1, z_2 \in \mathbb{C}$) kann man bei einer Transformation wie im Fall der Rotation eines Systems im euklidischen Raum $\mathbb{R}^3$ einen Vektoroperator $\boldsymbol{J}$ erklären, dessen Komponenten analog zu Gl. (6.40)

$$J_k = -i \left\langle \boldsymbol{x}, \boldsymbol{a}_k^\top \boldsymbol{\nabla}_z \right\rangle \qquad (6.110)$$

sich mit der Basis $\{\boldsymbol{a}_k \mid k = 1, 2, 3\}$ (Gl. 4.43) der LIE-Algebra $su(2)$ errechnen zu

$$J_1 = \frac{1}{2}\left(z_2\frac{\partial}{\partial z_1} + z_1\frac{\partial}{\partial z_2}\right) \qquad (6.111a)$$

$$J_2 = -\frac{i}{2}\left(z_2\frac{\partial}{\partial z_1} - z_1\frac{\partial}{\partial z_2}\right) \qquad (6.111b)$$

$$J_3 = \frac{1}{2}\left(z_2\frac{\partial}{\partial z_2} - z_1\frac{\partial}{\partial z_1}\right). \qquad (6.111c)$$

Für die zueinander adjungierten Operatoren J_+ und J_- findet man nach Gl. (5.52)

$$J_+ = z_2\frac{\partial}{\partial z_1} \qquad \text{bzw.} \qquad J_- = z_1\frac{\partial}{\partial z_2}. \qquad (6.112)$$

Die den Gln. (5.71) und (5.74) entsprechenden Gleichungen werden dann durch die $(2J + 1)$ Eigenfunktionen

$$v_m^{(J)}(z) = \frac{(-1)^m}{\sqrt{(J-m)!(J+m)!}} z_1^{(J-m)} z_2^{(J+m)} \qquad -J \leq m \leq +J \qquad (6.113)$$

erfüllt.

Beispiel 2 Als Beispiel wird die *spezielle orthogonale Gruppe* $SO(2)$ betrachtet. Die zugehörige abelsche LIE-Algebra $so(2)$ ist eindimensional und hat nach Gln. (4.26) und (4.33a) das einzige Basiselement $\boldsymbol{a}$ (4.35a) (s. a. Beispiel v. Abschn. 5.3). Da es nur eine Kommutatorbeziehung gibt

$$[\boldsymbol{a}, \boldsymbol{a}] = \mathbf{0}_2,$$

kann man als eindimensionale Darstellung $\boldsymbol{D}_{\mathcal{L}}$ eine komplexe Zahl wählen

$$\boldsymbol{D}_{\mathcal{L}}(\boldsymbol{a}) = z \qquad z \in \mathbb{C}. \tag{6.114}$$

Die Exponentiation nach Gl. (6.102) liefert für deren linke Seite

$$\exp[t\boldsymbol{D}_{\mathcal{L}}(\boldsymbol{a})] = \exp(tz) \qquad z \in \mathbb{C}.$$

Die zugehörige LIE-Gruppe $SO(2)$ hat die Elemente $\boldsymbol{A}$ (4.33a), die auch eine eindimensionale Darstellung bilden

$$\boldsymbol{D}_{\mathcal{G}}(\boldsymbol{A}) = \boldsymbol{A}(t) = \begin{pmatrix} \cos t & -\sin t \\ \sin t & \cos t \end{pmatrix} \qquad -\pi \leq t \leq +\pi, \tag{6.115}$$

was mit der rechten Seite von Gl. (6.102) übereinstimmt (Beispiel 13 v. Abschn. 4.3)

$$\begin{aligned} \boldsymbol{D}_{\mathcal{G}}[\exp(t\boldsymbol{a})] &= \mathbf{1}_2 + \begin{pmatrix} 1 & 0 \\ 0 & 1 \end{pmatrix} \sum_{k=1}^{\infty} (-1)^k \frac{t^{2k}}{(2k)!} \\ &+ \begin{pmatrix} 0 & -1 \\ 1 & 0 \end{pmatrix} \sum_{k=0}^{\infty} (-1)^k \frac{t^{2k+1}}{(2k+1)!} = \boldsymbol{A}(t). \end{aligned} \tag{6.116}$$

Eine Variation des Parameters t um die Periode 2π ergibt für die rechte Seite von Gl. (6.102)

$$\boldsymbol{A}(t + 2\pi) = \exp[\boldsymbol{a}(t + 2\pi)] = \boldsymbol{A}(t), \tag{6.117}$$

wonach die Darstellung $\boldsymbol{D}_{\mathcal{G}}$ invariant bleibt. Dagegen wird für die linke Seite von Gl. (6.102) das Ergebnis

$$\exp[(t + 2\pi)\boldsymbol{D}_{\mathcal{L}}(\boldsymbol{a})] = \exp[(t + 2\pi)z] = \exp(2\pi z) \exp[t\boldsymbol{D}_{\mathcal{L}}(\boldsymbol{a})] \qquad z \in \mathbb{C} \tag{6.118}$$

erzielt, was eine andere Darstellung impliziert. Demanch liefert die Darstellung $\boldsymbol{D}_{\mathcal{L}}$ der LIE-Algebra $\mathcal{L}$ nach (6.114) genau dann eine Darstellung $\boldsymbol{D}_{\mathcal{G}}$ vermittels der Exponentiation (6.102), falls die Zahl z rein imaginär und ganzzahlig ist.

Beispiel 3 Im folgenden Beispiel soll die Verknüpfung zwischen den Darstellungen der *speziellen orthogonalen Gruppe* $SO(3)$ und der zugehörigen LIE-Algebra $so(3)$

erörtert werden. Ausgehend von der Basis $\{\boldsymbol{\psi}(\boldsymbol{a}_p) = -\boldsymbol{\varepsilon}^p |\, p = 1, 2, 3\}$ (6.98) der LIE-Algebra $\mathcal{L} = so(3)$ mit den Basiselementen $\{\boldsymbol{a}_p |\, p = 1, 2, 3\}$ (6.96) der dazu isomorphen LIE-Algebra $su(2)$, kann man eine zweidimensionale Darstellung $\boldsymbol{D}_{\mathcal{L}}$ der LIE-Algebra $\mathcal{L}$ gewinnen, indem die isomorphe Abbildung ψ (6.98) invertiert wird (Beispiel 3 v. Abschn. 6.4)

$$\boldsymbol{D}_{\mathcal{L}}(\boldsymbol{a}_p) = \boldsymbol{\psi}^{-1}(-\boldsymbol{\varepsilon}^p) = \frac{1}{2} i \boldsymbol{\sigma}_p \qquad p = 1, 2, 3 \tag{6.119}$$

($\boldsymbol{\sigma}_p$: PAULI'sche Spinmatrizen (2.43)). Nach Exponentiation gemäß Gl. (6.102) erhält man für die linke Seite etwa mit $\boldsymbol{a}_3$

$$\exp[t\boldsymbol{D}_{\mathcal{L}}(\boldsymbol{a}_3)] = \exp\left(i\frac{t}{2}\boldsymbol{\sigma}_3\right) = \begin{pmatrix} \exp(it/2) & 0 \\ 0 & \exp(-it/2) \end{pmatrix}. \tag{6.120}$$

Hingegen liefert die rechte Seite von Gl. (6.102) etwa mit dem Basiselement $\boldsymbol{a}_3$ ($= -\boldsymbol{\varepsilon}^3$; Gl. (5.91) – s. a. Beispiel 13 v. Abschn. 4.3)

$$\begin{aligned} \boldsymbol{D}_{\mathcal{G}}[\exp(t\boldsymbol{a}_3)] \equiv \exp(t\boldsymbol{a}_3) &= \mathbf{1}_3 + \begin{pmatrix} 1 & 0 & 0 \\ 0 & 1 & 0 \\ 0 & 0 & 0 \end{pmatrix} \sum_{k=1}^{\infty} (-1)^k \frac{t^{2k}}{(2k)!} \\ &+ \begin{pmatrix} 0 & -1 & 0 \\ 1 & 0 & 0 \\ 0 & 0 & 0 \end{pmatrix} \sum_{k=0}^{\infty} (-1)^k \frac{t^{2k+1}}{(2k+1)!} = \begin{pmatrix} \cos t & -\sin t & 0 \\ \sin t & \cos t & 0 \\ 0 & 0 & 1 \end{pmatrix}. \end{aligned} \tag{6.121}$$

Nach Variation des Parameters t um die Periode 2π erhält man für die linke Seite (Gl. 6.120) einen Vorzeichenwechsel

$$\exp[(t + 2\pi)\boldsymbol{D}_{\mathcal{L}}(\boldsymbol{a}_3)] = -\exp[t\boldsymbol{D}_{\mathcal{L}}(\boldsymbol{a}_3)],$$

während die rechte Seite (Gl. 6.121) invariant bleibt

$$\exp[(t + 2\pi)\boldsymbol{a}_3] = \exp(t\boldsymbol{a}_3).$$

Demnach vermag die Exponentiation nach Gl. (6.102) keine Darstellung $\boldsymbol{D}_{\mathcal{G}}$ der LIE-Gruppe $SO(3)$ zu liefern (Beispiel 2 v. Abschn. 6.6).

■

Wie bei den endlichen Gruppen kann man auch bei den LIE-Gruppen eine *Produktdarstellung* $\boldsymbol{D}^{(\alpha_1 \times \alpha_2)}(\mathcal{G})$ (3.204) des *äußeren direkten Produkts*

$$\mathcal{G} = \mathcal{G}_1 \times \mathcal{G}_2 \tag{6.122}$$

zweier Gruppen $\mathcal{G}_1$ und $\mathcal{G}_2$ erklären. Dabei sind zwei Fälle zu unterscheiden.

Im ersten Fall ist die Gruppe $\mathcal{G}_1$ eine endliche Gruppe mit der Ordnung g_1 und der treuen irreduziblen Darstellung $\boldsymbol{D}^{(\alpha_1)}(\mathcal{G}_1)$, während die Gruppe $\mathcal{G}_2$ eine lineare LIE-Gruppe ist mit einer ebenfalls treuen endlich-dimensionalen Darstellung $\boldsymbol{D}^{(\alpha_2)}(\mathcal{G}_2)$. Die LIE-Gruppe $\mathcal{G}_2$ möge in der Nähe des Einselements durch die n reellen Werte $\{x_k | \, k = 1, \dots, n\}$ parametrisiert werden und eine Anzahl N zusammenhängende Komponenten besitzen. Die Produktdarstellung (3.204) verhilft dann zu der Aussage, dass das direkte Produkt (6.122) der beiden Gruppen $\mathcal{G}_1$ und $\mathcal{G}_2$ ebenfalls eine LIE-Grupe $\mathcal{G}$ mit Ng_1 zusammenhängenden Komponenten ist. Die Komponente des Einselements von $\mathcal{G}$ ist daher isomorph zur Produktdarstellung $\boldsymbol{D}^{(\alpha_1)}(e) \times \boldsymbol{D}^{(\alpha_2)}(\mathcal{H}) = \boldsymbol{D}^{(\alpha_1 \times \alpha_2)}(e \times \mathcal{H})$, wobei die Gruppe $\mathcal{H}$ die Komponente des Einselements der LIE-Gruppe $\mathcal{G}_2$ ist. Die Elemente der Produktgruppe $\mathcal{G}$ können nahe dem Einselement durch die gleichen n Werte $\{x_k | \, k = 1, \dots, n\}$ parametrisiert werden. Zudem ist die Produktgruppe genau dann kompakt, falls die LIE-Gruppe $\mathcal{G}_2$ kompakt ist.

Im zweiten Fall sind beide Gruppen $\mathcal{G}_1$ und $\mathcal{G}_2$ lineare LIE-Gruppen. Mithilfe der Produktdarstellung (3.204) kann gezeigt werden, dass das äußere direkte Produkt (6.122) erneut eine lineare LIE-Gruppe $\mathcal{G}$ ist mit $N_1 N_2$ Komponenten ($N_i =$ Anzahl der Komponenten der Gruppe $\mathcal{G}_i$; $i = 1, 2$) und mit $(n_1 + n_2)$ reellen Parametern ($n_i =$ Anzahl der Parameter der Gruppe $\mathcal{G}_i$; $i = 1, 2$). Daneben ist die LIE-Gruppe $\mathcal{G}$ genau dann kompakt, falls sowohl $\mathcal{G}_1$ als auch $\mathcal{G}_2$ kompakt ist. Betrachtet man eine endliche Gruppe als eine nulldimensionale LIE-Gruppe, dann ist der oben diskutierte Fall hier mit berücksichtigt. Bleibt darauf hinzuweisen, dass die der direkten Produktgruppe $\mathcal{G}$ entsprechende reelle LIE-Algebra $\mathcal{L}$ isomorph ist zur direkten Summe der den LIE-Gruppen $\mathcal{G}_1$ und $\mathcal{G}_2$ entsprechenden reellen LIE-Algebren $\mathcal{L}_1$ und $\mathcal{L}_2$

$$\mathcal{L} \cong \mathcal{L}_1 \oplus \mathcal{L}_2. \tag{6.123}$$

Hingegen gilt nicht die Umkehrung dieser Aussage. Falls die mit einer linearen LIE-Gruppe $\mathcal{G}$ verknüpfte LIE-Algebra $\mathcal{L}$ zu einer direkten Summe zweier LIE-Algebren $\mathcal{L}_1$ und $\mathcal{L}_2$ nach Gl. (6.123) isomorph ist, dann muss diese LIE-Gruppe $\mathcal{G}$ nicht notwendigerweise isomorph zum äußeren direkten Produkt der zugehörigen LIE-Gruppen $\mathcal{G}_1$ und $\mathcal{G}_2$ sein.

Beispiel 4 Als Beispiel für eine endliche Gruppe $\mathcal{G}_1$ wird die *Inversionsgruppe* C_i im euklidischen Raum $\mathbb{R}^3$ betrachtet. Sie besitzt zwei Elemente die auch die beiden Klassen bilden, nämlich das Einselement e und die Inversion i (Beispiel 1 v. Abschn. 3.10). Demnach ist die Ordnung $g_1 = 2$ und es gibt zwei irreduzible Darstellungen $\boldsymbol{D}^{(+)}$ und $\boldsymbol{D}^{(-)}$ (Tab. 3.3).

Für die lineare LIE-Gruppe $\mathcal{G}_2$ wird die *spezielle orthogonale Gruppe* $SO(3)$ gewählt, deren Elemente die eigentlichen Rotationen um beliebige Achsen $\boldsymbol{\varphi}$ im euklidischen Raum $\mathbb{R}^3$ sind. Als Darstellungsraum wird jener Raum betrachtet, der durch die $(2J + 1)$ Eigenvektoren $\left\{v_m^J | \, -J \leq m \leq +J\right\}$ des Drehimpulsoperators zum Quadrat J^2 bzw. des dazu vertauschbaren Operators J_z der z-Komponente des Drehimpulsoperators erzeugt wird. Man gewinnt dann die endliche, irreduzible Darstellung $\boldsymbol{D}^{(J)}(\boldsymbol{\varphi})$ mit der Dimension $(2J + 1)$ (Beispiel 1 v. Abschn. 5.5). Die Parametrisierung der Rotation kann auf zweifache Weise geschehen. Einmal durch die Komponenten $\{\varphi_i | \, i = 1, 2, 3\}$ eines Rotationsvektors $\boldsymbol{\varphi}$ der in Richtung der Rotationsachse zeigt und dessen Länge φ den positiven Drehwinkel angibt (s. a. Beispiel 11 v. Abschn. 4.3). Zum anderen durch die drei EULER'schen Winkel $\{\alpha, \beta, \gamma | \; 0 \leq \alpha, \gamma \leq 2\pi, \; 0 \leq \beta < \pi\}$ (s. a. Beispiel 20 v. Abschn. 4.3), so dass in beiden Fällen eine dreidimensionale LIE-Gruppe parametrisiert wird. Diese Gruppe ist zusammenhängend und besitzt deshalb nur eine Komponente ($N = 1$), die zugleich die Komponente des Einselements ist. Das äußere direkte Produkt (6.122)

$$O(3) = C_i \times SO(3) \tag{6.124}$$

liefert die *orthogonale Gruppe* $O(3)$, bei der neben den eigentlichen Rotationen auch die uneigentlichen Rotationen (Rotations-Inversionen) erfasst werden (Beispiel 1 v. Abschn. 2.4). Diese LIE-Gruppe besitzt zwei ($Ng = 2$) zusammenhängende Komponenten. Die Komponente des Einselements ist isomorph zur Produktdarstellung $\boldsymbol{D}^{(\pm)}(e) \times \boldsymbol{D}^{(J)}(\varphi) = \boldsymbol{D}^{(J)}(\varphi)$, so dass sie mit der Komponente des Einselements der LIE-Gruppe $SO(3)$ zusammenfällt. Nachdem die Produktgruppe (6.124) in einer beliebig kleinen Umgebung des Einselements mit der Gruppe $SO(3)$ übereinstimmt (Beispiel 1 v. Abschn. 6.3), findet man für beide Gruppen dieselbe Dimension ($\dim O(3) = \dim SO(3) = 3$), so dass auch die drei Parameter der beiden LIE-Gruppen die gleichen sind. Die Gruppe $SO(3)$ ist kompakt und erfüllt so die notwendige und hinreichende Bedingung dafür, dass auch die Produktgruppe $O(3)$ kompakt ist.

Beispiel 5 Die Konstruktion der *euklidischen Gruppe* $E(3, \mathbb{R})$ (Beispiel 14 v. Abschn. 2.1) kann verallgemeinert werden, indem jede lineare LIE-Gruppe $\mathcal{G}$ von Tabelle 4.1, die auch eine Untergruppe der *allgemeinen linearen Gruppe* $GL(N, \mathbb{K})$ ist, zusammengesetzt wird mit einer Translation $\boldsymbol{t}$ aus dem N-dimensionalen Raum $\mathbb{K}^N$ ($\mathbb{K} = \mathbb{R}$ bzw. $\mathbb{C}$). Die gesamte Transformation wid dann ausgedrückt in der Form (2.11a)

$$\boldsymbol{x}' = \boldsymbol{A}\boldsymbol{x} + \boldsymbol{t} \qquad \boldsymbol{A} \in \mathcal{G} \subseteq GL(N, \mathbb{K}) \qquad \boldsymbol{t}, \; \boldsymbol{x} \in \mathbb{K}^N. \tag{6.125}$$

Analog zu Gl. (2.62) erhält man die gesamte Gruppe $\mathcal{G}'$ durch das halbdirekte Produkt

$$\mathcal{G}' = \mathcal{G} \ltimes \mathbb{K}^N. \tag{6.126}$$

Dabei errechnet sich die Dimension n der Produktgruppe $\mathcal{G}'$ sowie die der zugehörigen LIE-Algebra $\mathcal{L}'$ zu

$$\dim \mathcal{G}' = \dim \mathcal{L}' = \dim \mathcal{G} + N. \tag{6.127}$$

Für das Produkt zweier Elemente $\{\boldsymbol{A}_1 | \, \boldsymbol{t}_1\}$ und $\{\boldsymbol{A}_2 | \, \boldsymbol{t}_2\}$ aus der Produktgruppe $\mathcal{G}'$ erhält man mit Gl. (6.125) analog zu Gl. (2.12)

$$\{\boldsymbol{A}_1 | \boldsymbol{t}_1\}\{\boldsymbol{A}_2 | \boldsymbol{t}_2\} = \{\boldsymbol{A}_1\boldsymbol{A}_2 | \, \boldsymbol{A}_1\boldsymbol{t}_2 + \boldsymbol{t}_1\} \qquad \boldsymbol{A}_1, \, \boldsymbol{A}_2 \in \mathcal{G} \qquad \boldsymbol{t}_1, \, \boldsymbol{t}_2 \in \mathbb{K}^N. \tag{6.128}$$

Das LIE-Produkt errechnet sich zu

$$[\{a_1|\, t_1\},\ \{a_2|\, t_2\}] = \{[a_1,\ a_2]|\, a_1 t_2 - a_2 t_1\} \qquad a_1,\ a_2 \in \mathcal{L} \qquad t_1,\ t_2 \in \mathbb{K}^N. \tag{6.129}$$

Beispiel 6 Betrachtet wir die *unitäre Gruppe* $U(2)$ in zwei Dimensionen. Die damit verknüpfte reelle LIE-Algebra $\mathcal{L} = u(2)$ umfasst die Menge aller antihermiteschen 2×2-Matrizen, deren Spur nicht notwendigerweise verschwindet (Beispiel 3 v. Abschn. 5.1). Die Dimension ($n = N^2 = 4$) dieser LIE-Algebra verlangt vier Basiselemente (Tab. 5.1), von denen drei die Basis $\{a_k | k = 1, 2, 3\}$ der LIE-Algebra $\mathcal{L}_1 = su(2)$ bilden (Gl. 4.43). Als viertes Basiselement kann man die antihermitesche Matrix

$$a_4 = i\mathbf{1}_2$$

wählen. Sie ist die Basis einer reellen LIE-Algebra $\mathcal{L}_2$ und vertauscht mit allen Elementen a_k der Basis von $\mathcal{L}_1 = su(2)$

$$[a_k,\ a_4] = 0 \qquad a_k \in \mathcal{L}_1 = su(2) \qquad k = 1, 2, 3,$$

so dass die Forderung (5.34) zur Bildung einer direkten Summe von zwei LIE-Algebren $\mathcal{L}_1$ und $\mathcal{L}_2$ erfüllt ist

$$\mathcal{L} = \mathcal{L}_1 \oplus \mathcal{L}_2.$$

Die zugehörigen linearen LIE-Gruppen $\mathcal{G}_1$ und $\mathcal{G}_2$ können nach Gl. (6.28) durch Exponentiation aus den LIE-Algebren $\mathcal{L}_1$ und $\mathcal{L}_2$ erhalten werden. Danach ergibt sich für $\mathcal{G}_1$ erwartungsgemäß die *spezielle unitäre Gruppe* $SU(2)$ und für $\mathcal{G}_2$ die Menge der Matrizen

$$\mathcal{G}_2 = \{\exp it\mathbf{1}_2|\, t \in \mathbb{R}\}.$$

Beide Gruppen sind Untergruppen der Gruppe $\mathcal{G} = U(2)$. Daneben sind die Elemente aus den unterschiedlichen Gruppen miteinander vertauschbar, so dass die Forderung (2.56a) zur Bildung eines direkten äußeren Produkts erfüllt ist. Nicht erfüllt ist jedoch die Forderung (2.56b), da beide Gruppen $\mathcal{G}_1$ und $\mathcal{G}_2$ zwei Elemente gemeinsam haben, nämlich das Einselement $\mathbf{1}_2$ und das Element $-\mathbf{1}_2$. Somit ist die LIE-Gruppe $\mathcal{G} = U(2)$, deren zugehörige LIE-Algebra $\mathcal{L} = u(2)$ zur direkten Summe der LIE-Algebren $\mathcal{L}_1 = su(2)$ und $\mathcal{L}_2$ isomorph ist, nicht isomorph zum äußeren direkten Produkt $\mathcal{G}_1 \times \mathcal{G}_2$ der den LIE-Algebren $\mathcal{L}_1$ und $\mathcal{L}_2$ zugehörigen LIE-Gruppen $\mathcal{G}_1 = SU(2)$ und $\mathcal{G}_2$.

Obige Überlegungen können verallgemeinert werden durch die Betrachtung einer unitären LIE-Algebra $\mathcal{L} = u(N)$ in einer Dimension N. Dann findet man diese isomorph zur direkten Summe der LIE-Algebren $\mathcal{L}_1 = su(N)$ und $\mathcal{L}_2 = u(1)$

$$u(N) \cong u(N) \oplus u(1).$$

Gleichwohl ist die zur LIE-Algebra $\mathcal{L}$ zugehörige *unitäre Gruppe* $\mathcal{G} = U(N)$ nicht isomorph zum äußeren direkten Produkt $\mathcal{G}_1 \times \mathcal{G}_2$ der Gruppe $\mathcal{G}_1 = SU(N)$ und $\mathcal{G}_2 = U(1)$, die den LIE-Algebren $\mathcal{L}_1 = su(N)$ und $\mathcal{L}_2 = u(1)$ entsprechen.

■

Schließlich bleibt noch die Frage nach jener Darstellung $\boldsymbol{D}^{(\alpha_1\otimes\alpha_2)}(\mathcal{L})$ der LIE-Algebra $\mathcal{L}$, die dem inneren direkten Produkt $\boldsymbol{D}^{(\alpha_1\otimes\alpha_2)}(\mathcal{G})$ der irreduziblen Darstellungen $\boldsymbol{D}^{(\alpha_1)}(\mathcal{G})$ und $\boldsymbol{D}^{(\alpha_2)}(\mathcal{G})$ einer LIE-Gruppe $\mathcal{G}$ entsprechen. Ausgehend von den zugehörigen Basissystemen $\left\{v_i^{(\alpha_1)} \mid i = 1, \ldots, d_{\alpha_1}\right\}$ und $\left\{v_i^{(\alpha_2)} \mid i = 1, \ldots, d_{\alpha_2}\right\}$ der Vektorräume $\mathcal{V}^{(\alpha_1)}$ und $\mathcal{V}^{(\alpha_2)}$ wird durch das innere direkte Produkt $\left\{v_{ij}^{(\alpha_1\otimes\alpha_2)} = v_i^{(\alpha_1)} \otimes v_j^{(\alpha_2)} \mid i = 1, \ldots, d_{\alpha_1};\ j = 1, \ldots, d_{\alpha_2}\right\}$ ein *Produktraum* bzw. ein *Tensorraum* $\mathcal{V}^{(\alpha_1\otimes\alpha_2)}$ aufgespannt. Mit den Operatoren $D_{\mathcal{G}}^{(\alpha_1)}[\exp(t\boldsymbol{a})]$ und $D_{\mathcal{G}}^{(\alpha_2)}[\exp(t\boldsymbol{a})]$ der Teilräume

$$D_{\mathcal{G}}^{(\alpha_1)}[\exp(t\boldsymbol{a})]v_i^{(\alpha_1)} = \sum_j^{d_{\alpha_1}} D_{\mathcal{G},ji}^{(\alpha_1)}[\exp(t\boldsymbol{a})]v_j^{(\alpha_1)} \tag{6.130a}$$

$$D_{\mathcal{G}}^{(\alpha_2)}[\exp(t\boldsymbol{a})]v_i^{(\alpha_2)} = \sum_j^{d_{\alpha_2}} D_{\mathcal{G},ji}^{(\alpha_2)}[\exp(t\boldsymbol{a})]v_j^{(\alpha_2)} \tag{6.130b}$$

erhält man für den Operator $D_{\mathcal{G}}^{(\alpha_1\otimes\alpha_2)}[\exp(t\boldsymbol{a})] = D_{\mathcal{G}}^{(\alpha_1)}[\exp(t\boldsymbol{a})] \otimes D_{\mathcal{G}}^{(\alpha_2)}[\exp(t\boldsymbol{a})]$ des Produktraumes $\mathcal{V}^{(\alpha_1\otimes\alpha_2)}$ (s. a. Gl. 3.211)

$$\begin{aligned}
D_{\mathcal{G}}^{(\alpha_1\otimes\alpha_2)}[\exp(t\boldsymbol{a})]\left(v_i^{(\alpha_1)} \otimes v_k^{(\alpha_2)}\right) &= D_{\mathcal{G}}^{(\alpha_1)}[\exp(t\boldsymbol{a})]v_i^{(\alpha_1)} \otimes D_{\mathcal{G}}^{(\alpha_1)}[\exp(t\boldsymbol{a})]v_k^{(\alpha_2)} \\
&= \sum_j^{d_{\alpha_1}} \sum_l^{d_{\alpha_2}} D_{\mathcal{G},ji}^{(\alpha_1)}[\exp(t\boldsymbol{a})]v_j^{(\alpha_1)} D_{\mathcal{G},lk}^{(\alpha_2)}[\exp(t\boldsymbol{a})]v_l^{(\alpha_2)} \\
&= \sum_j^{d_{\alpha_1}} \sum_l^{d_{\alpha_2}} \left[D_{\mathcal{G}}^{(\alpha_1)}(\exp(t\boldsymbol{a})) \otimes D_{\mathcal{G}}^{(\alpha_2)}(\exp(t\boldsymbol{a}))\right]_{jl,ik} v_j^{(\alpha_1)} \otimes v_l^{(\alpha_2)} \\
&= \sum_j^{d_{\alpha_1}} \sum_l^{d_{\alpha_2}} \left[D_{\mathcal{G};\, jl,ik}^{(\alpha_1\otimes\alpha_2)} [\exp(t\boldsymbol{a})]v_j^{(\alpha_1)} \otimes v_l^{(\alpha_2)} \qquad \forall \boldsymbol{a} \in \mathcal{L}.
\end{aligned} \tag{6.131}$$

Unter Berücksichtigung von Gln. (6.104) und (6.130) kommt man weiter zu dem Ergebnis

$$\exp\left[tD_{\mathcal{L}}^{(\alpha_1\otimes\alpha_2)}(\boldsymbol{a})\left(v_i^{(\alpha_1)}\otimes v_k^{(\alpha_2)}\right)\right]=\exp\left(tD_{\mathcal{L}}^{(\alpha_1)}(\boldsymbol{a})\right)v_i^{(\alpha_1)}\otimes\exp\left(tD_{\mathcal{L}}^{(\alpha_2)}(\boldsymbol{a})\right)v_k^{(\alpha_2)})$$
$$=\exp\left[t\left(D_{\mathcal{L}}^{(\alpha_1)}(\boldsymbol{a})+D_{\mathcal{L}}^{(\alpha_2)}(\boldsymbol{a})\right)\right]v_i^{(\alpha_1)}\otimes v_k^{(\alpha_2)}$$
$$=\exp\left[t\left(D_{\mathcal{L}}^{(\alpha_1)}(\boldsymbol{a})v_i^{\alpha_1}\otimes v_k^{(\alpha_2)}+v_i^{(\alpha_1)}\otimes D_{\mathcal{L}}^{(\alpha_2)}(\boldsymbol{a})v_k^{(\alpha_2)}\right)\right], \tag{6.132a}$$

so dass der Operator $D_{\mathcal{L}}^{(\alpha_1\otimes\alpha_2)}(\boldsymbol{a})$ des Produktraumes $\mathcal{V}^{(\alpha_1\otimes\alpha_2)}$ in der Form

$$D_{\mathcal{L}}^{(\alpha_1\otimes\alpha_2)}(\boldsymbol{a})\left(v_i^{(\alpha_1)}\otimes v_k^{(\alpha_2)}\right):=D_{\mathcal{L}}^{(\alpha_1)}(\boldsymbol{a})v_i^{(\alpha_1)}\otimes v_k^{(\alpha_2)}+v_i^{(\alpha_1)}\otimes D_{\mathcal{L}}^{(\alpha_2)}(\boldsymbol{a})v_k^{(\alpha_2)} \tag{6.132b}$$

erklärt werden kann. Betrachtet man zudem die irreduziblen Darstellungen $\boldsymbol{D}_{\mathcal{L}}^{(\alpha_1)}(\boldsymbol{a})$ und $\boldsymbol{D}_{\mathcal{L}}^{(\alpha_2)}(\boldsymbol{a})$ der LIE-Algebra $\mathcal{L}$, die durch die Operatoren $D_{\mathcal{L}}^{(\alpha_1)}(\boldsymbol{a})$ und $D_{\mathcal{L}}^{(\alpha_2)}(\boldsymbol{a})$ gemäß den Beziehungen

$$D_{\mathcal{L}}^{(\alpha_1)}(\boldsymbol{a})v_i^{(\alpha_1)}=\sum_j^{d_{\alpha_1}}D_{\mathcal{L},ji}^{(\alpha_1)}(\boldsymbol{a})v_j^{(\alpha_1)} \tag{6.133a}$$

und

$$D_{\mathcal{L}}^{(\alpha_2)}(\boldsymbol{a})v_i^{(\alpha_2)}=\sum_j^{d_{\alpha_2}}D_{\mathcal{L},ji}^{(\alpha_2)}(\boldsymbol{a})v_j^{(\alpha_2)} \tag{6.133b}$$

definiert sind, dann ergibt die Substitution in Gl. (6.132b)

$$D_{\mathcal{L}}^{(\alpha_1\otimes\alpha_2)}(\boldsymbol{a})\left(v_i^{(\alpha_1)}\otimes v_k^{(\alpha_2)}\right)=D_{\mathcal{L}}^{(\alpha_1)}(\boldsymbol{a})v_i^{(\alpha_1)}\otimes v_k^{(\alpha_2)}+v_i^{(\alpha_1)}\otimes D_{\mathcal{L}}^{(\alpha_2)}(\boldsymbol{a})v_k^{(\alpha_2)}$$
$$=\sum_j^{d_{\alpha_1}}\sum_l^{d_{\alpha_2}}\left[D_{\mathcal{L},ji}^{(\alpha_1)}(\boldsymbol{a})v_j^{(\alpha_1)}\otimes v_k^{(\alpha_2)}+v_i^{(\alpha_1)}\otimes D_{\mathcal{L},lk}^{(\alpha_2)}(\boldsymbol{a})v_l^{(\alpha_2)}\right]$$
$$=\sum_j^{d_{\alpha_1}}\sum_l^{d_{\alpha_2}}\left[\boldsymbol{D}_{\mathcal{L}}^{(\alpha_1)}(\boldsymbol{a})\otimes\mathbf{1}_{d_{\alpha_2}}+\mathbf{1}_{d_{\alpha_1}}\otimes\boldsymbol{D}_{\mathcal{L}}^{(\alpha_2)}(\boldsymbol{a})\right]_{jl,ik}v_j^{(\alpha_1)}\otimes v_l^{(\alpha_2)}$$
$$=\sum_j^{d_{\alpha_1}}\sum_l^{d_{\alpha_2}}D_{\mathcal{L}\,jl,ik}^{(\alpha_1\otimes\alpha_2)}(\boldsymbol{a})v_j^{(\alpha_1)}\otimes v_l^{(\alpha_2)}\qquad\forall\boldsymbol{a}\in\mathcal{L}. \tag{6.134a}$$

mit der sogenannten *Produktdarstellung* bzw. *Tensordarstellung* der LIE-Algebra $\mathcal{L}$

$$\boldsymbol{D}_{\mathcal{L}}^{(\alpha_1\otimes\alpha_2)}(\boldsymbol{a})=\boldsymbol{D}_{\mathcal{L}}^{(\alpha_1)}(\boldsymbol{a})\otimes\mathbf{1}_{d_{\alpha_2}}+\mathbf{1}_{d_{\alpha_1}}\otimes\boldsymbol{D}_{\mathcal{L}}^{(\alpha_2)}(\boldsymbol{a})\qquad\boldsymbol{a}\in\mathcal{L}. \tag{6.134b}$$

Bleibt anzumerken, dass die beiden verschiedenen Produkträume $\mathcal{V}^{(\alpha_1)} \otimes \mathcal{V}^{(\alpha_2)}$ und $\mathcal{V}^{(\alpha_2)} \otimes \mathcal{V}^{(\alpha_1)}$ isomorph zueinander sind

$$\mathcal{V}^{(\alpha_1)} \otimes \mathcal{V}^{(\alpha_2)} \cong \mathcal{V}^{(\alpha_2)} \otimes \mathcal{V}^{(\alpha_1)}, \tag{6.135a}$$

so dass das Tensorprodukt – bis auf Isomorphie – kommutativ ist. Daneben ist das Tensorprodukt – bis auf Isomorphie – auch assoziativ

$$(\mathcal{V}^{(\alpha_1)} \otimes \mathcal{V}^{(\alpha_2)}) \otimes \mathcal{V}^{(\alpha_3)} \cong \mathcal{V}^{(\alpha_1)} \otimes (\mathcal{V}^{(\alpha_2)} \otimes \mathcal{V}^{(\alpha_3)}). \tag{6.135b}$$

Anders als bei der Produktdarstellung $\boldsymbol{D}_{\mathcal{G}}^{(\alpha_1 \otimes \alpha_2)}$ (3.211) der LIE-Gruppe $\mathcal{G}$ geht sie nicht aus dem direkten Produkt der einzelnen Darstellungen hervor, obwohl die Basis dieser Produktdarstellung durch das direkte Produkt zwischen den Basen der einzelnen Darstellungen gebildet wird. Der Grund hierfür ist in der Nichtlinearität des direkten Produkts (3.211) zu sehen, was der Darstellung einer Algebra widerspricht. Der Charakter der Produktdarstellung errechnet sich dann mit Gl. (3.201) zu

$$\chi_{\mathcal{L}}^{(\alpha_1 \otimes \alpha_2)}(\boldsymbol{a}) = d_{\alpha_2} \chi_{\mathcal{L}}^{(\alpha_1)}(\boldsymbol{a}) + d_{\alpha_1} \chi_{\mathcal{L}}^{(\alpha_2)}(\boldsymbol{a}) \qquad \forall \boldsymbol{a} \in \mathcal{L}. \tag{6.136}$$

Die Reduktion der Produktdarstellung (6.134b) in irreduzible Darstellungen $\boldsymbol{D}_{\mathcal{L}}^{(\alpha)}$ der LIE-Algebra $\mathcal{L}$ verlangt eine Diagonalisierung mittels einer regulären Matrix $\boldsymbol{C}^{(\alpha_1\alpha_2)}$ (s. a. Gl. 3.220)

$$\boldsymbol{C}^{(\alpha_1\alpha_2)-1}\, \boldsymbol{D}_{\mathcal{L}}^{(\alpha_1 \otimes \alpha_2)}(\boldsymbol{a}) \boldsymbol{C}^{(\alpha_1\alpha_2)} = \boldsymbol{D}^{(\alpha_1 \otimes \alpha_2)'}(\boldsymbol{a}) = \bigoplus_{\alpha} (\alpha_1\alpha_2|\alpha)\, \boldsymbol{D}_{\mathcal{L}}^{(\alpha)}(\boldsymbol{a}) \tag{6.137}$$

mit den Reduktionskoeffizienten bzw. Multiplizitäten $(\alpha_1\alpha_2|\,\alpha) = m_\alpha$ (s. a. Gl. 3.215). Diese Diagonalisierung bedeutet eine Basistransformation jener Produktbasis $\left\{v_i^{(\alpha_1)} \otimes v_j^{(\alpha_2)} \,|\, i = 1, \ldots, d_{\alpha_1};\ j = 1, \ldots, d_{\alpha_2}\right\}$, die auch der Produktdarstellung $\boldsymbol{D}_{\mathcal{G}}^{(\alpha_1 \otimes \alpha_2)}(\boldsymbol{a})$ zugrunde liegt, nach $\left\{u_k^{(\alpha, p_\alpha)} \,|\, k = 1, \ldots, d_\alpha;\ p_\alpha = 1, \ldots, m_\alpha = (\alpha_1\alpha_2|\alpha)\right\}$. Demzufolge gilt sowohl für $\mathcal{G}$ als auch für $\mathcal{L}$ die Basistransformation (3.218), wonach die *Entwicklungskoeffizienten* bzw. CLEBSCH-GORDAN-*Koeffizienten*

$$C_{ij,\,kp_\alpha}^{(\alpha_1\alpha_2|\alpha)} = \left(\begin{array}{cc|cc} \alpha_1 & \alpha_2 & \alpha & p_\alpha \\ i & j & k & \end{array}\right) \tag{6.138}$$

als die Elemente der Transformationsmatrix (CLEBSCH-GORDAN-*Matrix*) $\boldsymbol{C}^{(\alpha_1\alpha_2)}$ ermittelt werden können.

Die obigen Aussagen lassen sich allgemein auf jede abstrakte reelle bzw. komplexe LIE-Algebra $\mathcal{L}$ übertragen, die keine Verknüpfung zu einer linearen LIE-Gruppe zulässt. Ausgehend von den irreduziblen Darstellungen $\boldsymbol{D}^{(\alpha_1)}(\boldsymbol{a})$ und $\boldsymbol{D}^{(\alpha_2)}(\boldsymbol{a})$ mit einem beliebigen Element $\boldsymbol{a}$ ($\in\ \mathcal{L}$) erhält man eine

$(d_{\alpha_1} d_{\alpha_2})$-dimensionale Produktdarstellung $\boldsymbol{D}^{(\alpha_1 \otimes \alpha_2)}(\boldsymbol{a})$ in der Form (6.134b), wobei auf die Indizierung $\mathcal{L}$ zum Zeichen der Verallgemeinerung verzichtet wird. Die nachfolgende CLEBSCH-GORDAN-Entwicklung ist analog zu Gl. (3.214) bzw. (3.218) mit den gleichen Kopplungskoeffizienten (3.219). Die Ermittlung der Kopplungskoeffizienten geschieht nach jenen Verfahren, die auch bei endlichen Gruppen benutzt werden (Abschn. 3.10). Setzt man eine kompakte LIE-Gruppe $\mathcal{G}$ voraus, dann erhält man analog zu Gl. (3.228) unter Beachtung der Orthogonalität (4.114) zweier verschiedener irreduzibler Darstellungen $\boldsymbol{D}^{(\alpha_1)}$ und $\boldsymbol{D}^{(\alpha_2)}$ die Beziehung

$$\begin{aligned} &\sum_{p_\alpha}^{m_\alpha} \begin{pmatrix} \alpha_1 & \alpha_2 & \Big| & \alpha & p_\alpha \\ i & k & \Big| & m & \end{pmatrix} \begin{pmatrix} \alpha_1 & \alpha_2 & \Big| & \alpha & p_\alpha \\ j & l & \Big| & n & \end{pmatrix}^* \\ &= d_\alpha \int_{\mathcal{G}} D_{ij}^{(\alpha_1)}(\boldsymbol{a})\, D_{kl}^{(\alpha_2)}(\boldsymbol{a})\, D_{mn}^{(\alpha)*}(\boldsymbol{a}) d\boldsymbol{a} \qquad \boldsymbol{a} \in \mathcal{G}, \end{aligned} \tag{6.139}$$

die die Kopplungskoeffizienten aus den irreduziblen Darstellungen zu ermitteln erlaubt.

Für den besonderen Fall, dass die einzelnen Vektorräume gleich sind ($\mathcal{V}^{(\alpha_1)} = \mathcal{V}^{(\alpha_2)} = \mathcal{V}^{(\alpha)}$) aber verschiedene Basissysteme $\{v_i,\ v_i' \,|\, i = 1, \ldots, d_\alpha\}$ benutzen, kann man – wie bei den endlichen Gruppen bzw. bei den kompakten LIE-Gruppen – eine *symmetrische* sowie eine *antisymmetrische Produktdarstellung* erklären (Gln. 3.238 und 3.239). Die zugehörigen Basissysteme sind dann $\{(v_k \otimes v_l' \pm v_l \otimes v_k') \,|\, l, k = 1, \ldots, d_\alpha\}$. Damit gelingt eine Zerlegung der Produktdarstellung $\boldsymbol{D}^{(\alpha \otimes \alpha)}$ in der Form (3.243)

$$\boldsymbol{D}^{(\alpha \otimes \alpha)}(\boldsymbol{a}) = \boldsymbol{D}_{+}^{(\alpha \otimes \alpha)}(\boldsymbol{a}) \oplus \boldsymbol{D}_{-}^{(\alpha \otimes \alpha)}(\boldsymbol{a}) \qquad \boldsymbol{a} \in \mathcal{L}, \tag{6.140}$$

wobei sowohl der symmetrische Anteil $\boldsymbol{D}_{+}^{(\alpha \otimes \alpha)}$ wie der antisymmetrische Anteil $\boldsymbol{D}_{-}^{(\alpha \otimes \alpha)}$ nicht irreduzibel sein muss, sondern möglicherweise noch weiter in irreduzible Darstellungen zerlegt werden kann.

Beispiel 7 Am Beispiel der *speziellen unitären Gruppe* $SU(2)$ wird das direkte Produkt $\boldsymbol{D}^{(J_1)} \otimes \boldsymbol{D}^{(J_2)}$ zweier irreduzibler Darstellungen $\boldsymbol{D}^{(J_1)}$ und $\boldsymbol{D}^{(J_2)}$ im Hinblick auf dessen CLEBSCH-GORDAN-Entwicklung untersucht. Dabei interessieren nur jene Elemente $\boldsymbol{U}$, die zu einer gemeinsamen Klasse gehören und deshalb nur durch den Betrag eines Drehwinkels φ unabhängig von einer beliebig gewählten Rotationsachse – etwa $\boldsymbol{n} = (0, 0, 1)$ – charakerisiert werden. Ausgehend von den Charakteren $\chi^{(J_1)}(\boldsymbol{U})$ und $\chi^{(J_2)}(\boldsymbol{U})$ nach Gl. (6.108) der einzelnen Darstellungen $\boldsymbol{D}^{(J_1)}(\boldsymbol{U})$ und $\boldsymbol{D}^{(J_2)}(\boldsymbol{U})$ nach Gl. (6.107) erhält man als Charakter für die Produktdarstellung

$$\chi^{(J_1 \otimes J_2)}(\boldsymbol{U}) = \sum_{m_1=-J_1}^{+J_1} \exp(i m_1 \varphi) \sum_{m_2=-J_1}^{+J_1} \exp(i m_2 \varphi) \qquad \boldsymbol{U} \in SU(2). \tag{6.141}$$

Eine Umordnung der Summanden erlaubt die Schreibweise

$$\chi^{(J_1 \otimes J_2)}(\boldsymbol{U}) = \sum_{m=-(J_1+J_2)}^{(J_1+J_2)} \exp(im\varphi) + \sum_{m=-(J_1+J_2-1)}^{(J_1+J_2-1)} \exp(im\varphi) + \ldots$$
$$+ \sum_{m=-|J_1-J_2|}^{|J_1-J_2|} \exp(im\varphi) = \sum_{J=|J_1-J_2|}^{J_1+J_2} \chi^{(J)}(\boldsymbol{U}) \qquad \boldsymbol{U} \in SU(2), \tag{6.142}$$

wonach eine CLEBSCH-GORDAN-Entwicklung des Charakters der Produktdarstellung nach Charakteren einzelner irreduzibler Darstellungen zum Ausdruck gebracht wird. Als Konsequenz daraus erwartet man auch bei der Reduktion der Produktdarstellung $\boldsymbol{D}^{(J_1 \otimes J_2)}$ eine CLEBSCH-GORDAN-Entwicklung in der entsprechenden Form

$$\boldsymbol{D}^{(J_1 \otimes J_2)}(\boldsymbol{U}) = \boldsymbol{D}^{(J_1)}(\boldsymbol{U}) \otimes \boldsymbol{D}^{(J_2)}(\boldsymbol{U}) = \bigoplus_{J=|J_1-J_2|}^{J_1+J_2} \boldsymbol{D}^{(J)}(\boldsymbol{U}) \qquad \boldsymbol{U} \in SU(2)\,. \tag{6.143}$$

Dabei sind die Reduktionskoeffizienten $(J_1 J_2 | J)$ (Gl. 3.215) bzw. die Multiplizitäten alle einfach

$$(J_1 J_2 | J) = 1 \qquad |J_1 - J_2| \leq J \leq J_1 + J_2, \tag{6.144}$$

so dass die LIE-Gruppe $SU(2)$ bzw. deren zugehörige LIE-Algebra $su(2)$ als *einfach reduzierbar* gilt. Im Gegensatz dazu findet man die LIE-Gruppe $SU(N)$ mit $n > 2$ nicht einfach reduzierbar. Die Dimension der Produktdarstellung errechnet sich dann nach Gl. (3.222) bzw. Gl. (6.143) zu

$$\sum_{J=|J_1-J_2|}^{J_1+J_2} (2J+1) = (2J_1+1)(2J_2+1). \tag{6.145}$$

Das gleiche Ergebnis bekommt man aus analogen Überlegungen im Hinblick auf die Produktdarstellungen der *speziellen orthogonalen Gruppe* $SO(3)$ sowie der zugehörigen LIE-Algebren $su(2)$ und $so(3)$. Dabei ist anzumerken, das im Falle der eigentlichen Rotationsgruppe $SO(3)$ bzw. ihrer zugehörigen LIE-Algebra $so(3)$ die Werte für J ganzzahlig sind.

In der Quantenmechanik wird durch die Erweiterung der HILBERT-Räume zweier getrennter Systeme mit den Drehimpulsoperatoren $\boldsymbol{J}_1$ und $\boldsymbol{J}_2$ durch direkte Produktbildung zum Tensorraum das Vektormodell der *Drehimpulskopplung* begründet. Es bedeutet eine Addition der Operatoren

$$\boldsymbol{J} = \boldsymbol{J}_1 + \boldsymbol{J}_2. \tag{6.146}$$

Die Auswahlregel der neuen Drehimpulsquantenzahlen J resultiert aus Gl. (6.143) zu

$$\Delta(J_1 J_2 J) := |J_1 - J_2| \leq J \leq J_1 + J_2, \tag{6.147}$$

was als *Dreiecksregel* bekannt ist. Dabei gehört die Quantenzahl des Grenzfalles $J = J_1 + J_2$ bzw. $J = |J_1 - J_2|$ zur maximalen bzw. minimalen Kopplung mit parallelen bzw. antiparallelen Drehimpulsvektoren $\boldsymbol{J}_1$ und $\boldsymbol{J}_2$.

Die Erweiterung der Gruppe durch das direkte Produkt mit der diskreten Inversionsgruppe C_i nach Gl. (3.209) liefert die *orthogonale Gruppe* $O(3)$, deren irreduzible Darstellungen sich außer durch J noch durch die Parität $\pi = \pm 1$ unterscheiden (Beispiel 1 v. Abschn. 3.10). In der Zerlegung (6.143) eines direkten Produkts zweier solcher Darstellungen $\boldsymbol{D}^{(J_1,\pi)}$ und $\boldsymbol{D}^{(J_2,\pi)}$ erwartet man für alle irreduziblen Komponenten $\boldsymbol{D}^{(J,\pi)}$ die Parität

$$\pi = \pi_1 \pi_2. \tag{6.148}$$

Die Reduktionskoeffizienten (6.144) sowie die CLEBSCH-GORDAN-Koeffizienten sind die gleichen wie bei der Zerlegung von Produktdarstellungen der Untergruppe $SO(3)$.

Beispiel 8 Die Ermittlung der CLEBSCH-GORDAN-*Koeffizienten* als jene Elemente einer regulären CLEBSCH-GORDAN-Matrix $\boldsymbol{C}^{(J_1 J_2)}$, mit deren Hilfe eine Basistransformation der Produktdarstellung $\boldsymbol{D}^{(J_1)}(\boldsymbol{U}) \otimes \boldsymbol{D}^{(J_2)}(\boldsymbol{U})$ $(\boldsymbol{U} \in SU(2))$ nach Gl. (3.218) duchgeführt wird

$$\begin{aligned} u_m^{(J)} &= \sum_{m_1=-J_1}^{+J_1} \sum_{m_2=-J_2}^{+J_2} C_{m_1 m_2, m\,1}^{(J_1 J_2 | J)} \, v_{m_1}^{(J_1)} \otimes v_{m_2}^{(J_2)} \\ &= \sum_{m_1=-J_1}^{+J_1} \sum_{m_2=-J_2}^{+J_2} \left(\begin{array}{cc|c} J_1 & J_2 & J \; 1 \\ m_1 & m_2 & m \end{array} \right) v_{m_1}^{(J_1)} \otimes v_{m_2}^{(J_2)} \\ |J_1 - J_2| &\leq J \leq J_1 + J_2 \qquad -J \leq m \leq +J, \end{aligned} \tag{6.149}$$

gelingt einfacher, wenn die der Gruppe zugehörige LIE-Algebra $su(2)$ diskutiert wird. Dort sind die gleichen Koeffizienten in der sogenannten $3J$-*Symbolik* zu erwarten, die hier durch die häufig verwendete Symbolik (CONDON-SHORTLEY)

$$C_{m_1 m_2, m\,1}^{(J_1 J_2 | J)} = \left(\begin{array}{cc|c} J_1 & J_2 & J \\ m_1 & m_2 & m \end{array} \right) := (J_1 m_1 J_2 m_2 | \, J_1 J_2 J m) \tag{6.150}$$

gekennzeichnet werden. Setzt man orthonormale Basissysteme voraus, dann ist die Transformationsmatrix $\boldsymbol{C}^{(J_1 J_2)}$ mit der Dimension (6.145) unitär und man erhält analog zu den Gl. (3.223) die Spaltenorthonormalität

$$\sum_{m_1=-J_1}^{+J_1} \sum_{m_2=-J_2}^{+J_2} (J_1 m_1 J_2 m_2 | \, J_1 J_2 J m)^* (J_1 m_1 J_2 m_2 | \, J_1 J_2 J' m') = \delta_{JJ'} \delta_{mm'}$$

$$|J_1 - J_2| \leq J \leq J_1 + J_2 \qquad -J \leq m \leq +J \tag{6.151a}$$

sowie die Zeilenorthonormalität

$$\sum_{J=|J_1-J_2|}^{J_1+J_2} \sum_{m=-J}^{+J} (J_1 m_1 J_2 m_2 | \, J_1 J_2 J m)^* \left(J_1 m_1' J_2 m_2' | \, J_1 J_2 J m\right) = \delta_{m_1 m_1'} \delta_{m_2 m_2'}$$

$$-J_1 \leq m_1 \leq J_2 \qquad -J_2 \leq m_2 \leq J_2. \tag{6.151b}$$

Ausgehend von den getrennten Systemen und den dort gültigen Eigenwertgleichungen (5.74) und (5.71), kann man die Stufenoperatoren $J_\pm^{(J_1 \otimes J_2)}$ sowie die dritte Komponente $J_z^{(J_1 \otimes J_2)}$ eines Vektoroperators $\boldsymbol{J}$ definieren, die auf die Basiselemente $u_m^{(J)}$ (6.149) des Produktraumes wirken

$$J_\pm^{(J_1 \otimes J_2)} u_m^{(J)} = \sqrt{(J \mp m)(J \pm m + 1)} u_{m\pm 1}^{(J)} \tag{6.152a}$$

$$J_z^{(J_1 \otimes J_2)} u_m^{(J)} = m u_m^{(J)} = m \sum_{m_1=-J_1}^{+J_2} \sum_{m_2=-J_2}^{+J_2} (J_1 m_1 J_2 m_2 | \, J_1 J_2 J m) v_{m_1}^{(J_1)} \otimes v_{m_2}^{(J_2)}. \tag{6.152b}$$

Diese Operatoren erfüllen mit Wirkung auf das direkte Produkt $v_{m_1}^{(J_1)} \otimes v_{m_2}^{(J_2)}$ der Basiselemente der getrennten Vektorräume nach Gl. (6.132b) die Gleichungen

$$J_\pm^{(J_1 \otimes J_2)} v_{m_1}^{(J_1)} \otimes v_{m_2}^{(J_2)} = J_\pm^{(J_1)} v_{m_1}^{(J_1)} \otimes v_{m_2}^{(J_2)} + v_{m_1}^{(J_1)} \otimes J_\pm^{(J_2)} v_{m_2}^{(J_2)} \tag{6.153a}$$

$$\begin{aligned} J_z^{(J_1 \otimes J_2)} v_{m_1}^{(J_1)} \otimes v_{m_2}^{(J_2)} &= J_z^{(J_1)} v_{m_1}^{(J_1)} \otimes v_{m_2}^{(J_2)} + v_{m_1}^{(J_1)} \otimes J_z^{(J_2)} v_{m_2}^{(J_2)} \\ &= (m_1 + m_2) v_{m_1}^{(J_1)} \otimes v_{m_2}^{(J_2)}. \end{aligned} \tag{6.153b}$$

Nach Substitution von $u_m^{(J)}$ in Gl. (6.152a) durch Gl. (6.149) und Vergleich mit Gl. (6.153b) erhält man

$$\begin{aligned} &\sum_{m_1=-J_1}^{+J_2} \sum_{m_2=-J_2}^{+J_2} (J_1 m_1 J_2 m_2 | \, J_1 J_2 J m)(m_1 + m_2) v_{m_1}^{(J_1)} \otimes v_{m_2}^{(J_2)} \\ &= m \sum_{m_1=-J_1}^{+J_2} \sum_{m_2=-J_2}^{+J_2} (J_1 m_1 J_2 m_2 | \, J_1 J_2 J m) v_{m_1}^{(J_1)} \otimes v_{m_2}^{(J_2)}. \end{aligned} \tag{6.154}$$

Wegen der linearen Unabhängigkeit der Produktbasis $\left\{v_{m_i}^{J_1} \otimes v_{m_j}^{J_2} \,|\, i = 1, \ldots, (2J_1+1);\ j = 1, \ldots, (2J_2+1)\right\}$ gilt für alle Werte von J mit $|J_1 - J_2| \leq J \leq J_1 + J_2$ und für alle Werte von m mit $-J \leq m \leq +J$

$$(m - m_1 - m_2)(J_1 m_1 J_2 m_2 |\, J_1 J_2 J m) = 0. \tag{6.155}$$

Das bedeutet, dass nur dann endliche CLEBSCH-GORDAN-Koeffizienten zu erwarten sind, falls die Bedingung

$$m = m_1 + m_2 \tag{6.156}$$

erfüllt ist. In der Quantenmechanik wird so die Erhaltung der Drehimpulskomponente in Richtung der Quantisierungsachse zum Ausdruck gebracht. Die Doppelsumme (6.149) kann dann zu einer einfachen Summe reduziert werden

$$\begin{gathered} u_m^{(J)} = \sum_{m_1=-J_1}^{+J_1} (J_1 m_1 J_2 (m - m_1) |\, J_1 J_2 J m) v_{m_1}^{(J_1)} \otimes v_{m-m_1}^{(J_2)} \\ |J_1 - J_2| \leq J \leq J_1 + J_2 \qquad -J \leq m \leq +J. \end{gathered} \tag{6.157}$$

Dabei gilt die Symmetriebeziehung

$$(J_1 m_1 J_2 (m-m_1) |\, J_1 J_2 J m) = (-1)^{J-J_1-J_2} (J_2 (m-m_1) J_1 m_1 |\, J_1 J_2 J m) \tag{6.158a}$$

bzw. in anderer Symbolik

$$\left(\begin{matrix} J_1 & J_2 \\ m_1 & m - m_1 \end{matrix} \;\middle|\; \begin{matrix} J \\ m \end{matrix}\right) = (-1)^{J-J_1-J_2} \left(\begin{matrix} J_2 & J_1 \\ m - m_1 & m_1 \end{matrix} \;\middle|\; \begin{matrix} J \\ m \end{matrix}\right). \tag{6.158b}$$

Zur Ermittlung der CLEBSCH-GORDAN-Koeffizienten beginnt man stets mit den transformierten Basiselementen $\left\{u_{m=J}^{(J)} \,|\, |J_1 - J_2| \leq J \leq J_1 + J_2\right\}$, um eine Linearkombination der Produktbasis $v_{m_1}^{(J_1)} \otimes v_{m-m_1}^{(J_2)}$ zu erarbeiten. Dabei werden alle Basiselemente als orthonormiert vorausgesetzt. Der größte Wert für m – bei maximaler Drehimpulskopplung infolge paralleler Drehimpulsvektoren $\boldsymbol{J}_1$ und $\boldsymbol{J}_2$ – wird erreicht mit $J = J_1 + J_2$ zu

$$m_{\max} = J_1 + J_2.$$

Dieser Wert wird unter Beachtung der Bedingung (6.156) von nur einem Zahlenpaar $(m_1, m_2) = (J_1, J_2)$ geliefert, so dass in der Summe (6.157) nur ein Term auftritt und das transformierte Basiselement $u_J^{(J)}$ ein Vielfaches des Elements $v_{J_1}^{(J_1)} \otimes v_{J_2}^{(J_2)}$ der Produktbasis ist. Man erhält dann mit normierten Basiselementen $v_{J_1}^{(J_1)}$ und $v_{J_2}^{(J_2)}$

$$u_J^{(J)} = \exp\left(i\varphi_J^{(J_1,J_2)}\right) v_{J_1}^{(J_1)} \otimes v_{J_2}^{(J_2)}, \tag{6.159}$$

wobei der Phasenfaktor beliebig wählbar ist.

Der nächste kleinere Wert von m, der nach Gl. (6.157) mit $J-1 = J_1 + J_2 - 1$ vorgegeben wird, errechnet sich zu

$$m = m_{\max} - 1 = J_1 + J_2 - 1.$$

Dieser Wert wird mit Rücksicht der Bedingung (6.156) von zwei Zahlenpaaren (m_1, m_2), nämlich $(J_1 - 1, J_2)$ bzw. $(J_1, J_2 - 1)$ geliefert, so dass das Basiselement $u_{J-1}^{(J)}$ nach (6.157) durch eine Linearkombination der Elemente $v_{J_1-1}^{(J_1)} \otimes v_{J_2}^{(J_2)}$ und $v_{J_1}^{(J_1)} \otimes v_{J_2-1}^{(J_2)}$ der Produktbasis ausgedrückt wird. Eine solche Linearkombination dieser beiden Elemente wird zudem noch von dem Basiselement $u_{J_1+J_2-1}^{(J_1+J_2-1)}$ verlangt. Letzteres ist nach (6.152b) ein Eigenvektor mit dem maximalen Eigenwert $(J_1 + J_2 - 1)$, der zur zweiten irreduziblen Darstellung $\boldsymbol{D}^{(J-1)}$ in der CLEBSCH-GORDAN-Zerlegung (6.143) gehört.

Im allgemeinen Fall mit $J = J_1 + J_2 - k$ errechnet sich der Wert von m zu

$$m = m_{\max} - k = J_1 + J_2 - k.$$

Man erwartet hier $(k + 1)$ Zahlenpaare

$$(m_1, m_2) = \{(J_1 - k, J_2), (J_1 - k + 1, J_2), \ldots, (J_1, J_2 - k)\},$$

die der Bedingung (6.156) genügen, so dass das transformierte Basiselement $u_{m=J-k}^{(J)}$ nach Gl. (6.157) durch eine Linearkombination der zu den Zahlenpaaren (m_1, m_2) gehörenden $(k + 1)$ Elementen $v_{m_1}^{(J_1)} \otimes v_{m_2}^{(J_2)}$ der Produktbasis ausgedrückt werden kann. Zudem erwartet man k weitere solche Linearkombinationen dieser Produktbasis, um die Basiselemente $\left\{u_{J_1+J_2-i}^{(J_1+J_2-i)} \mid i = 1, \ldots, k\right\}$ auszudrücken. Dabei muss stets die Bedingung

$$J_+^{(J_1 \otimes J_2)} u_{J-i}^{(J-i)} = 0 \qquad i = 1, \ldots, k \tag{6.160}$$

erfüllt werden. Die Forderung nach orthonormierten Linearkombinationen liefert die Koeffizienten bis auf einen willkürlichen Phasenfaktor $\exp\left(i\varphi_J^{(J_1,J_2)}\right)$. Der kleinste Wert von m – bei minimaler Kopplung im Vektormodell der Drehimpulse – wird schließlich mit $J = |J_1 - J_2|$ erreicht. Ausgehend vom Basiselement $u_J^{(J)}$ $(|J_1 - J_2| \leq m \leq J_1 + J_2)$ im allgemeinen Fall, erhält man alle übrigen $2J$ Basiselemente $\left\{u_{J-k}^{(J)} \mid k = 1, \ldots, 2J\right\}$ durch k-fache Anwendung des Stufenoperators $\left(J_-^{(J_1 \otimes J_2)}\right)^k$ unter Verwendung von Gln. (6.152a) und (6.153a). Die Phasen $\varphi_J^{(J_1,J_2)}$ werden so gewählt, dass gilt (CONDON-SHORTLEY-Konvention)

$$(J_1 J_1 J_2 (m - J_1) = J_2 | J_1 J_2 J\, m = (J_1 - J_2)) \in \mathbb{R} \quad \text{und} \quad \geq 0 \qquad (6.161a)$$
$$|J_1 - J_2| \leq J \leq J_1 + J_2$$

bzw. in anderer Symbolik

$$\begin{pmatrix} J_1 & J_2 & \Big| & J \\ J_1 & m - J_1 = J_2 & \Big| & m = J_1 - J_2 \end{pmatrix} \in \mathbb{R} \quad \text{und} \quad \geq 0. \qquad (6.161b)$$

Damit werden auch alle CLEBSCH-GORDAN-Koeffizienten reell.

Zur Demonstration wird das direkte Produkt der irreduziblen Darstellungen $\boldsymbol{D}^{(J_1=1/2)}$ und $\boldsymbol{D}^{(J_2=1/2)}$ diskutiert. Nach Gl. (6.143) erhält man die CLEBSCH-GORDAN-Enwicklung

$$\boldsymbol{D}^{(J=1/2)} \otimes \boldsymbol{D}^{(J=1/2)} = \boldsymbol{D}^{(J=1/2 \otimes J=1/2)} = \boldsymbol{D}^{(J=1)} \oplus \boldsymbol{D}^{(J=0)}, \qquad (6.162)$$

wonach die Zahlen $J = 1$ und $J = 0$ möglich sind. Bei der irreduziblen Darstellung $\boldsymbol{D}^{(J=1)}$, das den maximalen Wert für m liefert ($m_{\max} = J_1 + J_2 = 1$), gibt es nur ein Zahlenpaar (m_1, m_2), das die Bedingung (6.156) erfüllt, und man erhält nach Gl. (6.159) das Basiselement

$$u_{J_1+J_2=1}^{(J_1+J_2=1)} = \exp\left(i\varphi_1^{(1/2,1/2)}\right) v_{J_1=1/2}^{(J_1=1/2)} \otimes v_{J_2=1/2}^{(J_2=1/2)}. \qquad (6.163a)$$

Die Anwendung des Absteigeoperators $J_-^{(J_1=1/2 \otimes J_2=1/2)}$ liefert unter Berücksichtigung von Gln. (6.152a) und (6.153a) zunächst

$$c_0 u_{J-1=0}^{(J=1)} = \exp\left(i\varphi_1^{(1/2,1/2)}\right)\left(c_1 v_{1/2-1=-1/2}^{(1/2)} \otimes v_{1/2}^{(1/2)} + c_2 v_{1/2}^{(1/2)} \otimes v_{1-1/2=-1/2}^{(1/2)}\right). \qquad (6.163b)$$

Dabei errechnen sich die Normierungskonstanten c_0 bzw. c_1 oder c_2 nach Gl. (5.74) mit $\sqrt{(J+m)(J-m+1)}$ und $m = J = 1$ bzw. $m = J = 1/2$ zu

$$c_0 = \sqrt{2} \qquad \text{bzw.} \qquad c_1 = c_2 = 1.$$

Eine weitere Anwendung des Absteigeoperators $J_-^{(J_1=1/2 \otimes J_2=1/2)}$ führt schließlich zu

$$2u_{-1}^{(J=1)} = 2\exp\left(i\varphi_1^{(1/2,1/2)}\right) v_{-1/2}^{(1/2)} \otimes v_{-1/2}^{(1/2)}. \qquad (6.163c)$$

Die Bedingung (6.161) hat mit Gl. (6.163b) die Form

$$\left(\frac{1}{2}\,\frac{1}{2}\,\frac{1}{2}\,\frac{-1}{2} \Big| \,\frac{1}{2}\,\frac{1}{2}\; 1\; 0\right) = \frac{1}{\sqrt{2}} \exp\left(i\varphi_1^{(1/2,1/2)}\right) \in \mathbb{R} \quad \text{und} \quad \geq 0, \qquad (6.164)$$

wodurch der Phasenfaktor festgelegt wird

$$\exp\left(i\varphi_1^{(1/2,1/2)}\right) = 1.$$

Man erhält dann mit Gl. (6.157) die Entwicklungen

$$u_1^{(1)} = v_{1/2}^{(1/2)} \otimes v_{1/2}^{(1/2)} \tag{6.165a}$$

$$u_0^{(1)} = \frac{1}{\sqrt{2}}\left(v_{-1/2}^{(1/2)} \otimes v_{1/2}^{(1/2)} + v_{1/2}^{(1/2)} \otimes v_{-1/2}^{(1/2)}\right) \tag{6.165b}$$

$$u_{-1}^{(1)} = v_{-1/2}^{(1/2)} \otimes v_{-1/2}^{(1/2)}. \tag{6.165c}$$

Bei der irreduziblen Darstellung $\boldsymbol{D}^{(J=0)}$, das den Wert $m = J_1 + J_2 - 1 = 0$ liefert, gibt es zwei Zahlenpaare $\{m_1, m_2\} = \{\mp 1/2, \pm 1/2\}$, die die Bedingung (6.156) erfüllen, und man erhält nach Gl. (6.157)

$$\begin{aligned} u_{J_1+J_2-1=0}^{(J=0)} =& c_3 v_{J_1-1=-1/2}^{(J_1=1/2)} \otimes v_{J_2=1/2}^{(J_2=1/2)} \\ &+ c_4 v_{J_1=1/2}^{(J_2=1/2)} \otimes v_{J_2-1=-1/2}^{(J_2=1/2)} \qquad c_1,\, c_2 \in \mathbb{C}. \end{aligned} \tag{6.166}$$

Die Erfüllung der Forderung (6.160) hat zur Konsequenz

$$\begin{aligned} c_3 J_+^{(J_1)} v_{-1/2}^{(J_1=1/2)} \otimes v_{1/2}^{(J_2=1/2)} + c_4 v_{1/2}^{(J_1=1/2)} \otimes J_+^{(J_2)} v_{-1/2}^{(J_2=1/2)} &= (c_3 + c_4) v_{1/2}^{(1/2)} \\ &\otimes v_{1/2}^{(1/2)} = 0 \end{aligned}$$

bzw.

$$c_3 = -c_4.$$

Diese Forderung ist gleichbedeutend mit der Forderung nach Orthogonalität der Basiselemente $u_0^{(1)}$ (6.165b) und $u_0^{(0)}$ (6.166) bzw. nach Spaltenorthogonalität (6.151a). Wegen der Orthonormiertheit der Basiselemente liefert die Normierung $\left(\left|u_0^{(J=0)}\right|^2 = 1\right)$ die Konstante

$$c_3 = \frac{1}{\sqrt{2}} \exp\left(i\varphi_0^{(1/2,1/2)}\right),$$

so dass Gl. (6.166) ausgedrückt werden kann durch

$$u_0^{(J=0)} = \frac{1}{\sqrt{2}} \exp\left(i\varphi_0^{(1/2,1/2)}\right)\left(v_{-1/2}^{(1/2)} \otimes v_{1/2}^{(1/2)} - v_{1/2}^{(1/2)} \otimes v_{-1/2}^{(1/2)}\right).$$

Mit der Bedingung (6.161)

$$\left(\frac{1}{2}\,\frac{1}{2}\,\frac{1}{2}\,\frac{-1}{2}\,|\,\frac{1}{2}\,\frac{1}{2}\,0\,0\right) = -\frac{1}{\sqrt{2}}\exp\left(i\varphi_0^{(1/2,1/2)}\right) \in \mathbb{R} \quad \text{und} \quad \geq 0, \tag{6.167}$$

wodurch der Phasenfaktor festgelegt wird

$$\exp\left(i\varphi_0^{(1/2,1/2)}\right) = -1,$$

erhält man die Entwicklung nach Gl. (6.157) in der Form

$$u_0^{(0)} = \frac{1}{\sqrt{2}}\left(v_{1/2}^{(1/2)} \otimes v_{-1/2}^{(1/2)} - v_{-1/2}^{(1/2)} \otimes v_{1/2}^{(1/2)}\right). \tag{6.168}$$

Die CLEBSCH-GORDAN-Koeffizienten sind dann die Matrixelemente (6.150) der Transformationsmatrix $\boldsymbol{C}^{(1/2\,1/2)}$ mit der Dimension $(2J_1+1)(2J_2+1) = 4$, deren Zeilen durch die Wertepaare (m_1, m_2) und deren Spalten durch die Wertepaare (J, m) indiziert werden (Tab. 6.1). Diese CLEBSCH-GORDAN-Matrix zerfällt in drei nicht verbundene Blockmatrizen, von denen zwei eindimensional und eine zweidimensional ist (s. a. Beispiel 5 v. Abschn. 9.5).

Tabelle 6.1 Transformationsmatrix (CLEBSCH-GORDAN-Matrix) $\boldsymbol{C}^{(J_1=1/2\;J_2=1/2)}$ mit den CLEBSCH-GORDAN-Koeffizienten $C^{1/2\,1/2}_{m_1 m_2, Jm} = (J_1 m_1 J_2 m_2 |\, J_1 J_2 J m)$ für die Produktdarstellung $\boldsymbol{D}^{(J_1=1/2)} \otimes \boldsymbol{D}^{(J_2=1/2)}$ der LIE-Algebra $su(2)$ bzw. der LIE-Gruppe $SU(2)$

	J	1	1	0	1
	m	1	0	0	−1
m_1	m_2				
1/2	1/2	1	0	0	0
1/2	−1/2	0	$1/\sqrt{2}$	$1/\sqrt{2}$	0
−1/2	1/2	0	$1/\sqrt{2}$	$-1/\sqrt{2}$	0
−1/2	−1/2	0	0	0	1

Beispiel 9 Als weiteres Beispiel wird das Transformationsverhalten von *Tensoroperatoren* bei Rotation d eines Systems im euklidischen Raum $\mathbb{R}^3$ untersucht. Nachdem bereits skalare bzw. vektorielle Operatoren als Tensoren 0-ter Stufe bzw. 1-ter Stufe betrachtet wurden (Beispiel 7 v. Abschn. 6.3), kann die Diskussion unter Einbeziehung von Tensoroperatoren m-ter Stufe verallgemeinert werden. Mit dem direkten Produkt von m euklidischen Räumen $\left\{\mathbb{R}_i^3 |\, i = 1, \ldots, m\right\}$ wird ein *Tensorraum* $\mathcal{T}_m^3$ erzeugt

$$\mathcal{T}_m^3 = \mathbb{R}_1^3 \otimes \mathbb{R}_2^3 \otimes \ldots \otimes \mathbb{R}_m^3, \tag{6.169}$$

dessen Basis $\{v_{i_1 i_2 \ldots i_m} |\, i = 1, 2, 3\}$, die sogenannten Basistensoren m-ter Stufe, ein direktes Produkt $\{v_{i_1} v_{i_2} \ldots v_{i_m} |\, i = 1, 2, 3\}$ der m Basissysteme der einzelnen Räume $\{v_i |\, i = 1, 2, 3\}$, nämlich der Basistensoren 1-ter Stufe sind. Damit gelingt es in Analogie zum Vektoroperator bzw. Tensoroperator 1-ter Stufe im Raum $\mathbb{R}^3$

den Tensoroperator m-ter Stufe $\boldsymbol{T}$ als Element des 3^m-dimensionalen Tensorraumes $\mathcal{T}_m^3$ durch die Produktbasis in der Form

$$\boldsymbol{T} = \sum_{i_1} \sum_{i_2} \ldots \sum_{i_m} T_{i_1 i_2 \ldots i_m} v_{i_1 i_2 \ldots i_m} \tag{6.170}$$

auszudrücken. Unter Einbeziehung des dualen Vektorraumes bzw. mit der Unterscheidung von kontravarianten und kovarianten Indizes spricht man auch von einem $(m, 0)$-Tensor. Die Transformation der 3^m Tensorkomponenten, die als Operatoren im HIBERT-Raum wirken, geschieht dann im Sinne einer Verallgemeinerung der Transformation (6.68) der drei Vektorkomponenten gemäß

$$D(d) T_{i_1 i_2 \ldots i_m} D^\dagger(d) = \sum_{j_1} \sum_{j_2} \ldots \sum_{j_m} D_{j_1 i_1}(d) D_{j_2 i_2}(d) \ldots D_{j_m i_m}(d) T_{j_1 j_2 \ldots j_m} . \tag{6.171}$$

Daraus resultiert die 3^m-dimensionale Tensordarstellung $\boldsymbol{D}^T(d)$, die als direktes Produkt von m 3-dimensionalen Darstellungen $\boldsymbol{D}(d)$ $(\equiv \boldsymbol{d}(\boldsymbol{n}))$ der speziellen Rotationsgruppe $SO(3)$ gilt

$$\boldsymbol{D}^T(d) = \bigotimes_{k=1}^{m} \boldsymbol{D}_k(d) \qquad d \in SO(3). \tag{6.172}$$

Eine weitere Verallgemeinerung gelingt durch die Betrachtung eines n-dimensionalen euklidischen Vektorraumes $\mathbb{R}^n$ mit n Basiselementen. Der aus dem direkten Produkt (6.169) von m solchen Vektorräumen gewonnene Tensorraum $\mathcal{T}_m^n$ hat dann die Dimension $\dim \mathcal{T}_m^n = n^m$ $(= \dim \mathcal{V}^m)$. Analog zu Gl. (6.171) transformieren sich die n^m Tensorkomponenten nach einer Tensordarstellung, die aus dem direkten Produkt von m n-dimensionalen Darstellungen hervorgeht.

Der Tensorraum $\mathcal{T}_m^3$ enthält im allgemeinen invariante Unterräume, so dass eine Tensordarstellung einer Untergruppe $\mathcal{G} \subseteq SO(3)$ in irreduzible Darstellungen $\boldsymbol{D}^{(\alpha)}(\mathcal{G})$ zerlegt werden kann. Gemäß der CLEBSCH-GORDAN-Entwicklung (3.214)

$$\boldsymbol{D}^T(a) = \bigoplus_{\alpha} m_\alpha \boldsymbol{D}^{(\alpha)}(a) \qquad a \in \mathcal{G} \subseteq SO(3) \tag{6.173}$$

sucht man nach solchen Tensorkomponenten $T_i^{(\alpha)}$, die sich nicht nach der Produktdarstellung (6.171) sondern vielmehr nach irreduziblen Darstellungen $\boldsymbol{D}^{(\alpha)}(\mathcal{G})$ der Untergruppe $\mathcal{G} \subseteq SO(3)$ transformieren. Dabei wird man abweichend von Gl. (6.170) den Tensoroperator durch die Basissysteme $\left\{ v_i^{(\alpha)} \mid i = 1, \ldots, d_\alpha \right\}$ der r irreduziblen Darstellungen $\boldsymbol{D}^{(\alpha)}$ mit der Multiplizität m_α ausdrücken

$$T = \sum_{\alpha=1}^{r} \sum_{i=1}^{d_\alpha} m_\alpha T_i^{(\alpha)} v_i^{(\alpha)}, \qquad (6.174)$$

wodurch eine Zerlegung des Tensorraumes $\mathcal{T}_m^3$ in invariante Unterräume $\mathcal{T}^{(\alpha)}$ mit der Dimension d_α erfolgt. Aus der Forderung, dass der durch den Operator $D(a)$ transformierte Tensoroperator $\boldsymbol{T}'$ nach einer Basistransformation von $\left\{v_i^{(\alpha)}\right\}$ nach $\left\{v_i^{(\alpha)'}\right\}$ mit demselben Operator $D(a)$ erhalten bleibt, resultiert analog zu Gl. (6.68) die Bedingung

$$D(a)T_i^{(\alpha)}D^\dagger(a) = T_i^{(\alpha)'} = \sum_{j=1}^{d_\alpha} D_{ji}^{(\alpha)}(a)T_j^{(\alpha)} \quad i = 1, \ldots, d_\alpha \quad a \in \mathcal{G} \subseteq SO(3). \qquad (6.175)$$

Demnach wird das Transformationsverhalten der einzelnen Tensorkomponenten $T_i^{(\alpha)}$, deren gesamte Anzahl nach Gl. (6.174) durch $\sum_\alpha m_\alpha d_\alpha$ gegeben ist, durch die irreduziblen Darstellungen $\boldsymbol{D}^{(\alpha)}$ im Sinne einer Basistransformation geprägt, was zu der Bezeichnung *irreduzible Tensorkomponenten* $T_i^{(\alpha)}$ Anlass gibt.

Besonders einfach sind die Verhältnisse bei einem pseudoskalaren Operator A, der als Tensoroperator 0-ter Stufe aufgefasst werden kann. Er transformiert sich wegen der Invarianzbedingung (6.64) nach der trivialen Darstellung, so dass er ungeachtet der Symmetriegruppe $\mathcal{G}$ stets mit einer irreduziblen Tensorkomponente zu identifizieren ist. Eine solche Komponente, die sich nach der trivialen Darstellung transformiert, ist als *invariante (unabhängige) Tensorkomponente* bekannt.

Ein Vektoroperator $\boldsymbol{V}$ gilt als Tensoroperator 1-ter Stufe und kann nach Gl. (6.170) in drei Komponenten $\{V_k | \, k = 1, 2, 3\}$ zerlegt werden. Die Frage nach den irreduziblen Komponenten entscheidet die Betrachtung einer speziellen Gruppe $\mathcal{G}$. So erhält man etwa im Beispiel der Symmetrie des Quadrates (Abb. 2.1) mit der Punktgruppe $\mathcal{G} = C_{4v} \subseteq SO(3)$ für die beiden Komponenten V_x $(= V_1)$ und V_y $(= V_2)$ nach Tabelle 3.1 ein Transformationsverhalten, das durch die Beziehung

$$D(a)V_iD^\dagger(a) = V_i' = \sum_{j=1}^{2} D_{ji}^E(a)V_j \qquad i = 1, 2 \qquad a \in C_{4v} \subseteq SO(3) \quad (6.176)$$

beschrieben wird. Danach spannen die beiden Vektorkomponenten V_1 und V_2 einen invarianten Tensorraum $\mathcal{T}^E$ auf. Dieser ist mit dem 2-dimensionalen Raum der irreduziblen Darstellung $\boldsymbol{D}^E$ identisch, so dass die beiden Operatoren als irreduzible Tensorkomponenten $\left\{V_i^E | \, i = 1, 2\right\}$ gelten. Die dritte Operatorkomponente V_z $(= V_3)$ ist invariant gegenüber allen Transformationen $D(a)$. Demzufolge ist sie eine irreduzible Komponente T^{A_1} der trivialen Darstellung $\boldsymbol{D}^{A_1}$ und gilt deshalb auch als invariante Tensorkomponente. Im Ergebnis findet man eine Zerlegung des 3-dimensionalen Tensorraumes $\mathcal{T}_1^3$ in zwei irreduzible Tensorräume $\mathcal{T}^E$ und $\mathcal{T}^{A_1}$, von denen der erste zweidimensional und der zweite eindimensional ist.

Die Erweiterung der speziellen Rotationsgruppe $SO(3)$ durch das direkte Produkt mit der endlichen Inversionsgruppe C_i nach Gl. (3.209) zur *orthogonalen Gruppe* $O(3)$ erlaubt neben den eigentlichen Rotationen d auch die uneigentlichen Rotationen $-d$ zu erfassen. Als Ergebnis erhält man zu jeder bisher betrachteten Darstellung eine ungerade Darstellung $\boldsymbol{D}^{(\alpha,-)}(\pm d) = \pm \boldsymbol{D}^{(\alpha,-)}(d)$, die sich bei uneigentlichen Rotationen $-d$ durch das negative Vorzeichen von der geraden Darstellung $\boldsymbol{D}^{(\alpha,+)}(\pm d) = +\boldsymbol{D}^{(\alpha,+)}(d)$ unterscheidet (Beispiel 1 v. Abschn. 3.10). Dies eröffnet die Möglichkeit, das unterschiedliche Transformationsverhalten von *polaren* und *axialen Vektoren* (*Pseudovektoren*) bei uneigentlichen Transformationen zu beschreiben. Der Vorzeichenwechsel von axialen Komponenten wird dann durch Einfügen der Determinante einer Darstellung als Faktor in Gl. (6.171) berücksichtigt. Eine alternative Beschreibung bietet die Auffassung eines axialen Vektors als antisymmetrischen Tensor 2-ter Stufe mit drei linear unabhängigen Komponenten (s. unten). Im Beispiel der Punktgruppe C_{4v} wird demnach das Transformationsverhalten der z-Komponente eines polaren Vektoroperators – etwa des Ortsoperators $\boldsymbol{R}_z = V_z$ – bzw. eines axialen Vektoroperators – etwa des Drehimpulsoperators $\boldsymbol{M}_z = M_{xy} - Mxy$ – durch die irreduzible Darstellung $\boldsymbol{D}^{A_1}$ bzw. $\boldsymbol{D}^{A_2}$ geprägt (Tab. 3.1). Die Interpretation eines axialen Vektoroperators als antisymmetrischen Tensoroperator 2-ter Stufe ergibt die drei Komponenten $T_{yz} - T_{zy}$, $T_{zx} - T_{xz}$ und $T_{xy} - T_{yx}$, von denen die letzte eine irreduzible Tensorkomponente mit dem Transformationsverhalten der Darstellung $\boldsymbol{D}^{A_2}$ ist.

Ein Tensoroperator 2-ter Stufe kann nach der Basis $\{v_{ij} | \, i, j = 1, 2, 3\}$ des Produktraumes zerlegt werden, so dass nach Gl. (6.170) insgesamt neun Tensorkomponenten T_{ij} zu erwarten sind. Die Suche nach irreduziblen Tensorkomponenten beginnt mit der Spurbildung (*Kontraktion*), mit dem Ergebnis eines Tensoroperators 0-ter Stufe. Dadurch bekommt man stets eine der Symmetrie gegenüber invariante Tensorkomponente $T^{(\alpha=1)}$ mit dem Transformationsverhalten der trivialen Darstellung $\boldsymbol{D}^{(\alpha=1)}$

$$T^{(\alpha=1)} = \operatorname{sp} \boldsymbol{T} = \sum_{i=1}^{3} T_{ii} \,. \tag{6.177}$$

Eine Zerlegung des Tensoroperators in einen antisymmetrischen Anteil $\boldsymbol{T}_a$ und einen symmetrischen Anteil $\boldsymbol{T}_s$

$$\boldsymbol{T} = \boldsymbol{T}_a + \boldsymbol{T}_s \tag{6.178}$$

ist die Grundlage der weiteren Diskussion. Der antisymmetrische Tensoroperator ($T_{ij} = -T_{ji}$, $T_{ii} = 0$) wird durch die antisymmetrische Kombination der Elemente in der Form

$$T_{a,ij} = \frac{1}{2}(T_{ij} - T_{ji}) = \sum_{k=1}^{3} \varepsilon_{ij}^{k} T_{a,k} \qquad i, j = 1, 2, 3 \tag{6.179a}$$

gebildet und liefert drei Tensorkomponenten $\{T_{a,k} | \, k = 1, 2, 3\}$, die als Komponenten eines axialen Vektoroperators aufgefasst werden können. Der symmetrische

Tensoroperator ($T_{ij} = T_{ji}$) wird durch die symmetrische Kombination der Elemente in der Form

$$T_{s,ij} = \frac{1}{2}(T_{ij} + T_{ji}) \qquad i, j = 1, 2, 3 \tag{6.179b}$$

gebildet und liefert sechs Tensorkomponenten $\{T_{s,ij} | \, i, j = 1, 2, 3\}$. Davon können die drei Diagonalelemente wegen der Spurbildung (6.177) nur noch zwei linear unabhängige Komponenten liefern. Betrachtet man wieder als Beispiel die Symmetrie des Quadrates mit der Punktgruppe $\mathcal{G} = C_{4v}$, dann erfährt der 3-dimensionale Tensorraum eine Reduktion in einen 1-dimensionalen Raum mit der irreduziblen Komponente

$$T_{a,z}^{A_2} = \frac{1}{2}(T_{xy} - T_{yx}) \tag{6.180a}$$

sowie einen 2-dimensionalen Raum mit den irreduziblen Komponenten

$$T_{a,x}^{E} = \frac{1}{2}(T_{yz} - T_{zy}) \qquad \text{und} \qquad T_{a,y}^{E} = \frac{1}{2}(T_{zx} - T_{xz}), \tag{6.180b}$$

deren Transformationsverhalten durch die irreduziblen Darstellungen A_2 und E bestimmt wird (Tab. 3.1). Der symmetrische Tensoroperator liefert nach Abzug einer Komponente $T_{x^2} + T_{y^2} + T_{z^2} = T^{A_1}$ insgesamt fünf irreduzible Komponenten, deren Transformationsverhalten nach Gl. (6.175) zu den Bezeichnungen $T_{s,z^2}^{A_1}$, $T_{s,x^2} - T_{s,y^2}^{B_1}$, $T_{s,xy}^{B_2}$, $T_{s,xz}^{E}$ und $T_{s,yz}^{E}$ Anlass gibt.

Als weiteres Beispiel wird die *spezielle orthogonale Gruppe* $SO(3)$ mit dem HILBERT-Raum als Darstellungsraum betrachtet. Als Basis wählt man die Eigenvektoren $\left\{v_m^{(J)} | -J \leq m \leq +J\right\}$ der Operatoren J^2 und J_z, die im Ortsraum und mit Kugelkoordinaten durch die Kugelflächenfunktionen dargestellt werden und die $(2J+1)$-dimensionalen, irreduziblen Darstellungen $\boldsymbol{D}^{(J)}(d)$ der Elemente $d \in SO(3)$ begründen (Beispiel 1 v. Abschn. 5.5). Die Zerlegung eines Tensors n-ter Stufe in irreduzible Komponenten geschieht dann nach Gl. (6.174) durch

$$\boldsymbol{T} = \sum_{J=0}^{n} \sum_{m=-J}^{+J} m_J T_m^{(J)} v_m^{(J)}, \tag{6.181}$$

wobei m_J die Multiplizität der Darstellung bedeutet. Das Transformationsverhalten der irreduziblen Tensorkomponenten genügt der Bedingung (6.175)

$$D(d) T_m^{(J)} D^{\dagger}(d) = \sum_{m'=-J}^{+J} D_{m'm}^{(J)*}(d) T_{m'}^{(J)} \qquad -J \leq m \leq +J \qquad J = 0, 1, \ldots, n. \tag{6.182}$$

Setzt man einen ganzahligen Wert für J voraus, dann sind die irreduziblen Darstellungen $\boldsymbol{D}^{(J)}(d)$ der Elemente $d \in SO(3)$ die gleichen wie die der Elemente $\boldsymbol{U} \in su(2)$ und haben nach Wahl der z-Achse als Rotationsachse und bei beliebigem Drehwinkel die diagonale Form (6.107). Bei einer infinitesimal kleinen Rotation um die z-Achse mit dem Winkel $\delta\varphi$ im Sinne einer lokalen Betrachtung der Umgebung des Einselements erhält man mit dem Operator (6.37)

$$D(d_z, \delta\varphi) = 1 - i\delta\varphi J_z \tag{6.183}$$

und der Darstellung (6.107)

$$D^{(J)}_{m'm}(\delta\varphi) = (1 + im\varphi)\delta_{m'm} \tag{6.184}$$

nach Gl. (6.182) in der Form

$$T^{(J)\prime}_m = \sum_{m'=-J}^{+J} D^{(J)}_{m'm}(\delta\varphi) D(d_z, \delta\varphi) T^{(J)}_m D^{\dagger}(d_z, \delta\varphi) \tag{6.185}$$

das Ergebnis (Beispiel 7 v. Abschn. 6.3)

$$T^{(J)\prime}_m = T^{(J)\prime}_m + im'\delta\varphi T^{(J)}_{m'} + i\delta\varphi \left[T^{(J)}_{m'}, J_z\right]. \tag{6.186}$$

Daraus resultiert die Kommutatorbeziehung

$$\left[J_z, T^{(J)}_m\right] = -mT^{(J)}_m, \tag{6.187a}$$

die durch Berücksichtigung der Stufenoperatoren $J_{\pm}$ ergänzt werden kann durch

$$\left[J_{\pm}, T^{(J)}_m\right] = \sqrt{(J \mp m)(J \pm m + 1)}\, T^{(J)}_{m\pm 1}. \tag{6.187b}$$

Diese drei Kommutatoren vermögen so neben Gl. (6.182) die irreduziblen Tensorkomponenten zu charakterisieren.

Betrachtet man einen Tensoroperator 1-ter Stufe bzw. einen Vektoroperator $\boldsymbol{V} = (V_x, V_y, V_z)$ im 3-dimensionalen Tensorraum ($J = 1$), so findet man mit den Linearkombinationen

$$V^{(1)}_0 = V_z \tag{6.188a}$$

und

$$V^{(1)}_{\pm 1} = \mp \frac{1}{\sqrt{2}}(V_x \pm iV_y) \tag{6.188b}$$

drei irreduzible Tensorkomponenten, die sich nach der irreduziblen Darstellung $\boldsymbol{D}^{(J=1)}(d)$ (Gl. 6.107) mit den Eigenvektoren $\left\{v_m^{(J=1)} \mid m = -1, 0, 1\right\}$ des Operators J_z transformieren. Man bezeichnet sie als *sphärische Tensorkomponenten*.

Ein Tensoroperator 2-ter Stufe $\{T_{ij} \mid i, j = 1, 2, 3\}$ kann aus dem direkten Produkt zweier Tensoroperatoren 1-ter Stufe gewonnen werden. Gemäß der CLEBSCH-GORDAN-Entwicklung (6.143) der zugehörigen 9-dimensionalen Produktdarstellung

$$\boldsymbol{D}^{(J=1)} \otimes \boldsymbol{D}^{(J=1)} = \boldsymbol{D}^{(J=1 \otimes J=1)} = \boldsymbol{D}^{(J=0)} \oplus \boldsymbol{D}^{(J=1)} \boldsymbol{D}^{(J=2)} \tag{6.189}$$

werden jene irreduziblen Tensorkomponenten $\left\{T_m^{(J)} \mid -2 \leq m \leq +2\right\}$ erwartet, die sich nach den irreduziblen Darstellungen $\boldsymbol{D}^{(J=0)}$, $\boldsymbol{D}^{(J=1)}$ und $\boldsymbol{D}^{(J=2)}$ transformieren. Die invariante Tensorkomponente, die sich nach der trivialen Dartellung $\boldsymbol{D}^{(J=0)}$ transformiert, bekommt man durch Spurbildung der 3×3-Matrix $\boldsymbol{T}$ nach Gl. (6.177). Die Zerlegung des Tensoroperators $\boldsymbol{T}$ nach Gl. (6.177) liefert für den antisymmetrischen Anteil einen axialen Vektoroperator $\boldsymbol{M}$ mit den drei Komponenten $M_x = 1/2(T_{yz} - T_{zy})$, $M_y = 1/2(T_{zx} - T_{xz})$ und $M_z = 1/2(T_{xy} - T_{yx})$, deren sphärische Komponenten

$$M_0^{(1)} = M_z \tag{6.190a}$$

und

$$M_{\pm 1}^{(1)} = \mp \frac{1}{\sqrt{2}}(M_x \pm i M_y), \tag{6.190b}$$

die sich nach der irreduziblen Darstellung $\boldsymbol{D}^{(J=1)}$ (Gl. 6.107) transformieren. Schließlich bekommt man noch sechs Tensorkomponenten durch den komplementären symmetrischen Anteil, von denen eine Diagonalkomponente wegen der Linearkombination bei der Spurbildung (6.177) bereits verwendet wurde (s. o.). Die übrigen fünf Tensorkomponenten T_{xy}, T_{xz}, T_{yz}, T_{zz} und $(T_{xx} - T_{yy})$, die einen symmetrischen Tensor 2-ter Stufe mit verschwindender Spur bilden, können durch geeignete Linearkombination die fünf sphärischen Komponenten bilden

$$T_{\pm 2}^{(2)} = \frac{1}{\sqrt{2}}(T_{xx} \pm 2i T_{xy} - T_{yy}), \tag{6.191a}$$

$$T_{\pm 1}^{(2)} = \mp \frac{1}{\sqrt{2}}(T_{xz} \pm i T_{yz}), \tag{6.191b}$$

$$T_0^{(2)} = T_{zz} - T_{xx} - T_{yy}. \tag{6.191c}$$

Diese transformieren sich wie die Basisfunktionen der irreduziblen Darstellung $\boldsymbol{D}^{(J=2)}$ und gelten deshalb als irreduzible Tensorkomponenten.

Eine Erweiterung der Betrachtung auf Tensoroperatoren 3-ter Stufe verlangt die Untersuchung des direkten Produkts von drei 3-dimensionalen irreduziblen Darstellungen

$$\begin{aligned} \boldsymbol{D}^{(J=1)} \otimes \boldsymbol{D}^{(J=1)} \otimes \boldsymbol{D}^{(J=1)} &= \boldsymbol{D}^{(J=1)} \otimes (\boldsymbol{D}^{(J=0)} \oplus \boldsymbol{D}^{(J=1)} \oplus \boldsymbol{D}^{(J=2)}) \\ &= \boldsymbol{D}^{(J=0)} \oplus 3\boldsymbol{D}^{(J=1)} \oplus 2\boldsymbol{D}^{(J=2)} \oplus \boldsymbol{D}^{(J=3)}. \end{aligned} \tag{6.192}$$

Die Suche nach den irreduziblen Tensorkomponenten geschieht auch hier durch geeignete Kombinationen der insgesamt 27 Tensorkomponenten, die mit den Transformationseigenschaften der in (6.192) beteiligten irreduziblen Darstellungen $\{\boldsymbol{D}^{(J)} | \, J = 0, 1, 2, 3\}$ vereinbar sind. Dabei gilt es das dreimalige ($m_{J=1} = 3$) bzw. das zweimalige ($m_{J=2} = 2$) Auftreten der irreduziblen Darstellungen $\boldsymbol{D}^{(J=1)}$ bzw. $\boldsymbol{D}^{(J=2)}$ zu berücksichtigen.

Beispiel 10 Bei dem Versuch, eine geeignete Tensortransformation zu finden, die das direkte Produkt von irreduziblen Tensorkomponenten $\left\{T_i^{(\alpha_1)} | \, i = 1, \ldots, d_{\alpha_1}\right\}$ und $\left\{T_i^{(\alpha_2)} | \, j = 1, \ldots, d_{\alpha_2}\right\}$ zweier verschiedener ireduzibler Darstellungen $\boldsymbol{D}^{(\alpha_1)}$ und $\boldsymbol{D}^{(\alpha_2)}$ in einzelne irreduzible Komponenten $\left\{T_k^{(\alpha)} | \, k = 1, \ldots, d_\alpha\right\}$ einer irreduziblen Darstellung $\boldsymbol{D}^{(\alpha)}$ überführt, wird man an das analoge Problem im Hinblick auf die Basissysteme bei Produktdarstellungen erinnert (Abschn. 3.10). Dort kann das direkte Produkt zweier irreduzibler Darstellungen mithilfe einer Transformation (3.218) der Produktbasis auf Diagonalform (3.221) gebracht werden. Nachdem die irreduziblen Tensorkomponenten das gleiche Transformationsverhalten zeigen wie die Basis einer irreduziblen Darstellung (Gl. 3.175), kann man die in Gl. (3.218) gewonnenen Ergebnisse direkt übernehmen und erhält so die Entwicklung

$$T_k^{(\alpha, p_\alpha)} = \sum_i^{d_{\alpha_1}} \sum_j^{d_{\alpha_2}} \begin{pmatrix} \alpha_1 & \alpha_2 & \big| & \alpha & p_\alpha \\ i & j & \big| & k & \end{pmatrix} T_i^{(\alpha_1)} \otimes T_j^{(\alpha_2)} \tag{6.193}$$
$$k = 1, \ldots, d_\alpha \qquad p_\alpha = 1, \ldots, m_\alpha,$$

die durch die Kopplungskoeffizienten $C_{ij,\,k\,p_\alpha}^{(\alpha_1\alpha_2|\,\alpha)}$ (Gl. 6.138) bestimmt wird. Damit können Paare von irreduziblen Tensorkomponenten auf einen irreduziblen Tensoroperator zurückgeführt werden, was allgemein als *Kontraktion* (*Verjüngung*) bezeichnet wird.

In dem speziellen Fall gleicher irreduzibler Darstellungen der beiden faktoriellen Tensorkomponenten ($\alpha_1 = \alpha_2 = \alpha$), was die Gleichheit der Stufe der zugehörigen Tensoroperatoren impliziert, ist es stets möglich, einen invarianten irreduziblen Tensoroperator zu bilden

$$T^{A_1} = \sum_i^{d_\alpha} \sum_j^{d_\alpha} \begin{pmatrix} \alpha & \alpha & \big| & A_1 \\ i & j & \big| & 1 \end{pmatrix} T_i^{(\alpha)} \otimes T_j^{(\alpha)}, \tag{6.194}$$

der sich nach der trivialen Darstellung $\boldsymbol{D}^{A_1}$ transformiert. Die Erklärung dafür liefert die Analogie zum direkten Produkt zweier gleicher irreduzibler Darstellungen $\boldsymbol{D}^{(\alpha)}$, bei dem die CLEBSCH-GORDAN-Entwicklung (3.216) einen endlichen Reduktionskoeffizienten $((\alpha\alpha|\, A_1) > 0)$ nach Gl. (3.217) der trivialen Darstellung liefert. Dies hat letztlich seine Ursache darin, dass aus dem direkten Produkt zweier Tensoren gleicher Stufe ein quadratischer Produkttensor entsteht, der die Spurbildung und demnach die Bildung einer invarianten Tensorkomponente erlaubt.

Im Beispiel der Symmetrie des Quadrates mit der endlichen Punktgruppe $\mathcal{G} = C_{4v}$ wird der zweikomponentige Vektoroperator bzw. der Tensoroperator 1-ter Stufe $\boldsymbol{V}^E = \left(V_x^E = V_1^E, V_y^E = V_2^E\right)$ betrachtet, der sich nach der irreduziblen Darstellung E transformiert (Tab. 3.1). Das Produkt mit sich selbst ergibt den Tensoroperator 2-ter Stufe

$$\boldsymbol{T}^{E\otimes E} = \sum_{i=1}^{2}\sum_{j=1}^{2} T_{ij}^{E\otimes E} v_i^E \otimes v_j^E . \tag{6.195}$$

Die irreduziblen Tensorkomponenten findet man durch eine Zerlegung des 4-dimensionalen Produkttensors 2-ter Stufe

$$\boldsymbol{T}^{E\otimes E} = \begin{pmatrix} T_{x^2} & T_{xy} \\ T_{yx} & T_{y^2} \end{pmatrix} \tag{6.196}$$

in eine invariante Komponente $(T_{x^2} + T_{y^2})^{A_1}$ durch Spurbildung, eine antisymmetrische Komponente $(T_{xy} - T_{yx})^{A_2}$ sowie zwei symmetrische Komponenten $(T_{x^2} - T_{y^2})^{B_1}$ und $T_{xy}^{B_2}$. Das Transformationsverhalten dieser Komponenten ist das gleiche wie das der Basiselemente der irreduziblen Darstellungen A_1, A_2, B_1 und B_2 (Tab. 3.1), so dass sie als irreduzible Tensorkomponenten gelten.

Ein anderer Weg führt über die Entwicklung der Produktbasis $\left\{v_i^E \otimes v_j^E \mid i, j = 1, 2\right\}$ in Gl. (6.195) nach Basissystemen $\left\{v_k^{(\alpha,p_\alpha)} | \alpha = 1, \ldots, r;\ p_\alpha = 1, \ldots, m_\alpha;\ k = 1, \ldots, d_\alpha\right\}$ von irreduziblen Darstellungen $\boldsymbol{D}^{(\alpha)}$ wie sie in Gl. (3.224) ausgedrückt wird. Zusammen mit Gl. (6.195) bekommt man

$$\boldsymbol{T}^{E\otimes E} = \sum_{i,j}\sum_{\alpha}\sum_{p_\alpha}\sum_{k} T_{ij}^{E\otimes E} \begin{pmatrix} E & E & \big| & \alpha & p_\alpha \\ i & j & \big| & k & \end{pmatrix}^* u_k^{(\alpha,p_\alpha)} . \tag{6.197}$$

Nach der CLEBSCH-GORDAN-Entwicklung (3.230) findet man in der Reduktion die irreduziblen Darstellungen A_1, A_2, B_1 und B_2, von denen jede einfach erscheint $(m_{A_1} = m_{A_2} = m_{B_1} = m_{B_2} = 1)$. Unter Verwendung der Transformationsmatrix $\boldsymbol{C}^{EE}$ (3.233) erfolgt die Zerlegung des Produkttensors in der Form

$$\boldsymbol{T}^{E\otimes E} = \sum_{i=1}^{2}\sum_{j=1}^{2}\sum_{\alpha=1}^{4} T_{ij}^{E\otimes E}\left(\begin{matrix} E & E \\ i & j \end{matrix}\,\middle|\,\begin{matrix} \alpha & 1 \\ 1 & \end{matrix}\right) u^{(\alpha)}$$
$$= \frac{1}{\sqrt{2}}[(T_{x^2} + T_{y^2})v^{A_1} + (T_{xy} - T_{yx})v^{A_2} + (T_{x^2} - T_{y^2})v^{B_1} + 2T_{xy}v^{B_2}]. \tag{6.198}$$

Dabei beobachtet man das Auftreten einer invarianten Tensorkomponente $T^{A_1} = (T_{x^2} + T_{y^2})$, wie es nach Gl. (6.194) vom direkten Produkt zweier gleicher irreduzibler Tensorkomponenten erwartet wird.

Im Fall der *speziellen orthogonalen Gruppe* $SO(3)$ mit dem HILBERT-Raum als Darstellungsraum und der Standardbasis $\left\{v_m^{(J)} \mid -J \leq m \leq +J\right\}$ erhält man für die Entwicklung (6.193) nach Produkten von irreduziblen Tensorkomponenten unterschiedlicher Stufe J_1 und J_2 die Form

$$T_m^{(J)} = \sum_{m_1=-J_1}^{+J_1}\sum_{m_2=-J_2}^{+J_2}\left(\begin{matrix} J_1 & J_2 \\ m_1 & m_2 \end{matrix}\,\middle|\,\begin{matrix} J \\ m \end{matrix}\right) T_{m_1}^{(J_1)} \otimes T_{m_2}^{(J_2)}$$
$$= \sum_{m_1=-J_1}^{+J_1}\sum_{m_2=-J_2}^{+J_2} (J_1 m_1 J_2 m_2 |\, J_1 J_2 J m) T_{m_1}^{(J_1)} \otimes T_{m_2}^{(J_2)} \qquad -J \leq m \leq +J. \tag{6.199}$$

Dabei gilt für jede Zahl bzw. jeder Stufe J die Dreiecksregel (6.147). Mit zwei irreduziblen Tensorkomponenten gleicher Stufe ($J_1 = J_2$) ermöglicht nach Gl. (6.194) das direkte Produkt stets die Kontraktion auf einen Operator $T_m^{(J=0)}$ 0-ter Stufe, der sich nach der trivialen Darstellung $\boldsymbol{D}^{(J=0)}$ transformiert und deshalb gegenüber Rotationen invariant ist.

Beispiel 11 Ein weiteres Beispiel für Produktdarstellungen, das insbesondere bei quantenmechanischen Problemen der Störungstheorie eine wesentliche Rolle spielt, ergibt sich aus der Betrachtung von Matrixelementen der Form $\left\langle v_k^{(\alpha)}, T_i^{(\alpha_1)} v_j^{(\alpha_2)}\right\rangle$ und deren Invarianz gegenüber einer unitären Transformation $D(a)$ ($a \in \mathcal{G}$), die sowohl auf die Basissysteme $\left\{v_k^{(\alpha)} \mid k = 1, \ldots, d_\alpha\right\}$ und $\left\{v_j^{(\alpha_2)} \mid j = 1, \ldots, d_{\alpha_2}\right\}$ wie auf den Tensoroperator $\left\{T_i^{(\alpha_1)} \mid i = 1, \ldots, d_{\alpha_1}\right\}$ wirkt

$$\left\langle D(a)v_k^{(\alpha)}, D(a)T_i^{(\alpha_1)}D^\dagger(a)D(a)v_j^{(\alpha_2)}\right\rangle = \left\langle v_k^{(\alpha)}, D^\dagger(a)D(a)T_i^{(\alpha_1)}D^\dagger(a)D(a)v_j^{(\alpha_2)}\right\rangle$$
$$= \left\langle v_k^{(\alpha)}, T_i^{(\alpha_1)} v_j^{(\alpha_2)}\right\rangle \qquad a \in \mathcal{G}. \tag{6.200}$$

Mit den Beziehungen der Form (3.167), wodurch die irreduziblen Darstellungen $\boldsymbol{D}^{(\alpha)}(a)$ und $\boldsymbol{D}^{(\alpha_2)}(a)$ begründet werden, sowie mit der Transformation der irreduziblen Tensorkomponente $T_i^{(\alpha_1)}$ nach Gl. (6.175) erhält man aus Gl. (6.200)

$$\left\langle v_k^{(\alpha)}, T_i^{(\alpha_1)} v_j^{(\alpha_2)} \right\rangle = \sum_{k'}^{d_\alpha} \sum_{i'}^{d_{\alpha_1}} \sum_{j'}^{d_{\alpha_2}} D_{k'k}^{(\alpha)*}(a) D_{i'i}^{(\alpha_1)}(a) D_{j'j}^{(\alpha_2)}(a)$$

$$= \left\langle v_{k'}^{(\alpha)}, T_{i'}^{(\alpha_1)} v_{j'}^{(\alpha_2)} \right\rangle \qquad a \in \mathcal{G}. \tag{6.201}$$

Die nachfolgende Reduktion des direkten Produkts zwischen den irreduziblen Darstellungen $\boldsymbol{D}^{(\alpha_1)}(a)$ und $\boldsymbol{D}^{(\alpha_2)}(a)$ mithilfe einer Basistransformation liefert die CLEBSCH-GORDAN-Entwicklung (3.227), womit die Substitution erfolgt

$$\left\langle v_k^{(\alpha)}, T_i^{(\alpha_1)} v_j^{(\alpha_2)} \right\rangle = \sum_{k'} \sum_{i'} \sum_{j'} D_{k'k}^{(\alpha)*}(a) \sum_{\alpha'} \sum_{p_{\alpha'}} \sum_{m\,n} \left(\begin{matrix} \alpha_1 & \alpha_2 \\ i' & j' \end{matrix} \middle| \begin{matrix} \alpha' & p_{\alpha'} \\ m & \end{matrix} \right)$$

$$\left(\begin{matrix} \alpha_1 & \alpha_2 \\ i & j \end{matrix} \middle| \begin{matrix} \alpha' & p_{\alpha'} \\ n & \end{matrix} \right)^* D_{mn}^{(\alpha', p_{\alpha'})}(a) \left\langle v_{k'}^{(\alpha)}, T_{i'}^{(\alpha_1)} v_{j'}^{(\alpha_2)} \right\rangle . \tag{6.202}$$

Schließlich erlaubt eine Summation über die Elemente a bei endlichen Gruppen – bzw. eine Integration über die Gruppenmannigfaltigkeit bei kompakten Gruppen – die Anwendung der Orthogonalitätsrelation (3.98) – bzw. Gl. (4.114) – mit dem Ergebnis

$$g \left\langle v_k^{(\alpha)}, T_i^{(\alpha_1)} v_j^{(\alpha_2)} \right\rangle = \frac{g}{d_\alpha} \sum_{p_\alpha} \sum_{k'} \sum_{i'} \sum_{j'} \left(\begin{matrix} \alpha_1 & \alpha_2 \\ i' & j' \end{matrix} \middle| \begin{matrix} \alpha & p_\alpha \\ k' & \end{matrix} \right) \left(\begin{matrix} \alpha_1 & \alpha_2 \\ i & j \end{matrix} \middle| \begin{matrix} \alpha & p_\alpha \\ k & \end{matrix} \right)^*$$

$$\left\langle v_{k'}^{(\alpha)}, T_{i'}^{(\alpha_1)} v_{j'}^{(\alpha_2)} \right\rangle , \tag{6.203}$$

das abgekürzt die Form

$$\left\langle v_k^{(\alpha)}, T_i^{(\alpha_1)} v_j^{(\alpha_2)} \right\rangle = \sum_{p_\alpha=1}^{m_\alpha} \left(\begin{matrix} \alpha_1 & \alpha_2 \\ i & j \end{matrix} \middle| \begin{matrix} \alpha & p_\alpha \\ k & \end{matrix} \right)^* W^{(\alpha, p_\alpha)} \tag{6.204a}$$

annimmt und als WIGNER-ECKART-*Theorem* bekannt ist. Der Faktor $W^{(\alpha,p_\alpha)}$ wird als *reduziertes Matrixelement* bezeichnet und oft durch die Symbolik

$$W^{(\alpha, p_\alpha)} = \left\langle v^{(\alpha)} \middle\| T^{(\alpha_1)} \middle\| v^{(\alpha_2)} \right\rangle \tag{6.204b}$$

ausgedrückt. Er ist eine von den Indizes i, j und k unabhängige Größe und errechnet sich für einfach reduzierbare Gruppen, deren irreduzible Komponenten in der CLEBSCH-GORDAN-Entwicklung (3.214) nur einfach vorkommen ($m_\alpha \leq 1$), zu

$$W^{(\alpha,p_\alpha)} = \frac{1}{d_\alpha}\sum_{k'}\sum_{i'}\sum_{j'}\begin{pmatrix}\alpha_1 & \alpha_2 & \Big| & \alpha \\ i' & j' & \Big| & k'\end{pmatrix}\left\langle v_{k'}^{(\alpha)}, T_{i'}^{(\alpha_1)} v_{j'}^{(\alpha_2)}\right\rangle. \tag{6.205}$$

Die Untersuchung der Matrixelemente (6.200) kann nach Gl. (6.204) auf die Diskussion zweier verschiedener Probleme aufgeteilt werden. Zum einen gibt es das reduzierte Matrixelement $W^{(\alpha,p_\alpha)}$ (6.205), das in der Quantenmechanik oft aufgrund mangelnder Kenntnis über Wechselwirkungen T und Eigenvektoren v_i die Berechnung nur näherungsweise erlaubt. Zum anderen gibt es den zweiten Faktor in Gl. (6.204), der von Symmetrieeigenschaften und den meist einfach zu bestimmenden Reduktionskoeffizienten beherrscht wird. Ein endlicher Wert des Matrixelements (6.200) wird demnach immer dann erwartet, wenn in der CLEBSCH-GORDAN-Entwicklung der direkten Produktdarstellung

$$\boldsymbol{D}^{(\alpha_1)}(a) \otimes \boldsymbol{D}^{(\alpha_2)}(a) = \bigoplus_{\gamma}(\alpha_1\alpha_2|\,\gamma)\boldsymbol{D}^{(\gamma)}(a) \qquad a \in \mathcal{G} \tag{6.206}$$

die irreduzible Darstellung $\boldsymbol{D}^{(\alpha)}(a)$ als Komponente erhalten ist

$$m_\alpha = (\alpha_1\alpha_2|\,\alpha) \geq 1. \tag{6.207}$$

Der Reduktionskoeffizient bzw. die Multiplizität m_α errechnet sich dabei nach Gl. (3.215). Bildet man zudem das direkte Produkt von Gl. (6.206) mit der irreduziblen Darstellung $\boldsymbol{D}^{(\alpha)}(a)$ und setzt die Gültigkeit von (6.207) voraus, dann ergibt sich

$$\begin{aligned}\boldsymbol{D}^{(\alpha)}(a) \otimes \boldsymbol{D}^{(\alpha_1)}(a) \otimes \boldsymbol{D}^{(\alpha_2)}(a) &= \bigoplus_{\gamma\neq\alpha}(\alpha_1\alpha_2|\,\gamma)\boldsymbol{D}^{(\alpha)}(a) \otimes \boldsymbol{D}^{(\gamma)}(a) \\ &\quad \oplus \boldsymbol{D}^{(\alpha)}(a) \otimes \boldsymbol{D}^{(\alpha)}(a) \qquad a \in \mathcal{G}.\end{aligned} \tag{6.208}$$

Die nachfolgende Reduktion des direkten Produkts zweier gleicher irreduzibler Darstellungen beinhaltet nach Gln. (3.216) und (3.217) stets die triviale Darstellung $\boldsymbol{D}^{A_1}(a)$, so dass auch eine weitere Formulierung des WIGNER-ECKART-*Theorems* verwendet werden kann: Ein endlicher Wert des Matrixelements (6.200) wird immer dann erwartet, wenn in der Reduktion des direkten Produkts der zugehörigen irreduziblen Darstellungen die triviale Darstellung als Komponente erscheint.

Als Beispiel sei eine Zustandsänderung im HILBERT-Raum der Quantenmechanik infolge der Wechselwirkung mit elektrischen und magnetischen Feldern betrachtet, die zu Multipolübergängen Anlass gibt. Dabei resultiert aus der DIRAC'schen Störungstheorie ein Störoperator, der in erster Näherung für elektrische Dipolübergänge $E1$ durch einen polaren Vektoroperator, nämlich den Ortsoperator $\boldsymbol{R} = (V_x, V_y, V_z)$ vertreten wird. Bei einem System mit etwa C_{4v}-Punktsymmetrie findet man nach Tabelle 3.1 eine Zerlegung dieses Tensoroperators 1-ter Stufe $\boldsymbol{R}$ in die irreduziblen Komponenten $\left(V_x^E = V_1^E, V_y^E = V_2^E\right)$ und $V_z^{A_1} = V_3^{A_1}$. Nach Wahl von $v_1^{A_1}$ als Ausgangszustand zwingt die Frage nach den erlaubten Übergängen sowie nach den Polarisationsverhältnissen zur Untersuchung von Matrixelemente der Form

$$E1 \propto \left\langle v_k^{(\alpha)},\, V_i^{(\alpha_1)} v_1^{A_1} \right\rangle \qquad \alpha_1 = E,\; A_1 \quad i = 1, 2, 3. \tag{6.209}$$

Nachdem es keinen endlichen Wert für die CLEBSCH-GORDAN-Koeffizienten $C^{E\,A_1,\,\alpha}$ gibt (s. Beispiel 1 v. Abschn. 3.10)

$$\begin{pmatrix} E & A_1 & \big| & \alpha \\ i & 1 & \big| & 1 \end{pmatrix}^* = 0 \qquad i = 1, 2 \qquad \forall \alpha \neq E, \tag{6.210}$$

verschwinden alle Matrixelemente der Form

$$\left\langle v_1^{(\alpha)},\, V_i^E v_1^{A_1} \right\rangle = \begin{pmatrix} E & A_1 & \big| & \alpha \\ i & 1 & \big| & 1 \end{pmatrix}^* W^{(\alpha,1)} = 0 \qquad i = 1, 2 \qquad \forall \alpha \neq E, \tag{6.211}$$

so dass elektrische Dipolübergänge von $v_1^{A_1}$ nach $v_1^{\alpha \neq E}$ verboten sind. Für den Fall der Darstellung $\alpha = E$ bekommt man mit den Kopplungskoeffizienten $C^{E\,E,\,A_1}$ nach Gl. (3.233)

$$C^{E\,E,\,A_1} = \frac{1}{\sqrt{2}} \begin{pmatrix} 1 & 0 \\ 0 & 1 \end{pmatrix} \tag{6.212a}$$

die Matrixelemente

$$\left\langle v_k^E,\, V_{y=2}^E v_1^{A_1} \right\rangle = \begin{pmatrix} E & A_1 & \big| & E \\ i & 1 & \big| & k \end{pmatrix} = \frac{1}{\sqrt{2}} \delta_{ik} \qquad i, k = 1, 2, \tag{6.212b}$$

wonach die elektrischen Übergänge vom Zustand $v_1^{A_1}$ nach dem Endzustand $v_{x=1}^E$ bzw. $v_{y=2}^E$ erlaubt und x- bzw. y-polarisiert sind. Dagegen ist ein y- bzw. x-polarisierter Übergang wegen

$$\left\langle v_{x=1}^E,\, V_{y=2}^E v_1^{A_1} \right\rangle = \left\langle v_{y=2}^E,\, V_{x=1}^E v_1^{A_1} \right\rangle = 0 \tag{6.212c}$$

nicht erlaubt. Einen endlichen Wert erwartet man für das Matrixelement

$$\left\langle v_k^{\alpha},\, V_{z=3}^{A_1} v_1^{A_1} \right\rangle \neq 0 \qquad \text{für} \qquad \alpha = A_1, \tag{6.213}$$

da in der Reduktion einer Produktdarstellung zweier gleicher irreduzibler Darstellungen stets die triviale Darstellung erwartet wird. Demnach ist ein elektrischer Dipolübergang vom Ausgangszustand $v_1^{A_1}$ nach dem Endzustand $v_1^{A_1}$ erlaubt und z-polarisiert.

Im Fall magnetischer Dipolübergänge $M1$ ergibt die Störungsrechnung einen Störoperator, der durch einen magnetischen Dipoloperator bzw. einen

Drehimpulsoperator als axialen Vektoroperator $\boldsymbol{M} = (M_{x=1}, M_{y=2}, M_{z=3})$ vertreten wird. Im Beispiel der C_{4v}-Punktsymmetrie findet man nach Tabelle 3.1 eine Zerlegung in die irreduziblen Komponenten $(M_{x=1}, M_{y=2})^E$ und $M_z^{A_2}$. Die ersten beiden Komponenten zeigen wie im Fall des polaren Vektoroperators $\boldsymbol{R}$ das gleiche Transformationsverhalten nach der irreduziblen Darstellung $\alpha = E$, so dass die Ergebnisse (6.212) bei der Diskussion von elektrischen Dipolübergängen übernommen werden können. Anders verhält es sich bei der Frage nach den möglichen z-polarisierten Übergängen. Eine Entscheidung darüber liefert das Matrixelement

$$\left\langle v_k^{(\alpha)}, M_z^{A_2} v_1^{A_1} \right\rangle \neq 0 \qquad \text{für} \qquad \alpha = A_2, \tag{6.214}$$

dessen Nichtverschwinden bei einem Endzustand $v_k^{A_2}$ einen z-polarisierten Übergang erlaubt.

Die Diskussion von Matrixelementen der Form (6.200) in Systemen mit der speziellen Rotationssymmetrie $SO(3)$ gibt Anlass zur Untersuchung von Änderungen jener Zustände im HILBERT-Raum, die durch die Standardbasis $\left\{ v_m^{(J)} \mid -J \leq m \leq +J \right\}$ für die irreduziblen Darstellungen $\boldsymbol{D}^{(J)}(d)$ repräsentiert werden. Mit einem irreduziblen Tensoroperator $T_m^{(J)}$, der sich Nach Gl. (6.182) transformiert, hat das WIGNER-ECKART-Theorem (6.204) für die einfach reduzierbare Gruppe $(m_\alpha = 1)$ die Form

$$\left\langle v_{m_2}^{(J_2)}, T_m^{(J)} v_{m_1}^{(J_1)} \right\rangle = (JmJ_1m_1 \mid JJ_1J_2m_2)^* W^{J_2}, \tag{6.215a}$$

wobei

$$W^{(J_2)} = \left\langle v^{J_2} \left\| T^J \right\| v^{(J_1)} \right\rangle \tag{6.215b}$$

das von m, m_1 und m_2 unabhängige reduzierte Matrixelement bedeutet. Die Übergänge zwischen den Zuständen $v_{m_1}^{(J_1)}$ und $v_{m_2}^{(J_2)}$ werden dann durch den CLEBSCH-GORDAN-Koeffizient $(JmJ_1m_1 \mid JJ_1J_2m_2)$ entschieden, der nur dann einen endlichen Wert besitzt, falls Gl. (6.156) erfüllt ist

$$\Delta m = m_1 - m_2 = m \qquad \text{mit} \qquad -J \leq m \leq +J. \tag{6.216}$$

Gleichzeitig muss die Dreiecksregel (6.147) gelten. Betrachtet man etwa elektrische bzw. magnetische Dipolübergänge, dann findet man, dass sowohl der polare Störoperator $\boldsymbol{R}$ wie auch der axiale Störoperator $\boldsymbol{M}$ nach Gl. (6.188) bzw. Gl. (6.190) in drei irreduzible Komponenten $\left(V_{-1}^{(1)}, V_0^{(1)}, V_{+1}^{(1)}\right)$ bzw. $\left(M_{-1}^{(1)}, M_0^{(1)}, M_{+1}^{(1)}\right)$ zerlegt werden kann, die sich nach der irreduziblen Darstellung $\boldsymbol{D}^{(J=1)}$ (Gl. 6.107) transformieren. Mit $J = 1$ und $m = 0, \pm 1$ ist der elektrische bzw. magnetische Dipolübergang nur dann erlaubt, falls nach Gl. (6.216) und der Dreiecksregel (6.147) die Bedingung

$$\Delta m = m_1 - m_2 = 0, \pm 1 \tag{6.217a}$$

und

$$\Delta J = J_1 - J_2 = 0, \pm 1 \tag{6.217b}$$

erfüllt ist. Ein anderer Weg benutzt die CLEBSCH-GORDAN-Entwicklung (6.143), wonach das direkte Produkt der mit dem Zustand $v_{m_1}^{(J_1)}$ und dem Vektoroperator $\boldsymbol{R}$ bzw. $\boldsymbol{M}$ verbundenen irreduziblen Darstellungen $\boldsymbol{D}^{(J_1)}$ und $\boldsymbol{D}^{(J=1)}$ zerlegt wird in

$$\boldsymbol{D}^{(J=1)} \otimes \boldsymbol{D}^{(J_1)} = \boldsymbol{D}^{(J_1-1)} \oplus \boldsymbol{D}^{(J_1)} \oplus \boldsymbol{D}^{(J_1+1)}. \tag{6.218}$$

Gemäß dem WIGNER-ECKART-Theorem erwartet man nur dann einen endlichen Wert für das Matrixelement (6.215), falls wenigstens eine der stets einfach auftretenden irreduziblen Darstellungen in der Zerlegung (6.218) mit der Darstellung $\boldsymbol{D}^{(J_2)}$ zur Basis $\left\{ v_{m_2}^{(J_2)} | -J_2 \leq m_2 \leq +J_2 \right\}$ übereinstimmt. Gleichbedeutend ist die Aussage, dass der Übergang nur dann erlaubt ist, falls das direkte Produkt aus den drei beteiligten irreduziblen Darstellungen

$$\boldsymbol{D}^{(J_2)} \otimes \boldsymbol{D}^{(J=1)} \otimes \boldsymbol{D}^{(J_1)} = \boldsymbol{D}^{(J_2)} \otimes \boldsymbol{D}^{(J_1-1)} \oplus \boldsymbol{D}^{(J_2)} \otimes \boldsymbol{D}^{(J_1)} \oplus \boldsymbol{D}^{(J_2)} \otimes \boldsymbol{D}^{(J_1+1)} \tag{6.219}$$

nach Reduktion die triviale Darstellung $\boldsymbol{D}^{(J=0)}$ enthält. Dies impliziert nach Gl. (3.217) die Forderung nach zwei gleichen irreduziblen Darstellungen der drei direkten Produkte auf der rechten Seite von Gl. (6.219), so dass nach beiden Aussagen die Auswahlregel (6.217b) abgeleitet werden kann. Nachzutragen bleibt die Auswertung von Matrixelementen der Form $\left\langle v^{(J=0)},\ T_m^{(J=1)} v^{(J=0)} \right\rangle$. Die Reduktion des direkten Produkts der damit verbundenen irreduziblen Darstellungen

$$\boldsymbol{D}^{(J=0)} \otimes \boldsymbol{D}^{(J)} \otimes \boldsymbol{D}^{(J=0)} = \boldsymbol{D}^{(J)} \tag{6.220}$$

verhindert das Auftreten der trivialen Darstellung, so dass Dipolübergänge zwischen Zuständen mit $J = 0$ verboten sind.

■

Im Folgenden werden Elemente $\boldsymbol{B}(t)$ betrachtet mit der Form

$$\boldsymbol{B}(t) = \boldsymbol{A} \exp(t\boldsymbol{b})\boldsymbol{A}^{-1} = \exp(t\boldsymbol{A}\boldsymbol{b}\boldsymbol{A}^{-1}) \qquad \boldsymbol{A} \in \mathcal{G} \qquad \boldsymbol{b} \in \mathcal{L} \quad t \in \mathbb{R}, \tag{6.221}$$

die zur LIE-Gruppe $\mathcal{G}$ gehören. Sie bilden eine einparametrige Untergruppe, deren Generator nach Gl. (4.89) das Element $\boldsymbol{A}\boldsymbol{b}\boldsymbol{A}^{-1}$ ist. Demnach gehört dieses Element zur zugehörigen LIE-Algebra $\mathcal{L}$. Betrachtet man weiter die analytische Funktion

$$\boldsymbol{F}(t) = \boldsymbol{A}\boldsymbol{b}\boldsymbol{A}^{-1} \qquad \text{mit} \qquad \boldsymbol{A} = \exp(t\boldsymbol{a}) \qquad \boldsymbol{a} \in \mathcal{L} \tag{6.222}$$

und bildet die Ableitungen nach dem Parameter t

$$\frac{d\boldsymbol{F}}{dt} = [\boldsymbol{a}, \boldsymbol{F}], \quad \frac{d^2\boldsymbol{F}}{dt^2} = [\boldsymbol{a}, [\boldsymbol{a}, \boldsymbol{F}]], \ldots, \tag{6.223}$$

dann kommt man mit der analytischen Entwicklung

$$\boldsymbol{F}(t) = \boldsymbol{F}(0) + t\left.\frac{d\boldsymbol{F}}{dt}\right|_{t=0} + \frac{1}{2}t^2 \left.\frac{d^2\boldsymbol{F}}{dt^2}\right|_{t=0} + \ldots \tag{6.224}$$

zu dem Ergebnis

$$\boldsymbol{A}\boldsymbol{b}\boldsymbol{A}^{-1} = \boldsymbol{b} + t[\boldsymbol{a}, \boldsymbol{b}] + \frac{1}{2}t^2[\boldsymbol{a}, [\boldsymbol{a}, \boldsymbol{b}]] + \ldots. \tag{6.225}$$

Ausgehend von einer n-dimensionalen linearen LIE-Gruppe $\mathcal{G}$ sowie der zugehörigen reellen LIE-Algebra $\mathcal{L}$ mit der Basis $\{\boldsymbol{a}_k | \, k = 1, \ldots, n\}$ kann man jedes Element der Form $\boldsymbol{A}\boldsymbol{a}\boldsymbol{A}^{-1}$, das nach Gl. (6.225) der LIE-Algebra angehört, nach der Basis entwickeln

$$\boldsymbol{A}\boldsymbol{a}_i\boldsymbol{A}^{-1} = \sum_{j=1}^{n} D_{ji}^{\mathrm{Ad}}(\boldsymbol{A})\boldsymbol{a}_j \qquad i = 1, \ldots, n \qquad \boldsymbol{A} \in \mathcal{G}. \tag{6.226}$$

Die Menge der $n \times n$-Matrizen $\{\boldsymbol{D}^{\mathrm{Ad}}(\boldsymbol{A}) | \, \boldsymbol{A} \in \mathcal{G}\}$ bildet dann eine analytische Darstellung der Gruppe $\mathcal{G}$, die als *adjungierte Darstellung* $\boldsymbol{D}^{\mathrm{Ad}}(\mathcal{G})$ bekannt ist. Zum Nachweis betrachtet man etwa zwei Elemente $\boldsymbol{A}$ und $\boldsymbol{A}'$ der Gruppe $\mathcal{G}$ und bekommt mit Gl. (6.225)

$$(\boldsymbol{A}\boldsymbol{A}')\boldsymbol{a}_i(\boldsymbol{A}\boldsymbol{A}')^{-1} = \sum_{j=1}^{n} D_{ji}^{\mathrm{Ad}}(\boldsymbol{A}\boldsymbol{A}')\boldsymbol{a}_j. \tag{6.227a}$$

Andererseits gilt

$$\begin{aligned}(\boldsymbol{A}\boldsymbol{A}')\boldsymbol{a}_i(\boldsymbol{A}\boldsymbol{A}')^{-1} &= \boldsymbol{A}(\boldsymbol{A}'\boldsymbol{a}_i\boldsymbol{A}'^{-1})\boldsymbol{A}^{-1} = \sum_{j=1}^{n} D_{ji}^{\mathrm{ad}}(\boldsymbol{A}')\boldsymbol{A}\boldsymbol{a}_j\boldsymbol{A}^{-1} \\ &= \sum_{k=1}^{n}\sum_{j=1}^{n} D_{ji}^{\mathrm{Ad}}(\boldsymbol{A}')D_{ki}^{\mathrm{Ad}}(\boldsymbol{A})\boldsymbol{a}_k.\end{aligned} \tag{6.227b}$$

Der Vergleich von Gl. (6.227a) mit Gl. (6.227b) unter Berücksichtigung der linearen Unabhängigkeit der Basis $\{\boldsymbol{a}_k | \, k = 1, \ldots, n\}$ ergibt

$$\boldsymbol{D}^{\mathrm{Ad}}(\boldsymbol{A}\boldsymbol{A}') = \boldsymbol{D}^{\mathrm{Ad}}(\boldsymbol{A})\boldsymbol{D}^{\mathrm{Ad}}(\boldsymbol{A}'), \tag{6.228}$$

womit die Darstellungseigenschaft (3.1) nachgewiesen ist. Wegen Gl. (6.225) ist die adjungierte Darstellung auch eine analytische Darstellung.

Für kleine Parameter t und beliebige Elemente $\boldsymbol{a} \in \mathcal{L}$ gilt mit Gl. (6.225)

$$\begin{aligned}\exp(t\boldsymbol{a})\boldsymbol{a}_i \exp(-t\boldsymbol{a}) &= \sum_{j=1}^{n} D_{ji}^{\mathrm{Ad}}(\exp(t\boldsymbol{a}))\boldsymbol{a}_j \\ &= \boldsymbol{a}_i + t[\boldsymbol{a}, \boldsymbol{a}_i] + \ldots = \{\mathbf{1}_n + t[\boldsymbol{a}, \ ] + \ldots\}\boldsymbol{a}_i \qquad \boldsymbol{a} \in \mathcal{L},\end{aligned} \tag{6.229}$$

wonach die adjungierte Darstellung entwickelt werden kann

$$\boldsymbol{D}^{\mathrm{Ad}}(\exp\, t\boldsymbol{a}) = \mathbf{1}_n + t\boldsymbol{D}^{\mathrm{ad}}(\boldsymbol{a}) + \ldots. \tag{6.230}$$

Für den Fall, dass die Darstellung $\boldsymbol{D}_{\mathcal{G}}(\boldsymbol{A})$ der LIE-Gruppe $\mathcal{G}$ gleich der adjungierten Darstellung $\boldsymbol{D}^{\mathrm{Ad}}(\boldsymbol{A})$ ist ($\boldsymbol{D}_{\mathcal{G}}(\boldsymbol{A}) = \boldsymbol{D}^{\mathrm{Ad}}(\boldsymbol{A})$) und die Darstellung $\boldsymbol{D}_{\mathcal{L}}(\boldsymbol{a})$ der zugehörigen LIE-Algebra $\mathcal{L}$ mithilfe der Beziehung (6.101) ausgedrückt werden kann durch

$$\boldsymbol{D}_{\mathcal{L}}(\boldsymbol{a}) = \frac{d}{dt}\boldsymbol{D}_{\mathcal{G}}(\exp t\boldsymbol{a})\bigg|_{t=0} = \frac{d}{dt}\boldsymbol{D}^{\mathrm{Ad}}(\exp t\boldsymbol{a})\bigg|_{t=0}, \tag{6.231}$$

findet man mit (6.230)

$$\boldsymbol{D}_{\mathcal{L}}(\boldsymbol{a}) = \boldsymbol{D}^{\mathrm{ad}}(\boldsymbol{a}). \tag{6.232}$$

Danach ist die zugehörige Darstellung $\boldsymbol{D}_{\mathcal{L}}(\boldsymbol{a})$ der LIE-Algebra $\mathcal{L}$ die adjungierte Darstellung $\boldsymbol{D}^{\mathrm{ad}}(\boldsymbol{a})$ von $\mathcal{L}$ und es gilt wegen Gl. (6.101)

$$\boldsymbol{D}^{\mathrm{ad}}(\boldsymbol{a}) = \frac{d}{dt}\boldsymbol{D}^{\mathrm{Ad}}(\exp t\boldsymbol{a})\bigg|_{t=0} \qquad \forall\, \boldsymbol{a} \in \mathcal{L} \qquad t \in \mathbb{R} \tag{6.233}$$

bzw. wegen Gl. (6.102)

$$\exp[t\boldsymbol{D}^{\mathrm{ad}}(\boldsymbol{a})] = \boldsymbol{D}^{\mathrm{Ad}}[\exp(t\boldsymbol{a})] \qquad \forall\, \boldsymbol{a} \in \mathcal{L} \qquad t \in \mathbb{R}. \tag{6.234}$$

Betrachtet man etwa die Abbildung

$$\psi_{\boldsymbol{A}}(\boldsymbol{b}) = \boldsymbol{A}\boldsymbol{b}\boldsymbol{A}^{-1} \qquad \forall\, \boldsymbol{A} \in \mathcal{G} \qquad \boldsymbol{b} \in \mathcal{L}, \tag{6.235}$$

dann erhält man wegen Gl. (6.225) erneut ein Element $\boldsymbol{b}'$ der LIE-Algebra $\mathcal{L}$, so dass durch die Abbildung $\psi_{\boldsymbol{A}}$ der Vektorraum $\mathcal{L}$ auf sich selbst abgebildet wird. Für jedes Element $\boldsymbol{b}' \in \mathcal{L}$ gibt es mit Gl. (6.235) ein Element $\boldsymbol{b} = \boldsymbol{A}^{-1}\boldsymbol{b}'\boldsymbol{A} \in \mathcal{L}$, weshalb die Abbildung $\psi_{\boldsymbol{A}}$ isomorph ist. Zudem ist die Abbildung linear und es gilt

$$\begin{aligned}\psi_{\boldsymbol{A}}([\boldsymbol{b}, \boldsymbol{b}']) &= \boldsymbol{A}(\boldsymbol{b}\boldsymbol{b}' - \boldsymbol{b}'\boldsymbol{b})\boldsymbol{A}^{-1} = \boldsymbol{A}\boldsymbol{b}\boldsymbol{A}^{-1}\boldsymbol{A}\boldsymbol{b}'\boldsymbol{A}^{-1} - \boldsymbol{A}\boldsymbol{b}'\boldsymbol{A}^{-1}\boldsymbol{A}\boldsymbol{b}\boldsymbol{A}^{-1} \\ &= [\psi_{\boldsymbol{A}}(\boldsymbol{b}), \psi_{\boldsymbol{A}}(\boldsymbol{b}')].\end{aligned} \tag{6.236}$$

Damit sind die Forderungen (5.26) erfüllt und die Abbildung in der Form (6.235), die durch Konjugation mit Elementen aus der LIE-Gruppe $\mathcal{G}$ gebildet wird, ist ein Automorphismus, der als *innerer Automorphismus* bekannt ist. Die Menge aller inneren Automorphismen ist eine zusammenhängende Komponente der Gruppe aller Automorphismen Aut($\mathcal{L}$) und wird als *Gruppe der inneren Automorphismen* bzw. *adjungierte Gruppe* Int($\mathcal{L}$) bezeichnet (s. Gl. 5.28). Diese Komponente enthält mit $\boldsymbol{A} = \mathbf{1}$ auch das Einselement ($\psi_{\boldsymbol{A}=\mathbf{1}}(\boldsymbol{b}) = \boldsymbol{b}$), so dass Int($\mathcal{L}$) eine Komponente des Einselements und mithin ein Normalteiler ist. Alle Automorphismen in der Menge Aut($\mathcal{L}$), die nicht innere Automorphismen sind, werden *äußere Automorphismen* genannt (s. a. Abschn. 2.3).

In Analogie zu den Überlegungen im Hinblick auf die Darstellung einer Produktgruppe kann man eine Darstellung $\boldsymbol{D}(\mathcal{L})$ einer direkten Summe $\mathcal{L} = \mathcal{L}_1 \oplus \mathcal{L}_2$ zweier (reeller bzw. komplexer) LIE-Algebren $\mathcal{L}_1$ und $\mathcal{L}_2$ definieren. Dabei liegen den einzelnen Darstellungsräumen $\mathcal{V}^{(1)}$ und $\mathcal{V}^{(2)}$ der LIE-Algebren $\mathcal{L}_1$ und $\mathcal{L}_2$ die Basissysteme $\left\{v_i^{(1)} \mid i = 1, \ldots, d_1\right\}$ und $\left\{v_i^{(2)} \mid i = 1, \ldots, d_2\right\}$ zugrunde. Mit den Operatoren $D^{(1)}(a)$ und $D^{(2)}(a)$, die in den beiden Vektorräumen wirken

$$D^{(1)}(a')v_i^{(1)} = \sum_{j=1}^{d_1} D_{ji}^{(1)}(a')v_j^{(1)} \qquad i = 1, \ldots, d_1 \qquad a' \in \mathcal{L}_1 \tag{6.237a}$$

$$D^{(2)}(a'')v_k^{(2)} = \sum_{l=1}^{d_2} D_{lk}^{(2)}(a'')v_l^{(2)} \qquad k = 1, \ldots, d_2 \qquad a'' \in \mathcal{L}_2 \tag{6.237b}$$

erhält man für den Operator $D(a' + a'')$, der in der direkten Summe beider Vektorräume wirkt,

$$\begin{aligned} D(a' + a'')\left(v_i^{(1)} v_k^{(2)}\right) &= [D^{(1)}(a') + D^{(2)}(a'')]\left(v_i^{(1)} v_k^{(2)}\right) \\ &= D^{(1)}(a')v_i^{(1)} v_k^{(2)} + v_i^{(1)} D^{(2)}(a'')v_k^{(2)} \\ &= \sum_{j=1}^{d_1}\sum_{l=1}^{d_2}[\boldsymbol{D}^{(1)}(a') \otimes \mathbf{1}_{d_2} + \mathbf{1}_{d_1} \otimes \boldsymbol{D}^{(2)}(a'')]_{jl,ik} v_j^{(1)} v_l^{(2)} \\ &= \sum_{j=1}^{d_1}\sum_{l=1}^{d_2} D_{jl,ik}(a' + a'')v_j^{(1)} v_l^{(2)} \qquad \forall a' \in \mathcal{L}_1 \quad \forall a'' \in \mathcal{L}_2. \end{aligned} \tag{6.238}$$

Demnach ist die Darstellung

$$\begin{gathered} \boldsymbol{D}(a) = \boldsymbol{D}(a' + a'') = \boldsymbol{D}^{(1)}(a') \otimes \mathbf{1}_{d_2} + \mathbf{1}_{d_1} \otimes \boldsymbol{D}^{(2)}(a'') \\ a' \in \mathcal{L}_1 \qquad a'' \in \mathcal{L}_2 \qquad a \in \mathcal{L}_1 \oplus \mathcal{L}_2 \end{gathered} \tag{6.239}$$

eine d_1d_2-dimensionale Darstellung $\boldsymbol{D}(\mathcal{L}) = \boldsymbol{D}(\mathcal{L}_1 \oplus \mathcal{L}_2)$ der direkten Summe $\mathcal{L} = \mathcal{L}_1 \oplus \mathcal{L}_2$ zweier (reeller bzw. komplexer) LIE-Algebren $\mathcal{L}_1$ und $\mathcal{L}_2$. Der Nachweis gelingt durch die Umformung des LIE-Produkts zweier Darstellungen von direkten Summen aus den LIE-Algebren $\mathcal{L}_1$ und $\mathcal{L}_2$, wobei die Gln. (3.202) und (6.239) berücksichtigt werden

$$\begin{aligned}
[\boldsymbol{D}(a'+a''), \boldsymbol{D}(b'+b'')] &= [\{\boldsymbol{D}^{(1)}(a') \otimes \mathbf{1}_{d_2} + \mathbf{1}_{d_1} \otimes \boldsymbol{D}^{(2)}(a'')\}, \\
&\quad \{\boldsymbol{D}^{(1)}(b') \otimes \mathbf{1}_{d_2} + \mathbf{1}_{d_1} \otimes \boldsymbol{D}^{(2)}(b'')\}] \\
&= [\boldsymbol{D}^{(1)}(a'), \boldsymbol{D}^{(1)}(b')] \otimes \mathbf{1}_{d_2} + \mathbf{1}_{d_1} \otimes [\boldsymbol{D}^{(2)}(a''), \boldsymbol{D}^{(2)}(b'')] \\
&= \boldsymbol{D}^{(1)}([a',b']) \otimes \mathbf{1}_{d_2} + \mathbf{1}_{d_1} \otimes \boldsymbol{D}^{(2)}([a'',b'']) \\
&= \boldsymbol{D}([a'+a'', b'+b'']) \qquad a',\, b' \in \mathcal{L}_1 \qquad a'',\, b'' \in \mathcal{L}_2.
\end{aligned} \tag{6.240}$$

Das Ergebnis ist eine Darstellung vom LIE-Produkt zweier Summen aus den LIE-Algebren $\mathcal{L}_1$ und $\mathcal{L}_2$, so dass die Darstellungseigenschaft (3.2) erfüllt ist. Die Darstellung (6.239) der direkten Summe zweier LIE-Algebren ist das Analogon zur Darstellung (3.204) des direkten äußeren Produkts zweier Gruppen.

Setzt man zwei lineare LIE-Gruppen $\mathcal{G}_1$ und $\mathcal{G}_2$ als kompakt voraus, dann kann eine weitergehende Aussage bezüglich der Reduzierbarkeit einer Darstellung der Form (6.239) getroffen werden. Mit den irreduziblen Darstellungen $\boldsymbol{D}^{(\alpha,1)}(\mathcal{L}_1)$ und $\boldsymbol{D}^{(\alpha,2)}(\mathcal{L}_2)$ der entsprechenden LIE-Algebren $\mathcal{L}_1$ und $\mathcal{L}_2$ erwartet man die Darstellung (6.239) $\boldsymbol{D}^{(\alpha)}(\mathcal{L}_1 \oplus \mathcal{L}_2)$ der direkten Summe $\mathcal{L}_1 \oplus \mathcal{L}_2$ als irreduzibel. Außerdem ist jede irreduzible Darstellung $\boldsymbol{D}^{(\alpha)}(\mathcal{L}_1 \oplus \mathcal{L}_2)$ eine äquivalente Darstellung zu jener Darstellung, die nach Gl. (6.239) gebildet wird.

6.6 Überlagerungsgruppen

Mithilfe der LIE-Algebra gelingt es, Informationen über die lokale Struktur in der Umgebung des Einselements der zugehörigen LIE-Gruppe zu gewinnen. Diese lokale Struktur kann für mehrere global unterschiedliche Gruppen – mit global unterschiedlichen Mannigfaltigkeiten – die gleiche sein. Demnach gibt es zu jeder LIE-Algebra genau eine Gruppe, die die Information über die globale Struktur liefert. Das bedeutet, dass man mit deren Hilfe alle zu einer LIE-Algebra gehörigen LIE-Gruppen ermitteln kann. Grundlage dafür sind die Aussagen des Hauptsatzes über die lokale und globale Struktur von LIE-Gruppen.

Setzt man eine zusammenhängende LIE-Gruppe $\mathcal{G}$ voraus, dann gibt es genau eine einfach zusammenhängende LIE-Gruppe $\mathcal{G}^*$, deren zugehörige reelle LIE-Algebra $\mathcal{L}$ – bis auf einen Isomorphismus – die gleiche ist wie die der LIE-Gruppe $\mathcal{G}$. Zudem findet man eine homomorphe Abbildung ψ der LIE-Gruppe $\mathcal{G}^*$ auf die LIE-Gruppe $\mathcal{G}$

$$\psi : \mathcal{G}^* \longrightarrow \mathcal{G} \qquad \text{mit} \qquad \mathcal{N}_K \subseteq \mathcal{C} \subset \mathcal{G}^*, \tag{6.241}$$

wobei der Kern $\mathcal{N}_K$ ein diskreter Normalteiler von $\mathcal{G}^*$ ist, der zugleich im Zentrum $\mathcal{C}$ von $\mathcal{G}^*$ liegt (*zentraler Normalteiler*). Man bezeichnet die LIE-Gruppe $\mathcal{G}^*$ als *universelle Überlagerungsgruppe* (*Darstellungsgruppe*) von $\mathcal{G}$ und $\mathcal{L}$. Die LIE-Gruppe $\mathcal{G}$ ist dann analytisch isomorph zur Faktorgruppe

$$\mathcal{G} \cong \mathcal{G}^*/\mathcal{N}_K. \tag{6.242}$$

Dabei entspricht jedem Punkt der Mannigfaltigkeit von $\mathcal{G}$ eine Menge von Punkten der Mannigfaltigkeit von $\mathcal{G}^*$, deren Anzahl k durch die Ordnung des Kerns $\mathcal{N}_K$ bestimmt wird. Die Gruppe $\mathcal{G}$ wird so k-fach von der Gruppe $\mathcal{G}^*$ überlagert. Falls die LIE-Gruppe $\mathcal{G}$ selbst einfach zusammenhängend ist, dann sind beide LIE-Gruppen $\mathcal{G}$ und $\mathcal{G}^*$ isomorph zueinander.

Umgekehrt erhält man – bis auf einen Isomorphismus – genau alle zusammenhängenden LIE-Gruppen $\mathcal{G}$ mit der gleichen zugehörigen LIE-Algebra $\mathcal{L}$, indem man die Faktorgruppe (6.242) bildet. Dabei ist die Gruppe $\mathcal{N}_K$ ein diskreter Normalteiler, der im Zentrum $\mathcal{C}$ von $\mathcal{G}$ liegt.

Eine entscheidende Aussage betrifft die Darstellungen $\boldsymbol{D}_{\mathcal{L}}$ der zur Überlagerungsgruppe $\mathcal{G}^*$ gehörigen LIE-Algebra $\mathcal{L}$, von denen jede mit einer Darstellung $\boldsymbol{D}_{\mathcal{G}^*}$ nach Gl. (6.101) verknüpft ist. Wenn die Überlagerungsgruppe $\mathcal{G}^*$ eine lineare LIE-Gruppe ist – wie in den meisten physikalisch relevanten Fällen –, dann liefert jede Darstellung $\boldsymbol{D}_{\mathcal{L}}$ der reellen LIE-Algebra $\mathcal{L}$ von $\mathcal{G}^*$ durch Exponentiation eine Darstellung $\boldsymbol{D}_{\mathcal{G}^*}$ der Überlagerungsgruppe. Die Überlagerungsgruppe $\mathcal{G}^*$ ist stets dann eine lineare LIE-Gruppe, falls die betrachtete zusammenhängende LIE-Gruppe $\mathcal{G}$ kompakt oder abelsch ist. Andernfalls ist die Überlagerungsgruppe nicht notwendigerweise linear. Ausnahmen sind die nicht-kompakten LIE-Gruppen $SL(N,\mathbb{C})$ $(N \geq 2)$, $Sp\left(\frac{1}{2}N,\mathbb{C}\right)$ $(N \geq 2)$ und $SO(N,\mathbb{C})$ $(N \geq 3)$, die eine lineare Überlagerungsgruppe besitzen. Setzt man voraus, dass die Darstellung $\boldsymbol{D}_{\mathcal{G}^*}(\boldsymbol{A})$ von allen Elementen $\boldsymbol{A}$ aus dem zentralen Normalteiler $\mathcal{N}_K$ die triviale Darstellung annimmt

$$\boldsymbol{D}_{\mathcal{G}^*}(\boldsymbol{A}) = \boldsymbol{1}_N \qquad \forall\, \boldsymbol{A} \in \mathcal{N}_K, \tag{6.243a}$$

dann kann man eineindeutig die Darstellungen $\boldsymbol{D}_{\mathcal{G}}(\boldsymbol{A}\mathcal{N}_K)$ der Gruppe $\mathcal{G}$ aus den Darstellungen $\boldsymbol{D}_{\mathcal{G}^*}(\boldsymbol{A})$ der universellen Überlagerungsgruppe $\mathcal{G}^*$ gemäß

$$\boldsymbol{D}_{\mathcal{G}}(\boldsymbol{A}\,\mathcal{N}_K) = \boldsymbol{D}_{\mathcal{G}^*}(\boldsymbol{A})\boldsymbol{D}_{\mathcal{G}^*}(\mathcal{N}_K) = \boldsymbol{D}_{\mathcal{G}^*}(\boldsymbol{A})\boldsymbol{1}_N \qquad \forall\, \boldsymbol{A} \in \mathcal{G} \tag{6.243b}$$

ermitteln.

Einfach einzusehen ist die Aussage, dass bei zwei zueinander isomorphen reellen LIE-Algebren $\mathcal{L}_1$ und $\mathcal{L}_2$ die zugehörigen einfach zusammenhängenden LIE-Gruppen $\mathcal{G}_1^*$ und $\mathcal{G}_2^*$ zueinander isomorph sind. Falls die beiden Gruppen $\mathcal{G}_1^*$ und $\mathcal{G}_2^*$ die universellen Überlagerungsgruppen der entsprechenden LIE-Algebren $\mathcal{L}_1$ und $\mathcal{L}_2$ sind, dann findet man die Überlagerungsgruppe $\mathcal{G}^*$ der direkten Summe $\mathcal{L}$ der LIE-Algebren

$$\mathcal{L} = \mathcal{L}_1 \oplus \mathcal{L}_2 \tag{6.244a}$$

isomorph zum direkten äußeren Produkt der beiden Überlagerungsgruppen

$$\mathcal{G}^* \cong \mathcal{G}_1^* \times \mathcal{G}_2^*. \tag{6.244b}$$

Im speziellen Fall einer abelschen reellen LIE-Algebra $\mathcal{L}$ mit der Dimension n, die nach Gl. (5.34) als direkte Summe von n eindimensionalen LIE-Algebren ausgedrückt werden kann

$$\mathcal{L} = \bigoplus_{i=1}^{n} \mathcal{L}_i, \tag{6.245a}$$

ist die universelle Überlagerungsgruppe $\mathcal{G}^*$ isomorph äußeren direkten Produkt von n LIE-Gruppen $\mathcal{G}$, von denen jede aus der multiplikativen Gruppe $\mathbb{R}^+$ der positiven reellen Zahlen besteht

$$\mathcal{G}^* \cong \prod_{i=1}^{n}{}_{\times} \mathbb{R}_i^+. \tag{6.245b}$$

Beispiel 1 Die *spezielle unitäre Gruppe* $SU(N)$ $(N \geq 2)$ ist einfach zusammenhängend (Beispiel 17 v. Abschn. 4.3) und ist deshalb ihre eigene Überlagerungsgruppe. Gesucht werden nun alle jene kompakten LIE-Gruppen, deren LIE-Algebren isomorph sind zur LIE-Algebra $su(N)$. Betrachtet man ein Element $\boldsymbol{A}$ des Zentrums $\mathcal{C} \subset SU(N)$, so muss dessen Darstellung $\boldsymbol{D}(\boldsymbol{A}) = \boldsymbol{A}$ wegen der Vertauschbarkeit mit den Darstellungen aller Elemente (s. Gln. 2.21 und 3.79) nach dem 2. SCHUR'schen Lemma der Bedingung (3.80) genügen

$$\boldsymbol{A} = \lambda \mathbf{1}_N \qquad \boldsymbol{A} \in \mathcal{C}. \tag{6.246}$$

Mit der Forderung (2.6) an die Determinante bekommt man

$$\lambda^N = 1 \qquad \text{bzw.} \qquad \lambda = \exp(2\pi i p/N) \qquad p = 0, 1, \ldots, N-1, \tag{6.247}$$

so dass das Zentrum $\mathcal{C}$ aus einer endlichen Menge von N Elementen besteht

$$\mathcal{C} = \{\exp(2\pi i p/N)\mathbf{1}_N \,|\, p = 0, 1, \ldots, N-1\}. \tag{6.248}$$

Im Fall $N = 2$ besteht das Zentrum $\mathcal{C}$ (6.248) aus den zwei Elementen

$$\mathcal{C} = \{\mathbf{1}_2, -\mathbf{1}_2\}.$$

Demnach sind jene kompakten LIE-Gruppen, deren reelle LIE-Algebren isomorph auf die relle LIE-Algebra $su(2)$ abgebildet werden, die Gruppe $SU(2)$ sowie nach

Tabelle 6.2 Universelle Überlagerungsgruppen $\mathcal{G}^*$ zu speziellen orthogonalen LIE-Gruppen $\mathcal{G}$

Gruppe $\mathcal{G}$	universelle Überlagerungsgruppe $\mathcal{G}^*$
$SO(2)$	$\mathbb{R}^+$
$SO(1,1)$	$\mathbb{R}^+$
$SO(3)$	Spin(3) $= SU(2)$
$SO(4)$	Spin(4) $= SU(2) \times SU(2)$
$SO(3,1)$	$SL(2,\mathbb{C})$
$SO(2,2)$	$SU(1,1) \times SU(1,1)$
$SO(5)$	Spin(5) = Sp(2)
$SO(4,1)$	Sp(2, 2)
$SO(3,2)$	Sp(2, $\mathbb{R}$)
$SO(6)$	SU(4)

Gl. (6.242) die Faktorgruppe $SU(2)/\mathcal{C}$. Letztere ist nach Gl. (2.54) isomorph zur *speziellen orthogonalen Gruppe* $SO(3)$ (Tab. 6.2).

Im Fall $N = 3$ besteht das Zentrum $\mathcal{C}$ (6.248) aus den drei Elementen

$$\mathcal{C} = \{\mathbf{1}_3, \exp(2\pi i/3)\mathbf{1}_3, \exp(4\pi i/3)\mathbf{1}_3\}.$$

Demnach sind jene kompakten LIE-Gruppen, deren reelle LIE-Algebren isomorph auf die reelle LIE-Algebra $su(3)$ abgebildet werden, die Gruppe $SU(3)$ und die Faktorgruppe $SU(3)/\mathcal{C}$.

Im Fall $N = 4$ besteht das Zentrum $\mathcal{C}$ (6.248) aus den vier Elementen

$$\mathcal{C} = \{\mathbf{1}_4, i\mathbf{1}_4, -\mathbf{1}_4, -i\mathbf{1}_4\}.$$

Demnach sind jene kompakten LIE-Gruppen, deren reelle LIE-Algebren isomorph auf die reelle LIE-Algebra $su(4)$ abgebildet werden, die Gruppe $SU(4)$ sowie die Faktorgruppen $SU(4)/\mathcal{C}$ und $SU(4)/\mathcal{C}'$, wobei die Gruppe $\mathcal{C}'$ eine Untergruppe vom Zentrum $\mathcal{C}$ ist

$$\mathcal{C}' = \{\mathbf{1}_4, -\mathbf{1}_4\}.$$

Beispiel 2 Die *spezielle unitäre Gruppe* $SU(2)$ wird nach Gl. (2.49) bzw. (2.53) analytisch homomorph auf die *spezielle orthogonale Gruppe* $SO(3)$ abgebildet, wobei der Kern

$$\mathcal{N}_K = \{\mathbf{1}_2, -\mathbf{1}_2\} \tag{6.249}$$

ein zentraler Normalteiler ist (Beispiel 6 v. Abschn. 2.3). Darüberhinaus findet man einen Isomorphismus zwischen den zugehörigen LIE-Algebren $su(2)$ und $so(3)$ (Beispiel 3 v. Abschn. 6.4). Nachdem die Gruppe $SU(2)$ auch einfach zusammenhängend ist (Beispiel 17 v. Abschn. 4.3), gilt sie als universelle Überlagerungsgruppe für die Gruppe $SO(3)$. Die zweideutige homomorphe Abbildung (2.49) hat zur Folge, dass die Gruppe $SO(3)$ zweifach überlagert wird und nach Gl. (6.242) bzw Gl. (2.54) isomorph zur Faktorgruppe $SU(2)/\mathcal{N}_K$ ist.

Ausgehend von einer Darstellung $\boldsymbol{D}^{(J)}(\boldsymbol{U})$ der Überlagerungsgruppe $SU(2)$ (Beispiel 1 v. Abschn. 6.5) kann man nach Gl. (6.243) genau dann eine Darstellung $\boldsymbol{D}^{(J)}$ der Gruppe $SO(3)$ gewinnen, wenn jedes Element $\boldsymbol{U}$ des zentralen Normalteilers $\mathcal{N}_K$ (6.249) durch die triviale Darstellung nach Gl. (6.243a) vertreten wird

$$\boldsymbol{D}^{(J)}(\mathcal{N}_K) = \mathbf{1}_{2J+1} \qquad \mathcal{N}_K \in SU(2). \tag{6.250}$$

Für das Element $\boldsymbol{U} = +\mathbf{1}_2$, nämlich das Einselement, ist diese Bedingung trivialerweise erfüllt. Das zweite Element $\boldsymbol{U} = -\mathbf{1}_2$ entspricht nach Gl. (4.61) bzw. (6.105) einer Rotation mit dem Winkel $\varphi = 2\pi$ um eine beliebige Rotationsachse – etwa um die z-Achse $\boldsymbol{n} = (0, 0, 1)$ – und man erhält mit Gl. (6.106) die Darstellung

$$D^{(J)}_{m'm}(-\mathbf{1}_2) = \exp(im2\pi)\delta_{m'm} \qquad -J \leq m \leq +J \tag{6.251a}$$

bzw.

$$\boldsymbol{D}^{(J)}(-\mathbf{1}_2) = \begin{cases} +\mathbf{1}_{2J+1} & \text{für} \quad J > 0, \text{ ganzzahlig} \\ -\mathbf{1}_{2J+1} & \text{für} \quad J > 0, \text{ halbzahlig.} \end{cases} \tag{6.251b}$$

Die Forderung (6.250) ist somit genau dann erfüllt, falls J ganzzahlig ist. Dies ist dann auch die notwendige und hinreichende Bedingung dafür, dass eine irreduzible Darstellung $\boldsymbol{D}^{(J)}$ der Gruppe $SO(3)$ aus der Exponentiation einer irreduziblen Darstellung der LIE-Algebra $su(2)$ bzw. $so(3)$ nach Gl. (6.102) erhalten werden kann. Bei einer Rotation mit dem Winkel φ um die Achse $\boldsymbol{n} = (0, 0, 1)$ hat sie dann die Form (6.107), wobei J ganzzahlig ist.

Beispiel 3 Betrachtet wird die *unitäre Gruppe* $U(1)$ sowie die *spezielle orthogonale Gruppe* $SO(2)$. Beide Gruppen sind kompakt, jedoch nicht einfach zusammenhängend. Zudem sind sie in der Nähe des Einselements isomorph zueinander und deshalb analytisch isomorph zueinander (Beispiel 1 v. Abschn. 6.4), so dass die Überlagerungsgruppen ebenfalls als isomorph zueinander erwartet werden. Betrachtet man weiter die multiplikative Gruppe der positiven reellen Zahlen $\mathbb{R}^+ = \{x \in \mathbb{R} | \; x > 0\}$, die isomorph zur Komponente des Einselements $GL^+(1, \mathbb{R})$ der *allgemeinen linearen Gruppe* ist, so findet man einen analytischen Homomorphismus zur Gruppe $SO(2)$ und darüberhinaus einen Isomorphismus zwischen den zugehörigen LIE-Algebren $gl^+(1, \mathbb{R})$ und $so(2)$ (Beispiel 2 v. Abschn. 6.4). Nachdem die Gruppe $\mathbb{R}^+$ auch einfach zusammenhängend ist (Beispiel 14 v. Abschn. 4.3), gilt sie als universelle Überlagerungsgruppe für die Gruppen $SO(2)$ und $U(1)$ (Tab. 6.2). Das bedeutet anschaulich, dass jedem Punkt der Mannigfaltigkeiten von $SO(2)$ und $U(1)$ unendlich viele Punkte im Raum $\mathbb{R}^+$ entsprechen. Demnach werden die beiden Gruppen unendlich-fach überlagert.

Bei der homomorphen Abbildung ψ der Gruppe $\mathbb{R}^+$ auf die Gruppe $U(1)$

$$\psi(\exp x) = z = \exp(ix) \qquad 0 \leq x \leq 2\pi \tag{6.252}$$

besteht der Kern $\mathcal{N}_K$ aus der unendlichen, abzählbaren Menge

$$\mathcal{N}_K = \{\exp(2\pi k) |\, k = 0, \pm 1, \pm 2, \ldots\}, \tag{6.253}$$

wonach er ein diskreter zentraler Normalteiler ist. Die Gruppe $U(1)$ ist dann nach Gl. (6.242) analytisch isomorph zur Faktorgruppe $\mathbb{R}^+/\mathcal{N}_K$

$$U(1) \cong \mathbb{R}^+/\mathcal{N}_K. \tag{6.254}$$

Ausgehend von einer unitären Darstellung der Gruppe $\mathbb{R}^+$

$$\boldsymbol{D}^{(p)}(\exp) = \exp(ipx) \qquad p \in \mathbb{R} \tag{6.255}$$

kann man nach Gl. (6.243) eine Darstellung $\boldsymbol{D}_U^{(p)}$ der Gruppe $U(1)$ konstruieren genau dann, wenn jedes Element des zentralen Normalteilers (6.253) durch die triviale Darstellung nach Gl. (6.243a) vertreten wird

$$\boldsymbol{D}^{(p)}(\exp 2\pi k) = \exp(i2\pi kp) = 1 \qquad k = 0, \pm 1, \pm 2, \ldots. \tag{6.256}$$

Demzufolge muss p ganzzahlig sein ($p \in \mathbb{Z}$). Mit Gln. (6.243a) und (6.255) ergeben sich die unitären Darstellungen der Gruppe $U(1)$ zu

$$\boldsymbol{D}_U^{(p)}(\exp ix) = \exp(ipx) \qquad p \in \mathbb{Z}. \tag{6.257}$$

Beim Übergang zum allgemeinen Fall der *unitären Gruppe* $U(N)$ in N Dimensionen ($N \geq 2$), findet man deren zugehörige reelle LIE-Algebra $u(N)$ isomorph zur direkten Summe (s. Beispiel 6 v. Abschn. 6.5)

$$u(N) \cong u(1) \oplus su(N). \tag{6.258}$$

Die Überlagerungsgruppen der den beiden LIE-Algebren entsprechenden Gruppen $U(1)$ und $SU(N)$ sind die Gruppen $\mathbb{R}^+$ (s. o.) und $SU(N)$. Letztere ist einfach zusammenhängend (Tab. 4.3) und deshalb ihre eigene Überlagerungsgruppe (s. Beispiel 1). Nach (6.244) ist die Überlagerungsgruppe der direkten Summe beider LIE-Algebren isomorph zum direkten äußeren Produkt der beiden Überlagerungsgruppen

$$\mathcal{G}^* \cong \mathbb{R}^+ \times SU(N). \tag{6.259}$$

Bei der homomorphen Abbildung $\psi(\mathcal{G}^*)$ der Überlagerungsgruppe $\mathcal{G}^*$ auf die Gruppe $U(N)$

$$\psi(\exp x,\ \boldsymbol{A}) = \exp(ix)\boldsymbol{A} \qquad -\infty < x < +\infty \qquad \boldsymbol{A} \in SU(N) \tag{6.260}$$

beststeht der Kern $\mathcal{N}_K$ aus der abzählbar unendlichen Menge der Elemente

$$\mathcal{N}_K\{\exp(2\pi k/N),\ \exp(-2\pi ik/N)\mathbf{1}_N\} \qquad k = 0, \pm 1, \pm 2, \ldots, \tag{6.261}$$

so dass er als ein zentraler Normalteiler gilt. Die Gruppe $U(N)$ ist dann nach Gl. (6.259) isomorph zur Faktorgruppe

$$U(N) \cong \mathbb{R}^+ \times SU(N)/\mathcal{N}_K. \tag{6.262}$$

Ausgehend von einer irreduziblen Darstellung $\boldsymbol{D}_{SU}(\boldsymbol{A})$ der Gruppe $SU(N)$ kann man eine unitäre irreduzible Darstellung der Produktgruppe (6.259) ermitteln

$$\boldsymbol{D}_{\mathcal{G}^*}(\exp x,\ \boldsymbol{A}) = \boldsymbol{D}_R^{(p)}(\exp x)\boldsymbol{D}_{SU}(\boldsymbol{A}) = \exp(ipx)\boldsymbol{D}_{SU}(\boldsymbol{A}) \qquad p \in \mathbb{R}. \tag{6.263}$$

Damit erhält man nach Gl. (6.243) eine unitäre irreduzible Darstellung für die Gruppe $U(N)$ genau dann, wenn jedes Element aus dem Kern $\mathcal{N}_K$ (6.261) durch die Einheitsmatrix vertreten wird

$$\begin{aligned} &\boldsymbol{D}_R^{(p)}[\exp(2\pi k/N)]\boldsymbol{D}_{SU}[\exp(-2\pi ik/N)\mathbf{1}_N] \\ &\quad = \exp(2\pi ikp/N)\boldsymbol{D}_{SU}[\exp(-2\pi ik/N)\mathbf{1}_N] = \mathbf{1}_N \qquad \forall\, k = 0, \pm 1, \pm 2, \ldots. \end{aligned} \tag{6.264}$$

Demzufolge muss die Bedingung

$$\exp(2\pi ip)\boldsymbol{D}_{SU}[\exp(-2\pi i/N)\mathbf{1}_N] = \mathbf{1}_N \tag{6.265}$$

erfüllt sein.

Beispiel 4 Als weiteres Beispiel wird die *spezielle orthogonale Gruppe* $SO(N)$ gewählt, die in Dimensionen $N \geq 3$ nicht einfach zusammenhängend ist. Die universelle Überlagerungsgruppe ist die sogenannte *Spingruppe* $\mathrm{Spin}(N)$ mit dem Isomorphismus (Tab. 6.2)

$$SO(N) \cong \mathrm{Spin}(N)/\mathcal{C} \qquad \mathrm{ord}\,\mathcal{C} = 2. \tag{6.266}$$

In drei Dimensionen ($N = 3$) erhält man (s. Beispiel 6 v. Abschn. 2.3 – Gl. 2.54)

$$\mathrm{Spin}(3) = SU(2) \tag{6.267a}$$

(s. a. Beispiel 2) und

$$\mathcal{C} = \{\mathbf{1}_2,\ -\mathbf{1}_2\}. \tag{6.267b}$$

In höheren Dimensionen gilt

$$\mathrm{Spin}(4) = SU(2) \times SU(2) \tag{6.268}$$

$$\mathrm{Spin}(5) = Sp(2) \quad \text{(unitäre symplektische Gruppe)} \tag{6.269}$$

$$\mathrm{Spin}(6) = SU(4). \tag{6.270}$$

■

Kapitel 7
Halbeinfache LIE-Algebren

Die besondere Hervorhebung von halbeinfachen LIE-Algebren ist mit den zahlreichen Anwendungen in der Physik begründet. Durch die Wahl einer besonderen Form der Basissysteme werden diese LIE-Algebren in ihrer Struktur miteinander vergleichbar. Als Konsequenz daraus gewinnt man eine universelle Methode zum Auffinden der irreduziblen Darstellungen. Eine eindrucksvolle Demonstration wurde bereits mithilfe der LIE-Algebra $su(2)$ bzw. deren komplexe Form $sl(2, \mathbb{C})$ vorgestellt (Beispiel 1 v. Abschn. 5.5). Zunächst gilt es, die Struktur von halbeinfachen komplexen LIE-Algebren zu studieren, um schließlich eine vollständige Klassifizierung von einfachen komplexen LIE-Algebren zu gewinnen. Diese kann auch auf die zugehörigen LIE-Gruppen übertragen werden.

7.1 Bilinearformen

Die Charakterisierung halbeinfacher LIE-Algebren setzt die Kenntnis der *Bilinearform* (*2-Linearform*) voraus. Eine solche Form $B(u, v)$ für ein beliebiges Paar von Vektoren u, v aus dem Vektorraum $\mathcal{V}$ über dem Körper $\mathbb{K}$ ist die Abbildung auf dem kartesischen Produkt $\mathcal{V} \times \mathcal{V}$ mit Werten in die (reellen bzw. komplexen) Zahlen $\mathbb{K}$

$$B : \mathcal{V} \times \mathcal{V} \longrightarrow \mathbb{K} \tag{7.1}$$

mit der Eigenschaft der Linearität sowohl im ersten Argument

$$B(\alpha u + \beta v, w) = \alpha B(u, w) + \beta B(v, w) \tag{7.2a}$$

wie im zweiten Argument

$$B(u, \alpha v + \beta w) = \alpha B(u, v) + \beta B(u, w) \qquad \alpha, \beta \in \mathbb{K} \qquad u, v, w \in \mathcal{V}. \tag{7.2b}$$

Eine Bilinearform ist symmetrisch bzw. antisymmetrisch, wenn die Abbildung B für jedes Paar $u, v \in \mathcal{V}$ bezüglich der Vertauschung der beiden Argumente symmetrisch (+) bzw. antisymmetrisch (−) ist.

M. Böhm, *Lie-Gruppen und Lie-Algebren in der Physik*, Springer-Lehrbuch,
DOI 10.1007/978-3-642-20379-4_7, © Springer-Verlag Berlin Heidelberg 2011

$$B(u, v) = \pm B(v, u). \tag{7.2c}$$

Aus der Linearität im ersten Argument (7.2a) ergibt sich mit der Symmetrie bzw. Antisymmetrie (7.2c) die Linearität im zweiten Argument (7.2b).

Im Unterschied zum skalaren (inneren) Produkt im euklidischen bzw. im unitären Vektorraum kann die Bilinearform für $u, v \neq 0$ auch verschwinden oder negativ sein. Im unitären Vektorraum über einem komplexen Koeffizientenkörper $\mathbb{C}$ fordert die Vertauschung der Argumente die komplexe Konjugation (Hermitezität), so dass keine symmetrische Bilinearform vorliegt. Anders dagegen im euklidischen Vektorraum über einem reellen Koeffizientenkörper $\mathbb{R}$, wo die Linearität im ersten Argument sowie die Symmetrieforderung (7.2c) erfüllt ist, so dass das skalare Produkt dort als symmetrische Bilinearform aufgefasst werden kann.

Eine symmetrische Bilinearform gilt als *entartet* falls es wenigstens ein Element $u \in \mathcal{V}$ gibt, so dass für alle Elemente $v \in \mathcal{V}$ die Bilinearform verschwindet

$$B(u, v) = 0 \qquad \forall v \in \mathcal{V}. \tag{7.3}$$

Umgekehrt gilt eine Bilinearform als nicht-entartet, falls die Forderung (7.3) nur durch ein Nullelement $v = 0$ erfüllt werden kann. Mit einer Basis $\{e_i | i = 1, \dots, d\}$ des Vektorraumes $\mathcal{V}$ hat die Bilinearform zweier Elemente

$$u = \sum_{i=1}^{d} u^i e_i \qquad \text{und} \qquad v = \sum_{i=1}^{d} v^i e_i \tag{7.4}$$

die Gestalt

$$B(u, v) = \sum_{i=1}^{d} \sum_{j=1}^{d} u^i v^j B(e_i, e_j) = \sum_{i=1}^{d} \sum_{j=1}^{d} u^i v^j B_{ij} = \boldsymbol{u}^\top \boldsymbol{B} \boldsymbol{v} \tag{7.5}$$

mit den Spaltenvektoren $\boldsymbol{u}, \ \boldsymbol{v} \in \mathbb{K}^d$. Dabei können die Komponenten $\{u^i | i = 1, \dots, d\}$ und $\{v^j | i = j, \dots, d\}$ reell oder komplex sein und die Matrix der quadratischen Form $\boldsymbol{B}$ wird durch die Bilinearform der Basiselemente erklärt

$$B_{ij} := B(e_i, e_j) \qquad i, j = 1, \dots, d. \tag{7.6}$$

Setzt man eine Entartung voraus, so kann die Bedingung (7.3) bei beliebigen Komponenten $\{v^i | i = 1, \dots, d\}$ des Elements v genau dann erfüllt werden, falls gilt

$$\sum_{i=1}^{d} u^i B_{ij} = 0 \qquad j = 1, \dots, d. \tag{7.7}$$

Dieses Gleichungsystem für die unbekannten Komponenten $\{u^i | i = 1, \ldots, d\}$ besitzt genau dann eine nichttriviale Lösung, falls die Determinante $\det \boldsymbol{B}$ verschwindet. Demnach ist eine symmetrische Bilinearform B dann und nur dann nicht entartet, wenn gilt

$$\det \boldsymbol{B} \neq 0. \tag{7.8}$$

Diese Aussage ist unabhängig von der Wahl der Basis $\{e_i | i = 1, \ldots, d\}$.

Betrachtet man den Vektorraum einer (reellen bzw. komplexen) LIE-Algeba $\mathcal{L}$ mit der Matrixdarstellung $\boldsymbol{D}(\mathcal{L})$, dann kann mit zwei beliebigen Elementen a und b sowie mit den zugehörigen Darstellungen $\boldsymbol{D}(a)$ und $\boldsymbol{D}(b)$ durch die Spur des Matrixprodukts

$$B(a, b) = \mathrm{sp}[\boldsymbol{D}(a)\boldsymbol{D}(b)] \qquad a, b \in \mathcal{L} \tag{7.9}$$

eine symmetrische Bilinearform definieren, die als *Spurform* bezeichnet wird. Der Nachweis gelingt mithilfe von Eigenschaften der Spur eines Matrixprodukts, wonach die Forderungen (7.2a), (7.2b) und (7.2c) erfüllt werden. Eine besondere Spurform, die ein wertvolles Kriterium bei der Charakterisierung von halbeinfachen LIE-Algebren liefert, ist die KILLING-*Form* κ. Sie ist die symmetrische Spurform auf einer (reellen bzw. komplexen) LIE-Algebra bezüglich der adjungierten Darstellung $\boldsymbol{D}^{\mathrm{ad}}(\mathcal{L})$

$$\kappa(a, b) = \mathrm{sp}\,[\boldsymbol{D}^{\mathrm{ad}}(a), \boldsymbol{D}^{\mathrm{ad}}(b)] \qquad a, b \in \mathcal{L}. \tag{7.10}$$

Unter jedem beliebigen Automorphismus ψ von $\mathcal{L}$ ist sie invariant

$$\kappa(\psi(a), \psi(b)) = \kappa(a, b) \qquad \forall a, b \in \mathcal{L}, \tag{7.11}$$

und es gilt wegen der zyklischen Vertauschung der Matrizen $\boldsymbol{D}^{\mathrm{ad}}$ unter der Spurbildung die Invarianz bezüglich des LIE-Produkts

$$\kappa([a, b], c) = \kappa(a, [b, c]) \qquad \forall a, b \in \mathcal{L}. \tag{7.12}$$

Setzt man eine reelle LIE-Algebra $\mathcal{L}$ voraus, dann sind die Strukturkonstanten bzw. die Matrixelemente der adjungieren Darstellung $\boldsymbol{D}^{\mathrm{ad}}(\mathcal{L})$ reell (Abschn. 5.1) und man erwartet im Gegensatz zu einer komplexen LIE-Algebra eine reelle KILLING-Form $\kappa(a, b)$. Mit dem Ideal $\mathcal{I}$ einer LIE-Algebra $\mathcal{L}$ und deren KILING-Form $\kappa_{\mathcal{I}}(a, b)$ findet man die Beziehung

$$\kappa(a, b) = \kappa_{\mathcal{I}}(a, b) \qquad \forall a, b \in \mathcal{I}. \tag{7.13}$$

Eine wichtige Rolle im Hinblick auf eine Charakterisierung von LIE-Gruppen spielt der *metrische Tensor* $\boldsymbol{\kappa}$ auf einer (reellen bzw. komplexen) LIE-Algebra $\mathcal{L}$. Er ist die KILLING-Form $\kappa(e_i, e_j)$ der Basiselemente $\{e_k | k = 1, \ldots, n\}$

$$\begin{aligned}\kappa(e_i, e_j) = \kappa_{ij} = \mathrm{sp}\,(\boldsymbol{D}^{\mathrm{ad}}(e_i)(\boldsymbol{D}^{\mathrm{ad}}(e_j)) &= \sum_{k=1}^{n}\sum_{l=1}^{n} D^{\mathrm{ad}}_{kl}(e_i) D^{\mathrm{ad}}_{lk}(e_j) \\ &= \sum_{k=1}^{n}\sum_{l=1}^{n} f^k_{il} f^l_{jk} = \kappa_{ji}\end{aligned} \tag{7.14}$$

und bedeutet als kovarianter Tensor 2-ter Stufe ((0,2)-Tensor) eine Metrik auf der LIE-Algebra, die durch die Strukturkonstanten ausgedrückt werden kann.

Betrachtet man zwei beliebige Elemente a und b mit den (reellen bzw. komplexen) Komponenten $\{a^i \,|\, i = 1, \ldots, n\}$ und $\{b^j \,|\, j = 1, \ldots, n\}$ bezüglich der Basis $\{e_k | k = 1, \ldots, n\}$

$$a = \sum_{i=1}^{n} a^i e_i \qquad b = \sum_{j=1}^{n} b^j e_j \qquad a, b \in \mathcal{L}, \tag{7.15}$$

dann kann die KILLING-Form $\kappa(a, b)$ (7.9) durch den metrischen Tensor $\boldsymbol{\kappa}$ ausgedrückt werden

$$\kappa(a, b) = \sum_{i=1}^{n}\sum_{j=1}^{n} a^i b^j \kappa(e_i, e_j) = \sum_{i=1}^{n}\sum_{j=1}^{n} a^i b^j \kappa_{ij}. \tag{7.16}$$

Der metrische Tensor $\boldsymbol{\kappa}$ erlaubt das Herauf- und Herunterziehen von Indizes, etwa bei den Strukturkonstanten

$$f_{ijl} = \sum_{k=1}^{n} f^k_{ij} \kappa_{kl}, \tag{7.17}$$

wodurch ein kovarianter Tensor 3-ter Stufe ((0,3)-Tensor) definiert wird. Dieser ist symmetrisch bezüglich der zyklischen Permutation der unteren Indizes

$$f_{ijl} = f_{jli} = f_{lji}. \tag{7.18}$$

Der Nachweis gelingt mithilfe von Gln. (7.14) (7.10) sowie der JACOBI-Identität (5.12) durch

$$\begin{aligned} f_{ijl} &= \sum_k \sum_m \sum_n f^k_{ij} f^m_{kn} f^n_{lm} = -\sum_k \sum_m \sum_n f^k_{ij} f^m_{kn} f^n_{lm} \\ &= \sum_k \sum_m \sum_n \left(f^k_{jm} f^m_{ik} + f^k_{mi} f^m_{jk} \right) f^n_{lm} \\ &= \sum_k \sum_m \sum_n \left(f^k_{jm} f^m_{ik} f^n_{lm} - f^k_{im} f^m_{jk} f^n_{lm} \right), \end{aligned} \tag{7.19}$$

wonach der letzte Term invariant ist gegenüber der zyklischen Permutation der Indizes i, j und l. Im euklidischen Vektorraum ist die Bilinearform mit dem skalaren Produkt gleichzusetzen, so dass aus Gl. (7.14) die *euklidische Metrik*

$$\kappa = \mathbf{1}_n \qquad \text{bzw.} \qquad \kappa_{ij} = \delta_{ij} = \kappa_{ji} \tag{7.20}$$

resultiert (Beispiel 12 v. Abschn. 4.3).

Betrachtet man die linearen Abbildungen a eines endlich-dimensionalen Vektorraumes $\mathcal{V}$ in den Körper $\mathbb{K}$ ($a : \mathcal{V} \longrightarrow \mathbb{K}$), so bildet deren gesamte Menge den zum Vektorraum $\mathcal{V}$ *dualen Vektorraum* $\mathcal{V}^*$. Die Dimension des dualen Vektorraumes $\mathcal{V}^*$ ist die des abgebildeten Vektorraumes $\mathcal{V}$. Das skalare (innere) Produkt eines beliebigen Elements a – des sogenannten *linearen Funktionals* bzw. *Ko-Vektors* – aus dem Dualraum $\mathcal{V}^*$ mit einem beliebigen Element b aus dem Vektorraum $\mathcal{V}$, das das kartesische Produkt $\mathcal{V}^* \times \mathcal{V}$ in einen Körper $\mathbb{K}$ abbildet, wird definiert durch

$$\langle a, b\rangle := a(b) \in \mathbb{K} \qquad a \in \mathcal{V}^* \qquad b \in \mathcal{V}. \tag{7.21}$$

Es stellt eine Bilinearform $B(b_a, b)$ dar, wobei b_a ein Element des Vektorraumes $\mathcal{V}$ ist und eindeutig durch das Funktional $a(b)$ bestimmt wird. Mit der Basis $\{e_i | i = 1, \ldots, n\}$ des n-dimensionalen Vektorraumes $\mathcal{V}$ kann durch die symmetrische, nicht-entartete Bilinearform

$$\begin{gathered} B\left(e_j^*, e_i\right) = \left\langle e_j^*, e_i\right\rangle = \left\langle e^j, e_i\right\rangle = \delta^j{}_i \\ e_j^* = e^j \in \mathcal{V}^* \quad e_i \in \mathcal{V} \quad i, j = 1, \ldots, n \end{gathered} \tag{7.22}$$

eine *kontravariante* reziproke *Basis* $\{e^j \,|\, j = 1, \ldots, n\}$ des Dualraumes $\mathcal{V}^*$ festgelegt werden.

Ein beliebiges Element x aus dem Vektorraum $\mathcal{V}$ wird dann durch die *kovarianten Komponenten* $\{x_i | i = 1, \ldots, n\}$ bzw. die *kontravarianten Komponenten* $\{x^i | i = 1, \ldots, n\}$ bezüglich der *kontravarianten Basis* $\{e^i\}$ bzw. der *kovarianten Basis* $\{e_i\}$ ausgedrückt durch

$$x = \sum_{i=1}^{n} x^i e_i = \sum_{i=1}^{n} x_i e^i \qquad e_i \in \mathcal{V} \qquad e^i \in \mathcal{V}^*. \tag{7.23}$$

Die Stellung der Indizes – oben oder unten – charakterisiert das Transformationsverhalten bei einem Basiswechsel (RICCI-*Kalkül* – s. a. Beispiel 12 v. Abschn. 4.3).

Mit der Reziprozität (7.22) erhält man die kovarianten bzw. die kontravarianten Komponenten zu

$$x_i = \langle x, e_i\rangle = x(e_i) \qquad \text{bzw.} \qquad x^i = \langle x, e^i\rangle = x(e^i). \tag{7.24}$$

Die Substitution durch Gl. (7.23) liefert den Zusammenhang zwischen den Komponenten in den beiden Vektorräumen

$$x_j = \sum_{i=1}^{n} \langle e_j, e_i \rangle x^i = \sum_{i=1}^{n} \kappa_{ji} x^i. \tag{7.25}$$

Demnach wird der Übergang vom Vektorraum $\mathcal{V}$ zum Dualraum $\mathcal{V}^*$ und mithin das Herabziehen der Indizes durch den *kovarianten metrischen Tensor* ((0,2)-Tensor) $\boldsymbol{\kappa}$

$$\langle e_j, e_i \rangle = \kappa_{ji} = \sum_k \kappa_{jk} \left\langle e^k, e_i \right\rangle = \sum_k \kappa_{jk} \delta^k{}_i = \kappa_{ji} \tag{7.26a}$$

ermöglicht (Beispiel 12 v. Abschn. 4.3). Analog dazu kann man einen *kontravarianten metrischen Tensor* ((2,0)-Tensor) definieren durch

$$\left\langle e^j, e^i \right\rangle = \kappa^{ji}, \tag{7.26b}$$

der den Übergang vom Dualraum $\mathcal{V}^*$ zum Vektorraum $\mathcal{V}$ und mithin das Heraufziehen der Indizes erlaubt

$$x^j = \sum_{i=1}^{n} \left\langle e^j, e^i \right\rangle x_i = \sum_{i=1}^{n} \kappa^{ji} x_i. \tag{7.27}$$

Die beiden Vektorräume $\mathcal{V}$ und $\mathcal{V}^*$ sind isomorph zueinander. Dabei wird der Isomorphismus bezüglich der Basen durch den metrischen Tensor beschrieben. Der Komponentenvektor $\{x^i | i = 1, \ldots, n\}$ bzw. $\{x_i | i = 1, \ldots, n\}$ ist dabei ein kontravarianter Spaltenvektor bzw. ein kovarianter Zeilenvektor aus dem Vektorraum $\mathbb{K}^n$. Beide Formen des metrischen Tensors sind wegen (7.22) invers zueinander (Gl. 4.71)

$$\sum_{k=1}^{n} \kappa_{ik} \kappa^{kj} = \delta_i{}^j, \tag{7.28}$$

was bedeutet, dass der Tensor (7.28) ein invarianter (1,1)-Tensor auf dem Produktraum $\mathcal{V} \otimes \mathcal{V}^*$ ist. Betrachtet man zwei beliebige Elemente a und b der LIE-Algebra $\mathcal{L}$ mit den (reellen bzw. komplexen) Komponenten $\{a_i | i = 1, \ldots, n\}$ und $\{b^j | j = 1, \ldots, n\}$ bezüglich der Basis $\{e^i\}$ bzw. $\{e_j\}$

$$a = \sum_{i=1}^{n} a_i e^i \qquad b = \sum_{j=1}^{n} b^j e_j, \tag{7.29}$$

dann kann das Skalarprodukt

$$
\begin{aligned}
\langle a, b\rangle &= \sum_i \sum_j \left\langle a_i e^i, b^j e_j \right\rangle = \sum_i a_i b^i = \sum_i \sum_j a^i b^j \langle e_i, e_j \rangle \\
&= \sum_i \sum_j \kappa_{ij} a^i b^j = \sum_i \sum_j \kappa^{ij} a_i b_j
\end{aligned}
\tag{7.30}
$$

ebenso wie die KILLING-Form

$$
\kappa(a, b) = \sum_i \sum_j a^i b^j \kappa(e_i, e_j) = \sum_i \sum_j \kappa_{ij} a^i b^j \tag{7.31}
$$

durch den metrischen Tensor ausgedrückt werden. Der metrische Tensor enthält Informationen über das Koordinatensystem bzw. dessen Schiefwinkeligkeit. Demnach erhält man im euklidischen Vektorraum über $\mathbb{R}$ mit der orthonormalen Basis $\{e_i | i = 1, \ldots, n\}$ die *euklidische Metrik* (7.20) bzw. die euklidische Geometrie.

Die Charakterisierung der halbeinfachen LIE-Algebren verlangt die Kenntnis von Eigenschaften, die im Folgenden diskutiert werden. Dabei wird man ähnlich zum Vorgehen bei endlichen Gruppen zwei verschiedene Wege wählen, die auf iterativer Weise bei einer LIE-Algebra $\mathcal{L}$ enden (Abschn. 2.2). Einmal definiert man ausgehend von einer LIE-Algebra $\mathcal{L}$ rekursiv abgeleitete Algebren (Derivationen)

$$
\mathcal{L}^{(0)} := \mathcal{L}, \quad \mathcal{L}^{(k)} := [\mathcal{L}^{(k-1)}, \mathcal{L}^{(k-1)}] \qquad k \geq 1 \tag{7.32a}
$$

mit

$$
\mathcal{L}^{(k)} \supseteq \mathcal{L}^{(k+1)} \qquad k \geq 0. \tag{7.32b}
$$

Diese bilden eine abnehmende Folge von Unteralgebren $\{\mathcal{L}^{(k)}\}$, die als *Kommutatorreihe* (*abgeleitete Reihe*) bezeichnet wird. Zum anderen definiert man rekursiv eine weitere abnehmende Folge von Unteralgebren $\{\mathcal{L}_{(k)}\}$ durch

$$
\mathcal{L}_{(0)} := \mathcal{L}, \quad \mathcal{L}_{(k)} := [\mathcal{L}, \mathcal{L}_{(k-1)}] \qquad k \geq 1 \tag{7.33a}
$$

mit

$$
\mathcal{L}_{(k)} \supseteq \mathcal{L}_{(k+1)} \qquad k \geq 0, \tag{7.33b}
$$

wo bei jedem Schritt das LIE-Produkt zwischen allen Elementen der Unteralgebra $\{\mathcal{L}_{(k-1)}\}$ und jenen der LIE-Algebra $\mathcal{L}$ gebildet wird. Diese wird als *untere Zentralreihe* (*absteigende Reihe*) bezeichnet.

Nachdem mit zwei Idealen $\mathcal{I}_1$ und $\mathcal{I}_2$ einer LIE-Algebra $\mathcal{L}$ der Kommutator $[\mathcal{I}_1, \mathcal{I}_2]$ ebenfalls ein Ideal ist (s. Abschn. 5.2), muss jede Unteralgebra $\mathcal{L}^{(k)}$ bzw. $\mathcal{L}_{(k)}$ ein Ideal sein. Andernfalls enthält sie nur das Nullelement und gilt als triviale LIE-Algebra ($\mathcal{L}^{(k)} = \mathcal{L}_{(k)} = \{0\}$). Eine LIE-Algebra $\mathcal{L}$ heißt *perfekt* genau dann, falls gilt

$$
\mathcal{L}^{(1)} = \mathcal{L}_{(2)} = [\mathcal{L}, \mathcal{L}] = \mathcal{L}. \tag{7.34}
$$

Demnach ist jede halbeinfache LIE-Algebra perfekt.

Die Folge von Unteralgebren $\{\mathcal{L}^{(k)}\}$ bzw. $\{\mathcal{L}_{(k)}\}$ in der Kommutatorreihe bzw. der absteigenden Reihe kann nach einer endlichen Anzahl $k \in \mathbb{N}$ von Elementen mit dem trivialen Ideal $\{0\}$ enden. Diese Eigenschaft der Nilpotenz eignet sich – wie bei der analogen Diskussion von endlichen Gruppen – als Kriterium zur Charakterisierung von LIE-Algebren. Eine LIE-Algebra $\mathcal{L}$ heißt *nilpotent* genau dann, falls es ein $k \in \mathbb{N}$ gibt, für das das Ideal $\mathcal{L}_{(k)}$ der absteigenden Reihe trivial ist ($\mathcal{L}_{(k)} = \{0\}$). Daneben heißt eine LIE-Algebra *auflösbar*, falls es ein $k \in \mathbb{N}$ gibt, für das das Ideal $\mathcal{L}^{(k)}$ der abgeleiteten Reihe trivial ist ($\mathcal{L}^{(k)} = \{0\}$).

Da das Ideal $\mathcal{L}^{(k)}$ eine Unteralgebra des Ideals $\mathcal{L}_{(k)}$ ist ($\mathcal{L}^{(k)} \subseteq \mathcal{L}_{(k)}$), wird man von jeder nilpotenten LIE-Algebra auch eine auflösbare Algebra erwarten, aber nicht umgekehrt. Die Eigenschaft der Nilpotenz bzw. der Auflösbarkeit einer LIE-Algebra findet man auch für deren Unteralgebren. Zudem ist jede homomorphe Abbildung einer nilpotenten bzw. auflösbaren LIE-Algebra stets wieder eine nilpotente bzw. auflösbare LIE-Algebra (s. a. Abschn. 5.5).

Beispiel 1 Ein Beispiel einer nilpotenten LIE-Algebra ist die Menge der echten oberen (bzw. unteren) Dreiecksmatrizen $\mathcal{N}(N, \mathbb{K})$, deren Diagonale identisch Null ist

$$\mathcal{N}(N, \mathbb{K}) := \{\boldsymbol{a} \in gl(N, \mathbb{K}) |\, a_{ij} = 0;\; 1 \le j \le i \le N\}.$$

Betrachtet man das LIE-Produkt $[\boldsymbol{a}, \boldsymbol{a}] = \boldsymbol{a}_{(1)}$, so erhält man die LIE-Algebra der oberen Dreiecksmatrizen mit verschwindender Hauptdiagonale und erster Nebendiagonale. Im nächsten Schritt der absteigenden Reihe mit dem LIE-Produkt $[\boldsymbol{a}, \boldsymbol{a}_{(1)}] = \boldsymbol{a}_{(2)}$ erhält man eine LIE-Algebra, bei der zusätzlich eine weitere Nebendiagonale verschwindet. Im letzten Schritt schließlich erhält man das triviale Ideal $[\boldsymbol{a}, \boldsymbol{a}_{(N-1)}] = \boldsymbol{a}_{(N)} = 0$, so dass die LIE-Algebra $\mathcal{N}(N, \mathbb{K})$ als nilpotent – und auch als auflösbar – gilt. Dabei sei angemerkt, dass jede nilpotente LIE-Algebra isomorph ist zu einer Unteralgebra der LIE-Algebra $\mathcal{N}(N, \mathbb{K})$ (Satz v. ENGEL).

Ein einfaches Beispiel ist die reelle $(2N + 1)$-dimensionale HEISENBERG-*Algebra* $H(N, \mathbb{R})$. Im Fall $(N = 3)$ hat sie die Basis

$$\mathcal{B}_H = \{p_1, p_2, p_3, q_1, q_2, q_3, c\}.$$

Sie wird definiert durch die LIE-Produkte

$$[p_i, p_j] = [q_i, q_j] = [p_i, c] = [q_i, c] = [c, c] = 0$$

und

$$[p_i, q_j] = c\delta_{ij} \qquad \forall i,\; j = 1, 2, 3.$$

Dabei bedeuten die Elemente $\{p_i |\, i = 1, 2, 3\}$ und $\{q_i |\, i = 1, 2, 3\}$ die Komponenten des Impulsoperators P und Ortsoperators Q, die auf dem HILBERT-Raum operieren.

Die HEISENBERG-Algebra hat eine abelsche Unteralgebra, die etwa durch $\{p_i \mid i = 1, 2, 3\}$ und c aufgespannt wird. Diese Unteralgebra ist wegen

$$[c, q_i] = 0 \qquad \text{und} \qquad [p_i, q_j] = c\delta_{ij} \qquad \forall i, j$$

ein Ideal, so dass die HEISENBERG-Algebra weder halbeinfach noch einfach ist. Sie ist isomorph zu den echt oberen Dreiecksmatrizen. Im Fall $N = 1$ hat ein Element $a = xp + yq + zc \in H(1, \mathbb{R})$ die Form

$$a = \begin{pmatrix} 0 & x & z \\ 0 & 0 & y \\ 0 & 0 & 0 \end{pmatrix} \qquad x, y, z \in \mathbb{R}.$$

Das LIE-Produkt zweier Elemente a_1, a_2 ergibt dann

$$\begin{pmatrix} 0 & 0 & x_1y_2 - x_2y_1 \\ 0 & 0 & 0 \\ 0 & 0 & 0 \end{pmatrix}.$$

Beispiel 2 Ein Beispiel einer auflösbaren LIE-Algebra ist die Menge der oberen Dreiecksmatrizen $\mathcal{T}(N, \mathbb{K})$ mit endlichen Diagonalelementen

$$\mathcal{T}(N, \mathbb{K}) := \{\boldsymbol{a} \in gl(N, \mathbb{K}) | \, a_{ij} = 0; \; 1 \leq j < i \leq N\}.$$

Nach k Schritten in der abgeleiteten Reihe erhält man mit $[\boldsymbol{a}^{(k-1)}, \boldsymbol{a}^{(k-1)}] = \boldsymbol{a}^{(2^{k-1})}$ eine LIE-Algebra, bei der die Hauptdiagonale sowie 2^{k-1} Nebendiagonalen verschwinden. Demnach gibt es einen endlichen Wert k, für den gilt $\boldsymbol{a}^{(2^{k-1})} = 0$, so dass die LIE-Algebra $\mathcal{T}(N, \mathbb{K})$ als auflösbar – aber nicht als nilpotent – gilt. Dabei sei angemerkt, dass jede auflösbare LIE-Algebra isomorph ist zu einer Unteralgebra der LIE-Algebra $\mathcal{T}(N, \mathbb{K})$ (Satz v. LIE)

■

Im allgemeinen Fall ist eine LIE-Algebra $\mathcal{L}$ nicht auflösbar. Bekannte Beispiele sind etwa die LIE-Algebra $gl(\mathcal{V})$ aller Selbstabbildungen eines $\mathbb{K}$-Vektorraumes $\mathcal{V}$ oder die LIE-Algebra $gl(N, \mathbb{K})$ aller $N \times N$-Matrizen. Dennoch besitzt jede LIE-Algebra ein eindeutig bestimmtes, maximal auflösbares Ideal, das als *Radikal* rad $\mathcal{L}$ bekannt ist. Demnach ist eine LIE-Algebra $\mathcal{L}$ auflösbar, falls sie mit ihrem Radikal identisch ist (rad $\mathcal{L} = \mathcal{L}$).

Eine halbeinfache LIE-Algebra $\mathcal{L}$ kann dann mit der Eigenschaft der Auflösbarkeit charakterisiert werden. Sie ist genau dann halbeinfach, falls das Radikal verschwindet (rad $\mathcal{L} = 0$) bzw. falls sie kein auflösbares Ideal besitzt. So kann die Halbeinfachheit als gegensätzliche Eigenschaft zur Auflösbarkeit aufgefasst werden. Die Frage nach der Auflösbarkeit einer LIE-Algebra wird nach dem 1. CARTAN-*Kriterium* entschieden. Danach gilt eine LIE-Algebra $\mathcal{L}$ genau dann als auflösbar, falls die KILLING-Form (7.16) verschwindet

$$\kappa(a, b) = 0 \qquad \forall\, a, b \in \mathcal{L}^{(1)} = [\mathcal{L}, \mathcal{L}]. \tag{7.35}$$

In Analogie zu dem Kriterium (7.3) für die Entartung einer Bilinearform findet man für die KILLING-Form das sogenannte 2. CARTAN-Kriterium, das eine zentrale Bedeutung bei der Diskussion von LIE-Algebren einnimmt. Demnach ist eine (reelle bzw. komplexe) LIE-Algebra $\mathcal{L}$ genau dann halbeinfach, wenn die Determinante des metrischen CARTAN-Tensors nicht verschwindet und mithin die KILLING-Form der Basiselemente nicht entartet ist

$$\det \kappa \neq 0 \qquad \text{notwendig und hinreichend für} \qquad \mathcal{L} = \text{halbeinfach}. \tag{7.36}$$

Eine Schlüsselrolle bei der Untersuchung von halbeinfachen LIE-Algebren nimmt deren adjungierte Darstellungen ein. Setzt man voraus, dass zwei unterschiedliche Elemente a und b die gleiche adjungierte Darstellung besitzen

$$D^{\mathrm{ad}}(a) - D^{\mathrm{ad}}(b) = D^{\mathrm{ad}}(a-b) = 0 \qquad a, b \in \mathcal{L}, \tag{7.37}$$

dann findet man für ein beliebiges Element $c \in \mathcal{L}$ die Beziehung

$$D^{\mathrm{ad}}(a-b)D^{\mathrm{ad}}(c) = 0 \tag{7.38}$$

und somit eine verschwindende KILLING-Form

$$\kappa(a-b, c) = 0. \tag{7.39}$$

Demnach ist die KILLING-Form der Elemente $(a-b)$ und c entartet. Nach Gl. (7.31) ist auch die KILLING-Form der Basiselemente entartet, so dass die LIE-Algebra nicht halbeinfach ist, was zu einem Widerspruch führt. Als Konsequenz daraus gilt die Behauptung, dass die adjungierte Darstellung einer halbeinfachen LIE-Algebra auch eine treue Darstellung ist. Für eine einfache LIE-Algebra gilt darüberhinaus, dass die adjungierte Darstellung auch eine irreduzible Darstellung ist. Zur Begründung geht man von der gegenteiligen Annahme aus, nämlich einer reduziblen adjungierten Darstellung $D^{\mathrm{ad}}(\mathcal{L})$. Dann gibt es einen nicht-trivialen Unterraum $\mathcal{V}'$ des Darstellungsraums $\mathcal{V} \equiv \mathcal{L}$, so dass für alle Elemente $a \in \mathcal{L}$ und $b' \in \mathcal{L}'$ gilt

$$D^{\mathrm{ad}}(a)b' = [a, b'] \in \mathcal{V}'. \tag{7.40}$$

Demnach muss die LIE-Unteralgebra $\mathcal{V}'$ ein nicht-triviales Ideal sein, was zu einem Widerspruch zur Voraussetzung über die Einfachheit der LIE-Algebra führt.

Die Charakterisierung von halbeinfachen LIE-Algebren kann durch verschiedene Aussagen erfolgen, die alle zueinander äquivalent sind. So ist eine LIE-Algebra $\mathcal{L}$ genau dann halbeinfach, wenn sie isomorph ist zur direkten Summe von einfachen LIE-Algebren (Abschn. 5.4). Letztere sind dann Ideale von $\mathcal{L}$. Diese Form der Charakterisierung von Halbeinfachheit erlaubt eine Zerlegung jeder halbeinfachen LIE-Algebra in kleinste Komponenten, nämlich in einfache LIE-Algebren. Als Konsequenz daraus wird man sich bei der Diskussion von halbeinfachen LIE-Algebren auf die Untersuchung von einfachen LIE-Algebren beschränken. Eine

Tabelle 7.1 Halbeinfache und reduktive Matrix LIE-Algebren $\mathcal{L}$ (s. a. Tab. 5.1)

$\mathcal{L}$ halbeinfach	$\mathcal{L}$ reduktiv
	$gl(N,\mathbb{C})$ $N \geq 1$ $gl(N,\mathbb{R})$ $N \geq 1$
$sl(N,\mathbb{C})$ $N \geq 2$ $sl(N,\mathbb{R})$ $N \geq 2$	
$so(N,\mathbb{C})$ $N \geq 3$ $so(N)$ $N \geq 3$	$so(2,\mathbb{C})$ $so(2)$
$su(N)$ $N \geq 2$	
$su(p,q)$ $p+q \geq 2$	
$so(p,q)$ $p+q \geq 3$	$so(1,1)$
$so*(N)$ $N \geq 4$	
$sp(1/2\,N,\mathbb{C})$ $N \geq 2$ $sp(1/2\,N,\mathbb{R})$ $N \geq 2$	
$sp(1/2\,N)$ $N \geq 2$	
$sp(r,s)$ $r+s \geq 1$	

Zerlegung in eine direkte Summe von einfachen und abelschen LIE-Algebren, die als irreduzible Ideale gelten, zeichnet die sogenannten *reduktiven* LIE-*Algebren* aus. Eine weitere Charakterisierung der Halbeinfachheit geschieht durch die Isomorphie einer LIE-Algebra zur Komplexifizierung der LIE-Algebra einer zugehörigen kompakten, einfach zusammenhängenden LIE-Gruppe, was ein notwendiges und hinreichendes Kriterium ist. Schließlich gelingt eine Charakterisierung durch die vollständige Reduzierbarkeit jeder endlich-dimensionalen Darstellung, was ebenfalls notwendig und hinreichend ist (Tab. 7.1).

Beispiel 3 Die *spezielle unitäre Gruppe* $SU(N)$ ist kompakt und einfach zusammenhängend (Tab. 4.3). Nach Komplexifizierung der zugehörigen LIE-Algebra $su(N)$ findet man eine Isomorphie zur komplexen LIE-Algebra $sl(N,\mathbb{C})$, so dass letztere als halbeinfach gilt.

Die *spezielle unitäre Gruppe* $SU(2)$ besitzt einen nicht-trivialen Normalteiler, nämlich das Zentrum $\{\mathbf{1}, -\mathbf{1}\}$ (Beispiel 6 v. Abschn. 2.3 und Beispiel 1 v. Abschn. 6.6). Jedoch als LIE-Gruppe betrachtet, wo der Normalteiler als eine invariante Untergruppe definiert wird, besitzt sie keinen Normalteiler und gilt deshalb als einfache LIE-Gruppe und erst recht als halbeinfache LIE-Gruppe. Entsprechend besitzt die zugehörige LIE-Algebra $su(2)$ kein eigentliches Ideal und ist ebenfalls einfach. Mit der adjungierten Darstellung (5.88c) der LIE-Algebra erhält man nach Gl. (7.14) für die KILLING-Form der Basiselemente bzw. für den CARTAN-Tensor (Tab. 7.2)

$$\kappa_{ij} = \kappa(\boldsymbol{a}_i, \boldsymbol{a}_j) = -2\delta_{ij} \qquad i,j = 1,2,3. \tag{7.41}$$

Die Determinante des CARTAN-Tensors errechnet sich zu

$$\det\kappa = (-2)^3 = -8 \quad (\neq 0), \tag{7.42}$$

womit nach dem CARTAN-Kriterium (7.36) die Algebra $su(2)$ als halbeinfach gilt.

Tabelle 7.2 KILLING-Form $\kappa(\boldsymbol{a}, \boldsymbol{b})$ für einige LIE-Algebren $\mathcal{L}$ ($\mathbb{K} = \mathbb{R}$ bzw. $\mathbb{C}$)

$\mathcal{L}$	$\kappa(\boldsymbol{a}, \boldsymbol{b})$
$sl(N, \mathbb{K}) \quad N \geq 2$	$2N\mathrm{sp}(\boldsymbol{ab})$
$su(N) \quad N \geq 2$	$-2N\mathrm{sp}(\boldsymbol{a}^\dagger \boldsymbol{b})$
$so(N, \mathbb{K}) \quad N \geq 3$	$(N-2)\mathrm{sp}(\boldsymbol{ab})$
$sp(1/2\,N, \mathbb{K}) \quad N \geq 2$	$2(N+1)\mathrm{sp}(\boldsymbol{ab})$

Sie hat darüberhinaus auch kein nicht-abelsches Ideal und ist deshalb auch eine einfache LIE-Algebra. Andernfalls kann sie als direkte Summe von mindestens zwei einfachen LIE-Algebren ausgedrückt werden (s. o.), deren Dimension jeweils mindestens Zwei sein muss. Die gesamte Dimension ist dann mindestens Vier, was mit der Dimension der Algebra ($\dim su(2) = 3$) nicht übereinstimmt und so zu einem Widerspruch führt.

Beispiel 4 Ein weiteres Beispiel ist die *unitäre Gruppe* $U(N)$ ($N \geq 1$). In einer Dimension ist die Gruppe abelsch und deshalb nicht einfach. In $N \geq 2$ Dimensionen kann die zugehörige LIE-Algebra $u(N)$ in eine direkte Summe nach Gl. (6.258) in die LIE-Algebren $u(1)$ und $su(N)$ zerlegt werden. Dabei ist die LIE-Algebra $u(1)$ abelsch, so dass die gesamte LIE-Algebra $u(N)$ und mithin die LIE-Gruppe $U(N)$ nicht halbeinfach sein kann.

Beispiel 5 Die *spezielle orthogonale Gruppe* $SO(N)$ ist in zwei Dimensionen ($N = 2$) abelsch und ebenso wie die zugehörige LIE-Algebra $so(2)$ nicht einfach und erst recht nicht halbeinfach.

In drei Dimensionen ($N = 3$) ist die der LIE-Gruppe $SO(3)$ entsprechende LIE-Algebra $so(3)$ isomorph zur LIE-Algebra $su(2)$ (Beispiel 3 v. Abschn. 6.4), so dass sie – wie die Gruppe $SO(3)$ – einfach ist.

In vier Dimensionen($N = 4$) ist die der Gruppe $SO(4)$ zugehörige LIE-Algebra $so(4)$ isomorph zur direkten Summe zweier LIE-Algebren (Tab. 6.2)

$$so(4) \cong su(2) \oplus su(2) \cong so(3) \oplus so(3), \tag{7.43}$$

von denen jede einfach ist (s. o.). Dies impliziert, dass die gesamte LIE-Algebra $so(4)$, die ein nicht-abelsches Ideal besitzt, als halbeinfach gilt ebenso wie die zugehörige LIE-Gruppe $SO(4)$.

■

7.2 CARTAN-Unteralgebren

In der Absicht, die Suche nach Darstellungen zu vereinfachen, wird man eine besonderer Form der Basis einer halbeinfachen LIE-Algebra wählen. Dabei werden komplexe LIE-Algebren betrachtet (hier mit $\mathcal{L}$ ($\equiv \tilde{\mathcal{L}}$) bezeichnet), deren Körper $\mathbb{C}$ algebraisch geschlossen ist. Begründet wird dieses Vorhaben durch die umkehrbar eindeutige Zuordnung der Darstellung einer rellen LIE-Algebra mit der Darstellung ihrer Komplexifizierung. Ausgehend von der linearen adjungierten Abbildung einer komplexen, n-dimensionalen LIE-Algebra $\mathcal{L}$

$$\mathrm{ad}_a : \mathcal{L} \longrightarrow \mathcal{L}, \tag{7.44a}$$

die durch das LIE-Produkt $[a, \ ]$ mit

$$\mathrm{ad}_a = [a, b] \in \mathcal{L} \tag{7.44b}$$

erklärt wird, kann man einen Eigenvektor x zum Element a mit dem Eigenwert λ einführen, so dass die Eigenwertgleichung

$$\mathrm{ad}_a x = \lambda x \qquad \text{bzw.} \qquad [a, x] = \lambda x \qquad a, x \in \mathcal{L} \tag{7.45}$$

erfüllt ist. Man betrachtet demnach solche Elemente $a = h$, deren adjungierte Matrixdarstellung $\boldsymbol{D}^{\mathrm{ad}}(h)$ bei geeigneter Wahl der Basis gleichzeitig diagonalisierbar und mithin vollständig reduzibel ist. Diese Elemente werden als *halbeinfache Elemente* bezeichnet. Mit der Basis $\{a_k | k = 1, \ldots, n\}$ der komplexen LIE-Algebra $\mathcal{L}$ können die Elemente h und x durch die Darstellung

$$h = \sum_{i=1}^{n} \mu^i a_i \qquad \text{und} \qquad x = \sum_{j=1}^{n} \nu^j a_j \tag{7.46}$$

in der Eigenwertgleichung (7.45) substituiert werden. Zudem werden die Kommutatoren der Basiselemente bzw. die Matrixdarstellung $\boldsymbol{D}^{\mathrm{ad}}(a_i)$ verwendet

$$\mathrm{ad}_{a_i} a_j = [a_i, a_j] = \sum_{k=1}^{n} D_{kj}^{\mathrm{ad}}(a_i) a_k = \sum_{k=1}^{n} f_{ij}^k a_k \qquad i, j = 1, \ldots, n, \tag{7.47}$$

so dass die Eigenwertgleichung (7.45) die Form annimmt

$$\sum_{j=1}^{n} \sum_{k=1}^{n} \left[\left(\sum_{i=1}^{n} \mu^i f_{ij}^k - \lambda \delta_j^k \right) \nu^j a_k \right] = 0. \tag{7.48}$$

Wegen der linearen Unabhängigkeit der Basis $\{a_k | k = 1, \ldots, n\}$ erhält man daraus das Gleichungssystem

$$\sum_{j=1}^{n} \left[\left(\sum_{i=1}^{n} \mu^i f_{ij}^k - \lambda \delta_j^k \right) \nu^j \right] = 0 \qquad k = 1, \ldots, n, \tag{7.49}$$

wozu die charakteristische Säkulargleichung

$$\det \left(\sum_{i=1}^{n} \mu^i f_{ij}^k - \lambda \delta_j^k \right) = 0 \qquad k, j = 1, \ldots, n \tag{7.50}$$

gehört. Man erwartet n $(= \dim \mathcal{L})$ (reelle oder komplexe) Eigenwerte, die von der Wahl des halbeinfachen Elements $h \in \mathcal{L}$ – bzw. der Komponenten $\{\mu^i | i = 1, \ldots, n\}$ – sowie von der Basis – bzw. von den Strukturkonstanten – bestimmt werden und von denen einige entartet sein können. Zu jedem Eigenwert λ gehört dann ein Eigenvektor x.

Bei der Ermittlung der Eigenvektoren spielt eine nilpotente Unteralgebra, die sogenannte CARTAN-*Unteralgebra* $\mathcal{H}$, die es in jeder endlich-dimensionalen komplexen LIE-Algebra gibt, eine besondere Rolle. Sie ist die maximale abelsche Unteralgebra, so dass jede Unteralgebra $\mathcal{H}'$ von $\mathcal{L}$, die $\mathcal{H}$ als eigentliche Unteralgebra besitzt $(\mathcal{H}' \supseteq \mathcal{H})$ keine abelsche Unteralgebra ist. Die maximale abelsche Unteralgebra $\mathcal{H}$ ist dann nicht in einer anderen abelschen Unteralgebra $\mathcal{H}'$ echt enthalten. Zudem muss die adjungierte Darstellung $\boldsymbol{D}^{\mathrm{ad}}$ auf dieser Unteralgebra vollständig reduzibel sein. Demnach sind die l Basiselemente $\{h_i | i = 1, \ldots, l\}$ der CARTAN-Unteralgebra $\mathcal{H}$ untereinander vertauschbar

$$[h_i, h_j] = 0 \qquad \text{bzw.} \qquad f_{ij}^k = 0 \qquad i, j = 1, \ldots, l \tag{7.51}$$

und bestimmen so den *Rang* der LIE-Algebra

$$\operatorname{rang} \mathcal{L} = l = \dim \mathcal{H}. \tag{7.52}$$

An dieser Stelle sei darauf hingewiesen, dass in quantenmechanischen Systemen, deren lokale Symmetrie durch die LIE-Algebra $\mathcal{L}$ beschrieben wird, der Rang von $\mathcal{L}$ eine maximale Zahl von Quantenzahlen bedeutet, die die Zustände des Systems zu charakterisieren vermögen.

Die adjungierten Darstellungen $\boldsymbol{D}^{\mathrm{ad}}(h)$ ebenso wie andere Darstellungen von halbeinfachen Elementen $h \in \mathcal{H}$ sind alle gleichzeitig reduzibel, was eine Folge der Vertauschbarkeit (7.51) der Basiselemente ist. Wegen der abelschen Eigenschaft sind alle irreduziblen Darstellungen eindimensional und erscheinen auf der Diagonale, so dass die adjungierte Darstellung $\boldsymbol{D}^{\mathrm{ad}}(\mathcal{H})$ in eine direkte Summe von eindimensionalen irreduziblen Darstellungen zerlegt werden kann. Als Konsequenz daraus erwartet man, dass die LIE-Algebra $\mathcal{L}$ von solchen Elementen aufgespannt wird, die alle gleichzeitig Eigenvektoren von allen adjungierten Abbildungen ad_h sind. Zu erwähnen bleibt, dass eine halbeinfache LIE-Algebra $\mathcal{L}$ mehrere verschiedene CARTAN-Unteralgebren mit der gleichen Dimension besitzen kann. Hierbei gilt, dass zwei beliebige CARTAN-Unteralgebren aufgrund eines inneren Automorphismus $\psi \in \mathrm{Int}(\mathcal{L})$ zueinander konjugiert sind (Gl. 6.235).

Die geeignete Wahl einer maximalen Anzahl von linear unabhängigen, halbeinfachen Elementen h in der Form (7.58) hat dann zur Konsequenz, dass eine maximale Anzahl verschiedener Eigenwerte existiert. Zudem erwartet man bei halbeinfachen LIE-Algebren nur einen Eigenwert l-fach entartet. Der Vergleich der Eigenwertgleichug (7.45) mit Gl. (7.51) zeigt, dass dieser zum Eigenwert $\lambda = 0$ gehört. Demnach gibt es zu diesem Eigenwert l linear unabhängige Eigenvektoren $\{h_i | i = 1, \ldots, l\}$ mit

$$[h, h_i] = 0 \qquad i = 1, \ldots, l, \tag{7.53}$$

die den CARTAN-Unterraum $\mathcal{H}$ aufspannen. Für einen endlichen Eigenwert, der sogenannten *Wurzel* $\alpha(h)$ $(= \lambda)$, ist der zugehörige Eigenvektor e_α mit

$$[h, e_\alpha] = \alpha(h) e_\alpha \qquad \alpha(h) \in \mathbb{C} \tag{7.54}$$

ein Element eines Unterraumes $\mathcal{L}_\alpha$, der als *Wurzelunterraum* bezeichnet wird. Dieser Unterraum ist eindimensional, da keine Entartung vorliegt. Der Eigenwert $\alpha(h)$ ist eine komplexe Zahl und linear abhängig vom Element h, so dass er als lineare Funktion gilt. Die gesamte LIE-Algebra kann dann als direkte Summe der einzelnen Unterräume aufgefasst werden

$$\mathcal{L} = \mathcal{H} \oplus \bigoplus_{\alpha \in \Delta} \mathcal{L}_\alpha = \mathcal{L}_0 \oplus \bigoplus_{\alpha \in \Delta} \mathcal{L}_\alpha, \tag{7.55}$$

was als *Wurzelraumzerlegung* von $\mathcal{L}$ bezüglich der CARTAN-Unteralgebra $\mathcal{H}$ bekannt ist. Dabei bedeutet das *Wurzelsystem* Δ die Menge der verschiedenen endlichen *Wurzeln* $\alpha(h)$ $(\neq 0)$, deren Anzahl $|\Delta|$ gegeben ist durch

$$|\Delta| = \dim \mathcal{L} - \operatorname{rang} \mathcal{L} = n - l. \tag{7.56}$$

Zusammen mit der entarteten Wurzel $(\alpha = 0)$ spannen sie den zum Vektorraum $\mathcal{H}$ dualen Vektorraum $\mathcal{H}^*$ auf. Die kanonische Basis $\mathcal{B}$ der LIE-Algebra $\mathcal{L}$ wird dann gebildet durch die Elemente

$$\mathcal{B} = \{h_i | i = 1, \ldots, l\} \cup \{e_\alpha | \alpha \in \Delta\}, \tag{7.57}$$

die als CARTAN-WEYL-*Basis* bezeichnet wird. Die Indizierung mit lateinischen bzw. mit griechischen Buchstaben bezieht sich auf den l-dimensionalen Unterraum $\mathcal{H}$ bzw. auf die $(n - l)$ eindimensionalen Unterräume $\mathcal{L}_\alpha$ und variiert von 1 bis l bzw. von 1 bis $(n-l)$. Die Indizierung mit ρ, σ und τ bezieht sich auf den gesamten Raum $\mathcal{L}$.

Der Vergleich von Gln. (7.51) und (7.53) liefert die Entwicklung des Elements h aus dem Vektorraum $\mathcal{H}$ nach den Basiselementen $\{h_i | i = 1, \ldots, l\}$

$$h = \sum_{i=1}^{l} \mu^i h_i \qquad \mu^i \in \mathbb{C} \qquad h \in \mathcal{H}. \tag{7.58}$$

Wegen der JACOBI-Identität (5.11)

$$[h, [h_i, e_\alpha]] = -[h_i, [e_\alpha, h]] - [e_\alpha, [h, h_i]] \tag{7.59}$$

erhält man nach Substitution von Gln. (7.58), (7.54) und (7.53)

$$[h, [h_i, e_\alpha]] = \alpha(h)[h_i, e_\alpha] \qquad i = 1, \ldots, l, \tag{7.60}$$

wonach die l Elemente $[h_i, e_\alpha]$ ebenfalls Eigenvektoren zur Wurzel $\alpha(h)$ sind. Nachdem die Wurzel $\alpha(h)$ nicht entartet ist, müssen wegen Gl. (7.54) alle l Elemente proportional zu e_α sein

$$[h_i, e_\alpha] = \alpha_i e_\alpha = \sum_{\mu=1}^{n-l} f_{i\alpha}^{\mu} \delta_\alpha^\mu e_\mu \qquad i = 1, \ldots, l, \tag{7.61a}$$

woraus die bezüglich der Indizes α und μ diagonalen Strukturkonstanten

$$f_{i\alpha}^{\mu} = \alpha_i \delta_\alpha^\mu \qquad i = 1, \ldots, l \tag{7.61b}$$

resultieren. Mithilfe von Gln. (7.54) und (7.58) erhält man daraus

$$\alpha(h) e_\alpha = \sum_{i=1}^{l} \mu^i [h_i, e_\alpha] = \sum_{i=1}^{l} \mu^i \alpha_i e_\alpha,$$

so dass jede endliche Wurzel $\alpha(h)$ ausgedrückt werden kann durch

$$\alpha(h) = \sum_{i=1}^{l} \mu^i \alpha_i. \tag{7.62}$$

Danach kann die Wurzel $\alpha(h)$ des zugehörigen Eigenvektors e_α als ein Vektor aufgefasst werden, der als *Wurzelvektor* bezüglich der Basis $\{h_i | i = 1, \ldots, l\}$ der CARTAN-Unteralgebra bezeichnet wird. Er ist ein Element des zum Vektorraum $\mathcal{H}$ dualen l-dimensionalen Vektorraumes, des sogenannten *Wurzelraumes* $\mathcal{H}^*$ und hat bezüglich der Basis $\{h_i | i = 1, \ldots, l\}$ die kovarianten Komponenten $\{\alpha_i | i = 1, \ldots, l\}$. Die Basiselemente $e_{\pm\alpha}$ bzw. Wurzeloperatoren gelten als *Stufenoperatoren* (*Leiteroperatoren*). Zur Begründung sei an die irreduziblen Darstellungen der komplexen LIE-Algebra $sl(2, \mathbb{C})$ erinnert (Beispiel 1 v. Abschn. 5.5). Wie in jenem Fall ergibt auch hier die Anwendung des Operators $e_{\pm\alpha}$ auf ein Element eines Darstellungsraumes, das den Eigenwert λ_i des Operators h_i hat (s. Gl. 5.71b), einen Eigenvektor zum Eigenwert $\lambda_i \pm \alpha_i$ des Operators h_i (s. Gl. 5.51). Demnach wird der ursprüngliche Eigenwert um den Wert α_i erhöht bzw. erniedrigt, wofür letztlich die Kommutatorbeziehung (7.61) verantwortlich ist (s. a. Abschn. 9.1).

An dieser Stelle sei auf eine andere Betrachtungsweise hingewiesen, bei der die Wurzel α als ein lineares Funktional auf $\mathcal{H}$ eingeführt wird, das die Wirkung der adjungierten Abbildung auf die LIE-Algebra beschreibt. Für ein beliebiges Element h der CARTAN-Unteralgebra $\mathcal{H}$ bekommt man wegen der diagonalen Form der adjungierten Abbildung $\boldsymbol{D}^{\mathrm{ad}}(h)$ die Invarianz des eindimensionalen Unterraumes $\mathcal{L}_\alpha$ nach Wirkung des adjungierten Operators, so dass Gl. (7.61) die Form annimmt

$$[h, e_\alpha] = \mathrm{ad}_h e_\alpha = \alpha(h) e_\alpha \qquad h \in \mathcal{H}. \tag{7.63}$$

Demzufolge spannt die Menge der Funktionale $\alpha(h)$, die die Eigenwerte des Operators ad_h sind, den Dualraum $\mathcal{H}^*$ auf. Da die KILLING-Form (7.10) nicht entartet ist, existiert für jede Wurzel $\alpha \in \Delta \subset \mathcal{H}^*$ umkehrbar eindeutig ein Element h_α aus der CARTAN-Unteralgebra $\mathcal{H}$ mit

$$\alpha(h) = c_\alpha \kappa(h_\alpha, h) \qquad \forall h \in \mathcal{H}, \tag{7.64}$$

wobei die Konstante c_α für die Normierung verantwortlich ist. Danach existiert ein natürlicher Isomorphismus zwischen der CARTAN-Unteralgebra $\mathcal{H}$ und dem Wurzelraum $\mathcal{H}^*$. Daneben kann man für jede Wurzel α ein Element H_α aus dem Vektorraum $\mathcal{H}$ finden, das als *Ko-Wurzel* (*duale Wurzel*) bekannt ist

$$H_\alpha = \alpha^\vee := \frac{2}{\kappa(h_\alpha, h_\alpha)} h_\alpha \in \mathcal{H}. \tag{7.65}$$

Ihre Eigenschaften sind mit denen der Wurzel α eng verbunden. Schließlich kann durch die KILLING-Form auf dem zum CARTAN-Unterraum $\mathcal{H}$ dualen Vektorraum $\mathcal{H}^*$ eine symmetrische, nicht-entartete Bilinearform $\langle\cdot,\cdot\rangle$ definiert werden

$$\langle\alpha, \beta\rangle := c_\alpha c_\beta \kappa(h_\alpha, h_\beta) = c_\beta \alpha(h_\beta) = c_\alpha \beta(h_\alpha) \qquad \forall \alpha, \beta \in \Delta \subset \mathcal{H}. \tag{7.66a}$$

Für eine beliebige Wurzel $\alpha \in \Delta$ gilt dabei

$$\langle\alpha, \alpha\rangle = \alpha(h_\alpha) \neq 0. \tag{7.66b}$$

Zudem findet man mit jedem Paar von Wurzeln $\alpha, \beta \in \Delta$ für $\langle\alpha, \beta\rangle$ einen reellen, rationalen Wert (Rationalitätseigenschaft der Wurzeln – s. a. Abschn. 7.4).

Betrachtet man etwa den Vektorraum $\mathcal{H}_0^*$, der von der Menge der Wurzeln $\Delta \subset \mathcal{H}^*$ über dem reellen Zahlenkörper $\mathbb{R}$ aufgespannt wird

$$\mathcal{H}_0^* = \mathrm{span}_{\mathbb{R}}\{\alpha | \alpha \in \Delta\}, \tag{7.67a}$$

dann ist dieser die euklidische Form des Dualraumes $\mathcal{H}^*$. Die Beschränkung der KILLING-Form (7.66) auf das Produkt $\mathcal{H}_0^* \times \mathcal{H}_0^*$ liefert dann ein positiv definites Skalarprodukt $\langle\cdot,\cdot\rangle$. Man erhält so eine euklidische Metrik auf dem reellen Wurzelraum $\mathcal{H}_0^*$, der isomorph zum euklidischen Raum $\mathbb{R}^l$ ist. Betrachtet man weiter jenen Vektorraum, der über dem reellen Zahlenkörper $\mathbb{R}$ von der Menge der Elemente h_α mit $\alpha \in \Delta \subset \mathcal{H}^*$ bzw. der Menge der Ko-Wurzeln H_α aufgespannt wird

$$\mathcal{H}_0 = \mathrm{span}_{\mathbb{R}}\{h_\alpha | \alpha \in \Delta\}, \tag{7.67b}$$

dann ist dieser Raum $\mathcal{H}_0$ die euklidische Form des Vektorraumes $\mathcal{H}$. Demnach sind die Elemente von $\mathcal{H}_0$ genau jene linearen Funktionale, die reell sind auf $\mathcal{H}_0$. Für diese Funktionale findet man einen Isomorphismus zwischen dem Vektorraum $\mathcal{H}_0^*$ und $\mathcal{H}_0$, so dass die KILLING-Form (7.66) ein positiv definites Skalarprodukt auf dem reellen Vektorraum $\mathcal{H}_0$ liefert. Damit kann der Vektorraum $\mathcal{H}_0$ mit seinem Dualraum $\mathcal{H}_0^*$ identifiziert werden. Für jede beliebige Wurzel $\alpha \in \Delta$ und ein beliebiges Element h aus dem reellen Vektorraum $\mathcal{H}_0$ errechnet sich das Funktional $\alpha(h)$ zu einem reellen Wert, der nach Gl. (7.62) als Skalarprodukt $\langle \mu, \alpha \rangle$ aufgefasst werden kann.

Nachdem die Einführung des Skalarprodukts (7.66) den Vektorraum $\mathcal{H}$ mit seinem dazu dualen Vektorraum, nämlich dem Wurzelraum $\mathcal{H}^*$ zu identifizieren vermag, können die Wurzel α und die zugehörige Ko-Wurzel H_α als Elemente desselben Vektorraumes aufgefasst werden. Sie unterscheiden sich demnach nur um ein skalares Vielfaches voneinander. Aus der Normierungsbedingung

$$\langle \alpha, H_\alpha \rangle = \langle \alpha, \alpha^\vee \rangle = 2 \qquad \alpha, H_\alpha \in \mathcal{H}^* \tag{7.68a}$$

findet man mit der Definition (7.65) die Beziehung

$$H_\alpha = \alpha^\vee = \frac{2}{\langle \alpha, \alpha \rangle} \alpha, \tag{7.68b}$$

wonach das Element $\alpha^\vee \in \mathcal{H}^*$ als *Ko-Wurzel* verwendet wird.

Mit der Festlegung der Funktionale $\alpha(h_i)$ durch α_i, was mit den Aussagen der Gln. (7.61) und (7.63) konsistent ist, erhält man nach Gl. (7.66)

$$\alpha(h_\beta) = \frac{1}{c_\beta} \langle \alpha, \beta \rangle = \frac{1}{c_\beta} \sum_i \alpha^i \beta_i = \frac{1}{c_\beta} \sum_i \alpha(h_i) \beta_i \qquad \forall \alpha \in \Delta . \tag{7.69}$$

Als Konsequenz der Linearität des Funktionals ergibt sich daraus

$$h_\beta = \frac{1}{c_\beta} \sum_i \beta^i h_i = \frac{1}{c_\beta} \langle \beta, h \rangle . \tag{7.70}$$

Nach den Gln. (7.63) und (7.64) bekommt man

$$[e_{-\alpha}, h] = -[h, e_{-\alpha}] = \alpha(h) e_{-\alpha} = c_\alpha \kappa(h_\alpha, h) e_{-\alpha}.$$

Die Substitution in die KILLING-Form

$$\kappa([e_\alpha, e_{-\alpha}], h) = \kappa(e_\alpha, [e_{-\alpha}, h]),$$

die das Ergebnis von Gl. (7.12) ist, liefert unter Berücksichtigung von Gl. (7.2)

$$\kappa([e_\alpha, e_{-\alpha}], h) = \kappa(e_\alpha, c_\alpha \kappa(h_\alpha, h) e_{-\alpha}) = c_\alpha \kappa(h_\alpha, h) \kappa(e_\alpha, e_{-\alpha})$$

bzw.

$$\{([e_\alpha, e_{-\alpha}] - \kappa(e_\alpha, e_{-\alpha})c_\alpha h_\alpha), h\} = 0 \qquad \forall h \in \mathcal{H}.$$

Nachdem die KILLING-Form nicht entartet ist, erhält man daraus den Kommutator

$$[e_\alpha, e_{-\alpha}] = c_\alpha \kappa(e_\alpha, e_{-\alpha})h_\alpha = \kappa(e_\alpha, e_{-\alpha})\langle \alpha, h\rangle = \langle \tilde{\alpha}, h\rangle. \tag{7.71}$$

Mit der JACOBI-Identität (5.11)

$$[h, [e_\alpha, e_\beta]] = -[e_\alpha, [e_\beta, a]] - [e_\beta, [a, e_\alpha]]$$

bekommt man nach Substitution von Gl. (7.54)

$$[h, [e_\alpha, e_\beta]] = (\alpha + \beta)[e_\alpha, e_\beta].$$

Setzt man voraus, dass keine Entartung vorliegt ($\alpha + \beta \neq 0$), dann ist das Element $[e_\alpha, e_\beta]$ ebenfalls ein Eigenvektor zum Eigenwert $(\alpha + \beta)$, so dass gilt

$$[e_\alpha, e_\beta] = \sum_\mu f^\mu_{\alpha\beta}\delta^\mu_{\alpha+\beta}e_\mu = N_{\alpha\beta}e_{\alpha+\beta} \tag{7.72a}$$

mit den Strukturkonstanten

$$f^\mu_{\alpha\beta} = N_{\alpha\beta}\delta^\mu_{\alpha+\beta} \qquad \alpha + \beta \neq 0. \tag{7.72b}$$

Falls $(\alpha + \beta)$ kein Eigenwert ist, dann ist das Element $[e_\alpha, e_\beta]$ das Nullelement

$$[e_\alpha, e_\beta] = 0 \qquad \text{bzw.} \qquad f^\tau_{\alpha\beta} = 0 \qquad \alpha \neq \tau \in \Delta. \tag{7.73}$$

Schließlich gibt es den Fall, dass Entartung vorliegt ($\alpha + \beta = 0$)

$$[h, [e_\alpha, e_\beta]] = 0.$$

Hierbei ist das Element $[e_\alpha, e_\beta]$ nach Gln. (7.53) und (7.58) eine Linearkombination der Basis $\{h_i | i = 1, \ldots, l\}$ der CARTAN-Unteralgebra $\mathcal{H}$

$$[e_\alpha, e_{\beta=-\alpha}] = \sum_i f^i_{\alpha,-\alpha}h_i \qquad \alpha + \beta = 0, \tag{7.74a}$$

wonach mit Gl. (7.71) die Strukturkonstanten

$$f^i_{\alpha\mu} = \kappa(e_\alpha, e_{-\alpha})\alpha^i\delta^\mu_{-\alpha} = \tilde{\alpha}^i\delta^\mu_{-\alpha} \tag{7.74b}$$

resultieren. Da die Wahl der Basis $\{h_i | i = 1, \ldots, l\}$ sowie die Normierung der Elemente e_α noch nicht festgelegt ist, erwartet man keine eindeutige Bestimmung der Strukturkonstanten.

7.3 CARTAN-Tensoren

Die KILLING-Form auf der LIE-Algebra $\mathcal{L}$ mit der Basis $\mathcal{B}$ (7.57) gilt als CARTAN-*Tensor* $\boldsymbol{\kappa}$, der nach Gl. (7.14) ermittelt wird. Mit den Gln. (7.51), (7.61), (7.72) und (7.74) erhält man für einen Teil des Tensors, nämlich für die Elemente $\kappa_{\alpha\sigma}$ der α-ten Zeile ($\alpha = 1, \ldots, n - l$)

$$\begin{aligned}\kappa_{\alpha\sigma} &= \sum_{\mu}\sum_{\nu} f_{\alpha\nu}^{\mu} f_{\sigma\mu}^{\nu} \\ &= \sum_{\mu}\sum_{i} f_{\alpha i}^{\mu} f_{\sigma\mu}^{i} \delta_{i}^{\mu} + \sum_{\beta\neq-\alpha} f_{\alpha\nu}^{(\alpha+\beta)} f_{\sigma,(\alpha+\beta)}^{\beta} + \sum_{i} f_{\alpha,-\alpha}^{i} f_{\sigma i}^{-\alpha} \\ &= -\sum_{i} \alpha_i f_{\sigma\alpha}^{i} + \sum_{\beta\neq-\alpha} N_{\alpha\beta} f_{\sigma,(\alpha+\beta)}^{\beta} \delta_{\sigma+\alpha+\beta}^{\beta} + \sum_{i} f_{\alpha,-\alpha}^{i} f_{\sigma i}^{-\alpha}.\end{aligned} \tag{7.75}$$

Diese drei Terme sind nach Gln. (7.61), (7.72) und (7.74) genau dann endlich, falls gilt

$$\sigma = -\alpha. \tag{7.76}$$

Nachdem bei einer halbeinfachen LIE-Algebra das CARTAN-Kriterium (7.36) erfüllt ist und deshalb keine Entartung vorliegt, gilt als notwendige und hinreichende Bedingung, dass mit der Wurzel α auch das Element $-\alpha$ eine Wurzel ist. Als Konsequenz daraus erwartet man nur ein Element der α-ten Zeile endlich sowie eine gerade Anzahl $\{(n - l) = 2k | k \in \mathbb{N}\}$ von endlichen, nicht-entarteten Wurzeln.

Nach Normierung der Elemente e_α durch die Forderung (WEYL-*Konvention*)

$$\kappa_{\alpha\beta} = \kappa(e_\alpha, e_\beta) = \delta_{-\alpha\beta} \qquad \alpha, \beta = 1, \ldots, n - l \tag{7.77}$$

und nach Ordnung der Basiselemente kann der gesamte CARTAN-Tensor $\boldsymbol{\kappa}$ ausgedrückt werden in der Form

$$\kappa_{\rho\sigma} = \left(\begin{array}{c|cccccc} \bar{\boldsymbol{\kappa}} & & & \mathbf{0} & & & \\ \hline & 0 & 1 & & & & \\ & 1 & 0 & & & & \mathbf{0} \\ \mathbf{0} & & & 0 & 1 & & \\ & & & 1 & 0 & & \\ & & & & & \ddots & \\ & & \mathbf{0} & & & & \ddots \end{array}\right) \qquad \rho, \sigma = 1 \ldots, n. \tag{7.78}$$

Darin errechnet sich der Tensor $\bar{\boldsymbol{\kappa}}$ nach Gl. (7.61) zu

$$\bar{\kappa}_{ij} = \sum_{\mu}\sum_{\alpha} f_{i\alpha}^{\mu} f_{j\mu}^{\alpha} \delta_{\alpha}^{\mu} \delta_{\mu}^{\alpha} = \sum_{\alpha} f_{i\alpha}^{\alpha} f_{j\alpha}^{\alpha} = \sum_{\alpha\in\Delta} \alpha_i \alpha_j = \bar{\kappa}_{ji} \qquad i, j = 1, \ldots, l. \tag{7.79}$$

Er kann als KILLING-Form $\bar{\kappa}(h_i, h_j)$ bzw. als *metrischer Tensor* auf der l-dimensionalen CARTAN-Unteralgebra $\mathcal{H}$ aufgefasst werden und erlaubt so die Verknüpfung zwischen dieser Unteralgebra und dem dazu dualen Wurzelraum $\mathcal{H}^*$. Das Skalarprodukt zweier beliebiger Elemente α und β aus dem Vektorraum $\mathcal{H}^*$ ergibt sich dann nach Gl. (7.30) zu

$$\langle\alpha, \beta\rangle = \sum_j \sum_i \bar{\kappa}_{ji}\alpha^j\beta^i = \sum_{\gamma\in\Delta}\sum_j\sum_i \gamma_j\gamma_i\alpha^j\beta^i = \sum_{\gamma\in\Delta}\langle\alpha,\gamma\rangle\langle\beta,\gamma\rangle\,, \tag{7.80}$$

so dass das Normquadrat eine Summe von Quadraten liefert

$$\langle\alpha, \alpha\rangle = \sum_{\gamma\in\Delta}\langle\alpha,\gamma\rangle^2\,. \tag{7.81}$$

Für die Determinante des CARTAN-Tensors κ bekommt man

$$\det\kappa = (-1)^{(n-l)/2}\det\bar{\kappa}\,. \tag{7.82}$$

Sie ist mit der Voraussetzung einer halbeinfachen LIE-Algebra (7.36) verschieden von Null ($\det\kappa \neq 0$). Demzufolge erwartet man eine nichtverschwindende Determinante des metrischen Tensors $\bar{\kappa}$ ($\det\bar{\kappa} \neq 0$), so dass auch die KILLING Form der CARTAN-Unteralgebra nicht entartet ist.

Nach Einführung der inversen Matrix $\bar{\kappa}^{-1}$, die der kontravarianten Form $\bar{\kappa}^{ij}$ entspricht

$$\sum_{k=1}^{l}\bar{\kappa}^{ik}\bar{\kappa}_{kj} = \delta^i_j\,, \tag{7.83}$$

erlaubt der metrische Tensor $\bar{\kappa}$ nach Gln. (7.27) und (7.25) das Herauf- bzw. Herabziehen von Indizes

$$\alpha^i = \sum_j \bar{\kappa}^{ij}\alpha_j \quad \text{bzw.} \quad \alpha_i = \sum_j \bar{\kappa}_{ij}\alpha^j\,. \tag{7.84}$$

Das Skalarprodukt zweier Wurzeln α und β errechnet sich mithilfe der Komponenten zu (Gl. 7.30)

$$\langle\alpha, \beta\rangle = \sum_{i=1}^{l}\alpha_i\beta^i = \sum_{i=1}^{l}\sum_{j=1}^{l}\bar{\kappa}^{ij}\alpha_i\beta_j\,. \tag{7.85}$$

Unter Verwendung von Gl. (7.79) kommt man zu dem Ergebnis

$$\sum_{i=1}^{l}\sum_{j=1}^{l}\bar{\kappa}^{ij}\bar{\kappa}_{ij} = \sum_{i=1}^{l}\sum_{j=1}^{l}\sum_{\alpha=1}^{(n-l)/2}\bar{\kappa}^{ij}\alpha_i\alpha_j = \sum_{j=1}^{l}\sum_{\alpha=1}^{(n-l)/2}\alpha^j\alpha_j = \sum_{\alpha=1}^{(n-l)/2}\langle\alpha,\alpha\rangle\,, \tag{7.86}$$

das nach Substitution durch Gl. (7.83) die Form

$$\sum_{\alpha\in\Delta} \langle \alpha, \alpha \rangle = l \tag{7.87}$$

annimmt.

An dieser Stelle soll erneut darauf hingewiesen werden, dass bei einer geeigneten Wahl der Basis $\{h_i \,|\, i = 1.\ldots, l\}$ der CARTAN-Unteralgebra $\mathcal{H}$ alle Komponenten $\{\alpha_i = \alpha(h_i) \,|\, i = 1, \ldots, l\}$ einer beliebigen Wurzel α reell sind. Demnach kann der reelle Vektorraum $\mathcal{H}_0^*$ (7.67a), der von der Menge der Wurzeln $\{\alpha \,|\, \alpha \in \Delta\}$ über dem reellen Zahlenkörper aufgespannt wird, als der zum Vektorraum $\mathcal{H}_0$ duale Vektorraum aufgefasst werden. Die KILLING-Form auf dem Wurzelraum $\mathcal{H}_0^*$ liefert dann ein positiv definites Skalarprodukt $\langle \cdot, \cdot \rangle$ und mithin eine euklidische Metrik. Als Konsequenz daraus findet man den Wurzelraum $\mathcal{H}_0^*$ isomorph zum euklidischen Raum $\mathbb{R}^l$.

Der metrische Tensor $\bar{\kappa}$ erlaubt die Ermittlung der Strukturkonstanten $f^i_{\alpha,-\alpha}$ von Gl. (7.74) zu

$$f^i_{\alpha,-\alpha} = \sum_{j=1}^{l} \bar{\kappa}^{ij} f_{\alpha,-\alpha,j} = \sum_{j=1}^{l} \bar{\kappa}^{ij} f_{-\alpha,j,\alpha} = \sum_{j=1}^{l} \sum_{\beta} \bar{\kappa}^{ij} \kappa_{-\alpha\beta} f^{\beta}_{j\alpha}, \tag{7.88}$$

wobei die Symmetriebeziehung (7.18) verwendet wird. Mit der Normierung nach Gl. (7.77) und mit Gl. (7.61) erhält man daraus

$$f^i_{\alpha,-\alpha} = \sum_{j=1}^{l} \sum_{\beta} \bar{\kappa}^{ij} f^{\beta}_{j\alpha} \delta^{\beta}_{\alpha} = \sum_{j=1}^{l} \bar{\kappa}^{ij} \alpha_j = \alpha^i \qquad i, j = 1, \ldots, l, \tag{7.89}$$

so dass der Kommutator (7.74) ausgedrückt werden kann durch

$$[e_\alpha, e_{-\alpha}] = \sum_{i=1}^{l} \alpha^i h_i = \langle \alpha, h \rangle . \tag{7.90}$$

Eine allgemeine Betrachtung unabhängig von der Normierung (7.77) ergibt mit Gl. (7.88) die Strukturkonstanten

$$\begin{aligned} f^i_{\alpha,-\alpha} &= \sum_{j=1}^{l} \sum_{\beta} \bar{\kappa}^{ij} \kappa(e_{-\alpha}, e_\alpha) f^{\beta}_{j\alpha} \delta^{\beta}_{\alpha} = \sum_{j=1}^{l} \bar{\kappa}^{ij} \kappa(e_{-\alpha}, e_\alpha) f^{\alpha}_{j\alpha} \\ &= \sum_{j=1}^{l} \bar{\kappa}^{ij} \kappa_{\alpha,-\alpha} \alpha_j = \sum_{j=1}^{l} \bar{\kappa}^{ij} \tilde{\alpha}_j = \tilde{\alpha}^i , \end{aligned} \tag{7.91}$$

was mit Gl. (7.74b) übereinstimmt. Der Kommutator (7.90) hat dann die allgemeine Form

$$[e_\alpha, e_{-\alpha}] = \sum_{i=1}^{l} \kappa(e_\alpha, e_{-\alpha}) \alpha^i h_i = \sum_{i=1}^{l} \kappa_{\alpha,-\alpha} \alpha^i h_i = \sum_{i=1}^{l} \tilde{\alpha}^i h_i = \langle \tilde{\alpha}, h \rangle . \tag{7.92}$$

Betrachtet man die Basis $\{h_i | i = 1, \ldots, l\}$ der CARTAN-Unteralgebra als kovariante Komponenten eines Vektors h aus dem Vektorraum $\mathcal{H}$, dann kann man mit den kontravarianten Komponenten $\{\alpha^j \,|\, j = 1, \ldots, l\}$ des Wurzelvektors α aus dem dazu dualen Raum $\mathcal{H}^*$ sowie mit den beiden Basiselementen e_α und $e_{-\alpha}$ der Wurzelunterräume $\mathcal{L}_\alpha$ und $\mathcal{L}_{-\alpha}$ eine Unteralgebra $\mathcal{U}_\alpha$ definieren

$$[\langle \alpha, h \rangle, e_{\pm\alpha}] = \pm \langle \alpha, \alpha \rangle e_{\pm\alpha} \quad \text{bzw.} \quad [h_\alpha, e_{\pm\alpha}] = \pm\alpha(h_\alpha) e_{\pm\alpha} \tag{7.93a}$$

$$[e_\alpha, e_{-\alpha}] = \langle \alpha, h \rangle \quad \text{bzw.} \quad [e_\alpha, e_{-\alpha}] = c_\alpha h_\alpha, \tag{7.93b}$$

die in dieser Normierung (7.77) mit der CARTAN-WEYL-Basis (7.57) als *kanonische* CARTAN-WEYL-*Form* bezeichnet wird.

Eine allgemeine Formulierung unabhängig von der Normierung (7.77) gelingt mithilfe von Gln. (7.66) und (7.69) durch die Kommutatoren

$$[h_\alpha, e_{\pm\alpha}] = \pm\alpha(h_\alpha) e_{\pm\alpha} = \pm c_\alpha^{-1} \langle \alpha, \alpha \rangle e_{\pm\alpha} = \pm c_\alpha \kappa(h_\alpha, h_\alpha) e_{\pm\alpha} \tag{7.94a}$$

$$[e_\alpha, e_{-\alpha}] = \langle \alpha, h \rangle \kappa(e_\alpha, e_{-\alpha}) = c_\alpha \kappa(e_\alpha, e_{-\alpha}) h_\alpha. \tag{7.94b}$$

Demnach gibt es für jede Wurzel α aus dem Wurzelsystem Δ eine 3-dimensionale einfache Unteralgebra $\mathcal{U}_\alpha$ der LIE-Algebra $\mathcal{L}$. Diese sogenannte *Wurzelunteralgebra* $\mathcal{U}_\alpha$ mit den endlichen Wurzeln α und $-\alpha$ ist isomorph zur komplexen LIE-Algebra $sl(2, \mathbb{C})$ (s. Beispiel 1) und kann zerlegt werden in der Form

$$\mathcal{U}_\alpha = \mathcal{L}_\alpha \oplus \mathcal{H} \oplus \mathcal{L}_{-\alpha} = \mathcal{L}_\alpha \oplus [\mathcal{L}_\alpha, \mathcal{L}_{-\alpha}] \oplus \mathcal{L}_{-\alpha}. \tag{7.95}$$

Die gesamte LIE-Algebra $\mathcal{L}$ ist somit aus $(n - l)/2$ Kopien der LIE-Algebra $sl(2, \mathbb{C})$ aufgebaut. Davon sind nur l Kopien zur Charakterisierung der gesamten LIE-Algebra $\mathcal{L}$ notwendig (s. a. Abschn. 7.7).

Eine weitere, häufig verwendete Normierung (CHEVALLEY-*Konvention*) gemäß

$$c_\alpha = \frac{\langle \alpha, \alpha \rangle}{2} \quad \text{und} \quad \kappa(E_\alpha, E_\beta) = \frac{2}{\langle \alpha, \alpha \rangle} \delta_{-\alpha\,\beta} \tag{7.96}$$

ergibt mit dem Element H_α nach Gl. (7.68)

$$H_\alpha = \frac{2}{\langle \alpha, \alpha \rangle} \sum_i \alpha^i h_i = \langle \alpha^\vee, h \rangle \tag{7.97}$$

sowie den Elementen $E_\alpha \in \mathcal{L}_\alpha$ und $E_{-\alpha} \in \mathcal{L}_{-\alpha}$ die Kommutatoren

$$[H_\alpha, E_{\pm\alpha}] = \pm 2 E_{\pm\alpha} \tag{7.98a}$$

$$[E_\alpha, E_{-\alpha}] = H_\alpha. \tag{7.98b}$$

Diese Form mit der sogenannten CHEVALLEY-*Basis*

$$\mathcal{B} = \{H_\alpha | \alpha \in \Delta\} \cup \{E_\alpha | \alpha \in \Delta\}, \tag{7.99}$$

die die Normierungsbedingung (7.96) erfüllt, ist als *kanonische* CHEVALLEY-*Form* bekannt. Dabei ist anzumerken, dass alle Strukturkonstanten $N_{\alpha\beta}$ ganzzahlig sind. Der Vergleich mit den Kommutatoren (5.54) und (5.55) erlaubt diese Basis mit den Operatoren $J_\pm$ und $2J_3$ der Drehimpulsalgebra $sl(2, \mathbb{C})$ zu identifizieren. Demnach können die dort gewonnenen Ergebnisse insbesondere im Hinblick auf die Darstellungen $D^{(J)}$ der Unteralgebra $\mathcal{U}_\alpha$ übernommen werden (s. Beispiel 1 v. Abschn. 5.5 und Kap. 9).

Ausgehend von drei endlichen Wurzeln α, β und γ, die die Bedingung

$$\alpha + \beta + \gamma = 0 \qquad \alpha, \beta, \gamma \in \Delta \tag{7.100}$$

erfüllen, kommt man mit der JACOBI-Identität

$$[e_\alpha, [e_\beta, e_\gamma]] + [e_\gamma, [e_\alpha, e_\beta]] + [e_\beta, [e_\gamma, e_\alpha]] = 0 \tag{7.101}$$

und der Substitution durch die Gln. (7.72) und (7.94b) zu dem Ergebnis

$$\langle \alpha, h \rangle \, \kappa_{\alpha,-\alpha} N_{\beta\gamma} + \langle \beta, h \rangle \, \kappa_{\beta,-\beta} N_{\gamma\alpha} + \langle \gamma, h \rangle \, \kappa_{\gamma,-\gamma} N_{\alpha\beta} = 0 \tag{7.102}$$

Aus der linearen Unabhängigkeit der Basis bzw. der Komponenten $\{h_i | i = 1, \dots, l\}$ des Vektors h aus der CARTAN-Unteralgebra $\mathcal{H}$ folgt für jede dieser Komponenten die Bedingung

$$\alpha^i h_i \kappa_{\alpha,-\alpha} N_{\beta\gamma} + \beta^i h_i \kappa_{\beta,-\beta} N_{\gamma\alpha} + \gamma^i h_i \kappa_{\gamma,-\gamma} N_{\alpha\beta} = 0 \qquad i = 1, \dots, l \tag{7.103a}$$

bzw.

$$\alpha^i \kappa_{\alpha,-\alpha} N_{\beta\gamma} + \beta^i \kappa_{\beta,-\beta} N_{\gamma\alpha} + \gamma^i \kappa_{\gamma,-\gamma} N_{\alpha\beta} = 0, \tag{7.103b}$$

die zusammen mit der Bedingung (7.100)

$$\alpha^i + \beta^i + \gamma^i = 0 \qquad i = 1, \dots, l \tag{7.104}$$

nur erfüllt sein kann, falls gilt

$$\kappa_{\alpha,-\alpha} N_{\beta\gamma} = \kappa_{\beta,-\beta} N_{\gamma\alpha} = \kappa_{\gamma,-\gamma} N_{\alpha\beta}. \tag{7.105}$$

Analoge Überlegungen ergeben mit einer Wurzel $\alpha + \beta + \gamma = -\delta$ ($\in \Delta$) und der Voraussetzung, dass die Summen $(\alpha + \beta)$, $(\alpha + \gamma)$ und $(\beta + \gamma)$ eine Wurzel aus dem Wurzelsystem Δ sind, die Beziehung

$$N_{\alpha\beta} N_{\gamma\delta} \kappa_{\alpha+\beta,-\alpha-\beta} + N_{\beta\gamma} N_{\alpha\delta} \kappa_{\beta+\gamma,-\beta-\gamma} + N_{\gamma\alpha} N_{\beta\delta} \kappa_{\gamma+\alpha,-\gamma-\alpha} = 0. \tag{7.106}$$

Betrachtet man etwa die drei endlichen Wurzeln $-\alpha$, $(\alpha + \beta)$ und $-\beta$, so erhält man aus Gl. (7.105) im Fall der Normierung (7.77)

$$N_{-\alpha,(\alpha+\beta)} = N_{(\alpha+\beta),-\beta} = N_{-\beta,-\alpha}. \tag{7.107}$$

Mit der Symmetrieeigenschaft der Strukturkonstanten $N_{\alpha\beta} = -N_{\beta\alpha}$ und der Vereinbarung

$$N_{\alpha\beta} = -N_{-\alpha,-\beta} \tag{7.108}$$

sowie mit den Gln. (7.61), (7.72) und (7.74) bekommt man für den CARTAN-Tensor $\boldsymbol{\kappa}$ nach Gl. (7.75)

$$\begin{aligned}
\kappa_{\alpha,-\alpha} = \kappa(e_\alpha, e_{-\alpha}) &= -\sum_i \alpha_i f^i_{-\alpha,\alpha} + \sum_i f^i_{\alpha,-\alpha} f^{-\alpha}_{\alpha i} + \sum_{\beta\neq-\alpha} N_{\alpha\beta} f^{\beta}_{-\alpha(\alpha+\beta)} \\
&= -\sum_i \alpha_i(-\tilde{\alpha}^i) - \sum_i \tilde{\alpha}^i(-\alpha_i) + \sum_{\beta\neq-\alpha} N_{\alpha\beta} N_{-\alpha(\alpha+\beta)} \\
&= 2\,\langle\tilde{\alpha}, \alpha\rangle + \sum_{\beta\neq-\alpha} N^2_{\alpha\beta} \qquad \text{mit} \qquad \tilde{\alpha} = \kappa_{\alpha,-\alpha}\alpha.
\end{aligned} \tag{7.109}$$

Bleibt der Hinweis, dass die Vereinbarung (7.108) zusammen mit einer positiven, reellen Normierung gemäß Gl. (7.77) oder (7.96) mit allen Paaren α und $-\alpha$ für reelle Strukturkonstanten $N_{\alpha\beta}$ garantiert. Alternativ können die beiden Normierungen negativ und reell gewählt werden. Die Forderung nach reellen Strukturkonstanten $N_{\alpha\beta}$ impliziert dann die Forderung nach der Vereinbarung

$$N_{\alpha\beta} = N_{-\alpha,-\beta}. \tag{7.110}$$

Beispiel 1 Als Beispiel wird die komplexe einfache Matrix LIE-Algebra $sl(2,\mathbb{C})$ als die Komplexifizierung der LIE-Algebra $su(2)$ betrachtet. Nach der CARTAN-Klassifizierung von abstrakten, einfachen LIE-Algebren wird sie mit A_1 bezeichnet. Sie umfasst die Menge der drei ($= \dim\mathcal{L}$) spurlosen komplexen 2×2-Matrizen, die aus der Linearkombination der antihermiteschen Basis $\{\boldsymbol{a}_k | k = 1,2,3\}$ (4.43) mit komplexen Komponenten $\{\lambda_k | k = 1,2,3\}$ hervorgeht (Beispiel 3 v. Abschn. 5.5). Zudem ist sie isomorph zur komplexen LIE-Algebra $so(3)$, was durch die Isomorphie zwischen den beiden reellen LIE-Algebren begründet wird (Beispiel 3 v. Abschn. 6.4).

Als CARTAN-Unteralgebra $\mathcal{H}$ wird die Menge der Matrizen

$$\boldsymbol{h} = \lambda_3\boldsymbol{a}_3 \qquad \lambda_3 \in \mathbb{C} \tag{7.111}$$

betrachtet, die trivialerweise abelsch ist und wegen der Kommutatoren (5.40) auch maximal abelsch ist. Die adjungierte Darstellung hat nach Gl. (5.91c) die Gestalt

$$\boldsymbol{D}^{\text{ad}}(\lambda_3\boldsymbol{a}_3) = -\lambda_3\boldsymbol{\varepsilon}^3,$$

die diagonalisiert werden kann zu

$$\boldsymbol{D}_d^{\mathrm{ad}}(\lambda_3 \boldsymbol{a}_3) = -\lambda_3 \begin{pmatrix} i & 0 & 0 \\ 0 & -i & 0 \\ 0 & 0 & 0 \end{pmatrix}$$

und deshalb vollständig reduzibel ist. Die Dimension dieser CARTAN-Unteralgebra $\mathcal{H}$ bzw. der Rang der komplexen LIE-Algebra A_1 errechnet sich dann nach Gl. (7.52) zu $l = 1$.

Nach Wahl eines Basiselements der CARTAN-Unteralgebra

$$\boldsymbol{h}_1 = \boldsymbol{a}_3 \tag{7.112}$$

und der Basiselemente aus den eindimensionalen Wurzelunteräumen $\mathcal{L}_\alpha$ und $\mathcal{L}_{-\alpha}$

$$\boldsymbol{e}_\alpha = \boldsymbol{a}_1 + i\boldsymbol{a}_2 \qquad \text{und} \qquad \boldsymbol{e}_{-\alpha} = \boldsymbol{a}_1 - i\boldsymbol{a}_2 \tag{7.113}$$

erhält man mit Gl. (7.61a) und den Kommutatoren (5.40)

$$[\boldsymbol{h}_1, \boldsymbol{e}_\alpha] = i\boldsymbol{e}_\alpha \qquad \text{und} \qquad [\boldsymbol{h}_1, \boldsymbol{e}_{-\alpha}] = -i\boldsymbol{e}_{-\alpha}. \tag{7.114}$$

Daraus resultieren die zwei endlichen Wurzeln

$$\alpha = \alpha_1 = i \qquad \text{und} \qquad -\alpha = -\alpha_1 = -i. \tag{7.115}$$

Die Ermittlung der kontravarianten Komponente α^1 der Wurzel α geschieht mithilfe von Gl. (7.70)

$$\boldsymbol{h}_\alpha = c_\alpha^{-1} \alpha^1 \boldsymbol{h}_1 \tag{7.116}$$

nach Gl. (7.64)

$$\alpha(\boldsymbol{h}_1) = \alpha_1 = c_\alpha \kappa(\boldsymbol{h}_\alpha, \boldsymbol{h}_1) = \kappa(\alpha^1 \boldsymbol{h}_1, \boldsymbol{h}_1) = \alpha^1 \kappa(\boldsymbol{h}_1, \boldsymbol{h}_1). \tag{7.117}$$

Für die KILLING-Form $\kappa(\boldsymbol{h}_1, \boldsymbol{h}_1)$ der Basiselemente bzw. für den metrischen Tensor $\bar{\kappa}$ der CARTAN-Unteralgebra bekommt man nach Gl. (7.41) oder nach Gl. (7.79)

$$\kappa(\boldsymbol{h}_1, \boldsymbol{h}_1) = \bar{\kappa}_{11} = \bar{\kappa} = \sum_{\alpha \in \Delta} \alpha_1 \alpha_1 = ii + (-i)(-i) = -2, \tag{7.118}$$

so dass mit Gl. (7.115) die kontravariante Komponente

$$\alpha(\boldsymbol{h}^1) = \alpha^1 = \frac{1}{2i} \tag{7.119}$$

resultiert. Sie ermöglicht nach Gl. (7.116) die explizite Angabe des Elements $\boldsymbol{h}_\alpha$ zu

$$\boldsymbol{h}_\alpha = \frac{1}{4c_\alpha} \begin{pmatrix} 1 & 0 \\ 0 & -1 \end{pmatrix} = \frac{1}{4c_\alpha} \boldsymbol{\sigma}_z. \tag{7.120}$$

Die weiteren Matrixelemente des CARTAN-Tesors $\boldsymbol{\kappa}$ ergeben sich zu

$$\kappa(\boldsymbol{e}_\alpha, \boldsymbol{e}_\alpha) = \kappa_{\alpha\alpha} = \kappa_{22} = \mathrm{sp}\,[(\boldsymbol{D}^{\mathrm{ad}}(\boldsymbol{e}_\alpha)\boldsymbol{D}^{\mathrm{ad}}(\boldsymbol{e}_\alpha)] = 0 = \kappa_{-\alpha,-\alpha} = \kappa_{33} \quad (7.121\mathrm{a})$$

und

$$\kappa(\boldsymbol{e}_\alpha, \boldsymbol{e}_{-\alpha}) = \kappa_{\alpha,-\alpha} = \kappa_{23} = \mathrm{sp}\,[\boldsymbol{D}^{\mathrm{ad}}(\boldsymbol{e}_\alpha)\boldsymbol{D}^{\mathrm{ad}}(\boldsymbol{e}_{-\alpha})] = -4 = \kappa_{-\alpha\alpha} = \kappa_{32}, \quad (7.121\mathrm{b})$$

so dass mit (7.118) der gesamte CARTAN-Tensor (7.78) in der Form

$$\boldsymbol{\kappa} = \begin{pmatrix} -2 & 0 & 0 \\ 0 & 0 & -4 \\ 0 & -4 & 0 \end{pmatrix} \quad (7.122)$$

auftritt.

Die Normierung der Basis geschieht nach Gl. (7.118) durch die Konstante $c_1 = -i/\sqrt{2}$ zu

$$\bar{\boldsymbol{h}}_1 = c_1\boldsymbol{h}_1 = c_\alpha\sqrt{2}\boldsymbol{h}_\alpha = \frac{1}{2\sqrt{2}}\begin{pmatrix} 1 & 0 \\ 0 & -1 \end{pmatrix} = \frac{1}{2\sqrt{2}}\boldsymbol{\sigma}_z, \quad (7.123)$$

womit man die Wurzeln

$$\bar{\alpha} = \bar{\alpha}_1 = \frac{1}{\sqrt{2}} \qquad \text{bzw.} \qquad -\bar{\alpha} = -\bar{\alpha}_1 = -\frac{1}{\sqrt{2}} \quad (7.124)$$

bekommt. Die Normierung der übrigen Basiselemente $\boldsymbol{e}_\alpha$ und $\boldsymbol{e}_{-\alpha}$ unter Berücksichtigung der Forderung (7.77) geschieht nach Gl. (7.121) durch die Konstante $c_2 = -i/2$ zu

$$\bar{\boldsymbol{e}}_\alpha = c_2\boldsymbol{e}_\alpha = -\frac{i}{2}(\boldsymbol{a}_1 + i\boldsymbol{a}_2) = \frac{1}{2}\begin{pmatrix} 0 & 1 \\ 0 & 0 \end{pmatrix} = \frac{1}{8}(\boldsymbol{\sigma}_x + i\boldsymbol{\sigma}_y) = \frac{1}{2}\boldsymbol{\sigma}_+ \quad (7.125\mathrm{a})$$

und

$$\bar{\boldsymbol{e}}_{-\alpha} = c_2\boldsymbol{e}_{-\alpha} = -\frac{i}{2}(\boldsymbol{a}_1 - i\boldsymbol{a}_2) = \frac{1}{2}\begin{pmatrix} 0 & 0 \\ 1 & 0 \end{pmatrix} = \frac{1}{8}(\boldsymbol{\sigma}_x - i\boldsymbol{\sigma}_y) = \frac{1}{2}\boldsymbol{\sigma}_-. \quad (7.125\mathrm{b})$$

Die kontravariante Komponente α^i der Wurzel α ist nach Gl. (7.90)

$$[\bar{\boldsymbol{e}}_\alpha, \bar{\boldsymbol{e}}_{-\alpha}] = \frac{1}{\sqrt{2}}\bar{\boldsymbol{h}}_1$$

gleich der kovarianten Komponente α_1 (7.124), was bei einer euklidischen Metrik ($\bar{\boldsymbol{\kappa}} = \mathbf{1}$) auch zu erwarten ist. Für das Normquadrat der Wurzelvektoren bekommt man nach Gl. (7.85) bzw. Gl. (7.109)

$$\langle\bar{\alpha}, \bar{\alpha}\rangle = \langle\alpha, \alpha\rangle = \alpha^1\alpha_1 = \frac{1}{2}, \quad (7.126)$$

womit die Dimension l der CARTAN-Unteralgebra $\mathcal{H}$ gemäß Gl. (7.87) bestätigt wird

$$l = \sum_{\bar{\alpha}\in\Delta} \langle\bar{\alpha}, \bar{\alpha}\rangle = \frac{1}{2} + \frac{1}{2} = 1.$$

Eine andere Normierung gemäß den Forderungen (7.96)

$$c_\alpha = \frac{1}{4} \qquad \text{und} \qquad \kappa(\boldsymbol{E}_\alpha, \boldsymbol{E}_{-\alpha}) = 4$$

liefert mit Gln. (7.97) und (7.120) das Element

$$\boldsymbol{H}_\alpha = \begin{pmatrix} 1 & 0 \\ 0 & -1 \end{pmatrix} = \boldsymbol{\sigma}_z. \tag{7.127a}$$

Die Normierung der Elemente (7.113) ergibt wegen Gl. (7.121) die Form

$$\boldsymbol{E}_\alpha = -i\boldsymbol{e}_\alpha = \begin{pmatrix} 0 & 1 \\ 0 & 0 \end{pmatrix} = \boldsymbol{\sigma}_+ \tag{7.127b}$$

und

$$\boldsymbol{E}_{-\alpha} = -i\boldsymbol{e}_{-\alpha} = \begin{pmatrix} 0 & 0 \\ 1 & 0 \end{pmatrix} = \boldsymbol{\sigma}_-. \tag{7.127c}$$

Die CHEVALLEY-Basis $\{\boldsymbol{H}_\alpha, \boldsymbol{E}_{\pm\alpha}\}$ erfüllt dann die Kommutatoren (7.98), die von der Drehimpulsalgebra bekannt sind (Beispiel 1 v. Abschn. 5.5). Dort entsprechen in den Gln. (5.54) und (5.55) die Operatoren $\bar{J}_3 = 2J_3$ bzw. $J_\pm$ den Elementen $\boldsymbol{H}_\alpha$ bzw. $\boldsymbol{E}_{\pm\alpha}$.

Beispiel 2 Für die Komplexifizierung $sl(3, \mathbb{C})$ der einfachen LIE-Algebra $su(3)$, deren abstrakte Form mit A_2 bezeichnet wird, kann man als Basis $\{\boldsymbol{\lambda}_k | k = 1, \ldots, 8\}$ die acht spurlosen, hermiteschen 3×3-Matrizen (GELL-MANN-Matrizen) wählen

$$\begin{aligned}
\boldsymbol{\lambda}_1 &= \begin{pmatrix} 0 & 1 & 0 \\ 1 & 0 & 0 \\ 0 & 0 & 0 \end{pmatrix} \quad
\boldsymbol{\lambda}_2 = \begin{pmatrix} 0 & -i & 0 \\ i & 0 & 0 \\ 0 & 0 & 0 \end{pmatrix} \quad
\boldsymbol{\lambda}_3 = \begin{pmatrix} 1 & 0 & 0 \\ 0 & -1 & 0 \\ 0 & 0 & 0 \end{pmatrix} \\
\boldsymbol{\lambda}_4 &= \begin{pmatrix} 0 & 0 & 1 \\ 0 & 0 & 0 \\ 1 & 0 & 0 \end{pmatrix} \quad
\boldsymbol{\lambda}_5 = \begin{pmatrix} 0 & 0 & -i \\ 0 & 0 & 0 \\ i & 0 & 0 \end{pmatrix} \quad
\boldsymbol{\lambda}_6 = \begin{pmatrix} 0 & 0 & 0 \\ 0 & 0 & 1 \\ 0 & 1 & 0 \end{pmatrix} \\
\boldsymbol{\lambda}_7 &= \begin{pmatrix} 0 & 0 & 0 \\ 0 & 0 & -i \\ 0 & i & 0 \end{pmatrix} \quad
\boldsymbol{\lambda}_8 = \frac{1}{\sqrt{3}} \begin{pmatrix} 1 & 0 & 0 \\ 0 & 1 & 0 \\ 0 & 0 & -2 \end{pmatrix}.
\end{aligned} \tag{7.128}$$

Dabei ist anzumerken, dass eine Analogie zur möglichen Basis der LIE-Algebra $sl(2, \mathbb{C})$, nämlich zu den PAULI'schen Spinmatrizen besteht. So sind die Basiselemente $\boldsymbol{\lambda}_1$, $\boldsymbol{\lambda}_4$ und $\boldsymbol{\lambda}_6$ – abgesehen von einer zusätzlichen Zeile und Spalte mit Nullelementen – analog zur Spinmatrix $\boldsymbol{\sigma}_x$. Entsprechend können die Basiselemente $\boldsymbol{\lambda}_2$,

$\boldsymbol{\lambda}_5$ und $\boldsymbol{\lambda}_7$ mit $\boldsymbol{\sigma}_y$ und das Basiselement $\boldsymbol{\lambda}_3$ mit $\boldsymbol{\sigma}_z$ in Analogie gebracht werden. Das Basiselement $\boldsymbol{\lambda}_8$ hat kein Analogon in der Algebra $sl(2, \mathbb{C})$, da es mit $\boldsymbol{\lambda}_3$ vertauschbar ist. Aufgrund dieser Analogie können auch im allgemeinen Fall einer Dimension N der LIE-Algebra $sl(N, \mathbb{C})$ die $(N^2 - 1)$ Basiselemente $\{\boldsymbol{\lambda}_k | k = 1, \ldots, N^2 - 1\}$ gefunden werden, die den Kommutatorbeziehungen

$$[\boldsymbol{\lambda}_k, \boldsymbol{\lambda}_l] = 2i \sum_{m=1}^{N^2-1} f_{kl}^m \boldsymbol{\lambda}_m \qquad k, l = 1, \ldots, N^2 - 1 \tag{7.129}$$

genügen. Dabei sind die Strukturkonstanten f_{kl}^m antisymmetrisch unter Permutation von zwei beliebigen Indizes (Tab. 7.3). Als Basis der CARTAN-Unteralgebra $\mathcal{H}$ werden die beiden Elemente $\boldsymbol{h}_1 = \boldsymbol{\lambda}_3$ und $\boldsymbol{h}_2 = \boldsymbol{\lambda}_8$ gewählt, deren Diagonalität die Vertauschbarkeit garantiert, was auch durch Gl. (7.129) bestätigt wird. Es ist die

Tabelle 7.3 Nichtverschwindende Strukturkonstanten f_{klm} der einfachen komplexen LIE-Algebra $sl(3, \mathbb{C})$ nach Gl. (7.129)

klm	123	147	156	246	257	345	367	458	678
f_{klm}	1	$\frac{1}{2}$	$-\frac{1}{2}$	$\frac{1}{2}$	$\frac{1}{2}$	$\frac{1}{2}$	$-\frac{1}{2}$	$\frac{\sqrt{3}}{2}$	$\frac{\sqrt{3}}{2}$

maximale Anzahl vertauschbarer Basiselemente, so dass die Dimension der Unteralgebra $\mathcal{H}$ bzw. der Rang der komplexen LIE-Algebra A_2 sich nach Gl. (7.52) zu $l = 2$ errechnet. Als Basen der sechs $(= N^2 - l)$ eindimensionalen Wurzelunteräume $\{\mathcal{L}_\alpha | \alpha \in \Delta\}$ wählt man

$$\boldsymbol{e}_\alpha = (\boldsymbol{\lambda}_1 + i\boldsymbol{\lambda}_2) \qquad \boldsymbol{e}_{-\alpha} = (\boldsymbol{\lambda}_1 - i\boldsymbol{\lambda}_2) \tag{7.130a}$$

$$\boldsymbol{e}_\beta = (\boldsymbol{\lambda}_6 + i\boldsymbol{\lambda}_7) \qquad \boldsymbol{e}_{-\beta} = (\boldsymbol{\lambda}_6 - i\boldsymbol{\lambda}_7) \tag{7.130b}$$

$$\boldsymbol{e}_\gamma = (\boldsymbol{\lambda}_4 + i\boldsymbol{\lambda}_5) \qquad \boldsymbol{e}_{-\gamma} = (\boldsymbol{\lambda}_4 - i\boldsymbol{\lambda}_5). \tag{7.130c}$$

Die sechs Wurzeln erhält man dann mithilfe von Gl. (7.129) aus den Kommutatoren

$$\begin{aligned}
&[\boldsymbol{h}_1, \boldsymbol{e}_\alpha] = 2\boldsymbol{e}_\alpha && [\boldsymbol{h}_2, \boldsymbol{e}_\alpha] = \boldsymbol{0} \\
&[\boldsymbol{h}_1, \boldsymbol{e}_{-\alpha}] = -2\boldsymbol{e}_{-\alpha} && [\boldsymbol{h}_2, \boldsymbol{e}_{-\alpha}] = \boldsymbol{0} \\
&[\boldsymbol{h}_1, \boldsymbol{e}_\beta] = -\boldsymbol{e}_\beta && [\boldsymbol{h}_2, \boldsymbol{e}_\beta] = \sqrt{3}\boldsymbol{e}_\beta \\
&[\boldsymbol{h}_1, \boldsymbol{e}_{-\beta}] = \boldsymbol{e}_{-\beta} && [\boldsymbol{h}_2, \boldsymbol{e}_{-\beta}] = -\sqrt{3}\boldsymbol{e}_{-\beta} \\
&[\boldsymbol{h}_1, \boldsymbol{e}_\gamma] = \boldsymbol{e}_\gamma && [\boldsymbol{h}_2, \boldsymbol{e}_\gamma] = \sqrt{3}\boldsymbol{e}_\gamma \\
&[\boldsymbol{h}_1, \boldsymbol{e}_{-\gamma}] = -\boldsymbol{e}_{-\gamma} && [\boldsymbol{h}_2, \boldsymbol{e}_{-\gamma}] = -\sqrt{3}\boldsymbol{e}_{-\gamma}
\end{aligned} \tag{7.131}$$

als Vektoren in der Form

$$\alpha = (2, 0) \qquad -\alpha = (-2, 0) \tag{7.132a}$$

$$\beta = \left(-1, \sqrt{3}\right) \qquad -\beta = \left(1, -\sqrt{3}\right) \tag{7.132b}$$

$$\gamma = \left(1, \sqrt{3}\right) \qquad -\gamma = \left(-1, -\sqrt{3}\right). \tag{7.132c}$$

Dabei gilt die Beziehung

$$\alpha + \beta = \gamma. \tag{7.133}$$

Mit der adjungierten Darstellung für das Element $\boldsymbol{h}_1 = \boldsymbol{\lambda}_3$

$$\boldsymbol{D}^{\mathrm{ad}}(\boldsymbol{h}_1) = 2i \begin{pmatrix} 0 & 1 & 0 & 0 & 0 & 0 & 0 & 0 \\ -1 & 0 & 0 & 0 & 0 & 0 & 0 & 0 \\ 0 & 0 & 0 & 0 & 0 & 0 & 0 & 0 \\ 0 & 0 & 0 & 0 & 1/2 & 0 & 0 & 0 \\ 0 & 0 & 0 & -1/2 & 0 & 0 & 0 & 0 \\ 0 & 0 & 0 & 0 & 0 & 0 & -1/2 & 0 \\ 0 & 0 & 0 & 0 & 0 & 1/2 & 0 & 0 \\ 0 & 0 & 0 & 0 & 0 & 0 & 0 & 0 \end{pmatrix}$$

errechnet sich das Element $\bar{\kappa}_{11}$ des metrischen Tensors $\bar{\boldsymbol{\kappa}}$ der CARTAN-Unteralgebra $\mathcal{H}$ nach Gl. (7.14) zu

$$\kappa(\boldsymbol{h}_1, \boldsymbol{h}_1) = \bar{\kappa}_{11} = (-4)\mathrm{sp} \begin{pmatrix} -1 & 0 & 0 & 0 & 0 & 0 & 0 & 0 \\ 0 & -1 & 0 & 0 & 0 & 0 & 0 & 0 \\ 0 & 0 & 0 & 0 & 0 & 0 & 0 & 0 \\ 0 & 0 & 0 & -1/4 & 0 & 0 & 0 & 0 \\ 0 & 0 & 0 & 0 & -1/4 & 0 & 0 & 0 \\ 0 & 0 & 0 & 0 & 0 & -1/4 & 0 & 0 \\ 0 & 0 & 0 & 0 & 0 & 0 & -1/4 & 0 \\ 0 & 0 & 0 & 0 & 0 & 0 & 0 & 0 \end{pmatrix} = 12.$$

Dieses Ergebnis ist konform mit Gl. (7.79)

$$\kappa(\boldsymbol{h}_1, \boldsymbol{h}_1) = \bar{\kappa}_{11} = \sum_{\alpha \in \Delta} \alpha_1 \alpha_1 = 4 + 4 + 1 + 1 + 1 + 1 = 12. \tag{7.134a}$$

Entsprechend erhält man für die übrigen Elemente

$$\kappa(\boldsymbol{h}_2, \boldsymbol{h}_2) = \bar{\kappa}_{22} = 12 \qquad \text{und} \qquad \kappa(\boldsymbol{h}_1, \boldsymbol{h}_2) = \bar{\kappa}_{12} = 0 = \bar{\kappa}_{21} = \kappa(\boldsymbol{h}_2, \boldsymbol{h}_1). \tag{7.134b}$$

Die Ermittlung der kontravarianten Komponenten α^1 und α^2 der Wurzel α geschieht mithilfe von Gl. (7.70)

$$\boldsymbol{h}_\alpha = c_\alpha^{-1}(\alpha^1 \boldsymbol{h}_1 + \alpha^2 \boldsymbol{h}_2) \tag{7.135}$$

nach Gl. (7.64)

$$\begin{aligned} \alpha(\boldsymbol{h}_{1,2}) = \alpha_{1,2} = c_\alpha \kappa(\boldsymbol{h}_\alpha, \boldsymbol{h}_{1,2}) &= \kappa(\alpha^1 \boldsymbol{h}_1 + \alpha^2 \boldsymbol{h}_2, \boldsymbol{h}_{1,2}) \\ &= \alpha^1 \kappa(\boldsymbol{h}_1, \boldsymbol{h}_{1,2}) + \alpha^2 \kappa(\boldsymbol{h}_2, \boldsymbol{h}_{1,2}). \end{aligned} \tag{7.136}$$

Mit den Werten $\alpha_{1,2}$ (7.132) und $\{\kappa(\boldsymbol{h}_i, \boldsymbol{h}_j)|i, j = 1, 2\}$ (7.134) erhält man schließlich die Komponenten

$$\alpha^1 = \frac{1}{6} \qquad \text{und} \qquad \alpha^2 = 0. \tag{7.137}$$

Sie ermöglichen nach Gl. (7.135) die explizite Angabe des Elements $\boldsymbol{h}_\alpha$ zu

$$\boldsymbol{h}_\alpha = \frac{1}{6c_\alpha}\boldsymbol{h}_1 = \frac{1}{6c_\alpha}\begin{pmatrix} 1 & 0 & 0 \\ 0 & -1 & 0 \\ 0 & 0 & 0 \end{pmatrix}. \tag{7.138}$$

Entsprechende Überlegungen gelten für die Ermittlung der kontravarianten Korrdinaten β^1 und β^2 der Wurzel β mit dem Ergebnis

$$\beta^1 = -\frac{1}{12} \qquad \text{und} \qquad \beta^2 = \frac{\sqrt{3}}{12}. \tag{7.139}$$

Nach Gl. (7.70) erhält man damit

$$\boldsymbol{h}_\beta = \frac{1}{c_\beta}\left(-\frac{1}{12}\boldsymbol{h}_1 + \frac{1}{12}\boldsymbol{h}_2\right) = \frac{1}{6c_\beta}\begin{pmatrix} 0 & 0 & 0 \\ 0 & 1 & 0 \\ 0 & 0 & -1 \end{pmatrix}. \tag{7.140}$$

Wegen Gl. (7.133) gilt für das dritte Element $\boldsymbol{h}_\gamma$

$$\boldsymbol{h}_\gamma = \boldsymbol{h}_{\alpha+\beta} = \boldsymbol{h}_\alpha + \boldsymbol{h}_\beta. \tag{7.141}$$

Die Normierung der orthogonalen Basiselemente $\boldsymbol{h}_1$ und $\boldsymbol{h}_2$ erfolgt mithilfe von Gl. (7.134) ($\bar{\kappa}_{11} = \bar{\kappa}_{22} = 1$) durch die Konstante $c_1 = 1/\left(2\sqrt{3}\right) = c_2$ zu

$$\bar{\boldsymbol{h}}_1 = c_1\boldsymbol{h}_1 = c_\alpha\sqrt{3}\boldsymbol{h}_\alpha = \frac{1}{2\sqrt{3}}\lambda_3 \tag{7.142a}$$

und

$$\bar{\boldsymbol{h}}_2 = c_2\boldsymbol{h}_2 = c_\alpha\boldsymbol{h}_\alpha + c_\beta 2\boldsymbol{h}_\beta = \frac{1}{2\sqrt{3}}\lambda_8. \tag{7.142b}$$

Damit ergeben sich die Wurzelvektoren (7.132) zu

$$\bar{\alpha} = \left(\frac{1}{\sqrt{3}}, 0\right) \qquad -\bar{\alpha} = \left(-\frac{1}{\sqrt{3}}, 0\right) \tag{7.143a}$$

$$\bar{\beta} = \left(-\frac{1}{2\sqrt{3}}, \frac{1}{2}\right) \qquad -\bar{\beta} = \left(\frac{1}{2\sqrt{3}}, -\frac{1}{2}\right) \tag{7.143b}$$

$$\bar{\gamma} = \left(\frac{1}{2\sqrt{3}}, \frac{1}{2}\right) \qquad -\bar{\gamma} = \left(-\frac{1}{2\sqrt{3}}, -\frac{1}{2}\right). \tag{7.143c}$$

Die Normierung der übrigen Basiselemente (7.130) $\{\bar{e}_\alpha = c\boldsymbol{e}_\alpha | \alpha \in \Delta\}$ durch die Konstante c benutzt Gl. (7.109) unter Berücksichtigung der Forderung (7.77)

$$2\langle\bar{\alpha},\bar{\alpha}\rangle + c^2 N_{\alpha\beta}^2 + c^2 N_{\alpha,-\gamma}^2 = 2\langle\bar{\alpha},\bar{\alpha}\rangle + \bar{N}_{\alpha\beta}^2 + \bar{N}_{\alpha,-\gamma}^2 = 1. \tag{7.144}$$

Dabei errechnen sich die Strukturkonstanten aus

$$[\boldsymbol{e}_\alpha, \boldsymbol{e}_\beta] = N_{\alpha\beta}\boldsymbol{e}_\gamma = 2\boldsymbol{e}_\gamma \qquad \text{und} \qquad [\boldsymbol{e}_\alpha, \boldsymbol{e}_{-\gamma}] = N_{\alpha,-\gamma}\boldsymbol{e}_{-\beta} = 2\boldsymbol{e}_{-\beta}$$

zu

$$N_{\alpha\beta} = 2 \qquad \text{und} \qquad N_{\alpha,-\gamma} = 2.$$

Mit dem Skalarprodukt

$$\langle\bar{\alpha},\bar{\alpha}\rangle = \frac{1}{3} \tag{7.145}$$

resultiert dann aus Gl. (7.144) die Normierungskonstante

$$c = \frac{1}{2\sqrt{6}}.$$

Für die übrigen Skalarprodukte erhält man

$$\langle\bar{\beta},\bar{\beta}\rangle = \frac{1}{3} \qquad \text{bzw.} \qquad \langle\bar{\alpha},\bar{\beta}\rangle = -\frac{1}{6}, \tag{7.146}$$

womit nach Gl. (7.87) die Dimension l der CARTAN-Unteralgebra $\mathcal{H}$ bestätigt wird

$$l = \sum_{\bar{\alpha}\in\Delta} \langle\bar{\alpha},\bar{\alpha}\rangle = 2\frac{1}{3} + 2\frac{1}{3} + 2\frac{1}{3} = 2.$$

Eine andere Normierung gemäß den Forderungen (7.96)

$$c_\alpha = \frac{1}{6} \qquad \text{und} \qquad \kappa(\boldsymbol{E}_\alpha, \boldsymbol{E}_{-\alpha}) = 6$$

liefert mit den Gln. (7.97) und (7.135) für die Wurzel α das Basiselement

$$\boldsymbol{H}_\alpha = \begin{pmatrix} 1 & 0 & 0 \\ 0 & -1 & 0 \\ 0 & 0 & 0 \end{pmatrix} = \boldsymbol{h}_1. \tag{7.147}$$

Die Normierung der Elemente $\boldsymbol{e}_\alpha$ und $\boldsymbol{e}_{-\alpha}$ (7.130a)

$$\boldsymbol{E}_\alpha = c_+\boldsymbol{e}_\alpha \qquad \text{bzw.} \qquad \boldsymbol{E}_{-\alpha} = c_-\boldsymbol{e}_{-\alpha} \tag{7.148}$$

mit den Konstanten c_+ und c_- ergibt nach

$$[\boldsymbol{e}_\alpha, \boldsymbol{e}_{-\alpha}] = 4\boldsymbol{h}_1$$

und nach Gln. (7.98b) und (7.147)

$$[\boldsymbol{E}_\alpha, \boldsymbol{E}_{-\alpha}] = \boldsymbol{H}_\alpha = \boldsymbol{h}_1$$

die Beziehung

$$c_+ c_- = \frac{1}{4}$$

mit der möglichen Lösung

$$c_+ = \frac{1}{2} = c_- .$$

Zusammen mit dem Element $\boldsymbol{H}_\alpha$ (7.147) bilden die Elemente $\boldsymbol{E}_{\pm\alpha}$ (7.148)

$$\boldsymbol{E}_\alpha = \begin{pmatrix} 0 & 1 & 0 \\ 0 & 0 & 0 \\ 0 & 0 & 0 \end{pmatrix} \quad \text{und} \quad \boldsymbol{E}_{-\alpha} = \begin{pmatrix} 0 & 0 & 0 \\ 1 & 0 & 0 \\ 0 & 0 & 0 \end{pmatrix} \tag{7.149}$$

die Basis einer 3-dimensionalen einfachen Unteralgebra (Wurzelunteralgebra), die den Kommutatoren (7.98) der LIE-Algebra $sl(2, \mathbb{C})$ genügt und bei der Diskussion von Hadronen als *T-Spin (I-Spin) Unteralgebra* bekannt ist.

Ähnliche Überlegungen bezüglich der Wurzeln β und γ liefern zwei weitere Wurzelunteralgebren $sl(2, \mathbb{C})$ mit den Basiselementen

$$\boldsymbol{H}_\beta = \begin{pmatrix} 0 & 0 & 0 \\ 0 & 1 & 0 \\ 0 & 0 & -1 \end{pmatrix} \quad \boldsymbol{E}_\beta = \begin{pmatrix} 0 & 0 & 0 \\ 0 & 0 & 1 \\ 0 & 0 & 0 \end{pmatrix} \quad \boldsymbol{E}_{-\beta} = \begin{pmatrix} 0 & 0 & 0 \\ 0 & 0 & 0 \\ 0 & 1 & 0 \end{pmatrix} \tag{7.150}$$

und

$$\boldsymbol{H}_\gamma = \begin{pmatrix} 1 & 0 & 0 \\ 0 & 0 & 0 \\ 0 & 0 & -1 \end{pmatrix} \quad \boldsymbol{E}_\gamma = \begin{pmatrix} 0 & 0 & 1 \\ 0 & 0 & 0 \\ 0 & 0 & 0 \end{pmatrix} \quad \boldsymbol{E}_{-\gamma} = \begin{pmatrix} 0 & 0 & 0 \\ 0 & 0 & 0 \\ 1 & 0 & 0 \end{pmatrix} . \tag{7.151}$$

Sie sind als *U-Spin (L-Spin) Unteralgebra* bzw. als *V-Spin (K-Spin) Unteralgebra* bekannt. Dabei sind die Basiselemente $\boldsymbol{H}_\alpha$, $\boldsymbol{H}_\beta$ und $\boldsymbol{H}_\gamma$ der einzelnen CARTAN-Unteralgebren linear abhängig

$$\boldsymbol{H}_\gamma = \boldsymbol{H}_\alpha + \boldsymbol{H}_\beta ,$$

so dass die übrigen acht linear unabhängigen Elemente eine Basis für die LIE-Algebra $sl(3, \mathbb{C})$ bilden.

■

7.4 Wurzeln

Die Wurzel besitzen eine Reihe von Eigenschaften, die bei der Suche nach irreduziblen Darstellungen eine wertvolle Hilfe sind. Zu ihrer Ermittlung werden die Kommutatoren der CARTAN-WEYL Form (7.51), (7.61), (7.72) und (7.74) benutzt, die zudem das mögliche Wurzelsystem einzuschränken erlauben.

Ausgehend von einer Wurzel γ, die mit der Wurzel α keine Wurzel ergibt ($\alpha + \gamma \notin \Delta$), so dass nach Gl. (7.73) die Elemente e_γ und e_α vertauschbar sind

$$[e_\gamma, e_\alpha] = 0 \qquad \alpha + \gamma \neq \tau \in \Delta, \tag{7.152}$$

kann man aufgrund von Gl. (7.72) mit

$$[e_\gamma, e_{-\alpha}] = N_{\gamma,-\alpha} e_{\gamma-\alpha} = e'_{\gamma-\alpha} \tag{7.153}$$

eine Folge von Gleichungen konstruieren

$$\begin{aligned} [e'_{\gamma-\alpha}, e_{-\alpha}] &= e'_{\gamma-2\alpha} \\ \ldots \quad & \ldots \\ [e'_{\gamma-p\alpha}, e_{-\alpha}] &= e'_{\gamma-(p+1)\alpha}, \end{aligned} \tag{7.154}$$

die wegen der endlichen Zahl von Elementen $e_{\gamma-p\alpha}$ nach etwa g Gliedern abbrechen muss

$$[e'_{\gamma-g\alpha}, e_{-\alpha}] = e'_{\gamma-(g+1)\alpha} = 0. \tag{7.155}$$

Die Strukturkonstanten sind dabei nach Gl. (7.152) in den Elementen e' enthalten. Mithilfe von Gl. (7.72) können diese Gln. (7.154) auch invertiert werden zu der Folge

$$\begin{aligned} [e'_{\gamma-(p+1)\alpha}, e_\alpha] &= \mu_{p+1} e'_{\gamma-p\alpha} \\ [e'_{\gamma-p\alpha}, e_\alpha] &= \mu_p e'_{\gamma-(p-1)\alpha} \\ \ldots \quad & \ldots \\ [e'_{\gamma-\alpha}, e_\alpha] &= \mu_1 e'_\gamma, \end{aligned} \tag{7.156}$$

die nach $(p+1)$ Schritten wegen der Forderung (7.152) einen verschwindenden Komponenten μ_0 ($= 0$) liefert.

Zur Ermittlung der Komponente μ_{p+1} wird das Element $e'_{\gamma-(p+1)\alpha}$ des ersten Kommutators von (7.156) substituiert. Nach Berücksichtigung der JACOBI-Identität

$$\mu_{p+1} e'_{\gamma-p\alpha} = [[e'_{\gamma-p\alpha}, e_{-\alpha}], e_\alpha] = -[[e_{-\alpha}, e_\alpha], e'_{\gamma-p\alpha}] - [[e_\alpha, e'_{\gamma-p\alpha}], e_{-\alpha}] \tag{7.157}$$

erhält man mit Gln. (7.61), (7.92) und den Kommutatoren (7.156)

$$\begin{aligned}\mu_{p+1} e'_{\gamma-p\alpha} &= \sum_i \kappa_\alpha \alpha^i [h_i, e'_{\gamma-p\alpha}] + \mu_p [e'_{\gamma-(p-1)\alpha}, e_{-\alpha}] \\ &= \sum_i \kappa_\alpha \alpha^i (\gamma_i - p\alpha_i) e'_{\gamma-p\alpha} + \mu_p e'_{\gamma-p\alpha},\end{aligned} \tag{7.158}$$

wobei κ_α eine Abkürzung für die KILLING-Form $\kappa(e_\alpha, e_{-\alpha})$ bedeutet. Wegen der linearen Unabhängigkeit der Elemente $e'_{\gamma-\alpha}$ kann daraus eine Rekursionsformel für die Komponenten μ_p gewonnen werden

$$\mu_{p+1} e'_{\gamma-p\alpha} = \kappa_\alpha \langle \alpha, \gamma \rangle - p\kappa_\alpha \langle \alpha, \alpha \rangle e'_{\gamma-p\alpha} + \mu_p e'_{\gamma-p\alpha}. \tag{7.159}$$

Mit der Forderung (7.152) bekommt man $\mu_0 = 0$, so dass die explizite Rekursion in der Form

$$\mu_p = p\kappa_\alpha \langle \alpha, \gamma \rangle - \frac{1}{2} p(p-1) \kappa_\alpha \langle \alpha, \alpha \rangle \tag{7.160}$$

ausgedrückt werden kann. Nach Gl. (7.155) verschwindet die Komponente μ_{g+1} $(= 0)$, womit das Ergebnis

$$g = 2 \frac{\langle \alpha, \gamma \rangle}{\langle \alpha, \alpha \rangle} = \langle \alpha^\vee, \gamma \rangle \tag{7.161}$$

erhalten wird. Demnach ist mit der speziellen Voraussetzung (7.152), dass $\alpha + \gamma$ keine Wurzel ist, die Größe g eine ganze Zahl und man erwartet eine Anzahl $(g + 1)$ Wurzeln

$$\gamma, \gamma - \alpha, \gamma - 2\alpha, \ldots, \gamma - g\alpha = \gamma - 2\langle \alpha^\vee, \gamma \rangle \qquad \alpha + \gamma \notin \Delta. \tag{7.162}$$

Im allgemeinen Fall, wo $\alpha + \beta$ $(= \tau \in \Delta)$ eine Wurzel sein kann, führt man zwei positive ganze Zahlen m und n ein, so dass $\beta + k\alpha$ genau dann eine Wurzel ist, falls k im abgeschlossenen Intervall zwischen $-m$ und n liegt. Man nennt diese lückenlose Menge von Wurzeln

$$\beta + k\alpha \qquad \text{mit} \qquad -m \leq k \leq n \qquad m, n \geq 0 \qquad k \in \mathbb{Z} \tag{7.163}$$

einen *α-String von Wurzeln* durch die Wurzel β. Betrachtet man die Wurzel $(\beta + n\alpha)$ als die Wurzel γ der vorangegangenen Überlegung, dann findet man nach (7.162) den Wurzel-String mit $(m + n + 1)$ Wurzeln

$$\beta - m\alpha, \beta - (m-1)\alpha, \ldots, \beta - (n+1)\alpha, \beta - n\alpha, \tag{7.164}$$

so dass nach obiger Überlegung gilt

$$g = m + n. \tag{7.165}$$

Unter Verwendung von Gln. (7.161), (7.163) sowie der Substitution

$$\gamma = \beta + n\alpha \tag{7.166}$$

bekommt man

$$2\langle\alpha,\beta\rangle = 2\langle\alpha,\gamma\rangle - 2n\langle\alpha,\alpha\rangle = (m+n)\langle\alpha,\alpha\rangle - 2n\langle\alpha,\alpha\rangle = (m-n)\langle\alpha,\alpha\rangle$$

bzw. (*Master-Gleichung* für Wurzeln)

$$m - n = 2\frac{\langle\alpha,\beta\rangle}{\langle\alpha,\alpha\rangle} = \langle\alpha^\vee,\beta\rangle \qquad (m-n)\in\mathbb{Z} \qquad m,n\geq 0. \tag{7.167}$$

Demnach ist für zwei Wurzeln α und β das Skalarprodukt (7.167) eine ganze Zahl $(m-n)$, die sogenannte CARTAN-*Zahl*.

Betrachtet man einen Vektor

$$\gamma = \beta - 2\frac{\langle\alpha,\beta\rangle}{\langle\alpha,\alpha\rangle}\alpha, \tag{7.168a}$$

so findet man mit Gl. (7.167) den Ausdruck

$$\gamma = \beta - (m-n)\alpha = \beta + (n-m)\alpha \qquad (n-m)\in\mathbb{Z}. \tag{7.168b}$$

Damit erfült der Vektor γ die Forderung (7.163) $(-m \leq n-m \leq n)$ und gehört zum α-String durch β. Es gilt deshalb die Aussage, dass der Vektor (7.168) ebenfalls eine endliche Wurzel ist. Man erhält diese Wurzel durch Spiegelung s_α der Wurzel β an einer Hyperebene durch den Ursprung und senkrecht zur Wurzel α (s. Abschn. 7.8).

Ausgehend von einer Basis $\{\beta_{(i)} | i = 1,\ldots,l\}$ im Wurzelraum $\mathcal{H}^*$, kann eine beliebige Wurzel α ausgedrückt werden durch

$$\alpha = \sum_{i=1}^{l} b_i\beta_{(i)} \qquad b_i\in\mathbb{Q}. \tag{7.169}$$

Zur Bestimmung der Komponenten $\{b_i | i = 1,\ldots,l\}$ verwendet man den Satz von l linearen Gleichungen

$$2\frac{\langle\beta_{(j)},\alpha\rangle}{\langle\beta_{(j)},\beta_{(j)}\rangle} = \sum_{i=1}^{l} b_i 2\frac{\langle\beta_{(j)},\beta_{(i)}\rangle}{\langle\beta_{(j)},\beta_{(j)}\rangle} \qquad j = 1,\ldots,l, \tag{7.170}$$

deren Komponenten nach Gl. (7.167) rational und sogar ganzzahlig sind. Demnach müssen auch die Komponenten $\{b_i | i = 1,\ldots,l\}$ rational sein.

Für einen α-String durch die Wurzel β nach Gl. (7.164) erhält man mit Gl. (7.167)

$$\langle \alpha, \beta \rangle = \frac{1}{2}(m_\beta - n_\beta) \langle \alpha, \alpha \rangle \tag{7.171}$$

und Substitution durch Gl. (7.81) die Beziehung

$$\langle \alpha, \alpha \rangle = \sum_{\beta \in \Delta} \frac{1}{4}(m_\beta - n_\beta)^2 \langle \alpha, \alpha \rangle^2 , \tag{7.172a}$$

die mit der Bedingung (7.66b) die Form

$$\langle \alpha, \alpha \rangle = 4 \Big[\sum_{\beta \in \Delta} (m_\alpha - n_\alpha)^2 \Big]^{-1} \tag{7.172b}$$

annimmt. Demnach ist der Wert $\langle \alpha, \alpha \rangle$ eine reelle und rationale Zahl. Der Vergleich mit (7.171) zeigt, dass auch der Wert $\langle \alpha, \beta \rangle$ eine reelle und rationale Zahl ist. Zudem findet man wegen Gl. (7.172b) die Bilinearform $\langle \cdot, \cdot \rangle$ als positiv definit auf einem Vektorraum mit rationalen, linearen Kombinationen von Wurzeln, so dass sie als Skalarprodukt gilt.

Betrachtet man etwa die möglichen Wurzeln β, die proportional einer vorgegebenen Wurzel α sind

$$\beta = k\alpha \qquad \beta, \alpha \in \Delta , \tag{7.173}$$

dann muss nach Gl. (7.167) die Zahl $2k$ ganzzahlig sein. Für den Fall $2k = 1$ findet man wegen der Vertauschbarkeit zweier gleicher Elemente e_α

$$[e_{\alpha/2}, e_{\alpha/2}] = 0 \tag{7.174a}$$

einen Widerspruch zu Gl. (7.72), da nach Voraussetzung α eine Wurzel ist. Demnach ist der Wert $k = 1/2$ nicht erlaubt. Entsprechendes gilt für $2k = -1$. Für den Fall $2k = 4$ findet man wegen der Vertauschbarkeit

$$[e_\alpha, e_\alpha] = 0 \tag{7.174b}$$

ebenfalls einen Widerspruch zu Gl. (7.72). Entsprechends gilt für $2k = -4$. Insgesamt sind für eine Wurzel α nur die Werte $k = 0, \pm 1$ erlaubt, so dass die Wurzeln α, 0 und $-\alpha$ erwartet werden, wie es von der zur LIE-Algebra $sl(2, \mathbb{C})$ isomorphen Wurzelunteralgebra $\mathcal{U}_\alpha$ (7.95) bekannt ist.

Einen expliziten Ausdruck für die Elemente e'_α erhält man nach Gl. (7.154) als ein Produkt von Strukturkonstanten

$$e'_{\gamma - p\alpha} = N_{\gamma, -\alpha} N_{\gamma - \alpha, -\alpha} \dots N_{\gamma - (p-1)\alpha, -\alpha} e_{\gamma - p\alpha} . \tag{7.175}$$

Der Vergleich mit Gl. (7.156) führt dann zu der Beziehung

$$\mu_{p+1} = N_{\gamma-p\alpha,-\alpha} N_{\gamma-(p+1)\alpha,\alpha}, \tag{7.176}$$

die mit der Wurzel γ nach Gl. (7.166) ausgedrückt werden kann durch die Form

$$\mu_{p+1} = N_{\beta+(n-p)\alpha,-\alpha} N_{\beta+(n-p-1)\alpha,\alpha}. \tag{7.177a}$$

Sie ist vergleichbar mit Gl. (7.160), die nach der Substitution von Gln. (7.161) und (7.165) die Form

$$\mu_{p+1} = \frac{1}{2}(p+1)(m+n-p)\kappa_{\alpha,-\alpha} \langle\alpha,\alpha\rangle \tag{7.177b}$$

annimmt. Für den Fall $p = n-1$ wird Gl. (7.177a) mithilfe von Gl. (7.106) sowie der Gl. (7.108) zu

$$\mu_n = N_{\beta+\alpha,-\alpha} N_{\beta\alpha} = N_{-\alpha(\beta+\alpha)} N_{\alpha\beta} = \frac{\kappa_{\alpha+\beta,-\alpha-\beta}}{\kappa_{-\beta,\beta}} N_{-\beta\alpha} N_{\alpha\beta} = \frac{\kappa_{\alpha+\beta,-\beta-\beta}}{\kappa_{\beta,-\beta}} N_{\alpha\beta}^2, \tag{7.178}$$

so dass die Substitution von Gl. (7.177b) die Beziehung

$$N_{\alpha\beta}^2 = \frac{1}{2} n_\beta \left(m_\beta + 1\right) \frac{\kappa_{\alpha,-\alpha}\kappa_{\beta,-\beta}}{\kappa_{\alpha+\beta,-\alpha-\beta}} \langle\alpha,\alpha\rangle \tag{7.179}$$

liefert. Dabei sind die positiven ganzen Zahlen m_β und n_β bei vorgegebener Wurzel α Funktionen von der Wurzel β. Da eine endliche Strukturkonstante ($N_{\alpha\beta} \neq 0$) erwartet wird, muss die Zahl n_β der Bedingung $n \geq 1$ genügen. Die Normierung nach der WEYL-Konvention von Gl. (7.77) ergibt dann die Strukturkonstanten in der Form

$$N_{\alpha\beta}^2 = \frac{1}{2} n_\beta \left(m_\beta + 1\right) \langle\alpha,\alpha\rangle . \tag{7.180}$$

Dagegen ergibt die Normierung nach der CHEVALLEY-Konvention von Gl. (7.96) die Beziehung

$$N_{\alpha\beta}^2 = n_\beta \left(m_\beta + 1\right) \frac{\langle\alpha+\beta,\alpha+\beta\rangle}{\langle\beta,\beta\rangle}. \tag{7.181a}$$

Letztere kann auch ersetzt werden durch

$$N_{\alpha\beta}^2 = (m_\beta + 1)^2, \tag{7.181b}$$

wonach die Strukturkonstanten in der CHEVALLEY-Form als ganzzahlig erwartet werden. Der CARTAN-Tensor $\boldsymbol{\kappa}$ (7.109) kann dann nach Substitution des Quadrats der Strukturkonstanten $N_{\alpha\beta}^2$ durch Gl. (7.179) allgemein ausgedrückt werden durch

$$\kappa(e_\alpha, e_{-\alpha}) \equiv \kappa_{\alpha,-\alpha} = 2\,\langle\tilde{\alpha}, \alpha\rangle + \frac{1}{2}\sum_{\beta\neq-\alpha}\frac{\kappa_{\alpha,-\alpha}\kappa_{\beta,-\beta}}{\kappa_{\alpha+\beta,-\alpha-\beta}}\,\langle\alpha, \alpha\rangle\, n_\beta(m_\beta + 1). \tag{7.182}$$

Damit wird in der CARTAN-WEYL-Form die Forderung

$$1 = \langle\alpha, \alpha\rangle\left[2 + \frac{1}{2}\sum_{\beta\neq-\alpha} n_\beta(m_\beta + 1)\right] \tag{7.183a}$$

bzw. in der CHEVALLEY Form die Forderung

$$1 = \langle\alpha, \alpha\rangle\left[2 + \frac{1}{2}\sum_{\beta\neq-\alpha}\frac{\langle\alpha+\beta, \alpha+\beta\rangle}{\langle\beta, \beta\rangle} n_\beta(m_\beta + 1)\right] \tag{7.183b}$$

erfüllt.

Beispiel 1 Die LIE-Algebra A_2, die isomorph zur komplexen LIE-Algebra $sl(3, \mathbb{C})$ ist, besitzt sechs endliche Wurzeln $\pm\alpha$, $\pm\beta$ und $\pm\gamma = \pm(\alpha + \beta)$ (Beispiel 2 v. Abschn. 7.3. Der α-String von Wurzeln durch die Wurzel β umfasst die zwei Wurzeln β und $\beta + \alpha$, so dass nach Gl. (7.163) die ganzen Zahlen

$$m = 0 \qquad \text{und} \qquad n = 1$$

bzw. nach Gl. (7.165) die ganzen Zahlen

$$g = m + n \qquad \text{und} \qquad m - n = -1$$

gefunden werden. Mit den Skalarprodukten (s. Beispiel 2 v. Abschn. 7.2)

$$\langle\alpha, \alpha\rangle = \frac{1}{3} \qquad \langle\alpha, \beta\rangle = -\frac{1}{6} \qquad \langle\alpha, \gamma\rangle = \frac{1}{6} \qquad \alpha + \gamma \notin \Delta \tag{7.184}$$

werden dann die Gln. (7.161) und (7.167) bestätigt. Die Wurzelspiegelung $s_\alpha\beta$ des Wurzelvektors β an einer Ebene senkrecht zum Vektor α ergibt den Wurzelvektor γ, was auch das Ergebnis von Gl. (7.168) ist.

Nach Gl. (7.180) bekommt man für das Quadrat der Strukturkonstante mit der Normierung (7.77) in der CARTAN-WEYL-Form

$$\bar{N}_{\alpha\beta}^2 = \frac{1}{2}\cdot 1\cdot 1\cdot\frac{1}{3} = \frac{1}{6}.$$

Entsprechende Überlegungen gelten für den α-String durch die Wurzel $-\gamma$ mit dem Ergebnis

$$\bar{N}^2_{\alpha,-\gamma} = \frac{1}{6},$$

so dass Gl. (7.144) erfüllt ist. Mit der Normierung in der CHEVALLEY-Form nach Gl. (7.177) erhält man den ganzzahligen Wert

$$N^2_{\alpha\beta} = 1,$$

wie er aus dem Kommutator

$$[\boldsymbol{E}_\alpha, \boldsymbol{E}_\beta] = \boldsymbol{E}_\gamma$$

mit den Elementen (7.149) und (7.150) erwartet wird. Die Forderungen (7.183) sind dann ebenfalls erfüllt.

■

7.5 Wurzelsysteme

Eine Abstrahierung der bisherigen Ergebnisse vermag die Klassifizierung von komplexen, halbeinfachen LIE-Algebren zu erleichtern. Dabei wird unabhängig von einer LIE-Algebra ein *abstraktes Wurzelsystem* in einem endlich-dimensionalen, reellen Vektorraum $\mathcal{V}$ mit Skalarprodukt eingeführt. Es ist die endliche Menge Δ von nichtverschwindenden Elementen α mit den Eigenschaften

(a) Die Vektoren $\alpha \in \Delta$ spannen den Vektorraum $\mathcal{V}$ auf

$$\mathcal{V} = \mathrm{span}_{\mathbb{R}}\{\alpha|\alpha \in \Delta\}. \tag{7.185a}$$

(b) Die orthogonale Transformation s_α (WEYL-Spiegelung)

$$s_\alpha(\beta) = \beta - 2\frac{\langle\beta,\alpha\rangle}{\langle\alpha,\alpha\rangle} = \beta - \langle\beta,\alpha^\vee\rangle \qquad \alpha,\beta \in \Delta$$

bedeutet die lineare Selbstabbildung

$$s_\alpha : \mathcal{V} \longrightarrow \mathcal{V} \qquad \alpha \in \Delta. \tag{7.185b}$$

(c) Es gilt

$$2\frac{\langle\beta,\alpha\rangle}{\langle\alpha,\alpha\rangle} \in \mathbb{Z} \qquad \alpha,\beta \in \Delta. \tag{7.185c}$$

Dabei ist die Dimension des Vektorraumes $\mathcal{V}$ der *Rang des Wurzelsystems*. Ein solches Wurzelsystem gilt als *reduziert*, falls für eine Wurzel α aus dem Wurzelsystem Δ die doppelte Wurzel 2α nicht zum Wurzelsystem gehört. Mit diesen Definitionen kann man die Aussage treffen, dass das Wurzelsystem Δ einer komplexen, halbeinfachen LIE-Algebra $\mathcal{L}$ bzgl. der CARTAN-Unteralgebra $\mathcal{H}$ ein abstraktes, reduziertes Wurzelsystem in $\mathcal{V}$ – bzw $\mathcal{H}_0^*$ – ist.

Eine weitere Eigenschaft ist die der *Reduzierbarkeit.* Setzt man voraus, dass es eine nichttriviale, orthogonale Zerlegung des Vektorraumes $\mathcal{V}$ – etwa in den Unterraum $\mathcal{V}_1$ und dem orthogonalen Komplement $\mathcal{V}_2$ – gibt

$$\mathcal{V} = \mathcal{V}_1 \oplus \mathcal{V}_2 \qquad \text{mit} \qquad \mathcal{V}_1 \perp \mathcal{V}_2 \qquad \text{bzw.} \qquad \mathcal{V}_1 \cap \mathcal{V}_2 = \emptyset, \tag{7.186a}$$

dann wird das Wurzelsystem Δ als *reduzibel* bezeichnet

$$\Delta = \Delta_1 \cup \Delta_2 \qquad \text{mit} \qquad \Delta_i : \Delta \cap \mathcal{V}_i \qquad i = 1, 2 \tag{7.186b}$$

und kann als direkte Summe aus Δ_1 und Δ_2 dargestellt werden. Andernfalls ist es *irreduzibel.* Dabei ist ein Wurzelsystem Δ einer komplexen, halbeinfachen LIE-Algebra $\mathcal{L}$ bzgl. einer CARTAN-Unterlagebra $\mathcal{H}$ genau dann irreduzibel, falls die LIE-Algebra $\mathcal{L}$ einfach ist. Die Zerlegung einer halbeinfachen LIE-Algebra $\mathcal{L}$ in einfache LIE-Algebren $\{\mathcal{L}_i | i = 1, \ldots, m\}$ durch die direkte Summe

$$\mathcal{L} = \bigoplus_{i-1}^{m} \mathcal{L}_i \tag{7.187a}$$

impliziert die Reduktion des Wurzelsystems Δ in der Form (s. Abschn. 5.4)

$$\Delta = \bigoplus_{i=1}^{m} \Delta_i \qquad \text{mit} \qquad \langle \alpha, \beta \rangle = 0 \qquad \forall \alpha \in \Delta_k, \; \beta \in \Delta_l \quad \text{und} \quad k \neq l. \tag{7.187b}$$

Wegen der Zerlegung einer halbeinfachen LIE-Algebra nach Gl. (7.187a) erhält man mit der Klassifizierung aller einfachen LIE-Algebren auch automatisch die Klassifizierung aller halbeinfachen LIE-Algebren.

Zwischen den Wurzelvektoren α und β kann man zwei charakteristische Größen definieren, nämlich einen Winkel φ mithilfe des Skalarprodukts

$$\langle \alpha, \beta \rangle = \langle \alpha, \alpha \rangle^{1/2} \langle \beta, \beta \rangle^{1/2} \cos \varphi \tag{7.188}$$

sowie eine relative Länge $l_{\alpha\beta}$ als das Verhältnis der Normen

$$l_{\alpha\beta} = \frac{\langle \alpha, \alpha \rangle^{1/2}}{\langle \beta, \beta \rangle^{1/2}}. \tag{7.189}$$

Nach Gl. (7.185c) erhält man mit

$$2\frac{\langle \alpha, \beta \rangle}{\langle \alpha, \alpha \rangle} = q \in \mathbb{Z} \qquad \text{und} \qquad 2\frac{\langle \alpha, \beta \rangle}{\langle \beta, \beta \rangle} = p \in \mathbb{Z} \tag{7.190}$$

und der Substitution in Gl. (7.188)

Tabelle 7.4 Nichttriviale Fälle (a bis g) des Winkels φ und der relativen Länge $l_{\alpha\beta}$ zwischen zwei Wurzelvektoren α und β einer halbeinfachen LIE-Algebra ($\|\alpha\| \geq \|\beta\|$)

	a	b	c	d	e	f	g
φ	$\pi/6$	$\pi/4$	$\pi/3$	$\pi/2$	$2\pi/3$	$3\pi/4$	$5\pi/6$
$l_{\alpha\beta}$	$\sqrt{3}$	$\sqrt{2}$	1	–	1	$\sqrt{2}$	$\sqrt{3}$
p	3	2	1	0	−1	−2	−3
q	1	1	1	0	−1	−1	−1

$$4\cos^2\varphi = pq \ \in \{0, 1, 2, 3, 4\} \subset \mathbb{Z}, \tag{7.191a}$$

wonach der Winkel φ auf acht mögliche Werte eingeschränkt wird (Tab. 7.4)

$$\varphi \in \{0, \pi/6, \pi/4, \pi/3, \pi/2, 2\pi/3, 3\pi/4, 5\pi/6\}. \tag{7.191b}$$

Setzt man etwa den Wurzelvektor α als größer voraus ($\langle\alpha, \alpha\rangle^{1/2} \geq \langle\beta, \beta\rangle^{1/2}$), dann erwartet man die relativen Längen

$$l_{\alpha\beta} \in \{-, \sqrt{3}, \sqrt{2}, 1, -, 1, \sqrt{2}, \sqrt{3}\}. \tag{7.192}$$

Dabei ist in den Fällen $\varphi = 0$ und $\varphi = \pi/2$ die relative Länge $l_{\alpha\beta}$ unbestimmt ($p = q = 0$). Nachdem die abstrakten Wurzeln den reellen Wurzelraum $\mathcal{V}$ aufspannen, können die Wurzelsysteme im ein- und zweidimensionalen Fall durch die sogenannten *Wurzeldiagramme* veranschaulicht werden. Dabei erwartet man wegen der euklidischen Metrik auf dem reellen Wurzelraum $\mathcal{V}$ eine Isomorphie zum euklidischen Raum $\mathbb{R}^l$. Als Konsequenz daraus ist das Skalarprodukt $\langle\alpha, \beta\rangle$ mit dem Skalarprodukt zweier Vektoren und bezüglich einer Standardbasis $\{e_i \,|\, i = 1, \ldots, l\}$ gleichzusetzen.

Beispiel 1 Im Fall einer einfachen LIE-Algebra vom Rang $l = 1$ erwartet man die beiden endlichen Wurzeln $\pm\alpha$, die durch eine WEYL-Spiegelung (7.185b) ineinander transformiert werden. Sie spannen den eindimensionalen euklidischen Raum $\mathcal{V} = \mathbb{R}$ auf, so dass das Wurzelsystem die einfache Form von Abb. 7.1 annimmt.

Zu diesem Wurzeldiagramm gehört die dreidimensionale LIE-Algebra A_1, die isomorph ist zu den LIE-Algebren B_1 und C_1. Diese abstrakten LIE-Algebren sind ihrerseits isomorph zu den komplexen Matrix-Algebren gemäß

$$A_1 \cong sl(2, \mathbb{C}), \qquad B_1 \cong so(3, \mathbb{C}), \qquad C_1 \cong sp(2, \mathbb{C}).$$

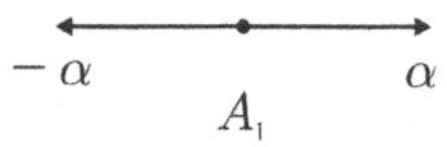

Abb. 7.1 Wurzelsystem Δ der einfachen LIE-Algebra A_1 ($\cong B_1 \cong C_1$) im Raum $\mathbb{R}$

Aus der Forderung nach Normierung ergibt sich für das Normquadrat $\langle\alpha, \alpha\rangle$ der Wert von (7.126) (s. Beispiel 1 v. Abschn. 7.2).

Beispiel 2 Im Fall einer einfachen LIE-Algebra vom Rang $l = 2$ erwartet man die Darstellung des Wurzelsystems $\Delta \subset \mathbb{R}^2$ im zweidimensionalen euklidischen Raum $\mathbb{R}^2$. Dabei genügt es, jeweils zwei linear unabhängige Wurzelvektoren, nämlich die sogenannten einfachen Wurzelvektoren (Abschn. 7.5) α und β mit dem Zwischenwinkel φ zu betrachten, um alle weiteren Wurzelvektoren durch WEYL-Spiegelungen (7.185b) s_α und s_β – als die Generatoren der WEYL-Gruppe (Abschn. 7.8) – sowie deren Produkte zu erzeugen.

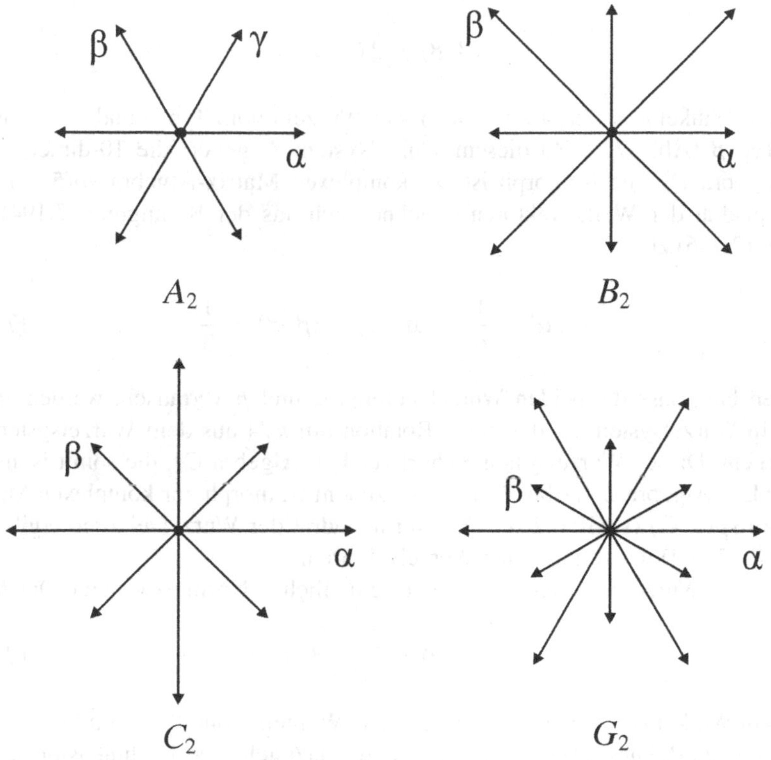

Abb. 7.2 Wurzelsysteme Δ der einfachen LIE-Algebren A_2 ($\cong sl(3, \mathbb{C})$), B_2 ($\cong so(5, \mathbb{C})$), C_2 ($\cong sp(2, \mathbb{C})$) und G_2 im Raum $\mathbb{R}^2$

Bei zwei Wurzelvektoren mit gleicher Norm bzw. deren Quadrat

$$\langle \alpha, \alpha \rangle = \langle \beta, \beta \rangle \tag{7.193}$$

und dem Zwischenwinkel $\varphi = 2\pi/3$ erhält man sechs Wurzeln, die ein reguläres Sechseck bilden (Abb. 7.2). Dieses Wurzelsystem Δ bzw. die dazugehörige LIE-Algebra wird mit A_2 bezeichnet. Letztere ist isomorph zur komplexen Matrix-Algebra $sl(3, \mathbb{C})$. Mit den endlichen Wurzeln α und β erhält man die Wurzel $\gamma = \alpha + \beta$ (Gl. 7.133), wohingegen die Vektoren $\beta - \alpha$ und $\beta + 2\alpha$ keine Wurzelvektoren sind (Beispiel 2 v. Abschn. 7.2). Das Normquadrat errechnet sich aus der Normierungsbedingung

$$\sum_{\alpha} \langle \alpha, \alpha \rangle + \sum_{\beta} \langle \beta, \beta \rangle = 2 \tag{7.194}$$

und mit Gl. (7.193) zu

$$\langle \alpha, \alpha \rangle = \frac{1}{3} = \langle \beta, \beta \rangle = \langle \gamma, \gamma \rangle \,. \tag{7.195}$$

Bei zwei Wurzelvektoren mit der unterschiedlichen Norm bzw. deren Quadrat

$$\langle \beta, \beta \rangle = 2 \langle \alpha, \alpha \rangle \tag{7.196}$$

und dem Winkel $\varphi = 3\pi/4$ erhält man vier Wurzeln vom Typ α und vier Wurzeln vom Typ β (Abb. 7.2). Zu diesem Wurzelsystem Δ gehört die 10-dimensionale LIE-Algebra B_2, die isomorph ist zur komplexen Matrix-Algebra $so(5, \mathbb{C})$. Das Normquadrat der Wurzelvektoren errechnet sich aus der Bedingung (7.194) und mit Gl. (7.196) zu

$$\langle \alpha, \alpha \rangle = \frac{1}{6} \qquad \text{und} \qquad \langle \beta, \beta \rangle = \frac{1}{3}. \tag{7.197}$$

Für den Fall, dass die beiden Wurzelvektoren α und β vertauscht werden, erhält man ein Wurzelsystem Δ, das durch Rotation um $\pi/4$ aus dem Wurzelsystem B_2 hervorgeht. Dieses Wurzelsystem gehört zur LIE-Algebra C_2, die somit isomorph ist zur LIE-Algebra B_2 (Abb. 7.2). Sie ist zudem isomorph zur komplexen Matrix-Algebra $sp(2, \mathbb{C})$ (s. Gl. 6.267). Das Normquadrat der Wurzelvektoren ergibt sich nach Gl. (7.197) bei vertauschten Wurzelvektoren.

Bei zwei Wurzelvektoren mit der unterschiedlichen Norm bzw. deren Quadrat

$$\langle \alpha, \alpha \rangle = 3 \langle \beta, \beta \rangle \tag{7.198}$$

und dem Winkel $\varphi = 5\pi/6$ erhält man sechs Wurzeln vom Typ α und sechs Wurzeln vom Typ β. Dieses Wurzelsystem bzw. die dazugehörige 14-dimensionale LIE-Algebra wird mit G_2 bezeichnet (Abb. 7.2). Das Normquadrat der Wurzelvektoren errechnet sich aus der Bedingung (7.194) und mit Gl. (7.198) zu

$$\langle \alpha, \alpha \rangle = \frac{1}{4} \qquad \text{und} \qquad \langle \beta, \beta \rangle = \frac{1}{12}. \tag{7.199}$$

Schließlich bleibt noch jener Fall zu diskutieren, bei dem zwei unterschiedliche Wurzelvektoren α und β mit unbestimmter relativer Länge $l_{\alpha\beta}$ den Winkel $\varphi = \pi/2$ einschließen. (Tab. 7.5). Nach WEYL-Spiegelungen erhält man ein Wurzelsystem Δ mit vier Wurzelvektoren (Abb. 7.3), das nach Gl. (7.187b) reduziert werden kann in die direkte Summe

$$\Delta = \Delta_1 \oplus \Delta_1 \,. \tag{7.200a}$$

Dabei gehört das Wurzelsystem Δ_1 mit zwei endlichen Wurzelvektoren zur einfachen LIE-Algebra A_1 (Beispiel 1). Das Wurzelsystem Δ bzw. die zugehörige abstrakte LIE-Algebra wird mit D_2 bezeichnet. Letztere ist 6-dimensional und kann nach Gl. (7.187a) in zwei 3-dimensionale LIE-Algebren A_1 zerlegt werden

$$D_2 = A_1 \oplus A_1. \tag{7.200b}$$

Dies ist darin begründet, dass die LIE-Algebra D_2 bzw. die dazu isomorphe Matrix-Algebra $so(4, \mathbb{C})$ wohl halbeinfach aber nicht einfach ist, so dass eine Zerlegung in eine direkte Summe zweier einfacher LIE-Algebren erwartet wird. Analog dazu geschieht die Zerlegung der dazu isomorphen Matrix-Algebra (s. a. Gl. 6.268)

$$so(4, \mathbb{C}) = su(2) \oplus su(2). \tag{7.200c}$$

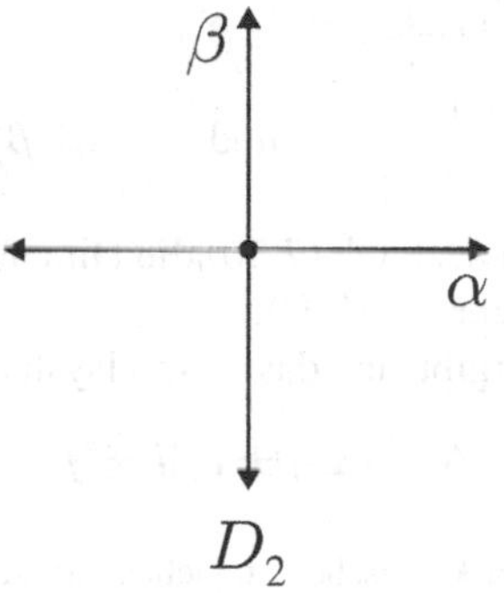

Abb. 7.3 Wurzelsystem Δ der halbeinfachen LIE-Algebra D_2 ($\cong so(4, \mathbb{C})$)

Zusammenfassend muss festgestellt werden, dass es in jedem irreduziblen Wurzelsystem Δ höchstens zwei verschiedene Normen bzw. Längen von Wurzelvektoren gibt. Demzufolge sind nur vier verschiedene Wurzelsysteme (A_2, B_2, D_2, G_2) vom Rang Zwei zu erwarten.

Beispiel 3 Eine Erweiterung der Betrachtung von einfachen LIE-Algebren mit dem allgemeinen Rang l führt zu unendlichen Folgen, den sogenannten *klassischen einfachen* LIE-*Algebren* A_l, B_l, C_l und D_l. Dort kann man zwischen zwei Typen unterscheiden. Beim ersten Typ, zu dem B_l, C_l und D_l gehören, wird man im l-dimensionalen Wurzelraum eine orthonormale Basis $\{e_i | i = 1, \ldots, l\}$ wählen, um damit das Wurzelsystem Δ zu konstruieren.

Für die LIE-Algebra B_l ergibt sich das Wurzelsystem (Tab. 7.5)

$$\Delta = \{\pm e_i | i = 1, \ldots l\} \cup \{\pm e_i \pm e_j | i \neq j\}.$$

Dabei sind die $2l$ Wurzeln der ersten Menge vom Typ α und die $2l(l-1)$ Wurzeln der zweiten Menge vom Typ β. Das Normquadrat der Wurzelvektoren errechnet sich dann mit der allgemeinen Normierungsbedingung

$$\sum_{\alpha} \langle \alpha, \alpha \rangle + \sum_{\beta} \langle \beta, \beta \rangle = l \tag{7.201}$$

sowie mit Gl. (7.196) zu

$$\langle \alpha, \alpha \rangle = \frac{1}{2(2l-1)} \qquad \text{und} \qquad \langle \beta, \beta \rangle = \frac{1}{2l-1}.$$

Die LIE-Algebra B_l hat dann nach Gl. (7.56) die Dimension $\dim B_l = l(2l-1)$ und ist isomorph zur Matrix-Algebra $so(2l+1, \mathbb{C})$.

Für die LIE-Algebra C_l ergibt sich das Wurzelsystem (Tab. 7.5)

$$\Delta = \{\pm 2e_i | i = 1, \ldots l\} \cup \{\pm e_i \pm e_j | i \neq j\}.$$

Dabei sind die $2l$ Wurzeln der ersten Menge vom Typ β und die $2l(l-1)$ Wurzeln der zweiten Menge vom Typ α. Das Normquadrat der Wurzelvektoren errechnet sich dann mit der Bedingung (7.201) zu

$$\langle \alpha, \alpha \rangle = \frac{1}{2(l+1)} \qquad \text{und} \qquad \langle \beta, \beta \rangle = \frac{1}{l+1}.$$

Die LIE-Algebra C_l hat dann nach Gl. (7.56) die Dimension $\dim C_l = l(2l+1)$ und ist isomorph zur Matrix-Algebra $sp(l, \mathbb{C})$.

Für die LIE-Algebra D_l ergibt sich das Wurzelsystem (Tab. 7.5)

$$\Delta = \{\pm e_i \pm e_j | i \neq j\}$$

Tabelle 7.5 Wurzelsysteme Δ der klassischen einfachen LIE-Algebren $\mathcal{L}$ im Vektorraum $\mathcal{V}$ mit orthonormalen Basissystemen $\{e_i | i = 1, \ldots, \dim \mathcal{V}\}$ ($|\Delta|$: Anzahl der endlichen Wurzeln)

$\mathcal{L}$	rang $\mathcal{L}$	dim $\mathcal{L}$	dim $\mathcal{V}$	Δ	$\|\Delta\|$	Isomorphie
A_l	$l \geq 1$	$l(l+2)$	$l+1$	$\{e_i - e_j \| i \neq j\}$	$l(l+1)$	$sl(l+1, \mathbb{C})$
B_l	$l \geq 2$	$l(2l+1)$	l	$\{\pm e_i\} \cup$ $\{\pm e_i \pm e_j \| i \neq j\}$	$2l^2$	$so(2l+1, \mathbb{C})$
C_l	$l \geq 3$	$l(2l+1)$	l	$\{\pm 2e_i\} \cup$ $\{\pm e_i \pm e_j \| i \neq j\}$	$2l^2$	$sp(l, \mathbb{C})$
D_l	$l \geq 4$	$l(2l-1)$	l	$\{\pm e_i \pm e_j \| i \neq j\}$	$2l(l-1)$	$so(2l, \mathbb{C})$

mit $2l(l-1)$ Wurzeln vom gleichen Typ α. Als Normquadrat erhält man mit Gln. (7.201) und (7.193)

$$\langle \alpha, \alpha \rangle = \frac{1}{2(l-1)}.$$

Die LIE-Algebra D_l hat dann nach Gl. (7.56) die Dimension $\dim D_l = l(2l-1)$ und ist isomorph zur LIE-Algebra $so(2l, \mathbb{C})$.

Die LIE-Algebra A_l gehört zum zweiten Typ von einfachen LIE-Algebren. Dort wählt man eine orthonormale Basis $\{e_i | i = 1, \ldots, l+1\}$, die einen reellen Vektorraum $\mathcal{V}$ mit der Dimension $\dim \mathcal{V} = l + 1$ aufspannt. Für das Wurzelsystem ergibt sich (Tab. 7.5)

$$\Delta = \{e_i - e_j | i \neq j\} \qquad i, j = 1, \ldots, l + 1$$

mit insgesamt $l(l+1)$ Wurzeln α, die in einen zum Wurzelraum isomorphen Unterraum $\mathcal{U}$ mit der Dimension $\dim \mathcal{U} = l$ projiziert werden. Letzterer ist als Hyperebene orthogonal zum Vektor $\sum_i^{l+1} e_i$. Als Normquadrat erhält man mit Gl. (7.201)

$$\langle \alpha, \alpha \rangle = \frac{1}{l+1}.$$

Die LIE-Algebra A_l hat dann nach Gl. (7.56) die Dimension $\dim A_l = l(l+2)$ und ist isomorph zur LIE-Algebra $sl(l+1, \mathbb{C})$ (Tab. 7.5).

Beispiel 4 Auch die *exzeptionellen einfachen* LIE-*Algebren* kann man bezüglich der Wahl der Basis in zwei Typen unterteilen. Beim ersten Typ, zu dem die LIE-Algebren E_8 und F_4 gehören, existiert eine orthonormale Basis $\{e_i | i = 1, \ldots, 8\}$ bzw. $\{e_i | i = 1, \ldots, 4\}$ im 8- bzw. 4-dimensionalen Wurzelraum, womit das Wurzelsystem aufgebaut werden kann (Tab. 7.6). Der zweite Typ umfasst die LIE-Algebren E_6, E_7 und G_2 (Tab. 7.6). Dort wählt man – wie im Fall der LIE-Algebra A_l (Beispiel 3) – eine orthonormale Basis $\{e_i\}$, die einen reellen Vektorraum aufspannt mit der Dimension $\dim \mathcal{V} = \operatorname{rang} \mathcal{L} + 1$ im Fall E_7 und G_2 bzw. $\dim \mathcal{V} = \operatorname{rang} \mathcal{L} + 2$ im Fall E_6. Die Wurzelvektoren α werden in einem zum Wurzelraum isomorphen Unterraum $\mathcal{U}$ mit der Dimension $\dim \mathcal{U} = \operatorname{rang} \mathcal{L}$ projiziert. Letzterer ist orthogonal zum Vektor $(e_1 + e_2 + e_3)$ für G_2, zum Vektor $(e_7 + e_8)$ für E_7 sowie zu den Vektoren $(e_6 + e_8)$ und $(e_7 + e_8)$ für E_6. ■

Nachzutragen ist der Hinweis, dass mithilfe der dualen Wurzeln $\alpha^\vee$ (7.68b) ein zum Wurzelsystem *duales Wurzelsystem* $\Delta^\vee$ definiert werden kann

$$\Delta^\vee := \{\alpha^\vee | \alpha \in \Delta\}. \tag{7.202}$$

Tabelle 7.6 Wurzelsysteme Δ der exzeptionellen einfachen LIE-Algebren $\mathcal{L}$ im Vektorraum $\mathcal{V}$ mit orthonormalen Basissystemen $\{e_i | i = 1, \ldots, \dim \mathcal{V}\}$ ($|\Delta|$: Anzahl der endlichen Wurzeln)

$\mathcal{L}$	$\dim \mathcal{L}$	$\dim \mathcal{V}$	Δ	$\lvert\Delta\rvert$
E_6	78	8	s. E_8	72
E_7	133	8	s. E_8	126
E_8	248	8	$\{\pm 2e_i \pm e_j \lvert i \neq j\} \cup$ $\left\{\frac{1}{2}\sum_{i=1}^8 (-1)^{n(i)} e_i\right\}$ mit $\sum_{i=1}^8 (-1)^{n(i)}$: gerade	240
F_4	52	4	$\{\pm e_i\} \cup \{\pm e_i \pm e_j \lvert i \neq j\} \cup$ $\frac{1}{2}\left\{\sum_{i=1}^4 \pm e_i\right\}$	48
G_2	14	3	$\{\pm e_i\} \cup \{\pm e_i \pm e_j \lvert i \neq j\}$	12

Dieses ist isomorph zum Wurzelsystem der sogenannten *dualen* LIE-*Algebra* $\mathcal{L}^\vee$ von $\mathcal{L}$

$$\Delta^\vee \cong \Delta(\mathcal{L}^\vee). \tag{7.203}$$

7.6 Einfache Wurzeln

Nach Wahl einer Hyperebene im endlich-dimensionalen, reellen Vektorraum $\mathcal{V}$ mit Skalarprodukt – bzw. $\mathcal{H}_0^*$–, die keine Wurzel enthält, kann der Wurzelraum in zwei voneinander getrennte Halbräume $\mathcal{V}_+$ und $\mathcal{V}_-$ aufgeteilt werden. Damit gelingt es eine Menge von Wurzeln auszuzeichnen und etwa jene Menge Δ_+, die im Halbraum $\mathcal{V}_+$ liegen als *positive Wurzeln* ($\alpha > 0$) zu definieren

$$\Delta_+ := \{\alpha \in \Delta | \alpha > 0\}. \tag{7.204}$$

Andernfalls gelten die Wurzeln als *negative Wurzeln* ($\alpha < 0$) (Tab. 7.7). Diese Einteilung hat zur Folge, dass in der linearen Entwicklung einer Wurzel α nach einer

Tabelle 7.7 Positive (Δ_+) und einfache (Π) Wurzelsysteme von einfachen LIE-Algebren $\mathcal{L}$ im Vektorraum $\mathcal{V}$ mit den orthonormalen Basissystemen $\{e_i | i = 1, \ldots, \dim \mathcal{V}\}$

$\mathcal{L}$	$\dim \mathcal{V}$	Δ_+	Π
A_l	$l+1$	$\{e_i - e_j \| i < j\}$	$\{e_i - e_{i+1}\}$
B_l	l	$\{e_i\} \cup$ $\{e_i \pm e_j \| i \neq j\}$	$\{e_i - e_{i+1} \| i = 1, \ldots, l-1\} \cup$ $\{e_l\}$
C_l	l	$\{2e_i\} \cup$ $\{e_i \pm e_j \| i \neq j\}$	$\{e_i - e_{i+1} \| i = 1, \ldots, l-1\} \cup$ $\{2e_l\}$
D_l	l	$\{e_i \pm e_j \| i < j\}$	$\{e_i - e_{i+1} \| i = 1, \ldots, l-1\} \cup$ $\{e_{l-1} + e_l\}$
E_6	8	$\{e_i \pm e_j \| 1 \leq j < i \leq 5\} \cup$ $1/2 \left\{e_8 - e_7 - e_6 + \sum_{i=1}^5 (-1)^{n(i)} e_i\right\}$ $\sum(-1)^{n(i)}$: ungerade	$\{e_{i+1} - e_i \| i = 1, \ldots, 4\} \cup$ $1/2 \left\{e_8 + e_1 - \sum_{i=2}^7 e_i\right\} \cup$ $\{e_1 + e_2\}$
E_7	8	$\{e_i \pm e_j \| 1 \leq j \leq i \leq 6\} \cup$ $1/2 \left\{e_8 - e_7 + \sum_{i=1}^6 (-1)^{n(i)} e_i\right\} \cup$ $\{e_8 - e_7\}$, $\sum(-1)^{n(i)}$: gerade	$\{e_{i+1} - e_i \| 1 \leq i \leq 5\} \cup$ $1/2 \left\{e_8 + e_1 - \sum_{i=2}^7 e_i\right\} \cup$ $\{e_1 + e_2\}$
E_8	8	$\{e_i \pm e_j \| j \leq i\} \cup$ $1/2 \left\{e_8 + \sum_{i=1}^7 (-1)^{n(i)} e_i\right\}$ $\sum(-1)^{n(i)}$: ungerade	$\{e_{i+1} - e_i \| i = 1, \ldots, 6\} \cup$ $1/2 \left\{e_8 + e_1 - \sum_{i=2}^7 e_i\right\} \cup$ $\{e_1 + e_2\}$
F_4	4	$\{e_i \pm e_j \| j \leq i\} \cup$ $1/2\{e_1 \pm e_2 \pm e_3 \pm e_4\}$	$\{e_2 - e_3, e_3 - e_4, e_4\} \cup$ $1/2\{e_1 - e_2 - e_3 - e_4\}$
G_2	3	$\{e_1 - e_2, e_3 - e_1, e_3 - e_2\} \cup$ $\{e_2 + e_3 - 2e_1, e_1 + e_3 - 2e_2,$ $-e_1 - e_2 + 2e_3\}$	$\{e_1 - e_2, e_2 + e_3 - 2e_1\}$

Basis $\{\alpha_{(i)}|i = 1,\ldots,l\}$ im Wurzelraum $\mathcal{V}$ gemäß Gl. (7.210) die erste nichtverschwindende Komponente a_i positiv ist. Die Entscheidung darüber, ob eine Wurzel positiv ist, hängt demnach von der Lage der Hyperebene bzw. von der Wahl der Basis ab. Die Summe zweier positiven Wurzeln sowie das positive Vielfache einer positiven Wurzel ist stets positiv.

Nachdem es bei einem abstrakten, reduzierten Wurzelsystem Δ kein Vielfaches der Wurzel α gibt – außer $-\alpha$ – ist die Wurzel α genau dann aus dem positiven Wurzelsystem Δ_+, wenn $-\alpha$ im negativen Wurzelsystem Δ_- enthalten ist. Demnach kann die Menge der Basiselemente $\{e_\alpha|\alpha \in \Delta\}$ (7.57) bzw. Stufenoperatoren aufgeteilt werden in zwei Teilmengen

$$\{e_\alpha|\alpha \in \Delta\} = \{e_{+\alpha}|\alpha \in \Delta_+\} \cup \{e_{-\alpha}|\alpha \in \Delta_-\}, \tag{7.205}$$

die aus der Menge der *Aufsteigeoperatoren* (*Erzeugungsoperatoren*) $e_{+\alpha}$ und der *Absteigeoperatoren* (*Vernichtungsoperatoren*) $e_{-\alpha}$ besteht. Dabei ist zu beachten, dass die willkürliche Wahl der Hyperebene bzw. der Basis darüber entscheidet, welche Operatoren zu den Aufsteige- bzw. Absteigeoperatoren gehören. Die Anzahl $|\Delta_+|$ der positiven Wurzeln ist gerade die Hälfte der gesamten Anzahl $|\Delta|$ von endlichen Wurzeln. Demzufolge muss die gesamte Anzahl und mithin die Differenz zwischen der Dimension und dem Rang einer halbeinfachen LIE-Agebra geradzahlig sein. (s. a. Abschn. 7.3). Mit den Unterräumen, die von den Aufsteige- bzw. Absteigeoperatoren (7.205) aufgespannt werden, bekommt man die LIE-Unteralgebren $\mathcal{L}_+$ und $\mathcal{L}_-$. Letztere erlauben eine Aufteilung der gesamten LIE-Algebra $\mathcal{L}$ in der Form

$$\mathcal{L} = \mathcal{L}_+ \oplus \mathcal{H} \oplus \mathcal{L}_- = \mathcal{L}_+ \oplus \mathcal{L}_0 \oplus \mathcal{L}_-, \tag{7.206}$$

die als *Dreiecks*- oder GAUSS-*Zerlegung* von $\mathcal{L}$ bezeichnet wird.

Schließlich kann man zwischen zwei Wurzeln α und β eine Vergleichsoperation definieren

$$\alpha > \beta \qquad \text{für} \quad \alpha - \beta > 0 \quad \text{bzw.} \quad (\alpha - \beta) \in \Delta_+ \qquad \alpha, \beta \in \Delta. \tag{7.207}$$

Damit gelingt eine einfache (lexikographische) Anordnung auf dem Wurzelraum, die unter Addition und Multiplikation mit positiven Skalaren erhalten bleibt und ausschließlich von der Wahl der Basis abhängig ist.

Zur Klassifizierung einer LIE-Algebra ist die Angabe aller Wurzeln $\alpha \in \Delta$ wegen deren linearen Abhängigkeit redundant. Unter der Menge der positiven Wurzeln $\{\alpha|\alpha \in \Delta_+\}$ gibt es jedoch eine ausgezeichnete Teilmenge, die sogenannten *einfachen Wurzeln*, die die wesentlichen Informationen über das Wurzelsystem Δ einer einfachen LIE-Algebra enthalten (Tab. 7.7). Dabei wird eine Wurzel als einfach bezeichnet, wenn sie positiv ist und nicht in einer Linearkombination von anderen positiven Wurzeln mit positiven Komponenten zerlegt werden kann. Demnach sind die einfachen Wurzeln genau jene Wurzeln, die am nächsten an der Hyperebene liegen. Die willkürliche Wahl der Hyperebene bzw. der Basis im Wurzelraum entscheidet darüber, welche Wurzeln als einfach gelten. Unabhängig von der Wahl der Hyperebene kann man in einem abstrakten Wurzelraum eine Menge Π von genau l einfachen Wurzeln $\alpha_{(i)}$ definieren

$$\Pi := \{\alpha_{(i)} | i = 1, \ldots, l = \operatorname{rang} \mathcal{L}\}. \tag{7.208}$$

Diese Menge Π ist linear unabhängig und spannt den reellen Wurzelraum $\mathcal{V}$ auf

$$\mathcal{V} = \operatorname{span}_{\mathbb{R}}\{\alpha_{(i)} | i = 1, \ldots, l\}, \tag{7.209}$$

so dass die einfachen Wurzeln eine Basis bilden. Sie ist jedoch nicht notwendigerweise orthonormal. Der euklidische Vektorraum zusammen mit der Basis (7.208) werden als *einfaches (fundamentales) System* Π bezeichnet. Jede beliebige Wurzel α kann dann durch eine Linearkombination von einfachen Wurzeln dargestellt werden

$$\alpha = \sum_{i=1}^{l} a_i \alpha_{(i)} \qquad \alpha_{(i)} \in \Pi \qquad a_i \in \mathbb{Z}. \tag{7.210}$$

Dabei ist hervorzuheben, dass die Komponenten $\{a_i | i = 1, \ldots, l\}$ alle ganzzahlig sind. Falls alle Komponenten positiv sind ist die Wurzel α positiv ($\alpha \in \Delta_+$). Umgekehrt ist die Bedingung (7.210) auch hinreichend dafür, dass die Menge Π der Wurzeln ein einfaches System ist.

Ausgehend von zwei einfachen Wurzeln $\alpha_{(i)}$ und $\alpha_{(j)}$ $(i \neq j)$ sowie von der Voraussetzung, dass die Differenz eine positive Wurzel ist

$$\alpha_{(i)} - \alpha_{(j)} \in \Delta_+ \qquad \alpha_{(i)}, \alpha_{(j)} \in \Pi \qquad i \neq j,$$

dann lässt sich die Wurzel $\alpha_{(i)}$ als Summe zweier positiver Wurzeln darstellen

$$\alpha_{(i)} = (\alpha_{(i)} - \alpha_{(j)}) + \alpha_{(j)},$$

was der linearen Unabhängigkeit widerspricht. In analoger Weise bekommt man einen Widerspruch zu der Voraussetzung, dass die Differenz $(\alpha_{(i)} - \alpha_{(j)})$ eine negative Wurzel ist. Als Konsequenz daraus gilt die Aussage, dass die Differenz zweier verschiedener einfacher Wurzeln keine Wurzel des Wurzelsystems Δ ist

$$\alpha_{(i)} - \alpha_{(j)} \notin \Delta \qquad \alpha_{(i)}, \alpha_{(j)} \in \Pi \qquad i \neq j. \tag{7.211}$$

Betrachtet man einen $\alpha_{(i)}$-String durch die einfache Wurzel $\alpha_{(j)}$

$$\alpha_{(j)} - m\alpha_{(i)}, \alpha_{(j)} - (m-1)\alpha_{(i)}, \ldots, \alpha_{(j)} + n\alpha_{(i)} \qquad m, n \geq 0 \qquad m, n \in \mathbb{Z},$$

dann erhält man mit Gl. (7.211) die Forderung nach einer verschwindenden Zahl m $(= 0)$. Nach Gl. (7.167) findet man zusammen mit dem reellen, positiven Normquadrat von $\alpha_{(i)}$ ($\langle\alpha_{(i)}, \alpha_{(i)}\rangle > 0$, s. Gl. 7.172b) für das Skalarprodukt zweier verschiedener einfachen Wurzeln

$$\langle\alpha_{(i)}, \alpha_{(j)}\rangle \leq 0. \tag{7.212}$$

Demnach schließen die Wurzelvektoren zweier einfacher Wurzeln stets einen stumpfen Winkel $\{\pi/2 \leq \varphi \leq \pi\}$ ein.

Mit einer einfachen Wurzel $\alpha_{(i)}$ aus dem Basissystem Π bekommt man durch

$$\alpha^{\vee}_{(i)} = \frac{2\alpha_{(i)}}{\langle\alpha_{(i)}, \alpha_{(i)}\rangle} \qquad i = 1, \ldots, l \qquad \alpha_{(i)} \in \Pi \tag{7.213}$$

eine *einfache Ko-Wurzel* $\alpha^{\vee}_{(i)}$. Dabei sind die einfachen Ko-Wurzeln $\{\alpha^{\vee}_{(i)}|i = 1, \ldots, l\}$ gerade die einfachen Wurzeln der zur LIE-Algebra $\mathcal{L}$ dualen LIE-Algebra $\mathcal{L}^{\vee}$ (s. Gl. 7.203).

An dieser Stelle sei auf den zum Wurzelraum $\mathcal{V}$ – bzw. $\mathcal{H}_0^*$ – dualen Raum, den sogenannten *Gewichtsraum* $\mathcal{V}^*$ – bzw. $\mathcal{H}_0$ – hingewiesen, dessen Elemente als die *Gewichte* λ der LIE-Algebra $\mathcal{L}$ aufgefasst werden können (Abschn. 9.1). Wählt man als Basis des Wurzelraumes die einfachen Ko-Wurzeln

$$\mathcal{B}^* = \{\alpha^{(i)\vee}|i = 1, \ldots, l\}, \tag{7.214a}$$

dann besteht die dazu duale Basis $\mathcal{B}$ des Gewichtsraumes

$$\mathcal{B} = \{\Lambda_{(j)}|j = 1, \ldots, l\}, \tag{7.214b}$$

die als DYNKIN-*Basis* bezeichnet wird, aus den sogenannten l *fundamentalen Gewichten* $\Lambda_{(i)}$ einer halbeinfachen LIE-Algebra mit der Eigenschaft

$$\left\langle\alpha^{(i)\vee}, \Lambda_{(j)}\right\rangle = \delta^i_j \quad \text{bzw.} \quad \left\langle\alpha^{(i)}, \Lambda_{(j)}\right\rangle = \frac{1}{2}\left\langle\alpha^{(i)}, \alpha^{(i)}\right\rangle\delta^i_j \qquad i, j = 1, \ldots, l. \tag{7.215}$$

Die Indexstellung – unten bzw. oben – bringt die ko- bzw. kontravarianten Transformationseigenschaften zum Ausdruck. In der geometrischen Interpretation steht der j-te fundamentale Gewichtsvektor senkrecht zu den Wurzelvektoren $\{\alpha^{(i)}|i \neq i, j = 1, \ldots, l\}$. Die orthogonale Projektion dieses Gewichtsvektors $\Lambda_{(j)}$ auf den Wurzelvektor $\alpha^{(i)}$ ist gerade dessen halbe Länge $\langle\alpha^{(i)}, \alpha^{(i)}\rangle$. Die Komponenten $\{\lambda^i\,|\,i = 1, \ldots, l\}$ eines beliebigen Gewichts λ in der DYNKIN-Basis

$$\lambda = \sum_{i=1}^{l} \lambda^i \Lambda_{(i)} \tag{7.216}$$

werden als DYNKIN-*Label* bezeichnet.

Analog zu dieser Betrachtung kann man eine zu den einfachen Wurzeln als Basis

$$\mathcal{B}^* = \{\alpha^{(i)} | i = 1, \ldots, l\} \tag{7.217a}$$

duale Basis

$$\mathcal{B} = \left\{ \Lambda^{\vee}_{(j)} | j = 1, \ldots, l \right\}, \tag{7.217b}$$

finden, deren Elemente die l fundamentalen Ko-Gewichte $\Lambda^{\vee(i)}$ sind und die Forderung

$$\left\langle \alpha^{(i)}, \Lambda^{\vee}_{(i)} \right\rangle = \delta^i_j \qquad \text{bzw.} \qquad \left\langle \alpha^{(i)}, \Lambda_{(j)} \right\rangle = \frac{1}{2} \left\langle \Lambda_{(j)}, \Lambda_{(j)} \right\rangle \delta^i_j \qquad i, j = 1, \ldots, l \tag{7.218}$$

erfüllen.

Die Summe der fundamentalen Gewichte bzw. fundamentalen Ko-Gewichte definieren einen Vektor, der als WEYL-*Vektor* ρ bzw. als *dualer* WEYL-Vektor $\rho^{\vee}$ bekannt ist (s. a. Abschn. 7.8)

$$\rho = \sum_{i=1}^{l} \Lambda_{(i)} \qquad \text{bzw.} \qquad \rho^{\vee} = \sum_{i=1}^{l} \Lambda^{\vee}_{(i)}. \tag{7.219}$$

Dieser Vektor genügt der Forderung, dass dessen DYNKIN-Label λ^i alle gleich dem Wert Eins sind und man erhält mit Gl. (7.215) bzw. (7.218)

$$\left\langle \alpha^{(i)\vee}, \rho \right\rangle = 1 \qquad \text{bzw.} \qquad \left\langle \alpha^{(i)}, \rho^{\vee} \right\rangle = 1 \qquad i = 1, \ldots, l. \tag{7.220}$$

Nachdem jede Wurzel α nach Gl. (7.210) als Linearkombination von einfachen Wurzeln mit ganzzahligen Komponenten darstellbar ist, kann man eine besondere Teilmenge des Wurzelraumes $\mathcal{H}_0^*$ definieren, nämlich die Menge aller Linearkombinationen von einfachen Wurzeln $\alpha^{(i)}$ mit ganzzahligen Komponenten a_i ($\in \mathbb{Z}$). Man erhält so eine Menge von Vektoren, deren Gesamtheit das sogenannte *Wurzelgitter* $L_{\mathrm{r}}(\mathcal{L})$ aufspannen

$$L_{\mathrm{r}}(\mathcal{L}) = \mathrm{span}_{\mathbb{Z}} \Pi = \mathrm{span}_{\mathbb{Z}} \Delta. \tag{7.221}$$

Betrachtet man an Stelle der einfachen Wurzeln die einfachen Ko-Wurzeln $\alpha^{(i)\vee}$ (7.213), dann erhält man als Menge aller Linearkombinationen das *Ko-Wurzelgitter* $L^{\vee}_{\mathrm{r}}(\mathcal{L})$.

Analog dazu kann man im Gewichtsraum $\mathcal{H}_0$ ein *Gewichtsgitter* $L_{\mathrm{w}}(\mathcal{L})$ einführen, das von den fundamentalen Gewichten (7.214) über den ganzen Zahlen $\mathbb{Z}$ aufgespannt wird

$$L_{\mathrm{w}}(\mathcal{L}) = \mathrm{span}_{\mathbb{Z}}\{\Lambda_{(i)}|i = 1, \ldots, l\}. \tag{7.222}$$

Dieses ist dann dual zum Ko-Wurzelgitter

$$L_{\mathrm{w}}(\mathcal{L}) = \left[L_{\mathrm{r}}^{\vee}(\mathcal{L})\right]^*,$$

so dass Skalarprodukt von Elementen aus dem einen Gitter mit solchen aus dem anderen Gitter stets eine ganze Zahl ist. Zudem ist das Wurzelgitter $\mathcal{L}_{\mathrm{r}}$ als Untergitter im Gewichtsgitter $\mathcal{L}_{\mathrm{w}}$ enthalten ($\mathcal{L}_{\mathrm{r}} \subset \mathcal{L}_{\mathrm{w}}$).

Die ganzzahlige, positive Summe der Komponenten $\{a_i|i = 1, \ldots, l\}$ einer Wurzel α nach Gl. (7.210) bzw. ganz allgemein eines Gittervektors im Wurzelgitter $L_{\mathrm{r}}(\mathcal{L})$ mit dem einfachen System Π wird als *Höhe der Wurzel* α bezeichnet

$$\mathrm{ht}\alpha = \sum_{i=1}^{l} a_i \qquad a_i \in \mathbb{Z}. \tag{7.223}$$

Demnach sind jene positiven Wurzeln $\alpha \in \Delta_+$ mit der Höhe $\mathrm{ht}\alpha = 1$ gerade die einfachen Wurzeln $\alpha^{(i)}$. Die Verknüpfung einer beliebigen Wurzel mit ihrer Höhe (7.224) ermöglicht eine $\mathbb{Z}$-Abstufung des Wurzelraumes

$$\Delta \longrightarrow \mathbb{Z}.$$

Mit Gl. (7.219) lässt sich die Höhe einer Wurzel α durch das Skalarprodukt

$$\mathrm{ht}\alpha = \sum_{i=1}^{l} \left\langle a^i \alpha^{(i)}, \rho^{\vee} \right\rangle = \langle \alpha, \rho^{\vee} \rangle \tag{7.224}$$

ausdrücken. Die Höhe einer Wurzel erlaubt dann die Einführung von positiven Wurzeln (7.204) bzw. einer Vergleichsoperation (7.207) durch die Forderung

$$\mathrm{ht}\alpha > 0 \tag{7.225a}$$

bzw.

$$\mathrm{ht}\alpha > \mathrm{ht}\beta. \tag{7.225b}$$

Für ein irreduzibles Wurzelsystem Δ mit dem einfachen System Π gibt es genau eine Wurzel θ mit maximaler Höhe

$$\mathrm{ht}\theta \geq \mathrm{ht}\alpha \qquad \forall \alpha \in \Delta, \tag{7.226}$$

die als *höchste Wurzel* der LIE-Algebra bezeichnet wird

$$\theta = \sum_{i=1}^{l} a_i \alpha^{(i)} \qquad \text{bzw.} \qquad \theta \frac{2}{\langle \theta, \theta \rangle} = \sum_{i=1}^{l} a_i^{\vee} \alpha^{(i)\vee}. \tag{7.227a}$$

Die linearen Komponenten a_i bzw. $a_i^\vee$ der höchsten Wurzel θ bzgl. einer Basis von einfachen Wurzeln $\{\alpha^{(i)} \,|\, i = 1, \dots, l\}$ bzw. einfachen Ko-Wurzeln $\{\alpha^{(i)\vee} \,|\, i = 1, \dots, l\}$ werden als COXETER-*Label* (KAČ-*Label*) bzw. *duale* COXETER-*Label* bezeichnet

$$a_i = \frac{\langle \theta, \theta \rangle}{\langle \alpha^{(i)}, \alpha^{(i)} \rangle} a_i^\vee \qquad i = 1, \dots, l. \tag{7.227b}$$

Die Summe dieser Komponenten definieren eine für eine einfache LIE-Algebra charakteristische Konstante

$$h := 1 + \sum_{i=1}^{l} a_i = 1 + \langle \alpha, \rho^\vee \rangle \tag{7.228a}$$

bzw.

$$h^\vee := 1 + \sum_{i=1}^{l} a_i^\vee = 1 + \langle \rho, \alpha^\vee \rangle, \tag{7.228b}$$

die als COXETER-*Zahl* bzw. *duale* COXETER-*Zahl* bekannt ist. Betrachtet man eine beliebige Wurzel β aus dem positiven Wurzelsystem Δ_+ ohne die höchste Wurzel θ, dann kann der Wurzelvektor $(\theta - \beta)$ als Linearkombination der Basis (7.216) mit positiven, ganzzahligen Komponenten dargestellt werden. Demnach erhält man mit

$$\theta = \sum_{i=1}^{l} a_i \alpha^{(i)} \qquad \text{und} \qquad \beta = \sum_{i=1}^{l} b_i \alpha^{(i)} \tag{7.229a}$$

die Aussage

$$a_i \geq b_i \qquad i = 1, \dots, l \qquad \forall \beta \in \Delta_+ \backslash \theta. \tag{7.229b}$$

Neben der höchsten Wurzel gibt es noch genau eine kurze Wurzel $\theta_s \in \Delta$ mit maximaler Höhe unter den kurzen Wurzeln, die als die *höchste kurze Wurzel* bezeichnet wird.

Beispiel 1 Bei der LIE-Algebra A_2 findet man die sechs endlichen Wurzeln $\pm\alpha$, $\pm\beta$ und $\pm\gamma = \pm(\alpha + \beta)$ (s. Beispiel 2 v. Abschn. 7.3 und Abb. 7.2). Nach Wahl einer Geraden als Hyperebene kann diese den Wurzelraum $\mathcal{H}_0^* = \mathbb{R}^2$ in zwei Halbräume aufteilen, von denen der eine von den positiven Wurzeln $\{\alpha, \beta, \gamma\} \in \Delta_+$ und der andere von den negativen Wurzeln $\{-\alpha, -\beta, -\gamma\} \in \Delta_-$ aufgespannt wird. Mit dieser Aufteilung werden als Basissystem Π die einfachen Wurzeln

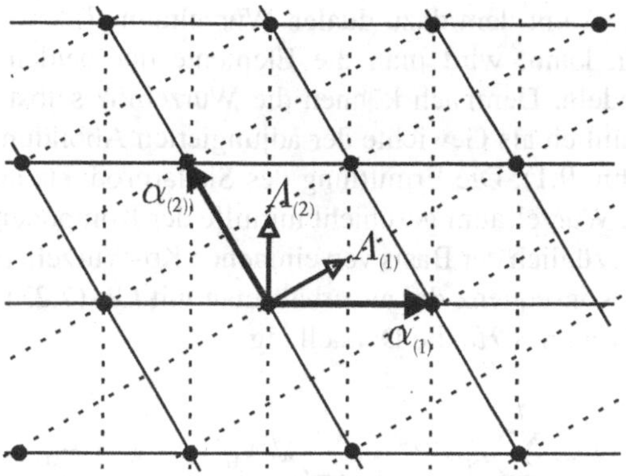

Abb. 7.4 Wurzelgitter $L_r(A_2)$ (———) und Gewichtsgitter $L_w(A_2)$ (- - - - -) der einfachen LIE-Algebra A_2 nach Gl. (7.215) mit $L_r \subset L_w$

$$\alpha^{(1)} = \alpha \qquad \text{und} \qquad \alpha^{(2)} = \beta$$

gewählt. Es sind jene $l = 2$ Wurzeln, die der Trennungsgerade am nächsten liegen. Zudem schließen sie einen stumpfen Winkel ein ($\phi = 2\pi/3$).

Eine andere Aufteilung durch Rotation der Geraden liefert etwa die positiven Wurzeln $\{\alpha, -\beta, \gamma = \alpha + \beta\}$ sowie die negativen Wurzeln $\{\beta, -\alpha, -\gamma\}$. Dadurch bekommt man ein Basissystem Π mit den einfachen Wurzeln

$$\alpha^{(1)} = -\beta \qquad \text{und} \qquad \alpha^{(2)} = \gamma,$$

die wieder der Trennungsgerade am nächsten liegen und den gleichen stumpfen Winkel einschließen ($\varphi = 2\pi/3$).

Mit den Skalarprodukten $\langle\alpha^{(1)}, \alpha^{(1)}\rangle = \langle\alpha^{(2)}, \alpha^{(2)}\rangle = 1/3$ bzw. $\langle\alpha^{(1)}, \alpha^{(2)}\rangle = -1/6$ nach den Gln. (7.145) und (7.146) errechnen sich die 2 (= l) fundamentalen Gewichte aus Gl. (7.215) zu

$$\Lambda_{(1)} = \frac{2}{3}\alpha^{(1)} + \frac{1}{3}\alpha^{(2)} \tag{7.230a}$$

und

$$\Lambda_{(2)} = \frac{1}{3}\alpha^{(1)} + \frac{2}{3}\alpha^{(2)}. \tag{7.230b}$$

Die Basissysteme $\mathcal{B}^* = \{\alpha^{(1)}, \alpha^{(2)}\}$ bzw. $\mathcal{B} = \{\Lambda_{(1)}, \Lambda_{(2)}\}$ erlauben dann die Konstruktion des Wurzelgitters $L_r(A_2)$ bzw. des Gewichtsgitters $L_w(A_2)$, wobei die beiden reellen Vektorräume $\mathcal{H}_0$ und $\mathcal{H}_0^*$ als gleichwertig behandelt werden (Abb. 7.4).

■

Nachdem der Vektorraum $\mathcal{H}_0$, der von der Basis $\{h_i \,|\, i = 1, \ldots, l\}$ über $\mathbb{R}$ aufgespannt wird, aufgrund der positiv definiten KILLING-Form (7.66) und mithin eines

Skalarprodukts $\langle \cdot, \cdot \rangle$ mit dem dazu dualen Wurzelraum $\mathcal{H}_0^* = \text{span}_{\mathbb{R}}\{\alpha | \alpha \in \Delta\}$ identifiziert werden kann, wird man die Elemente der beiden Vektorräume als gleichwertig behandeln. Demnach können die Wurzeln α selbst als Gewichte betrachtet werden, nämlich als Gewichte der adjungierten Abbildung (Gl. 7.54 – s. a. Beispiel 1 v. Abschn. 9.1). Die Ermittlung des Skalarprodukts auf dem Gewichtsraum bzw. auf dem Wurzelraum geschieht mithilfe der Komponenten der Gewichte bzw. der Wurzeln bezüglich der Basis von einfachen Ko-Wurzeln bzw. der DYNKIN-Basis (7.214). Als Konsequenz daraus erhält man mit Gl. (7.23) etwa für ein Element λ des Gewichtraumes $\mathcal{H}_0$ die Darstellung

$$\lambda = \sum_{i=1}^{l} \lambda_i \alpha^{(i)\vee} = \sum_{i=1}^{l} \lambda^i \Lambda_{(i)} \qquad \lambda \in \mathcal{H}_0. \tag{7.231a}$$

Dabei sind die kovarianten Komponenten λ_i bzw. kontravarianten Komponenten λ^i (DYNKIN-Label) mit der Reziprozität (7.215) nach Gl. (7.24) gegeben durch

$$\lambda_i = \langle \Lambda_{(i)}, \lambda \rangle \qquad \lambda^i = \left\langle \alpha^{(i)\vee}, \lambda \right\rangle \qquad i = 1, \ldots, l. \tag{7.231b}$$

Der Übergang vom Vektorraum $\mathcal{H}_0$ zum Dualraum $\mathcal{H}_0^*$ und umgekehrt geschieht mithilfe des *kovarianten* bzw. *kontravarianten metrischen Tensors* $\hat{\kappa}$ nach Gln. (7.25) und (7.27). Dieser Tensor besitzt nach Gl. (7.26) die Komponenten

$$\hat{\kappa}_{ij} = \langle \Lambda_{(i)}, \Lambda_{(j)} \rangle \qquad \text{bzw.} \qquad \hat{\kappa}^{ij} = \left\langle \alpha^{(i)\vee}, \alpha^{(j)\vee} \right\rangle. \tag{7.232}$$

Beide Formen sind nach Gl. (7.28) bzw. Gl. (7.83) reziprok zueinander ($\hat{\kappa}\hat{\kappa}^{-1} = \mathbf{1}$) und können durch die Vertauschung der beiden Vektorräume wechselseitig substituiert werden (Abschn. 7.3). Im vorliegenden Fall bedeutet die Metrik mit oberen Indizes die auf die CARTAN-Unteralgebra $\mathcal{H}$ beschränkte KILLING-Form $\hat{\kappa}(H^{\alpha^{(i)}}, H^{\alpha^{(j)}}) = \hat{\kappa}(H^i, H^j)$ und wird als (*symmetrisierte*) CARTAN-*Matrix* bezeichnet (Abschn. 7.7). Der metrische Tensor mit unteren Indizes, bekannt als die *quadratische Formenmatrix* der LIE-Algebra $\mathcal{L}$, ist dann dual zur KILLING-Form (s. a. Abschn. 7.3). Das Skalarprodukt zweier Gewichte λ und μ kann analog zum Skalarprodukt zweier Wurzeln (Gl. 7.85) ausgedrückt werden durch

$$\langle \lambda, \mu \rangle = \sum_{i=1}^{l} \lambda_i \mu^i = \sum_{i=1}^{l} \sum_{j=1}^{l} \hat{\kappa}_{ij} \lambda^i \mu^j = \sum_{i=1}^{l} \sum_{j=1}^{l} \hat{\kappa}^{ij} \lambda_i \mu_j. \tag{7.233}$$

7.7 CARTAN-Matrizen

Die Klassifizierung aller komplexen halbeinfachen LIE-Algebren kann reduziert werden auf die Klassifizierung von bestimmten Matrizen, die sogenannten

CARTAN-Matrizen $\boldsymbol{A}$, die die Struktur der LIE-Algebra wiederspiegeln. Darüberhinaus liefern diese Matrizen die irreduziblen Darstellungen. Eine solche Matrix $\boldsymbol{A}$, deren Elemente die Skalarprodukte der einfachen Wurzeln $\{\alpha_{(i)} \mid i = 1, \ldots, l\}$ sind, wird definiert durch

$$A_{ij} := \frac{2\left\langle \alpha_{(i)}, \alpha_{(j)} \right\rangle}{\left\langle \alpha_{(i)}, \alpha_{(i)} \right\rangle} = \left\langle \alpha^{\vee}_{(i)}, \alpha_{(j)} \right\rangle \qquad i, j = 1, \ldots, l = \operatorname{rang} \mathcal{L} \qquad \alpha_{(i)}, \alpha_{(j)} \in \Pi \subset \Delta. \tag{7.234}$$

Sie gilt als die CARTAN-Matrix eines Wurzelsystems Δ in Bezug auf das einfache System Π. Wahlweise kann auch die transponierte Matrix $\boldsymbol{A}^{\top}$ zur Festlegung verwendet werden.

Eine nähere Analyse liefert die folgenden Eigenschaften:

(a) Die Diagonalelemente haben stets den Wert

$$A_{ii} = 2 \quad \forall i = 1, \ldots, l. \tag{7.235a}$$

(b) Aus der Symmetrie des Skalarprodukts im Vektorraum $\mathcal{V}$ – bzw. $\mathcal{H}_0^*$ – folgt die Äquivalenz

$$A_{ij} = 0 \ \text{ genau dann, falls } \ A_{ji} = 0 \qquad i, j = 1, \ldots, l. \tag{7.235b}$$

(c) Nach Gl. (7.185c) sind die Matrixelemente A_{ij} ganze Zahlen

$$A_{ij} \in \mathbb{Z} \qquad i, j = 1, \ldots, l. \tag{7.235c}$$

(d) Nach Gl. (7.212) gilt für die Matrixelemente

$$A_{ij} \le 0 \qquad i \ne j. \tag{7.235d}$$

(e) Es existiert eine diagonale Matrix $\boldsymbol{D}$ mit positiven Elementen, so dass die Matrix $\boldsymbol{D}\boldsymbol{A}\boldsymbol{D}^{-1}$ symmetrisch und positiv definit ist. Dies bedeutet auch, dass wegen der linearen Unabhängigkeit der l einfachen Wurzeln für die Determinante $\det \boldsymbol{A}$ (GRAM'sche Determinante der Wurzelvektoren) gilt

$$\det \boldsymbol{A} > 0. \tag{7.235e}$$

Falls man auf die letzte Eigenschaft verzichtet, dann erhält man verallgemeinerte CARTAN-Matrizen, die die allgemeine Klasse von KAC-MOODY-Algebren zu charakterisieren vermögen.

Die Konstruktion der CARTAN-Matrix $\boldsymbol{A}$ setzt die Kenntnis des einfachen Systems Π voraus. Eine unterschiedliche Numerierung der einfachen Wurzeln in der Menge Π bzw. eine Umordnung von Zeilen und Spalten gibt Anlass zu unterschiedlichen CARTAN-Matrizen. Diese sind jedoch isomorph (äquivalent), da sie durch eine Permutationsmatrix zueinander konjugiert sind. Die CARTAN-Matrix einer einfachen LIE-Algebra ist somit bis auf Isomorphie unabhängig von der Wahl der Basis (7.208) der einfachen Wurzeln. Isomorphe LIE-Algebren besitzen den gleichen Rang und die gleiche Dimension. Als Konsequenz daraus gewinnt man (zusammen mit den SERRE-Gleichungen (7.278)) die Aussage, das diejenigen CARTAN-Matrizen, die nicht durch Umnumerierung von einfachen Wurzeln ineinander transformiert werden können zu solchen LIE-Algebren gehören, die nicht isomorph zueinander sind. Unabhängig von einer LIE-Algebra kann man eine quadratische Matrix $\boldsymbol{A}$ durch die Forderungen (7.235a) bis (7.235e) definieren. Eine solche Matrix ist dann eine *abstrakte* CARTAN-*Matrix*, die ihrerseits das vollständige Wurzelsystem Δ einer LIE-Algebra $\mathcal{L}$ zu bestimmen erlaubt.

Die Frage nach der Reduzierbarkeit einer CARTAN-Matrix $\boldsymbol{A}$ wird durch die Reduzierbarkeit des Wurzelsystems Δ bzw. durch die Zerlegung der LIE-Algebra $\mathcal{L}$ in einfache LIE-Algebren nach Gl. (7.187) entschieden. Dabei ist ein Wurzelsystem genau dann reduzibel, falls es durch eine geeignete Numerierung der Indizes von einfachen Wurzeln gelingt, die CARTAN-Matrix in eine diagonale Blockform mit mehr als einem Matrixblock zu bringen. In diesem Fall gilt die CARTAN-Matrix $\boldsymbol{A}$ als *reduzibel*, andernfalls als *irreduzibel*. Jede abstrakte CARTAN-Matrix kann durch geeignete Anordnung der Indizes auf eine diagonale Blockform transformiert werden, so dass deren einzelne Matrixblöcke jeweils eine irreduzible CARTAN-Matrix bilden.

Betrachtet man zwei beliebige einfache Wurzeln $\alpha_{(i)}$ und $\alpha_{(j)}$ aus dem einfachen System Π, dann erhält man mit Gln. (7.190) und (7.234)

$$A_{ij}A_{ji} = \left\langle \alpha_{(i)}^{\vee}, \alpha_{(j)} \right\rangle \left\langle \alpha_{(j)}, \alpha_{(i)}^{\vee} \right\rangle = pq = 4\cos^2\varphi \leq 4, \tag{7.236}$$

wonach die Produkte auf fünf Werte eingeschränkt werden

$$A_{ij}A_{ji} \in \{0, 1, 2, 3\} \qquad \text{für} \qquad i \neq j \qquad \text{und} \qquad A_{ii}A_{ii} = 4. \tag{7.237}$$

Zusammen mit den Forderungen (7.235) ergeben sich daraus nur vier mögliche Paarungen von Nicht-Diagonalelementen A_{ij} (Tab. 7.8). Diese Einschränkungen sind bereits eine Konsequenz der Forderung (7.235e), so dass auf die Einführung der Matrixelemente A_{ij} nach Gl. (7.234) und mithin auf das einfache System Π mit dessen euklidischem Vektorraum und positiv definiter Metrik verzichtet werden kann.

Tabelle 7.8 Mögliche Fälle *a* bis *d* von Nicht-Diagonalelementen A_{ij} $(i \neq j)$ der CARTAN-Matrix $\boldsymbol{A}$

	a	b	c	d
A_{ij}	0	-1	-1	-1
A_{ji}	0	-1	-2	-3
φ	$\pi/2$	$2\pi/3$	$3\pi/4$	$5\pi/6$
$4\cos^2\varphi$	0	1	2	3

Mit jeder (abstrakten) CARTAN-Matrix $\boldsymbol{A}$ kann ein Graph verknüpft werden, das sogenannte (abstrakte) COXETER-*Diagramm*. Diese Darstellung veranschaulicht die gegenseitige Lage der einfachen Wurzeln $\{\alpha_{(i)}|i = 1, \ldots, l\}$ eines Wurzelsystems Δ und erleichtert so die Diskussion der CARTAN-Matrix. Ein COXETER-Diagramm besteht aus Knoten und Linien. Jeder Knoten i vertritt etwa eine einfache Wurzel $\alpha_{(i)}$. Die Knoten i und j werden durch Linien verbunden, deren Anzahl durch das Produkt $A_{ij}A_{ji}$ festgelegt ist. Nach Tabelle 7.7 erwartet man eine, zwei oder drei Verbindungslinien entsprechend den Winkeln $\varphi = 2\pi/3$, $\varphi = 3\pi/4$ und $\varphi = 5\pi/6$. Diejenigen Knoten, die zu orthogonalen einfachen Wurzeln gehören ($\varphi = 0$), werden nicht verbunden. In diesem Fall hat die CARTAN-Matrix $\boldsymbol{A}$ eine diagonale Blockform ($A_{ij} = A_{ji} = 0$), so dass sie als reduzibel gilt. Demnach ist das Wurzelsystem Δ irreduzibel, falls das COXETER-Diagramm verbunden ist. Isomorphe CARTAN-Matrizen, die durch Umnummerierung der einfachen Wurzeln bzw. durch Umordnung von Zeilen und Spalten auseinander hervorgehen und mithin isomorphe LIE-Algebren beschreiben, lassen das COXETER-Diagramm invariant. Bleibt zu erwähnen, dass die Knoten neben den einfachen Wurzeln auch noch weitere charakteristische Größen einer LIE-Algebra vertreten können. Gemeint sind etwa die Zeilen $\{i|i = 1, \ldots, l\}$ der CARTAN-Matrix, die Basiselemente $\{h_i|i = 1, \ldots, l\}$ der CARTAN-Unteralgebra, die Generatoren $\{s_{(i)} \equiv s_{\alpha_{(i)}}|i = 1, \ldots, l\}$ der WEYL-Gruppe (Abschn. 7.8) sowie die fundamentalen Gewichte $\{\Lambda^{(i)}|i = 1, \ldots, l\}$ (Abschn. 7.6). Demnach werden die Knoten allgemein durch die Indizes $i = 1, \ldots, \operatorname{rang} \mathcal{L} = \dim \mathcal{V}$ gekennzeichnet.

Eine weitere Kennzeichnung ergibt ein Pfeil von einem Knoten i in Richtung eines Knotens j, für den Fall $|A_{ij}| > |A_{ji}|$ ($A_{ij} \neq 0$), womit eine Richtungsangabe von einer längeren Wurzel $\alpha_{(i)}$ zu einer kürzeren Wurzel $\alpha_{(j)}$ erfolgt ($\langle\alpha_{(i)}, \alpha_{(i)}\rangle > \langle\alpha_{(j)}, \alpha_{(j)}\rangle$). Auf diese Weise ergibt sich aus dem COXETER-Diagramm das sogenannte DYNKIN-*Diagramm*. Da es bei jeder endlich-dimensionalen einfachen LIE-Algebra zwei verschieden lange einfache Wurzeln gibt, erhält man damit eine eindeutige Angabe. Mitunter wird an Stelle des Pfeils der Knoten der längeren bzw. kürzeren Wurzel mit einem ausgefüllten bzw. offenen Kreis gekennzeichnet. Jeder Knoten kann auch mit einem Gewicht $\{\omega_i|i = 1, \ldots, l\}$ versehen werden. Letzteres ist proportional dem Normquadrat und definiert durch

$$\omega_i := \omega\langle\alpha_{(i)}, \alpha_{(i)}\rangle \qquad i = 1, \ldots, l, \tag{7.238}$$

wobei die Konstante ω so gewählt wird, dass der minimale Wert aller Gewichte $\{\omega_i|i = 1, \ldots, l\}$ den Wert Eins annimmt. Die Gewichte bringen so die Länge einer Wurzel zum Ausdruck, so dass auf die Pfeilrichtung verzichtet werden kann. Mit Gl. (7.234) errechnet sich das Verhältnis zweier Gewichte zu

$$\frac{\omega_i}{\omega_j} = \frac{A_{ji}}{A_{ij}} \qquad A_{ij} \neq 0, \tag{7.239a}$$

woraus die Beziehung

$$A_{ij} = -\sqrt{A_{ij}A_{ji}}\sqrt{\frac{\omega_j}{\omega_i}} \qquad i, j = 1, \ldots, l \tag{7.239b}$$

resultiert. Die Angabe über die Zahl der Verbindungslinien $(A_{ij}A_{ji})$ zwischen zwei Knoten sowie über die relativen Gewichte bzw. die relativen Längen der zugehörigen einfachen Wurzeln $\left(\sqrt{\omega_j/\omega_i} = l_{\alpha_{(j)}\alpha_{(i)}}\right)$ liefert genügend Information, um aus dem DYNKIN-Diagramm bis auf Isomorphie eindeutig die CARTAN-Matrix zu ermitteln.

Beispiel 1 Im Falle einer einfachen LIE-Algebra vom Rang $l = 1$, zu der die isomorphen LIE-Algebren A_1, B_1 und C_1 gehören, gibt es nur eine einfache Wurzel α (Beispiel 1 v. Abschn. 7.5), so dass im DYNKIN-Diagramm nur ein Knoten erwartet wird. Die CARTAN-Matrix errechnet sich nach Gl. (7.234) zu

$$\boldsymbol{A} = 2. \tag{7.240}$$

Die LIE-Agebra D_1, die zur Matrixalgebra $so(2, \mathbb{C})$ isomorph ist, muss aus diesem Fall ausgeschlossen werden, da sie nicht halbeinfach ist.

Beispiel 2 Die LIE-Algeba A_2 hat zwei einfache Wurzeln $\alpha_{(1)}$ $(= \alpha)$ und $\alpha_{(2)}$ $(= \beta)$ mit gleicher Norm und dem Winkel $\varphi = 2\pi/3$ (Beispiel 2 v. Abschn. 7.5). Die Nicht-Diagonalelemente der 2×2 CARTAN-Matrix $\boldsymbol{A}$ ergeben sich nach Tabelle 7.8 zu

$$A_{12}^{(A_2)} = A_{21}^{(A_2)} = -1,$$

was durch die Werte (7.145) und (7.146) mithilfe von Gl. (7.234) bestätigt wird. Auch Gl. (7.239) liefert mit den Gewichten nach Gl. (7.238)

$$\omega_1 = \omega_2 = 1$$

und dem Wert $A_{12}^{(A_2)}A_{21}^{(A_2)} = 1$ das gleiche Ergebnis. Insgesamt hat die CARTAN-Matrix die Gestalt

$$\boldsymbol{A}^{(A_2)} = \begin{pmatrix} 2 & -1 \\ -1 & 2 \end{pmatrix}. \tag{7.241}$$

Das zugehörige DYNKIN-Diagramm besteht aus zwei Knoten, die durch eine Linie $(A_{12}A_{21} = 1)$ verbunden sind (Abb. 7.5).

Bei der LIE-Algebra B_2 gibt es zwei einfache Wurzeln $\alpha_{(1)}$ $(= \beta)$ und $\alpha_{(2)}$ $(= \alpha)$ mit unterschiedlicher Norm ((7.196), die einen Winkel von $\varphi = 3\pi/4$ einschließen (Beispiel 2 v. Abschn. 7.5). Die CARTAN-Matrix $\boldsymbol{A}^{(B_2)}$ ergibt sich mit den Werten von Tabelle 7.8 zu

$$\boldsymbol{A}^{(B_2)} = \begin{pmatrix} 2 & -1 \\ -2 & 2 \end{pmatrix}. \tag{7.242}$$

Das zugehörige DYNKIN-Diagramm besteht aus zwei Knoten, die durch zwei Linien ($A_{12}\,A_{21} = 2$) verbunden sind (Abb. 7.5). Zudem wird mit der Pfeilrichtung zum Ausdruck gebracht, dass die Norm der Wurzel $\alpha_{(1)}$ größer ist als die der Wurzel $\alpha_{(2)}$. Dies kann auch durch die Gewichte betont werden, die sich nach (7.238) zu $\omega_1 = 2$ und $\omega_2 = 1$ ergeben.

Nach Vertauschung der beiden einfachen Wurzeln der LIE-Algebra B_2 erhält man die einfachen Wurzeln der LIE-Algebra C_2, deren CARTAN-Matrix dann wegen der Umordnung der Indizes mit (7.242) die Form annimmt

$$\boldsymbol{A}^{(C_2)} = \begin{pmatrix} 2 & -2 \\ -1 & 2 \end{pmatrix}. \tag{7.243}$$

Sie ist demnach isomorph zur CARTAN-Matrix $\boldsymbol{A}^{(B_2)}$, die die gleiche LIE-Algebra beschreibt (Beispiel 2 v. Abschn. 7.5). Entsprechend erwartet man für die LIE-Algebra C_2 das DYNKIN-Diagramm der LIE-Algebra B_2, wobei wegen der vertauschten Normen der einfachen Wurzeln die Gewichte vertauscht sind bzw. die Pfeilrichtung umgekehrt ist (Abb. 7.5).

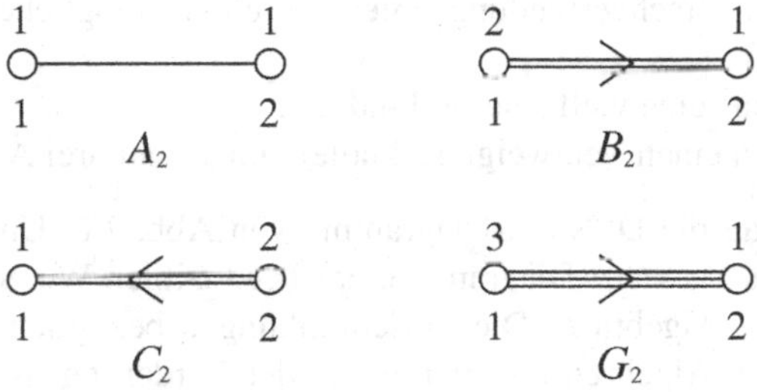

Abb. 7.5 DYNKIN-Diagramme für die irreduziblen Wurzelsysteme bzw. die einfachen LIE-Algebren A_2, B_2, C_2 und G_2 (die Gewichte $\{\omega_i | i = 1, 2\}$ sind über den Knoten eingezeichnet)

Bei der LIE-Algebra G_2 gibt es zwei einfache Wurzeln $\alpha_{(1)}$ $(= \alpha)$ und $\alpha_{(2)}$ $(= \beta)$ mit unterschiedlicher Norm (7.198), die einen Winkel von $\varphi = 5\pi/6$ einschließen (Beispiel 2 v. Abschn. 7.5). Die CARTAN-Matrix $\boldsymbol{A}^{(G_2)}$ ergibt sich mit den Werten von Tabelle 7.8 zu

$$\boldsymbol{A}^{(G_2)} = \begin{pmatrix} 2 & -1 \\ -3 & 2 \end{pmatrix}. \tag{7.244}$$

Das zugehörige DYNKIN-Diagramm besteht aus zwei Knoten, die durch drei Linien ($A_{12}\,A_{21} = 3$) verbunden sind (Abb. 7.5). Zudem wird mit dem Pfeil die Richtung von der einfachen Wurzel mit größerer Norm zur einfachen Wurzel mit kleinerer Norm ausgezeichnet. Die Gewichte, die sich nach (7.239) zu $\omega_1 = 3$ und $\omega_2 = 1$ ergeben, erlauben eine analoge Auszeichnung.

Schließlich wird die halbeinfache LIE-Algebra D_2 betrachtet. Sie besitzt zwei einfache Wurzeln $\alpha_{(1)}$ $(= \alpha)$ und $\alpha_{(2)}$ $(= \beta)$ mit unbestimmter relativer Länge, die einen Winkel von $\pi/2$ einschließen (Beispiel 2 v. Abschn. 7.5). Die CARTAN-Matrix $\boldsymbol{A}^{(D_2)}$ ergibt sich mit den Werten von Tabelle 7.8 zu

$$A^{(D_2)} = \begin{pmatrix} 2 & 0 \\ 0 & 2 \end{pmatrix}. \tag{7.245}$$

Sie zeigt eine diagonale Blockform und ist deshalb reduzibel. Die diagonalen Kästen mit den Elementen $A_{11} = A_{22}$ gehören jeweils zu der irreduziblen CARTAN-Matrix $A^{(A_1)}$ der LIE-Algebra A_1 (s. Beispiel 1). Das zugehörige DYNKIN-Diagramm besteht aus zwei Knoten. Diese sind jedoch nicht miteinander verbunden ($A_{12} = A_{21} = 0$), womit die Reduzierbarkeit des Wurzelsystems Δ gemäß Gl. (7.200a) bzw. die Zerlegung der halbeinfachen LIE-Algebra in zwei einfache LIE-Algebren gemäß Gl. (7.200b) demonstriert wird.

■

Eine Ausdehnung der Betrachtung von einfachen LIE-Algebren der letzten Beispiele führt zur Diskussion der *klassischen einfachen* LIE-*Algebren* A_l, B_l, C_l und D_l mit allgemeinem Rang l bzw. zu den *exzeptionellen einfachen* LIE-*Algebren* E_6, E_7, E_8, F_4 und G_2. Für die DYNKIN-Diagramme, die mit einer abstrakten $l \times l$-CARTAN-Matrix verknüpft sind, gelten dabei die folgenden Eigenschaften:

(a) Es gibt keine Schleifen.
(b) Es gibt keine Vielfachverbindungslinien bei einem möglichen Verzweigungsknoten.
(c) Es gibt höchstens eine vielfache Verbindung.
(d) Es gibt höchsten einen Verzweigungsknoten mit genau drei Ästen.

Damit erhält man die DYNKIN-Diagramme von Abb. 7.6. Umgekehrt ist jedes der Diagramme das DYNKIN-Diagramm eines irreduziblen Wurzelsystems Δ bzw. einer einfachen LIE-Algebra $\mathcal{L}$. Die Einschränkungen bezüglich des Ranges l bei den klassischen LIE-Algebren resultieren aus der Forderung, isomorphe Wurzelsysteme und mithin identische DYNKIN-Diagramme zu vermeiden. So findet man etwa identische Diagramme für die LIE-Algebren A_1, B_1 und C_1, die demnach isomorph sind ($A_1 \cong B_1 \cong C_1$). Die Diagramme für B_2 und C_2 unterscheiden sich nur durch die Vertauschung der einfachen Wurzeln, so dass die zugehörigen LIE-Algebren isomorph sind ($B_2 \cong C_2$). Analoges gilt für die Algebren A_3 und D_3 ($A_3 \cong D_3$). Alle genannten Isomorphien gelten auch für die entsprechenden reellen LIE-Algebren. Für die LIE-Algebra D_1 existiert kein DYNKIN-Diagramm. Diese LIE-Algebra ist isomorph zur eindimensionalen abelschen Matrix-Algebra $so(2, \mathbb{C})$ (Tab. 7.5) bzw. zur abelschen Matrix-Algebra $u(1)$ (Beispiel v. Abschn. 5.3), die alle keine einfachen LIE-Algebren sind. Schließlich muss hervorgehoben werden, dass jedes andere DYNKIN-Diagramm, das nicht in Abb. 7.6 enthalten ist, zu einer LIE-Algebra gehört, die entweder eine unendliche Dimension besitzt oder nicht realisierbar ist.

Bleibt zu ergänzen, dass jene einfachen LIE-Algebren, deren einfache Wurzeln die gleiche Norm haben und deshalb zu nur einer Verbindungslinie zwischen zwei beliebigen Knoten des DYNKIN-Diagramms Anlass geben ($A_{ij} = A_{ji} = -1$), als *einfach zusammenhängend* bezeichnet werden. Dazu gehören A_l, D_l, E_6, E_7 und E_8. Die übrigen LIE-Algebren besitzen Wurzeln verschiedener Norm. So ist bei B_l, C_l und F_4 bzw. bei G_2 die Norm der größeren Wurzel um einen Faktor $\sqrt{2}$ bzw. $\sqrt{3}$ größer als die Norm der kleineren Wurzel (s. a. Beispiel 2 v. Abschn. 7.5).

Einfach zusammenhängende LIE-Algebren besitzen eine symmetrische CARTAN-Matrix und sind stets zu sich selbst dual ($\mathcal{L} = \mathcal{L}^\vee$). Dies gilt als Ausnahme auch für die LIE-Algebren C_2, G_2 und F_4. Hingegen ist $(B_l)^\vee$ die zu C_2 duale LIE-Algebra.

Beispiel 3 Als Beispiel wird die zur einfachen LIE-Algeba A_{l-1} isomorphe komplexe Matrix-Algebra $sl(l, \mathbb{C})$ betrachtet. Sie gehört zur speziellen linearen Gruppe

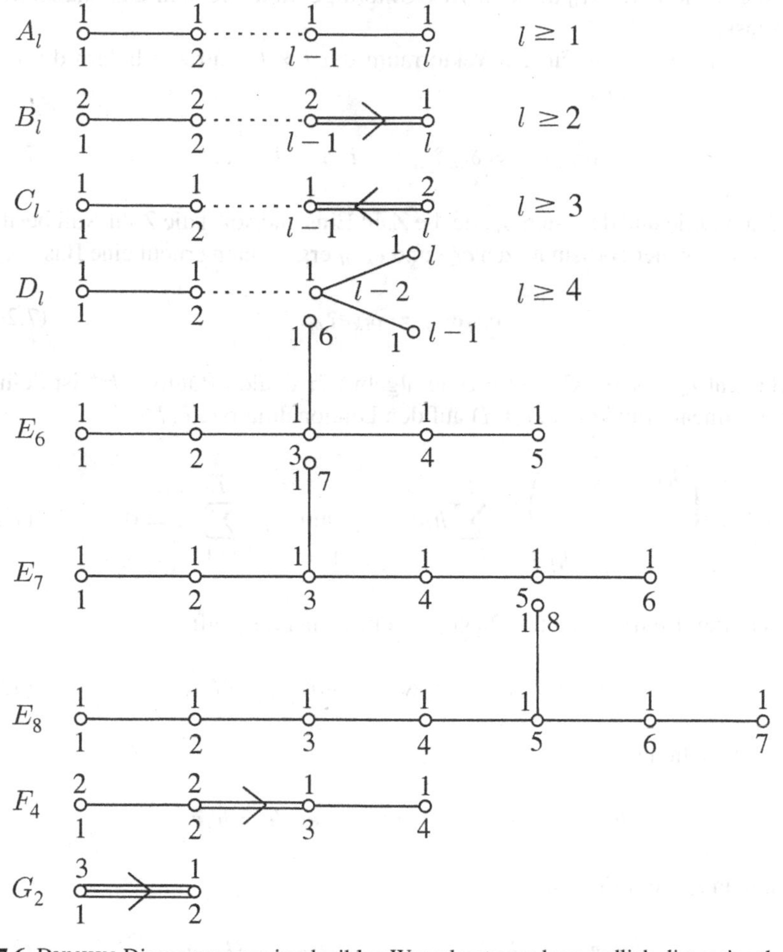

Abb. 7.6 DYNKIN-Diagramme von irreduziblen Wurzelsystemen bzw. endlich-dimensionalen einfachen LIE-Algebren (die Gewichte $\{\omega_i | i = 1, \ldots, l\}$ sind über den Knoten eingezeichnet)

$SL(l, \mathbb{C})$ in l Dimensionen und umfasst die Menge der spurlosen, komplexen $l \times l$-Matrizen

$$sl(l, \mathbb{C}) = \{\boldsymbol{a} \in gl(l, \mathbb{C}) | \mathrm{sp}\, \boldsymbol{a} = 0\}. \tag{7.246}$$

Die CARTAN-Unteralgebra $\mathcal{H}$ besteht dann aus der Menge der diagonalen Matrizen

$$\mathcal{H} = \{\boldsymbol{h} \in sl(l, \mathbb{C}) | \boldsymbol{h} : \text{diagonal}\}, \tag{7.247a}$$

die zerlegt werden kann in der Form

$$\mathcal{H} = \mathcal{H}_0 \oplus i\mathcal{H}_0 = \mathbb{C}\mathcal{H}_0, \tag{7.247b}$$

wobei die reelle Form $\mathcal{H}_0$ der CARTAN-Unteralgebra die reellen diagonalen Matrizen umfasst.

Eine geeignete Basis für den Vektorraum der $l \times l$-Matrizen liefern die Basismatrizen $\boldsymbol{e}_{i,j}$, die gemäß

$$(e_{i,j})_{mn} = \delta_{im}\delta_{jn} \qquad i, j = 1, \ldots, l \tag{7.248a}$$

in der i-ten Zeile und der j-ten Spalte die Zahl Eins und sonst die Zahl Null besitzen. Das Produkt zweier Basismatrizen $\boldsymbol{e}_{i,j}$ und $\boldsymbol{e}_{k,m}$ ergibt dann erneut eine Basismatrix

$$\boldsymbol{e}_{i,j}\boldsymbol{e}_{k,m} = \delta_{ik}\boldsymbol{e}_{i,m}. \tag{7.248b}$$

Ein Element e_i des zur CARTAN-Unteralgebra $\mathcal{H}$ dualen Raumes $\mathcal{H}^*$ ist definiert durch das lineare Funktional $e_i(\mathcal{H})$ auf den Diagonalmatrizen (7.247)

$$\boldsymbol{h} = \begin{pmatrix} h_1 & & \\ & \ddots & \\ & & h_l \end{pmatrix} = \sum_{i=1}^{l} h_i \boldsymbol{e}_{i,i} \qquad \text{mit} \qquad \sum_{i=1}^{l} h_i = 0, \tag{7.249}$$

so dass es den Eintrag im i-ten Diagonalelement herausgreift

$$e_i(\boldsymbol{h}) = h_i \qquad \text{bzw.} \qquad e_i(\boldsymbol{e}_{j,j}) = \delta_{ij}. \tag{7.250}$$

Mit den Beziehungen

$$\boldsymbol{h}\boldsymbol{e}_{i,j} = h_i \boldsymbol{e}_{i,j} \qquad \text{bzw.} \qquad \boldsymbol{e}_{i,j}\boldsymbol{h} = h_j \boldsymbol{e}_{i,j} \tag{7.251}$$

kommt man zu dem Ergebnis

$$[\boldsymbol{h}, \boldsymbol{e}_{i,j}] = \boldsymbol{D}^{\text{ad}}(\boldsymbol{h})\boldsymbol{e}_{i,j} = (e_i(\boldsymbol{h}) - e_j(\boldsymbol{h}))\boldsymbol{e}_{i,j}. \tag{7.252}$$

Dort ist das Basiselement $\boldsymbol{e}_{i,j}$ der gleichzeitige Eigenvektor für alle adjungierten Darstellungen $\boldsymbol{D}^{\text{ad}}(\boldsymbol{h})$ zum linearen Funktional $e_i(\boldsymbol{h}) - e_j(\boldsymbol{h})$ als Eigenwert. Letzteres spielt dabei die Rolle der Wurzel α aus dem Wurzelsystem Δ

$$\alpha = (e_i - e_j)(\boldsymbol{h}). \tag{7.253}$$

Eine Wurzelraumzerlegung gelingt dann in der Form

$$\mathcal{L} = \mathcal{H} \oplus \bigoplus_{i \neq j} \mathbb{C} \boldsymbol{e}_{i,j} = \mathcal{L}_0 \bigoplus \sum_{i \neq j} \mathcal{L}_{e_i - e_j} \tag{7.254a}$$

mit den eindimensionalen Wurzelräumen

$$\mathcal{L}_{e_i - e_j} = \{\boldsymbol{a} \in sl(l, \mathbb{C}) |\, \boldsymbol{D}^{\text{ad}}(\boldsymbol{h})\boldsymbol{a} = (e_i - e_j)(\boldsymbol{h})\boldsymbol{a}, \forall \boldsymbol{h} \in \mathcal{H}\}. \tag{7.254b}$$

Als CARTAN-WEYL-Basis gilt die Menge der $(l^2 - 1)$ Elemente

$$\mathcal{B} = \mathcal{B}_+ \cup \mathcal{B}_0 \cup \mathcal{B}_- \tag{7.255}$$

mit den $(l - 1)$ diagonalen Basiselementen der CARTAN-Unteralgeba

$$\mathcal{B}_0 = \{\boldsymbol{h}_{i,i+1} = \boldsymbol{e}_{i,i} - \boldsymbol{e}_{i+1,i+1} |\, i = 1, \ldots, l - 1\} \tag{7.256a}$$

sowie den $2l(l - 1)/2$ nicht-diagonalen Basiselementen (Stufenoperatoren)

$$\mathcal{B}_\pm = \{\boldsymbol{e}_{i,j} |\, 1 \leq i < j \leq l\} \cup \{\boldsymbol{e}_{i,j} |\, 1 \leq j < i \leq l\}. \tag{7.256b}$$

Der Generator für die höchste Wurzel θ ist dann $\boldsymbol{e}_\theta = \boldsymbol{e}_{1,l}$.

Alle Wurzeln α sind über dem reellen Vektorraum $\mathcal{H}_0$ reell und können deshalb als Elemente des dazu dualen reellen Wurzelraumes $\mathcal{H}_0^*$ aufgefasst werden. Letzterer ist deshalb isomorph zum euklidischen Raum $\mathbb{R}^l$, der durch eine orthogonale Standardbasis $\{e_k | k = 1, \ldots, l\}$ aufgespannt wird. Um eine Ordnung unter den Wurzeln errichten zu können, wird man die Eigenschaft der Positivität benutzen. Danach gilt eine Wurzel α als positiv, falls in der linearen Entwicklung nach der Standardbasis die erste nichtverschwindende Komponente positiv ist. Daraus resultieren die positiven Wurzeln nach Gl. (7.253) in der Ordnung

$$\Delta_+ = \{e_i - e_j | 1 \leq i < j \leq l\}. \tag{7.257a}$$

Die einfachen Wurzeln sind dann (Tab. 7.7)

$$\Pi = \{e_i - e_{i+1} | 1 \leq i \leq l\}. \tag{7.257b}$$

Mithilfe der KILLING-Form (7.64) auf der CARTAN-Unteralgebra $\mathcal{H}$ bekommt man einen Zusammenhang zwischen dieser und dem dazu dualen Wurzelraum $\mathcal{H}^*$, nämlich zwischen der Matrix

$$\boldsymbol{h}_{\alpha_{(i)}} = \boldsymbol{h}_{i,i+1} = \boldsymbol{e}_{i,i} - \boldsymbol{e}_{i+1,i+1} \tag{7.258a}$$

und der Wurzel bzw. den linearen Funktionalen

$$\alpha_{(i)} = e_i - e_{i+1}. \tag{7.258b}$$

Als Konsequenz daraus kann die CARTAN-Matrix berechnet werden

$$
\begin{aligned}
A_{ij}^{(sl(l,\mathbb{C}))} &= 2\frac{\langle\alpha_{(i)},\alpha_{(j)}\rangle}{\langle\alpha_{(i)},\alpha_{(i)}\rangle} = 2\frac{\alpha_{(i)}(\boldsymbol{h}_{\alpha_{(j)}})}{\alpha_{(i)}(\boldsymbol{h}_{\alpha_{(i)}})} = 2\frac{\kappa(\boldsymbol{h}_{\alpha_{(i)}},\boldsymbol{h}_{\alpha_{(j)}})}{\kappa(\boldsymbol{h}_{\alpha_{(i)}},\boldsymbol{h}_{\alpha_{(i)}})} \\
&= 2\frac{\mathrm{sp}(\boldsymbol{D}^{\mathrm{ad}}(\boldsymbol{h}_{i,i+1})\boldsymbol{D}^{\mathrm{ad}}(\boldsymbol{h}_{j,j+1}))}{\mathrm{sp}(\boldsymbol{D}^{\mathrm{ad}}(\boldsymbol{h}_{i,i+1})\boldsymbol{D}^{\mathrm{ad}}(\boldsymbol{h}_{i,i+1}))} \\
&= 2\frac{2l}{2l}\frac{\mathrm{sp}(\boldsymbol{h}_{i,i+1}\boldsymbol{h}_{j,j+1})}{\mathrm{sp}(\boldsymbol{h}_{i,i+1}\boldsymbol{h}_{i,i+1})} = \begin{cases} 2 & \text{für } i=j \\ -1 & \text{für } i+1=j \quad \text{oder} \quad i=j+1 \\ 0 & \text{sonst}\,. \end{cases}
\end{aligned}
\tag{7.259}
$$

Das gleiche Ergebnis erhält man durch die Betrachtung des reellen euklidischen Wurzelraumes $\mathcal{H}^*$ ($\cong \mathbb{R}^l$), auf dem die KILLING-Form (7.66) ein positiv definites Skalarprodukt liefert. Mit der orthonormalen Standardbasis $\{e_k | k = 1, \ldots, \dim\mathcal{H}_0^* = l\}$ sowie mit Gl. (7.258b) errechnet sich die CARTAN-Matrix zu

$$
\begin{aligned}
A_{ij}^{(sl(l,\mathbb{C}))} &= 2\frac{\langle\alpha_{(i)},\alpha_{(j)}\rangle}{\langle\alpha_{(i)},\alpha_{(i)}\rangle} \\
&= 2\frac{(e_i - e_{i+1})\cdot(e_j - e_{j+1})}{(e_i - e_{i+1})\cdot(e_i - e_{i+1})} \\
&= 2\delta_{ij} - \delta_{i\,j+1} - \delta_{i+1\,j} = \begin{cases} 2 & \text{für } i=j \\ -1 & \text{für } i+1=j \quad \text{oder} \quad i=j+1 \\ 0 & \text{sonst,} \end{cases}
\end{aligned}
\tag{7.260a}
$$

bzw.

$$
\boldsymbol{A}^{(sl(l,\mathbb{C}))} = \begin{pmatrix}
2 & -1 & 0 & & & & \cdots \\
-1 & 2 & -1 & & & & \cdots \\
0 & -1 & 2 & & & & \cdots \\
 & & & \ddots & & & \\
\cdots & & & & 2 & -1 & 0 \\
\cdots & & & & -1 & 2 & -1 \\
\cdots & & & & 0 & -1 & 2
\end{pmatrix}. \tag{7.260b}
$$

Das DYNKIN-Diagramm der dazu isomorphen abstrakten LIE-Algeba A_{l-1} ist in Abb. 7.6 dargestellt.

■

Die CARTAN-Matrix $\boldsymbol{A}$, die allein die Kenntnis der einfachen Wurzeln voraussetzt, erlaubt die Ermittlung aller Wurzeln. Zur Begründung beginnt man mit einer positiven Wurzel α (> 0)

$$\alpha = \sum_i a_i \alpha_{(i)} \qquad \alpha_{(i)} \in \Pi, \tag{7.261}$$

deren Höhe $\mathrm{ht}\alpha = k \geq 1$ bekannt sein soll, was wenigstens für eine einfache Wurzel $\alpha_{(j)}$ mit $\mathrm{ht}\alpha_{(j)} = 1$ der Fall ist. In einem nächsten Schritt versucht man alle jenen positiven Wurzel β zu finden, deren Höhe um eine Einheit größer ist ($\mathrm{ht}\beta = k + 1$)

$$\beta = \{\alpha + \alpha_{(j)} | \alpha_{(j)} \in \Pi\}. \tag{7.262}$$

Betrachtet man den $\alpha_{(j)}$-String von Wurzeln durch die Wurzel α

$$\alpha + p\alpha_{(i)} \qquad -m \leq p \leq n \qquad m, n \geq 0 \qquad p \in \mathbb{Z}, \tag{7.263}$$

dann findet man mit Gl. (7.167)

$$m - n = 2\frac{\langle \alpha_{(i)}, \alpha \rangle}{\langle \alpha_{(j)}, \alpha_{(j)} \rangle}. \tag{7.264}$$

Die Umkehrung der Aussage (7.212) bzgl. des Skalarprodukts zweier verschiedener einfacher Wurzeln zwingt zu der Behauptung

$$\langle \alpha_{(i)}, \alpha \rangle > 0 \qquad \forall i = 1, \ldots, l, \tag{7.265}$$

so dass nach Gl. (7.264) die ganze Zahl m positiv sein muss ($m > 0$). Als Konsequenz daraus bekommt man im $\alpha_{(j)}$-String $(n + 1)$ Wurzeln, mit der Höhe

$$\mathrm{ht}\{\alpha + p\alpha_{(j)} | -m \leq p \leq 0\} \leq k,$$

die bereits als bekannt vorausgesetzt werden. Vielmehr ist man an den Wurzeln mit der Höhe $(k + 1)$ interessiert. Eine notwendige Bedingung dafür, dass die Form (7.262) bei bekannter Wurzel α mit der Höhe k eine Wurzel ist, liefert der $\alpha_{(j)}$-String durch α mit der Forderung einer positiven ganzen Zahl n ($n > 0$). Diese Zahl n, die darüber entscheidet, ob eine Form (7.262) eine Wurzel ist, errechnet sich nach Substitution mithilfe von Gl. (7.263) aus Gl. (7.264) zu

$$n = m - \sum_i a_i 2\frac{\langle \alpha_{(j)}, \alpha_{(i)} \rangle}{\langle \alpha_{(j)}; \alpha_{(j)} \rangle} = m - \sum_i a_i A_{ij}. \tag{7.266}$$

Beispiel 4 Die LIE-Algebra G_2 vom Rang $l = 2$ besitzt zwei einfache Wurzeln $\alpha_{(1)}$ und $\alpha_{(2)}$ (α und β in Beispiel 2 v. Abschn. 7.5). Aus dem DYNKIN-Diagramm Abb. 7.5 entnimmt man

$$A_{12}A_{21} = 3 \qquad \text{und} \qquad \omega_1 = 3 \quad \omega_2 = 1,$$

womit nach Gl. (7.239) die CARTAN-Matrix (7.244) berechnet werden kann. Beginnend mit der bekannten einfachen Wurzel $\alpha_{(2)}$ wird der $\alpha_{(1)}$-String durch $\alpha_{(2)}$

$$\alpha_{(2)} + r\alpha_{(1)} \qquad -m \leq r \leq n \qquad m, n \geq 0$$

untersucht. Mit der Aussage (7.211), dass $(\alpha_{(2)} - \alpha_{(1)})$ keine Wurzel ist, muss die Zahl m verschwinden ($m = 0$). Nach Gl. (7.266) bekommt man mit $a_2 = 1$ die Zahl

$$n = -a_2 A_{12} = 1,$$

so dass der $\alpha_{(1)}$-String aus den Wurzeln

$$\{\alpha_{(2)}, \alpha_{(2)} + \alpha_{(1)}\} \tag{7.267}$$

besteht. In einem zweiten Schritt wird die einfache Wurzel $\alpha_{(1)}$ als bekannt vorgegeben und der $\alpha_{(2)}$-String durch $\alpha_{(1)}$

$$\alpha_{(1)} + r\alpha_{(2)} \qquad -m \leq r \leq n \qquad m, n \geq 0$$

untersucht. Hierbei erhält man wieder wegen der Aussagen (7.211) eine verschwindende Zahl m (= 0) und Gl. (7.266) liefert mit $a_1 = 1$ die Zahl

$$n = -a_1 A_{21} = 3.$$

Der $\alpha_{(2)}$-String durch $\alpha_{(1)}$ besteht dann aus den Wurzeln

$$\{\alpha_{(1)}, \alpha_{(1)} + \alpha_{(2)}, \alpha_{(1)} + 2\alpha_{(2)}, \alpha_{(1)} + 3\alpha_{(2)}\}. \tag{7.268}$$

Eine positive Wurzel der Höhe 2 (= (ht$\alpha_{(2)}$ + 1)) ist nach (7.267) und (7.268) die Wurzel $(\alpha_{(1)} + \alpha_{(2)})$. Eine positive Wurzel der Höhe 3 (= ht$\alpha_{(1)}$ + 2)) ist die Wurzel $(\alpha_{(1)} + 2\alpha_{(2)})$. Sie ist die einzige Wurzel dieser Höhe, da $(\alpha_{(2)} + 2\alpha_{(1)})$ keine Wurzel ist. Schließlich findet man mit $(\alpha_{(1)} + 3\alpha_{(2)})$ nach (7.268) eine Wurzel der Höhe 4.

In einem letzten Schritt wird die Wurzel $(\alpha_{(1)} + 3\alpha_{(2)})$ mit der Höhe 4 als bekannt vorgegeben, um den $\alpha_{(j=1)}$-String durch die Wurzel $(\alpha_{(1)} + 3\alpha_{(2)})$

$$\{\alpha_{(1)} + 3\alpha_{(2)} + r\alpha_{(1)}\} \qquad -m \leq r \leq n \qquad m, n \geq 0$$

zu untersuchen. Mit der Aussage, dass $(\alpha_{(1)} + 3\alpha_{(2)} - \alpha_{(1)}) = 3\alpha_{(2)}$ keine Wurzel ist, bekommt man eine veschwindende Zahl m (= 0). Gl. (7.266) liefert dann mit $a_1 = 1$ und $a_2 = 3$ die Zahl

$$n = -a_1 A_{11} - a_2 A_{12} = 1,$$

so dass der $\alpha_{(1)}$-String aus den Wurzeln

$$\{\alpha_{(1)} + 3\alpha_{(2)}, 2\alpha_{(1)} + 3\alpha_{(2)}\} \tag{7.269}$$

besteht. Als positive Wurzel der Höhe 5 ($= \mathrm{ht}(\alpha_{(1)} + 3\alpha_{(2)}) + 1$) findet man dann die Wurzel $(2\alpha_{(1)}+3\alpha_{(2)})$. Sie ist die einzige dieser Höhe, da $(\alpha_{(1)}+4\alpha_{(2)})$ keine Wurzel ist. Weitere Kombinationen, die auf dieser Wurzel als bekannte Wurzel basieren, sind

$$(2\alpha_{(1)} + 3\alpha_{(2)}) + \alpha_{(1)} = 3(\alpha_{(1)} + \alpha_{(1)})$$

und

$$(2\alpha_{(1)} + 3\alpha_{(2)}) + \alpha_{(2)} = 2(\alpha_{(1)} + 2\alpha_{(1)}),$$

die beide keine Wurzeln sind, so dass weitere Wurzeln der Höhe 5 nicht existieren. Insgesamt findet man mit (7.267), (7.268) und (7.269) die 12 endlichen Wurzeln

$$\Delta = \{\pm\alpha_{(1)}, \pm\alpha_{(2)}, \pm(\alpha_{(1)}+\alpha_{(2)}), \pm(\alpha_{(1)}+2\alpha_{(2)}), \pm(\alpha_{(1)}+3\alpha_{(2)}), \pm(2\alpha_{(1)}+3\alpha_{(2)})\}. \tag{7.270}$$

Die Dimension der LIE-Algebra G_2 errechnet sich zu

$$\dim G_2 = |\Delta| + \mathrm{rang}\, G_2 = 12 + 2 = 14.$$

■

Schließlich erlaubt die CARTAN-Matrix auch die Bestimmung des Skalarprodukts $\langle\alpha, \beta\rangle$ beliebiger Wurzeln α und β. Ausgehend vom Normquadrat einer einfachen Wurzel $\alpha_{(j)}$ nach Gl. (7.81)

$$\langle\alpha_{(j)}, \alpha_{(j)}\rangle = 2 \sum_{\gamma\in\Delta_+} \langle\alpha_{(j)}, \gamma\rangle^2 \qquad j = 1, \ldots, l, \tag{7.271}$$

erhält man nach Substitution der Wurzel γ durch die lineare Darstellung bzgl. einer Basis von einfachen Wurzeln $\{\alpha_{(i)} | i = 1, \ldots, l\}$

$$\gamma = \sum_{i=1}^{l} a_i^{(\gamma)} \alpha_{(i)} \tag{7.272}$$

und unter Berücksichtigung von Gl. (7.234)

$$\langle\alpha_{(j)}, \alpha_{(j)}\rangle = 2 \sum_{\gamma\in\Delta_+} \left(\frac{1}{2} \sum_{i=1}^{l} a_i^{(\gamma)} A_{ji} \langle\alpha_{(j)}, \alpha_{(j)}\rangle\right)^2 \tag{7.273a}$$

oder wegen dem nichtverschwindenden Normquadrat ($\langle\alpha_{(j)}, \alpha_{(j)}\rangle \neq 0$)

$$\langle \alpha_{(j)}, \alpha_{(j)} \rangle = \left[\frac{1}{2} \sum_{\gamma \in \Delta_+} \left(\sum_{i=1}^{l} a_i^{(\gamma)} A_{ji} \right)^2 \right]^{-1} \qquad j = 1, \ldots, l. \qquad (7.273b)$$

Die Normenquadrate der übrigen einfachen Wurzeln errechnen sich dann nach der Beziehung

$$\langle \alpha_{(i)}, \alpha_{(i)} \rangle = \langle \alpha_{(j)}, \alpha_{(j)} \rangle \frac{\omega_i}{\omega_j} = \langle \alpha_{(j)}, \alpha_{(j)} \rangle \frac{A_{ji}}{A_{ij}} \qquad i = 1, \ldots, l \qquad (7.274)$$

mit den Gewichten ω_i bzw. ω_j. Nach Gl. (7.234) gelingt dann die Ermittlung der Skalarprodukte von einfachen Wurzeln gemäß

$$\langle \alpha_{(j)}, \alpha_{(i)} \rangle = \frac{1}{2} A_{ji} \langle \alpha_{(j)}, \alpha_{(j)} \rangle \qquad i, j = 1, \ldots, l \qquad i \neq j \qquad (7.275a)$$

bzw. von beliebigen Wurzeln gemäß

$$\langle \alpha, \beta \rangle = \frac{1}{2} \sum_{i=1}^{l} \sum_{j=1}^{l} A_{ji} a_j^{(\alpha)} a_i^{(\beta)} \langle \alpha_{(j)}, \alpha_{(j)} \rangle . \qquad (7.275b)$$

Beispiel 5 Die einfache LIE-Algebra A_1 besitzt nur eine positive bzw. einfache Wurzel $\alpha_{(1)} = \alpha$ (Beispiel 1 v. Abschn. 7.5). Das Normquadrat errechnet sich nach Gl. (7.273b) mit der CARTAN-Matrix $\boldsymbol{A}^{(A_1)} = A_{11} = 2$ zu

$$\langle \alpha_{(1)}, \alpha_{(1)} \rangle = \left(\frac{1}{2} 2^2 \right)^{-1} = \frac{1}{2},$$

was mit dem Ergebnis (7.126) übereinstimmt.

Die einfache LIE-Algebra A_2 besitzt drei positive Wurzeln (Beispiel 2 v. Abschn. 7.3 und Beispiel 3 v. Abschn. 7.5)

$$\Delta_+ = \{\alpha_{(1)}, \alpha_{(2)}, \alpha_{(1)} + \alpha_{(2)}\}.$$

Betrachtet man zunächst die einfache Wurzel $\alpha_{(1)}$, dann errechnet sich deren Normquadrat nach Gl. (7.273b) mit der CARTAN-Matrix $\boldsymbol{A}^{(A_2)}$ (7.241) zu

$$\langle \alpha_{(1)}, \alpha_{(1)} \rangle = \left[\frac{1}{2} (A_{11}^2 + A_{12}^2 + (A_{11} + A_{12})^2) \right]^{-1} = \frac{1}{3}.$$

Für die Skalarprodukte der einfachen Wurzeln erhält man damit nach Gl. (7.275a) das Ergebnis

$$\langle \alpha_{(1)}, \alpha_{(2)} \rangle = \frac{1}{2}(-1)\frac{1}{3} = -\frac{1}{6} = \langle \alpha_{(2)}, \alpha_{(1)} \rangle ,$$

was insgesamt mit (7.145) und (7.146) übereinstimmt.

Die einfache LIE-Algebra G_2 besitzt 12 endliche Wurzeln (Gl. 7.270), von denen 6 positiv sind

$$\Delta_+ = \{\alpha_{(1)}, \alpha_{(2)}, \alpha_{(1)} + \alpha_{(2)}, \alpha_{(1)} + 2\alpha_{(2)}, \alpha_{(1)} + 3\alpha_{(2)}, 2\alpha_{(1)} + 3\alpha_{(2)}\}.$$

Betrachtet man zunächst wieder die einfache Wurzel $\alpha_{(1)}$, dann errechnet sich deren Normquadrat nach Gl. (7.273b) mit der CARTAN-Matrix $\boldsymbol{A}^{(G_2)}$ (7.244) zu

$$2\langle\alpha_{(1)}, \alpha_{(1)}\rangle = \Big[\Big(A_{11}^2 + A_{12}^2 + (A_{11} + A_{12})^2 + (A_{11} + 2A_{12})^2 \\ +(A_{11} + 3A_{12})^2 + (2A_{11} + 3A_{12})^2\Big]^{-1} = \frac{1}{4}.$$

Nach Gl. (7.274) erhält man damit das Normquadrat der einfachen Wurzel $\alpha_{(2)}$

$$\langle\alpha_{(2)}, \alpha_{(2)}\rangle \frac{A_{12}}{A_{21}} \langle\alpha_{(1)}, \alpha_{(1)}\rangle = \frac{(-1)}{(-3)}\frac{1}{4} = \frac{1}{12}.$$

Die Skalarprodukte der einfachen Wurzeln errechnen sich schließlich nach Gl. (7.275a) zu

$$\langle\alpha_{(1)}, \alpha_{(2)}\rangle = \frac{1}{2} A_{12} \langle\alpha_{(1)}, \alpha_{(1)}\rangle = -\frac{1}{8} = \langle\alpha_{(2)}, \alpha_{(1)}\rangle.$$

■

Die Bedeutung der CARTAN-Matrix $\boldsymbol{A}$ und des ihr zugeordneten einfachen Systems Π im Hinblick auf die dort enthaltene Information über die betreffende LIE-Algebra, kann anhand von einfachen Beziehungen demonstriert werden. Zu deren Herleitung geht man von einem abstrakten Wurzelsystem Δ sowie dem zugehörigen einfachen System Π aus und definiert für jede einfache Wurzel $\{\alpha_{(i)} | i = 1, \ldots, l = \text{rang}\,\Delta\}$ eine zur einfachen LIE-Algebra A_1 isomorphe einfache LIE-Unteralgebra $\mathcal{L}_i$. Dabei werden für jede dieser Unteralgebren $\{\mathcal{L}_i | \, i = 1, \ldots, l\}$ die drei Generatoren in der CHEVALLEY-Basis (7.99) verwendet

$$H_i = \frac{2}{\langle\alpha_{(i)}, \alpha_{(i)}\rangle} H_{\alpha_{(i)}} \tag{7.276a}$$

$$E_{\pm i} = E_{\pm\alpha_{(i)}} \qquad i = 1, \ldots, l. \tag{7.276b}$$

Sie gelten als die *Standardgeneratoren* der LIE-Algebra $\mathcal{L}$ in Bezug auf $\mathcal{H}$, Δ, Π und $\boldsymbol{A}$. Die Generatoren (7.276b) sind jene Stufenoperatoren, die mit den einfachen Wurzeln $\alpha_{(i)}$ verknüpft sind und die Beziehung (s. Gl. 7.96)

$$\kappa(E_{+i}, E_{-i}) = \frac{2}{\langle\alpha_{(i)}, \alpha_{(i)}\rangle} \tag{7.277}$$

erfüllen. Nachdem die CARTAN-Unteralgebra abelsch ist, erhält man die Kommutatoren

$$[H_i, H_j] = 0 \qquad i, j = 1, \ldots, l. \tag{7.278a}$$

Daneben findet man die Kommutatoren

$$[E_{+i}, E_{-j}] = \delta_{ij} H_i \qquad i, j = 1, \ldots, l, \tag{7.278b}$$

was durch Gl. (7.98b) begründet werden kann. Mit Gln. (7.93) und (7.276b) ergeben sich die weiteren Kommutatoren

$$[H_i, E_{\pm j}] = \pm\alpha_{(j)}(H_i)E_{\pm j} = \pm\frac{2}{\langle\alpha_{(i)}, \alpha_{(i)}\rangle}\alpha_{(j)}(H_{\alpha_{(i)}})E_{\pm j} = \pm A_{ij}E_{\pm j}. \tag{7.278c}$$

Als gesamtes Ergebnis hat man mit den Gln. (7.278) bisher die LIE-Produkte zwischen Generatoren von verschiedenen einfachen Wurzeln gewonnen. Schließlich wird noch Gl. (7.278c), die für alle Wurzeln der LIE-Algebra gilt, ersetzt durch eine Beziehung, die die Länge eines $\alpha_{(i)}$-Strings durch die einfache Wurzel $\alpha_{(j)}$ $(i \neq j)$ festlegt

$$\alpha_{(j)} - m\alpha_{(i)}, \alpha_{(j)} - (m-1)\alpha_{(i)}, \ldots, \alpha_{(j)} + n\alpha_{(i)}.$$

Mit der Aussage (7.211), dass $(\alpha_{(j)} - \alpha_{(i)})$ keine Wurzel sein kann, findet man eine verschwindende Zahl m $(= 0)$ und erhält mit Gl. (7.167)

$$-n = 2\frac{\langle\alpha_{(i)}, \alpha_{(j)}\rangle}{\langle\alpha_{(j)}, \alpha_{(j)}\rangle} = A_{ij}.$$

Das bedeutet, dass für die Zahl $(n+1) = 1 - A_{ij}$ der Wert $\alpha_{(j)} + (1 - A_{ij})\alpha_{(i)}$ keine Wurzel ist. Als Konsequenz daraus endet der $\alpha_{(i)}$-String nach $(n+1)$ Anwendungen des Stufenoperators E_j auf E_i. Analoge Überlegungen gelten für die Anwendungen des Stufenoperators E_{-j}, so dass insgesamt das Ergebnis in Form der SERRE-*Beziehung* ausgedrückt werden kann

$$[E_{\pm j}, [E_{\pm j}, \ldots, [E_{\pm j}, E_{\pm j}] \ldots] = [\mathrm{ad}_{E_{\pm j}}]^{1-A_{ij}} E_{\pm i} = 0. \tag{7.278d}$$

Die Gln. (7.278), die als CHEVALLEY-SERRE-*Gleichungen* bezeichnet werden, bilden die Grundlage zur Erzeugung der LIE-Algebra $\mathcal{L}$. Sie erlauben die Aussage, dass ausgehend von einem abstrakten Wurzelsystem Δ mit dem Rang l die durch die Standardgeneratoren $\{H_i, E_{\pm i} | i = 1, \ldots, l\}$ erzeugte LIE-Algebra nach den Gln. (7.278) eine endlich-dimensionale einfache LIE-Algebra ist mit einem zu Δ isomorphen Wurzelsystem. Demnach gelingt eine kompakte Charakterisierung über die Darstellung einer LIE-Algebra $\mathcal{L}$ vermittels der Standardgeneratoren nebst ihrer definierenden Beziehungen (7.278), ohne dass eine Basis als Erzeugendensystem der LIE-Algebra notwendig ist (Eine vergleichbare Beschreibung von endlichen Gruppen durch die Gruppenpräsentierung wird im Beispiel 5 v. Abschn. 2.2 vorgestellt).

Am Ende dieses Abschnitts wird noch einmal die Klassifizierung von einfachen LIE-Algebren näher diskutiert. Ausgehend von einer komplexen halbeinfachen LIE-Algebra $\mathcal{L}$ kommt man durch die Wahl einer CARTAN-Unteralgebra $\mathcal{H}$ in einem ersten Schritt zu einem reduzierten Wurzelsystem Δ

$$\mathcal{L} \xrightarrow{\mathcal{H}} \Delta. \tag{7.279}$$

Dieser Übergang ist umkehrbar eindeutig bis auf einen Isomorphismus. Demnach sind zwei halbeinfache LIE-Algebren mit zueinander isomorphen reduzierten Wurzelsystemen ebenfalls isomorph (*Isomorphismussatz*). Zudem ist dieser Übergang auch surjektiv. Das bedeutet, dass jedes abstrakte reduzierte Wurzelsystem zu einer komplexen halbeinfachen LIE-Algebra gehört (*Existenzsatz*). Schließlich muss betont werden, dass dieser bijektive Übergang (7.279) von der Wahl der CARTAN-Unteralgebra unabhängig ist, so dass keine Willkür im Hinblick auf das Wurzelsystem und mithin auf die Beschreibung der LIE-Algebra zu erwarten ist. Die Begründung hierfür findet man in der Aussage, dass zwei beliebige CARTAN-Unteralgebren $\mathcal{H}$ und $\mathcal{H}'$ aufgrund eines inneren Automorphismus Int($\mathcal{L}$) nach Gl. (6.235) zueinander konjugiert sind.

In einem zweiten Schritt kommt man ausgehend von einem abstrakten reduzierten Wurzelsystem Δ durch die Wahl einer Ordnung des einfachen Systems Π zu einer abstrakten CARTAN-Matrix $\boldsymbol{A}$

$$\Delta \xrightarrow{\Pi} \boldsymbol{A}. \tag{7.280}$$

Auch dieser Übergang ist bis auf einen Isomorphismus umkehrbar eindeutig. Demnach sind zwei abstrakte reduzierte Wurzelsysteme, die zu isomorphen abstrakten CARTAN-Matrizen gehören, ebenfalls isomorph. Zudem ist dieser Übergang auch surjektiv. Das bedeutet, dass jede abstrakte CARTAN-Matrix zu einem abstrakten reduzierten Wurzelsystem gehört. Schließlich muss auch hier betont werden, dass der Übergang (7.280) von der Wahl der Ordnung bzw. des einfachen Systems Π unabhängig ist, so dass keine Willkür im Hinblick auf die CARTAN-Matrix zu erwarten ist. Die Begründung hierfür liefert die WEYL-Gruppe, mit deren Hilfe zwei beliebige Systeme von positiven Wurzeln Δ_+ und Δ'_+ bzw. zwei einfache Systeme Π und Π' ineinander abgebildet werden (Abschn. 7.8).

Im Ergebnis gibt es mit den SERRE-Beziehungen (7.278d) unabhängig von den getroffenen Wahlen eine bijektive Abbildung – bis auf Isomorphie – von der Menge der einfachen LIE-Algebren $\mathcal{L}$ auf die Menge der CARTAN-Matrizen $\boldsymbol{A}$

$$\mathcal{L} \xrightarrow{\mathcal{H},\Pi} \boldsymbol{A}. \tag{7.281}$$

Damit trägt die abstrakte irreduzible CARTAN-Matrix die volle Information über die Struktur einer endlich-dimensionalen einfachen LIE-Algebra und kann deshalb zu deren Charakterisierung verwendet werden. Auch halbeinfache LIE-Algebren, die als direkte Summen einfacher LIE-Algebren darstellbar sind, können demnach klassifiziert werden. Im Fall reduktiver komplexer LIE-Algebren gelingt eine Zerlegung in eine direkte Summe von abelschen und einfachen LIE-Algebren. Die ersten sind wiederum darstellbar als direkte Summen von eindimensionalen $u(1)$-Algebren, deren Klassifizierung trivial ist, so dass insgesamt auch die reduktiven LIE-Algebren aufgrund von Gl. (7.281) klassifiziert werden können.

Beispiel 6 Noch einmal das Beispiel zur Ermittlung der LIE-Algebra A_2 mithilfe jener Information, die in der CARTAN-Matrix (6.241) verborgen ist. Beginnend mit einer bekannten einfachen Wurzel $\alpha_{(2)}$ aus dem System Π, die die Höhe $\text{ht}\alpha_{(2)} = 2$ besitzt, wird man nach Gl. (7.278d) den $\alpha_{(1)}$-String durch die Wurzel $\alpha_{(2)}$ ermitteln. Die Anwendung der Leiteroperatoren $E_{\pm 1}$ zwingt nach den zwei $(= 1 - A_{12})$ Schritten

$$[E_{\pm 1}, E_{\pm 2}] = \pm(\alpha_{(1)} + \alpha_{(2)})E_{\pm(1+2)} \qquad \text{und} \qquad [E_{\pm 1}, [E_{\pm 1}, E_{\pm 2}]] = 0,$$

zu der Aussage, dass der $\alpha_{(1)}$-String durch $\alpha_{(2)}$ mit Gl. (7.72) aus den Wurzeln $\pm\alpha_{(2)}$, $\pm(\alpha_{(2)} + \alpha_{(1)})$ besteht. Zudem findet man nach Gl. (7.73), dass $\pm(\alpha_{(2)} + 2\alpha_{(1)})$ keine Wurzel ist, wonach Wurzeln mit einer Höhe größer als der Wert Zwei ausgeschlossen werden können.

Analoge Überlegungen gelten für die Suche nach dem $\alpha_{(2)}$-String durch die bekannte Wurzel $\alpha_{(1)}$ vermittels der Leiteroperatoren $E_{\pm 2}$. Nach zwei $(= 1 - A_{21})$ Schritten erhält man

$$[E_{\pm 2}, [E_{\pm 2}, E_{\pm 1}]] = 0,$$

wonach nur die Wurzel $\alpha_{(1)}$ und $(\alpha_{(1)} + \alpha_{(2)})$ mit den Höhen Eins und Zwei möglich sind. Insgesamt besitzt die LIE-Algebra A_2 die 6 Wurzeln $\pm\alpha_{(1)}$, $\pm\alpha_{(2)}$ und $\pm(\alpha_{(1)} + \alpha_{(2)})$ bzw. Linearkombinationen davon, was mit den Ergebnissen in Beispiel 2 von Abschn. 7.3 übereinstimmt.

Allgemein betrachtet beginnt man mit einer bekannten einfachen Wurzel $\alpha_{(i)}$, deren Höhe Eins ist. Danach ermittelt man mithilfe der SERRE-Beziehungen den $\alpha_{(j)}$-String durch die Wurzel $\alpha_{(i)}$ $(i \neq j)$, wobei die Stufenoperatoren E_α als ein Vielfaches des LIE-Produktes mit $E_{\pm j}$ gelten. Man erhält so alle Wurzeln β mit der Höhe $\text{ht}\beta = 2$. Anschließend beginnt man mit der Wurzel β, um erneut mithilfe der SERRE-Beziehungen den $\alpha_{(j)}$-String durch die Wurzel β zu ermitteln. Man erhält dann alle Wurzeln γ mit der Höhe $\text{ht}\,\gamma = 3$. Dieses Verfahren, das als SERRE-*Konstruktion* bekannt ist, wird fortgesetzt und erlaubt so induktiv die Ermittlung aller Wurzeln einer einfachen LIE-Algebra.

■

7.8 WEYL-Gruppen

Die Wurzelsysteme Δ besitzen eine Symmetrie unter Spiegelungen an bestimmten Hyperebenen, was bereits im euklidischen Wurzelraum $\mathbb{R}^2$ anschaulich offenkundig wird (s. Abb. 7.1 und 7.2). Demnach kann man auch von einer Symmetrie der zugehörigen LIE-Algebra sprechen. Das Ziel ist nun, jene Symmetriegruppen zu finden, die durch solche Spiegelungen erzeugt werden.

Bei der Transformation

$$s_\alpha(\beta) = \beta - 2\frac{\langle \beta, \alpha \rangle}{\langle \alpha, \alpha \rangle}\alpha \qquad \alpha \in \Delta \tag{7.282a}$$

wirkt der Operator s_α, der einer Wurzel α aus dem Wurzelsystem Δ zugeordnet ist, auf ein Element β des endlich-dimensionalen reellen Wurzelraumes $\mathcal{V}$. Für den Fall, dass das Element β eine Wurzel ist, erhält man nach Gl. (7.168) mit $s_\alpha(\beta)$ erneut eine Wurzel und zudem ein Element des Wurzelgitters. Folglich vermag jeder Operator s_α die Menge der Wurzeln Δ auf sich selbst abzubilden

$$s_\alpha : \begin{cases} \Delta \longrightarrow \Delta \\ \beta \longmapsto s_\alpha(\beta). \end{cases} \tag{7.282b}$$

Dabei genügt die Abbildung $s_\alpha(\beta)$ für alle Wurzeln $\alpha \in \Delta$ den folgenden Forderungen, was mithilfe von (7.282) begründet werden kann:

(a) Es gilt

$$s_\alpha(\alpha) = -\alpha \qquad \forall \alpha \in \Delta. \tag{7.283a}$$

(b) Die Abbildung ist surjektiv

$$s_\alpha(s_\alpha(\beta)) = \beta \quad \text{bzw.} \quad s_\alpha s_\alpha = 1 \qquad \forall \beta \in \Delta. \tag{7.283b}$$

(c) Die Abbildung ist isometrisch (orthogonal), wodurch die Invarianz des Skalarprodukts garantiert wird

$$\langle s_\alpha(\beta), s_\alpha(\gamma) \rangle = \langle \beta, \gamma \rangle \qquad \forall \beta, \gamma \in \Delta. \tag{7.283c}$$

(d) Die Abbildung ist linear

$$s_\alpha(\mu\beta + \nu\gamma) = \mu s_\alpha(\beta) + \nu s_\alpha(\gamma) \qquad \mu, \nu \in \mathbb{C} \qquad \forall \beta, \gamma \in \Delta. \tag{7.283d}$$

In der geometrischen Interpretation bedeutet die Abbildung $s_\alpha(\beta)$ (7.282) eine Spiegelung des Wurzelvektors β an einer Hyperebene, die durch den Ursprung geht und senkrecht zum Wurzelvektor α gerichtet ist (Abb. 7.7). Bei dieser sogenannten WEYL-*Spiegelung* wird von jedem Wurzelvektor das Zweifache der ganzzahligen Projektion $\langle \beta, \alpha \rangle \,/\, \langle \alpha, \alpha \rangle$ in Richtung des Vektors α abgezogen.

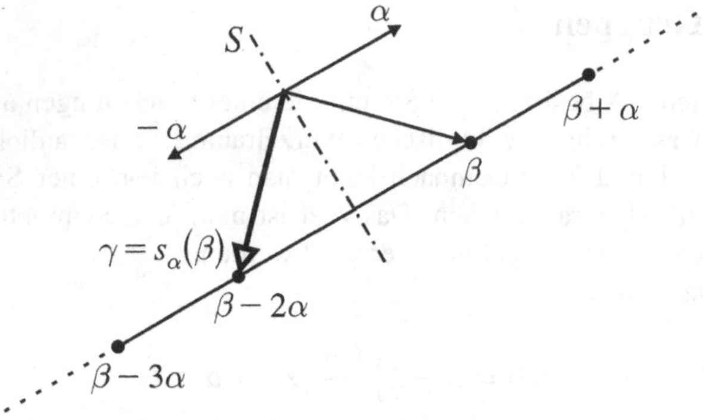

Abb. 7.7 Zweidimensionale Darstellung im euklidischen Raum $\mathbb{R}^2$ der Erzeugung eines Wurzelvektors $\gamma = s_\alpha(\beta)$ im α-String $(\beta + k\alpha)$ durch eine WEYL-Spiegelung s_α des Wurzelvektors β an einer Spiegelebene S senkrecht zum Wurzelvektor α

Zu jeder WEYL-Spiegelung s_α existiert die inverse Abbildung s_α^{-1}. Das Produkt zweier WEYL-Spiegelungen s_α und s'_α bedeutet die Hintereinanderschaltung der einzelnen Abbildungen. Als Konsequenz daraus erzeugen alle WEYL-Spiegelungen $\{s_\alpha | \alpha \in \Delta\}$ eine diskrete Gruppe, die als WEYL-*Gruppe* $\mathcal{W}(\Delta)$ bzw. $\mathcal{W}(\mathcal{L})$ des Wurzelsystem Δ bzw. der LIE-Algebra $\mathcal{L}$ bezeichnet wird. Dabei ist das Einselement e die identische Abbildung. Betrachtet man das duale Wurzelsystem $\Delta^\vee = \{\alpha^\vee | \alpha \in \Delta\}$ im dualen Vektorraum $\mathcal{V}^*$, so können die beiden WEYL-Gruppen $\mathcal{W}(\Delta)$ und $\mathcal{W}(\Delta^\vee)$ miteinander identifiziert werden. Die Gruppenelemente s_α sorgen für eine Permutation der Wurzeln α, so dass die WEYL-Gruppe eine Untergruppe der Menge aller Permutationen ist. Letztere ist isomorph zur symmetrischen Gruppe $S_{|\Delta|} = S_{\dim\mathcal{L} - \mathrm{rang}\mathcal{L}} = S_{n-l}$.

Betrachtet man eine orthogonale Transformation d des Vektorraumes $\mathcal{V}$, so dass $d\alpha$ eine Wurzel ist, dann bekommt man mit

$$s_{d\alpha}(d\varphi) = d\varphi - 2\frac{\langle d\varphi, d\alpha\rangle}{\langle d\alpha, d\alpha\rangle} d\alpha = d\varphi - 2\frac{\langle \varphi, \alpha\rangle}{\langle \alpha, \alpha\rangle} d\alpha = d(s_\alpha \varphi)$$

die Beziehung

$$s_{d\alpha} = d s_\alpha d^{-1} \qquad d\alpha \in \Delta\,. \tag{7.284}$$

Sie gilt für alle Elemente aus der WEYL-Gruppe $\mathcal{W}(\Delta)$.

Die WEYL-Gruppe $\mathcal{W}(\Delta)$ ist ein Normalteiler jener Gruppe, die aus der Menge der linearen Selbstabbildungen des Wurzelsystems Δ besteht und als *Automorphismusgruppe* $\mathrm{Aut}(\Delta)$ bezeichnet wird

$$\mathcal{W}(\Delta) \subseteq \mathrm{Aut}(\Delta). \tag{7.285}$$

Letztere ist für endlich-dimensionale einfache LIE-Algebren eine endliche Gruppe, so dass auch die WEYL-Gruppe endlich ist. Eine Selbstabbildung der Automorphismusgruppe sorgt ebenfalls für eine Permutation der Wurzeln. Zudem wird durch diese Abbildung das einfache System Π in ein anderes erlaubtes einfaches System Π' abgebildet, was einer neuen Aufteilung des Wurzelraumes in positive und negative Wurzeln vermittels einer neuen Hyperebene entspricht. Der Nachweis kann indirekt demonstriert werden. Setzt man voraus, dass die Abbildung $s_\alpha(\alpha_{(i)})$ einer einfachen Wurzel $\alpha_{(i)}$ als positive Linearkombination von Abbildungen $s_\alpha(\beta)$ positiver Wurzeln $\beta \in \Delta_+$ dargestellt werden kann

$$s_\alpha(\alpha_{(i)}) = \sum_{\beta \in \Delta_+} n_\beta s_\alpha(\beta) \qquad n_\beta > 0 \qquad \alpha_{(i)} \in \Pi, \tag{7.286}$$

dann erhält man nach Multiplikation mit s_α unter Verwendung von (7.283b) für die einfache Wurzel $\alpha_{(i)}$ ebenfalls eine positive Linearkombination von positiven Wurzeln und mithin einen Widerspruch. Das bedeutet, dass die Abbildung

$$s_\alpha : \Pi \longrightarrow \Pi' \qquad \alpha \in \Delta \tag{7.287}$$

als Element der WEYL-Gruppe $\mathcal{W}(\Delta)$ ein Element der Automorphismusgruppe Aut(Δ) ist. Die Existenz einer solchen Abbildung berechtigt zu der Aussage, dass die WEYL-Gruppe transitiv auf die Menge der einfachen Systeme wirkt. Zudem findet man genau eine solche Abbildung, so dass die WEYL-Gruppe sogar einfach transitiv wirkt

$$s_\alpha(\Pi) = \Pi \qquad \text{genau dann, falls} \qquad s_\alpha = e. \tag{7.288}$$

Dies berechtigt auch zu der Aussage, dass die WEYL-Gruppe frei wirkt (Abschn. 2.5).

An Stelle von Spiegelungen s_α, die mit allen Wurzeln α des Wurzelsystems Δ verknüpft sind, genügt es jene l ($=$ rang $\mathcal{L}$) Spiegelungen $s_{\alpha_{(i)}} \equiv s_{(i)}$ zu betrachten, die den einfachen Wurzeln $\alpha_{(i)}$ zugeordnet werden. Mit diesen sogenannten *einfachen* WEYL-*Spiegelungen* (*fundamentale* WEYL-*Spiegelungen*) $\{s_{(i)} | i = 1, \ldots, l\}$ kann dann die WEYL-Gruppe $\mathcal{W}(\Delta)$ erzeugt werden, so dass sie als deren Generatoren gelten. Gegenüber den Spiegelungen s_α als Generatoren gewinnt man den Vorteil, dass die Anzahl der Generatoren von $(n - l)$ auf l reduziert wird. Die Wirkung von einfachen WEYL-Spiegelungen $s_{(i)}$ bzw. von deren Produkten ergibt dann das Wurzelsystem Δ (Beispiel 2 v. Abschn. 7.5).

Tabelle 7.9 Exponent n_{ij} von Gl. (7.291) für verschiedene Winkel φ zwischen den einfachen Wurzeln $\alpha_{(i)}$ und $\alpha_{(j)}$ bzw. verschiedenen Verbindungslinien $|A_{ij}|$ im DYNKIN-Diagramm

φ	$\pi/2$	$2\pi/3$	$3\pi/4$	$5\pi/6$
$\|A_{ij}\|$	0	1	2	3
n_{ji}	2	3	4	6

Die Konstruktion der WEYL-Gruppe wird durch zwei Eigenschaften erleichtert. Zum einen durch deren transitive und freie Wirkung, wonach für zwei Elemente w_1

und w_2 gilt

$$w_1(\alpha_{(i)}) = w_2(\alpha_{(i)}) \quad \text{genau dann, falls} \quad w_1 = w_2 \quad w_1, w_2 \in \mathcal{W}(\Delta) \quad \alpha_{(i)} \in \Pi. \tag{7.289}$$

Zum anderen durch die Beziehung

$$s_{(i)}(\alpha_{(j)}) = \alpha_{(j)} - A_{ij}\alpha_{(i)} \qquad \alpha_{(i)}, \alpha_{(j)} \in \Pi. \tag{7.290}$$

Dabei wird die Struktur der WEYL-Gruppe vollständig durch Produkte von Generatoren $\{s_{(i)}|i = 1, \ldots, l\}$ in der Form

$$(s_{(i)}s_{(j)})^{n_{ij}} = e \qquad n_{ij} \in \mathbb{Z} \qquad n_{ii} = 1 \tag{7.291}$$

bestimmt, was als *Gruppenpräsentierung* bezeichnet wird (Beispiel 5 v. Abschn. 2.2). Damit gehört diese Gruppe zu der Klasse der COXETER-*Gruppen*. Der ganzzahlige Exponent wird durch die Lage der einfachen Wurzeln $\alpha_{(i)}$ und $\alpha_{(j)}$ festgelegt (Tab. 7.9). Das Produkt zweier einfacher WEYL-Spiegelungen bedeutet eine Rotation um die Schnittkurve der zu den Spiegelungen gehörenden Hyperebene als Drehachse mit dem Drehwinkel $2\pi/n_{ij}$. Nachdem es nur eine endliche Anzahl von Produkten einfacher WEYL-Spiegelungen gibt, die verschieden vom Einselement sind, muss die WEYL-Gruppe endlich sein.

Wesentlich für die weitere Diskussion sind weniger die verschiedenen WEYL-Gruppen selbst als vielmehr grundsätzliche Eigenschaften, die die Diskussion von Darstellungen einfacher LIE-Algebren erleichtern. Betrachtet man eine positive Wurzel α (> 0), dann ergibt sich mit der Entwicklung

$$\alpha = \sum_{i=1}^{l} a_i\alpha_{(i)} \qquad \alpha_{(i)} \in \Pi \qquad \alpha \in \Delta_+ \tag{7.292}$$

nach Gl. (7.282) die einfache WEYL-Spiegelung

$$s_{(j)}(\alpha) = \alpha - 2\frac{\langle\alpha, \alpha_{(j)}\rangle}{\langle\alpha_{(j)}, \alpha_{(j)}\rangle}\alpha_{(j)} = \sum_{i\neq j} a_i\alpha_{(i)} + \left[1 - 2\frac{\langle\alpha, \alpha_{(j)}\rangle}{\langle\alpha_{(j)}, \alpha_{(j)}\rangle}\right]\alpha_{(j)}. \tag{7.293}$$

Mit der Voraussetzung, dass α keine einfache Wurzel ist, etwa $\alpha \neq \alpha_{(j)}$, findet man, dass auch kein Vielfaches a_j der einfachen Wurzel $\alpha_{(j)}$ eine Wurzel ist ($\alpha \neq a_j\alpha_{(j)}$) außer für $a_j = \pm 1$ (s. Gl. 7.173). Demnach gibt es mindestens eine positive Komponente $a_i > 0$ ($i \neq j$) in der Entwicklung (7.292), so dass nach Gl. (7.293) die einfache WEYL-Spiegelung positiv ausfällt

$$s_{(j)}(\alpha) > 0 \qquad \text{für} \qquad \alpha > 0 \qquad \alpha \neq \alpha_{(j)}. \tag{7.294a}$$

Man erhält so eine Selbstabbildung der Menge der positiven Wurzeln außer $\alpha_{(j)}$

$$s_{(j)} : \{\Delta_+\backslash\alpha_{(j)}\} \longrightarrow \{\Delta_+\backslash\alpha_{(j)}\}.$$

Für den Fall, dass die Wurzel α gleich ist der einfachen Wurzel $\alpha_{(j)}$ $(a_j = 1)$, liefert die Substitution von (7.292) in (7.293) das Ergebnis

$$s_{(j)}(\alpha) = -\alpha_{(j)} = -\alpha < 0 \qquad \text{für} \qquad \alpha > 0 \qquad \alpha = \alpha_{(j)}. \tag{7.294b}$$

Dieses Ergebnis resultiert auch aus Gl. (7.293).

Eine bedeutende Rolle im Hinblick auf die Darstellungen von halbeinfachen LIE-Algebren spielt der WEYL-Vektor ρ (7.219). Er ist definiert als die halbe Summe der positiven Wurzeln

$$\rho = \frac{1}{2} \sum_{\alpha \in \Delta_+} \alpha. \tag{7.295}$$

Nach einer WEYL-Spiegelung $s_{(j)}$, die alle positiven Wurzeln außer $\alpha_{(j)}$ permutiert und in sich abbildet, kommt man mit Gl. (7.294) zu dem Ergebnis

$$\begin{aligned} s_{(i)}(\rho) &= \frac{1}{2} \sum_{\alpha \in \Delta_+ \backslash \alpha_{(j)}} s_{(j)}(\alpha) + \frac{1}{2} s_{(j)}(\alpha_{(j)}) \\ &= \frac{1}{2} \sum_{\alpha \in \Delta_+ \backslash \alpha_{(j)}} \alpha - \frac{1}{2} \alpha_{(j)} = \rho - \alpha_{(j)} \qquad j = 1, \ldots, l. \end{aligned} \tag{7.296}$$

Dies bedeutet, dass die einfache WEYL-Spiegelung $s_{(j)}$ den WEYL-Vektor ρ um die einfache Wurzel $\alpha_{(j)}$ vermindert. Unter Verwendung der Orthogonalität (7.283c)

$$\langle s_{(j)}(\rho), s_{(j)}(\alpha_{(j)}) \rangle = \langle \rho, \alpha_{(j)} \rangle$$

findet man mit Gl. (7.296)

$$\langle \rho - \alpha_{(j)}, -\alpha_{(j)} \rangle = \langle \rho, \alpha_{(j)} \rangle,$$

woraus das Ergebnis (7.220)

$$2 \langle \rho, \alpha_{(j)} \rangle = \langle \alpha_{(j)}, \alpha_{(j)} \rangle \qquad \forall \alpha_{(j)} \in \Pi \tag{7.297}$$

abgeleitet werden kann.

Jedes Element w der WEYL-Gruppe $\mathcal{W}(\Delta)$ lässt sich durch ein Produkt von Generatoren $\{s_{(i)} | i = 1, \ldots, l\}$ ausdrücken

$$w = s_{(i_1)} s_{(i_2)} \ldots s_{(i_n)}, \tag{7.298}$$

das als WEYL-*Wort* des Elements w mit den Buchstaben $\{s_{(i_k)} | k = 1, \ldots, n\}$ bekannt ist. Nachdem ein vorgegebenes Element w durch viele verschiedene Worte ausgedrückt werden kann, ist man besonders an jener Buchstabenfolge interessiert, die minimal ist. Sie wird als *reduziertes* WEYL-*Wort* bezeichnet und ist nicht notwendigerweise eindeutig. Die Anzahl n der Generatoren bzw. Buchstaben in (7.298) heißt die *Länge* $l(w)$ des Elements w bezüglich des einfachen Systems Π

$$l(w) := n. \tag{7.299}$$

Das Einselement e ist dann das Element mit verschwindender Länge ($l(e) = 0$).

Für das inverse Element w^{-1} erhält man das WEYL-Wort

$$w^{-1} = s_{(i_n)} s_{(i_{n-1})} \dots s_{(i_1)}, \tag{7.300}$$

so dass die Länge l des Elements w der Bedingung

$$l(w) = l(w^{-1}) \tag{7.301}$$

genügt. Zudem gibt es für endlich-dimensionale einfache LIE-Algebren genau ein Element $w_{\max}$ mit einer maximalen Anzahl von Buchstaben und folglich einer maximalen Länge

$$l(w_{\max}) > l(w) \qquad \forall w \in \mathcal{W} \backslash w_{\max} \tag{7.302a}$$

mit

$$l(w_{\max}) = |\Delta_+|, \tag{7.302b}$$

das die Abbildung

$$w_{\max} : \Pi \longrightarrow -\Pi \tag{7.303}$$

ermöglicht. Setzt man voraus, dass die Inversion $i = -e$ zur WEYL-Gruppe gehört, dann ist dieses Element das längste Element. Für die Länge eines Elements w gilt die Zahl aller positiven Wurzeln ($\alpha > 0$), deren Bild nach der WEYL-Spiegelung eine negative Wurzel ergibt

$$l(w) = |\{\alpha \in \Delta_+ | w(\alpha) < 0\}|. \tag{7.304}$$

Mit einer einfachen WEYL-Spiegelng $s_{(i)}$ erhält man dann wegen Gl. (7.294a)

$$l(ws_{(i)}) = \begin{cases} l(w) + 1 & \text{genau dann, wenn} \quad ws_{(i)} > 0 \\ l(w) - 1 & \text{genau dann, wenn} \quad ws_{(i)} < 0. \end{cases} \tag{7.305}$$

Außer der Länge eines WEYL-Wortes w kann man auch ein Vorzeichen sign$w$ definieren durch

$$\text{sign} w := (-1)^{l(w)}. \tag{7.306}$$

Die Länge entscheidet demnach darüber, ob es sich bei dem Element w um eine eigentliche (spezielle) oder uneigentliche Abbildung handelt (s. Beispiel 12 v. Abschn. 2.1). Im ersten Fall hat die Determinante der orthogonalen Darstellung $\boldsymbol{w}$ den Wert

$$\det \boldsymbol{w} = +1, \tag{7.307a}$$

so dass die Menge der zugehörigen Abbildungen, nämlich die reinen Rotationen, zur speziellen orthogonalen Gruppe $SO(n)$ gehören und eine Untergruppe der WEYL-Gruppe $\mathcal{W}(\Delta)$ bilden. Im zweiten Fall hat die Determinante den Wert

$$\det \boldsymbol{w} = -1, \tag{7.307b}$$

womit jene Abbildungen erfasst werden, die zusammen mit den eigentlichen Abbildungen des ersten Falls zur orthogonalen Gruppe $O(n)$ gehören. Nachdem die Buchstaben eines WEYL-Wortes $\boldsymbol{w}$ als einfache WEYL-Spiegelungen $\{\boldsymbol{s}_{(i)} | i = 1, \ldots, l\}$ uneigentliche Abbildungen sind und deshalb jede für sich durch ein negatives Vorzeichen charakterisiert werden kann

$$\det \boldsymbol{s}_{(i)} = \operatorname{sign} s_{(i)} = -1 \quad i = 1, \ldots, l, \tag{7.308}$$

erhält man für das Vorzeichen eines Elements w mit Gl. (7.299)

$$\operatorname{sign} w = \prod_{i=1}^{l} \operatorname{sign} s_{(i)} = (-1)^n. \tag{7.309}$$

Bei einem positiven Vorzeichen ist die Abbildung w eine reine Rotation. Andernfalls besteht die Abbildung aus dem Produkt einer Rotation und einer Spiegelung.

Schließlich kann man den Wurzelraum $\mathcal{V}$ in einer besonderen Weise aufteilen, die für die WEYL-Gruppe charakteristisch ist. Dabei werden alle zu den WEYL-Spiegelungen gehörenden Hyperebenen senkrecht zu den Wurzeln α, nämlich die Fixpunktmengen $\{\mathcal{V}^{w=s_\alpha} | \alpha \in \Delta\}$, an denen die Spiegelungen stattfinden, entfernt. Die dann verbleibende Menge

$$\mathcal{C}_w = \mathcal{V} \backslash \bigcup_{w \in \mathcal{W}(\Delta)} \mathcal{V}^w$$

setzt sich zusammen aus l (= rang $\mathcal{L}$) sternförmig angeordnete Kegel, deren Elementarmenge als *offene* WEYL-*Kammer* (*Alkoven*) bezeichnet wird. Diejenige Kammer $\mathcal{C}$ des Wurzelsystems Δ, deren Elemente λ positive DYNKIN-Label λ^i besitzen und als *dominante Elemente* gelten

$$\mathcal{C}_e = \{\lambda \in \mathcal{V} | \, \lambda^i = \left\langle \lambda, \alpha^{(i)\vee} \right\rangle > 0 \ \ \forall \alpha^{(i)} \in \Pi\} \tag{7.310}$$

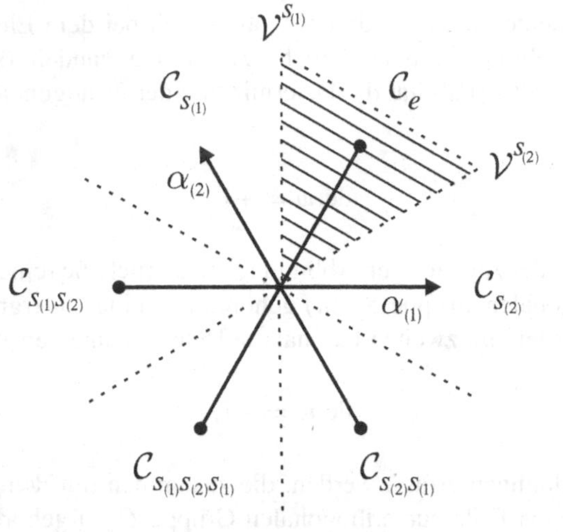

Abb. 7.8 Offene WEYL-Kammern $\mathcal{C}_w$ am Beispiel des Wurzelsystems $\Delta(A_2)$ der einfachen LIE-Algebra A_2 ($\mathcal{C}_e$: Fundamentalkammer; $\mathcal{V}^{s(1)}$, $\mathcal{V}^{s(2)}$: Kammerwände)

heißt *Fundamentalkammer* (*dominante* WEYL-*Kammer*) des einfachen Systems Π und wird durch die Wahl der Basis eindeutig festgelegt. Ihre Wände sind deshalb jene Hyperebenen $\mathcal{V}^{w=s(i)}$, die als Spiegelebenen der einfachen WEYL-Spiegelungen $s_{(i)}$ senkrecht zu den einfachen Wurzeln $\alpha_{(i)}$ stehen (Abb. 7.8).

Die WEYL-Gruppe $\mathcal{W}(\Delta)$ wirkt einfach transitiv und frei auf der Menge der WEYL-Kammern $\mathcal{W}_w$ analog zu den Aussagen (7.287) und (7.288) im Hinblick auf die einfachen Systeme als Mannigfaltigkeiten. Demzufolge erhält man ausgehend von der Fundamentalkammer $\mathcal{C}_e$ einschließlich der beiden Kammerwände als Grenzflächen den gesamten Wurzelraum $\mathcal{V}$ durch die Wirkung der Gruppenelemente. Umgekehrt gibt es zu jedem Element λ des Wurzelraums $\mathcal{V}$, das nicht auf einer Kammerwand liegt, genau ein WEYL-Gruppenelement w_λ, so dass $w_\lambda(\lambda)$ dominant ist bzw. in die Fundamentalkammer $\mathcal{C}_e$ abgebildet wird. Das Bild einer WEYL-Kammer unter der Abbildung eines maximalen WEYL-Wortes $w_{\max}$ liefert analog zur Abbildung (7.303) des einfachen Systems die entgegengerichtete WEYL-Kammer

$$w_{\max} : \mathcal{C} \longrightarrow -\mathcal{C}. \tag{7.311}$$

Insgesamt findet man eine Anzahl ($=$ ord $\mathcal{W}(\Delta)$) von WEYL-Kammern $\mathcal{C}_w$, die dann nach den Elementen w der WEYL-Gruppe benannt werden können. Dabei wird die Fundamentalkammer $\mathcal{C}_e$ dem Einselement e zugeordnet (Abb. 7.8). Jene Hyperebenen, die die Fundamentalkammer von den übrigen WEYL-Kammern trennen, sind die Fixpunktmengen $\{\mathcal{V}^{s(i)} | i = 1, \ldots, l\}$. Ihre Elemente λ haben demnach mindestens ein verschwindendes DYNKIN-Label

$$\lambda^i = \left\langle \lambda, \alpha^{(i)\vee} \right\rangle = 0, \tag{7.312a}$$

so dass sie unter der einfachen WEYL-Spiegelung $s_{(i)}$ invariant bleiben

$$s_{(i)}(\lambda) = \lambda - 2\frac{\langle \lambda, \alpha^{(i)} \rangle}{\langle \alpha^{(i)}, \alpha^{(i)} \rangle}\alpha^{(i)} = \lambda. \qquad (7.312b)$$

Beispiel 1 Die eindimensionale einfache LIE-Algebra A_1 mit den zwei Wurzeln α und $-\alpha$ im Wurzelraum $\mathbb{R}$ kann nur durch eine Spiegelung s_α an einer Geraden S als Hyperebene im Raum $\mathbb{R}^2$ senkrecht zur Wurzel α auf sich selbst abgebildet werden (Abb. 7.9). Zusammen mit dem trivialen Einselement e erhält man als WEYL-Gruppe $\mathcal{W}(A_1)$ die endliche Gruppe 2. Ordnung

$$\mathcal{W}(A_1) = \{e, s_\alpha\}. \qquad (7.313a)$$

Sie ist isomorph zur Inversionsgruppe $C_i = \{e, -e\}$ bzw. zu den Punktgruppen C_s und C_2

$$\mathcal{W}(A_1) \cong C_i. \qquad (7.313b)$$

Wählt man als einfache Wurzel $\alpha_{(1)} = \alpha$, die mit dem einfachen System Π identisch ist, dann liefert die WEYL-Spiegelung $s_\alpha = s_{(1)}$ die einfache Wurzel $\alpha'_{(1)} = -\alpha$ ($\equiv \Pi'$), was einer neuen Aufteilung in positive Wurzeln entspricht.

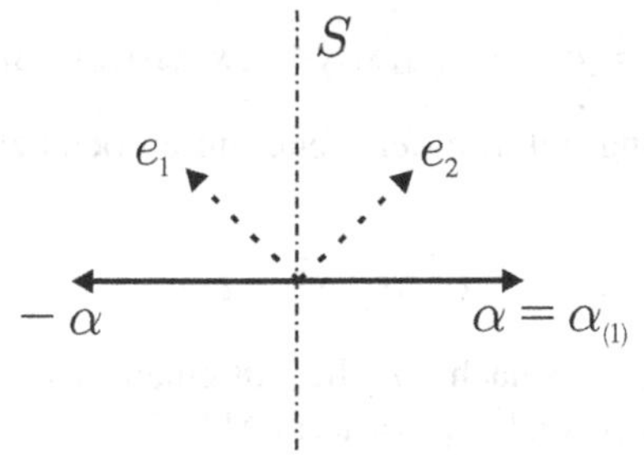

Abb. 7.9 Einfache Wurzel $\alpha_{(1)}$ der einfachen LIE-Algebra A_1 mit orthonormaler Basis $\{e_1, e_2\}$ des reellen Vektorraumes $\mathbb{R}^2$; S: Spiegelgerade

Ausgehend von einer orthonormalen Basis $\{e_1, e_2\}$ im Wurzelraum $\mathbb{R}^2$, mit deren Hilfe die beiden Wurzeln ausgedrückt werden können in der Form (Tab. 7.7)

$$\alpha = e_1 - e_2 \qquad \text{und} \qquad -\alpha = -e_1 + e_2, \qquad (7.314)$$

erhält man durch die Abbildung $s_{(1)}$ eine Permutation der Basis $\{e_1, e_2\}$. Demnach ist die WEYL-Gruppe $\{e, s_\alpha\}$ isomorph zur symmetrischen Gruppe S_2 mit den 2! Elementen (Tab. 7.10)

$$e = \begin{pmatrix} e_1 & e_2 \\ e_1 & e_2 \end{pmatrix} \qquad s_{(1)} = \begin{pmatrix} e_1 & e_2 \\ e_2 & e_1 \end{pmatrix}. \qquad (7.315)$$

Die einfache LIE-Algebra A_2 besitzt zwei einfache Wurzeln $\alpha_{(1)}$ und $\alpha_{(2)}$ (s. Beispiel 2 v. Abschn. 7.5 und Abb. 7.2). Die Ermittlung der WEYL-Gruppe $\mathcal{W}(A_2)$ mithilfe der Generatoren $s_{(1)}$ und $s_{(2)}$ führt zunächst nach Gl. (7.290) und der CARTAN-Matrix (7.241) zu den einfachen WEYL-Spiegelungen

$$\begin{aligned} s_{(1)}(\alpha_{(1)}) &= -\alpha_{(1)} & s_{(2)}(\alpha_{(1)}) &= \alpha_{(1)} + \alpha_{(2)} \\ s_{(1)}(\alpha_{(2)}) &= \alpha_{(1)} + \alpha_{(2)} & s_{(2)}(\alpha_{(2)}) &= -\alpha_{(2)}. \end{aligned} \tag{7.316}$$

Damit können Produkte der Generatoren nach Gl. (7.289) auf ihre Eigenschaft als Gruppenelemente überprüft werden

$$\begin{aligned} &s_{(2)}s_{(1)}(\alpha_{(1)}) = -(\alpha_{(1)} + \alpha_{(2)}) & &s_{(1)}s_{(2)}(\alpha_{(1)}) = \alpha_{(2)} \\ &s_{(2)}s_{(1)}(\alpha_{(2)}) = \alpha_{(1)} & &s_{(1)}s_{(2)}(\alpha_{(2)}) = -(\alpha_{(1)} + \alpha_{(2)}) \\ &s_{(1)}s_{(2)}s_{(1)}(\alpha_{(1)}) = s_{(2)}s_{(1)}s_{(2)}(\alpha_{(1)}) = -\alpha_{(2)} \\ &s_{(1)}s_{(2)}s_{(1)}(\alpha_{(2)}) = s_{(2)}s_{(1)}s_{(2)}(\alpha_{(2)}) = -\alpha_{(1)}. \end{aligned} \tag{7.317}$$

Dabei ermöglicht das längste WEYL-Wort $w_{\max} = s_{(1)}s_{(2)}s_{(1)}$ die Abbildung (7.303). Der Vergleich mit Gl. (7.289) und die Berücksichtigung von

$$s_{(1)}^2 = s_{(2)}^2 = e, \tag{7.318}$$

wonach keine weiteren Produkte der Generatoren auftreten, liefert die WEYL-Gruppe $\mathcal{W}(A_2)$ als die Menge von 6 Elementen

$$\mathcal{W}(A_2) = \{e, s_{(1)}, s_{(2)}, s_{(1)}s_{(2)}, s_{(2)}s_{(1)}, s_{(1)}s_{(2)}s_{(1)}\}. \tag{7.319}$$

Die Gruppenpräsentierung mithilfe der Generatoren benutzt Gl. (7.318) sowie die Beziehung

$$(s_{(1)}s_{(2)})^3 = e, \tag{7.320}$$

wobei der Exponent $n_{12} = 3$ nach Tabelle 7.8 einen Winkel $\varphi = 2\pi/3$ zwischen den einfachen Wurzeln $\alpha_{(1)}$ und $\alpha_{(2)}$ fordert (Abb. 7.2).

Die Gruppenelemente $s_{(1)}s_{(2)}$, $s_{(2)}s_{(1)}$ und e bedeuten Rotationen c_3, c_3^2 und c_3^3 um eine 3-zählige Achse senkrecht zum Wurzelraum $\mathbb{R}^2$ mit einem Winkel vom 1-fachen, 2-fachen und 3-fachen des Winkels $2\pi/3$. Die weiteren drei Gruppenelemente $s_{(1)}$, $s_{(2)}$ und $s_{(1)}s_{(2)}s_{(1)}$ ($= s_{(2)}s_{(1)}s_{(2)}$) bedeuten Spiegelungen, bei denen jeweils eine der drei positiven Wurzeln $\alpha_{(1)}$, $\alpha_{(2)}$ und $(\alpha_{(1)} + \alpha_{(2)})$ ins Negative übergeht. Die WEYL-Gruppe $\mathcal{W}(A_2)$ ist demnach isomorph zur Punktgruppe C_{3v} (bzw. D_3)

$$\mathcal{W}(A_2) \cong C_{3v}, \tag{7.321}$$

die die Symmetrie eines gleichseitigen Dreiecks beschreibt.

Ausgehend von einer orthonormalen Basis $\{e_1, e_2, e_3\}$ im Vektorraum $\mathbb{R}^3$, mit deren Hilfe die einfachen Wurzeln ausgedrückt werden können in der Form (Tab. 7.7)

$$\alpha_{(1)} = e_1 - e_2 \qquad \alpha_{(2)} = e_2 - e_3 \tag{7.322}$$

liefern die Abbildungen durch die WEYL-Gruppe nach Gln. (7.316) und (7.317) die Permutationen

$$\begin{aligned} & e = \begin{pmatrix} e_1 & e_2 & e_3 \\ e_1 & e_2 & e_3 \end{pmatrix} \qquad s_{(1)} = \begin{pmatrix} e_1 & e_2 & e_3 \\ e_2 & e_1 & e_3 \end{pmatrix} \qquad s_{(2)} = \begin{pmatrix} e_1 & e_2 & e_3 \\ e_1 & e_3 & e_2 \end{pmatrix} \\ & s_{(1)}s_{(2)} = \begin{pmatrix} e_1 & e_2 & e_3 \\ e_3 & e_2 & e_1 \end{pmatrix} \qquad s_{(2)}s_{(1)} = \begin{pmatrix} e_1 & e_2 & e_3 \\ e_3 & e_1 & e_2 \end{pmatrix} \\ & s_{(1)}s_{(2)}s_{(1)} = \begin{pmatrix} e_1 & e_2 & e_3 \\ e_3 & e_2 & e_1 \end{pmatrix}. \end{aligned} \tag{7.323}$$

Die WEYL-Gruppe ist so isomorph zur symmetrischen Gruppe S_3 mit der Ordnung 3! (Tab. 7.10)

$$\mathcal{W}(A_2) \cong S_3. \tag{7.324}$$

Die einfache LIE-Algebra B_2 besitzt zwei einfache Wurzeln $\alpha_{(1)}$ und $\alpha_{(2)}$ (α and β in Beispiel 2 v. Abschn. 7.5), die mit der orthonormalen Basis $\{e_1, e_2\}$ im Wurzelraum $\mathbb{R}^2$ ausgedrückt werden können in der Form (Abb. 7.10)

$$\alpha_{(1)} = e_2 \qquad \alpha_{(2)} = e_1 - e_2. \tag{7.325}$$

Die Ermittlung der WEYL-Gruppe $\mathcal{W}(B_2)$ mithilfe der Generatoren bzw. einfachen WEYL-Spiegelungen $s_{(1)}$ und $s_{(2)}$ sowie deren Produkte geschieht in analoger Weise wie im Beispiel der LIE-Algebra A_2. Als Ergebnis bekommt man eine Menge von 8 Elementen

$$\mathcal{W}(B_2) = \{e, s_{(1)}, s_{(2)}, s_{(1)}s_{(2)}, s_{(2)}s_{(1)}, s_{(2)}s_{(1)}s_{(2)}, s_{(1)}s_{(2)}s_{(1)}, s_{(1)}s_{(2)}s_{(1)}s_{(2)}\}. \tag{7.326}$$

Die Gruppenpräsentierung durch die Generatoren geschieht mithilfe der Relationen

$$s_{(1)}^2 = s_{(2)}^2 = e \qquad (s_{(1)}s_{(2)})^4 = e, \tag{7.327}$$

wobei der Exponent $n_{12} = 4$ nach Tabelle 7.9 einen Winkel $\varphi = 3\pi/4$ zwischen den einfachen Wurzeln $\alpha_{(1)}$ und $\alpha_{(2)}$ fordert (Abb. 7.10).

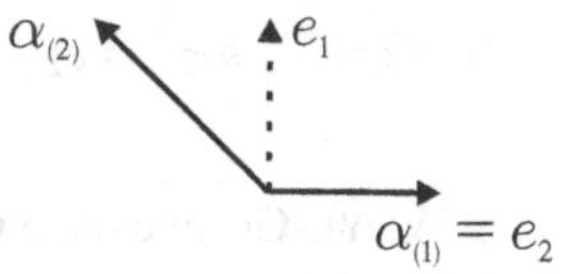

Abb. 7.10 Einfache Wurzeln $\alpha_{(1)}$ und $\alpha_{(2)}$ der einfachen LIE-Algebra B_2 im Wurzelraum $\mathbb{R}^2$ mit orthonormaler Basis $\{e_1, e_2\}$

Die Gruppenelemente $s_{(1)}s_{(2)}$, $s_{(2)}s_{(1)}$, $s_{(1)}s_{(2)}s_{(1)}$ und e bedeuten Rotationen c_4, c_4^2, c_4^3 und c_4^4 um eine 4-zählige Achse senkrecht zum Wurzelraum $\mathbb{R}^2$ mit einem Winkel vom 1-fachen, 2-fachen, 3-fachen und 4-fachen des Winkels $\pi/2$. Die weiteren Gruppenelemente $s_{(1)}$, $s_{(2)}s_{(1)}s_{(2)}$, $s_{(2)}$ und $s_{(1)}s_{(2)}s_{(1)}s_{(2)}$ bedeuten vier Spiegelungen σ_v, σ_v', σ_d und σ_d', bei denen eine Wurzel ins Negative übergeht und ihr orthogonales Komplement invariant bleibt. Die WEYL-Gruppe $\mathcal{W}(B_2)$ ist demnach isomorph zur Punktgruppe C_{4v} (bzw. D_4)

$$\mathcal{W}(B_2) \cong C_{4v}, \tag{7.328}$$

die die Symmetrie eines Quadrates beschreibt (s. Abb. 2.1 und Abschn. 2.1).

Die Abbildungen e und $s_{(2)}$ der WEYL-Gruppe liefern die Permutationen

$$e = \begin{pmatrix} e_1 & e_2 \\ e_1 & e_2 \end{pmatrix} \qquad s_{(1)} = \begin{pmatrix} e_1 & e_2 \\ e_2 & e_1 \end{pmatrix}, \tag{7.329a}$$

während die übrigen Gruppenelemente alle jene Permutationen liefern, die mit einem Vorzeichenwechsel verknüpft sind

$$\begin{aligned} s_{(2)} &= \begin{pmatrix} e_1 & e_2 \\ e_1 & -e_2 \end{pmatrix} \quad s_{(1)}s_{(2)} = \begin{pmatrix} e_1 & e_2 \\ -e_2 & e_1 \end{pmatrix} \quad s_{(2)}s_{(1)} = \begin{pmatrix} e_1 & e_2 \\ e_2 & -e_1 \end{pmatrix} \\ s_{(1)}s_{(2)}s_{(1)} &= \begin{pmatrix} e_1 & e_2 \\ -e_1 & -e_2 \end{pmatrix} \quad s_{(2)}s_{(1)}s_{(2)} = \begin{pmatrix} e_1 & e_2 \\ -e_1 & e_2 \end{pmatrix} \\ s_{(1)}s_{(2)}s_{(1)}s_{(2)} &= \begin{pmatrix} e_1 & e_2 \\ -e_2 & -e_1 \end{pmatrix}. \end{aligned} \tag{7.329b}$$

Dabei ermöglicht das längste WEYL-Wort $w_{\max} = s_{(1)}s_{(2)}s_{(1)}s_{(2)}$ die Abbildung (7.303). Die WEYL-Gruppe ist so isomorph zum halbdirekten Produkt der symmetrischen Gruppe S_2 und dem Quadrat der Inversionsgruppe C_i (Tab. 7.10)

$$\mathcal{W}(B_2) \cong S_2 \ltimes C_i \times C_i = S_2 \ltimes C_i^2. \tag{7.330}$$

Mit den 2! Elementen der symmetrischen Gruppe S_2 und den 4 ($= 2 \cdot 2$) Elementen der Produktgruppe C_i^2 erhält man insgesamt 8 Elemente.

Für die zur LIE-Algebra B_2 isomorphe einfache LIE-Algebra C_2 gelten analoge Überlegungen, so dass man als WEYL-Gruppe $\mathcal{W}(C_2)$ das Ergebnis (7.326) bekommt.

Die einfach LIE-Algebra G_2 besitzt zwei einfache Wurzeln $\alpha_{(1)}$ und $\alpha_{(2)}$ (α und β in Abb. 7.2). Die Aufstellung der WEYL-Gruppe gelingt anschaulich durch eine Analyse der Symmetrie des Wurzelsystems $\Delta(G_2)$ von Abb. 7.2. Dabei findet man insgesamt 12 Symmetrieelemente. Es sind sechs Rotationen c_6, c_6^2, c_6^3, c_6^4, c_6^5 und $c_6^6 = e$ um eine 6-zählige Achse senkrecht zum Wurzelraum $\mathbb{R}^2$ mit Vielfachen des Winkels $\pi/3$ sowie sechs Spiegelungen, bei denen jeweils eine Wurzel ins Negative transformiert wird und das orthogonale Komplement invariant bleibt. Die WEYL-Gruppe $\mathcal{W}(G_2)$ ist demnach isomorph zur Punktgruppe C_{6v} (bzw. D_6)

$$\mathcal{W}(G_2) \cong C_{6v}. \tag{7.331}$$

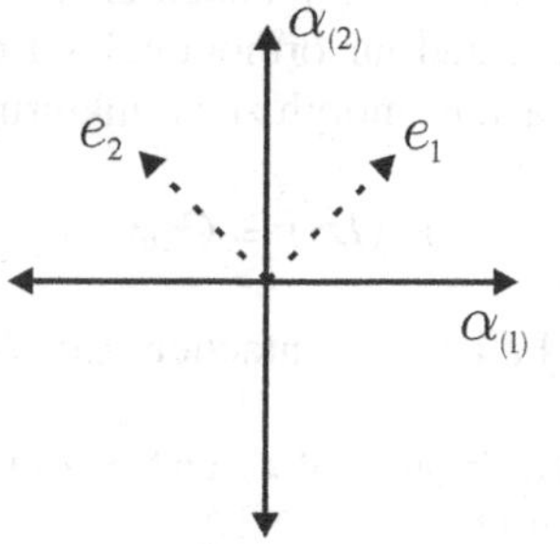

Abb. 7.11 Einfache Wurzeln $\alpha_{(1)}$ und $\alpha_{(2)}$ der halbeinfachen LIE-Algebra D_2 mit orthonormaler Basis $\{e_1, e_2\}$

Schließlich wird noch die halbeinfache LIE-Algebra D_2 betrachtet. Sie besitzt zwei einfach Wurzeln $\alpha_{(1)}$ und $\alpha_{(2)}$ (α und β in Beispiel 2 v. Abschn. 7.5), die mit der orthonormalen Basis $\{e_1, e_2\}$ im Wurzelraum $\mathbb{R}^2$ ausgedrückt werden können in der Form (Abb. 7.11)

$$\alpha_{(1)} = e_1 - e_2 \qquad \alpha_{(2)} = e_1 + e_2. \tag{7.332}$$

Die Ermittlung der WEYL-Gruppe $\mathcal{W}(D_2)$ analog zum Vorgehen wie im Falle der LIE-Algebra A_2 ergibt

$$\mathcal{W}(D_2) = \{e, s_{(1)}, s_{(2)}, s_{(1)}s_{(2)} = s_{(2)}s_{(1)}\}. \tag{7.333}$$

Die Abbildungen e und $s_{(1)}$ liefern die Permutationen

$$e = \begin{pmatrix} e_1 & e_2 \\ e_1 & e_2 \end{pmatrix} \qquad s_{(1)} = \begin{pmatrix} e_1 & e_2 \\ e_2 & e_1 \end{pmatrix}, \tag{7.334a}$$

während die übrigen Gruppenelemente jene Permutationen ergeben, die mit einem geraden Vorzeichenwechsel verknüpft sind

$$s_{(2)} = \begin{pmatrix} e_1 & e_2 \\ -e_1 & -e_2 \end{pmatrix} \qquad s_{(1)}s_{(2)} = \begin{pmatrix} e_1 & e_2 \\ -e_2 & -e_1 \end{pmatrix}. \tag{7.334b}$$

Dabei ermöglicht das längste WEYL-Wort $w_{\max} = s_{(1)}s_{(2)}$ die Abbildung (7.303). Die WEYL-Gruppe ist so isomorph zum halbdirekten Produkt der symmetrischen Gruppe S_2 und der Inversionsgruppe C_i

$$W(D_2) \cong S_2 \ltimes C_i, \tag{7.335}$$

so dass insgesamt 4 ($= 2 \cdot 2$) Elemente erwartet werden.

Die Gruppenelemente $s_{(1)}s_{(2)}$ und e bedeuten Rotationen c_2 und c_2^2 um eine 2-zählige Achse senkrecht zum Wurzelraum $\mathbb{R}^2$ mit dem Winkel π und 2π. Die übrigen Gruppenelemente $s_{(1)}$ und $s_{(2)}$ bedeuten Spiegelungen, bei denen eine Wurzel ins Negative übergeht und ihr orthogonales Komplement invariant bleibt. Die WEYL-Gruppe ist demnach isomorph zur Punktgruppe C_{2v} (bzw. D_2)

$$\mathcal{W}(D_2) \cong C_{2v}. \tag{7.336}$$

Beispiel 2 Im allgemeinen Fall einer einfachen LIE-Algebra A_l mit dem Rang l

Tabelle 7.10 Struktur der WEYL-Gruppen $\mathcal{W}(\mathcal{L})$ und Anzahl der Gruppenelemente $|\mathcal{W}|$ von klassischen einfachen LIE-Algebren $\mathcal{L}$

$\mathcal{L}$	$\mathcal{W}(\mathcal{L})$	$\lvert\mathcal{W}\rvert$
A_l	S_{l+1}	$(l+1)!$
B_l	$S_l \ltimes C_i^l$	$l!2^l$
C_l	$S_l \ltimes C_i^l$	$l!2^l$
D_l	$S_l \ltimes C_i^{l-1}$	$l!2^{l-1}$

werden die einfachen Wurzeln $\{\alpha_{(i)} | i = 1, \ldots, l\}$ durch die orthonormale Standardbasis $\{e_i | i = 1, \ldots, l+1\}$ des Vektorraumes $\mathcal{V} \cong \mathbb{R}^{l+1}$ ausgedrückt in der Form (7.257b) (s. a. Tab. 7.5)

$$\alpha_{(i)} = e_i - e_{i+1} \qquad i = 1, \ldots, l. \tag{7.337}$$

Die Wirkung einer einfachen WEYL-Spiegelung $s_{(i)}$ auf ein Basiselement ergibt

$$\begin{aligned} s_{(i)}(e_k) &= e_k - 2\frac{\langle e_k, \alpha_{(i)}\rangle}{\langle \alpha_{(i)}, \alpha_{(i)}\rangle}\alpha_{(i)} = e_k - 2\frac{\langle e_k, e_i - e_{i+1}\rangle}{\langle e_i - e_{i+1}, e_i - e_{i+1}\rangle}(e_i - e_{i+1}) \\ &= \begin{cases} e_{i+1} & \text{für } k = i \\ e_i & \text{für } k = i+1 \\ e_k & \text{sonst.} \end{cases} \end{aligned} \tag{7.338}$$

Demnach besteht die WEYL-Gruppe $\mathcal{W}(A_l)$ aus allen Permutationen der Basis $\{e_i | i = 1, \ldots, l+1\}$. Sie ist deshalb isomorph zur symmetrischen Gruppe S_{l+1}

mit $(l+1)!$ Elementen (Tab. 7.10)

$$\mathcal{W}(A_l) \cong S_{l+1}. \tag{7.339}$$

Dabei entsprechen die WEYL-Gruppenelemente allgemein den Transpositionen von Basiselementen. Die einfachen WEYL-Spiegelungen bedeuten nach Gl. (7.338) Transpositionen von benachbarten Basiselementen.

Im allgmeinen Fall einer einfachen LIE-Algebra B_l bzw. C_l besteht die WEYL-Gruppe $\mathcal{W}(B_l)$ bzw. $\mathcal{W}(C_l)$ aus allen Permutationen sowie aus allen Permutationen mit Vorzeichenwechsel der Basis $\{e_i | i = 1, \ldots, l\}$ im Wurzelraum $\mathbb{R}^l$. Man erhält demnach eine Isomorphie zum halbdirekten Produkt $S_n \ltimes C_i^l$ mit insgesamt $l!2^l$ Elementen (Tab. 7.10). Auch im Fall der einfachen LIE-Algebra D_l bedeutet eine Teilmenge der WEYL-Gruppe $\mathcal{W}(D_l)$ alle Permutationen der Basis $\{e_i | i = 1, \ldots, l\}$. Die übrige Teilmenge bewirkt Permutationen, die mit einer geraden Anzahl von Vorzeichenwechsel verbunden sind. Die Grupppe ist demnach isomorph zum halbdirekten Produkt $S_l \ltimes C_i^{l-1}$ mit insgesamt $l!2^{l-1}$ Elementen (Tab. 7.10).

■

Kapitel 8
Halbeinfache reelle LIE-Algebren

Nachdem die KILLING-Form κ (7.14) als Metrik verwendet werden kann, stellt sich die Frage nach deren Vorzeichen bzw. nach den Vorzeichen der Eigenwerte des CARTAN-Tensors $\boldsymbol{\kappa}$. Im Falle einer komplexen halbeinfachen LIE-Algebra $\widetilde{\mathcal{L}}$ erfolgt beim Übergang von reellen zu komplexen Koeffizienten wegen der Bilinearität ein Vorzeichenwechsel

$$\kappa(ia, ib) = -\kappa(a, b) \qquad a, b \in \widetilde{\mathcal{L}},$$

so dass hier keine Antwort möglich ist. Dagegen ist die Frage nach dem Vorzeichen im Falle einer reellen halbeinfachen LIE-Algebra $\mathcal{L}$ durchaus sinnvoll, was in den folgenden Abschnitten erörtert wird.

Im Unterschied zur Klassifizierung von einfachen komplexen LIE-Algebren, die sich wegen der algebraischen Geschlossenheit des Koeffizientenkörpers $\mathbb{C}$ auf sehr direktem Weg ohne größere Schwierigkeit gestaltet, wird man bei den reellen einfachen LIE-Algebren eine kompliziertere Analyse erwarten. Dies ist darin begründet, dass hier der Koeffizientenkörper $\mathbb{R}$ algebraisch nicht abgeschlossen ist, so dass das Eigenwertproblem (7.45) bzw. die charakteristische Säkulargleichung (7.50) zur Ermittlung der Wurzeln nicht notwendigerweise eine Lösung im Körper $\mathbb{R}$ besitzt. Demnach muss man auf dem Weg über die Komplexifizierung einen Informationsverlust hinnehmen. Dies wird etwa darin offensichtlich, dass aus der Komplexifizierung nicht-isomorpher reeller LIE-Algebren eine für alle isomorphe komplexe LIE-Algebra resultieren kann (Tab. 5.2).

8.1 Kompakte und normale Formen

Die Umkehrung der Idee von einer *Komplexifizierung* $\mathcal{L}_{\mathbb{C}}$ einer reellen LIE-Algebra $\mathcal{L}$ gemäß Gl. (5.94) im Sinne einer Körpererweiterung (Abschn. 5.5) zwingt zur Umformung einer komplexen LIE-Algebra $\widetilde{\mathcal{L}}$ über dem Körper $\mathbb{C}$ in eine reelle LIE-Algebra $\widetilde{\mathcal{L}}_{\mathbb{R}}$ über dem Unterkörper $\mathbb{R}$ ($\subset \mathbb{C}$). Dabei wird die skalare Multiplikation ($\mathbb{C} \times \widetilde{\mathcal{L}} \longrightarrow \widetilde{\mathcal{L}}$) auf den Zahlenkörper $\mathbb{R}$ beschränkt, ohne die LIE-Algebra als Menge sowie die Addition von Elementen ($\widetilde{\mathcal{L}} \times \widetilde{\mathcal{L}} \longrightarrow \widetilde{\mathcal{L}}$) zu verändern. Durch

M. Böhm, *Lie-Gruppen und Lie-Algebren in der Physik*, Springer-Lehrbuch, 367
DOI 10.1007/978-3-642-20379-4_8, © Springer-Verlag Berlin Heidelberg 2011

diesen Skalarwechsel kann man jeder komplexen LIE-Algebra $\widetilde{\mathcal{L}}$ eine reelle LIE-Algebra $\widetilde{\mathcal{L}}_{\mathbb{R}}$ zuordnen, was als *Reellifizierung* bekannt ist.

Mit der Basis $\{a_k \mid k = 1, \ldots, \dim_{\mathbb{C}} \widetilde{\mathcal{L}}\}$ der komplexen LIE-Algebra $\widetilde{\mathcal{L}}$ findet man für die reelle LIE-Algebra $\widetilde{\mathcal{L}}_{\mathbb{R}}$ die Basis $\{a_k, ia_k \mid k = 1, \ldots \dim_{\mathbb{C}} \widetilde{\mathcal{L}}\}$, so dass gilt

$$\dim_{\mathbb{R}} \widetilde{\mathcal{L}}_{\mathbb{R}} = 2\dim_{\mathbb{C}} \widetilde{\mathcal{L}}. \tag{8.1}$$

An dieser Stelle ist darauf hinzuweisen, dass das Verfahren der Reellifizierung nicht die Umkehrung der Komplexifizierung bedeutet. Eine Begründung hierfür liefert die Beziehung (5.95a) zusammen mit Gl. (5.95b) bzw. Gl. (8.1). Danach gilt für eine reelle LIE-Algebra $\mathcal{L}$ bzw. für eine komplexe LIE-Algebra $\widetilde{\mathcal{L}}$

$$\dim (\widetilde{\mathcal{L}}_{\mathbb{R}})_{\mathbb{C}} = 2\dim \widetilde{\mathcal{L}} \qquad \text{bzw.} \qquad \dim (\mathcal{L}_{\mathbb{C}})_{\mathbb{R}} = 2\dim \mathcal{L}, \tag{8.2}$$

so dass die LIE-Algebren $\mathcal{L}$ und $(\mathcal{L}_{\mathbb{C}})_{\mathbb{R}}$ bzw. $\widetilde{\mathcal{L}}$ und $(\widetilde{\mathcal{L}}_{\mathbb{R}})_{\mathbb{C}}$ wesentlich verschieden sind. Zudem ist die reelle LIE-Algebra $(\mathcal{L}_{\mathbb{C}})_{\mathbb{R}}$ der Komplexifizierung $\mathcal{L}_{\mathbb{C}}$ isomorph zur direkten Summe

$$(\mathcal{L}_{\mathbb{C}})_{\mathbb{R}} \cong \mathcal{L} \oplus \mathcal{L}, \tag{8.3}$$

wobei $\mathcal{L}$ diejenige reelle LIE-Algebra bedeutet, deren Komplexifizierung $\mathcal{L}_{\mathbb{C}}$ ergibt. Die reellen Formen einer komplexen einfachen LIE-Algebra $\widetilde{\mathcal{L}}_0$ sind dann jene reellen Unteralgebren $\mathcal{L}$ von $\widetilde{\mathcal{L}}_{\mathbb{R}}$, deren Komplexifizierung $\mathcal{L}_{\mathbb{C}}$ isomorph ist zu $\widetilde{\mathcal{L}}_0$.

Eine reelle LIE-Algebra $\mathcal{L}$ ist genau dann halbeinfach, falls ihre Komplexifizierung $\mathcal{L}_{\mathbb{C}}$ halbeinfach ist. Andererseits gilt für eine reelle einfache LIE-Algebra $\mathcal{L}$, dass ihre Komplexifizierung $\mathcal{L}_{\mathbb{C}}$ entweder einfach ist oder in die direkte Summe zweier isomorpher Ideale zerlegt werden kann (Beispiel 3 v. Abschn. 5.5).

Unter den reellen Formen gibt es genau eine halbeinfache LIE-Algebra $\mathcal{L}$, die die Eigenschaft der *Kompaktheit* besitzt. Diese Eigenschaft ist dadurch definiert, dass die Forderung nach einer negativ definiten KILLING-Form erhoben wird

$$\kappa(a, b) < 0 \qquad a \neq 0 \qquad \forall a, b \in \mathcal{L}. \tag{8.4}$$

Falls diese Forderung nicht erfüllt ist, gilt die halbeinfache reelle LIE-Algebra $\mathcal{L}$ als nicht kompakt. Dabei ist zu betonen, dass diese Eigenschaft nicht auf die Topologie der LIE-Algebra, nämlich auf ihren Vektorraum bezogen ist. Letzterer ist homöomorph zum euklidischen Raum $\mathbb{R}^{\dim \mathcal{L}}$ und wegen dessen Unbegrenztheit stets nicht kompakt. Eine halbeinfache reelle Unteralgebra $\mathcal{L}'$ einer halbeinfachen reellen LIE-Algebra $\mathcal{L}$ ist ebenfalls kompakt, falls $\mathcal{L}$ kompakt ist.

Die Eigenschaft der Kompaktheit erlaubt die Einführung eines Skalarprodukts auf dem n-dimensionalen Vektorraum $\mathcal{L}$

$$\langle a, b \rangle = -\kappa(a, b) \qquad \forall a, b \in \mathcal{L}, \tag{8.5}$$

das positiv definit ist. Demnach gelingt es, eine orthonormale Basis $\{a_i \,|\, i = 1, \ldots, n\}$ zu finden, die der Bedingung

$$\langle a_i, a_j \rangle = -\kappa(a_i, a_j) = \delta_{ij} \tag{8.6}$$

genügt.

Ausgehend von der orthogonalen Basis $\{a_i \,|\, i = 1, \ldots, n\}$ einer kompakten, reellen halbeinfachen LIE-Algebra $\mathcal{L}$, bekommt man wegen der Invarianz des LIE-Produkts (7.12)

$$-\kappa([a, a_i], a_j) = \kappa(a_i, [a, a_j]) \qquad \forall a \in \mathcal{L} \tag{8.7}$$

mit der adjungierten Darstellung $\boldsymbol{D}^{\mathrm{ad}}(a)$ nach Gln. (5.81) und (5.82) die Beziehung

$$-\kappa\left(\sum_k D_{ki}^{\mathrm{ad}}(a) a_k, a_j\right) = \kappa\left(a_i, \sum_k D_{kj}^{\mathrm{ad}}(a) a_k\right).$$

Die Linearität der KILLING-Form κ ermöglicht die Umformung

$$-\sum_k D_{ki}^{\mathrm{ad}}(a) \kappa(a_k, a_j) = \sum_K D_{kj}^{\mathrm{ad}}(a) \kappa(a_i, a_k).$$

Mit der Orthonormiertheit der Basis erhält man nach Gl. (8.6) die antisymmetrischen Darstellungsmatrizen $\boldsymbol{D}^{\mathrm{ad}}(a)$

$$D_{ji}^{\mathrm{ad}}(a) = -D_{ij}^{\mathrm{ad}}(a) \qquad \forall a \in \mathcal{L}. \tag{8.8}$$

Die Substitution durch die Strukturkonstanten mithilfe von Gl. (5.84) liefert dann

$$f_{ki}^{j} = -f_{kj}^{i} = f_{jk}^{i} = -f_{ik}^{j} = f_{ij}^{k} = f_{ji}^{k}. \tag{8.9}$$

Demnach sind die Strukturkonstanten total antisymmetrisch, nämlich antisymmetrisch bezüglich der Vertauschung aller Paare von Indizes. Damit wird die Forderung (5.10) nach Antisymmetrie bezüglich der Vertauschung nur des unteren Indexpaares, die allgemein für jede LIE-Algebra gilt, weiter verschärft.

Die Kompaktheit einer reellen LIE-Algebra liefert eine Aussage über die Eigenschaft der zugehörigen LIE-Gruppe. Nach dem Satz von WEYL ist eine einfach zusammenhängende halbeinfache LIE-Gruppe $\mathcal{G}$ genau dann kompakt, falls die zugehörige reelle LIE-Algebra $\mathcal{L}$ vom kompakten Typ ist.

Beispiel 1 Eine wesentliche Voraussetzung des Satzes von WEYL ist die Halbeinfachheit einer LIE-Gruppe $\mathcal{G}$. Als Gegenbeispiel wird die multiplikative Gruppe der positiven Zahlen $\mathcal{G} = (\mathbb{R}^+, \cdot)$ mit $\mathbb{R}^+ = \{x \,|\, x \in \mathbb{R}, x > 0\}$ betrachtet, die isomorph ist zur Komponente des Einselements $GL^+(1, \mathbb{R})$ der *allgemeinen linearen Gruppe* $GL(1, \mathbb{R})$ in einer Dimension. Sie kann homomorph abgebildet werden auf die *spezielle orthogonale Gruppe* $\mathcal{G}' = SO(2)$ in zwei Dimensionen (Beispiel 2 v. Abschn. 6.4). Beide Gruppen $\mathcal{G}$ und $\mathcal{G}'$ sind abelsch und deshalb nicht halbeinfach, so dass die Voraussetzung des WEYL'schen Satzes nicht erfüllt wird. Die zugehörigen LIE-Algebren $\mathcal{L} = gl^{+}(1, \mathbb{R})$ und $\mathcal{L}' = so(2)$ sind isomorph zueinander. Dennoch findet man die Gruppe $\mathcal{G}$ als nicht kompakt und die Gruppe $\mathcal{G}'$ als kompakt (Beispiel 21 und 22 v. Abschn. 4.4). ■

Für jede halbeinfache komplexe LIE-Algebra $\widetilde{\mathcal{L}}$ mit der endlichen Dimension n können stets zwei spezielle reelle Formen konstruiert werden. Dies ist dadurch begründet, dass beeigneter Wahl der Basis reelle Strukturkonstanten vorliegen. Ausgehend von der CARTAN-WEYL-Basis (7.57) erhält man durch alle reellen Linearkombinationen der Basiselemente einen reellen Vektorraum $\mathcal{L}$

$$\mathcal{L} = \text{span}_{\mathbb{R}}[\{h_k \mid k = 1, \ldots, l\} \cup \{e_\alpha \mid \alpha \in \Delta\}]. \tag{8.10a}$$

Dieser ist eine LIE-Algebra

$$\mathcal{L} = \mathcal{H}_0 \oplus \bigoplus_{\alpha \in \Delta} \mathbb{R} e_\alpha, \tag{8.10b}$$

die als *normale (split) reelle Form* bezeichnet wird. Demnach wird man bei allen klassischen komplexen LIE-Algebren den Koeffizientenkörper $\mathbb{C}$ auf den Unterkörper $\mathbb{R}$ beschränken (Tab. 8.1). Im Falle einer orthonormalen Basis hat der CARTAN-Tensor $\boldsymbol{\kappa}$ die diagonale Kastengestalt von Gl. (7.78). Dabei geben die normierten Elemente $\bar{e}_\alpha$ und $\bar{e}_{-\alpha}$, die den Unterraum $\mathcal{L}_\alpha$ aufspannen, Anlass zu einem CARTAN-Tensor

$$\boldsymbol{\kappa} = \begin{pmatrix} 0 & 1 \\ 1 & 0 \end{pmatrix}, \tag{8.11a}$$

der nach Diagonalisierung die Form

$$\boldsymbol{\kappa}_d = \begin{pmatrix} 1 & 0 \\ 0 & -1 \end{pmatrix} \tag{8.11b}$$

annimmt.

Eine andere reelle Form der halbeinfachen komplexen LIE-Algebra $\widetilde{\mathcal{L}}$ kann stets aus der normalen reellen Form durch eine Basistransformation mit komplexen Koeffizienten gewonnen werden. Die neue Basis

$$\mathcal{B} = \{ih_k \mid k = 1, \ldots, l\} \cup \{if_\alpha \mid \alpha \in \Delta_+\} \cup \{g_\alpha \mid \alpha \in \Delta_+\} \tag{8.12a}$$

mit

$$f_\alpha = e_\alpha + e_{-\alpha} \qquad \text{und} \qquad g_\alpha = e_\alpha - e_{-\alpha} \tag{8.12b}$$

spannt einen reellen Vektorraum auf. Wählt man eine orthonormale Basis $\{\bar{h}_k \mid k = 1, \ldots, l\}$ für die CARTAN-Unteralgebra $\mathcal{H}$ sowie eine normierte Basis $\{\bar{e}_\alpha \mid \alpha \in \Delta\}$, dann hat der CARTAN-Tensor $\boldsymbol{\kappa}$ (7.78) die Form

$$\kappa = -\mathbf{1}_n. \tag{8.13}$$

Die durch die Basis (8.12a) erzeugte halbeinfache reelle LIE-Algebra besitzt demnach eine negativ definite KILLING-Form und wird als *kompakte reelle Form* $\mathcal{L}_c$ bezeichnet. Sie ist bis auf Isomorphie eindeutig, so dass jede komplexe einfache LIE-Algebra $\widetilde{\mathcal{L}}$ genau eine solche Form $\mathcal{L}_c$ besitzt. Damit kann eine Klassifizierung von kompakten reellen einfachen LIE-Algebren zurückgeführt werden auf die Klassifizierung von komplexen einfachen LIE-Algebren.

Falls für eine beliebige reelle Form $\mathcal{L}$ ein Unterraum $\mathcal{L}'$ mit der Dimension l ($= \dim \mathcal{L} - l''$) existiert, auf den die KILLING-Form negativ definit ist, dann ist dieser eine Unteralgebra, die als die *maximale kompakte Unteralgebra* $\mathcal{L}'$ von $\mathcal{L}$ bezeichnet wird. Der Unterraum $\mathcal{L}''$ mit der Dimension l'' ($= \dim \mathcal{L} - l'$), auf dem die KILLING-Form positiv definit ist, bildet dagegen keine Unteralgebra.

Beispiel 2 Betrachtet man etwa die klassische einfache komplexe Matrix LIE-Algebra $sl(2, \mathbb{C})$ ($\cong A_1$), dann kann man als Basis die Generatoren (4.43) wählen

$$\mathcal{B}^{(a)} = \{\boldsymbol{a}_k \mid k = 1, 2, 3\} \tag{8.14}$$

und erhält damit die Strukurkonstanten (5.90) (Beispiel 2 v. Abschn. 5.5). Eine andere mögliche Form ist die CARTAN-WEYL Basis (7.57)

$$\mathcal{B}^{(b)} = \left\{\boldsymbol{a}_3 = \boldsymbol{h}_1, \frac{1}{\sqrt{2}}(\boldsymbol{a}_1 + i\boldsymbol{a}_2) = \boldsymbol{e}_\alpha, \frac{1}{\sqrt{2}}(\boldsymbol{a}_1 - i\boldsymbol{a}_2) = \boldsymbol{e}_{-\alpha}\right\}, \tag{8.15}$$

die durch eine unitäre Transformation $\boldsymbol{S}$

$$\mathcal{B}^{(b)} = \boldsymbol{S}\mathcal{B}^{(a)}$$

aus der Basis $\mathcal{B}^{(a)}$ hervorgeht. Damit sind die Basiselemente nicht mehr antihermitesch, sondern es gilt

$$\boldsymbol{e}_\alpha^+ = -\boldsymbol{e}_{-\alpha}. \tag{8.16}$$

Beide Basissysteme spannen den gleichen Vektorraum $\widetilde{\mathcal{L}}$ über $\mathbb{C}$ auf

$$\widetilde{\mathcal{L}} = \mathrm{span}_{\mathbb{C}}\mathcal{B}^{(a)} = \mathrm{span}_{\mathbb{C}}\mathcal{B}^{(b)} \tag{8.17}$$

und erzeugen die gleiche komplexe LIE-Algebra $\widetilde{\mathcal{L}}$. Im Gegensatz dazu sind die Vektorräume, die von beiden Basissystemen über dem reellen Körper $\mathbb{R}$ aufgespannt werden, nicht isomorph zueinander.

Ausgehend von einer Basis in der Form (8.14) erhält man nach Normierung (7.123) der Basis für die CARTAN-Unteralgebra

$$\bar{\boldsymbol{h}}_1 = -\frac{i}{\sqrt{2}}\boldsymbol{h}_1 = -\frac{i}{\sqrt{2}}\boldsymbol{a}_3 \tag{8.18a}$$

sowie nach Normierung (7.125) der Basis für das orthogonale Komplement

$$\bar{\boldsymbol{e}}_{\pm\alpha} = -\frac{i}{2}\boldsymbol{e}_{\pm\alpha} = -\frac{i}{2}(\boldsymbol{a}_1 \pm i\boldsymbol{a}_2) \tag{8.18b}$$

insgesamt die Basis

$$\mathcal{B}_c = \{\boldsymbol{b}_{c,1}, \boldsymbol{b}_{c,2}, \boldsymbol{b}_{c,3}\} \tag{8.19}$$

mit den Elementen

$$\begin{aligned} \boldsymbol{b}_{c,1} &= i\bar{\boldsymbol{h}}_1 = \frac{1}{\sqrt{2}}\boldsymbol{a}_3 \\ \boldsymbol{b}_{c,2} &= \frac{i}{\sqrt{2}}(\bar{\boldsymbol{e}}_\alpha + \bar{\boldsymbol{e}}_{-\alpha}) = \frac{1}{\sqrt{2}}\boldsymbol{a}_1 \\ \boldsymbol{b}_{c,3} &= \frac{1}{\sqrt{2}}(\bar{\boldsymbol{e}}_\alpha - \bar{\boldsymbol{e}}_{-\alpha}) = \frac{1}{\sqrt{2}}\boldsymbol{a}_2. \end{aligned} \tag{8.20}$$

Diese Basis $\mathcal{B}_c$ erzeugt die kompakte reelle Form $\mathcal{L}_c$ der komplexen LIE-Algebra A_1. Sie ist zudem – abgesehen von einem Faktor $1/\sqrt{2}$ – identisch mit der Basis der reellen LIE-Algebra $su(2)$ (s. Beispiel 2 v. Abschn. 5.5)

$$\mathcal{L}_c = su(2).$$

Der CARTAN-Tensor $\boldsymbol{\kappa}$ errechnet sich dann nach Gl. (7.41) zu

$$\boldsymbol{\kappa} = -\mathbf{1}_3. \tag{8.21}$$

Im anderen Fall der reellen LIE-Algebra (8.10) findet man nach Normierung gemäß den Gln. (7.123) und (7.125) die Basis

$$\mathcal{B} = \{\boldsymbol{b}_1, \boldsymbol{b}_2, \boldsymbol{b}_3\} \tag{8.22a}$$

mit den Elementen

$$\begin{aligned} \boldsymbol{b}_1 &= \bar{\boldsymbol{h}}_1 = -\frac{i}{\sqrt{2}}\boldsymbol{a}_3 = \frac{1}{2\sqrt{2}}\boldsymbol{\sigma}_z \\ \boldsymbol{b}_2 &= \bar{\boldsymbol{e}}_{+\alpha} = -\frac{i}{2}(\boldsymbol{a}_1 + \boldsymbol{a}_2) = \frac{1}{2}\boldsymbol{\sigma}_+ \\ \boldsymbol{b}_3 &= \bar{\boldsymbol{e}}_{-\alpha} = -\frac{i}{2}(\boldsymbol{a}_1 - \boldsymbol{a}_2) = \frac{1}{2}\boldsymbol{\sigma}_-. \end{aligned} \tag{8.22b}$$

Diese Basis erzeugt die normale reelle Form $\mathcal{L} = sl(2, \mathbb{R})$. Der CARTAN-Tensor $\boldsymbol{\kappa}$ hat hier die Gestalt (7.78) und errechnet sich nach Tabelle 7.2 zu

$$\boldsymbol{\kappa} = \begin{pmatrix} 1 & 0 & 0 \\ 0 & 0 & 1 \\ 0 & 1 & 0 \end{pmatrix}.$$

Eine Basistransformation nach

$$\mathcal{B}_d = \left\{ \frac{i}{\sqrt{2}}\boldsymbol{a}_3, \frac{1}{\sqrt{2}}\boldsymbol{a}_2, \frac{i}{\sqrt{2}}\boldsymbol{a}_1 \right\} \tag{8.23a}$$

ermöglicht die Diagonalisierung des CARTAN-Tensors in der Form

$$\boldsymbol{\kappa}_d = \begin{pmatrix} 1 & 0 & 0 \\ 0 & -1 & 0 \\ 0 & 0 & 1 \end{pmatrix}. \tag{8.23b}$$

Der Übergang von der normalen reellen Form zur kompakten reellen Form $\mathcal{L}_c$ gelingt dann durch eine weitere Basistransformation mit komplexen Koeffizienten der Transformationsmatrix

$$\boldsymbol{C} = \begin{pmatrix} -i & 0 & 0 \\ 0 & 0 & -i \\ 0 & 1 & 0 \end{pmatrix}.$$

Tabelle 8.1 Kompakte und normale reelle Formen $\mathcal{L}_c$ bzw. $\mathcal{L}$ von klassischen einfachen komplexen LIE-Algebren $\widetilde{\mathcal{L}}$

$\widetilde{\mathcal{L}}$	$\mathcal{L}_c$	$\mathcal{L}$
$A_l \cong sl(l+1, \mathbb{C})$	$su(l+1)$	$sl(l+1, \mathbb{R})$ $(l \geq 1)$
$B_l \cong so(2l+1, \mathbb{C})$	$so(2l+1)$	$so(l+1, l)$ $(l \geq 1)$
$C_l \cong sp(l+1, \mathbb{C})$	$sp(l)$	$sp(l, \mathbb{R})$ $(l \geq 1)$
$D_l \cong so(2l, \mathbb{C})$	$so(2l)$	$so(l, l)$ $(l \geq 3)$

Beispiel 3 Im allgemeinen Fall von klassischen einfachen komplexen LIE-Algebren $\widetilde{\mathcal{L}}$ sind die beiden reellen Formen in Tabelle 8.1 auflistet. Dabei ist anzumerken, dass man für die klassische LIE-Algebra D_2, die wohl halbeinfach aber nicht einfach ist, eine kompakte reelle Form $\mathcal{L}_c = so(4)$ findet. Letztere ist nach Gl. (7.43) (bzw. Gl. 7.200) isomorph zur direkten Summe zweier einfacher reeller LIE-Algebren $su(2)$, so dass $\mathcal{L}_c$ ebenfalls halbeinfach ist.

Die Isomorphien verschiedener klassischer komplexer LIE-Algebren geben Anlass zu Isomorphien der zugehörigen kompakten reellen Formen. So findet man wegen der Isomorphie von A_1, B_1 und C_1 (Abschn. 7.7) die Isomorphie der kompakten reellen Formen

$$su(2) \cong so(3) \cong sp(1). \tag{8.24}$$

Außerdem implizieren die Isomorphien $B_2 \cong C_2$ und $A_3 \cong D_3$ die Isomorphien

$$so(5) \cong sp(2) \qquad \text{und} \qquad su(4) \cong so(6). \tag{8.25}$$

Als Konsequenz daraus erwartet man einen Homomorphismus zwischen den zugehörigen LIE-Gruppen, etwa die homomorphe Abbildung von $SU(2)$ auf $SO(3)$ (Beispiel 6 v. Abschn. 2.3).

■

8.2 Involutive Automorphismen

Die Diskussion der Struktur und Klassifizierung von reellen halbeinfachen LIE-Algebren verlangt die Kenntnis von Automorphismen (Abschn. 5.3). An solche Selbstabbildungen einer (reellen oder komplexen) LIE-Algebra $\mathcal{L}$ werden zwei wesentliche Bedingungen geknüpft. Einmal die Forderung (5.27) nach dem Erhalt der Strukturen und zum anderen die Forderung nach einer injektiven und surjektiven Abbildung, die die umkehrbare Eindeutigkeit garantiert. Im Falle eines Automorphismus ψ m-ter Ordnung (5.29), der stets diagonalisierbar ist, kann dann der Vektorraum $\mathcal{L}$ zerlegt werden in die direkte Summe

$$\mathcal{L} = \bigoplus_{k=0}^{m-1} \mathcal{L}_k \qquad m \in \mathbb{N}. \tag{8.26}$$

Dabei sind die Unterräume

$$\mathcal{L}_k = \{a \in \mathcal{L} |\, \psi(a) = \lambda_k a\} \qquad k = 0, \ldots, m-1 \tag{8.27a}$$

die Eigenräume des Automorphismus ψ. Die zugehörigen Eigenwerte errechnen sich aus der Forderung (5.29) zu

$$\lambda_k = \exp(2\pi i k/m) \qquad k = 0, \ldots, m-1. \tag{8.27b}$$

Als Konsequenz eines solchen Automorphismus ergibt sich für die Eigenräume

$$[\mathcal{L}_k, \mathcal{L}_l] \subseteq \mathcal{L}_{k+l \bmod m}. \tag{8.28}$$

Die Zerlegung einer LIE-Algebra $\mathcal{L}$ in der allgemeinen Form

$$\mathcal{L} = \bigoplus_{k \in \mathcal{S}} \mathcal{L}_k \tag{8.29}$$

mit der Forderung

$$[\mathcal{L}_k, \mathcal{L}_l] \subseteq \mathcal{L}_{k+l} \qquad \forall k, l \in \mathcal{S} \tag{8.30}$$

bedeutet eine *Graduierung* der LIE-Algebra $\mathcal{L}$ durch die abelsche, additive Gruppe $(\mathcal{S}, +)$. Dabei wird häufig die Gruppe der ganzen Zahlen $\mathbb{Z}$ mit der Addition als Verknüpfung verwendet. Im Fall der Form (8.26) liegt eine $\mathbb{Z}_m$-Graduierung durch die Gruppe $\mathbb{Z}_m = (\{0, 1, \ldots, m-1\} \bmod m, +)$ vor. Letztere ist isomorph zur Faktorgruppe $\mathbb{Z}/m\mathbb{Z}$, wobei $\mathbb{Z}$ bzw. $m\mathbb{Z}$ die Gruppe der additiven Zahlen $(\mathbb{Z}, +)$ bzw. $(m\mathbb{Z} = \{mz | z \in \mathbb{Z}\}, +)$ bedeutet (Abschn. 2.2). Umgekehrt findet man bei einer $\mathbb{Z}_m$-Graduierung einer LIE-Algebra $\mathcal{L}$, dass deren lineare Abbildung ψ auf $\mathcal{L}$ mit

$$\psi(a_k) = \exp(2\pi ik/m)a_k \qquad a_k \in \mathcal{L}_k \qquad k = 0, \ldots, m-1 \tag{8.31}$$

ein Automorphismus m-ter Ordnung ist. Im Übrigen sei hier der Hinweis angebracht, dass im Falle einer $\mathbb{Z}_2$-Graduierung (*Semigraduierung*) die Grundlage für eine LIE-*Superalgebra* und damit für eine *Supersymmetrie* geschaffen wird.

Gemäß den LIE-Produkten (8.28) findet man mit

$$[\mathcal{L}_0, \mathcal{L}_0] \subseteq \mathcal{L}_0, \tag{8.32}$$

dass ausschließlich der Eigenraum $\mathcal{L}_0$ zum Eigenwert $+1$ eine Unteralgebra ist. Zu diesem Ergebnis gelangt man auch durch die Umformung

$$\psi([a_0, b_0]) = [\psi(a_0), \psi(b_0)] = [a_0, b_0] \subseteq \mathcal{L}_0 \qquad \forall a_0, b_0 \in \mathcal{L}_0. \tag{8.33}$$

Diese Unteralgebra $\mathcal{L}_0$ wird als *Fixpunktalgebra* des Automorphismus ψ bezeichnet.

Betrachtet man die KILLING-Form κ zweier Elemente a_k und a_l aus verschiedenen Eigenräumen $\mathcal{L}_k$ und $\mathcal{L}_l$, so erhält man wegen der Bilinearität mit Gl. (8.31)

$$\kappa(\psi(a_k), \psi(a_l)) = \kappa(e^{2\pi ik/m}a_k, e^{2\pi il/m}a_l) = e^{2\pi i(k+l)/m}\kappa(a_k, a_l). \tag{8.34}$$

Die Invarianz der KILLING-Form gegenüber jedem Automorphismus ψ nach Gl. (7.11) liefert dann das Ergebnis

$$\kappa(a_k, a_l) = 0 \quad \text{für} \quad k + l \neq 0 \mod m \qquad a_k \in \mathcal{L}_k \qquad a_l \in \mathcal{L}_l. \tag{8.35}$$

Danach sind die Unterräume $\mathcal{L}_k$ und $\mathcal{L}_{m-k}$ im Hinblick auf die KILLING-Form paarweise zueinander korreliert. Das bedeutet, dass es zu jedem Element a_k aus dem Eigenraum $\mathcal{L}_k$ ein Element a_{m-k} aus dem Eigenraum $\mathcal{L}_{m-k}$ gibt mit

$$\kappa(a_k, a_{m-k}) \neq 0 \qquad a_k \in \mathcal{L}_k \qquad a_{m-k} \in \mathcal{L}_{m-k}. \tag{8.36}$$

Für den Fall $k = 0$ findet man wegen der nichtverschwindenden KILLING-Form $(\kappa(a_0, b_0) \neq 0;\ a_0, b_0 \in \mathcal{L}_0)$ nach Gl. (8.32), dass das direkte Produkt $\mathcal{L}_0 \times \mathcal{L}_0$ nicht entartet ist. Als Konsequenz daraus erwartet man für die Fixpunktalgebra $\mathcal{L}_0$ eine reduktive Unteralgebra von $\mathcal{L}$, die sich in eine direkte Summe aus einfachen und abelschen LIE-Algebren zerlegen lässt (Abschn. 7.1).

Die adjungierte Abbildung ad_a (5.31) ist ein Endomorphismus des endlich-dimensionalen Vektorraumes $\mathcal{L}$. Durch die Exponentiation ψ werden deshalb die Elemente der LIE-Algebra $\mathcal{L}$ in die LIE-Gruppe $\mathcal{G}$ abgebildet

$$\psi : \begin{cases} \mathcal{L} \longrightarrow \mathcal{G} \\ a \longmapsto A = \exp(\mathrm{ad}_a) \qquad \forall a \in \mathcal{L}. \end{cases} \tag{8.37}$$

Dabei erzeugt das Bild $\psi(\mathcal{L})$ eine Untergruppe, die als *adjungierte Gruppe* bezeichnet wird und deren zugehörige LIE-Algebra $\mathcal{L}$ ist. Daneben gehört die adjungierte Abbildung ad_a (5.31) zu den inneren Derivationen, deren Menge die LIE-Algebra der *Gruppe der inneren Automorphismen* $\mathrm{Int}(\mathcal{L})$ bzw. der adjungierten Gruppe bildet. Diese Gruppe ist ein Normalteiler der Menge aller Automorphismen $\mathrm{Aut}(\mathcal{L})$ (Abschn. 2.3 und 6.5). Jeder innere Automorphismus $\psi(\mathcal{L})$ kann so als Produkt von Automorphismen in der Form (8.37) bzw. durch Konjugation mit Elementen aus der zugehörigen LIE-Gruppe $\mathcal{G}$ in der Form (6.235) ausgedrückt werden.

Zwei Unteralgebren $\mathcal{L}_1$ und $\mathcal{L}_2$ einer LIE-Algebra $\mathcal{L}$ sind *konjugiert* zueinander, falls es einen inneren Automorphismus ψ gibt, so dass gilt

$$\mathcal{L}_1 = \psi(\mathcal{L}_2) \qquad \mathcal{L}_1, \mathcal{L}_2 \subset \mathcal{L}. \tag{8.38}$$

So sind etwa zwei CARTAN-Unteralgebren einer halbeinfachen komplexen LIE-Algebra im Hinblick auf einen inneren Automorphismus zueinander konjugiert (Abschn. 7.2).

Von besonderem Interesse sind die Automorphismen 2. Ordnung. Ein solcher *involutiver Automorphismus* (*Involution*) ψ liefert mit einer halbeinfachen komplexen, endlich-dimensionalen LIE-Algebra $\widetilde{\mathcal{L}}$ eine umkehrbar eindeutige Verknüpfung zu einer reellen halbeinfachen LIE-Algebra $\mathcal{L}$. Demnach lassen sich mithilfe der involutiven Automorphismen die reellen Formen gewinnen.

Betrachtet man zunächst eine relle n-dimensionale LIE-Algebra $\mathcal{L}$ der halbeinfachen komplexen LIE-Algebra $\widetilde{\mathcal{L}}$, dann kann man mit deren Basis $\{a_k | k = 1, \ldots, n\}$ eine Darstellung $\boldsymbol{\psi}$ des involutiven Automorphismus festlegen durch

$$\psi(a_i) = \sum_{j=1}^{n} \psi_{ij}(a_i) a_j \qquad i = 1, \ldots, n, \tag{8.39}$$

die der Forderung (Gl. 5.29)

$$\boldsymbol{\psi}^2(a) = \mathbf{1}_n a \qquad \forall a \in \mathcal{L} \tag{8.40}$$

genügt. Bei der Suche nach den möglichen Eigenwerten λ der Eigenwertgleichung mit den Basiselementen als Eigenvektoren

$$\boldsymbol{\psi}(a_k) = \lambda a_k \qquad k = 1, \ldots, n \tag{8.41}$$

bekommt man nach Multiplikation mit der Matrix $\boldsymbol{\psi}$ von links

$$\boldsymbol{\psi}^2(a_k) = \lambda^2 a_k \qquad k = 1, \ldots, n. \tag{8.42}$$

Der Vergleich mit Gl. (8.40) liefert für $\boldsymbol{\psi}^2$ den Eigenwert $\lambda^2 = 1$ und mithin die Eigenwerte für $\boldsymbol{\psi}$ zu (s. Gl. 8.27)

$$\lambda_{0,1} = \pm 1. \tag{8.43}$$

Nach Bildung des Minimalpolynoms als jenes Polynom $P(\boldsymbol{\psi})$ ($\neq 0$) in $\boldsymbol{\psi}$ von minimalem Grad, das der Bedingung

$$P(\boldsymbol{\psi}) = 0$$

genügt, findet man mit

$$P(\boldsymbol{\psi}) = (\boldsymbol{\psi} - \lambda_0 \mathbf{1}_n)(\boldsymbol{\psi} - \lambda_1 \mathbf{1}_n) = (\boldsymbol{\psi} - \mathbf{1}_n)(\boldsymbol{\psi} + \mathbf{1}_n),$$

dass dieses in Linearfaktoren aufgeteilt werden kann, deren Nullstellen alle von einfacher Multiplizität sind. Damit erfüllt die involutive Abbildung ψ ein notwendiges und hinreichendes Kriterium für die Diagonalisierbarkeit der Darstellung $\boldsymbol{\psi}$, was auch im allgemeinen Fall eines Automorphismus m-ter Ordnung behauptet werden kann (s. Gl. 8.26). Nach Diagonalisierung von $\boldsymbol{\psi}$ durch eine Basis $\{a_k | k = 1, \ldots, n\}$ der reellen LIE-Algebra $\mathcal{L}$ erscheinen die beiden Eigenwerte λ_0 und λ_1 auf der Diagonale. Man erhält so die Eigenwertgleichung

$$\psi(a_k) = \lambda a_k \qquad k = 1, \ldots, n, \tag{8.44}$$

wo der Eigenwert $\lambda = +1$ bzw. -1 zum Eigenvektor a_k des involutiven Automorphismus ψ gehört. Letzterer erlaubt demzufolge eine Zerlegung jeder reellen halbeinfachen LIE-Algebra $\mathcal{L}$ nach Gl. (8.26) in zwei Vektorräume, die hier nach der herkömmlichen Symbolik mit $\mathcal{K}$ und $\mathcal{P}$ bezeichnet werden

$$\mathcal{L} = \mathcal{K} \oplus \mathcal{P}. \tag{8.45}$$

Sie sind die Eigenräume zu den Eigenwerten $\lambda = +1$ bzw. -1. Mit den Kommutatoren nach Gl. (8.28) bzw. (8.30)

$$[\mathcal{K}, \mathcal{K}] \subseteq \mathcal{K} \qquad [\mathcal{K}, \mathcal{P}] \subseteq \mathcal{P} \qquad [\mathcal{P}, \mathcal{P}] \subseteq \mathcal{K} \tag{8.46}$$

findet man eine Graduierung der LIE-Algebra $\mathcal{L}$ durch die Halbgruppe $\mathbb{Z}_2$. Nach Gl. (8.35) sind diese Unterräume $\mathcal{K}$ und $\mathcal{P}$ orthogonal bezüglich der KILLING-Form κ. Zudem ist der Eigenraum $\mathcal{K}$ eine Unteralgebra, nämlich die Fixpunktalgebra der LIE-Algebra $\mathcal{L}$, nicht dagegen das orthogonale Komplement $\mathcal{P}$. Mit der zusätzlichen Bedingung, dass die KILLING-Form negativ definit bzw. positiv definit ist auf $\mathcal{K}$ bzw. auf $\mathcal{P}$, wird eine Zerlegung der reellen LIE-Algebra $\mathcal{L}$ in der Form (8.45), für deren Unterräume die Kommutatoren (8.46) gelten, als CARTAN-*Zerlegung* bezeichnet. Der CARTAN-Tensor $\boldsymbol{\kappa}$ hat dann bei geeigneter Wahl der Basis die diagonale Kastenform

$$\boldsymbol{\kappa}_d = \begin{pmatrix} -\mathbf{1}_{\dim\mathcal{K}} & \mathbf{0} \\ \mathbf{0} & +\mathbf{1}_{\dim\mathcal{P}} \end{pmatrix}. \tag{8.47}$$

Mit dieser Pseudo-Orthonormalität der Basis bezüglich der KILLING-Form wird dann die notwendige und hinreichende Bedingung (7.36) für die Halbeinfachheit erfüllt. Die Unteralgebra $\mathcal{K}$ ist dabei die maximale kompakte Unteralgebra von $\mathcal{L}$. Bildet man die direkte Summe

$$\mathcal{L}^* := \mathcal{K} \oplus i\mathcal{P} \tag{8.48}$$

dann wird dadurch wegen (8.46) bzw. wegen der Bilinearität der KILLING-Form eine reelle Form von $\widetilde{\mathcal{L}}$ definiert, nämlich die kompakte reelle Form $\mathcal{L}_c$ ($\cong \mathcal{L}^*$), so dass deren Komplexifizierung $\mathcal{L}^*_{\mathbb{C}}$ ($= \mathcal{L}^* \oplus i\mathcal{L}^*$) isomorph ist zur komplexen LIE-Algebra $\widetilde{\mathcal{L}}$ (Satz v. CARTAN). Beginnt man an Stelle der reellen LIE-Algebra $\mathcal{L}$ mit der kompakten reellen Form $\mathcal{L}_c$, dann ist bei jeder Zerlegung (8.48) wegen der Bilinearität der KILLING-Form der Vektorraum $i\mathcal{P}_c$ nicht kompakt, während der Vektorraum $\mathcal{K}_c$ kompakt bleibt. Demzufolge liefert hier die Form (8.48) sofort die CARTAN-Zerlegung.

Das Vorzeichen des CARTAN-Tensors $\boldsymbol{\kappa}$, das festgelegt wird durch

$$\delta := \operatorname{sp}\boldsymbol{\kappa} = -\dim\mathcal{K} + \dim\mathcal{P}, \tag{8.49a}$$

wird als *Charakter* (KILLING-*Index*) der reellen Form $\mathcal{L}$ bezeichnet. Betrachtet man die diagonale Darstellung $\boldsymbol{\psi}$ des Automorphismus bezüglich einer geeigneten Basis $\{a_k | k = 1, \ldots, \dim\mathcal{L}\}$ der reellen LIE-Algebra $\mathcal{L}$, deren Diagonalelemente die Eigenwerte $\lambda = +1$ bzw. -1 zu den Eigenräumen $\mathcal{K}$ bzw. $\mathcal{P}$ sind, dann findet man für den Charakter

$$\delta = -\operatorname{sp}\boldsymbol{\psi}. \tag{8.49b}$$

Diese Größe erlaubt eine eindeutige Identifizierung der unterschiedlichen reellen Formen einer komplexen halbeinfachen LIE-Algebra $\widetilde{\mathcal{L}}$. Im speziellen Fall der kompakten reellen Form, deren KILLING-Form κ negativ definit ist auf $\mathcal{L}_c$ erhält man den Charakter

$$\delta(\mathcal{L}_c) = \mathrm{sp}\,\boldsymbol{\kappa} = -\dim \mathcal{K}_c = -\dim \mathcal{L}_c = -n, \tag{8.50}$$

so dass mit Gl. (8.49b) der Automorphismus ψ die Identität mit der Darstellung $\mathbf{1}_n$ bedeutet. Setzt man voraus, dass der involutive Automorphismus nicht trivial ist

$$\boldsymbol{\psi} \neq \mathbf{1}_n \qquad \text{bzw.} \qquad \delta = -\mathrm{sp}\,\boldsymbol{\psi} \neq -n,$$

dann findet man (8.49a), dass die KILLING-Form κ auf der reellen Form $\mathcal{L}$, die durch ψ von der kompakten Form $\mathcal{L}_c$ erzeugt wird, nicht negativ definit ist. Demnach erhält man ausgehend von der kompakten reellen LIE-Algebra $\mathcal{L}_c$ mithilfe der nicht-trivialen Automorphismen alle nicht-kompakten reellen LIE-Algebren $\mathcal{L}$.

Betrachtet man einen involutiven Automorphismus ψ einer reellen halbeinfachen LIE-Algebra $\mathcal{L}$, der eine Zerlegung (8.45) in Eigenräume $\mathcal{K}$ und $\mathcal{P}$ zu den Eigenwerten $\lambda = +1$ und $\lambda = -1$ zur Folge hat, dann wird durch die zusätzliche Forderung nach einer positiv definiten, symmetrischen Bilinearform

$$\kappa_\psi(a, a') := -\kappa(a, \psi(a')) \qquad a, a' \in \mathcal{L} \tag{8.51}$$

der Automorphismus ψ, der immer existiert, als CARTAN-*Involution* bezeichnet. Man erhält so mit κ_ψ ein Skalarprodukt auf $\mathcal{L}$. Betrachtet man Elemente a und a' bzw. b und b' aus den Eigenräumen $\mathcal{K}$ bzw. $\mathcal{P}$ der CARTAN-Involution ψ, so erhält man mit

$$\begin{aligned}
\psi[a, a'] &= [\psi(a), \psi(a)'] = [a, a'] &&\text{bzw.} && [\mathcal{K}, \mathcal{K}] \subseteq \mathcal{K}\\
\psi[a, b] &= [\psi(a), \psi(b)] = [a, -b] = -[a, b] &&\text{bzw.} && [\mathcal{K}, \mathcal{P}] \subseteq \mathcal{P}\\
\psi[b, b'] &= [\psi(b), \psi(b)] = [-b, -b'] = [b, b] &&\text{bzw.} && [\mathcal{P}, \mathcal{P}] \subseteq \mathcal{K}
\end{aligned}$$

die Kommutatoren (8.46), die bei einer CARTAN-Zerlegung erfüllt werden. Zudem findet man wegen der positiven Definitheit der Bilinearform κ_ψ (8.51), dass die KILLING-Form κ positiv definit bzw. negativ definit ist auf $\mathcal{K}$ bzw. $\mathcal{P}$, was insgesamt einer CARTAN-Zerlegung entspricht. Auch umgekehrt kann auf analogem Wege gezeigt werden, dass ausgehend von einer CARTAN-Zerlegung in die Vektorräume $\mathcal{K}$ und $\mathcal{P}$ ein involutiver Automorphismus definiert wird, der eine CARTAN-Involution ψ ist. Beginnt man mit der kompakten reellen Form $\mathcal{L}_c$, dann können alle reelle Formen durch die CARTAN-Involutionen klassifiziert werden. Diese Klassifizierung erlaubt demnach alle relle Formen $\mathcal{L}^\psi = \mathcal{L}^*$ nach Gl. (8.48) zu finden.

Die Erweiterung des involutiven Automorphismus auf eine komplexe halbeinfache LIE-Algebra $\widetilde{\mathcal{L}}$ erzeugt im Falle einer CARTAN-Involution ψ die kompakte reelle Form $\mathcal{L}_c$ ($= \mathcal{K}$). Dabei ist die KILLING-Form κ negativ definit auf $\mathcal{L}_c$, so dass die Forderung (8.51) der positiven Definitheit von κ_ψ erfüllt ist.

Beispiel 1 Als Beispiel wird die normale reelle Form $\mathcal{L} = sl(2, \mathbb{R})$ der komplexen halbeinfachen Matrix LIE-Algebra $\widetilde{\mathcal{L}} = sl(2, \mathbb{C})$ ($\cong A_1$) betrachtet (s. a. Beispiel 2 v. Abschn. 8.1). Ausgehend von der Basis (8.22) wird eine CARTAN-Zerlegung

(8.45) vorgenommen, so dass die Unterräume $\mathcal{K}$ und $\mathcal{P}$ die Kommutatoren (8.46) liefern. Daneben findet man die Basis in der Form (8.23a)

$$\mathcal{B}^{\mathcal{K}} = \frac{1}{\sqrt{2}}\{a_2\} \qquad \mathcal{B}^{\mathcal{P}} = \frac{i}{\sqrt{2}}\{a_1, a_3\} \tag{8.52}$$

pseudo-orthonormal bezüglich der KILLING-Form, wodurch nach Gl. (8.23b) die Forderung nach negativer bzw. positiver Definitheit der KILLING-Form κ auf $\mathcal{K}$ bzw. $\mathcal{P}$ erfüllt wird. Der Vektorraum $\mathcal{K}$ ist dabei die maximale kompakte Unteralgebra von $\mathcal{L}$.

Bei dieser CARTAN-Zerlegung sind die Unterräume $\mathcal{K}$ und $\mathcal{P}$ die Eigenräume eines involutiven Automorphismus ψ zum Eigenwert $\lambda = +1$ bzw. -1, der mit der Basis (8.23a) die diagonale Darstellung

$$\boldsymbol{\psi} = \mathrm{diag}(-1, +1, -1) \tag{8.53}$$

annimmt. Da die KILLING-Form κ auf $\mathcal{K}$ bzw. auf $\mathcal{P}$ negativ bzw. positiv definit ist, erhält man mit den Eigenwertgleichungen

$$\psi(a) = +a \qquad a \in \mathcal{K} \qquad \text{und} \qquad \psi(a') = -a' \qquad a' \in \mathcal{P} \tag{8.54}$$

nach Gl. (8.51) eine positiv definite Bilinearform κ_ψ, so dass ψ ein CARTAN-Involution ist. Der Charakter errechnet sich nach Gl. (8.49) zu

$$\delta = -\mathrm{sp}\,\boldsymbol{\psi} = 1. \tag{8.55}$$

Nach Bildung der direkten Summe (8.48) erhält man eine reelle Form $\mathcal{L}^*$, deren KILLING-Form

$$\begin{aligned} &\kappa(a, a') < 0 \qquad \text{für} \qquad a, a' \in \mathcal{K} \\ &\kappa(ib, ib') = -\kappa(b, b') < 0 \qquad \text{für} \qquad b, b' \in \mathcal{P} \end{aligned}$$

insgesamt wegen der Bilinearität negativ definit ist auf $\mathcal{L}^*$. Die Basis der reellen Form $\mathcal{L}^*$ errechnet sich – abgesehen vom Vorzeichen – mit (8.53) und (8.48) zur Basis $\mathcal{B}_c$ (8.19). Demnach ist die reelle LIE-Algebra $\mathcal{L}^*$, die durch die CARTAN-Involution ψ aus der rellen Form $\mathcal{L} = sl(2, \mathbb{R})$ erzeugt wird, isomorph zur kompakten reellen Form $\mathcal{L}_c = su(2)$.

Beginnt man umgekehrt mit der kompakten reellen Form $\mathcal{L}_c = su(2)$ und deren Basis $\mathcal{B}_c$ (8.20), dann erhält man durch den involutiven Automorphismus ψ mit der Darstellung (8.53) eine Zerlegung in die Eigenräume $\mathcal{K}_c$ und $\mathcal{P}_c$ zu den Eigenwerten $\lambda = +1$ und $\lambda = -1$. Die Forderung nach einer negativ bzw. positiv definiten KILLING-Form κ auf $\mathcal{K}_c$ und $\mathcal{P}_c$ wird durch die direkte Summe in der Form (8.48)

$$\mathcal{L}^\psi = \mathcal{K}_c \oplus i\mathcal{P}_c \tag{8.56}$$

erfüllt, so dass diese Zerlegung mit der maximal kompakten Unteralgebra $\mathcal{K}_c$ und dem nicht-kompakten Komplement $i\mathcal{P}_c$ eine CARTAN-Zerlegung ist. Sie ist äquivalent zu einer CARTAN-Involution ψ, da nach Gl. (8.51) mit der negativ bzw. positiv definiten KILLING-Form auf $\mathcal{K}_c$ bzw $i\mathcal{P}_c$ stets eine positiv definite Bilinearform κ_ψ auf $\mathcal{L}^\psi$ erwartet wird. Der Charakter δ errechnet sich nach Gl. (8.49) zu dem Wert (8.55). Er erlaubt eine eindeutige Identifizierung der reellen Form $\mathcal{L}^\psi$, deren Komplexifizierung $\mathcal{L}^\psi_{\mathbb{C}}$ isomorph ist zur LIE-Algebra $\widetilde{\mathcal{L}} = sl(2,\mathbb{C})$. Für die Basis der Unterräume $\mathcal{K}_c$ bzw $i\mathcal{P}_c$ erhält man mit (8.20) und (8.56) die Elemente $\{a_2\}$ bzw. $\{ia_1, ia_3\}$. Ein Vergleich mit der Basis $\mathcal{B}_d$ (8.23a) zeigt, dass die durch die CARTAN-Zerlegung (8.56) bzw. durch die CARTAN-Involution ψ aus der kompakten reellen Form $\mathcal{L}_c = su(2)$ erzeugte LIE-Algebra $\mathcal{L}^\psi$ isomorph ist zur normalen Form $\mathcal{L} = sl(2,\mathbb{R})$.

■

8.3 Automorphismen des Wurzelsystems

Die linearen Selbstabbildungen des Wurzelsystems Δ einer halbeinfachen komplexen LIE-Algebra $\widetilde{\mathcal{L}}$ sind Automorphismen des reellen Wurzelraumes $\mathcal{H}_0^*$ (7.67a) mit

$$\rho : \begin{cases} \Delta \longrightarrow \Delta \\ \alpha \longmapsto \rho(\alpha) \qquad \forall \alpha \in \Delta . \end{cases} \tag{8.57}$$

Dabei gilt die Forderung nach Invarianz des Skalarprodukts

$$\langle \rho(\alpha), \rho(\beta) \rangle = \langle \alpha, \beta \rangle \qquad \alpha, \beta \in \Delta . \tag{8.58}$$

Demnach sind diese Automorphismen ρ mit isometrischen (orthogonalen) Transformationen im euklidischen Raum $\mathbb{R}^3$ vergleichbar und können als Rotationen im Wurzelraum $\mathcal{H}_0^*$ interpretiert werden. Dabei werden die Wurzeln untereinander permutiert. Mit der Hintereinanderschaltung der Elemente als Verknüpfung bildet die Menge der Automorphismen ρ die *Automorphismusgruppe* Aut(Δ), die als Untergruppe der gesamten endlichen Anzahl von Permutationen endlich ist.

Ein Element ρ der Automorphismusgruppe Aut(Δ) kann nicht durch eine willkürliche Permutation der Wurzeln beschrieben werden. So wird man etwa bei der Vertauschung von nur zwei Wurzeln oder im Falle einer zweifach zusammenhängenden LIE-Algebra bei einer Vertauschung von zwei Wurzeln verschiedener Länge keine Selbstabbildung des Wurzelsystems Δ erzielen. Demnach sind im Allgemeinen nicht alle Permutationen eine Selbstabbildung, so dass die Automorphismusgruppe Aut(Δ) eine Untergruppe der symmetrischen Gruppe $S_{|\Delta|}$ darstellt

$$\mathrm{Aut}(\Delta) \subseteq S_{|\Delta|} \qquad |\Delta| = \dim \widetilde{\mathcal{L}} - \mathrm{rang}\, \widetilde{\mathcal{L}} = n - l . \tag{8.59}$$

Der Vergleich von (8.57) und (8.58) mit (7.282) und (7.283) macht deutlich, dass jedes Element $\{s_\alpha \,|\, \alpha \in \Delta\}$ der WEYL-Gruppe $\mathcal{W}(\Delta)$ auch ein Element der

Automorphismusgruppe Aut(Δ) ist. Hingegen muss nicht jedes Element der Automorphismusgruppe zur WEYL-Gruppe gehören, so dass die Umkehrung der Aussage nicht gültig ist. Die WEYL-Gruppe ist so eine Untergruppe (Gl. 7.285) und darüber hinaus sogar ein Normalteiler. Eine den Automorphismus begleitende Permutation der einfachen Wurzeln

$$p(\rho) = \begin{pmatrix} \alpha_{(1)} & \alpha_{(2)} & \dots & \alpha_{(n)} \\ p(\alpha_{(1)}) & p(\alpha_{(2)}) & \dots & p(\alpha_{(n)}) \end{pmatrix} \tag{8.60a}$$

kann in der *Zyklendarstellung* eindeutig in ein Produkt von Zyklen p_z zerlegt werden (s. a. Abschn. 9.6)

$$p(\rho) = \prod_{i=1}^{l} p_{z_i}(\rho), \tag{8.60b}$$

die kein Element gemeinsam haben und deshalb paarweise miteinander vertauschen. Dabei ist ein Zyklus p_z der *Länge* (*Ordnung*) r allgemein definiert als eine Permutation von nur r Objekten – bzw. r Wurzeln $\{\alpha_{(k)}, p(\alpha_{(k)}), \dots, p^{r-1}(\alpha_{(k)})\}$ – während die übrige Teilmenge von $(l-r)$ Objekten unberücksichtigt bleibt

$$p_z = \begin{pmatrix} \dots & \alpha_{(k)} & \dots & p(\alpha_{(k)}) & \dots & p^{r-1}(\alpha_{(k)}) & \dots \\ \dots & p(\alpha_{(k)}) & \dots & p^2(\alpha_{(k)}) & \dots & p^r(\alpha_{(k)}) = \alpha_{(k)} & \dots \end{pmatrix}. \tag{8.61a}$$

Bei dieser zyklischen Permutation kommt die Wurzel $\alpha_{(k)}$ an die Position der Wurzel $p(\alpha_{(k)})$, die Wurzel $p(\alpha_{(k)})$ an die Position der Wurzel $p^2(\alpha_{(k)})$ usw., was abgekürzt ausgedrückt wird durch

$$p_z = (\alpha_{(k)}\ p(\alpha_{(k)})\ \dots\ p^{r-1}(\alpha_{(k)})). \tag{8.61b}$$

Die Anzahl r der Objekte – bzw. Wurzeln – ist gleich der Anzahl der Paarvertauschungen (*Transpositionen*). Für den Fall, dass die Summe über die einfachen Wurzeln der Zyklen p_{z_i} von (8.61b) nicht verschwindet, gehört der Automorphismus ρ nicht zur WEYL-Gruppe $\mathcal{W}(\Delta)$ und gilt als spezieller Automorphismus τ des Wurzelsystems

$$\sum_{\alpha_{(k)}} p_{z_i} \neq 0 \qquad \forall i \qquad \text{für} \qquad \rho := \tau \notin \mathcal{W}(\Delta). \tag{8.62}$$

Nachdem die WEYL-Gruppe $\mathcal{W}(\Delta)$ einfach transitiv auf die Menge der einfachen Systeme Π bzw. die WEYL-Kammern $\mathcal{W}_w$ wirkt (Abschn. 7.8), ist die Faktorgruppe der Automorphismusgruppe Aut(Δ) in Bezug zur WEYL-Gruppe $\mathcal{W}(\Delta)$ isomorph zu einer Untergruppe $D(\Pi)$ (s. Abschn. 2.5)

$$\mathrm{Aut}(\Delta)/\mathcal{W}(\Delta) \cong D(\Pi). \tag{8.63}$$

Die Elemente τ dieser Untergruppe $D(\Pi)$, die als die Vertreter der Nebenklassen bezüglich der WEYL-Gruppe gelten, vermögen ein gegebenes einfaches System Π in sich selbst abzubilden und lassen so eine gewählte WEYL-Kammer $\mathcal{C}_w$ invariant

$$\tau : \begin{cases} \Pi \longrightarrow \Pi \\ \alpha_{(i)} \longmapsto \tau(\alpha_{(i)}) \qquad \forall \tau \in D(\Pi). \end{cases} \tag{8.64}$$

Da die WEYL-Gruppe $\mathcal{W}(\Delta)$ ein Normalteiler ist, kann die Automorphismusgruppe $\mathrm{Aut}(\Delta)$ als halbdirektes Produkt

$$\mathrm{Aut}(\Delta) = \mathcal{W}(\Delta) \rtimes D(\Pi) \tag{8.65a}$$

ausgedrückt werden. Danach setzt sich jeder Automorphismus ρ des Wurzelsystems Δ zusammen aus einem Element w der WEYL-Gruppe und einem Element τ der Gruppe $D(\Pi)$

$$\rho = w \circ \tau \qquad w \in \mathcal{W}(\Delta) \qquad \tau \in D(\Pi). \tag{8.65b}$$

Solche Symmetrien τ des einfachen Systems Π gehören zu den speziellen Automorphismen des Wurzelsystems, die die Bedingung (8.62) erfüllen. Sie permutieren die einfachen Wurzeln $\{\alpha_{(i)} \,|\, i = 1, \ldots, l\}$, so dass damit eine entsprechende Abbildung der Indizes verknüpft ist, die hier ebenfalls mit τ bezeichnet wird

$$\tau(\alpha_{(i)}) = \alpha_{(\tau(i))} \qquad i = 1, \ldots, l. \tag{8.66}$$

Wegen Gl. (7.234) erhält man durch die Abbildung τ eine Permutation von Zeilen und Spalten der CARTAN-Matrix $\boldsymbol{A}$, wobei die Invarianz garantiert ist. Diese Symmetrie kann ausgedrückt werden in der Form

$$A_{\tau(i)\,\tau(j)} = A_{ij} \qquad i, j = 1, \ldots, l. \tag{8.67}$$

Als Konsequenz daraus erwartet man eine Invarianz des DYNKIN-Diagramms. Dies bedeutet die Invarianz der Gewichte ($\omega_{\tau(i)} = \omega_i$) sowie nach Gl. (8.66) eine Permutation der Knoten, so dass nach Gl. (8.67) die Anzahl $A_{\tau(i)\,\tau(j)}A_{\tau(j)\,\tau(i)}$ der Verbindungslinien zwischen den Knoten $\tau(i)$ und $\tau(j)$ gleich ist der Anzahl zwischen i und j. Im Ergebnis ist der spezielle Automorphismus τ des Wurzelsystems ein Automorphismus des DYNKIN-Diagramms, der so dessen Punktsymmetrie charakterisiert. Umgekehrt wird man beim Fehlen jeder nicht-trivialen Symmetrie des DYNKIN-Diagramms erwarten, dass es außer den Elementen der WEYL-Gruppe keine weiteren Automorphismen des Wurzelsystems Δ und deshalb auch keine nicht-trivialen Automorphismen des einfachen Systems Π gibt.

Ein besonderer Fall erwächst aus einer möglichen Zerlegung einer LIE-Algebra $\widetilde{\mathcal{L}}$ in zwei einfache komplexe LIE-Algebren $\widetilde{\mathcal{L}}_1$ und $\widetilde{\mathcal{L}}_2$, die zueinander isomorph sind und die einfachen Systemen Π_1 und Π_2 besitzen

$$\widetilde{\mathcal{L}} = \widetilde{\mathcal{L}}_1 \oplus \widetilde{\mathcal{L}}_2 \qquad \widetilde{\mathcal{L}}_1 \cong \widetilde{\mathcal{L}}_2. \tag{8.68}$$

Dort kann man eine Abbildung τ festlegen

$$\tau : \Pi_1 \longrightarrow \Pi_2, \tag{8.69}$$

die nicht zur WEYL-Gruppe $\mathcal{W}(\Delta)$ der LIE-Algebra $\widetilde{\mathcal{L}}$ gehört, sondern vielmehr ein spezieller Automorphismus der Faktorgruppe $D(\Pi)$ ist.

Beispiel 1 Im Fall der einfachen komplexen LIE-Algebra A_1 mit den Wurzeln α und $-\alpha$ (Abb. 7.1) gibt es zwei Automorphismen ρ_1 und ρ_2 (Beispiel 1 v. Abschn. 7.3)

$$\rho_1(\alpha) = \alpha \qquad \rho_2(\alpha) = -\alpha, \tag{8.70}$$

die mit den Elementen der WEYL-Gruppe $\mathcal{W}(\Delta)$, nämlich dem Einselement e und der WEYL-Spiegelung s_α identisch sind (Beispiel 1. v. Abschn. 7.8). Demanch fällt die Automorphismusgruppe $\mathrm{Aut}(\Delta)$ mit der WEYL-Gruppe $\mathcal{W}(\Delta)$ zusammen, so dass nach Gl. (8.63) die Faktorgruppe nur aus einer Nebenklasse besteht, deren Vertreter als spezieller Automorphismus τ das Einselement e ist ($D(\Pi) = \{e\}$).

Die einfache LIE-Algebra A_2 hat zwei einfache Wurzeln $\alpha_{(1)} (= \alpha)$ und $\alpha_{(2)}$ $(= \beta)$ der insgesamt sechs Wurzeln (Beispiel 2 v. Abschn. 7.3 und 7.5). Betrachtet man etwa die Abbildung (Abb. 7.2)

$$\rho(\alpha_{(1)}) = \alpha_{(2)} \qquad \rho(\alpha_{(2)}) = \alpha_{(1)}, \tag{8.71a}$$

dann ist diese wegen

$$\rho(\pm(\alpha_{(1)} + \alpha_{(2)})) = \pm(\alpha_{(2)} + \alpha_{(1)}) = \rho(\pm\alpha_{(3)}) = \pm\alpha_{(3)} \tag{8.71b}$$

ein linearer Automorphismus der Gruppe $\mathrm{Aut}(\Delta)$. Er bedeutet eine Spiegelung $\rho = \sigma_3$ an einer Ebene, die eine Wurzel $\alpha_{(3)}$ $(= \alpha_{(1)} + \alpha_{(2)})$ enthält und orthogonal zum Wurzelraum $\mathbb{R}^2$ ist. Demnach gehört dieser Automorphismus nicht zur WEYL-Gruppe $\mathcal{W}(A_2)$ (7.319).

Weitere Automorphismen, die nicht zur WEYL-Gruppe gehören, sind die Spiegelungen σ_1 bzw. σ_2 an Ebenen senkrecht zum Wurzelraum $\mathbb{R}^2$, die die einfachen Wurzeln $\alpha_{(1)}$ bzw. $\alpha_{(2)}$ enthalten, sowie drei Rotationen c_6, c_6^3 und c_6^5 um eine 6-zählige Rotationsachse senkrecht zum Wurzelraum $\mathbb{R}^2$ mit einem Winkel vom 1-fachen, 3-fachen und 5-fachen des Winkels $2\pi/6$. Insgesamt hat die Automorphismusgruppe $\mathrm{Aut}(\Delta)$ zusammen mit den 6 Elementen der WEYL-Gruppe (7.319) die 12 Elemente

$$\begin{aligned}\mathrm{Aut}(\Delta) = \Big\{ & e = c_6^6, s_{(1)}, s_{(2)}, s_{(1)}s_{(2)} = c_6^2, s_{(2)}s_{(1)} \\ & = c_6^4, s_{(1)}s_{(2)}s_{(1)}, \sigma_1, \sigma_2, \sigma_3, c_6, c_6^3, c_6^5 \Big\}.\end{aligned} \tag{8.72}$$

Sie ist isomorph zur Punktgruppe D_{6v} (bzw. D_6) mit der Ordnung 12

$$\mathrm{Aut}(\Delta) \cong D_{6v},$$

die die Symmetrie eines gleichseitigen Sechsecks beschreibt.

Nach Bildung der Faktorgruppe (8.63) erhält man unter Berücksichtigung der halbdirekten Produkte

$$D_{6v} \cong D_6 \rtimes C_s \qquad D_{3v} \cong D_3 \rtimes C_s$$

die Isomorphie

$$D_{6v}/D_{3v} \cong C_s = D(\Pi), \tag{8.73}$$

so dass die Untergruppe $D(\Pi)$ aus zwei Punktgruppenelementen, nämlich dem Einselement e und einer Spiegelung σ besteht. Dabei gilt nach Wahl des einfachen Systems $\Pi = \{\alpha_{(1)}, \alpha_{(2)}\}$ gemäß Abb. (7.2) die Spiegelung $\sigma = \sigma_3$ als Automorphismus von Π. Betrachtet man die den Automorphismus σ_3 begleitende Permutation der sechs Wurzeln

$$p(\sigma_3) = \begin{pmatrix} \alpha_{(1)} & \alpha_{(2)} & \alpha_{(3)} & -\alpha_{(1)} & -\alpha_{(2)} & -\alpha_{(3)} \\ \alpha_{(2)} & \alpha_{(1)} & \alpha_{(3)} & -\alpha_{(2)} & -\alpha_{(1)} & -\alpha_{(3)} \end{pmatrix}, \tag{8.74a}$$

dann findet man mit der Zyklendarstellung

$$p(\sigma_3) = (\alpha_{(1)}\alpha_{(2)})(\alpha_{(3)})(-\alpha_{(1)} - \alpha_{(2)})(-\alpha_{(3)}), \tag{8.74b}$$

dass keine der Summen (8.62) über die einfachen Wurzeln $\{\alpha_{(i)} | i = 1, 2, 3\}$ der drei Zyklen $\{p_{z_i} | i = 1, 2, 3\}$ verschwindet. Damit wird die Bedingung (8.62) erfüllt, so dass die Spiegelung σ_3 ein spezieller Automorphismus τ ist, der nicht zur WEYL-Gruppe gehört. Dieser Automorphismus σ_3 $(= \tau)$ gilt als Vertreter einer Nebenklasse in der Zerlegung (8.73) der Automorphismusgruppe D_{6v} bezüglich des Normalteilers D_{3v}.

Mit der Isomorphie der Punktgruppe C_s zur additiven Gruppe $\mathbb{Z}_2$ bekommt man nach (8.63) auch die Isomorphie von letzterer zur Symmetriegruppe $D(\Pi)$ des DYNKIN-Diagramms (Tab. 8.2). Dabei hat das DYNKIN-Diagramm (Abb. 7.5) außer dem Einselement bzw. der Identität nur die Symmetrie τ einer Spiegelung mit

$$\tau(\alpha_{(1)}) = \alpha_{(\tau(1))} = \alpha_{(2)} \qquad \tau(\alpha_{(2)}) = \alpha_{(\tau(2))} = \alpha_{(1)}, \tag{8.75}$$

was mit der Zerlegung (8.63) übereinstimmt.

Beispiel 2 Eine allgemeine Analyse ergibt für die LIE-Algebra A_l $(l \geq 2)$ stets eine Zerlegung der Automorphismusgruppe $\mathrm{Aut}(\Delta)$ in zwei Nebenklassen, zu deren Vertreter das Einselement e sowie ein spezieller Automorphismus τ gehört. Letzterer ist als Symmetrie des DYNKIN-Diagramms eine Spiegelung σ, die die einfache Wurzel

$\alpha_{(i)}$ bzw. den Knoten (i) in die einfache Wurzel $\alpha_{(l+1-i)}$ bzw. den Knoten $(l+1-i)$ abbildet (Abb. 7.6)

$$\tau(\alpha_{(i)}) = \alpha_{(\tau(i))} = \alpha_{(l+1-i)}. \tag{8.76}$$

Demnach ist die Faktorgruppe (8.63) bzw. die Symmetriegruppe $D(\Pi)$ des einfachen Systems Π oder des DYNKIN-Diagramms isomorph zur zyklischen Gruppe der additiven Zahlen $\mathbb{Z}_2$ (Tab. 8.2).

Tabelle 8.2 Faktorgruppen $\mathrm{Aut}(\Delta)/\mathcal{W}(\Delta)$ des Wurzelsystems Δ bzw. Symmetriegruppen $D(\Pi)$ des einfachen Systems Π oder des DYNKIN-Diagramms für einfache klassische LIE-Algebren $\widetilde{\mathcal{L}}$ ($\{e\}$: triviale Gruppe, $\mathbb{Z}_2 \cong \mathbb{Z}/2\mathbb{Z}$)

$\widetilde{\mathcal{L}}$	$D(\Pi)$
A_1	$\{e\}$
A_l $(l \geq 2)$	$\mathbb{Z}_2$
B_l $(l \geq 1)$	$\{e\}$
C_l	$\{e\}$
D_4	S_3
D_l $(l > 4)$	$\mathbb{Z}_2$

Bei der LIE-Algebra B_l $(l \geq 1)$ fällt die Automorphismusgruppe $\mathrm{Aut}(\Delta)$ mit der WEYL-Gruppe $\mathcal{W}(\Delta)$ zusammen. Dies hat zur Folge, dass es außer der trivialen Symmetrie des Einselementes keinen speziellen Automorphismus τ gibt. Betrachtet man das DYNKIN-Diagramm (Abb. 7.6), dann findet man auch dort als einzige Symmetrie lediglich das Einselement e, so dass die Gruppe $D(\Pi)$ mit der trivialen Gruppe $\{e\}$ übereinstimmt. Das gleiche Ergebnis bekommt man für die klassische einfache LIE-Algebra C_l $(l \geq 1)$ sowie für die exzeptionellen einfachen LIE-Algebren E_7, E_8, F_4 und G_2, was mit der Symmetrie der zugehörigen DYNKIN-Diagramme leicht zu begründen ist (Abb. 7.6).

Die klassische einfache LIE-Algebra D_l $(l \geq 3,\ l \neq 4)$ besitzt eine Faktorgruppe (8.63) mit zwei Nebenklassen, deren Vertreter neben dem Einselement e ein spezieller Automorphismus τ des einfachen Systems Π ist mit

$$\begin{aligned} &\tau(\alpha_{(i)}) = \alpha_{(i)} \qquad i = 1, \ldots, l-2 \\ &\tau(\alpha_{(l)}) = \alpha_{(l-1)} \qquad \tau(\alpha_{(l-1)}) = \alpha_{(l)}. \end{aligned} \tag{8.77}$$

Im DYNKIN-Diagramm bedeutet diese Symmetrie eine Spiegelung, bei der die letzten Knoten vertauscht werden (Abb. 7.6). Damit ist die Automorphismusgruppe $D(\Pi)$ des DYNKIN-Diagramms isomorph zur Gruppe $\mathbb{Z}_2$ (Tab. 8.2).

Die einfache LIE-Algebra D_4 hat mit ihren vier einfachen Wurzeln ein DYNKIN-Diagramm (Abb. 8.1), dessen Symmetrie bzw. Automorphismusgruppe durch die isomorphe Punktgruppe C_{2v} eines gleichseitigen Dreiecks beschrieben wird. Dabei sind die einfachen Wurzeln $\alpha_{(1)}$, $\alpha_{(3)}$ und $\alpha_{(4)}$ in den Ecken platziert, während die einfache Wurzel $\alpha_{(2)}$ in der Mitte des Dreiecks sitzt und bei jedem Automorphismus invariant bleibt. Die Automorphismen des Diagramms sind drei Spiegelungen σ_1, σ_3 und σ_4 an Ebenen durch die Wurzeln $\alpha_{(1)}$, $\alpha_{(3)}$ – senkrecht zur Zeichenebene –

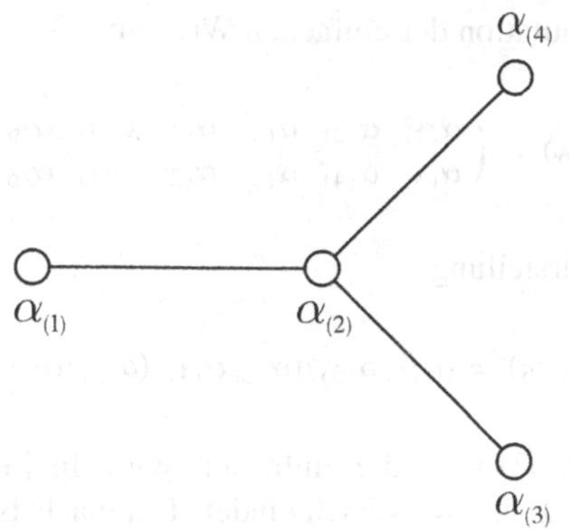

Abb. 8.1 DYNKIN-Diagramm der einfachen LIE-Algebra D_4 mit den einfachen Wurzeln $\{\alpha_{(i)} | i = 1, 2, 3, 4\}$ und mit orthonormaler Basis $\{e_1, e_2\}$

und $\alpha_{(4)}$ sowie drei Rotationen c_3, c_3^2 und c_3^3 $(= e)$ um eine 3-zählige Drehachse durch die Wurzel α_2 – senkrecht zur Zeichenebene – mit den Winkeln $2\pi/3$, $4\pi/3$ und 2π. Diese sechs Punktgruppenelemente ermöglichen eine Permutation der drei einfachen Wurzeln $\alpha_{(1)}, \alpha_{(3)}$ und $\alpha_{(4)}$, so dass die Automorphismusgruppe $D(\Pi) \cong C_{2v}$ isomorph ist zur symmetrischen Gruppe S_3 mit 6 (= 3!) Permutationen bzw. Elementen Tab. (8.2). Betrachtet man etwa die Rotation c_3, dann erhält man für die begleitende Permutation

$$p(c_3) = \begin{pmatrix} \alpha_{(1)} & \alpha_{(2)} & \alpha_{(3)} & \alpha_{(4)} \\ \alpha_{(3)} & \alpha_{(2)} & \alpha_{(4)} & \alpha_{(1)} \end{pmatrix}, \tag{8.78a}$$

bei der in der Zyklendarstellung

$$p(c_3) = (\alpha_{(1)}\,\alpha_{(3)}\,\alpha_{(4)}\,)(\alpha_{(2)}) \tag{8.78b}$$

keiner der Summen (8.62) über die einfachen Wurzeln $\{\alpha_{(i)} | i = 1, 2, 3, 4\}$ der zwei Zyklen $\{p_{z_i} | i = 1, 2\}$ verschwindet. Demnach wird – wie für alle übrigen Symmetrieelemente – die Bedingung (8.62) für einen speziellen Automorphismus τ erfüllt.

Schließlich findet man bei der einfachen LIE-Algebra E_6 zwei Automorphismen des DYNKIN-Diagramms (Abb. 7.6). Zum einen die Identität bzw. das Einselement e und zum anderen ein Spiegelung $\sigma_6 \equiv \tau$ an einer Ebene durch den Knoten $i = 6$ – senkrecht zur Zeichenebene – mit

$$\begin{aligned} \tau(\alpha_{(i)}) &= \alpha_{(6-i)} \qquad i = 1, \ldots, 5 \\ \tau(\alpha_{(6)}) &= \alpha_{(6)}. \end{aligned}$$

dabei erfolgt eine Permutation der einfachen Wurzeln

$$p(\sigma_6) = \begin{pmatrix} \alpha_{(1)} & \alpha_{(2)} & \alpha_{(3)} & \alpha_{(4)} & \alpha_{(5)} & \alpha_{(6)} \\ \alpha_{(5)} & \alpha_{(4)} & \alpha_{(3)} & \alpha_{(2)} & \alpha_{(1)} & \alpha_{(6)} \end{pmatrix},$$

bei der in der Zyklendarstellung

$$p(\sigma_6) = (\alpha_{(1)}\,\alpha_{(5)})(\alpha_{(2)}\,\alpha_{(4)})(\alpha_{(3)})(\alpha_{(6)})$$

keiner der Summen (8.62) über die einfachen Wurzeln $\{\alpha_{(i)} | i = 1, \ldots, 6\}$ der vier Zyklen $\{p_{z_i} | i = 1, \ldots, 4\}$ verschwindet. Demnach ist diese Spiegelung σ_6 des DYNKIN-Diagramms ein spezieller Automorphismus τ. Die beiden Elemente e und σ_6 bilden als Vertreter der beiden Nebenklassen in der Zerlegung (8.63) die Punktgruppe C_s, die isomorph ist zur Gruppe $\mathbb{Z}_2$ (Tab. 8.2).

■

8.4 Hauptautomorphismen

Die Diskussion der Automorphismen eines Wurzelsystems verhilft zu wertvollen Erkenntnissen über die Automorphismen der zugehörigen LIE-Algebra. Eine wesentliche Rolle spielt dabei die Symmetrie $D(\Pi)$ des DYNKIN-Diagramms, das die volle Information über das einfache System Π beinhaltet.

Betrachtet man die Faktorgruppe der Automorphismusgruppe $\mathrm{Aut}(\widetilde{\mathcal{L}})$ bezüglich der Gruppe der inneren Automorphismen $\mathrm{Int}(\widetilde{\mathcal{L}})$, wobei letztere eine Komponente des Einselements und mithin ein Normalteiler ist, dann findet man für deren Elemente, nämlich den Nebenklassen die Isomorphie

$$\mathrm{Aut}(\widetilde{\mathcal{L}})/\mathrm{Int}(\widetilde{\mathcal{L}}) \cong \mathrm{Out}(\widetilde{\mathcal{L}}). \tag{8.79}$$

Dabei bedeutet die Menge der Nebenklassen $\mathrm{Out}(\widetilde{\mathcal{L}})$ die sogenannte *äußere Automorphismusgruppe*. Sie darf nicht mit der Menge der äußeren Automorphismen verwechselt werden, die keine Gruppe bildet (s. Abschn. 2.3), sondern sie ist vielmehr ihrerseits isomorph zur Symmetriegruppe des DYNKIN-Diagramms

$$\mathrm{Out}(\widetilde{\mathcal{L}}) \cong D(\Pi). \tag{8.80}$$

Für den Fall, dass die Gruppe $\mathrm{Out}(\widetilde{\mathcal{L}})$ trivial ist und deshalb nur aus dem Einselement besteht, gilt die LIE-Algebra $\widetilde{\mathcal{L}}$ als *vollständig* ($\mathrm{Aut}(\widetilde{\mathcal{L}}) = \mathrm{Int}(\widetilde{\mathcal{L}})$).

Da die adjungierte Gruppe $\mathrm{Int}(\widetilde{\mathcal{L}})$ ein Normalteiler ist, kann die Automorphismusgruppe $\mathrm{Aut}(\widetilde{\mathcal{L}})$ als halbdirektes Produkt analog zu (8.65a) ausgedrückt werden

$$\mathrm{Aut}(\widetilde{\mathcal{L}}) = \mathrm{Int}(\widetilde{\mathcal{L}}) \rtimes \mathrm{Out}(\widetilde{\mathcal{L}}). \tag{8.81}$$

Danach setzt sich jeder Automorphismus der LIE-Algebra $\widetilde{\mathcal{L}}$ zusammen aus einem inneren Automorphismus ψ_{Int} als Element der adjungierten Gruppe $\text{Int}(\widetilde{\mathcal{L}})$ und einem Element ψ_τ der äußeren Automorphismusgruppe $\text{Out}(\widetilde{\mathcal{L}})$

$$\psi = \psi_{\text{Int}} \circ \psi_\tau \qquad \psi_{\text{Int}} \in \text{Int}(\widetilde{\mathcal{L}}) \qquad \psi_\tau \in \text{Out}(\widetilde{\mathcal{L}}). \tag{8.82}$$

Dabei wird der Automorphismus ψ_τ durch den Automorphismus τ des einfachen Systems bzw. durch die Punktsymmetrie des DYNKIN-Diagramms induziert und als *Erweiterung* von τ bezeichnet. In jenem speziellen Fall, bei dem die Erweiterung ψ_τ mit dem Einselement bzw. der Identität zusammenfällt, erhält man nach (8.82) eindeutig einen inneren Automorphismus für ψ. Dies bedeutet auch wegen der Isomorphie (8.80) und der Beziehung (8.65), dass man genau dann einen inneren Automorphismus ψ_{Int} für ψ erwartet, falls τ ein Element der WEYL-Gruppe $\mathcal{W}(\Delta)$ ist.

Zwei Automorphismen ψ und ψ' heißen zueinander *konjugiert*, falls es einen inneren Automorphismus ψ_{Int} gibt, der es erlaubt, durch Konjugation die beiden Automorphismen ineinander zu überführen

$$\psi' = \psi_{\text{Int}} \circ \psi \circ \psi_{\text{Int}}^{-1} \qquad \psi_{\text{Int}} \in \text{Int}(\widetilde{\mathcal{L}}). \tag{8.83}$$

Durch diese Konjugation können die Automorphismen – etwa der kompakten reellen Form $\mathcal{L}_c$ – auf eine Standardform reduziert werden, so dass sich die Strukturen nur bis auf Konjugiertheit bzw. Isomorphie unterscheiden. Dabei gibt es endlich viele Klassen konjugierter Automorphismen, von denen jede durch einen *Hauptautomorphismus* (*Standardautomorphismus*) ψ repräsentiert werden kann. Demnach ist jeder Automorphismus einer kompakten rellen Form $\mathcal{L}_c$ konjugiert zu einem Hauptautomorphismus ψ. Um alle nicht-kompakten reellen LIE-Algebren zu finden, genügt es dann, lediglich die involutiven Hauptautomorphismen der kompakten reellen Form zu diskutieren.

Ein Hauptautomorphismus kann in der Gestalt von (8.82) ausgedrückt werden. Dort beschreibt der erste Faktor den inneren involutiven Hauptautomorphismus, der zur adjungierten Gruppe $\text{Int}(\widetilde{\mathcal{L}})$ gehört. Demnach gibt es zu jedem besonderen Automorphismus τ des Wurzelsystems Δ bzw. zu jeder Nebenklasse in der Zerlegung (8.63) der Faktorgruppe $\text{Aut}(\Delta)/\mathcal{W}(\Delta)$ und mithin zu jeder Erweiterung ψ_τ eine Menge von Hauptautomorphismen, die sich durch innere Automorphismen unterscheiden. Nachdem zwei beliebige CARTAN-Unteralgebren bezogen auf einen inneren Automorphismus nach Gl. (8.38) zueinander konjugiert sind, fordert man, dass die Erweiterung ψ_τ die CARTAN-Unteralgebra $\widetilde{\mathcal{H}}$ invariant lässt

$$\psi_\tau(h) = h \qquad \forall h \in \widetilde{\mathcal{H}}. \tag{8.84}$$

Zunächst werden nur solche Hauptautomorphismen ψ betrachtet, bei denen die Erweiterung ψ_τ trivial ist. Der damit verknüpfte spezielle Automorphismus τ des Wurzelsystems ist dabei das Einselement e und gehört zur WEYL-Gruppe, so dass der Hauptautomorphismus ψ nach Gl. (8.82) mit dem inneren Automorphismus ψ_{Int}

zusammenfällt ($\psi = \psi_{\text{Int}}$). Man findet diesen Fall bei jenen LIE-Algebren $\widetilde{\mathcal{L}}$, wo die Symmetrie des DYNKIN-Diagramms $D(\Pi)$ nur das Einselement e besitzt. Zu diesen LIE-Algebren, die sonst keine weiteren Automorphismen besitzen, gehören die klassischen LIE-Algebren A_1, B_l ($l \geq 1$), C_l (Tab. 8.2) sowie die exzeptionellen LIE-Algebren E_7, E_8, F_4, G_2.

Die Suche nach einer geeigneten Form für den inneren Automorphismus bzw. den Hauptautomorphismus ψ (8.37) wird mithilfe der CARTAN-WEYL Basis (7.57) einer komplexen einfachen LIE-Algebra $\widetilde{\mathcal{L}}$ – oder deren kompakte reelle Form $\mathcal{L}_c$ – wesentlich erleichtert. Setzt man eine punktweise invariante CARTAN-Unteralgebra $\widetilde{\mathcal{H}}$ voraus

$$\psi(h_i) = h_i \qquad h_i \in \widetilde{\mathcal{H}} \qquad i = 1, \ldots, \operatorname{rang} \widetilde{\mathcal{L}} = l, \tag{8.85}$$

die in der Fixpunktalgebra $\widetilde{\mathcal{L}}_0$ (8.32) enthalten ist, dann bekommt man unter Wirkung des Automorphismus auf das LIE-Produkt (7.61a)

$$\psi[h_i, e_\alpha] = [h_i, \psi(e_\alpha)] = \mathrm{ad}_{h_i} \psi(e_\alpha) = \alpha_i \psi(e_\alpha) \qquad \forall \alpha \in \Delta. \tag{8.86}$$

Danach ist $\psi(e_\alpha)$ ein Eigenvektor der adjungierten Abbildung ad_{h_i}, der zum gleichen Eigenwert α_i gehört wie der Eigenvektor e_α. Da die Wurzelunterräume $\widetilde{\mathcal{L}}_\alpha$ eindimensional und mithin nicht entartet sind, folgt daraus die Proportionalität zwischen den beiden Eigenvektoren $\psi(e_\alpha)$ und e_α, so dass die Wurzelunterräume $\widetilde{\mathcal{L}}_\alpha$ auf sich selbst abgebildet werden. So ist jeder Stufenoperator e_α in Bezug auf die ψ-stabile CARTAN-Unteralgebra $\widetilde{\mathcal{H}}$ auch ein Eigenvektor des Automorphismus ψ. Insgesamt existiert für jeden inneren Automorphismus ψ endlicher Ordnung m einer einfachen LIE-Algebra $\widetilde{\mathcal{L}}$ – bzw. ihrer reellen kompakten Form $\mathcal{L}_c$ – eine CARTAN-WEYL-Basis (7.57) mit Eigenvektoren von ψ als Elemente, wobei die Fixpunktalgebra $\widetilde{\mathcal{L}}_0$ die CARTAN-Unteralgebra $\widetilde{\mathcal{H}}$ enthält. Als Konsequenz daraus hat der innere Automorphismus bezüglich dieser Basis nach Gl. (8.37) die Form

$$\psi = \exp(\mathrm{ad}_h) \qquad h \in \widetilde{\mathcal{H}}. \tag{8.87}$$

Ausgehend von einem Element h der CARTAN-Unteralgebra $\widetilde{\mathcal{H}}$, das mithilfe der CARTAN-WEYL Basis ausgedrückt werden kann in der Form

$$h = 2\pi i \sum_{k=1}^{l} \mu^k h_k \qquad \mu^k \in \mathbb{R}, \tag{8.88}$$

bekommt man für einen Automorphismus der Ordnung m nach Gl. (8.87)

$$\psi = \exp\left(\frac{2\pi i}{m} \sum_{k=1}^{l} \mu^k \mathrm{ad}_{h_k}\right). \tag{8.89}$$

Dies bedeutet eine Parametrisierung durch die l Basiselemente $\{h_k | k = 1, \ldots, l\}$ der CARTAN-Unteralgebra, die durch den sogenannten *Verschiebungsvektor* aus dem zum reellen Wurzelraum $\mathcal{H}_0^*$ dualen Gewichtsraum $\mathcal{H}_0$ repräsentiert wird

$$\mu = (\mu^1, \ldots, \mu^l) \in \mathcal{H}_0 \cong \mathbb{R}^l. \tag{8.90}$$

Gemäß den Gln. (7.53) und (7.61) findet man mit der Wirkung der adjungierten Abbildung auf die CARTAN-WEYL-Basis

$$\mathrm{ad}_h h_k = [h, h_k] = 0 \qquad k = 1, \ldots, l \tag{8.91a}$$

$$\mathrm{ad}_h e_\alpha = [h, e_\alpha] = \langle \mu, \alpha \rangle \, e_\alpha \qquad \forall \alpha \in \Delta \tag{8.91b}$$

die Eigenwertgleichungen

$$\psi(h_k) = h_k \qquad k = 1, \ldots, l \tag{8.92a}$$

$$\psi(e_\alpha) = \exp\left(\frac{2\pi i}{m} \langle \mu, \alpha \rangle\right) e_\alpha \qquad \forall \alpha \in \Delta. \tag{8.92b}$$

Die Forderung (5.29) nach einem Automorphismus m-ter Ordnung impliziert die Bedingung

$$\langle \mu, \alpha \rangle \in \mathbb{Z} \mod m \qquad \forall \alpha \in \Delta. \tag{8.93}$$

Der Verschiebungsvektor (8.90), der als Element aus dem zum Wurzelraum $\mathcal{H}_0^*$ dualen Gewichtsraum $\mathcal{H}_0$ aufgefasst werden kann, ist danach geeignet, die inneren Automorphismen endlicher Ordnung zu beschreiben. Da er nur bis auf die Addition von Gewichten aus dem Gewichtsgitter L_w festgelegt ist, erlaubt er die Automorphismen nur bis auf eine Konjugation eindeutig zu klassifizieren.

Nachdem die Ergebnisse (8.92) und (8.93) für alle positiven Wurzeln gelten, kann die Diskussion auf die einfachen Wurzeln $\{\alpha^{(k)} | k = 1, \ldots, l\}$ beschränkt werden. Ausgehend von der Eigenwertgleichung

$$\psi(e_{\alpha^{(k)}}) = \exp\left(\frac{2\pi i}{m} \langle \mu, \alpha^{(k)} \rangle\right) e_{\alpha^{(k)}} \qquad k = 1, \ldots, l \tag{8.94}$$

erhält man aus der Forderung (5.29) nach einem Automorphismus m-ter Ordnung die Bedingung

$$\left\langle \mu, \alpha^{(k)} \right\rangle = \left\langle \Lambda, \alpha^{(k)\vee} \right\rangle \in \mathbb{Z} \mod m \qquad k = 1, \ldots, l \tag{8.95a}$$

mit

$$\Lambda = \mu \frac{\left\langle \alpha^{(k)}, \alpha^{(k)} \right\rangle}{2}. \tag{8.95b}$$

Mit der zur Basis $\mathcal{B}^*$ (7.214a) des Wurzelraumes $\mathcal{H}_0^*$ dualen DYNKIN-Basis $\mathcal{B}$ (7.214b) gewinnt man die Darstellung des Verschiebungsvektors Λ gemäß

$$\Lambda = \sum_{k=1}^{l} \Lambda^k \Lambda_{(k)}, \tag{8.96}$$

so dass wegen der Orthogonalität (7.215) für (8.95) das k-te DYNKIN-Label erhalten wird zu

$$\Lambda^k = \left\langle \mu, \alpha^{(k)} \right\rangle = \mu^k \frac{\left\langle \alpha^{(k)}, \alpha^{(k)} \right\rangle}{2}. \tag{8.97}$$

Die Bedingung (8.95) wird dann zu einer Forderung nach ganzzahligen DYNKIN-Label

$$\Lambda^k \in \mathbb{Z} \mod m \qquad k = 1, \ldots, l. \tag{8.98}$$

Dies bedeutet, dass der Gewichtsvektor Λ ein Element des Gewichtsgitters L_w sein muss. Da die ganzzahligen Werte Λ^k nur bis auf mod m definiert sind, kann man sie aus der Menge $\{0, 1, \ldots, m-1\}$ auswählen. Im Fall eines involutiven Automorphismus ($m = 2$) erwartet man mit den $m^l = 2^l$ möglichen Verschiebungsvektoren bzw. Gewichtsvektoren insgesamt 2^l innere Hauptautomorphismen ψ, von denen einige jedoch isomorphe reelle Formen erzeugen.

Beispiel 1 Ausgehend von der kompakten reellen Form $\mathcal{L}_c = su(3)$ der komplexen Matrix LIE-Algebra $\widetilde{\mathcal{L}} = sl(3, \mathbb{C})$ ($\cong A_2$) wird versucht, mithilfe eines inneren Automorphismus ψ nach Gl. (8.87) eine weitere reelle Form zu erzeugen. Die Parametrisierung eines Elements $h \in \widetilde{\mathcal{H}}$ nach Gl. (8.88) liefert mit der Basis (8.12) und der adjungierten Abbildung

$$\mathrm{ad}_h = \frac{2\pi i}{m} \sum_{k=1}^{l} \mu^k h_k \qquad \mu^k \in \mathbb{R} \tag{8.99}$$

die Beziehungen

$$\mathrm{ad}_h i h_k = \frac{1}{m}[h, i h_k] = 0 \qquad k = 1, 2 \tag{8.100a}$$

$$\mathrm{ad}_h i f_\alpha = \frac{1}{m}[h, i f_\alpha] = -\frac{2\pi}{m} \langle \mu, \alpha \rangle \, g_\alpha \tag{8.100b}$$

$$\mathrm{ad}_h g_\alpha = \frac{1}{m}[h, g_\alpha] = \frac{2\pi}{m} \langle \mu, \alpha \rangle \, i f_\alpha \qquad \forall \alpha \in \Delta_+. \tag{8.100c}$$

Daraus gewinnt man nach Gln. (5.8) und (5.82) die adjungierte Darstellung

$$\boldsymbol{D}^{\mathrm{ad}}(\mathcal{L}_c) = \boldsymbol{0}_{l=2} \oplus \begin{pmatrix} 0 & -\frac{2\pi}{m} \langle \mu, \alpha \rangle \\ \frac{2\pi}{m} \langle \mu, \alpha \rangle & 0 \end{pmatrix} \qquad \forall \alpha \in \Delta_+. \tag{8.101}$$

Für die Darstellung des Automorphismus ψ (8.87) erhält man dann

$$\boldsymbol{\psi} = \exp(\boldsymbol{D}^{\mathrm{ad}}) = \boldsymbol{1}_2 \oplus \bigoplus_{\alpha \in \Delta_+} \begin{pmatrix} \cos(2\pi/m \langle \mu, \alpha \rangle) & -\sin(2\pi/m \langle \mu, \alpha \rangle) \\ \sin(2\pi/m \langle \mu, \alpha \rangle) & \cos(2\pi/m \langle \mu, \alpha \rangle) \end{pmatrix}. \tag{8.102}$$

Der Charakter δ der reellen Form $\mathcal{L}$ errechnet sich mit Gl. (8.49b) allgemein zu

$$\delta = -\left(2 + 2 \sum_{\alpha \in \Delta_+} \cos\left(\frac{2\pi}{m} \langle \mu, \alpha \rangle \right) \right) \tag{8.103}$$

und die Eigenwertgleichungen (8.92) haben die Gestalt

$$\psi(ih_k) = ih_k \qquad k = 1, 2 \tag{8.104a}$$

$$\psi(if_\alpha) = \cos\left(\frac{2\pi}{m} \langle \mu, \alpha \rangle \right) if_\alpha - \sin\left(\frac{2\pi}{m} \langle \mu, \alpha \rangle \right) g_\alpha \tag{8.104b}$$

$$\psi(g_\alpha) = \sin\left(\frac{2\pi}{m} \langle \mu, \alpha \rangle \right) if_\alpha + \cos\left(\frac{2\pi}{m} \langle \mu, \alpha \rangle \right) g_\alpha \qquad \forall \alpha \in \Delta_+. \tag{8.104c}$$

Die Forderung (5.29) nach einem Automorphismus m-ter Ordnung impliziert die Bedingung

$$\boldsymbol{\psi}^m = \boldsymbol{1}_2 \oplus \bigoplus_{\alpha \in \Delta_+} \begin{pmatrix} \cos(2\pi \langle \mu, \alpha \rangle) & -\sin(2\pi \langle \mu, \alpha \rangle) \\ \sin(2\pi \langle \mu, \alpha \rangle) & \cos(2\pi \langle \mu, \alpha \rangle) \end{pmatrix} = \boldsymbol{1}_8$$

mit der Konsequenz

$$\cos 2\pi \langle \mu, \alpha \rangle = 1 \qquad \text{bzw.} \qquad \exp(2\pi i \langle \mu, \alpha \rangle) = 1 \qquad \forall \alpha \in \Delta_+. \tag{8.105}$$

Daraus resultiert für alle positiven Wurzeln die Bedingung (8.93). Demzufolge gilt auch für die beiden einfachen Wurzeln $\alpha^{(1)}$ und $\alpha^{(2)}$ die Bedingung (8.95). Setzt man einen inneren Automorphismus 2-ter Ordnung voraus, dann heißt die Forderung (8.98) an die beiden DYNKIN-Label Λ^1 und Λ^2 des Gewichtsvektors Λ

$$\Lambda^k \in \mathbb{Z} = \{0, 1\} \quad \text{mod } 2 \qquad k = 1, 2. \tag{8.106}$$

Die möglichen Paarungen der DYNKIN-Label liefern 4 ($= 2^l$) Verschiebungsvektoren, so dass auch vier Hauptautomorphismen erwartet werden (Tab. 8.3).

Tabelle 8.3 Hauptautomorphismen ψ zu den ganzzahligen paarweisen Werten der DYNKIN-Label Λ^1 und Λ^2 nach Gl. (8.106)

ψ	Λ^1	Λ^2
$\psi^{(\mathrm{I})}$	0	0
$\psi^{(\mathrm{II})}$	1	0
$\psi^{(\mathrm{III})}$	0	1
$\psi^{(\mathrm{IV})}$	1	1

Im ersten Fall $\psi^{(\mathrm{I})}$ erhält man mit $\Lambda^1 = \Lambda^2 = 0$ für das dritte DYNKIN-Label Λ^3 entsprechend der linearen Kombination für die dritte positive Wurzel $\alpha^{(3)} = (\alpha^{(1)} + \alpha^{(2)})$ den Wert

$$\Lambda^3 = \Lambda^1 + \Lambda^2 = 0,$$

womit nach (8.102) die Darstellung

$$\boldsymbol{\psi}^{(\mathrm{I})} = \mathbf{1}_8$$

mit dem Charakter nach (8.103)

$$\delta^{(\mathrm{I})} = -(2 + 2 \cdot 3) = -8$$

resultiert. Es ist die Darstellung eines trivialen Automorphismus, der die kompakte reelle Form $\mathcal{L}_c$ identisch abbildet.

Im zweiten Fall $\psi^{(\mathrm{II})}$ erhält man mit $\Lambda^1 = 1$ und $\Lambda^2 = 0$ für das dritte DYNKIN-Label Λ^3 entsprechend der linearen Kombination zur dritten positiven Wurzel $\alpha^{(3)} = (\alpha^{(1)} + \alpha^{(2)})$ den Wert

$$\Lambda^3 = \Lambda^1 + \Lambda^2 = 1.$$

Die Darstellung $\boldsymbol{\psi}^{(\mathrm{II})}$ dieses Automorphismus ergibt sich dann nach (8.102) zu

$$\boldsymbol{\psi}^{(\mathrm{II})} = \mathbf{1}_2 \oplus -\mathbf{1}_2 \oplus \mathbf{1}_2 \oplus -\mathbf{1}_2$$

mit dem Charakter

$$\delta^{(\mathrm{II})} = -\mathrm{sp}\boldsymbol{\psi}^{(\mathrm{II})} = 0.$$

Tabelle 8.4 Nicht-kompakte reelle LIE-Algebren $\mathcal{L}$, die durch einen inneren involutiven Hauptautomorphismus $\psi = \exp(\mathrm{ad}_h)$ aus der kompakten reellen Form $\mathcal{L}_c$ der klassischen einfachen LIE-Algebra $\widetilde{\mathcal{L}}$ erzeugt werden (s. a. Tab. 8.1 und 5.1); $[n]$: größte natürliche Zahl $\leq n$

$\widetilde{\mathcal{L}}$	$\mathcal{L}$	δ	i mit $\Lambda^i = 1$	h
A_l $(l \geq 1)$ $\cong sl(l + \mathbb{C})$	$su(l+1-k, k)$ $k \leq [(l+1)/2]$	$1-(l+1-2k)^2$	k	$2\pi i(l+1)h_k$
B_l $(l \geq 1)$ $\cong so(2l+1, \mathbb{C})$	$so(2l+1-2k, 2k)$ $k \leq [l]$	$l-2(l-2k)\cdot$ $(l-2k+1)$	$l-k, l$	$2\pi i(sl-1)\cdot$ $(h_{l-k}+2h_l)$
C_l $(l \geq 1)$ $\cong sp(1, \mathbb{C})$	$sp(l, \mathbb{R})$	l	l	$2\pi i(l+1)h_l$
C_l $(l \geq 2)$	$sp(k, l-k)$ $k \leq [l/2]$	$-l-2(l-2k)^2$	k	$2\pi i(l+1)h_k$
D_l $(l \geq 3)$ $\cong so(2l, \mathbb{C})$	$so(2l-2k, 2k)$ $k \leq [l/2]$	$l-2(l-2k)^2$	k	$4\pi i(l-1)h_k$
D_l $(l \geq 3)$	$so^*(2l)$	$-l$	l	$4\pi i(l-1)h_l$

Das Element h errechnet sich nach (8.99) mit den Kordinaten μ^1 und μ^2 aus den Gleichungen (8.97), (7.145) und (7.146)

$$\mu^1 = 6\Lambda^1 = 6 \qquad \mu^2 = 0$$

zu

$$h = 6\pi i h_1.$$

Die weiteren Fälle $\psi^{(\mathrm{II})}$ und $\psi^{(\mathrm{IV})}$ liefern Automorphismen mit dem gleichen verschwindenden Charakter $\delta^{(\mathrm{III})} = \delta^{(\mathrm{IV})} = 0$. Da zu diesem Charakter bis auf Isomorphie genau eine reelle LIE-Algebra $\mathcal{L}$ existiert, deren Komplexifizierung die LIE-Algebra $\widetilde{\mathcal{L}} = sl(3, \mathbb{C})$ ergibt, wird durch diese inneren Hauptautomorphismen $\psi^{(\mathrm{II})}$, $\psi^{(\mathrm{III})}$ und $\psi^{(\mathrm{IV})}$ stets die gleiche reelle Form $\mathcal{L}$ erzeugt, nämlich die Matrix LIE-Algebra $\mathcal{L} = su(2, 1)$ (s. a. Tab. 8.4).

Beispiel 2 Eine allgemeine Diskussion von inneren involutiven Hauptautomorphismen im Hinblick auf die klassischen einfachen LIE-Algebren $\widetilde{\mathcal{L}}$ liefern jene reellen nicht-kompakten LIE-Algebren $\mathcal{L}$, die in Tabelle 8.4 aufgelistet sind. Dabei ist anzumerken, dass die reelle LIE-Algebra $sl(l+1, \mathbb{R})$, deren Komplexifizierung die LIE-Algebra $sl(l+1, \mathbb{C})$ ($\cong A_l$) ergibt, durch einen äußeren involutiven Automorphismus erzeugt wird, falls $l \geq 2$ gilt.

Bei der LIE-Algebra $sl(2, \mathbb{C})$ ($\cong A_1$) mit $l = 1$ wird man wie im Fall der LIE-Algebra $sl(3, \mathbb{C})$ von Beispiel 1 verfahren. Ausgehend von der kompakten reellen Form $\mathcal{L}_c = su(2)$ findet man mit der einzigen einfachen und positiven Wurzel α ($= \alpha^{(1)}$) für einen involutiven Automorphismus nach Gl. (8.98) die Forderung an das einzige DYNKIN-Label

$$\Lambda = \Lambda^1 \in \mathbb{Z} = \{0, 1\} \quad \mathrm{mod}\ 2.$$

Man erhält so 2 ($= 2^l$) Verschiebungsvektoren, die zu zwei Automorphismen Anlass geben.

Im ersten Fall ergibt der Gewichtsvektor $\Lambda = 0$ den trivialen Automorphismus $\psi^{(\mathrm{I})}$ mit der Darstellung

$$\boldsymbol{\psi}^{(\mathrm{I})} = \mathbf{1}_3,$$

so dass die identische kompakte reelle Form $su(2)$ erzeugt wird. Im zweiten Fall erhält man mit $\Lambda = 1$ für die Darstellung des inneren Automorphismus nach Gl. (8.102)

$$\boldsymbol{\psi}^{(\mathrm{II})} = \mathbf{1}_1 \oplus \begin{pmatrix} -1 & 0 \\ 0 & -1 \end{pmatrix} = \begin{pmatrix} 1 & 0 & 0 \\ 0 & -1 & 0 \\ 0 & 0 & -1 \end{pmatrix}$$

und für den Charakter

$$\delta = -\mathrm{sp}\,\boldsymbol{\psi}^{(\mathrm{II})} = 1.$$

Das Element h errechnet sich nach Gl. (8.99) mit dem DYNKIN-Label aus den Gln. (8.97) und (7.126)

$$\mu = \mu^1 = 4\Lambda = 4\Lambda^1 = 4$$

zu

$$h = 4\pi i h_1.$$

Dieser Automorphismus $\psi^{(\mathrm{II})}$ erzeugt die reelle Matrix LIE-Algebra $\mathcal{L} = su(1,1)$ (Tab. 8.4). Ein Vergleich mit dem Automorphismus ψ (8.53) und dessen Charakter δ (8.55), der aus der kompakten reellen Form $\mathcal{L}_c$ die normale Form $\mathcal{L} = sl(2,\mathbb{R})$ erzeugt (Beispiel v. Abschn. 8.2), gibt Anlass zu der Feststellung, dass beide LIE-Algebren isomorph sind

$$su(1,1) \cong sl(2,\mathbb{R}).$$

Die Isomorphien einzelner niedrig-dimensionaler LIE-Algebren $\widetilde{\mathcal{L}}$ implizieren Isomorphien von zugehörigen reellen Formen $\mathcal{L}$ (s. a. Beispiel 3 v. Abschn. 8.1 – Gln. 8.24 und 8.25). Ein zusammenfassender Überblick wird in Tabelle 8.5 vermittelt.

■

In jenen Fällen, bei denen in der Zerlegung (8.63) außer dem Einselement noch weitere Vertreter τ der Nebenklasse auftreten, muss im Hauptautomorphismus nach Gl. (8.82) die Erweiterung ψ_τ berücksichtigt werden. Diese ist für alle speziellen Automorphismen τ des Wurzelsystems involutiv

$$\psi_\tau^2 = e \qquad (8.107)$$

und lässt nach Gl. (8.84) die CARTAN-Unteralgebra $\widetilde{\mathcal{H}}$ invariant. Die Anwendung der Erweiterung auf Gl. (7.63) unter Berücksichtigung von

$$\psi_\tau(e_\alpha) = c_\alpha e_{\tau(\alpha)} \qquad \forall \alpha \in \Delta \qquad c_\alpha = \text{const} \tag{8.108}$$

ergibt

$$[\psi_\tau(h), e_{\tau(\alpha)}] = \alpha(h) e_{\tau(\alpha)}. \tag{8.109}$$

Daraus gewinnt man die Beziehung

$$\alpha\left(\psi_\tau^{-1}(h)\right) = \tau(\alpha)(h), \tag{8.110a}$$

Tabelle 8.5 Isomorphien niedrig-dimensionaler halbeinfacher LIE-Algebren und zugehöriger reeller Formen $\mathcal{L}_c$ und $\mathcal{L}$ (s. a. Tab. 5.1)

$\widetilde{\mathcal{L}}$	$\mathcal{L}_c$	$\mathcal{L}$
$A_l \cong B_1 \cong C_1$	$su(2) \cong so(3) \cong$ $\cong sp(1)$	$su(1,1) \cong so(1,2) \cong$ $\cong sp(1,\mathbb{R}) \cong sl(2,\mathbb{R})$
$B_2 \cong C_2$	$so(5) \cong sp(2)$	$so(1,4) \cong sp(1,1)$ $so(3,2) \cong sp(2,\mathbb{R})$
$A_3 \cong D_3$	$su(4) \cong so(6)$	$su(2,2) \cong so(4,2)$ $su(3,1) \cong so^*(6)$ $so(5,1) \cong su^*(4)$ $so(3,3) \cong sl(4,\mathbb{R})$
$D_2 \cong A_1 \oplus A_1$		$so(4) \cong so(3) \oplus so(3)$ $so^*(4) \cong so(3) \oplus so(2,1)$ $so(2,2) \cong so(2,1) \oplus so(2,1)$ $so(3,1) \cong sl(2,\mathbb{C})$

die die Invarianz des transformierten Funktionals garantiert

$$\alpha'(h') = \alpha(h). \tag{8.110b}$$

Ein Automorphismus ψ_τ ist demnach nur dann eine Erweiterung, falls (8.110) erfüllt ist.

Die Anwendung eines Hauptautomorphismus ψ nach (8.82) und (8.87) auf die CARTAN-WEYL Basis (7.57) unter Berücksichtigung von

$$\psi_\tau(h_k) = h_{\tau(k)} \qquad k = 1, \ldots, l \tag{8.111}$$

sowie von Gl. (8.108) liefert das Ergebnis

$$\psi(h_i) = \exp(\mathrm{ad}_h) h_{\tau(i)} = h_{\tau(i)} \qquad i = 1, \ldots, l \tag{8.112a}$$

$$\psi(e_\alpha) = \exp(\mathrm{ad}_h) c_\alpha e_{\tau(\alpha)} = \exp(\tau(\alpha)) c_\alpha e_{\tau(\alpha)} \qquad \forall \alpha \in \Delta. \tag{8.112b}$$

Betrachtet man andererseits die Abbildung

$$\psi' = \psi_\tau \circ \exp(\mathrm{ad}_{\psi_\tau^{-1}}(h)), \tag{8.113}$$

dann liefert deren Wirkung auf die CARTAN-WEYL Basis das Ergebnis

$$\psi'(h_i) = \psi_\tau h_i = h_{\tau(i)} \qquad i = 1, \ldots, l \tag{8.114a}$$

$$\psi'(e_\alpha) = \psi_\tau \exp\left(\alpha\left(\psi_\tau^{-1}(h)\right)\right) e_\alpha = \exp\left(\alpha\left(\psi_\tau^{-1}(h)\right)\right) c_\alpha e_{\tau(\alpha)} \qquad \forall\alpha \in \Delta. \tag{8.114b}$$

Nach Vergleich der beiden Ergebnisse (8.112) und (8.114) unter Substitution der Beziehung (8.110) findet man die beiden Automorphismen ψ und ψ' gleich, so dass gilt

$$\psi^2 = \psi \circ \psi' = \exp(\mathrm{ad}_h) \circ \psi_\tau^2 \circ \exp(\mathrm{ad}_{\psi_\tau^{-1}(h)}). \tag{8.115}$$

Die Forderung nach einem involutiven Automorphismus ($\psi^2 = e$) impliziert dann unter Berücksichtigung der involutiven Erweiterung (8.107) sowie der ψ_τ-Stabilität (8.84) der CARTAN-Unteralgebra $\widetilde{\mathcal{H}}$ die Bedingung

$$\psi^2 = [\exp(\mathrm{ad}_h)]^2 = e. \tag{8.116}$$

Demnach ist der Hauptautomorphismus ψ genau dann involutiv, wenn der innere Automorphismus involutiv ist, so dass die Bedingung (8.95) bzw. (8.98) mit $m = 2$ erfüllt sein muss.

Beispiel 3 Als Beispiel wird wieder die kompakte reelle Form $\mathcal{L}_c = su(3)$ der Matrix LIE-Algebra $sl(3, \mathbb{C})$ ($\cong A_2$) betrachtet unter Einbeziehung des einzigen nicht-trivialen speziellen Automorphismus τ entsprechend der Abbildung ρ nach Gl. (8.71). Letzterer gibt Anlass zu einer Erweiterung ψ_τ des Hauptautomorphismus (8.82) mit der Wirkung auf die Basis (8.12)

$$\psi_\tau(ih_1) = ih_2 \qquad \psi_\tau(ih_2) = ih_1 \tag{8.117a}$$

$$\psi_\tau(if_{\alpha_{(1)}}) = if_{\alpha_{(2)}} \qquad \psi_\tau(ig_{\alpha_{(1)}}) = ig_{\alpha_{(1)}} \tag{8.117b}$$

$$\psi_\tau(if_{\alpha_{(2)}}) = if_{\alpha_{(1)}} \qquad \psi_\tau(ig_{\alpha_{(2)}}) = ig_{\alpha_{(1)}} \tag{8.117c}$$

$$\psi_\tau(if_{\alpha_{(1)}+\alpha_{(2)}}) = -if_{\alpha_{(1)}+\alpha_{(2)}} \qquad \psi_\tau(g_{\alpha_{(1)}+\alpha_{(2)}}) = -g_{\alpha_{(1)}+\alpha_{(2)}}. \tag{8.117d}$$

Das negative Vorzeichen in den beiden letzten Gleichungen resultiert aus der Konstante $c_{\alpha_{(1)}+\alpha_{(2)}}$ von Gl. (8.108), die für einfache Wurzeln $\{\alpha_i \,|\, i = 1, 2\}$ mit dem Wert

$$c_{\alpha_{(i)}} = 1 \qquad i = 1, 2 \tag{8.118}$$

festgelegt wird. Im Hinblick auf die dritte positive Wurzel $(\alpha_{(1)} + \alpha_{(2)})$ erhält man mit

$$\psi_\tau(e_{\alpha_{(1)}+\alpha_{(2)}}) = c_{\alpha_{(1)}+\alpha_{(2)}} e_{\tau(\alpha_{(1)})+\tau(\alpha_{(2)})} = c_{\alpha_{(1)}+\alpha_{(2)}} e_{\alpha_{(2)}+\alpha_{(1)}}$$

sowie andererseits mit Gl. (7.72)

$$\begin{aligned}\psi_\tau(e_{\alpha_{(1)}+\alpha_{(2)}}) &= \frac{1}{N_{\alpha_{(1)}\alpha_{(2)}}}\psi_\tau[e_{\alpha_{(1)}}, e_{\alpha_{(2)}}] = \frac{c_{\alpha_{(1)}} c_{\alpha_{(2)}}}{N_{\alpha_{(1)}\alpha_{(2)}}}[e_{\tau(\alpha_{(1)})}, e_{\tau(\alpha_{(2)})}] \\ &= \frac{N_{\tau(\alpha_{(1)})} N_{\tau(\alpha_{(2)})}}{N_{\alpha_{(1)}\alpha_{(2)}}} c_{\alpha_{(1)}} c_{\alpha_{(2)}} e_{\tau(\alpha_{(1)})+\tau(\alpha_{(2)})} \\ &= \frac{N_{\tau(\alpha_{(1)})} N_{\tau(\alpha_{(2)})}}{N_{\alpha_{(1)}\alpha_{(2)}}} c_{\alpha_{(1)}} c_{\alpha_{(2)}} e_{\alpha_{(2)}+\alpha_{(1)}},\end{aligned}$$

so dass daraus durch Vergleich der beiden Gleichungen und unter Berücksichtigung von (8.118) der Wert

$$c_{\alpha_{(1)}+\alpha_{(1)}} = \frac{N_{\tau(\alpha_{(1)})} N_{\tau(\alpha_{(2)})}}{N_{\alpha_{(1)}\alpha_{(2)}}} c_{\alpha_{(1)}} c_{\alpha_{(2)}} = \frac{N_{\alpha_{(2)}} N_{\alpha_{(1)}}}{N_{\alpha_{(1)}\alpha_{(2)}}} = -1$$

ermittelt wird. Aus den Gln. (8.117) gewinnt man dann die Darstellung

$$\boldsymbol{\psi}_\tau = \begin{pmatrix} 0 & 1 & 0 & 0 & 0 & 0 & 0 & 0 \\ 1 & 0 & 0 & 0 & 0 & 0 & 0 & 0 \\ 0 & 0 & 0 & 0 & 1 & 0 & 0 & 0 \\ 0 & 0 & 0 & 0 & 0 & 1 & 0 & 0 \\ 0 & 0 & 1 & 0 & 0 & 0 & 0 & 0 \\ 0 & 0 & 0 & 1 & 0 & 0 & 0 & 0 \\ 0 & 0 & 0 & 0 & 0 & 0 & -1 & 0 \\ 0 & 0 & 0 & 0 & 0 & 0 & 0 & -1 \end{pmatrix}. \tag{8.119}$$

Zusammen mit der Darstellung des inneren Automorphismus (8.102) erhält man für Darstellung $\boldsymbol{\psi}$ des Hauptautomorphismus (8.82) nur zwei nicht-verschwindende Diagonalelemente, die beide die gleichen Werte annehmen. Nachdem die Erweiterung ψ_τ mit Gl. (8.84) die CARTAN-Unteralgebra $\mathcal{H}$ invariant lässt, wird nach Gl. (8.117a) für den Ansatz (8.88) nur ein Parameter μ gewählt

$$h = 2\pi i\mu(h_1 + h_2) \qquad \mu \in \mathbb{R} \qquad h_1, h_2 \in \mathcal{H}. \tag{8.120}$$

Tabelle 8.6 Nicht-kompakte reelle LIE-Algebren $\mathcal{L}$, die durch einen Hauptautomorphismus $\psi = \psi_{\text{Int}} \circ \psi_\tau$ aus der kompakten reellen Form $\mathcal{L}_c$ von klassischen einfachen LIE-Algebren $\widetilde{\mathcal{L}}$ erzeugt werden (s. a. Tab. 8.1 und 5.1); $[n]$: größte natürliche Zahl $\leq n$

$\widetilde{\mathcal{L}}$	$\mathcal{L}$	δ	τ	h
$A_l,\ l \geq 2$	$sl(l+1, \mathbb{R})$	l	Gl. (8.76)	l gerade : 0 l ungerade : $2\pi i(l+1)h_{(l+1)/2}$
$A_l,\ l > 1$ ungerade	$su^*(l+1)$	$-l-2$	Gl. (8.76)	0
$D_l,\ l \geq 3$	$so(2l-2p-1,$ $2p+1)$	$l-2(l-$ $-2p-1)^2$	Gl. (8.77)	$4\pi i(l-1)(h_{l-1}+h_l)$, $p = 0$ $4\pi i(l-1)h_{l-p-1}$, $p \leq [l/2]$

Damit errechnen sich die endlichen Diagonalelemente des Hauptautomorphismus $\boldsymbol{\psi}$ nach Gleichung (8.102) im Fall $m = 2$ zu

$$\psi_{77} = \psi_{88} = -\cos\left(\pi \left\langle \mu, \alpha_{(1)} + \alpha_{(2)} \right\rangle\right).$$

Wegen Gl. (8.97) findet man mit

$$\left\langle \alpha_{(1)}, \alpha_{(1)} \right\rangle = \left\langle \alpha_{(2)}, \alpha_{(2)} \right\rangle \qquad \text{und} \qquad \mu^1 = \mu^2 = \mu$$

nur ein DYNKIN-Label für den Verschiebungsvektor

$$\Lambda^1 = \Lambda^2 = \Lambda, \tag{8.121}$$

so dass die endlichen Diagonalelemente von $\boldsymbol{\psi}$ die Werte

$$\psi_{77} = \psi_{88} = -\cos(2\pi \left\langle \mu, \alpha_{(1)} \right\rangle) = -\cos 2\pi\Lambda$$

annehmen. Der Charakter der Darstellung $\boldsymbol{\psi}$ ergibt sich dann allgemein zu

$$\delta = -\text{sp}\boldsymbol{\psi} = +2\cos 2\pi\Lambda. \tag{8.122}$$

Bei nur einem DYNKIN-Label (8.121) des Verschiebungsvektors lässt die Forderung (8.106) nur 2 ($= 2^{(l=1)}$) Automorphismen ψ erwarten. Für den Fall $\Lambda = 0$ bzw. $h = 0$ bekommt man die Darstellung in der Form (8.119) mit dem Charakter nach Gl. (8.122)

$$\delta = 2.$$

Der zweite Fall mit $\Lambda = 1$ liefert den gleichen Charakter δ, so dass ein zum ersten Fall (8.119) isomorpher Hauptautomorphismus gefunden wird. Beide Automorphismen erzeugen die nicht-kompakte reelle Matrix LIE-Algebra $\mathcal{L} = sl(3, \mathbb{R})$.

Die Ergebnisse einer allgemeinen Diskussion im Hinblick auf die klassischen einfachen LIE-Algebren sind in Tabelle 8.6 aufgelistet.

■

Bleibt zu ergänzen, dass auch die nicht einfache reelle direkte Summe $\mathcal{L}_{c,1} \oplus \mathcal{L}_{c,2}$ zweier kompakter einfacher LIE-Algebren $\mathcal{L}_{c,1}$ und $\mathcal{L}_{c,2}$, die isomorph zueinander sind, eine nicht-kompakte reelle LIE-Algebra $\mathcal{L}$ zu erzeugen vermag. Dabei ist der involutive Hauptautomorphismus ψ mit der Erweiterung ψ_τ gleichzusetzen. Mit dem speziellen Automorphismus τ von Gl. (8.69) der Faktorgruppe $D(\Pi)$ findet man für die Darstellung $\boldsymbol{\psi} = \boldsymbol{\psi}_\tau$ dann stets einen verschwindenden Charakter ($\delta = 0$). Die so erzeugten rellen Formen sind in Tabelle 8.7 aufgelistet.

Tabelle 8.7 Nicht-kompakte reelle LIE-Algebren $\mathcal{L}$, die durch einen Hauptautomorphismus $\psi = \psi_\tau$ aus der kompakten reellen Form $\mathcal{L}_c$ von nicht einfachen direkten Summen $\widetilde{\mathcal{L}} = \widetilde{\mathcal{L}}_1 \oplus \widetilde{\mathcal{L}}_2$ erzeugt werden (s. a. Tab. 8.1 und 5.1); $\widetilde{\mathcal{L}}_1 \cong \widetilde{\mathcal{L}}_2$

$\widetilde{\mathcal{L}} = \widetilde{\mathcal{L}}_1 \oplus \widetilde{\mathcal{L}}_2$	$\mathcal{L}$
$A_l \oplus A_l,\ l \geq 1$	$sl(l+1, \mathbb{C})$
$B_l \oplus B_l,\ l \geq 1$	$so(2l+1, \mathbb{C})$
$C_l \oplus C_l,\ l \geq 1$	$sp(l, \mathbb{C})$
$D_l \oplus D_l,\ l \geq 3$	$so(2l, \mathbb{C})$

Kapitel 9
Darstellungen halbeinfacher LIE-Algebren

Die wesentliche Bedeutung von halbeinfachen LIE-Algebren erwächst aus der Betrachtung deren komplexen Darstellungen. Dabei können viele der dort gewonnenen Ergebnisse mit geringfügigen Änderungen der Voraussetzungen auf allgemeinere Algebren übertragen werden. Ein grundlegender Begriff in der Darstellungstheorie ist der des Gewichts bzw. des höchsten Gewichts, der eine irreduzible Darstellung bis auf Äquivalenz eindeutig zu charakterisieren vermag.

Wegen der möglichen Zerlegung einer halbeinfachen LIE-Algebra (im Folgenden der Einfachheit halber ohne Unterscheidung zur reellen Form mit $\mathcal{L}$ bezeichnet) in eine direkte Summe von einfachen LIE-Algebren (Abschn. 5.4 und 7.1), wird man sich bei der Diskussion von irreduziblen Darstellungen $D(\mathcal{L})$ auf solche beschränken, die einfache LIE-Algebren betreffen. Diese Vorgehensweise wird auch bei den reduktiven LIE-Algebren verfolgt, die in eine direkte Summe von einfachen und abelschen LIE-Algebren zerlegt werden können (Abschn. 7.1). Letztere sind isomorph zur eindimensionalen LIE-Algebra $u(1)$, deren Generator $D(a)$ multiplikativ wirkt

$$D(a)v = \alpha\, v \qquad a \in u(1) \qquad \alpha \in \mathbb{C},$$

wonach die irreduzible Darstellung α, die mitunter als *Ladung* bezeichnet wird, stets eindimensional ist. Die Diskussion von irreduziblen Darstellungen einfacher LIE-Algebren kann dann im Wesentlichen auf die Analyse der Darstellungstheorie der einfachen LIE-Algebra A_1 ($\cong sl(2, \mathbb{C})$) zurückgeführt werden (s. Beispiel 1 v. Abschn. 5.5 und Beispiel 2 v. Abschn. 9.1).

9.1 Gewichte

Betrachtet man einen d-dimensionalen Vektorraum $\mathcal{V}$ über dem Körper $\mathbb{K}$ ($\mathbb{K} = \mathbb{R}$ bzw. $\mathbb{C}$), dann erhält man mit den Selbstabbildungen bzw. den Operatoren $D(a)$ ($a \in \mathcal{L}$) nach (5.37) eine d-dimensionale Darstellung $D(\mathcal{L})$ der LIE-Algebra $\mathcal{L}$ auf dem Vektorraum $\mathcal{V}$. Fasst man die Operation $D(a)$ der LIE-Algebra $\mathcal{L}$ als Multiplikator auf dem Vektorraum $\mathcal{V}$ auf, dann ergibt sich für den Vektorraum nach (5.38)

M. Böhm, *Lie-Gruppen und Lie-Algebren in der Physik*, Springer-Lehrbuch, DOI 10.1007/978-3-642-20379-4_9, © Springer-Verlag Berlin Heidelberg 2011

die Struktur eines $\mathcal{L}$-Moduls als äquivalente Beschreibung der Darstellung $D(\mathcal{L})$. Ausgehend von einer Basis $\{a_k \,|\, k = 1, \ldots, \dim\mathcal{V} = d\}$ des Vektorraumes $\mathcal{V}$ und der damit begründeten Matrixdarstellung $\boldsymbol{D}(\mathcal{L})$ (Gl. 5.39)

$$D(a)a_i = \sum_{j=1}^{d} D_{ji}(a)a_j \qquad i = 1, \ldots, \dim\mathcal{V} = d \qquad a \in \widetilde{\mathcal{L}}, \tag{9.1}$$

bekommt man bei geeigneter Wahl der Basis für die Darstellung $\boldsymbol{D}(h)$ eines jeden Elements h der CARTAN-Unteralgebra $\mathcal{H}$ eine diagonale Form $\{D_{ij} = D_{ij}\delta_{ij} \,|\, i, j = 1, \ldots, d\}$, so dass alle Operatoren $D(h)$ – wegen der Vertauschbarkeit (7.51) – gleichzeitig diagonal wirken

$$D(h)a_i = D_{ii}(h)a_i \qquad i = 1, \ldots, \dim\mathcal{V} = d \qquad \forall h \in \mathcal{H}. \tag{9.2}$$

In dieser Eigenwertgleichung ist das Diagonalelement $D_{ii}(h)$ ein Eigenwert zum Operator $D(h)$ mit dem Eigenvektor a_i. Der Eigenwert wird als *Gewicht* der Darstellung $D(\mathcal{L})$ – bzw. des $\mathcal{L}$-Moduls – bezeichnet. Nach der allgemeinen Form

$$D(h)v_\lambda = \lambda(h)v_\lambda \quad \forall h \in \mathcal{H} \tag{9.3}$$

ist das Gewicht $\lambda(h)$ ein lineares Funktional auf der CARTAN-Unteralgebra $\mathcal{H}$ und somit – wie die Wurzeln $\alpha \in \Delta$ – ein Element des Dualraumes $\mathcal{H}^*$. Für jede endlichdimensionale Darstellung und allen untereinander vertauschbaren Elementen h der CARTAN-Unteralgebra $\mathcal{H}$ existiert wenigstens ein Gewicht. Die Eigenvektoren v_λ, die zu verschiedenen Gewichten gehören, sind linear unabhängig, so dass deren maximale Anzahl gleich der Dimension der Darstellung $\dim D$ (= $\dim \mathcal{V}$) ist.

Die Menge aller Eigenvektoren (*Gewichtsvektoren*) v_λ die Gl. (9.3) erfüllen, wird als *Gewichtsraum* $\mathcal{V}_\lambda$ des Gewichts λ in $\mathcal{V}$ bezeichnet

$$\mathcal{V}_\lambda = \{v_\lambda \in \mathcal{V} \,|\, D(h)v_\lambda = \lambda(h)v_\lambda\}. \tag{9.4}$$

Er ist ein simultaner Eigenraum unter der diagonalen Wirkung von Operatoren $D(h)$ mit Elementen h der CARTAN-Unteralgebra $\mathcal{H}$. Nachdem jede endlichdimensionale Darstellung D eine geeignete Basis besitzt, so dass die CARTAN-Unteralgebra diagonal wirkt, kann man den Darstellungsraum $\mathcal{V}$ in eine direkte Summe von Eigenräume $\mathcal{V}_\lambda$ zerlegen

$$\mathcal{V} = \bigoplus_{\lambda \in \mathcal{P}(\mathcal{V})} \mathcal{V}_\lambda. \tag{9.5}$$

Dabei bedeutet das *Gewichtssystem* $\mathcal{P}(\mathcal{V}) \in \mathcal{H}^*$ die Menge aller Gewichte der Darstellung D

$$\mathcal{P}(\mathcal{V}) = \{\lambda \in \mathcal{H}^* \,|\, \mathcal{V}_\lambda \neq \emptyset\}, \tag{9.6}$$

so dass die Zerlegung (9.5) als ein Analogon zur Wurzelraumzerlegung (7.55) aufgefasst werden kann. Die *Multiplizität* bzw. *Entartung* m_λ eines Gewichts bzw. eines Eigenwertes λ als jene Anzahl von verschiedenen Eigenvektoren mit dem gleichen Gewicht ist so mit der Dimension des Eigenraumes $\mathcal{V}_\lambda$ identisch ($\dim \mathcal{V}_\lambda = m_\lambda$). Ein Gewicht λ, das nicht entartet ist ($m_\lambda = 1$) und deshalb nur zu einem Wurzelvektor v_λ gehört, heißt ein *einfaches Gewicht*.

Unter Berücksichtigung von Gl. (7.63) erhält man mit der entsprechenden Gleichung für die Operatoren

$$[D(h), D(e_\alpha)] = \alpha(h) D(e_\alpha) \qquad \alpha \in \Delta \tag{9.7}$$

und nach Substitution der Eigenwertgleichung (9.2)

$$[D(h), D(e_\alpha)] v_\lambda = \alpha(h) D(e_\alpha) v_\lambda \tag{9.8}$$

bzw.

$$D(h)(D(e_\alpha)v_\lambda) = [\lambda(h) + \alpha(h)](D(e_\alpha)v_\lambda) \qquad \alpha \in \Delta . \tag{9.9}$$

Setzt man voraus, dass $D(e_\alpha)v_\lambda$ nicht verschwindet, dann ist $[\lambda(h) + \alpha(h)]$ ebenfalls ein Gewicht bzw. ein Eigenwert zum Operator $D(h)$ mit dem Eigenvektor $D(e_\alpha)v_\lambda$. Diese Aussage berechtigt dazu, die Wurzeloperatoren $\{D(e_\alpha) | \alpha \in \Delta^+\}$ als *Stufenoperatoren* (*Leiteroperator*) und die Wurzeloperatoren $\{D(e_{+\alpha}) | \alpha \in \Delta^+\}$ bzw. $\{D(e_{-\alpha}) | \alpha \in \Delta^+\}$ als *Aufsteige-* bzw. *Absteigeoperatoren* zu bezeichnen. Ihre Wirkung auf die Gewichtsräume ist eine Abbildung derselben aufeinander

$$D(e_\alpha) : \mathcal{V}_\lambda \longrightarrow \mathcal{V}_{\lambda+\alpha} \qquad \alpha \in \Delta . \tag{9.10}$$

Demnach sind die Gewichte in dem Gewichtssystem $\mathcal{P}(\mathcal{V})$ einer irreduziblen Darstellung untereinender durch die Wurzeln verbunden.

Eine wesentliche Eigenschaft eines beliebigen Gewichts λ von einer endlichdimensionalen Darstellung $D(\mathcal{L})$ ist seine algebraische Integralform

$$\left\langle \lambda, \alpha^\vee \right\rangle = 2 \frac{\langle \lambda, \alpha \rangle}{\langle \alpha, \alpha \rangle} \in \mathbb{Z} \qquad \forall \alpha \in \Delta . \tag{9.11}$$

Das bedeutet im Besonderen, dass jedes Gewicht λ ein Element des reellen Unterraumes $\mathcal{H}_0^*$ ist, der von den Wurzeln $\alpha \in \Delta$ nach Gl. (7.67a) aufgespannt wird. Der Nachweis gelingt analog zu jenem für die Aussage (7.167) bezüglich einer Wurzel α, jedoch mit dem wesentlichen Unterschied, dass ein Gewicht im Gegensatz zu einer Wurzel nicht einfach sein muss. Eine andere Begründung verwendet für jede Wurzel $\alpha \in \Delta$ die zur LIE-Algebra $sl(2, \mathbb{C})$ isomorphe dreidimensionale Unteralgebra $\mathcal{U}_\alpha$ (7.95), die durch die Kommutatoren (7.98) festgelegt wird. Jede irreduzible Matrixdarstellung dieser Unteralgebra $\mathcal{U}_\alpha$ besitzt dann ganzzahlige Eigenwerte $\lambda(H_\alpha) = \left\langle \lambda, \alpha^\vee \right\rangle$ der diagonalen Darstellungsmatrix von $\boldsymbol{H}_\alpha$ (s. a. Beispiel 1

v. Abschn. 5.5). Die gesamte Darstellung $\boldsymbol{D}(\mathcal{L})$ setzt sich dann aus der direkten Summe solcher Darstellungen $\boldsymbol{D}(\mathcal{U}_\alpha)$ zusammen, so dass die Ganzzahligkeit der Diagonalelemente (9.11) für alle Wurzeln $\alpha \in \Delta$ erwartet wird.

Nachdem das Funktional $\lambda(h)$ dem Dualraum $\mathcal{H}^*$ angehört, kann jedes beliebige Gewicht durch eine Linearkombination aus deren Basis, nämlich den einfachen Wurzeln $\{\alpha_{(i)} \,|\, i = 1, \ldots, l\}$ ausgedrückt werden

$$\lambda = \sum_{i=1}^{l} a_i \alpha_{(i)} \qquad \alpha_{(i)} \in \Pi \qquad a_i \in \mathbb{Q}. \tag{9.12}$$

Der Nachweis der Rationalität der Koeffizienten $\{a_i \,|\, i = 1, \ldots, l\}$ gelingt durch die Bedingung

$$\langle \lambda, \alpha^\vee \rangle = 2\frac{\langle \lambda, \alpha \rangle}{\langle \alpha, \alpha \rangle} = \lambda(H_\alpha) = \sum_{i=1}^{l} a_i \alpha_{(i)}(H_\alpha) = \sum_{i=1}^{l} 2\frac{\langle \alpha_{(i)}, \alpha \rangle}{\langle \alpha, \alpha \rangle}. \tag{9.13}$$

Dort ist nach Aussage von Gl. (9.11) die linke Seite ganzzahlig. Nach Aussage von Gl. (7.167) bzw. (7.185c) sind auch alle Funktionale $\alpha_{(i)}(H_\alpha)$ ganzzahlig, so dass insgesamt alle Koeffizienten $\{a_i \,|\, i = 1, \ldots, l\}$ reell und rational sein müssen. Betrachtet man ein Element h aus dem reellen Vektorraum $\mathcal{H}_0$, dann erwartet man mit den dann reellen Funktionalen $\alpha_{(i)}(h)$ nach Gl. (9.12) auch einen reellen Wert für das Gewicht $\lambda(h)$.

Wie bei den Wurzeln kann man auch für ein Gewicht λ mithilfe einer Wurzel $\alpha \in \Delta$ eine lückenlose Menge von Gewichten erhalten

$$\lambda + k\alpha \qquad k \in \mathbb{Z} \qquad -m \le k \le n \qquad m, n \ge 0, \tag{9.14}$$

die als der *α-String* von Gewichten durch das Gewicht λ einer Darstellung $D(\mathcal{L})$ gilt. Dabei müssen die Gewichte (9.14) des α-Strings nicht notwendigerweise die gleiche Multiplizität besitzen. Für eine endliche Wurzel $\alpha \in \Delta$ existieren zwei positive ganze Zahlen m und n, so dass ein Element $(\lambda + k\alpha)$ des α-Strings genau dann ein Gewicht ist, falls k im abgeschlossenen Intervall zwischen $-m$ und n liegt. Analog zu der Aussage eines Wurzelstrings (7.167) findet man hier für die beiden Zahlen die Beziehung (*Master Gleichung*)

$$m - n = \langle \lambda, \alpha^\vee \rangle = 2\frac{\langle \lambda, \alpha \rangle}{\langle \alpha, \alpha \rangle} \qquad (m - n) \in \mathbb{Z} \qquad m, n \ge 0. \tag{9.15}$$

Auch die Symmetrieeigenschaften von Gewichten sind analog zu jenen von Wurzeln. So findet man mit der Wurzel $\alpha \in \Delta$ eine Symmetrie s_α, die jedem Gewicht λ einer Darstellung $D(\mathcal{L})$ ein Gewicht $s_\alpha(\lambda)$ der gleichen Darstellung zuordnet

$$s_\alpha(\lambda) = \lambda - 2\frac{\langle \lambda, \alpha \rangle}{\langle \alpha, \alpha \rangle}\alpha \qquad \alpha \in \Delta. \tag{9.16}$$

Dabei sind die Multiplizitäten der beiden Gewichte λ und $s_\alpha(\lambda)$ derselben Darstellung gleich

$$m_\lambda = m_{s_\alpha(\lambda)} \qquad s_\alpha(\lambda) \in \mathcal{W}(\Delta). \tag{9.17a}$$

Eine Begründung basiert auf den analogen Aussagen (7.185) und (7.282) für die Wurzeln einer halbeinfachen LIE-Algebra, so dass das Gewicht $s_\alpha(\lambda)$ als eine WEYL-Spiegelung des Gewichts λ aufgefasst werden kann. In der geometrischen Interpretation bedeutet die Abbildung $s_\alpha(\lambda)$ eine Spiegelung des Gewichts λ an einer Hyperebene, die durch den Ursprung geht und senkrecht zum Wurzelvektor α gerichtet ist. Dies gilt für alle Elemente $\{s_\alpha(\lambda) | s_\alpha \in \mathcal{W}(\Delta)\}$ der WEYL-Gruppe $\mathcal{W}(\Delta)$. Die durch die WEYL-Spiegelungen aus dem Gewicht λ erzeugten Gewichte $s_\alpha(\lambda)$ gleicher Multiplizität werden als *äquivalente Gewichte* einer Darstellung $D(\mathcal{L})$ bezeichnet. Demnach gilt für die Dimension der Eigenräume

$$\dim \mathcal{V}_\lambda = \dim \mathcal{V}_{s_\alpha(\lambda)} \qquad s_\alpha(\lambda) \in \mathcal{W}(\Delta), \tag{9.17b}$$

so dass das Gewichtssystem $\mathcal{P}(\mathcal{V})$ (9.6) stabil ist unter der Wirkung der WEYL-Gruppe.

Nach Gl. (9.16) bekommt man mit einem Gewichtsvektor λ beginnend alle anderen Gewichte der irreduziblen Darstellung durch die Translation aller Wurzelvektoren $\alpha \in \Delta$. Die gesamten Gewichtssysteme der irreduziblen Darstellungen werden so durch die Wurzeln des Wurzelsystems erhalten. Als Folge davon kann jedes Gewichtssystem als ein endliches Untergitter des l-dimensionalen Wurzelgitters mit den Gewichten als Gitterpunkte aufgefasst werden. Die Punktgruppe des Wurzelgitters ist dann die WEYL-Gruppe $\mathcal{W}(\Delta)$ der LIE-Algebra.

Betrachtet man ein beliebiges Element a_k der CARTAN-WEYL-Basis, dann gibt es stets zwei weitere Basiselemente a'_k und a''_k, die wegen Gl. (7.93) das LIE-Produkt

$$a_k = c_k \left[a'_k, a''_k\right] \qquad c_k = \text{const}$$

erfüllen, woraus für eine Matrixdarstellung $\boldsymbol{D}(\mathcal{L})$ der Kommutator

$$\boldsymbol{D}(a_k) = c_k \left[\boldsymbol{D}\left(a'_k\right), \boldsymbol{D}\left(a''_k\right)\right] \tag{9.18}$$

resultiert. Nach Spurbildung auf beiden Seiten der Gleichung findet man wegen der Vertauschung der Matrixmultiplikation

$$\text{sp}\left(\boldsymbol{D}\left(a'_k\right)\boldsymbol{D}\left(a''_k\right)\right) = \text{sp}\left(\boldsymbol{D}\left(a''_k\right)\boldsymbol{D}\left(a'_k\right)\right),$$

dass die Spur der Darstellung $\boldsymbol{D}(a_k)$ des Basiselements a_k und mithin aller Elemente $a \in \mathcal{L}$ verschwindet

$$\text{sp}\, \boldsymbol{D}(a) = 0 \qquad \forall a \in \mathcal{L}. \tag{9.19}$$

Für ein Element h aus der CARTAN-Unteralgebra $\mathcal{H}$ gilt dann mit

$$\operatorname{sp} \boldsymbol{D}(h) = \sum_{\lambda} m_\lambda \lambda(h) = 0 \qquad h \in \mathcal{H} \tag{9.20}$$

die Aussage, dass die Summe aller Gewichte jeder beliebigen Darstellung $\boldsymbol{D}(\mathcal{L})$ verschwindet.

Betrachtet man eine mit einer einfachen Wurzel $\alpha_{(i)} \in \Pi$ verknüpfte LIE-Unteralgebra $\mathcal{L}_i$, die isomorph ist zur LIE-Algebra A_1 bzw. $sl(2, \mathbb{C})$, dann ist jedes Basiselement $h_{\alpha_{(i)}} = h_i$ der CARTAN-Unteralgebra $\mathcal{H}$ einer halbeinfachen LIE-Algebra $\mathcal{L}$ auch ein Element der Basis

$$\mathcal{B}_i = \{h_{\alpha_{(i)}} = h_i\} \cup \{e_{\pm\alpha_{(i)}} = e_{\pm i}\} \qquad i = 1, \ldots, l \tag{9.21}$$

einer LIE-Algebra A_1 bzw. $sl(2, \mathbb{C})$, die die Standardgeneratoren bedeuten (Gl. 7.276). Nach den Ergebnissen der Darstellungstheorie von A_1, die für alle LIE-Unteralgebren $\{\mathcal{L}_i \,|\, i = 1, \ldots, l\}$ gültig sind, kann man für die LIE-Algebra $\mathcal{L}$ eine geeignete Basis finden, auf die alle Generatoren $\{D(h_i) \,|\, i = 1, \ldots, l\}$ diagonal wirken

$$D(h_i)v_\lambda = \lambda_i v_\lambda \qquad i = 1, \ldots, l \qquad \forall v_\lambda \in \mathcal{V}_\lambda : \tag{9.22}$$

An dieser Stelle sei daran erinnert, dass die Gewichte λ auch als Elemente des zum Wurzelraum $\mathcal{H}^*$ $(= \operatorname{span}_{\mathbb{C}}\{\alpha \,|\, \alpha \in \Delta\})$ dualen Raumes $\mathcal{H}$ $(= \operatorname{span}_{\mathbb{C}}\{h_i \,|\, i = 1, \ldots, l\})$, nämlich des *Gewichtsraumes* aufgefasst werden können, dessen Basis, die sogenannte DYNKIN-Basis (7.214b) ist, nämlich die Menge der fundamentalen Gewichte $\{\Lambda_{(i)} \,|\, i = 1, \ldots, l\}$. Dieser Gewichtsraum, der mit der CARTAN-Unteralgebra $\mathcal{H}$ identifiziert werden kann und dessen Dimension durch den Rang l der LIE-Algebra $\mathcal{L}$ bestimmt ist, darf nicht mit dem Darstellungsraum verwechselt werden. Betrachtet man die Menge der Generatoren $\{h^i \,|\, i = 1, \ldots, l\}$ als (kontravariante) Koeffizienten eines Vektors h aus $\mathcal{H}$, dann bildet die Menge der Eigenwerte $\{\lambda^i \,|\, i = 1, \ldots, l\}$ nach Gl. (9.22) die Koeffizienten eines l-dimensionalen Vektors λ, nämlich des Gewichtsvektors der Darstellung $D(\mathcal{L})$, der dann ein Element des Gewichtsraumes $\mathcal{H}$ ist (Abschn. 7.6). Die Darstellung eines Gewichts λ nach Gl. (7.231a) bezüglich einer (kontravarianten) Basis von einfachen Ko-Wurzeln $\{\alpha^{(i)\vee} \,|\, i = 1, \ldots, l\}$ bzw. einer (kovarianten) DYNKIN-Basis $\{\Lambda_{(i)} \,|\, i = 1, \ldots, l\}$ liefert die kovarianten Koeffizienten $\{\lambda_i \,|\, i = 1, \ldots, l\}$ bzw. die kontravarianten Koeffizienten $\{\lambda^i \,|\, i = 1, \ldots, l\}$ (DYNKIN-Label) als Entwicklungskoeffizienten

Der Übergang vom Vektorraum $\mathcal{H}_0$ zum Dualraum $\mathcal{H}_0^*$ gelingt mithilfe der Eigenschaft (7.215) bzw. des (kontravarianten) metrischen Tensors $\hat{\kappa}^{ij}$ (*symmetrisierte* CARTAN-*Matrix* (7.232)) analog zu Gl. (7.27) durch

$$\alpha^{(i)\vee} = \sum_{j=1}^{l} \hat{\kappa}^{ij} \Lambda_{(j)} = \sum_{j=1}^{l} \left\langle \alpha^{(i)\vee}, \alpha^{(j)\vee} \right\rangle \Lambda_{(j)} = \sum_{j=1}^{l} \frac{2}{\left\langle \alpha^{(i)\vee}, \alpha^{(i)\vee} \right\rangle} A^{ji} \Lambda_{(j)} \tag{9.23a}$$

oder

$$\alpha^{(i)} = \sum_{j=1}^{l} A^{ji} \Lambda_{(j)}. \tag{9.23b}$$

Danach sind die die Entwicklungskoeffizienten bzw. DYNKIN-Label $\{(\alpha^{(i)})^j \,|\, j = 1, \ldots, l\}$ der einfachen Wurzeln in der DYNKIN-Basis (7.214b) gleich den Spalten der CARTAN-Matrix

$$(\alpha^{(i)})^j = A^{ji} \qquad j = 1, \ldots, l. \tag{9.24}$$

Der umgekehrte Übergang vom Dualraum $\mathcal{H}_0^*$ zum Vektorraum $\mathcal{H}_0$ liefert mit der Reziprozität (7.28) des metrischen Tensors $\hat{\kappa}$ die Beziehung

$$\Lambda_{(i)} = \sum_{j=1}^{l} \hat{\kappa}_{ij} \alpha^{(j)\vee} = \sum_{j=1}^{l} \left\langle \Lambda_{(i)}, \Lambda_{(j)} \right\rangle \frac{2}{\left\langle \alpha^{(j)}, \alpha^{(j)} \right\rangle} \alpha^{(j)} = \sum_{j=1}^{l} (\boldsymbol{A}^{-1})_{ji} \alpha^{(j)}. \tag{9.25}$$

Danach sind die Entwicklungskoeffizienten $\{(\Lambda_{(i)})_j \,|\, j = 1, \ldots, l\}$ der fundamentalen Gewichte in der Basis der einfachen Wurzeln gleich den Spalten der reziproken CARTAN-Matrix

$$(\Lambda_{(i)})_j = (\boldsymbol{A}^{-1})_{ji} \qquad j = 1, \ldots, l. \tag{9.26}$$

Beispiel 1 Betrachtet wird die *adjungierte Matrixdarstellung* $\boldsymbol{D}^{\mathrm{ad}}(\mathcal{L})$ einer halbeinfachen LIE-Algebra $\mathcal{L}$, die mit der CARTAN-WEYL-Basis als die Menge $\{a_k \,|\, k = 1, \ldots, \dim \mathcal{L}\}$ durch die Beziehung

$$D^{\mathrm{ad}}(a) a_m = [a, a_m] = \sum_n D^{\mathrm{ad}}_{nm}(a) a_n \qquad a \in \mathcal{L} \tag{9.27}$$

festgelegt wird. Man erhält dann für alle Elemente h der CARTAN-Unteralgebra $\mathcal{H}$ wegen der vollständigen Reduzierbarkeit der adjungierten Darstellung bzw. wegen Gl. (7.51) eine diagonale Darstellung $\boldsymbol{D}^{\mathrm{ad}}(\mathcal{H})$. Mit der Basis (7.57) findet man als Diagonalelemente

$$D^{\mathrm{ad}}_{ii}(h) = 0 \qquad h \in \mathcal{H} \qquad i = 1, \ldots l \tag{9.28a}$$

und

$$D^{\mathrm{ad}}_{\alpha\alpha}(e_\alpha) = \alpha(h) \qquad \alpha \in \Delta. \tag{9.28b}$$

Demnach ist die Wurzel $\alpha(h)$ ein Eigenwert bzw. ein Gewicht der adjungierten Darstellung $\boldsymbol{D}^{\text{ad}}$ zum Eigenvektor e_α, das wegen der Eindimensionalität des Wurzelraumes $\mathcal{L}_\alpha$ $(= \mathcal{V}_{\alpha=\lambda})$ stets einfach ist $(m_{\alpha=\lambda} = 1)$. Fasst man das verschwindende Diagonalelement $D_{ii}^{\text{ad}}(h) = 0$ als Gewicht $\lambda(h) = 0$ auf, dann gehört dieser Eigenwert zu den l verschiedenen Eigenvektoren $\{h_i \mid i = 1, \ldots, l\}$ und ist deshalb l-fach entartet $(m_{\lambda=0} = l)$. Die Menge aller Gewichte $\mathcal{P}'$ der adjungierten Darstellung $\boldsymbol{D}^{\text{ad}}(\mathcal{L})$ ist dann die Menge der Wurzeln Δ zusammen mit l verschwindenden Gewichten entsprechend der Anzahl von l Basiselementen der CARTAN-Unteralgebra

$$\mathcal{P}' = \Delta \cup \{0\}. \tag{9.29}$$

Die Darstellung ist demnach stets reell, so dass zu jedem Gewicht λ ein Gewicht $-\lambda$ gehört. Für ein Element h der CARTAN-Unteralgebra $\mathcal{H}$ erhält man durch die Spurbildung das Ergebnis

$$\operatorname{sp} \boldsymbol{D}^{\text{ad}}(h) = m_{\lambda=0}0 + \sum_{\alpha\in\Delta_+} [1\alpha(h) + 1(-\alpha(h))] = 0 \qquad \forall h \in \mathcal{H},$$

was mit Gl. (9.20) übereinstimmt.

Beispiel 2 Betrachtet man die zweidimensionale Darstellung der LIE-Algebra A_1 $(\cong sl(2, \mathbb{C}))$ (Beispiel 1 v. Abschn. 7.3) mit der Normierung nach Gln. (7.123) und (7.125), dann ergibt die Eigenwertgleichung nach (9.3)

$$D(\bar{\boldsymbol{h}}_1)v_1 = \lambda_1(\bar{\boldsymbol{h}}_1)v_1 \tag{9.30}$$

die reellen Gewichte

$$\lambda_1(\bar{\boldsymbol{h}}_1) = \lambda_1 = \frac{1}{2\sqrt{2}} \qquad \text{und} \qquad \lambda_2(\bar{\boldsymbol{h}}_1) = \lambda_2 = -\frac{1}{2\sqrt{2}} \tag{9.31}$$

zu den Gewichtsvektoren

$$v_1 = \begin{pmatrix} 1 \\ 0 \end{pmatrix} \qquad \text{und} \qquad v_2 = \begin{pmatrix} 0 \\ 1 \end{pmatrix}.$$

Beide Gewichte sind demnach einfach und bilden das Gewichtssystem $\mathcal{P}(\mathcal{V}) = \{\lambda_1, \lambda_2\}$ der Darstellung. Der Darstellungsraum $\mathcal{V}$ ist nach Gl. (9.5) eine direkte Summe der beiden eindimensionalen Gewichtsräume $\mathcal{V}_{\lambda_1}$ und $\mathcal{V}_{\lambda_2}$. Die Summe der einfachen Gewichte verschwindet nach Gl. (9.20)

$$\lambda_1 + \lambda_2 = \lambda_1 - \lambda_1 = 0.$$

Mit dem Aufsteigeoperator $D(\bar{e}_\alpha)$ wird nach Gl. (9.10)

$$D(\bar{\boldsymbol{e}}_\alpha) : \mathcal{V}_{\lambda_2} \longrightarrow \mathcal{V}_{\lambda_2+\alpha} = \mathcal{V}_{\lambda_1}$$

der Gewichtsraum $\mathcal{V}_{\lambda_2}$ auf den Gewichtsraum $\mathcal{V}_{\lambda_1}$ abgebildet, so dass das Element $D(\bar{e}_\alpha)v_{\lambda_2}$ ($\neq 0$) ein Eigenvektor zum Eigenwert $(\lambda_2+\alpha) = \lambda_1$ vom Operator $D(\bar{h}_1)$ ist. Die Bildung des Skalarprodukts nach Gl. (9.11) liefert für das Gewicht λ_1 mit Gl. (7.126)

$$\langle \lambda_1, \pm\alpha^\vee \rangle = \pm 1 \tag{9.32}$$

eine algebraische Integralform. Der α-String $\{\lambda_1, \lambda_1 - \alpha\}$ durch das Gewicht λ_1 hat die Länge Zwei und liefert nach Gln. (9.14) und (9.15) den Wert

$$m - n = 1 = \langle \lambda_1, \alpha^\vee \rangle,$$

was mit (9.14) übereinstimmt.

Durch die WEYL-Spiegelung s_α – an einer Ebene senkrecht zur Wurzel α – erhält man aus dem Gewicht λ_1 bzw. λ_2 das äquivalente Gewicht λ_2 bzw. λ_1

$$s_\alpha(\lambda_1) = \lambda_2 \qquad \text{bzw.} \qquad s_\alpha(\lambda_2) = \lambda_1$$

mit gleicher Multiplizität ($m_{\lambda_1} = m_{s_\alpha(\lambda_1)=\lambda_2} = 1$), so dass das Gewichtssystem $\{\lambda_1, \lambda_2\}$ stabil ist unter der Wirkung der WEYL-Gruppe $\mathcal{W}(\Delta)$. Letztere ist isomorph zur Punktgruppe C_i, nämlich der Inversionsgruppe (Beispiel 1 v. Abschn. 7.8) (Abb. 9.1).

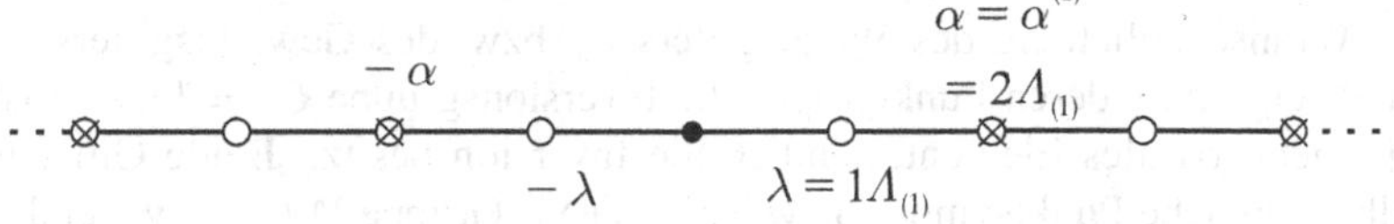

Abb. 9.1 Gewichte λ und Wurzeln α der einfachen LIE-Algebra A_1 in Einheiten der DYNKIN-Basis $\{\Lambda_{(1)}\}$; (ooooo): Gewichtsgitter $\mathcal{L}_w$, (xxxxx): Wurzelgitter $\mathcal{L}_r$

Analog zur einzigen ($l = 1$) einfachen Wurzel $\alpha^{(1)}$ im Wurzelraum $\mathcal{H}_0^*$, die dort die Basis bildet, gibt es im dazu dualen eindimensionalen Gewichtsraum $\mathcal{H}_0$ nur ein fundamentales Gewicht $\Lambda_{(1)}$, das die DYNKIN-Basis bildet. Mit der CARTAN-Matrix $\boldsymbol{A} = 2$ (7.240) bzw. deren reziproken Wert $\boldsymbol{A}^{-1} = 1/2$ bekommt man nach Gl. (9.26) bzw. nach Gl. (9.23)

$$\Lambda_{(1)} = \frac{1}{2}\alpha^{(1)} \qquad \text{bzw.} \qquad \alpha^{(1)} = 2\Lambda_{(1)}. \tag{9.33}$$

Danach hat die Wurzel α ($= \alpha^{(1)}$) das DYNKIN-Label Zwei, das als Entwicklungskoeffizient bezüglich der DYNKIN-Basis gilt (Abb. 9.1). Falls man beginnend mit dem Gewichtsvektor λ_1 eine Translation mit dem Wurzelvektor α durchführt, dann erhält man den Gewichtsvektor λ_2, dessen DYNKIN-Label λ^2 sich mit Gl. (9.33) zu

$$\lambda^2 = \lambda^1 - 2 = 1 - 2 = -1$$

errechnet.

Im Fall der Normierung gemäß den Forderungen (7.96) erhält man mit $\boldsymbol{H}_\alpha$ ($= \boldsymbol{\sigma}_z$) und $\boldsymbol{E}_{\pm\alpha}$ nach Gl. (7.127) wegen der Kommutatoren (7.98a) die beiden Wurzeln

$$\alpha = \pm 2.$$

Die Eigenwertgleichung (9.3) liefert die einfachen reellen Eigenwerte bzw. Gewichte

$$\lambda_1(\boldsymbol{H}_\alpha) = 1 \qquad \text{und} \qquad \lambda_2(\boldsymbol{H}_\alpha) = -1.$$

Mit dem Aufsteigeoperator $\boldsymbol{E}_\alpha$ bekommt man nach

$$D(\boldsymbol{E}_\alpha) v_{\lambda_2} = v_{\lambda_1}$$

den Eigenvektor v_{λ_1} zum Eigenwert

$$\lambda_2 + \alpha = \lambda_1$$

vom Operator $D(\boldsymbol{E}_\alpha)$. Dabei entsprechen die Operatoren $\boldsymbol{H}_\alpha$ bzw. $\boldsymbol{E}_{\pm\alpha}$ den Operatoren $\bar{J}_3$ bzw. $J_\pm$, die von der Drehimpulsalgebra in der Quantenmechanik bekannt sind (Beispiel 1 v. Abschn. 5.5).

Die Veranschaulichung des Wurzelgitters $\mathcal{L}_r$ bzw. des Gewichtsgitters $\mathcal{L}_w$ im Raum $\mathbb{R}$ zeigt, dass deren Punktgruppe die Inversionsgruppe $C_i = \{e, -e\}$ ist, die nur ein nicht-triviales Element, nämlich die Inversion besitzt. Beide Gitter haben deshalb die gleiche Punktsymmetrie wie die WEYL-Gruppe $\mathcal{W}(A_1)$, wobei das Gewichtsgitter $\mathcal{L}_w$ das Wurzelgitter $\mathcal{L}_r$ enthält ($\mathcal{L}_r \subset \mathcal{L}_w$) (Abb. 9.1).

■

9.2 Höchste Gewichte

Analog zur Wurzel kann man auch ein Gewicht – aufgefasst als Funktional $\lambda(h)$ des Wurzelraumes $\mathcal{H}_0^*$ – als positiv ($\lambda > 0$) festlegen, falls in der Entwicklung (9.12) nach einer Basis von einfachen Wurzeln $\{\alpha_{(i)} \,|\, i = 1, \ldots, l\}$ der erste nichtverschwindende Koeffizient positiv ist. Damit gelingt die Einführung einer Vergleichsoperation zwischen zwei Gewichten λ und μ – analog zu (7.207)

$$\lambda > \mu \qquad \text{für} \qquad \lambda - \mu > 0, \tag{9.34}$$

die für eine einfache (partielle) Ordnung des Systems positiver Gewichte sorgt.

Jenes Gewicht Λ einer irreduziblen Darstellung $D(\mathcal{L})$, das die Forderung größer zu sein als alle äquivalenten Gewichte erfüllt

$$\Lambda > \lambda \qquad \forall \lambda \in \mathcal{P}, \tag{9.35}$$

gilt als *höchstes Gewicht*. Demnach wird der zugehörige Eigenvektor v_Λ, der sogenannte *Höchstgewichtsvektor* von allen Aufsteigeoperatoren $\{D(\alpha) \mid \alpha \in \Delta_+\}$ vernichtet

$$D(e_\alpha)v_\Lambda = 0 \quad \forall \alpha \in \Delta_+. \tag{9.36}$$

Im Unterschied zu einem maximalen Gewicht als jenes Gewicht, oberhalb dessen es keine Gewichte gibt und von denen mehrere existieren können, findet man nur ein höchstes Gewicht Λ, das auch das einzige höchste Gewicht ist. Dabei gilt die Aussage, das jede endlich-dimensionale irreduzible Darstellung $D(\mathcal{L})$ nur ein höchstes Gewicht Λ bzw. einen Höchstgewichtsvektor v_Λ besitzt. Daneben existiert auch ein Eigenvektor des niedrigsten Gewichts, der von allen Absteigeoperatoren $\{D(-\alpha) \mid \alpha \in \Delta_+\}$ vernichtet wird.

Ausgehend von dem höchsten Gewicht Λ einer endlich-dimensionalen irreduziblen Darstellung $D(\mathcal{L})$, erhält man durch die WEYL-Spiegelungen $\{s_\alpha \mid \alpha \in \Delta\}$ weitere Gewichte, die die Bedingung

$$\Lambda - s_\alpha(\Lambda) \geq 0 \qquad \forall \alpha \in \Delta \tag{9.37}$$

erfüllen. Mit Gl. (9.16) findet man

$$2\frac{\langle \Lambda, \alpha \rangle}{\langle \alpha, \alpha \rangle} \geq 0 \qquad \forall \alpha \in \Delta, \tag{9.38}$$

was sicher auch für einfache Wurzeln $\{\alpha_{(i)} \mid i = 1, \ldots, l\}$ gilt. Wegen der algebraischen Integralform (9.11) eines beliebigen Gewichts, bekommt man schließlich das Ergebnis

$$2\frac{\left\langle \Lambda, \alpha_{(i)} \right\rangle}{\left\langle \alpha_{(i)}, \alpha_{(i)} \right\rangle} \in \mathbb{Z}_{\geq 0} \qquad \alpha_{(i)} \in \Pi. \tag{9.39}$$

Betrachtet man das höchste Gewicht Λ als Element des Vektorraumes $\mathcal{H}_0$

$$\Lambda = \sum_{i=1}^{l} \Lambda^i \Lambda_{(i)}, \tag{9.40}$$

dann sind dessen DYNKIN-Label $\{\Lambda^i \mid i = 1, \ldots, l\}$ nicht negative ganze Zahlen

$$\Lambda^i \in \mathbb{Z}_{\geq 0} \qquad i = 1, \ldots, l. \tag{9.41}$$

Solche Gewichte heißen *dominante ganze Gewichte*. Nach Identifizierung des Vektorraumes $\mathcal{H}_0$ mit seinem Dualraum $\mathcal{H}_0^*$ bzw. des Gewichtsgitters $\mathcal{L}_w$ mit dem Wurzelgitter $\mathcal{L}_r$ – aufgrund der positiv definiten KILLING-Form (7.66) – liegen solche dominanten ganzen Gewichte in der Fundamentalkammer $\mathcal{C}_e$ (7.310). Ein

Gewicht einer irreduziblen Darstellung $D(\mathcal{L})$ ist genau dann ein höchstes Gewicht Λ, falls dessen DYNKIN-Label alle nicht negative ganze Zahlen sind, so dass es das höchste dominante ganze Gewicht ist.

Für jedes dominante ganze Gewicht Λ gibt es – bis auf Isomorphie – genau eine endlich-dimensionale irreduzible Darstellung $D^{(\Lambda)}(\mathcal{L})$ mit Λ als höchstem Gewicht (CARTAN's Satz v. höchsten Gewicht). Aufgrund dieser bijektiven Abbildung $(D^{(\Lambda)} \longrightarrow \Lambda)$ gelingt es, eine irreduzible Darstellung $D^{(\Lambda)}(\mathcal{L})$ einer halbeinfachen LIE-Algebra $\mathcal{L}$ umkehrbar eindeutig durch sein höchstes Gewicht, nämlich einem dominaten ganzen Gewicht zu charakterisieren. Zwei irreduzible Darstellungen mit gleichem höchsten Gewicht Λ sind dann äquivalent und höchste Gewichte mit verschiedenen DYNKIN-Label liefern nicht-äquivalente Darstellungen. Demnach erhält man jede nicht-äquivalente irreduzible Darstellung, indem man eine Anzahl $\operatorname{rang} \mathcal{L} = l$ nicht-negativer ganzer Zahlen für l DYNKIN-Label $\{\Lambda^i \,|\, i = 1, \ldots, l\}$ wählt. Damit gelingt eine Parametrisierung der irreduziblen Darstellungen mithilfe der l DYNKIN-Label, was durch die Symbolik

$$D^{(\Lambda)} = D^{(\Lambda^1, \Lambda^2, \ldots, \Lambda^l)} \qquad l = \operatorname{rang} \mathcal{L} \tag{9.42a}$$

ausgedrückt werden kann. Jene l irreduziblen Darstellungen, die zu einem fundamentalen Gewicht $\Lambda_{(k)}$ gehören

$$D^{(\Lambda = \Lambda_{(k)})} = D^{(0,0,\ldots,\Lambda^k,\ldots,0)} \qquad 1 \leq k \leq l, \tag{9.42b}$$

werden *fundamentale Darstellungen* genannt.

Höchste Gewichte Λ besitzen zwei Eigenschaften, die für die irreduziblen Darstellungen wesentlich sind. Zum einen ist jedes höchste Gewicht einer irreduziblen Darstellung einfach bzw. nicht entartet

$$\dim \mathcal{V}_\Lambda = 1 \qquad \text{bzw.} \qquad m_\Lambda = 1. \tag{9.43}$$

Als Konsequenz daraus bilden alle äquivalenten Gewichte, die aus einer WEYL-Spiegelung $\{s_\alpha(\Lambda) | \alpha \in \Delta\}$ hervorgehen, eine Menge von einfachen Gewichten. Zum anderen kann jedes beliebige Gewicht λ einer irreduziblen Darstellung $D^{(\Lambda)}(\mathcal{L})$ mit dem höchsten Gewicht Λ dargestellt werden in der Form

$$\lambda = \Lambda - \sum_{i=1}^{l} a_i \alpha^{(i)} \qquad a_i \in \mathbb{Z}_{\geq 0}. \tag{9.44}$$

Bezeichnet man die ganzzahlige und positive Summe der Koeffizienten $\{a_i \,|\, i = 1, \ldots, l\}$ als *Tiefe* $\operatorname{dp} \lambda$ *des Gewichts* λ

$$\operatorname{dp} \lambda = \sum_{i=1}^{l} a_i \qquad a_i \in \mathbb{Z}_{\geq 0}, \tag{9.45}$$

dann muss die Tiefe des höchsten Gewichts verschwinden

$$\mathrm{dp}\,\Lambda = 0. \tag{9.46}$$

Für alle anderen Gewichte erwartet man eine größere Tiefe ($\mathrm{dp}\,\lambda > \mathrm{dp}\,\Lambda$).

Ausgehend von einem höchsten Gewicht Λ, erhält man mit dem $\alpha^{(i)}$-String durch dieses Gewicht eine Menge von Wurzeln

$$\Lambda,\, \Lambda - \alpha^{(i)},\, \Lambda - 2\alpha^{(i)}, \ldots, -\Lambda,$$

deren Anzahl sich nach Gln. (9.14) und (9.15) mit $n = 0$ ergibt zu

$$m - n + 1 = \langle \Lambda, \alpha^{(i)\vee} \rangle + 1 = \Lambda^i + 1. \tag{9.47}$$

Innerhalb dieses $\alpha^{(i)}$-Strings kann es durchaus Gewichte mit positiven DYNKIN-Label geben, so dass von diesen aus weitere $\alpha^{(k)}$-Strings beginnen können.

Mit einer vorgegebenen Darstellung $D(\mathcal{L})$ kann man durch die Festlegung

$$\bar{D}(a) := -D^{\top}(a) \qquad \forall a \in \mathcal{L} \tag{9.48}$$

eine weitere Darstellung $\bar{D}(\mathcal{L})$ der LIE-Algebra $\mathcal{L}$ gewinnen. Den Nachweis liefert die Umformung

$$\begin{aligned}[\bar{D}(a_1), \bar{D}(a_2)] &= [D^{\top}(a_1), D^{\top}(a_2)] = [D(a_2), D(a_1)]^{\top} \\ &= -[D(a_1), D(a_2)]^{\top} = [D(a_1), D(a_2)] \qquad a_1, a_2 \in \mathcal{L}.\end{aligned}$$

Diese Darstellung $\bar{D}(\mathcal{L})$ mit der gleichen Dimension wie die Darstellung $D(\mathcal{L})$ wird als *konjugierte* (*kontragrediente, duale*) *Darstellung* bezeichnet. Die Namensgebung basiert auf den unitären Darstellungen $D(\mathcal{G})$ von kompakten LIE-Gruppen $\mathcal{G}$, die den LIE-Algebren $\mathcal{L}$ mit deren antihermiteschen Basis zugeordnet sind. Letztere besitzen ebenfalls antihermitesche Darstellungen $D(\mathcal{L})$ ($D = -D^{+}$), was die Umformung

$$\bar{D} = -D^{\top} = (-D^{+})^{*} = D^{*}(a) \qquad \forall a \in \mathcal{L}$$

erlaubt. Danach ist die Darstellung (9.48) die komplex konjugierte Darstellung.

Die Gewichte $\bar{\lambda}$ der konjugierten Darstellung $\bar{D}(\mathcal{L})$ ergeben sich nach Gl. (9.48) als Diagonalelemente der Darstellung $\bar{D}(\mathcal{H})$ der CARTAN-Unteralgebra $\mathcal{H}$ nach Gl. (9.2) bzw. Gl. (9.3) zum negativen Gewicht der Darstellung $D(\mathcal{L})$

$$\bar{\lambda} = -\lambda. \tag{9.49}$$

Darüberhinaus sind die Multiplizitäten der beiden Gewichte gleich ($m_{\bar{\lambda}} = m_{\lambda}$).

Betrachtet man eine Darstellung $D^{(\Lambda)}$ des höchsten Gewichts Λ, dann ist die konjugierte Darstellung $\bar{D}^{(\Lambda)} = D^{(\bar{\Lambda})}$ eine irreduzible Darstellung des höchsten Gewichts $\bar{\Lambda}$. Dieses höchste Gewicht $\bar{\Lambda}$ errechnet sich zu

$$\bar{\Lambda} = -\lambda_{\min}, \tag{9.50}$$

wobei das Gewicht $\lambda_{\min}$ das Gewicht der irreduziblen Darstellung $D^{(\Lambda)}$ mit maximaler Tiefe und mithin eindeutig und einfach ist. Man bezeichnet dieses Gewicht $\bar{\Lambda}$ als *konjugiert* zum Gewicht Λ.

Eine irreduzible Darstellung $D(\mathcal{L})$ heißt *selbstkonjugiert*, wenn sie zur konjugierten Darstellung $\bar{D}(\mathcal{L})$ äquivalent ist

$$D(a) \cong \bar{D}(a) \qquad \forall a \in \mathcal{L}. \tag{9.51}$$

Eine notwendige und hinreichende Bedingung für die Selbstkonjugiertheit ist die Invarianz des Gewichtssystems unter Vorzeichenwechsel. Ein Beispiel dafür liefert die adjungierte Darstellung $D^{\mathrm{ad}}(\mathcal{L})$ mit ihrem Gewichtssystem (9.29). Dort gibt es zu jedem endlichen Gewicht $\lambda\ (= \alpha)$ ein Gewicht $-\lambda\ (= -\alpha)$.

Beispiel 1 Die einfache LIE-Algebra $A_1\ (\cong sl(2, \mathbb{C}))$ hat den Rang Eins und besitzt deshalb nur eine einfache Wurzel $\alpha^{(1)}$ im Wurzelraum $\mathcal{H}_0$. Mithilfe der CARTAN-Matrix (7.240) $\boldsymbol{A} = 2$ bzw. deren reziproken Wert $\boldsymbol{A}^{-1} = 1/2$ errechnet sich das einzige fundamentale Gewicht $\Lambda_{(1)}$ im Gewichtsraum $\mathcal{H}_0$ nach Gl. (9.25) zu (9.33). Eine irreduzible Darstellung $D^{(\Lambda)}$ kann dann durch das höchste und dominant ganze Gewicht

$$\Lambda = \Lambda^1 \Lambda_{(1)} \qquad \Lambda^1 \in \mathbb{Z}_{\geq 0}$$

festgelegt werden. Dabei erfolgt die Parametrisierung nur durch das einzige DYNKIN-Label Λ^1.

Alle weiteren Gewichte der irreduziblen Darstellung $D^{(\Lambda)}$ des höchsten Gewichts Λ können nach Gl. (9.44) durch sukzessive Subtraktion der einfachen Wurzel $\alpha^{(1)}\ (= 2\Lambda_{(1)})$ erhalten werden. Sie bilden die Menge des $\alpha^{(1)}$-Strings durch das höchste Gewicht Λ

$$\begin{aligned} \Lambda &= \Lambda^1 \Lambda_{(1)}, \Lambda - \alpha^{(1)} = (\Lambda^1 - 2)\Lambda_{(1)}, \Lambda - 2\alpha^{(1)} \\ &= (\Lambda^1 - 4)\Lambda_{(1)}, \ldots, \Lambda - \Lambda^1 \alpha^{(1)} \\ &= (\Lambda^1 - 2\Lambda^1)\Lambda_{(1)} = -\Lambda^1 \Lambda_{(1)} = -\Lambda \qquad \Lambda^1 \geq \mathbb{Z}_{\geq 0}, \end{aligned} \tag{9.52}$$

dessen Länge $(\Lambda^1 + 1)$ dann die Dimension der Darstellung $D^{(\Lambda)}$ bestimmt

$$\dim D^{(\Lambda = \Lambda^1 \Lambda_{(1)})} = (\Lambda^1 + 1). \tag{9.53}$$

Dieser $\alpha^{(1)}$-String bildet die Menge der einfachen Eigenwerte des Operators $h_1 \in \mathcal{H}_0$ – das Gewichtssystem $\mathcal{P}(\mathcal{V}^{(\Lambda)})$ –, die ausgehend vom höchsten Gewichtsvektor

v_Λ durch Λ^1-fache Anwendung des Absteigeoperators $e_{-\alpha}$ gewonnen wird. Der Vektorraum $\mathcal{V}^{(\Lambda)}$ kann deshalb nach Gl. (9.5) in eine direkte Summe eindimensionaler Vektorräume $\mathcal{V}_\lambda$ zerlegt werden

$$\mathcal{V}^{(\Lambda=\Lambda^1\Lambda_{(1)})} = \bigoplus_{\substack{\lambda=-\Lambda \\ \Lambda-\lambda\in 2\mathbb{Z}\Lambda_{(1)}}}^{+\Lambda} \mathcal{V}_\lambda. \tag{9.54}$$

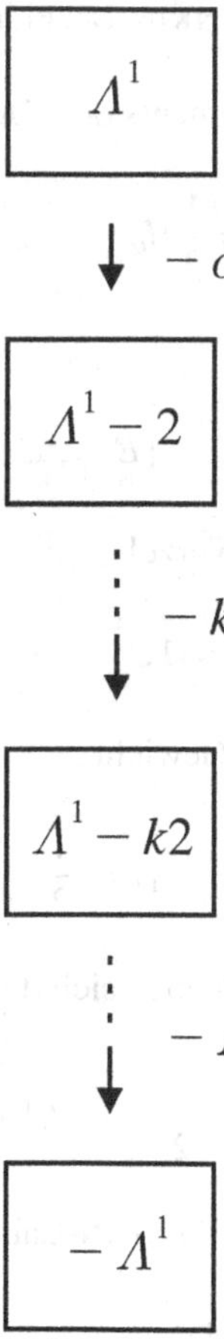

Abb. 9.2 Einfache Gewichte der Höchstgewichtsdarstellung $D^{(\Lambda=\Lambda^1\Lambda_{(1)})}$ bei der LIE-Algebra A_1 resultierend aus der sukzessiven Subtraktion der einfachen Wurzel $\alpha^{(1)}$ in der DYNKIN-Basis ($\alpha^{(1)} = 2\Lambda_{(1)} = 2$)

Benutzt man die Normierung der Basis nach der CHEVALLEY-Konvention (7.96), dann erhält man mit den Kommutatoren (7.98) die einfache Wurzel

$$\alpha^{(1)} = 2,$$

so dass nach Gl. (9.25) das fundamentale Gewicht

$$\Lambda_{(1)} = 1$$

resultiert. Der $\alpha^{(1)}$-String (9.52) umfasst dann die Menge $(\Lambda^1 + 1)$ einfacher Gewichte

$$\Lambda^1, \Lambda^1 - 2, \Lambda^1 - 4, \ldots, -\Lambda^1 \qquad \Lambda^1 \in \mathbb{Z}_{\geq 0}, \tag{9.55}$$

von denen jedes in Abb. 9.2 durch das DYNKIN-Label in einem Kasten symbolisiert wird.

Nach einer Umskalierung des Basiselements der CARTAN-Unteralgebra gemäß

$$H'_\alpha = \frac{1}{2} H_\alpha \tag{9.56a}$$

erhält man mit den Kommutatoren

$$\left[H'_\alpha, E_{\pm\alpha}\right] = \pm E_{\pm\alpha} \qquad [E_{+\alpha}, E_{-\alpha}] = H'_\alpha \tag{9.56b}$$

analog zu den Gln. (5.54a) die einfache Wurzel

$$\alpha^{(1)} = 1,$$

womit nach Gl. (9.25) das fundamentale Gewicht

$$\Lambda_{(1)} = (A^{-1})_{11} = \frac{1}{2}$$

errechnet wird. Die weiteren Gewichte ergeben sich dann aus (9.52) zu

$$\frac{\Lambda^1}{2}, \frac{\Lambda^1}{2} - 1, \ldots, -\frac{\Lambda^1}{2} \qquad \Lambda^1 \in \mathbb{Z}_{\geq 0}. \tag{9.57}$$

Damit bekommt man für ungeradzahlige DYNKIN-Label

$$\Lambda^1 = (2n - 1) \qquad n \in \mathbb{N}$$

halbzahlige Eigenwerte bzw. Gewichte, wodurch die Spinordarstellungen $D^{(\Lambda = n + 1/2)}$ charakterisiert werden. In der Quantenmechanik kann die Zahl $\Lambda^1/2$ mit der Drehimpulsquantenzahl J identifiziert werden (Beispiel 1 v. Abschn. 5.5).

Im Fall $\Lambda^1 = 0$ bekommt man die irreduzible Darstellung

$$D^{(\Lambda^1 = 0)}(a) = 0 \qquad \forall a \in A_1. \tag{9.58a}$$

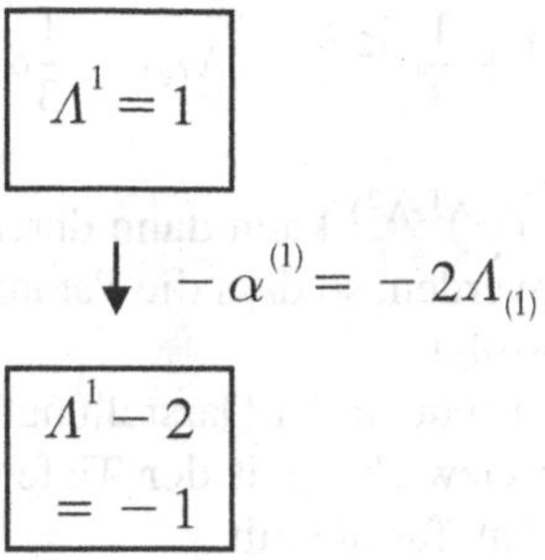

Abb. 9.3 Gewichtsdiagramm $\mathcal{P}$ der fundamentalen Darstellung $D^{(1)}$ der LIE-Algebra A_1 schematisch dargestellt durch die DYNKIN-Label

Sie hat nach Gl. (9.53) die Dimension

$$\dim D^{(0)} = 1 \tag{9.58b}$$

und wird als *triviale Darstellung* oder *Singulett* bezeichnet.

Im Fall $\Lambda^1 = 1$ bekommt man die irreduzible Darstellung $D^{(1)}(a)$, die als *fundamentale (definierende) Darstellung* bekannt ist. Sie besitzt zwei ($= \Lambda^1 + 1$) einfache Gewichte (*Dublett*), die die Dimension nach Gl. (9.53) bestimmen

$$\dim D^{(1)} = 2. \tag{9.59}$$

Eine schematische Demonstration der beiden Gewichte im $\mathbb{R}^1$ liefert das Gewichtsdiagramm der fundamentalen Darstellung $D^{(1)}$ (Abb. 9.1). Ausgehend vom höchsten Gewicht $\Lambda_{(1)}$ bzw. dessen DYNKIN-Label $\Lambda^1 = 1$ erhält man das zweite Gewicht $-\Lambda_{(1)}$ mit dem DYNKIN-Label $\Lambda^1 = -1$ durch die Subtraktion des DYNKIN-Label $A^{11} = 2$ der einzigen einfachen Wurzel $\alpha^{(1)}$ (Abb. 9.3).

Mit der Skalierung von Gl. (9.56) und dem ungeraden DYNKIN-Label $\Lambda^1 = 1$ findet man die Spinordarstellung $D^{(1/2)}$, die die beiden Gewichte $\Lambda = 1/2$ und $-\Lambda = -1/2$ besitzt (s. a. Gl. 5.78). Im Fall des geraden DYNKIN-Label $\Lambda^1 = 2$ bekommt man die Darstellung $D^{(\Lambda^1 \Lambda_{(1)}=1)}$ mit den drei Gewichten $\lambda = 1, 0, -1$ und der Dimension nach Gl. (9.53) $\dim D^{(1)} = 3$ (s. a. Beispiel 1 v. Abschn. 5.5).

Beispiel 2 Die einfache LIE-Algebra A_2 ($\cong sl(3, \mathbb{C})$) hat den Rang Zwei und besitzt deshalb zwei einfache Wurzeln $\alpha^{(1)}$ und $\alpha^{(2)}$. Mithilfe der CARTAN-Matrix $\boldsymbol{A}$ (7.241) bzw. deren reziproken Wert

$$\boldsymbol{A}^{-1} = \frac{1}{3}\begin{pmatrix} 2 & 1 \\ 1 & 2 \end{pmatrix} \tag{9.60}$$

bekommt man nach den Gln. (9.23) und (9.25) den Zusammenhang zu den fundamentalen Gewichten $\Lambda_{(1)}$ und $\Lambda_{(2)}$ (s. a. Gl. 7.230)

$$\alpha^{(1)} = 2\Lambda_{(1)} - 1\Lambda_{(2)} \qquad \alpha^{(2)} = -1\Lambda_{(1)} + 2\Lambda_{(2)} \tag{9.61a}$$

bzw.

$$\Lambda_{(1)} = \frac{2}{3}\alpha^{(1)} + \frac{1}{3}\alpha^{(2)} \qquad \Lambda_{(2)} = \frac{1}{3}\alpha^{(1)} + \frac{2}{3}\alpha^{(2)}. \tag{9.61b}$$

Eine irreduzible Darstellung $D^{(\Lambda^1,\Lambda^2)}$ kann dann durch das höchste Gewicht $\Lambda = \Lambda^1\Lambda_{(1)} + \Lambda^2\Lambda_{(2)}$ festgelegt werden, so dass die Parametrisierung durch die beiden DYNKIN-Label Λ^1 und Λ^2 erfolgt.

Im allgemeinen Fall einer irreduziblen Darstellung $D^{(\Lambda)}$ mit dem höchsten Gewicht (9.40) erhält man alle Gewichte mit der Tiefe Eins, indem jene einfachen Wurzeln $\alpha^{(i)}$ subtrahiert werden, für die gilt

$$\Lambda^i > 0 \qquad i = 1, \ldots, l. \tag{9.62}$$

Das bedeutet, dass die DYNKIN-Label $\{\Lambda^j | j = 1, \ldots, l\}$ um die DYNKIN-Label der einfachen Wurzel $\alpha^{(i)}$ vermindert werden. Letztere sind nach Gl. (9.23b) bzw. (9.24) die i-te Spalte der CARTAN-Matrix $\boldsymbol{A}$. Dieses Verfahren rekursiv fortsetzend erreicht man schließlich ein Gewicht mit einer gewissen Tiefe, dessen DYNKIN-Label alle nicht positiv sind. Dabei werden die Multiplizitäten m_λ der Gewichte λ nicht berücksichtigt, so dass darüber keine Information erhalten wird.

Im besonderen Fall der fundamentalen Darstellung $D^{(1,0)}$, deren höchstes Gewicht Λ die DYNKIN-Label $\Lambda^1 = 1$ und $\Lambda^2 = 0$ besitzt, wird man die einfache Wurzel $\alpha^{(1)}$ in der DYNKIN-Basis (9.61a) subtrahieren, um dann das Gewicht

$$\lambda_1 = \Lambda - \alpha^{(1)} = -1\Lambda_{(1)} + 1\Lambda_{(2)}$$

mit den DYNKIN-Label $\Lambda^1 = -1$ und $\Lambda^2 = 1$ zu erreichen (Abb. 9.4a). Von diesem Gewicht aus kann wegen $\Lambda^2 = 1 > 0$ nach Gl. (9.62) die einfache Wurzel $\alpha^{(2)}$ in der DYNKIN-Basis (9.60a) subtrahiert werden mit dem Ergebnis eines Gewichts

$$\lambda_2 = \lambda_1 - \alpha^{(2)} = 0\Lambda_{(1)} - 1\Lambda_{(2)},$$

dessen beide DYNKIN-Label (0 und -1) nicht positiv sind, so dass das Verfahren hier endet (Abb. 9.4a). Während im ersten Schritt, bei dem ein $\alpha^{(1)}$-String der Länge Zwei startet, die erste Spalte $A_{i1} = \{2, -1\}$ der CARTAN-Matrix von den DYNKIN-Label $(1, 0)$ des höchsten Gewichts Λ subtrahiert wird, ist es im zweiten Schritt, bei dem ein $\alpha^{(2)}$-String ebenfalls der Länge Zwei startet, die zweite Spalte $A_{i2} = \{-1, 2\}$ die von den DYNKIN-Label $(-1, 1)$ des Gewichts λ_1 subtrahiert wird. Das Gewichtssystem $\mathcal{P}$ besitzt insgesamt drei Gewichte, so dass diese fundamentale Darstellung auch verkürzt mit **3** bezeichnet wird.

Das Gewichtssystem $\mathcal{P}$ der fundamentalen Darstellung $D^{(1,0)}$ kann – nach Identifizierung des Gewichtsraumes $\mathcal{H}_0$ mit dem Wurzelraum $\mathcal{H}_0^*$ – im Raum $\mathbb{R}^2$ durch das sogenannte *Gewichtsdiagramm* ausgedrückt werden (Abb. 9.5). Die Punktsymmetrie dieses Diagramms ist C_{3v}, nämlich die eines gleichseitigen Dreiecks, und stimmt mit der Punktsymmetrie der WEYL-Gruppe überein (Gl. (7.321) – s. a. Beispiel 1 v. Abschn. 7.8).

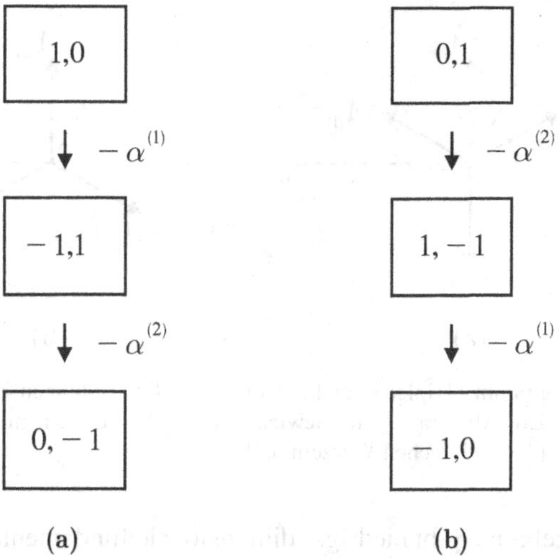

Abb. 9.4 Gewichtssystem $\mathcal{P}$ der fundamentalen Darstellung $D^{(1,0)}$ (**a**) und $D^{(0,1)}$ (**b**) der LIE-Algebra A_2 schematisch dargestellt durch die DYNKIN-Label

Im Fall der weiteren fundamentalen Darstellung $D^{(0,1)}$, deren höchstes Gewicht Λ die DYNKIN-Label $\Lambda^1 = 0$ und $\Lambda^2 = 1$ besitzt, wird man zunächst die einfache Wurzel $\alpha^{(2)}$ in der DYNKIN-Basis (9.61a) subtrahieren, um dann das Gewicht

$$\lambda_1 = \Lambda - \alpha^{(2)} = 1\Lambda_{(1)} - 1\Lambda_{(2)}$$

mit den DYNKIN-Label $\Lambda^1 = 1$ und $\Lambda^2 = -1$ zu erreichen (Abb. 9.4b). Von diesem Gewicht aus kann wegen $\Lambda^1 = 1 > 0$ nach Gl. (9.62) die einfache Wurzel $\alpha^{(1)}$ in der DYNKIN-Basis (9.61a) subtrahiert werden mit dem Ergebnis eines Gewichts

$$\lambda_2 = \lambda_1 - \alpha^{(1)} = -1\Lambda_{(1)} + 0\Lambda_{(2)},$$

dessen beide DYNKIN-Label – -1 und 0 – nicht positiv sind, so dass das Verfahren hier endet (Abb. 9.4b). Bei diesen beiden Schritten wird jeweils die zweite Spalte A_{i2} bzw. die erste Spalte A_{i1} der CARTAN-Matrix $\boldsymbol{A}$ von den DYNKIN-Label der Ausgangsgewichte Λ und λ_1 subtrahiert. Die Gewichte dieser Darstellung $D^{(0,1)}$ sind diejenigen der fundamentalen Darstellung $D^{(1,0)}$ mit entgegengesetztem Vorzeichen. Danach wird die Darstellung $D^{(0,1)}$ auch als *antifundamentale Darstellung* bezeichnet. Sie gilt als konjugiert zur fundamentalen Darstellung $D^{(1,0)}$, was auch durch die Symbolik $\bar{\mathbf{3}}$ zum Ausdruck kommt. Das Gewichtssystem $\mathcal{P}$ der fundamentalen Darstellung $D^{(0,1)}$ im Raum $\mathbb{R}^2$ geht durch Punktspiegelung am Ursprung aus dem Gewichtssystem der fundamentalen Darstellung $D^{(1,0)}$ hervor (Abb. 9.5b). Es hat demnach die gleiche Punktsymmetrie C_{3v}.

Beide 3-dimensionalen fundamentalen Darstellungen $D^{(1,0)}$ und $D^{(0,1)}$ sind nicht-triviale Darstellungen der LIE-Algebra A_2 mit niedrigster Dimension. Eine allgemeine Diskussion von fundamentalen Darstellungen aller klassischen

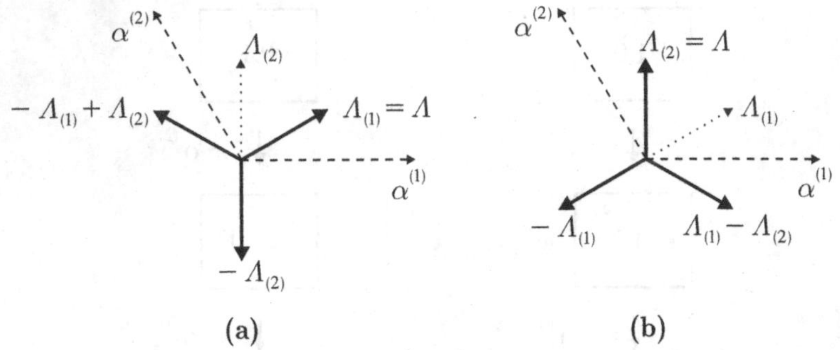

Abb. 9.5 Gewichtsdiagramm (Triplett) der fundamentalen Darstellungen $D^{(1,0)}$ (= **3**) (**a**) und $D^{(0,1)}$ (= $\bar{\mathbf{3}}$) (**b**) der LIE-Algebra A_2 im Gewichts- bzw. Wurzelraum mit den fundamentalen Gewichten $\{\Lambda_{(1)}, \Lambda_{(2)}\}$ bzw. einfachen Wurzeln $\{\alpha^{(1)}, \alpha^{(2)}\}$

einfachen LIE-Algebren ergibt niedrigst-dimensionale fundamentale Darstellungen, deren höchste Gewichte in Tabelle (9.1) aufgelistet sind.

Tabelle 9.1 Höchste Gewichte und Dimensionen von niedrigst-dimensionalen fundamentalen Darstellungen $D^{(\Lambda)}$ der klassischen einfachen LIE-Algebren $\mathcal{L}$

$\mathcal{L}$	höchstes Gewicht Λ	$\dim D^{(\Lambda)}$
A_1	$\Lambda_{(1)}$	2
$A_l\ (l \geq 2)$	$\Lambda_{(1)}, \Lambda_{(2)}$	$(l+1)$
$B_l\ (l \geq 3)$	$\Lambda_{(1)}$	$2l+1$
C_l	$\Lambda_{(1)}$	$2l$
D_4	$\Lambda_{(1)}, \Lambda_{(l-1)}, \Lambda_{(l)}$	8
$D_l\ (l \geq 5)$	$\Lambda_{(1)}$	$2l$

Schließlich wird die Darstellung $D^{(1,1)}$ betrachtet, deren höchstes Gewicht Λ die DYNKIN-Label $\Lambda^1 = 1$ und $\Lambda^2 = 1$ besitzt und nach Gl. (9.61b) durch die einfachen Wurzeln in der Form

$$\Lambda = \Lambda_{(1)} + \Lambda_{(2)} = \alpha^{(1)} + \alpha^{(2)} \tag{9.63}$$

ausgedrückt wird. Nachdem beide DYNKIN-Label nicht negativ sind, kann nach (9.62) sowohl ein $\alpha^{(1)}$-String als auch ein $\alpha^{(2)}$-String gestartet werden, die beide die Länge Zwei haben und so bei einem Gewicht der Tiefe Eins enden. Der $\alpha^{(1)}$-String bzw. $\alpha^{(2)}$-String endet dann nach Gl. (9.63) bei dem Gewicht

$$\Lambda - \alpha^{(1)} = \alpha^{(2)} \qquad \text{bzw.} \qquad \Lambda - \alpha^{(2)} = \alpha^{(1)},$$

das mit der einfachen Wurzel $\alpha^{(2)}$ bzw. $\alpha^{(1)}$ identifiziert werden kann und nach Gl. (9.61a) die DYNKIN-Label $(-1, 2)$ bzw. $(2, -1)$ besitzt (Abb. 9.6). Von diesen beiden Gewichten $\alpha^{(2)}$ und $\alpha^{(1)}$ startet erneut jeweils ein $\alpha^{(2)}$-String bzw. ein $\alpha^{(1)}$-String, die beide die Länge Drei haben und bei dem Gewicht $-\alpha^{(2)}$ bzw. $-\alpha^{(1)}$ mit der Tiefe Drei enden. Demnach umfasst der $\alpha^{(2)}$-String die Gewichte $\alpha^{(2)}$, 0 und $-\alpha^{(2)}$ bzw. der $\alpha^{(1)}$-String die Gewichte $\alpha^{(1)}$, 0 und $-\alpha^{(1)}$. Von den Gewichten

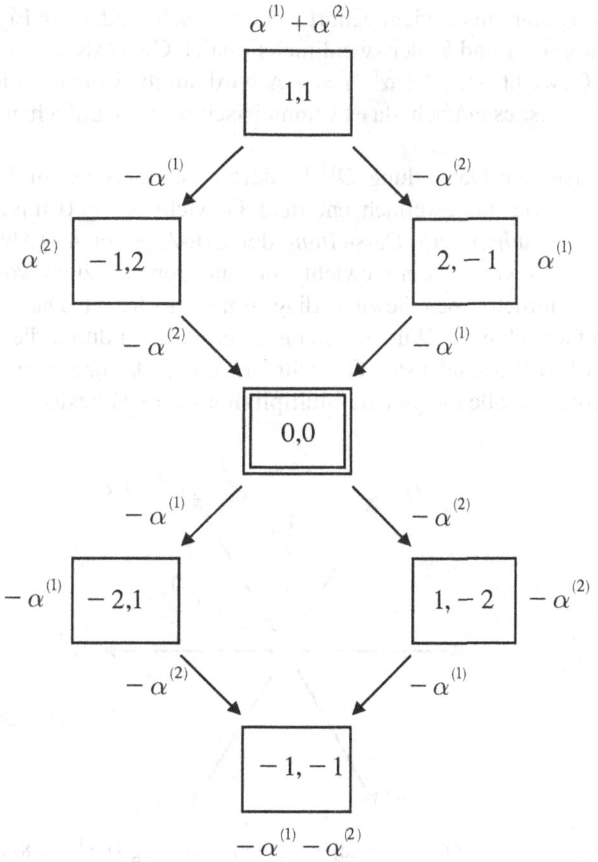

Abb. 9.6 Gewichtssystem $\mathcal{P} = \{\alpha^{(1)} + \alpha^{(2)}, \alpha^{(2)}, \alpha^{(1)}, 0, 0, -\alpha^{(1)}, -\alpha^{(2)}, -\alpha^{(1)} - \alpha^{(2)}\}$ der adjungierten Darstellung $D^{(1,1)}$ (= **8**) der LIE-Algebra A_2, schematisch dargestellt durch die zwei DYNKIN-Label; das Gewicht (0,0) ist zweifach entartet

$-\alpha^{(1)}$ bzw. $-\alpha^{(2)}$ mit den DYNKIN-Label $(-2, 1)$ bzw. $(1, -2)$ kann wegen der Forderung (9.62) erneut die einfache Wurzel $\alpha^{(2)}$ bzw. $\alpha^{(1)}$ subtrahiert werden, um das Gewicht $-(\alpha^{(1)} + \alpha^{(2)}) = -\Lambda$ mit der Tiefe Vier zu erhalten. Dieses Gewicht besitzt nach Gl. (9.61a) die DYNKIN-Label $(-1, -1)$, die beide nicht positiv sind, so dass das Verfahren bei diesem niedrigsten Gewicht mit dem entgegengesetzten Vorzeichen des höchsten Gewichts endet (Abb. 9.6).

Das Gewicht mit dem DYNKIN-Label (0,0) und der Tiefe Zwei kann von zwei verschiedenen Gewichten der Tiefe Eins, nämlich von $\alpha^{(2)}$ und $\alpha^{(1)}$ erreicht werden. Es hat deshalb die Multiplizität

$$m_{\lambda=0} = 2.$$

Dieses zweifach entartete Gewicht gehört zu den verschwindenden Eigenwerten der beiden Generatoren h_1 und h_2 der zweidimensionalen CARTAN-Unteralgebra. Auch das niedrigste Gewicht $-(\alpha^{(1)} + \alpha^{(2)}) = -\Lambda$ wird durch zwei verschiedene Strings erreicht. Dennoch ist es einfach, da es symmetrisch ist zum einfachen höchsten Gewicht Λ.

Die 8-dimensionale Darstellung $D^{(1,1)}$, deren Gewichtssystem $\mathcal{P}$ das Wurzelsystem $\Delta(A_2)$ sowie das zweifach entartete Gewicht $\lambda = 0$ umfasst, bedeutet nach Gl. (9.29) die *adjungierte Darstellung* der LIE-Algebra A_2 (Abb. 9.7). Dabei gibt es zu jedem Gewicht λ ein Gewicht mit entgegengesetztem Vorzeichen, was eine Inversionssymmetrie des Gewichtsdiagramms ausdrückt. Die sechs von Null verschiedenen Gewichte des Wurzelsystems Δ erhält man durch die sechs WEYL-Spiegelungen (7.319) des höchsten Gewichts nach Gl. (9.16). Sie sind dshalb äquivalente Gewichte, die alle die gleiche Multiplizität ($m = 1$) besitzen.

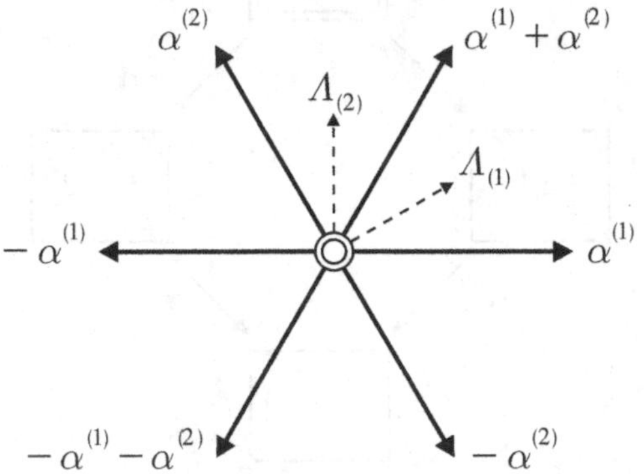

Abb. 9.7 Gewichtsdiagramm (Oktett) der adjungierten Darstellung $D^{(1,1)}$ (= **8**) der LIE-Algebra A_2 im Gewichts- bzw. Wurzelraum mit den fundamentalen Gewichten $\{\lambda_{(1)}, \Lambda_{(2)}\}$ bzw. den einfachen Wurzeln $\{\alpha^{(1)}, \alpha^{(2)}\}$

Das Gewichtsdiagramm hat die Symmetrie der Automorphismusgruppe Aut(Δ) des Wurzelsystems (8.72) und ist deshalb isomorph zur Punktgruppe D_{6v}. Die Inversionssymmetrie sorgt für die Invarianz des Gewichtssystems unter Vorzeichenwechsel und mithin für die Äquivalenz der adjungierten Darstellung $D^{(1,1)}$ zur konjugierten Darstellung $\bar{D}^{(1,1)}$, so dass die Darstellung – wie jede adjungierte Darstellung – als selbstkonjugiert gilt.

Im allgemeinen Fall einer LIE-Algebra A_l ist die Darstellung $D^{(\Lambda^1,\Lambda^2,\ldots,\Lambda^l)}$ konjugiert zur Darstellung $D^{(\Lambda^l,\Lambda^{l-1},\ldots,\Lambda^1)}$, so dass eine symmetrische Anordnung der DYNKIN-Label

$$\Lambda^{l+1-j} = \Lambda^j$$

zu äquivalenten Darstellungen führt. Das höchste Gewicht der adjungierten Darstellung hat die Form

$$\Lambda = \Lambda_{(1)} + \Lambda_{(l)} \qquad l \geq 2.$$

Die DYNKIN-Label $\{1, 0, \ldots, 0, 1\}$ geben dann Anlass zu der Symbolik $D^{(1,0,\ldots,0,1)}$. Durch WEYL-Spiegelungen erhält man aus dem höchsten Gewicht Λ die äquivalenten einfachen Gewichte, die mit den $l(l+1)$ Wurzeln zusammenfallen. Das Gewichtsdiagramm der adjungierten Darstellung $D^{(1,0,\ldots,0,1)}$ ist dann das Wurzeldiagramm zusammen mit dem l-fach entarteten verschwindenden Gewicht $\lambda = (0, \ldots, 0)$.

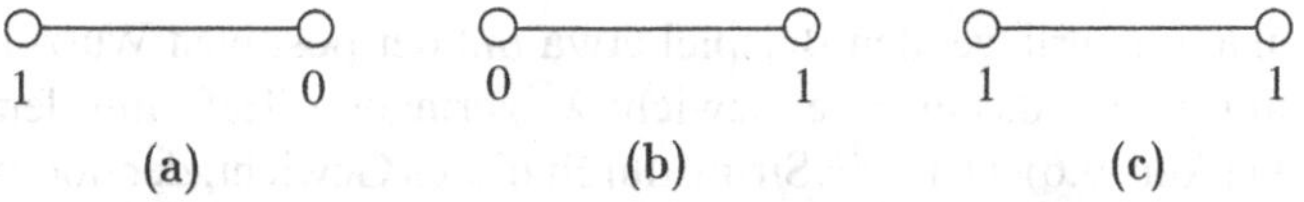

Abb. 9.8 Fundamentale Darstellung $D^{(1,0)}$ (= **3**) (**a**), antifundamentale Darstellung $D^{(0,1)}$ (= $\bar{\mathbf{3}}$) (**b**) und adjungierte Darstellung $D^{(1,1)}$ (= **8**) (**c**), ausgedrückt durch die DYNKIN-Diagramme mit den DYNKIN-Label als Knoten

Eine schematische Charakterisierung von irreduziblen Darstellungen mit höchstem Gewicht (9.40) gelingt auch durch das DYNKIN-Diagramm. Dort kann man den l Knoten die entsprechenden DYNKIN-Label $\{\Lambda^i \,|\, i = 1, \ldots, l\}$ zuordnen. Im Fall der LIE-Algebra A_2 erhält man dann die für die irreduziblen Darstellungen $D^{(1,0)}$, $D^{(0,1)}$ und $D^{(1,1)}$ repräsentativen DYNKIN-Diagramme von Abb. (9.8). ■

9.3 Charaktere und Dimensionen

Bei der Suche nach den Gewichten λ einer irreduziblen Darstellung $D^{(\Lambda)}(\mathcal{L})$ des höchsten Gewichts Λ wird man im allgemeinen Fall auch solche antreffen, die nicht einfach sind ($m_\lambda > 1$) und deren Gewichtsvektoren v_λ zu mehrdimensionalen Vektorräumen $\mathcal{V}_\lambda$ gehören. Mithilfe einer rekursiven Methode gelingt es relativ einfach, die Multiplizität m_λ eines möglichen Gewichts λ (9.12) – bzw. die Dimension des zugehörigen Gewichtsraumes $\mathcal{V}_\lambda$ – mit endlicher Tiefe zu ermitteln. Dazu benutzt man etwa die FREUDENTHAL'*sche Rekursionsformel*

$$m_\lambda = (\langle \Lambda + \rho, \Lambda + \rho \rangle - \langle \lambda + \rho, \lambda + \rho \rangle)^{-1} \sum_{\alpha \in \Delta_+} \sum_{k \geq 1} 2 \langle \lambda + k\alpha, \alpha \rangle \, m_{\lambda + k\alpha} \quad \lambda \neq \Lambda. \tag{9.64}$$

Das Element ρ ist dabei der WEYL-Vektor (7.219) bzw. (7.295). Durch die Summierung über die nicht-negativen ganzen Zahlen k ($\in \mathbb{Z}_{\geq 0}$) werden Gewichte ($\lambda + k\alpha$) erfasst, deren Tiefe kleiner ist als das betrachtete Gewicht Λ. Beginnend mit der einfachen Multiplizität $m_\Lambda = 1$ des höchsten Gewichts Λ kann man rekursiv die Multiplizität jener Gewichte λ ermitteln, deren Tiefe um $\Delta k = 1$ wächst.

Beispiel 1 Als Beispiel zur FREUDENTHAL-Formel wird die adjungierte Darstellung $D^{(1,1)}$ der LIE-Algebra A_2 betrachtet. Dort soll die Multiplizität $m_{\lambda=0}$ des verschwindenden Gewichts $\lambda = 0$ mit Kenntnis des einfachen höchsten Gewichts Λ mit den DYNKIN-Label (1, 1) ermittelt werden (Abb. 9.6).

Bei der Berechnung des Skalarprodukts $\langle\lambda + k\alpha, \alpha\rangle$ im Zähler der FREUDENTHAL-Formel (9.64) betrachtet man nach Vorgabe einer positiven Wurzel $\alpha \in \Delta_+$ zunächst die Gewichte λ' $(= \lambda + k\alpha)$ mit geringerer Tiefe. Der α-String durch diese Gewichte λ' liefert dann nach der Master-Gleichung (9.15) die beiden Zahlen m und n, so dass der Zähler von (9.64) die Form

$$2\,\langle\lambda + k\alpha, \alpha\rangle = (m-n)\,\langle\alpha, \alpha\rangle \qquad \alpha \in \Delta_+ \qquad k \geq 1. \tag{9.65}$$

annimmt.

Beginnt man im vorliegenden Beispiel etwa mit der positiven Wurzel $\alpha^{(1)}$, dann findet man mit $k = 1$ das einzige Gewicht λ' geringerer Tiefe mit den DYNKIN-Label $(2, -1)$ (Abb. 9.6). Der $\alpha^{(1)}$-String durch dieses Gewicht, der dort beginnt und beim Gewicht $(-2, 1)$ endet, hat die Länge Zwei. Er liefert die Zahlen $m = 2$ und $n = 0$, so dass sich nach (9.65) das Skalarprodukt im Zähler von (9.64) errechnet zu

$$2\Big\langle\lambda', \alpha^{(1)}\Big\rangle = 2\Big\langle\lambda + \alpha^{(1)}, \alpha^{(1)}\Big\rangle = 2\Big\langle\alpha^{(1)}, \alpha^{(1)}\Big\rangle.$$

Bei der zweiten positiven Wurzel $\alpha^{(2)}$ findet man mit $k = 1$ das einzige Gewicht λ' geringerer Tiefe mit den DYNKIN-Label $(-1, 2)$ (Abb. 9.6). Der $\alpha^{(2)}$-String durch dieses Gewicht, der dort wieder beginnt und beim Gewicht $(1, -2)$ endet, hat die Länge Zwei. Er liefert auch hier die Zahlen $m = 2$ und $n = 0$, so dass sich nach (9.65) das Skalarprodukt im Zähler von (9.64) errechnet zu

$$2\Big\langle\lambda', \alpha^{(2)}\Big\rangle = 2\Big\langle\lambda + \alpha^{(2)}, \alpha^{(2)}\Big\rangle = 2\Big\langle\alpha^{(2)}, \alpha^{(2)}\Big\rangle.$$

Schließlich findet man mit der dritten positiven Wurzel $(\alpha^{(1)} + \alpha^{(2)})$ und $k = 1$ das einzige Gewicht λ' geringerer Tiefe mit den DYNKIN-Label (1,1) (Abb. 9.6). Der $(\alpha^{(1)} + \alpha^{(2)})$-String mit der Länge Zwei beginnt dort und endet beim Gewicht $(-1, -1)$, so dass hier die Zahlen $m = 2$ und $n = 0$ erhalten werden. Nach (9.65) errechnet sich das Skalarprodukt im Zähler von (9.64) zu

$$2\Big\langle\lambda', \alpha^{(1)} + \alpha^{(2)}\Big\rangle = 2\Big\langle\alpha^{(1)} + \alpha^{(2)}, \alpha^{(1)} + \alpha^{(2)}\Big\rangle.$$

Die Summierung über alle drei positiven Wurzeln liefert unter Berücksichtigung deren gleiche Norm $\Big\langle\alpha^{(i)}, \alpha^{(i)}\Big\rangle^{1/2}$ (Beispiel 2 v. Abschn. 7.5) den Zähler der FREUDENTHAL-Formel

$$Z = (2 + 2 + 2)\Big\langle\alpha^{(1)}, \alpha^{(1)}\Big\rangle = 6\Big\langle\alpha^{(1)}, \alpha^{(1)}\Big\rangle.$$

Das Skalarprodukt im Nenner N der FREUDENTHAL-Formel (9.64) hat nach Umformung die Gestalt

$$N = \langle\Lambda + \lambda + 2\rho, \Lambda - \lambda\rangle\,. \tag{9.66}$$

Mit dem ersten Faktor in der DYNKIN-Basis $\{\Lambda_{(i)} | i = 1, \ldots, l\}$

$$\Lambda + \lambda + 2\rho = \sum_{i=1}^{l} \lambda'^i \Lambda_{(i)} \tag{9.67}$$

und dem zweiten Faktor mit der Tiefe $\sum_j q_j$ in der Basis der einfachen Wurzeln

$$\Lambda - \lambda = \sum_{j=1}^{l} q_j \alpha^{(j)} \tag{9.68}$$

erhält man allgemein für den Nenner nach Gl. (7.215)

$$N = \left\langle \sum_{i=1}^{l} \lambda'^i \Lambda_{(i)}, \sum_{j=1}^{l} q_j \alpha^{(j)} \right\rangle$$
$$= \sum_{i=1}^{l} \sum_{j=1}^{l} \lambda'^i q_j \frac{1}{2} \left\langle \alpha^{(j)}, \alpha^{(j)} \right\rangle \delta_i^j = \frac{1}{2} \sum_{i=1}^{l} \lambda'^i q_i \left\langle \alpha^{(i)}, \alpha^{(i)} \right\rangle \qquad i = 1, \ldots, l. \tag{9.69}$$

Im vorliegenden Beispiel errechnen sich die DYNKIN-Label $\{\lambda'^i | i = 1, 2\}$ des Gewichts (9.67) mit den DYNKIN-Label (1,1) des höchsten Gewichts Λ, den DYNKIN-Label (0,0) des betrachteten Gewichts λ sowie mit den DYNKIN-Label (1,1) des WEYL-Vektors – die nach Gl. (7.219) stets den Wert Eins haben – zu

$$(\lambda'^1, \lambda'^2) = (1, 1) + (0, 0) + 2(1, 1) = (3, 3).$$

Für das Gewicht (9.68) als zweiten Faktor in (9.66) erhält man nach

$$\Lambda - \lambda = \alpha^{(1)} + \alpha^{(2)}$$

die Koeffizienten $q_1 = 1$ und $q_2 = 1$, so dass insgesamt der Nenner (9.69) den Wert

$$N = \frac{1}{2} \left(3 \left\langle \alpha^{(1)}, \alpha^{(1)} \right\rangle + 3 \left\langle \alpha^{(2)}, \alpha^{(2)} \right\rangle \right) = 3 \left\langle \alpha^{(1)}, \alpha^{(1)} \right\rangle$$

annimmt. Dabei wurde wieder für beide einfachen Wurzeln das gleiche Normquadrat vorausgesetzt. Die gesuchte Multiplizität $m_{\lambda=0}$ des Gewichts $\lambda = 0$ in der adjungierten Darstellung $D^{(1,1)}$ ergibt sich dann nach der FREUDENTHAL-Formel (9.64) zu

$$m_{\lambda=0} = \frac{Z}{N} = \frac{6 \left\langle \alpha^{(1)}, \alpha^{(1)} \right\rangle}{3 \left\langle \alpha^{(1)}, \alpha^{(1)} \right\rangle} = 2,$$

was eine zweifache Entartung bedeutet (s. a. Beispiel 2 v. Abschn. 9.2). ■

In Erinnerung an endlich-dimensionale Darstellungen von endlichen Gruppen oder kompakten LIE-Gruppen muss noch einmal betont werden, dass der Charakter χ einer Darstellung die volle Information über diese enthält und so bei deren Diskussion ein wesentliche Rolle spielt. Es ist deshalb auch bei den halbeinfachen LIE-Algebren das Ziel, eine Größe auf dem Darstellungsraum $\mathcal{V}$ zu finden, die Auskunft gibt über das Gewichtssystem $\mathcal{P}(\mathcal{V})$ der Darstellung sowie über die Multiplizitäten m_λ aller Gewichte. Diese Größe wird definiert als

$$\chi := \sum_{\lambda \in \mathcal{P}(\mathcal{V})} m_\lambda \exp \lambda = \sum_{\lambda \in \mathcal{P}(\mathcal{V})} \dim \mathcal{V}_\lambda \exp \lambda . \tag{9.70}$$

Sie ist mit den grundlegenden Operationen auf den Darstellungsräumen verträglich und liefert etwa bei zwei Darstellungsräume $\mathcal{V}$ und $\mathcal{W}$ für deren direkte Summe bzw. für deren direktes Produkt die Summe bzw. das Produkt der einzelnen Größen

$$\begin{aligned} \chi(\mathcal{V} \oplus \mathcal{W}) &= \chi(\mathcal{V}) + \chi(\mathcal{W}) \\ \chi(\mathcal{V} \otimes \mathcal{W}) &= \chi(\mathcal{V})\chi(\mathcal{W}). \end{aligned} \tag{9.71}$$

Bei der Einführung der Größe χ als Charakter wird für alle Gewichte λ formal die exponentielle Abbildung

$$\lambda \longmapsto \exp \lambda \tag{9.72a}$$

mit

$$\exp \lambda \exp \mu = \exp(\lambda + \mu) \qquad \text{und} \qquad 1 \longmapsto \exp 0 \tag{9.72b}$$

verwendet. Sie ist isomorph zur Abbildung der additiven abelschen Gruppe $\mathbb{R}_{>0}$ auf die multiplikative Gruppe $\mathbb{R}_{>0}$ der positiven reellen Zahlen. Durch diese Abbildung vermeidet man jenen Konflikt, der nach Gl. (9.20) bei einer einfachen Addition von Gewichten auftritt.

Eine Begründung für diese Vorgehensweise basiert auf der Struktur der Menge aller Gewichte im Gewichtsgitter $\mathcal{L}_\mathrm{W}$, die eine abelsche Gruppe mit der Addition als Verknüpfung bildet. Da mit jeder Gruppe eine assoziative Algebra, nämlich die Gruppenalgebra verknüpft ist, kann man die Exponentialabbildung (9.72) der Gruppenelemente λ als Basis für deren Gruppenalgebra betrachten. Demnach kann auch die Größe χ als Element dieser Gruppenalgebra aufgefasst werden. Nachdem die Gewichte lineare Funktionale $\lambda(h)$ auf der CARTAN-Unteralgebra $\mathcal{H}$ und somit Elemente des Dualraumes $\mathcal{H}^*$ sind, gilt nach Gl. (9.72) auch die Größe χ als ein solches Funktional.

Andererseits können die Gewicht auch als Elemente des zum Wurzelraum $\mathcal{H}^*$ dualen Raumes $\mathcal{H}$, nämlich des Gewichtsraumes – bzw. der CARTAN-Unteralgebra – aufgefasst werden. Als Konsequenz daraus bedeutet das Funktional $\lambda(\mu)$ das Skalarprodukt (7.233), so dass die Abbildung (9.72) die Form

$$\lambda(\mu) \longmapsto \exp\lambda(\mu) := \exp\langle\lambda, \mu\rangle \qquad \forall\mu \in \mathcal{H} \tag{9.73}$$

annimmt.

Setzt man eine unitäre Matrixdarstellung $\boldsymbol{D}$ voraus, deren Basiselemente $\{v_\lambda | \lambda \in \mathcal{P}(\mathcal{V})\}$ alle die gleiche Norm besitzen, dann gelingt mit Gln. (9.70) und (9.73) die Umformung

$$\chi(\mu) = \sum_{\lambda\in\mathcal{P}(\mathcal{V})} m_\lambda \exp\langle\lambda, \mu\rangle = \sum_{v_\lambda\in\mathcal{V}} \langle v_\lambda, v_\lambda\rangle \exp\langle\lambda, \mu\rangle \qquad \forall\mu \in \mathcal{H}. \tag{9.74}$$

Mit einem Element h_μ der CARTAN-Unteralgebra $\mathcal{H}$ und der Eigenwertgleichung (9.3)

$$D(h_\mu)v_\lambda = \lambda(h_\mu)v_\lambda = \langle\lambda, \mu\rangle\, v_\lambda \tag{9.75}$$

erhält man weiter

$$\begin{aligned}\chi(\mu) &= \sum_{v_\lambda\in\mathcal{V}} \langle v_\lambda, \exp\langle\lambda, \mu\rangle\, v_\lambda\rangle = \sum_{v_\lambda\in\mathcal{V}} \big\langle v_\lambda, (\exp D(h_\mu))v_\lambda\big\rangle = \sum_{v_\lambda\in\mathcal{V}} \exp\big\langle v_\lambda, D(h_\mu)v_\lambda\big\rangle \\ &= \sum_{v_\lambda\in\mathcal{V}} \exp(D_{v_\lambda v_\lambda}(h_\mu)) = \mathrm{sp}\,[\exp \boldsymbol{D}_{\mathcal{L}}(h_\mu)] \qquad \forall\mu \in \mathcal{H}.\end{aligned} \tag{9.76}$$

Dabei bedeutet $\boldsymbol{D}_{\mathcal{L}}$ eine irreduzible Darstellung der LIE-Algebra $\mathcal{L}$ auf dem Darstellungsraum $\mathcal{V}$. Zu diesem Ergebnis kommt man auch im Falle eines unendlich-dimensionalen Darstellungsraumes $\mathcal{V}$, vorausgesetzt alle abzählbar endlichen Gewichtsräume $\mathcal{V}_\lambda \subset \mathcal{V}$ sind endlich-dimensional.

Setzt man voraus, dass die zur LIE-Algebra $\mathcal{L}$ gehörige Gruppe $\mathcal{G}$ halbeinfach ist, dann gibt es eine Untergruppe $\mathcal{T} \subset \mathcal{G}$, die ein maximaler Torus ist. Ein (kompakter) *Torus* bedeutet eine (kompakt zusammenhängende) abelsche Untergruppe der kompakten zusammenhängenden LIE-Gruppe $\mathcal{G}$. Dabei ist ein n-dimensionaler Torus $\mathcal{T}^n$ isomorph zum direkten Produkt von n Kopien der Gruppe $S^1 = \{z \in \mathbb{C} | \, |z| = 1\}$ – nämlich der Kreislinie –, die ihrerseits isomorph ist zur unitären Gruppe $U(1)$ in einer Dimension (s. a. Beispiel 3 v. Abschn. 4.2)

$$\mathcal{T}^n \cong S^1 \times S^1 \times \ldots \times S^1 \cong U(1) \times U(1) \times \ldots \times U(1). \tag{9.77}$$

Als Mannigfaltigkeit betrachtet hat etwa ein Torus T^2 mit der Dimension Zwei die Form der Oberfläche eines Rettungsringes (*donut*). Ein *maximaler Torus* ist jener Torus, der nicht in einem anderen Torus echt enthalten ist. Die dem maximalen Torus $\mathcal{T}$ zugeordnete LIE-Algebra ist dann die CARTAN-Unteralgebra $\mathcal{H}$ der der LIE-Gruppe $\mathcal{G}$ entsprechenden LIE-Algebra $\mathcal{L}$.

In einer kompakten, zusammenhängenden LIE-Gruppe $\mathcal{G}$ gehört jedes Element zu einem maximalen Torus und je zwei maximale Tori sind zueinander konjugiert.

Demnach ist jedes Element a der Gruppe $\mathcal{G}$ konjugiert zu einem Element t aus dem maximalen Torus

$$a = b \circ t \circ b^{-1} \qquad b \in \mathcal{G} \qquad t \in \mathcal{T}. \tag{9.78}$$

Als Konsequenz daraus genügt es, bei der Ermittlung des Charakters χ einer irreduziblen Darstellung der Gruppe $\mathcal{G}$ die Spurbildung auf den maximalen Torus zu beschränken. Die Verknüpfung des maximalen Torus $\mathcal{T}$ mit der CARTAN-Unteralgebra $\mathcal{H}$ der zugeordneten LIE-Algebra $\mathcal{L}$ vermittelt die Beziehung

$$t = \exp h \qquad t \in \mathcal{T} \subset \mathcal{G} \qquad h \in \mathcal{H} \subset \mathcal{L}. \tag{9.79}$$

Betrachtet man eine endlich-dimensionale, analytische Matrixdarstellung $\boldsymbol{D}_{\mathcal{G}}(t)$ der LIE-Gruppe $\mathcal{G}$, dann gibt es zur Darstellung $\boldsymbol{D}_{\mathcal{L}}$ der zugehörigen LIE-Algebra $\mathcal{L}$ mit Gl. (9.79) die Beziehung (s. Abschn. 6.5)

$$\boldsymbol{D}_{\mathcal{G}}(t) = \boldsymbol{D}_{\mathcal{G}}(\exp h) = \exp[\boldsymbol{D}_{\mathcal{L}}(h)] \qquad t \in \mathcal{T} \qquad h \in \mathcal{H}. \tag{9.80}$$

Dabei ist hervorzuheben, dass dieser Zusammenhang zwischen den Darstellungen der LIE-Gruppe und der zugehörigen LIE-Algebra nur bei lokaler Betrachtung erlaubt ist (Abschn. 6.5). Die Substitution in Gl. (9.76) liefert das Ergebnis

$$\chi(h) = \mathrm{sp}[\boldsymbol{D}_{\mathcal{G}}(\exp h)] = \mathrm{sp}[\boldsymbol{D}_{\mathcal{G}}(t)] \qquad h \in \mathcal{H} \qquad t \in \mathcal{T}, \tag{9.81}$$

wonach die Größen $\chi(h)$ als Charaktere der irreduziblen Darstellungen $\boldsymbol{D}_{\mathcal{G}}(\exp h)$ von Elementen t des Torus $\mathcal{T}$ aufgefasst werden können.

Mit einem Element s_α der WEYL-Gruppe $\mathcal{W}(\Delta)$ erhält man für die Exponentialfunktion (9.73) unter Berücksichtigung der Orthogonalität der WEYL-Spiegelung (7.283c)

$$s_\alpha(\lambda(\mu)) = \lambda(s_\alpha^{-1}(\mu)) = \exp\left\langle \lambda, s_\alpha^{-1}(\mu) \right\rangle = \exp\langle s_\alpha(\lambda), \mu\rangle = \exp\left\langle \lambda', \mu \right\rangle,$$

wobei λ' nach Gl. (9.16) ein äquivalentes Gewicht der Darstellung bedeutet. Zusammen mit Gl. (9.17) erhält man für den Charakter (9.74)

$$s_\alpha(\chi(\mu)) = \chi(s_\alpha(\mu)) = \chi(\mu) \qquad s_\alpha \in \mathcal{W}(\Delta). \tag{9.82}$$

Demnach ist der Charakter $\chi^{(\Lambda)}(\mu)$ einer irreduziblen Darstellung $\boldsymbol{D}^{(\Lambda)}$ des höchsten Gewichts Λ invariant gegenüber der WEYL-Gruppe $\mathcal{W}(\Delta)$. Diese Aussage bildet die Grundlage bei der Herleitung einer Beziehung für den Charakter $\chi^{(\Lambda)}$, die als WEYL*'sche Charakterformel* bekannt ist

$$\chi^{(\Lambda)}(e^{\mu}) = \frac{\sum_{w \in \mathcal{W}(\Delta)} \mathrm{sign} w \exp\langle w(\Lambda + \rho), \mu\rangle}{\sum_{w \in \mathcal{W}(\Delta)} \mathrm{sign} w \exp\langle w(\rho), \mu\rangle}. \tag{9.83}$$

Sie ist für jene Elemente $\mu \in \mathcal{H}$ definiert, für die der sogenannte WEYL-*Nenner* nicht verschwindet. Dabei werden die Elemente der WEYL-Gruppe $\mathcal{W}(\Delta)$ nach Gl. (7.298) mit w bezeichnet und deren Vorzeichen nach Gl. (7.306) bzw. Gl. (7.308) ermittelt. Anzumerken bleibt, dass mit jenen Elementen $\mu \in \mathcal{H}$, bei denen der WEYL-Nenner verschwindet, auch der Zähler in Gl. (9.83) den Wert Null annimmt und der Charakter selbst endlich bleibt.

Eine andere Formulierung des Nenners $A(\mu)$ gelingt durch die sogenannte WEYL-*Nenner Identität*

$$\begin{aligned} A(\mu) &= \sum_{w \in \mathcal{W}(\Delta)} \mathrm{sign} w \exp \langle w(\rho), \mu \rangle \\ &= \prod_{\alpha \in \Delta_+} \left[\exp\left(\frac{1}{2} \langle \alpha, \mu \rangle \right) - \exp\left(-\frac{1}{2} \langle \alpha, \mu \rangle \right) \right]. \end{aligned} \tag{9.84}$$

Die Substitution in die WEYL'sche Charakterformel (9.83) liefert dann den Ausdruck

$$\chi^{(\Lambda)}(e^{\mu}) = \frac{A(\Lambda + \mu)}{A(\mu)}. \tag{9.85}$$

Im Fall einer trivialen Darstellung mit einem verschwindenden Höchstgewichtsvektor $\Lambda = 0$ erhält man daraus erwartungsgemäß für alle Elemente μ der CARTAN-Unteralgebra den Charakter

$$\chi^{(\Lambda=0)}(e^{\mu}) = 1 \qquad \forall \mu \in \mathcal{H}.$$

Die Wirkung eines Generators der WEYL-Gruppe bzw. einer einfachen WEYL-Spiegelung $s_i \in \mathcal{W}$ auf den WEYL-Nenner (9.84) ergibt

$$\begin{aligned} s_{(i)}(A(\mu)) &= \prod_{\alpha \in \Delta_+} \left[\exp\left(\frac{1}{2} \left\langle \alpha, s_{(i)}^{-1}(\mu) \right\rangle \right) - \exp\left(-\frac{1}{2} \left\langle \alpha, s_{(i)}^{-1}(\mu) \right\rangle \right) \right] \\ &= \prod_{\alpha \in \Delta_+} \left[\exp\left(\frac{1}{2} \left\langle s_{(i)}(\alpha), \mu \right\rangle \right) - \exp\left(-\frac{1}{2} \left\langle s_{(i)}(\alpha), \mu \right\rangle \right) \right] \qquad \forall s_{(i)} \in \mathcal{W}(\Delta). \end{aligned} \tag{9.86}$$

Die Wirkung der einfachen WEYL-Spiegelung $s_{(i)}$ auf die positiven Wurzeln $\alpha \in \Delta_+$ geht dahin, dass letztere permutiert und in sich selbst abgebildet werden. Eine Ausnahme bilden jene einfachen Wurzeln $\alpha_{(i)}$, deren Vorzeichen nach Gl. (7.294) invertiert werden. Insgesamt erhält man für alle Generatoren $\{s_{(i)} \mid i = 1, \ldots, l\}$ der WEYL-Gruppe

$$s_{(i)}(A(\mu)) = -A(\mu) \qquad i = 1, \ldots, l \tag{9.87a}$$

bzw. mit Gl. (7.308)

$$s_{(i)}(A(\mu)) = \operatorname{sign} s_{(i)} A(\mu) \qquad i = 1, \ldots, l. \tag{9.87b}$$

Da jedes Element w der WEYL-Gruppe $\mathcal{W}(\Delta)$ nach Gl. (7.298) als Produkt der Generatoren darstellbar ist, kommt man zu dem Ergebnis

$$w(A(\mu)) = \operatorname{sign} w A(\mu). \tag{9.88}$$

Demnach ist die Nennerfunktion $A(\mu)$ antisymmetrisch bzg. der WEYL-Gruppe (WEYL-*alternierend*). Das gleiche Ergebnis erhält man für die Zählerfunktion $A(\Lambda + \mu)$ in Gl. (9.85), so dass insgesamt der Charakter $\chi^{(\Lambda)}$ als Quotient (9.85) der beiden Funktionen die Forderung (9.82) nach Symmetrie bezüglich der WEYL-Gruppe erfüllt.

Die Dimension der irreduziblen Matrixdarstellung $\boldsymbol{D}^{(\Lambda)}$ erhält man nach Gl. (3.54) durch die Ermittlung des Charakters $\chi^{(\Lambda)}(e^{\mu})$ am Einselement $e^{\mu} = 1$. Dies bedeutet die Betrachtung des Gewichts $\mu = 0$, das nach Gl. (9.84) einen verschwindenden Nenner $A(\mu = 0) = 0$ und mithin nach (9.85) einen unbestimmten Charakter zur Folge hat. Man benutzt deshalb ein Gewicht μ in der Parameterform

$$\mu = t\rho \qquad t \in \mathbb{R} \qquad \rho \in \mathcal{H},$$

um in einem Grenzübergang $t \to 0$ den Parameter t verschwinden zu lassen. Nach Substitution dieses Gewichts μ in der Charakterformel (9.83)

$$\chi^{(\Lambda)}(e^{t\rho}) = \frac{\sum_{w \in \mathcal{W}(\Delta)} \operatorname{sign} w \exp[t \langle w(\Lambda + \rho), \rho \rangle]}{\sum_{w \in \mathcal{W}(\Delta)} \operatorname{sign} w \exp \langle w(\rho), \mu \rangle}$$

gelingt mit Gl. (9.85) die Umformung

$$\begin{aligned}
\chi^{(\Lambda)}(e^{t\rho}) &= \frac{A(t(\Lambda + \rho))}{A(t\rho)} \\
&= \frac{\prod_{\alpha \in \Delta_+} \left[\exp\left(\frac{1}{2} \langle t(\Lambda + \rho), \alpha \rangle \rho\right) - \exp\left(-\frac{1}{2} \langle t(\Lambda + \rho), \alpha \rangle\right)\right]}{\prod_{\alpha \in \Delta_+} \left[\exp\left(\frac{1}{2} \langle t\rho, \alpha \rangle\right) - \exp\left(-\frac{1}{2} \langle t\rho, \alpha \rangle\right)\right]} \\
&= \exp(-\langle \rho, t\Lambda \rangle) \prod_{\alpha \in \Delta_+} \frac{\exp(t \langle \Lambda + \rho, \alpha \rangle) - 1}{\exp t \langle \rho, \alpha \rangle - 1}.
\end{aligned} \tag{9.89}$$

Der Grenzübergang $t \to 0$ liefert dann nach Anwendung einer algebraischen Form der Regel von DE L'HÔPITAL die Dimension der Darstellung

$$\dim D^{(\Lambda)} = \prod_{\alpha\in\Delta_+} \frac{\langle\Lambda+\rho,\alpha\rangle}{\langle\rho,\alpha\rangle} = \prod_{\alpha\in\Delta_+} \frac{\langle\Lambda+\rho,\alpha^\vee\rangle}{\langle\rho,\alpha^\vee\rangle}, \tag{9.90}$$

was als WEYL*'sche Dimensionsformel* bekannt ist.

Mit der Darstellung der positiven Wurzeln $\alpha \in \Delta_+$ in der Basis der einfachen Wurzeln $\{\alpha^{(j)} | j = 1, \ldots, l\}$

$$\alpha = \sum_{j=1}^{l} q_j^{(\alpha)} \alpha^{(j)} \qquad \alpha^{(j)} \in \Pi$$

sowie der Darstellung des höchsten Gewichts Λ in der DYNKIN-Basis $\{\Lambda_{(i)} | i = 1, \ldots, l\}$

$$\Lambda = \sum_{i=1}^{l} \Lambda^i \Lambda_{(i)} \tag{9.91}$$

bekommt man für das Skalarprodukt

$$\begin{aligned}\langle\Lambda,\alpha\rangle &= \sum_{i=1}^{l}\sum_{j=1}^{l} \Lambda^i q_j^{(\alpha)} \left\langle \Lambda_{(i)}, \alpha^{(j)}\right\rangle = \frac{1}{2}\sum_{i=1}^{l}\sum_{j=1}^{l} \Lambda^i q_j^{(\alpha)} \delta_i^j \left\langle \alpha^{(j)}, \alpha^{(j)}\right\rangle \\ &= \frac{1}{2}\sum_{i=1}^{l} \Lambda^i q_i^{(\alpha)} \left\langle \alpha^{(i)}, \alpha^{(i)}\right\rangle\end{aligned} \tag{9.92}$$

und mit Gl. (7.297) für das Skalarprodukt

$$\langle\rho,\alpha\rangle = \sum_{i=1}^{l} q_i^{(\alpha)} \left\langle \alpha^{(i)}, \alpha^{(i)}\right\rangle. \tag{9.93}$$

Dabei gilt das Normquadrat $\left\langle \alpha^{(i)}, \alpha^{(i)}\right\rangle$ nach (7.238) als das relative Gewicht ω^i/ω der einfachen Wurzel $\alpha^{(i)}$. Die Substitution dieser Skalarprodukte in Gl. (9.90) erlaubt eine Umformung der WEYL'schen Dimensionsformel nach

$$\dim \boldsymbol{D}^{(\Lambda)} = \prod_{\alpha\in\Delta_+} \frac{\sum_{i=1}^{l} q_i^{(\alpha)} (\Lambda^i + 1) \left\langle \alpha^{(i)}, \alpha^{(i)}\right\rangle}{\sum_{i=1}^{l} q_i^{(\alpha)} \left\langle \alpha^{(i)}, \alpha^{(i)}\right\rangle}. \tag{9.94}$$

Beispiel 2 Betrachtet wird die irreduzible Darstellung $\boldsymbol{D}^{(\Lambda)}$ des höchsten Gewichts der einfachen LIE-Algebra $sl(2,\mathbb{C})$ $(\cong A_1)$. Mit den weiteren Gewichten aus der Menge (9.52) des $\alpha^{(1)}$-Strings durch das höchste Gewicht Λ erhält man die Matrixdarstellung eines Elements μ der CARTAN-Unteralgebra $\mathcal{H}$ in der diagonalen Form

$$\boldsymbol{D}^{(\Lambda)}(\mu) = \text{diag}\left(\langle\Lambda, \mu\rangle, \langle\Lambda - \alpha, \mu\rangle, \ldots, \langle -\Lambda, \mu\rangle\right) \qquad \alpha \equiv \alpha^{(1)}. \tag{9.95}$$

Dabei wird der Höchstgewichtsvektor Λ als ein Element der CARTAN-Unteralgebra $\mathcal{H}$ aufgefasst. Nach Gl. (9.80) liefert die Exponentiation eine Darstellung der zugehörigen LIE-Gruppe $SL(2, \mathbb{C})$

$$\boldsymbol{D}^{(\Lambda)}(e^{\mu}) = \text{diag}\left(\exp\langle\Lambda, \mu\rangle, \exp\langle\Lambda - \alpha, \mu\rangle, \ldots, \exp\langle -\Lambda, \mu\rangle\right). \tag{9.96}$$

Der Charakter dieser Darstellung ergibt sich dann nach Spurbildung zu

$$\chi^{(\Lambda)}(e^{\mu}) = \exp\langle\Lambda, \mu\rangle \sum_{k=0}^{2\Lambda/\alpha} \exp(-k\langle\alpha, \mu\rangle),$$

was als geometrische Reihe durch die Summenformel zusammengefasst werden kann

$$\begin{aligned} \chi^{(\Lambda)}(e^{\mu}) &= \exp\langle\Lambda, \mu\rangle \frac{1 - [\exp(-\langle\alpha, \mu\rangle)]^{2\Lambda/\alpha+1}}{1 - \exp(-\langle\alpha, \mu\rangle)} \\ &= \frac{\exp\langle\Lambda, \mu\rangle - \exp(-\langle\Lambda + \alpha, \mu\rangle)}{1 - \exp(-\langle\alpha, \mu\rangle)}. \end{aligned}$$

Eine Erweiterung des Quotienten durch $e^{1/2\langle\alpha,\mu\rangle}$ ermöglicht die symmetrische Schreibweise

$$\chi^{(\Lambda)}(e^{\mu}) = \frac{\exp\langle\Lambda + \alpha/2, \mu\rangle - \exp(-\langle\Lambda + \alpha/2, \mu\rangle)}{\exp\langle\alpha/2, \mu\rangle - \exp(-\langle\alpha/2, \mu\rangle)} = \frac{\sinh\langle\Lambda + \alpha/2, \mu\rangle}{\sinh\langle\alpha/2, \mu\rangle}. \tag{9.97}$$

Die WEYL-Gruppe $\mathcal{W}(A_1)$ (7.313a), die isomorph ist zur Inversionsgruppe (7.313b), besteht aus dem Einselement e und der Spiegelung $s_{(1)}$ mit der Wirkung

$$\text{sign}\, e = +1 \qquad \text{sign}\, s_{(1)} = -1 \tag{9.98a}$$

$$e\left(\Lambda + \frac{\alpha}{2}\right) = \Lambda + \frac{\alpha}{2} \qquad s_{(1)}\left(\Lambda + \frac{\alpha}{2}\right) = \Lambda - \frac{\alpha}{2}. \tag{9.98b}$$

Die Substitution dieser Ergebnisse in Gl. (9.97) liefert die WEYL'sche Charakterformel (9.83) mit dem WEYL-Vektor $\rho = \alpha/2$. Verwendet man die Skalierung des Basiselements der CARTAN-Unteralgebra in der Form (9.56a), dann erhält man mit der einfachen Wurzel $\alpha \equiv \alpha^{(1)} = 1$ für die irreduzible Darstellung $\boldsymbol{D}^{(\Lambda)}$ den Charakter (s. a. Gl. 6.108)

$$\chi^{(\Lambda)}(e^{\mu}) = \frac{\sinh\left(\Lambda + \frac{1}{2}\right)\mu}{\sinh\frac{\mu}{2}}. \tag{9.99}$$

Beispiel 3 Als Beispiel zur WEYL'schen Dimensionsformel wird die einfache LIE-Algebra A_1 ($\cong sl(2,\mathbb{C})$) betrachtet. Dort gibt es nur eine positive Wurzel $\alpha \equiv \alpha^{(1)}$ mit dem Koeffizienten $q_1^{(\alpha)} = 1$. Nach Gl. (9.94) errechnet sich dann die Dimension der Darstellung $\boldsymbol{D}^{(\Lambda)}$ mit dem höchsten Gewicht $\Lambda = \Lambda^1 \Lambda_{(1)}$ zu

$$\dim \boldsymbol{D}^{(\Lambda^1)} = (\Lambda^1 + 1), \tag{9.100}$$

was mit Gl. (9.53) übereinstimmt.

Im Beispiel der LIE-Algebra A_2 ($\cong sl(3,\mathbb{C})$) mit den drei positiven Wurzeln $\alpha^{(1)}, \alpha^{(2)}$ und $(\alpha^{(1)} + \alpha^{(2)})$ errechnet sich die Dimension der Darstellung $\boldsymbol{D}^{(\Lambda)}$ mit dem höchsten Gewicht $\Lambda = \Lambda^1 \Lambda_{(1)} + \Lambda^2 \Lambda_{(2)}$ nach Gl. (9.94) zu

$$\dim \boldsymbol{D}^{(\Lambda^1,\Lambda^2)} = \left(\frac{\Lambda^1+1}{1}\right)\left(\frac{\Lambda^2+1}{1}\right)\left(\frac{\Lambda^1+\Lambda^2+2}{2}\right). \tag{9.101}$$

Dabei muss in diesem Fall einer einfach zusammenhängenden LIE-Algebra, deren positive Wurzeln alle das gleiche Normquadrat $\langle\alpha,\alpha\rangle$ bzw. relative Gewicht (Gl. 7.238) besitzen, der Faktor $\langle\alpha^{(i)},\alpha^{(i)}\rangle$ nicht berücksichtigt werden. Für die Fundamentaldarstellung $\boldsymbol{D}^{(1,0)}$ ($=\mathbf{3}$) bzw. $\boldsymbol{D}^{(0,1)}$ ($=\bar{\mathbf{3}}$) ergibt sich daraus die Dimension

$$\dim \boldsymbol{D}^{(1,0)} = \dim \boldsymbol{D}^{(0,1)} = 3.$$

Für die adjungierte Darstellung $\boldsymbol{D}^{(1,1)}$ mit insgesamt sieben Gewichten, von denen das verschwindende Gewicht $\lambda = (0,0)$ zweifach entartet ist, bekommt man nach Gl. (9.101) (s. Beispiel 2 v. Abschn. 9.2)

$$\dim \boldsymbol{D}^{(1,1)} = 8.$$

Im allgemeinen Fall einer LIE-Algebra A_l ($\cong sl(l+1,\mathbb{C})$) setzt sich die Dimension einer Darstellung $\boldsymbol{D}^{(\Lambda)}$ des höchsten Gewichts Λ aus Faktoren zusammen, von denen jeder einer positiven Wurzel $\alpha \in \Delta_+$ zugeordnet werden kann. Der Nenner jedes einzelnen Faktors ist gleich der Anzahl der einfachen Wurzeln $\alpha^{(i)}$, aus der sich die positive Wurzel α zusammensetzt. Der Zähler ist gleich dieser Anzahl zusammen mit den DYNKIN-Label Λ^i, die den berücksichtigten einfachen Wurzeln entsprechen. Diese Ergebnis ist auch gültig für die einfach zusammenhängenden LIE-Algebren D_n, E_6, E_7 und E_8. Im Falle einer LIE-Algebra, die nicht einfach zusammenhängend ist, muss jeder Faktor im Zähler und Nenner mit dem entsprechenden Gewicht ω_i (7.238) multipliziert werden.

■

9.4 CASIMIR-Operatoren

Bei der Diskussion von irreduziblen Darstellungen der einfachen klassischen LIE-Algebra $su(2)$ begegnet man einem Operator (5.49), der bezüglich der Generatoren von 2. Ordnung ist und mit diesen vertauscht (Beispiel 1 v. Abschn. 5.5). Dieser sogenannte CASIMIR-*Operator* ist somit ein symmetrieinvarianter Operator. Er erlaubt deshalb durch seine Eigenwerte eine eindeutige Charakterisierung von irreduziblen Darstellungen und ist so bei der Zerlegung von reduziblen endlichen Darstellungen in irreduzible Komponenten eine wertvolle Hilfe.

Setzt man eine – reelle oder komplexe – LIE-Algebra $\mathcal{L}$ mit der Basis $\{a_k | k = 1, \ldots, n\}$ voraus, dann kann der *quadratische* CASIMIR-*Operator* (CASIMIR-*Operator 2. Ordnung*) C_2 allgemein als Bilinearform der linearen Operatoren $\{D(a_k)| k = 1, \ldots, n\}$ ausgedrückt werden

$$C_2 = \sum_{k=1}^{n} \sum_{l=1}^{n} \kappa(a^k, a^l) D(a_k) D(a_l) = \sum_{k=1}^{n} \sum_{l=1}^{n} \kappa^{kl} D(a_k) D(a_l). \qquad (9.102)$$

Dabei bedeuten $\{\kappa^{kl} | k, l = 1, \ldots, n\}$ die Elemente des reziproken metrischen CARTAN-Tensors $\boldsymbol{\kappa}$ (7.78). Nachdem die KILLING-Form bzw. der CARTAN-Tensor nach Gl. (7.36) nicht entartet ist ($\det \boldsymbol{\kappa} \neq 0$), ist die Existenz des reziproken Tensors $\boldsymbol{\kappa}^{-1}$ und mithin des Operators C_2 eindeutig garantiert. Zudem ist der Operator C_2 unabhängig von der Wahl der Basis, was durch eine Basistransformation mithilfe einer regulären Transformationsmatrix demonstriert werden kann.

Verwendet man die CARTAN-WEYL Basis (7.57) zusammen mit der WEYL-Konvention (7.77), dann hat der CASIMIR-Operator die Gestalt

$$C_2 = \sum_{i=1}^{l} \sum_{j=1}^{l} \bar{\kappa}^{ij} D(h_i) D(h_j) + \sum_{\alpha \in \Delta} D(e_\alpha) D(e_{-\alpha}) = C_2^{\mathcal{H}} + C_2^{\Delta}. \qquad (9.103)$$

Dabei bedeutet die Metrik $\bar{\kappa}^{ij}$ mit den oberen Indizes die auf die CARTAN-Unteralgebra $\mathcal{H}_0$ beschränkte kontravariante KILLING-Form $\bar{\kappa}(h^i, h^j)$ (s. Gl. 7.83). Wegen Gl. (7.57) vertauscht der erste Operator $C_2^{\mathcal{H}}$ mit allen Operatoren $\{D(h_k)| k = 1, \ldots, l\}$, die der Basis $\{h_k | k = 1, \ldots, l\}$ der CARTAN-Unteralgebra zugeordnet sind. Mit der Umformung

$$\begin{aligned}[h_i, e_\alpha e_{-\alpha}] &= [h_i, e_\alpha] e_{-\alpha} + e_\alpha [h_i, e_{-\alpha}] \\ &= \alpha_i e_\alpha e_{-\alpha} - \alpha_i e_\alpha e_{-\alpha} = 0 \qquad i = 1, \ldots, l \qquad \forall \alpha \in \Delta\end{aligned}$$

kommt man zu dem Ergebnis, dass auch der zweite Teil C_2^{Δ} des CASIMIR-Operators (9.103) mit allen Generatoren $\{D(h_k)| k = 1, \ldots, l\}$ vertauscht.

Bleibt die Frage nach den Kommutatoren mit den übrigen Operatoren $\{D(e_\beta)| \beta \in \Delta\}$. Zur Klärung wird zunächst wieder nur der erste Operator $C_2^{\mathcal{H}}$ in (9.103) betrachtet. Dabei werden die Operatoren $D(h)$ bzw. $D(e_{\pm\alpha})$ der einfacheren

Schreibweise wegen im folgenden Absatz durch die Symbolik der Generatoren h bzw. $e_{\pm\alpha}$ ausgedrückt

$$D(h) := h \qquad \text{bzw.} \qquad D(e_{\pm\alpha}) := e_{\pm\alpha}.$$

Man erhält dann für den Kommutator

$$\left[C_2^{\mathcal{H}}, e_\beta\right] = \left[\sum_{i=1}^{l}\sum_{j=1}^{l} \bar{\kappa}^{ij} h_i h_j, e_\beta\right] = \sum_{i=1}^{l}\sum_{j=1}^{l}\left(\bar{\kappa}^{ij} h_i [h_j, e_\beta] - \bar{\kappa}^{ij} h_j [h_i, e_\beta]\right)$$
$$= \sum_{i=1}^{l}\sum_{j=1}^{l}(\bar{\kappa}^{ij} h_i \beta_j e_\beta - \bar{\kappa}^{ij} h_j \beta_i e_\beta).$$

Unter Beachtung von Gl. (7.70)

$$\sum_{i=1}^{l}\sum_{j=1}^{l} \bar{\kappa}^{ij}\beta_i h_j = \sum_{j=1}^{l}\beta^j h_j = \langle\beta, h\rangle = h_\beta$$

gelingt weiter die Umformung

$$\left[C_2^{\mathcal{H}}, e_\beta\right] = h_\beta e_\beta + e_\beta h_\beta. \tag{9.104}$$

Für den zweiten Teil C_2^{Δ} des CASIMIR-Operators (9.103) errechnet sich der Kommutator mit Gl. (7.72) zu

$$[C_2^{\Delta}, e_\beta] = \left[\sum_{\alpha\in\Delta} e_\alpha e_{-\alpha}, e_\beta\right] = \sum_{\substack{\alpha\in\Delta\\ \alpha\neq\beta}} e_\alpha N_{-\alpha\beta} e_{\beta,-\alpha} + \sum_{\substack{\alpha\in\Delta\\ \alpha\neq\beta}} N_{\alpha\beta} e_{\alpha+\beta} e_{-\alpha}$$
$$+ e_\beta h_{-\beta} + h_{-\beta} e_\alpha \qquad\qquad \beta\in\Delta. \tag{9.105}$$

Nach Substitution der Variablen α durch $\alpha = \alpha' - \beta$ und unter Berücksichtigung von Gl. (7.107) sowie der Vereinbarung (7.108)

$$N_{\alpha\beta} = N_{-\beta,-\alpha} = N_{\alpha+\beta,-\beta} = -N_{-\alpha-\beta,\beta}$$

erhält man für den zweiten Summanden von (9.105)

$$\sum_{\substack{\alpha'\in\Delta\\ \alpha'\neq\beta}} N_{\alpha'-\beta,\beta} e_{\alpha'} e_{\beta-\alpha'} = -\sum_{\substack{\alpha'\in\Delta\\ \alpha'\neq\beta}} N_{-\alpha'\beta} e_{\alpha'} e_{\beta-\alpha'},$$

womit der erste Summand in (9.105) aufgehoben wird. Übrig bleiben dann noch die letzten beiden Summanden, die wegen

$$e_\beta h_{-\beta} = -e_\beta h_\beta$$

von den beiden Termen im Kommutator mit dem ersten Teil $C_2^{\mathcal{H}}$ (9.104) gerade kompensiert werden. Insgesamt gewinnt man die Aussage, dass der CASIMIR-Operator C_2 mit allen Generatoren bzw. allen Operatoren $\{D(a)|\, a \in \mathcal{L}\}$ vertauscht. Diese Ergebnis, das auch die Vertauschung mit den Leiteroperatoren beinhaltet, impliziert dann die Forderung, dass für alle Gewichtsvektoren $\{v_\lambda|\, \lambda \in \mathcal{P}(\mathcal{V})\}$ einer irreduziblen Darstellung, die durch Absteigeoperatoren aus einem Höchstgewichtsvektor v_Λ erhalten werden, ein gleicher Eigenwert $C_2^{(\Lambda)}$ gehört. Letztlich ist diese Aussage eine Konsequenz des 2. SCHUR'schen Lemmas (Abschn. 3.5). Dort wird unter Voraussetzung der Vertauschbarkeit eines Operators mit allen Operatoren der LIE-Algebra die Wirkung dieses Operators auf alle Vektoren der irreduziblen Darstellung als konstant gefordert (Gl. 3.77). Für eine irreduzible Höchstgewichtsdarstellung $D^{(\Lambda)}$ auf dem Darstellungsraum $\mathcal{V}^{(\Lambda)}$ kann diese Aussage bezüglich des CASIMIR-Operators C_2 ausgedrückt werden durch

$$C_2 v = C_2^{(\Lambda)} v \qquad \forall v \in \mathcal{V}^{(\Lambda)}. \tag{9.106}$$

Danach wirkt der CASIMIR-Operator C_2 als Konstante $C_2^{(\Lambda)}$ multipliziert mit dem Einselement. In dieser Eigenwertgleichung ist $C_2^{(\Lambda)}$ der Eigenwert des CASIMIR-Operators in der Höchstgewichtsdarstellung $D^{(\Lambda)}$.

Eine Umformung des CASIMIR-Operators (9.103) in

$$C_2 = \sum_{i=1}^{l}\sum_{j=1}^{l} \bar{\kappa}^{ij} D(h_i)D(h_j) + \sum_{\alpha\in\Delta_+} D(e_\alpha)D(e_{-\alpha}) + \sum_{\alpha\in\Delta_+} D(e_{-\alpha})D(e_\alpha) \tag{9.107}$$

liefert nach Substitution von (Gl. 7.98b)

$$D(e_\alpha)D(e_{-\alpha}) = [D(e_\alpha), D(e_{-\alpha})] + D(e_{-\alpha})D(e_\alpha) = D(h_\alpha) + D(e_{-\alpha})D(e_\alpha)$$

die Gestalt

$$C_2 = \sum_{i=1}^{l} D(h^i)D(h_i) + \sum_{\alpha\in\Delta_+} (2D(e_{-\alpha})D(e_\alpha) + D(h_\alpha)). \tag{9.108}$$

Betrachtet man eine irreduzible Darstellung $D^{(\Lambda)}$ mit dem höchsten Gewicht Λ, dann erwartet man für die Wirkung des CASIMIR-Operators C_2 auf das Basiselement v_Λ – nämlich den Höchstgewichtsvektor – des Darstellungsraumes $\mathcal{V}^{(\Lambda)}$ mit den Eigenwertgleichungen

$$D(h_i)v_\Lambda = \Lambda(h_i)v_\Lambda = \Lambda_i v_\Lambda \qquad i = 1, \ldots, l \tag{9.109a}$$

$$D(h_\alpha)v_\Lambda = \Lambda(h_\alpha)v_\Lambda = \langle\lambda, \alpha\rangle\, v_\Lambda \qquad \alpha \in \Delta \tag{9.109b}$$

$$D(e_\alpha)v_\Lambda = 0 \qquad \alpha \in \Delta \tag{9.109c}$$

den Eigenwert

$$C_2^{(\Lambda)} = \sum_{i=1}^{l} \Lambda^i \Lambda_i + \sum_{\alpha\in\Delta_+} \langle\Lambda, \alpha\rangle = \langle\Lambda, \Lambda\rangle + \langle\Lambda, 2\rho\rangle = \langle\Lambda, \Lambda + 2\rho\rangle\,. \tag{9.110}$$

Dabei ist ρ der WEYL-Vektor (7.295).

Nach Wahl einer orthonormierten Basis $\{a_k | \, k = 1, \ldots, n\}$ der LIE-Algebra $\mathcal{L}$, die der Bedingung

$$\kappa(a_k, a_l) = \kappa_{kl} = \delta_{kl} \qquad \text{bzw.} \qquad \boldsymbol{\kappa} = \mathbf{1}_n \tag{9.111a}$$

genügt, erhält man mit dem reziproken metrischen CARTAN-Tensor

$$(\kappa(a_k, a_l))^{-1} = \kappa^{kl} = \delta^{kl} \qquad \text{bzw.} \qquad \boldsymbol{\kappa}^{-1} = \mathbf{1}_n \tag{9.111b}$$

für den CASIMIR-Operator nach Gl. (9.102) die Form

$$C_2 = \sum_{k=1}^{n} D^2(a_k). \tag{9.112}$$

Eine irreduzible Matrixdarstellung $\boldsymbol{D}^{(\Lambda)}$ des höchsten Gewichts Λ erfüllt dann die Forderung

$$\sum_{k=1}^{n} \left(\boldsymbol{D}^{(\Lambda)}(a_k)\right)^2 = C_2^{(\Lambda)} \mathbf{1}_d \qquad d = \dim \boldsymbol{D}^{(\Lambda)}. \tag{9.113}$$

Daraus errechnet sich der Eigenwert $C_2^{(\Lambda)}$ durch Spurbildung zu

$$C_2^{(\Lambda)} = \frac{1}{d}\mathrm{sp}\left[\sum_{k=1}^{n} \left(\boldsymbol{D}^{(\Lambda)}(a_k)^2\right)\right]. \tag{9.114}$$

Für die adjungierte Darstellung $\boldsymbol{D}^{\mathrm{ad}}(\mathcal{L})$ mit der KILLING-Form bzw. dem CARTAN-Tensor (7.14)

$$\kappa_{kl} = \kappa(a_k, a_l) = \mathrm{sp}\left[\boldsymbol{D}^{\mathrm{ad}}(a_k)\boldsymbol{D}^{\mathrm{ad}}(a_l)\right] = \delta_{kl}$$

und einer Dimension, die gleich der Dimension der LIE-Algebra $\mathcal{L}$ ist ($\dim \boldsymbol{D}^{\mathrm{ad}} = \dim \mathcal{L} = n$), ergibt sich daraus der CASIMIR-Eigenwert zu

$$C_2^{(\Lambda)} = 1. \tag{9.115}$$

Eine andere Formulierung für den CASIMIR-Eigenwert $C_2^{(\Lambda)}$ in der adjungierten Darstellung gelingt mithilfe der höchsten Wurzel θ (Gl. 7.229a), die hier die Rolle des höchsten Gewichts Λ übernimmt. Nach Substitution des WEYL-Vektors ρ in Gl. (9.110) durch Gl. (7.219) und unter Berücksichtigung der Orthogonalitätsrelation (7.215) erhält man

$$\begin{aligned} C_2^{(\theta)} &= \langle\theta,\theta\rangle + \left\langle \theta, 2\sum_{i=1}^{l} \Lambda_{(i)} \right\rangle = \langle\theta,\theta\rangle + 2\left\langle \sum_{j=1}^{l} \alpha_j \alpha^{(j)}, \sum_{i=1}^{l} \Lambda_{(i)} \right\rangle \\ &= \langle\theta,\theta\rangle + \sum_{i=1}^{l} a_i \left\langle \alpha^{(i)}, \alpha^{(i)} \right\rangle, \end{aligned} \tag{9.116}$$

Tabelle 9.2 COXETER-Zahl h und duale COXETER-Zahl $h^\vee$ von klassischen einfachen LIE-Algebren $\mathcal{L}$

$\mathcal{L}$	h	$h^\vee$
A_l $(l \geq 2)$	$l+1$	$l+1$
B_l $(l \geq 3)$	$2l$	$2l+1$
C_l	$2l$	$l+1$
D_l $(l \geq 5)$	$2l-1$	$2l-2$

was umgeformt unter Einbeziehung der dualen COXETER-Zahl $h^\vee$ (7.228b) ausgedrückt werden kann durch (Tab. 9.2)

$$C_2^{(\theta)} = \langle\theta,\theta\rangle \left(1 + \frac{1}{\langle\theta,\theta\rangle} \sum_{i=1}^{l} a_i \left\langle \alpha^{(i)}, \alpha^{(i)} \right\rangle \right) = \langle\theta,\theta\rangle \left(1 + \sum_{i=1}^{l} a_i^\vee \right) = \langle\theta,\theta\rangle\, h^\vee . \tag{9.117}$$

In dem Bemühen, für den CASIMIR-Operator eine allgemeine Form mit höherer Ordnung zu finden, wird man zunächst an Stelle der Basis $\{a_i \,|\, i = 1, \ldots, n\}$ der LIE-Algebra $\mathcal{L}$ die dazu duale Basis $\{a^j \,|\, j = 1, \ldots, n\}$ wählen, die aus der Transformation mithilfe des (kontravarianten) metrischen CARTAN-Tensors $\boldsymbol{\kappa}$ hervorgeht

$$a^j = \sum_{i=1}^{n} \kappa^{ij} a_i . \tag{9.118}$$

Für den quadratischen CASIMIR-Operator C_2 bezüglich dieser Basis

$$C_2 = \sum_{i=1}^{n}\sum_{j=1}^{n}\kappa_{ij}D(a^i)D(a^j)$$

ergibt sich unter Berücksichtigung der Beziehung (7.14) zwischen dem CARTAN-Tensor κ und den Strukturkonstanten $\left\{f_{ik}^l \,|\, i,k,l = 1,\ldots,n\right\}$ die Form

$$C_2 = \sum_i\sum_j\sum_k\sum_l f_{ik}^l f_{jl}^k D(a^i)D(a^j). \tag{9.119}$$

Diese Form erlaubt eine Verallgemeinerung des CASIMIR-Operators C_m mit der Ordnung m durch die Festlegung

$$C_m = \sum_{i_1 j_1, i_2 j_2, \ldots i_m j_m = 1}^{n} f_{i_1 j_2}^{j_2} f_{i_2 j_2}^{j_3} \ldots f_{i_m j_m}^{j_1} D(a^{i_1})D(a^{i_2})\ldots D(a^{i_m}). \tag{9.120}$$

Der Operator C_m ($m \geq 2$) ist gleichfalls vertauschbar mit allen Operatoren $D(a)$

$$[C_m, D(a)] = 0 \qquad \forall a \in \mathcal{L}. \tag{9.121}$$

Für jede halbeinfache LIE-Algebra vom Rang l gibt es eine Menge von l CASIMIR-Operatoren $\{C_r \,|\, r = 2,\ldots,l+1\}$ die nach Gl. (9.120) als Funktion der n Generatoren $\{D(a^k) \,|\, k = 1,\ldots,n\}$ ausgedrückt werden können (*Theorem v.* RACAH). Dabei sei angemerkt, dass auch hier für nicht halbeinfache LIE-Algebren invariante Operatoren konstruiert werden können, die mit allen Operatoren $\{D(a) \,|\, a \in \mathcal{L}\}$ vetrtauschen. Als Konsequenz der Vertauschbarkeit (9.121) findet man die Vertauschbarkeit aller CASIMIR-Operatoren $\{C_r \,|\, r = 2,\ldots,l+1\}$ untereinander. Das bedeutet, dass diese l Operatoren gleichzeitig diagonalisiert werden können. Sie haben die gleichen Eigenvektoren einer Darstellung $D^{(\Lambda)}$ und sind deshalb auf dieser Darstellung l-fach entartet. Mit der Menge von l zugehörigen Eigenwerten $\left\{C_r^{(\Lambda)} \,|\, r = 2,\ldots,l+1\right\}$, von denen es genau eine gibt, kann dann jede irreduzible Darstellung $D^{(\Lambda)}$ eindeutig charakterisiert werden. Diese Charakterisierung gilt als alternativ zu jener, die durch das höchste Gewicht Λ bzw. dessen Parametrisierung mithilfe der l DYNKIN-Label $\{\Lambda^i \,|\, 1,\ldots,l\}$ erfolgt.

Bildet man Summen oder Produkte von CASIMIR-Operatoren, dann erhält man erneut CASIMIR-Operatoren, so dass diese nicht eindeutig sind. Dennoch sind die l CASIMIR-Operatoren $\left\{C_r^{(\Lambda)} \,|\, r = 2,\ldots,l+1\right\}$ vollständig. Das bedeutet, dass diese Menge den größten Satz von invarianten Operatoren bildet. Demnach kann jeder Operator U, der mit allen Operatoren $\{D(a) \,|\, a \in \mathcal{L}\}$ vertauscht – in der Quantenmechanik etwa der HAMILTON-Operator – durch die l CASIMIR-Operatoren dargestellt werden

$$U = U(C_r) \qquad r = 1,\ldots,l+1. \tag{9.122}$$

Im Falle einer abelschen LIE-Algebra bilden alle n Generatoren $\{D(a_k)|\, k = 1,\ldots,n\}$ wegen deren Vertauschbarkeit untereinander ($\operatorname{rang}\mathcal{L} = \dim\mathcal{L}$) selbst n invariante CASIMIR-Operatoren.

Beispiel 1 Betrachtet man die kompakte reelle Form $su(2)$ der komplexen LIE-Algebra $sl(2,\mathbb{C})$, die nach Gl. (8.24) isomorph ist zur LIE-Algebra $so(3)$, und benutzt die Basis $\{a_k|\, k = 1,2,3\}$ in der Form (4.43), dann erhält man die KILLING-Form bzw. den CARTAN-Tensor (7.41). Der reziproke Wert errechnet sich zu

$$\kappa^{ij} = (\kappa^{-1})_{ij} = -\frac{1}{2}\delta_{ij}. \tag{9.123}$$

Der CASIMIR-Operator C_2 (9.102) hat dann mit den Operatoren $\{D(a_k)|\, k = 1,2,3\}$ (5.44) bzw. mit den hermiteschen Operatoren $\{J_k|k = 1,2,3\}$ (5.45) die Form

$$C_2 = -\frac{1}{2}\sum_{k=1}^{3} D^2(a_k) = \frac{1}{2}\sum_{k=1}^{3} J_k^2 = \frac{1}{2}\boldsymbol{J}^2. \tag{9.124}$$

Dabei bedeutet der Operator $\boldsymbol{J}^2$ (5.49) in der Quantenmechanik das Quadrat des Drehimpulsoperators.

Betrachtet man die irreduzible Darstellung $\boldsymbol{D}^{(\Lambda)}$ mit dem höchsten Gewicht $\Lambda = \Lambda^1\Lambda_{(1)} = \frac{1}{2}\Lambda^1\alpha^{(1)}$, dann errechnet sich der Eigenwert $C_2^{(\Lambda)}$ des CASIMIR-Operators nach Gl. (9.110) zu

$$C_2^{(\Lambda)} = \left\langle \frac{1}{2}\Lambda^1\alpha^{(1)}, \frac{1}{2}\Lambda^1\alpha^{(1)} + \alpha^{(1)} \right\rangle = \frac{1}{4}\Lambda^1(\Lambda^1+2)\left\langle \alpha^{(1)},\alpha^{(1)} \right\rangle. \tag{9.125}$$

Die Substitution des Normquadrats $\langle \alpha^{(1)},\alpha^{(1)}\rangle$ durch Gl. (7.126) liefert dann den Eigenwert

$$C_2^{(\Lambda)} = \frac{1}{8}\Lambda^1(\Lambda^1+2) \qquad \Lambda^1 \in \mathbb{Z}_{\geq 0}. \tag{9.126}$$

In der Quantenmechanik kann das DYNKIN-Label $\frac{1}{2}\Lambda^1$ mit der Drehimpulsquantenzahl J identifiziert werden (Beispiel 1 v. Abschn. 5.5), so dass letztere die ganz- oder halbzahligen Werte (5.69) annimmt. Damit hat der CASIMIR-Eigenwert die Form

$$C_2^{(\Lambda)} = \frac{1}{2}J(J+1) \qquad J = \frac{1}{2}\Lambda^1 \qquad \Lambda^1 \in \mathbb{Z}_{\geq 0}. \tag{9.127}$$

Durch Vergleich mit dem CASIMIR-Operator (9.124) erhält man für das Quadrat des Drehimplsoperators J^2 die Eigenwerte $J(J+1)$, was mit Gl. (5.70) übereinstimmt.

Die einfache LIE-Algebra A_1 hat wegen der Eindimensionalität der CARTAN-Unteralgebra ($l = 1$) nur einen CASIMIR-Operator, nämlich C_2 etwa in der Form von Gl. (9.124). Der Eigenwert $C_2^{(\Lambda)}$ mit Eigenvektoren v_Λ im Darstellungsraum $\mathcal{V}^{(\Lambda)}$ ergibt sich zu (9.127), wobei das höchste Gewicht Λ das DYNKIN-Label $\Lambda^1 = 2J$ besitzt. Die irreduzible Darstellung $D^{(\Lambda)}$ kann so durch diesen Eigenwert $C_2^{(\Lambda)}$ oder durch das DYNKIN-Label Λ^1 charakterisiert werden. In der Quantenmechanik wird dafür bekannterweise die Drehimpulsquantenzahl J verwendet.

Beispiel 2 Die einfache LIE-Algebra $sl(3,\mathbb{C})$ ($\cong A_2$) mit zwei einfachen Wurzeln $\alpha^{(1)}$ und $\alpha^{(2)}$ hat die fundamentalen Gewichte $\Lambda_{(1)}$ und $\Lambda_{(2)}$ nach Gl. (9.61). Betrachtet man die irreduzible Darstellung $D^{(\Lambda)}$ des höchsten Gewichts $\Lambda = \Lambda^1\Lambda_{(1)} + \Lambda^2\Lambda_{(2)}$, dann errechnet sich der CASIMIR-Eigenwert $C_2^{(\Lambda)}$ mit dem WEYL-Vektor

$$\rho = \alpha^{(1)} + \alpha^{(2)}$$

und mit

$$\Lambda + 2\rho = \left(\frac{2}{3}\Lambda^1 + \frac{1}{3}\Lambda^2 + 2\right)\alpha^{(1)} + \left(\frac{1}{3}\Lambda^1 + \frac{2}{3}\Lambda^2 + 2\right)\alpha^{(2)}$$

zu

$$C_2^{(\Lambda)} = \frac{1}{9}\left[(\Lambda^1)^2 + (\Lambda^2)^2 + \Lambda^1\Lambda^2 + 3\Lambda^1 + 3\Lambda^2\right]. \tag{9.128}$$

Im Fall der adjungierten Darstellung $D^{(1,1)}$ mit den DYNKIN-Label $\Lambda^1 = 1$ und $\Lambda^2 = 1$ resultiert daraus der Eigenwert

$$C_2^{(\Lambda)} = 1,$$

was mit dem Ergebnis (9.115) übereinstimmt.

Ausgehend von der höchsten Wurzel θ der adjungierten Darstellung $D^{(1,1)}$ (Abb. 9.6)

$$\theta = \alpha^{(1)} + \alpha^{(2)},$$

erhält man mit deren Normquadrat $\langle\theta,\theta\rangle = 1/3$ (s. Beispiel v. Abschn. 7.6) sowie mit deren dualen COXETER-Zahl (Tab. 9.2)

$$h^\vee = \left(1 + \sum_{i=1}^{2} a_i\right) = 3$$

nach Gl. (9.117) das gleiche Ergebnis

$$C_2^{(\theta)} = C_2^{(\Lambda)} = 1.$$

■

Nach Wahl einer orthonormierten Basis $\{a_k \,|\, k = 1, \ldots, n\}$, mit der der CARTAN-Tensor κ die diagonale Gestalt (9.111a) annimmt, erhält man wegen der Invarianz

(7.12) der symmetrischen Bilinearform B' bezüglich des LIE-Produkts

$$B'([a_k, a_l], a_m) = B'(a_k, [a_l, a_m]) \qquad k, l, m = 1, \ldots, n$$

die Beziehung

$$\sum_{k=1}^{n} f_{ij}^{k} B'(a_k a_l) = \sum_{k=1}^{n} f_{jl}^{k} B'(a_i, a_k) \qquad i, j, l = 1, \ldots, n. \tag{9.129}$$

Unter Berücksichtigung der totalen Antisymmetrie (8.9) der Strukturkonstanten kommt man zu dem Ergebnis

$$\boldsymbol{D}^{\mathrm{ad}}(a_j)\boldsymbol{B}' = \boldsymbol{B}'\boldsymbol{D}^{\mathrm{ad}}(a_j) \qquad j = 1, \ldots, n. \tag{9.130}$$

Nach dem 2. SCHUR'schen Lemma impliziert diese Vertauschbarkeit der Matrix $\boldsymbol{B}'$ der Bilinearform mit einer irreduziblen Matrixdarstellung die Aussage, dass erstere ein Vielfaches γ der Einheitsmatrix ist

$$\boldsymbol{B}' = \gamma \mathbf{1}_n \qquad \text{bzw.} \qquad B'(a_k, a_l) = \gamma \delta_{kl}, \tag{9.131a}$$

was mit Gl. (9.111a) in der Form

$$B'(a_k, a_l) = \gamma \kappa_{kl} \qquad k, l = 1, \ldots, n \tag{9.131b}$$

ausgedrückt werden kann. Danach gilt für alle Elemente a und b der LIE-Algebra $\mathcal{L}$

$$B'(a, b) = \gamma \kappa(a, b) \qquad \forall a, b \in \mathcal{L}, \tag{9.132}$$

wobei die Konstante γ unabhängig von der Wahl der Elemente a, b ist.

Betrachtet man etwa eine beliebige Matrixdarstellung $\boldsymbol{D}(\mathcal{L})$, dann ist die symmetrische invariante Spurform (7.9) nach Gl. (9.132) proportional zur KILLING-Form

$$\mathrm{sp}[\boldsymbol{D}(a)\boldsymbol{D}(b)] = \gamma \kappa(a, b) \qquad a, b \in \mathcal{L}. \tag{9.133}$$

Die Proportionalitätskonstante γ ist als DYNKIN-*Index* (2. Ordnung) der Darstellung $\boldsymbol{D}$ bekannt. Dieser bleibt bei einerÄnlichkeitstransformation der Darstellung $\boldsymbol{D}$ invariant und hat für die adjungierte Darstellung $\boldsymbol{D}^{\mathrm{ad}}$ nach Gl. (7.10) den Wert Eins.

Mit dem Eigenwert $C_2^{(\Lambda)}$ von Gl. (9.114) des CASIMIR-Operators C_2 in der Form (9.112) erhält man durch Substitution von Gl. (9.133) das Ergebnis

$$C_2^{(\Lambda)} = \frac{1}{\dim \boldsymbol{D}} \sum_{k=1}^{n} \gamma \kappa(a_k, a_k). \tag{9.134}$$

Daraus errechnet sich unter der weiteren Substitution des CARTAN-Tensors (9.111) die Beziehung

$$C_2^{(\Lambda)} = \frac{n}{\dim \boldsymbol{D}} \gamma, \tag{9.135}$$

Bei einer Zerlegung einer Matrixdarstellung $\boldsymbol{D}$ mit dem DYNKIN-Index γ in eine direkte Summe von irreduziblen Darstellungen $\boldsymbol{D}'$ und $\boldsymbol{D}''$ mit den DYNKIN-Indizes γ' und γ''

$$\boldsymbol{D}(a) = \boldsymbol{D}'(a) \oplus \boldsymbol{D}''(a) \qquad a \in \mathcal{L}$$

findet man wegen

$$\mathrm{sp}[\boldsymbol{D}(a)\boldsymbol{D}(a)] = \mathrm{sp}[\boldsymbol{D}'(a)\boldsymbol{D}'(a)] + \mathrm{sp}[\boldsymbol{D}''(a)\boldsymbol{D}''(a)]$$

mit (9.133) die Beziehung

$$\gamma = \gamma' + \gamma''. \tag{9.136}$$

Für eine Basis $\{h_i | i = 1, \ldots, l\}$ der CARTAN-Unteralgebra $\mathcal{H}$ bekommt man mit den diagonalen Darstellungen $\boldsymbol{D}(h)$ nach Gln. (9.2) und (9.3) bzw. (9.22)

$$\mathrm{sp}[\boldsymbol{D}(h_i)\boldsymbol{D}(h_i)] = \sum_{\lambda \in \mathcal{P}(\mathcal{V})} m_\lambda \lambda^2(h_i) = \sum_{\lambda \in \mathcal{P}(\mathcal{V})} m_\lambda \lambda_i^2 \qquad i = 1, \ldots, l. \tag{9.137}$$

Die Summierung über die Basis, die als orthonormiert vorausgesetzt wird

$$\bar{\kappa}(h_i, h_j) = \bar{\kappa}_{ij} = \delta_{ij} \qquad \text{bzw.} \qquad \bar{\kappa}(h^i, h^j) = \bar{\kappa}^{ij} = \delta^{ij}, \tag{9.138}$$

liefert mit Gl. (9.133)

$$\sum_{i=1}^{l} \mathrm{sp}[\boldsymbol{D}(h_i)\boldsymbol{D}(h_i)] = \gamma \sum_{i=1}^{l} \bar{\kappa}(h_i, h_i) = \gamma \sum_{i=1}^{l} \bar{\kappa} = \gamma l, \tag{9.139}$$

so dass insgesamt der Vergleich mit Gl. (9.137) zu dem Ergebnis führt

$$\sum_{i=1}^{l} \sum_{\lambda \in \mathcal{P}(\mathcal{V})} m_\lambda \lambda_i^2 = \gamma l. \tag{9.140a}$$

Eine andere Formulierung resultiert aus der Berücksichtigung von Gln. (7.80) und (9.138)

$$\gamma = \frac{1}{l}\sum_{i=1}^{l}\sum_{\lambda\in\mathcal{P}(\mathcal{V})} m_\lambda \bar{\kappa}^{ii}\lambda_i\lambda_i = \frac{1}{l}\sum_{i=1}^{l}\sum_{\lambda\in\mathcal{P}(\mathcal{V})} m_\lambda \lambda^i\lambda_i = \frac{1}{l}\sum_{\lambda\in\mathcal{P}(\mathcal{V})} m_\lambda \langle\lambda,\lambda\rangle\,. \tag{9.140b}$$

9.5 Tensorprodukte

Die Diskussion des Tensorprodukts zweier irreduzibler Darstellungen $\boldsymbol{D}^{(\Lambda')}$ und $\boldsymbol{D}^{(\Lambda'')}$ mit den höchsten Gewichten Λ' und Λ'' setzt voraus, dass die Gewichte λ' bzw. λ'' der zugehörigen Gewichtssysteme $\mathcal{P}(\mathcal{V}^{(\Lambda')})$ bzw. $\mathcal{P}(\mathcal{V}^{(\Lambda'')})$ $m_{\lambda'}$-fach bzw. $m_{\lambda''}$-fach entartet sein können und die Eigenvektoren $\{v_{\lambda',p_{\lambda'}}|\lambda' \in \mathcal{P}(\mathcal{V}^{(\Lambda')}),\, p_{\lambda'} = 1,\ldots,m_{\lambda'}\}$ bzw. $\{v_{\lambda'',p_{\lambda''}}|\lambda'' \in \mathcal{P}(\mathcal{V}^{(\Lambda'')}),\, p_{\lambda''} = 1,\ldots,m_{\lambda''}\}$ besitzen. Die Anwendung des Operators $D^{(\Lambda'\otimes\Lambda'')}(a)$ auf die Produktbasis $\left\{v_{\lambda',p_{\lambda'}}^{(\Lambda')} \otimes v_{\lambda'',p_{\lambda''}}^{(\Lambda'')}\right\}$ des Vektorraumes $\mathcal{V}^{(\Lambda'\otimes\Lambda'')}$ liefert nach Gl. (6.132)

$$\begin{aligned} D^{(\Lambda'\otimes\Lambda'')}(a)\left(v_{\lambda',p_{\lambda'}}^{(\Lambda')} \otimes v_{\lambda'',p_{\lambda''}}^{(\Lambda'')}\right) &= D^{(\Lambda')}(a)v_{\lambda',p_{\lambda'}}^{(\Lambda')} \otimes v_{\lambda'',p_{\lambda''}}^{(\Lambda'')} + v_{\lambda',p_{\lambda'}}^{(\Lambda')} \otimes D^{(\Lambda'')}(a)v_{\lambda'',p_{\lambda''}}^{(\Lambda'')} \\ \lambda' \in \mathcal{P}\left(\mathcal{V}^{(\Lambda')}\right) \quad & \lambda'' \in \mathcal{P}\left(\mathcal{V}^{(\Lambda'')}\right) \\ p_{\lambda'} = 1,\ldots,m \quad & p_{\lambda''} = 1,\ldots,m_{\lambda''} \qquad \forall a \in \mathcal{L}. \end{aligned} \tag{9.141}$$

Dabei wirken die Operatoren $D^{(\Lambda')}(a)$ und $D^{(\Lambda'')}(a)$ nach Gl. (6.133) auf die getrennten Darstellungsräume $\mathcal{V}^{(\Lambda')}$ und $\mathcal{V}^{(\Lambda'')}$.

Für ein Element h aus der CARTAN-Unteralgebra $\mathcal{H}$ erhält man mit den Eigenwertgleichungen

$$D^{(\Lambda')}(h)v_{\lambda',p_{\lambda'}}^{(\Lambda')} = \lambda'(h)v_{\lambda',p_{\lambda'}}^{(\Lambda')} \qquad \lambda'(h) \in \mathcal{P}(\mathcal{V}^{(\Lambda')}) \tag{9.142a}$$

$$D^{(\Lambda'')}(h)v_{\lambda'',p_{\lambda''}}^{(\Lambda'')} = \lambda''(h)v_{\lambda'',p_{\lambda''}}^{(\Lambda'')} \qquad \lambda''(h) \in \mathcal{P}(\mathcal{V}^{(\Lambda'')}) \tag{9.142b}$$

das Ergebnis

$$D^{(\Lambda'\otimes\Lambda'')}(h)\left(v_{\lambda',p_{\lambda'}}^{(\Lambda')} \otimes v_{\lambda'',p_{\lambda''}}^{(\Lambda'')}\right) = [\lambda'(h) + \lambda''(h)]\left(v_{\lambda',p_{\lambda'}}^{(\Lambda')} \otimes v_{\lambda'',p_{\lambda''}}^{(\Lambda'')}\right) \quad \forall h \in \mathcal{H}. \tag{9.143}$$

Danach ist $(\lambda'+\lambda'')$ ein Eigenwert bzw. ein Gewicht der Produktdarstellung mit dem zugehörigen Eigenvektor $\left(v_{\lambda',p_{\lambda'}}^{(\Lambda')} \otimes v_{\lambda'',p_{\lambda''}}^{(\Lambda'')}\right)$. Das Gewichtssystem $\mathcal{P}(\mathcal{V}^{(\Lambda'\otimes\Lambda'')})$ der Produktdarstellung $D^{(\Lambda'\otimes\Lambda'')}$ umfasst dann die Menge der Gewichte

$$\lambda = \{\lambda' + \lambda''|\, \lambda' \in \mathcal{P}(\mathcal{V}^{(\Lambda')}),\ \lambda'' \in \mathcal{P}(\mathcal{V}^{(\Lambda'')})\}. \tag{9.144}$$

Die Multiplizität m_λ dieser Gewichte errechnet sich nach

$$m_\lambda = m_{\lambda'+\lambda''} = \sum_{\substack{\mu',\,\mu'' \\ \mu'+\mu''=\lambda}} m_{\mu'} m_{\mu''}. \tag{9.145}$$

An dieser Stelle ist anzumerken, dass die Gewichte in der Quantenmechanik die Rolle von Quantenzahlen annehmen. Für den Fall, dass eine Symmetrie durch LIE-Algebren erfasst werden kann, spricht man bei Tensorprodukten wegen der Summe (9.144) – bzw. wegen Gl. (6.134) – von *additiven Quantenzahlen*. Im Gegensatz dazu liefert die Beschreibung einer Symmetrie durch LIE-Gruppen wegen der Zerlegung des Tensorprodukts nach (3.211) *multiplikative Quantenzahlen*.

Das Tensorprodukt $\boldsymbol{D}^{(\Lambda'\otimes\Lambda'')}$ zweier irreduzibler Matrixdarstellungen $\boldsymbol{D}^{(\Lambda')}$ und $\boldsymbol{D}^{(\Lambda'')}$ einer halbeinfachen LIE-Algebra $\mathcal{L}$ ist erneut endlich-dimensional und kann deshalb in irreduzible Darstellungen $\boldsymbol{D}^{(\Lambda)}$ zerlegt werden. Man erhält die CLEBSCH-GORDAN-*Entwicklung* (s. a. Gln. 3.220 und 6.137)

$$\boldsymbol{D}^{(\Lambda'\otimes\Lambda'')} = \boldsymbol{D}^{(\Lambda')} \otimes \boldsymbol{D}^{(\Lambda'')} = \bigoplus_{\Lambda} (\Lambda'\Lambda''|\,\Lambda)\boldsymbol{D}^{(\Lambda)} \tag{9.146}$$

mit dem *Reduktionskoeffizient* (LITTLEWOOD-RICHARDSON-*Koeffizient*) $(\Lambda'\Lambda''|\,\Lambda)$, der die Multiplizität m_Λ der irreduziblen Darstellung $\boldsymbol{D}^{(\Lambda)}$ in der Entwicklung zum Ausdruck bringt. Wegen der Vertauschbarkeit zweier Darstellungen $\boldsymbol{D}^{(\Lambda')}$ und $\boldsymbol{D}^{(\Lambda'')}$ im direkten Produkt nach Gl. (6.135a) erhält man mit Gl. (9.146) die Symmetriebeziehung für Reduktionskoeffizienten

$$(\Lambda'\Lambda''|\,\Lambda) = (\Lambda''\Lambda'|\,\Lambda). \tag{9.147}$$

Das höchste Gewicht $(\Lambda' + \Lambda'')$ der Produktdarstellung $\boldsymbol{D}^{(\Lambda'\otimes\Lambda'')}$ setzt sich additiv aus den zwei einfachen höchsten Gewichten Λ' und Λ'' der einzelnen Darstellungen $\boldsymbol{D}^{(\Lambda')}$ und $\boldsymbol{D}^{(\Lambda'')}$ zusammen. Es ist deshalb ebenfalls einfach, was auch durch Gl. (9.145) bestätigt wird.

Nach diesen Überlegungen gewinnt man ein einfaches Kriterium für das Auftreten der trivialen eindimensionalen Darstellung in der CLEBSCH-GORDAN-Entwicklung, dem sogenannten Singulett $\boldsymbol{D}^{(\Lambda=0)}$ mit verschwindendem Höchstgewichtsvektor $\Lambda = 0$. Diese Darstellung wird wegen Gl. (9.48) genau dann erwartet, falls die einzelnen Darstellungen $\boldsymbol{D}^{(\Lambda')}$ und $\boldsymbol{D}^{(\Lambda'')}$ zueinander konjugiert sind

$$\boldsymbol{D}^{(\Lambda')} = \bar{\boldsymbol{D}}^{(\Lambda')}.$$

Für den Reduktionskoeffizient $(\bar{\Lambda}'\Lambda'|\,0)$ der trivialen Darstellung $\boldsymbol{D}^{(\Lambda=0)}$ in der Zerlegung des Tensorprodukts $\bar{\boldsymbol{D}}^{(\Lambda')} \otimes \boldsymbol{D}^{(\Lambda')}$ gilt wegen Gl. (3.215b)

$$(\bar{\Lambda}'\Lambda'|\,0) = (\Lambda'0|\,\Lambda').$$

Mit der Isomorphie des Tensorprodukts

$$\bar{\boldsymbol{D}}^{(\Lambda')} \otimes \boldsymbol{D}^{(\Lambda=0)} \cong \boldsymbol{D}^{(\Lambda')}$$

findet man für den Reduktionskoeffizient $(\Lambda' 0|\, \Lambda')$ den Wert Eins, so dass auch der Reduktionskoeffizient $(\bar{\Lambda}'\Lambda'|\, 0)$ und mithin die Multiplizität der trivialen Darstellung $\boldsymbol{D}^{(0)}$ in der CLEBSCH-GORDAN-Entwicklung von $\bar{\boldsymbol{D}}^{(\Lambda')} \otimes \boldsymbol{D}^{(\Lambda')}$ einfach ist

$$m^{(\Lambda=0)} = 1.$$

Für den Charakter $\chi^{(\Lambda'\otimes\Lambda'')}$ der Produktdarstellung (9.146) erhält man unter Berücksichtigung von Gl. (3.212)

$$\chi^{(\Lambda'\otimes\Lambda'')} = \chi^{(\Lambda')}\chi^{(\Lambda'')} = \sum_{\Lambda} (\Lambda'\Lambda''|\, \Lambda)\chi^{(\Lambda)}, \tag{9.148}$$

was als *Charakter-Summenregel* bekannt ist. Die Ermittlung der Dimension einer Produktdarstellung aus dem Charakter $\chi^{(\Lambda'\otimes\Lambda'')}(\exp\mu)$ mit verschwindendem Gewicht ($\mu = 0$) liefert mit (9.148) die sogenannte *Dimension-Summenregel*

$$\dim\boldsymbol{D}^{(\Lambda'\otimes\Lambda'')} = \dim\boldsymbol{D}^{(\Lambda')}\dim\boldsymbol{D}^{(\Lambda'')} = \sum_{\Lambda} (\Lambda'\Lambda''|\, \Lambda)\dim\boldsymbol{D}^{(\Lambda)}. \tag{9.149}$$

Das Tensorprodukt (9.146) der beiden irreduziblen Darstellungen $\boldsymbol{D}^{(\Lambda')}$ und $\boldsymbol{D}^{(\Lambda'')}$ kann im Sinne von Gl. (6.134b) ausgedrückt werden durch

$$\boldsymbol{D}^{(\Lambda'\otimes\Lambda'')} = \boldsymbol{D}^{(\Lambda')} \otimes \boldsymbol{1}_{\dim\boldsymbol{D}^{(\Lambda'')}} + \boldsymbol{1}_{\dim\boldsymbol{D}^{(\Lambda')}} \otimes \boldsymbol{D}^{(\Lambda'')}. \tag{9.150}$$

Für das Produkt $\boldsymbol{D}^{(\Lambda'\otimes\Lambda'')}(a)\boldsymbol{D}^{(\Lambda'\otimes\Lambda'')}(b)$ zweier Elemente a und b der LIE-Algebra $\mathcal{L}$ ergibt sich mit Gl. (3.202)

$$\begin{aligned}\boldsymbol{D}^{(\Lambda'\otimes\Lambda'')}(a)\boldsymbol{D}^{(\Lambda'\otimes\Lambda'')}(b) &= \boldsymbol{D}^{(\Lambda')}(a)\boldsymbol{D}^{(\Lambda')}(b) \otimes \boldsymbol{1}_{\dim\boldsymbol{D}^{(\Lambda'')}} + \boldsymbol{D}^{(\Lambda')}(a)\boldsymbol{D}^{(\Lambda'')}(b) \\ &+ \boldsymbol{D}^{(\Lambda')}(b)\boldsymbol{D}^{(\Lambda'')}(a) + \boldsymbol{1}_{\dim\boldsymbol{D}^{(\Lambda')}} \otimes \boldsymbol{D}^{(\Lambda'')}(a)\boldsymbol{D}^{(\Lambda'')}(b) \quad \forall a, b \in \mathcal{L}.\end{aligned} \tag{9.151}$$

Die Spurbildung unter Berücksichtigung von Gln. (3.201) und (9.19) liefert dann

$$\begin{aligned}\mathrm{sp}(\boldsymbol{D}^{(\Lambda'\otimes\Lambda'')}(a)\boldsymbol{D}^{(\Lambda'\otimes\Lambda'')}(b)) &= \mathrm{sp}(\boldsymbol{D}^{(\Lambda')}(a)\boldsymbol{D}^{(\Lambda')}(b))\dim\boldsymbol{D}^{(\Lambda'')} \\ &+ \mathrm{sp}(\boldsymbol{D}^{(\Lambda'')}(a)\boldsymbol{D}^{(\Lambda'')}(b))\dim\boldsymbol{D}^{(\Lambda')}.\end{aligned}$$

Danach gilt mit Gl. (9.133) für den DYNKIN-Index $\gamma^{(\Lambda'\otimes\Lambda'')}$ der Produktdarstellung $\boldsymbol{D}^{(\Lambda'\otimes\Lambda'')}$

$$\gamma^{(\Lambda'\otimes\Lambda'')} = \gamma^{(\Lambda')}\dim\boldsymbol{D}^{(\Lambda'')} + \gamma^{(\Lambda'')}\dim\boldsymbol{D}^{(\Lambda')}, \tag{9.152}$$

was als *Summenregel für* DYNKIN-*Indizes* bekannt ist. Alle oben aufgeführten Summenregeln sind eine nützliche Hilfe bei der Suche nach einer Reduktion (9.146) von Tensorprodukten.

Zur Ermittlung der CLEBSCH-GORDAN-Entwicklung eines Tensorprodukts zweier irreduzibler Matrixdarstellungen betrachtet man die Menge aller Gewichte (unter Berücksichtigung deren Multiplizität), die durch die Summe von Gewichten $\lambda' \in \mathcal{P}(\mathcal{V}^{(\Lambda')})$ der Höchstgewichtsdarstellung $\boldsymbol{D}^{(\Lambda')}$ und von Gewichten $\lambda'' \in \mathcal{P}(\mathcal{V}^{(\Lambda'')})$ der Höchstgewichtsdarstellung $\boldsymbol{D}^{(\Lambda'')}$ gebildet wird

$$\mathcal{S}_0^{(\Lambda'\otimes\Lambda'')} = \{\lambda' + \lambda'' | \, \lambda' \in \mathcal{P}(\mathcal{V}^{(\Lambda')}), \lambda'' \in \mathcal{P}(\mathcal{V}^{(\Lambda'')})\}. \tag{9.153}$$

Zunächst wählt man das maximale Gewicht $(\Lambda' + \Lambda'')$, das stets einfach ist, und ermittelt alle Gewichte $\mathcal{P}(\mathcal{V}^{(\Lambda'+\Lambda'')})$ der irreduziblen Höchstgewichtsdarstellung $\boldsymbol{D}^{(\Lambda'+\Lambda'')}$ – etwa vermittels der FREUDENTHAL-Formel (9.64). Anschließend entfernt man diese Menge von der Menge aller Gewichte (9.153), wobei die Multiplizitäten berücksichtigt werden. Übrig bleibt eine reduzierte Menge von Gewichten

$$\mathcal{S}_1^{(\Lambda'\otimes\Lambda'')} = \mathcal{S}_0^{(\Lambda'\otimes\Lambda'')} - \mathcal{P}(\mathcal{V}^{(\Lambda'\otimes\Lambda'')}), \tag{9.154}$$

die erneut die Bestimmung eines maximalen Gewichts $(\Lambda' + \Lambda'')_1$ erlaubt. Man ermittelt dann die Menge der Gewichte $\mathcal{P}(\mathcal{V}^{(\Lambda'+\Lambda'')_1})$ der Höchstgewichtsdarstellung $\boldsymbol{D}^{(\Lambda'+\Lambda'')_1}$, um sie von der reduzierten Menge (9.154) zu entfernen. Die wiederholten Schritte dieses Vorgehens enden an der Stelle, wo kein Gewicht bei der Bildung der reduzierten Menge übrig bleibt und letztere die leere Menge ist.

Beispiel 1 Zur Demonstration wird das Tensorprodukt $\boldsymbol{D}^{(\Lambda'+\Lambda'')}$ zweier Höchstgewichtsdarstellungen $\boldsymbol{D}^{(\Lambda'=2)}$ und $\boldsymbol{D}^{(\Lambda''=3)}$ der einfachen LIE-Algebra A_1 ($\cong sl(2, \mathbb{C})$) betrachtet. Die Menge der Gewichte (9.153) ist dann mit der Normierung der Basis nach der CHEVALLEY-Konvention (7.96) gegeben durch Gl. (9.55)

$$\begin{aligned} \mathcal{S}_0^{(\Lambda'=2\otimes\Lambda''=3)} &= \{2, 0, -2\} + \{3, 1, -1, -3\} \\ &= \{5, 3, 3, 1, 1, 1, -1, -1, -1, -3, -3, -5\}. \end{aligned} \tag{9.155}$$

Man erhält so entsprechend der Anzahl von möglichen additiven Kombinationen $\{\lambda' + \lambda''\}$ der einzelnen Gewichte insgesamt 12 Gewichte, die alle einfach sind. Diese Zahl bestimmt die Dimension der Produktdarstellung $\boldsymbol{D}^{(\Lambda'=2\otimes\Lambda''=3)}$, was unter Verwendung von Gl. (9.53) mit Gl. (9.149) übereinstimmt

$$\dim \boldsymbol{D}^{(\Lambda'=2\otimes\Lambda''=3)} = \dim \boldsymbol{D}^{(\Lambda'=2)} \dim \boldsymbol{D}^{(\Lambda''=3)} = 3 \cdot 4 = 12.$$

Zunächst wählt man das maximale einfache Gewicht $\Lambda' + \Lambda'' = 5$ und ermittelt die Menge der einfachen Gewichte der irreduziblen Darstellung $\boldsymbol{D}^{(\Lambda=5)}$ mit diesem Gewicht als höchstem Gewicht nach Gl. (9.55)

$$\mathcal{P}(\mathcal{V}^{(\Lambda'+\Lambda''=5)}) = \{5, 3, 1, -1, -3, -5\}. \tag{9.156}$$

Nach Subtraktion dieser Menge von der Menge (9.155) bleibt die reduzierte Menge (9.154) an Gewichte

$$\mathcal{S}_1^{(\Lambda'=2\otimes\Lambda''=3)} = \{3, 1, 1, -1, -1, -3\}. \tag{9.157}$$

In einem zweiten Schritt wählt man aus der reduzierten Menge (9.157) das maximale Gewicht $\Lambda = 3$ und ermittelt die Menge der einfachen Gewichte der Höchstgewichtsdarstellung $\boldsymbol{D}^{(\Lambda=3)}$ nach Gl. (9.55)

$$\mathcal{P}(\mathcal{V}^{(\Lambda=3)}) = \{3, 1, -1, -3\}, \tag{9.158}$$

um diese von der reduzierten Menge (9.157) zu subtrahieren. Übrig bleibt dann die neue reduzierte Menge

$$\mathcal{S}_2^{(\Lambda'=2\otimes\Lambda''=3)} = \{1, -1\}. \tag{9.159}$$

Schließlich liefert die Wahl des maximalen Gewichts $\Lambda = 1$ die Höchstgewichtsdarstellung $\boldsymbol{D}^{(\Lambda=1)}$, deren Gewichtssystem nach Gl. (9.55)

$$\mathcal{P}(\mathcal{V}^{(\Lambda=1)}) = \{1, -1\} \tag{9.160}$$

mit der reduzierten Menge (9.159) identisch ist. Die dann ermittelte reduzierte Menge ist deshalb die leere Menge $\left(\mathcal{S}_3^{(\Lambda'=2\otimes\Lambda''=3)} = \emptyset\right)$, so dass das Verfahren hier endet.

Insgesamt findet man eine CLEBSCH-GORDAN-Entwicklung (9.146) der Produktdarstellung $\boldsymbol{D}^{(\Lambda'\otimes\Lambda'')}$ in drei irreduzible Höchstgewichtsdarstellungen, die alle nur einfach vorkommen ($m^{(\Lambda)} = 1$)

$$\boldsymbol{D}^{(\Lambda'=2\otimes\Lambda''=3)} = \boldsymbol{D}^{(\Lambda=5)} \oplus \boldsymbol{D}^{(\Lambda=3)} \oplus \boldsymbol{D}^{(\Lambda=1)}. \tag{9.161}$$

Dabei bleibt die Dimension nach Gl. (9.149) erhalten

$$\dim \boldsymbol{D}^{(\Lambda'=2\otimes\Lambda''=3)} = (2+1)(3+1) = 12$$

bzw.

$$\dim \boldsymbol{D}^{(\Lambda=5)} + \dim \boldsymbol{D}^{(\Lambda=3)} + \dim \boldsymbol{D}^{(\Lambda=1)} = 6 + 4 + 2 = 12.$$

Eine allgemeine Überlegung mit beliebigen höchsten Gewichten Λ' und Λ'' liefert die Reduktionskoeffizienten

$$(\Lambda'\Lambda''|\,\Lambda) = \begin{cases} 1 & \text{für } |\lambda' - \Lambda''| \leq \Lambda' + \Lambda'' \\ & \text{und } \Lambda' + \Lambda'' + \Lambda \in 2\mathbb{Z} \\ 0 & \text{sonst.} \end{cases} \tag{9.162}$$

Danach sind die Multiplizitäten $m^{(\Lambda)}$ der irreduziblen Darstellungen $\boldsymbol{D}^{(\Lambda)}$ alle einfach, so dass die LIE-Algebra A_1 als *einfach reduzierbar* gilt. Das Tensorprodukt $\boldsymbol{D}^{(\Lambda'\otimes\Lambda'')}$ zweier irreduzibler Höchstgewichtsdarstellungen $\boldsymbol{D}^{(\Lambda')}$ und $\boldsymbol{D}^{(\Lambda'')}$ der LIE-Algebra A_1 hat dann die CLEBSCH-GORDAN-Entwicklung (s. a. Beispiel 7 v. Abschn. 6.5)

$$\boldsymbol{D}^{(\Lambda'\otimes\Lambda'')}(a) \cong \bigoplus_{\substack{\Lambda = |\Lambda' - \Lambda''| \\ \Lambda' + \Lambda'' + \Lambda \in 2\mathbb{Z}}}^{\Lambda'+\Lambda''} \boldsymbol{D}^{(\Lambda)}(a) \qquad a \in A_1. \tag{9.163}$$

Man erhält so das gleiche Ergebnis wie bei der Diskussion von Produktdarstellungen der LIE-Gruppe $SU(2)$ bzw. $SO(3)$ (Beispiel 7 v. Abschn. 6.5 – Gl. 6.143). Die Dimension der Produktdarstellung errechnet sich dann nach Gl. (9.149) zu

$$(\Lambda' + 1)(\Lambda'' + 1) = \sum_{\Lambda=|\Lambda'+\Lambda''|}^{\Lambda'+\Lambda''} (\Lambda + 1), \tag{9.164}$$

was mit Gl. (6.145) übereinstimmt.

Beispiel 2 In einem weiteren Beispiel wird das Tensorprodukt zwischen den beiden fundamentalen Darstellungen $\boldsymbol{D}^{(\Lambda'=(1,0))}$ und $\boldsymbol{D}^{(\Lambda''=(0,1))}$ der einfachen LIE-Algebra A_2 ($\cong sl(3,\mathbb{C})$) betrachtet. Mit deren Gewichtssysteme (Abb. 9.4)

$$\mathcal{P}(\mathcal{V}^{(\Lambda'=(1,0))}) = \{\lambda_{(1)} = (1,0), -\lambda_{(1)} + \lambda_{(2)} = (-1,1), -\lambda_{(2)} = (0,-1)\} \tag{9.165a}$$

bzw.

$$\mathcal{P}(\mathcal{V}^{(\Lambda''=(0,1))}) = \{\lambda_{(2)} = (0,1), \lambda_{(1)} - \lambda_{(2)} = (1,-1), -\lambda_{(1)} = (-1,0)\} \tag{9.165b}$$

erwartet man für die Menge (9.153) entsprechend der Anzahl von möglichen additiven Kombinationen $\{\lambda'+\lambda''\}$ der einzelnen Gewichte insgesamt 9 ($= 3\cdot 3$) Gewichte

$$\begin{aligned}\mathcal{S}_0^{(\Lambda'=(1,0)\otimes\Lambda''=(0,1))} &= \{\lambda_{(1)} + \lambda_{(2)}, 2\lambda_{(1)} - \lambda_{(2)}, -\lambda_{(1)} + 2\lambda_{(2)}, 0, 0, 0, \\ &\quad -2\lambda_{(1)} + \lambda_{(2)}, \lambda_{(1)} - 2\lambda_{(2)}, -\lambda_{(1)} - \lambda_{(2)}\},\end{aligned} \tag{9.166a}$$

die sich nach Gl. (9.61) in der Form

$$\begin{aligned}\mathcal{S}_0^{(\Lambda'=(1,0)\otimes\Lambda''=(0,1))} &= \{\alpha^{(1)} + \alpha^{(2)}, \alpha^{(1)}, \alpha^{(2)}, 0, 0, 0, \\ &\quad -\alpha^{(1)}, -\alpha^{(2)}, -\alpha^{(1)} - \alpha^{(2)}\}\end{aligned} \tag{9.166b}$$

ausdrücken lassen. Dabei ist das Gewicht (0, 0) dreifach entartet ($m_{\lambda=(0,0)} = 3$). Die Anzahl der möglichen Gewichte stimmt nach Gln. (9.53) und (9.149) mit der Dimension der Produktdarstellung überein

$$\dim \boldsymbol{D}^{(\Lambda'=(1,0)\otimes\Lambda''=(0,1))} = \dim \boldsymbol{D}^{(\Lambda'=(1,0))} \dim \boldsymbol{D}^{(\Lambda''=(0,1))} = 3 \cdot 3 = 9.$$

Nach Wahl des maximalen einfachen Gewichts $\Lambda = \Lambda_{(1)} + \Lambda_{(2)} = \alpha^{(1)} + \alpha^{(2)} = (1,1)$ bekommt man für das Gewichtssystem $\mathcal{P}(\mathcal{V}^{(1,1)})$ der zugehörigen adjungierten Darstellung $\boldsymbol{D}^{(1,1)}$ die Menge (Abb. 9.6)

$$\mathcal{P}(\mathcal{V}^{(1,1)}) = \{\alpha^{(1)} + \alpha^{(2)}, \alpha^{(1)}, \alpha^{(2)}, 0, 0, -\alpha^{(1)}, -\alpha^{(2)}, -\alpha^{(1)} - \alpha^{(2)}\}, \quad (9.167)$$

wobei das Gewicht $\lambda = (0,0)$ zweifach entartet ist $\left(m_{\lambda=(0,0)}^{(\Lambda=(1,1))} = 2\right)$. Die Subtraktion dieser Gewichte von der Menge (9.166) ergibt ein einziges einfaches Gewicht $\lambda = (0,0)$, das zur trivialen irreduziblen Höchstgewichtsdarstellung $\boldsymbol{D}^{(\Lambda=0)}$ gehört. Insgesamt findet man dann eine CLEBSCH-GORDAN-Entwicklung des Tensorprodukts in zwei Höchstgewichstdarstellungen

$$\boldsymbol{D}^{(\Lambda'=(1,0)\otimes\Lambda''=(0,1))} \cong \boldsymbol{D}^{(\Lambda=(1,1))} \oplus \boldsymbol{D}^{(\Lambda=(0,0))}, \quad (9.168)$$

die beide einfach vorkommen ($m^{(\Lambda)} = 1$). Dabei bleibt die Dimension nach Gl. (9.149) erhalten

$$\dim \boldsymbol{D}^{(\Lambda'\otimes\Lambda'')} = \dim \boldsymbol{D}^{(\Lambda'=(1,0))} \dim \boldsymbol{D}^{(\Lambda''=(0,1))} = 3 \cdot 3 = 9$$

bzw.

$$\dim \boldsymbol{D}^{(1,1)} + \dim \boldsymbol{D}^{(0,0)} = 8 + 1 = 9.$$

■

Bei der bisher benutzten Methode zur Ermittlung der CLEBSCH-GORDAN-Entwicklung wird die Kenntnis der Gewichtssysteme von beiden irreduziblen Höchstgewichtsdarstellungen $\boldsymbol{D}^{(\Lambda')}$ und $\boldsymbol{D}^{(\Lambda'')}$ sowie des Gewichtssystems der irreduziblen Komponente $\boldsymbol{D}^{(\Lambda)}$ in der Zerlegung (9.146) vorausgesetzt. Zur Herleitung einer einfacheren Methode, die weniger Information verlangt, beginnt man mit der Charakter-Summenregel (9.148) und erhält zusammen mit der WEYL'schen Charakterformel (9.83) die Beziehung

$$\sum_{w\in\mathcal{W}(\Delta)} \operatorname{sign} w \exp[w(\lambda'+\rho)]\chi^{(\Lambda'')} = \sum_{w\in\mathcal{W}(\Delta)} \operatorname{sign} w \sum_{\Lambda} (\Lambda'\Lambda''|\Lambda) \exp[w(\Lambda+\rho)]. \quad (9.169)$$

Nach Substitution des Charakters $\chi^{(\Lambda'')}$ durch die Festlegung (9.70) unter Berücksichtigung der Stabilität des Gewichtssystems $\mathcal{P}(\mathcal{V}^{(\Lambda'')})$ unter der Wirkung der WEYL-Gruppe $\mathcal{W}(\Delta)$ (Gl. 9.17) erhält man

$$\begin{aligned}\sum_{w\in\mathcal{W}(\Delta)} \sum_{\lambda''\in\mathcal{P}(\mathcal{V}^{(\Lambda'')})} & \operatorname{sign} w\, m_{\lambda''}^{(\Lambda'')} \exp[w(\lambda'' + \Lambda' + \rho)] \\ &= \sum_{w\in\mathcal{W}(\Delta)} \operatorname{sign} w \sum_{\Lambda} (\Lambda'\Lambda''|\Lambda) \exp[w(\Lambda + \rho)].\end{aligned} \tag{9.170}$$

Betrachtet man auf der rechten Seite den Summand mit der identischen WEYL-Spiegelung $w = e$, dann ist das Argument $(\Lambda + \rho)$ der Exponentalfunktion ein Gewicht aus der Fundamentalkammer $\mathcal{C}_e$.

Setzt man den einfachsten, speziellen Fall voraus, dass die Menge der Gewichte μ im Argument der Exponentialfunktion auf der linken Seite von (9.170) ebenfalls in der Fundamentalkammer $\mathcal{C}_e$ liegen

$$\mu = \{\lambda'' + \Lambda' + \rho | \lambda'' \in \lambda'' \in \mathcal{P}(\mathcal{V}^{(\Lambda'')})\} \qquad \mu \in \mathcal{C}_e, \tag{9.171}$$

dann kann nur jener Summand auf der linken Seite mit $w = e$ dem rechten Term mit dem Argument $(\Lambda + \rho)$ gleichgesetzt werden. Falls demnach die Bedingung (9.171) erfüllt ist, wird die Summierung über die WEYL-Gruppenelemente $w \in \mathcal{W}(\Delta)$ überflüssig, da deren transitive Wirkung die WEYL-Kammern nur permutiert (Abschn. 7.8). Man erhält dann mit der identischen WEYL-Spiegelung $w = e$ die Beziehung

$$\sum_{\lambda''\in\mathcal{P}\subset\mathcal{V}^{(\Lambda'')}} m_{\lambda''}^{(\Lambda'')} \exp(\lambda'' + \Lambda' + \rho) = \sum_{\Lambda} (\Lambda'\Lambda''|\Lambda) \exp(\Lambda + \rho). \tag{9.172}$$

Wegen der linearen Unabhängigkeit der Exponentialfunktionen verlangt die Lösung deren Gleichsetzung, was die Bedingung der Gleichsetzung entsprechender Argumente zur Folge hat

$$(\Lambda'\Lambda''|\Lambda) = m_{\lambda''=\Lambda-\Lambda'}^{(\Lambda'')}. \tag{9.173}$$

Der allgemeine Fall zeichnet sich dadurch aus, dass ein Gewicht μ aus der Menge (9.171) auch in einer beliebigen WEYL-Kammer $\mathcal{C}_w$ $(\neq \mathcal{C}_e)$ liegt. Dann gibt es genau eine WEYL-Spiegelung $w_0 \in \mathcal{W}(\Delta)$, so dass das Element $w_0(\mu)$ dominant ist und deshalb zur Fundamentalkammer gehört $(w_0(\mu) \in \mathcal{C}_e)$. Dabei erhält man auf der linken Seite von Gl. (9.170) einen Beitrag der Form

$$\operatorname{sign} w\, m_{\lambda''}^{(\Lambda'')} \exp[w(\lambda'' + \Lambda' + \rho)],$$

der mit einem Summand auf der rechten Seite verglichen wird, dessen Gewicht $(\Lambda+\rho)$ in der Fundamentalkammer $\mathcal{C}_e$ liegt. Aus der Forderung nach Gleichsetzung der Argumente der Exponentialfunktionen auf beiden Seiten

$$w(\lambda'' + \Lambda' + \rho) = \Lambda + \rho \qquad \text{bzw.} \qquad \lambda'' = w^{-1}(\Lambda + \rho) - \Lambda' - \rho \quad (9.174)$$

resultiert schließlich die KLYMIK-Formel

$$(\Lambda'\Lambda''|\Lambda) = \sum_{w\in\mathcal{W}(\Delta)} \operatorname{sign} w\, m_{\lambda''}^{(\Lambda'')} \qquad \text{mit} \qquad \lambda'' = w^{-1}(\Lambda+\rho)-\Lambda' \in \mathcal{P}(\mathcal{V}^{(\Lambda'')}). \quad (9.175)$$

Dort werden nur jene Summanden berücksichtigt, deren WEYL-Spiegelung w die Bedingung (9.174) erfüllen. Die Ermittlung der Reduktionskoeffizienten $(\Lambda'\Lambda''|\Lambda)$ nach dieser Beziehung verlangt neben der Kenntnis der WEYL-Gruppe $\mathcal{W}(\Delta)$ nur die Kenntnis eines der Gewichtssysteme $\mathcal{P}(\mathcal{V}^{(\Lambda'')})$ und $\mathcal{P}(\mathcal{V}^{(\Lambda')})$ der beiden Höchstgewichtsdarstellungen $\boldsymbol{D}^{(\Lambda'')}$ und $\boldsymbol{D}^{(\Lambda')}$, was einen wesentlichen Vorteil gegenüber den bisherigen Methoden bedeutet.

Beispiel 3 Wie im vorangegangenen Beispiel wird erneut das Tensorprodukt $\boldsymbol{D}^{(\Lambda'=(1,0))} \otimes \boldsymbol{D}^{(\Lambda''=(0,1))}$ der einfachen LIE-Algebra $A_2 \cong sl(3,\mathbb{C})$ untersucht. Die beiden einzelnen irreduziblen fundamentalen Darstellungen $\boldsymbol{D}^{(\Lambda'=(1,0))}$ und $\boldsymbol{D}^{(\Lambda''=(0,1))}$ besitzen die Gewichtssysteme (9.165a) und (9.165b).

Betrachtet man mit $\lambda'' \in \mathcal{P}(\mathcal{V}^{(\Lambda'')})$, $\Lambda' = (1,0)$ und dem WEYL-Vektor $\rho = (1,1)$ etwa die Menge der Gewichte

$$\mu = \lambda'' + \Lambda' + \rho = \{(2,2),(3,0),(1,1)\}, \quad (9.176)$$

dann findet man zwei dominante Gewichte $\lambda = (2,2)$ und $\lambda = (1,1)$ mit positivem DYNKIN-Label, die nach (7.310) in der Fundamentalkammer $\mathcal{C}_e$ liegen. Für diese Gewichte wird die Bedingung (9.171) genau durch die triviale WEYL-Spiegelung, nämlich die Identität $w = e$ erfüllt. Demnach findet man für $\Lambda = \lambda'' + \lambda'$ die Menge

$$\Lambda = \{(1,1),(0,0)\}. \quad (9.177)$$

Die Reduktionskoeffizienten $(\Lambda'\Lambda''|\Lambda)$ für die irreduziblen Darstellungen mit diesen Gewichten Λ als höchstes Gewicht errechnen sich nach der KLYMIK-Formel (9.175) zu

$$(\Lambda'\Lambda''|\Lambda) = (1,1) = \operatorname{sign} e\, m_{\lambda''=(0,1)}^{(\Lambda)} = 1\cdot 1 = 1 \quad (9.178a)$$

und

$$(\Lambda'\Lambda''|\Lambda) = (0,0) = \operatorname{sign} e\, m_{\lambda''=(-1,0)}^{(\Lambda)} = 1\cdot 1 = 1 \quad (9.178b)$$

Das dritte Gewicht $\mu = (3,0)$ der Menge (9.176) liegt nach (7.312a) auf einer Kammerwand und ist wegen (7.312b) invariant gegenüber einer WEYL-Spiegelung. Demnach gibt es keim WEYL-Gruppenelement w das die Bedingung (9.171) zu erfüllen vermag, so dass auch kein Beitrag in der KLYMIK-Formel erwartet wird. Insgesamt bekommt man nach (9.177) und (9.178) die CLEBSCH-GORDAN-Zerlegung (9.168) von Beispiel 2.

Beispiel 4 In einem weiteren Beispiel wird das Tensorprodukt $\boldsymbol{D}^{(\Lambda'=(1,1))} \otimes \boldsymbol{D}^{(\Lambda''=(1,1))}$ der einfachen LIE-Algebra A_2 ($\cong sl(3, \mathbb{C})$) diskutiert. Dabei sind die beiden faktoriellen Höchstgewichtsdarstellungen gleich der adjungierten Darstellung.

Mit $\lambda'' \in \mathcal{P}(\mathcal{V}^{(\Lambda'')})$ (Abb. 9.6), $\Lambda' = (1, 1)$ und dem WEYL-Vektor $\rho = (1, 1)$ sind in der Menge der Gewichte

$$\mu = \lambda'' + \Lambda' + \rho = \{(3,3), (1,4), (4,1), (2,2), (2,2), (1,1), (0,3), (3,0)\} \tag{9.179}$$

die ersten sechs mit positiven DYNKIN-Label dominante Gewichte, die nach (7.310) in der Fundamentalkammer $\mathcal{C}_e$ liegen. Für diese Gewichte wird die Bedingung (9.171) genau durch die triviale WEYL-Spiegelung, nämlich die Identität $w = e$ erfüllt. Demnach findet man für $\Lambda = \lambda'' + \Lambda'$ die Menge

$$\Lambda = \{(2,2), (0,3), (3,0), (1,1), (1,1), (0,0)\}. \tag{9.180}$$

Die Reduktionskoeffizienten $(\Lambda'\Lambda''|\Lambda)$ für die irreduziblen Darstellungen mit den ersten vier Gewichten Λ als höchstem Gewicht errechnen sich nach der KLYMIK-Formel (9.175) zu

$$(\Lambda'\Lambda''|\Lambda) = \operatorname{sign} e\, m^{(\Lambda'')}_{\lambda''=\Lambda-\Lambda'} = 1 \cdot 1 = 1 \quad \text{für } \Lambda = \{(2,2), (0,3), (3,0), (0,0)\}. \tag{9.181a}$$

Bei der Ermittlung des Reduktionskoeffizient $(\Lambda'\Lambda''|\Lambda = (1, 1))$ muss die zweifache Entartung des Gewichts Λ berücksichtigt werden, so dass sich nach (9.175) ergibt

$$(\Lambda'\Lambda''|\Lambda = (1,1)) = \operatorname{sign} e\, m^{(\Lambda'')}_{(0,0)} = 1 \cdot 2 = 2. \tag{9.181b}$$

Die letzten beiden Gewichte $\mu = \{(0, 3), (3, 0)\}$ der Menge (9.179) liegen nach (7.312a) auf einer Kammerwand und sind nach (7.312b) invariant gegenüber einer WEYL-Spiegelung. Demnach gibt es kein WEYL-Gruppenelement w, das die Bedingung (9.171) zu erüllen vermag, so dass auch kein Beitrag in der KLYMIK-Formel erwartet wird. Insgesamt bekomt man nach (9.180) und (9.181) die CLEBSCH-GORDAN-Zerlegung

$$\boldsymbol{D}^{(1,1)} \otimes \boldsymbol{D}^{(1,1)} \cong \boldsymbol{D}^{(2,2)} \oplus \boldsymbol{D}^{(3,0)} \oplus \boldsymbol{D}^{(0,3)} \oplus 2\boldsymbol{D}^{(1,1)} \oplus \boldsymbol{D}^{(0,0)}. \tag{9.182}$$

Dabei bleibt die Dimension nach Gl. (9.149) erhalten

$$\dim \boldsymbol{D}^{(1,1)} \dim \boldsymbol{D}^{(1,1)} = 8 \cdot 8 = 64$$

bzw.

$$\begin{aligned}&\dim \boldsymbol{D}^{(2,2)}+\dim \boldsymbol{D}^{(3,0)}+\dim \boldsymbol{D}^{(0,3)}+2\dim \boldsymbol{D}^{(1,1)}+\dim \boldsymbol{D}^{(0,1)}\\&\quad=27+10+10+2\cdot 8+1=64.\end{aligned}$$

■

Die Zerlegung des Tensorprodukts $\boldsymbol{D}^{(\Lambda'\otimes\Lambda'')}$ nach Gl. (9.146) verlangt eine Transformation der Produktbasis $\left\{v_{\lambda',p_{\lambda'}}^{(\Lambda')}\otimes v_{\lambda'',p_{\lambda'}}^{(\Lambda'')}\right\}$ nach

$$\left\{u_{\lambda,p_\lambda}^{(\Lambda'\otimes\Lambda''=\Lambda,q)}\,|\,\lambda\in\mathcal{P}(\mathcal{V}^{(\Lambda'\otimes\Lambda'')}),\ p_\lambda=1,\ldots,m_\lambda,q=1,\ldots,(\Lambda'\Lambda''|\Lambda)=m^{(\Lambda)}\right\}$$

mittels einer regulären Matrix $\boldsymbol{C}^{(\Lambda'\Lambda'')}$ (Abschn. 6.5). Diese Reduktion bedeutet eine Diagonalisierung der Produktdarstellung quadratischer, nicht verbundener Darstellungsmatrizen, so dass die Eigenwertgleichung

$$D^{(\Lambda'\otimes\Lambda'')}(h)u_{\lambda,p_\lambda}^{(\Lambda,q)}=\lambda(h)u_{\lambda,p_\lambda}^{(\Lambda,q)}\qquad\forall h\in\mathcal{H}\tag{9.183}$$

erfüllt wird. Die Elemente der Transformationsmatrix $\boldsymbol{C}^{(\Lambda'\Lambda'')}$ sind die CLEBSCH-GORDAN-*Koeffizienten* in der Entwicklung der transformierten Basis nach der Produktbasis (s. a. Gln. 6.138 und 6.149)

$$\begin{aligned}u_{\lambda,p_\lambda}^{(\Lambda,q)}&=\sum_{\lambda'\in\mathcal{P}(\mathcal{V}^{(\Lambda')}),p_{\lambda'}}\ \sum_{\lambda''\in\mathcal{P}(\mathcal{V}^{(\Lambda'')}),p_{\lambda''}} C_{\lambda'p_{\lambda'}\,\lambda''p_{\lambda''},\,\lambda p_\lambda}v_{\lambda',p_{\lambda'}}^{(\Lambda')}\otimes v_{\lambda'',p_{\lambda'}}^{(\Lambda'')}\\&=\sum_{\lambda'\in\mathcal{P}(\mathcal{V}^{(\Lambda')}),p_{\lambda'}}\ \sum_{\lambda''\in\mathcal{P}(\mathcal{V}^{(\Lambda'')}),p_{\lambda''}}\left(\begin{array}{cc|cc}\Lambda' & \Lambda'' & \Lambda & q\\ \lambda' p_{\lambda'} & \lambda'' p_{\lambda''} & \lambda & p_\lambda\end{array}\right)v_{\lambda',p_{\lambda'}}^{(\Lambda')}\otimes v_{\lambda'',p_{\lambda'}}^{(\Lambda'')}.\end{aligned}\tag{9.184}$$

Die Summierung erfolgt über alle Gewichte λ' und λ'' der Höchstgewichtsdarstellungen $\boldsymbol{D}^{\Lambda'}$ und $\boldsymbol{D}^{\Lambda''}$ unter Berücksichtigung deren Multiplizitäten $m_{\lambda'}$ und $m_{\lambda''}$. Wegen der Eigenwertgleichungen (9.142) und (9.183) erwartet man nur dann endliche CLEBSCH-GORDAN-Koeffizienten, falls die Bedingung

$$\lambda=\lambda'+\lambda''\tag{9.185}$$

erfüllt ist (s. a. Gl. 6.156).

Zur Ermittlung der CLEBSCH-GORDAN-Matrix beginnt man mit dem höchsten Gewicht $\Lambda=\Lambda'+\Lambda''$ der Produktdarstellung (9.146), das stets einfach ist, und erhält als Basisfunktion für die irreduzible Höchstgewichtsdarstellung $\boldsymbol{D}^{(\Lambda)}$ nach Gln. (9.183) und (9.185) (s. a. Gl. 6.159)

$$u_{\Lambda=\Lambda'+\Lambda''}^{(\Lambda=\Lambda'+\Lambda'',q=1)}=C_{\Lambda'\Lambda'',\Lambda}^{(\Lambda'\Lambda''|\Lambda,q=1)}v_{\Lambda'1}^{(\Lambda')}\otimes v_{\Lambda''1}^{(\Lambda'')}\qquad C_{\Lambda'\Lambda'',\Lambda}^{(\Lambda'\Lambda''|\Lambda,q=1)}\in\mathbb{C}.\tag{9.186}$$

Unter der Vorausetzung von orthonormierten Basiselementen verlangt die Normierung mit $\left|C^{(\Lambda'\Lambda''|\Lambda,q=1)}_{\Lambda'\Lambda'',\Lambda}\right|^2 = 1$ einen Phasenfaktor, der üblicherweise – nach der CONDON-SHORTLEY-Konvention (s. a. 6.161b) – reell und positiv gewählt wird

$$C^{(\Lambda'\Lambda''|\Lambda)}_{\Lambda'\Lambda'',\Lambda} = \begin{pmatrix} \Lambda' & \Lambda'' \middle| \Lambda \\ \Lambda' & \Lambda'' \middle| \Lambda \end{pmatrix} = 1. \tag{9.187}$$

Dieser ist ein Element der CLEBSCH-GORDAN-Matrix $\boldsymbol{C}^{(\Lambda'\Lambda'')}$ mit den beiden Zeilenindizes $\lambda' = \Lambda'$ bzw. $\lambda'' = \Lambda''$ sowie den beiden Spaltenindizes $\Lambda = \Lambda$ bzw. $\lambda = \Lambda$. Alle weiteren Basiselemente $u^{(\Lambda=\Lambda'+\Lambda'')}_{\lambda,p_\lambda}$ der Höchstgewichtsdarstellung $\boldsymbol{D}^{(\Lambda=\Lambda'+\Lambda'')}$ erhält man durch wiederholte Anwendung von Absteigeoperatoren auf Gl. (9.186) unter Berücksichtigung von Gl. (6.132b).

In einem nächsten Schritt betrachtet man ein höchstes Gewicht Λ mit $\Lambda < \Lambda' + \Lambda''$. Der Basisvektor $u^{\Lambda,q}_{\Lambda,p_\Lambda}$ der Höchstgewichtsdarstellung $\boldsymbol{D}^{(\Lambda<\Lambda'+\Lambda'')}$ in der CLEBSCH-GORDAN-Entwicklung (9.146) des Tensorprodukts ist dann nach Gl. (9.184) eine Linearkombination von Produkten der Form $v^{(\Lambda')}_{\lambda',p_{\lambda'}} \otimes v^{(\Lambda'')}_{\lambda'',p_{\lambda'}}$, wobei die Bedingung (9.185) eingehalten wird. Nach Anwendung aller Aufsteigeoperatoren $\{D^{(\Lambda'\otimes\Lambda'')}(e_{\alpha^{(i)}}) | \, i = 1, \ldots, l\}$ mit der Forderung

$$D^{(\Lambda'\otimes\Lambda'')}(e_{\alpha^{(i)}}) u^{(\Lambda)}_{\Lambda<\Lambda'+\Lambda'',p_\Lambda} = 0 \qquad \alpha^{(i)} \in \Pi \tag{9.188}$$

lassen sich dann die CLEBSCH-GORDAN-Koeffizienten – bis auf Normierungsfaktoren und willkürliche Phasenfaktoren – ermitteln.

Für den Fall, dass eine irreduzible Darstellung $\boldsymbol{D}^{(\Lambda)}$ in der CLEBSCH-GORDAN-Entwicklung (9.146) des Tensorprodukts mehrfach vorkommt, $((\Lambda'\Lambda''|\Lambda) = m^{(\Lambda)} > 1)$, wird man eine Anzahl $m^{(\Lambda)}$ verschiedene Linearkombinationen (9.184) ansetzen. Dabei erwartet man wegen der Bedingung (9.188), dass diese linear unabhängig sind.

Ein besonderer Fall des Tensorprodukts erwächst aus der Voraussetzung, dass die einzelnen faktoriellen irreduziblen Darstellungen gleich sind (Abschn. 3.10 und 6.5). Man erhält dort eine Aufteilung des Produktraumes in einen symmetrischen und einen antisymmetrischen invarianten Unterraum, der eine Zerlegung der Produktdarstellung in eine symmetrische bzw. antisymmetrische Komponente der Form (3.243) bzw. (6.140) erlaubt, die ihrerseits reduzierbar sein können. Setzt man weiter voraus, dass die faktorielle Darstellung im Tensorprodukt die adjungierte Darstellung $\boldsymbol{D}^{\mathrm{ad}}(\mathcal{L})$ ist, dann gilt für den Fall der kompakten reellen LIE-Algebra $\mathcal{L} = su(l+1)$ bzw. deren Komplexifizierung A_l, dass das Tensorprodukt $\boldsymbol{D}^{\mathrm{ad}}(\mathcal{L}) \otimes \boldsymbol{D}^{\mathrm{ad}}(\mathcal{L}) = \boldsymbol{D}^{\mathrm{ad}\otimes\mathrm{ad}}(\mathcal{L})$ in seiner Zerlegung erneut wenigstens zweimal die adjungierte Darstellung $\boldsymbol{D}^{\mathrm{ad}}(\mathcal{L})$ enthält, nämlich einmal in der Reduktion der symmetrischen Komponente $\boldsymbol{D}^{\mathrm{ad}\otimes\mathrm{ad}}_{+}(\mathcal{L})$ sowie einmal in der Reduktion der antisymmetrischen Komponente $\boldsymbol{D}^{\mathrm{ad}\otimes\mathrm{ad}}_{-}(\mathcal{L})$.

In einem weiteren besonderen Fall wird das Tensorprodukt $\bar{\boldsymbol{D}}^{(\Lambda')} \otimes \boldsymbol{D}^{(\Lambda')}$ zweier zueinander konjugierter Darstellungen $\bar{\boldsymbol{D}}^{(\Lambda')}$ und $\boldsymbol{D}^{(\Lambda')}$ betrachtet. Ausgehend von den zugehörigen Basissystemen $\{\bar{v}_i^{(\Lambda')} | i = 1, \ldots, d_{\Lambda'}\}$ und $\{v_i^{(\Lambda')} | i = 1, \ldots, d_{\Lambda'}\}$ werden die Elemente der Form

$$w_l = \sum_i \sum_j D_{ij}^{(\Lambda')}(a_l) \bar{v}_j^{(\Lambda')} \otimes v_i^{(\Lambda')} \qquad l = 1, \ldots, n = \dim \mathcal{L} \tag{9.189}$$

untersucht, wobei a_l der Basis $\{a_k | k = 1, \ldots, n\}$ der LIE-Algebra angehört. Die Anwendung des Operators $D^{(\Lambda' \otimes \Lambda')}(a_k)$ auf diese Elemente ergibt

$$\begin{aligned}
&D^{(\Lambda' \otimes \Lambda')}(a_k) w_l \\
&= \sum_i^{d_{\Lambda'}} \sum_j^{d_{\Lambda'}} D_{ij}^{(\Lambda')}(a_l) \left[\bar{D}^{(\Lambda')}(a_k) \bar{v}_j^{(\Lambda')} \otimes v_i^{(\Lambda')} + \bar{v}_j^{(\Lambda')} \otimes D^{(\Lambda')}(a_k) v_i^{(\Lambda')} \right] \\
&= \sum_i^{d_{\Lambda'}} \sum_j^{d_{\Lambda'}} \sum_r^{d_{\Lambda'}} D_{ij}^{(\Lambda')}(a_l) \left[\bar{D}_{rj}^{(\Lambda')}(a_k) \bar{v}_r^{(\Lambda')} \otimes v_i^{(\Lambda')} + D_{ri}^{(\Lambda')}(a_k) \bar{v}_j^{(\Lambda')} \otimes v_r^{(\Lambda')} \right] \\
&= \sum_i^{d_{\Lambda'}} \sum_j^{d_{\Lambda'}} \sum_r^{d_{\Lambda'}} \left[D_{ir}^{(\Lambda')}(a_l) \bar{D}_{jr}^{(\Lambda')}(a_k) + D_{rj}^{(\Lambda')}(a_l) D_{ir}^{(\Lambda')}(a_k) \right] \bar{v}_j^{(\Lambda')} \otimes v_r^{(\Lambda')}.
\end{aligned}$$

Mit Rücksicht auf Gl. (9.48) gelingt dann die Umformung nach

$$D^{(\Lambda' \otimes \Lambda')}(a_k) w_l = \sum_i^{d_{\Lambda'}} \sum_j^{d_{\Lambda'}} \left[\boldsymbol{D}^{(\Lambda')}(a_k), \boldsymbol{D}^{(\Lambda')}(a_l) \right]_{ij} \bar{v}_j^{(\Lambda')} \otimes v_i^{(\Lambda')},$$

was mit Gl. (5.85) auch ausgedrückt werden kann durch

$$D^{(\Lambda' \otimes \Lambda')}(a_k) w_l = \sum_i^{d_{\Lambda'}} \sum_j^{d_{\Lambda'}} \sum_r^{n} f_{kl}^{r} D_{ij}^{(\Lambda')}(a_r) \bar{v}_j^{(\Lambda')} \otimes v_i^{(\Lambda')}.$$

Nach Substitution von Gln. (5.84) und (9.189) erhält man schließlich

$$D^{(\Lambda' \otimes \Lambda')}(a_k) w_l = \sum_{r=1}^{n} D_{rl}^{\mathrm{ad}}(a_k) w_r. \tag{9.190}$$

Demnach ist die Menge der Elemente (9.189) $\{w_k | k = 1, \ldots, n = \dim \mathcal{L}\}$ eine Basis der adjungierten Darstellung $\boldsymbol{D}^{\mathrm{ad}}(\mathcal{L})$. Als Konsequenz daraus erwartet man in der Zerlegung des Tensorprodukts $\bar{\boldsymbol{D}}^{(\Lambda')} \otimes \boldsymbol{D}^{(\Lambda')}$ einer Darstellung mit deren konjugierten Darstellung stets die adjungierte Darstellung $\boldsymbol{D}^{\mathrm{ad}}$, deren Multiplizität wenigstens einfach ist ($m_{\mathrm{ad}} = (\bar{\Lambda}'\Lambda'|\,\mathrm{ad}) \geq 1$). Der zugehörige CLEBSCH-GORDAN-Koeffizient ist nach (9.189) gegeben durch

$$\begin{pmatrix} \bar{\Lambda}' & \Lambda' & \mathrm{ad}, & q \\ i & j & l & \end{pmatrix} = c D_{ij}^{(\Lambda')}(a_l), \tag{9.191}$$

wobei c eine Normierungskonstante bedeutet.

Beispiel 5 Betrachtet man die einfache LIE-Algebra A_1 ($\cong sl(2,\mathbb{C})$), dann liefert das Tensorprodukt zwischen zwei irreduziblen Höchstgewichtsdarstellungen $\boldsymbol{D}^{(\Lambda')}$ und $\boldsymbol{D}^{(\Lambda'')}$ die CLEBSCH-GORDAN-Entwicklung (9.146). Die Transformation der orthonormierten Produktbasis $v_{\lambda',p_{\lambda'}=1}^{(\Lambda',q=1)} \otimes v_{\lambda'',p_{\lambda''}=1}^{(\Lambda'',q=1)}$ mithilfe der CLEBSCH-GORDAN-Matrix $\boldsymbol{C}^{(\Lambda'\Lambda'')}$ nach Gl. (9.184) hat dann die Form (s. a. Gl. 6.149)

$$\begin{aligned} u_{\lambda,p_\lambda=1}^{(\Lambda,q=1)} &= \sum_{\lambda'=-\Lambda'}^{\Lambda'} \sum_{\lambda''=-\Lambda''}^{\Lambda''} C_{\lambda'\lambda'',\lambda}^{(\Lambda'\Lambda''|\Lambda)} v_{\lambda'}^{(\Lambda')} \otimes v_{\lambda''}^{(\Lambda'')} \\ &= \sum_{\lambda'=-\Lambda'}^{\Lambda'} \sum_{\lambda''=-\Lambda''}^{\Lambda''} \begin{pmatrix} \Lambda' & \Lambda'' & \Lambda & q=1 \\ \lambda' & \lambda'' & \lambda & \end{pmatrix} v_{\lambda'}^{(\Lambda')} \otimes v_{\lambda''}^{(\Lambda'')} \end{aligned} \tag{9.192}$$

mit

$$|\Lambda' - \Lambda''| \leq \Lambda \leq \Lambda' + \Lambda'' \qquad \text{und} \qquad -\Lambda \leq \lambda \leq \Lambda.$$

Beginnend mit dem höchsten einfachen Gewicht $\Lambda = \Lambda' + \Lambda''$ erhält man für den Basisvektor $u^{(\Lambda=\Lambda'+\Lambda'')}$ der Höchstgewichtsdarstellung $\boldsymbol{D}^{(\Lambda=\Lambda'+\Lambda'')}$ das Produkt (9.186) und den CLEBSCH-GORDAN-Koeffizient (9.187). Letzterer ist das erste Element der CLEBSCH-GORDAN-Matrix, das mit den Werten ($\lambda' = \Lambda'$, $\lambda'' = \Lambda''$) bzw. ($\Lambda = \Lambda$, $\lambda = \Lambda$) für die Zeile bzw. für die Spalte indiziert wird (Tab. 9.3).

Nachdem die LIE-Algebra A_1 mit rang$A_1 = l = 1$ nur die einzige einfache Wurzel $\alpha^{(1)} = \alpha$ besitzt, gibt es auch nur einen Absteigeoperator $D(e_{-\alpha})$, dessen k-fache Anwendung auf den Basisvektor $u_{\Lambda}^{(\Lambda=\Lambda'+\Lambda'')} = v_{\Lambda'}^{(\Lambda')} \otimes v_{\Lambda''}^{(\Lambda'')}$ die übrigen $k = 2\Lambda$ der insgesamt $(2\Lambda + 1)$ Basiselemente $\left\{u_{|\Lambda-k|}^{(\Lambda=\Lambda'+\Lambda'')} \,|\, k = 1, \ldots, 2\Lambda\right\}$ der irreduziblen Darstellung $\boldsymbol{D}^{(\Lambda)}$ hervorbringt. Die einmalige Anwendung von $D(e_{-\alpha})$ liefert nach Gln. (9.142) und (9.10) mit $\alpha = 1$ nach der CHEVALLEY-Konvention und der Skalierung (9.56a)

$$C_0^{(-)} u_{\Lambda-1}^{(\Lambda)} = C_1^{(-)} v_{\Lambda'-1}^{(\Lambda')} \otimes v_{\Lambda''}^{(\Lambda'')} + C_2^{(-)} v_{\Lambda'}^{(\Lambda')} \otimes v_{\Lambda''-1}^{(\Lambda'')}. \tag{9.193}$$

Danach kann die Bedingung (9.185) ($\Lambda - 1 = \lambda = \Lambda' + \Lambda''$) von den zwei verschiedenen Wertepaaren $\{\Lambda' - 1, \Lambda''\}$ und $\{\Lambda', \Lambda'' - 1\}$ erfüllt werden. Die Normierungskonstanten $C_0^{(-)}$ und $C_1^{(-)}$ bzw. $C_2^{(-)}$ errechnen sich nach Gl. (5.74) mit

$$C^{(-)} = \sqrt{(\Lambda + \lambda)(\Lambda - \lambda + 1)} \tag{9.194}$$

und $\lambda = \Lambda$ zu

$$C_0^{(-)} = \sqrt{2\Lambda} = \sqrt{2(\Lambda' + \Lambda'')} \tag{9.195a}$$

und $\lambda' = \Lambda'$ bzw. $\lambda'' = \Lambda''$ zu

$$C_1^{(-)} = \sqrt{2\Lambda'} \qquad \text{bzw.} \qquad C_2^{(-)} = \sqrt{2\Lambda''}. \tag{9.195b}$$

Der Vergleich mit der Entwicklung (9.192) liefert dann die CLEBSCH-GORDAN-Koeffizienten

$$C^{(\Lambda'\Lambda''|\Lambda)}_{\lambda'=\Lambda'-1\,\lambda''=\Lambda'',\lambda=\Lambda-1} = \frac{C_1^{(-)}}{C_0^{(-)}} = \sqrt{\frac{\Lambda'}{\Lambda}} \tag{9.196a}$$

$$C^{(\Lambda'\Lambda''|\Lambda)}_{\lambda'=\Lambda'\,\lambda''=\Lambda''-1,\lambda=\Lambda-1} = \frac{C_2^{(-)}}{C_0^{(-)}} = \sqrt{\frac{\Lambda''}{\Lambda}}. \tag{9.196b}$$

Sie bedeuten nach Gl. (9.193) die Skalarprodukte

$$C^{(\Lambda'\Lambda''|\Lambda)}_{\Lambda'-1\,\Lambda'',\Lambda-1} = \left\langle u^{(\Lambda)}_{\Lambda-1}, v^{(\Lambda')}_{\Lambda'-1} \otimes v^{(\Lambda'')}_{\Lambda''} \right\rangle \tag{9.197a}$$

$$C^{(\Lambda'\Lambda''|\Lambda)}_{\Lambda'\,\Lambda''-1,\Lambda-1} = \left\langle u^{(\Lambda)}_{\Lambda-1}, v^{(\Lambda')}_{\Lambda'} \otimes v^{(\Lambda'')}_{\Lambda''-1} \right\rangle. \tag{9.197b}$$

In der CLEBSCH-GORDAN-Matrix sind diese Koeffizienten in einer Spalte, die durch das Wertepaar Λ und $\lambda = \Lambda - 1$ indiziert wird. Sie unterscheiden sich durch die Zeilenzugehörigkeit, die durch die Indizes $\lambda' = \Lambda' - 1$ und $\lambda'' = \Lambda''$ bzw. $\lambda' = \Lambda''$ und $\lambda'' = \Lambda'' - 1$ ausgedrückt werden (Tab. 9.3).

Betrachtet man das nächste kleinere Gewicht $\Lambda - 1 = \Lambda' + \Lambda'' - 1$ in der CLEBSCH-GORDAN-Entwicklung (9.146), das als höchstes Gewicht der irreduziblen Darstellung $\boldsymbol{D}^{(\Lambda-1)}$ gilt, dann kann die Bedingung (9.185) für dieses höchste Gewicht $(\Lambda-1)$ des Basisvektors $u^{(\Lambda-1)}_{\Lambda-1}$ in der Entwicklung (9.192) ebenfalls durch die zwei Wertepaare $\{\lambda' = \Lambda' - 1, \lambda'' = \Lambda''\}$ und $\{\lambda' = \Lambda', \lambda'' = \Lambda'' - 1\}$ erfüllt werden. Man erhält so die Linearkombination

$$u^{(\Lambda-1)}_{\Lambda-1} = C^{(\Lambda'\Lambda''|\Lambda-1)}_{\Lambda'-1\,\Lambda'',\Lambda-1} v^{(\Lambda')}_{\Lambda'-1} \otimes v^{(\Lambda'')}_{\Lambda''} + C^{(\Lambda'\Lambda''|\Lambda-1)}_{\Lambda'\,\Lambda''-1,\Lambda-1} v^{(\Lambda')}_{\Lambda'} \otimes v^{(\Lambda'')}_{\Lambda''-1} \tag{9.198a}$$

mit den CLEBSCH-GORDAN-Koeffizienten

$$C^{(\Lambda'\Lambda''|\Lambda-1)}_{\Lambda'-1\,\Lambda'',\Lambda-1} = \left\langle u^{(\lambda-1)}_{\Lambda-1}, v^{(\Lambda')}_{\Lambda'-1} \otimes v^{(\Lambda'')}_{\Lambda''} \right\rangle \tag{9.198b}$$

$$C^{(\Lambda'\Lambda''|\Lambda-1)}_{\Lambda'\,\Lambda''-1,\Lambda-1} = \left\langle u^{(\lambda-1)}_{\Lambda-1}, v^{(\Lambda')}_{\Lambda'} \otimes v^{(\Lambda'')}_{\Lambda''-1} \right\rangle. \tag{9.198c}$$

Zur Ermittlung dieser komplexen Konstanten verwendet man die Bedingung (9.188). Die Wirkung des einzigen Aufsteigeopertaors $D(+e_\alpha)$ auf (9.198) ergibt

$$0 = C_3^{(+)} C^{(\Lambda'\Lambda''|\Lambda-1)}_{\Lambda'-1\,\Lambda'',\Lambda-1} v^{(\Lambda')}_{\Lambda'-1} \otimes v^{(\Lambda'')}_{\Lambda''} + C_4^{(+)} C^{(\Lambda'\Lambda''|\Lambda-1)}_{\Lambda'\,\Lambda''-1,\Lambda-1} v^{(\Lambda')}_{\Lambda'} \otimes v^{(\Lambda'')}_{\Lambda''-1}. \quad (9.199)$$

Die Normierungskonstanten C_3 und C_4 errechnen sich nach Gl. (5.74) mit

$$C^{(+)} = \sqrt{(\Lambda - \lambda)(\Lambda + \lambda + 1)} \quad (9.200)$$

und $\lambda' = \Lambda' - 1$ bzw $\lambda'' = \Lambda'' - 1$ zu

$$C_3^{(+)} = \sqrt{2\Lambda'} \qquad \text{bzw.} \qquad C_4^{(+)} = \sqrt{2\Lambda''}. \quad (9.201)$$

Die Lösung von Gl. (9.199) impliziert dann die Bedingung

$$\sqrt{2\Lambda'} C^{(\Lambda'\Lambda''|\Lambda-1)}_{\Lambda'-1\,\Lambda'',\Lambda-1} = -\sqrt{2\Lambda''} C^{(\Lambda'\Lambda''|\Lambda-1)}_{\Lambda'\,\Lambda''-1,\Lambda-1}. \quad (9.202a)$$

Dieses Ergebnis resultiert auch aus der Forderung nach Orthogonalität von Basisvektoren

$$\left\langle u^{(\Lambda)}_{\Lambda-1}, u^{(\Lambda-1)}_{\Lambda-1} \right\rangle = 0,$$

die zu verschiedenen irreduziblen Höchstgewichtsdarstellungen $\boldsymbol{D}^{(\Lambda)}$ und $\boldsymbol{D}^{(\Lambda-1)}$ gehören. Mit Gln. (9.193) und (9.198) erhält man so

$$0 = \Bigg\langle \sqrt{\frac{\Lambda'}{\Lambda}} v^{(\Lambda')}_{\Lambda'-1} \otimes v^{(\Lambda'')}_{\Lambda''} + \sqrt{\frac{\Lambda''}{\Lambda}} v^{(\Lambda')}_{\Lambda'} \otimes v^{(\Lambda'')}_{\Lambda''-1},$$
$$C^{(\Lambda'\Lambda''|\Lambda-1)}_{\Lambda'-1\,\Lambda'',\Lambda-1} v^{(\Lambda')}_{\Lambda'-1} \otimes v^{(\Lambda'')}_{\Lambda''} + C^{(\Lambda'\Lambda''|\Lambda-1)}_{\Lambda'-1\,\Lambda'',\Lambda-1} v^{(\Lambda')}_{\Lambda'} \otimes v^{(\Lambda'')}_{\Lambda''-1} \Bigg\rangle,$$

was die Bedingung (9.202a) notwendig macht. Schließlich resultiert aus der Normierungsbedingung von Gl. (9.198a)

$$\left\langle u^{(\Lambda-1)}_{\Lambda-1}, u^{(\Lambda-1)}_{\Lambda-1} \right\rangle = 1$$

die Forderung

$$\left(C^{(\Lambda'\Lambda''|\Lambda-1)}_{\Lambda'-1\,\Lambda'',\Lambda-1} \right)^2 + \left(C^{(\Lambda'\Lambda''|\Lambda-1)}_{\Lambda'\,\Lambda''-1,\Lambda-1} \right)^2 = 1. \quad (9.202b)$$

Das Gleichungssystem (9.202) liefert dann die CLEBSCH-GORDAN-Koeffizienten (9.198) zu

$$C^{(\Lambda'\Lambda''|\Lambda-1)}_{\Lambda'-1\,\Lambda'',\Lambda-1} = -\sqrt{\frac{\Lambda''}{\Lambda}} \tag{9.203a}$$

$$C^{(\Lambda'\Lambda''|\Lambda-1)}_{\Lambda'\,\Lambda''-1,\Lambda-1} = \sqrt{\frac{\Lambda'}{\Lambda}}. \tag{9.203b}$$

Insgesamt erhält man innerhalb der CLEBSCH-GORDAN-Matrix $\boldsymbol{C}^{(\Lambda'\Lambda'')}$ eine zweidimensionale Blockmatrix, die auf der Diagonale liegt und deshalb nicht mit der eindimensionalen Matrix (9.187) verbunden ist (Tab. 9.3). Dabei wird die Forderung nach Spalten- und Zeilenorthogonalität (6.151) innerhalb der Blockmatrix erfüllt.

Tabelle 9.3 CLEBSCH-GORDAN-Matrix $\boldsymbol{C}^{(\Lambda'\Lambda'')}$ für das Tensorprodukt $\boldsymbol{D}^{(\Lambda'\otimes\Lambda'')}$ zweier irreduzibler Höchstgewichtsdarstellungen $\boldsymbol{D}^{(\Lambda')}$ und $\boldsymbol{D}^{(\Lambda'')}$ der einfachen LIE-Algebra A_1

	Λ	Λ	Λ	$\Lambda-1$	$\cdots$
	λ	Λ	$\Lambda-1$	$\Lambda-1$	$\cdots$
λ'	λ''				
Λ'	Λ''	1	0	0	
$\Lambda'-1$	Λ''	0	$\sqrt{\frac{\Lambda'}{\Lambda}}$	$-\sqrt{\frac{\Lambda''}{\Lambda}}$	
Λ'	$\Lambda''-1$	0	$\sqrt{\frac{\Lambda''}{\Lambda}}$	$\sqrt{\frac{\Lambda'}{\Lambda}}$	
$\vdots$	$\vdots$				$\ddots$

Dieses Verfahren kann dann fortgesetzt werden, indem weitere Anwendungen des Absteigeoperators $D(e_{-\alpha})$ erfolgen unter Berücksichtigung von Gl. (9.194) bzw. der Orthogonalität von Basisvektoren verschiedener irreduzibler Darstellungen. Im einem nächsten Schritt erwartet man dann eine nicht-verbundene $3\times$ 3-Blockmatrix auf der Diagonale der CLEBSCH-GORDAN-Matrix.

Beispiel 6 Ein weiteres Beispiel ist das Tensorprodukt (9.168) zwischen den irreduziblen Höchstgewichtsdarstellungen $\boldsymbol{D}^{(\Lambda'=(1,0))}$ und $\boldsymbol{D}^{(\Lambda''=(0,1))}$ der einfachen LIE-Algebra A_2 ($\cong sl(3,\mathbb{C})$), die als die beiden fundamentalen Darstellungen bekannt sind. Dabei werden zunächst die CLEBSCH-GORDAN-Koeffizienten der irreduziblen Komponente $\boldsymbol{D}^{(1,1)}$ ($=\mathbf{8}$) in der Zerlegung (9.168) ermittelt.

Beginnt man mit dem höchsten einfachen Gewicht $\Lambda = \Lambda' + \Lambda'' = (1,1)$ des Gewichtssystems $\mathcal{P}(\mathcal{V}^{(1,1)})$ (9.167) der adjungierten Darstellung $\boldsymbol{D}^{\Lambda=(1,1)}$, dann erhält man für den zugehörigen Basisvektor das Produkt (9.186)

$$u^{(\Lambda=(1,1))}_{\lambda=\Lambda} = v^{(\Lambda'=(1,0))}_{\lambda'=\Lambda'} \otimes v^{(\Lambda''=(0,1))}_{\lambda''=\Lambda''} \tag{9.204a}$$

und den CLEBSCH-GORDAN-Koeffizient (9.187)

$$\left(\begin{matrix}\Lambda' & \Lambda'' \\ \lambda'=\Lambda' & \lambda''=\Lambda''\end{matrix}\middle|\begin{matrix}\Lambda & q=1 \\ \lambda=\Lambda & \end{matrix}\right) = \left(\begin{matrix}(1,0) & (0,1) \\ (1,0) & (0,1)\end{matrix}\middle|\begin{matrix}(1,1) \\ (1,1)\end{matrix}\right) = 1. \tag{9.204b}$$

Die LIE-Algebra A_2 mit $\text{rang}A_2 = l = 2$ hat zwei einfache Wurzeln $\alpha^{(1)}$ und $\alpha^{(2)}$, so dass auch zwei Absteigeoperatoren $D(e_{-\alpha^{(1)}})$ und $D(e_{-\alpha^{(2)}})$ zur Wirkung kommen. Nach Anwendung des Absteigeoperators $D^{(\Lambda'\otimes\Lambda'')}(e_{-\alpha^{(1)}})$ auf Gl. (9.204a) erhält man für die linke Seite (Abb. 9.6)

$$D^{(\Lambda'\otimes\Lambda'')}(e_{-\alpha^{(1)}})u_{\lambda=\Lambda}^{(\Lambda=(1,1))} = C_0^{(-)}u_{\Lambda-\alpha^{(1)}=\alpha^{(2)}}^{(\Lambda=(1,1))}$$

sowie für die rechte Seite

$$\begin{aligned}
&D^{(\Lambda'\otimes\Lambda'')}(e_{-\alpha^{(1)}})\left(v_{\lambda'=\Lambda'}^{(\Lambda')}\otimes v_{\lambda''=\Lambda''}^{(\Lambda'')}\right)\\
&\quad= D^{(\Lambda'\otimes\Lambda'')}(e_{-\alpha^{(1)}})v_{\Lambda'}^{(\Lambda')}\otimes v_{\Lambda''}^{(\Lambda'')} + v_{\Lambda'}^{(\Lambda')}\otimes D^{(\Lambda'\otimes\Lambda'')}(e_{-\alpha^{(1)}})v_{\Lambda''}^{(\Lambda'')}\\
&\quad= C_1^{(-)}v_{\Lambda'-\alpha^{(1)}=(1,1)}^{\Lambda'}\otimes v_{\Lambda''}^{(\Lambda'')} + v_{\Lambda'}^{(\Lambda')}\otimes 0.
\end{aligned}$$

Die vernichtende Wirkung des Absteigeoperators $D^{(\Lambda'\otimes\Lambda'')}(e_{-\alpha^{(1)}})$ auf das Basiselement $v_{\Lambda''}^{(\Lambda'')}$ ist damit begründet, dass das Gewicht $\Lambda'' = (0,1)$ zusammen mit dem Gewicht $\Lambda'' - \alpha^{(2)} = (1,-1)$ einen $\alpha^{(2)}$-String der Länge Zwei bildet (Abb. 9.4). Die Normierungskonstante $C_0^{(-)}$ errechnet sich nach Gl. (9.194). Dabei erhält man wegen des $\alpha^{(1)}$-Strings mit den Gewichten (1,1) und $(-1,2)$ und der Länge Zwei (Abb. 9.6) für $\Lambda = \Lambda^1\Lambda_{(1)} = 1\cdot 1/2$ und $\lambda = 1/2$ den Wert $C_0^{-} = 1$. Eine analoge Überlegung gilt für die Ermittlung der Normierungskonstante $C_1^{(-)}$ bezüglich eines $\alpha^{(1)}$-Strings mit den Gewichten (1,0) und (1,1) des Gewichtssystems $\mathcal{P}(\mathcal{V}^{(1,0)})$ (Abb. 9.4) mit dem Ergebnis $C_1^{(-)} = 1$. Insgesamt bekommt man dann

$$u_{\Lambda-\alpha^{(1)}=\alpha^{(2)}}^{(\Lambda)} = v_{\Lambda'-\alpha^{(1)}}^{(\Lambda')}\otimes v_{\Lambda''}^{(\Lambda'')} \tag{9.205a}$$

mit dem CLEBSCH-GORDAN-Koeffizient

$$\left(\begin{array}{cc|c}\Lambda' & \Lambda'' & \Lambda\\ \lambda'=\Lambda-\alpha^{(1)} & \lambda''=\Lambda'' & \lambda=\Lambda-\alpha^{(1)}\end{array}\right) = \left(\begin{array}{cc|c}(1,0) & (0,1) & (1,1)\\ (-1,1) & (0,1) & (1,2)\end{array}\right) = 1. \tag{9.205b}$$

Nach Anwendung des zweiten Absteigeoperators $D^{(\Lambda'\otimes\Lambda'')}(e_{-\alpha^{(2)}})$ auf (9.204a) erhält man für die linke Seite (Abb. 9.6)

$$D^{(\Lambda'\otimes\Lambda'')}(e_{-\alpha^{(2)}})u_{\lambda=\Lambda}^{(\Lambda=(1,1))} = C_2^{(-)}u_{\Lambda-\alpha^{(2)}=\alpha^{(1)}}^{(\Lambda=(1,1))}$$

sowie für die rechte Seite

$$\begin{aligned}
&D^{(\Lambda'\otimes\Lambda'')}(e_{-\alpha^{(2)}})\left(v_{\lambda'=\Lambda'}^{(\Lambda')}\otimes v_{\lambda''=\Lambda''}^{(\Lambda'')}\right)\\
&\quad= D^{(\Lambda'\otimes\Lambda'')}(e_{-\alpha^{(2)}})v_{\Lambda'}^{(\Lambda')}\otimes v_{\Lambda''}^{(\Lambda'')} + v_{\Lambda'}^{(\Lambda')}\otimes D^{(\Lambda'\otimes\Lambda'')}(e_{-\alpha^{(1)}})v_{\Lambda''}^{(\Lambda'')}\\
&\quad= 0\otimes v_{\Lambda''}^{(\Lambda'')} + C_3^{(-)}v_{\Lambda'}^{(\Lambda')}\otimes v_{\Lambda''-\alpha^{(2)}=(1,-1)}^{(\Lambda'')}\,.
\end{aligned}$$

Dabei kann die vernichtende Wirkung des Absteigeoperators $D^{(\Lambda'\otimes\Lambda'')}(e_{-\alpha^{(2)}})$ auf das Basiselement $v_{\Lambda'}^{(\Lambda')}$ analog zum obigen Fall des Absteigeoperators $D^{(\Lambda'\otimes\Lambda'')}(e_{-\alpha^{(1)}})$ wieder damit begründet werden, dass das Gewicht $\Lambda' = (1, 0)$ zusammen mit dem Gewicht $\Lambda - \alpha^{(1)} = (-1, 1)$ einen $\alpha^{(1)}$-String der Länge Zwei bildet (Abb. 9.4). Die Normierungskonstanten $C_2^{(-)}$ und $C_3^{(-)}$ errechnen sich wieder nach analogen Überlegungen wie oben unter Berücksichtigung eines Wurzelstrings der Länge Zwei nach Gl. (9.194) mit dem Ergebnis $C_2^{(-)} = C_3^{(-)} = 1$. Insgesamt erhält man

$$u^{(\Lambda)}_{\Lambda-\alpha^{(2)}=\alpha^{(1)}} = v^{(\Lambda')}_{\Lambda'} \otimes v^{(\Lambda'')}_{\Lambda''-\alpha^{(2)}} \tag{9.206a}$$

mit dem CLEBSCH-GORDAN-Koeffizient

$$\left(\begin{matrix} \Lambda' & \Lambda'' \\ \Lambda' & \Lambda''-\alpha^{(2)} \end{matrix}\middle|\begin{matrix} \Lambda \\ \lambda = \Lambda - \alpha^{(2)} \end{matrix}\right) = \left(\begin{matrix} (1,0) & (0,1) \\ (1,0) & (1,-1) \end{matrix}\middle|\begin{matrix} (1,1) \\ (2,-1) \end{matrix}\right) = 1. \tag{9.206b}$$

Eine weitere Anwendung des Absteigeoperators $D^{(\Lambda'\otimes\Lambda'')}(e_{-\alpha^{(2)}})$ auf Gl. (9.205a) ergibt für die linke Seite

$$D^{(\Lambda'\otimes\Lambda'')}(e_{-\alpha^{(2)}})u^{(\Lambda))}_{\lambda=\Lambda-\alpha^{(1)}} = C_4^{(-)} u^{(\Lambda)}_{\Lambda-\alpha^{(1)}-\alpha^{(2)}=(0.0)}$$

sowie für die rechte Seite

$$\begin{aligned} D^{(\Lambda'\otimes\Lambda'')}(e_{-\alpha^{(2)}}) & \left(v^{(\Lambda')}_{\Lambda'-\alpha^{(1)}} \otimes v^{(\Lambda'')}_{\Lambda''}\right) = \\ & C_5^{(-)} v^{(\Lambda')}_{\Lambda'-\alpha^{(1)}-\alpha^{(2)}} \otimes v^{(\Lambda'')}_{\Lambda''} + C_5^{(-)} v^{(\Lambda')}_{\Lambda'-\alpha^{(1)}} \otimes v^{(\Lambda'')}_{\Lambda''-\alpha^{(2)}}. \end{aligned}$$

Die Normierungskonstante $C_4^{(-)}$ errechnet sich bezüglich eines $\alpha^{(2)}$-Strings der Länge Drei (Abb. 9.6). Ausgehend vom höchsten Gewicht $\Lambda' + \Lambda'' - \alpha^{(1)} = \alpha^{(2)} = (-1, 2)$, erhält man nach Gl. (9.194) mit $\Lambda = \Lambda^1 \Lambda_{(1)} = 2 \cdot 1/2 = 1$ und $\lambda = \Lambda = 1$ den Wert $C_4^{(-)} = \sqrt{2}$. Die Normierungskonstante $C_5^{(-)}$ errechnet sich bezüglich eines $\alpha^{(2)}$-Strings der Länge Zwei mit den Gewichten $(-1, 1)$ und $(0, -1)$ (Abb. 9.4) zu $C_5^{(-)} = 1$. Insgesamt erhält man

$$u^{(\Lambda)}_{\Lambda-\alpha^{(1)}-\alpha^{(2)}=(0,0)} = \frac{1}{\sqrt{2}} v^{(\Lambda')}_{\Lambda'-\alpha^{(1)}-\alpha^{(2)}} \otimes v^{(\Lambda'')}_{\Lambda''} + \frac{1}{\sqrt{2}} v^{(\Lambda')}_{\Lambda'-\alpha^{(1)}} \otimes v^{(\Lambda'')}_{\Lambda''-\alpha^{(2)}} \tag{9.207a}$$

mit den CLEBSCH-GORDAN-Koeffizienten

$$\begin{aligned} & \left(\begin{matrix} \Lambda' & \Lambda'' \\ \Lambda' - \alpha^{(1)} - \alpha^{(2)} & \Lambda'' \end{matrix}\middle|\begin{matrix} \Lambda & \\ 0 & p_\Lambda = 1 \end{matrix}\right) \\ & = \left(\begin{matrix} \Lambda' & \Lambda'' \\ \Lambda' - \alpha^{(1)} & \Lambda'' - \alpha^{(2)} \end{matrix}\middle|\begin{matrix} \Lambda & \\ 0 & p_\Lambda = 1 \end{matrix}\right) = \frac{1}{\sqrt{2}}. \end{aligned} \tag{9.207b}$$

In analoger Vorgehensweise können dann alle weiteren CLEBSCH-GORDAN-Koeffizienten ermittelt werden.

Bei der Ermittlung der CLEBSCH-GORDAN-Koeffizienten der irreduziblen Darstellung $\boldsymbol{D}^{(0,0)}$ $(= \mathbf{1})$ in der Zerlegung (9.168) wird die Bedingung (9.185) $\lambda = \lambda' + \lambda''$ mit $\lambda = \Lambda = (0,0)$ von drei verschiedenen Wertepaaren $\{\lambda', \lambda''\}$ erfült. Demnach gilt nach Gl. (9.183) für den Basisvektor der Höchstgewichtsdarstellung $\boldsymbol{D}^{(\Lambda=(0,0))}$

$$\begin{aligned} u_{\Lambda}^{(\Lambda=(0,0),q=1)} &= \begin{pmatrix} \Lambda' & \Lambda'' & \Big| 0 \\ \Lambda' & \Lambda'' - \alpha^{(2)} - \alpha^{(1)} & \Big| 0 \end{pmatrix} v_{\Lambda'}^{(\Lambda')} \otimes v_{\Lambda''-\alpha^{(2)}-\alpha^{(1)}}^{(\Lambda'')} \\ &+ \begin{pmatrix} \Lambda' & \Lambda'' & \Big| 0 \\ \Lambda' - \alpha^{(1)} & \Lambda'' - \alpha^{(2)} & \Big| 0 \end{pmatrix} v_{\Lambda'-\alpha^{(1)}}^{(\Lambda')} \otimes v_{\Lambda''-\alpha^{(2)}}^{(\Lambda'')} \\ &+ \begin{pmatrix} \Lambda' & \Lambda'' & \Big| 0 \\ \Lambda' - \alpha^{(1)} - \alpha^{(2)} & \Lambda'' & \Big| 0 \end{pmatrix} v_{\Lambda'-\alpha^{(1)}-\alpha^{(2)}}^{(\Lambda')} \otimes v_{\Lambda''}^{(\Lambda'')} . \end{aligned} \tag{9.208}$$

Die Bestimmung der CLEBSCH-GORDAN-Koeffizienten gelingt dann mit Gl. (9.188). Nach Anwendung des Aufsteigeoperators $D^{(\Lambda'\otimes\Lambda'')}(e_{+\alpha^{(1)}})$ bzw. $D^{(\Lambda'\otimes\Lambda'')}(e_{+\alpha^{(2)}})$ bekommt man

$$\begin{aligned} 0 = C_1^{(+)} &\begin{pmatrix} \Lambda' & \Lambda'' & \Big| 0 \\ \Lambda' & \Lambda'' - \alpha^{(2)} - \alpha^{(1)} & \Big| 0 \end{pmatrix} v_{\Lambda'}^{(\Lambda')} \otimes v_{\Lambda''-\alpha^{(2)}}^{(\Lambda'')} \\ + C_1^{(+)} &\begin{pmatrix} \Lambda' & \Lambda'' & \Big| 0 \\ \Lambda' - \alpha^{(1)} & \Lambda'' - \alpha^{(2)} & \Big| 0 \end{pmatrix} v_{\Lambda'}^{(\Lambda')} \otimes v_{\Lambda''-\alpha^{(2)}}^{(\Lambda'')} \end{aligned} \tag{9.209a}$$

bzw.

$$\begin{aligned} 0 = C_2^{(+)} &\begin{pmatrix} \Lambda' & \Lambda'' & \Big| 0 \\ \Lambda' - \alpha^{(1)} & \Lambda'' - \alpha^{(2)} & \Big| 0 \end{pmatrix} v_{\Lambda'-\alpha^{(1)}}^{(\Lambda')} \otimes v_{\Lambda''}^{(\Lambda'')} \\ + C_2^{(+)} &\begin{pmatrix} \Lambda' & \Lambda'' & \Big| 0 \\ \Lambda' - \alpha^{(1)} - \alpha^{(2)} & \Lambda'' & \Big| 0 \end{pmatrix} v_{\Lambda'-\alpha^{(1)}}^{(\Lambda')} \otimes v_{\Lambda''}^{(\Lambda'')} . \end{aligned} \tag{9.209b}$$

Die Normierungskonstanten $C_1^{(+)}$ und $C_2^{(+)}$ errechnen sich bezüglich eines $\alpha^{(1)}$- bzw. $\alpha^{(2)}$-Strings der Länge Zwei nach Gl. (9.194) mit $\Lambda = 1/2$ und $\lambda = 1/2$ zu $C_1^{(+)} = C_2^{(+)} = 1$. Die Gln. (9.209) liefern dann für die CLEBSCH-GORDAN-Koeffizienten die Bedingung

$$\begin{aligned} \begin{pmatrix} \Lambda' & \Lambda'' & \Big| 0 \\ \Lambda' & \Lambda'' - \alpha^{(2)} - \alpha^{(1)} & \Big| 0 \end{pmatrix} &= - \begin{pmatrix} \Lambda' & \Lambda'' & \Big| 0 \\ \Lambda' - \alpha^{(1)} & \Lambda'' - \alpha^{(2)} & \Big| 0 \end{pmatrix} \\ &= \begin{pmatrix} \Lambda' & \Lambda'' & \Big| 0 \\ \Lambda' - \alpha^{(1)} - \alpha^{(2)} & \Lambda'' & \Big| 0 \end{pmatrix} . \end{aligned}$$

Mit der Normierung des Basisvektors (9.208) $\left(\left|u_{\Lambda}^{(\Lambda=0)}\right| = 1\right)$ und unter Berücksichtigung von reellen und positiven Phasenfaktoren (CONDON-SHORTLEY-Konvention) erhält man schließlich für die CLEBSCH-GORDAN-Koeffizienten die Werte $\pm 1/\sqrt{3}$.

■

9.6 YOUNG-Tableaux

Bei der Ermittlung der CLEBSCH-GORDAN-Entwicklung von n-fachen Tensorprodukten bezüglich einfacher LIE-Algebren ist die Kenntnis der diskreten *symmetrischen Gruppe* (*Permutationsgruppe*) S_n eine wertvolle Hilfe (s. a. Beispiel 4 v. Abschn. 2.1). Eine Erklärung dafür liefert der enge Zusammenhang zwischen den Darstellungen der LIE-Algebra und denen der Gruppe S_n.

Ein spezieller Fall ist bereits in Abschn. 3.10 und 6.5 vorgestellt worden. Dort wird das zweifache Tensorprodukt zweier irreduzibler Darstellungen betrachtet, die auf dem gleichen Vektorraum $\mathcal{V}^{(\alpha)}$ erklärt sind. Die Symmetrisierung bzw. Antisymmetrisierung der Produktbasis erlaubt eine Zerlegung des Produktraumes $\mathcal{V}^{(\alpha\otimes\alpha)}$ in einen symmetrischen und antisymmetrischen Unterraum, was eine entsprechende Zerlegung der Produktdarstellung nach Gl. (3.243) bzw. (6.140) zur Folge hat. Dabei kann sowohl die symmetrische Darstellung D_+ wie die antisymmetrische Darstellung D_- möglicherweise noch in irreduzible Darstellungen der betrachteten LIE-Algebra reduziert werden.

Betrachtet man etwa die einfache LIE-Algebra A_l ($\cong sl(l+1, \mathbb{C})$), dann findet man für deren $(l+1)$-dimensionale Fundamentaldarstellung $\boldsymbol{D}^{(1,0,\ldots,0)}$ mit dem Höchstgewichtsvektor $\Lambda = (\Lambda^1 = 1, \Lambda^2 = 0, \ldots \Lambda^l = 0)$ die $(l+1)$ Basisvektoren

$$v_1 \equiv v_{\Lambda}^{(\Lambda)}, v_2 \equiv v_{\Lambda-\alpha^{(1)}}^{(\Lambda)}, \ldots, v_{l+1} \equiv v_{\Lambda-\alpha^{(1)}-\ldots-\alpha^{(l)}}^{(\Lambda)}$$

als Eigenvektoren zu den Gewichten

$$\mathcal{P}(\mathcal{V}^{(\Lambda)}) = \{\Lambda, \Lambda - \alpha^{(1)}, \ldots, \Lambda - \alpha^{(1)} - \ldots - \alpha^{(l)}\}.$$

Das Tensorprodukt zwischen zwei Fundamentaldarstellungen $\boldsymbol{D}^{(1,0,\ldots,0)}$ mit der Dimension $(l+1)(l+1)$ besitzt dann die Produktbasis $\{u_{k_1k_2} = v_{k_1} \otimes v_{k_2} \,|\, k_1, k_2 = 1, \ldots, l+1\}$. Diese Basistensoren 2-ter Stufe setzen sich aus den getrennten Basissystemen, nämlich den beiden $(l+1)$-komponentigen Basistensoren 1-ter Stufe $\{v_{k_i} \,|\, k_i = 1, \ldots, l+1; i = 1, 2\}$ zusammen, die als die zwei Objekte der symmetrischen Gruppe S_2 aufgefasst werden. Die Gruppe umfasst neben dem Einselemnt e die Vertauschung (Transposition) $p = \begin{pmatrix} 1 & 2 \\ 2 & 1 \end{pmatrix}$ und ist isomorph zur Punktgruppe C_s bzw. C_i (Tab. 3.3b). Sie besitzt deshalb die gleiche Charaktertafel (Abb. 9.9). Die Anwendung der Operatoren e und p auf die Produktbasis

$$e(v_{k_1} \otimes v_{k_2}) = v_{k_1} \otimes v_{k_2} = u_{k_1k_2} \tag{9.210a}$$

$$p(v_{k_1} \otimes v_{k_2}) = v_{k_{p(1)}} \otimes v_{k_{p(2)}} = u_{k_2k_1} \tag{9.210b}$$

liefert die Basis $\{u_{k_1k_2}, u_{k_2k_1}\}$ für eine 2-dimensionale Darstellung der symmetrischen Gruppe S_2

$$\boldsymbol{D}(e) = \begin{pmatrix} 1 & 0 \\ 0 & 1 \end{pmatrix} \qquad \boldsymbol{D}(p) = \begin{pmatrix} 0 & 1 \\ 1 & 0 \end{pmatrix}.$$

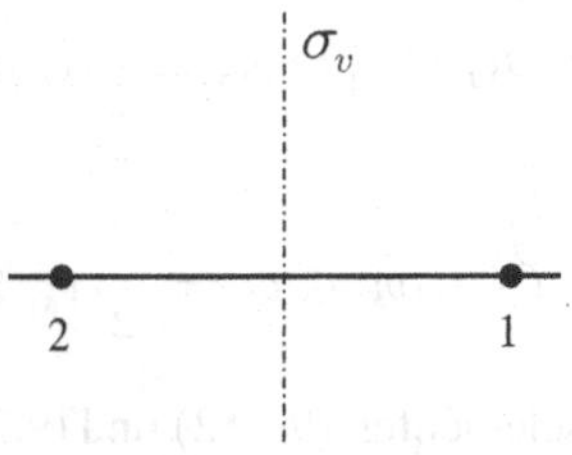

Abb. 9.9 Punktsymmetrie C_s – bzw. C_i, C_2 – zweier identischer Objekte 1 und 2 im euklidischen Raum $\mathbb{R}^2$ mit dem Einselement e und der Spiegelung σ_v an einer Ebene senkrecht zur Ebene $\mathbb{R}^2$ – bzw. Inversion i – als Symmetrieelemente

Nach Diagonalisierung mittels einer unitären Basistransformation (Beispiel 1 v. Abschn. 3.2)

$$\boldsymbol{D}^{(d)}(e) = \begin{pmatrix} 1 & 0 \\ 0 & 1 \end{pmatrix} \qquad \boldsymbol{D}^{(d)}(p) = \begin{pmatrix} 1 & 0 \\ 0 & -1 \end{pmatrix} \tag{9.211}$$

gelingt eine Reduktion in zwei irreduzible Darstellungen. Dies bedeutet eine *Symmetrisierung* und *Antisymmetrisierung* der Produktbasis. Im ersten Fall erhält man mit der Linearkombination

$$u^{(+)}_{k_1k_2} = \{v_{k_1} \otimes v_{k_2} + v_{k_2} \otimes v_{k_1}\}, \tag{9.212}$$

die der Forderung nach Invarianz gegenüber der Transposition p genügt

$$p\,u^{(+)}_{k_1k_2} = u^{(+)}_{k_1k_2}, \tag{9.213}$$

eine Basis für die symmetrische, eindimensionale (triviale) Darstellung $\boldsymbol{D}_+(S_2)$. Im zweiten Fall erhält man mit der Linearkombination

$$u^{(-)}_{k_1k_2} = \{v_{k_1} \otimes v_{k_2} - v_{k_2} \otimes v_{k_1}\}, \tag{9.214}$$

eine Basis für die antisymmetrische Darstellung $\boldsymbol{D}_-(S_2)$, die der Forderung nach Antisymmetrie genügt

$$p\,u^{(-)}_{k_1k_2} = -u^{(-)}_{k_1k_2}. \tag{9.215}$$

Eine andere Methode zur Ermittlung der Basisvektoren der beiden irreduziblen Darstellungen $\boldsymbol{D}_+(S_2)$ und $\boldsymbol{D}_-(S_2)$ basiert auf der Anwendung von Projektionsoperatoren (Abschn. 3.9). Ausgehend von einem Produktvektor $v_{k_1} \otimes v_{k_2}$ erhält man durch Anwendung des Projektionsoperators (3.169) bzw. des Charakterprojektionsoperators (3.179) und unter Verwendung der für die Gruppe S_2 gültigen Charaktertafel der Punktgruppe C_s – bzw. C_i , C_2 – (Tab. 3.3b) die Projektionen

$$P^{(+)}(v_{k_1} \otimes v_{k_2}) = \frac{1}{2}(D(e) + D(p))v_{k_1} \otimes v_{k_2} = \frac{1}{2}(v_{k_1} \otimes v_{k_2} + v_{k_2} \otimes v_{k_1}) = \frac{1}{2}u^{(+)}_{k_1k_2}$$

und

$$P^{(-)}(v_{k_1} \otimes v_{k_2}) = \frac{1}{2}(D(e) - D(p))v_{k_1} \otimes v_{k_2} = \frac{1}{2}(v_{k_1} \otimes v_{k_2} - v_{k_2} \otimes v_{k_1}) = \frac{1}{2}u^{(-)}_{k_1k_2}.$$

Diese stimmen mit den Basiselementen (9.212) und (9.214) – bis auf einen konstanten Faktor – überein.

Die hintereinander ausgeführte Anwendung der Operatoren $D(p)$ und $\{D(a)|\, a \in A_l\}$ auf die Produktbasis ergibt mit Gl. (9.141)

$$\begin{aligned}
D(p)D(a)u_{k_1k_2} &= D(p)D(a)(v_{k_1} \otimes v_{k_2}) = D(p)(D(a)v_{k_1} \otimes v_{k_2} + v_{k_1} \otimes D(a)v_{k_2}) \\
&= D(p)\sum_{j=1}^{l+1}(D_{jk_1}(a)v_j \otimes v_{k_2} + D_{jk_2}(a)v_{k_1} \otimes v_j) \\
&= \sum_{j=1}^{l+1}(D_{jk_1}(a)v_{k_2} \otimes v_j + D_{jk_2}(a)v_j \otimes v_{k_1} \\
&= D(a)(v_{k_2} \otimes v_{k_1}) = D(a)D(p)(v_{k_1} \otimes v_{k_2}) = D(a)D(p)u_{k_1k_2},
\end{aligned}$$

wonach die beiden Operatoren vertauschbar sind. Als Konsequenz daraus ist auch $D(a)u^{(+)}_{k_1k_2}$ bzw. $D(a)u^{(-)}_{k_1k_2}$ ein Basisvektor der symmetrischen bzw. antisymmetrischen Darstellung $\boldsymbol{D}_+(S_2)$ und $\boldsymbol{D}_-(S_2)$. Im Falle der symmetrischen Darstellung findet man nach (3.240) insgesamt $\frac{1}{2}(l+1)(l+2)$ linear unabhängige Kombinationen k_1k_2 und mithin Produktvektoren $u^{(+)}_{k_1k_2}$, die der Invarianzforderung (9.213) genügen und sich deshalb nach der symmetrischen Darstellung transformieren. Diese bilden dann eine Basis zu einer Darstellung $\boldsymbol{D}_+(A_l)$ der LIE-Algebra A_l mit der Dimension

$$\dim \boldsymbol{D}_+(A_l) = \frac{1}{2}(l+1)(l+2). \tag{9.216}$$

Im Falle der antisymmetrischen Darstellung $\boldsymbol{D}_-(S_2)$ findet man nach (3.241) insgesamt $\frac{1}{2}l(l+1)$ linear unabhängige Kombinationen k_1k_2 und mithin Produktvektoren $u^{(-)}_{k_1k_2}$, die der Antisymmetrieforderung (9.215) genügen und sich deshalb nach der antisymmetrischen Darstellung transformieren. Diese bilden dann die Basis zu einer Darstellung $\boldsymbol{D}_-(A_l)$ der LIE-Algebra A_l mit der Dimension

$$\dim \boldsymbol{D}_-(A_l) = \frac{1}{2}l(l+1). \tag{9.217}$$

Nach Gln. (9.212) und (9.214) erhält man für die Produktbasis

$$u_{k_1k_2} = v_{k_1} \otimes v_{k_2} = \frac{1}{2}u^{(+)}_{k_1k_2} + \frac{1}{2}u^{(-)}_{k_1k_2} \tag{9.218a}$$

und es gilt für die Produktdarstellung $\boldsymbol{D}^{\otimes 2}(A_l)$ mit der Dimension $(d^{A_l})^2 = (l+1)^2$ die Zerlegung in irreduzible Komponenten

$$\boldsymbol{D}^{\otimes 2}(A_l) = \boldsymbol{D}_+(A_l) \oplus \boldsymbol{D}_-(A_l). \tag{9.218b}$$

Der Produktraum $\mathcal{V}^{(1,0,\dots,0)} \otimes \mathcal{V}^{(1,0,\dots,0)}$ ist dann auch ein Darstellungsraum für die symmetrische Gruppe S_2.

Die DYNKIN-Label des höchsten Gewichts, das mit der symmetrischen Produktbasis $u^{(+)}_{k_1k_2}$ (9.212) verknüpft ist, erhält man mit $k_1 = k_2 = 1$ und

$$\Lambda = \Lambda' + \Lambda' = 1\Lambda_{(1)} + 0\Lambda_{(2)} + \dots + 0\Lambda_{(l)} + 1\Lambda_{(1)} + 0\Lambda_{(2)} + \dots + 0\Lambda_{(l)} = 2\Lambda_{(1)}$$

zu

$$\Lambda^1 = 2 \qquad \text{und} \qquad \Lambda^2 = \Lambda^3 = \dots = \Lambda^l = 0.$$

Danach gilt für die symmetrische Produktdarstellung die Isomorphie

$$(\boldsymbol{D}^{(1,0,\dots,0)} \otimes \boldsymbol{D}^{(1,0,\dots,0)})_+ \cong \boldsymbol{D}^{(2,0,\dots,0)}. \tag{9.219}$$

Die DYNKIN-Label des höchsten Gewichts, das mit der antisymmetrischen Produktbasis $u^{(-)}_{k_1k_2}$ (9.214) verknüpft ist, erhält man mit $k_1 = 1, k_2 = 2$ und

$$\Lambda = \Lambda' + (\Lambda' - \alpha^{(1)})$$

sowie mit Gl. (9.23b) und der CARTAN-Matrix $\boldsymbol{A}(A_l)$ (s. Anhang)

$$\begin{aligned}\Lambda &= 1\Lambda_{(1)} + 0\Lambda_{(2)} + \dots + 0\Lambda_{(l)} - \sum_{j=1}^{l} A^{j1}\Lambda_{(j)} \\ &= 2\Lambda_{(1)} - 2\Lambda_{(1)} + 1\Lambda_{(2)} + 0\Lambda_{(3)} + \dots + 0\Lambda_{(l)} = 1\Lambda_{(2)}\end{aligned}$$

zu

$$\Lambda^2 = 1 \qquad \text{und} \qquad \Lambda^1 = \Lambda^3 = \dots = \Lambda^l = 0.$$

Danach gilt für die antisymmetrische Produktdarstellung die Isomorphie

$$(\boldsymbol{D}^{(1,0,\dots,0)} \otimes \boldsymbol{D}^{(1,0,\dots,0)})_- \cong \boldsymbol{D}^{(0,1,0,\dots,0)}. \tag{9.220}$$

Beispiel 1 Im speziellen Fall des zweifachen Tensorprodukts mit der Fundamentaldarstellung $\boldsymbol{D}^{(\Lambda^1=1)}$ der LIE-Algebra A_1 ($\cong sl(2,\mathbb{C})$ erhält man mit den zwei $(= (l+1) = (\Lambda^1+1))$ Basisvektoren

$$v_1 \equiv v^{(\Lambda)}_{\Lambda=\Lambda^1\Lambda_{(1)}} = v^{(\Lambda)}_{1/2} \qquad \text{und} \qquad v_2 \equiv v^{(\Lambda)}_{\Lambda-\alpha^{(1)}} = v^{(\Lambda)}_{-1/2} \tag{9.221}$$

insgesamt 4 $(= (l+1)(l+1))$ Produktvektoren $\{u_{k_1 k_2} = v_{k_1} \otimes v_{k_2} | \, k_1, k_2 = 1, 2\}$ als Basis der reduziblen Produktdarstellung $\boldsymbol{D}(S_2)$. Eine Realisierung der Basisvektoren (9.221) geschieht etwa durch die beiden Zustände (Dublett) eines FERMI-Teilchens mit der Spinquantenzahl 1/2 im zweidimensionalen Darstellungsraum. Das Tensorprodukt $\boldsymbol{D}^{(1)} \otimes \boldsymbol{D}^{(1)}$ bedeutet dann die Kopplung von solchen FERMI-Teilchen bzw. von deren HILBERT-Räume.

Die Symmetrisierung liefert nach Gl. (9.212) die 3 $\left(= \frac{1}{2}(l+1)(l+2)\right)$ symmetrischen Produktvektoren

$$u^{(+)}_{11} = v^{(\Lambda')}_1 \otimes v^{(\Lambda')}_1 + v^{(\Lambda')}_1 \otimes v^{(\Lambda')}_1 \tag{9.222a}$$
$$u^{(+)}_{12} = v^{(\Lambda')}_1 \otimes v^{(\Lambda')}_2 + v^{(\Lambda')}_2 \otimes v^{(\Lambda')}_1 \tag{9.222b}$$
$$u^{(+)}_{22} = v^{(\Lambda')}_2 \otimes v^{(\Lambda')}_2 + v^{(\Lambda')}_2 \otimes v^{(\Lambda')}_2 . \tag{9.222c}$$

Diese bilden die Basis für die 3-dimensionale symmetrische irreduzible Produktdarstellung $\boldsymbol{D}_+$

$$\boldsymbol{D}_+(e) = \mathbf{1}_3 \qquad \boldsymbol{D}_+(p) = \mathbf{1}_3 .$$

Das höchste Gewicht Λ ist mit dem symmetrischen Basisvektor $u^{(+)}_{11}$ verknüpft und hat wegen

$$\Lambda = \Lambda' + \Lambda' = 1\Lambda_{(1)} + 1\Lambda_{(1)} = 2\Lambda_{(1)}$$

das DYNKIN-Label $\Lambda^1 = 2$. Danach gilt für die symmetrische Produktdarstellung – in Übereinstimmung mit (9.216) – die Isomorphie

$$(\boldsymbol{D}^{(1)} \otimes \boldsymbol{D}^{(1)})_+ \cong \boldsymbol{D}^{(2)} . \tag{9.223}$$

Im Fall der Spin-1/2-Teilchen wird so der Triplett-Zustand repräsentiert.

Die Antisymmetrisierung liefert nach Gl. (9.214) nur einen antisymmetrischen Produktvektor

$$u^{(-)}_{12} = v^{(\Lambda')}_1 \otimes v^{(\Lambda')}_2 - v^{(\Lambda')}_2 \otimes v^{(\Lambda')}_1 . \tag{9.224}$$

Dieser ist Basisvektor der antisymmetrischen Produktdarstellung $\boldsymbol{D}_-$

$$\boldsymbol{D}_-(e) = 1 \qquad \boldsymbol{D}_-(p) = -1 ,$$

deren Dimension nach Gl. (9.217) den Wert Eins hat. Das höchste Gewicht Λ, das mit dem Produktvektor (9.224) verknüpft ist, hat wegen

$$\begin{aligned}\Lambda &= \Lambda' + (\Lambda' - \alpha^{(1)}) = 1\Lambda_{(1)} + 1\Lambda_{(1)} - \alpha^{(1)}\\ &= 2\Lambda_{(1)} - \sum A^{j1}\Lambda_j = 2\Lambda_{(1)} - 2\Lambda_{(1)} = 0\end{aligned}$$

das DYNKIN-Label $\Lambda^1 = 0$. Danach gilt für die antisymmetrische Produktdarstellung – in Übereinstimmung mit (9.217) – die Isomorphie

$$(\boldsymbol{D}^{(1)} \otimes \boldsymbol{D}^{(1)})_- \cong \boldsymbol{D}^{(0)}. \tag{9.225}$$

Im Fall der Spin-1/2-Teilchen wird so der Singulett-Zustand repräsentiert. Insgesamt findet man dann mit Gl. (9.223) die CLEBSCH-GORDAN-Zerlegung des Tensorprodukts

$$\boldsymbol{D}^{(\Lambda'=1)} \otimes \boldsymbol{D}^{(\Lambda'=1)} \cong \boldsymbol{D}^{(\Lambda=0)} \oplus \boldsymbol{D}^{(\Lambda=2)}, \tag{9.226}$$

was mit Gl. (9.163) übereinstimmt.

■

Eine Verallgemeinerung verlangt die Diskussion des n-fachen Tensorproduktes $D^{\otimes n}(\mathcal{L})$ einer einfachen LIE-Algebra $\mathcal{L}$. Die Basis des zugehörigen unitären Tensorraumes $\mathcal{V}^{\otimes n}$ ergibt sich mit der Basis des Darstellungsraumes $\mathcal{V}$, nämlich den Basistensoren 1-ter Stufe $\{v_k \,|\, k = 1, \ldots, \dim \mathcal{V} = d\}$ – bzw. d-komponentigen Basisvektoren – zur Produktbasis, nämlich den d^n Tensoren n-ter Stufe

$$u_{k_1,k_2,\ldots,k_n} = v_{k_1} \otimes v_{k_2} \otimes \ldots \otimes v_{k_n} \qquad k_i = 1, \ldots, \dim \mathcal{V} = d. \tag{9.227}$$

Diese Tensordarstellung $D^{\otimes n}(\mathcal{L})$ ist im Allgemeinen reduzibel, was durch die Zerlegung in Tensoren mit besonderer Symmetrie gelingt.

Mit einem beliebigen Element p (2.32b) der symmetrischen Gruppe S_n kann man einen Operator $D(p)$ festlegen, der auf den Produktvektor (9.227) wirkt

$$\begin{aligned} D(p)(u_{k_1,k_2,\ldots,k_n}) &= u_{k_{p(1)},\ldots,k_{p(n)}} = v_{k_{p(1)}} \otimes \ldots \otimes v_{k_{p(n)}}\\ k_i &= 1, \ldots, \dim \mathcal{V} = d \qquad p \in S_n. \end{aligned} \tag{9.228}$$

Diese Abbildung bedeutet eine lineare Selbstabbildung des Tensorraumes $\mathcal{V}^{\otimes n}$, so dass dieser auch als Darstellungsraum der symmetrischen Gruppe S_n aufgefasst werden kann. Die Basis der zugehörigen Darstellung $\boldsymbol{D}(S_n)$ besteht aus d^n Produkten der Form (9.227). Eine Reduktion in irreduzible Darstellungen $\boldsymbol{D}^{(\alpha)}(S_n)$ gelingt dann – analog zum speziellen Fall der Gruppe S_2 – durch eine Basistransformation mit dem Ergebnis von geeigneten Linearkombinationen der Produktbasis (9.227). Dabei können total symmetrische, total antisymmetrische sowie gemischt symmetrische Formen auftreten. Diese bilden dann die symmetrieangepassten Basissysteme der irreduziblen Darstellungen $\boldsymbol{D}^{(\alpha)}(S_n)$. Eine geeignete Methode, um dieses Ziel zu erreichen, verwendet die Technik der Projektionsoperatoren. Bleibt hervorzuheben, dass die total symmetrische Darstellung ($\boldsymbol{D}_+(p) = +1$) und die total antisymmetrische Darstellung ($\boldsymbol{D}_-(p) = \operatorname{sign} p = (-1)^{|p|}$ –

s. u.) genau einmal vorkommen und eindimensional sind. Nachdem die Operatoren $D(p)$ der Gruppe S_n mit jenen Operatoren $D(a)$ der LIE-Algebra $\mathcal{L}$ vertauschen, bekommt man mit den irreduziblen Darstellungen der symmetrischen Gruppe auch Darstellungen der LIE-Algebra $\mathcal{L}$. Demnach kann man für die LIE-Algebra $\mathcal{L}$ eine Basis wählen, die auch eine Basis für eine irreduzible Darstellung der symmetrischen Gruppe ist. Das bedeutet, dass der Tensorraum $\mathcal{V}^{\otimes n}$ in invariante Unterräume bezüglich $\mathcal{L}$ zerlegt werden kann. Im besonderen Fall der LIE-Algebra A_l sind die so gewonnenen Unterräume bzw. Darstellungen auch irreduzibel.

Betrachtet man etwa das n-fache Tensorprodukt mit der fundamentalen Darstellung $\boldsymbol{D}^{(1,0,\ldots,0)}$ zur LIE-Algebra A_l als Faktoren, dann bekommt man wegen (9.228) mit den $(l+1)^n = \dim \mathcal{V}^{\otimes n}$ Basistensoren n-ter Stufe – bzw. $(l+1)^n$-komponentigen Basisvektoren (Beispiel 2 v. Abschn. 3.10) – der Form (9.227) eine Darstellung $\boldsymbol{D}(S_n)$ der symmetrischen Gruppe S_n, die in irreduzible Komponenten $\boldsymbol{D}^{(\alpha)}(S_n)$ zerlegt werden kann. Die d_α ($= \dim \boldsymbol{D}^{(\alpha)}$) Basisvektoren – bzw. Basistensoren – einer solchen irreduziblen Darstellung $\boldsymbol{D}^{(\alpha)}$ sind lineare Kombinationen von Tensorprodukten der Form (9.227). Man erhält diese symmetrieangepasste Basis etwa durch die Anwendung von Projektionsoperatoren. Setzt man voraus, dass insgesamt $d_\alpha^{A_l}$ linear unabhängige Vektoren mithilfe der $(l+1)^n$ Produkte (9.227) konstruiert werden können, die sich nach der i-ten Spalte der irreduziblen Darstellung $\boldsymbol{D}^{(\alpha)}(S_n)$ transformieren, dann gibt es für jede Spalte $i = 1, \ldots, d_\alpha$ solche $d_\alpha^{A_l}$ linear unabhängigen Tensorelemente $\left\{w_{ij}^{(\alpha)} \mid j = 1, \ldots, d_\alpha^{A_l}\right\}$. Wegen der Vertauschbarkeit der Operatoren $\{D(p) \mid p \in S_n\}$ und $\{D(a) \mid a \in A_l\}$ ist auch $\left\{D(a)w_{ij} \mid j = 1, \ldots, d_\alpha^{A_l}\right\}$ ein Basisvektor – bzw. Basistensor – der i-ten Spalte von $\boldsymbol{D}^{(\alpha)}(S_n)$, so dass für jeden festen Wert $i = 1, \ldots, d_\alpha$ die $d_\alpha^{A_l}$ linear unabhängigen Vektoren $\left\{w_{ij}^{(\alpha)} \mid j = 1, \ldots, d_\alpha^{A_l}\right\}$ eine Basis für eine $d_\alpha^{A_l}$-dimensionale irreduzible Darstellung $\boldsymbol{D}^{(\alpha)}(A_l)$ der LIE-Algebra A_l liefern. Auf diesem Weg kann jede irreduzible Darstellung der LIE-Algebra A_l gewonnen werden.

Beispiel 2 Im speziellen Fall des dreifachen Tensorprodukts $\boldsymbol{D}^{(1)} \otimes \boldsymbol{D}^{(1)} \otimes \boldsymbol{D}^{(1)}$, dessen Faktoren alle die Fundamentaldarstellung $\boldsymbol{D}^{(\Lambda^1=1)}$ der LIE-Algebra A_1 ($\cong sl(2,\mathbb{C})$) bilden, erhält man mit den zwei Basisvektoren (9.221) insgesamt 8 ($= (l+1)^n\,;\, l=1,\ n=3$) Produktvektoren – bzw. Tensoren 3-ter Stufe –

$$u_{k_1k_2k_3} = v_{k_1} \otimes v_{k_2} \otimes v_{k_3} \qquad k_1, k_2, k_3 = 1, 2. \tag{9.229}$$

Letztere bilden die Basis für eine 8-dimensionale reduzible Darstellung $\boldsymbol{D}(S_3)$ der symmetrischen Gruppe S_3. Die Reduktion liefert dann irreduzible Darstellungen $\boldsymbol{D}^{(\alpha)}(S_3)$, deren Basissysteme eine total symmetrische, eine total antisymmetrische sowie gemischte Formen zeigen. Die Suche nach diesen Basissystemen wird durch die Isomorphie der symmetrischen Gruppe S_3 zur Punktgruppe C_{3v} – bzw. D_3 – erleichtert. Letztere beschreibt die Symmetrie eines gleichseitigen Dreiecks und besitzt als Elemente außer dem Einselement e zwei 3-zählige Rotationen $\{c_3, c_3^2\}$

um eine Achse senkrecht zur Ebene $\mathbb{R}^2$ sowie drei Spiegelungen $\{\sigma_v, \sigma_v', \sigma_v''\}$ an Ebenen senkrecht zur Ebene $\mathbb{R}^2$ (Abb. 9.10).

Mit den Elementen $\{p_i \mid i = 1, \ldots, 6\}$ der symmetrischen Gruppe S_3 findet man die äquivalenten Operationen

$$
\begin{aligned}
p_1 &= \begin{pmatrix} 1 & 2 & 3 \\ 1 & 2 & 3 \end{pmatrix} \cong e \quad p_2 = \begin{pmatrix} 1 & 2 & 3 \\ 3 & 1 & 2 \end{pmatrix} \cong c_3 \quad p_3 = \begin{pmatrix} 1 & 2 & 3 \\ 2 & 3 & 1 \end{pmatrix} \cong c_3^2 \\
p_4 &= \begin{pmatrix} 1 & 2 & 3 \\ 2 & 1 & 3 \end{pmatrix} \cong \sigma_v \quad p_5 = \begin{pmatrix} 1 & 2 & 3 \\ 3 & 2 & 1 \end{pmatrix} \cong \sigma_v' \quad p_6 = \begin{pmatrix} 1 & 2 & 3 \\ 1 & 3 & 2 \end{pmatrix} \cong \sigma_v''.
\end{aligned}
\tag{9.230}
$$

Dabei sind die Eckpunkte des Dreiecks äquivalent zu den Objekten der symmetrischen Gruppe.

Eine vollständige Symmetrisierung der Produktbasis (9.229) bezüglich aller Permutationen der symmetrischen Gruppe S_3 gelingt durch die Linearkombination

$$
u_{k_1k_2k_3}^{(+)} = 123 + 231 + 312 + 213 + 321 + 132 \qquad u_{k_ik_jk_r} :\equiv ijr. \tag{9.231}
$$

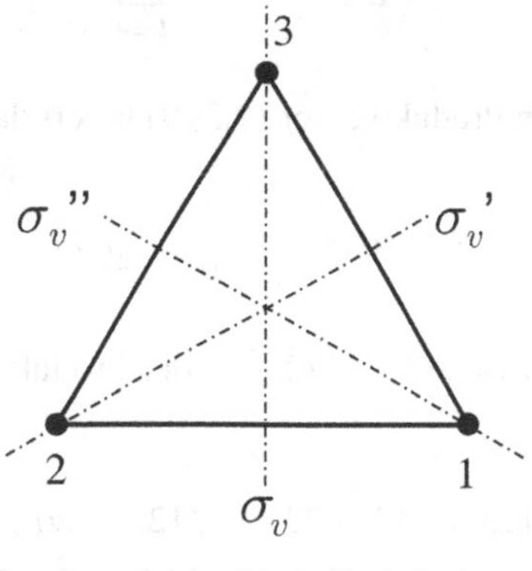

Abb. 9.10 Punktsymmetrie C_{3v} eines gleichseitigen Dreiecks im euklidischen Raum $\mathbb{R}^2$ mit dem Einselement e, zwei 3-zähligen Rotationen $\{c_3, c_3^2\}$ sowie drei Spiegelungen $\{\sigma_v, \sigma_v', \sigma_v''\}$ als Symmetrieelemente

Es ist die Basis der trivialen eindimensionalen symmetrischen Darstellung $\boldsymbol{D}_+(S_3) = 1$. Man erhält diesen symmetrieangepassten Basisvektor – bis auf einen konstanten Faktor – auch mithilfe des Projektionsoperators bzw. Charakterprojektionsoperators $P_{kl}^{(+)} = P_{ll}^{(+)} = P^{(+)}$ (3.169), der äquivalent ist zum Projektionsoperator $P^{(A_1)}$ bezüglich der trivialen Darstellung $\boldsymbol{D}^{A_1}$ der Punktgruppe C_{3v} (Tab. 9.4)

$$
P^{(+)} = \frac{1}{6} \sum_{k=1}^{6} D(p_k). \tag{9.232}
$$

Seine Anwendung auf den Produktvektor (9.229) liefert dann

$$P^{(+)}u_{k_1k_2k_3} = \frac{1}{6}u^{(+)}_{k_1k_2k_3}. \qquad (9.233)$$

Eine vollständige Antisymmetrisierung der Produkbasis (9.229) bezüglich der Vertauschung zweier Faktoren gelingt durch die Linearkombination

$$u^{(-)}_{k_1k_2k_3} = 123 + 231 + 312 - 213 - 321 - 132 \qquad u_{k_ik_jk_r} :\equiv ijr. \qquad (9.234)$$

Es ist die Basis der eindimensionalen antisymmetrischen Darstellung $\boldsymbol{D}_-(S_3) = \operatorname{sign} p$. Dabei bedeutet das Vorzeichen $\operatorname{sign} p$ die Parität der Permutation p (s. u.). Man erhält diesen symmetrieangepassten Basisvektor – bis auf einen konstanten Faktor – auch mithilfe des Projektionsoperators bzw. Charakterprojektionsoperators $P^{(-)}_{kl} = P^{(-)}_{ll} = P^{(-)}$ (3.169), der äquivalent ist zum Projektionsoperator $P^{(A_2)}$ bezüglich der trivialen Darstellung $\boldsymbol{D}^{A_2}$ der Punktgruppe C_{3v} (Tab. 9.4)

$$P^{(+)} = \frac{1}{6}\left(\sum_{k=1}^{3} D(p_k) - \sum_{k=4}^{6} D(p_k)\right). \qquad (9.235)$$

Seine Anwendung auf den Produktvektor (9.229) liefert dann

$$P^{(+)}u_{k_1k_2k_3} = \frac{1}{6}u^{(-)}_{k_1k_2k_3}. \qquad (9.236)$$

Eine gemischt symmetrische Form $u^{(\pm)}_{k_1k_2k_3}$ der Produktbasis erreicht man durch die Linearkombination

$$u^{(\pm,1)}_{k_1k_2k_3} = 123 + 213 - 321 - 312 \qquad u_{k_ik_jk_r} :\equiv ijr. \qquad (9.237)$$

Sie bedeutet zunächst eine Symmetrisierung bezüglich der Vertauschung des 1. und 2. Faktors sowie nachfolgend eine Antisymmetrisierung bezüglich einer Vertauschung des 1. und 3. Faktors. Analog dazu erhält man nach Umkehrung der Reihenfolge von Symmetrisierung und Antisymmetrisierung bezüglich der Vertauschungen eine weitere gemischt symmetrische Form

$$u^{(\pm,2)}_{k_1k_2k_3} = 123 + 321 - 213 - 231 \qquad u_{k_ik_jk_r} :\equiv ijr. \qquad (9.238)$$

Beide Formen bilden zusammen die symmetrieangepasste Basis $\left\{u^{(\pm,1)}_{k_1k_2k_3}, u^{(\pm,2)}_{k_1k_2k_3}\right\}$ einer zweidimensionalen irreduziblen Darstellung $\boldsymbol{D}_\pm(S_3)$ der symmetrischen Gruppe S_3. Insgesamt ergibt sich für die Produktbasis (9.229) des Tensorraumes die Zerlegung in symmetrieangepasste Basissysteme

$$u_{k_1k_2k_3} = \frac{1}{6}u^{(+)}_{k_1k_2k_3} + \frac{1}{6}u^{(-)}_{k_1k_2k_3} + \frac{1}{3}u^{(\pm,1)}_{k_1k_2k_3} + \frac{1}{3}u^{(\pm,2)}_{k_1k_2k_3}. \tag{9.239}$$

Im Fall der symmetrischen Form $u^{(+)}_{k_1k_2k_3}$ (9.231) findet man mit den zwei Basisvektoren (9.221) wegen der Forderung $k_i \leq k_j$ an die Werte $\{k_i, k_j = 1, 2\}$ insgesamt 4 $\left(= \frac{1}{3!}(l+1)(l+2)(l+3);\ l = 1\right)$ linear unabhängige Produktvektoren

$$\left\{u^{(+)}_{111}, u^{(+)}_{112}, u^{(+)}_{122}, u^{(+)}_{222}\right\} = \left\{w^{(+)}_{11}, w^{(+)}_{12}, w^{(+)}_{13}, w^{(+)}_{14}\right\} = \boldsymbol{w}^{(+)}. \tag{9.240}$$

Diese bilden die Basis für eine symmetrische irreduzible Produktdarstellung $\boldsymbol{D}_+(A_1)$ der LIE-Algebra A_1 mit der Dimension $\dim \boldsymbol{D}_+(A_1) = d_+^{A_1} = 4$. Das höchste Gewicht Λ ist mit dem Basisvektor $u^{(+)}_{111}$ verknüpft und hat wegen des dreifachen Tensorprodukts nach

$$\Lambda = \Lambda' + \Lambda' + \Lambda' = 1\Lambda_{(1)} + 1\Lambda_{(1)} + 1\Lambda_{(1)} = 3\Lambda_{(1)}$$

das DYNKIN-Label $\Lambda^1 = 3$. Somit gilt für die total symmetrische Produktdarstellung die Isomorphie

$$(\boldsymbol{D}^{(1)} \otimes \boldsymbol{D}^{(1)} \otimes \boldsymbol{D}^{(1)})_+ \cong \boldsymbol{D}^{(3)}. \tag{9.241}$$

Alle vier Basisvektoren (9.240) transformieren sich nach der ersten ($i = 1$) – und einzigen – Spalte der eindimensionalen ($d_\alpha = d_+ = 1$) symmetrischen irreduziblen Darstellung $\boldsymbol{D}_+(S_3)$ ($\equiv 1$) der symmetrischen Gruppe S_3.

Im antisymmetrischen Fall können wegen der Forderung $k_i < k_j$ an die Werte $\{k_i, k_j = 1, 2\}$ keine linear unabhängige Vektoren der Form (9.234) mithilfe der acht möglichen Produktvektoren gefunden werden $\left(d_-^{A_1} = 0\right)$. Demnach gibt es keine Basis für eine eindimensionale total antisymmetrische Produktdarstellung $\boldsymbol{D}_-(A_1)$.

Im gemischt symmetrischen Fall findet man zwei linear unabhängige Vektoren der Form (9.237)

$$\left\{u^{(\pm,1)}_{112}, u^{(\pm,1)}_{221}\right\} = \left\{w^{\pm}_{11}, w^{\pm}_{12}\right\} = \boldsymbol{w}^{\pm}_1 \tag{9.242a}$$

sowie zwei linear unabhängige Vektoren der Form (9.238)

$$\left\{u^{(\pm,2)}_{121}, u^{(\pm,2)}_{212}\right\} = \left\{w^{\pm}_{21}, w^{\pm}_{22}\right\} = \boldsymbol{w}^{\pm}_2. \tag{9.242b}$$

Beide Systeme von 2 $\left(= d_\pm^{A_1}\right)$ Vektoren liefern jeweils eine Basis für eine zweidimensionale irreduzible Produkdarstellung $\boldsymbol{D}_\pm(A_1)$ der LIE-Algebra A_1. Das höchste Gewicht, das im ersten System mit dem Basisvektor $u^{(\pm,1)}_{112}$ bzw. im zweiten

System mit dem Basisvektor $u_{121}^{(\pm,2)}$ verbunden ist, hat in beiden Systemen den gleichen Wert. Es errechnet sich etwa im ersten System mit $k_1 = 1$, $k_2 = 1$ und $k_3 = 2$ zu

$$\Lambda = \Lambda' + \Lambda' + \Lambda' = 1\Lambda_{(1)} + 1\Lambda_{(1)} + 1\Lambda_{(1)} - \alpha^{(1)} = 2\Lambda_{(1)} - 1\Lambda_{(1)} = 1\Lambda_{(1)}$$

und hat das DYNKIN-Label $\Lambda^1 = 1$. Somit gilt für die gemischt symmetrische Produktdarstellung bezüglich jedes der Basissysteme (9.242a) und (9.242b) die Isomorphie zur Darstellung $\boldsymbol{D}^{(\Lambda^1=1)}(A_1)$ und man erhält insgesamt die Isomorphie

$$(\boldsymbol{D}^{(1)} \otimes \boldsymbol{D}^{(1)} \otimes \boldsymbol{D}^{(1)})_{\pm} \cong 2\boldsymbol{D}^{(1)}. \tag{9.243}$$

Tabelle 9.4 Charaktere von irreduziblen Matrixdarstellungen $\boldsymbol{D}^{A_1}$, $\boldsymbol{D}^{A_2}$ und $\boldsymbol{D}^{E}$ (Symbolik n. MULLIKAN) der endlichen Punktgruppe C_{3v} (s. a. Tab. 3.2)

C_{3v}	e	$\{c_3, c_3^2\}$	$\{\sigma_v, \sigma_v', \sigma_v''\}$	Basis
$\boldsymbol{D}^{A_1}$	1	1	1	z, z^2
$\boldsymbol{D}^{A_2}$	1	1	−1	R_z
$\boldsymbol{D}^{E}$	2	−1	0	$x, y;\ R_x, R_y$

Aufgrund der Isomorphie der symmetrischen Gruppe S_3 zur Punktgruppe C_{3v} kann man mithilfe der Charaktere der zweidimensionalen Darstellung $\boldsymbol{D}^{E}$ (Tab. 9.4) einen Projektionsoperator (3.179) festlegen

$$P^{(\pm)} \cong P^{(E)} = \frac{2}{6}(2D(e) - D(c_3) - D(c_3^2)) \cong \frac{2}{6}(2D(p_1) - D(p_2) - D(p_3)). \tag{9.244}$$

Die Anwendung auf die gemischt symmetrischen Formen (9.237) und (9.238) liefert eine Eigenwertgleichung

$$P^{(\pm)} u_{k_1k_2k_3}^{(\pm,1)} = u_{k_1k_2k_3}^{(\pm,1)} \qquad P^{(\pm)} u_{k_1k_2k_3}^{(\pm,2)} = u_{k_1k_2k_3}^{(\pm,2)}$$

mit dem Eigenwert Eins. Danach sind diese gemischt symmetrischen Basisvektoren $u_{k_1k_2k_3}^{(\pm,1)}$ und $u_{k_1k_2k_3}^{(\pm,2)}$ Linearkombinationen der Basis von jener zweidimensionalen ($d_\alpha = d_\pm$) Darstellung $\boldsymbol{D}_{\pm}(S_3)$, die dem Projektionsoperator $P^{(\pm)}$ (9.244) zugrunde liegt. Die Matrixdarstellung $\boldsymbol{D}_{\pm}(S_3)$ kann so gewählt werden, dass die beiden $\left(d_{\pm}^{A_1} = 2\right)$ Elemente (9.242) $\boldsymbol{w}_1^{\pm}$ bzw. $\boldsymbol{w}_2^{\pm}$ sich nach der ersten Spalte ($i = 1$) bzw. der zweiten Spalte ($i = 2$) transformieren. Dabei ist diese Darstellung $\boldsymbol{D}_{\pm}(S_3)$ nicht notwendig unitär. So erhält man etwa für die Permutation p_4 von (9.230) gemäß

$$D(p_4)u_{112}^{(\pm,1)} = D(p_4)(2 \cdot 112 - 2 \cdot 211) = 2 \cdot 112 - 2 \cdot 211 = u_{112}^{(\pm,1)} - u_{121}^{(\pm,2)}$$

und

$$D(p_4)u^{(\pm,2)}_{121} = D(p_4)(2 \cdot 121 - 2 \cdot 211) = 2 \cdot 211 - 2 \cdot 121 = -u^{(\pm,2)}_{121}$$

die nicht-unitäre Darstellungsmatrix

$$\boldsymbol{D}_{\pm}(p_4)) = \begin{pmatrix} 1 & 0 \\ -1 & -1 \end{pmatrix} \quad \text{mit} \quad p_4 = \begin{pmatrix} 1 & 2 & 3 \\ 2 & 1 & 3 \end{pmatrix}. \tag{9.245}$$

Insgesamt ergibt sich nach (9.241) und (9.243) die Zerlegung des dreifachen Tensorprodukts zu

$$\boldsymbol{D}^{(1)}(a) \otimes \boldsymbol{D}^{(1)}(a) \otimes \boldsymbol{D}^{(1)}(a) \cong \boldsymbol{D}^{(3)}(a) \oplus 2\boldsymbol{D}^{(2)}(a) \qquad a \in A_1, \tag{9.246a}$$

was mit dem Ergebnis von Gl. (9.163) übereinstimmt

$$\begin{aligned} \boldsymbol{D}^{(1)}(a) \otimes \boldsymbol{D}^{(1)}(a) \otimes \boldsymbol{D}^{(1)}(a) &\cong [\boldsymbol{D}^{(2)}(a) \oplus \boldsymbol{D}^{(0)}(a)] \otimes \boldsymbol{D}^{(1)}(a) \\ &= \boldsymbol{D}^{(3)}(a) \oplus \boldsymbol{D}^{(1)}(a) \oplus \boldsymbol{D}^{(1)}(a) \qquad a \in A_1. \end{aligned} \tag{9.246b}$$

■

Eine wesentliche Erleichterung beim Umgang mit Permutationen erlaubt die *Zyklendarstellung*. Dabei ist ein *Zyklus* p_z definiert als eine Permutation von nur i Objekte untereinander, bei der eine Teilmenge von $(n - i)$ Objekte unberücksichtigt bleibt.

Beginnend etwa mit dem Objekt k der i Objekte bekommt man die zyklische Permutation

$$p_z = \begin{pmatrix} \ldots & k & \ldots & p(k) & \ldots & p^{i-1}(k) & \ldots \\ \ldots & p(k) & \ldots & p(p(k)) & \ldots & p^i(k) = k & \ldots \end{pmatrix}. \tag{9.247a}$$

Dabei kommt das Objekt k an die Position des Objekts $p(k)$, das Objekt $p(k)$ an die Position des Objekts $p(p(k)) = p^2(k)$ usw. Dieser Zyklus wird abgekürzt durch die Symbolik

$$p_z = (k \;\; p(k) \;\; p(p(k)) = p^2(k) \;\; \ldots \;\; p^{i-1}(k)). \tag{9.247b}$$

Danach nimmt jedes Objekt die Position des in der Zeile unmittelbar rechts neben ihm stehenden Objekts ein. Das letzte Objekt tritt dabei an die Position des ersten Objekts. Die Reihenfolge der i Objekte ist nur bis auf ein zyklische Permutation festgelegt. Jene Objekte, die in dem Zyklus p_z nicht aufgeführt sind, werden auch nicht permutiert.

Die Anzahl i der Objekte, die permutiert werden, definieren die *Länge* bzw. die *Ordnung eines Zyklus*. Der Zyklus kann dann auch als i*-gliedrig* bezeichnet werden. 1-gliedrige Zyklen mit der Ordnung Eins, die nur ein Element haben und deshalb keine Permutation erlauben, werden oft nicht aufgeführt.

Jede Permutation p kann faktoriell in Zyklen p_z zerlegt werden, die kein Objekt gemeinsam haben und deshalb paarweise untereinander vertauschen

$$p = p_{z1} p_{z2} \cdots p_{zm}. \tag{9.248}$$

Demnach ist diese Zerlegung unabhängig von der Reihenfolge und gilt als eindeutig.

Jeder Zyklus p_{z_i} der Ordnung i mit $i > 1$ – und wegen Gl. (9.248) auch jede Permutation p – kann als Produkt von $(i-1)$ *Transpositionen* (Paarvertauschungen) bzw. 2-gliedrigen Zyklen $(k\ l)$ ausgedrückt werden

$$p_{z_i} = (1\ 2\ \ldots\ i) = (1\ 2)(2\ 3)\ldots(i-1\ \ i) \qquad i > 1. \tag{9.249a}$$

Dabei muss angemerkt werden, dass die Faktoren von der rechten Seite her beginnend angewendet werden. Andernfalls gilt die Faktorisierung

$$p_{z_i} = (1\ 2\ \ldots\ i) = (1\ 2)(1\ 3)\ldots(1\ i) \qquad i > 1. \tag{9.249b}$$

Diese Transpositionen können als Generatoren der symmetrischen Gruppe gewählt werden. Die faktorielle Zerlegung einer Permutation ist jedoch nicht eindeutig, da die Nummer eines Objekts in mehreren Faktoren bzw. Transpositionen auftreten kann. Eine Vertauschung von zwei Transpositionen mit einem gemeinsamen Objekt liefert dann gewöhnlich eine andere Permutation.

Eine Permutation p gilt als *gerade* (*gerade Parität*) bzw. *ungerade* (*ungerade Parität*)

$$\operatorname{sign} p = (-1)^{|p|} = \begin{cases} +1 & \text{für gerades } p \\ -1 & \text{für ungerades } p, \end{cases} \tag{9.250}$$

falls sie durch eine gerade bzw. ungerade Anzahl $|p|$ von Transpositionen faktorisierbar ist. Jede Permutation ist entweder gerade oder ungerade. Die geraden Permutationen bilden einen Normalteiler der Gruppe S_n vom Index Zwei, der als *alternierende Gruppe* A_n $(n > 2)$ bezeichnet wird. Die Faktorgruppe ist isomorph zur symmetrischen Gruppe S_2

$$S_n/A_n \cong S_2 = \{(1)\,(2), (1\ 2)\}. \tag{9.251}$$

Die ungeraden Permutationen bilden keine Gruppe, da das Einselement e fehlt. Letzteres ist durch keine Transposition darstellbar und gilt deshalb als gerade Permutation $((-1)^{|e|} = (-1)^0 = +1)$.

Für die Ordnung der symmetrischen Gruppe S_n als die Anzahl derer Elemente gilt

$$\operatorname{ord} S_n = n!, \tag{9.252a}$$

so dass die Gruppe endlich ist. Die Ordnung der alternierenden Gruppe A_n beträgt dann nach (9.251)

$$\text{ord}\, A_n = n!/2 \tag{9.252b}$$

Ausgehend von einer endlichen Gruppe $\mathcal{G} = \{a_1, a_2, \ldots, a_n\}$ mit der Ordnung n kann man durch Multiplikation der Gruppe – etwa von links – mit einem Element $a_i \in \mathcal{G}$ nach dem Umwandlungstheorem (Tab. 2.1) genau alle Elemente erhalten. Dabei bedeutet die Abbildung

$$a_i \longrightarrow a_i \circ \mathcal{G} \qquad a_i \in \mathcal{G}$$

eine Permutation p_i der n Elemente $\{a_1, a_2, \ldots, a_n\}$

$$p_i = \begin{pmatrix} a_1 & a_2 & \ldots & a_n \\ a_i \circ a_1 & a_i \circ a_2 & \ldots & a_i \circ a_n \end{pmatrix} \qquad i = 1, \ldots, n.$$

Die mit den $\{a_1, a_2, \ldots, a_n\}$ erhaltenen n Permutationen $\{p_i \,|\, i = 1, \ldots, n\}$ bilden eine Gruppe, die sogenannte *reguläre Permutationsgruppe*, die eine Untergruppe der symmetrischen Gruppe ist. Demnach ist jede endliche Gruppe $\mathcal{G}$ mit der Ordnung n isomorph zu einer Untergruppe der symmetrischen Gruppe S_n (Theorem v. CAYLEY).

Betrachtet man das zu einem Element $p \in S_n$ konjugierte Element p' nach Gl. (2.22)

$$p' = s \circ p \circ s^{-1} \qquad s \in S_n, \tag{9.253}$$

dann bekommt man mit Gl. (9.248)

$$p' = s \circ p_{z_1} \circ s^{-1} \circ s \circ p_{z_2} \circ s \circ \ldots \circ p_{z_m} \circ s^{-1},$$

wonach das konjugierte Element p' die gleiche Zyklenstruktur aufweist. Das bedeutet, dass alle jene Permutationen p, die die gleiche Zyklenstruktur besitzen, zu einer Klasse von zueinander konjugierten Elementen gehören. Man kann somit die Klasse einer symmetrischen Gruppe durch die *Zyklenstruktur* (k) charakterisieren. Dies gelingt mithilfe von nicht-negativen ganzen Zahlen $\{k_i \,|\, i = 1, \ldots, n\}$ der unterschiedlichen i-gliedrigen Zyklen, von denen jede die Anzahl k_i eines Zyklus i-ter Ordnung angibt

$$(k) = (k_1, k_2, \ldots, k_n). \tag{9.254a}$$

Dabei gilt die Bedingung

$$\sum_{i=1}^{n} k_i i = n. \tag{9.254b}$$

Die Anzahl r_k der Elemente in einer Klasse mit der Zyklenstruktur (k) nach Gl. (9.254) ist gegeben durch

$$r_k = \frac{n!}{1^{k_1} k_1!\, 2^{k_2} k_2! \ldots n^{k_n} k_n!}. \tag{9.255}$$

Eine andere Schreibweise der Bedingung (9.254b)

$$\sum_{i=1}^{n} k_i i = \sum_{i=1}^{n} k_i + \sum_{i=2}^{n} k_i + \ldots + \sum_{i=n-1}^{n} k_i + k_n = \lambda_1 + \lambda_2 + \ldots + \lambda_{n-1} + \lambda_n = n \tag{9.256}$$

erlaubt die Festlegung von ganzen Zahlen

$$\lambda_1 = \sum_{i=1}^{n} k_i,\ \lambda_2 = \sum_{i=2}^{n} k_i,\ \ldots, \lambda_{n-1} = \sum_{i=n-1}^{n} k_i,\ \lambda_n = k_n \tag{9.257a}$$

mit

$$\lambda_1 \geq \lambda_2 \geq \ldots \geq \lambda_{n-1} \geq \lambda_n, \tag{9.257b}$$

die eine mögliche *Verteilung* (*Partition*) $[\lambda]$ von n Objekten zu beschreiben vermag. Mit der Differenz

$$\lambda_j - \lambda_{j+1} = \sum_{l=j}^{n} k_l - \sum_{l=j+1}^{n} k_l = k_j \tag{9.258}$$

erhält man die zu (9.256) inverse Beziehung. Die Symbolik $[\lambda] = [\lambda_1, \lambda_2, \ldots, \lambda_n]$ wird abgekürzt durch die Angabe jener λ_k-Werte, die nicht verschwinden

$$[\lambda] = [\lambda_1, \lambda_2, \ldots, \lambda_k] \qquad \text{falls} \qquad \lambda_{k+1} = \lambda_{k+2} = \ldots = \lambda_n = 0. \tag{9.259}$$

Solche Verteilungen $[\lambda]$, die die Lösungen der Gl. (9.254b) für k_i bedeuten, sind ebenfalls geeignet, die Klassen äquivalenter Permutationen p der symmetrischen Gruppe S_n zu charakterisieren. Demnach gibt es ebensoviele Klassen $\mathcal{K}$ wie es Verteilungen $[\lambda]$ gibt. Nachdem bei einer endlichen Gruppe die Anzahl der nichtäquivalenten irreduziblen Darstellungen nach (3.114) mit der Anzahl der Klassen übereinstimmt, kann jede irreduzible Darstellung $D^{[\lambda]}$ mithilfe einer Verteilung $[\lambda]$ von n Objekten charakterisiert werden. Eine solche Verteilung (9.259) und mithin die zugehörige Zyklenstruktur (9.254) wird graphisch durch das sogenannte YOUNG-*Diagramm* veranschaulicht (Abb. 9.11).

Gemäß der Bedingung (9.257b) ist die Anzahl der Quadrate in jeder Spalte größer oder gleich der Anzahl der Quadrate in der rechtsseitigen Spalte. Jedes YOUNG-Diagramm vermag dann eine Klasse bzw. eine irreduzible Darstellung der symmetrischen Gruppe zu repräsentieren.

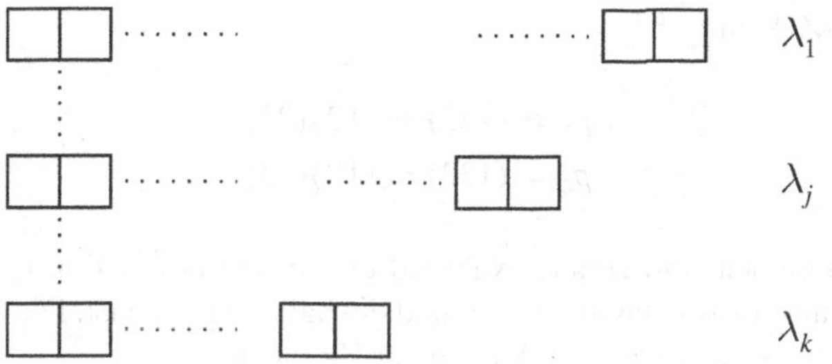

Abb. 9.11 YOUNG-Diagramm der Verteilung $[\lambda] = [\lambda_1, \ldots, \lambda_j, \ldots, \lambda_n]$ mit λ_j Quadrate in einer Zeile j und der Bedingung $\sum_{j=1}^{n} \lambda_j = n$

Mitunter findet man auch eine andere Form der Charakterisierung, nämlich durch die Zyklenstruktur (k) (9.254a). Dabei bedeutet die Zahl k_j, die die Anzahl des j-gliedrigen Zyklus angibt, nach Gl. (9.258) die Differenz zweier aufeinanderfolgender Zeilen $(\lambda_j, \lambda_{j+1})$ und somit die Anzahl von Spalten mit j Quadraten. Durch Spiegelung eines YOUNG-Diagramms an der Hauptdiagonale bzw. durch Vertauschung der Zeilen mit den Spalten bekommt man das *assoziierte* YOUNG-*Diagramm* als Veranschaulichung der *assoziierten Verteilung* $[\tilde{\lambda}]$.

Ein YOUNG-Diagramm wird zu einem YOUNG-*Tableau* $T[\lambda]$, falls die Quadrate mit den Ziffern $1, 2, \ldots, n$ der n Objekte besetzt werden. Durch Spiegelung eines YOUNG-Tableau an der Hauptdiagonale erhält man das dazu *assoziierte* YOUNG-*Tableau* $\widetilde{T}[\lambda]$. Dabei muss das assoziierte YOUNG-Tableau nicht notwendigerweise mit der assoziierten Verteilung $[\tilde{\lambda}]$ zusammenfallen $(\widetilde{T}[\lambda] \neq T[\tilde{\lambda}])$. Bei einem *Standard*-YOUNG-*Tableau* wachsen die Ziffern innerhalb einer Zeile von links nach rechts und innerhalb einer Spalte von oben nach unten. Die Standard-YOUNG-Tableaux mit unterschiedlichen Anordnungen der Quadrate vertreten jeweils eine unterschiedliche Permutationssymmetrie und mithin auch eine nicht-äquivalente irreduzible Darstellung $D^{[\lambda]}(S_n)$. Die Dimension einer irreduziblen Darstellung ist dann gegeben durch die Anzahl von Standard-YOUNG-Tableaux bei einer festen Anordnung der Quadrate.

Beispiel 3 Als Beispiel wird die symmetrische Gruppe S_3 betrachtet, deren drei Objekte, die durch die drei Ziffern 1,2,3 gekennzeichnet sind, permutiert werden. Dort findet man etwa für die Permutationen p die Zyklendarstellungen p_z

$$p = \begin{pmatrix} 1 & 2 & 3 \\ 2 & 3 & 1 \end{pmatrix} \qquad p_z = (123) = (231) = (312)$$
$$p = \begin{pmatrix} 1 & 2 & 3 \\ 3 & 1 & 2 \end{pmatrix} \qquad p_z = (132) = (321) = (213)$$
$$p = \begin{pmatrix} 1 & 2 & 3 \\ 2 & 1 & 3 \end{pmatrix} \qquad p_z = (12)(3) = (231) = (12).$$

Eine faktorielle Zerlegung der Zyklen p_z in 2-gliedrige Zyklen bzw. Transpositionen ist davon abhängig, in welcher Reihenfolge die Faktoren angewendet werden. Von der rechten Seite her mit der Anwendung beginnend erhält man für die obigen ersten beiden Zyklen

$$p_z = (123) = (12)(23)$$
$$p_z = (132) = (12)(13).$$

Diese Permutationen sind gerade, während die dritte Permutation ($p_z = (12)(3)$) nur in eine Transposition faktorisierbar und deshalb ungerade ist. Die symmetrische Gruppe S_3 umfasst insgesamt die Menge der Elemente

$$S_3 = \{(1)(2)(3), (132) = (12)(13), (123) = (12)(23), (12)(3), (13)(2), (23)(1)\} \tag{9.260a}$$

und ist isomorph zur Punktgruppe C_{3v} – bzw. D_3

$$S_3 \cong C_{3v}. \tag{9.260b}$$

Die Untermenge der geraden Permutationen bildet die alternierende Gruppe

$$A_3 = \{(1)(2)(3), (132) = (12)(13), (123) = (12)(23)\}. \tag{9.261a}$$

Sie hat nach (9.252b) die Ordnung $\operatorname{ord} A_3 = 6/2 = 3$ und ist ihrerseits isomorph zur Punktgruppe C_3

$$A_3 \cong C_3. \tag{9.261b}$$

Nachdem die Punktgruppe C_{3v} durch ihren Normalteiler C_3 sowie durch die Punktgruppe C_s durch ein halbdirektes Produkt faktorisiert werden kann (s. a. Beispiel 3 v. Abschn. 2.4)

$$C_{3v} = C_s \rtimes C_s,$$

findet man mit den Isomorphismen (9.260b), (9.261b) sowie dem Isomorphismus $S_2 \cong C_s$ die Faktorisierung der symmetrischen Gruppe S_3 in der Form

$$S_3 = A_3 \rtimes S_2. \tag{9.262}$$

Die Multiplikation liefert dann mithilfe von (9.261) und der Gruppe $S_2 = \{(1)(2), (12)\}$ ein Ergebnis, das den Isomorphismus (9.251) bestätigt. Nach dem Beispiel von Abschn. 2.5 spielt dabei die alternierende Gruppe A_3 die Rolle der symmetrischen Gruppe eines Orbits zum Stabilisator S_2.

Mit dem Element $s = (13) \in S_3$ erhält man nach Gl. (9.253) das zu $p = (123) \in S_3$ konjugierte Element

$$p' = (13)(123)(31) = (13)(32)(1) = (321).$$

Es ist erneut 3-gliedrig und hat die gleiche Zyklenstruktur $(k) = (0, 0, 1)$, die die Bedingung (9.254b) erfüllt. Die Elemente $p = (12)(3)$, $p = (13)(2)$ und $p = (23)(1)$ haben alle die gleiche Zyklenstruktur (9.254a)

$$(k) = (1, 1, 0),$$

die – mit $1 \cdot 1 + 1 \cdot 2 = 3$ – die Bedingung (9.254b) erfüllt. Sie bilden eine Klasse $\mathcal{K}_3$, deren Anzahl von Elementen sich nach Gl. (9.255) errechnet zu

$$r_k = \frac{3!}{1^1 1! 2^1 1!} = \frac{6}{2} = 3.$$

Betrachtet man zunächst die symmetrische Gruppe $S_2 = \{(1)(2), (12)\}$, dann findet man dort zwei Klassen konjugierter Elemente. Die erste Klasse $\mathcal{K}_1$ besteht aus dem Einselement $e = (1)(2)$, das zwei 1-gliedrige Zyklen umfasst ($k_1 = 2$) und die Zyklenstruktur

$$k = (2, 0) \tag{9.263a}$$

besitzt. Die mögliche Verteilung $[\lambda]$ ergibt sich dann nach (9.256) ($2 = 2 + 0$) mit $\lambda_1 = 2$ und $\lambda_2 = 0$ zu

$$[\lambda] = [2, 0] = [2]. \tag{9.263b}$$

Das zugehörige YOUNG-Diagramm als Veranschaulichung dieser Verteilung hat in der ersten Zeile zwei ($\lambda_1 = 2$) und in der zweiten Zeile keine ($\lambda_2 = 0$) Quadrate. Die Anzahl der Spalten, die ein Quadrat bzw. zwei Quadrate besitzen, wird durch k_1 bzw. k_2 festgelegt und ergibt sich nach (9.263a) bzw. (9.258) zu $k_1 = \lambda_1 - \lambda_2 = 2$ bzw. $k_2 = 0$ (Abb. 9.12).

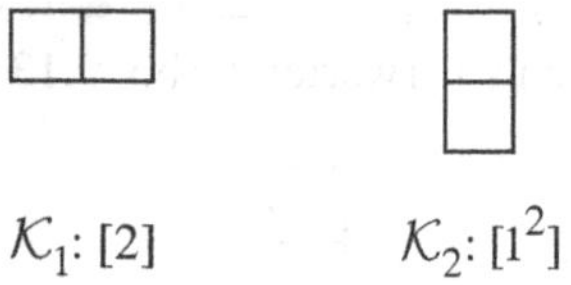

Abb. 9.12 YOUNG-Diagramme der Verteilungen $[\lambda] = [2]$ und $[\lambda] = [1^2]$ für die symmetrische Gruppe S_2 mit den Klassen $\mathcal{K}_1$ und $\mathcal{K}_2$

Die zweite Klasse $\mathcal{K}_2$ besteht ebenfalls aus nur einem Element, nämlich dem 2-gliedrigen Zyklus (12), das mit $k_1 = 0$ und $k_2 = 1$ die Zyklenstruktur

$$k = (0, 1) \tag{9.264a}$$

besitzt. Die mögliche Verteilung $[\lambda]$ ergibt sich nach (9.256) ($2 = 1 + 1$) mit $\lambda_1 = 1$ und $\lambda_2 = 1$ zu

$$[\lambda] = [1, 1] = [1^2]\,. \tag{9.264b}$$

Das zugehörige YOUNG-Diagramm hat in der ersten und zweiten Zeile jeweils nur ein Quadrat. Die Anzahl der Spalten, die ein bzw. zwei Quadrate besitzen, wird durch k_1 bzw. k_2 festgelegt und ergibt sich nach (9.264a) zu $k_1 = 0$ bzw. $k_2 = 1$ (Abb. 9.12).

Bei der symmetrischen Gruppe S_3 findet man drei Klassen mit Elementen jeweils gleicher Zyklenstruktur (k)

$$\begin{aligned} \mathcal{K}_1 &= \{(1)(2)(3)\} \qquad (k) = (3, 0, 0) \\ \mathcal{K}_2 &= \{(123), (213)\} \qquad (k) = (0, 0, 1) \\ \mathcal{K}_3 &= \{(12)(3), (13)(2), (23)(1)\} \qquad k = (1, 1, 0). \end{aligned} \tag{9.265a}$$

Die Isomorphie der symmetrischen Gruppe S_3 zur Punktgruppe C_{3v} impliziert mit (9.230) die Äquivalenz dieser Klassen zu den Klassen der Punktgruppe

$$\begin{aligned} \mathcal{K}_e &= \{e\} \\ \mathcal{K}_{c_3} &= \left\{c_3, c_3^2\right\} \\ \mathcal{K}_\sigma &= \left\{\sigma_v, \sigma_v', \sigma_v''\right\}. \end{aligned} \tag{9.265b}$$

Bei der ersten Klasse $\mathcal{K}_1$ mit drei 1-gliedrigen Zyklen $\{(1)(2)(3)\}$ ergibt sich die Verteilung $[\lambda]$ nach (9.256) $(3 = 3 + 0 + 0)$ mit $\lambda_1 = 3$ und $\lambda_2 = \lambda_3 = 0$ zu

$$[\lambda] = [3, 0, 0] = [3]. \tag{9.266}$$

Das zugehörige YOUNG-Diagramm hat in der ersten Zeile drei $(\lambda_1 = 3)$ sowie in der zweiten Zeile keine $(\lambda_2 = \lambda_3 = 0)$ Quadrate. Die Anzahl der Spalten, die ein Quadrat besitzen, wird durch k_1 festgelegt und ergibt sich nach (9.265a) bzw. (9.258) zu $k_1 = \lambda_1 - \lambda_2 = 3$. Wegen $k_2 = k_3 = 0$ sind keine Spalten mit zwei Quadraten bzw. drei Quadraten zu erwarten (Abb. 9.13).

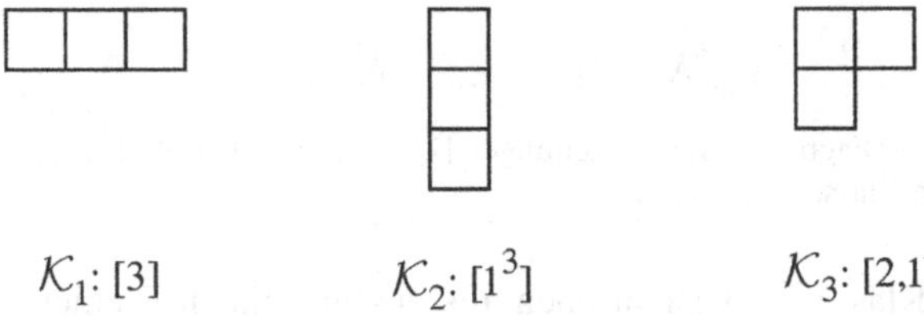

Abb. 9.13 YOUNG-Diagramme der Verteilungen $[\lambda] = [3]$, $[\lambda] = [2, 1]$ und $[\lambda] = [1^3]$ für die symmetrische Gruppe S_3 mit den Klassen $\mathcal{K}_1$, $\mathcal{K}_2$ und $\mathcal{K}_3$

Die zweite Klasse $\mathcal{K}_2$ besteht nur aus zwei 3-gliedrigen Zyklen $\{(132), (123)\}$, so dass sich die mögliche Verteilung $[\lambda]$ nach (9.256) $(3 = 1 + 1 + 1)$ mit $\lambda_1 = \lambda_2 = \lambda_3 = 1$ errechnet zu

$$[\lambda] = [1, 1, 1] = [1^3]. \qquad (9.267)$$

Diese Verteilung ist die zur Verteilung [3] assoziierte Verteilung ($\widetilde{[1^3]} = [3]$). Die Anzahl der Spalten mit drei, zwei oder einem Quadrat ergibt sich nach (9.265a) zu $k_3 = 1, k_2 = k_1 = 0$ (Abb. 9.13).

Die dritte Klasse $\mathcal{K}_3$ besteht aus drei 2-gliedrigen Zyklen sowie aus drei 1-gliedrigen Zyklen (Gl. 9.265a), so dass sich die mögliche Verteilung $[\lambda]$ nach (9.256) ($3 = 2 + 1 + 0$) mit $\lambda_1 = 2$, $\lambda_2 = 1$ und $\lambda_3 = 0$ errechnet zu

$$[\lambda] = [2, 1, 0] = [2, 1]. \qquad (9.268)$$

Die dazu assoziierte Verteilung $\widetilde{[2, 1]}$ ist die gleiche, so dass die Verteilung [2, 1] als zu sich selbst-assoziiert gilt. Die Anzahl der Spalten mit einem Quadrat bzw. zwei Quadraten ergibt sich nach (9.265a) bzw. (9.258) zu $k_1 = \lambda_1 - \lambda_2 = 1$ bzw. $k_2 = \lambda_2 - \lambda_3 = 1$ (Abb. 9.13).

■

Bei der Diskussion von irreduziblen Darstellungen $\boldsymbol{D}^{[\lambda]}$ der symmetrischen Gruppe S_n sind drei Operatoren von wesentlicher Bedeutung. Sie sind als Elemente der Gruppenalgebra $\mathcal{A}(\mathcal{G})$ (FROBENIUS-Algebra) mit einem YOUNG-Tableau $T[\lambda]$ verknüpft. Der erste ist der *Zeilen-Symmetrisierer*

$$S[\lambda] = \sum_{p \in T[\lambda]_{\text{Zeile}}} D(p). \qquad (9.269)$$

Die Summe umfasst hierbei alle Operatoren $\{D(p)|p \in S_n\}$, die die Menge der Objekte $\{1, 2, \ldots, \lambda_i\}$ einer Zeile i des YOUNG-Tableau $T[\lambda]$ betreffen. Der zweite ist der *Spalten-Antisymmetrisierer*

$$A[\lambda] = \sum_{p \in T[\lambda]_{\text{Spalte}}} \operatorname{sign} p \, D(p). \qquad (9.270)$$

Die Summe umfasst alle Operatoren $\{D(p)|p \in S_n\}$, die die Menge der Objekte $\{1, 2, \ldots, \lambda_j\}$ einer Spalte j des YOUNG-Tableau $T[\lambda]$ betreffen, wobei mit dem Vorzeichen sign p der Permutation p gewichtet wird.

Der dritte Operator schließlich ist das Produkt von beiden Operatoren und wird als YOUNG-*Operator* (YOUNG-*Symmetrisierer*) bezeichnet

$$Y[\lambda] = A[\lambda]S[\lambda] = \sum_{p \in T[\lambda]_{\text{Spalte}}} \operatorname{sign} p \, D(p) \sum_{p \in T[\lambda]_{\text{Zeile}}} D(p). \qquad (9.271)$$

Dieser Operator ist – abgesehen von einem konstanten Faktor – die diagonale Form des Projektionsoperators der symmetrischen Gruppe S_n. Der Faktor errechnet sich nach (3.169) zu

$$\frac{\dim \boldsymbol{D}^{[\lambda]}(S_n)}{\operatorname{ord} S_n} = \frac{d_{[\lambda]}}{n!},$$

so dass damit ein normierter YOUNG-Operator $\hat{Y}[\lambda]$ festgelegt werden kann

$$\hat{Y}[\lambda] = \frac{d_{[\lambda]}}{n!} Y[\lambda]. \tag{9.272}$$

Der Operator ist *idempotent* $((\hat{Y}[\lambda])^2 = \hat{Y}[\lambda])$ und vermag nach Gl. (3.174) die Basis einer irreduziblen Darstellung zu erzeugen. Die Koeffizienten der Operatoren $D(p)$ in (9.271) sind dann gemäß (3.169) die Diagonalelemente $D_{kk}^{[\lambda]}(p)$ der irreduziblen Matrixdarstellung $\boldsymbol{D}^{[\lambda]}(p)$. Nach Anwendung des YOUNG-Operators auf einen $((\dim \mathcal{V})^n$-dimensionalen) Produktvektor (9.227) – bzw. einen Produkttensor n-ter Stufe – werden jene Faktoren, die zu den Quadraten einer Zeile bzw. einer Spalte des YOUNG-Tableau $T[\lambda]$ gehören, symmetrisiert bzw. antisymmetrisiert.

Alle YOUNG-Operatoren einer symmetrischen Gruppe, die zu Standard-YOUNG-Tableaux $\{T[\lambda]_i | i = 1, \ldots, d_{[\lambda]}\}$ gehören und so das gleiche YOUNG-Diagramm besitzen, erzeugen äquivalente Darstellungen $\boldsymbol{D}^{[\lambda]}(S_n)$. Die Anzahl der Standard-YOUNG-Tableaux ist dann gleich der Dimension $d_{[\lambda]}$ der irreduziblen Darstellung. Diejenigen YOUNG-Operatoren, die zu unterschiedlichen YOUNG-Diagrammen gehören, erzeugen inäquivalente Darstellungen, so dass die Symbolik $[\lambda]$ für die Verteilung bzw. für die YOUNG-Diagramme zur Kennzeichnung der irreduziblen Darstellungen $\boldsymbol{D}^{[\lambda]}$ geeignet ist.

Die Dimension $d_{[\lambda]}$ einer irreduziblen Darstellung errechnet sich nach einer algebraischen Beziehung, der sogenannten FROBENIUS-*Formel*

$$d_{[\lambda]} = \frac{n! \prod_{i<j} h_i - h_j}{h_1! h_2! \ldots h_m!} \qquad h_i = \lambda_i + m - i. \tag{9.273a}$$

Dabei bedeutet λ_i die Anzahl der Quadrate in der i-ten Zeile und m die Anzahl der Zeilen des YOUNG-Diagramms $[\lambda]$ (Abb. 9.11). Eine andere, einfachere Form wird durch die sogenannte *Stufen-Formel* ausgedrückt

$$d_{[\lambda]} = \frac{n!}{\prod_{(i,j) \in [\lambda]} h_{ij}}. \tag{9.273b}$$

Dabei bezeichnet das Ziffernpaar (i, j) ein Quadrat des YOUNG-Diagramms $[\lambda]$ in der i-ten Zeile und j-ten Spalte. Die sogenannte Stufenlänge h_{ij} ist die Anzahl der Quadrate einer Stufe im YOUNG-Diagramm, die das Quadrat (i, j) als obere linke Ecke besitzt. Demnach ist h_{ij} die Anzahl der Quadrate (i', j'), die sich direkt rechts $(j' \geq j)$ und unter $(i' \geq i)$ dem Quadrat (i, j) befinden zusammen $(i' = i,\ j' = j)$ mit dem einem Quadrat (i, j).

Das direkte (innere) Produkt einer irreduziblen Darstellung $\boldsymbol{D}^{[\lambda]}(S_n)$ der symmetrischen Gruppe S_n mit der total antisymmetrischen Darstellung

$$\boldsymbol{D}^{[1^n]}(p) = \operatorname{sign} p = (-1)^{|p|} = \begin{cases} +1 & \text{für gerades } p \\ -1 & \text{für ungerades } p \end{cases} \tag{9.274}$$

liefert die *assoziierte Darstellung*

$$\widetilde{\boldsymbol{D}}(p) = \boldsymbol{D}(p) \otimes \boldsymbol{D}^{[1^n]}(p) \tag{9.275a}$$

mit

$$\widetilde{\boldsymbol{D}}(p) = \begin{cases} +\boldsymbol{D}(p) & \text{für gerades } p \\ -\boldsymbol{D}(p) & \text{für ungerades } p. \end{cases} \tag{9.275b}$$

Bei einer irreduziblen Darstellung $\boldsymbol{D}(p)$ ist auch die assoziierte Darstellung $\widetilde{\boldsymbol{D}}(p)$ irreduzibel. Falls der Charakter $\chi(p)$ der ungeraden Permutation p verschwindet ($\chi(p) = 0$ für ungerades p), dann stimmen die Charaktere aller Permutationen $p \in S_n$ der beiden Darstellungen $\boldsymbol{D}$ und $\widetilde{\boldsymbol{D}}$ überein, so dass letztere äquivalent zueinander sind ($\widetilde{\boldsymbol{D}} \cong \boldsymbol{D}$) und als *selbstassoziiert* gelten. Das YOUNG-Diagramm $[\tilde{\lambda}]$, das mit der assoziierten Darstellung $\widetilde{\boldsymbol{D}}^{[\lambda]}$ verknüpft ist ($\boldsymbol{D}^{[\tilde{\lambda}]} = \widetilde{\boldsymbol{D}}^{[\lambda]}$), ist die *assoziierte Verteilung* $[\tilde{\lambda}]$.

Beispiel 4 Als Beispiel werden die Standard-YOUNG-Tableaux $T[\lambda]$ der symmetrischen Gruppe S_3 betrachtet (Abb. 9.14). Der YOUNG-Operator $Y[3]$ errechnet sich nach (9.271) mit den Permutationen (9.230) bzw. (9.260a) zu

$$\begin{aligned} Y[3] &= D(e)[D(e) + D((132)) + D((123)) + D((12)) + D((13)) + D((23))] \\ &= D(e) + D((132)) + D((123)) + D((12)) + D((13)) + D((23)) \end{aligned} \tag{9.276}$$

und stimmt – bis auf den Faktor 6 – mit dem Operator $P^{(+)}$ (9.232) überein. Die Anwendung auf den Produkttensor (9.229) liefert nach Gl. (9.233) den symmetrieangepassten Basistensor 3-ter Stufe – bzw. den Basisvektor – $u^{[3]}_{k_1k_2k_3}$ ($\equiv u^{(+)}_{k_1k_2k_3}$ – s. Gl. 9.231) der totalsymmetrischen eindimensionalen Darstellung $\boldsymbol{D}^{[3]}$ ($\equiv \boldsymbol{D}_+$).

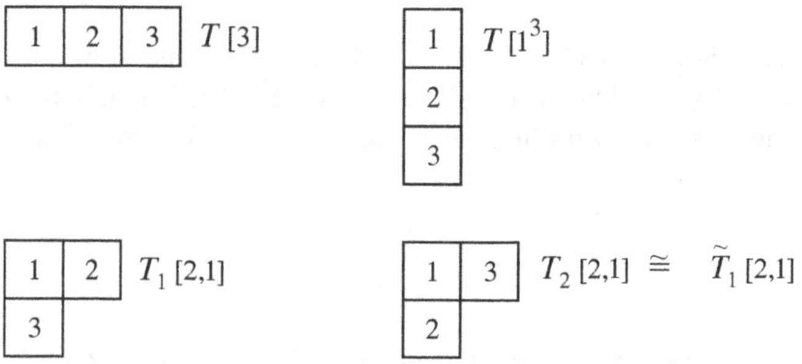

Abb. 9.14 Standard-YOUNG-Tableaux $T[\lambda]$ der symmetrischen Gruppe S_3

Der nächste YOUNG-Operator $Y[1^3]$ errechnet sich nach (9.271) mit den Permutationen (9.230) bzw. (9.260a) zu

$$\begin{aligned} Y[1^3] &= [D(e) + (-1)^2 D((12))D((13)) + (-1)^2 D((12))D((23)) \\ &\quad + (-1)^1 D((12)) + (-1)^1 D((13)) + (-1)^1 D((23))]D(e) \\ &= D(e) + D((132)) + D((123)) - D((12)) - D((13)) - D((23)). \end{aligned} \tag{9.277}$$

Die Anwendung auf den Produktvektor (9.229) liefert nach Gl. (9.236) den symmetrieangepassten Basisvektor $u^{[1^3]}_{k_1k_2k_3}$ ($\equiv u^{(-)}_{k_1k_2k_3}$ – s. Gl. (9.234)) – bzw. den Basistensor 3-ter Stufe – der total antisymmetrischen Darstellung $\boldsymbol{D}^{[1^3]}$ ($\equiv \boldsymbol{D}_-$).

Schließlich errechnet sich der YOUNG-Operator $Y[2,1]$ für das Standard-YOUNG-Tableau $T[2,1]_1$ bzw. $T[2,1]_2$ (Abb. 9.14) nach (9.271) mit den Permutationen (9.230) bzw. (9.260a) zu

$$\begin{aligned} Y[2,1]_1 &= [D(e) + (-1)D((13))][D(e) + D((12))] \\ &= D(e) - D((13)) + D((12)) - D((13))D((12)) \\ &= D(e) - D((13)) + D((12)) - D((123)) \end{aligned} \tag{9.278a}$$

bzw.

$$\begin{aligned} Y[2,1]_2 &= [D(e) + (-1)D((12))][D(e) + D((13))] \\ &= D(e) - D((12)) + D((13)) - D((12))D((13)) \\ &= D(e) - D((12)) + D((13)) - D((132)). \end{aligned} \tag{9.278b}$$

Die Anwendung auf den Produktvektor (9.229) liefert dann jeweils einen Basisvektor $u^{[2,1]_1}_{k_1k_2k_3}$ ($\equiv u^{(\pm,1)}_{k_1k_2k_3}$ - Gl. (9.237)) bzw. $u^{[2,1]_2}_{k_1k_2k_3}$ ($\equiv u^{(\pm,2)}_{k_1k_2k_3}$ - Gl. (9.238)), die gemeinsam die symmetrieangepasste Basis $\left\{u^{[2,1]_1}_{k_1k_2k_3}, u^{[2,1]_2}_{k_1k_2k_3}\right\}$ der zweidimensionalen irreduziblen Darstellung $\boldsymbol{D}^{[2,1]}$ ($\equiv \boldsymbol{D}_\pm$) bilden. Die Dimension der Darstellung $\boldsymbol{D}^{[2,1]}$ wird durch die RUTHERFORD-Formel (9.273) bestimmt. Dort erhält man mit $h_1 = \lambda_1 + 2 - 1 = 3$ und $h_2 = \lambda_2 + 2 - 2 = 1$ die Dimension

$$d_{[2,1]} = \frac{3!2}{3!1!} = 2, \tag{9.279}$$

was mit der Anzahl der Standard-YOUNG-Tableaux übereinstimmt.

Ein anderer Weg, die Dimension d_α einer irreduziblen Darstellung $\boldsymbol{D}^{(\alpha)}$ zu bestimmen, basiert auf der Ermittlung des Charakters einer Klasse $\mathcal{K}_a$ der Matrixdarstellung

$$\chi^{*(\alpha)}(\mathcal{K}_a) = \frac{g}{r_a} z(\alpha, \mathcal{K}_a). \tag{9.280}$$

Dabei bedeutet r_a die Anzahl der Elemente der Klasse $\mathcal{K}_a$ nach Gl. (2.24) und für die Zahl z gilt

$$z(\alpha, \mathcal{K}_a) = \frac{d_\alpha}{g} \sum_{i=1}^{r_\alpha} D_{jj}^{*(\alpha)}(a_i) = \frac{d_\alpha}{g} \sum_{i=1}^{r_\alpha} D_{jj}^{(\alpha)}\left(a_i^{-1}\right). \tag{9.281}$$

Letztere ist somit unabhängig vom Index j bzw. von den Diagonalelementen der Darstellungsmatrizen $\{\boldsymbol{D}^{(\alpha)}(a_i)|i = 1, \ldots, r_a\}$. Im besonderen Fall der symmetrischen Gruppe S_n gilt dann mit deren irreduziblen Darstellungen $\boldsymbol{D}^{[\lambda]}$ einer Klasse, die durch die Zyklenstruktur (9.254a) charakterisiert werden kann, die zu (9.280) analoge Beziehung

$$\chi^{[\lambda]}(k) = \chi^{[\lambda]}(k_1, \ldots, k_n) = \frac{n!}{r_{(k)}} z^*([\lambda], (k)). \tag{9.282a}$$

Nach Substitution von z durch

$$\hat{z} = \frac{n!}{d_{[\lambda]}} z$$

im Sinne einer Normierung, erhält man

$$\chi^{[\lambda]}(k) = \frac{d_{[\lambda]}}{r_{(k)}} z^*([\lambda], (k)). \tag{9.282b}$$

Unter Verwendung des Kriteriums für Irreduzierbarkeit nach (3.118) findet man schließlich – mit $m_\alpha = 1$ – die Beziehung

$$\sum_{(k)} r_{(k)} |\chi^{[\lambda]}(k)|^2 = \sum_{(k)} \frac{d_{[\lambda]}^2}{r_{(k)}} |\hat{z}([\lambda], (k))|^2 = n!, \tag{9.283}$$

die es erlaubt, die Dimension $d_{[\lambda]}$ der irreduziblen Darstellung zu ermitteln.

Die Anzahl $r_{(k)}$ der Elemente in den drei verschiedenen Zyklenstrukturen der Form (9.254a) errechnet sich nach Gl. (9.255) zu $r_{(k)=(3,0,0)} = 1$, $r_{(k)=(0,0,1)} = 2$ und $r_{(k)=(1,1,0)} = 3$. Die Zahl $\hat{z}([2, 1], \mathcal{K}_a)$ kann mithilfe von Gl. (9.281) gewonnen werden. Dabei sind die Elemente $D_{kk}^{[2,1]}$ nach dem Vergleich mit dem Projektionsoperator (3.169) gerade jene Koeffizienten, die bei den Operatoren $D(p)$ im Projektionsoperator $\hat{Y}[2, 1]$ für die Klasse $\mathcal{K}_a$ auftreten.

Ausgehend vom YOUNG-Operator $Y[2, 1]_1$ (9.278a) erhält man mit den Koeffizienten

$$\begin{array}{lll}
D_{kk}^{[2,1]_1}(e) = 1 & & \\
D_{kk}^{[2,1]_1}(132) = 0 & D_{kk}^{[2,1]_1}(123) = -1 & \\
D_{kk}^{[2,1]_1}(12) = 1 & D_{kk}^{[2,1]_1}(13) = -1 & D_{kk}^{[2,1]_1}(23) = 0
\end{array}$$

nach Gln. (9.282a) und (9.281) die Zahlen

$$\begin{aligned}
\hat{z}([2,1]_1, \mathcal{K}_1 = (3,0,0)) &= D^{[2,1]_1}_{kk}(e) = 1 \\
\hat{z}([2,1]_1, \mathcal{K}_2 = (0,0,1)) &= D^{[2,1]_1}_{kk}(132) + D^{[2,1]_1}_{kk}(123) = -1 \\
\hat{z}([2,1]_1, \mathcal{K}_3 = (1,1,0)) &= D^{[2,1]_1}_{kk}(12) + D^{[2,1]_1}_{kk}(13) + D^{[2,1]_1}_{kk}(23) = 0.
\end{aligned}$$

Die Dimension der Darstellung $\boldsymbol{D}^{[2,1]}$ ergibt sich dann in Übereinstimmung mit Gl. (9.279) zu $d_{[2,1]} = 2$. Die Charaktere errechnen sich nach (9.282b) zu

$$\begin{aligned}
\chi^{[2,1]}(\mathcal{K}_1 = (3,0,0)) &= 2 \\
\chi^{[2,1]}(\mathcal{K}_2 = (0,0,1)) &= -1 \\
\chi^{[2,1]}(\mathcal{K}_3 = (1,1,0)) &= 0,
\end{aligned}$$

was mit den Charakteren χ^E der zur symmetrischen Gruppe S_3 isomorphen Punktgruppe C_{2v} übereinstimmt (Tab. 9.4).

■

Schließlich ist anzumerken, dass mit Gl. (9.283) wegen $\chi^{[\lambda]}(p \circ p) = |\chi^{[\lambda]}(p)|^2$ nach dem Kriterium (3.158a) eine relle Darstellung $\boldsymbol{D}^{[\lambda]}(p)$ und mithin ein reller Charakter $\chi^{[\lambda]}(p)$ erwartet wird.

Setzt man zwei irreduzible, zueinander äquivalente Darstellungen $D^{[\lambda]}(S_n)$ und $D^{[\lambda']}(S_n)$ voraus, dann wird in der Reduktion des direkten Produkts aus beiden die triviale Darstellung $D^{[n]}(S_n)$ genau einmal auftreten

$$D^{[n]} \subset D^{[\lambda]} \otimes D^{[\lambda']} \qquad \text{für} \qquad D^{[\lambda]} \cong D^{[\lambda']}. \tag{9.284}$$

Der Nachweis geschieht analog zum Nachweis der Behauptung (3.216). Nach Gl. (3.217) errechnet sich der Reduktionkoeffizient der trivialen, totalsymmetrischen Darstellung mit $\chi^{[n]} = 1$ und Gl. (9.283) zu

$$([\lambda][\lambda'], [n]) = \frac{1}{n!} \sum_{p \in S_n} |\chi^{[\lambda]}(p)|^2 \chi^{[n]}(p) = \frac{1}{n!} \sum_{(k)} r_{(k)} |\chi^{[\lambda]}(k)|^2 = 1.$$

Für den Fall, dass die Darstellung $D^{[\lambda']}(S_n)$ assoziiert ist zu $D^{[\lambda]}(S_n)$ (s. Gl. 9.275)

$$D^{[\lambda']} = D^{[\widetilde{\lambda}]} = \widetilde{D}^{[\lambda]} = D^{[\lambda]} \otimes D^{[1^n]},$$

erscheint in der CLEBSCH-GORDAN-Entwicklung des direkten Produkts beider Darstellungen die total antisymmetrische Darstellung $D^{[1^n]}(S_n)$ genau einmal

$$D^{[1^n]} \subset D^{[\lambda]} \otimes \widetilde{D}^{[\lambda]} \qquad \text{für} \qquad D^{[\lambda]} \cong \widetilde{D}^{[\lambda]}. \tag{9.285}$$

Der Nachweis geschieht auch hier durch die Ermittlung des Reduktionskoeffizients der antisymmetrischen Darstellung unter Berücksichtigung von Gl. (9.274) bzw.

von $|\chi^{[1^n]}(p)| = 1$ mit Gl. (9.283)

$$([\lambda][\widetilde{\lambda}], [1^n]) = \frac{1}{n!} \sum_{p \in S_n} |\chi^{\lambda]}(p)|^2 |\chi^{[1^n]}(p)|^2 = \frac{1}{n!} \sum_{(k)} r_{(k)} |\chi^{[\lambda]}(k)|^2 = 1.$$

Zur Ermittlung der Matrixdarstellungen $\boldsymbol{D}^{[\lambda]}(S_n)$ der symmetrischen Gruppe kann man verschiedene Methoden wählen. Eine davon startet von einem System vollständig orthonormaler Elemente des Darstellungsraumes $\mathcal{V}^{\otimes n}$, um dann mithilfe von Projektionsoperatoren eine geeignete Basis einer irreduziblen Darstellung zu erzeugen. Das bedeutet die Anwendung eines YOUNG-Operators $\hat{Y}[\lambda]$ auf einen Produktvektor $u_{1,2,\dots,n} = v_1 \otimes v_2 \dots \otimes v_n$ mit dem Ergebnis eines symmetrieangepassten Produktvektors $u^{[\lambda]}$. Dieser setzt sich aus einer Linearkombination von unterschiedlichen Produktvektoren $u_{1,2,\dots,n}$ zusammen. In einem zweiten Schritt kommen alle Permutation $\{D(p)|p \in S_n\}$ zur Anwendung. Danach erhält man insgesamt $n!$ symmetrieangepasste Produktvektoren, aus denen eine maximale Anzahl von linear unabhängigen als Basisfür eine irreduzible Darstellung $\boldsymbol{D}^{[\lambda]}(S_n)$ ausgewählt wird. Damit kann dann die Matrixdarstellung ermittelt werden.

Beispiel 5 Als Beispiel wird die symmetrische Gruppe S_3 betrachtet. Zum Auffinden etwa der irreduziblen Darstellung $\boldsymbol{D}^{[2,1]}(S_3)$ bezüglich der Klasse bzw. der Verteilung $[\lambda] = [2, 1]$ wird man den YOUNG-Operator $Y[2, 1]_1$ bzw. $\hat{Y}[2, 1]_1$ (9.272) nach Gl. (9.278a) auf einen Produktvektor u_{k_1,k_2,k_3} anwenden (s. Beispiel 4), um einen symmetrieangepassten Produktvektor zu bekommen

$$\hat{Y}[2, 1]_1 u_{1,2,3} = \frac{2}{6} u^{(\pm,1)}_{k_1,k_2,k_3} = u^{[2,1]_1}.$$

Im nächsten Schritt wird etwa die Permutation $p = (12)$ bzw. der Operator $D((12))$ auf den symmetrieangepassten Produktvektor $u^{[2,1]_1}$ angewandt. Mit Gl. (9.237) erhält man einen weiteren symmetrieangepassten Produktvektor

$$\begin{aligned} D((12))u^{[2,1]_1} &= D((12))\frac{1}{3}u^{(\pm,1)}_{k_1,k_2,k_3} = D((12))\frac{1}{3}(123 + 213 - 321 - 312) \\ &= \frac{1}{3}(213 + 123 - 231 - 132) = u^{[2,1]_2} \qquad u_{k_i,k_j,k_r} :\equiv ijr, \end{aligned}$$

der zum ersten linear unabhängig ist. Die Anwendungen aller übrigen Permutationen bzw. Operatoren $\{D(p)|p \in S_3,\ p \neq (12)\}$ liefern keine weiteren linear unabhängigen Vektoren, so dass der Satz $\{u^{[2,1]_1}, u^{[2,1]_2}\}$ eine Basis für die irreduzible Darstellung $\boldsymbol{D}^{[2,1]}$ bildet.

Die Darstellung etwa für das Element $p = (12)$ ergibt sich dann nach Gl. (3.6) mit

$$\begin{aligned} D((12))u^{[2,1]_1} &= u^{[2,1]_2} \\ D((12))u^{[2,1]_2} &= u^{[2,1]_1} \end{aligned}$$

zu

$$D^{[2,1]}(12) = \begin{pmatrix} 0 & 1 \\ 1 & 0 \end{pmatrix}. \tag{9.286}$$

Dabei muss darauf hingewiesen werden, dass die Darstellung nicht unitär ist. Sie ist jedoch einer unitären Darstellung äquivalent, so dass der Charakter

$$\chi^{[2,1]}(12) = 0$$

gleich dem einer unitären Darstellung ist (Abschn. 3.4). ■

Eine weitere Methode zur Ermittlung der Matrixdarstellungen $D^{[\lambda]}(S_n)$ verfolgt das Ziel, eine Satz von $d_{[\lambda]}$ linear unabhängigen Projektionsoperatoren $P_{lk}^{[\lambda]}$ aus der Menge von insgesamt $d_{[\lambda]^2}$ Operatoren auszuwählen. Dieser bildet dann wegen Gl. (3.173b) eine Basis der Gruppenalgebra $\mathcal{A}(S_n)$. Mithilfe dieser verallgemeinerten YOUNG-Operatoren lassen sich dann nach Gl. (3.169) die Elemente der Matrixdarstellungen $D_{kl}^{[\lambda]}(p^{-1})$ ermitteln.

Man betrachtet zunächst eine Folge von Standard-YOUNG-Tableaux $\{T_i[\lambda] | i = 1, \ldots, d_{[\lambda]}\}$. Die Reihenfolge wird bestimmt durch die numerische Abweichung der Ziffern in den Quadraten von der natürlichen Besetzung. Dabei erhält man eine natürliche Besetzung durch die wachsenden Ziffern, falls man das Tableau zeilenweise von links nach rechts liest. Zudem setzt man einmal voraus, dass es in einer Zeile des Tableau $T_i[\lambda]$ zwei Ziffern n_1 und n_2 gibt, die auch in einer Spalte des Tableau $T_j[\lambda]$ auftreten und des weiteren, dass es in einer Zeile des Tableau $T_j[\lambda]$ zwei Ziffern n_3 und n_4 gibt, die auch in einer Spalte des Tableau $T_i[\lambda]$ auftreten. Mit der Permutation $p = (ij)$, die die beiden Standard-Tableaux transformiert

$$T_i[\lambda] = (ij)T_j[\lambda], \tag{9.287}$$

kann man dann insgesamt $d_{[\lambda]}^2$ Operatoren einführen

$$P_{ij}^{[\lambda]} = \frac{d_{[\lambda]}}{n!} A_i[\lambda] D((ij)) S_j[\lambda] \qquad i, j = 1, \ldots, d_{[\lambda]}, \tag{9.288}$$

die der Beziehung

$$P_{ij}^{[\lambda]} P_{kl}^{[\lambda]} = \delta_{ik} P_{il}^{[\lambda]} \tag{9.289}$$

genügen und deshalb eine Basis der Gruppenalgebra bilden. Diese Projektionsoperatoren erlauben dann gemäß Gl. (3.169)

$$P_{lk}^{[\lambda]} = \frac{d_{[\lambda]}}{n!} \sum_{p \in S_n} D_{kl}^{[\lambda]}(p^{-1}) D(p) \qquad l, k = 1, \ldots, d_{[\lambda]} \tag{9.290}$$

durch Koeffizientenvergleich mit (9.288) die Elemente $D_{kl}^{[\lambda]}$ der irreduziblen Darstellung $\boldsymbol{D}^{[\lambda]}(P)$ zu ermitteln. Für den speziellen Fall $l = k$ bekommt man aus (9.288) den gewöhnlichen normierten YOUNG-Operator $\hat{Y}[\lambda]$ (9.272) als die diagonale Form des Projektionsoperators sowie aus (9.289) dessen Idempotenz.

Beispiel 6 Als Beispiel wird erneut die symmetrische Gruppe S_3 betrachtet, um die Darstellung $\boldsymbol{D}^{[2,1]}$ zu ermitteln. Dort gibt es eine Folge von zwei Standard-YOUNG-Tableaux $T_1[2,1]$ und $T_2[2,1]$, wonach die Dimension $d_{[2,1]}$ der Darstellung in Übereinstimmung mit (9.279) den Wert Zwei annimmt. Das erste der beiden Tableaux zeigt eine natürliche Besetzung, da die Ziffern in den Quadraten beim zeilenweisen Auslesen anwachsen (Abb. 9.14).

Mit den Ziffern n_1 und n_2 gibt es zwei Ziffern, die in einer Zeile von $T_1[2,1]$ – bzw. einer Spalte von $T_2[2,1]$ – und auch in einer Spalte von $T_2[2,1]$ – bzw. einer Zeile von $T_1[2,1]$ – auftreten, so dass obige Voraussetzungen erfüllt sind. Die Transformation zwischen den beiden Standard-Tableaux gelingt mithilfe der Transposition $p = (23)$

$$T_1[2,1] = (23)T_2[2,1].$$

Damit erhält man nach (9.288) die 4 $\left(= d_{[2,1]}^2\right)$ verallgemeinerten Projektionsoperatoren

$$P_{11}^{[2,1]} = \frac{2}{6}A_1S_1 = \frac{1}{3}[D(e) - D((13)) + D((12)) - D((123))] \tag{9.291a}$$

$$P_{22}^{[2,1]} = \frac{2}{6}A_2S_2 = \frac{1}{3}[D(e) - D((12)) + D((13)) - D((132)))] \tag{9.291b}$$

$$\begin{aligned} P_{12}^{[2,1]} &= \frac{2}{6}A_1D((23))S_2 \\ &= \frac{1}{3}[D(e) - D((13))]D((23))[D(e) + D((13))] \\ &= \frac{1}{3}[D(e) - D((13))][D((23)) + D((123))] \\ &= \frac{1}{3}[D((23)) - D((132)) + D((123)) - D((12))] \end{aligned} \tag{9.291c}$$

$$\begin{aligned} P_{21}^{[2,1]} &= \frac{2}{6}A_2D((32))S_1 \\ &= \frac{1}{3}(D(e) - D((12)))D((32))(D(e) + D((12))) \\ &= \frac{1}{3}(D(e) - D((12)))(D((32)) + D((132))) \\ &= \frac{1}{3}(D((32)) - D((123)) + D((132)) - D((13)). \end{aligned} \tag{9.291d}$$

Nach Gl. (9.290) können daraus die Elemente $D_{kl}^{[2,1]}$ der Matrixdarstellung gewonnen werden. So erhält man etwa für die Permutation $p = (12)$ die Darstellung

$$\boldsymbol{D}^{[2,1]}((12)^{-1}) = \boldsymbol{D}^{[2,1]}((12)) = \begin{pmatrix} 1 & 0 \\ -1 & -1 \end{pmatrix}, \tag{9.292}$$

die wie im Fall (9.286) nicht unitär ist. ■

Schließlich kann man mit der Vertauschbarkeit

$$D((ij))S_j[\lambda] = S_i[\lambda]D((ij)) \tag{9.293}$$

den Projektionsoperator (9.288) ausdrücken in der Form

$$P_{ij}^{[\lambda]}\frac{d_{[\lambda]}}{n!}A_i[\lambda]S_i[\lambda]D((ij)) = \hat{Y}_i[\lambda]D((ij)) \qquad i, j = 1, \ldots, d_{[\lambda]}. \tag{9.294}$$

Dieser vermag die symmetrieangepassten Basisvektoren der irreduziblen Darstellung $\boldsymbol{D}^{[\lambda]}$ aus einem beliebigen Produktvektor herauszuprojizieren.

Mithilfe der oben diskutierten Methoden lassen sich allgemeine Vorschriften ableiten, die die Bestimmung von unitären und reellen Darstellungen $\boldsymbol{D}^{[\lambda]}$ ermöglichen. Grundlage dafür ist die Eigenschaft, dass jede Permutation nach Gln. (9.248) und (9.249) in Transpositionen faktorisiert werden kann. Demnach genügt es, die Darstellungen der Transposition $p = (i-1\ i)$ zu kennen, deren Gesamtheit die Generatoren bilden. Setzt man voraus, dass die Spalten k bzw. Zeilen l nach den Indizes der Standard-YOUNG-Tableaux benannt werden, dann gilt für die endlichen Matrixelemente $D_{lk}^{[\lambda]}((i-1\ i))$

$$D_{kk}^{[\lambda]}((i-1\ i)) = +1, \tag{9.295a}$$

falls im Tableau $T_k[\lambda]$ die Ziffern $(i-1)$ und i in derselben Zeile auftreten $\Big($alle übrigen Elemente verschwinden $\Big(D_{kl}^{[\lambda]} = 0\Big)\Big)$, oder

$$D_{kk}^{[\lambda]}((i-1\ i)) = -1, \tag{9.295b}$$

falls im Tableau $T_k[\lambda]$ die Ziffern $(i-1)$ und i in derselben Spalte auftreten $\Big($alle übrigen Elemente verschwinden $\Big(D_{kl}^{[\lambda]} = 0\Big)\Big)$, oder

$$D_{kl}^{[\lambda]}((i-1\;i)) = \begin{array}{c|ccccc} & \cdots & k & \cdots & l & \cdots \\ \hline \vdots & & & & & \\ k & & -1/s & & \sqrt{1-1/2^2} & \\ \vdots & & & & & \\ l & & \sqrt{1-1/2^2} & & 1/s & \\ \vdots & & & & & \end{array} \tag{9.295c}$$

$$D_{mm}^{[\lambda]} = 0 \quad \text{für} \quad m \neq k, l \quad n \neq k, l,$$

falls $T_k[\lambda]$ sich von $T_l[\lambda]$ nur durch eine Permutation $(i-1\;i)$ unterscheidet und zudem in $T_k[\lambda]$ jene Zeile, die die Ziffer $k-1$ enthält, über der Zeile angeordnet ist, die die Ziffer l enthält. Dabei ist der Parameter s die Anzahl der Schritte, die notwendig sind, um in einem Tableau vom Quadrat mit der Ziffer k zum Quadrat l auf horizontalem und vertikalem Weg zu kommen.

Beispiel 7 Zur Ermittlung der Darstellungen $\boldsymbol{D}^{[2,1]}(S_3)$ der symmetrischen Gruppe S_3 werden die zwei Standard-YOUNG-Tableaux $T_1[2,1]$ und $T_2[2,1]$ betrachtet, die die Dimension $d_{[2,1]} = 2$ festlegen (Abb. 9.14). Im Fall etwa der Permutation $p = (12)$ erhält man nach den Regeln (9.295a) und (9.295b)

$$D_{11}^{[2,1]}((12)) = +1 \qquad D_{2}^{[2,1]}((12)) = -1$$
$$D_{12}^{[2,1]}((12)) = D_{21}^{[2,1]}((12)) = 0,$$

womit die Darstellungsmatrix die unitäre Form

$$\boldsymbol{D}^{[2,1]}((12)) = \begin{pmatrix} 1 & 0 \\ 0 & -1 \end{pmatrix}. \tag{9.296}$$

annimmt.

Im Fall etwa der Permutation $p = (23)$, wo die Ziffern 2 und 3 weder in einer Zeile noch in einer Spalte erscheinen, erhält man nach der Regel (9.295c) mit zwei ($= s$) Schritten zwischen den beiden Ziffern

$$D_{11}^{[2,1]}((23)) = -1/2 \qquad D_{22}^{[2,1]}((23)) = +1/2$$
$$D_{12}^{[2,1]}((23)) = D_{21}^{[2,1]}((23)) = \sqrt{3}/2,$$

also insgesamt die unitäre Darstellungsmatrix

$$\boldsymbol{D}^{[2,1]}((23)) = \begin{pmatrix} -1/2 & \sqrt{3}/2 \\ \sqrt{3}/2 & 1/2 \end{pmatrix}. \tag{9.297}$$

Diese Darstellungsmatrizen (9.296) und (9.297) sind äquivalent zu jenen, die für die äquivalenten Symmetrieoperationen eines gleichseitigen Dreiecks, nämlich den Spiegelungen σ_v und σ_v'' nach Gl. (9.230) erwartet werden (Abb. 9.10). So erhält man etwa für die Spiegelung σ_v an einer Ebene senkrecht zur Ebene $\mathbb{R}^2$ nach Gl. (3.15c) die Darstellung (9.296). Nachdem die Transpositionen (12) und (23) gemäß Gl. (9.249a) als Generatoren der symmetrischen Gruppe S_3 gelten, können alle übrigen Darstellungsmatrizen von (9.296) und (9.297) bzw. deren Produkte abgeleitet werden.

Betrachtet man allgemein die Transposition $p = (i - 1\ i)$, dann hat diese eine ungerade Parität (9.250) $(-1)^1 = -1$. Wegen Gl. (9.275b) erwartet man für die assoziierte Darstellung $\boldsymbol{D}^{[\widetilde{\lambda}]}$, die mit der assoziierten Verteilung $[\widetilde{\lambda}]$ verknüpft ist,

$$\boldsymbol{D}^{[\widetilde{\lambda}]}((i-1\,i)) = -\boldsymbol{D}^{[\lambda]}((i-1\,i)).$$

Nach Vertauschung der Spalten und Zeilen bzw. nach Spiegelung an der Winkelhalbierenden der Tableaux $T_1[2,1]$ und $T_2[2,1]$ erhält man für die assoziierten Tableaux (Abb. 9.14) die Äquivalenz

$$\widetilde{T}_1[2,1] \cong T_2[2,1] \qquad \widetilde{T}_2[2,1] \cong T_1[2,1].$$

■

Nachdem der Tensorraum $\mathcal{V}^{\otimes n}$ mit den d^n ($= \dim \mathcal{V}^{\otimes n}$) Basistensoren n-ter Stufe $\{u_{k_1,\ldots,k_n} = u_{\boldsymbol{k}} | \, k_i = 1, \ldots, d\}$ (9.227) sowohl einen Darstellungsraum für die LIE-Algebra $\mathcal{L}$ als auch für die symmetrische Gruppe S_n bedeutet, erwartet man dessen Reduktion in invariante Unterräume auf zweifache Weise. Einmal bezüglich der LIE-Algebra gemäß

$$\mathcal{V}^{\otimes n} = \bigoplus_{\lambda} \bigoplus_{i}^{d_{[\lambda]}} \mathcal{V}_i^{[\lambda]}(\mathcal{L}) = \bigoplus_{\lambda} d_{[\lambda]} \mathcal{V}^{[\lambda]}(\mathcal{L}), \tag{9.298}$$

wobei die Zahl der untereinander äquivalenten Vektorräume $\mathcal{V}^{[\lambda]}(\mathcal{L})$ in der Zerlegung – nämlich die Multiplizität – gerade gleich der Dimension $d_{[\lambda]}$ des irreduziblen Darstellungsraumes $\mathcal{V}^{[\lambda]}(S_n)$ der symmetrischen Gruppe S_n ist. Zum anderen die Reduktion bezüglich der symmetrischen Gruppe gemäß

$$\mathcal{V}^{\otimes n} = \bigoplus_{\lambda} \bigoplus_{k}^{d_{[\lambda]}^{\mathcal{L}}} \mathcal{V}_k^{[\lambda]}(S_n) = \bigoplus_{\lambda} d_{[\lambda]}^{\mathcal{L}} \mathcal{V}^{[\lambda]}(S_n), \tag{9.299}$$

wobei die Multiplizität, mit der der irreduzible Vektorraum $\mathcal{V}^{[\lambda]}(S_n)$ in der Zerlegung auftritt, gleich der Dimension $d_{[\lambda]}^{\mathcal{L}}$ des Darstellungsraumes $\mathcal{V}^{[\lambda]}(\mathcal{L})$ der LIE-Algebra $\mathcal{L}$ ist.

Insgesamt werden mit den Basistensoren $\{u_{k_1,\ldots,k_n} = u_{\boldsymbol{k}} | \, k_i = 1, \ldots, d\}$ die Darstellungen des direkten äußeren Produkts zwischen den Darstellungen $D^{[\lambda]}(\mathcal{L})$ und den Darstellungen $D^{[\lambda]}(S_n)$ begründet. Diese Produktdarstellungen haben dann die Dimension $d_{[\lambda]}d^{\mathcal{L}}_{[\lambda]}$ und sind irreduzibel, falls die einzelnen faktoriellen Darstellungen irreduzibel sind (Abschn. 3.10). Die Dimension des Tensorraumes $\mathcal{V}^{\otimes n}$ ergibt sich dann aus der Summe über die Dimension der Produktdarstellungen

$$d^n = \sum_{\lambda} d_{[\lambda]}d^{\mathcal{L}}_{[\lambda]} \qquad d = \dim \mathcal{V}, \tag{9.300}$$

was auch nach Gln. (9.298) und (9.299) erwartet wird.

Die Reduktion des Tensorraumes $\mathcal{V}^{\otimes n}$ (9.298) bezüglich der LIE-Algebra $\mathcal{L}$ geschieht mithilfe der Projektionsmethode. Dabei wird ein vollständiger Satz von irreduziblen Projektionsoperatoren $\left\{P^{[\lambda]}_{ii} \,|\, i = 1, \ldots, d_{[\lambda]}\right\}$ (9.290) der symmetrischen Gruppe S_n verwendet. Zur Ermittlung aller $d^{\mathcal{L}}_{[\lambda]}$ symmetrieangepasster Basistensoren n-ter Stufe der irreduziblen Darstellung $D^{[\lambda]}(\mathcal{L})$ wird man zunächst die $d^{\mathcal{L}}_{[\lambda]}$ linear unabhängigen und zu projizierenden Tensorprodukte $u_{k_1,\ldots,k_n} = u_{\boldsymbol{k}}$ aufsuchen. Dies geschieht mithilfe eines graphischen Verfahrens unter Verwendung des YOUNG-Diagramms $[\lambda]$. Es ermöglicht die Aufstellung von speziellen erlaubten YOUNG-Tableaux, von denen jedes für die Projektion zur Verfügung stehendes Tensorprodukt repräsentiert.

Ausgegangen wird von einer festen Konfiguration $\boldsymbol{k} = k_1, \ldots, k_n$, von der es entsprechend der Anzahl von Tensorprodukten eine Anzahl von insgesamt $(\dim \mathcal{V})^n$ gibt. Betrachtet man zwei Indizes k_i und k_j, deren zugehörige Basisvektoren v_{k_i} und v_{k_j} bzgl. einer Vertauschung antisymmetrisiert werden, dann können diese nicht die gleichen Ziffern $k_i,\ k_j \in \{1, \ldots, \dim \mathcal{V}\}$ einnehmen. Vielmehr gilt im Fall der Antisymmetrisierung und mithin für eine Spalte des YOUNG-Diagramms die Forderung

$$k_i < k_j \qquad \text{für} \qquad 1 \le i < j \le \dim \mathcal{V}. \tag{9.301a}$$

Andererseits können diejenigen Indizes k_i und k_j, deren zugehörige Basisvektoren v_{k_i} und v_{k_j} bezüglich Vertauschung symmetrisiert werden, auch gleiche Ziffern $k_i,\ k_{k_j} \in \{1, \ldots, \dim \mathcal{V}\}$ einnehmen. Demnach gilt im Fall der Symmetrisierung und mithin für eine Zeile des YOUNG-Diagramms

$$k_i \le k_j \qquad \text{für} \qquad 1 \le i < j \le \dim \mathcal{V}. \tag{9.301b}$$

Im Ergebnis werden die Ziffern einer festen Konfiguration $\boldsymbol{k} = k_1, \ldots, k_n$ auf die Quadrate eines YOUNG-Diagramms $[\lambda]$ so verteilt, dass sie in einer Spalte von oben nach unten zunehmen und von links nach rechts nicht abnehmen. Eine Wiederholung von zwei Ziffern innerhalb einer Zeile ist so durchaus erlaubt ($k_i = k_j,\ i \neq j$). Dagegen impliziert eine Wiederholung von zwei Ziffern innerhalb der Quadrate einer Spalte eine verschwindende Antisymmetrisierung, so dass dieses YOUNG-Tableau nicht erlaubt ist.

Mithilfe dieser graphischen Methode erhält man aus einem YOUNG-Diagramm $[\lambda]$ unter Berücksichtigung aller $(\dim\mathcal{V})^n$ Konfigurationen ($k_i = k_j,\ \ i \neq j$)

insgesamt $d^{\mathcal{L}}_{[\lambda]}$ erlaubte YOUNG-Tableaux. Mit jedem dieser erlaubten YOUNG-Tableaux ist ein Tensorprodukt $u_{k_1,\ldots,k_n}$ verknüpft – entsprechend den Ziffern in den Quadraten –, dessen Projektion mit einem vollständigen Satz irreduzibler Projektionsoperatoren $\left\{P^{[\lambda]}_{ii} \,|\, i = 1, \ldots, d_{[\lambda]}\right\}$ (9.288) der symmetrischen Gruppe S_n einen Satz von symmetrieangepassten Basistensoren $\left\{u^{[\lambda]}_{\boldsymbol{k},i} \,|\, i = 1, \ldots, d_{[\lambda]}\right\}$ liefert

$$u^{[\lambda]}_{\boldsymbol{k},i} = P^{[\lambda]}_{ii} u_{\boldsymbol{k}} \qquad i = 1, \ldots, \dim \mathcal{V}. \tag{9.302}$$

Letztere gehören zu den in der Reduktion (9.298) insgesamt $d_{[\lambda]}$ äquivalenten Darstellungen $D^{[\lambda]}(\mathcal{L})$. Alle weiteren symmetrieangepassten Basistensoren erhält man durch die Projektion aller $d^{\mathcal{L}}_{[\lambda]}$ Tensorprodukte, die den erlaubten YOUNG-Tableaux zugeordnet sind.

Die Dimension $d^{\mathcal{L}}_{[\lambda]}$ einer irreduziblen Darstellung $D^{[\lambda]}(\mathcal{L})$ ist festgelegt durch die Anzahl der erlaubten YOUNG-Tableaux bzw. durch die Anzahl von Konfigurationen $\boldsymbol{k} = k_1, \ldots, k_n$. Letztere bedeutet eine Anzahl $\dim \mathcal{V}$ von unabhängigen Zifferntupel $k_1, \ldots, k_n$ entsprechend der Anzahl von Basistensoren $u_{k_1,\ldots,k_n}$ mit n Indizes $k_1, \ldots, k_n \in \{1, \ldots, d = \dim \mathcal{V}\}$, die die richtigen Symmetrieeigenschaften besitzen.

Daneben kann die Dimension auch durch eine algebraische Relation ausgedrückt werden, was insbesondere bei komplizierten YOUNG-Diagrammen und deren aufwendige Besetzung mit dem d-Zifferntupel von Vorteil ist. Für die einfache LIE-Algebra A_l findet man dafür

$$d^{A_l}_{[\lambda]} = \frac{\prod_{i<j}(h_i - h_j)}{l!(l-1)!\ldots 1!} \qquad h_i = \lambda_i + l + 1 - i \qquad i, j = 1, \ldots, l+1. \tag{9.303}$$

Dabei bedeutet λ_i die Anzahl der Quadrate in der i-ten Zeile und es gilt für die Zahl m der Zeilen des YOUNG-Diagramms

$$m \leq l + 1,$$

so dass λ_i verschwindet ($\lambda_i = 0$), falls i größer ist als die Zahl m in h_i ($i > m$).

Wie bei der Ermittlung der Dimension von Darstellungen der symmetrischen Gruppe (9.273a) gibt es auch hier eine weitere einfachere Form, nämlich die sogenannte *Stufen-Formel*

$$d^{A_l}_{[\lambda]} \prod_{(i,j)\in[\lambda]} \frac{(l+1-i+j)}{h_{ij}}. \tag{9.304}$$

Dabei hat das Zahlenpaar (i, j) bzw. die Stufenlänge h_{ij} die gleiche Bedeutung wie in Gl. (9.273b).

Schließlich ist darauf hinzuweisen, dass ein erlaubtes YOUNG-Tableau der LIE-Algebra A_l entsprechend der $(l + 1)$ Basisvektoren der fundamentalen Darstellung

$D^{(\Lambda)}(A_l)$ höchstens $(l+1)$ Zeilen haben kann. Andernfalls gibt es eine Spalte mit mehr als $(l+1)$ Quadraten, so dass eine der Ziffern $k_1, \ldots, k_n \in \{1, \ldots, l+1\}$ mehrfach auftritt und eine Antisymmetrisierung nicht möglich ist.

Im Folgenden werden zwei YOUNG-Diagramme $[\lambda]$ und $[\lambda']$ mit den Verteilungen $[\lambda] = [\lambda_1, \ldots, \lambda_{l+1}]$ und $[\lambda'] = [\lambda_1 + 1, \ldots, \lambda_{l+1} + 1]$ betrachtet. Wenn das erste Diagramm $[\lambda]$ mit $(l+1)$ Spalten zum Tensorraum $\mathcal{V}^{\otimes n}$ gehört, muss das zweite mit nur einer neuen Spalte aus zusätzlichen $(l+1)$ Quadraten zum Tensorraum $\mathcal{V}^{\oplus(n+l+1)}$ gehören. Die Besetzung dieser neuen Spalte mit den Ziffern $\{1, 2, \ldots, (l+1)\}$ kann wegen der Forderung nach Antisymmetrisierung (9.301a) nur auf eine einzige Weise mit wachsender Reihenfolge geschehen. Demnach erhält man für beide YOUNG-Diagramme die gleiche Anzahl von erlaubten YOUNG-Tableaux und mithin auch die gleiche Anzahl von Ausgangstensoren für die nachfolgende Projektion, so dass die Dimension der irreduziblen Darstellungen $D^{[\lambda]}(A_l)$ und $D^{[\lambda']}(A_l)$ gleich ist. Als Konsequenz daraus gewinnt man die Aussage, dass mit der gleichen Anzahl von Basistensoren die beiden Darstellungen zueinander äquivalent sind.

Diese Überlegung lässt sich fortsetzen durch die Einführung weiterer Spalten der Anzahl $\{z \in \mathbb{Z} | \, z > -\lambda_{l+1}\}$ mit $(l+1)$ Quadraten, ohne dass eine nicht-äquvalente irreduzible Darstellung resultiert. Daneben sind auch jene irreduziblen Darstellungen $D^{[\lambda]}$ und $D^{[\lambda']}$ mit der Verteilung $[\lambda'] = [\lambda_1 - \lambda_{l+1}, \lambda_1 - \lambda_l, \ldots \lambda_1 - \lambda_2]$ zueinander äquivalent (dual). Als Konsequenz daraus kann man bei der Ermittlung der Dimension einer irreduziblen Darstellung $D^{[\lambda]}(A_l)$ alle Spalten mit genau $(l+1)$ Quadraten ignorieren.

Bei der Ermittlung der Gewichte einer irreduziblen Darstellung $D^{[\lambda]}(A_l)$ beginnt man zunächst mit nur einem Basisvektor v_{k_i} der $(l+1)$-dimensionalen fundamentalen Darstellung $D^{(\Lambda_{k_i})}(A_l)$. Gemäß der Eigenwertgleichung (9.22) bzw. (9.109a)

$$D(h^j)v_{k_i} = \Lambda_{k_i}(h^j)v_{k_i} = \Lambda^j_{k_i} v_{k_i} \quad h^j \in \mathcal{H} \quad j = 1, \ldots, l \quad k_i \in \{1, \ldots, (l+1)\} \tag{9.305}$$

gehört dieser Basisvektor v_{k_i} zu dem Gewicht Λ_{k_i}, das in der DYNKIN-Basis $\{\Lambda_{(i)} | \, i = 1, \ldots, l\}$ durch die l DYNKIN-Label festgelegt wird

$$\Lambda_{k_i} = \left(\Lambda^1_{k_i}, \ldots, \Lambda^l_{k_i}\right) \qquad k_i \in \{1, \ldots, (l+1)\}. \tag{9.306}$$

Betrachtet man weiter das Tensorprodukt n-ter Stufe $u_{k_1,\ldots,k_n}$, dann findet man die Eigenwertgleichung

$$\begin{aligned} D(h^j)u_{k_1,\ldots,k_n} &= D(h^j)v_{k_1} \otimes v_{k_2} \otimes \ldots \otimes v_{k_n} + v_{k_1} \otimes D(h^j)v_{k_2} \otimes \ldots \otimes v_{k_n} + \ldots \\ &\quad + v_{k_1} \otimes v_{k_2} \otimes \ldots \otimes D(h^j)v_{k_n} \\ &= \sum_{i=1}^{n} \Lambda^j_{k_i} u_{k_1,\ldots,k_n} \qquad j = 1, \ldots, l. \end{aligned} \tag{9.307}$$

Danach setzt sich die Komponente Λ^j bzw. das DYNKIN-Label des gesamten Gewichts Λ, das zum Tensorprodukt $u_{k_1,\ldots,k_n}$ gehört, additiv aus den gleichen Komponenten $\Lambda^j_{k_i}$ bzw. den DYNKIN-Label der faktoriellen Basisvektoren $\{v_{k_i} \mid i = 1,\ldots,n\}$ zusammen

$$\Lambda^j = \sum_{i=1}^{n} \Lambda^j_{k_i} \qquad j = 1,\ldots,l \qquad k_i \in \{1,\ldots,(l+1)\}. \tag{9.308}$$

Für das symmetrieangepasste Tensorprodukt $u^{[\lambda]}_{\boldsymbol{k}} = u^{[\lambda]}_{k_1,\ldots,k_n}$ bekommt man dann wegen der Vertauschbarkeit des Operators $\{D(a) \mid a \in A_l\}$ mit dem Operator $\{D(p) \mid p \in S_n\}$ bzw. dem Projektionsoperator (9.290) die Eigenwertgleichung

$$\begin{aligned} D(h^j)u^{[\lambda]}_{\boldsymbol{k},i} &= D(h^j)P^{[\lambda]}_{ii}u_{\boldsymbol{k}} = P^{[\lambda]}_{ii}D(h^j)u_{\boldsymbol{k}} = P^{[\lambda]}_{ii}D(h^j)u_{k_1,\ldots,k_n} \\ &= \sum_{i=1}^{n} \Lambda^j_{k_i} u^{[\lambda]}_{\boldsymbol{k},i} \qquad j = 1,\ldots,l. \end{aligned} \tag{9.309}$$

Unter Berücksichtigung aller Operatoren $D8h^j)$ mit den Elementen $\{h^j \mid j = 1,\ldots,l\}$ der CARTAN-Unteralgebra $\mathcal{H}$ ist der symmetrieangepasste Basistensor $u^{[\lambda]}_{\boldsymbol{k}}$ der irreduziblen Darstellung $D^{[\lambda]}(A_l)$ dann dem Gewicht

$$\Lambda^{[\lambda]}_{\boldsymbol{k}} = \sum_{i=1}^{n} \left(\Lambda^1_{k_i}, \Lambda^2_{k_i}, \ldots, \Lambda^l_{k_i}\right) = \sum_{i=1}^{n} \Lambda_{k_i} \tag{9.310}$$

zuzuordnen. Um alle Gewichte $\Lambda^{[\lambda]}_{\boldsymbol{k}}$, die zu einem YOUNG-Diagramm $[\lambda]$ gehören, zu erhalten, wird man entsprechend der Anzahl $d^{A_l}_{[\lambda]}$ von erlaubten YOUNG-Tableaux bzw. der Anzahl von möglichen Konfigurationen $\{\boldsymbol{k} = k_1,\ldots,k_n \mid k_i \in \{1,\ldots,(l+1)\}\}$ die Eigenwerte nach Gl. (9.310) ermitteln.

Neben der Verteilung $[\lambda]$ kann eine irreduzible Darstellung $D^{[\lambda]}(A_l)$ auch durch das höchste Gewicht $\Lambda^{[\lambda]}$ bzw. deren DYNKIN-Label charakterisiert werden. Das dem höchsten Gewicht zugeordnete YOUNG-Tableau hat in den Quadraten der ersten Zeile λ_1 mal die Ziffer 1, in der zweiten Zeile λ_2 mal die Ziffer 2, bis schließlich in der l-ten Zeile λ_l mal die Ziffer l. Durch Addition der den Ziffern zugeordneten Gewichte $\Lambda_{k_i} = \left(\Lambda^1_{k_i}, \Lambda^2_{k_i}, \ldots, \Lambda^l_{k_i}\right)$ erhält man dann das höchste Gewicht

$$\Lambda^{[\lambda]} = \sum_{k_i=1}^{l+1} \lambda_{k_i}\Lambda_{k_i} \qquad i = 1,\ldots,n. \tag{9.311}$$

Diese Konfiguration des erlaubten YOUNG-Tableau kann nur auf eine einzige Weise erreicht werden, so dass das maximale Gewicht nicht entartet ist.

Eine andere Form der Charakterisierung eines YOUNG-Diagramms $[\lambda]$ und somit einer irreduziblen Darstellung $D^{[\lambda]}(A_l)$ gelingt durch die Zyklenstruktur (k) (9.254a). Dabei bedeuten die Zyklen k_i der symmetrischen Gruppe die l DYNKIN-Label $\{\Lambda^i | i = 1, \ldots, l\}$ des höchsten Gewichts (9.40). Die Länge der j-ten Zeile eines YOUNG-Diagramms ist dann gegeben durch

$$\lambda_j - \lambda_{l+1} = \sum_{i=j}^{l} \Lambda^i,$$

so dass das DYNKIN-Label Λ^j als die Anzahl der Spalten mit j Quadraten sich aus der Differenz zweier aufeinanderfolgender Zeilen errechnet (s. a. Gl. 9.258)

$$\Lambda^j = \lambda_j - \lambda_{j+1}. \tag{9.312}$$

Eine irreduzible Darstellung $D^{[\lambda]}(A_l) = D^{(\Lambda^1,\ldots,\Lambda^l)}(A_l)$ mit dem höchsten Gewicht (9.40) kann dann durch ein YOUNG-Diagramm $[\lambda]$ beschrieben werden, dessen Anzahl von Spalten mit j Quadraten durch das DYNKIN-Label Λ^j festgelegt wird. Allgemein gilt für die Anzahl der Quadrate eines YOUNG-Diagramms (s. a Gl. 9.254b)

$$\sum_{i=1}^{l} \lambda_i = \sum_{i=1}^{l} i \Lambda^i.$$

Die fundamentale Darstellung $D^{(1,0,\ldots,0)}$, deren maximales Gewicht Λ die DYNKIN-Label $\Lambda^1 = 1,\ \Lambda^2 = \Lambda^3 = \ldots = \Lambda^l = 0$ besitzt, kann als YOUNG-Diagramm $[\lambda] = [\lambda_1 = 1, \lambda_2 = 0, \ldots, \lambda_{l+1} = 0]$ durch ein einziges Quadrat repräsentiert werden. Allgemein wird eine fundamentale Darstellung mit dem höchsten Gewicht $\Lambda = \Lambda^i \Lambda_{(i)} \delta_{ij}$ $(j = 1, \ldots, l)$ durch ein YOUNG-Diagramm $[\lambda] = [1^i]$ vertreten, das nur eine Spalte mit i Quadraten besitzt.

Ein YOUNG-Diagramm $[\lambda] = [1^{l+1}]$, das nur aus einer Spalte mit $(l+1)$ Quadraten besteht, hat das verschwindende maximale Gewicht $\Lambda = 0$. Damit wird eine eindimensionale triviale Darstellung (Singulett) vertreten, bei der alle DYNKIN-Label nach (9.312) verschwinden ($\{\Lambda^i = 0 | i = 1, \ldots, l\}$).

Die adjungierte Darstellung $D^{(1,0,\ldots,1)}(A_l)$, deren maximales Gewicht Λ die DYNKIN-Label $\Lambda^1 = 1,\ \Lambda^2 = \Lambda^3 = \ldots = \Lambda^{l-1} = 0,\ \Lambda^l = 1$ besitzt $(l \geq 2)$, kann durch die Verteilung $[\lambda] = [2, 1^{l-1}]$ dargestellt werden. Für das zugehörige YOUNG-Diagramm erwartet man dann nach Identifizierung der DYNKIN-Label mit der Zyklenstruktur (9.254a) eine Spalte mit nur einem Quadrat sowie eine Spalte mit $(l-1)$ Quadraten.

Beispiel 8 Im trivialen Fall mit nur einem Faktor v_{k_i} im Tensorprodukt (9.227) ist die symmetrische Gruppe S_1 relevant. Die triviale, einzige Verteilung $[\lambda] = [1]$ wird dort durch ein Quadrat als YOUNG-Diagramm vertreten. Setzt man die einfache LIE-Algebra A_l voraus, dann gibt es entsprechend der $(l+1)$ Basisvektoren der fundamentalen Darstellung $D^{[1]}(A_l)$ auch eine Anzahl $(l+1)$ Konfigurationen $\{\boldsymbol{k} = k_i \,|\, k_i \in \{1, \ldots, (l+1)\}\}$. Letztere werden als Ziffern $\{1, 2, \ldots, (l+1)\}$ in das YOUNG-Diagramm einzeln eingetragen, woraus insgesamt $(l+1)$ erlaubte YOUNG-Tableaux resultieren. Als DYNKIN-Label dieser fundamentalen Darstellung $D^{[1]}(A_l)$ bekommt man nach (9.312) die bekannten Werte ($\Lambda^1 = 1$, $\Lambda^2 = \Lambda^3 = \ldots \Lambda^l = 0$). Das maximale Gewicht errechnet sich dann zu $1\Lambda_{(1)}$, wie man es nach Beispiel 1 von Abschn. 9.2 erwartet.

Im speziellen Fall der LIE-Algebra A_1 werden entsprechend der beiden Basisvektoren der fundamentalen Darstellung $v_{k_1} = v_1 \equiv v_\Lambda^{(\Lambda)}$ und $v_{k_1} = v_2 \equiv v_\Lambda^{(\Lambda - \alpha^{(1)})}$ die beiden Ziffern $k_1 = 1$ und $k_1 = 2$ jeweils in ein YOUNG-Diagramm eingetragen. Man erhält so zwei erlaubte YOUNG-Tableaux (Abb. 9.15). Diese repräsentieren eine zweidimensionale Darstellung $D^{[1]}(A_1)$, die mit der fundamentalen Darstellung $D^{(\Lambda=1)}(A_1)$ (Dublett) identisch ist (Abb. 9.3). Im Fall der trivialen Darstellung $D^{(\Lambda=0)}(A_1) = 0$ (9.58a) mit nur einem Basisvektor $((\Lambda_1 + 1) = 1)$, der ein Singulett vertritt, wird kein YOUNG-Tableau gezeichnet.

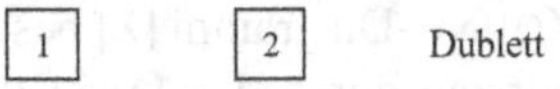

Abb. 9.15 Zwei erlaubte YOUNG-Tableaux für die irreduzible Darstellung $D^{[1]}(A_1)$ bei einem einfachen, trivialen Tensorprodukt und der LIE-Algebra A_1

Die Dimension der $d_{[1]}^{A_l}$ der irreduziblen Darstellung $D^{[1]}(A_l)$ mit der trivialen Verteilung $[\lambda] = [1]$ und nur einem Quadrat als YOUNG-Diagramm errechnet sich nach der Stufenformel (9.304) mit der einzigen Stufenlänge $h_{11} = 1$ zu dem bereits bekannten Ergebnis (Tab. 9.1) für die fundamentale Darstellung $D^{(\Lambda=1)}(A_l)$ (Beispiel 14 und 15) zu

$$d_{[1]}^{A_l} = \frac{l+1-1+1}{1} = l+1.$$

Die Gewichte, die zu dem YOUNG-Diagramm $[\lambda] = [1]$ mit nur einem Quadrat gehören (Abb. 9.15), errechnen sich nach (9.310) für die Konfiguration $\boldsymbol{k} = k_1 = 1$ und $\boldsymbol{k} = k_1 = 2$ zu

$$\Lambda_{k_1=1}^{[1]} = \Lambda^1 \Lambda_{(1)} = 1\Lambda_{(1)} \quad \text{und} \quad \Lambda_{k_1=2}^{[1]} = \Lambda^1 \Lambda_{(1)} - \alpha^{(1)} = -\Lambda^1 \Lambda_{(1)} = -1\Lambda_{(1)}.$$

Es sind die zwei einfachen Gewichte der fundamentalen Darstellung $D^{(1)}(A_1)$ (Abb. 9.3). Das maximale Gewicht $1\Lambda_{(1)}$ hat das DYNKIN-Label $\Lambda^1 = 1$, das diese fundamentale Darstellung zu charakterisieren vermag (Beispiel 1 v. Abschn. 9.2). Man erhält dieses DYNKIN-Label, das nach Identifizierung mit der Zyklenstruktur (9.254a) nur eine Spalte mit nur einem Quadrat bedeutet, auch nach Gl. (9.312) mit $[\lambda] = [\lambda_1 = 1]$.

Beispiel 9 Als weiteres Beispiel werden die 4 $(= (l+1)^2 = d)$ Tensorprodukte $\{u_{k_1,k_2} \,|\, k_1, k_2 \in \{1, 2\}\}$ der LIE-Algebra A_1 betrachtet. Diese Tensoren 2-ter Stufe spannen den Tensorraum $\mathcal{V}^{\otimes 2}$ auf, dessen Reduktion nach Gl. (9.298) bzgl. A_1 und den zwei möglichen Verteilungen $[\lambda] = [2]$ sowie $[\lambda] = [1^2]$ ausgedrückt wird durch

$$\mathcal{V}^{\otimes 2} = 1\mathcal{V}^{[2]}(A_1) + 1\mathcal{V}^{[1^2]}(A_1). \qquad (9.313a)$$

Die Reduktion des Tensorraumes im Hinblick auf die symmetrische Gruppe S_2 nach Gl. (9.299) liefert die Zerlegung

$$\mathcal{V}^{\otimes 2} = 3\mathcal{V}^{[2]}(S_2) + 1\mathcal{V}^{[1^2]}(S_2). \qquad (9.313b)$$

Eine Dimensionsbetrachtung ergibt dann mit der Bilanz (9.300) für die Dimension der irreduziblen Darstellungen $D^{[2]}(A_1)$ und $D^{[1^2]}(A_1)$

$$d_{[2]}^{A_1} = 3 \quad \text{und} \quad d_{[1^2]}^{A_1} = 1.$$

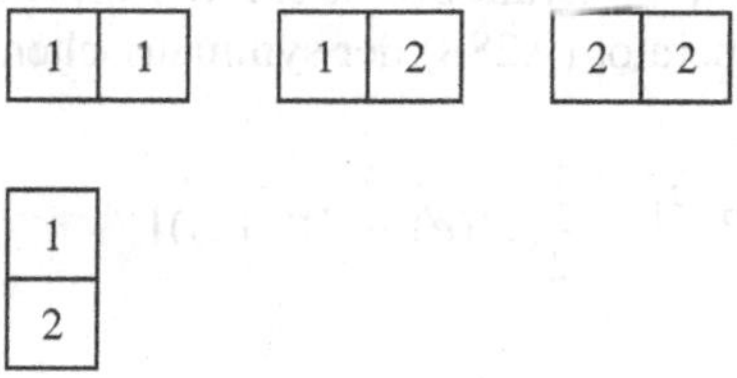

(a) Triplett

(b) Singulett

Abb. 9.16 Erlaubte YOUNG-Tableaux bei einem 2-fachen Tensorprodukt $\mathcal{V}^{\otimes 2}$ im Fall der LIE-Algebra A_1; (**a**) $[\lambda] = [2]$ bzw. $D^{[2]}(A_1)$, (**b**) $[\lambda] = [1^2]$ bzw. $D^{[1^2]}(A_1)$

Die Verteilung $[\lambda] = [2]$ mit dem zugehörigen YOUNG-Diagramm von Abb. 9.12 fordert eine reine Symmetrisierung der beiden Basisvektoren v_{k_1} und v_{k_2} der fundamentalen Darstellung von A_1. Dies bedeutet eine Verteilung der den beiden Vektoren entsprechenden Ziffern $k_1, k_2 \in \{1, 2\}$ auf die Quadrate des YOUNG-Diagramms $[\lambda] = [2]$, wobei letztere von links nach rechts nicht abnehmen dürfen (Gl. 9.301a). Man erhält so 3 $\left(= d_{[2]}^{A_1}\right)$ erlaubte YOUNG-Tableaux (Abb. 9.16). Damit verknüpft sind die drei Tensorprodukte u_{11}, u_{12} und u_{22}, deren Projektion mit dem Projektionsoperator (9.288) der symmetrischen Gruppe S_2

$$P_{11}^{[2]} = P^{[2]} = \frac{1}{2}(D(e) + D((12)))$$

einen Satz von drei symmetrieangepassten Basistensoren u_{k_1,k_2} für die irreduzible Darstellung $D^{[2]}(A_1)$ (Triplett) liefert

$$
\begin{aligned}
u_{11}^{[2]} &= P^{[2]}u_{11} = u_{11} \\
u_{12}^{[2]} &= P^{[2]}u_{12} = \frac{1}{2}(u_{11} + u_{12}) \\
u_{22}^{[2]} &= P^{[2]}u_{22} = u_{22}.
\end{aligned} \tag{9.314}
$$

Die Dimension $d_{[2]}^{A_1}$ der Darstellung $D^{[2]}(A_1)$ errechnet sich ausgehend vom YOUNG-Diagramm der Abb. 9.12 nach der Stufen-Formel (9.304) mit den beiden Stufenlängen $h_{11} = 2$ und $h_{12} = 1$ zu dem bekannten Ergebnis (s. o.)

$$
d_{[2]}^{A_1} = \frac{(2-1+1)(2-1+2)}{2 \cdot 1} = 3.
$$

Die Verteilung $[\lambda] = [1^2]$ mit dem zugehörigen YOUNG-Diagramm von Abb. 9.12 fordert eine reine Antisymmetrisierung der beiden Basisvektoren v_{k_1} und v_{k_2}. Dies bedeutet eine Verteilung der den beiden Vektoren entsprechenden Ziffern $k_1 = 1$ und $k_2 = 2$ auf die beiden Quadrate des YOUNG-Diagramms im Sinne einer Zunahme innerhalb der Spalte nach (9.301a). Man erhält so ein $\left(= d_{[1^2]}^{A_1}\right)$ erlaubtes YOUNG-Tableaux (Abb. 9.16). Damit verknüpft ist ein Tensorprodukt u_{12}, dessen Projektion mit dem Projektionsoperator (9.288) der symmetrischen Gruppe S_2

$$
P_{11}^{[1^2]} = P^{[1^2]} = \frac{1}{2}[D(e) - D((12))]
$$

den symmetrieangepassten Basistensor $u_{12}^{[1^2]}$ für die irreduzible Darstellung $D^{[1^2]}(A_1)$ (Singulett) liefert (s. a. Beispiel 1)

$$
u_{12}^{[1^2]} = P^{[1^2]}u_{12} = \frac{1}{2}(u_{12} - u_{21}).
$$

Die Dimension $d_{[1^2]}^{A_1}$ der Darstellung errechnet sich ausgehend von dem YOUNG-Diagramm von Abb. (9.12) nach der Stufen-Formel (9.304) mit den beiden Stufenlängen $h_{11} = 2$ und $h_{21} = 1$ zu dem bekannten Ergebnis (s. o.)

$$
d_{[1^2]}^{A_1} = \frac{(2-1+1)(2-2+1)}{2 \cdot 1} = 1.
$$

Die Gewichte in Einheiten der DYNKIN-Basis $\{\Lambda_{(1)}\}$, die zu dem YOUNG-Diagramm $[\lambda] = [2]$ mit einer Zeile aus zwei Quadraten gehören (Abb. 9.12), errechnen sich nach (9.310) mit nur einer Komponente ($l = 1$) für die drei Konfigurationen $k_1, k_2 = 11,\ 12,\ 22$ bzw. für die drei erlaubten YOUNG-Tableaux (Abb. 9.16a) zu (Abb. 9.17)

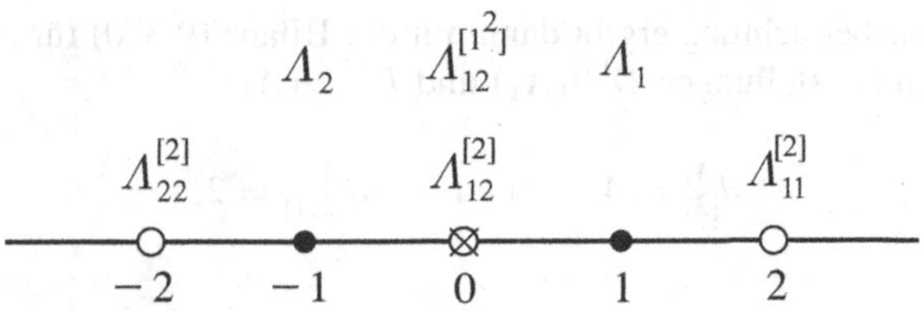

Abb. 9.17 Gewichte der fundamentalen Darstellung $D^{(1)}(A_1)$ (•) sowie der irreduziblen Darstellungen $D^{[2]}(A_1)$ (Triplett: (○)) und $D^{[1^2]}(A_1)$ (Singulett: (x)) in DYNKIN-Label Λ^i bzw. Einheiten der DYNKIN-Basis $\{\Lambda_{(i)}\}$

$$\Lambda_{11}^{[2]} = \Lambda_{k_1=1} + \Lambda_{k_2=1} = \Lambda^1 + \Lambda^1 = 2\Lambda^1 = 2$$
$$\Lambda_{12}^{[2]} = \Lambda_{k_1=1} + \Lambda_{k_2=2} = \Lambda^1 - \Lambda^1 = 0$$
$$\Lambda_{22}^{[2]} = \Lambda_{k_1=2} + \Lambda_{k_2=2} = -\Lambda^1 - \Lambda^1 = -2\Lambda^1 = -2.$$

Das höchste Gewicht $\Lambda^{[2]} = 2\Lambda_{(1)}$ hat das DYNKIN-Label $\Lambda^1 = 2$, das die irreduzible Darstellung (Triplett) zu charakterisierren vermag $(D^{[2]}(A_1) := D^{(2)}(A_1))$. Man erhält dieses DYNKIN-Label, das nach Identifizierung mit der Zyklenstruktur (9.254a) zwei Spalten mit jeweils einem Quadrat bedeutet, auch nach Gl. (9.312) mit $[\lambda] = [\lambda_1 = 2]$.

Das Gewicht, das zu dem YOUNG-Diagramm $[\lambda] = [1^2]$ mit zwei Zeilen zu je einem Quadrat gehört (Abb. 9.12), errechnet sich nach (9.310) für die einzige mögliche Konfiguration $k_1, k_2 = 12$ bzw. für das einzige erlaubte YOUNG-Tableau (Abb. 9.16b) zu

$$\Lambda_{12}^{[1^2]} = \Lambda_{k_1=1} + \Lambda_{k_2=2} = \Lambda^1 - \Lambda^1 = 0,$$

was für ein Singulett auch zu erwarten ist (Abb. 9.17). Es ist zugleich das maximale Gewicht dieser trivialen Darstellung, das nach der Zyklenstruktur (9.254a) mit dem verschwindendem DYNKIN-Label $\Lambda^1 = 0$ keine Spalte mit nur einem Quadrat erwarten lässt.

In Fortführung des letzten Beispiels werden die 8 $(= (l+1)^3 = d)$ Tensorprodukte $\{u_{k_1,k_2k_3} | \, k_1, k_2, k_3 \in \{1, 2, 3\}\}$ der LIE-Algebra A_1 betrachtet. Diese Tensoren 3-ter Stufe spannen den Tensorraum $\mathcal{V}^{\otimes 3}$ auf, dessen Reduktion nach Gl. (9.298) bezüglich A_1 und den möglichen Verteilungen$[\lambda] = [3]$ sowie $[\lambda] = [2, 1]$ ausgedrückt wird durch

$$\mathcal{V}^{\otimes 3} = 1\mathcal{V}^{[3]}(A_1) + 2\mathcal{V}^{[2,1]}(A_1). \tag{9.315a}$$

Die Reduktion des Tensorraumes im Hinblick auf die symmetrische Gruppe S_3 nach Gl. (9.299) liefert die Zerlegung

$$\mathcal{V}^{\otimes 3} = 4\mathcal{V}^{[3]}(S_3) + 2\mathcal{V}^{[2,1]}(S_3). \tag{9.315b}$$

Eine Dimensionsbetrachtung ergibt dann mit der Bilanz (9.300) für die Dimension der irreduziblen Darstellungen $D^{[3]}(A_1)$ und $D^{[2,1]}(A_1)$

$$d^{A_1}_{[3]} = 4 \qquad \text{und} \qquad d^{A_1}_{[2,1]} = 2.$$

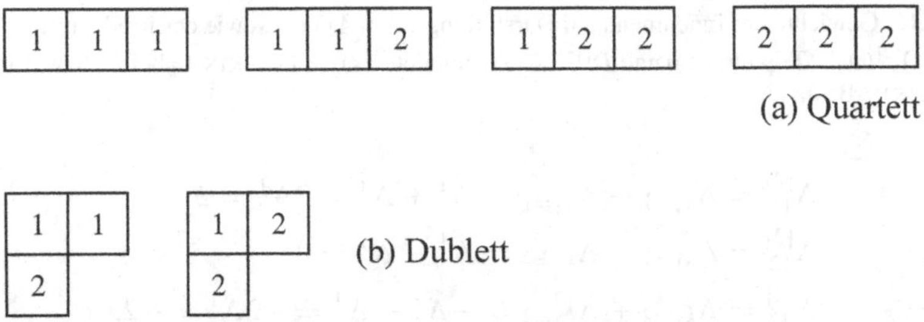

Abb. 9.18 Erlaubte YOUNG-Tableaux bei einem 3-fachen Tensorprodukt $\mathcal{V}^{\otimes 3}$ im Fall der LIE-Algebra A_1; (**a**) $[\lambda] = [3]$ bzw. $D^{[3]}(A_1)$, (**b**) $[\lambda] = [2,1]$ bzw. $D^{[2,1]}(A_1)$

Die Verteilung $[\lambda] = [3]$ mit dem zugehörigen YOUNG-Diagramm von Abb. (9.13) fordert eine reine Symmetrisierung der drei Basisvektoren v_{k_1}, v_{k_2} und v_{k_3} der fundamentalen Darstellung von A_1. Dies impliziert eine Verteilung der den drei Vektoren entsprechenden Ziffern $k_1 = 1$ und $k_1 = 2$ auf die Quadrate des YOUNG-Diagramms $[\lambda] = [3]$, wobei die Ziffern von links nach rechts nicht abnehmen dürfen (Gl. 9.301a). Man erhält so 4 $\left(= d^{A_1}_{[3]}\right)$ erlaubte YOUNG-Tableaux (Abb. 9.18b). Damit verknüpft sind vier Tensorprodukte u_{111}, u_{112}, u_{122} und u_{222}, deren Projektion mit dem Projektionsoperator (9.288) der symmetrischen Gruppe S_3

$$P^{[3]}_{11} = P^{[3]} = \frac{1}{6}[D(e) + D((12)) + D((23)) + D((31)) + D((132)) + D((123))]$$

einen Satz von vier symmetrieangepassten Basistensoren u_{k_1,k_2,k_3} für die irreduzible Darstellung $d^{[3]}(A_1)$ (Quartett) liefert

$$\begin{aligned} u^{[3]}_{111} &= P^{[3]}u_{111} = u_{111} \\ u^{[3]}_{112} &= P^{[3]}u_{112} = \frac{1}{3}(u_{112} + u_{121} + u_{211}) \\ u^{[3]}_{122} &= P^{[3]}u_{122} = \frac{1}{3}(u_{122} + u_{212} + u_{221}) \\ u^{[3]}_{222} &= P^{[3]}u_{222} = u_{222}. \end{aligned} \tag{9.316}$$

Die Dimension $d^{A_1}_{[3]}$ der Darstellung $D^{[3]}(A_1)$ errechnet sich ausgehend von dem YOUNG-Diagramm in Abb. 9.13 nach der Stufen-Formel (9.304) mit den drei Stufenlängen $h_{11} = 3$, $h_{12} = 2$ und $h_{13} = 1$ zu dem bekannten Ergebnis (s. o.)

$$d_{[3]}^{A_1} = \frac{(2-1+1)(2-1+2)(2-1+3)}{3\cdot 2\cdot 1} = 4.$$

Die Verteilung $[\lambda] = [2, 1]$ mit dem zugehörigen YOUNG-Diagramm von Abb. 9.13 fordert eine gemischte Symmetrisierung bzw. Antisymmetrisierung der drei Basisvektoren v_{k_1}, v_{k_2} und v_{k_3}. Dies impliziert eine Verteilung der den Basisvektoren entsprechenden Ziffern $k_1 = 1$ und $k_1 = 2$ auf die Quadrate der 1. Zeile als auch auf die der 1. Spalte mit Rücksicht auf die bekannten Forderungen (9.301), so dass die Ziffern von links nach rechts nicht abnehmen dürfen und von oben nach unten wachsen müssen. Man erhält so 2 $\left(= d_{[2,1]}^{A_1}\right)$ erlaubte YOUNG-Tableaux, mit denen zwei Tensorprodukte $u_{11,2}$ und $u_{12,2}$ verknüpft sind (Abb. 9.18b). Nachdem die irreduzible Darstellung $D^{[2,1]}(S_3)$ der symmetrischen Gruppe S_3 zweidimensional ist ($d_{[2,1]} = 2$), wird man zur Ermittlung der symmetrieangepassten Basis der irreduziblen Darstellung $D^{[2,1]}(A_1)$ nach Gl. (9.278) auch zwei Projektionsoperatoren der Form (9.291a) und (9.291b) erwarten. Die Projektion mithilfe des ersten Operators (9.291a) liefert dann einen Satz von zwei symmetrieangepassten Basistensoren für die irreduzible Darstellung $D^{[2,1]}(A_1)$, der – bis auf einen konstanten Faktor – mit jenen von Gl. (9.237) übereinstimmt

$$u_{11,2}^{[2,1]} = P_{11}^{[2,1]} u_{11,2} = \frac{2}{3}(u_{11,2} - u_{21,2}) \tag{9.317a}$$

$$u_{12,2}^{[2,1]} = P_{11}^{[2,1]} u_{12,2} = \frac{1}{3}(u_{12,2} - u_{22,1}). \tag{9.317b}$$

Die Projektion mithilfe des zweiten Operators (9.291b) liefert einen dazu linear unabhängigen Satz symmetrieangepasster Basistensoren

$$u_{11,2}^{[2,1]} = P_{22}^{[2,1]} u_{11,2} = \frac{1}{3}(u_{21,1} - u_{12,1}) \tag{9.318a}$$

$$u_{12,2}^{[2,1]} = P_{22}^{[2,1]} u_{12,2} = \frac{1}{3}(u_{12,2} - u_{21,2}), \tag{9.318b}$$

der – bis auf eine konstanten Faktor – mit jenen von Gl. (9.238) übereinstimmt. Beide Basissätze gehören zur zweidimensionalen Darstellung $D^{[2,1]}(A_1)$, die wegen der Multiplizität $d_{[2,1]} = 2$ in der Zerlegung (9.315a) zweimal auftritt.

Die Dimension $d_{[2,1]}^{A_1}$ der Darstellung $D^{[2,1]}(A_1)$ errechnet sich ausgehend von dem YOUNG-Diagramm in Abb. 9.13 nach der Stufen-Formel (9.304) mit den drei Stufenlängen $h_{11} = 3$, $h_{12} = 1$ und $h_{21} = 1$ zu dem bekannten Ergebnis (s. o.)

$$d_{[2,1]}^{A_1} = \frac{(2-1+1)(2-1+2)(2-2+1)}{3\cdot 1\cdot 1} = 2.$$

Die Gewichte in Einheiten der DYNKIN-Basis $\{\Lambda_{(1)}\}$, die zu dem YOUNG-Diagramm $[\lambda] = [3]$ mit einer Zeile aus drei Quadraten gehören (Abb. 9.13), errechnen sich nach (9.310) mit nur einer Komponente ($l = 1$) für die vier Konfigurationen $k_1, k_2, k_3 = 111,\ 112,\ 122,\ 222$ bzw. für die vier erlaubten YOUNG-

Tableaux (Abb. 9.18) zu

$$\begin{aligned}
\Lambda^{[3]}_{111} &= \Lambda_{k_1=1} + \Lambda_{k_2=1} + \Lambda_{k_3=1} = \Lambda^1 + \Lambda^1 + \Lambda^1 = 3\Lambda^1 = 3\\
\Lambda^{[3]}_{112} &= \Lambda_{k_1=1} + \Lambda_{k_2=1} + \Lambda_{k_3=2} = \Lambda^1 + \Lambda^1 - \Lambda^1 = 1\Lambda^1 = 1\\
\Lambda^{[3]}_{122} &= \Lambda_{k_1=1} + \Lambda_{k_2=2} + \Lambda_{k_3=2} = \Lambda^1 - \Lambda^1 - \Lambda^1 = -1\Lambda^1 = -1\\
\Lambda^{[3]}_{222} &= \Lambda_{k_1=2} + \Lambda_{k_2=2} + \Lambda_{k_3=2} = -\Lambda^1 - \Lambda^1 - \Lambda^1 = -3\Lambda^1 = -3.
\end{aligned}$$

Das höchste Gewicht $\Lambda^{[3]} = 3\Lambda_{(1)}$ hat das DYNKIN-Label $\Lambda^1 = 3$, das die irreduzible Darstellung (Quartett) zu charakterisieren vermag ($D^{[3]}(A_1) := D^{(3)}(A_1)$). Man erhält dieses DYNKIN-Label, das nach Identifizierung mit der Zyklenstruktur (9.254a) drei Spalten mit jeweils einem Quadrat bedeutet, auch nach Gl. (9.312) mit $[\lambda] = [\lambda_1 = 3]$.

Die Gewichte, die zu dem YOUNG-Diagramm $[\lambda] = [2, 1]$ mit einer Zeile aus zwei Quadraten sowie einer Zeile aus einem Quadrat gehören (Abb. 9.13), errechnen sich nach (9.310) mit nur einer Komponente ($l = 1$) für die zwei Konfigurationen $k_1, k_2, k_3 = 112$ und 122 bzw. zwei erlaubten YOUNG-Tableaux (Abb. 9.18) zu

$$\begin{aligned}
\Lambda^{[2,1]}_{112} &= \Lambda_{k_1=1} + \Lambda_{k_2=1} + \Lambda_{k_3=2} = \Lambda^1 + \Lambda^1 - \Lambda^1 = 1\Lambda^1 = 1\\
\Lambda^{[2,1]}_{122} &= \Lambda_{k_1=1} + \Lambda_{k_2=2} + \Lambda_{k_3=2} = \Lambda^1 - \Lambda^1 - \Lambda^1 = -1\Lambda^1 = -1.
\end{aligned}$$

Das höchste Gewicht $\Lambda^{[2,1]} = 1\Lambda_{(1)}$ hat das DYNKIN-Label $\Lambda^1 = 1$, das die irreduzible Darstellung (Dublett) zu charakterisieren vermag ($D^{[2,1]}(A_1) := D^{(1)}(A_1)$). Es ist die fundamentale Darstellung mit zwei einfachen Gewichten (s. Beispiel 21). Man erhält dieses DYNKIN-Label auch nach Gl. (9.312) mit $[\lambda] = [\lambda_1 = 2, \lambda_2 = 1]$. Nach Identifizierung mit der Zyklenstruktur (9.254a) findet man nur eine Spalte mit nur einem Quadrat (Abb. 9.15), so dass die Äquivalenz der irreduziblen Darstellungen $D^{[2,1]}(A_1)$ und $D^{[1]}(A_1)$ die Forderung nach Streichung jener Spalte mit zwei Quadraten (Abb. 9.18) erhebt.

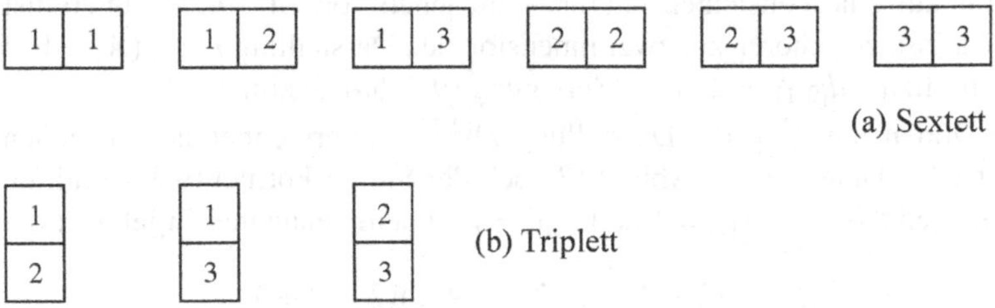

Abb. 9.19 Erlaubte YOUNG-Tableaux bei einem 2-fachen Tensorprodukt $\mathcal{V}^{\otimes 2}$ im Fall der LIE-Algebra A_2; (**a**) $[\lambda] = [2]$ bzw. $D^{[2]}(A_2)$, (**b**) $[\lambda] = [1^2]$ bzw. $D^{[1^2]}(A_2)$

Beispiel 10 Schließlich werden die 9 ($= (l+1)^2 = d$) Tensorprodukte $\{u_{k_1,k_2} | k_1, k_2 \in \{1, 2, 3\}\}$ der LIE-Algebra A_2 betrachtet. Diese Tensoren 2-ter

Stufe spannen den Tensorraum $\mathcal{V}^{\otimes 2}$ auf, dessen Reduktion nach Gl. (9.298) bzgl. A_2 und den zwei möglichen Verteilungen $[\lambda] = [2]$ sowie $[\lambda] = [1^2]$ ausgedrückt wird durch

$$\mathcal{V}^{\otimes 2} = 1\mathcal{V}^{[2]}(A_2) + 1\mathcal{V}^{[1^2]}(A_2). \tag{9.319a}$$

Die Reduktion des Tensorraumes im Hinblick auf die symmetrische Gruppe S_2 nach Gl. (9.299) liefert die Zerlegung

$$\mathcal{V}^{\otimes 2} = 6\mathcal{V}^{[2]}(S_2) + 3\mathcal{V}^{[1^2]}(S_2). \tag{9.319b}$$

Eine Dimensionsbetrachtung ergibt dann mit der Bilanz (9.300) für die Dimension der irreduziblen Darstellungen $D^{[2]}(A_2)$ und $D^{[1^2]}(A_2)$

$$d_{[2]}^{A_2} = 6 \quad \text{und} \quad d_{[1^2]}^{A_2} = 3.$$

Im Fall der Verteilung $[\lambda] = [2]$, die eine reine Symmetrisierung fordert, bekommt man die erlaubten YOUNG-Tableaux aus der möglichen Verteilung der den beiden Vektoren v_{k_1} und v_{k_2} entsprechenden Ziffern $k_1, k_2 \in \{1, 2, 3\}$ auf die beiden Quadrate des YOUNG-Diagramms $\mathcal{K}_1$ von Abb. 9.12 unter Berücksichtigung der Bedingung (9.301a). Man erhält so insgesamt 6 $\left(= d_{[2]}^{A_2}\right)$ erlaubte YOUNG-Tableaux (Sextett) (Abb. 9.19a).

Im Fall der Verteilung $[\lambda] = [1^2]$, die eine reine Antisymmetrisierung fordert, erhält man entsprechend der Dimension der irreduziblen Darstellung $D^{[1^2]}(A_2)$ insgesamt 3 $\left(= d_{[1^2]}^{A_2}\right)$ erlaubte YOUNG-Tableaux (Triplett) (Abb. 9.19b).

Die Dimension $d_{[2]}^{A_2}$ der irreduziblen Darstellung $D^{[2]}(A_2)$ errechnet sich ausgehend von dem YOUNG-Diagramm [2] (Abb. 9.12) nach der Stufen-Formel (9.304) mit den beiden Stufenlängen $h_{11} = 2$ und $h_{12} = 1$ zu dem bekannten Ergebnis (s. o.)

$$d_{[2]}^{A_2} = \frac{(3-1+1)(3-1+2)}{2 \cdot 1} = 6.$$

Im Fall der irreduziblen Darstellung $D^{[1^2]}(A_2)$ erhält man ausgehend von dem YOUNG-Diagramm $[1^2]$ (Abb. 9.12) mit den beiden Stufenlängen $h_{11} = 2$ und $h_{21} = 1$ das bekannte Ergebnis (s. o.)

$$d_{[1^2]}^{A_2} = \frac{(3-1+1)(3-2+1)}{2 \cdot 1} = 3.$$

Die Gewichte in Einheiten der DYNKIN-Basis $\{\Lambda_{(1)}, \Lambda_{(2)}\}$, die zu dem YOUNG-Diagramm $[\lambda] = [2]$ mit einer Zeile aus zwei Quadraten gehören (Abb. 9.12), errechnen sich nach (9.310) mit zwei Komponenten ($l = 2$) für die sechs Konfigurationen $k_1, k_2 = 11,\ 12,\ 22,\ 13,\ 23,\ 33$ bzw. sechs erlaubten YOUNG-Tableaux (Abb. 9.19a) zu (Abb. 9.20)

$$\begin{aligned}
\Lambda_{11}^{[2]} &= (1+1, 0+0) = (2, 0)\\
\Lambda_{12}^{[2]} &= (1-1, 0+1) = (0, 1)\\
\Lambda_{22}^{[2]} &= (-1-1, 1+1) = (-2, 2)\\
\Lambda_{13}^{[2]} &= (1-0, 0-1) = (1, -1)\\
\Lambda_{23}^{[2]} &= (-1-0, 1-1) = (-1, 0)\\
\Lambda_{33}^{[2]} &= (0+0, -1-1) = (0, -2).
\end{aligned}$$

Das höchste Gewicht $\Lambda^{[2]} = 2\Lambda_{(1)} + 0\Lambda_{(2)}$ hat die DYNKIN-Label $\Lambda^1 = 2$ und $\Lambda^2 = 0$, die die irreduzible Darstellung (Sextett) zu charakterisieren vermögen ($D^{[2]}(A_2) := D^{(2,0)}(A_2)$). Man erhält diese DYNKIN-Label, die nach Identifizierung mit der Zyklenstruktur (9.254a) zwei Spalten mit nur einem Quadrat und keine Spalte mit zwei Quadraten bedeuten, auch nach Gl. (9.312) mit $[\lambda] = [\lambda_1 = 2, \lambda_2 = 0]$.

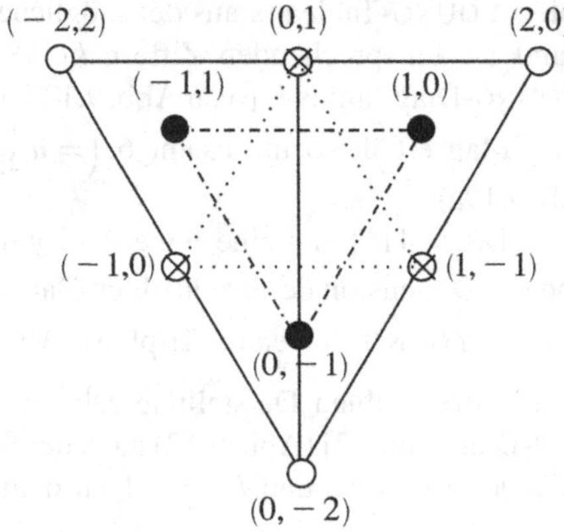

Abb. 9.20 Gewichte der fundamentalen Darstellung $D^{(1,0)}(A_2)$ (Triplett: (•)), der irreduziblen Darstellung $D^{[2]}(A_2) := D^{(2,0)}(A_2)$ (Sextett: (○)) sowie der antifundamentalen Darstellung $D^{[1^2]}(A_2) := D^{(0,1)}(A_2)$ (Triplett: (x)) in DYNKIN-Label (Λ^1, Λ^2) bzw. Einheiten der DYNKIN-Basis $\{\Lambda_{(1)}, \Lambda_{(2)}\}$

Die Gewichte, die zu dem YOUNG-Diagramm $[\lambda] = [1^2]$ mit zwei Zeilen zu je einem Quadrat gehören (Abb. 9.12), errechnen sich nach (9.310) mit zwei Komponenten ($l = 2$) für die drei Konfigurationen $k_1, k_2 = 12,\ 13,\ 23$ bzw. für die drei erlaubten YOUNG-Tableaux (Abb. 9.19b) zu (Abb. 9.20)

$$\begin{aligned}
\Lambda_{12}^{[1^2]} &= (1-1, 0+1) = (0, 1)\\
\Lambda_{13}^{[1^2]} &= (1-0, 0-1) = (1, -1)\\
\Lambda_{23}^{[1^2]} &= (-1-0, 1-1) = (-1, 0).
\end{aligned}$$

Das höchste Gewicht $\Lambda^{[1^2]} = 0\Lambda_{(1)} + 1\Lambda_{(2)}$ hat die DYNKIN-Label $\Lambda^1 = 0$ und $\Lambda^2 = 1$, die die irreduzible Darstellung (Triplett) zu charakterisieren vermögen $(D^{[1^2]}(A_2) := D^{(0,1)}(A_2))$. Es ist die antifundamentale Darstellung, deren Gewichte das entgegengesetzte Vorzeichen haben im Vergleich zu den Gewichten der fundamentalen Darstellung $D^{(1,0)}(A_2)$ (Abb. 9.5a).

Betrachtet man das 3-fache Tensorprodukt, so wird der Tensorraum $\mathcal{V}^{\otimes 3}$ von den insgesamt 27 $(= (l+1)^3 = d)$ Tensorprodukten mit den Basisvektoren $\{u_{k_1,k_2,k_3} | k_1, k_2, k_3 \in \{1, 2, 3\}\}$ der LIE-Algebra A_2 aufgespannt. Seine Reduktion nach Gl. (9.298) bzgl. A_2 und den drei möglichen Verteilungen $[\lambda] = [3]$, $[\lambda] = [2, 1]$ sowie $[\lambda] = [1^3]$ liefert die Zerlegung

$$\mathcal{V}^{\otimes 3} = 1\mathcal{V}^{[3]}(A_2) + 2\mathcal{V}^{[2,1]}(A_2) + 1\mathcal{V}^{[1^3]}(A_2). \tag{9.320a}$$

Die Reduktion des Tensorraumes im Hinblick auf die symmetrische Gruppe S_3 nach Gl. (9.299) liefert die Zerlegung

$$\mathcal{V}^{\otimes 3} = 10\mathcal{V}^{[3]}(S_3) + 8\mathcal{V}^{[2,1]}(S_3) + 1\mathcal{V}^{[1^3]}(S_3). \tag{9.320b}$$

Eine Dimensionsbetrachtung ergibt dann mit der Bilanz (9.300) für die Dimension der irreduziblen Darstellungen $D^{[3]}(A_2)$, $D^{[2,1]}(A_2)$ und $D^{[1^3]}(A_2)$

$$d_{[3]}^{A_2} = 10, \quad d_{[2,1]}^{A_2} = 8 \quad \text{und} \quad d_{[1^3]}^{A_2} = 1.$$

Im Fall der Verteilung $[\lambda] = [3]$, die eine reine Symmetrisierung fordert, bekommt man die erlaubten YOUNG-Tableaux aus der möglichen Verteilung der den drei Vektoren v_{k_1}, v_{k_2} und v_{k_3} entsprechenden Ziffern $k_1, k_2, k_3 \in \{1, 2, 3\}$ auf die beiden Quadrate des YOUNG-Diagramms $\mathcal{K}_1$ von Abb. 9.13 unter Berücksichtigung der Bedingung (9.301a). Man erhält so insgesamt 10 $\left(= d_{[3]}^{A_2}\right)$ erlaubte YOUNG-Tableaux (Dekuplett) (Abb. 9.21a).

Im Fall der Verteilung $[\lambda] = [2, 1]$, die eine gemischte Symmetrisierung fordert, erhält man durch die möglichen Aufteilungen der Ziffern $\{1, 2, 3\}$ auf die Quadrate des YOUNG-Diagramms $\mathcal{K}_3$ von Abb. 9.13 insgesamt 8 $(= d_{[2,1]^{A_2}})$ erlaubte YOUNG-Tableaux (Oktett) (Abb. 9.21b).

Schließlich findet man bei der Verteilung $[\lambda] = [1^3]$, die wegen der reinen Antisymmetrisierung der drei Faktoren nach (9.301a) eine monoton aufsteigende Folge der Ziffern $\{1, 2, 3\}$ fordert, nur ein erlaubtes YOUNG-Tableau (Singulett) (Abb. 9.21c).

Ermittelt man die Dimension der irreduziblen Darstellungen nach der Stufen-Formel (9.304), dann erhält man etwa im Fall $D^{[2,1]}(A_2)$ mit dem YOUNG-Diagramm $\mathcal{K}_3$ von Abb. 9.13 und den Stufenlängen $h_{11} = 3$, $h_{12} = 1$ und $h_{21} = 1$ das bekannte Ergebnis

$$d_{[2,1]}^{A_2} = \frac{(3-1+1)(3-1+2)(3-2+1)}{3 \cdot 1 \cdot 1} = 8.$$

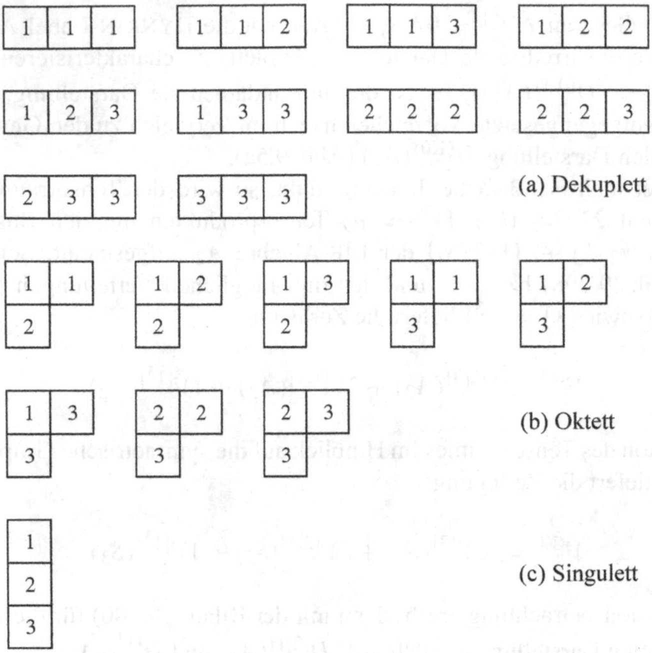

Abb. 9.21 Erlaubte YOUNG-Tableaux bei einem 3-fachen Tensorprodukt $\mathcal{V}^{\otimes 3}$ im Fall der LIE-Algebra A_2; (**a**) $[\lambda] = [3]$ bzw. $D^{[3]}(A_2)$, (**b**) $[\lambda] = [2, 1]$ bzw. $D^{[2,1]}(A_2)$, (**c**) $[\lambda] = [1^3]$ bzw. $D^{[1^3]}(A_2)$

Betrachtet man etwa die Verteilung $[\lambda] = [2, 1]$ mit zwei Quadraten in der ersten Zeile und einem Quadrat in der zweiten Zeile (Abb. 9.13), dann errechnen sich die Gewichte nach (9.310) mit zwei Komponenten ($l = 2$) in der DYNKIN-Basis $\{\Lambda_{(1)}, \Lambda_{(2)}\}$ für die acht Konfigurationen $k_1, k_2, k_3 =$ 112, 122, 132, 113, 123, 133, 223, 233 bzw. acht erlaubten YOUNG-Tableaux (Abb. 9.21b) zu

$$
\begin{aligned}
\Lambda_{112}^{[2,1]} &= (1 + 1 - 1, 0 + 0 + 1) = (1, 1) \\
\Lambda_{122}^{[2,1]} &= (1 - 1 - 1, 0 + 1 + 1) = (-1, 2) \\
\Lambda_{132}^{[2,1]} &= (1 + 0 - 1, 0 + 1 - 1) = (0, 0) \\
\Lambda_{113}^{[2,1]} &= (1 + 1 + 0, 0 + 0 - 1) = (2, -1) \\
\Lambda_{123}^{[2,1]} &= (1 - 1 + 0, 0 + 1 - 1) = (0, 0) \\
\Lambda_{133}^{[2,1]} &= (1 + 0 + 0, 0 - 1 - 1) = (1, -2) \\
\Lambda_{223}^{[2,1]} &= (-1 - 1 + 0, 1 + 1 - 1) = (-2, 1) \\
\Lambda_{233}^{[2,1]} &= (-1 + 0 + 0, 1 - 1 - 1) = (-1, -1).
\end{aligned}
$$

Das höchste Gewicht $\Lambda^{[2,1]} = 1\Lambda_{(1)} + 1\Lambda_{(2)}$ hat die DYNKIN-Label $\Lambda^1 = 1$ und $\Lambda^2 = 1$, die die irreduzible Darstellung (Oktett) zu charakterisieren vermögen ($D^{[2,1]}(A_2) := D^{(1,1)}(A_2)$). Es ist die adjungierte Darstellung, deren Gewicht mit den DYNKIN-Label $\Lambda^1 = 0$ und $\Lambda^2 = 0$ zweifach entartet ist (Abb. 9.6). Nach Identifizierung der DYNKIN-Label des höchsten Gewichts, die auch nach Gl. (9.312) errechnet werden, mit der Zyklenstruktur (9.254a) erwartet man in Übereinstimmung mit der Verteilung [2, 1] eine Spalte mit nur einem Quadrat sowie eine Spalte mit zwei Quadraten. Die zweifache Entartung des Gewichts (0,0) ist darin begründet, dass in der Konfiguration k_1, k_2, k_3 der zugehörigen zwei erlaubten YOUNG-Tableaux die Ziffern 1, 2 und 3 wiederholt vorkommen.

■

Eine weitere sinnvolle Anwendung der YOUNG-Tableaux bietet sich bei der Suche nach der CLEBSCH-GORDAN-Entwicklung (9.146) von Tensorprodukten (Abschn. 9.5). Dabei wird auf ein graphisches Verfahren zurückgegriffen, das bei der Zerlegung von Tensorprodukten aus irreduziblen Darstellungen der symmetrischen Gruppe benutzt wird (LITTLEWOOD-RICHARDSON-Regel).

Mit der Voraussetzung der Assoziativität und Distributivität des direkten (inneren) Produkts zweier irreduzibler Darstellungen $D^{[\lambda']}(A_l)$ und $D^{[\lambda'']}(A_l)$ wird eines der am Produkt beteiligten YOUNG-Diagramme $[\lambda']$ und $[\lambda'']$ – etwa das Zweite – ausgewählt, um dessen Quadrate zeilenweise mit der Zeilennummer 1, 2, ... auszufüllen. Anschließend werden diese markierten Quadrate an das andere – etwa das Erste – angefügt, so dass ein gültiges YOUNG-Diagramm entsteht. Dies impliziert die Forderung (9.257b), dass jede Zeile länger oder gleich lang ist verglichen mit der darunter liegenden Zeile. Man beginnt zunächst einzeln mit den Quadraten, die mit der Ziffer 1 besetzt sind, um weiter fortzufahren mit jenen Quadraten, die mit der Ziffer 2 besetzt sind usw. Zudem sind zwei Bedingungen zu berücksichten

(1) Es dürfen keine zwei Quadrate mit der gleichen Kennzeichnung bzw. Ziffer in einer Spalte auftreten, da sonst die mit den Quadraten verbundenen Indizes k_i, die ursprünglich in einer Zeile auftreten und so für eine Symmetrisierung von Basisvektoren sorgen, dann fälschlicherweise eine Antisymmetrisierung verursachen.
(2) Wählt man einen Weg über das Diagramm beginnend mit dem äußersten rechten Quadrat der 1. Zeile, der zeilenweise nach links und nach unten verläuft, dann muss an jedem Punkt dieses Weges die Anzahl der Quadrate mit der Ziffer i mindestens größer oder gleich der Anzahl der Quadrate mit der Ziffer $(i+1)$ sein.

Diejenigen Diagramme, deren Spalten länger als $(l+1)$ sind, werden nicht berücksichtigt, da dort eine Antisymmetrisierung – wegen dem mehrfachen Auftreten von Indizes k_i – nicht möglich ist. Schließlich ist daran zu erinnern, dass wegen der Äquivalenz von solchen Darstellungen, deren YOUNG-Diagramme sich nur durch eine verschiedene Anzahl von Spalten mit $(l+1)$ Quadraten unterscheiden, die Spalten der Länge $(l+1)$ gestrichen werden können. Ein YOUNG-Diagramm, das aus einer oder mehreren Spalten der gleichen Länge $(l+1)$ besteht, gibt Anlass zu einem verschwindenden Gewicht ($\Lambda = 0$), so dass die eindimensionale Darstellung (Singulett) repräsentiert wird.

Beispiel 11 Ein einfaches Beispiel ist das direkte (innere) Produkt aus den beiden fundamentalen Darstellungen $D^{(\Lambda^1=1,\Lambda^2=\Lambda^3=\ldots=\Lambda^l=0)}(A_l)$ und $D^{(\Lambda^1=0,\Lambda^2=1,\Lambda^3=\ldots=\Lambda^l=0)}(A_l)$ der LIE-Algebra A_l ($l \geq 2$). Mit der Charakterisierung der irreduziblen Darstellungen durch die Verteilungen bzw. YOUNG-Diagramme $[\lambda]$ hat das Tensorprodukt die Form $D^{[1]}(A_l) \otimes D^{[1^2]}(A_l)$ (Abb. 9.22). Nach Kennzeichnung der Quadrate des rechten Diagramms $[\lambda] = [1^2]$ zeilenweise mit den Ziffern 1 und 2 – der ersten und zweiten Zeile – werden diese Quadrate in der natürlichen Reihenfolge an das linke Diagramm $[\lambda] = [1]$ angefügt (Abb. 9.22a). Dabei können das erste und das dritte YOUNG-Diagramm nicht die Bedingung (2) erfüllen, weshalb sie weggelassen werden. Nach Entfernen der Ziffern aus allen Diagrammen findet man dann die CLEBSCH-GORDAN-Entwicklung (Abb. 9.22b)

$$D^{(1,0,0,\ldots,0)} \otimes D^{(0,1,0,\ldots,0)} = D^{(1,1,0,\ldots,0)} \oplus D^{(0,0,1,0,\ldots,0)}$$

bzw.

$$D^{[1]} \otimes D^{[1^2]} = D^{[2,1]} \oplus D^{[1^3]}.$$

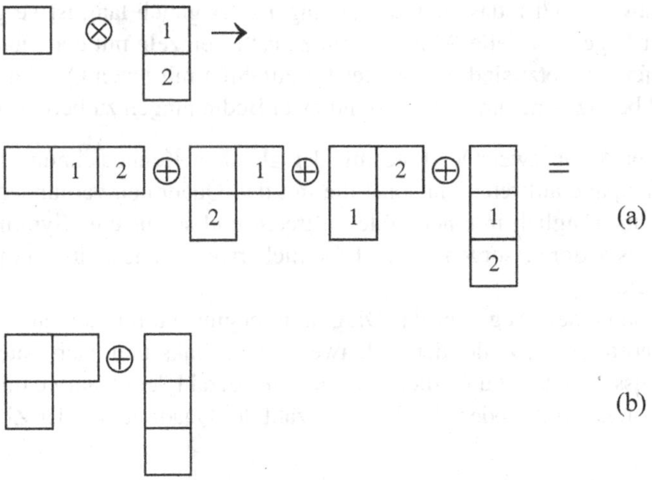

Abb. 9.22 Demonstration der CLEBSCH-GORDAN-Entwicklung des direkten Produkts $D^{(1,0,0,\ldots,0)} \otimes D^{(0,1,0,\ldots,0)}$ der LIE-Algebra A_l ($l \geq 2$) mithilfe von YOUNG-Diagrammen; (**a**) Zwischenergebnis; (**b**) Endergebnis mit der direkten Summe $D^{(1,1,0,\ldots,0)} \oplus D^{(0,0,1,0,\ldots,0)}$ bzw. $D^{[2,1]} \oplus D^{[1^3]}$

Im Fall der LIE-Algebra A_2 ($\cong sl(3,\mathbb{C})$) ergibt sich für das Tensorprodukt der beiden fundamentalen Darstellungen die direkte Summe aus der adjungierten Darstellung $D^{(1,1)}(A_2)$ und der trivialen Darstellung $D^{(0,0)}(A_2)$

$$D^{(1,0)}(A_2) \otimes D^{(0,1)}(A_2) = D^{(1,1)}(A_2) \oplus D^{(0,0)}(A_2)$$

bzw.

$$D^{[1]}(A_2) \otimes D^{[1^2]}(A_2) = D^{[2,1]}(A_2) \oplus D^{[1^3]}(A_2),$$

was mit Gl. (9.168) übereinstimmt. Eine andere Schreibweise, die die Dimension der Darstellung symbolisiert, hat die Form

$$\mathbf{3} \otimes \bar{\mathbf{3}} = \mathbf{8} \oplus \mathbf{1},$$

wodurch die Dimensionserhaltung zum Ausdruck kommt.

In einem anderen Fall wird das Tensorprodukt zwischen der ersten fundamentalen Darstellung $D^{(1,0,\ldots,0)}(A_l)$ und der letzten fundamentalen Darstellung $D^{(0,0,\ldots,1)}(A_l)$ der LIE-Algebra A_l $(l \geq 3)$ betrachtet. Nach Kennzeichnung der l Quadrate des rechten YOUNG-Diagramms zeilenweise mit den Ziffern 1 bis l der l Zeilen, werden diese Quadrate in der natürlichen Reihenfolge an das erste Diagramm angefügt (Abb. 9.23). Die Erfüllung der Bedingungen (1) und (2) erlaubt schließlich nur zwei YOUNG-Diagramme, nämlich $[\lambda] = [2, 1^{l-1}]$ und $[\lambda] = [1^{l+1}]$. Diese stehen repräsentativ für die adjungierte Darstellung $D^{[2,1^{l-1}]}(A_l)$ und die triviale Darstellung $D^{[1^{l+1}]}(A_l)$. Die CLEBSCH-GORDAN-Entwicklung hat dann dic Form

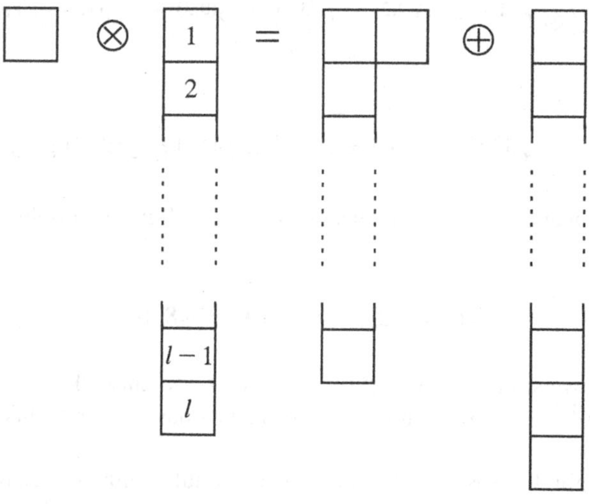

Abb. 9.23 Demonstration der CLEBSCH-GORDAN-Entwicklung des Tensorprodukts $D^{(1,0,0,\ldots,0)} \otimes D^{(0,0\ldots 0,1)}$ zwischen der ersten und letzten fundamentalen Darstellung der LIE-Algebra A_l $(l \geq 3)$ mithilfe von YOUNG-Diagrammen

$$D^{(1,0,\ldots,0)} \otimes D^{(0,0,\ldots 0,1)} = D^{(1,0,\ldots 0,1)} \oplus D^{(0,0,\ldots,0)}.$$

Eine andere Schreibweise, die die Dimension der Darstellung symbolisiert und so die Dimensionerhaltung ausdrückt, hat die Form

$$\boldsymbol{n} \otimes \bar{\boldsymbol{n}} = (\bar{\boldsymbol{n}}^2 - \boldsymbol{1}) \oplus \boldsymbol{1}.$$

Beispiel 12 Als weiteres Beispiel wird das direkte Produkt aus den beiden (äquivalenten) adjungierten Darstellungen $D^{(\Lambda^1=1,\Lambda^2=1)}(A_2)$ der LIE-Algebra A_2 diskutiert. Mit der Charakterisierung der adjungierten Darstellung durch die Verteilung $[\lambda] = [2, 1]$ hat das Tensorprodukt die Form $D^{[2,1]} \otimes D^{[2,1]}$ (Abb. 9.24).

Nach Kenzeichnung der drei Quadrate des rechten Diagramms [2, 1] zeilenweise mit den Ziffern 1 und 2 – der ersten und zweiten Zeile – werden diese Quadrate in der natürlichen Reihenfolge an das linke Diagramm [2, 1] angefügt Abb. 9.24a).

Die letzten beiden Diagramme – Nr. 11 und Nr. 12 – haben jeweils eine Spalte mit 4 ($> 3 = (l + 1)$) Quadraten, so dass sie der Bedingung (1) nicht genügen und deshalb entfernt werden. Die Diagramme mit den Nummern 1, 4, 7 und 9 genügen nicht der Bedingung (2) und müssen deshalb ebenfalls entfernt werden. Nach Löschung der Ziffern in den Quadraten findet man die CLEBSCH-GORDAN-Entwicklung von Abb. 9.24b. Dort können noch alle Spalten mit 3 ($= l + 1$) Quadraten in den Diagrammen mit den Nummern 2, 4, 5 und 6 gestrichen werden. Das letzte Diagramm besitzt dann nur eine Spalte mit der Länge 3 ($= l + 1$), womit die triviale Darstellung $D^{(0,0)}(A_2)$ bzw. $D^{[1^3]}(A_2)$ (Singulett) vertreten wird. Letztere ist wegen des Produkts zweier äquivalenter Darstellungen auch nach (3.217) zu erwarten. Die CLEBSCH-GORDAN-Entwicklung hat dann die Form

$$D^{(1,1)} \otimes D^{(1,1)} = D^{(2,2)} \oplus D^{(3,0)} \oplus D^{(0,3)} \oplus 2D^{(1,1)} \oplus D^{(0,0)}$$

bzw.

$$D^{[2,1]} \otimes D^{[2,1]} = D^{[4,2]} \oplus D^{[3,0]} \oplus D^{[3,3]} \oplus 2D^{[2,1]} \oplus D^{[1^3]}.$$

In der Schreibweise, die die Dimension der Darstellung symbolisiert, lautet das Ergebnis

$$\boldsymbol{8} \otimes \boldsymbol{8} = \boldsymbol{27} \oplus \boldsymbol{10} \oplus \boldsymbol{10} \oplus 2 \cdot \boldsymbol{8} \oplus \boldsymbol{1}.$$

Bleibt der Hinweis, dass in der CLEBSCH-GORDAN-Entwicklung die irreduzible Darstellung $D^{(1,1)}(A_2)$ zweimal vorkommt, so dass das Tensorprodukt nicht einfach reduzibel ist.

Allgemein gilt die Aussage, dass ein Tensorprodukt dann einfach reduzierbar ist, falls eine der beiden faktoriellen Darstellungen ein rechteckiges YOUNG-Diagramm besitzt (und deshalb deren DYNKIN-Label Λ^i nicht alle von Null verschieden sind). Diese Voraussetzung wird stets von allen Diagrammen bzw. irreduziblen Darstel-

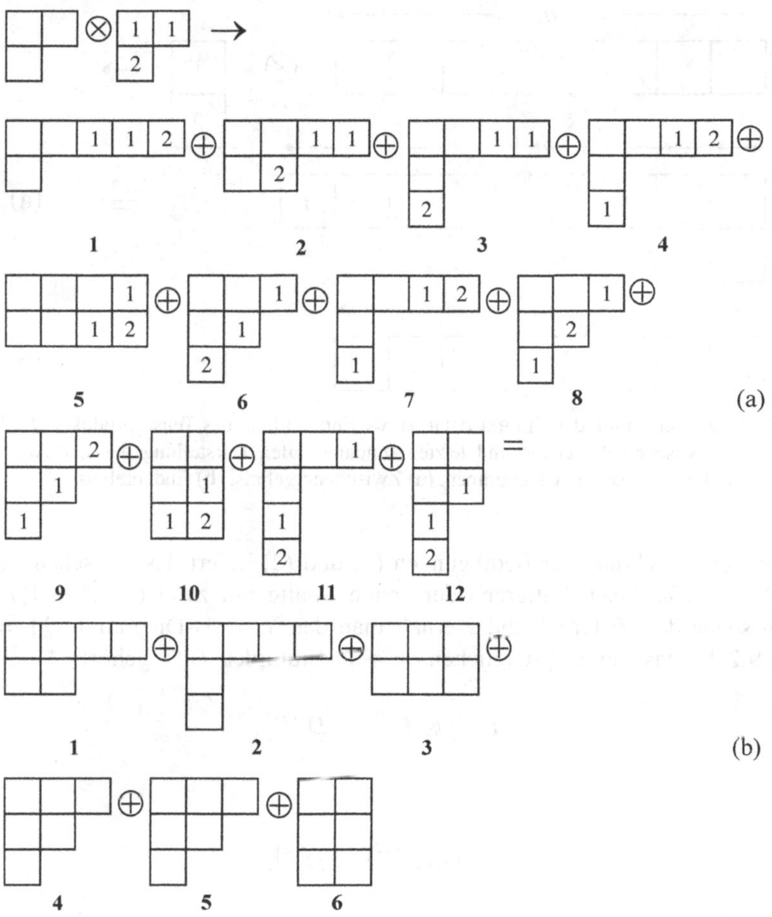

Abb. 9.24 Demonstration der CLEBSCH-GORDAN-Entwicklung des Tensorprodukts zwischen den beiden adjungierten Darstellungen $D^{(1,1)}$ der LIE-Algebra A_2 mithilfe von YOUNG-Diagrammen; (**a**) Zwischenergebnis, (**b**) Endergebnis mit der direkten Summe $D^{(2,2)} \oplus D^{(3,0)} \oplus D^{(0,3)} \oplus 2D^{(1,1)} \oplus D^{(0,0)}$ bzw. $D^{[4,2]} \oplus D^{[3,0]} \oplus D^{[3,3]} \oplus 2D^{[2,1]} \oplus D^{[1^3]}$

lungen der LIE-Algebra A_1 ($\cong sl(2, \mathbb{C})$) erfüllt, so dass deren Tensorprodukte als einfach reduzierbar gelten (Beispiel 7 v. Abschn. 6.5 und Beispiel 1 v. Abschn. 9.5).

Beispiel 13 In einem letzten Beispiel wird die CLEBSCH-GORDAN-Entwicklung von Tensorprodukten der LIE-Algebra A_1 ($\cong sl(2, \mathbb{C})$) diskutiert. Betrachtet man etwa eine $(m+1)$-dimensionale Darstellung ($(m+1)$-Multiplett) $D^{(\Lambda^1=m)}$ bzw. $D^{[\lambda]=[m]}$ als ersten Faktor und die triviale Darstellung $D^{(\Lambda^1=0)}$ bzw. $D^{[\lambda]=[1^2]}$ (Singulett) als zweiten Faktor, dann kann das Tensorprodukt durch die YOUNG-Diagramme von Abb. 9.25 dargestellt werden.

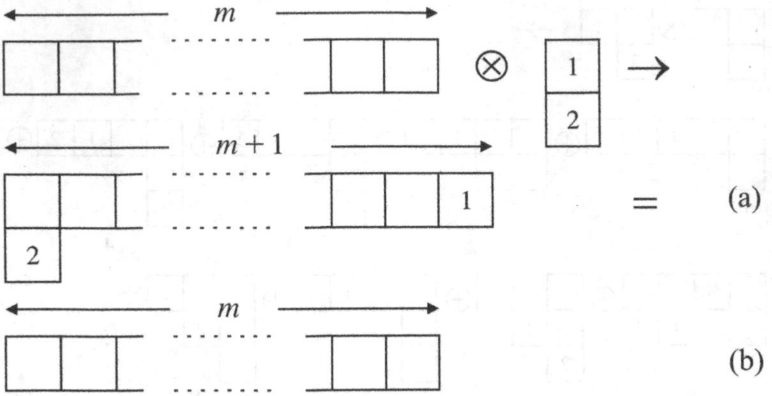

Abb. 9.25 Demonstration der CLEBSCH-GORDAN-Entwicklung des Tensorprodukts $D^{(1,0,0,\dots,0)} \otimes D^{(0,0\dots0,1)}$ zwischen der ersten und letzten fundamentalen Darstellung der LIE-Algebra A_l ($l \geq 3$) mithilfe von YOUNG-Diagrammen; (**a**) Zwischenergebnis, (**b**) Endergebnis

Die Berücksichtung der Bedingungen (1) und (2) liefert das Zwischenergebnis von Abb. 9.25a. Nach Entfernen der ersten Spalte mit zwei ($= (l+1)$) Quadraten sowie den Ziffern 1 und 2 erhält man das YOUNG-Diagramm $[\lambda] = [m]$ (Abb. 9.25b), das zum ursprünglichen $(m+1)$-Multiplett $D^{(m)}$ gehört

$$D^{(m)} \otimes D^{(0)} = D^{(m)}$$

bzw.

$$D^{[m]} \otimes D^{[1^2]} = D^{[m]}.$$

Dieses Ergebnis ist bei einer trivialen Darstellung als Faktor im Tensorprodukt auch zu erwarten, was durch die symbolische Schreibweise bzgl. der Dimension

$$(\boldsymbol{m}+\boldsymbol{1}) \otimes \boldsymbol{0} = \boldsymbol{m} \oplus \boldsymbol{1}$$

unmittelbar ausgedrückt wird.

Das Tensorprodukt zwischen den irreduziblen Darstellungen $D^{[m_1]}$ ((m_1+1)-Multiplett) und $D^{[m_2]}$ ((m_2+1)-Multiplett) der LIE-Algebra A_1 – mit $m_1 > m_2$ – wird durch das YOUNG-Diagramm von Abb. 9.26 ausgedrückt. Die Berücksichtigung der Bedingungen (1) und (2) liefert das Zwischenergebnis von Abb. 9.26a. Nach Entfernen von Spalten mit 2 ($= (l+1)$) Quadraten findet man die CLEBSCH-GORDAN-Entwicklung (Abb. 9.26b)

$$D^{(m_1)} \otimes D^{(m_2)} = D^{(m_1+m_2)} \oplus D^{(m_1+m_2-2)} \oplus \cdots \oplus D^{(m_1-m_2)}$$

bzw.

$$D^{[m_1]} \otimes D^{[m_2]} = D^{[m_1+m_2]} \oplus D^{[m_1+m_2-2]} \oplus \ldots \oplus D^{[m_1+m_2]}.$$

Die Identifizierung des DYNKIN-Label $\Lambda^1/2$ mit der Drehimpulsquantenzahl J in der Quantenmechanik liefert dann analog zu den Ergebnissen (6.143) bzgl. der LIE-Gruppe $SU(2)$ die Entwicklung des Tensorprodukts von irreduziblen Darstellungen zweier Systeme mit den Drehimpulsoperatoren $\boldsymbol{J}_1$ und $\boldsymbol{J}_2$, wodurch die Drehimpulskopplung (6.146) zum Ausdruck gebracht wird (s. Beispiel 1 v. Abschn. 9.2). ■

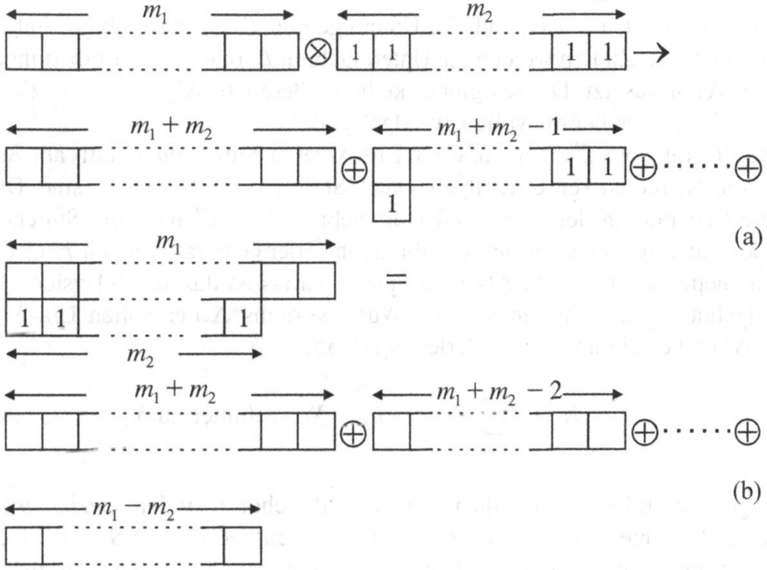

Abb. 9.26 Demonstration der CLEBSCH-GORDAN-Entwicklung des Tensorprodukts $D^{(1,0,0,\ldots,0)} \otimes D^{(0,0\ldots0,1)}$ zwischen der ersten und letzten fundamentalen Darstellung der LIE-Algebra A_l ($l \geq 3$) mithilfe von YOUNG-Diagrammen; (**a**) Zwischenergebnis, (**b**) Endergebnis

9.7 Unteralgebren

Die Suche nach Unteralgebren $\mathcal{L}'$ einer LIE-Algebra $\mathcal{L}$ ist immer dann von Interesse, wenn durch eine Störung oder Deformation eines Systems die ideale durch $\mathcal{L}$ ausgedrückte Symmetrie vermindert wird. In der Folge erwartet man eine Reduktion der Anzahl an Symmetrietransformationen, so dass die realen Verhältnisse des Systems mithilfe der Unteralgebra $\mathcal{L}'$ beschrieben werden. Bei dieser Symmetrieerniedrigung fragt man nach der sogenannten *Einbettung* der Unteralgebra $\mathcal{L}'$ in die LIE-Algebra $\mathcal{L}$ mit dem Ziel, die Beziehungen zwischen den Darstellungen in beiden Algebren zu ermitteln. Dabei erwartet man, dass die Darstellungen der vollen LIE-Algebra $\mathcal{L}$ im Hinblick auf die Unteralgebra $\mathcal{L}'$ infolge der Subduktion reduzibel sein werden (s. a. Abschn. 3.11).

Eine *Einbettung* ψ der LIE-Algebra $\mathcal{L}'$ in die LIE-Algebra $\mathcal{L}$ bedeutet die injektive, homomorphe Abbildung

$$\psi : \mathcal{L}' \longrightarrow \mathcal{L} \tag{9.321}$$

und zugleich den Isomorphismus $\psi(\mathcal{L}')$ auf eine Unteralgebra von $\mathcal{L}$. Damit erfolgt die Einbettung bis auf Isomorphie. Man erwartet so eine Unterscheidung zwischen $\mathcal{L}'$ und $\psi(\mathcal{L}')$. Dennoch soll im Folgenden an Stelle von $\psi(\mathcal{L}') \subseteq \mathcal{L}$ die Symbolik $\mathcal{L}' \subseteq \mathcal{L}$ verwendet werden.

Betrachtet werden nur eigentliche Unteralgebren $\mathcal{L}'$, so dass obige Einbettung als *eigentlich* gilt. Zudem werden die Unteralgebren $\mathcal{L}'$ bzw. deren Einbettungen als maximal vorausgesetzt. Danach gibt es keine größere LIE-Algebra $\mathcal{L}'' \subset \mathcal{L}$, die $\mathcal{L}'$ enthält ($\mathcal{L}' \subset \mathcal{L}''$) außer die volle LIE-Algebra $\mathcal{L}$.

Eine Unteralgebra $\mathcal{L}'$ einer einfachen LIE-Algebra heißt *regulär*, falls alle Stufenoperatoren der reduktiven Unteralgebra auch Stufenoperatoren von $\mathcal{L}$ sind. Danach sind die Generatoren der CARTAN-Unteralgebra $\mathcal{H}' \subset \mathcal{L}'$ bzw. die Stufenoperatoren der Unteralgebra $\mathcal{L}'$ lineare Kombinationen der Generatoren von $\mathcal{H} \subset \mathcal{L}$ bzw. der Stufenoperatoren von $\mathcal{L}$. Als Konsequenz daraus ist das Wurzelsystem Δ' der Unteralgebra $\mathcal{L}'$ eine Untermenge des Wurzelsystems Δ der vollen LIE-Algebra ($\Delta' \subset \Delta$) und es gilt analog zur Zerlegung (7.55)

$$\mathcal{L}' = \mathcal{H}' \oplus \sum_{\alpha \in \Delta'} \mathcal{L}_\alpha \qquad \mathcal{L}_\alpha : \text{ Wurzelunterraum.} \tag{9.322}$$

Diejenigen Unteralgebren, die nicht regulär sind, gehören zu den *speziellen Unteralgebren*. Man unterscheidet zwischen den *R-Unteralgebren* und *S-Unteralgebren*, von denen nur die ersten reguläre Unteralgebren enthalten. Bei der Klassifizierung aller reduktiven Unteralgebren von einfachen LIE-Algebren wird man dann nach maximalen R- bzw. S-Unteralgebren suchen. Eine maximale reguläre Unteralgebra hat eine maximale Anzahl identischer, gleichzeitig vertauschbarer Generatoren, nämlich die der CARTAN-Unteralgebra, so dass die CARTAN-Unteralgebren $\mathcal{H}'$ und $\mathcal{H}$ identisch sind und es gilt

$$\operatorname{rang} \mathcal{L}' = \operatorname{rang} \mathcal{L}. \tag{9.323}$$

Betrachtet man eine Unteralgebra $\mathcal{L}'$ der LIE-Algebra $\mathcal{L}$ mit deren Wurzelsystem Δ' und deren einfachem System Π', dann gilt nach (7.211), dass die Differenz zweier verschiedener einfacher Wurzeln kein Element des Wurzelsystems Δ' ist

$$\alpha'^{(i)} - \alpha'^{(j)} \notin \Delta' \qquad \alpha'^{(i)}, \alpha'^{(j)} \in \Pi' \qquad i \neq j. \tag{9.324}$$

Setzt man die Unteralgebra $\mathcal{L}'$ als regulär voraus, dann erwartet man auch die Forderung

$$\alpha'^{(i)} - \alpha'^{(j)} \notin \Delta \qquad \alpha'^{(i)}, \alpha'^{(j)} \in \Pi'. \tag{9.325}$$

Andernfalls erhält man nach (7.72) einen endlichen Stufenoperator $e_{\alpha'^{(i)}-\alpha'^{(j)}}$

$$[e_{\alpha'^{(i)}}, e_{\alpha'^{(j)}}] = N_{\alpha'^{(i)}\alpha'^{(j)}} e_{\alpha'^{(i)}-\alpha'^{(j)}},$$

der in der Unteralgebra $\mathcal{L}'$ liegt, so dass die Wurzel $(\alpha'^{(i)} - \alpha'^{(j)})$ dem Wurzelsystem Δ' angehört. Letzteres bedeutet einen Widerspruch zu (9.324). Bei der Suche nach der regulären Unteralgebra $\mathcal{L}'$ wird man daher eine Untermenge $\Pi' \subset \Delta$ des Wurzelsystems Δ ermitteln, so dass für je zwei Wurzeln aus diesem einfachen Sytem Π', deren Differenz die Forderung (9.325) erfüllt und so nicht zum Wurzelsystem Δ der vollen LIE-Algebra $\mathcal{L}$ gehört. Die Menge der Operatoren $\{h_\alpha\} \cup \{e_\alpha, e_{-\alpha}\}$ bilden dann die Basis der regulären Unteralgebra $\mathcal{L}'$ mit derem einfachen System Π'.

Bei der Ermittlung jener Untermenge Π' benutzt man die Menge

$$\Pi^+ = \Pi \cup \{-\alpha^{(0)}\}, \tag{9.326}$$

die als erweitertes einfaches System bezeichnet wird. Dabei bedeutet $-\alpha^{(0)}$ die höchste negative Wurzel, deren Eigenschaft Anlass gibt zu der Behauptung

$$-\alpha^{(0)} - \alpha^{(i)} \notin \Delta \qquad \forall \alpha^{(i)} \in \Pi. \tag{9.327}$$

Die Elemente des erweiterten einfachen Systems Π^+ (9.326) genügen dann den Bedingungen (7.211) sowie (7.212) und zeigen so alle Eigenschaften eines einfachen Systems mit Ausnahme der linearen Unabhängigkeit. Letztere kann jedoch dadurch erreicht werden, dass man ein Element $\alpha^{(i)} \in \Pi$ aus dem erweiterten einfachen System Π^+ entfernt. Die dann gewonnene Menge von Elementen sind linear unabhängig und bilden das einfache System Π' der Unteralgebra $\mathcal{L}'$, das möglicherweise reduzibel ist. Dabei kann man zwei Fälle unterscheiden.

Der erste Fall betrifft die LIE-Algebren $\mathcal{L} \neq A_l$. Dort liefert jede Menge

$$\Pi' = \Pi^+ \backslash \{\alpha^{(i)}\} = \Pi \cup \{-\alpha^{(0)}\} \backslash \{\alpha^{(i)}\} \qquad \alpha^{(i)} \in \Pi \tag{9.328}$$

ein einfaches System für eine maximale reguläre und halbeinfache Unteralgebra $\mathcal{L}'$. Umgekehrt gilt die Aussage, dass es keine anderen maximale reguläre und halbeinfache Unteralgebren gibt außer jenen mit dem einfachen System Π' (9.328). Ausnahmen betreffen die exzeptionellen LIE-Algebren F_4, E_7 und E_8. Dort sind die so gewonnenen Unteralgebren nicht immer maximal

$$
\begin{array}{lll}
F_4 & \text{mit} & \Pi \cup \{-\alpha^{(0)}\} \backslash \{\alpha^{(3)}\}: \; A_3 \oplus A_1 \subset B_4 \subset F_4 \\
E_7 & \text{mit} & \Pi \cup \{-\alpha^{(0)}\} \backslash \{\alpha^{(3)}\}: \; A_3 \oplus A_3 \oplus A_1 \subset D_6 \oplus A_1 \subset E_7 \\
E_8 & \text{mit} & \Pi \cup \{-\alpha^{(0)}\} \backslash \{\alpha^{(3)}\}: \; A_3 \oplus D_5 \subset D_8 \subset E_8 \\
E_8 & \text{mit} & \Pi \cup \{-\alpha^{(0)}\} \backslash \{\alpha^{(5)}\}: \; A_5 \oplus A_2 \oplus A_1 \subset E_6 \oplus A_2 \subset E_8 \\
E_8 & \text{mit} & \Pi \cup \{-\alpha^{(0)}\} \backslash \{\alpha^{(6)}\}: \; A_7 \oplus A_1 \subset E_7 \oplus A_1 \subset E_8.
\end{array}
$$

Der zweite Fall betrifft die LIE-Algebra $\mathcal{L} = A_l$. Dort bekommt man mit dem einfachen System Π' (9.328) eine uneigentliche Unteralgebra $\mathcal{L}'$, nämlich die LIE-Algebra $\mathcal{L}$ selbst. Deshalb wird man hier zwei einfache Wurzeln $\alpha^{(i)}$ und $\alpha^{(i)}$ aus dem erweiterten System Π^+ (9.326) entfernen, um mit dem einfachen System

$$
\Pi' = \Pi^+ \backslash \{\alpha^{(i)}, \alpha^{(j)}\} = \Pi \cup \{-\alpha^{(0)}\} \backslash \{\alpha^{(i)}, \alpha^{(j)}\} \qquad i \neq j \qquad \alpha^{(i)}, \alpha^{(j)} \in \Pi \tag{9.329}
$$

eine eigentliche halbeinfache und maximale reguläre Unteralgebra $\mathcal{L}'$ zu erhalten. Solche Unteralgebren haben dann die Form

$$
\mathcal{L}' = A_{l-1} \tag{9.330a}
$$

oder

$$
\mathcal{L}' = A_l \oplus A_{l-l'-1} \qquad \text{mit} \qquad l' \in \left\{1, 2, \ldots, \frac{l-1}{2}\right\}. \tag{9.330b}
$$

Analog zu dem einfachen System Π kann auch mit dem erweiterten System Π^+ ein DYNKIN-Diagramm verknüpft werden, das als *erweitertes* DYNKIN-*Diagramm* bezeichnet wird. Man erhält dieses auch durch Anfügen eines Knotens, der der höchsten negativen Wurzel $-\alpha^{(0)}$ entspricht. Letzterer ist mit dem höchsten Gewicht $\Lambda_{\max}$ der adjungierten Darstellung $D^{\text{ad}}(\mathcal{L})$ verbunden. Im ersten Fall, der die LIE-Algebren $\mathcal{L} \neq A_l$ betrifft, erhält man nach Entfernen eines Knotens analog zum Entfernen einer einfachen Wurzel mit dem resultierenden System (9.328) das DYNKIN-Diagramm der maximal regulären Unteralgebra (rang $\mathcal{L}'$ = rang $\mathcal{L}$).

Beispiel 14 Bei der LIE-Algebra B_l ($\cong so(2l+1, \mathbb{C})$) bekommt man aus dem erweiterten DYNKIN-Diagramm B_l^+ (Abb. 9.27) nach Entfernen des Knotens mit der Ziffer 1 vom linken Ende

$$
B_l \subseteq B_l,
$$

des Knotens mit der Ziffer l vom rechten Ende

$$
D_l \subset B_l
$$

und des Knotens mit der Ziffer l' von der Mitte

$$D_{l'} \oplus B_{l-l'} \subset B_l.$$

Bei der LIE-Algebra C_l ($\cong sp(l, \mathbb{C})$) bekommt man aus dem erweiterten DYNKIN-Diagramm C_l^+ (Abb. 9.27) nach Entfernen des Knotens mit der Ziffer 0 oder l vom Ende

$$C_l \subseteq C_l$$

und eines Knotens mit der Ziffer l' von innen

$$C_{l'} \oplus C_{l-l'} \subset C_l.$$

Bei der LIE-Algebra D_l ($\cong so(2l, \mathbb{C})$) bekommt man aus dem erweiterten DYNKIN-Diagramm D_l^+ (Abb. 9.27) nach Entfernen des Knotens mit der Ziffer 1 vom linken Ende bzw. l vom rechten Ende

$$D_l \subseteq D_l$$

und eines Knotens mit der Ziffer l' von innen

$$D_{l'} \oplus D_{l-l'} \subset D_l.$$

Bei der exzeptionellen LIE-Algebra F_4 bekommt man aus dem erweiterten DYNKIN-Diagramm F_4^+ (Abb. 9.27) nach Entfernen des Knotens mit der Ziffer 0 vom linken Ende

$$F_4 \subseteq F_4,$$

des Knotens mit der Ziffer 4 vom rechten Ende

$$B_4 \subset F_4$$

und eines Knotens von der Mitte

$$A_1 \oplus A_3 \subset F_4 \qquad \text{oder} \qquad A_2 \oplus A_3 \subset F_4 \qquad \text{oder} \qquad A_1 \oplus C_3 \subset F_4.$$

Bei der exzeptionellen LIE-Algebra G_2 bekommt man aus dem erweiterten DYNKIN-Diagramm G_2^+ (Abb. 9.27) nach Entfernen des Knotens mit der Ziffer 0

$$G_2 \subseteq G_2,$$

des Knotens mit der Ziffer 2

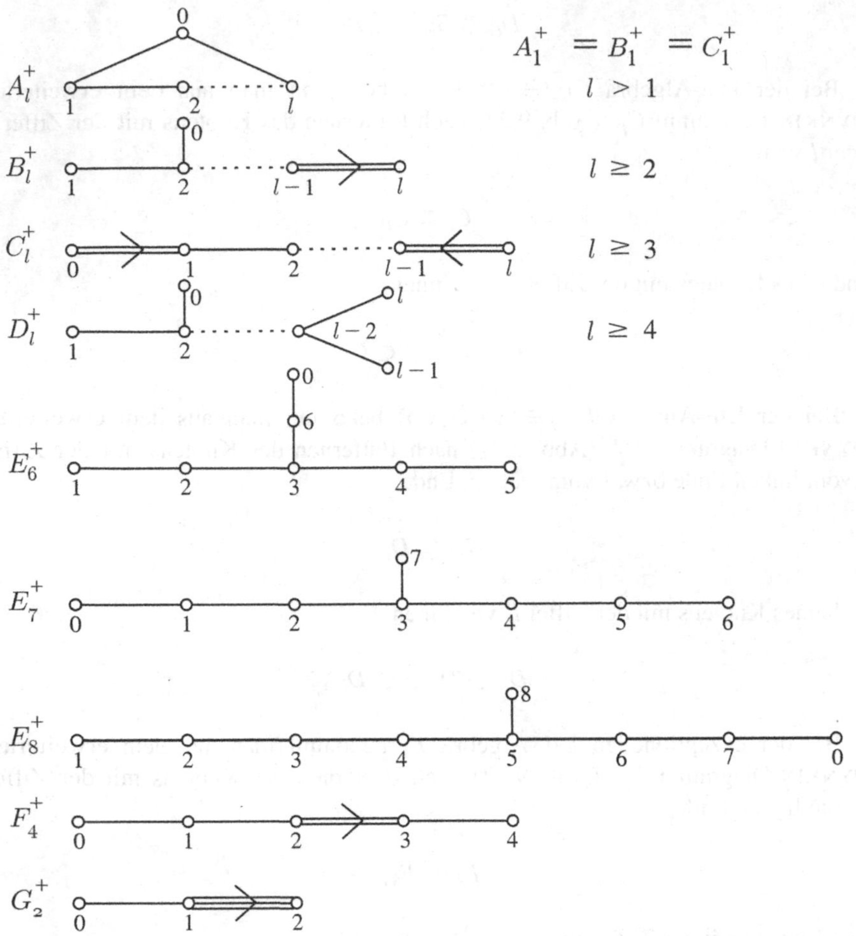

Abb. 9.27 Erweiterte DYNKIN-Diagramme von einfachen LIE-Algebren; die Knoten i vertreten eine einfache Wurzel $\alpha^{(i)}$, der Knoten 0 vertritt die höchste negative Wurzel $\alpha^{(0)}$ (s. a. Abb. 7.6)

$$A_2 \subset G_2$$

und des Knotens mit der Ziffer 1

$$A_1 \oplus A_1 \subset G_2.$$

■

Im zweiten Fall, der die LIE-Algebren $\mathcal{L} = A_l$ betrifft, erhält man nach Entfernen eines Knotens aus dem erweiterten DYNKIN-Diagramm analog zum Enfernen einer einfachen Wurzel mit dem resultierenden System (9.328) das ursprüngliche reguläre DYNKIN-Diagramm, so dass keine eigentliche Unteralgebra resultiert. Erst das Entfernen von zwei Knoten – bzw. einem Knoten aus dem regulären DYNKIN-Diagramm – analog zum Entfernen zweier einfacher Wurzeln liefert mit dem resultierenden System (9.329) die regulären halbeinfachen Unteralgebren (9.330). Diese sind jedoch nur maximal unter den halbeinfachen Unteralgebren von A_l. Demnach hat die LIE-Algebra A_l keine halbeinfache maximale Unteralgebra.

Maximale reguläre, jedoch nicht halbeinfache Unteralgebren der LIE-Algebra A_l erhält man durch Entfernen eines Generators $E_{\alpha^{(i)}}$ etwa aus der CHEVALLEY-Basis (7.99). Diese Unteralgebren enthalten die halbeinfache Unteralgebra (9.330), die aus dem zusätzlichen Entfernen der Generatoren $E_{-\alpha^{(i)}}$ und $H_{\alpha^{(i)}}$ resultiert. Letztere kann maximal sein unter den halbeinfachen Unteralgebren oder kann in einer S-Unteralgebra enthalten sein.

Beispiel 15 Im Fall der LIE-Algebra $\mathcal{L} = A_l$ sind die LIE-Algebren $\mathcal{L}'$ (9.330) mit $\operatorname{rang}\mathcal{L}' = \operatorname{rang}\mathcal{L} - 1$, die durch das Entfernen der Generatoren $\{H_{\alpha^{(i)}}, E_{\alpha^{(i)}}, E_{-\alpha^{(i)}} | \alpha^{(i)} \in \Pi\}$ resultieren, nur maximal unter den halbeinfachen Unteralgebren („maximale halbeinfache LIE-Algebren"). Entfernt man nur die Generatoren $E_{\alpha^{(i)}}$ und $E_{-\alpha^{(i)}}$ von der CHEVALLEY-Basis, dann erhält man die reduktiven Algebren

$$\mathcal{L}' \oplus u(1) \subset A_l. \tag{9.331}$$

Dabei bedeuten $\mathcal{L}'$ die halbeinfachen Unteralgebren (9.330), deren einfaches System die Form

$$\Pi' = \Pi \backslash \{\alpha^{(i)}\} \qquad \alpha^{(i)} \in \Pi$$

annimmt.

Betrachtet man etwa die LIE-Algebra $\mathcal{L} = A_4$ ($\cong sl(5, \mathbb{C})$), dann erhält man durch Entfernen des Knotens $\alpha^{(3)}$ aus dem DYNKIN-Diagramm (Abb. 7.6) entsprechend dem Entfernen der Basiselemente $\{H_{\alpha^{(3)}}, E_{\alpha^{(3)}}, E_{-\alpha^{(3)}}\}$ aus der CHEVALLEY-Basis (7.99) die reguläre Unteralgebra $\mathcal{L}'$ ($\Delta' \subset \Delta$)

$$\mathcal{L}' = A_2 \oplus A_1 \subset A_4 \tag{9.332a}$$

bzw.

$$sl(3, \mathbb{C}) \oplus sl(2, \mathbb{C}) \subset sl(5, \mathbb{C}). \tag{9.332b}$$

Diese Unteralgebra $\mathcal{L}'$ ist keine Unteralgebra, die maximal ist unter allen Unteralgebren von A_4, da ihr Rang bzw. die Dimension ihrer CARTAN-Unteralgebra $\mathcal{H}'$ um Eins kleiner ist ($\mathcal{H}' \subset \mathcal{H}$) und so der Forderung (9.323) widerspricht

$$\operatorname{rang}(A_2 \oplus A_1) = \operatorname{rang} A_4 - 1.$$

Sie ist vielmehr nur maximal unter den halbeinfachen LIE-Algebren.

Für den Fall, dass nur die Generatoren $E_{\alpha^{(3)}}$ und $E_{-\alpha^{(3)}}$ aus der CHEVALLEY-Basis entfernt werden, erhält man in der reellen Form $su(5)$ die nicht halbeinfache maximale Unteralgebra

$$su(3) \oplus su(2) \oplus u(1) \subset su(5), \tag{9.333}$$

die reduktiv ist und die halbeinfache Unteralgebra $su(3) \oplus su(2)$ enthält. Sie liefert den klassischen Ansatz für die große vereinigte Eichtheorie (GUT – *grand unified theorie*). Dort können in einem *Standardmodell*, das in einer der Anfangsstadien der kosmischen Evolution Gültigkeit hat (10^{-43}s$\leq t \leq 10^{-35}$s bzw. 10^{32}K $\leq T \leq 10^{27}$K), die Unteralgebren in die einfache LIE-Algebra $su(5)$ eingebettet werden. Umgekehrt gelesen bedeutet die Einbettung (9.333) eine Symmetriebrechung.

Die zugehörige Gruppe des ersten Summand $u(1)$ ist die abelsche *Eichgruppe* (Eichsymmetrie) der elektromagnetischen Wechselwirkung, wonach das Eichfeld mit einem masselosen Eichboson, nämlich dem Photon identifiziert werden kann. Die zugehörige Gruppe des zweiten Summand $su(2)$ ist die Eichgruppe der schwachen Wechselwirkung mit einem Eichfeld aus drei Eichbosonen, nämlich den Vektorbosonen $W^{\pm}$ und dem Eichboson Z, entsprechend der Anzahl der Generatoren bzw. der Dimension ($= (l+1)^2 - 1$) der LIE-Algebra. Schließlich ist die zugehörige Gruppe des letzten Summand $su(3)$ die Eichgruppe der starken Wechselwirkung mit 8 ($= (l+1)^2 - 1$) Eichbosonen, nämlich den masselosen Gluonen. Letztere sind mit einer Farbladung behaftet und wirken zwischen den Quarks (*Quantenchromodynamik*).

Beispiel 16 Ein weiteres Beispiel ist die Einbettung ψ der Unteralgebra A_1 in die LIE-Algebra A_2

$$A_1 \subset A_2 \tag{9.334}$$

nach Entfernen des Knotens $\alpha^{(2)}$ aus dem DYNKIN-Diagramm der LIE-Algebra A_2 (Abb. 7.6). Betrachtet man die dazu isomorphen Matrixdarstellungen der abstrakten LIE-Algebren

$$sl(2,\mathbb{C}) \subset sl(3,\mathbb{C}) \qquad \text{bzw.} \qquad su(2) \subset su(3),$$

dann bilden die antihermiteschen, spurlosen Matrizen

$$\boldsymbol{D}(\boldsymbol{a}') = \begin{pmatrix} \boldsymbol{a}' & \boldsymbol{0} \\ \boldsymbol{0} & \boldsymbol{0} \end{pmatrix} \qquad \boldsymbol{a}' \in \mathcal{L}' = sl(2,\mathbb{C}) \tag{9.335}$$

die Unteralgebra von $sl(3,\mathbb{C})$.

Mit den Elementen (7.127) als Basis für die Unteralgebra $\mathcal{L}' = sl(2,\mathbb{C})$

$$\boldsymbol{H}'_{\alpha'} = \begin{pmatrix} 1 & 0 \\ 0 & -1 \end{pmatrix}, \qquad \boldsymbol{E}'_{\alpha'} = \begin{pmatrix} 0 & 1 \\ 0 & 0 \end{pmatrix}, \qquad \boldsymbol{E}'_{-\alpha'} = \begin{pmatrix} 0 & 0 \\ 1 & 0 \end{pmatrix}$$

erhält man nach (9.335) und durch den Vergleich mit (7.147) sowie mit (7.149) die Einbettung in der Form

$$\psi\left(H'_{\alpha'}\right) = H_{\alpha^{(1)}}, \qquad \psi\left(E'_{\alpha'}\right) = E_{\alpha^{(1)}}, \qquad \psi\left(E'_{-\alpha'}\right) = E_{-\alpha^{(1)}}. \tag{9.336}$$

Danach ist das Wurzelsystem Δ' eine Untermenge des Wurzelsystems Δ der vollen LIE-Algebra A_2, so dass die Beziehung (9.322) erfüllt und die Einbettung regulär ist. Sie ist jedoch nicht maximal regulär, da die CARTAN-Unteralgebra $\mathcal{H}'$ nicht mit der CARTAN-Unteralgebra $\mathcal{H}$ übereinstimmt und so die Beziehung (9.323) verletzt wird.

Eine andere Einbettung bekommt man mit der 3-dimensionalen adjungierten Darstellung der LIE-Algebra A_1, die für die drei Basiselemente $\{\boldsymbol{a}'_k|\, k = 1, 2, 3\}$ (4.43) die Form (5.91) annimmt. Diese Darstellung $\boldsymbol{D}(\boldsymbol{a}')$, die identisch ist mit der definierenden Darstellung der LIE-Algebra $so(3)$, bildet dann eine Unteralgebra von $sl(3, \mathbb{C})$.

Mit dem Basiselement $\boldsymbol{H}'_{\alpha'}$ (7.127a) der CARTAN-Unteralgebra $\mathcal{H}' \subset A_1$ erhält man die Darstellung

$$\boldsymbol{D}'\left(\boldsymbol{H}'_{\alpha'}\right) = -2i\,\boldsymbol{D}'(\boldsymbol{a}_3) = -2i\begin{pmatrix} 0 & -1 & 0 \\ 1 & 0 & 0 \\ 0 & 0 & 0 \end{pmatrix}. \tag{9.337}$$

Diese Darstellung ist nicht diagonal und deshalb kein Element der CARTAN-Unteralgebra $\mathcal{H} \subset sl(3, \mathbb{C})$, so dass $\mathcal{H}'$ keine Unteralgebra von $\mathcal{H}$ ist. Eine Diagonalisierung gelingt dann mithilfe eines inneren Automorphismus durch die Äquivalenztransformation

$$\boldsymbol{\phi}_{\boldsymbol{A}}(\boldsymbol{D}') = \boldsymbol{A}\boldsymbol{D}'\boldsymbol{A}^{-1} \qquad \boldsymbol{A} \subset SL(3, \mathbb{C}). \tag{9.338}$$

Mit der unitären Matrix

$$\boldsymbol{A} = \frac{1}{\sqrt{2}}\begin{pmatrix} 1 & -i & 0 \\ 1 & i & 0 \\ 0 & 0 & \sqrt{2} \end{pmatrix}$$

kommt man zu dem Ergebnis

$$\boldsymbol{\phi}_{\boldsymbol{A}}\left[\boldsymbol{D}'\left(\boldsymbol{H}'_{\alpha'}\right)\right] = 2\begin{pmatrix} 1 & 0 & 0 \\ 0 & -1 & 0 \\ 0 & 0 & 0 \end{pmatrix},$$

dessen Vergleich mit (7.147) eine Einbettung in der Form

$$\psi\left(H'_{\alpha'}\right) = 2H_{\alpha^{(1)}} \tag{9.339}$$

erlaubt.

Mit den weiteren Basiselementen E_α (7.127b) und $E_{-\alpha}$ (7.127c) sowie der Einbettung mithilfe von (5.91a) und (5.91b) erhält man die Darstellungen

$$\boldsymbol{D}'\left(\boldsymbol{E}'_{\alpha'}\right) = \begin{pmatrix} 0 & 0 & 1 \\ 0 & 0 & i \\ -1 & -i & 0 \end{pmatrix} \tag{9.340a}$$

und

$$\boldsymbol{D}'\left(\boldsymbol{E}'_{-\alpha'}\right) = \begin{pmatrix} 0 & 0 & -1 \\ 0 & 0 & -i \\ 1 & i & 0 \end{pmatrix}. \tag{9.340b}$$

Die unitäre Transformation (9.338) liefert dann das Ergebnis

$$\boldsymbol{\phi}_{\boldsymbol{A}}\left[\boldsymbol{D}'\left(\boldsymbol{E}'_{\alpha'}\right)\right] = \sqrt{2}\begin{pmatrix} 0 & 0 & 0 \\ 0 & 0 & 1 \\ -1 & 0 & 0 \end{pmatrix} \qquad \boldsymbol{\phi}_{\boldsymbol{A}}\left[\boldsymbol{D}'\left(\boldsymbol{E}'_{-\alpha'}\right)\right] = \sqrt{2}\begin{pmatrix} 0 & 0 & 0 \\ 0 & 0 & -1 \\ 1 & 0 & 0 \end{pmatrix},$$

dessen Vergleich mit (7.149) eine Einbettung in der Form

$$\psi\left(E'_{\alpha'}\right) = \sqrt{2}(E_{\alpha^{(2)}} - E_{-(\alpha^{(1)}+\alpha^{(2)})}) \tag{9.341a}$$

$$\psi\left(E'_{-\alpha'}\right) = \sqrt{2}(-E_{\alpha^{(2)}} - E_{-(\alpha^{(1)}+\alpha^{(2)})}) \tag{9.341b}$$

erlaubt. Diese Einbettung ist nicht regulär. Die Begründung liegt darin, dass es für die Wurzel α' der Unteralgebra A_1 keine Wurzel α gibt derart, dass die Elemente $\psi\left(H'_{\alpha'}\right)$, $\psi\left(E'_{\alpha'}\right)$ und $\psi\left(E'_{-\alpha'}\right)$ eine Linearkombination der Elemente H_α, E_α und $E_{-\alpha}$ sind. Demnach gehört die Wurzel α' ($\equiv \Delta'$) von A_1 nicht zu einer Untermenge des Wurzelsystems Δ der vollen LIE-Algebra A_2. Ganz anders dagegen sind die Verhältnisse im ersten Fall der Einbettung (9.336). Dort gehört die Wurzel $\alpha' = \alpha^{(1)}$ der LIE-Algebra A_1 zum Wurzelsystem $\Delta = \{\alpha^{(1)}, \alpha^{(2)}, \alpha^{(1)} + \alpha^{(2)}\}$ der vollen LIE-Algebra A_2, so dass die Einbettung regulär ist.

■

Bei der Diskussion der maximalen – nicht regulären – S-Unteralgebren, wird zunächst ein $(l+1)$-dimensionaler Darstellungsraum $\mathcal{V}$ einer LIE-Algebra $\mathcal{L}'$ betrachtet. Dieser ist dann nach (5.37) eine homomorphe Abbildung von $\mathcal{L}'$ auf die Menge aller Selbstabbildungen des Raumes $\mathcal{V}$, nämlich die LIE-Algebra $gl(\mathcal{V})$. Letztere ist wiederum isomorph zur Matrix LIE-Algebra $sl(l+1,\mathbb{C}) \subset gl(l+1,\mathbb{C})$. Als Konsequenz daraus kann man für jede $(l+1)$-dimensionale Darstellung $D(\mathcal{L}')$ eine Einbettung der LIE-Algebra $\mathcal{L}'$ in die LIE-Algebra $sl(l+1,\mathbb{C})$ erwarten

$$\mathcal{L}' \subset sl(l+1,\mathbb{C}). \tag{9.342}$$

Eine weitere Differenzierung gelingt für den Fall, dass die Darstellung $D(\mathcal{L}')$ selbstkonjugiert ist und so Gl. (9.51) erfüllt. Dann lassen sich gemäß den folgenden Voraussetzungen zwei Unterscheidungen treffen:

(a) Für den Fall, dass die Darstellung $D(\mathcal{L}')$ – bzw. der Vektorraum $\mathcal{V}$ – orthogonal ist, was die Existenz einer invarianten symmetrischen Bilinearform bedeutet, erhält man die Einbettung

$$\mathcal{L}' \subset so(l+1). \tag{9.343}$$

(b) Für den Fall, dass die Darstellung $D(\mathcal{L}')$ – bzw. der Vektorraum $\mathcal{V}$ – symplektisch ist, was die Existenz einer invarianten antisymmetrischen Bilinearform bedeutet, erhält man die Einbettung

$$\mathcal{L}' \subset sp(1/2(l+1), \mathbb{C}) \qquad (l+1): \text{ gerade.} \tag{9.344}$$

Dabei gilt eine Darstellung bzw. ein Darstellungsraum $\mathcal{V}$ als orthogonal bzw. symplektisch, wenn der invariante Tensor $\boldsymbol{\kappa}$ auf dem Produktraum $\mathcal{V}^{\otimes 2} = \mathcal{V} \otimes \mathcal{V}$ (oder $\mathcal{V}^* \otimes \mathcal{V}^*$), der den Übergang vom $(l+1)$-dimensionalen Vektorrraum $\mathcal{V}$ zu dem ihm dualen Vektorraum $\mathcal{V}^*$ ermöglicht, symmetrisch ist (Gl. 4.70 – s. a. Beispiel 12 v. Abschn. 4.3)

$$\kappa_{ij} = \kappa_{ji} \qquad \text{oder} \qquad \boldsymbol{\kappa} = \boldsymbol{\kappa}^{\top} \tag{9.345a}$$

bzw. antisymmetrisch ist

$$\kappa_{ij} = -\kappa_{ji} \qquad \text{oder} \qquad \boldsymbol{\kappa} = -\boldsymbol{\kappa}^{\top}. \tag{9.345b}$$

Betrachtet man die der LIE-Algebra $\mathcal{L}'$ zugeordnete LIE-Gruppe $\mathcal{G}'$, dann liefert die Forderung nach Invarianz des Tensors $\boldsymbol{\kappa}$ auf dem Produktraum $\mathcal{V}^{\otimes 2}$ bzw. der Produktdarstellung $\boldsymbol{D}^{\otimes 2}(\mathcal{G}')$

$$D(A)\boldsymbol{\kappa} D^{-1}(A) = \boldsymbol{\kappa} \qquad A \in \mathcal{G}' \tag{9.346}$$

nach Gl. (6.171) die Beziehung

$$\boldsymbol{\kappa}\boldsymbol{D}_0(\mathcal{G}') = \boldsymbol{D}^{\otimes 2}(\mathcal{G}')\boldsymbol{\kappa} \qquad \boldsymbol{D}_0(\mathcal{G}') = \mathbf{1} \tag{9.347a}$$

bzw. nach Gl. (4.76)

$$\boldsymbol{D}_0(\mathcal{G}')\boldsymbol{\kappa} = \boldsymbol{D}^{\top}(\mathcal{G}')\boldsymbol{\kappa}\boldsymbol{D}(\mathcal{G}') \tag{9.347b}$$

mit der trivialen Darstellung $\boldsymbol{D}_0(\mathcal{G}')$. Wegen Gl. (3.51) wirkt der Tensor $\boldsymbol{\kappa}$ im Sinne eines $\mathcal{G}'$-Morphismus (Intertwiner) zwischen den zueinander homomorphen Darstellungen $\boldsymbol{D}_0(\mathcal{G}')$ und $\boldsymbol{D}^{\otimes 2}(\mathcal{G}')$. Der invariante Tensor $\boldsymbol{\kappa}$ gibt somit in der Reduktion des Tensorprodukts $\boldsymbol{D}^{\otimes 2}(\mathcal{G}')$ Anlass zum Auftreten der trivialen Darstellung (Abschn. 3.10).

Im Fall der LIE-Algebra $\mathcal{L}'$ erhält man mit der trivialen Darstellung $\boldsymbol{D}_0(\mathcal{L}') = \mathbf{0}$ die zu (9.347) analoge Beziehung

$$\boldsymbol{\kappa} \boldsymbol{D}_0(\mathcal{L}') = \boldsymbol{D}^{\otimes 2}(\mathcal{L}')\boldsymbol{\kappa} = \boldsymbol{0} \qquad \boldsymbol{D}_0(\mathcal{L}') = \boldsymbol{0}. \tag{9.348a}$$

Unter Verwendung der Exponentialfunktion zur Abbildung der LIE-Algebra $\mathcal{L}'$ in die zugehörige Gruppe $\mathcal{G}'$ in der Nähe des Einselements (Abschn. 6.5)

$$\boldsymbol{D}(\mathcal{G}') = \exp[\boldsymbol{D}(\mathcal{L}')] \approx \boldsymbol{1} \oplus \boldsymbol{D}(\mathcal{L}')$$

findet man nach (9.347)

$$[\boldsymbol{1} \oplus \boldsymbol{D}_0(\mathcal{L}')]\boldsymbol{\kappa} = [\boldsymbol{1} \oplus \boldsymbol{D}^\top(\mathcal{L}')]\boldsymbol{\kappa}[\boldsymbol{1} \oplus \boldsymbol{D}(\mathcal{L}')].$$

oder

$$\boldsymbol{0} = \boldsymbol{D}^\top(\mathcal{L}')\boldsymbol{\kappa} \oplus \boldsymbol{\kappa} \boldsymbol{D}(\mathcal{L}'). \tag{9.348b}$$

Bei einem symmetrischen Tensor $\boldsymbol{\kappa}$ (9.345a) wird die Invarianzbedingung für die LIE-Gruppe $\mathcal{G}'$ (9.347) bzw. für die zugehörige LIE-Algebra $\mathcal{L}'$ (9.348) durch Matrizen der orthogonalen Gruppen $O(l+1, \mathbb{R})$ und $SO(l+1, \mathbb{R})$ bzw. der Algebren $so(l+1)$ erfüllt. Bei einem antisymmetrischen Tensor $\boldsymbol{\kappa}$ (9.345b) wird die Invarianzbedingung (9.347) bzw. (9.348) durch Matrizen der symplektischen Gruppen $Sp(1/2(l+1), \mathbb{K})$ bzw. der Algebren $sp(1/2(l+1))$ erfüllt.

Schließlich sei darauf hingewiesen, dass die speziellen Einbettungen (9.343) und (9.344) – abgesehen von wenigen Ausnahmen – auch maximal sind. Zudem findet man die Voraussetzung der Selbstkonjugiertheit der Darstellung bei allen irreduziblen Höchstgewichtsdarstellungen von einfachen LIE-Algebren außer bei den meisten Höchstgewichtsdarstellungen von A_l, D_{2l+1} und E_6.

Beispiel 17 Betrachtet man allgemein die adjungierte Darstellung D^{ad} einer einfachen LIE-Algebra $\mathcal{L}'$ mit der Dimension $\dim D^{\text{ad}} = \dim \mathcal{L}'$, dann gibt es nach (7.11) bzw. (7.12) eine symmetrische, invariante Bilinearform, so dass die Darstellung bzw. der Darstellungsraum $\mathcal{V}^{\text{ad}}$ orthogonal ist. Nach Gl. (9.343) erhält man dann die maximale spezielle Einbettung

$$\mathcal{L}' \subset so(\dim \mathcal{L}'). \tag{9.349}$$

In dem speziellen Fall $\mathcal{L}' = su(3)$ ($\cong A_2$) gibt es eine 8-dimensionale adjungierte Darstellung $D^{\text{ad}}(\mathcal{L}')$, die mit der Basis $\{\lambda_k | k = 1, \ldots, 8\}$ (7.128) definiert ist durch

$$D^{\text{ad}}(a)\lambda_i = [a, \lambda_i] = \sum_{j=1}^{8} D_{ij}^{\text{ad}}(a)\lambda_j \qquad i = 1, \ldots, 8 \qquad a \in su(3). \tag{9.350}$$

Die Forderung nach Invarianz für eine symmetrische Bilinearform $B(u, v)$ ($u, v \in \mathcal{L}'$) gegenüber einer infinitesimalen Transformation $D(A) = \exp D(a) \approx 1 + D(a)$ ($A \in SU(3)$, $a \in su(3)$) impliziert wegen Gl. (7.2)

$$B((1+D(a))u, (1+D(a))v) = B(u, v)+B(D(a)u, v)+B(u, D(a)v) \quad u, v \in su(3)$$

die Bedingung

$$B(D(a)u, v) + B(u, D(a)v) = 0. \tag{9.351}$$

Mit der Festlegung der Bilinearform als die Spurform bezüglich der adjungierten Darstellung nach (7.10) findet man mit der linearen Transformation $D(a)$ und Gl. (9.350)

$$\mathrm{sp}(D^{\mathrm{ad}}(a)uv) = \mathrm{sp}([a, u]v) = -\mathrm{sp}(u[a, v])$$

diese Bedingung (9.351) erfüllt. Demnach gibt es eine invariante symmetrische Bilinearform für die adjungierte Darstellung, so dass nach (9.349) die maximale spezielle Einbettung

$$su(3) \subset so(\dim su(3)) = so(3^2 - 1) = so(8)$$

erwartet wird.

Beispiel 18 Betrachtet wird die fundamentale irreduzible Darstellung $D^{(\Lambda_{(1)})}(A_l)$ der LIE-Algebra $\mathcal{L}' = A_l$ ($\cong sl(l+1, \mathbb{C})$). Sie liefert nach Gl. (9.342) auf dem komplexen $(l+1)$-dimensionalen Darstellungsraum $\mathcal{V}^{(\Lambda_{(1)})}$ die triviale Einbettung

$$sl(l+1, \mathbb{C}) \subseteq sl(l+1, \mathbb{C}).$$

Betrachtet man dagegen den $2(l+1)$-dimensionalen reduziblen Darstellungsraum

$$\mathcal{V}^{(\Lambda_{(1)})} \oplus \mathcal{V}^{(\Lambda_{(1)})\dagger} = \mathcal{V}^{(1,0,\ldots,0)} \oplus \mathcal{V}^{(0,\ldots,0,1)} = \mathcal{V}^{(\Lambda_{(1)})} \oplus \mathcal{V}^{(\Lambda_{(l)})},$$

der aus der Summe des Vektorraumes $\mathcal{V}^{(\Lambda_{(1)})}$ und des dazu adjungierten Vektorraumes $\mathcal{V}^{(\Lambda_{(l)})}$ besteht, dann ist dieser selbstkonjugiert und orthogonal. Demzufolge gibt es eine invariante symmetrische Bilinearform, so dass man mit Gl. (9.343) die Einbettung

$$sl(l+1, \mathbb{C}) \subset so(2(l+1), \mathbb{C})$$

erwartet. Diese Einbettung ist jedoch nicht maximal. Eine maximale reguläre, jedoch nicht halbeinfache Einbettung gelingt durch

$$sl(l+1, \mathbb{C}) \oplus u(1) \subset so(2(l+1), \mathbb{C}).$$

Allgemein gilt die Aussage, dass bei einem reduziblen Darstellungsraum keine maximale Einbettung zu erwarten ist.

■

Neben den bisher ermittelten einfachen S-Unteralgebren aus den klassischen LIE-Algebren gibt es auch solche, die nicht einfache Einbettungen zeigen

$$\begin{aligned}
&sl(l+1,\mathbb{C}) \oplus sl(l'+1,\mathbb{C}) \subset sl((l+1)(l'+1),\mathbb{C}) \\
&so(l+1) \oplus so(l'+1) \subset so((l+1)(l'+1)) \\
&sp(l+1) \oplus sp(l'+1) \subset sp((l+1)(l'+1)) \\
&so(l+1) \oplus sp(l'+1) \subset sp((l+1)(l'+1)) \\
&so(l+1) \oplus so(l'+1) \subset so(l+1+l'+1) \qquad l,l': \text{ gerade.}
\end{aligned} \tag{9.352}$$

Diese Einbettungen sind alle maximal.

In der Absicht, die S-Unteralgebren $\mathcal{L}'$ von exzeptionellen LIE-Algebren $\mathcal{L}$ zu gewinnen, bedarf es einer besonderen Charakterisierung, die zwischen inäquivalenten Einbettungen ψ derselben Unteralgebra $\mathcal{L}'$ zu unterscheiden vermag. Dies gelingt durch den DYNKIN-*Index der Einbettung* $\gamma_{\mathcal{L}'\subset\mathcal{L}}$. Ausgehend von einer invarianten Bilinearform κ auf $\mathcal{L}'$ definiert durch

$$\kappa(a',b') := \kappa^{\mathcal{L}}(\psi(a'),\psi(b')) \qquad a',b' \in \mathcal{L}'$$

findet man die Proportionalität zur KILLING-Form $\kappa^{\mathcal{L}'}$ auf $\mathcal{L}'$

$$\kappa^{\mathcal{L}}(\psi(a'),\psi(b')) = \gamma_{\mathcal{L}'\subset\mathcal{L}}\, \kappa^{\mathcal{L}'}(a',b') \qquad \forall a',b' \in \mathcal{L}' \tag{9.353}$$

mit dem DYNKIN-Index $\gamma_{\mathcal{L}'\subset\mathcal{L}}$ als Proportionalitätsfaktor. Diese Proportionalität gilt für alle invarianten Bilinearformen auf einer einfachen Unteralgebra $\mathcal{L}'$. Bei einer reduktiven Unteralgebra gibt es für jedes Ideal einen separaten DYNKIN-Index.

Mit einer Darstellung $D(\mathcal{L}')$ auf dem Vektorraum $\mathcal{V}$ nach Gl. (5.37) und der Einbettung ψ von Gl. (9.321) erhält man durch die Abbildung

$$D \circ \psi : \mathcal{L}' \longrightarrow gl(\mathcal{V}) \tag{9.354}$$

eine Darstellung der Unteralgebra $\mathcal{L}'$ auf dem Vektorraum $\mathcal{V}$. Für den DYNKIN-Index 2. Ordnung dieser Darstellungen $D \circ \psi$ und D gilt nach (9.133)

$$\mathrm{sp}[D\circ\psi(a')D\circ\psi(b')] = \gamma_{D\circ\psi}\kappa^{\mathcal{L}'}(a',b') \qquad a',b' \in \mathcal{L}', \tag{9.355a}$$

$$\mathrm{sp}[D(\psi(a'))D(\psi(b'))] = \gamma_D\kappa^{\mathcal{L}}(\psi(a'),\psi(b')) \qquad a',b' \in \mathcal{L}'. \tag{9.355b}$$

Nachdem die Spurform beider Darstellungen identisch ist, erhält man daraus zusammen mit dem DYNKIN-Index der Einbettung (9.353) das Verhältnis der DYNKIN-Indizes (2. Ordnung) für die Darstellungen $D \circ \psi(\mathcal{L}')$ und $D(\mathcal{L}')$

$$\gamma_{\mathcal{L}'\subset\mathcal{L}} = \frac{\gamma_{D\circ\psi}}{\gamma_D}. \tag{9.356}$$

Im Allgemeinen ist die Darstellung $D \circ \psi(\mathcal{L}')$ reduzibel in irreduzible Darstellungen, deren DYNKIN-Indizes (2. Ordnung) aufsummiert den Index $\gamma_{D\circ\psi}$ ergibt.

Tabelle 9.5 Maximale S-Unteralgebren $\mathcal{L}'$ von exzeptionellen LIE-Algebren $\mathcal{L}$

$\mathcal{L}'$	$\mathcal{L}$
$A_2^{[9]}, G_2^{[3]}, C_4^{[1]}, F_4^{[1]}, A_2^{[2]} \oplus G_2^{[1]}$	E_6
$A_1^{[231]}, A_1^{[399]}, A_2^{[21]}, A_1^{[15]} \oplus A_1^{[24]}$	E_7
$A_1^{[7]} \oplus G_2^{[2]}, A_1^{[3]} \oplus F_4^{[1]}, C_3^{[1]} \oplus G_2^{[1]}, A_1^{[520]}, A_1^{[760]}, A_1^{[1240]}, B_2^{[12]}$	E_8
$A_1^{[16]} \oplus A_2^{[6]}, F_4^{[1]} \oplus G_2^{[1]}, A_1^{[156]}, A_1^{[8]} \oplus G_2^{[1]}$	F_4
$A_1^{[28]}$	G_2

Die maximalen S-Unteralgebren der exzeptionellen LIE-Algebren sind in Tabelle 9.5 aufgelistet. Dort wird der DYNKIN-Index der Einbettung zur Unterscheidung von äquivalenten Einbettungen in eckigen Klammern angegeben. Bei nicht maximalen Unteralgebren können Fälle auftreten, bei denen mehrere inäquivalente Einbettungen auch den gleichen DYNKIN-Index besitzen.

Nach der Ermittlung und Klassifizierung der Unteralgebren $\mathcal{L}'$ von einfachen LIE-Algebren $\mathcal{L}$ ist man daran interessiert, wie sich die irreduziblen Darstellungen $D^{(\Lambda)}(\mathcal{L})$ der vollen LIE Algebra nach der Subduktion auf die Unteralgebra in irreduzible Darstellungen $D^{(\Lambda_i)}(\mathcal{L}')$ mit dem höchsten Gewicht Λ_i aufteilen (s. a. Abschn. 3.11). Die Lösung liefert die sogenannte *Verzweigungsregel*, mit deren Hilfe die Reduktion der subduzierten Darstellung $D^{(\Lambda)}_{\text{sub}}(\mathcal{L}')$ gelingt

$$D^{(\Lambda)}(\mathcal{L}) \longrightarrow \bigoplus_i D^{(\Lambda_i)}(\mathcal{L}'). \tag{9.357}$$

Analog dazu findet man für die zugehörigen Charaktere die Summenregel

$$\chi^{(\Lambda)}(\mathcal{L}) \longrightarrow \sum_i \chi^{(\Lambda_i)}(\mathcal{L}'). \tag{9.358}$$

Betrachtet man die zugehörige LIE-Gruppe am Einselement ($\exp \mu = 1$), dann erhält man nach Gl. (3.54) mit verschwindendem Gewicht ($\mu = 0$) aus Gl. (9.358) die Erhaltung der Dimension, ausgedrückt durch die Summenregel

$$\dim D^{(\Lambda)}(\mathcal{L}) = \sum_i \dim D^{(\Lambda_i)}(\mathcal{L}'). \tag{9.359}$$

Schließlich kann man mit Gl. (9.356) eine Summenregel für die DYNKIN-Indizes 2. Ordnung herleiten

$$\gamma_{\mathcal{L}'\subset\mathcal{L}}\gamma^{(\Lambda)} = \sum_i \gamma^{(\Lambda_i)}(\mathcal{L}'). \tag{9.360}$$

Zur Ermittlung der Verzweigungsregel wird die Methode der Projektion verwendet. Ausgehend von der Einbettung der CARTAN-Unteralgebra $\mathcal{H}' \subset \mathcal{L}'$ in die CARTAN-Unteralgebra $\mathcal{H} \subset \mathcal{L}$

$$\psi : \mathcal{H}' \longrightarrow \mathcal{H}, \tag{9.361a}$$

die eine injektive Abbildung ψ ist, kann man eine dazu duale Abbildung ψ^* finden, die den Wurzelraum $\mathcal{H}^*$ auf den Wurzelraum $\mathcal{H}'^*$ abbildet

$$\psi^* : \mathcal{H}^* \longrightarrow \mathcal{H}'^*. \tag{9.361b}$$

Diese Abbildung ist surjektiv ($\psi^*\psi = 1$) und bedeutet eine Projektion, die festgelegt wird durch

$$\psi^* \circ \alpha = \alpha \circ \psi \qquad \alpha \in \mathcal{H}^*, \tag{9.362}$$

so dass gilt

$$(\psi^* \circ \alpha)(h') = \psi^*(\alpha(h')) = \alpha(\psi(h')) \qquad h' \in \mathcal{H}' \subset \mathcal{H}. \tag{9.363}$$

Mit einem Gewicht $\lambda(h) \in \mathcal{H}^*$, der die Eigenwertgleichung (9.2) bzw. (9.3) mit dem Eigenvektor v_λ erfüllt

$$D(h)v_\lambda = \lambda(h)v_\lambda, \tag{9.364}$$

erhält man dann nach Gln. (9.361) und (9.363) für die subduzierte Darstellung $D_{\text{sub}}(\mathcal{L}') = D \circ \psi(\mathcal{L}') = D(\psi(\mathcal{L}'))$

$$D(\psi(h'))v_\lambda = \lambda(\psi(h'))v_\lambda = \psi^*(\lambda(h'))v_\lambda \qquad h' \in \mathcal{H}' \subset \mathcal{H}. \tag{9.365}$$

Dieses Ergebnis erlaubt die Aussage, dass man aus einem Gewicht λ einer Darstellung $D(\mathcal{L})$ der LIE-Algebra $\mathcal{L}$ ein Gewicht $\psi^*(\lambda) \in \mathcal{H}'^*$ der subduzierten Darstellung $D(\psi(\mathcal{L}'))$ der Unteralgebra $\mathcal{L}'$ erhält. Die Gewichte $\lambda(\psi(h'))$ der subduzierten Darstellung errechnen sich dann mithilfe der Projektion (9.361b) der Gewichte $\lambda(h')$ aus $\mathcal{H}^*$ nach $\mathcal{H}'^*$

$$\psi^*(\lambda(h')) = \lambda(\psi(h')) = P\lambda \qquad h' \in \mathcal{H}' \subset \mathcal{H}. \tag{9.366}$$

Dabei findet man nach vorgegebenem Gewicht $\lambda(h') \in \mathcal{H}^*$ eine Projektionsmatrix $\boldsymbol{P}$ mit einer Anzahl von rang $\mathcal{L}$ Spalten und rang $\mathcal{L}'$ Zeilen.

Im Fall einer maximalen regulären Einbettung, die der Forderung (9.323) genügt, fallen die CARTAN-Unteralgebren $\mathcal{H}'$ und $\mathcal{H}$ zusammen. Die Stufenoperatoren e_α der Unteralgebra $\mathcal{L}'$ sind dann nach Gl. (7.63) sowohl Eigenvektoren unter der Wirkung der adjungierten Operatoren $\{D^{\text{ad}}(h') = [h', \;]|h' \in \mathcal{H}'\}$ wie auch der adjungierten Operatoren $\{D^{\text{ad}}(h) = [h, \;]|h \in \mathcal{H}\}$. Demnach sind sie auch

Stufenoperatoren der vollen LIE-Algebra $\mathcal{L}$, so dass man die Wurzel – bzw. die Gewichte der adjungierten Darstellung – von $\mathcal{L}'$ unter der Menge der Wurzeln – bzw. der Menge der Gewichte der adjungierten Darstellung – von $\mathcal{L}$ findet. Dabei ist zu betonen, dass nicht jede Wurzel von $\mathcal{L}$ eine Wurzel von $\mathcal{L}'$ ist, da sonst die beiden LIE-Algebren zusammenfallen. Im Ergebnis erhält man für die adjungierte Darstellung $D^{\mathrm{ad}}(\mathcal{L})$ nach Subduktion auf die Unteralgebra $\mathcal{L}'$ $\left(D^{\mathrm{ad}}_{\mathrm{sub}}(\mathcal{L}') = \psi^*(D^{\mathrm{ad}}(\mathcal{L}'))\right)$ und Reduktion in irreduzible Komponenten die Verzweigungsregel

$$D^{\mathrm{ad}}(\mathcal{L}) \longrightarrow D^{\mathrm{ad}}(\mathcal{L}') \oplus \bigoplus_i D^{(\Lambda_i)}(\mathcal{L}'). \tag{9.367}$$

Dabei gilt nach geeigneter Umordnung der Basis $\{a_1, \ldots, a_n\}$ der adjungierten Darstellung $D^{\mathrm{ad}}(\mathcal{L})$ – bzw. der LIE-Algebra $\mathcal{L}$ – und der Basis $\{a_1, \ldots, a_{n'}\}$ der adjungierten Darstellung $D^{\mathrm{ad}}(\mathcal{L}')$ – bzw. der LIE-Algebra $\mathcal{L}'$ – die Beziehung $n' < n$.

Für den Fall, dass zu einer halbeinfachen Unteralgebra $\mathcal{L}'$ noch eine abelsche LIE-Algebra $\mathcal{L}''$ hinzukommt

$$\mathcal{L}' \oplus \mathcal{L}'' \subset \mathcal{L} \qquad \mathcal{L}' : \text{halbeinfach} \quad \mathcal{L}'' : \text{abelsch}, \tag{9.368}$$

gibt es ein Basiselement a_k aus der Menge

$$\{a_{n'+1}, \ldots, a_n\} = \{a_1, \ldots, a_n\} \backslash \{a_1, \ldots, a_{n'}\}$$

mit

$$D^{\mathrm{ad}}(a_i)a_k = [a_i, a_k] = D_{kk}(a_i) = D(a_i) = 0 \qquad i = 1, \ldots, n'.$$

Als Konsequenz daraus muss die direkte Summe $\bigoplus_i D^{(\Lambda_i)}(\mathcal{L}')$ in (9.367) die triviale Darstellung als irreduzible Komponente enthalten. Diese Bedingung ist auch hinreichend. Im Fall einer reellen LIE-Algebra $\mathcal{L}$ wird man für $\mathcal{L}''$ die abelsche LIE-Algebra $u(1)$ erwarten (s. Gl. 9.333).

Allgemein gilt die Aussage, dass für jede reguläre Einbettung ψ der Unteralgebra $\mathcal{L}'$ die subduzierte Darstellung reduzibel ist. Die Umkehrung ist nur bedingt richtig. Betrachtet werden die LIE-Algebren $\mathcal{L} = A_n, B_n, C_n$ sowie deren Unteralgebren $\mathcal{L}'$, die eine reduzible subduzierte Darstellung haben mögen. Setzt man voraus, dass die Darstellung im Fall A_n n-dimensional ist und keine invariante symmetrische Bilinearform besitzt, im Fall B_n $(2n + 1)$-dimensional und orthogonal ist, im Fall C_n $2n$-dimensional und symplektisch ist, dann bekommt man in allen drei Fällen eine reguläre Unteralgebra $\mathcal{L}'$. Als Konsequenz daraus erwartet man im Fall von LIE-Algebren A_n, B_n und C_n mit S-Unteralgebren subduzierte Darstellungen mit der Dimension n, $2n + 1$ bzw. $2n$, die alle irreduzibel sind.

Die duale Abbildung (9.366) erlaubt die Ermittlung des Gewichtssystems der subduzierten Darstellung $\psi^*(D(\mathcal{L}'))$. Eine nachfolgende Reduktion dieser Darstellung liefert dann die irreduziblen Komponenten $D^{(\Lambda_i)}(\mathcal{L}')$ der Verzweigungsregel (9.357).

Im Fall von regulären Einbettungen findet man die Projektion (9.366) und mithin die Gewichte der subduzierten Darstellung auf sehr einfachem Wege etwa durch die Betrachtung der DYNKIN-Label $\Lambda^k = \langle \Lambda, \alpha^{(k)\vee} \rangle$. Dabei werden nur jene einfachen Wurzeln $\alpha^{(k)}$ berücksichtigt, die zum neuen einfachen System Π' (9.328) bzw. (9.329) der Unteralgebra $\mathcal{L}'$ gehören. Zusätzlich wird gemäß dem erweiterten System (9.326) das DYNKIN-Label

$$\Lambda^0 = \left\langle \Lambda, -\alpha^{(0)\vee} \right\rangle \tag{9.369}$$

benutzt. Mit der Entwicklung der höchsten negativen Wurzel $-\alpha^{(0)}$ nach (7.227) kann dann das DYNKIN-Label Λ^0 durch die DYNKIN-Label Λ^k der Gewichte $\lambda \in \mathcal{P}'(\psi^*(D(\mathcal{L}')))$ sowie die COXETER-Koeffizienten ausgedrückt werden.

Beispiel 19 Betrachtet wird die reguläre Einbettung ψ (9.334) der Unteralgebra $\mathcal{L}' = A_1$ in die LIE-Algebra $\mathcal{L} = A_2$ mit dem Ziel, die Verzweigungsregel für die adjungierte Darstellung $D^{(\Lambda^1=1,\Lambda^2=1)}(A_2) = D^{(\mu_1=1,\mu_2=1)}(A_2)$ zu gewinnen. Ausgehend von einem Gewicht μ aus dem Gewichtssystem $\mathcal{P}^{(1,1)}(A_2)$ der adjungierten Darstellung in der Basis $\Pi(A_2)$ der einfachen Wurzeln

$$\mu = \mu_1\alpha^{(1)} + \mu_2\alpha^{(2)} \qquad \text{mit} \qquad \mu_1 = \left\langle \mu, \Lambda^\vee_{(1)} \right\rangle, \ \mu_2 = \left\langle \mu, \Lambda^\vee_{(2)} \right\rangle \tag{9.370}$$

wird man durch die Einbettung eine Reduktion auf das Gewicht

$$\mu' = \mu'_1\alpha'^{(1)} \tag{9.371}$$

erwarten. Für ein Element h' der CARTAN-Unteralgebra $\mathcal{H}' \subset A_1$ impliziert die Projektion (9.361) die Gleichsetzung

$$\mu(h') = \mu'(h') \qquad h' \in \mathcal{H}' \subset \mathcal{H}.$$

Mit der linearen Verknüpfung (9.336) zwischen den CARTAN-Unteralgebren $\mathcal{H}' \subset A_1$ und $\mathcal{H} \subset A_2$ erhält man daraus

$$\mu_1\alpha^{(1)}(H_{\alpha^{(1)}}) + \mu_2\alpha^{(2)}(H_{\alpha^{(1)}}) = \mu'_1\alpha'^{(1)}(H_{\alpha'^{(1)}}) \tag{9.372a}$$

bzw.

$$\mu_1 \left\langle \alpha^{(1)}, \alpha^{(1)\vee} \right\rangle + \mu_2 \left\langle \alpha^{(2)}, \alpha^{(1)\vee} \right\rangle = \mu'_1 \left\langle \alpha'^{(1)}, \alpha'^{(1)\vee} \right\rangle. \tag{9.372b}$$

Die Berechnung der Skalarprodukte unter Verwendung von (7.146) ergibt

$$\mu'_1 = \mu_1 - \frac{1}{2}\mu_2, \tag{9.373}$$

so dass der Projektionsoperator P von Gl. (9.366) die Form einer einzeiligen ($\mathrm{rang} A_1 = 1$) und zweispaltigen ($\mathrm{rang} A_2 = 2$) Matrix annimmt

$$\boldsymbol{P} = (1\ 2). \tag{9.374}$$

Die nachfolgende Projektion aller Gewichte der adjungierten Darstellung $D^{(1,1)}(A_2)$ (Abb. 9.6) liefert dann die Gewichte μ' bzw. deren Koeffizienten μ'_1 (Tab. 9.6). Man erhält so das reduzierte Gewichtssystem $\mathcal{P}'\left(D^{(1,1)}_{\mathrm{sub}}(A_1)\right)$ der auf die

Tabelle 9.6 Entwicklungskoeffizienten bezüglich der Basis Π und DYNKIN-Label für das Gewichtssystem $\mathcal{P}(D^{(1,1)}(A_2))$ der adjungierten Darstellung $D^{(1,1)}(A_2)$ sowie für das reduzierte Gewichtssystem $\mathcal{P}'\left(D^{(1,1)}_{\mathrm{sub}}(A_1)\right)$ der auf die Unteralgebra A_1 subduzierten Darstellung $D^{(1,1)}_{\mathrm{sub}}(A_1)$ im Fall einer regulären Einbettung $A_1 \subset A_2$

Gewichts–system	Koeffizient			Gewichts–system	Dynkin – Label			Gewichts–system
$\mathcal{P}(D^{(1,1)}(A_2))$	μ_1	μ_2	μ'_1	$\mathcal{P}'\left(D^{(1,1)}_{\mathrm{sub}}(A_1)\right)$	Λ^1	Λ^2	Λ'^1	$\mathcal{P}'\left(D^{(1,1)}_{\mathrm{sub}}(A_1)\right)$
$\alpha^{(1)}+\alpha^{(2)}$	1	1	1/2	$1/2\alpha'^{(1)}$	1	1	1	$\Lambda'_{(1)}$
$\alpha^{(1)}$	1	0	1	$\alpha'^{(1)}$	2	−1	2	$2\Lambda'_{(1)}$
$\alpha^{(2)}$	0	1	−1/2	$-1/2\alpha'^{(1)}$	−1	2	−1	$-\Lambda'_{(1)}$
0	0	0	0	0	0	0	0	0
0	0	0	0	0	0	0	0	0
$-\alpha^{(2)}$	0	−1	1/2	$1/2\alpha'^{(1)}$	1	−2	1	$\Lambda'_{(1)}$
$-\alpha^{(1)}$	−1	0	−1	$-\alpha'^{(1)}$	−2	1	−2	$-2\Lambda'_{(1)}$
$-\alpha^{(1)}-\alpha^{(2)}$	−1	−1	−1/2	$-1/2\alpha'^{(1)}$	−1	−1	−1	$-\Lambda'_{(1)}$

Unteralgebra A_1 subduzierten Darstellung $D^{(1,1)}_{\mathrm{sub}}(A_1)$, die in irreduzible Komponenten zerlegt werden kann. Letzteres verlangt eine Koordination der Gewichte aus dem reduzierten Gewichtssystem $\mathcal{P}'$ zu den Gewichtssystemen $\mathcal{P}'(D^{\mu}(A_1))$ der irreduziblen Darstellungen $D^{(\mu)}(A_1)$ der Unteralgebra A_1.

Das höchste Gewicht $\mu' = \alpha'^{(1)}$ aus $\mathcal{P}'$ kann dann dem höchsten Gewicht der 3-dimensionalen irreduziblen Darstellung $D^{(\mu'_1=1)}(A_1)$ mit dem Gewichtssystem

$$\mathcal{P}'(D^{(\mu'_1=1)}(A_1)) = \{\alpha'^{(1)}, 0, -\alpha'^{(1)}\}$$

zugeordnet werden. Nach dem Entfernen dieses Gewichtssystems von dem reduzierten Gewichtssystem bleibt die Restmenge

$$\mathcal{S}' = \left\{\frac{1}{2}\alpha'^{(1)}, \frac{1}{2}\alpha'^{(1)}, 0, -\frac{1}{2}\alpha'^{(1)}, -\frac{1}{2}\alpha'^{(1)}\right\}.$$

Das höchste Gewicht davon ist $\mu' = 1/2\alpha'^{(1)}$. Es gehört zur 2-dimensionalen irreduziblen Darstellung $D^{(\mu'_1=1/2)}(A_1)$, die zweimal vorkommt und das Gewichtssystem

$$\mathcal{P}'(D^{(\mu_1'=1/2)}(A_1)) = \left\{\frac{1}{2}\alpha'^{(1)}, -\frac{1}{2}\alpha'^{(1)}\right\}$$

besitzt (s. a. Beispiel 1 v. Abschn. 9.2). Nach dem zweimaligen Entfernen dieses Gewichtssystems von der Menge $\mathcal{S}'$ bleibt nur noch das Gewicht $\mu' = 0$, das zur trivialen Darstellung $D^{(\mu_1'=0)}(A_1)$ gehört.

Das gleiche Ergebnis resultiert nach einer Methode, die die DYNKIN-Label $\{\Lambda^i\}$ benutzt und bei einer regulären Einbettung erlaubt ist. Das Entfernen etwa des 2. Knotens aus dem regulären DYNKIN-Diagramm der LIE-Algebra A_2 bzw. das Entfernen der einfachen Wurzel $\alpha^{(2)}$ aus dem einfachen System $\Pi(A_2)$ impliziert das Entfernen der 2. Spalte mit den DYNKIN-Label Λ^2 von Tabelle 9.6. Die Projektion aller 8 Gewichte des Gewichtssystems $\mathcal{P}(D^{(1,1)}(A_2))$ der adjungierten Darstellung $D^{(1,1)}(A_2)$ erfolgt dann mit dem Operator

$$\boldsymbol{P} = (1\ 0). \tag{9.375}$$

Das so gewonnene reduzierte Gewichtssystem $\mathcal{P}'\left(D^{(1,1)}_{\text{sub}}(A_1)\right)$ der subduzierten Darstellung $D^{(1,1)}_{\text{sub}}(A_1)$ (Tab. 9.6) erlaubt schließlich wieder eine Zerlegung in irreduzible Darstellungen $D^{(\Lambda_i')}(A_1)$. Im Ergebnis erhält man für die adjungierte Darstellung $D^{(1,1)(A_2)}$ die Verzweigungsregel (9.357) im Hinblick auf die DYNKIN-Basis in der Form

$$D^{(1,1)}(A_2) \longrightarrow D^{(\Lambda'^1=2)}(A_1) \oplus 2D^{(\Lambda'^1=1)}(A_1) \oplus D^{(\Lambda'^1=0)}(A_1). \tag{9.376a}$$

Unter Verwendung der Dimension der irreduziblen Darstellungen als Symbolik erhält man daraus

$$\mathbf{8} \longrightarrow \mathbf{3} \oplus 2\,\mathbf{2} \oplus \mathbf{1}. \tag{9.376b}$$

Dabei ist darauf hinzuweisen, dass nach Vergleich mit der Form (9.367) in Gl. (9.376) neben der adjungierten Darstellung $D^{(2)}(A_1)$ der Unteralgebra A_1 in der direkten Summe $\bigoplus_i D^{(\Lambda_i)}(\mathcal{L}' = A_1)$ die triviale Darstellung $D^{(0)}(A_1)$ als irreduzible Komponente auftritt. Als Konsequenz daraus kann eine Einbettung der reduktiven Unteralgebra in der Form (9.331) erwartet werden.

Im Fall der fundamentalen Darstellung $D^{(\Lambda^1=1,\Lambda^2=0)}(A_2)$ der LIE-Algebra A_2 mit dem Gewichtssystem (Abb. 9.4)

$$\mathcal{P}(D^{(1,0)}(A_2)) = \{\Lambda_{(1)}, -\Lambda_{(1)} + \Lambda_{(2)}, -\Lambda_{(2)}\} \tag{9.377}$$

bekommt man nach dem Entfernen der DYNKIN-Label Λ^2 bzw. nach Projektion der drei Gewichte mit dem Operator (9.375) das reduzierte Gewichtssystem

$$\mathcal{P}'\left(D^{(1,0)}_{\text{sub}}(A_1)\right) = \left\{\Lambda'_{(1)}, -\Lambda'_{(1)}\right\}$$

der auf die Unteralgebra A_1 subduzierten Darstellung $\left(D_{\text{sub}}^{(1,0)}(A_1)\right)$. Die nachfolgende Zerlegung in irreduzible Komponenten $D^{(\Lambda_i)}(A_1)$ liefert dann die Verzweigungsregel

$$D^{(1,0)}(A_2) \longrightarrow D^{(\Lambda'^1=1)}(A_1) \oplus D^{(\Lambda'^1=0)}(A_1) \tag{9.378a}$$

bzw.

$$\mathbf{3} \longrightarrow \mathbf{2} \oplus \mathbf{1}. \tag{9.378b}$$

Die Verzweigung (9.376) kann auch mithilfe von YOUNG-Tableaux erhalten werden. Ausgehend von den 8 erlaubten YOUNG-Tableaux (Oktett) der Darstellung $D^{(1,1)}(A_2) = D^{[2,1]}(A_2)$ mit der Verteilung $[\lambda] = [2, 1]$ (Abb. 9.21b) wird man zunächst jene Quadrate entfernen, die die Ziffer 3 enthalten und die 3. Basisfunktion der 3-dimensionalen LIE-Algebra A_2 vertreten. Dies geschieht in der Absicht, der Dimension $\dim A_1 = 2\ (= l+1)$ der LIE-Algebra A_1 Rechnung zu tragen. Danach werden jene Spalten entfernt, die 2 $(= l + 1)$ Quadrate besitzen und – wegen des verschwindenden maximalen Gewichts – die triviale Darstellung vertreten. Übrig bleiben dann ein Dublett (die ersten beiden YOUNG-Tableaux von Abb. 9.21b), ein Singulett (3. YOUNG-Tableau) sowie ein zweites Dublett (6. und 8. YOUNG-Tableau). Das Ergebnis stimmt mit der Verzweigung (9.376) überein.

Dieses Verfahren kann verallgemeinert und auf die Einbettung der Unteralgebra A_{l-1} in die LIE-Algebra A_l angewandt werden. Dabei gilt als Voraussetzung, dass die Einbettung regulär ist. Im speziellen Fall der regulären Einbettung $A_1 \subset A_2$ ist die Unteralgebra mit einer der drei Wurzelalgebren $\{(A_1)_{\alpha^{(i)}} | \alpha^{(i)} \in \Pi(A_2)\}$ der vollen LIE-Algebra A_2 identisch (Beispiel 2 v. Abschn. 7.3). Betrachtet man das Gewichtsdiagramm der adjungierten Darstellung $A^{(1,1)}(A_2)$ der vollen LIE-Algebra A_2 (Abb. 9.7), dann kann man dieses Oktett zerlegen in ein Triplett (Abb. 9.5a), in zwei Dublett (Abb. 9.3) sowie in ein Singulett. Diese Zerlegung stimmt erneut mit der Verzweigung (9.376) überein. Allgemein gilt die Aussage, dass jedes Gewichtsdiagramm einer irreduziblen Darstellung $D^{(\Lambda)}(A_2)$ eine Reihe von Multiplett-Darstellungen $D^{(\Lambda_i)}(A_1)$ der regulären Unteralgebra A_1 enthält.

Beispiel 20 Betrachtet wird die nicht reguläre Einbettung ψ (9.334) der Unteralgebra $\mathcal{L}' = A_1$ in die LIE-Algebra $\mathcal{L} = A_2$ (Beispiel 17) mit dem Ziel, die Verzweigungsregel für die adjungierte Darstellung $D^{(\Lambda^1=1,\Lambda^2=1)}(A_2) = D^{(\mu_1=1,\mu_2=1)}(A_2)$ zu gewinnen. Mit einem Gewicht μ (9.370) aus dem Gewichtssystem $\mathcal{P}(D^{(1,1)}(A_2))$ erhält man nach der Reduktion auf das Gewicht μ' (9.371) der subduzierten Darstellung $D_{\text{sub}}^{(1,1)}(A_1)$ und unter Verwendung der linearen Verknüpfung (9.336) zwischen den CARTAN-Unteralgebren $\mathcal{H}' \subset A_1$ und $\mathcal{H} \subset A_2$ die Beziehung

$$2\mu_1\alpha^{(1)}(H_{\alpha^{(1)}}) + 2\mu_2\alpha^{(2)}(H_{\alpha^{(1)}}) = \mu_1'\alpha'^{(1)}(H_{\alpha'^{(1)}}) \tag{9.379a}$$

bzw.

$$2\mu_1\left\langle\alpha^{(1)},\alpha^{(1)\vee}\right\rangle+2\mu_2\left\langle\alpha^{(2)},\alpha^{(1)\vee}\right\rangle=\mu_1'\left\langle\alpha'^{(1)},\alpha'^{(1)\vee}\right\rangle. \tag{9.379b}$$

Die Verwendung von (7.146) bei der Berechnung der Skalarprodukte liefert dann

$$\mu_1'=2\mu_1-\mu_2, \tag{9.380}$$

so dass der Projektionsoperator P von Gl. (9.366) die Gestalt

$$\boldsymbol{P}=(2\ -1) \tag{9.381}$$

annimmt.

Die nachfolgende Projektion aller acht Gewichte der adjungierten Darstellung $D^{(1,1)}(A_2)$ (Abb. 9.6) liefert dann die Gewichte μ' bzw. deren Koeffizienten μ_1' (Tab. 9.7). Man erhält so das reduzierte Gewichtssystem $\mathcal{P}'\left(D_{\text{sub}}^{(1,1)}(A_1)\right)$ der subduzierten Darstellung, die in irreduzible Komponenten zerlegt werden kann.

Beginnend mit dem höchsten Gewicht $\mu'=2\alpha'^{(1)}$ aus $\mathcal{P}'$, dann kann dieses dem höchsten Gewicht der 5-dimensionalen Darstellung $D^{(\mu_1'=2)}(A_1)=D^{(\Lambda'^1=4)}(A_1)$ mit dem Gewichtssystem

$$\mathcal{P}'(D^{(\mu_1'=2)}(A_1))=\{2\alpha'^{(1)},\alpha'^{(1)},0,-\alpha'^{(1)},-2\alpha'^{(1)}\}$$

zugeordnet werden. Nach dem Entfernen dieses Gewichtssystems von dem reduzierten Gewichtssystem bleibt die Restmenge

$$\mathcal{S}'=\{\alpha'^{(1)},0,-\alpha'^{(1)}\}.$$

Das höchste Gewicht davon ist $\mu'=\alpha'^{(1)}$. Es gehört zur 3-dimensionalen irreduziblen Darstellung $D^{(\mu_1'=1)}(A_1)=D^{(\Lambda'^1=2)}(A_1)$. Insgesamt liefert die Zerlegung des reduzierten Gewichtssystems die Reduktion der subduzierten Darstellung in irreduzible Komponenten und mithin die Verzweigung in der Form

$$D^{(1,1)}(A_2)\longrightarrow D^{(\Lambda'^1=4)}(A_1)\oplus D^{(\Lambda'^1=2)}(A_1) \tag{9.382a}$$

bzw. unter Verwendung der Dimension der irreduziblen Darstellungen als Symbolik

$$\mathbf{8}\longrightarrow\mathbf{5}\oplus\mathbf{3}. \tag{9.382b}$$

Dabei ist anzumerken, dass nach Vergleich mit der Form (9.367) neben der adjungierten Darstellung $D^{(2)}(A_1)$ die direkte Summe $\bigoplus_i D^{(\Lambda_i)}(\mathcal{L}'=A_1)$ von Gl. (9.367) mit der irreduziblen Darstellung $D^{(4)}(A_1)$ identisch ist. Danach tritt dort

Tabelle 9.7 Entwicklungskoeffizienten bezüglich der Basis Π für das Gewichtssystem $\mathcal{P}(D^{(1,1)}(A_2))$ der adjungierten Darstellung $D^{(1,1)}(A_2)$ sowie für das reduzierte Gewichtssystem $\mathcal{P}'\left(D_{\text{sub}}^{(1,1)}(A_1)\right)$ der auf die Unteralgebra A_1 subduzierten Darstellung $D_{\text{sub}}^{(1,1)}(A_1)$ im Fall einer nicht regulären Einbettung $A_1 \subset A_2$

Gewichts-system	Koeffizient			Gewichts-system
$\mathcal{P}(D^{(1,1)}(A_2))$	μ_1	μ_2	μ_1'	$\mathcal{P}'\left(D_{\text{sub}}^{(1,1)}(A_1)\right)$
$\alpha^{(1)} + \alpha^{(2)}$	1	1	1	$\alpha'^{(1)}$
$\alpha^{(1)}$	1	0	2	$2\alpha'^{(1)}$
$\alpha^{(2)}$	0	1	-1	$-\alpha'^{(1)}$
0	0	0	0	0
0	0	0	0	0
$-\alpha^{(2)}$	0	-1	1	$\alpha'^{(1)}$
$-\alpha^{(1)}$	-1	0	-2	$-2\alpha'^{(1)}$
$-\alpha^{(1)} - \alpha^{(2)}$	-1	-1	-1	$-1\alpha'^{(1)}$

keine triviale Darstellung auf, so dass in diesem Fall keine Einbettung der reduktiven Unteralgebra in der Form (9.331) erlaubt ist.

Im Fall der nicht regulären Einbettung $A_1 \subset A_2$ kann die Unteralgebra A_1 anders als bei der regulären Einbettung mit keiner der drei Wurzelalgebren $\{(A_1)_{\alpha^{(i)}} | \alpha^{(i)} \in \Pi(A_2)\}$ der vollen LIE-Algebra A_2 korreliert werden. Demnach sind auch die Gewichtsdiagramme der irreduziblen Darstellungen $D^{(\Lambda')}(A_1)$ von (9.382) nicht in dem Gewichtsdiagramm (Oktett) der adjungierten Darstellung $D^{(1,1)}(A_2)$ enthalten, so dass die Einbettung als speziell gilt.

Im Fall der fundamentalen Darstellung $D^{(\Lambda^1=1,\Lambda^2=0)}(A_2)$ der LIE-Algebra A_2 mit dem Gewichtssystem (9.377) (Abb. 9.4) bekommt man nach der Projektion der drei Gewichte mit dem Operator (9.381) das reduzierte Gewichtssystem

$$\mathcal{P}'\left(D_{\text{sub}}^{(1,0)}(A_1)\right) = \{\alpha'^{(1)}, 0, -\alpha'^{(1)}\} = \left\{2\Lambda'_{(1)}, 0, -2\Lambda'_{(1)}\right\}. \tag{9.383}$$

Dieses gehört zu der 3-dimensionalen Darstellung $D^{(\mu_1'=1)}(A_1) = D^{(\Lambda'^1=2)}(A_1)$, womit die Verzweigungsregel die Form

$$D^{(1,0)}(A_2) \longrightarrow D^{(\Lambda'^1=2)}(A_1) \tag{9.384a}$$

bzw.

$$\mathbf{3} \longrightarrow \mathbf{3} \tag{9.384b}$$

annimmt. Bleibt anzumerken, dass in diesem Fall der nicht regulären Einbettung die subduzierte Darstellung $D_{\text{sub}}^{(1,0)}(A_1)$ mit dem Gewichtssystem (9.383) nicht reduzibel ist.

Beispiel 21 Im folgenden Beispiel wird die reguläre Einbettung ψ der Unteralgebra $\mathcal{L}' = A_2$ in die LIE-Algebra $\mathcal{L} = G_2$ diskutiert mit dem Ziel, die

Verzweigungsregel für die adjungierte Darstellung $D^{(\Lambda^1=1,\Lambda^2=0)}(G_2)$ zu gewinnen. Nach dem erweiterten DYNKIN-Diagramm (Abb. 9.27) wird dabei der Knoten mit der Ziffer 2 bzw. die einfache Wurzel $\alpha^{(2)}$ aus dem erweiterten einfachen System $\Pi^+(G_2)$ entfernt. Die Unteralgebra hat hier den gleichen Rang wie die volle LIE-Algebra (rang G_2 = rang $A_2 = 2$).

Das Wurzelsystem $\Delta(G_2)$ der vollen LIE-Algebra G_2 einschließlich der zwei (= rang G_2) verschwindenden Wurzeln kann nach dem Wurzeldiagramm von Abb. 7.2 ermittelt werden. Man erhält insgesamt 14 (= $|\Delta|$ + rang G_2) Wurzeln, die mit dem Gewichtssystem $\mathcal{P}(D^{(1,0)}(G_2))$ der adjungierten Darstellung $D^{(1,0)}(G_2)$ übereinstimmen. Letzteres errechnet sich auch ausgehend von dem höchsten Gewicht $\Lambda = 1\Lambda_{(1)} + 0\Lambda_{(2)}$ nach einer Methode, die in Beispiel 2 von Abschn. 9.2 vorgestellt wird. Dazu ist neben der CARTAN-Matrix $\boldsymbol{A}^{G_2}$ (7.241) auch die reziproke CARTAN-Matrix $(\boldsymbol{A}^{G_2})^{-1}$ (quadratische Formenmatrix) erforderlich

$$(\boldsymbol{A}^{G_2})^{-1} == \begin{pmatrix} 2 & 1 \\ 3 & -2 \end{pmatrix},$$

um die Beziehungen zwischen der Basis des einfachen Systems $\Pi = \{\alpha^{(1)}, \alpha^{(2)}\}$ und der DYNKIN-Basis $\{\Lambda_{(1)}, \Lambda_{(2)}\}$ nach Gln. (9.23) und (9.25) zu gewinnen

$$\alpha^{(1)} = 2\Lambda_{(1)} - 3\Lambda_{(2)} \qquad \alpha^{(2)} = -\Lambda_{(1)} + 2\Lambda_{(2)}$$

bzw.

$$\Lambda_{(1)} = 2\alpha^{(1)} + 3\alpha^{(2)} \qquad \Lambda_{(2)} = \alpha^{(1)} + 2\alpha^{(2)}.$$

Damit erhält man das Gewichtssystem $\mathcal{P}(D^{(1,0)}(G_2))$, das in Abb. 9.28 dargestellt ist. Dort bilden die sechs langen Wurzeln von Abb. 7.2 bzw. die Gewichte $\{a\} \cup \{-a\}$ von Abb. 7.28 zusammen mit den beiden verschwindenden Wurzeln die insgesamt 8 Gewichte (Oktett) der adjungierten Darstellung $D^{(1,1)}(A_2)$ der LIE-Algebra A_2 (Abb. 9.7). Die übrigen 6 Wurzeln bzw. die Gewichte $\{b\} \cup \{-b\}$ können der fundamentalen Darstellung $D^{(1,0)}(A_2)$ sowie der antifundamentalen Darstellung $D^{(0,1)}(A_2)$ zugeordnet werden (Abb. 9.5).

Als Ergebnis findet man gemäß der Verzweigungsregel (9.357) eine Zerlegung der auf die Unteralgebra A_2 subduzierten Darstellung $D^{(1,0)}_{\text{sub}}(A_2) = \psi^*(D^{(1,0)}(A_2))$ in irreduzible Komponenten $D^{(\Lambda_i)}(A_2)$ in der Form

$$D^{(1,0)}(G_2) \longrightarrow D^{(1,1)}(A_2) \oplus D^{(1,0)}(A_2) \oplus D^{(0,1)}(A_2), \tag{9.385a}$$

bzw. mit der Symbolik, die die Dimension ausdrückt

$$\mathbf{14} \longrightarrow \mathbf{8} \oplus \mathbf{3} \oplus \bar{\mathbf{3}}. \tag{9.385b}$$

Beispiel 22 Als weiteres Beispiel wird die reguläre Einbettung ψ der LIE-Algebra $\mathcal{L}' = A_3$ in die LIE-Algebra $\mathcal{L} = B_3$ betrachtet. Dabei gilt es die Verzweigungsregel für die 7-dimensionale Darstellung $D^{(\Lambda^1=1,\Lambda^2=0,\Lambda^3=0)}(B_3)$ zu ermitteln. Eine

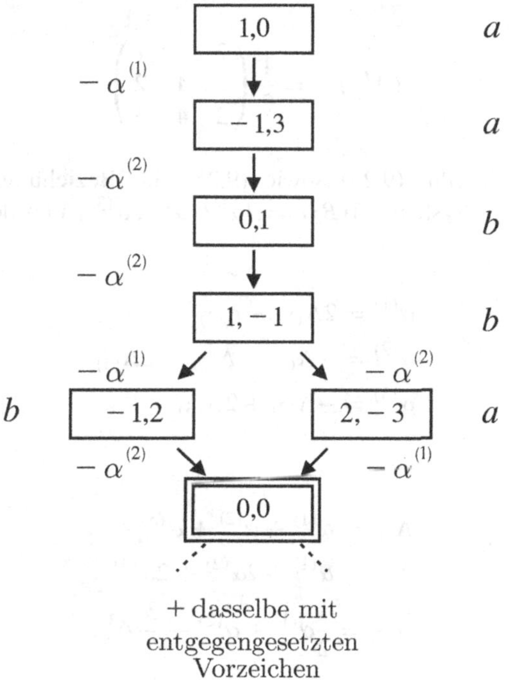

Abb. 9.28 Gewichtssystem $\mathcal{P}(D^{(1,0)}(G_2))$ der adjungierten Darstellung $D^{(1,0)}(G_2)$ der LIE-Algebra G_2 ausgedrückt durch die DYNKIN-Label (Λ^1, Λ^2); a: lange Wurzeln, b: kurze Wurzeln (s. Abb. 7.2)

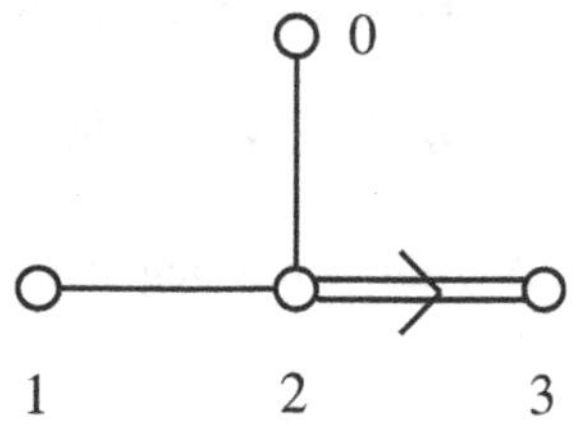

Abb. 9.29 Erweitertes DYNKIN-Diagramm B_3^+ der einfachen LIE-Algebra B_3 (s. a. Abb. 9.27)

solche Einbettung erreicht man mithilfe des erweiterten DYNKIN-Diagramms B_3^+ etwa durch das Entfernen des Knotens mit der Ziffer 3 bzw. durch das Entfernen der einfachen Wurzel $\alpha^{(3)}$ aus dem erweiterten einfachen System $\Pi^+(B_3)$ (Abb. 9.29). Die Unteralgebra hat demnach den gleichen Rang wie die volle LIE-Algebra.

Mit der CARTAN-Matrix (s. Anhang)

$$(A^{B_3}) = \begin{pmatrix} 2 & -1 & 0 \\ -1 & 2 & -1 \\ 0 & -2 & 2 \end{pmatrix}$$

und der reziproken CARTAN-Matrix

$$(A^{B_3})^{-1} = \frac{1}{2}\begin{pmatrix} 2 & 2 & 1 \\ 2 & 4 & 2 \\ 2 & 4 & 3 \end{pmatrix}$$

gewinnt man nach Gln. (9.23) sowie (9.25) die Beziehungen zwischen der Basis des einfachen Systems $\Pi(B_2) = \{\alpha^{(1)}, \alpha^{(2)}, \alpha^{(3)}\}$ und der DYNKIN-Basis $\{\Lambda_{(1)}, \Lambda_{(2)}, \Lambda_{(3)}\}$

$$\begin{aligned} \alpha^{(1)} &= 2\Lambda_{(1)} - \Lambda_{(2)} \\ \alpha^{(2)} &= -\Lambda_{(1)} + \Lambda_{(2)} - 2\Lambda_{(3)} \\ \alpha^{(3)} &= -\Lambda_{(2)} + 2\Lambda_{(3)} \end{aligned} \tag{9.386a}$$

bzw.

$$\begin{aligned} \Lambda_{(1)} &= \alpha^{(1)} + \alpha^{(2)} + \alpha^{(3)} \\ \Lambda_{(2)} &= \alpha^{(1)} + 2\alpha^{(2)} + 2\alpha^{(3)} \\ \Lambda_{(3)} &= \frac{1}{2}\alpha^{(1)} + \alpha^{(2)} + \frac{3}{2}\alpha^{(3)}. \end{aligned} \tag{9.386b}$$

Das Gewichtssystem $\mathcal{P}(D^{(1,0,0)}(B_3))$ errechnet sich dann ausgehend von dem höchsten Gewicht $\Lambda = \Lambda^1$ $(\Lambda = (1,0,0))$ bzw. $\mu = \alpha^{(1)} + \alpha^{(2)} + \alpha^{(3)}$ $(\mu = (1, 1, 1))$ nach der Methode in Beispiel 2 von Abschn. 9.2 (Abb. 9.30).

Die höchste Wurzel $\alpha^{(0)}$ ergibt sich in Analogie zur LIE-Algebra $\mathcal{L} = B_2$ mit $\alpha^{(0)} = \beta + 2\alpha \equiv \alpha^{(1)} + 2\alpha^{(2)}$ (s. Beispiel 2 v. Abschn. 7.5) zu

$$\alpha^{(0)} = \alpha^{(1)} + 2\alpha^{(2)} + 2\alpha^{(3)}. \tag{9.387}$$

Die DYNKIN-Label $(\Lambda^1, \Lambda^2, \Lambda^3)$ für deren negativen Wert $-\alpha^{(0)}$ errechnen sich nach (9.386a) zu

$$\Lambda^1 = 0, \quad \Lambda^2 = 1, \quad \Lambda^3 = 0.$$

Das DYNKIN-Label Λ^0 wird nach Gl. (9.369) ermittelt. Zusammen mit Gl. (9.387) erhält man

$$\Lambda^0 = -2\frac{\langle \Lambda, \alpha^{(0)} \rangle}{\langle \alpha^{(0)}, \alpha^{(0)} \rangle} = -2\left(\frac{\langle \Lambda, \alpha^{(1)} \rangle}{\langle \alpha^{(1)}, \alpha^{(1)} \rangle} + 2\frac{\langle \Lambda, \alpha^{(2)} \rangle}{\langle \alpha^{(2)}, \alpha^{(2)} \rangle} + 2\frac{\langle \Lambda, \alpha^{(3)} \rangle}{\langle \alpha^{(3)}, \alpha^{(3)} \rangle} \right).$$

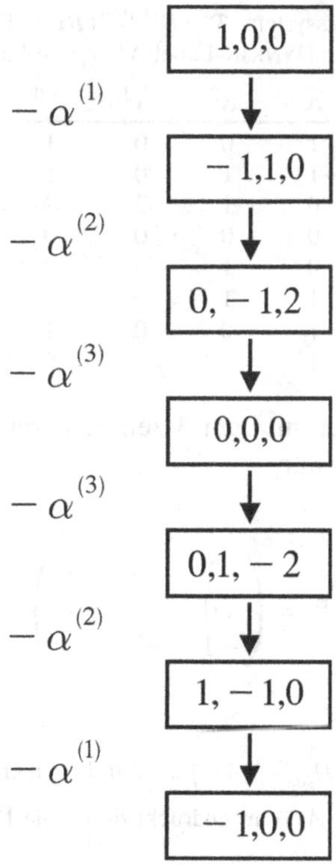

Abb. 9.30 Gewichtssystem $\mathcal{P}(D^{(1,0,0)}(B_3)) = \{\alpha^{(1)} + \alpha^{(2)} + \alpha^{(3)}, \alpha^{(2)} + \alpha^{(3)}, \alpha^{(3)}, 0, -\alpha^{(3)}, -\alpha^{(2)} - \alpha^{(3)}, -\alpha^{(1)} - \alpha^{(2)} - \alpha^{(3)}\}$ der 7-dimensionalen fundamentalen Darstellung $D^{(1,0,0)}(B_3)$ der LIE-Algebra B_3 ausgedrückt durch die DYNKIN-Label Λ^1, Λ^2 und Λ^3

Unter Berücksichtigung der Beziehung zwischen den Normen der einfachen Wurzeln (s. Beispiel 3 v. Abschn. 7.5)

$$\left\langle \alpha^{(1)}, \alpha^{(1)} \right\rangle = \left\langle \alpha^{(2)}, \alpha^{(2)} \right\rangle = 2\left\langle \alpha^{(3)}, \alpha^{(3)} \right\rangle = \left\langle \alpha^{(0)}, \alpha^{(0)} \right\rangle$$

kommt man mit Gl. (7.215) zu dem Ergebnis

$$\Lambda^0 = -\left\langle \Lambda, \alpha^{(1)\vee} \right\rangle - 2\left\langle \Lambda, \alpha^{(2)\vee} \right\rangle - \left\langle \Lambda, \alpha^{(3)\vee} \right\rangle = -\Lambda^1 - 2\Lambda^2 - \Lambda^3.$$

Mit Abb. 9.30 gelingt dann die Aufstellung des erweiterten Gewichtssystems $\mathcal{P}^+$ für die Darstellung $D^{(1,0,0)}(B_3)$.

Das Entfernen des Knotens mit der Ziffer 3 aus dem erweiterten DYNKIN-Diagramm von Abb. 9.29 mit dem Ergebnis der Unteralgebra A_3 impliziert die Streichung der 3. Spalte von Tabelle 9.8. Man erhält so das Gewichtssystem $\mathcal{P}'\left(D_{\text{sub}}^{(1,0,0)}(A_3)\right)$ einer auf die Unteralgebra A_3 subduzierten Darstellung $D_{\text{sub}}^{(1,0,0)}$ $(A_3) = \psi^*(D^{(1,0,0)}(A_3))$ (Tab. 9.9). Die Projektion (9.366) des Gewichtssystems

Tabelle 9.8 Erweitertes Gewichtssystem $\mathcal{P}^+(D^{(1,0,0)}(B_3))$ der 7-dimensionalen Darstellung $D^{(1,0,0)}(B_3)$ ausgedrückt durch die DYNKIN-Label Λ^1, Λ^2, Λ^3 und Λ^0

Λ^1	Λ^2	Λ^3	Λ^0
1	0	0	−1
−1	1	0	−1
0	−1	2	0
0	0	0	0
0	1	−2	0
1	−1	0	1
−1	0	0	1

$\mathcal{P}(D^{(1,0,0)}(B_3))$ erfolgt dabei mit dem 3-zeiligen (rang $A_3 = 3$) und 3-spaltigen (rang $B_3 = 3$) Projektionsoperator

$$\boldsymbol{P} = \begin{pmatrix} 1 & 0 & 0 \\ 0 & 1 & 0 \\ -1 & -2 & -1 \end{pmatrix}.$$

Tabelle 9.9 Gewichtssystem $\mathcal{P}'\left(D_{\text{sub}}^{(1,0,0)}(A_3)\right)$ der auf die Unteralgebra A_3 subduzierten Darstellung $D_{\text{sub}}^{(1,0,0)}(A_3) = \psi^*(D^{(1,0,0)}(A_3))$ ausgedrückt durch die DYNKIN-Label Λ'^1, Λ'^2 und Λ'^3

Λ'^1	Λ'^2	Λ'^3
1	0	−1
−1	1	−1
0	−1	0
0	0	0
0	1	0
1	−1	1
−1	0	1

Die nachfolgende Zerlegung der subduzierten Darstellung in irreduzible Komponenten verlangt die Zuordnung der Gewichte aus $\mathcal{P}'\left(D_{\text{sub}}^{(1,0,0)}(A_3)\right)$ zu jenen Gewichten aus dem Gewichtsystem $\mathcal{P}'(D^{(\Lambda)})(A_3)$ der irreduziblen Darstellungen $D^{(A_3)}$. Betrachtet man etwa das höchste Gewicht $\Lambda' = (0, 1, 0)$, dann gehört dieses zu der 6-dimensionalen fundamentalen Darstellung $D^{(0,1,0)}(A_3)$. Das Gewichtssystem $\mathcal{P}'(D^{(0,1,0)})(A_3)$ dieser irreduziblen Darstellung errechnet sich mithilfe der CARTAN-Matrix (s. Anhang)

$$(\boldsymbol{A}^{A_3}) = \begin{pmatrix} 2 & -1 & 0 \\ -1 & 2 & -1 \\ 0 & -1 & 2 \end{pmatrix}$$

bzw. der reziproken CARTAN-Matrix

$$(A^{A_3})^{-1} = \frac{1}{4}\begin{pmatrix} 3 & 2 & 1 \\ 2 & 4 & 2 \\ 1 & 2 & 3 \end{pmatrix}$$

sowie den Beziehungen zwischen der Basis des einfachen Systems $\Pi(A_3)$=$\{\alpha'^{(1)}, \alpha'^{(2)}, \alpha'^{(3)}\}$ und der DYNKIN-Basis $\left\{\Lambda'_{(1)}, \Lambda'_{(2)}, \Lambda'_{(3)}\right\}$ nach Gln. (9.23) und (9.25)

$$\begin{aligned}
\alpha'^{(1)} &= 2\Lambda'_{(1)} - \Lambda'_{(2)} \\
\alpha'^{(2)} &= -\Lambda'_{(1)} + 2\Lambda'_{(2)} - \Lambda'_{(3)} \\
\alpha'^{(3)} &= -\Lambda'_{(2)} + 2\Lambda'_{(3)}
\end{aligned}$$

bzw.

$$\begin{aligned}
\Lambda'_{(1)} &= \frac{3}{4}\alpha'^{(1)} + \frac{1}{2}\alpha'^{(2)} + \frac{1}{4}\alpha'^{(3)} \\
\Lambda'_{(2)} &= \frac{1}{2}\alpha'^{(1)} + \alpha'^{(2)} + \frac{1}{2}\alpha'^{(3)} \\
\Lambda'_{(3)} &= \frac{1}{4}\alpha'^{(1)} + \frac{1}{2}\alpha'^{(2)} + \frac{3}{4}\alpha'^{(3)}.
\end{aligned}$$

Das Ergebnis ist in Abb. 9.31 dargestellt (s. a. Beispiel 2 v. Abschn. 9.2).

Nach dem Entfernen der 6 Gewichte der Darstellung $D^{(0,1,0)}(A_3)$ aus dem Gewichtssystem $\mathcal{P}'\left(D^{(0,1,0)}_{\text{sub}}\right)(A_3)$ (Tab. 9.9) bleibt noch das Gewicht $\Lambda' = (0,0,0)$,

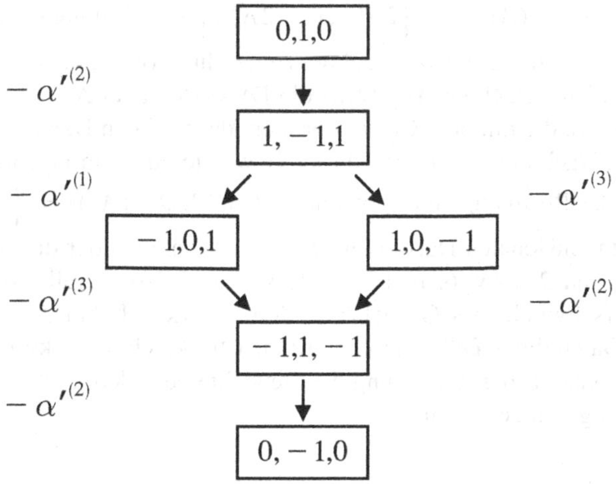

Abb. 9.31 Gewichtssystem $\mathcal{P}'(D^{(0,1,0)}(A_3))$ der 6-dimensionalen fundamentalen Darstellung $D^{(0,1,0)}(A_3)$ der LIE-Algebra A_3 ausgedrückt durch die DYNKIN-Label Λ'^1, Λ'^2 und Λ'^3

das zur trivialen Darstellung $D^{(0,0,0)}(A_3)$ gehört. Im Ergebnis findet man eine Zerlegung der subduzierten Darstellung in irreduzible Komponenten gemäß der Verzweigungsregel (9.357) in der Form

$$D^{(1,0,0)}(B_3) \longrightarrow D^{(0,1,0)}(A_3) \oplus D^{(0,0,0)}(A_3) \tag{9.389a}$$

bzw. unter Verwendung der Dimension der irreduziblen Darstellungen als Symbolik

$$\mathbf{7} \longrightarrow \mathbf{6} \oplus \mathbf{1}. \tag{9.389b}$$

Eine andere Einbettung erreicht man durch das Entfernen des Knotens mit der Ziffer 2 im erweiterten DYNKIN-Diagramm B_3^+ (Abb. 9.29) bzw. durch das Entfernen der einfachen Wurzel $\alpha^{(2)}$ aus dem erweiterten einfachen System $\Pi^+(B_3)$

$$A_1 \oplus A_1 \oplus A_1 \subset A_3.$$

Dieser Schritt verlangt das Entfernen der DYNKIN-Label Λ^2 aus dem erweiterten Gewichtssystem $\mathcal{P}^+(D^{(1,0,0)}(B_3))$, was die Streichung der 2. Spalte von Tabelle 9.8 zur Folge hat. Man erhält so das Gewichtssystem $\mathcal{P}'$ einer subduzierten Darstellung $D_{\text{sub}}^{(1,0,0)}(A_1 \oplus A_1 \oplus A_1)$ (Tab. 9.10), deren DYNKIN-Label Λ'^1, Λ'^2 und Λ'^3 jeweils einem Gewicht bezüglich einer irreduziblen Darstellung $D^{(\Lambda')}(A_1)$ zuzuordnen ist.

Das höchste Gewicht $2\Lambda'_{(1)}$ mit dem DYNKIN-Label $\Lambda'^1 = 2$ kann dem Gewichtssystem $\mathcal{P}(D^{(2)}(A_1)) = \left\{2\Lambda'_{(1)}, 0, -2\Lambda'_{(1)}\right\}$ der 3-dimensionalen Darstellung $D^{(2)}(A_1)$ einer der drei LIE-Algebren zugeordnet werden. Daneben zeigen die anderen beiden LIE-Algebren A_1 jeweils die DYNKIN-Label $\Lambda'^1 = 0$ (3., 4. und 5. Zeile v. Tab. 9.10), die mit dem Gewichtssystem der trivialen Darstellung $D^{(0)}(A_1)$ korreliert sind. Nach dem Entfernen dieser Gewichte aus dem Gewichtssystem $\mathcal{P}'$ findet man in der Restmenge ein Gewichtssystem $\mathcal{P}(D^{(1)}(A_1)) = \left\{\Lambda'_{(1)}, -\Lambda'_{(1)}\right\}$, das zu der 2-dimensionalen Darstellung $D^{(1)}(A_1)$ von zwei der drei LIE-Algebren A_1 gehört (1. und 2. bzw. 6. und 7. Zeile v. Tab. 9.10). Parallel dazu erscheint jeweils ein verschwindendes Gewicht mit dem DYNKIN-Label $\Lambda'^1 = 0$, das mit der trivialen Darstellung $D^{(0)}(A_1)$ der dritten LIE-Algebra A_1 korreliert ist. Insgesamt erhält man aus der Zuordnung der Gewichte oder deren DYNKIN-Label die Verzweigungsregel in der Form

$$D^{(1,0,0)}(B_3) \longrightarrow \left[D^{(0)}(A_1) \oplus D^{(2)}(A_1) \oplus D^{(0)}(A_1)\right] \oplus \left[D^{(1)}(A_1) \oplus D^{(0)}(A_1) \oplus D^{(1)}(A_1)\right] \tag{9.390a}$$

Tabelle 9.10 Gewichtssystem $\mathcal{P}'$ der auf die Unteralgebra $(A_1 \oplus A_1 \oplus A_1)$ subduzierten Darstellung $D^{(1,0,0)}_{\text{sub}}(A_1 \oplus A_1 \oplus A_1)$ ausgedrückt durch die DYNKIN-Label Λ'^1

Λ'^1	Λ'^1	Λ'^1
1	0	−1
−1	1	−1
0	2	0
0	0	0
0	−2	0
1	0	1
−1	0	1

bzw. unter Verwendung der Dimension der irreduziblen Darstellungen als Symbolik

$$\mathbf{7} \longrightarrow (\mathbf{1}, \mathbf{3}, \mathbf{1}) \oplus (\mathbf{2}, \mathbf{1}, \mathbf{2}). \tag{9.390b}$$

Beispiel 23 Schließlich wird die reguläre Einbettung ψ der Unteralgebra $\mathcal{L}' = A_1 \oplus A_2$ in die LIE-Algebra $\mathcal{L} = A_4$ diskutiert. Das Ziel ist hier die Ermittlung der Verzweigungsregel für die 5-dimensionale fundamentale Darstellung $D^{(1,0,0,0)}(A_4)$. Eine solche Einbettung erreicht man dadurch, dass im regulären DYNKIN-Diagramm etwa der Knoten mit der Ziffer 3 bzw. im einfachen System $\Pi(A_4)$ die einfache Wurzel $\alpha^{(3)}$ entfernt wird (s. Abb. 7.6).

Mit der CARTAN-Matrix (s. Anhang)

$$(\boldsymbol{A}^{A_4}) = \begin{pmatrix} 2 & -1 & 0 & 0 \\ -1 & 2 & -1 & 0 \\ 0 & -1 & 2 & -1 \\ 0 & 0 & -1 & 2 \end{pmatrix}$$

bzw. der reziproken CARTAN-Matrix

$$(\boldsymbol{A}^{A_4})^{-1} = \frac{1}{5}\begin{pmatrix} 4 & 3 & 2 & 1 \\ 3 & 6 & 4 & 2 \\ 2 & 4 & 6 & 3 \\ 1 & 2 & 3 & 4 \end{pmatrix}$$

gewinnt man nach Gln. (9.23) sowie (9.25) die Beziehungen zwischen der Basis des einfachen Systems $\Pi(A_4)$ und der DYNKIN-Basis $\{\Lambda_{(1)}, \Lambda_{(2)}, \Lambda_{(3)}, \Lambda_{(4)}\}$

$$\begin{aligned} \alpha^{(1)} &= 2\Lambda_{(1)} - \Lambda_{(2)} \\ \alpha^{(2)} &= -\Lambda_{(1)} + 2\Lambda_{(2)} - \Lambda_{(3)} \\ \alpha^{(3)} &= -\Lambda_{(2)} + 2\Lambda_{(3)} - \Lambda_{(4)} \\ \alpha^{(4)} &= -\Lambda_{(3)} + 2\Lambda_{(4)} \end{aligned}$$

bzw.

$$\Lambda_{(1)} = \frac{3}{5}(4\alpha^{(1)} + 3\alpha^{(2)} + 2\alpha^{(3)} + \alpha^{(4)})$$
$$\Lambda_{(2)} = \frac{1}{5}(3\alpha^{(1)} + 6\alpha^{(2)} + 4\alpha^{(3)} + 2\alpha^{(4)})$$
$$\Lambda_{(3)} = \frac{1}{5}(2\alpha^{(1)} + 4\alpha^{(2)} + 6\alpha^{(3)} + 3\alpha^{(4)})$$
$$\Lambda_{(4)} = \frac{1}{5}(\alpha^{(1)} + 2\alpha^{(2)} + 3\alpha^{(3)} + 4\alpha^{(4)}).$$

Das Gewichtssystem $\mathcal{P}(D^{(1,0,0,0)}(A_4))$ errechnet sich dann ausgehend von dem höchsten Gewicht $\Lambda = \Lambda^1$ $(\Lambda = (1,0,0,0))$ bzw. $\mu = \frac{1}{5}(4\alpha^{(1)} + 3\alpha^{(2)} + 2\alpha^{(3)} + \alpha^{(4)}) = \left(\frac{4}{5}, \frac{3}{5}, \frac{2}{5}, \frac{1}{5}\right)$ nach der Methode in Beispiel 2 von Abschn. 9.2 (Abb. 9.32).

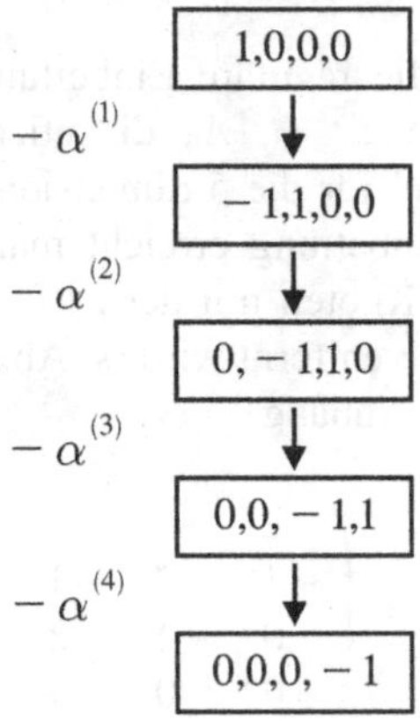

Abb. 9.32 Gewichtssystem $\mathcal{P}(D^{(0,1,0,0)}(A_4))$ der 5-dimensionalen fundamentalen Darstellung $D^{(1,0,0,0)}(A_4)$ der LIE-Algebra A_4 ausgedrückt durch die DYNKIN-Label Λ^1, Λ^2, Λ^3 und Λ^4

Das Entfernen des Knotens mit der Ziffer 3 aus dem gewöhnlichen DYNKIN-Diagramm der LIE-Algebra A_4 (s. Abb. 7.6) mit dem Ergebnis der regulären Unteralgebra $A_2 \oplus A_1$ impliziert die Streichung der DYNKIN-Label Λ^3 in Abb. 9.32. Man erhält so das reduzierte Gewichtssystem $\mathcal{P}'$ der subduzierten Darstellung $D_{\text{sub}}^{(1,0,0,0)}(A_2 \oplus A_1)$ (Tab. 9.11).

Das höchste Gewicht mit dem DYNKIN-Label $(\Lambda'^1 = 1, \Lambda'^2 = 0)$ kann dem Gewichtssystem $\mathcal{P}'(D^{(1,0)}(A_2))$ der 3-dimensionalen fundamentalen Darstellung $D^{(1,0)}(A_2)$ der LIE-Algebra A_2 zugeordnet werden (Abb. 9.4a). Daneben gehören die verschwindenden Gewichte $\Lambda'^1 = 0$ zum Gewichtssystem der trivialen Darstellung $D^{(0)}(A_1)$ der LIE-Algebra A_1 (1., 2. und 3. Zeile v. Tab. 9.11). Nach dem Entfernen dieser Gewichte aus dem reduzierten Gewichtssystem $\mathcal{P}'$ findet man in der Restmenge ein Gewichtssystem, dessen höchstes Gewicht $\Lambda' = \Lambda'_{(1)}$ das DYNKIN-Label $\Lambda'^1 = 1$ besitzt. Dieses gehört zum Gewichtssystem $\mathcal{P}'(D^{(1)}(A_1) = \left\{\Lambda'_{(1)}, -\Lambda'_{(1)}\right\}$ der 2-dimensionalen fundamentalen Darstellung

$D^{(1)}(A_1)$ der LIE-Algebra A_1 (Abb. 9.3). Daneben sind die verschwindenden Gewichte $\Lambda' = (\Lambda'^1 = 0, \Lambda'^2 = 0)$ mit der trivialen Darstellung $D^{(0,0)}(A_2)$ der LIE-Algebra A_2 korreliert (4. und 5. Zeile v. Tab. 9.11). Im Ergebnis findet man mithilfe der Korrelation von Gewichten des reduzierten Gewichtssystems $\mathcal{P}'$ zu Gewichten aus dem Gewichtssystem irreduzibler Darstellungen der Unteralgebra $A_2 \oplus A_1$ die Verzweigungsregel in der Form

$$D^{(1,0,0,0)}(A_4) \longrightarrow \left[D^{(1,0)}(A_2) \oplus D^{(0)}(A_1)\right] \oplus \left[D^{(0,0)}(A_2) \oplus D^{(1)}(A_1)\right] \quad (9.392a)$$

Tabelle 9.11 Gewichtssystem $\mathcal{P}'$ der auf die Unteralgebra $(A_2 \oplus A_1)$ subduzierten Darstellung $D_{\text{sub}}^{(1,0,0,0)}(A_2 \oplus A_1)$ ausgedrückt durch die DYNKIN-Label Λ'^1, Λ'^2 und Λ'^1

Λ'^1	Λ'^2	Λ'^1
1	0	0
−1	1	0
0	−1	0
0	0	1
0	0	−1

bzw. unter Verwendung der Dimension der irreduziblen Darstellungen als Symbolik

$$\mathbf{5} \longrightarrow (\mathbf{3}, \mathbf{1}) \oplus (\mathbf{1}, \mathbf{2}). \quad (9.392a)$$

In analoger Weise erhält man für die antifundamentale Darstellung $D^{(0,0,0,1)}(A_4)$ bzw. $\bar{\mathbf{5}}$ die Verzweigungsregel

$$\bar{\mathbf{5}} \longrightarrow (\bar{\mathbf{3}}, \mathbf{1}) \oplus (\mathbf{1}, \bar{\mathbf{2}}). \quad (9.392b)$$

Diese spielt neben anderen eine wesentliche Rolle bei der großen vereinigten Eichtheorie (GUT – s. Beispiel 23). Dort stehen Quarks und Leptonen auf gleicher Stufe und erscheinen in gemeinsamen Multipletts. Die beiden Summanden können mit zwei Teilchenfamilien korreliert werden. Die erste besteht aus einem anti-down-Quark $\bar{d}^{\text{c}}$ (c: color = rot, grün, blau); die zweite besteht aus einem Neutrino sowie einem Elektron (ν_e, e). Demnach bedeutet der erste Summand $(\mathbf{3}, \mathbf{1})$ ein $su_{\text{c}}(3)$-Triplett (Farbtriplett) und ein $su(2)$-Singulett. Der zweite Summand $(\mathbf{1}, \mathbf{2})$ bedeutet ein $su_{\text{c}}(3)$-Singulett (Farbsingulett) und ein $su(2)$-Dublett.

■

Anhang

Cartan-Matrizen $A^{\mathcal{L}}$ von einfachen Lie-Algebren $\mathcal{L}$

$\mathcal{L} = A_l$

mit der Dimension $\dim A_l = l(l+2)$ und der adjungierten Darstellung $D^{(2)}(A_1)$ bzw. $D^{(1,0,\ldots,1)}(A_l)$ $(l > 1)$:

$$A^{A_l} = \begin{pmatrix} 2 & -1 & 0 & \cdots & 0 & 0 & 0 \\ -1 & 2 & -1 & \cdots & 0 & 0 & 0 \\ 0 & -1 & 2 & \cdots & 0 & 0 & 0 \\ \vdots & \vdots & \vdots & \ddots & \vdots & \vdots & \vdots \\ 0 & 0 & 0 & \cdots & 2 & -1 & 0 \\ 0 & 0 & 0 & \cdots & -1 & 2 & -1 \\ 0 & 0 & 0 & \cdots & 0 & -1 & 2 \end{pmatrix}$$

$$(A^{A_l})^{-1} = \frac{1}{l+1} \begin{pmatrix} l & (l-1) & (l-2) & \cdots & 3 & 2 & 1 \\ (l-1) & 2(l-1) & 2(l-2) & \cdots & 6 & 4 & 2 \\ (l-2) & 2(l-2) & 3(l-2) & \cdots & 9 & 6 & 3 \\ \vdots & \vdots & \vdots & \ddots & \vdots & \vdots & \vdots \\ 3 & 6 & 9 & \cdots & 3(l-2) & 2(l-2) & (l-2) \\ 2 & 4 & 6 & \cdots & 2(l-2) & 2(l-1) & (l-1) \\ 1 & 2 & 3 & \cdots & (l-2) & (l-1) & l \end{pmatrix}.$$

M. Böhm, *Lie-Gruppen und Lie-Algebren in der Physik*, Springer-Lehrbuch,
DOI 10.1007/978-3-642-20379-4,

$\mathcal{L} = B_l$

mit der Dimension $\dim B_l = l(2l+1)$ und der adjungierten Darstellung $D^{(2)}(B_1)$ bzw. $D^{(0,1,\ldots,0)}(B_l)$ $(l > 1)$:

$$A^{B_l} = \begin{pmatrix} 2 & -1 & 0 & \cdots & 0 & 0 & 0 \\ -1 & 2 & -1 & \cdots & 0 & 0 & 0 \\ 0 & -1 & 2 & \cdots & 0 & 0 & 0 \\ \vdots & \vdots & \vdots & \ddots & \vdots & \vdots & \vdots \\ 0 & 0 & 0 & \cdots & 2 & -1 & 0 \\ 0 & 0 & 0 & \cdots & -1 & 2 & -1 \\ 0 & 0 & 0 & \cdots & 0 & -2 & 2 \end{pmatrix}$$

$$(A^{B_l})^{-1} = \begin{pmatrix} 1 & 1 & 1 & 1 & \cdots & 1 & 1 & \frac{1}{2} \\ 1 & 2 & 2 & 2 & \cdots & 2 & 2 & 1 \\ 1 & 2 & 3 & 3 & \cdots & 3 & 3 & \frac{3}{2} \\ 1 & 2 & 3 & 4 & \cdots & 4 & 4 & 2 \\ \vdots & \vdots & \vdots & \vdots & \ddots & \vdots & \vdots & \vdots \\ 1 & 2 & 3 & 4 & \cdots & (l-2) & (l-2) & \frac{1}{2}(l-2) \\ 1 & 2 & 3 & 4 & \cdots & (l-2) & (l-1) & \frac{1}{2}(l-1) \\ 1 & 2 & 3 & 4 & \cdots & (l-2) & (l-1) & \frac{1}{2}l \end{pmatrix}.$$

$\mathcal{L} = C_l$

mit der Dimension $\dim C_l = l(2l+1)$ und der adjungierten Darstellung $D^{(2,0,\ldots,0)}(B_l)$ $(l > 1)$:

$$A^{C_l} = \begin{pmatrix} 2 & -1 & 0 & \cdots & 0 & 0 & 0 \\ -1 & 2 & -1 & \cdots & 0 & 0 & 0 \\ 0 & -1 & 2 & \cdots & 0 & 0 & 0 \\ \vdots & \vdots & \vdots & \ddots & \vdots & \vdots & \vdots \\ 0 & 0 & 0 & \cdots & 2 & -1 & 0 \\ 0 & 0 & 0 & \cdots & -1 & 2 & -2 \\ 0 & 0 & 0 & \cdots & 0 & -1 & 2 \end{pmatrix}$$

$$(A^{C_l})^{-1} = \begin{pmatrix} 1 & 1 & 1 & 1 & \cdots & 1 & 1 & 1 \\ 1 & 2 & 2 & 2 & \cdots & 2 & 2 & 2 \\ 1 & 2 & 3 & 3 & \cdots & 3 & 3 & 3 \\ 1 & 2 & 3 & 4 & \cdots & 4 & 4 & 4 \\ \vdots & \vdots & \vdots & \vdots & \ddots & \vdots & \vdots & \vdots \\ 1 & 2 & 3 & 4 & \cdots & (l-2) & (l-2) & (l-2) \\ 1 & 2 & 3 & 4 & \cdots & (l-2) & (l-1) & (l-1) \\ \frac{1}{2} & 1 & \frac{3}{2} & 2 & \cdots & \frac{1}{2}(l-2) & \frac{1}{2}(l-1) & \frac{1}{2}l \end{pmatrix}.$$

$\mathcal{L} = D_l$

mit der Dimension $\dim D_l = l(2l-1)$ und der adjungierten Darstellung $D^{(0,1,1)}$ (D_3) bzw. $D^{(0,1,0,\ldots,0)}(D_l)$ $(l > 3)$:

$$A^{D_l} = \begin{pmatrix} 2 & -1 & 0 & \cdots & 0 & 0 & 0 & 0 \\ -1 & 2 & -1 & \cdots & 0 & 0 & 0 & 0 \\ 0 & -1 & 2 & \cdots & 0 & 0 & 0 & 0 \\ \vdots & \vdots & \vdots & \ddots & \vdots & \vdots & \vdots & \vdots \\ 0 & 0 & 0 & \cdots & 2 & -1 & 0 & 0 \\ 0 & 0 & 0 & \cdots & -1 & 2 & -1 & -1 \\ 0 & 0 & 0 & \cdots & 0 & -1 & 2 & 0 \\ 0 & 0 & 0 & \cdots & 0 & -1 & 0 & 2 \end{pmatrix}$$

$$(A^{D_l})^{-1} = \begin{pmatrix} 1 & 1 & 1 & 1 & \cdots & 1 & \frac{1}{2} & \frac{1}{2} \\ 1 & 2 & 2 & 2 & \cdots & 2 & 1 & 1 \\ 1 & 2 & 3 & 3 & \cdots & 3 & \frac{3}{2} & \frac{3}{2} \\ 1 & 2 & 3 & 4 & \cdots & 4 & 2 & 2 \\ \vdots & \vdots & \vdots & \vdots & \ddots & \vdots & \vdots & \vdots \\ 1 & 2 & 3 & 4 & \cdots & (l-2) & \frac{1}{2}(l-2) & \frac{1}{2}(l-2) \\ \frac{1}{2} & 1 & \frac{3}{2} & 2 & \cdots & \frac{1}{2}(l-2) & \frac{1}{4}l & \frac{1}{4}(l-2) \\ \frac{1}{2} & 1 & \frac{3}{2} & 2 & \cdots & \frac{1}{2}(l-2) & \frac{1}{4}(l-2) & \frac{1}{4}l \end{pmatrix}.$$

$\mathcal{L} = E_6$

mit der Dimension $\dim E_6 = 78$ und der adjungierten Darstellung $D^{(0,0,0,0,0,1)}$ (E_6):

$$A^{E_6} = \begin{pmatrix} 2 & -1 & 0 & 0 & 0 & 0 \\ -1 & 2 & -1 & 0 & 0 & 0 \\ 0 & -1 & 2 & -1 & 0 & -1 \\ 0 & 0 & -1 & 2 & -1 & 0 \\ 0 & 0 & 0 & -1 & 2 & 0 \\ 0 & 0 & -1 & 0 & 0 & 2 \end{pmatrix}$$

$$(A^{E_6})^{-1} = \frac{1}{3}\begin{pmatrix} 4 & 5 & 6 & 4 & 2 & 3 \\ 5 & 10 & 12 & 8 & 4 & 6 \\ 6 & 12 & 18 & 12 & 6 & 9 \\ 4 & 8 & 12 & 10 & 5 & 6 \\ 2 & 4 & 6 & 5 & 4 & 3 \\ 3 & 6 & 9 & 6 & 3 & 6 \end{pmatrix}.$$

$\mathcal{L} = E_7$

mit der Dimension $\dim E_7 = 133$ und der adjungierten Darstellung $D^{(1,0,0,0,0,0,0)}(E_7)$:

$$A^{E_7} = \begin{pmatrix} 2 & -1 & 0 & 0 & 0 & 0 & 0 \\ -1 & 2 & -1 & 0 & 0 & 0 & 0 \\ 0 & -1 & 2 & -1 & 0 & 0 & -1 \\ 0 & 0 & -1 & 2 & -1 & 0 & 0 \\ 0 & 0 & 0 & -1 & 2 & -1 & 0 \\ 0 & 0 & 0 & 0 & -1 & 2 & 0 \\ 0 & 0 & -1 & 0 & 0 & 0 & 2 \end{pmatrix}$$

$$(A^{E_7})^{-1} = \frac{1}{2}\begin{pmatrix} 4 & 6 & 8 & 6 & 4 & 2 & 4 \\ 6 & 12 & 16 & 12 & 8 & 4 & 8 \\ 8 & 16 & 24 & 18 & 12 & 6 & 12 \\ 6 & 12 & 18 & 15 & 10 & 5 & 9 \\ 4 & 8 & 12 & 10 & 8 & 4 & 6 \\ 2 & 4 & 6 & 5 & 4 & 3 & 3 \\ 4 & 8 & 12 & 9 & 6 & 3 & 7 \end{pmatrix}.$$

$\mathcal{L} = E_8$

mit der Dimension $\dim E_8 = 248$ und der adjungierten Darstellung $D^{(0,0,0,0,0,0,1,0)}(E_8)$:

$$A^{E_8} = \begin{pmatrix} 2 & -1 & 0 & 0 & 0 & 0 & 0 & 0 \\ -1 & 2 & -1 & 0 & 0 & 0 & 0 & 0 \\ 0 & -1 & 2 & -1 & 0 & 0 & 0 & -1 \\ 0 & 0 & -1 & 2 & -1 & 0 & 0 & 0 \\ 0 & 0 & 0 & -1 & 2 & -1 & 0 & 0 \\ 0 & 0 & 0 & 0 & -1 & 2 & -1 & 0 \\ 0 & 0 & 0 & 0 & 0 & -1 & 2 & 0 \\ 0 & 0 & -1 & 0 & 0 & 0 & 0 & 2 \end{pmatrix}$$

$$(A^{E_8})^{-1} = \begin{pmatrix} 4 & 7 & 10 & 8 & 6 & 4 & 2 & 5 \\ 7 & 14 & 20 & 16 & 12 & 8 & 4 & 10 \\ 10 & 20 & 30 & 24 & 18 & 12 & 6 & 15 \\ 8 & 16 & 24 & 20 & 15 & 10 & 5 & 12 \\ 6 & 12 & 18 & 15 & 12 & 8 & 4 & 9 \\ 4 & 8 & 12 & 10 & 8 & 6 & 3 & 6 \\ 2 & 4 & 6 & 5 & 4 & 3 & 2 & 3 \\ 5 & 10 & 15 & 12 & 9 & 6 & 3 & 8 \end{pmatrix}.$$

$\mathcal{L} = F_4$

mit der Dimension $\dim F_4 = 52$ und der adjungierten Darstellung $D^{(1,0,0,0)}(F_4)$:

$$A^{F_4} = \begin{pmatrix} 2 & -1 & 0 & 0 \\ -1 & 2 & -1 & 0 \\ 0 & -2 & 2 & -1 \\ 0 & 0 & -1 & 2 \end{pmatrix}$$

$$(A^{F_4})^{-1} = \begin{pmatrix} 2 & 3 & 2 & 1 \\ 3 & 6 & 4 & 2 \\ 4 & 8 & 6 & 3 \\ 2 & 4 & 3 & 2 \end{pmatrix}.$$

$\mathcal{L} = G_2$

mit der Dimension $\dim G_2 = 14$ und der adjungierten Darstellung $D^{(1,0)}(G_2)$:

$$A^{G_2} = \begin{pmatrix} 2 & -1 \\ -3 & 2 \end{pmatrix}$$

$$(A^{G_2})^{-1} = \begin{pmatrix} 2 & 1 \\ 3 & 2 \end{pmatrix}.$$

Symbole und Abkürzungen

$\boldsymbol{A}$	CARTAN-Matrix
α	Wurzel
$\mathcal{B}$	Basis
$\mathcal{C}$	Zentrum, WEYL-Kammer
C	Punktgruppe
$\mathbb{C}$	Körper der komplexen Zahlen
χ	Charakter einer Darstellung
D	Darstellung, Abbildung, Operator
$D^{(\alpha)}$	irreduzible Darstellung
D^{ad}	adjungierte Darstellung
D^{reg}	reguläre Darstellung
$D^{(\Lambda)}$	fundamentale Darstellung
$D^{(\alpha)}_{\mathrm{sub}}$	subduzierte Darstellung
$D^{(\beta)}_{\mathrm{ind}}$	induzierte Darstellung
D^{*}	komplex konjugierte Darstellung
$D^{\top}$	transponierter Operator
$D^{\dagger}$	(hermitesch) adjungierter Operator
d_{α}	Dimension einer irreduziblen Darstellung
$\boldsymbol{D}$	Matrixdarstellung
Δ	Wurzelsystem
e	Einselement, neutrales Element
f_{ij}^{k}	Strukturkonstante
$\mathcal{G}$	Gruppe, LIE-Gruppe
$\mathcal{H}$	Untergruppe, Unteralgebra
$\mathcal{I}$	Ideal
$\mathcal{K}$	Klasse
$\mathbb{K}$	Körper
$\mathbb{K}^{n}$	n-Tupel Zeilen- bzw. Spaltenraum über $\mathbb{K}$
λ	Gewicht
$\boldsymbol{\kappa}$	metrischer Tensor
$\mathcal{L}$	LIE-Algebra
m_{α}	Multiplizität einer irreduziblen Darstellung

$\mathcal{N}$	Normalteiler
$\mathbb{N}$	Menge der natürlichen Zahlen
Π	einfaches Wurzelsystem
$\mathbb{R}$	Körper der reellen Zahlen
$\mathcal{V}$	Vektorraum
$\mathbb{Z}$	Ring der ganzen Zahlen
$\mathbf{1}_n$	$n \times n$-Einheitsmatrix
$\emptyset$	leere Menge
$\circ$	binäre Verknüpfung
$:=$	Definition
$\cong$	isomorph
$\equiv$	identisch
$\oplus$	direkte Summe
$\uplus$	halbdirekte Summe
$\times$	äußeres direktes (kartesisches) Produkt
$\otimes$	inneres direktes Produkt
$\rtimes$	halbdirektes Produkt
$\cap$	Durchschnitt
$\cup$	Vereinigung
$\forall$	Allquantor
$\exists$	Existenzquantor
$[\lambda]$	Verteilung
$[\ ,\ ]$	Kommutator, LIE-Produkt
$\langle\ ,\ \rangle$	Bilinearform, Skalarprodukt

Weiterführende Literatur

Kapitel 2, 3

S. L. ALTMANN, *Induced Representations in Crystals and Molecules*, Academic Press, 1977.
F. AYRES Jr., *Algebra – Theorie und Anwendung*, McGraw-Hill, 1999.
L. BAUMGÄRTNER, *Gruppentheorie*, W. de Gruyter, 1972.
B. BAUMSLAG, B. CHANDLER, B. THOMAS, *Gruppentheorie: Theorie und Anwendung*, McGraw-Hill, 1979.
A. BEUTELSBACHER, *Linare Algebra*, Vieweg und Teubner, 2003.
H. BOERNER, *Representations of Groups*, North-Holland, 1963.
M. BÖHM, *Symmetrien in Festkörpern: Gruppentheoretische Grundlagen und Anwendungen*, Wiley, 2002.
M. BURROW, *Representation Theory of Finite Groups*, Academic Press, 1965.
J. F. CORNWELL, *Group Theory in Physics*, vol. I, Academic Press, 1989.
C. W. CURTIS, I. REINER, *Representation Theory of Finite Groups and Associative Algebras*, Wiley, 1962.
M. HAMERMESH, *Group Theory and its Application to Physical Problems*, Dover, 1989.
B. HUBERT, W. WILLEMS, *Lineare Algebra*, Vieweg und Teubner, 2006.
T. INUI, Y. TANABE, Y. ONDERA, *Group Theory and Its Application in Physics*, Springer, 1996.
C. J. ISHAM, *Lectures on Groups and Vector Spaces for Physicists*, World Scientific Lecture Notes in Physics, vol. 31, World Scientific, 1989.
L. JANSEN, M. BOON, *Theory of Finite Groups – Application in Physics*, North-Holland, 1967.
A. G. KUROSCH, *Gruppentheorie*, Akademie, 1972.
D. E. LITTLEWOOD, *The Theory of Group Characters and Matrix Representations of Groups*, Clarendon Press, 1958.
G. J. LJUBARSKI, *Anwendungen der Gruppentheorie in der Physik*, Deutscher Verlag der Wissenschaften, 1962.
E. M. LOEBL (Ed.), *Group Theory and Its Applications*, Academic Press, 1968.
W. LUDWIG, C. FALTER, *Symmetries in Physics: Group Theory Applied to Physical Problems*, Springer, 1988.
G. W. MACKEY, *Induced Representations of Groups and Quantum Mechanics*, Benjamin, 1968.
M. MIRMAN, *Group Theory: An Intuitive Approach*, World Scientific, 1995.
F. D. MURNAGHAN, *The Theory of Group Representations*, Dover, 1963.
J. SCHIKIN, *Lineare Räume und Abbildungen*, Spektrum Akademischer Verlag, 1994.
J. P. SERRE, *Linear Representations of Finite Groups*, Springer, 1977.
A. SPEISER, *Die Theorie der Gruppen von endlicher Ordnung*, Birkhäuser, 1956.
T. A. SPRINGER, *Linear Algebraic Groups*, Birkhäuser, 1998.
U. STAMMBACH, *Lineare Alkgebra*, Teubner, Stuttgart, 1980.
M. TINKHAM, *Group Theory and Quantum Mechanics*, McGraw-Hill, 1964.

W.-K. TUNG, *Group Theory in Physics*, World Scientific, 1991.
B. L. VAN DER WERDEN, *Group Theory and Quantum Mechanics*, Springer, 1974.

Kapitel 4

J. F. ADAMS, *Lectures on Lie Groups*, University of Chicago Press, 1982.
A. BAKER, *Matrix Groups: An Introduction to Lie Group Theory*, Springer, 2002.
A. O. BARUT, R. RACZKA, *Theory of Group Representations and Applications*, World Scientific Publishing, 1987.
J.-Q. CHEN, P.-N. WANG, Z.-M. LÜ, X.-B. WU, *Tables of the Clebsch-Gordan, Racah and Subduction Coefficients of SU(n) Groups*, World Scientific, 1987.
P. M. COHN, *Lie Groups*, Cambridge University Press, 1965.
F. H. CROOM, *Basic Concepts of Algebraic Topology*, Springer, 1978.
J. J. DUISTERMAAT, J. A. C. KOLK, *Lie Groups*, Springer, 2000.
R. GILMORE, *Lie Groups, Lie Algebras, and Some of Their Applications*, Dover, 2006.
A. HATCHER, *Algebraic Topology*, Cambridge University Press, 2002.
W. HEIN, *Einführung in die Struktur- und Darstellungstheorie der klassischen Gruppen*, Springer, 1990.
S. HELGASON, *Differential Geometry, Lie Groups and Symmetric Spaces*, Academic Press, 1989.
C. J. ISHAM, *Modern Differential Geometry for Physicists*, World Scientific, 1999.
A. W. KNAPP, *Lie Groups: Beyond an Introduction*, Birkhäuser, 1996.
W. S. MASSEY, *A Basic Course in Algebraic Topology*, Springer, 1993.
J. R. MUNKRES, *Topology: A First Course*, Prentice Hall, 2000.
L. S. PONTRJAGIN, *Topologische Gruppen*, Teubner, 1957.
W. ROSSMANN, *Lie Groups: An Introduction Through Linear Groups*, Oxford University Press, 2006.
A. A. SAGLE, R. E. WALDE, *Introduction to Lie Groups and Lie Algebras*, Academic Press, 1973.
J. TITS, *Liesche Gruppen und Algebren*, Springer, 1983.
F. W. WARNER, *Foundations of Differentiable Manifolds and Lie Groups*, Springer, 1983.
B. G. WYBOURNE, *Classical Groups for Physicists*, Wiley, 1974.

Kapitel 5, 6

H. ABBASAPOUR, M. MOSKOWITZ, *Basic Lie Theory*, World Scientific, 2007.
A. O. BARUT, R. RACZKA, *Theory of Group Representations and Applications*, World Scientific Publishing, 1987.
N. BOURBAKI, *Lie Groups and Lie Algebras: Chapters 1–3*, Springer, 1999.
R. CARTER, G. SEGAL, I. MACDONALD, *Lectures on Lie Groups and Lie Algebras*, Cambridge University Press, 1995.
M. L. CURTIS, *Matrix Groups*, Springer, 1984.
K. ERDMANN, M. J. WILDON, *Introduction to Lie Algebras*, Springer, 2006.
J. FARAUT, *Analysis on Lie Groups: An Introduction*, Cambridge Unversity Press, 2008.
H. D. FEGAN, *Introduction to Compact Lie Groups*, World Scientific, 1991.
H. FREUDENTHAL, H. DE VRIES, *Linear Lie Groups*, Academic Press, 1969.
W. FULTON, J. HARRIS, *Representation Theory: A First Course*, Springer, 1991.
R. GILMORE, *Lie Groups, Lie Algebras, and Some of Their Applications*, Dover, 2006.
B. C. HALL, *Lie Groups, Lie Algebras, and Representations: An Elementary Introduction*, Springer, 2003.
M. HAUSNER, J. T. SCHWARTZ, *Lie Groups and Lie Algebras*, Gordan a. Breach, 1989.

J. Hilgert, K.-H. Neeb, *Lie-Gruppen und Lie-Algebren*, Vieweg+Teubner, 1991.
G. P. Hochschild, *Basic Theory of Algebraic Groups and Lie Algebras*, Springer, 1981.
W. Y. Hsiang, *Lectures on Lie Groups*, World Scientific, 1998.
J. E. Humphreys, *Introduction to Lie Algebras and Representation Theory*, Springer, 1997.
M. Ise, M. Takeuchi, *Lie Groups I/II*, AMS, 1991.
N. Jacobson, *Lie Algebras*, Dover, 1972.
A. Kirillov Jr., *An Introduction to Lie Groups and Lie Algebras*, Cambridge University Press, 2008.
J. F. Price, *Lie Groups and Compact Groups*, Cambridge University Press, 1977.
W. Rossmann, *Lie Groups*, Oxford University Press, 2002.
A. A. Sagle, R. E. Walde, *Introduction to Lie Groups and Lie Algebras*, Academic Press, 1973.
H. Samelson, *Notes on Lie Algebras*, Springer, 1990.
J.-P. Serre, *Lie Algebras and Lie Groups*, Springer, 2006.
J. Stillwell, *Naive Lie Theory*, Springer, 2008.
J. Tits, *Liesche Gruppen und Algebren*, Springer, 1983.
V. S. Varadarajan, *Lie Groups, Lie Algebras and Their Representations*, Springer, 1984.

Kapitel 7, 8, 9

H. Abbasapour, M. Moskowitz, *Basic Lie Theory*, World Scientific, 2007.
M. F. Atiyah, G. L. Luke (Eds.), *Representation Theory of Lie Groups*, Cambridge University Press, 1979.
J. G. F. Belinfante, B. Kolman, *A Survey of Lie Groups and Lie Algebras with Applications and Computational Methods*, Society for Industrial and Applied Mathematics, 1989.
R. Berndt, *Representations of Linear Groups*, Vieweg+Teubner, 2007.
H. Boerner, *Representations of Groups*, North-Holland, 1970.
N. Bourbaki, *Lie Groups and Lie Algebras: Chapters 7–9*, Springer, 2008.
Th. Bröcker, T. tom Dieck, *Representations of Compact Lie Groups*, Springer, 2003.
D. Bump, *Lie Groups*, Springer, 2004.
R. N. Cahn, *Semi Simple Lie Algebras and Their Representations*, Benjamin and Cummings, 1984.
R. Carter, *Simple Groups of Lie Type*, Wiley, 1989.
R. Carter, G. Segal, I. MacDonald, *Lectures on Lie Groups and Lie Algebras*, Cambridge University Press, 1995.
C. Chevalley, *Theory of Lie Groups*, Princeton University Press, 1999.
J.-Q. Chen, P.-N. Wang, Z.-M. Lü, X.-B. Wu, *Tables of the Clebsch-Gordan, Racah and Subduction Coefficients of SU(n) Groups*, World Scientific, 1987.
P. M. Cohn, *Lie Groups*, Cambridge University Press, 1965.
J. F. Cornwell, *Group Theory in Physics*, vol. II, Academic Press, 1989.
J. Fuchs, C. Schweigert, *Symmetries, Lie Algebras and Representations*, Cambridge University Press, 2003.
W. Fulton, *Young Tableaux. With Application to Representation Theory and Geometry*, Cambridge University Press, 1997.
W. Fulton, J. Harris, *Representation Theory: A First Course*, Springer, 1991.
M. Gourdin, *Unitary Symmetries*, North Holland, 1967.
B. C. Hall, *Lie Groups, Lie Algebras, and Representations: An Elementary Introduction*, Springer, 2003.
J. E. Humphreys, *Introduction to Lie Algebras and Representation Theory*, Springer, 1972.
N. Jacobson, *Exceptional Lie Algebras*, Marcel Dekker, 1971.
N. Jacobson, *Lie Algebras*, Dover, 1972.
A. A. Kirillov, *Elements of the Theory of Representations*, Springer, 1976.

A. W. KNAPP, *Representation Theory of Semi Simple Groups: An Overview Based on Examples*, Princeton University Press, 1986.

D. B. LICHTENBERG, *Unitary Symmetry and Elementary Particles*, Academic Press, 1978.

W. B. MCKAY, J. PATERA, *Tables of Dimensions, Indices, and Branching Rules for Representations of Simple Lie Algebras*, Marcell Dekker, 1981.

G. W. MACKEY, *The Theory of Unitary Group Representations*, University of Chicago Press, 1976.

W. MILLER, *Symmetry Groups and Their Applications*, Academic Press, 1972.

A. L. ONISHCHIK, *Lectures on Real Semisimple Lie Algebras and Their Representations*, European Mathematical Society, 2004.

A. L. ONISHCHIK, E. B. VINBERG (Eds.), *Lie Groups and Lie Algebras III: Structure of Lie Groups and Lie Algebras*, Springer, 1994.

D. H. SATTINGER, O. L. WEAVER, *Lie Groups and Algebras with Applications to Physics, Geometry and Mechanics*, Springer, 1986.

J.-P. SERRE, *Complex Semisimple Lie Algebras*, Springer, 2001.

B. SIMON, *Representations of Finite and Compact Lie Groups*, American Mathematical Society, 1996.

W.-K. TUNG, *Group Theory in Physics*, World Scientific, 1985.

V. S. VARADARAJAN, *Lie Groups, Lie Algebras and Their Representations*, Springer, 1984.

Sachverzeichnis

A

Abbildung, 125
  adjungierte, 188
  affine, 15, 44
  analytische, 133
  Exponential-, 208
  homöomorphe, 127
  Karten-, 130
  Kern e., 30, 188
  projektive, 112
  stetige, 126
  topologische, 127
ADO
  Satz v., 134, 179, 189
Algebra
  abgeleitete, 186
  Drehimpuls-, 218
  Fixpunkt-, 375
  HEISENBERG-, 284
  KAC-MOODY-, 333
  LIE-, 177
  Quotienten-, 186
Analytische Kurve, 209
Antisymmetrisierer
  Spalten-, 485
Atlas, 130
  differenzierbarer, 130
  maximaler, 130
Automorphismus, 28, 187
  äußerer, 29, 268
  innerer, 29, 268
  involutiver, 374, 376
  konjugierter, 389
Automorphismusgruppe, 12, 268, 352, 381
  äußere, 388

B

BAKER-CAMPBELL-HAUSDORFF-Formel, 208
Basis, 18
  abzählbare, 128
  CARTAN-WEYL-, 291
  CHEVALLEY-, 299
  DYNKIN-, 327
  kontravariante, 281
  kovariante, 281
  symmetrieangepasste, 77
Basistransformation, 54
Bewegungsgruppe, 15
Bilinearform, 277
  entartete, 278
BURNSIDE
  Satz v., 65, 72, 175

C

C_2, 10
C_{2v}, 16, 26
C_4, 10, 16–17, 21–22, 26, 35
C_{4v}, 11, 16–18, 20–24, 27, 35–36
CARTAN
  Satz v., 378
CARTAN-Involution, 379
CARTAN-Kriterium, 285
CARTAN-Matrix, 333
  abstrakte, 334
  reduzible, 334
  symmetrisierte, 332, 408
CARTAN-Tensor, 296
CARTAN-Unteralgebra, 290
CARTAN-WEYL-Basis, 291
CARTAN-Zahl, 312
CARTAN-Zerlegung, 378
CASIMIR-Operator, 193, 436
CAYLEY
  Satz v., 479
Charakter, 378
Charakter-Summenregel, 448
Charakterformel, 430

Charaktertafel, 57
CHEVALLEY-Basis, 299
CHEVALLEY-Konvention, 299
CHEVALLEY-SERRE-Gleichungen, 348
C_i, 35, 237
CLEBSCH-GORDAN-Entwicklung, 88, 243, 447
CLEBSCH-GORDAN-Koeffizient, 90, 242, 245, 456
CLEBSCH-GORDAN-Matrix, 90, 242
CONDON-SHORTLEY-Konvention, 197, 248
COXETER-Diagramm, 335
COXETER-Gruppe, 354
COXETER-Label, 330
COXETER-Zahl, 330
C_s, 16–17, 22, 26, 35

D

D_4, 30
Darstellung
  adjungierte, 199, 266, 409, 424
  analytische, 232
  antifundamentale, 421
  äquivalente, 54–55, 191
  äquivalente Klassen e., 56
  assoziierte, 487
  Charakter e., 56
  definierende, 152, 198
  Dimension e., 41
  entartete, 42
  erlaubte, 103
  erzeugte, 69
  fundamentale, 198, 414, 419
  Gewicht e., 404
  Grund-, 73
  homomorphe, 55
  identische, 41
  induzierte, 96
  irreduzible, 48, 191
  kleine, 103
  komplexe, 73
  konjugierte, 101, 415
  kontinuierliche, 173
  lineare, 41, 190
  Matrix-, 42, 191
  Multiplizität e., 53
  normale, 58, 174
  Orbit e., 101
  orthogonale, 58
  Produkt-, 87, 236, 241
  projektive, 112
  pseudoreelle, 73
  reduzible, 48, 191
  reelle, 73
  reguläre, 71, 199
  selbstkonjugierte, 101, 416
  Spinor-, 155
  Strahl-, 112
  subduzierte, 97
  Summen-, 87
  Tensor-, 87, 241
  treue, 42, 190
  triviale, 41, 191
  unitäre, 58, 174
  Vektor-, 112
  zweideutige, 155
Darstellungsgruppe, 110, 270
Darstellungsraum, 41, 190
Derivation, 188
  innere, 188
Diffeomorphismus, 133
Differenzierbar
  verträglich, 130
Dimension-Summenregel, 448
Direkte Summe, 189
Direktes Produkt, 33, 190
Drehimpulskopplung, 244
Drehspiegelung, 14
Dreiecksregel, 245
Dublett, 198, 419
DYNKIN-Basis, 327
DYNKIN-Diagramm, 335
  erweitertes, 522
DYNKIN-Index, 444
  d. Einbettung, 532
DYNKIN-Label, 327

E

$E(3)$, 15, 27, 35, 174
$E^+(3)$, 16, 27, 36
Eichsymmetrie
  globale, 3
  lokale, 4
Eigentliche Transformation, 14
Einbettung, 520
  maximale, 520
Endomorphismus, 27, 187
  halbeinfacher, 200
  nilpotenter, 200
ENGEL
  Satz v., 284
Epimorphismus, 27, 32
Erzeugende, 18, 140
Erzeugendensystem, 18
Euklidische Gruppe, 15
  eigentliche, 16

Euklidischer Raum, 121
  lokaler, 128
EULER'schen Winkel, 164
EULER-LAGRANGE, Satz v., 22
Exponentialabbildung, 208

F
Faktorgruppe, 26
Faktorsystem, 113
  äquivalentes, 113
Farbgruppe, 2
FERMAT, Satz v., 22
FREUDENTHAL-Formel, 425
FROBENIUS-Formel, 486
FROBENIUS
  Satz v., 98
Fundamentalkammer, 358

G
GAUSS-Zerlegung, 325
Gebiet, 125, 130
GELL-MANN-Matrizen, 304
Generator, 140
Gewicht, 193, 327
  äquivalentes, 407
  dominantes ganzes, 413
  einfaches, 405
  fundamentales, 327
  höchstes, 196, 413
  konjugiertes, 416
  Multiplizität e., 405
  Tiefe e., 414
Gewichtsdiagramm, 420
Gewichtsgitter, 328
Gewichtsraum, 327, 404, 408
Gewichtsstring, 406
Gewichtssystem, 404
Gewichtsvektor, 404
$GL^+(1,\mathbb{R})$, 160, 369
$gl^+(1,\mathbb{R})$, 370
$GL(1,\mathbb{R})$, 30, 137, 141, 160, 167, 170, 173–174, 176
$GL(4,\mathbb{R})$, 27
$GL(N,\mathbb{C})$, 12
$gl(N,\mathbb{C})$, 181
$gl(N,\mathbb{K})$, 179, 285
$GL(N,\mathbb{K})$, 134
$GL(N,\mathbb{R})$, 12, 18
$GL(\mathcal{V})$, 12, 41, 134
$gl(\mathcal{V})$, 179, 190, 285
$\mathcal{G}$-Modul, 42
  einfacher, 48
Graduierung, 375
Grunddarstellung, 73

Gruppe
  abelsche, 8
  abstrakte, 7
  adjungierte, 376
  allgemeine LIE-, 133
  allgemeine lineare, 12, 18, 27, 30, 41, 134, 136–137, 141, 160, 167, 170, 173–174, 176, 229, 369
  alternierende, 478
  auflösbare, 25, 109
  Automorphismus-, 12, 268, 352, 376, 381
  Basis e., 18
  Bewegungs-, 15
  COXETER-, 354
  Dimension e., 135
  diskrete, 1, 11
  echte Unter-, 16
  eigentliche euklidische, 16, 36
  eigentliche Unter-, 16
  einfach reduzierbare, 91
  einfach zusammenhängende, 137
  einfache, 24
  endliche, 11
  endlich erzeugte, 18
  endlich kontinuierliche, 135
  euklidische, 15, 27, 35, 45, 174, 238
  Faktor-, 26
  Farb-, 2
  Freie, 18, 38
  Halb-, 8
  halbeinfache, 24
  Inversions-, 35, 237
  Kleine, 102
  Kommutator-, 24
  kompakte LIE-, 136, 167–168
  Komponente e., 137
  Kontinuierliche, 1, 11
  LIE-Unter-, 134, 231
  lineare LIE-, 138
  lokale LIE-, 134
  LORENTZ-, 157, 174
  magnetische Punkt-, 2
  Multiplikator-, 114
  nilpotente, 25
  Ordnung e., 10, 169
  orthogonale, 13–14, 35, 86, 134, 142, 148–149, 156, 161, 164, 168, 212, 215, 238, 254
  Permutations-, 10
  POINCARÉ-, 174
  pseudoorthogonale, 157
  Punkt-, 1
  Quasi-, 8

Quotienten-, 26
Rang e., 18
Raum-, 1
reelle affine, 15
Rotations-, 35, 90
spezielle lineare, 134, 225
spezielle orthogonale, 14, 27, 31, 35, 48, 86, 90, 134, 142, 149, 159, 161–162, 164, 168, 185, 188, 213, 215, 228–230, 235, 237, 255, 260, 264, 272–273, 275, 370
spezielle unitäre, 13, 18, 31, 145, 149, 152, 161, 163, 165, 201, 212, 214, 230–231, 233, 243, 271
Spin-, 275
symmetrische, 10, 466
symplektische, 158
Trägheits-, 102
Transformations-, 37
transitive, 38
Translations-, 1, 35, 218
treue, 38
uneigentliche Unter-, 16
unimodulare, 169
unitäre, 13, 137, 149, 161, 175, 188, 211–212, 228, 239, 273–274
universelle Überlagerungs-, 270
Unter-, 16
WEYL-, 352
zusammenhängende, 137
zusammenhängende Unter-, 160
zyklische, 16
Gruppenalgebra, 71, 79
Gruppenoperation, 37
Gruppenpräsentierung, 18, 354
Gruppentafel, 11
Gruppenvolumen, 169
Gruppoid, 8
GUT, 526, 551

H

Höchstgewichtsvektor, 413
HAAR-Integral, 168–169
Halbgruppe, 8
Hauptautomorphismus, 389
HAUSDORFF-Raum, 122
HEINE-BOREL
Satz v., 167
HEISENBERG-Algebra, 284
Homomorphismus, 27, 187
analytischer, 227

I

Ideal, 185
eigentliches, 185
Index d. Untergruppe, 21
Intertwiner, 55
Inversion, 14
Inversionsgruppe, 35
Involution, 10, 376
Isomorphismus, 28, 187
analytischer, 227
kanonischer, 156

J

JACOBI-Identität, 178
JORDAN-Zerlegung, 200

K

KAČ-Label, 330
Karte, 130
Kartenabbildung, 130
Kartenbild, 130
Kern e. Abbildung, 30, 188
KILLING-Form, 279
KILLING-Index, 378
Klasse
Konjugierten-, 19
Multiplikator-, 114
Neben-, 20
Produkt-, 36
KLYMIK-Formel, 454
Ko-Wurzel, 293–294
einfache, 327
Ko-Wurzelgitter, 328
Kommutatorreihe, 283
Kompakt, 123
Komplexifizierung, 178, 202, 367
Komponente, 125, 160
des Einselements, 137, 160
kontravariante, 281
kovariante, 281
Kompositionsfunktion, 136
Konjugiert, 19
Konjugiertenklasse, 19
Kontraktion, 258
Koordinaten, 130
lokale, 130
Kopplungskoeffizient, 90
Kugelumgebung, 138

L

$L_+^\uparrow$, 174
LEVI-CIVITA-Symbol, 192

LIE
  Satz v., 285
LIE-Algebra, 177
  A_1, 301, 318, 336, 346, 359, 371, 384, 410, 416, 435, 449, 459, 469, 472, 501–502
  A_2, 304, 315, 319, 330, 336, 346, 360, 384, 419, 425, 435, 451, 454–455, 462, 508, 514, 516, 542
  A_3, 543
  A_4, 525, 549
  A_l, 322, 338–339, 364, 385, 435, 466, 514, 517, 525–526, 531, 536, 539
  abelsche, 179
  allgemeine lineare, 179, 181, 190
  auflösbare, 284
  B_1, 318, 336
  B_2, 320, 336, 361
  B_3, 543
  B_l, 321, 338, 386, 522
  Basis e., 179
  C_1, 318, 336
  C_2, 320, 337
  C_l, 322, 338, 386, 523
  duale, 324
  D_2, 321, 337, 363
  D_4, 386
  D_l, 322, 338, 386, 523
  E_6, 323, 338, 387
  E_7, 323, 338, 386
  E_8, 323, 338, 386
  eindimensionale, 179
  einfach reduzierbare, 451
  einfach zusammenhängende, 338
  einfache, 185, 189
  exzeptionelle einfache, 323, 338
  F_4, 323, 338, 386, 523
  Formenmatrix e., 332
  G_2, 323, 337–338, 343, 347, 363, 386, 523, 542
  halbeinfache, 185, 189
  klassische einfache, 321, 338
  kompakte, 185
  kompakte reelle Form, 371
  komplexe, 178
  konjugierte, 376
  maximal kompakte, 371
  nilpotente, 284
  normale reelle Form, 370
  perfekte, 283
  Radikal e., 285
  Rang e., 180, 290
  reduktive, 287
  reelle, 178
  reelle Form, 203
  vollständige, 388
LIE-Gruppe
  abstrakte, 119
  allgemeine, 133
  kompakte, 159, 168
  lineare, 119, 140
  lokale, 134
  zusammenhängende, 159
LIE-Morphismus, 134
LIE-Produkt, 177
LIE-Superalgebra, 375
LIE-Unteralgebra, 184
  eigentliche, 184
  invariante, 185
LIE-Untergruppe, 134, 231
LIE-Klammer, 177
Linksinvarianz, 168
Linksnebenklasse, 20
LITTLEWOOD-Koeffizient, 447
Loop, 8

M

Mannigfaltigkeit
  analytische, 132
  differenzierbare, 131
  n-dimensionale, 129
  topologische, 128
MASCHKE
  Satz v., 52
Matrixdarstellung, 42, 191
Menge
  offene, 120
Metrik, 138
  diskrete, 139
  euklidische, 139, 156, 281
  MINKOWSKI-, 157
  pseudoeuklidische, 157
  Spinor-, 158
Metrische Topologie, 138
Metrischer Raum, 138
Metrischer Tensor, 279, 282, 297, 332
Monoid, 8
Monomorphismus, 27
Multiplikationstafel, 11
Multiplikatorgruppe, 114
Multiplikatorklasse, 114

N

Natürliche Topologie, 121, 123
Nebenklasse, 20
  Vertreter e., 20
n-Kugel, 129
Normalisator, 23, 186

Normalreihe, 109
Normalteiler, 24
  zentraler, 25, 270
n-Sphäre, 129

O

$O(2)$, 142, 161, 168
$O(3)$, 35, 86, 164, 254
Offene Menge, 120
$O(N)$, 13–14, 134, 148, 156
$o(N)$, 182
Operator
  CASIMIR-, 193, 436
  Eigendrehimpuls-, 220
  Gesamtdrehimpuls-, 220
  HAMILTON-, 222
  hermitescher, 78
  idempotenter, 78, 486
  Leiter-, 292, 405
  linearer, 41
  PAULI-, 223
  pseudoskalarer, 221
  regulärer, 41
  skalarer, 221
  Stufen-, 194, 292, 325, 405
  Tensor-, 251
  Vektor-, 222
$O(p, q)$, 157
Orbit, 37, 101
  Multiplizität e., 102
  Ordnung e., 101
Ordnung e. Elements, 10
Ordnung e. Gruppe, 10
Orthogonalitätsrelation, 64, 174
  Charakter-, 66, 175

P

$P_+^\uparrow$, 174
PAULI'schen Spinmatrizen, 31
PAULI-Operator, 223
Permutation, 9
  gerade, 478
  ungerade, 478
Permutationsgruppe, 466, 479
POINCARÉ-Vermutung, 129
Potenzmenge, 120
Produkt
  äußeres, 33
  äußeres direktes, 84, 236
  direktes, 33, 190
  halbdirektes, 35
  inneres, 34
  inneres direktes, 86
  KRONECKER-, 83
  LIE-, 177
  Tensor-, 83
Produktdarstellung, 87, 236, 241
  antisymmetrische, 94, 243
  symmetrische, 94, 243
Produktklasse, 36
Produktraum, 86, 240
Projektion, 78
Projektionsoperator, 78
  Charakter-, 80
Punktgruppe, 1
  magnetische, 2

Q

Quotientenalgebra, 186
Quotientengruppe, 26

R

RACAH
  Theorem v., 441
Radikal, 285
Raum
  Darstellungs-, 41, 190
  euklidischer, 121
  HAUSDORFF-, 122
  kompakter, 123
  metrischer, 138
  Produkt-, 240
  Spinor-, 153, 223
  Tensor-, 240, 251
  topologischer, 121
  zusammenhängender, 125
Raumgruppe, 1
Rechtsinvarianz, 168
Rechtsnebenklasse, 20
Reduktion, 68
Reduzierbarkeit, 48
Reellifizierung, 368
Reihe
  abgeleitete, 283
  absteigende, 283
Reziprozitätstheorem, 98
RICCI-Kalkül, 281
RIEMANN'scher Raum, 131
Rotation
  eigentliche, 14
  uneigentliche, 14
Rotationsgruppe, 90

S

SCHUR'sches Lemma, 59
Selbstabbildung, 41, 190
SERRE-Beziehung, 348
SERRE-Konstruktion, 350

Singulett, 198, 419
$sl(2, \mathbb{C})$, 301, 371, 395, 433, 442
$sl(2, \mathbb{R})$, 373, 379
$sl(3, \mathbb{C})$, 304, 315, 319, 392, 443
$sl(l+1, \mathbb{C})$, 323
$sl(l, \mathbb{C})$, 339
$sl(N, \mathbb{C})$, 287
$SL(N, \mathbb{R})$, 134
$SO(2)$, 48, 142, 161, 168, 188, 273, 370
$so(2)$, 188, 370
$so(2l+1, \mathbb{C})$, 322
$so(2l, \mathbb{C})$, 322
$SO(3)$, 14, 27, 31, 35, 86, 90, 149, 159, 162, 164, 185, 213, 215, 217, 221, 237, 255, 260, 264, 272
$so(3)$, 185, 288
$so(4)$, 288
$so(4, \mathbb{C})$, 321
$so(5, \mathbb{C})$, 320
$SO(N)$, 14, 134, 149, 163, 272, 275
$so(N)$, 183, 288
$SO(p, q)$, 157, 272
$Sp(1/2\, N, \mathbb{K})$, 158
$sp(2, \mathbb{C})$, 320
Spiegelung, 14
Spingruppe, 275
Spinor, 153
Spinorraum, 153, 223
$sp(l, \mathbb{C})$, 322
Spurform, 279
Stabilisator, 37
Standardmodell, 526, 551
Strahldarstellung, 112
Strukturkonstanten, 180
Stufen-Formel, 498
$su(1, 1)$, 396
$SU(2)$, 31, 145, 152, 161, 163, 165, 233, 243
$su(2)$, 191, 201, 287, 372, 380
$su(2, 1)$, 395
$su(3)$, 392
Summe
  direkte, 189
  halbdirekte, 190
$SU(N)$, 13, 18, 149, 155, 271
$su(N)$, 182, 185
$3J$-Symbolik, 245
Symmetrie
  diskrete, 1
  diskrete äußere, 2
  diskrete innere, 2
  dynamische, 5
  geometrische, 1
  kontinuierliche, 1–2
  kontinuierliche innere, 3
  LORENTZ-, 3
  Rotations-, 3
  Super-, 5
  Translations-, 3
  Zeitumkehr-, 2
Symmetrisierer
  Zeilen-, 485
Symmetrisierung, 467

T

$\mathcal{T}$, 35, 218
T-Spin Unteralgebra, 309
Tangentialraum, 209
Tangentialvektor, 158, 209
Tensor
  CARTAN-, 296
  metrischer, 155, 279, 282, 297, 332
Tensordarstellung, 87, 241
Tensorkomponente
  invariante, 253
  irreduzible, 253
  sphärische, 257
Tensoroperator, 251
Tensorraum, 86, 240, 251
Topologie, 120
  diskrete, 121–122
  metrische, 138
  natürliche, 121, 123
  triviale, 120, 122
Topologischer Raum, 121
Torus, 129, 429
Trägheitsgruppe, 102
Transformation
  aktive, 44
  kanonische, 158
  kongrediente, 44, 55
  kontragrediente, 44, 55
  passive, 44
Transformationsgruppe, 37
Translation, 15
Translationsgruppe, 1, 35, 218
Transposition, 382, 478
Trennbarkeit, 122

U

U-Spin Unteralgebra, 309
$U(1)$, 137, 161, 175, 188, 273
$u(1)$, 179, 188
Überdeckung, 123
Überlagerungsgruppe, 110, 270
Umgebung, 121

Umordnungstheorem, 11, 20, 168
$U(N)$, 13, 182, 274
$u(N)$, 181, 184, 288
Uneigentliche Transformation, 14
Unteralgebra, 519
  Einbettung e., 519
  R-, 520
  reguläre, 520
  S-, 520
  spezielle, 520
Untergruppe, 16
  einparametrige, 158
  Index d., 21
  invariante, 24
  zusammenhängende, 160

V

V-Spin Unteralgebra, 309
Vektor
  axialer, 254
  kontravarianter, 155
  kovarianter, 155
  polarer, 254
  WEYL-, 328
Vektorraum
  linearer, 41, 190
  reduzibler, 50
Verteilung, 480
  assoziierte, 481, 487
Verzweigungsregel, 533
Vollstädigkeitsrelation
  Charakter-, 66
Vollständigkeitsrelation, 65

W

WEYL
  Dimensionsformel v., 433
WEYL-Gruppe, 352
WEYL-Kammer, 357
  dominante, 358
WEYL-Konvention, 296
WEYL-Nenner, 431
WEYL-Spiegelung, 351
  einfache, 353
WEYL-Vektor, 328, 355
WEYL-Wort, 355
  reduziertes, 356
WEYL
  Satz v., 369
WIGNER-ECKART-Theorem, 261
Wort
  reduziertes, 18
Wurzel, 291
  duale, 293
  einfache, 325
  höchste, 329
  höchste kurze, 330
  Höhe e., 329
  Ko-, 293–294
  positive, 324
Wurzel-String, 311
Wurzeldiagramm, 318
Wurzelgitter, 328
Wurzelraum, 292
Wurzelraumzerlegung, 291
Wurzelsystem, 291
  abstraktes, 316
  duales, 323
  Rang e., 316
  reduzibles, 317
  reduziertes, 316
Wurzelunteralgeba, 299
Wurzelunteraum, 291
Wurzelvektor, 292

Y

YOUNG-Diagramm, 480
  assoziiertes, 481
YOUNG-Operator, 485
YOUNG-Tableau, 481
  assoziiertes, 481
  Standard-, 481

Z

Zentralisator, 23, 186
Zentralreihe, 25
Zentrum, 17, 186
$\mathbb{Z}_p$, 26, 109
Zusammenhängend
  einfach, 125, 159
  mehrfach, 159
Zusammenhängende Komponente, 125, 160
Zusammenhang, 125
Zyklendarstellung, 382, 477
Zyklenstruktur, 479
Zyklus, 477